W0186235

Elemente der Mathematik

EdM

Sachsen-Anhalt

Qualifikationsphase
Lösungen

Herausgegeben von
Heinz Griesel, Andreas Gundlach, Matthias Lösche,
Helmut Postel, Friedrich Suhr

Schroedel

Elemente der Mathematik

EdM

LÖSUNGEN
Sachsen-Anhalt
Qualifikationsphase

Herausgegeben von
Prof. Dr. Heinz Griesel, Dr. Andreas Gundlach, Matthias Lösche, Prof. Helmut Postel, Friedrich Suhr

Bearbeitet von
Karin Benecke, Sibylle Brinkmann, Martin Brüning, Gabriele Dybowski, Dr. Andreas Gundlach, Holger Kohnen, Jakob Langenohl, Matthias Lösche, Hanns Jürgen Morath, Dr. Holger Reeker, Sigrid Schwarz, Heinz Klaus Strick, Friedrich Suhr

Für Sachsen-Anhalt wirkten mit
Erika Beier, Annika Kiwatt, Ardito Messner

© 2016 Bildungshaus Schulbuchverlage
Westermann Schroedel Diesterweg Schöningh
Winklers GmbH, Braunschweig
www.schroedel.de

Das Werk und seine Teile sind urheberrechtlich geschützt. Jede Nutzung in anderen als den gesetzlich zugelassenen Fällen bedarf der vorherigen schriftlichen Einwilligung des Verlages.
Hinweis zu § 52a UrhG: Weder das Werk noch seine Teile dürfen ohne eine solche Einwilligung gescannt und in ein Netzwerk eingestellt werden. Dies gilt auch für Intranets von Schulen und sonstigen Bildungseinrichtungen.
Für Verweise (Links) auf Internet-Adressen gilt folgender Haftungshinweis: Trotz sorgfältiger inhaltlicher Kontrolle wird die Haftung für die Inhalte der externen Seiten ausgeschlossen. Für den Inhalt dieser externen Seiten sind ausschließlich deren Betreiber verantwortlich. Sollten Sie daher auf kostenpflichtige, illegale oder anstößige Inhalte treffen, so bedauern wir dies ausdrücklich und bitten Sie, uns umgehend per E-Mail davon in Kenntnis zu setzen, damit beim Nachdruck der Verweis gelöscht wird.

Druck A[1] / Jahr 2016
Alle Drucke der Serie A sind im Unterricht parallel verwendbar.

Redaktion: Kira von Bülow
Grafiken: imprint, Zusmarshausen
Bildquellen: Umschlag: Avenue Images, Hamburg (agefotostock/Peter Elberts); 141: Sibylle Brinkmann, Espenau; 195: Michael Wojczak, Braunschweig
Umschlagsgestaltung: Janssen Kahlert Design & Kommunikation
Druck und Bindung: westermann druck GmbH, Braunschweig

ISBN 978-3-507-**88403**-8

4 Integralrechnung

5 Modellieren mit Funktionen – Verknüpfungen von Funktionen

6 Geraden im Raum

7 Analytische Geometrie mit Ebenen

1 Funktionen und Grenzwerte

1.1 Funktionen und ihre Darstellungen – Umgang mit dem Rechner

12 **Einstiegsaufgabe ohne Lösung**

- Der Bogen lässt sich durch den Graphen einer nach unten geöffneten Parabel beschreiben.
- Es bietet sich an, den Scheitelpunkt auf der y-Achse festzulegen: S (0 | 36), da der Bogen 36 m hoch ist. Aus der Breite des Bogens von 72 m ergeben sich die Nullstellen $x_1 = -36$ und $x_2 = +36$. Aus der Scheitelpunktform $y = a \cdot x^2 + 36$ ergibt sich mithilfe des Punktes N (36 | 0):

  $f(x) = -\frac{1}{36} \cdot x^2 + 36$ mit $D_f = \{x \in \mathbb{R} \mid -36 \le x \le 36\}$ und $W_f = \{y \in \mathbb{R} \mid 0 \le y \le 36\}$.
- 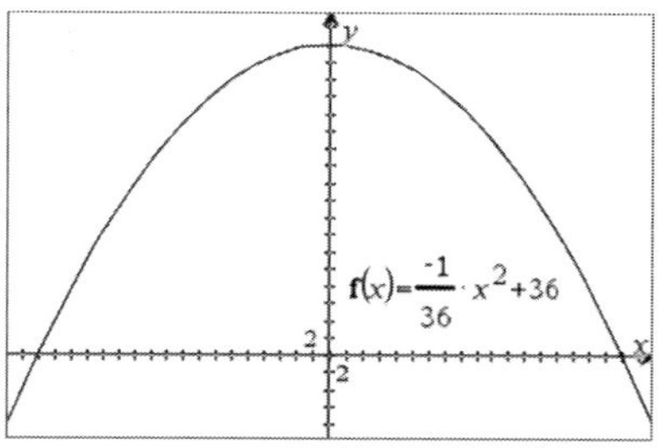

- Breite im fünften Geschoss: zwischen 48 m und 53,7 m, im obersten Geschoss max. 24 m.

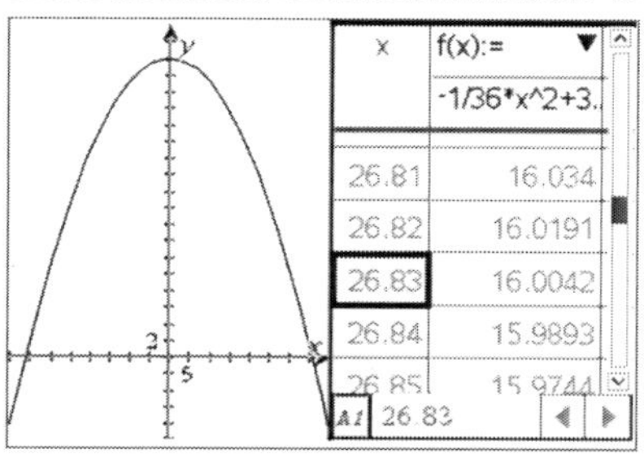

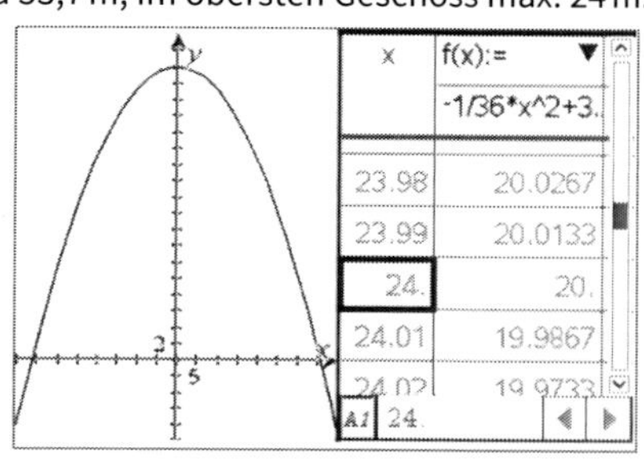

Im fünften Geschoss (also in einer Höhe zwischen y = 16 m und y = 20 m) beträgt die Breite höchstens etwa 53,7 m und mindestens etwa 48 m.

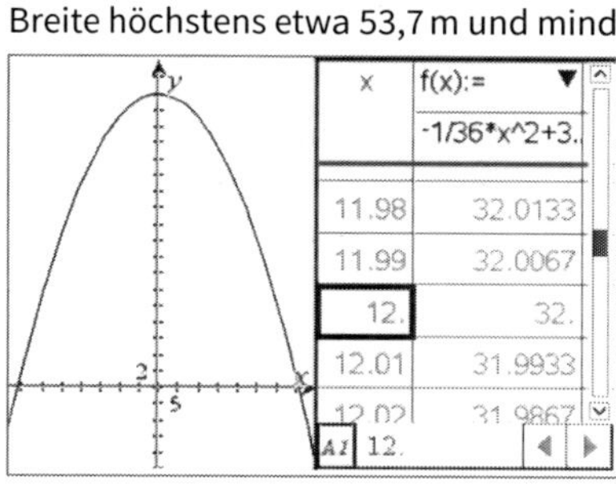

Im obersten Geschoss (also in einer Höhe von mindestens y = 32 m) beträgt die Breite höchstens 24 m.

15

1. jährliche Fixkosten:

Q-ÖKOreal: $12 \cdot 7{,}30\,€ = 87{,}60\,€$; extraWatt: $12 \cdot 13{,}50\,€ = 162{,}00\,€$

lineare Funktionen:

Q-ÖKOreal: $f_1(t) = 0{,}2753 \cdot t + 87{,}60$ extraWatt: $f_2(t) = 0{,}2410 \cdot t + 162{,}00$

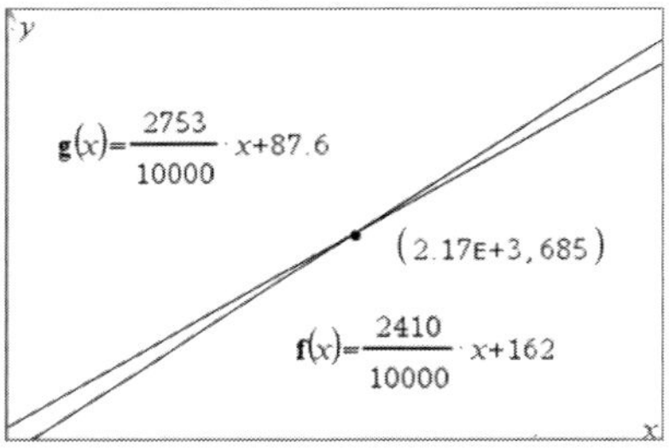

Beim jährlichen Verbrauch von 2 169,0962 kWh sind die Kosten gleich, darunter ist Q-ÖKOreal günstiger, darüber extraWatt.

Algebraisch erhält man die Lösung aus der Gleichung:

$0{,}2753 \cdot t + 87{,}60 = 0{,}2410 \cdot t + 162{,}00$

2. a) Da der Graph nicht geradlinig ist, ist der Zusammenhang nicht linear. Mit dem Ansatz $s = a v^2$ wird geprüft, ob der Zusammenhang quadratisch ist. Die Quotienten $s : v^2$ der Tabelle sind nahezu gleich: ihr gerundeter Mittelwert ist 0,009. Daher kann der Zusammenhang mit $s = 0{,}009\,v^2$ beschrieben werden.

Die Wertepaare geben Punkte, die ungefähr auf dem Graphen von $s = 0{,}009\,v^2$ liegen.

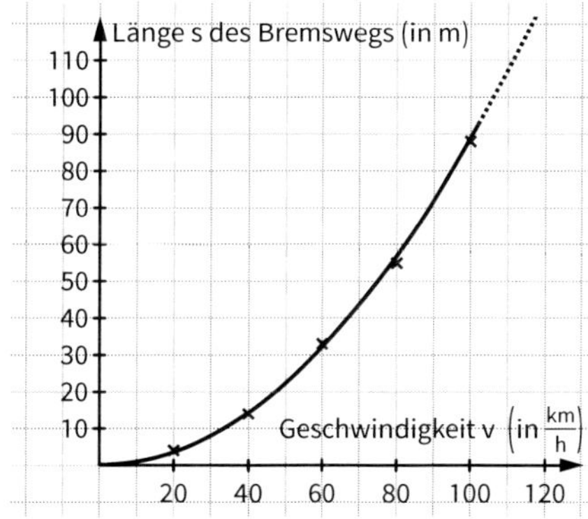

b) Maximaler Bremsweg für $v = 130\,\frac{km}{h}$: $s = 152{,}1$ m

3. a) Bestimmung der Funktionsgleichung h (t):

Wasserstandsänderung: $\frac{45\,cm}{30\,s}$ also $h(t) = 1{,}5\,t + h_0$

Zeitpunkt $t = 2$: $8{,}5 = 1{,}5 \cdot 2 + h_0 \Rightarrow h_0 = 5{,}5$ (cm)

Zum Zeitpunkt $t = 0$ s war das Gefäß bereits bis zu einer Höhe von 5,5 cm gefüllt.

b) $f(15) = 1{,}5 \cdot 15 + 5{,}5 = 28$; Nach 15 s steht das Wasser 28 cm hoch.

c) $f(t) = 1{,}5 \cdot t + 5{,}5 = 82 \Rightarrow t = 51$; Das Gefäß ist nach 51 s voll.

16

4.

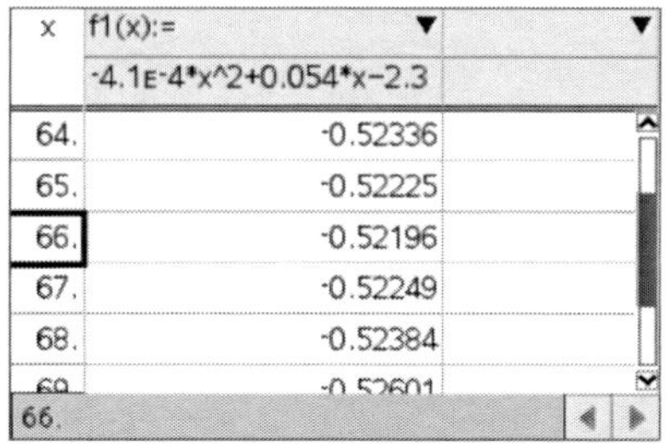

x	f1(x):= -4.1E-4*x^2+0.054*x-2.3
64.	-0.52336
65.	-0.52225
66.	-0.52196
67.	-0.52249
68.	-0.52384
69.	-0.52601
66.	

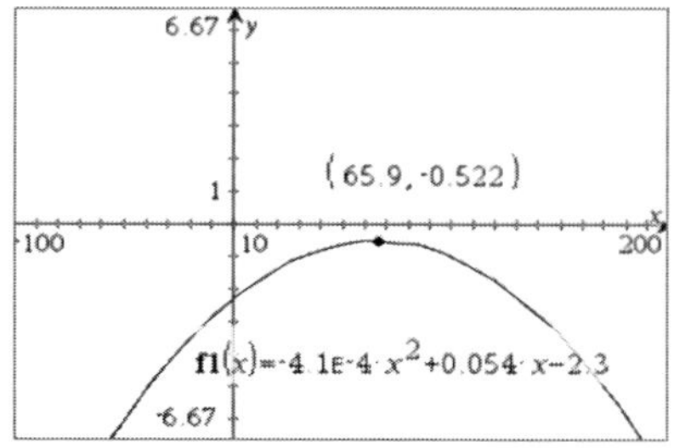

Bei einer Fluggeschwindigkeit von etwa 66 $\frac{\text{km}}{\text{h}}$ sinkt das Flugzeug mit einer Sinkgeschwindigkeit von etwa $-0{,}5\,\frac{\text{m}}{\text{s}}$.
Mit einem TR/GTR kann man dies anhand der Wertetabelle bestimmen oder im Grafik-Menü z. B. mithilfe des Befehls Maximum.

5. a) Flächeninhalt der gelben Flächen: $A_{gelb} = 2\cdot(2\,\text{cm}\cdot 0{,}9\,\text{cm}) = 3{,}6\,\text{cm}^2$.
Berechnung der halben Seitenlänge a des blauen Quadrates mit dem Satz des Pythagoras:
$2a^2 = (2\,\text{cm})^2 \Rightarrow a = \sqrt{2}\,\text{cm}$
Flächeninhalt des blauen Quadrates: $A_{blau} = \left(2\sqrt{2}\,\text{cm}\right)^2 = 8\,\text{cm}^2$.
Anteil der gelben Flächen: 45 %

b) $f(x) = 0{,}45\cdot x^2$ (x = Breite des Logos; f(x) = Größe der gelben Fläche)

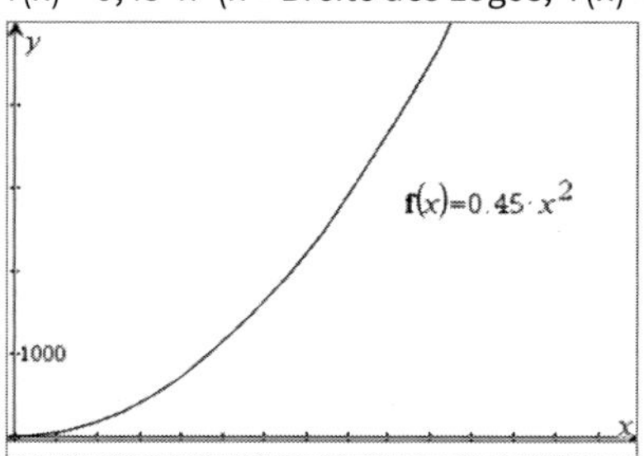

c) Breite 1 m $\Rightarrow$ Flächeninhalt der gelben Fläche $f(1) = 0{,}45\,\text{m}^2 = 4\,500\,\text{cm}^2$.
Kosten 450 €.

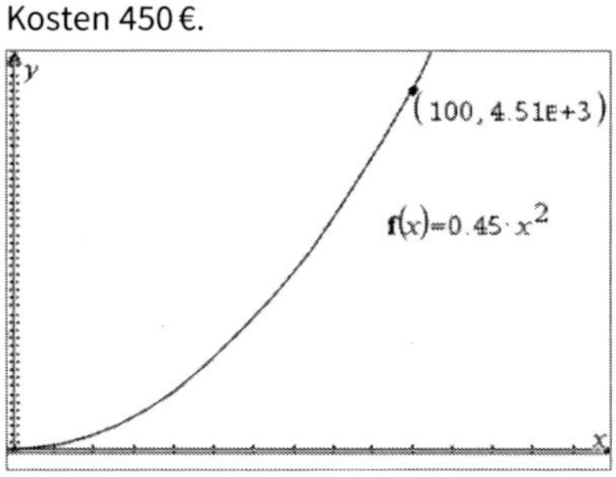

16

d) $4410\,cm^2 = 0{,}45\,x^2 \Rightarrow$ Breite des Logos $x \approx 99\,cm$

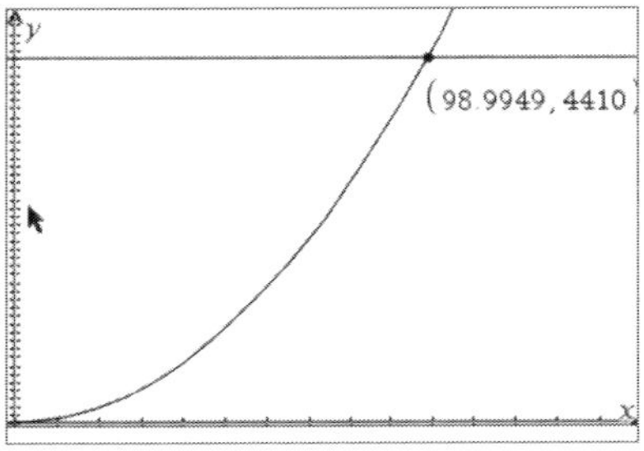

6. a) In beiden Fällen geht Hannah von der allgemeinen Form $y = m \cdot x + b$ aus, gesucht sind die Werte für m und b.
Fall A: Steigung m und ein Punkt P des Graphen sind gegeben: Hannah setzt für m die gegebene Steigung, für x die x-Koordinate und für y die y-Koordinate des gegebenen Punktes P ein. Den Wert für den y-Achsenabschnitt b erhält sie durch das Lösen der entstandenen Gleichung.
Fall B: Zwei Punkte A und B des Graphen sind gegeben: Hannah setzt jeweils die Koordinaten der Punkte A und B ein und erhält ein Gleichungssystem mit zwei Gleichungen, in denen m und b nicht bekannt sind. Das Lösungspaar dieses Gleichungssystems sind die Werte für m bzw. b. Hannah berechnet zunächst m.
Dann geht sie vor wie im Fall A.

b) Mögliches Vorgehen zur Berechnung von b:
$m = \frac{6}{7}$ in Hannahs Gleichung (1) einsetzen:
$5 = \frac{6}{7} \cdot 2 + b \Rightarrow b = \frac{23}{7}$
gesuchte Geradengleichung: $y = \frac{6}{7} \cdot x + \frac{23}{7}$
Alternatives Vorgehen:
$m = \frac{6}{7}$ in Hannahs Gleichung (2) einsetzen liefert ebenfalls $b = \frac{23}{7}$.

c) (1) gesuchte Geradengleichung: $y = \frac{1}{2} \cdot x - 1$
(2) gesuchte Geradengleichung: $y = -2{,}45 \cdot x + 635$
(3) gesuchte Geradengleichung: $y = -\frac{9}{8} \cdot x + \frac{13}{8}$
(4) gesuchte Geradengleichung: $y = -\frac{5}{4} \cdot x + \frac{25}{4}$

17

7. a) Berechnung der Parameter m und b der Geraden liefert die Geradengleichung:
$g(x) = -\frac{2}{3} \cdot x - \frac{1}{3}$.
Schnittpunkte bestimmen: Gleichsetzen: $f(x) = g(x)$ liefert die quadratische Gleichung $\frac{x^2}{2} - 1 = -\frac{2}{3}x - \frac{1}{3}$.
Die Lösungen der Gleichung sind die beiden x-Koordinaten der Schnittpunkte:
$x_1 = \frac{2}{3}$ und $x_2 = -2$.
Einsetzen der x-Werte in g liefert die y-Werte der Schnittpunkte:
$y_1 = -\frac{7}{9}$ und $y_2 = 1$.
Schnittpunkte: $S_1\left(\frac{2}{3} \middle| -\frac{7}{9}\right)$ und $S_2(-2 \mid 1)$

17

b) Vorgehen wie in a): gesuchte Geradengleichung: $g(x) = x - 2$
Die quadratische Gleichung $\frac{x^2}{2} - 1 = x - 2$ liefert $x_{1/2} = 1 \pm \sqrt{-1}$. Dies sind keine reellen Lösungen: Die Parabel und die Gerade haben keine Schnittpunkte.

c) Vorgehen wie in a): gesuchte Geradengleichung: $g(x) = -1$
Die quadratische Gleichung $\frac{x^2}{2} - 1 = -1$ hat nur eine Lösung $x = 0$.
Es gibt nur einen Schnittpunkt: $S(0\,|\,-1)$.

d) Vorgehen wie in a): gesuchte Geradengleichung: $g(x) = 2x - 3$
Die quadratische Gleichung $\frac{x^2}{2} - 1 = 2x - 3$ hat nur eine Lösung $x = 2$.
Es gibt nur einen Schnittpunkt: $S(2\,|\,1)$.

e) Bei der Berechnung der Steigung m tritt ein nicht definierter Term auf:
$m = \frac{y_P - y_Q}{x_P - x_Q} = \frac{-1-2}{1-1} = \frac{-3}{0}$
Die Gerade, auf der die Punkte P und Q liegen, ist eine Parallele zur y-Achse: $x = 1$.
Sie schneidet die Parabel im Punkt: $S\left(1\,\middle|\,-\frac{1}{2}\right)$.

8. a) Eingabe von $y = 3x^2$ und $y = 4x + 8$ im Grafikmodus des Rechners

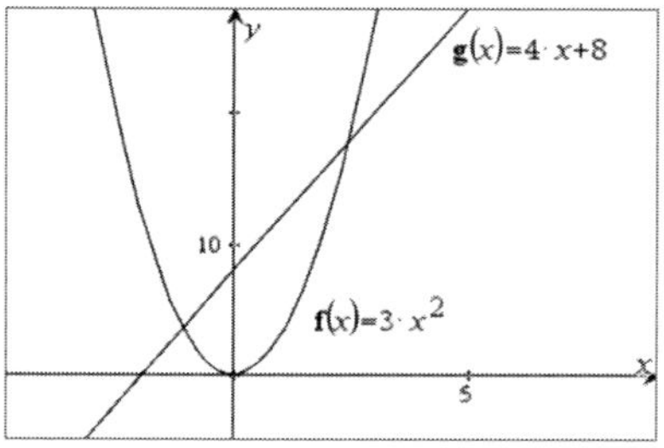

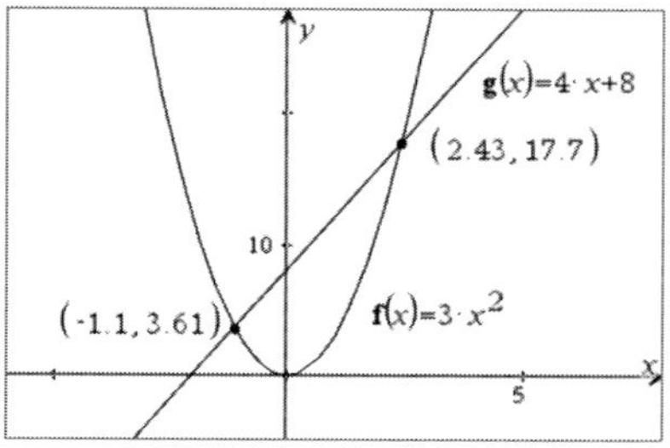

b) Die von Torben beschriebene Strategie nennt man auch Grafisches Lösen von Gleichungen. Dies Vorgehen ist mit beliebigen Termen auf beiden Seiten der Gleichung möglich. Die x-Koordinaten der Schnittpunkte sind die Lösungen der Gleichung. Gibt es nur einen Schnittpunkt, hat die Gleichung nur eine Lösung, gibt es keinen Schnittpunkt, hat die Gleichung keine Lösung.

9. a) $D_f = \mathbb{R},\ D_g = \mathbb{R}$
$W_f = [-4; \infty[= \{y \in \mathbb{R}\,|\,y \geq -4\},\ W_g = [14; \infty[= \{y \in \mathbb{R}\,|\,y \geq 14\}$

b)

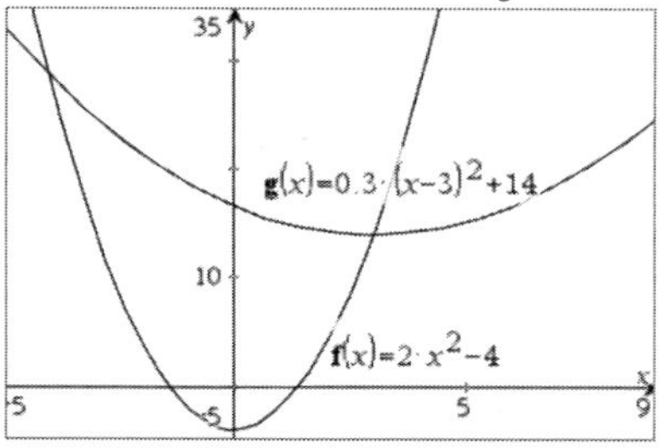

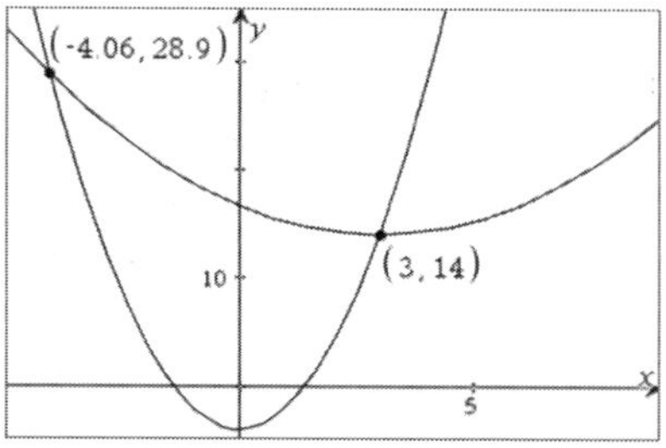

Die gemeinsamen Punkte der Funktionsgraphen sind: $S_1(-4{,}0588\,|\,28{,}9481)$, $S_2(3\,|\,14)$

Alternative algebraische Lösung: $f(x) = g(x)$

$2x^2 - 4 = 0{,}3(x-3)^2 + 14 \Rightarrow x_1 = 3;\ x_2 = -\frac{69}{17};\ f(x_1) = 14;\ f(x_2) = 28{,}9481$

c) Die dritte Parabel h hat die Funktionsgleichung:

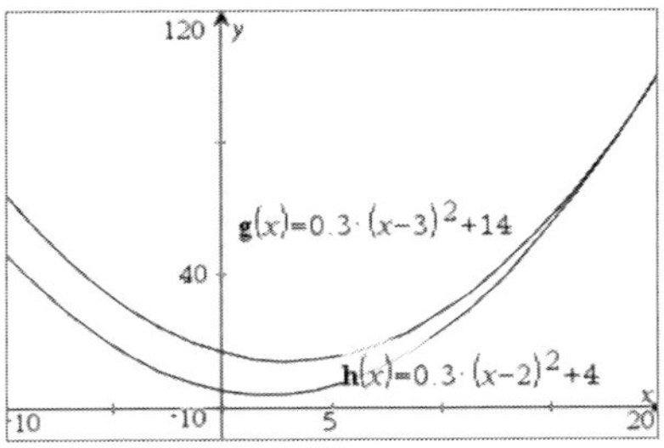

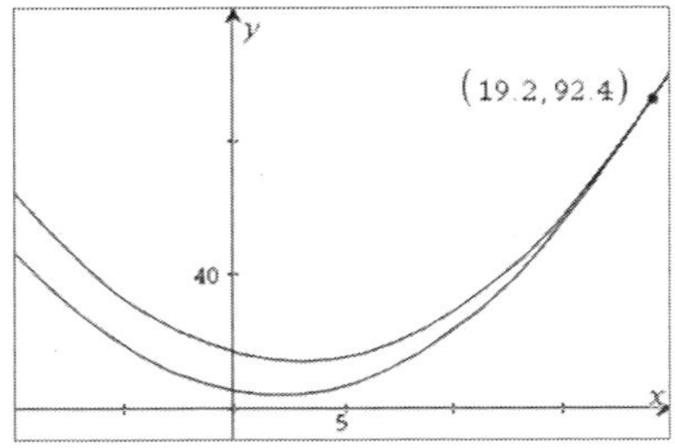

Der Rechner liefert nur einen Schnittpunkt: S(19,1667 | 92,4083)

Alternativer Nachweis: $g(x) = h(x)$

$0{,}3(x-3)^2 + 14 = 0{,}3(x-2)^2 + 4 \Rightarrow x = \frac{115}{6};\ f(x) \approx 92{,}4083$

10. a)

Parkzeit	30 min	$1\frac{1}{2}$ h	2 h 1 min	4 h 59 min
Parkgebühren	0 €	1,25 €	2,50 €	5 €

b)

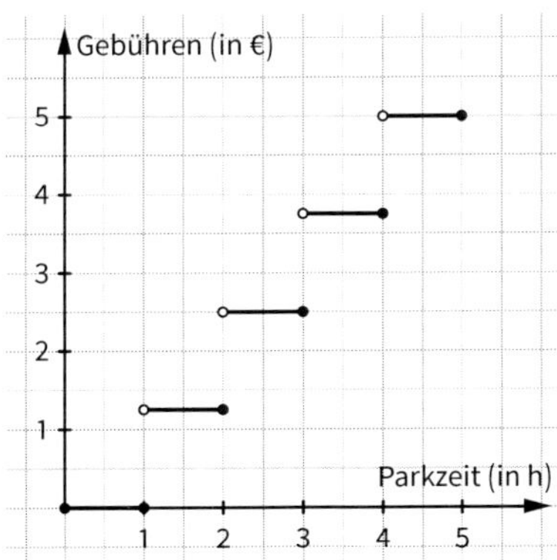

11. (2) passt zum Bild.

Der untere quaderförmige Teil des Beckens füllt sich schneller als der obere Quader des Beckens. Im unteren Beckenbereich wird eine Wasserhöhe also in einer kürzeren Zeit erreicht als im oberen Beckenteil. Die Knickstelle des Graphen beschreibt den Zeitpunkt, zu dem der untere Teil des Beckens gefüllt ist.

17

12. a) Nach dem Satz des Thales liegen die Punkte C aller rechtwinkligen Dreiecke mit der Hypotenuse c auf einem Kreis um den Mittelpunkt von c mit dem Radius $\frac{c}{2}$.
In diesem Fall ist $c = 5$. Nach dem Satz des Pythagoras gilt für die rechtwinkligen Dreiecke mit der Hypotenuse $c = 5$ und den Katheten x und y die Gleichung $x^2 + y^2 = 25$.
Die Punkte C haben den Abstand $5 = \sqrt{25} = \sqrt{x^2 + y^2}$ vom Mittelpunkt der Hypotenuse c.

b) $M(0|0)$, $r = 5$ (LE)

c) „Eine Funktion f ordnet jeder Zahl x, für die sie definiert ist, **genau eine** Zahl y zu.“ (Definition von Seite 13)
Gegenbeispiel: Für $x = 4$ ist die Kreisgleichung definiert und sowohl für $y = -3$ als auch für $y = 3$ erfüllt. Damit werden einer Zahl x zwei verschiedene y-Werte zugeordnet; die Kreisgleichung ist also keine Funktion.

d) $f_1(x) = -\sqrt{25 - x^2}$, $D_{f_1} = \{x \in \mathbb{R} \mid -5 \le x \le 5\}$
$f_2(x) = \sqrt{25 - x^2}$, $D_{f_2} = \{x \in \mathbb{R} \mid -5 < x < 5\}$

Noch fit ... im Umgang mit Potenzfunktionen?

18

1. a) (1) $y = 0{,}5x^3$
b) (12) $y = x^6 - 1$
c) (7) $y = 2x^{-2}$
d) (13) $y = -2x^{-2}$ Anmerkung zur ersten Auflage: Der Koeffizient soll lauten: – 2
e) (11) $y = (x + 2)^3$
f) (8) $y = 0{,}5x^{-3}$
g) (15) $y = 0{,}5x^4$
h) (3) $y = x^{-3} - 2$ Anmerkung zur ersten Auflage: Der Exponent soll lauten: – 3

19

2.

$c \in \mathbb{R}$	a) $h(x) = x^4 + c$	b) $h(x) = x^{-2} + c$	c) $h(x) = x^3 + c$	d) $h(x) = x^{-3} + c$	e) $h(x) = \frac{1}{x} + c$	f) $h(x) = \frac{1}{x^4} + c$
genau eine Nullstelle	$c = 0$	für kein c	für alle c	$c \neq 0$	$c \neq 0$	für kein c
genau zwei Nullstellen	$c < 0$	$c < 0$	für kein c	für kein c	für kein c	$c < 0$
keine Nullstelle	$c > 0$	$c \geq 0$	für kein c	$c = 0$	$c = 0$	$c \geq 0$

20

3. a) Der Graph der Funktion h wird in Richtung der y-Achse um 2 Einheiten nach oben verschoben.
b) Der Graph der Funktion h wird in Richtung der x-Achse um 2 Einheiten nach links verschoben.
c) Der Graph der Funktion h wird mit dem Faktor $\frac{1}{3}$ gestaucht.
d) Der Graph der Funktion h wird in Richtung der x-Achse um 2 Einheiten nach rechts verschoben.
e) Der Graph der Funktion h wird an der x-Achse gespiegelt und mit dem Faktor 2 gestreckt.

20

f) Der Graph der Funktion h wird in Richtung der x-Achse um 3 Einheiten nach rechts verschoben und in Richtung der y-Achse um 1 Einheit nach oben verschoben.

4. **a)** $y = -x^3$ **d)** $y = -x^3 - 3$ **g)** $y = \frac{1}{2}x^3$
b) $y = -x^3$ **e)** $y = (x-2)^3$ **h)** $y = -3(x+1)^3$
c) $y = x^3 + 4$ **f)** $y = (x+3)^3$ **i)** $y = -(x-4)^3$

5. –

6. **a)** $y = x^4$ $P_1(1 \mid \mathbf{1})$; $P_2(\sqrt[4]{2} \mid 2)$; $P_3(\mathbf{0{,}5} \mid 0{,}0625)$; $P_4(\mathbf{3} \mid 81)$; $P_5(1{,}5 \mid \mathbf{5{,}0625})$

b) $y = x^{-4}$ $P_1\left(3 \,\middle|\, \mathbf{\frac{1}{81}}\right)$; $P_2\left(-5 \,\middle|\, \mathbf{\frac{1}{625}}\right)$; $P_3(\mathbf{2} \mid 0{,}0625)$; $P_4(\mathbf{1} \mid 1)$; $P_5(-2 \mid \mathbf{0{,}0625})$

c) $y = \frac{1}{x}$ $P_1\left(3 \,\middle|\, \mathbf{\frac{1}{3}}\right)$; $P_2\left(-\frac{1}{3} \,\middle|\, -3\right)$; $P_3\left(\frac{1}{2} \,\middle|\, \mathbf{2}\right)$; $P_4(\mathbf{2} \mid 0{,}5)$; $P_5\left(\mathbf{\frac{8}{3}} \,\middle|\, 0{,}375\right)$

7.

	a) $f(x) = 3x^2 + 2$	**b)** $f(x) = 5x^3$	**c)** $f(x) = \frac{1}{x^2}$	**d)** $f(x) = x^{-1}$	**e)** $(x-2)^{-2}$
$P_1(0 \mid 0)$	nein	ja	nein	nein	nein
$P_2(-1 \mid 5)$	ja	nein	nein	nein	nein
$P_3\left(\frac{1}{2} \,\middle|\, \frac{1}{4}\right)$	nein	nein	nein	nein	nein
$P_4(3 \mid 135)$	nein	ja	nein	nein	nein
$P_5(0 \mid 5)$	nein	nein	nein	nein	nein
$P_6(-1 \mid 1)$	nein	nein	ja	nein	nein
$P_7(1 \mid -1)$	nein	nein	nein	nein	nein
$P_8(3 \mid 1)$	nein	nein	nein	nein	ja
$P_9(0{,}5 \mid 0)$	nein	nein	nein	nein	nein

8. **a)** $f(x) = 3x^2$ $x_1 = \sqrt{3}$ $x_2 = -\sqrt{3}$
b) $f(x) = 2x^{-2} + 1$ $x_1 = \frac{1}{2}$ $x_2 = -\frac{1}{2}$
c) $f(x) = 0{,}5x^{-3} - 2$ $x = \sqrt[3]{\frac{1}{22}}$
d) $f(x) = -2x^{-1} - \frac{1}{9}$ $x = -\frac{9}{41}$

9. **a)** f^{-1} mit $f^{-1}(x) = \sqrt{x}$ für $x \in \mathbb{R},\ x \in 0$
b)

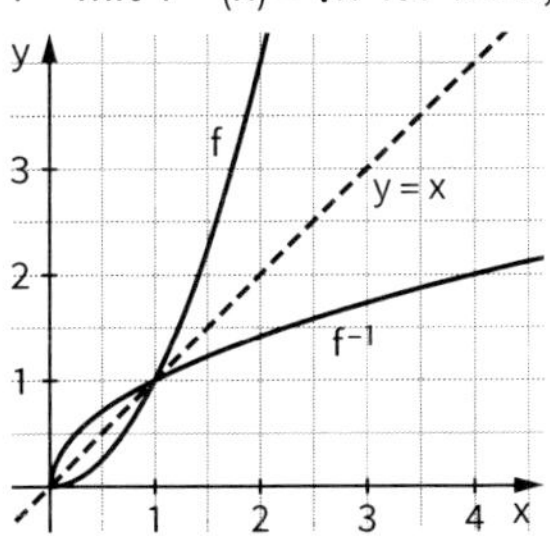

Die Graphen gehen durch Spiegelung an der Geraden mit der Gleichung $y = x$ auseinander hervor.

20

10. a) $f(x) = 1{,}5 \cdot x^2$ mit $x \in \mathbb{R},\ x > 0$

b) siehe rechts

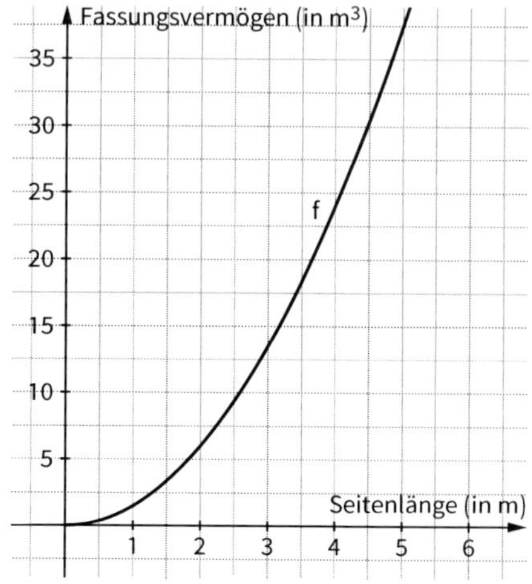

c) $f(4) = 1{,}5 \cdot 16 = 24$;

Fassungsvermögen: $24\,m^3$

(1) Das Fassungsvermögen wächst quadratisch mit zunehmendem x (Vergrößern der quadratischen Grundfläche), also potenzielles Wachstum.

(2) Das Fassungsvermögen wächst linear mit zunehmendem Faktor/Koeffizient (Vergrößern der Tiefe), also lineares Wachstum.

(3) Das Fassungsvermögen wächst quadratisch, also potenzielles Wachstum. (Quadratisches Wachstum dominiert lineares Wachstum.)

1.2 Ganzrationale Funktionen

21

Einstiegsaufgabe ohne Lösung

$V(x) = (40 - 2x)(30 - 2x) \cdot x = 4x^3 - 140x^2 + 1200x$

22

1.

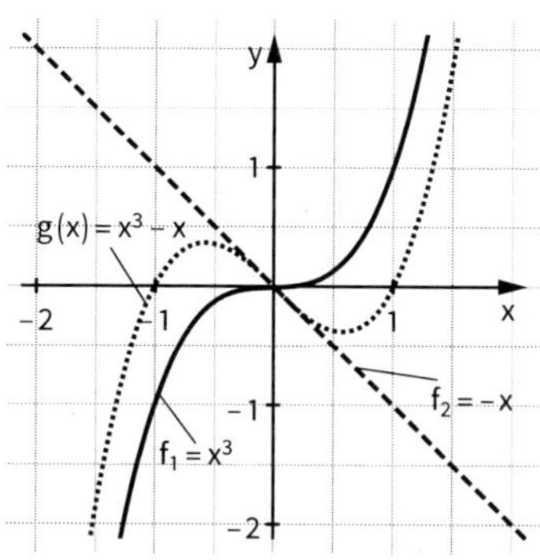

2. a) $f(x) = x^2 + x - 6$ Polynom vom Grad 2

b) $f(x) = -3x^2 - x + 10$ Polynom vom Grad 2

c) $f(x) = 6x^5 + x^3 - x$ Polynom vom Grad 5

d) $f(x) = x^4 - 3x^3 - 3x^2 + 9x$ Polynom vom Grad 4

e) $f(x) = x^3 - 3x^2 - 6x + 8$ Polynom vom Grad 3

f) $f(x) = -x^6 + x^5 + x^3 + x^2 + 2$ Polynom vom Grad 6

23

3. Ganzrationale Funktionen sind:

f_1 (Grad 1), f_2 (Grad 0), f_3 (Grad 4), f_4 (Grad 2), f_7 (Grad 2)

f_5, f_6 und f_8 sind keine ganzrationalen Funktionen.

23

4. **a)** $f(x) = -\frac{1}{2}(x+1)^2 + 3 = -\frac{1}{2}x^2 - x + \frac{5}{2}$

b) $f(x) = \frac{1}{4}x^3 - 2$

c) $f(x) = \frac{1}{4}(x-1)^4 - 2 = \frac{1}{4}x^4 - x^3 + \frac{3}{2}x^2 - x - \frac{7}{4}$

5. **a)**

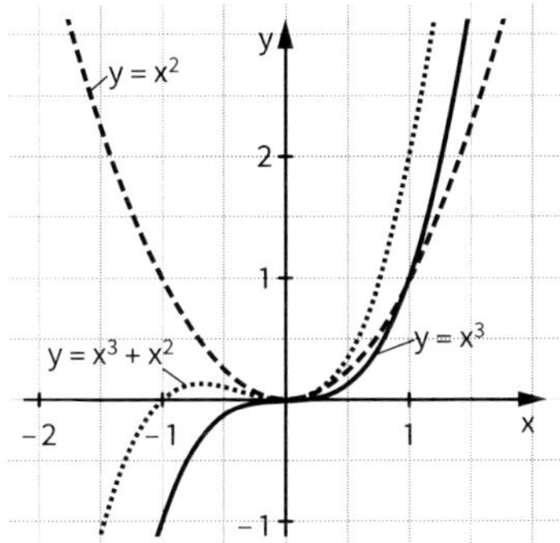

b)

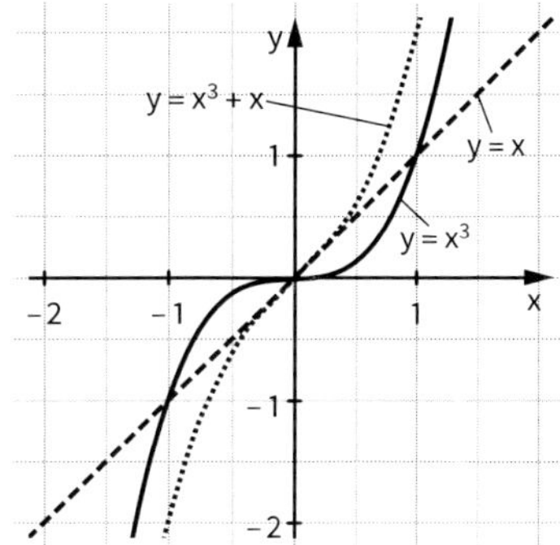

c)

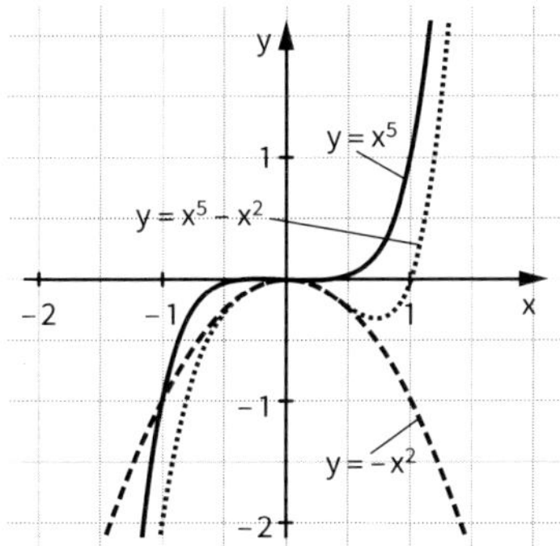

d)

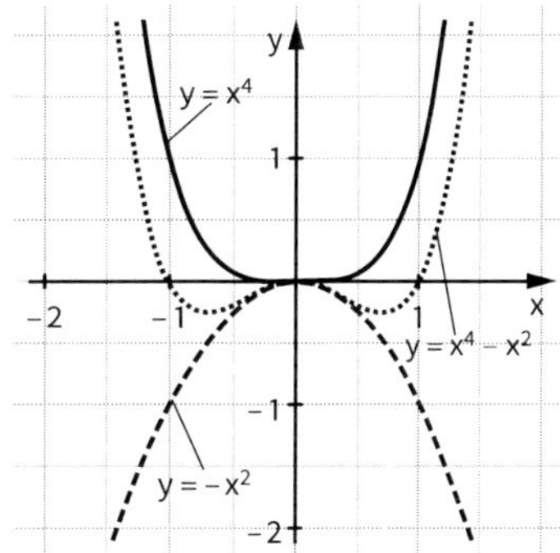

6. **a)** Die ganze Wanne hat die Form eines Pyramidenstumpfes mit quadratischer Grundfläche. Das bis zur Füllhöhe stehende Altöl nimmt die Form eines Pyramidenstumpfes mit quadratischer Grundfläche an.
Volumen eines quadratischen Pyramidenstumpfs: $V = \frac{1}{3}x \cdot (a_1^2 + a_1 a_2 + a_2^2)$.
Die Seitenlänge a_2 ist 0,5 m und die Höhe h ist die Füllhöhe x. Zu bestimmen ist noch die Seitenlänge a_1. Bei einer Füllhöhe von 0 m beträgt diese 0,5 m; bei einer Füllhöhe von 0,4 m beträgt sie 1,7 m. Dazwischen ändert sie sich gleichmäßig mit ansteigender Füllhöhe. Der Zuwachs beträgt 1,7 m − 0,5 m = 1,2 m bei 0,4 m Höhenzuwachs, also 3 m pro m Höhenzuwachs. Also gilt: $a_1 = 0{,}5 + 3x$.

$$V = \frac{1}{3}x \cdot \left((0{,}5 + 3x)^2 + (0{,}5 + 3x) \cdot 0{,}5 + 0{,}5^2\right)$$
$$= \frac{1}{3}x \cdot (0{,}25 + 3x + 9x^2 + 0{,}25 + 1{,}5x + 0{,}25)$$
$$= \frac{1}{3}x \cdot (9x^2 + 4{,}5x + 0{,}75)$$
$$= 3x^3 + 1{,}5x^2 + 0{,}25x$$

23

b) Wir zeichnen den Graphen, z. B. mit einem GTR.

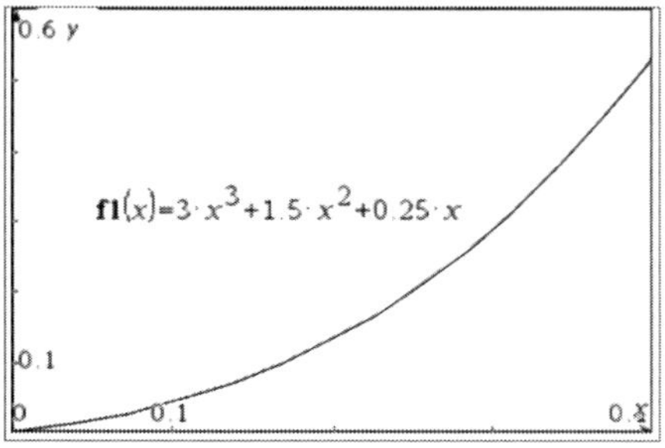

Die Füllmenge steigt nicht gleichmäßig mit steigender Füllhöhe an, sondern zunächst langsam und dann immer stärker. Dies liegt daran, dass die Wanne nach oben weiter wird: je höher das Altöl schon steht, desto mehr Altöl kommt pro cm Füllhöhenvergrößerung hinzu. Die Änderungsrate der Funktion *Füllhöhe (in m) → Füllmenge (in m³)* ist also nicht konstant, sondern nimmt stets zu.

7. a) Höhe des Zylinders: $h = 16 - x$, also $V(x) = \pi \cdot x^2 \cdot (16 - x) + \frac{2}{3}\pi \cdot x^3 = -\frac{\pi}{3}x^3 + 16\pi x^2$

b) Die Innenwand ist die Mantelfläche des Zylinders.
Also: $A(x) = 2\pi \cdot x \cdot (16 - x)$

c)

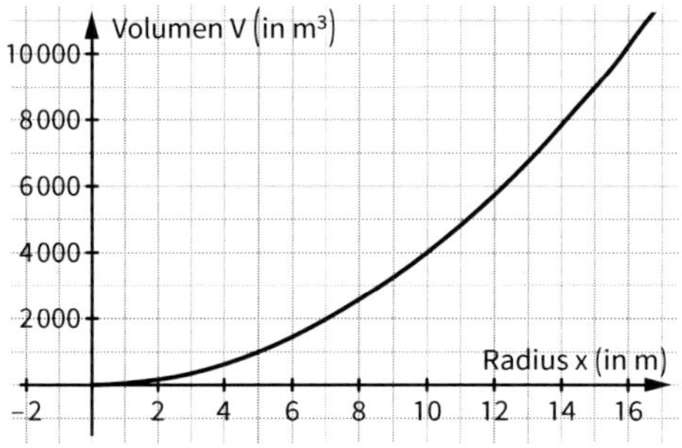

Definitionsbereich $D =]0; 16[$
Der größte Wert für das Volumen würde für $x \approx 16$ erreicht. In diesem Fall hätte der Silo nicht mehr die Form eines Zylinders mit einer aufgesetzten Halbkugel, sondern nur noch die Form einer Halbkugel.

1.3 Verhalten von Funktionen im Unendlichen

24

Einstiegsaufgabe ohne Lösung

- $f(x) = \frac{1}{2}x^2 \cdot (x^2 - 4)$
  Für $x \in [-2; 2]$ gilt: $f(x) \le 0$
  Für $x < -2$ oder $x > 2$ gilt: $f(x) > 0$
  Der Graph (4) gehört zur Funktion f.
- $g(x) = -x^2 \cdot (x^2 - 4)$
  Für $x \in [-2; 2]$ gilt: $g(x) \ge 0$
  Für $x < -2$ oder $x > 2$ gilt: $g(x) < 0$
  Der Graph (1) gehört zur Funktion g.
- $h(x) = x^2 \cdot (4x + 1)$
  Für $x \ge -\frac{1}{4}$ gilt: $h(x) \ge 0$
  Für $x < -\frac{1}{4}$ gilt: $h(x) < 0$
  Der Graph (2) gehört zur Funktion h.

24

- $i(x) = -\frac{1}{4}x^2 \cdot (x-4)$
  Für $x \le 4$ gilt: $i(x) \ge 0$
  Für $x > 4$ gilt: $i(x) < 0$
  Der Graph (3) gehört zur Funktion i.

26

1. a) $f(x) = -3x^5 + 12x^3 - 8$ — n ungerade, $a_n < 0$
$g(x) = \frac{1}{2}x^4 - 28x^3 + 6x^2 - 34$ — n gerade, $a_n > 0$
$h(x) = 4x^3 + 2x^2 - 7x + 12$ — n ungerade, $a_n > 0$
$i(x) = -2x^4 + x^3 + 21x^2 + 45x + 205$ — n gerade, $a_n < 0$

b) Beispiele:
- n gerade, $a_n > 0$: $f_1(x) = 0{,}1x^6 - 3x^5 + 1$; $f_2(x) = 12x^4 - 8x^2 + 5x - 9$
- n gerade, $a_n < 0$: $g_1(x) = -\frac{1}{4}x^6 + 3x^4 - 8x^3 + 4$; $g_2(x) = -3x^4 + 5x^3 + 2x + 1$
- n ungerade, $a_n > 0$: $h_1(x) = 4x^3 - 3x^2 + 8x + 5$; $h_2(x) = \frac{1}{2}x^5 - 3x^2 + 2x - 4$
- n ungerade, $a_n < 0$: $i_1(x) = -\frac{1}{10}x^7 + 3x^5 + 2x^3 - 5$; $i_2(x) = -x^3 + 4x^2 + 3x - 2$

2.

	Funktion	$x \to \infty$	$x \to -\infty$
a)	$f(x) = x^5 - \frac{2}{3}x$	$f(x) \to \infty$	$f(x) \to -\infty$
b)	$f(x) = x^3 + 2x^2 + 5$	$f(x) \to \infty$	$f(x) \to -\infty$
c)	$f(x) = 3x^4 - 2x^2 + 1$	$f(x) \to \infty$	$f(x) \to \infty$
d)	$f(x) = -4x^5 - x^3 + 7x$	$f(x) \to -\infty$	$f(x) \to \infty$
e)	$f(x) = -\frac{x^4}{3} + x^2 + 2$	$f(x) \to -\infty$	$f(x) \to -\infty$
f)	$f(x) = -\sqrt{2} \cdot x^8 - 4x$	$f(x) \to -\infty$	$f(x) \to -\infty$
g)	$f(x) = x^2 - x^5 = -x^5 + x^2$	$f(x) \to -\infty$	$f(x) \to \infty$
h)	$f(x) = -3x^4 + 1000$	$f(x) \to -\infty$	$f(x) \to -\infty$
i)	$f(x) = 0{,}01x^3 - 200x^2 + 1$	$f(x) \to \infty$	$f(x) \to -\infty$
j)	$f(x) = 70x^2 - x^7 = -x^7 + 70x^2$	$f(x) \to -\infty$	$f(x) \to \infty$
k)	$f(x) = (x-1) \cdot (x^2-4) = x^3 - x^2 - 4x + 4$	$f(x) \to \infty$	$f(x) \to -\infty$
l)	$f(x) = (2x^2+3) \cdot (x^3-2x) = 2x^5 - x^3 - 6x$	$f(x) \to \infty$	$f(x) \to -\infty$
m)	$f(x) = (x^2-2) \cdot (x-4) = x^3 - 4x^2 - 2x + 8$	$f(x) \to \infty$	$f(x) \to -\infty$
n)	$f(x) = (x-x^3) \cdot (x^4-2) = -x^7 + x^5 + 2x^3 - 2x$	$f(x) \to -\infty$	$f(x) \to \infty$
o)	$f(x) = (1-x) \cdot (x-x^4) = x^5 - x^4 - x^2 + x$	$f(x) \to \infty$	$f(x) \to -\infty$

26

3. (1) $f(x) - g(x) = x^3 + x - x^3 = x$

Die Aussage ist falsch, denn der Wert der Differenz wird immer größer, je größer x wird.

(2) $\frac{f(x)}{g(x)} = \frac{x^3 + x}{x^3} = 1 + \frac{1}{x^2}$

Die Aussage ist richtig, denn der zweite Summand geht für $x \to \infty$ gegen 0 und damit $\frac{f(x)}{g(x)} \to 1$.

27

4. (1) $f(x) = -\frac{1}{4}x^4 + 2x^2 + 1$

Achsenschnitt 1: $f(x) \to -\infty$ für $x \to -\infty$ und auch für $x \to \infty$, also Graph c.

(2) $f(x) = \frac{1}{4}x^3 - 2x$

Achsenschnitt 0: $f(x) \to -\infty$ für $x \to -\infty$ und $f(x) \to \infty$ für $x \to \infty$, also Graph a.

(3) $f(x) = \frac{1}{9}x^4 - \frac{1}{4}x^3 + 1$

Achsenschnitt 1: $f(x) \to \infty$ für $x \to -\infty$ und auch für $x \to \infty$, also Graph d.

(4) $y = -\frac{1}{6}x^3 + 3x$

$f(x) \to \infty$ für $x \to -\infty$ und $f(x) \to -\infty$ für $x \to \infty$, also Graph b.

5. Bei einer ganzrationalen Funktion 4. Grades gilt
- entweder $f(x) \to \infty$ für $x \to \infty$ und für $x \to -\infty$
- oder $f(x) \to -\infty$ für $x \to \infty$ und für $x \to -\infty$

Dieses Verhalten ist im Rechnerfenster nicht zu erkennen.

6. Greta hat einen Ausschnitt des Graphen etwa im Intervall [−2; 1] gezeichnet, David sogar einen noch kleineren Ausschnitt etwa im Intervall [−1; 1]. Bei beiden ist dagegen der Globalverlauf der Funktion nicht erkennbar. Beim Graphen von Aischa ist der Globalverlauf gut erkennbar, nicht aber der Verlauf des Graphen in der Umgebung des Koordinatenursprungs.

7. **a)** Ist n gerade, so gilt:
- Für $a_n > 0$ gilt $f(x) \to \infty$ für $x \to \infty$ und für $x \to -\infty$
  Der Graph von f hat dann mindestens einen kleinsten Funktionswert.
- Für $a_n < 0$ gilt $f(x) \to -\infty$ für $x \to \infty$ und für $x \to -\infty$
  Der Graph von f hat dann mindestens einen größten Funktionswert.

b) n ungerade
- Für $a_n > 0$ gilt $f(x) \to \infty$ für $x \to \infty$ und $f(x) \to -\infty$ für $x \to -\infty$
- Für $a_n < 0$ gilt $f(x) \to -\infty$ für $x \to \infty$ und $f(x) \to \infty$ für $x \to -\infty$

In beiden Fällen muss der Graph mindestens einmal die x-Achse schneiden. Die Funktion f hat also mindestens eine Nullstelle.

8. **a)** $g(x) = -f(x) + 100$

Somit gilt: $g(x) \to -\infty$ für $x \to \infty$ und für $x \to -\infty$

b) $g(x) = -5 \cdot f(x)$

$g(x) \to -\infty$ für $x \to \infty$ und für $x \to -\infty$

c) $g(x) = [f(x)]^2$

$g(x) \to \infty$ für $x \to \infty$ und für $x \to -\infty$

1.4 Symmetrie von Funktionsgraphen ganzrationaler Funktionen

30

1. a)

x	−4	−3	−2	−1	0	1	2	3	4
f(x)	10	−2	$-\frac{11}{7}$	0	0	0	$\frac{11}{7}$	2	−10

Hinweis: Über die Funktionswerte an den Stellen −2 und 2 kann keine genaue Aussage getroffen werden. Sie müssen den gleichen Betrag, aber verschiedene Vorzeichen haben.
Z. B. erfüllt die Funktion f mit $f(x) = -\frac{x^5}{28} + \frac{37}{84}x^3 - \frac{17}{42}x$ die gegebenen Bedingungen.

b)

x	−4	−3	−2	−1	0	1	2	3	4
f(x)	10	2	$-\frac{1}{7}$	0	$\frac{2}{7}$	0	$-\frac{1}{7}$	2	10

Hinweis: Für die Funktionswerte an den Stellen −2, 0 und 2 kann keine konkrete Aussage getroffen werden. Die Funktionswerte an den Stellen 2 und −2 müssen den gleichen Wert haben.
Z. B. erfüllt die Funktion f mit $f(x) = \frac{5}{84}x^4 - \frac{29}{84}x^2 + \frac{2}{7}$ die gegebenen Bedingungen.

2.
- Der Graph der Funktion bei a), d) und i) ist achsensymmetrisch zur y-Achse. Der Funktionsterm enthält jeweils nur Potenzen von x mit geraden Exponenten.
- Der Graph der Funktion bei b), f) und h) ist punktsymmetrisch zum Ursprung. Der Funktionsterm enthält jeweils nur Potenzen von x mit ungeraden Exponenten.
- Der Graph der Funktion bei c), e) und g) ist weder achsensymmetrisch zur y-Achse noch punktsymmetrisch zum Ursprung. Der Funktionsterm enthält jeweils sowohl Potenzen von x mit geraden als auch mit ungeraden Exponenten.

3.
- Der Funktionsterm von f enthält nur Potenzen von x mit ungeraden Exponenten. Der Graph von f ist also punktsymmetrisch zum Ursprung. Zur Funktion f gehört der Graph (4).
- Der Funktionsterm von g enthält sowohl Potenzen von x mit geraden als auch mit ungeraden Exponenten. Der Graph ist also weder achsensymmetrisch zur y-Achse noch punktsymmetrisch zum Ursprung. Aufgrund des Globalverhaltens von g gehört der Graph (1) zu g.
- Der Graph von h ist weder achsensymmetrisch zur y-Achse noch punktsymmetrisch zum Ursprung. Aufgrund des Globalverhaltens von h gehört der Graph (2) zu h.
- Der Graph von i ist achsensymmetrisch zur y-Achse. Der Graph (3) gehört zu i.

4. a) $f_1(x) = x^3 - 3x^2 + 2$

$$f_2(x) = f_1(x+1) = (x+1)^3 - 3(x+1)^2 + 2$$
$$= x^3 + 3x^2 + 3x + 1 - 3(x^2 + 2x + 1) + 2$$
$$= x^3 - 3x$$

b) Der Funktionsterm von f_2 enthält nur Potenzen von x mit ungeraden Exponenten. Der Graph von f_2 ist also punktsymmetrisch zum Ursprung.
Der Graph von f_1 ist punktsymmetrisch zum Punkt $(1\,|\,0)$, der Graph von f zum Punkt $(1\,|\,-2)$.

30

c) $g(x) = (x-2)^3 - 3 = x^3 - 6x^2 + 12x - 8 - 3$
$= x^3 - 6x^2 + 12x - 11$
Der Graph von g entsteht aus dem Graphen der Potenzfunktion mit $h(x) = x^3$ durch eine Verschiebung um 2 LE nach rechts in Richtung der x-Achse und um 3 LE nach unten in Richtung der y-Achse.

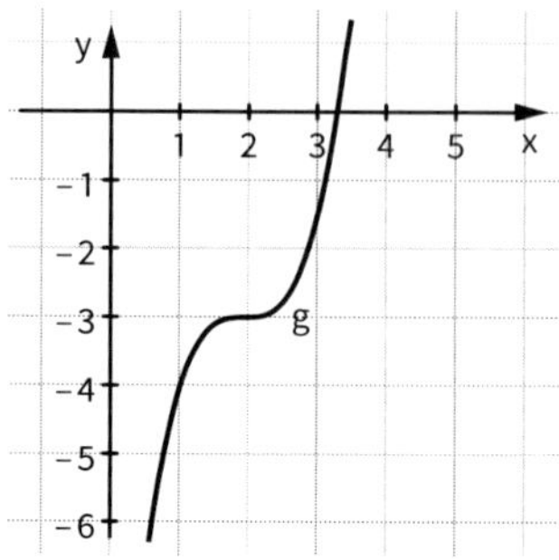

5. **a)** Der Graph von f ist achsensymmetrisch zur y-Achse. Der Graph von f* ist achsensymmetrisch zur Parallelen zur y-Achse mit der Gleichung $x = 1$.
$f^*(x) = \frac{1}{3}(x-1)^4 - 2(x-1)^2 - 2{,}5$

b) **Anmerkung zur ersten Auflage:** Die Ableitung ist noch nicht bekannt, deswegen verwende: $g(x) = \frac{4}{3}x^3 - 4x$
Der Graph von g ist punktsymmetrisch zum Ursprung. Der Graph der verschobenen Funktion g* ist punktsymmetrisch zum Punkt $(1\,|\,-2{,}5)$.
$g^*(x) = \frac{4}{3}(x-1)^3 - 4(x-1) - 2{,}5$

6. **a)** Der Graph von f ist punktsymmetrisch zu $P(2\,|\,1)$, wenn $\frac{f(2-h)+f(2+h)}{2} = 1$, also
$\frac{(2-h)^3 - 6(2-h)^2 + 8(2-h) + 1 + (2+h)^3 - 6(2+h)^2 + 8(2+h) + 1}{2}$
$= \frac{-h^3 + 4h + 1 + h^3 - 4h + 1}{2} = \frac{2}{2} = 1$

b) Wir verschieben den Graphen von f um 2 Einheiten nach links in Richtung der x-Achse und um 1 Einheit nach unten in Richtung der y-Achse.
$g(x) = f(x+2) - 1 = (x+2)^3 - b(x+2)^2 + 8(x+2) + 1 - 1 = x^3 - 4x$
Der Graph von g ist punktsymmetrisch zum Koordinatenursprung.

c) Graph symmetrisch zur Geraden mit $x = 1$:
z. B. $f(x) = \frac{1}{2}(x-1)^4 + 2(x-1)^2 + 1$
Graph symmetrisch zum Punkt $P(1\,|\,-3)$:
z. B. $f(x) = \frac{1}{4}(x-1)^3 - 3(x-1) - 3$

Noch fit ... im Lösen quadratischer Gleichungen?

31

1. **a)** $x^2 = -1$
$L = \{\ \}$; Die Gleichung hat keine Lösung.

b) $x^2 = 0$
$x = 0$
$L = \{0\}$; Die Gleichung hat eine Lösung.

c) $x^2 = 4$
$x_{1,2} = \pm\sqrt{4}$
$x_1 = 2$ oder $x_2 = -2$
$L = \{-2; 2\}$; Die Gleichung hat zwei Lösungen.

31

d) $x(x+2)=0$
$x=0$ oder $x+2=0$
$x_1=0$ oder $x_2=-2$
$L=\{-2;0\}$; Die Gleichung hat zwei Lösungen.

e) $2x^2=18$
$x^2=9$
$x_{1,2}=\pm\sqrt{9}$
$x_1=3$ oder $x_2=-3$
$L=\{-3;3\}$; Die Gleichung hat zwei Lösungen.

f) $5-0{,}5x^2=0{,}5$
$0{,}5x^2=4{,}5$
$x^2=9$
$x_{1,2}=\pm\sqrt{9}$
$x_1=3$ oder $x_2=-3$
$L=\{-3;3\}$; Die Gleichung hat zwei Lösungen.

g) $(x-5)^2=9$
$x-5=\sqrt{9}$ oder $x-5=-\sqrt{9}$
$x=3+5=8$ oder $x=-3+5=2$
$L=\{2;8\}$; Die Gleichung hat zwei Lösungen.

h) $(x+1)^2-3=6$
$(x+1)^2=9$
$x+1=\sqrt{9}$ oder $x+1=-\sqrt{9}$
$x=3-1$ oder $x=-3-1$
$x_1=2$ oder $x_2=-4$
$L=\{-4;2\}$; Die Gleichung hat zwei Lösungen.

2. **a)** $L=\{-3;1\}$
b) $L=\{1;2\}$
c) $L=\{-4;-1\}$
d) $L=\{\ \}$
e) $L=\{3\}$
f) $L=\{3;7\}$

3. Länge der Quadratseite (in cm): x
Gleichung: $(x+2)(x+3)=56$
Lösungsmenge: $L=\{-10;5\}$
-10 entfällt als Lösung, da Längen positiv sind.
Das Quadrat hat die Seitenlänge 5 cm und den Flächeninhalt 25 cm².

4. **a)** Länge der quadratischen Grundfläche (in cm): x
Gleichung: $7x+18=x^2$
Lösungsmenge: $L=\{-2;9\}$
-2 entfällt als Lösung, da Längen positiv sind.
Die quadratische Grundfläche hat die Seitenlänge 9 cm und den Flächeninhalt 81 cm².

b) Länge der quadratischen Grundfläche (in cm): x
Gleichung: $240=2x^2+4(7x)$
Lösungsmenge: $L=\{-20;6\}$
-20 entfällt als Lösung (siehe a).
Die quadratische Grundfläche hat die Seitenlänge 6 cm und den Flächeninhalt 36 cm².

31

5. **a)** $(x+1)(x-2)=0$
   b) $x(x-1)=0$
   c) $(x-4)^2=0$
   d) $(x+4)(x-10)=0$
   e) $x^2=0$
   f) $(x-7)^2=0$

6. $d=0$: eine Lösung
   $d<0$: keine Lösung
   $d>0$: zwei Lösungen

1.5 Nullstellen ganzrationaler Funktionen

1.5.1 Linearfaktoren ganzrationaler Funktionen

32

Einstiegsaufgabe ohne Lösung

- Graph (a): Funktion f_2
  $f_2(x)=0$, falls einer der Faktoren null ergibt, also falls $x+3=0$ oder $x+1=0$ oder $x-2=0$ oder $x-4=0$.
  Dies ist der Fall für $x=-3$ oder $x=-1$ oder $x=2$ oder $x=4$.
  An diesen Stellen schneidet der Funktionsgraph die x-Achse.
- Graph (b): Funktion f_3
  $f_3(x)=0$ für $x=0$ oder $x=1$ oder $x=-1{,}5$.
  Die Gleichung $x^2+1=0$ hat keine Lösung.
- Graph (c): Funktion f_4
  $f_4(x)=0$ für $x=2$ oder $x=-\sqrt{\frac{1}{2}}$ oder $x=\sqrt{\frac{1}{2}}$.
- Graph (d): Funktion f_1
  $f_1(x)=0$ für $x=-2$ oder $x=3$.
- $g_1(x)=0$ für $x=0$ oder $x=3$ oder $x=-2$ oder $x=-\frac{5}{3}$.
  Die Gleichung $x^4+3=0$ hat keine Lösung.
  $g_2(x)=0$ für $x=4$ oder $x=-1$ oder $x=-3$ oder $x=3$.
  $g_3(x)=0$ für $x=0$ oder $x=-3$ oder $x=1$.
  $g_4(x)=2x\cdot(x^2-6x+8)=0$ für $x=0$ oder $x=2$ oder $x=4$.
- $f(x)=(x+2)\cdot(x-1)\cdot(x-3)=x^3-2x^2-5x+6$
  Jede Funktion mit $g(x)=a\cdot(x+2)\cdot(x-1)\cdot(x-3)$, $a\neq 0$ hat dieselben Nullstellen wie f, aber auch z. B. die Funktion $(x+2)^3\cdot(x-1)^2\cdot(x-3)^4$.
  Die Funktion muss mindestens den Grad 3 haben.

34

1. **a)** Der Grad von f ist 3.
   $x_1=4;\ x_2=-2;\ x_3=-1$
   b) Der Grad von f ist 3.
   $x_1=0;\ x_2=3;\ x_3=-5$
   c) Der Grad von f ist 4.
   $x_1=3;\ x_2=-3$

34 **d)** Der Grad von f ist 4.
$x_1 = 3;\ x_2 = -\frac{1}{2};\ x_3 = 0$

e) Der Grad von f ist 5.
$f(x) = x^3(x^2 - 1)$
$x_1 = 0;\ x_2 = 1;\ x_3 = -1$

f) Der Grad von f ist 3.
$f(x) = x(x^2 + 3x + 2)$
$x_1 = 0;\ x_2 = -1;\ x_3 = -2$

2. a) $f(x) = a \cdot (x+3) \cdot (x-1) \cdot (x-2)$
Wegen $f(0) = 4$ gilt $a = \frac{2}{3}$
Also: $f(x) = \frac{2}{3} \cdot (x+3)(x-1)(x-2)$

b) $f(x) = a \cdot (x+1) \cdot x \cdot (x-1) \cdot (x-2)$
Wegen $f(-2) = 48$ gilt $a = 2$
Also: $f(x) = 2 \cdot x(x+1)(x-1)(x-2)$

3. a) $f(x) = \frac{1}{6} \cdot (x+3) \cdot (x-1) \cdot (x-4)$
b) $f(x) = 0{,}11\,x \cdot (x+3) \cdot (x-1) \cdot (x-3)$
c) $f(x) = -\frac{2}{5} \cdot (x+4) \cdot (x+2) \cdot x \cdot (x-2)$

4. Anna hat Vorzeichenfehler bei den Linearfaktoren gemacht und den Streckfaktor nicht berücksichtigt.
(Der korrekte Term lautet: $f(x) = \frac{1}{5}(x+4)(x+1)(x-2)$).

5. a) Vermutung: Nullstelle $x = \frac{3}{2}$
$f\left(\frac{3}{2}\right) = \frac{27}{8} - \frac{7}{2} \cdot \frac{9}{4} + \frac{19}{4} \cdot \frac{3}{2} - \frac{21}{8} = \frac{27}{8} - \frac{63}{8} + \frac{57}{8} - \frac{21}{8} = 0$
$x = \frac{3}{2}$ ist eine Nullstelle von f.

b) Vermutete Nullstellen: $x_1 = -\frac{3}{2};\ x_2 = \frac{3}{2}$
$f\left(-\frac{3}{2}\right) = \frac{81}{4} - 4{,}5002 \cdot \frac{9}{4} + 5{,}0625 = -0{,}00045$
Aus Symmetriegründen auch $f\left(\frac{3}{2}\right) = -0{,}00045$
$x_1 = -\frac{3}{2}$ und $x_2 = \frac{3}{2}$ sind keine Nullstellen von f.

c) Vermutete Nullstellen: $x_1 = -1;\ x_2 = 1$
$f(-1) = -4 + 4 + 4{,}0001 - 3{,}9999 = 0{,}0002$
$f(1) = 4 + 4 - 4{,}0001 - 3{,}9999 = 0$
$x_1 = -1$ ist keine Nullstelle von f, $x_2 = 1$ ist eine Nullstelle.

35 **6. a)** Die rechnerische Bestimmung der Nullstellen mithilfe von CAS (oder evtl. einem GTR) liefert alle Nullstellen mit einem Befehl. Bei der grafischen Bestimmung muss jede Nullstelle einzeln bestimmt werden.

b) (1) $x \approx 2{,}55$
(2) $x_1 = -\sqrt{5} \approx -2{,}24;\ x_2 = -1;\ x_3 = 2;\ x_4 = \sqrt{5} \approx 2{,}24$
(3) $x_1 \approx -0{,}33;\ x_2 \approx 1{,}18;\ x_3 \approx 5{,}15$
(4) $x_1 \approx 0{,}72;\ x_2 \approx 2{,}83$

35

7. a) $f(5) = 0$, also $f(x) = (x-5)\cdot(a x^2 + b x + c)$
$= a x^3 + (b - 5a) x^2 + (c - 5b) x - 5c$
Also: $a = 3$; $b = 2$; $c = -5$
$f(x) = (x-5)(3x^2 + 2x - 5)$
Nullstellen: $x_1 = 5$; $x_2 = 1$; $x_3 = -\frac{5}{3}$

b) $f(x) = (x-1)(2x^2 - x - 1)$
Nullstellen: $x_1 = 1$; $x_2 = -\frac{1}{2}$

c) $f(x) = (x-3)(x^2 - 2x - 2)$
Nullstellen: $x_1 = 3$; $x_2 = 1 + \sqrt{3}$; $x_3 = 1 - \sqrt{3}$

d) $f(x) = (x+1)(x^2 + 3x - 1)$
Nullstellen: $x_1 = -1$; $x_2 = \frac{-3+\sqrt{13}}{2}$; $x_3 = \frac{-3-\sqrt{13}}{2}$

e) $f(x) = (x+2)(x^2 - 2x - 1)$
Nullstellen: $x_1 = -2$; $x_2 = 1 + \sqrt{2}$; $x_3 = 1 - \sqrt{2}$

36

8. a) $f_1(x) = (x-2)^2\cdot(x^2+1)$
b) $f_2(x) = (x-2)^3\cdot(x^2+1)$
c) $f_3(x) = x^4\cdot(x^2 - 8x + 25)$
d) $f_4(x) = -8(5x^3 - 5x^2 + 4x - 2)$
e) $f_5(x) = (x-1)(x+1)(x^2+1)$
f) $f_6(x) = (x-1)^2\cdot(x+1)^2$

9. a) Substitution $x^2 = u$ ergibt $u^2 - 13u + 36 = 0$
mit den Lösungen $u_1 = 4$; $u_2 = 9$
Rücksubstitution $x^2 = 4$, also $x_1 = -2$; $x_2 = 2$
$x^2 = 9$, also $x_3 = -3$; $x_4 = 3$
$L = \{-3; -2; 2; 3\}$

b) Substitution $x^2 = u$ ergibt $9u^2 - 52u + 64 = 0$
mit den Lösungen $u_1 = \frac{16}{9}$; $u_2 = 4$
Rücksubstitution $x^2 = \frac{16}{9}$, also $x_1 = -\frac{4}{3}$; $x_2 = \frac{4}{3}$
$x^2 = 4$, also $x_3 = -2$; $x_4 = 2$
$L = \left\{-2; -\frac{4}{3}; \frac{4}{3}; 2\right\}$

c) Substitution $x^2 = u$ ergibt $2u^2 - 13u - 45 = 0$
mit den Lösungen $u_1 = -\frac{5}{2}$; $u_2 = 9$
Rücksubstitution $x^2 = -\frac{5}{2}$, keine Lösung
$x^2 = 9$, also $x_1 = -3$; $x_2 = 3$
$L = \{-3; 3\}$

d) Substitution $x^2 = u$ ergibt $5u^2 + 23u + 12 = 0$
mit den Lösungen $u_1 = -4$; $u_2 = -\frac{3}{5}$
Rücksubstitution $x^2 = -4$ keine Lösung
$x^2 = -\frac{3}{5}$ keine Lösung
$L = \{\ \}$

36

e) $(x^2+5)(16x^4-25x^2+9)=0$; also $x^2+5=0$ oder $16x^4-25x^2+9=0$

$x^2=-5$ keine Lösung

Substitution $x^2=u$ ergibt $16u^2-25u+9=0$

mit den Lösungen $u_1=\frac{9}{16}$; $u_2=1$

Rücksubstitution $x^2=\frac{9}{16}$, also $x_1=-\frac{3}{4}$; $x_2=\frac{3}{4}$

$x^2=1$, also $x_3=-1$; $x_4=1$

$L=\left\{-1; -\frac{3}{4}; \frac{3}{4}; 1\right\}$

f) $4x^6-33x^4+8x^2=0$ bzw. $x^2\cdot(4x^4-33x^2+8)=0$

$x^2=0$, also $x_1=0$

$4x^4-33x^2+8=0$

Substitution $x^2=u$

$4u^2-33u+8=0$, also $u_1=\frac{1}{4}$; $u_2=8$

Rücksubstitution $x^2=\frac{1}{4}$, also $x_2=\frac{1}{2}$; $x_3=-\frac{1}{2}$

$x^2=8$, also $x_4=\sqrt{8}$; $x_5=-\sqrt{8}$

$L=\left\{0; \frac{1}{2}; -\frac{1}{2}; \sqrt{8}; -\sqrt{8}\right\}$

g) Substitution $x^3=u$ ergibt $u^2-7u-8=0$

mit den Lösungen $u_1=-1$; $u_2=8$

Rücksubstitution $x^3=-1$, also $x_1=-1$

$x^3=8$, also $x_2=2$

$L=\{-1; 2\}$

h) $9x^2+\frac{16}{x^2}=40$ bzw. $9x^4-40x^2+16=0$

Substitution $x^2=u$ ergibt $9u^2-40u+16=0$

mit den Lösungen $u_1=\frac{4}{9}$; $u_2=4$

Rücksubstitution $x^2=\frac{4}{9}$, also $x_1=\frac{2}{3}$; $x_2=-\frac{2}{3}$

$x^2=4$, also $x_3=2$; $x_4=-2$

$L=\left\{\frac{2}{3}; -\frac{2}{3}; 2; -2\right\}$

10. a) Substitution $x^2=u$ ergibt $12u^2-u-20=0$

mit den Lösungen $u_1=-\frac{5}{4}$; $u_2=\frac{4}{3}$

Rücksubstitution $x^2=-\frac{5}{4}$ keine Lösung

$x^2=\frac{4}{3}$, also $x_1=-\sqrt{\frac{4}{3}}$; $x_2=\sqrt{\frac{4}{3}}$

$L=\left\{-\sqrt{\frac{4}{3}}; \sqrt{\frac{4}{3}}\right\}$

b) $(y^2-5)^2=16$, also

$y^2-5=-4$ oder $y^2-5=4$

$y^2=1$ $\quad$ $y^2=9$

$y_1=-1$; $y_2=1$ $\quad$ $y_3=-3$; $y_4=3$

$L=\{-3; -1; 1; 3\}$

36

c) $\frac{2}{z^2-1} = z^2$ bzw. $2 = z^2(z^2-1)$, also $z^4 - z^2 - 2 = 0$

Substitution $z^2 = u$, also $u^2 - u - 2 = 0$

mit den Lösungen $u_1 = -1$; $u_2 = 2$

Rücksubstitution $z^2 = -1$ keine Lösung

$z^2 = 2$, also $z_1 = -\sqrt{2}$; $z_2 = \sqrt{2}$

$L = \{-\sqrt{2}; \sqrt{2}\}$

d) $\frac{1}{12} \cdot x^2(x^4 - 2x^2 - 12) = 0$

$\frac{1}{12}x^2 = 0$ oder $x^4 - 2x^2 - 12 = 0$

$x_1 = 0$

Substitution $x^2 = u$ ergibt $u^2 - 2u - 12 = 0$

mit den Lösungen $u_1 = 1 - \sqrt{13}$; $u_2 = 1 + \sqrt{13}$

Rücksubstitution $x^2 = 1 - \sqrt{13}$ keine Lösung

$x^2 = 1 + \sqrt{13}$, also $x_2 = -\sqrt{1+\sqrt{13}}$; $x_3 = \sqrt{1+\sqrt{13}}$

$L = \left\{0; -\sqrt{1+\sqrt{13}}; \sqrt{1+\sqrt{13}}\right\}$

e) $x^4 - 34x^2 + 225 = 0$

Substitution $x^2 = u$ ergibt $u^2 - 34u + 225 = 0$

mit den Lösungen $u_1 = 9$; $u_2 = 25$

Rücksubstitution $x^2 = 9$, also $x_1 = -3$; $x_2 = 3$

$x^2 = 25$, also $x_3 = -5$; $x_4 = 5$

$L = \{-5; -3; 3; 5\}$

f) $\left(x^2 - \frac{9}{4}\right) \cdot (x^2 + 4) = 0$, also

$x^2 - \frac{9}{4} = 0$ oder $x^2 + 4 = 0$

$x_1 = -\frac{3}{2}$; $x_2 = \frac{3}{2}$ keine Lösung

$L = \left\{-\frac{3}{2}; \frac{3}{2}\right\}$

g) $9x^4 - 30x^2 - 24 = 0$

Substitution $x^2 = u$ ergibt $9u^2 - 30u - 24 = 0$

mit den Lösungen $u_1 = -\frac{2}{3}$; $u_2 = 4$

Rücksubstitution $x^2 = -\frac{2}{3}$ keine Lösung

$x^2 = 4$, also $x_1 = -2$; $x_2 = 2$

$L = \{-2; 2\}$

h) $x^4 - x^2 - 2 = 0$

Substitution $x^2 = u$ ergibt $u^2 - u - 2 = 0$

mit den Lösungen $u_1 = -1$; $u_2 = 2$

Rücksubstitution $x^2 = -1$ keine Lösung

$x^2 = 2$, also $x_1 = \sqrt{2}$; $x_2 = -\sqrt{2}$

$L = \{-\sqrt{2}, \sqrt{2}\}$

11. a) Die Bedingung $f(x) = g(x)$ ergibt $\frac{1}{6}x^4 - \frac{5}{6}x^2 - 6 = 0$ bzw. $x^4 - 5x^2 - 36 = 0$

Substitution $x^2 = u$ ergibt $u^2 - 5u - 36 = 0$

mit den Lösungen $u_1 = -4$; $u_2 = 9$

Rücksubstitution $x^2 = -4$ keine Lösung

$x^2 = 9$, also $x_1 = -3$; $x_2 = 3$

Die beiden Graphen schneiden sich an den Stellen $x_1 = -3$ und $x_2 = 3$.

36 **b)** Die Bedingung $f(x) = g(x)$ ergibt $\frac{1}{4}x^4 - \frac{5}{2}x^2 = 0$ bzw. $\frac{1}{4}x^2 \cdot (x^2 - 10) = 0$
also $x_1 = 0$; $x_2 = -\sqrt{10}$; $x_3 = \sqrt{10}$
Die beiden Graphen haben gemeinsame Punkte an den Stellen $x_1 = 0$; $x_2 = -\sqrt{10}$ und $x_3 = \sqrt{10}$.

12. a) Nullstellen der Funktion f: $x_1 = -3$; $x_2 = 3$
Möglicher Funktionsterm für g: $g(x) = a \cdot (x + 3) \cdot (x - 3)$
Wegen $g(1) = 3$ erhält man $a = -\frac{3}{8}$
Also $g(x) = -\frac{3}{8}(x + 3)(x - 3)$

b) Nullstellen der Funktion f mit $f(x) = \frac{1}{3}x^6 + \frac{1}{3}x^4 - 2x^2 = x^2\left(\frac{1}{3}x^4 + \frac{1}{3}x^2 - 2\right)$
$x_1 = -\sqrt{2}$; $x_2 = 0$; $x_3 = \sqrt{2}$
Möglicher Funktionsterm für g: $g(x) = a \cdot x \cdot (x + \sqrt{2})(x - \sqrt{2}) = a \cdot x \cdot (x^2 - 2)$
Aus $g(1) = 3$ erhält man $a = -3$
Also $g(x) = -3 \cdot x(x^2 - 2)$

1.5.2 Anzahl der Nullstellen einer ganzrationalen Funktion

37 **Einstiegsaufgabe ohne Lösung**

- Maltes Aussage ist richtig.
  Beispiel: Der Graph von f mit $f(x) = x^4 + 1$ schneidet die x-Achse nicht.
- Yanniks Aussage ist falsch.
  Eine ganzrationale Funktion mit vier Nullstellen hat mindestens vier Linearfaktoren.
  Beim Ausmultiplizieren ergibt sich als höchste Potenz x^n mit $n \geq 4$.
- Die Aussage von Hanife ist falsch.
  Eine Funktion 5. Grades muss aufgrund ihres Globalverhaltens mindestens eine Nullstelle haben.

38 **1. a)** Nullstellen von f: $x_1 = -1$; $x_2 = 1$; $x_3 = 2$

- An der Stelle $x_1 = -1$ berührt der Graph die x-Achse und hat dort einen Tiefpunkt. Die Funktionwerte in der Umgebung von x_1 ändern nicht ihr Vorzeichen.
- An der Stelle $x_2 = 1$ schneidet der Graph die x-Achse und hat dort einen Sattelpunkt. Beim Durchgang durch die Stelle x_2 ändern die Funktionswerte ihr Vorzeichen von Plus nach Minus.
- An der Stelle $x_3 = 2$ schneidet der Graph die x-Achse. Die Funktionswerte ändern sich an der Stelle x_3 von Minus nach Plus.

b)

	$x < -1$	$-1 < x < 1$	$1 < x < 2$	$2 < x$
1,25	+	+	+	+
$(x + 1)^2$	+	+	+	+
$(x - 1)^3$	–	–	+	+
$(x - 2)$	–	–	–	+
$f(x) = 1{,}25 \cdot (x + 1)^2 \cdot (x - 1)^3 \cdot (x - 2)$	+	+	–	+

39 **2. a)** Die Aussage ist richtig. Für $x \to -\infty$ gilt z. B. $f(x) \to -\infty$ und dann für $x \to \infty$ gilt $f(x) \to \infty$ (oder umgekehrt).

b) Die Aussage ist richtig. Ein Beispiel ist die Funktion f mit $f(x) = x^2$.

39 **c)** Die Aussage ist falsch. Die Funktion f mit $f(x) = x^3$ hat nur eine Nullstelle.

d) Die Aussage ist richtig.
Die Funktion f mit $f(x) = (x+3)(x-1)(x-3) = x^3 - x^2 - 9x + 9$ hat drei Nullstellen.

3. a) $x_1 = 4$ einfache Nullstelle mit VZW
$x_2 = -3$ doppelte Nullstelle ohne VZW

b) $x_1 = 0$ dreifache Nullstelle mit VZW
$x_2 = 0{,}6$ einfache Nullstelle mit VZW
$x_3 = -1$ doppelte Nullstelle ohne VZW

c) $x_1 = \frac{2}{3}$ doppelte Nullstelle ohne VZW
$x_2 = -\sqrt{2}$ einfache Nullstelle mit VZW

d) $f(x) = (x-3)^2 \cdot (x+3)$
$x_1 = 3$ doppelte Nullstelle ohne VZW
$x_2 = -3$ einfache Nullstelle mit VZW

e) $f(x) = x^3 \cdot (x-1)$
$x_1 = 0$ dreifache Nullstelle mit VZW
$x_2 = 1$ einfache Nullstelle mit VZW

f) $f(x) = (x-1)^2 \cdot (x+2)$
$x_1 = 1$ doppelte Nullstelle ohne VZW
$x_2 = -2$ einfache Nullstelle mit VZW

40 **4. a)** $x_1 = -\sqrt{3} \approx -1{,}73;\ x_2 = \frac{3}{4};\ x_3 = \sqrt{3} \approx 1{,}73$

b) $x_1 = -1;\ x_2 = 1$

c) $x_1 \approx -0{,}90;\ x_2 \approx -0{,}17;\ x_3 \approx 1{,}07$

5. a) Hendrik hat alle Nullstellen gefunden, da eine ganzrationale Funktion 3. Grades nicht mehr als drei Nullstellen haben kann.

b) $x = 1$ ist die einzige Nullstelle von f.

c) f hat nur die angegebene Nullstelle.

d) Es gibt außer den drei genannten Nullstellen keine weitere.

6. a) einfache Nullstellen: $x_1 = -4;\ x_2 = 3$
doppelte Nullstelle: $x_3 = 0$
$f(x) = a \cdot x^2 \cdot (x+4) \cdot (x-3),\ a > 0$

b) einfache Nullstellen: $x_1 = 1;\ x_2 = 3$
dreifache Nullstelle: $x_3 = -2$
$f(x) = a \cdot (x+2)^3 \cdot (x-1) \cdot (x-3),\ a > 0$

c) einfache Nullstellen: $x_1 = -1;\ x_2 = 5$
doppelte Nullstellen: $x_3 = -4;\ x_4 = 3$
$f(x) = a \cdot (x+4)^2 \cdot (x-3)^2 \cdot (x+1) \cdot (x-5),\ a < 0$

d) einfache Nullstelle: $x_1 = 0$
doppelte Nullstelle: $x_2 = -4$
$f(x) = a \cdot x \cdot (x+4)^2,\ a < 0$

e) einfache Nullstellen: $x_1 = -5;\ x_2 = 0;\ x_3 = 4$
doppelte Nullstelle: $x_4 = -2$
$f(x) = a \cdot x \cdot (x+5) \cdot (x-4) \cdot (x+2)^2,\ a < 0$

40

f) einfache Nullstelle: $x_1 = -2{,}5$
doppelte Nullstelle: $x_2 = -4$
dreifache Nullstelle: $x_3 = 0$
$f(x) = a \cdot x^3 \cdot (x + 2{,}5) \cdot (x + 4)^2, \; a > 0$

Für folgende Werte von a erhält man „vernünftige Graphen“.

a) $a = \frac{1}{10}$ **c)** $a = -\frac{1}{150}$ **e)** $a = -\frac{1}{70}$

b) $a = \frac{1}{10}$ **d)** $a = -\frac{1}{2}$ **f)** $a = \frac{1}{10}$

7. **a)** einfache Nullstellen:
$x_1 = -2;\; x_2 = 1;\; x_3 = 2$

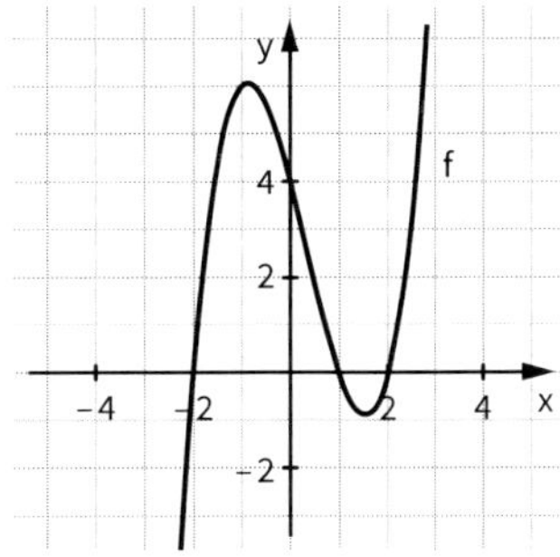

$f(x) = (x - 1)(x^2 - 4)$

b) einfache Nullstelle:
$x_1 = -3$
doppelte Nullstelle:
$x = 2$

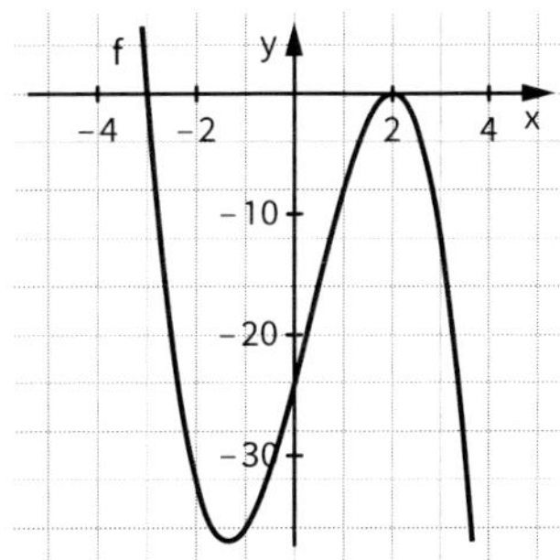

$f(x) = -2(x + 3)(x - 2)^2$

c) einfache Nullstellen:
$x_1 = -2;\; x_2 = 1{,}5$
dreifache Nullstelle:
$x_3 = 0$

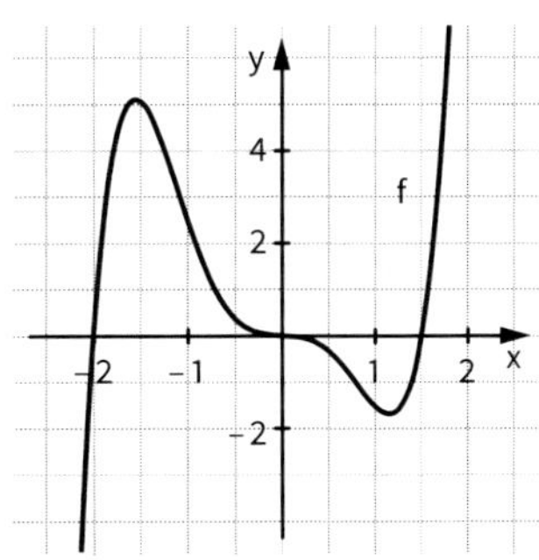

$f(x) = x^3(x - 1{,}5)(x + 2)$

40

d) einfache Nullstelle:
$x_1 = -5$
doppelte Nullstelle:
$x_2 = \frac{1}{2}$
dreifache Nullstelle:
$x_3 = 1$

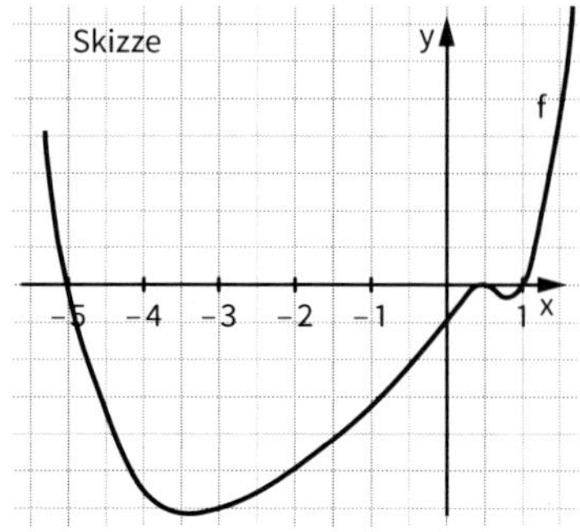

$f(x) = 1{,}5\,(x-1)^3(x+5)\left(x-\frac{1}{2}\right)^2$

Anders als in der Skizze dargestellt, lassen sich die drei Nullstellen der Funktion mit dem GTR nicht in einem Fenster abbilden:

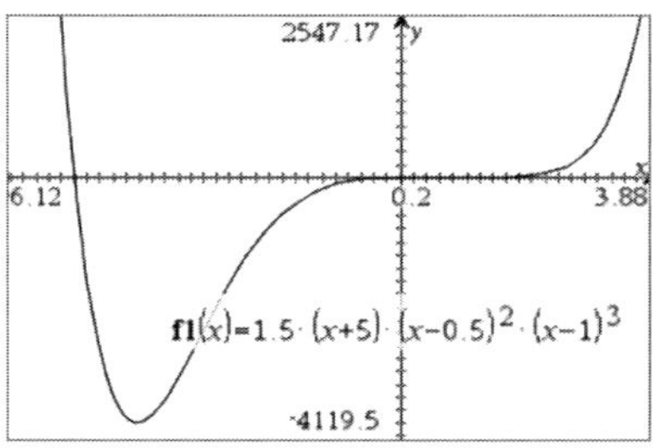

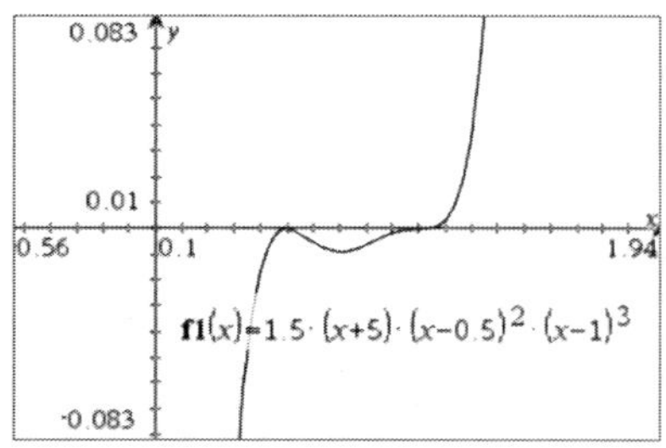

e) einfache Nullstellen:
$x_1 = -3;\ x_2 = 1;\ x_3 = 3$
doppelte Nullstelle:
$x_4 = 0$

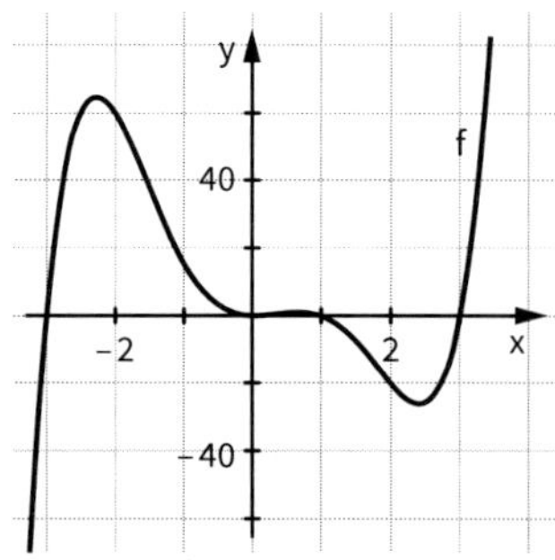

$f(x) = (x^2-9)(x-1)\,x^2$

f) einfache Nullstellen:
$x_1 = -2;\ x_2 = 2$

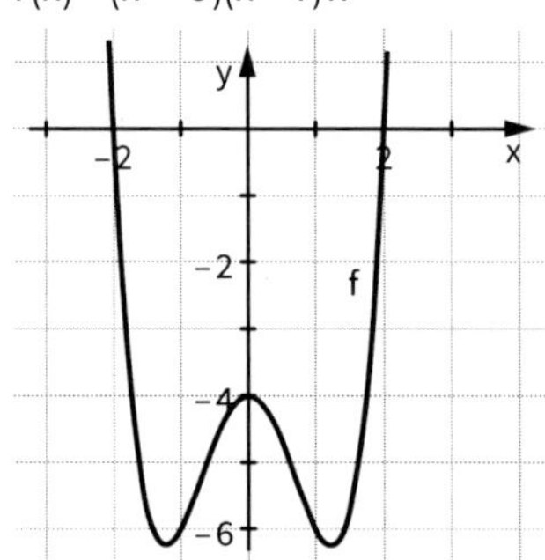

$f(x) = (x^2-4)(x^2+1)$

41

8. Beispiele:

a) $f(x) = \frac{1}{2} \cdot (x+3) \cdot (x-2) \cdot (x^2+1)$

b) $f(x) = 2 \cdot (x+5) \cdot (x+1) \cdot (x-3)$

c) $f(x) = -\frac{1}{4} \cdot (x+1)^2 \cdot (x-2)$

d) $f(x) = \frac{1}{4} \cdot (x^2+5) \cdot (x+3) \cdot (x-1) \cdot (x-4)$

e) $f(x) = 2 \cdot (x^2+3) \cdot (x^2+8)$

f) $f(x) = \frac{1}{2} \cdot (x+3)^2 \cdot (x-2)^2$

9. Nullstellen von f:
einfache Nullstellen: $x_1 = -2$; $x_2 = 1$
doppelte Nullstellen: $x_3 = -1$; $x_4 = 2$; $x_5 = -3$

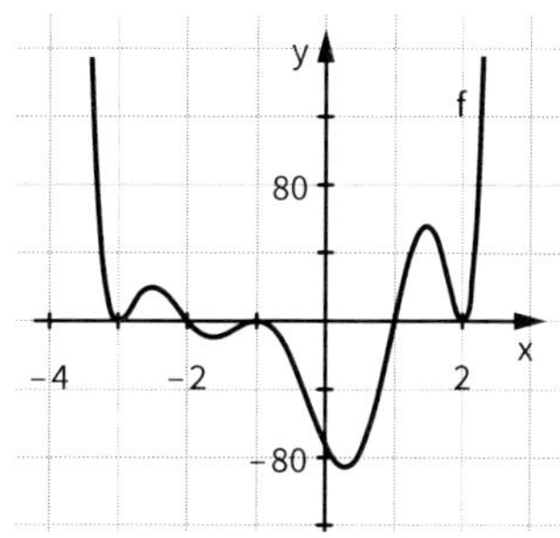

10. Nullstellen von f:
einfache Nullstelle: $x_1 = 0$
doppelte Nullstellen: $x_2 = -2$; $x_3 = 2$

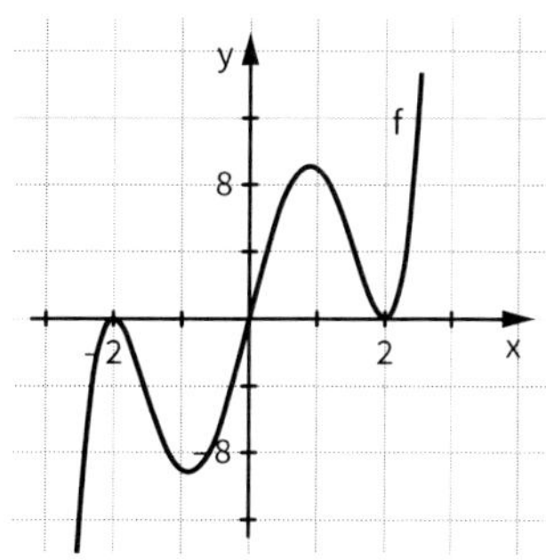

11.
- Der Graph von f_1 geht durch eine Spiegelung an der x-Achse aus dem Graphen von f hervor.
  $f_1(x) = -f(x) = -(x+2)^2 \cdot x^3 \cdot (x-2)$
- Der Graph von f_2 entsteht aus dem Graphen von f_1 durch eine Spiegelung an der y-Achse, also durch eine Punktspiegelung des Graphen von f am Koordinatenursprung.
  $f_2(x) = f_1(-x) = -f(-x)$
  $= -(2-x)^2 \cdot (-x)^3 \cdot (-x-2)$
  $= -(2-x)^2 \cdot x^3 \cdot (x+2)$
- Der Graph von f_3 entsteht aus dem Graph von f durch eine Spiegelung an der y-Achse.
  $f_3(x) = f(-x) = (2-x)^2 \cdot (-x)^3 \cdot (-x-2)$
  $= (2-x) \cdot x^3 \cdot (x+2)$

41 **12. a)** f hat die einfachen Nullstellen -3 und 2 sowie die doppelte Nullstelle 0.
Der Graph von f geht durch den Punkt $P(-2|4)$.
Also: $f(x) = a \cdot x^2 \cdot (x+3) \cdot (x-2)$
mit $f(-2) = -4$, also $a = \frac{1}{4}$
$f(x) = \frac{1}{4}x^2(x+3)(x-2)$

b) f hat die einfache Nullstelle $x = -1$, die doppelte Nullstelle $x = -3$ und die dreifache Nullstelle $x = 0$.
Der Graph von f geht durch den Punkt $P(-2|2)$.
Also: $f(x) = a \cdot x^3 \cdot (x+3)^2 \cdot (x+1)$
mit $f(-2) = 2$, also $a = \frac{1}{4}$
$f(x) = \frac{1}{4}x^3 \cdot (x+3)^2 \cdot (x+1)$

c) f hat die einfachen Nullstellen 1 und 3 sowie die dreifache Nullstelle -2.
Der Graph von f geht durch den Punkt $P(2|-2)$.
Also: $f(x) = a \cdot (x-1)(x-3) \cdot (x+2)^3$
mit $f(2) = -2$, somit $a = \frac{1}{32}$
$f(x) = \frac{1}{32} \cdot (x-1) \cdot (x-3) \cdot (x+2)^3$

13. a) $(x+1)(x^2-4x+a) = 0$, also
$x+1 = 0$ oder $x^2-4x+a = 0$
$x+1 = 0 \Rightarrow x_1 = -1$
$x^2-4x+a = 0 \Rightarrow x_{2,3} = 2 \pm \sqrt{4-a}$
Für $a > 4$ gibt es nur die Nullstelle $x_1 = -1$.
Für $a = 4$ gibt es zwei Nullstellen $x_1 = -1$; $x_2 = 2$.
Für $a < 0$ gibt es drei Nullstellen $x_1 = -1$; $x_{2,3} = 2 \pm \sqrt{4-a}$.

b) $x^2(x-a) = 0$
$\Rightarrow x_1 = 0$; $x_2 = a$
Für $a = 0$ eine Nullstelle $x = 0$
Für $a \neq 0$ zwei Nullstellen $x_1 = 0$; $x_2 = a$

c) $x^2(x^2-a) = 0$
Für $a \leq 0$ eine Nullstelle $x = 0$
Für $a > 0$ drei Nullstellen $x_1 = 0$; $x_2 = \sqrt{a}$; $x_3 = -\sqrt{a}$

d) $(x^2+a) \cdot (x-2)^2 = 0$
Für $a > 0$ eine Nullstelle $x = 2$
Für $a = 0$ zwei Nullstellen $x_1 = 2$; $x_2 = 0$
Für $a < 0$ drei Nullstellen $x_1 = 2$; $x_{2,3} = \pm\sqrt{-a}$

e) $(x^2+a)(x^2-1) = 0$
Für $a > 0$ oder $a = -1$ zwei Nullstellen $x_1 = 1$; $x_2 = -1$
Für $a = 0$ drei Nullstellen $x_1 = 1$; $x_2 = -1$; $x_3 = 0$
Für $a < 0$ und $a \neq -1$ vier Nullstellen $x_1 = 1$; $x_2 = -1$; $x_{3,4} = \pm\sqrt{-a}$

f) $x^4 - 4x^2 + a = 0$
Substitution $x^2 = u$ ergibt $u^2 - 4u + a = 0$
mit den Lösungen $u_1 = 2 + \sqrt{4-a}$; $u_2 = 2 - \sqrt{4-a}$ für $a \leq 4$
$x^2 = 2 + \sqrt{4-a}$ zwei Lösungen für $a \leq 4$
$x^2 = 2 - \sqrt{4-a}$ zwei Lösungen $0 \leq a \leq 4$
Für $a = 0$ drei Nullstellen $x_1 = 2$; $x_2 = -2$; $x_3 = 0$

41 Für $a = 4$ zwei Nullstellen $x_{1,2} = \pm\sqrt{2}$
Für $a > 0$ keine Nullstellen
Für $0 < a < 4$ vier Nullstellen $x_{1,2} = \pm\sqrt{2 + \sqrt{4 - a}}$; $x_{3,4} = \pm\sqrt{2 - \sqrt{4 - a}}$
Für $a < 0$ zwei Nullstellen $x_{1,2} = \pm\sqrt{2 + \sqrt{4 - a}}$

Blickpunkt: Polynomdivision

43

1. Mehdi führt eine klassische Polynomdivision per Hand schriftlich durch und erhält somit das neue Polynom $5x^2 - 18x + 9$.
Serena orientiert sich allein an den Koeffizienten. Links stehen die Koeffizienten des Ausgangspolynoms. Durch entsprechende Verrechnung mit der Nullstelle (analog zur schriftlichen Division von Mehdi) erhält sie die Koeffizienten des neuen Polynoms.
Diese stehen nun rechts: $5x^2 - 18x + 9$.
Die Null als letzte Ziffer zeigt an, dass Serena richtig gerechnet hat.

2. **a)** $x^2 - 5x + 7$
b) $x^2 - 2x - 4$
c) $x^3 - x + 4$
d) $2x^3 - x^2 + 4x - 1$
e) $3x^4 - 3x^3 + 3x^2 - x$
f) $x^2 + x + 1$
g) $x^9 + x^8 + x^7 + x^6 + x^5 + x^4 + x^3 + x^2 + x + 1$
h) $x^{n-1} + x^{n-2} + \ldots + x^3 + x^2 + x + 1$

3. **a)** $x = -2;\ x = -1;\ x = 0$
b) $x = -2$
c) $x = -1;\ x = 0;\ x = 1$
d) $x = -1$
e) $x = -1;\ x = 2;\ x = 4$
f) $x = -2;\ x = -\frac{1}{2};\ x = \frac{1}{2}$

4. Die Koeffizienten rechts entsprechen jeweils den Koeffizienten der Lösungspolynome aus Aufgabe 2.

a)
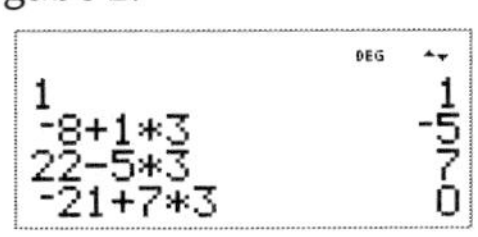

b)
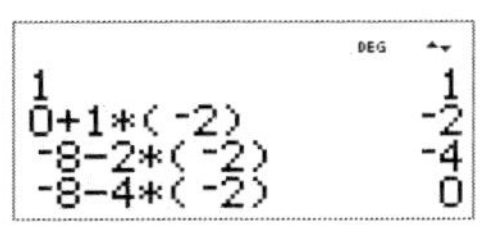

c)
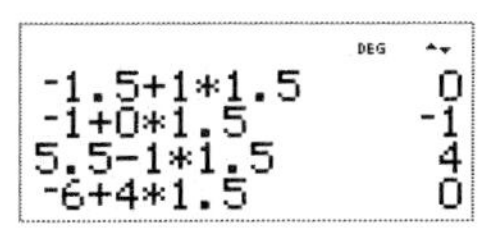

d)
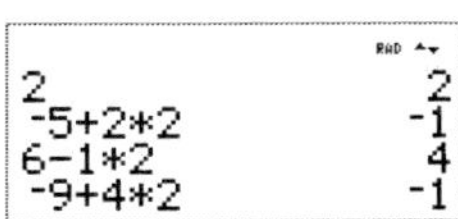

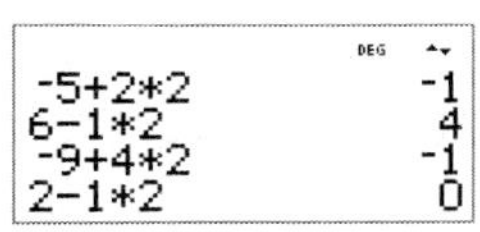

e)
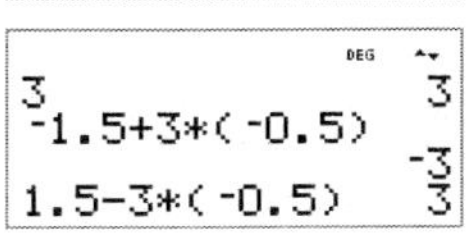

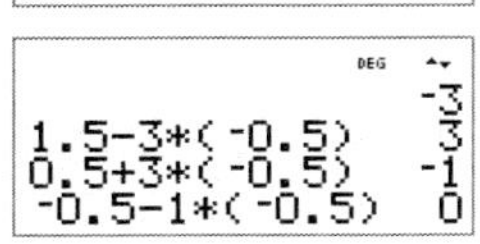

f)
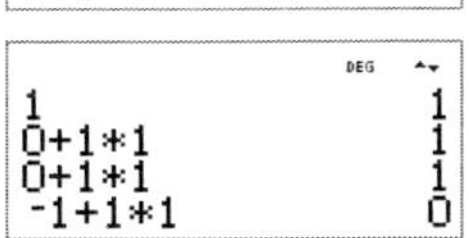

g)
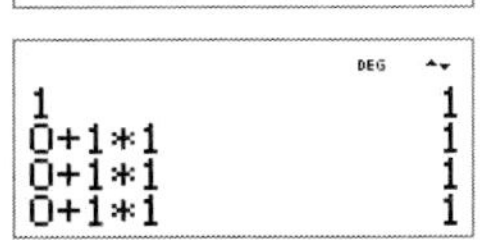

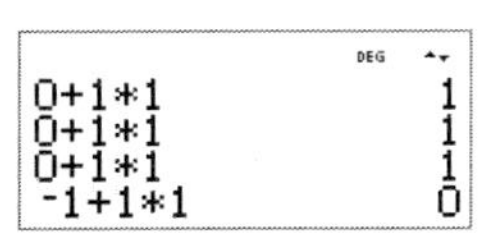

h) wie bei g), nur in Abhängigkeit von n (vgl. Aufgabe 2 h))

1.6 Grenzwert einer Funktion an einer Stelle – Grenzwertsätze

44

Einstiegsaufgabe ohne Lösung

a) Funktion f_1: Definitionslücke $x = -1$; keine Nullstelle
Funktion f_2: Definitionslücke $x = 0$; Nullstelle $x = \frac{1}{2}$
Funktion f_3: Definitionslücke $x = 1$; Nullstelle $x = -1$

b) Funktion f_1: $f_1(x) \to -\infty$ für $x \to -1$ und $x < -1$
$f_1(x) \to \infty$ für $x \to -1$ und $x > -1$
Funktion f_2: $f_2(x) \to -\infty$ für $x \to 0$ und $x < 0$
$f_2(x) \to -\infty$ für $x \to 0$ und $x > 0$
Funktion f_3: $f_3(x) \to -\infty$ für $x \to 1$ und $x < 1$
$f_3(x) \to \infty$ für $x \to 1$ und $x > 1$

46

1.

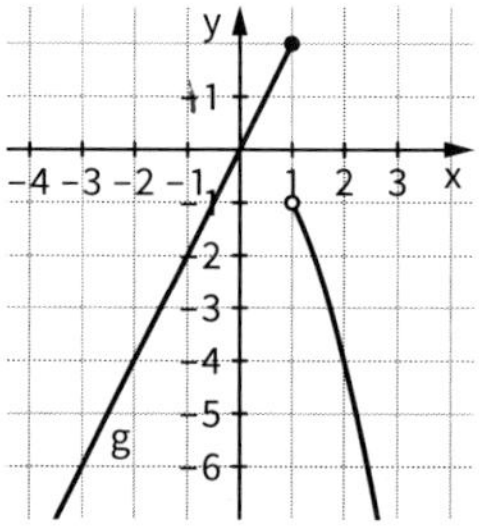

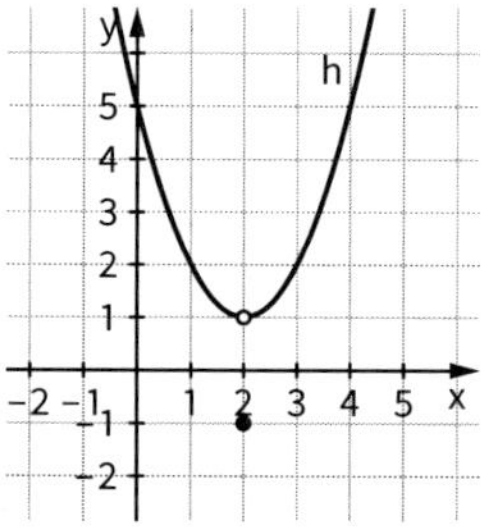

Beide Graphen weisen an einer Stelle eine Sprung auf, sind also unstetig. Nähert man sich auf dem Graphen von g von links der Stelle 1, so nähern sich die Funktionswerte dem Wert $f(1) = 2$. Nähert man sich dieser Stelle allerdings von rechts, so nähern sich die Funktionswerte dem Wert −1.

Nähert man sich auf dem Graphen von h der Stelle 2, so nähern sich die Funktionswerte dem Wert 1, es ist aber $h(2) = -1$.

2.

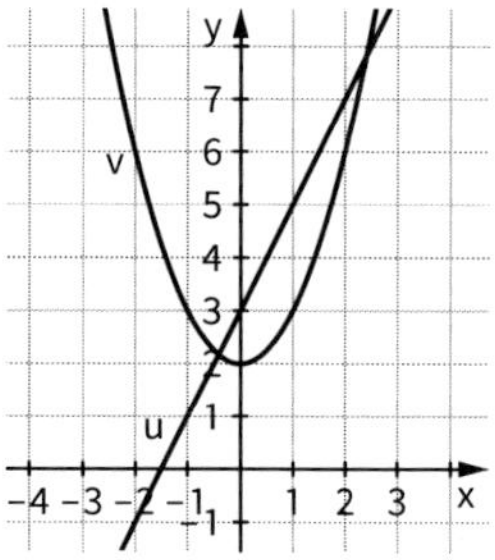

46

(1) $\lim\limits_{x \to 2} u(x) = 7$; $\lim\limits_{x \to 2} v(x) = 6$;

$u(x) + v(x) = x^2 + 2x + 5$

$\Rightarrow \lim\limits_{x \to 2} (x^2 + 2x + 5) = 13$

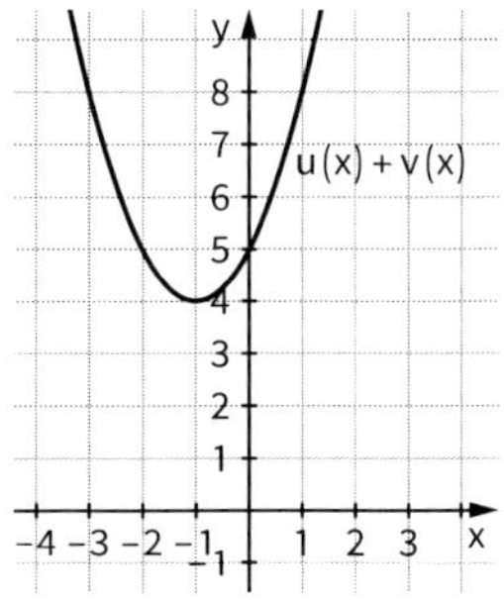

(2) $\lim\limits_{x \to 2} u(x) = -1$; $\lim\limits_{x \to 2} v(x) = 6$;

$u(x) - v(x) = -x^2 + 2x + 1$

$\Rightarrow \lim\limits_{x \to 2} (-x^2 + 2x + 1) = -7$

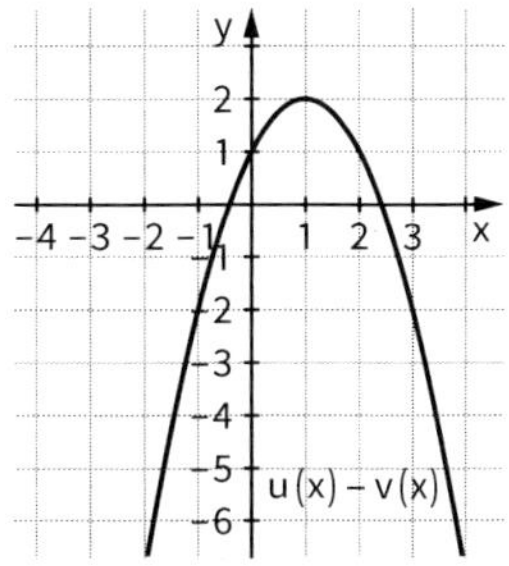

(3) $\lim\limits_{x \to 0} u(x) = 3$; $\lim\limits_{x \to 0} v(x) = 2$;

$u(x) \cdot v(x) = 2x^3 + 3x^2 + 4x + 6$

$\Rightarrow \lim\limits_{x \to 0} (2x^3 + 3x^2 + 4x + 6) = 6$

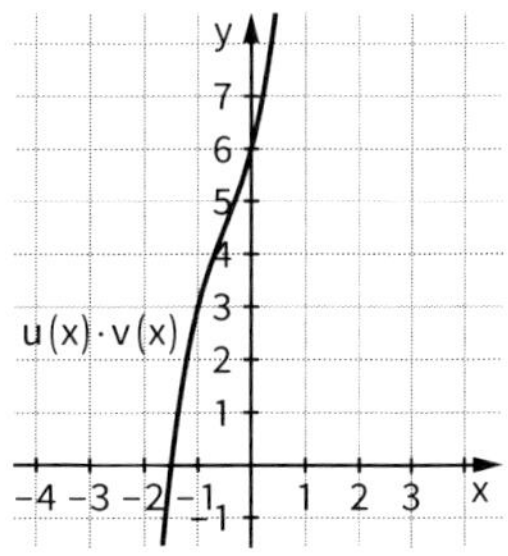

(4) $\lim\limits_{x \to 5} u(x) = 13$; $\lim\limits_{x \to 5} v(x) = 27$;

$\frac{u(x)}{v(x)} = \frac{2x + 3}{x^2 + 2}$

$\Rightarrow \lim\limits_{x \to 5} \frac{2x + 3}{x^2 + 2} = \frac{13}{27}$

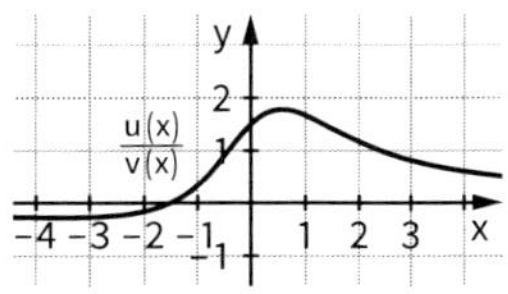

47

3. a) Definitionslücke $x = -3$;
$f(x) \to -\infty$ für $x \to -3$ und $x < -3$
$f(x) \to -\infty$ für $x \to -3$ und $x > -3$

b) Definitionslücke $x = -2$:
$f(x) \to -\infty$ für $x \to -2$ und $x < -2$
$f(x) \to \infty$ für $x \to -2$ und $x > -2$

c) Definitionslücken $x = -3$; $x = 2$:
$f(x) \to -\infty$ für $x \to -3$ und $x < -3$;
$f(x) \to \infty$ für $x \to -3$ und $x > -3$
$f(x) \to -\infty$ für $x \to 2$ und $x < 2$;
$f(x) \to \infty$ für $x \to 2$ und $x > 2$

47

4. Wir untersuchen die Aussage am Beispiel der Funktionen f_1, f_2, f_3 und f_4 mit
$f_1(x) = \frac{5}{x-2}$, $f_2(x) = \frac{5}{(x-2)^2}$, $f_3(x) = \frac{5}{(x-2)^3}$ und $f_4(x) = \frac{5}{(x-2)^4}$.
Alle vier Funktionen haben eine Polstelle an der Stelle $x = 2$.

- Bei den Funktionen f_1 und f_3 ist $x = 2$ ein Pol mit Vorzeichenwechsel. Die Polstelle ist eine einfache bzw. dreifache Nullstelle der Funktion.
- Bei den Funktionen f_2 und f_4 ist $x = 2$ ein Pol ohne Vorzeichenwechsel. Die Polstelle ist eine doppelte bzw. vierfache Nullstelle der Funktion.

Wir schließen daraus: Ist die Polstelle x_0 eine einfache, dreifache, ... Nullstelle des Nenners v, so ist x_0 ein Pol mit Vorzeichenwechsel. Ist die Polstelle x_0 eine doppelte, vierfache, ... Nullstelle des Nenners v, so ist x_0 ein Pol ohne Vorzeichenwechsel.

5. a) $f(x) = \frac{1}{x-2}$ **b)** $f(x) = \frac{1}{x-0{,}5}$ **c)** $f(x) = \frac{1}{x+3}$

6. a) $f(x) = x^2$, $x_n = -5 + \frac{1}{n}$, $\lim\limits_{n\to\infty}\left(-5+\frac{1}{n}\right)^2 = (-5)^2 = 25$
Sätze für Summenfunktionen, Produktfunktionen

b) $f(x) = x^5$, $x_n = 3 + \frac{1}{n}$, $\lim\limits_{n\to\infty}\left(3+\frac{1}{n}\right)^5 = 3^5 = 243$
Produktfunktionen, Summenfunktionen

c) $f(x) = x^3 + x^2$, $x_n = a + \frac{1}{n}$, $\lim\limits_{n\to\infty}\left(\left(a+\frac{1}{n}\right)^3 + \left(a+\frac{1}{n}\right)^2\right) = \lim\limits_{n\to\infty}\left(a+\frac{1}{n}\right)^3 + \lim\limits_{n\to\infty}\left(a+\frac{1}{n}\right)^2 = a^3 + a^2$
Summenfunktionen, Produktfunktionen

d) $f(x) = 8x^3$, $x_n = a + \frac{1}{n}$, $\lim\limits_{n\to\infty} 8\left(a+\frac{1}{n}\right)^3 = 8 \cdot \lim\limits_{n\to\infty}\left(a+\frac{1}{n}\right)^3 = 8a^3$
Summenfunktionen, Produktfunktionen

e) $f(x) = 2^x$, $x_n = 4 + \frac{1}{n}$, $\lim\limits_{n\to\infty} 2^{4+\frac{1}{n}} = \lim\limits_{n\to\infty}\left(2^4 \cdot 2^{\frac{1}{n}}\right) = 16 \lim\limits_{n\to\infty} 2^{\frac{1}{n}} = 16 \cdot 1 = 16$
Produktfunktion, Quotientenfunktion

f) $f(x) = \frac{1}{x^2}$, $x_n = -2 + \frac{1}{n}$, $\lim\limits_{n\to\infty}\frac{1}{\left(-2+\frac{1}{n}\right)^2} = \frac{1}{(-2)^2} = \frac{1}{4}$
Quotientenfunktion, Summenfunktionen, Produktfunktionen

g) $f(x) = \frac{1}{x^4}$, $x_n = a + \frac{1}{n}$, $\lim\limits_{n\to\infty}\frac{1}{\left(a+\frac{1}{n}\right)^4} = \frac{1}{a^4}$
Quotientenfunktion, Summenfunktionen, Produktfunktionen

h) $f(x) = \frac{1}{(x+1)^2}$, $x_n = a + \frac{1}{n}$, $\lim\limits_{n\to\infty}\frac{1}{\left(a+\frac{1}{n}+1\right)^2} = \frac{1}{(a+1)^2} = \frac{1}{a^2+2a+1}$
Quotientenfunktion, Summenfunktionen, Produktfunktionen

i) $f(t) = t^2 + 3^t$, $t_n = \frac{1}{n}$, $\lim\limits_{n\to\infty}\left(\left(\frac{1}{n}\right)^2 + 3^{\frac{1}{n}}\right) = \lim\limits_{n\to\infty}\left(\left(\frac{1}{n}\right)^2 + \sqrt[n]{3}\right) = 1$
Summenfunktionen, Produktfunktion, Quotientenfunktion

j) $f(t) = t^t + t^2 - t = t\left(t^{t-1} + t - 1\right)$, $t_n = 2 + \frac{1}{n}$,
$\lim\limits_{n\to\infty}\left(2+\frac{1}{n}\right)\left(\left(2+\frac{1}{n}\right)\cdot\sqrt[n]{2+\frac{1}{n}} + 2 + \frac{1}{n} - 1\right) = 2\left((2\cdot 1 + 2) - 1\right) = 2 \cdot 3 = 6$
Summenfunktion, Quotientenfunktion, Produktfunktion

7. a) $\lim\limits_{x\to 2}(3x^4 + 2^x - 7) = 45$
b) $\lim\limits_{x\to 4}(2x^3 - x + 2) = 126$
c) $\lim\limits_{x\to 3}\left((2x+4)(7x+3)\right) = 240$
d) $\lim\limits_{x\to 1}(2x+1)^2 = 9$
e) $\lim\limits_{x\to 2}(4x^3 - 6x^2 - 3)^2 = 25$
f) $\lim\limits_{x\to 1}\frac{3x^2-1}{2x-1} = 2$

47

8. Die Funktion ist an den Stellen 5 und 10 unstetig. In den Intervallen]0; 5[,]5; 10[und]10; 31,5] ist die Funktion stetig.

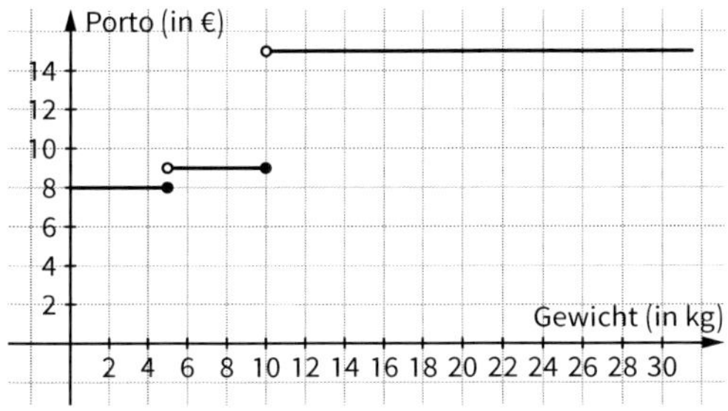

9. **a)** Die Funktion ist unstetig an der Stelle 0.

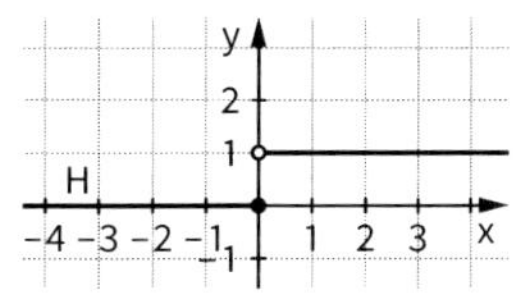

b) Die Funktion ist unstetig an der Stelle 0.

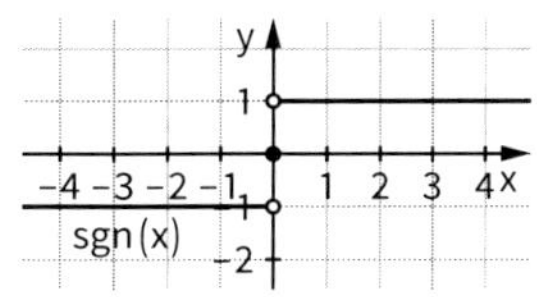

c) Die Funktion ist in den Intervallen]–∞; –2[und]–2; +∞[stetig. An der Stelle –2 ist die Funktion nicht definiert.

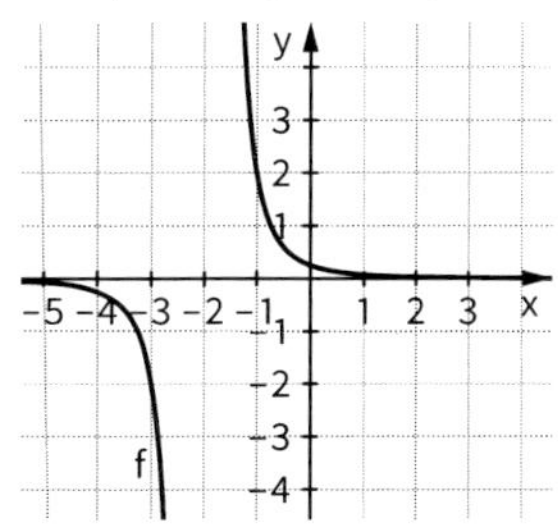

d) Die Funktion ist in den Intervallen]–∞; – 1[und]– 1; +∞[stetig. An der Stelle – 1 ist die Funktion nicht definiert. Jedoch ist die Funktion an der Stelle – 1 stetig ergänzbar.

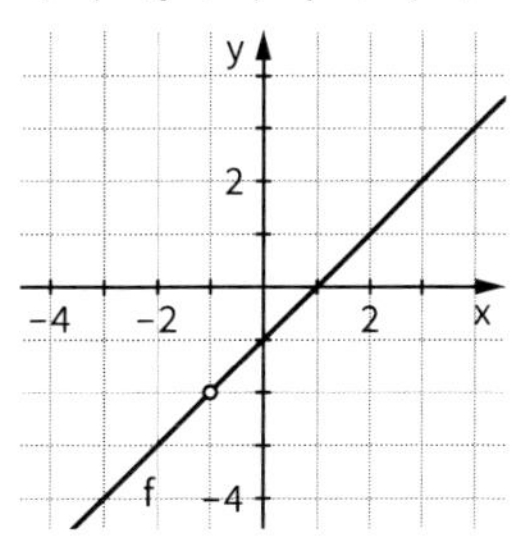

2 Differenzialrechnung

2.1 Mittlere Änderungsrate und Sekantensteigung

52 **Einstiegsaufgabe ohne Lösung**

- Da es zwischen den Zeitpunkten der Messungen auch Wasserstände gibt, haben wir die einzelnen Punkte miteinander verbunden, obwohl wir die genauen Wasserstände nicht kennen.

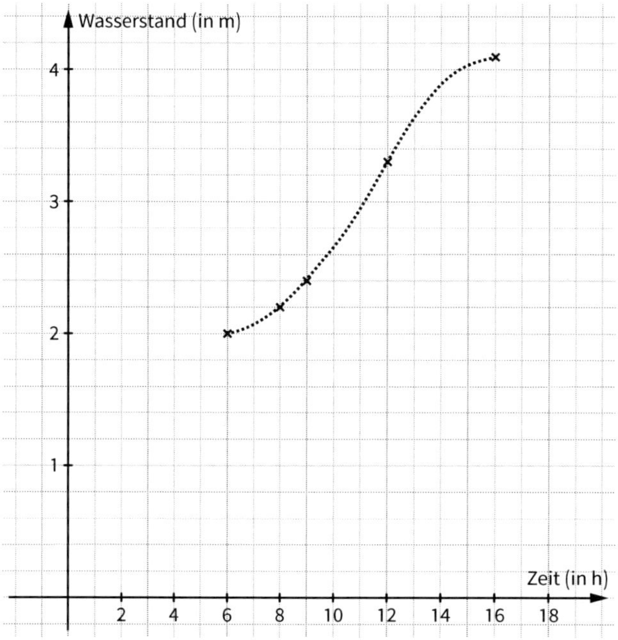

- Der Radiosprecher sagte, dass der Wasserstand nicht mehr so **schnell** steigt. Um die Durchschnittsgeschwindigkeiten zu bestimmen, mit denen das Wasser in den jeweiligen Zeitspannen zwischen den einzelnen Messungen gestiegen ist, bestimmen wir die jeweilige Wasserstandsänderung und dividieren diese durch die Länge der zugehörigen Zeitspanne.

	6 bis 8 Uhr	8 bis 9 Uhr	9 bis 12 Uhr	12 bis 16 Uhr
Zeitspanne	2 h	1 h	3 h	4 h
Wasserstandsänderung	0,2 m	0,2 m	0,9 m	0,8 m
Durchschnittsgeschwindigkeit, mit der das Wasser gestiegen ist	$\frac{0{,}2\text{ m}}{2\text{ h}} = 0{,}1\,\frac{\text{m}}{\text{h}}$	$\frac{0{,}2\text{ m}}{1\text{ h}} = 0{,}2\,\frac{\text{m}}{\text{h}}$	$\frac{0{,}9\text{ m}}{3\text{ h}} = 0{,}3\,\frac{\text{m}}{\text{h}}$	$\frac{0{,}8\text{ m}}{4\text{ h}} = 0{,}2\,\frac{\text{m}}{\text{h}}$

Die größte Durchschnittsgeschwindigkeit von $0{,}3\,\frac{\text{m}}{\text{h}}$, mit der das Wasser stieg, lag in der Zeitspanne von 9 bis 12 Uhr. Danach, von 12 bis 16 Uhr, betrug die Durchschnittsgeschwindigkeit $0{,}2\,\frac{\text{m}}{\text{h}}$ und war somit geringer als am Vormittag.

54

1.

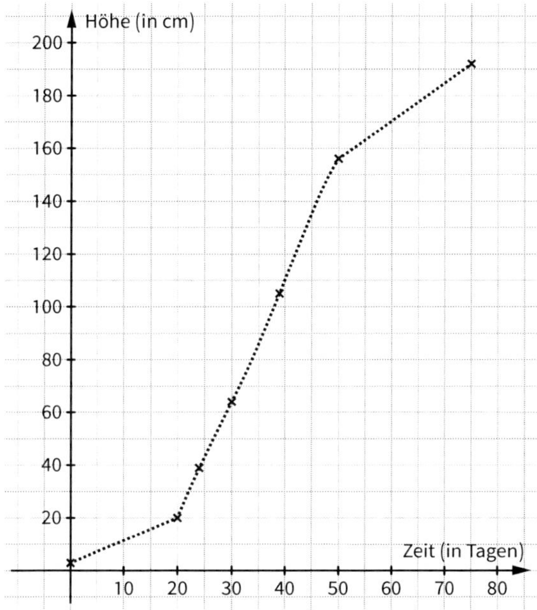

Zeitspanne	0 bis 20 Tage	20 bis 24 Tage	24 bis 30 Tage	30 bis 39 Tage	39 bis 50 Tage	50 bis 75 Tage
Höhenänderung	18 cm	19 cm	25 cm	41 cm	51 cm	36 cm
Mittlere Wachstumsgeschwindigkeit	$\frac{18\,\text{cm}}{20\,\text{Tage}} = 0{,}9\,\frac{\text{cm}}{\text{Tag}}$	$\frac{19\,\text{cm}}{4\,\text{Tage}} = 4{,}75\,\frac{\text{cm}}{\text{Tag}}$	$\frac{25\,\text{cm}}{6\,\text{Tage}} \approx 4{,}17\,\frac{\text{cm}}{\text{Tag}}$	$\frac{41\,\text{cm}}{9\,\text{Tage}} \approx 4{,}56\,\frac{\text{cm}}{\text{Tag}}$	$\frac{51\,\text{cm}}{11\,\text{Tage}} \approx 4{,}64\,\frac{\text{cm}}{\text{Tag}}$	$\frac{36\,\text{cm}}{25\,\text{Tage}} = 1{,}44\,\frac{\text{cm}}{\text{Tag}}$

Die mittlere Wachstumsgeschwindigkeit, also die mittlere Änderungsrate, war vom 20. bis zum 24. Tag mit $4{,}75\,\frac{\text{cm}}{\text{Tag}}$ am größten.

2. a)

Zeitspanne	1950 – 1970	1970 – 1985	1985 – 2000	2000 – 2009
Mittlere Änderungsrate (in Einwohner pro Jahr)	$\frac{72\,406 - 69\,301}{20} = 155{,}25$	$\frac{70\,115 - 72\,406}{15} \approx -152{,}73$	$\frac{70\,087 - 70\,115}{15} \approx -1{,}87$	$\frac{72\,554 - 70\,087}{9} \approx 274{,}11$

Zwischen 2000 und 2009 hat sich die Einwohnerzahl am stärksten verändert. Die mittlere Änderungsrate betrug etwa 274 Einwohner pro Jahr.

b) –

54

3. a) Die Zeitintervalle sind alle gleich lang und zwar jeweils 5 min.
Der Tankinhalt erhöht sich in jedem Zeitintervall um 450 l. Somit ist die mittlere Änderungsrate stets $\frac{450\,l}{5\,min} = 90\,\frac{l}{min}$. Das bedeutet, dass pro Minute 90 l Heizöl in den Tank fließen.
Man kann auch sagen, die Füllgeschwindigkeit beträgt $90\,\frac{l}{min}$. Da die mittlere Änderungsrate stets gleich ist, liegen alle Punkte auf der Geraden mit $y = 90x + 1200$.

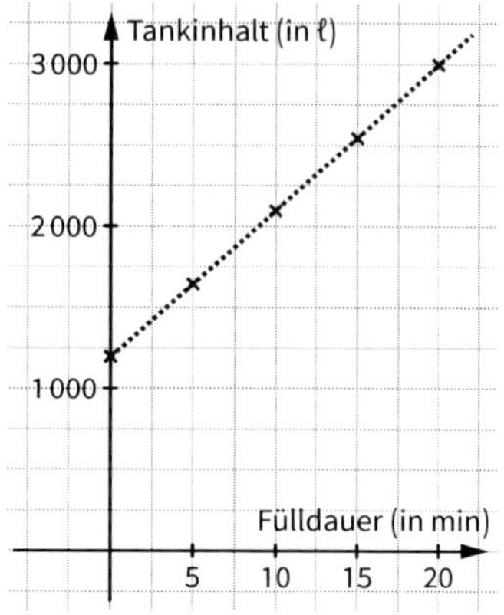

b)

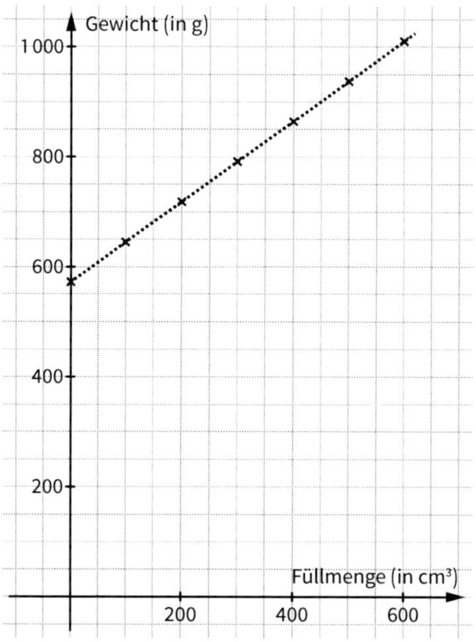

Die Intervalle sind gleich lang und zwar jeweils 100 cm³. Das Gewicht erhöht sich in jedem Intervall um 73 g. Somit ist die mittlere Änderungsrate stets $\frac{73\,g}{100\,cm^3} = 0{,}73\,\frac{g}{cm^3}$.
Das bedeutet, dass das Gewicht pro 1 cm³ Öl um 0,73 g zunimmt.
Da die mittlere Änderungsrate stets gleich ist, liegen alle Punkte auf der Geraden mit $y = 0{,}73x + 572$.

54

4. a) Wir lesen die Funktionswerte zu den jeweiligen Uhrzeiten ungefähr am Graphen ab und bestimmen daraus die mittlere Änderungsrate für das jeweilige Intervall.

(1) 0 Uhr: 7,6 °C
5 Uhr: 6,2 °C $\quad \frac{6{,}2\,°C - 7{,}6\,°C}{5\,h} = -0{,}28\,\frac{°C}{h}$

(2) 6 Uhr: 6,2 °C
9 Uhr: 7,25 °C $\quad \frac{7{,}25\,°C - 6{,}2\,°C}{3\,h} = 0{,}35\,\frac{°C}{h}$

(3) 10 Uhr: 8 °C
12 Uhr: 9,75 °C $\quad \frac{9{,}75\,°C - 8\,°C}{2\,h} = 0{,}875\,\frac{°C}{h}$

(4) 14 Uhr: 11,3 °C
24 Uhr: 8 °C $\quad \frac{8\,°C - 11{,}3\,°C}{10\,h} = -0{,}33\,\frac{°C}{h}$

(5) 15 Uhr: 12 °C
18 Uhr: 12 °C $\quad \frac{12\,°C - 12\,°C}{3\,h} = 0\,\frac{°C}{h}$

(6) 18 Uhr: 12 °C
20 Uhr: 10,75 °C $\quad \frac{10{,}75\,°C - 12\,°C}{2\,h} = -0{,}625\,\frac{°C}{h}$

b) (1) Die Temperaturen steigen zwischen 6 und 17 Uhr. Der größte Temperaturanstieg liegt etwa zwischen 11 und 12 Uhr. Er beträgt ungefähr $\frac{9{,}75\,°C - 8{,}75\,°C}{1\,h} = 1\,\frac{°C}{h}$.

(2) Die Temperaturen fallen zwischen 0 und 6 Uhr und zwischen 17 und 24 Uhr. Der größte Temperaturabfall liegt etwa zwischen 22 und 23 Uhr und beträgt $\frac{8{,}6\,°C - 9{,}4\,°C}{1\,h} = -0{,}8\,\frac{°C}{h}$.

5. Für die Steigung m einer Sekante durch die Punkte $P(a\,|\,f(a))$ und $Q(b\,|\,f(b))$ auf dem Graphen einer Funktion gilt:

$m = \frac{f(b) - f(a)}{b - a}$.

Eine Gerade durch den Koordinatenursprung mit der Steigung m hat die Gleichung $y = m \cdot x$. Eine Gerade mit der Steigung m durch einen Punkt $P(a\,|\,f(a))$ hat die Gleichung $y = m \cdot (x - a) + f(a)$.

a) $P(1\,|\,1)$; $Q(5\,|\,25)$

$m = \frac{25 - 1}{5 - 1} = \frac{24}{4} = 6$

Die Gleichung der Sekante erhält man aus der Geraden mit der Steigung 6 durch $P(1\,|\,1)$:

$y = 6 \cdot (x - 1) + 1 = 6x - 5$

Hinweis: Statt die Gerade mit der Steigung 6 durch den Punkt P zu legen, kann man auch den Punkt Q nehmen und erhält dann:

$y = 6(x - 5) + 25 = 6x - 5$

b) $P(0\,|\,1)$; $Q(4\,|\,16)$; $m = \frac{16 - 1}{4 - 0} = \frac{15}{4} = 3{,}75$

Gleichung der Sekante:

$y = 3{,}75(x - 0) + 1 = 3{,}75x + 1$

c) $P(-2\,|\,-8)$; $Q(2\,|\,8)$; $m = \frac{8 - (-8)}{2 - (-2)} = \frac{16}{4} = 4$

Gleichung der Sekante:

$y = 4(x + 2) - 8 = 4x$

54

d) P(3|79); Q(−3|79)

Der Graph ist achsensymmetrisch zur y-Achse. Die Sekante durch P(3|79) und Q(−3|79) verläuft deshalb parallel zur x-Achse und hat die Gleichung $y = 79$. Dies bestätigt auch die Rechnung: $m = \frac{79-79}{(-3)-3} = 0$

Gleichung der Sekante: $y = 0 \cdot (x-3) + 79 = 79$

55

6.

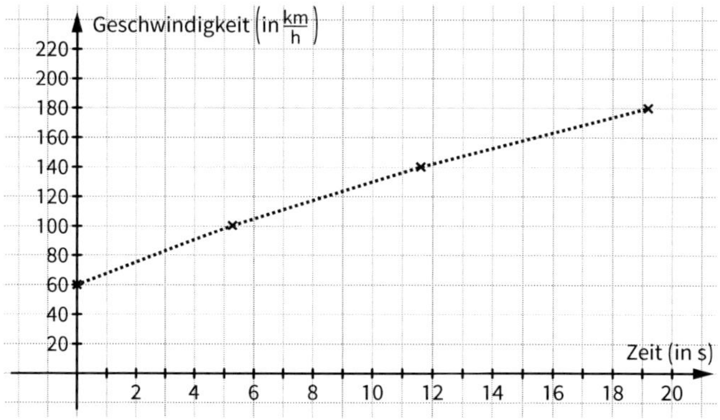

1: $\frac{100\,\frac{km}{h} - 60\,\frac{km}{h}}{5{,}3\,s} \approx 7{,}55\,\frac{\frac{km}{h}}{s}$

2: $\frac{140\,\frac{km}{h} - 100\,\frac{km}{h}}{6{,}3\,s - 5{,}3\,s} = 40\,\frac{\frac{km}{h}}{s}$

3: $\frac{180\,\frac{km}{h} - 140\,\frac{km}{h}}{7{,}6\,s - 6{,}3\,s} \approx 30{,}77\,\frac{\frac{km}{h}}{s}$

Die mittlere Änderungsrate gibt die durchschnittliche Beschleunigung zwischen den angegebenen Zeitpunkten an.

7. a) Durchschnittsgeschwindigkeit für die gesamte Strecke $\frac{69{,}73\,km}{\frac{40}{60}\,h} \approx 104{,}6\,\frac{km}{h}$

b) Abschnitt 1–2: $\frac{2{,}53\,km - 0\,km}{\frac{2}{60}\,h - 0\,h} \approx 75{,}9\,\frac{km}{h}$

Abschnitt 2–3: $\frac{13{,}44\,km - 2{,}53\,km}{\frac{7}{60}\,h - \frac{2}{60}\,h} \approx 130{,}9\,\frac{km}{h}$

Abschnitt 3–4: $\frac{50{,}07\,km - 13{,}44\,km}{\frac{26}{60}\,h - \frac{7}{60}\,h} \approx 115{,}7\,\frac{km}{h}$

Abschnitt 4–5: $\frac{62{,}20\,km - 50{,}07\,km}{\frac{32}{60}\,h - \frac{26}{60}\,h} = 121{,}3\,\frac{km}{h}$

Abschnitt 5–6: $\frac{62{,}55 - 62{,}20\,km}{\frac{33}{60}\,h - \frac{32}{60}\,h} = 21\,\frac{km}{h}$

Abschnitt 6–7: $\frac{69{,}73\,km - 62{,}55\,km}{\frac{40}{60}\,h - \frac{33}{60}\,h} \approx 61{,}5\,\frac{km}{h}$

Größte durchschnittliche Geschwindigkeit im Abschnitt 3–4 mit $130{,}9\,\frac{km}{h}$

Kleinste durchschnittliche Geschwindigkeit im Abschnitt 5–6 mit $21\,\frac{km}{h}$

55

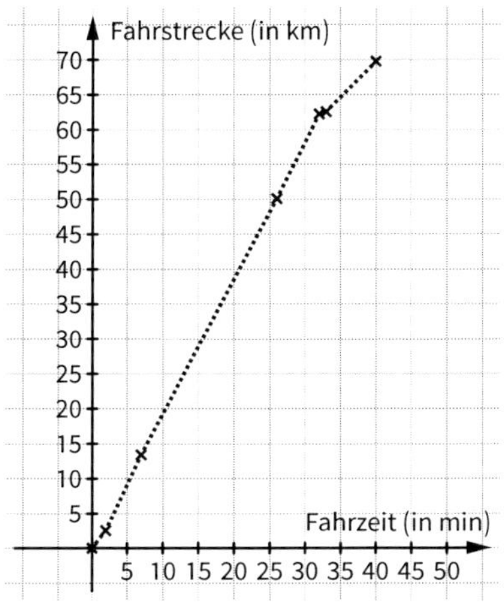

c) Die mittlere Änderungsrate entspricht hier der Durchschnittsgeschwindigkeit auf den einzelnen Abschnitten.

8. a) Grün: „Mitgliederzahlen wachsen immer schneller."
Die positiven Änderungsraten werden immer größer.
Rot: „Beitragserhöhungen werden geringer."
Die positiven Änderungsraten werden immer kleiner.
Blau: „Durchschnittsalter sinkt immer langsamer."
Die negativen Änderungsraten werden immer größer.
Gelb: „Schuldenberg schmilzt mit steigendem Tempo."
Die negativen Änderungsraten werden immer kleiner.

b) –

56

9. a) Es liegt ein exponentielles Wachstum vor.
$f(t) = 3^t$, t in Wochen, f(t) in cm^2

t in Wochen	0	1	2	3	4
f(t) in cm^3	1	3	9	27	81

b)

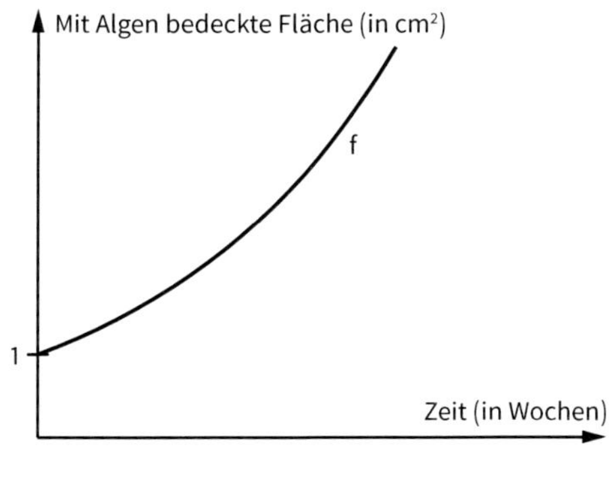

56

0. bis 4. Woche:

$\frac{3^4 - 3^0}{4 - 0} = 20 \left(\text{in } \frac{\text{cm}^2}{\text{Woche}}\right)$

4. bis 8. Woche:

$\frac{3^8 - 3^4}{8 - 4} = 1\,620 \left(\text{in } \frac{\text{cm}^2}{\text{Woche}}\right)$

8. bis 12. Woche:

$\frac{3^{12} - 3^8}{12 - 8} = 131\,220 \left(\text{in } \frac{\text{cm}^2}{\text{Woche}}\right)$

12. bis 16. Woche:

$\frac{3^{16} - 3^{12}}{16 - 12} = 10\,628\,820 \left(\text{in } \frac{\text{cm}^2}{\text{Woche}}\right)$

16. bis 20. Woche:

$\frac{3^{20} - 3^{16}}{20 - 16} = 860\,934\,420 \left(\text{in } \frac{\text{cm}^2}{\text{Woche}}\right)$

c)

Zeitintervall	Mit Algen bedeckte Fläche zu Beginn des Zeitintervalls	Mittlere Änderungsrate für das Zeitintervall
0. bis 4. Woche	$f(0) = 1$	$20 = 1 \cdot 20$
4. bis 8. Woche	$f(4) = 3^4 = 81$	$1\,620 = 81 \cdot 20$
8. bis 12. Woche	$f(8) = 3^8 = 6\,561$	$131\,220 = 6\,561 \cdot 20$
12. bis 16. Woche	$f(12) = 3^{12} = 531\,441$	$10\,628\,820 = 3^{12} \cdot 20$

Vermutung:

Für die mittlere Änderungsrate in einem Intervall $[t;\ t+4]$ gilt:

$\frac{f(t+4) - f(t)}{4} = 20 \cdot f(t)$

Beweis:

$$\frac{f(t+4) - f(t)}{4} = \frac{3^{t+4} - 3^t}{4} = \frac{(3^4 - 1) \cdot 3^t}{4} = \frac{81 - 1}{4} \cdot 3^t$$
$$= 20 \cdot 3^t$$
$$= 20 \cdot f(t)$$

10. a) Die mittlere Änderungsrate gibt die durchschnittliche Sonnenscheindauer pro Tag für ein bestimmtes Zeitintervall an. Eine positive Änderungsrate bedeutet, dass die Sonnenscheindauer zunimmt und eine negative Änderungsrate bedeutet, dass sie abnimmt.

b) **Erste Hälfte:** $[0; 180]$

$$\frac{\left(4{,}2 \cdot \sin\left(\frac{2\pi}{360} \cdot 90\right) + 12\right) - \left(4{,}2 \cdot \sin\left(\frac{2\pi}{360} \cdot (-90)\right) + 12\right)}{180} = \frac{16{,}2 - 7{,}8}{180} \approx 0{,}047 \left(\text{in } \frac{\text{Stunden}}{\text{Tag}}\right)$$

In der ersten Hälfte des Jahres nimmt die Sonnenscheindauer durchschnittlich um 0,047 Stunden pro Tag zu. Man kann sagen: „Die Tage werden länger."

Zweite Hälfte: $[180; 360]$

$$\frac{\left(4{,}2 \cdot \sin\left(\frac{2\pi}{360} \cdot 270\right) + 12\right) - \left(4{,}2 \cdot \sin\left(\frac{2\pi}{360} \cdot 90\right) + 12\right)}{180} = \frac{7{,}8 - 16{,}2}{180} \approx -0{,}047 \left(\text{in } \frac{\text{Stunden}}{\text{Tag}}\right)$$

In der zweiten Hälfte des Jahres nimmt die Sonnenscheindauer durchschnittlich um 0,047 Stunden pro Tag ab. Man kann sagen: „Die Tage werden kürzer."

56

11. *Mögliche Beispiele*: $f(x) = 3x - 2$, $g(x) = -5x + 1$

Differenzenquotienten über einem Intervall [a; b]:

$$\frac{f(b) - f(a)}{b - a} = \frac{3b - 2 - (3a - 2)}{b - a} = \frac{3b - 3a}{b - a} = 3$$

$$\frac{g(b) - g(a)}{b - a} = \frac{-5b + 1 - (-5a + 1)}{b - a} = \frac{-5b + 5a}{b - a} = \frac{(-5)(b - a)}{b - a} = -5$$

Allgemein für $f(x) = m \cdot x + c$:

$$\frac{f(b) - f(a)}{b - a} = \frac{m \cdot b + c - (m \cdot a + c)}{b - a} = \frac{mb - ma}{b - a} = m$$

12. a) $f(0) = a \cdot b^0 = a = 10\,000$, also $a = 10\,000$

$f(1) = a \cdot b^1 = a \cdot b = 10\,000 \cdot b = 15\,000$, also $b = 1{,}5$

somit gilt: $f(t) = 10\,000 \cdot 1{,}5^t$

b) 5 Wochen: $f(5) \approx 75\,938$ Tiere

10 Wochen: $f(10) \approx 576\,650$ Tiere

15 Wochen: $f(15) \approx 4\,378\,939$ Tiere

c) 0. bis 5. Woche: $\frac{f(5) - f(0)}{5 - 0} \approx 13\,188\ \frac{\text{Tiere}}{\text{Tag}}$

0. bis 10. Woche: $\frac{f(10) - f(0)}{10 - 0} \approx 56\,665\ \frac{\text{Tiere}}{\text{Tag}}$

0. bis 15. Woche: $\frac{f(15) - f(0)}{15 - 0} \approx 291\,263\ \frac{\text{Tiere}}{\text{Tag}}$

2.2 Ableitung einer Funktion an einer Stelle

2.2.1 Steigung eines Funktionsgraphen in einem Punkt

57

Einstiegsaufgabe ohne Lösung

- Mittlere Steigung im Intervall [0; 800]; $\frac{800 - 900}{800 - 0} = -\frac{100}{800} = -0{,}125$

  Mittlere Steigung im Intervall [800; 1 500]: $\frac{400 - 800}{1\,500 - 800} = -\frac{400}{700} \approx -0{,}571$

  Mittlere Steigung im Intervall [1 500; 2 600]: $\frac{200 - 400}{2\,600 - 1\,500} = -\frac{200}{1\,100} \approx -0{,}182$
- Der Graph verläuft im Intervall [0; 800] wie eine Gerade, also mit konstanter Steigung. Im Intervall [800; 2 600] ist der Graph gekrümmt. Die Steigung ändert sich ständig. Man kann sagen, die Steigung ändert sich von Stelle zu Stelle oder auch sie ändert sich in jedem Punkt.
- Wir bestimmen die Steigung an den angegebenen Stellen, indem wir ungefähr die Steigung der Tangente an den Graphen an dieser Stelle bestimmen.

  An der Stelle 950 ist die Tangente bereits eingezeichnet. Wir suchen ein geeignetes Steigungsdreieck, bzw. zwei geeignete Punkte auf der Tangente, wie z. B. P(700 | 900) und Q(1 100 | 700).

  Steigung an der Stelle 950:

  $\frac{700 - 900}{1100 - 700} = -\frac{200}{400} = -\frac{1}{2}$

57

Steigung an der Stelle 2 000:
P(1 600 | 210) und Q(2 400 | 480) $\frac{480-210}{2400-1600}=\frac{270}{800}\approx 0{,}338$

Steigung an der Stelle 2 100:
Die Tangente verläuft parallel zur x-Achse und hat somit die Steigung null.

- Man könnte die Steigung eines gekrümmten Graphen an einer Stelle als Steigung der Tangente an den Graphen an dieser Stelle ermitteln. Dazu muss man näherungsweise die Tangente an dieser Stelle einzeichnen und dann die Steigung der Tangente aus einem geeigneten Steigungsdreieck bestimmen.

59

1. Gerlikon: positiv
Ober-Schneit: negativ
Stegen: positiv
Hagenbuch: null
Gündlikon: negativ
Gachnang: negativ

2. (1) Steigung in A < Steigung in B
(2) Steigung in C = Steigung in D
(3) Steigung in E < Steigung in F

60

3. a)

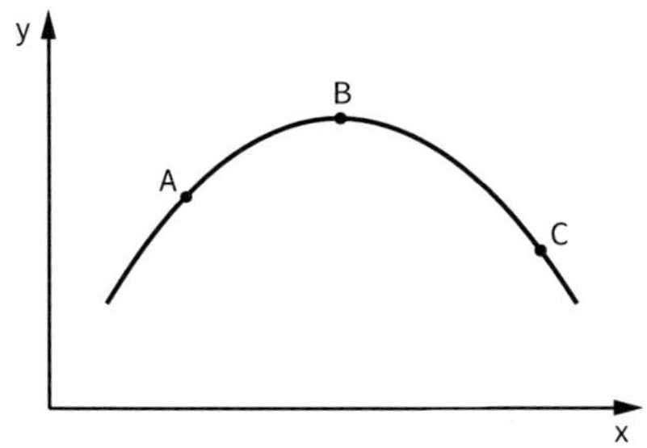

b)

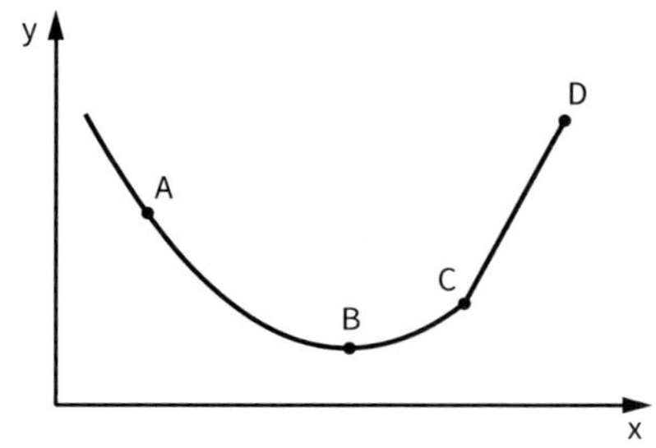

c)

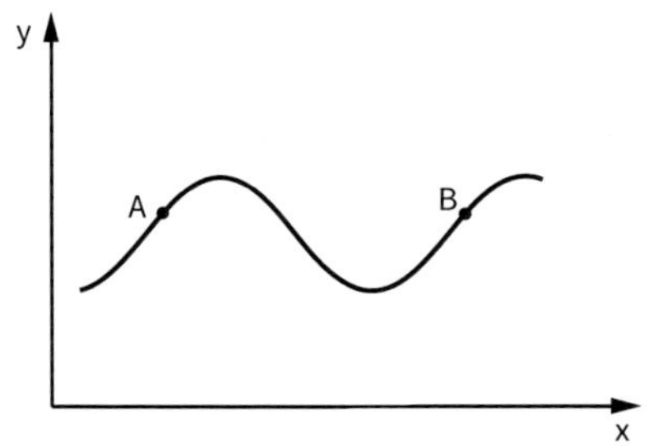

d)

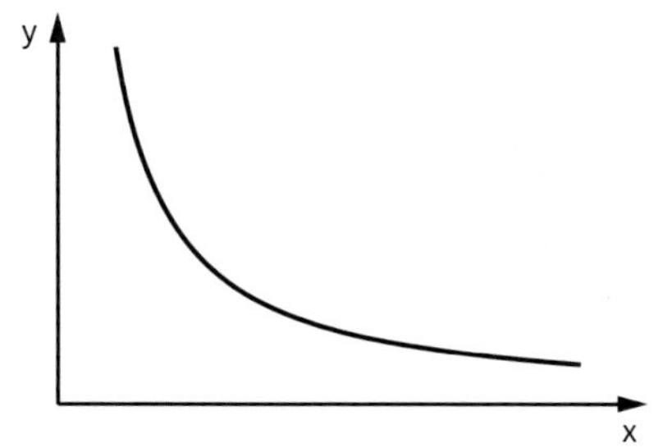

e)

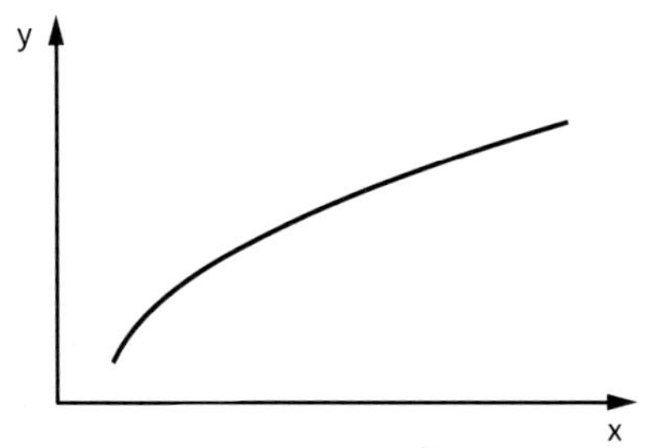

60

4. **a)** $\frac{2}{1} = 2$ **b)** $\frac{150}{200} = \frac{3}{4}$ **c)** $\frac{-10}{20} = -\frac{1}{2}$ **d)** $\frac{-500}{750} = -\frac{2}{3}$

5. Im roten Steigungsdreieck zählen wir 6 Kästchen nach unten. Die Einheit auf der y-Achse beträgt 2 Kästchen. Also muss im Zähler des Differenzenquotienten $-\frac{6}{2} = -3$ stehen.
Wir zählen 9 Kästchen nach rechts. Die Einheit auf der x-Achse beträgt 4 Kästchen. Also muss im Nenner des Differenzenquotienten $\frac{9}{4} = 2{,}25$ stehen.
Somit hat Jana die Steigung richtig berechnet. Lara hat nur die Anzahl der Kästchen dividiert und dabei nicht berücksichtigt, dass die beiden Achsen verschiedene Einheiten haben.
Timo hat zwar die unterschiedlichen Einheiten berücksichtigt, aber er hat Zähler und Nenner des Differenzenquotienten vertauscht und nicht beachtet, dass die Steigung negativ ist.

6. (1) $f'(3) = -2$ $f'(1) = 2$
(2) $f'(1) = 3$ $f'(-1) = -1$
(3) $f'(-1) = 3{,}6$ $f'(2) = -1{,}8$ $f'(0{,}25) = 0{,}0375$

7. $f(x) = x^2$, $P(2{,}5 \mid 6{,}25)$
$m = 5$, $y = 5x - 6{,}25$
Die Steigung für andere Punkte bestimmt man analog.

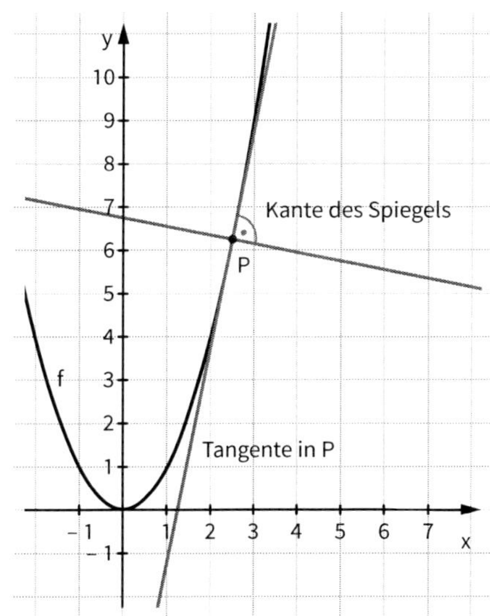

2.2.2 Lokale Änderungsrate

61

Einstiegsaufgabe ohne Lösung

- In den ersten 8 Minuten des Fluges nimmt die Flughöhe schnell zu.
  Bis zur 17. Minute nimmt die Flughöhe dann langsamer zu, danach wieder schneller. Zwischen der 24. und 40. Minute nimmt die Flughöhe 3-mal ab und 3-mal zu.
  Die größte Flughöhe von 2 500 m wird nach 30 Minuten erreicht. Nach der 40. Minute nimmt die Flughöhe ständig ab.
  Nach 60 Minuten ist der Segelflieger gelandet.
- Durchschnittliche Steiggeschwindigkeit im Intervall [0; 10]:
  $\frac{1\,550\text{ m} - 0\text{ m}}{10\text{ min} - 0\text{ min}} = 155\,\frac{\text{m}}{\text{min}} = \frac{155\text{ m}}{60\text{ s}} \approx 2{,}58\,\frac{\text{m}}{\text{s}}$
  Durchschnittliche Sinkgeschwindigkeit im Intervall [40; 60]:
  $\frac{0\text{ m} - 2\,100\text{ m}}{60\text{ min} - 40\text{ min}} = -105\,\frac{\text{m}}{\text{min}} = -\frac{105\text{ m}}{60\text{ s}} = -1{,}75\,\frac{\text{m}}{\text{s}}$
- Wir können an der Stelle 20 näherungsweise eine Tangente einzeichnen und deren Steigung bestimmen. Das ist aber nur sehr ungenau möglich. Wir wählen deshalb zwei Punkte auf dem Graphen, den Punkt P (20 | 1 800) und einen zweiten Punkt möglichst nah bei P, z. B. Q (21 | 1 900).
  Die momentane Steiggeschwindigkeit 20 Minuten nach dem Start beträgt ungefähr
  $\frac{1\,900\text{ m} - 1\,800\text{ m}}{21\text{ min} - 20\text{ min}} = 100\,\frac{\text{m}}{\text{min}} \approx 1{,}7\,\frac{\text{m}}{\text{s}}$.

63

1. a) Auf einer Fahrtstrecke von 5 km wurden insgesamt 0,20 l Benzin benötigt, das entspricht einem Verbrauch von $\frac{0{,}2\text{ l}}{5\text{ km}} = \frac{0{,}04\text{ l}}{1\text{ km}} = \frac{4\text{ l}}{100\text{ km}}$.

b) Bei gleichbleibendem Verbrauch auf der Strecke müsste der Graph gleichmäßig ansteigen, also auf einer Geraden liegen: $y = 0{,}04\,x$.
Teilstrecken mit anderem Benzinverbrauch sind z. B. die folgenden: Auf der ersten Strecke von 0 bis 1 km verläuft der Graph steiler als die eingezeichnete Gerade. Dort ergibt sich ein höherer Benzinverbrauch: $\frac{0{,}075\text{ l}}{1\text{ km}} = \frac{7{,}5\text{ l}}{100\text{ km}}$

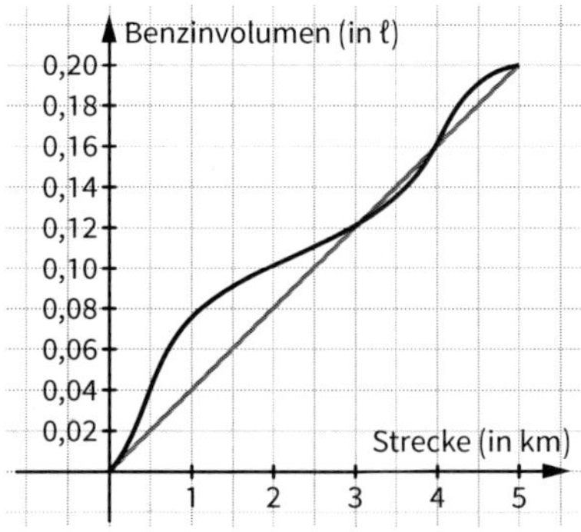

Z. B. auf der Strecke zwischen 1 km und 2 km verläuft der Graph flacher als die eingezeichnete Gerade. Hier ist der Verbrauch niedriger als der Durchschnittsverbrauch: $\frac{0{,}105\text{ l} - 0{,}075\text{ l}}{2\text{ km} - 1\text{ km}} = \frac{0{,}03\text{ l}}{1\text{ km}} = \frac{3\text{ l}}{100\text{ km}}$

c) Man kann an der Stelle 1 näherungsweise eine Tangente einzeichnen und deren Steigung bestimmen. Dieses Verfahren ist aber sehr ungenau. Man kann auch einen Punkt P (1 | 0,075) und einen zweiten Punkt möglichst nah bei P wählen, z. B. Q (1,1 | 0,079) und die Steigung der Sekante durch P und Q als Näherung für die Steigung der Tangente durch P verwenden.

$m = \frac{0{,}079\text{ l} - 0{,}075\text{ l}}{1{,}1\text{ km} - 1{,}0\text{ km}} = \frac{0{,}004\text{ l}}{0{,}1\text{ km}} = \frac{4\text{ l}}{100\text{ km}}$

Der momentane Benzinverbrauch 1 km nach dem Start beträgt etwa $\frac{4\text{ l}}{100\text{ km}}$.

64

2. a)

Tag	mittlere Änderungsrate (in $\frac{cm}{Tag}$)	Tag	mittlere Änderungsrate (in $\frac{cm}{Tag}$)	Tag	mittlere Änderungsrate (in $\frac{cm}{Tag}$)
1	17	9	−52	17	−27
2	63	10	−48	18	−22
3	82	11	−25	19	−18
4	45	12	−20	20	−12
5	6	13	−12	21	29
6	−5	14	9	22	32
7	−15	15	−1	23	−13
8	−38	16	−28		

b) Die momentane Änderung ist zu dem Zeitpunkt am größten, an dem der Graph am stärksten steigt. Dies ist am 3. Tag der Fall. Da der Graph am 3. Tag fast linear verläuft, beträgt die momentane Änderungsrate den ganzen Tag etwa $82\,\frac{cm}{Tag}$.

c) Der Wasserstand fällt am stärksten an der Stelle, an der der Graph am stärksten fällt. Dies ist am 9. Tag der Fall.
Da der Graph am 9. Tag fast linear verläuft, beträgt die momentane Änderungsrate den ganzen Tag etwa $-52\,\frac{cm}{Tag}$.

3. Die Steigung der grünen Sekante ist gleich der Durchschnittsgeschwindigkeit im Zeitintervall [0; 5]. Die Momentangeschwindigkeit zu einem Zeitpunkt ist gleich der Steigung des blauen Graphen zu diesem Zeitpunkt.
Auch wenn der blaue Graph in den Intervallen [0; 2] und [4; 5] unterhalb der Sekante verläuft, so ist doch seine Steigung z. B. an den Stellen 1,5; 1,7; 1,8; 1,9 sowie 4,7; 4,8; 4,9 größer als die Steigung der Sekante.
Dies erkennt man auch gut, wenn man sich an diesen Stellen die Tangente an den Graphen denkt. Die Tangenten verlaufen an diesen Stellen nämlich steiler als die Sekante.

4. „Die Anstiegsrate der Inflationsrate verringert sich" ist eher gut, da die Inflationsrate nicht mehr so stark ansteigt, allerdings steigt sie noch an.
„Die Zuwachsraten sinken" ist eher eine schlechte Nachricht, da in den vorangegangenen Zeiträumen höhere Zuwachsraten vorlagen, allerdings ist immer noch Zuwachs da.
„Der Aufschwung erlahmt" ist eher schlecht, weil der Aufschwung nicht mehr so stark ist, allerdings ist der Aufschwung noch da.
„Die Talfahrt ist gebremst" ist eher gut, weil es nicht mehr so schnell abwärts geht. Es könnte allerdings immer noch abwärts gehen. Aber es könnte auch bedeuten, dass die Steigung null ist.

64

5. a)

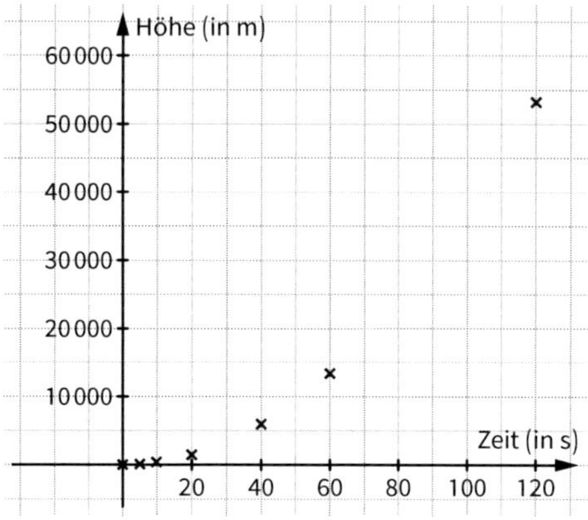

Das Shuttle steigt zunächst langsam, dann immer schneller.

b) Die Änderungsraten sind Höhenänderungen pro Zeitspanne, also Steiggeschwindigkeiten. Hinweis: $1\frac{m}{s} = 3{,}6\,\frac{km}{h}$

$66{,}6\,\frac{km}{h}$; $199{,}8\,\frac{km}{h}$; $399{,}6\,\frac{km}{h}$; $799{,}2\,\frac{km}{h}$; $1\,332\,\frac{km}{h}$; $2\,397{,}6\,\frac{km}{h}$

c) Durchschnitt: $\frac{53\,280\text{ m}}{120\text{ s}} = 444\,\frac{m}{s} = 1\,598{,}4\,\frac{km}{h}$

Durchschnitt der Durchschnittsgeschwindigkeiten: $865{,}8\,\frac{km}{h}$
Die Zahlen sind verschieden (sogar sehr deutlich, was an den unterschiedlich großen Intervallen liegt); die Behauptung ist also falsch!

65

6.
- Volumen zum Zeitpunkt t: V(t)
- Durchschnittliche Ausflussgeschwindigkeit in einem Zeitintervall $[t_1; t_2]$: $\frac{V(t_2) - V(t_1)}{t_2 - t_1}$
- Momentane Ausflussgeschwindigkeit zu einem Zeitpunkt t_0: $V'(t_0)$

Möglicher Graph:

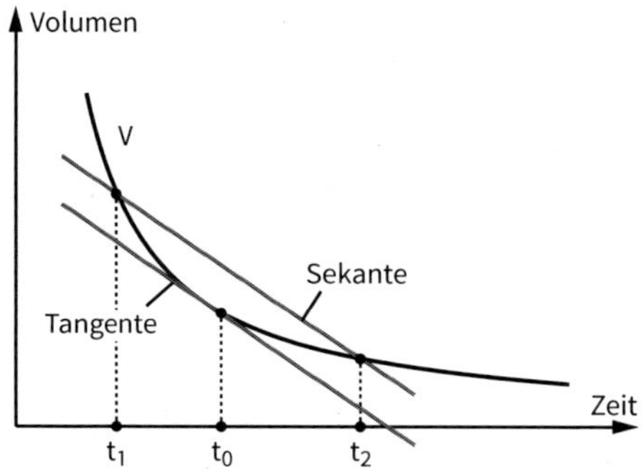

– Durchschnittliche Ausflussgeschwindigkeit im Intervall $[t_1; t_2]$ = Steigung der Sekante
– Momentane Ausflussgeschwindigkeit zum Zeitpunkt t_0 = Steigung der Tangente

7.

$p(1\,130) - p(700)$	Änderung des Luftdrucks bei der Wanderung von 700 m auf 1 130 m.
$\frac{p(1\,130) - p(700)}{1\,130 - 700}$	Mittlere Änderungsrate des Luftdrucks bei der Wanderung von 700 m auf 1 130 m.
$p'(1\,130)$	Momentane Änderungsrate des Luftdrucks in 1 130 m Höhe.

65

8. Im Beispiel wird die Ableitung der Funktion f mit $f(x) = 2x^3$ an der Stelle 5 näherungsweise als Steigung einer Sekante durch den Punkt $P(5 \mid f(5))$ und einen zweiten Punkt $Q(5{,}001 \mid f(5{,}001))$ auf dem Graphen von f berechnet. Dabei wurde der Punkt Q so gewählt, dass er möglichst nah bei P liegt.

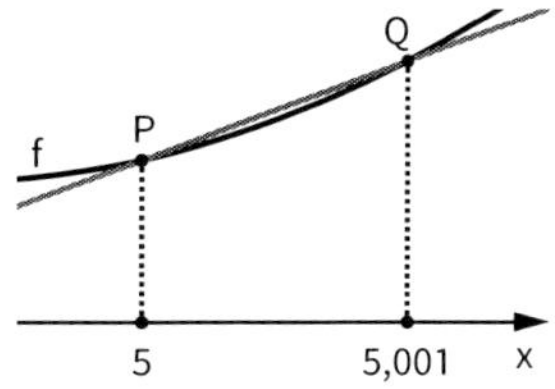

a) $f'(3) \approx \frac{3{,}001^4 - 3^4}{3{,}001 - 3} = \frac{3{,}001^4 - 3^4}{0{,}001} \approx 108$

b) $f'(1) \approx \frac{2 \cdot (1{,}001)^3 - 2 \cdot 1^3}{0{,}001} \approx 6$

c) $f'(0) \approx \frac{(0{,}001^3 - 0{,}001) - (0^3 - 0)}{0{,}001} = 0{,}001^2 - 1 \approx -1$

9. a) Nach dem Befehl „Numerische Ableitung in einem Punkt" wurde der Funktionsterm 3^x und die Stelle 2 bzw. 0,5 eingegeben.
Berechnet wurde dann $f'(2)$ bzw. $f'(0{,}5)$ für $f(x) = 3^x$.

b) $f(x) = x^4$; $f'(3) \approx 108$
$f(x) = 2x^3$; $f'(1) \approx 6$
$f(x) = x^3 - x$; $f'(0) \approx -1$

c)

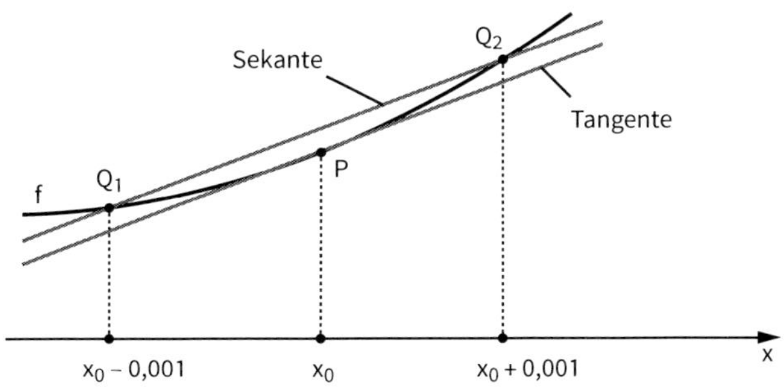

Die Ableitung an der Stelle x_0, also die Steigung der Tangente an dem Graphen von f an der Stelle x_0, wird näherungsweise als Steigung der eingezeichneten Sekante berechnet.
Die Sekante verläuft durch die Punkte $Q_1(x_0 - 0{,}001 \mid f(x_0 - 0{,}001))$ und $Q_2(x_0 + 0{,}001 \mid f(x_0 + 0{,}001))$. Beide Punkte liegen sehr nah am Punkt P, Q_1 liegt links von P und Q_2 liegt rechts von P.
Die Näherung wird umso besser, je näher Q_1 und Q_2 bei P liegen.
Man kann kaum noch einen Unterschied zwischen der Sekante durch Q_1 und Q_2 und der Tangente durch P erkennen.
Vorschlag für eine noch bessere Näherung:

$f'(x_0) \approx \frac{f(x_0 + 0{,}000001) - f(x_0 - 0{,}000001)}{0{,}000002}$

65

10. a) Ansatz: $f(t) = a \cdot b^t$ mit t in Tagen und f(t) in mg.

Offenbar gilt $f(t+2) = \frac{2}{3} f(t)$, also $\frac{f(t+2)}{f(t)} = \frac{2}{3}$.

Es liegt also ein exponentielles Wachstum vor und es gilt:

$f(0) = a \cdot b^0 = 100$; also $a = 100$

sowie $f(2) = 100 \cdot b^2 = 100 \cdot \frac{2}{3}$; also $b^2 = \frac{2}{3}$, $b = \sqrt{\frac{2}{3}}$

Somit ergibt sich:

$$f(t) = 100 \cdot \left(\sqrt{\frac{2}{3}}\right)^t = 100 \cdot \left(\left(\frac{2}{3}\right)^{\frac{1}{2}}\right)^t = 100 \cdot \left(\frac{2}{3}\right)^{\frac{t}{2}}$$

b)

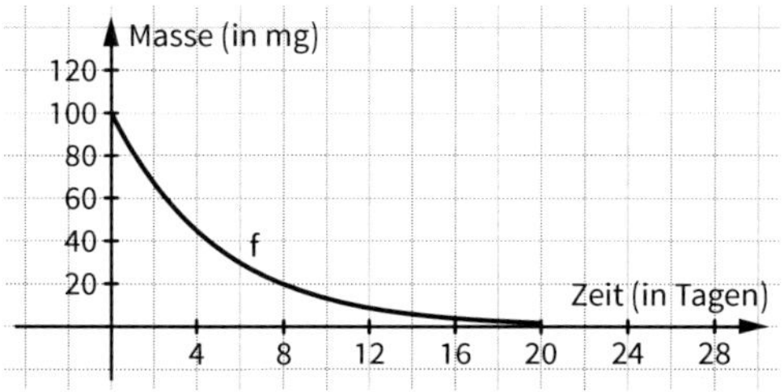

c) $f(t_0) = 50 = 100 \cdot \left(\frac{2}{3}\right)^{\frac{t_0}{2}}$, also wenn $\left(\frac{2}{3}\right)^{\frac{t_0}{2}} = 0{,}5$

$$\left(\frac{2}{3}\right)^{t_0} = (0{,}5)^2$$

$$\left(\frac{2}{3}\right)^{t_0} = 0{,}25$$

Man kann t_0 mit dem Logarithmusbefehl bestimmen: $\log_{\frac{2}{3}}(0{,}25) \approx 3{,}42$

Man kann auch mit der Wertetabelle von f arbeiten.

Oder man bestimmt mithilfe eines GTR die Schnittstelle der Graphen zu $y = f(t)$ und $y = 50$.

Nach 3,42 Tagen sind nur noch 50 mg der radioaktiven Substanz vorhanden.

3,42 Tage ≈ 3 Tage und 10 Stunden.

d) Zeitpunkt: 3,42 Tage

Es gibt verschiedene Möglichkeiten, die momentane Zerfallsgeschwindigkeit zu bestimmen:

- Mithilfe eines GTR (s. Aufgabe 9, S. 65):
  $f'(3{,}42) \approx -10{,}1346$
- Mithilfe einer Näherungsformel wie im Beispiel von Aufgabe 8, S. 65:

$$f'(3{,}42) \approx \frac{100 \cdot \left(\frac{2}{3}\right)^{\frac{3{,}421}{2}} - 100 \cdot \left(\frac{2}{3}\right)^{\frac{3{,}42}{2}}}{0{,}001}$$

$$f'(3{,}42) \approx \frac{49{,}98 - 49{,}99}{0{,}001} \approx -10$$

- Mithilfe der Näherungsformel aus Aufgabe 9 c) von S. 65:

$$f'(3{,}42) \approx \frac{100 \cdot \left(\frac{2}{3}\right)^{\frac{3{,}421}{2}} - 100 \cdot \left(\frac{2}{3}\right)^{\frac{3{,}419}{2}}}{0{,}002}$$

$$f'(3{,}42) \approx \frac{49{,}98 - 50}{0{,}002} \approx -10$$

2.3 Graph der Ableitungsfunktion

66

Einstiegsaufgabe ohne Lösung

- Wir wählen weitere Punkte auf dem Graphen aus, zeichnen näherungsweise Tangenten ein und bestimmen ungefähr deren Steigung:

Punkt	A	B	C	D	E	F	G	H	I	J
Steigung	$\frac{-3{,}2\text{ Kästchen}}{5\text{ Kästchen}} = \frac{-32\text{ m}}{1000\text{ m}} = -0{,}032$	0	0,044	0	0,01	0,038	0,05	0	−0,05	−0,05

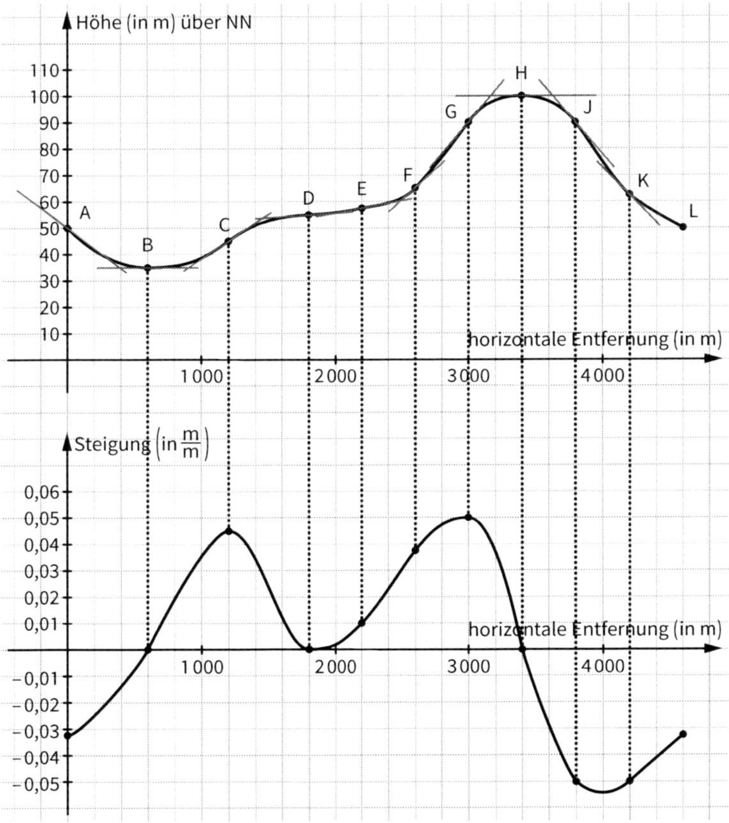

- Horizontale Entfernung → Steigung; Jeder Stelle x wird die Steigung des Graphen an dieser Stelle zugeordnet, also $x \to f'(x)$.
- – Beim Forellenbach liegt ein Tiefpunkt. Der höchste Punkt ist der Aussichtspunkt auf dem Steilufer. In beiden Punkten verläuft die Tangente waagerecht, also parallel zur x-Achse. Der Graph hat dort die Steigung null, also hat f′ dort Nullstellen.
  – Aber auch beim Hochsitz ist die Steigung null, auch dort gibt es eine waagerechte Tangente.
- Die Steigung des Graphen ist etwa bei 3000 m am größten und etwa bei 4000 am kleinsten. An diesen Stellen durchsetzt die Tangente den Graphen.

69 **1.**

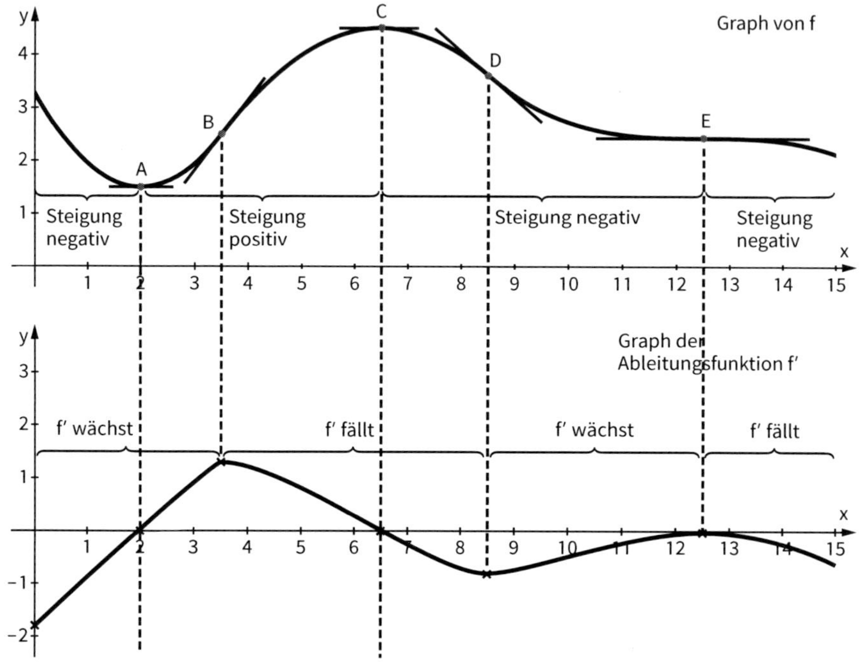

- An den Stellen, an denen der Graph von f eine waagerechte Tangente hat, liegen die Nullstellen von f'. Dies ist an den Stellen der Fall, an denen ein Hochpunkt, ein Tiefpunkt oder ein Sattelpunkt des Graphen von f liegt.
- – Dort, wo die Funktionswerte von f wachsen, steigt der Graph von f und f' ist dort positiv.
  – Dort, wo die Funktionswerte von f fallen, fällt der Graph von f und f' ist dort negativ.
- Die Hoch- und die Tiefpunkte auf dem Graphen von f' liegen an den Stellen, an denen die Steigung des Graphen von f maximal bzw. minimal wird.
  Die Tangente durchsetzt dort den Graphen von f.

70

2. An den Stellen, an denen ein Hochpunkt oder ein Tiefpunkt von f liegt, liegen die Nullstellen von f'. An den Stellen, an denen die Steigung des Graphen von f maximal bzw. minimal ist, liegen die Hoch- bzw. die Tiefpunkte des Graphen von f'.

a)

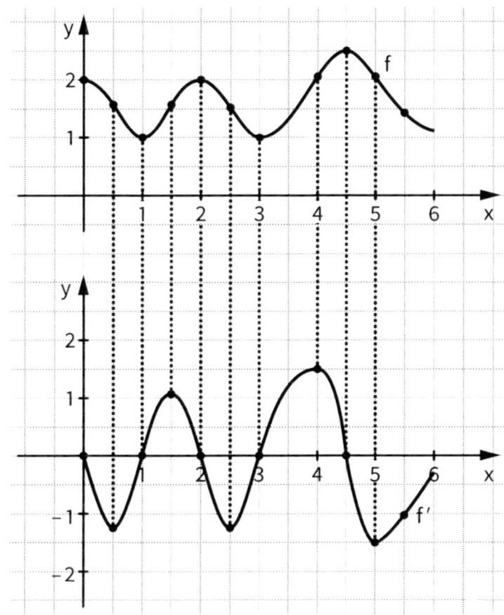

b)

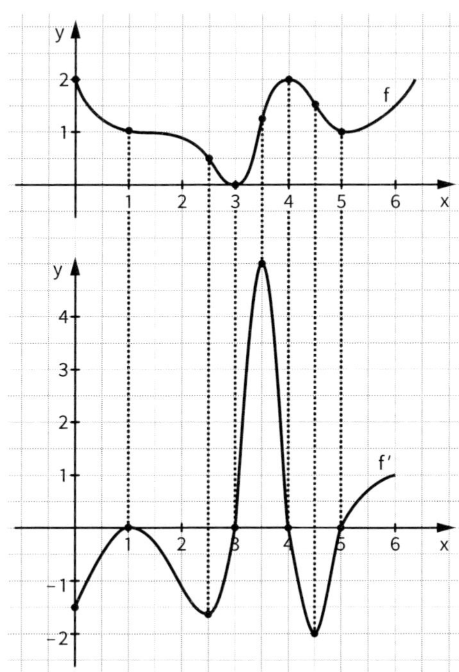

70

c)

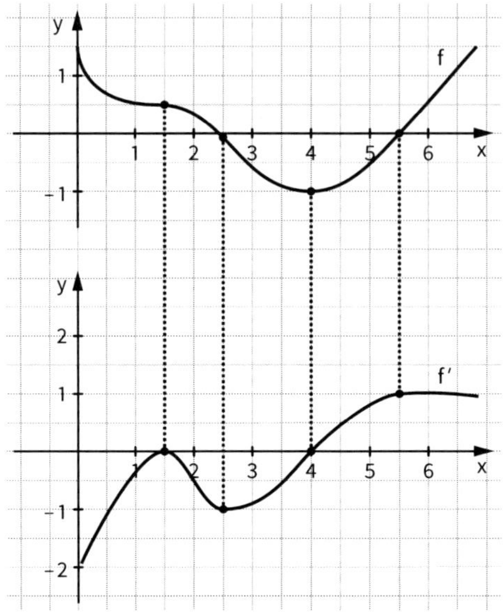
y
1
-1
1
2
3
4
5
6
x
f
y
2
1
-1
-2
1
2
3
4
5
6
x
f'

d)

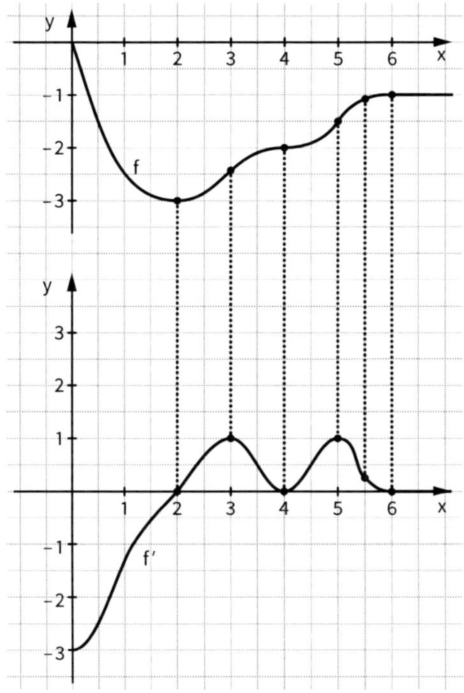
y
1
2
3
4
5
6
x
-1
-2
-3
f
y
3
2
1
1
2
3
4
5
6
x
-1
-2
-3
f'

3. –

70

4. **a)**
- Hochpunkt ungefähr an der Stelle −3,7, denn die Ableitung fällt dort und −3,7 ist Nullstelle von f′.
- Wendepunkt bei −3, denn die Ableitung ist dort minimal.
- Sattelpunkt bei −1, denn die Ableitung ist dort maximal und hat den Wert 0.
- Wendepunkt bei 0, denn die Ableitung ist dort minimal.
- Tiefpunkt bei 0,5, denn die Ableitung steigt dort und 0,5 ist Nullstelle von f′.
- Wendepunkt bei 2, denn die Ableitung ist dort maximal.
- Hochpunkt ungefähr an der Stelle 2,7, denn die Ableitung fällt dort und 2,7 ist Nullstelle von f′.

b)
- Tiefpunkt bei −3, denn die Ableitung steigt dort und −3 ist Nullstelle von f′.
- Wendepunkt bei −2, denn die Ableitung ist dort maximal.
- Hochpunkt bei 0, denn die Ableitung fällt dort und 0 ist Nullstelle von f′.
- Wendepunkt ungefähr bei 0,7, denn die Ableitung ist dort minimal.
- Sattelpunkt bei 2, denn die Ableitung ist dort maximal und hat den Wert 0.

c)
- Sattelpunkt ungefähr bei −5, denn die Ableitung ist dort minimal und hat den Wert 0.
- Wendepunkte ungefähr bei −3, −2,5 und −1,5, denn die Ableitung ist dort extremal.
- Hochpunkt bei 0, denn die Ableitung fällt dort und hat den Wert 0.
- Wendepunkt ungefähr bei 1,8, denn die Ableitung ist dort minimal.
- Sattelpunkt bei 4, denn die Ableitung ist dort maximal und hat den Wert 0.

71

5. (1) → (B) Die Ableitung hat bei 2 eine Nullstelle. Links von 2 ist die Ableitung positiv, rechts davon negativ.

(2) → (A) Die Ableitung ist überall negativ, nur an der Stelle 2 hat sie den Wert 0. An der Stelle 2 wird die Ableitung maximal.

(3) → (C) Die Ableitung ist überall positiv. Mit zunehmendem x wird die Ableitung immer kleiner. Nahe bei −2 ist die Ableitung sehr groß.

71

6. Sandra hat die Nullstellen der Ableitung anhand der Extrempunkte des Graphen von f richtig bestimmt. Auch die Extremstelle der Ableitung an der Wendestelle von f hat sie berücksichtigt, jedoch nicht bedacht, dass die Ableitung dort negativ ist. Aber sie hat auch falsch begonnen. Die Ableitung ist zunächst positiv bis zur Nullstelle, danach negativ bis zur nächsten Nullstelle. Dazwischen hat die Ableitung einen Tiefpunkt. Ab der letzten Nullstelle steigt die Ableitung überall.

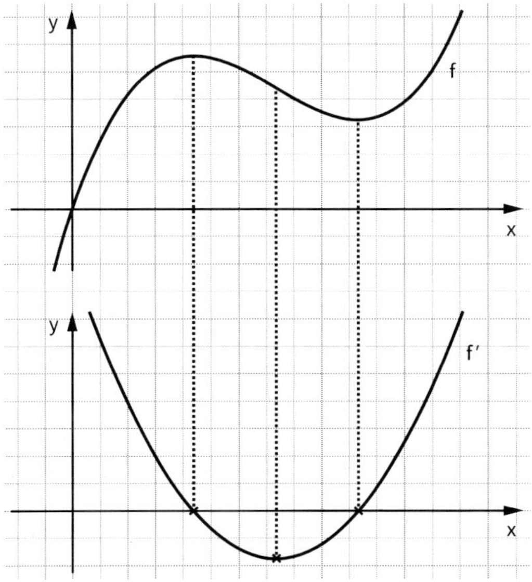

7. a)

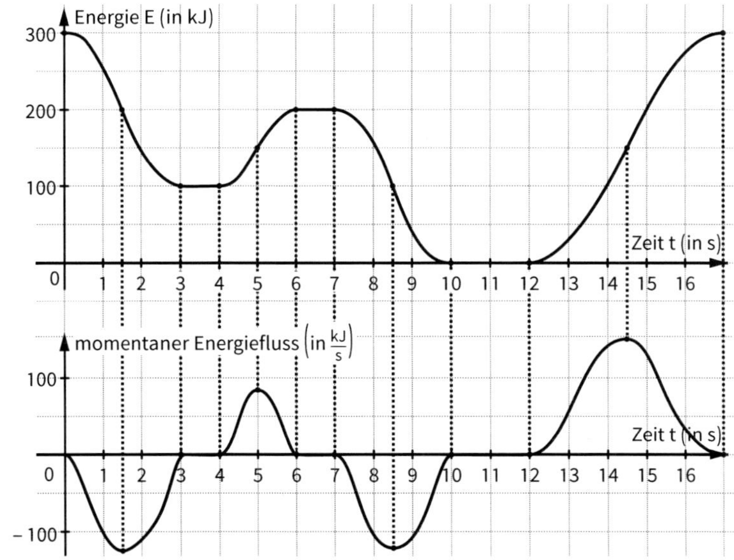

Der momentane Energiefluss hat die Einheit $\frac{kJ}{s}$.

71 **b)**

Zeitspanne/Zeitpunkt	Die Energie im Akkumulator …	Der momentane Energiefluss …	Fahrverhalten
[0; 3]	sinkt.	ist negativ.	KERS wird zum Beschleunigen genutzt.
1,5	sinkt am stärksten.	ist minimal.	
[3; 4]	bleibt konstant.	hat den Wert null.	Der Fahrer bremst nicht und nutzt kein KERS zum Beschleunigen.
[4; 6]	steigt.	ist positiv.	Der Fahrer bremst.
5	steigt am stärksten.	ist maximal.	
[6; 7]	bleibt konstant.	hat den Wert null.	Der Fahrer bremst nicht und nutzt kein KERS zum Beschleunigen.
[7; 10]	sinkt.	ist negativ.	KERS wird zum Beschleunigen genutzt.
8,5	sinkt am stärksten.	ist minimal.	
[10; 12]	ist konstant.	hat den Wert null.	Fahrer bremst nicht und nutzt kein KERS zum Beschleunigen.
[12; 17]	steigt.	ist positiv.	Fahrer bremst.
14,5	steigt am stärksten.	ist maximal.	

8. Der rote Graph ist der Graph der Ableitungsfunktion des schwarzen Graphen. Man erkennt am schwarzen Graphen, dass das Körpergewicht anfangs schnell steigt bis zum Wendepunkt. Dort ist die größte Steigung, also die größte Gewichtszunahme pro Tag. Danach verringert sich die Steigung, also wird die tägliche Gewichtszunahme geringer.

2.4 Ableitung der Quadratfunktion – Ableitungen rechnerisch bestimmen

72 **Einstiegsaufgabe ohne Lösung**

- Man wählt einen zweiten Punkt $Q(x\,|\,4-x^2)$, der möglichst dicht am Punkt $P(1\,|\,3)$ auf dem Graphen von f liegt und bestimmt die Tangentensteigung durch P näherungsweise als Steigung der Sekante durch $P(1\,|\,3)$ und $Q(x\,|\,4-x^2)$:
  $m=\frac{(4-x^2)-3}{x-1}=\frac{1-x^2}{x-1}=\frac{(1-x)(1+x)}{(x-1)}=-\frac{(1-x)(1+x)}{(1-x)}$
  $m=-(1+x)$ für $x\neq 1$, aber x möglichst nah bei 1
  Für $Q_1(2\,|\,0)$ ergibt sich $m_s=-3$
  Für $Q_2(1{,}5\,|\,1{,}75)$ ergibt sich $m_s=-2{,}5$
- Die Steigung der Sekante durch P und Q_2 ist die bessere Näherung, da Q_2 dichter bei P liegt und die Sekante dadurch näher bei der Tangente liegt.
- Die Näherung wird umso besser, je dichter Q bei P liegt.
  Allgemein für $P(x_0\,|\,4-x_0^2)$ und $Q(x\,|\,4-x^2)$ ergibt sich:
  $m=\frac{(4-x^2)-(4-x_0^2)}{x-x_0}=\frac{x_0^2-x^2}{x-x_0}=\frac{(x_0+x)(x_0-x)}{x-x_0}=\frac{-(x_0+x)(x-x_0)}{x-x_0}$
  $m_s=-(x_0+x)$ für $x\neq x_0$, aber x möglichst nah bei x_0.
  Je mehr sich x dem Wert x_0 nähert, desto mehr nähert sich $-(x_0+x)$ dem Wert $-2x_0$. Die Sekantensteigung nähert sich der Tangentensteigung immer mehr an. Wir vermuten deshalb $f'(x_0)=-2x_0$.

75 **1. a)** $m=\frac{x^2-2^2}{x-2}=\frac{(x-2)(x+2)}{x-2}=x+2$ für $x\neq 2$

Wenn $x\to 2$, dann $m=x+2\to 4$. Die Tangentensteigung ist der Grenzwert der Sekantensteigungen, also gilt: $f'(2)=\lim\limits_{x\to 2}(x+2)=4$

b) $m=\frac{x^2-(-1)^2}{x-(-1)}=\frac{x^2-1}{x+1}=\frac{(x-1)(x+1)}{x+1}=x-1$ für $x\neq -1$

Wenn $x\to -1$, dann $m=x-1\to -2$. Die Tangentensteigung ist der Grenzwert der Sekantensteigungen, also gilt: $f'(-1)=\lim\limits_{x\to -1}(x-1)=-2$

c) $m=\frac{x^2-0}{x-0}=\frac{x^2}{x}=x$ für $x\neq 0$

Wenn $x\to 0$ dann $m=x\to 0$. Die Tangentensteigung ist der Grenzwert der Sekantensteigungen, also gilt: $f'(0)=\lim\limits_{x\to 0}x=0$

d) $m=\frac{x^2-(-0{,}5)^2}{x-(-0{,}5)}=\frac{x^2-0{,}25}{x+0{,}5}=\frac{(x-0{,}5)(x+0{,}5)}{x+0{,}5}=x-0{,}5$ für $x\neq -0{,}5$

Wenn $x\to -0{,}5$, dann $m=x-0{,}5\to -1$. Die Tangentensteigung ist der Grenzwert der Sekantensteigungen, also gilt: $f'(-0{,}5)=\lim\limits_{x\to -0{,}5}(x-0{,}5)=-1$

e) $m=\frac{x^2-(\sqrt{5})^2}{x-\sqrt{5}}=\frac{(x-\sqrt{5})(x+\sqrt{5})}{x-\sqrt{5}}=x+\sqrt{5}$ für $x\neq\sqrt{5}$

Wenn $x\to\sqrt{5}$, dann $m=x+\sqrt{5}\to 2\cdot\sqrt{5}$. Die Tangentensteigung ist der Grenzwert der Sekantensteigungen, also gilt: $f'(\sqrt{5})=\lim\limits_{x\to\sqrt{5}}(x+\sqrt{5})=2\cdot\sqrt{5}$

75

2. Für f mit $f(x) = x^2$ gilt: $f'(x) = 2x$

a) $f'(3) = 6$; $f'(7) = 14$; $f'(-4) = -8$; $f'(-0{,}5) = -1$; $f'\left(\frac{2}{3}\right) = \frac{4}{3}$

b) $f'(x) = 2x = 8$, also $x = 2$;
$f'(x) = 2x = -6$, also $x = -3$;
$f'(x) = 2x = 0$, also $x = 0$;
$f'(x) = 2x = \frac{1}{2}$, also $x = \frac{1}{4}$;
$f'(x) = 2x = -0{,}8$, also $x = -0{,}4$

3. a) (1) $f'(5) = 10$ (2) $f'(-5) = -10$ (3) $f'(0) = 0$
(4) $f'\left(\frac{1}{2}\right) = 1$ (5) $f'\left(-\frac{1}{2}\right) = -1$

b) (1) $f'(x) = 3$ für $x = 1{,}5$ (2) $f'(x) = -3$ für $x = -1{,}5$
(3) $f'(x) = 0$ für $x = 0$ (4) $f'(x) = 1{,}8$ für $x = 0{,}9$

4. a) $m = \frac{f(x) - f(x_0)}{x - x_0} = \frac{(x^2 + 3) - (x_0{}^2 + 3)}{x - x_0} = \frac{x^2 - x_0{}^2}{x - x_0} = \frac{(x - x_0)(x + x_0)}{x - x_0}$

$m = x + x_0$ für $x \neq x_0$

Wenn $x \to x_0$, dann $m = x + x_0 \to 2x_0$. Die Tangentensteigung ist der Grenzwert der Sekantensteigungen, also gilt: $f'(x_0) = \lim\limits_{x \to x_0} (x + x_0) = 2x_0$.

Damit ergibt sich $f'(3) = 6$ und $f'(-3) = -6$.

Alternative:

Die Differenzenquotienten $\frac{f(x) - f(3)}{x - 3}$ bzw. $\frac{f(x) - f(-3)}{x + 3}$ werden in einen Rechner eingegeben (siehe dazu z. B. Lösung auf S. 73). Dann wird untersucht, wie sich diese Quotienten entwickeln, wenn $x \to 3$ bzw. wenn $x \to -3$.

b) $m = \frac{f(x) - f(x_0)}{x - x_0} = \frac{3x^2 - 3x_0{}^2}{x - x_0} = 3 \cdot \frac{(x - x_0)(x + x_0)}{x - x_0}$

$m = 3(x + x_0)$ für $x \neq x_0$

Wenn $x \to x_0$, dann $m = 3(x + x_0) \to 6x_0$.

Also gilt: $f'(x_0) = \lim\limits_{x \to x_0} 3(x + x_0) = 6x_0$

Damit ergibt sich $f'(3) = 18$ und $f'(-3) = -18$. Man kann auch die Alternative mit einem Rechner, wie in Teilaufgabe a), anwenden.

c) $m = \frac{f(x) - f(x_0)}{x - x_0} = \frac{(x - 2)^2 - (x_0 - 2)^2}{x - x_0} = \frac{[(x - 2) - (x_0 - 2)] \cdot [(x - 2) + (x_0 - 2)]}{x - x_0}$

$m = \frac{(x - x_0) \cdot (x + x_0 - 4)}{x - x_0} = x + x_0 - 4$ für $x \neq x_0$

Wenn $x \to x_0$, dann $m = x + x_0 - 4 \to 2x_0 - 4$.

Also gilt: $f'(x_0) = \lim\limits_{x \to x_0} (x + x_0 - 4) = 2x_0 - 4$.

Damit ergibt sich $f'(3) = 2$ und $f'(-3) = -10$

Man kann auch alternativ mit dem Rechner arbeiten.

d) $m = \frac{(x^2 + 2x) - (x_0{}^2 + 2x_0)}{x - x_0} = \frac{x^2 - x_0{}^2}{x - x_0} + \frac{2x - 2x_0}{x - x_0}$

$m = \frac{(x - x_0)(x + x_0)}{x - x_0} + 2 \cdot \frac{x - x_0}{x - x_0} = x + x_0 + 2$ für $x \neq x_0$

Wenn $x \to x_0$, dann $m = x + x_0 + 2 \to 2x_0 + 2$.

Also gilt: $f'(x_0) = \lim\limits_{x \to x_0} (x + x_0 + 2) = 2x_0 + 2$

Damit ergibt sich $f'(3) = 8$ und $f'(-3) = -4$.

Alternativ kann mit dem Rechner gearbeitet werden.

75

5. ▪ mittlere Änderungsrate über dem Intervall $[a_0; a_0 + h]$:

$$\frac{(a_0+h)^2 - a_0^2}{(a_0+h) - a_0} = \frac{a_0^2 + 2a_0h + h^2 - a_0^2}{h} = \frac{2a_0h + h^2}{h} = 2a_0 + h \text{ für } h \neq 0$$

▪ Wenn $a_0 + h \to a_0$, also wenn $h \to 0$, dann $2a_0 + h \to 2a_0$.

▪ Für die lokale Änderungsrate gilt:

$$\lim_{h \to 0}(2a_0 + h) = 2a_0$$

▪ Die lokale Änderungsrate ist doppelt so groß wie die Seitenlänge des Quadrates.

6. Momentangeschwindigkeit:

$f'(t) = 2t$, t in s und f(t) in $\frac{m}{s}$

$1\frac{m}{s} = 3{,}6\frac{km}{h}$

$f'(2\,s) = 4\frac{m}{s} = 14{,}4\frac{km}{h}$

$f'(5\,s) = 10\frac{m}{s} = 36\frac{km}{h}$

$f'(8\,s) = 16\frac{m}{s} = 57{,}6\frac{km}{h}$

$f'(10\,s) = 20\frac{m}{s} = 72\frac{km}{h}$

7.

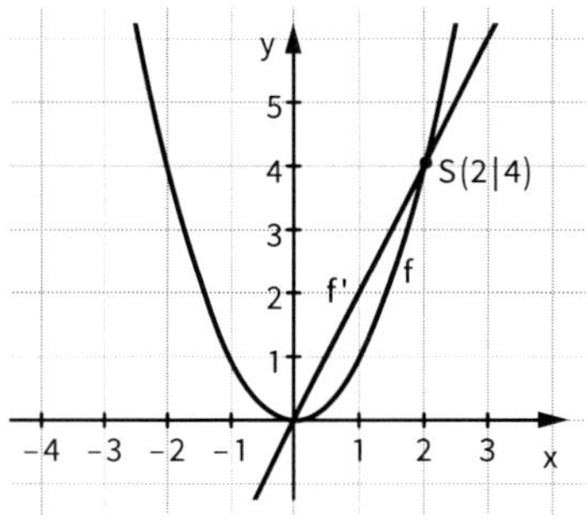

O(0|0) ist Scheitelpunkt des Graphen von f. Dort hat der Graph von f eine waagerechte Tangente. Somit gilt $f'(0) = 0$. Links von 0 fällt der Graph von f, also ist f' dort negativ. Rechts von 0 steigt der Graph von f, also ist f' dort positiv.

$f(x) = f'(x)$

$x^2 = 2x$, wenn $x = 0$ oder $x = 2$

Die Graphen von f und f' schneiden sich im Koordinatenursprung O(0|0) und im Punkt S(2|4).

8. (1) und (2)

Mögliche Beispiele:

▪ P(1|1) und Q(2|4): $m = \frac{4-1}{2-1} = 3$

$f'(x) = 2x = 3$ für $x = 1{,}5$

▪ P(–5|25) und Q(6|36): $m = \frac{36-25}{6-(-5)} = \frac{11}{11} = 1$

$f'(x) = 2x = 1$ für $x = \frac{1}{2}$

▪ P(3|9) und Q(7|49): $m = \frac{49-9}{7-3} = \frac{40}{4} = 10$

$f'(x) = 2x = 10$ für $x = 5$

Vermutung:

An der Stelle $\frac{x_1 + x_2}{2}$ hat der Graph von f mit $f(x) = x^2$ die gleiche Steigung wie die Sekante durch die Punkte $P(x_1|x_1^2)$ und $Q(x_2|x_2^2)$.

(3) *Beweis:*

Für die Steigung der Sekante durch die Punkt $P(x_1|x_1^2)$ und $Q(x_2|x_2^2)$ auf dem Graphen von f gilt: $m = \frac{x_2^2 - x_1^2}{x_2 - x_1} = \frac{(x_2 - x_1)(x_2 + x_1)}{x_2 - x_1} = x_2 + x_1$ für $x_2 \neq x_1$

Für die Steigung der Tangente an der Stelle $\frac{x_1 + x_2}{2}$ gilt:

$$f'\left(\frac{x_1 + x_2}{2}\right) = 2 \cdot \left(\frac{x_1 + x_2}{2}\right) = x_1 + x_2$$

Somit gilt $m = f'\left(\frac{x_1 + x_2}{2}\right)$.

75

9. a) Der Graph von h entsteht aus dem Graphen von f durch Verschieben um 3 Einheiten nach rechts, parallel zur x-Achse.

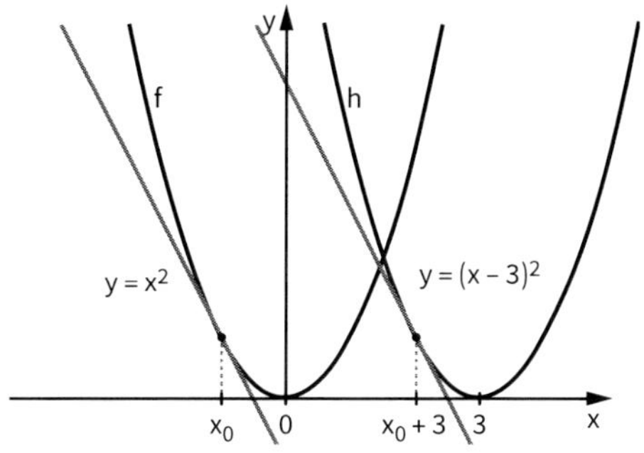

b) $f'(x) = 2x = 2$ für $x = 1$
$f'(x) = 2x = 3$ für $x = 1{,}5$
$f'(x) = 2x = -1$ für $x = -0{,}5$

c) Die Stellen mit derselben Steigung liegen um 3 Einheiten nach rechts verschoben.
$h'(x) = 2$ für $x = 4$
$h'(x) = 3$ für $x = 4{,}5$
$h'(x) = -1$ für $x = 2{,}5$

d) Der Graph von f hat an einer Stelle x_0 die Steigung $f'(x_0)$. Der Graph von h hat dieselbe Steigung an der Stelle $x_0 + 3$.
Somit gilt: $f'(x_0) = h'(x_0 + 3)$, also $h'(x) = f'(x_0)$ für $x = x_0 + 3$.

76

10. a) (1)
- $x_0 = 5,\ f'(5) = 10$
- Die Tangente verläuft durch P (5 | 25).
- $y = 10x + b$
  $25 = 50 + b$, also $b = -25$
- Tangentengleichung: $y = 10x - 25$

(2)
- $x_0 = 25,\ f'(25) = 50$
- Die Tangente verläuft durch P (25 | 625).
- $y = 50x + b$
  $625 = 1\,250 + b$, also $b = -625$
- Tangentengleichung: $y = 50x - 625$

(3)
- $x_0 = -5,\ f'(-5) = -10$
- Die Tangente verläuft durch P (−5 | 25).
- $y = -10x + b$
  $25 = 50 + b$, also $b = -25$
- Tangentengleichung: $y = -10x - 25$

76

b)

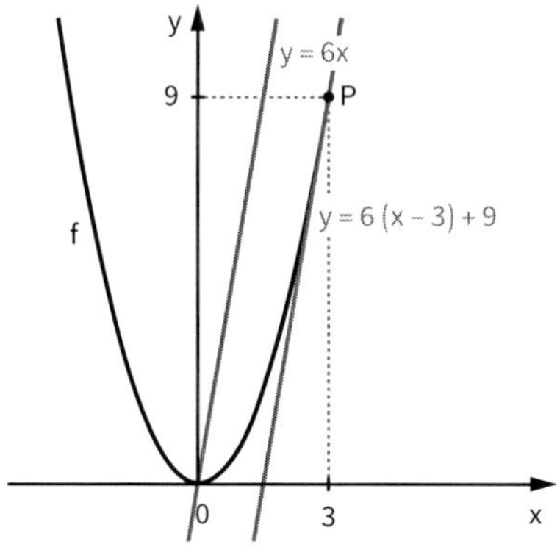

Julien geht von einer Geraden durch den Ursprung, mit der gleichen Steigung wie die Tangente in P aus. Diese Gerade hat die Gleichung $y = 6x$ und sie verläuft parallel zur Tangente. Die Tangente kann man sich also entstanden denken aus der Geraden zu $y = 6x$. Die Tangente entsteht aus der Geraden zu $y = 6x$ durch Verschieben um 3 Einheiten nach rechts und 9 Einheiten nach oben. So erhält man die Tangente mit der Gleichung $y = 6(x - 3) + 9 = 6x - 9$.
Die Gleichung von Julien ist identisch mit der im Beispiel.

11. Genauere Beschreibungen zum Vorgehen finden Sie in den Heften „Arbeiten mit dem GTR" unter der Überschrift „Sekanten und Tangenten am Graphen darstellen und Steigungen bestimmen".
Hier einige Hinweise bei der Verwendung eines TI-nspire CX:

- Nach dem Zeichnen des Graphen wird ein Punkt auf dem Graphen gezeichnet. Dazu wird im Menü *Geometrie* der Punkt *(1) Punkte und Geraden* aufgerufen und dort wird *(2) Punkt auf* gewählt. Die x-Koordinate des Punktes wird überschrieben mit dem Wert 1,5.

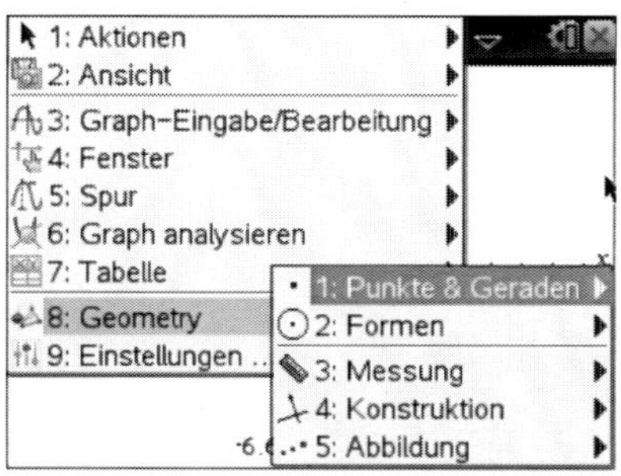

- 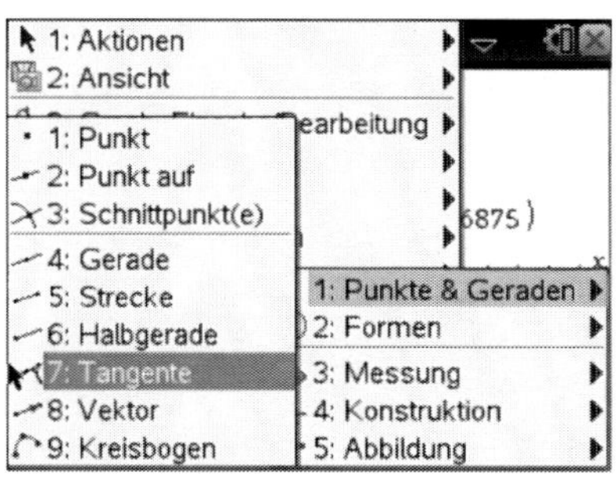

Dann wird die Tangente in dem Punkt gezeichnet. Dazu wird im Menü *Geometrie* der Punkt *(1) Punkte und Geraden* aufgerufen und dort wird *(7) Tangente* gewählt.

76 ■ Nach dem Zeichnen der Tangente wird deren Steigung bestimmt. Dazu wird im Menü *Geometrie* der Punkt *(3) Messung* aufgerufen und dort wird *(3) Steigung* gewählt.

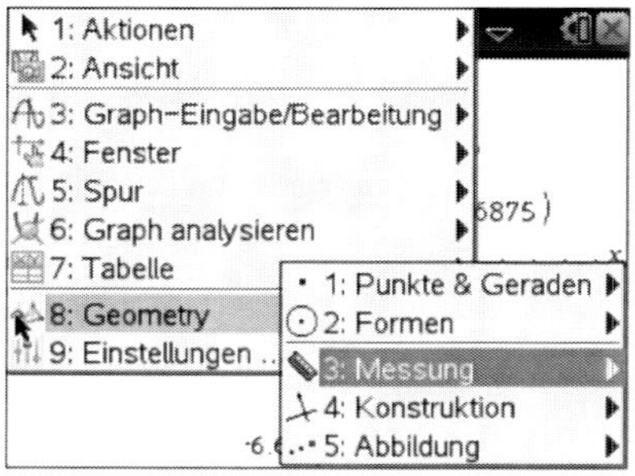

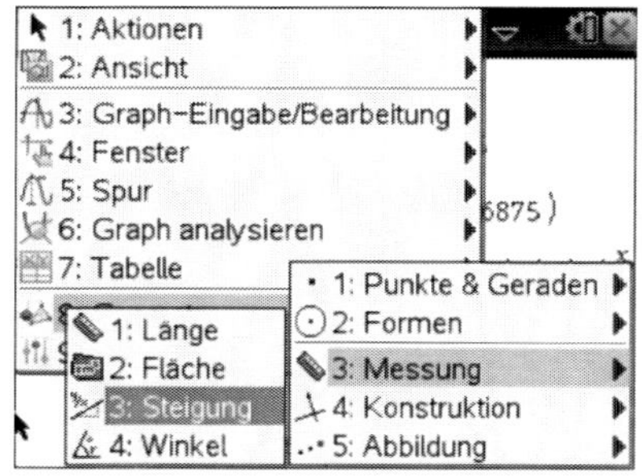

Für die eingezeichnete Tangente (siehe Abbildung im Buch) wurde so eine Steigung von 2,5 ermittelt.

12. a) *Skizze:*

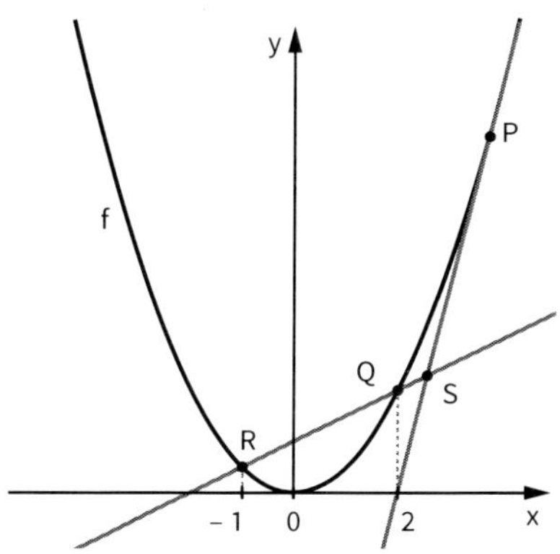

- Gleichung der Tangente in $P(4\,|\,16)$:
  $f'(4) = 8$
  $y = 8x - 16$

- Gleichung der Sekante durch $R(-1\,|\,1)$ und $Q(2\,|\,4)$: $m = \frac{4-1}{2+1} = 1$
  $y = 1 \cdot (x-2) + 4 = x + 2$
- Schnittpunkt S bestimmen: $x + 2 = 8x - 16$
  $S\left(2\frac{4}{7}\,\middle|\,4\frac{4}{7}\right)$ $18 = 7x$, also $x = \frac{18}{7} = 2\frac{4}{7}$

b) Die y-Koordinate von S ist gleich der Höhe des Dreiecks, also $h = 4\frac{4}{7}$.
Die Länge der zugehörigen Grundseite ermitteln wir mithilfe der Schnittstellen der Sekante und der Tangente auf der x-Achse.
$x + 2 = 0$ für $x = -2$
$8x - 16 = 0$ für $x = 2$
Die Grundseite hat also eine Länge von 4 Einheiten.
Flächeninhalt des Dreiecks:
$A = \frac{1}{2} \cdot 4 \cdot 4\frac{4}{7} = 2 \cdot 4\frac{4}{7} = 8\frac{8}{7} = 9\frac{1}{7}$

76

13. a) $f(x) = ax^2 + b;\ b = 15$

$0 = a \cdot 5^2 + 15$, also $a = -\frac{3}{5}$

$f(x) = -\frac{3}{5}x^2 + 15$

b) $m = 6$ bzw. $m = -6$

c) $\tan\alpha = 6$, also $\alpha \approx 80{,}5°$, bzw. $\tan\alpha = -6$, also $\alpha \approx -80{,}5°$

d) Links: $y = 6(x+5) = 6x + 30$

Rechts: $y = -6(x-5) = -6x + 30$

14. (1) $f'(x_0) = 2x_0$; **Tangente in $P(x_0 \mid x_0^2)$:**

$y = 2x_0 \cdot x - x_0^2$

(2) Schnittpunkt mit der y-Achse: $S_1(0 \mid -x_0^2)$

Schnittpunkt mit der x-Achse: $S_2\left(\frac{x_0}{2} \mid 0\right)$

Die Tangente im Punkt $P(x_0 \mid x_0^2)$ an den Graphen von f mit $f(x) = x^2$ kann man als Gerade durch die Punkte P und $S_2\left(\frac{x_0}{2} \mid 0\right)$ zeichnen.

2.5 Ableitungsregeln

2.5.1 Ableitung von Potenzfunktionen mit ganzzahligen Exponenten – Potenzregel

81

1. a) $m = \frac{f(x+h) - f(x)}{(x+h) - x} = \frac{(x+h)^2 - x^2}{h} = \frac{x^2 + 2xh + h^2 - x^2}{h}$

$m = \frac{2xh + h^2}{h} = 2x + h$ für $h \neq 0$

$2x + h \to 2x$ für $h \to 0$

$f'(x) = 2x$

b) $m = \frac{f(x+h) - f(x)}{(x+h) - x} = \frac{(x+h)^2 + 3 - (x^2 + 3)}{h} = \frac{(x+h)^2 - x^2}{h}$

$m = \frac{x^2 + 2xh + h^2 - x^2}{h} = \frac{2xh + h^2}{h} = 2x + h$ für $h \neq 0$

$2x + h \to 2x$ für $h \to 0$

$f'(x) = 2x$

c) $m = \frac{f(x+h) - f(x)}{(x+h) - x} = \frac{(x+h)^2 - 2{,}5 - (x^2 - 2{,}5)}{h} = \frac{(x+h)^2 - x^2}{h}$

$m = \frac{x^2 + 2xh + h^2 - x^2}{h} = \frac{2xh + h^2}{h} = 2x + h$ für $h \neq 0$

$2x + h \to 2x$ für $h \to 0$

$f'(x) = 2x$

d) $m = \frac{f(x+h) - f(x)}{(x+h) - x} = \frac{(x+h)^3 + 6 - (x^3 + 6)}{h} = \frac{(x+h)^3 - x^3}{h}$

$m = \frac{(x+h)(x+h)^2 - x^3}{h} = \frac{(x+h)(x^2 + 2xh + h^2) - x^3}{h}$

$m = \frac{x^3 + 2x^2h + xh^2 + x^2h + 2xh^2 + h^3 - x^3}{h}$

$m = \frac{3x^2h + 3xh^2 + h^3}{h} = 3x^2 + 3xh + h^2$ für $h \neq 0$

$3x^2 + 3xh + h^2 \to 3x^2$ für $h \to 0$

$f'(x) = 3x^2$

81

2. $\frac{f(x+h)-f(x)}{h} = \frac{(x+h)^4 - x^4}{h} = \frac{(x+h)^2\,(x+h)^2 - x^4}{h}$

$= \frac{(x^2+2xh+h^2)(x^2+2xh+h^2) - x^4}{h}$

$= \frac{x^4+2x^3h+x^2h^2+2x^3h+4x^2h^2+2xh^3+x^2h^2+2xh^3+h^4-x^4}{h}$

$= \frac{4x^3h+6x^2h^2+4xh^3+h^4}{h}$

$= 4x^3+6x^2h+4xh^2+h^3$ für $h \neq 0$

$4x^3+6x^2h+4xh^2+h^3 \to 4x^3$ für $h \to 0$

$f'(x) = 4x^3$

3. **a)** $f'(x) = 3x^2,\ f'(4) = 48$
b) $f'(x) = 3x^2,\ f'(-3) = 27$
c) $f'(x) = 3x^2,\ f'(0) = 0$
d) $f'(x) = 4x^3,\ f'(1) = 4$
e) $f'(x) = 8x^7,\ f'(-2) = -1\,024$
f) $f'(x) = 23\cdot x^{22},\ f'(-1) = 23$
g) $f'(x) = 5,\ f'(-2) = 5$
h) $f'(x) = 0,\ f'(\pi) = 0$

4. **a)** $f'(x) = 12x^{11},\ g'(x) = 7x^6,\ h'(t) = 100t^{99},\ f'(k) = 4k^3,\ g'(s) = 8s^7$
b) $f'(x) = n\cdot x^{n-1},\ g'(t) = 3n\cdot t^{3n-1},\ h'(x) = (n+2)\cdot x^{n+1},\ f'(s) = 2n\cdot s^{2n-1},$
$g'(t) = (x-2)\cdot t^{x-3}$

5. **a)** $f'(x) = -4\cdot x^{-5} = -\frac{4}{x^5}$
b) $f'(x) = -15\cdot x^{-6} = -\frac{15}{x^6}$
c) $f(x) = 5\cdot x^{-1};\ f'(x) = -5\cdot x^{-2} = -\frac{5}{x^2}$

6.
- $f'(x) = -2\cdot x^{-3}$ Fehler: Der Exponent wurde um 1 erhöht statt erniedrigt.
- $g(x) = x^{-2};\ g'(x) = -2x^{-3} = \frac{-2}{x^3}$
  Fehler: Der Faktor –2 wurde vergessen.
- $h'(x) = -4x^{-5}$
  Fehler: Das Minus wurde vergessen und der Exponent wurde um 1 erhöht statt erniedrigt.

7.
- mittlere Änderungsrate: $\frac{(a_0+h)^3 - a_0^{\,3}}{h}$
- lokale Änderungsrate: $3a_0^2$

Die lokale Änderungsrate des Volumens ist genau so groß, wie der halbe Oberflächeninhalt des Würfels.

8. $f'(x) = 3x^2$; da x^2 immer größer oder gleich null ist, gibt es keine negativen Steigungen.

9. **a)** $f(x) = x^4$
d) $f(x) = x^a$
g) $f(x) = x^{-5}$
b) $f(x) = x^7$
e) $f(x) = x^{s-2}$
h) $f(x) = \frac{1}{x^7}$
c) $h(t) = t^5$
f) $u(z) = z^{x+1}$
i) $f(x) = \frac{1}{x^{n+1}}$

82 **10.** Man kann sich die Wertetabelle für die Ableitungen mithilfe eines Rechners beschaffen. Siehe dazu Seite 78 im Schülerband.

x_0	−3	−2	−1	0	1	2	3
$f'(x_0)$	27	12	3	0	3	12	27
$g'(x_0)$	27	12	3	0	3	12	27

Vermutung: $f'(x) = g'(x) = 3x^2$

Begründung: Die Graphen von f und g gehen aus einer Verschiebung des Graphen zu $y = x^3$ in Richtung der y-Achse hervor. Die Steigung einer Tangente an einer Stelle x_0 ändert sich dabei nicht. Die Funktion f und g haben somit an einer Stelle x_0 dieselbe Ableitung wie die Kubikfunktion.

11. a) Für die Graphen siehe Seite 80 im Buch.

Stelle/Intervall	Graph von f	Graph von f'
$]-\infty; 0[$	Die Steigung ist an jeder Stelle positiv, sie nimmt aber ab.	$f'(x) > 0$, die Funktionswerte werden aber kleiner.
$x_0 = 0$	Die Steigung ist dort null.	$f'(0) = 0$
$]0; \infty[$	Die Steigung ist an jeder Stelle positiv, sie nimmt zu.	$f'(x) > 0$, die Funktionswerte werden größer.

b)

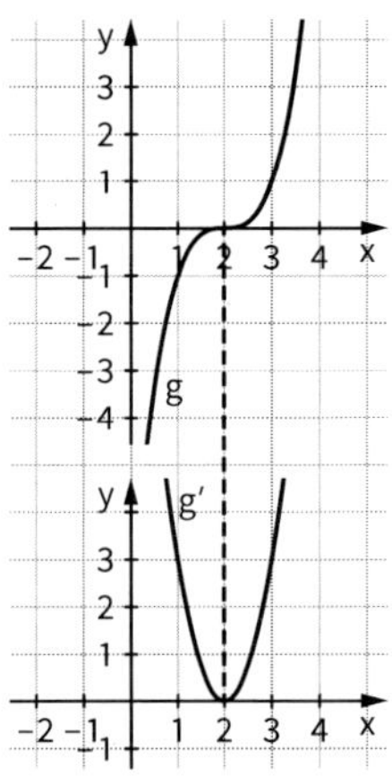

Der Graph von g entsteht aus dem Graphen von f durch eine Verschiebung um 2 Einheiten nach rechts.

$g'(x) = f'(x-2)$ und $f'(x) = 3x^2$

$g'(x) = 3 \cdot (x-2)^2$

12. a)

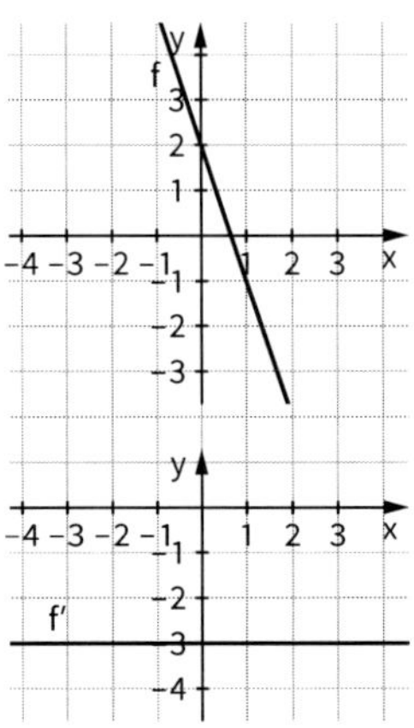

Der Graph von f hat an jeder Stelle die Steigung −3. Für alle x gilt: $f'(x) = -3$

82

b)

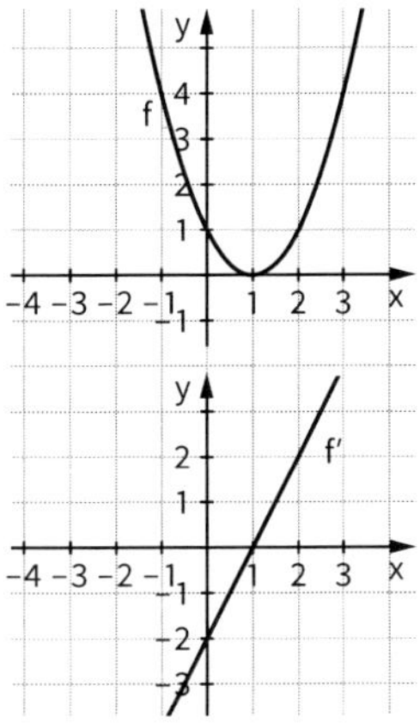

Im Intervall]−∞; 0[ist die Steigung des Graphen von f negativ f′(x) ist dort kleiner null.

An der Stelle $x_0 < 0$ ist die Steigung des Graphen von f gleich null. Es gilt: $f'(0) = 0$
Im Intervall]0; ∞[ist die Steigung der Graphen von f positiv. f′(x) ist dort größer null.

c)

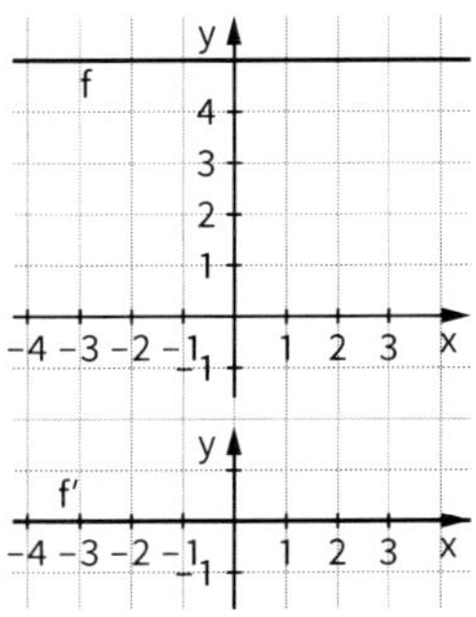

Der Graph von f hat überall die Steigung null. Für alle x gilt: $f'(x) = 0$

d)

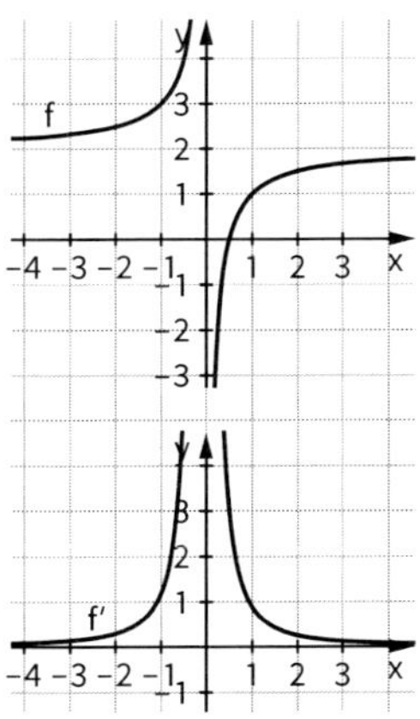

Im Intervall]−∞; 0[ist die Steigung von f positiv und wird immer größer. f′ hat dort positive Funktionswerte, die immer größer werden.

Im Intevall]0; ∞[ist die Steigung von f positiv, wird aber immer kleiner. f′ hat dort positive Funktionswerte, die immer kleiner werden.

13. (1) → (C), $f'(2) = 0$
(2) → (A), $f'(0) = 0$ und $f'(x) > 0$ sonst
(3) → (B), $f'(0) = 0$ und $f'(x) < 0$ für alle $x < 0$
und $f'(x) > 0$ für alle $x > 0$

82

14. a) $f'(x) = n \cdot x^{n-1}$

$$n \cdot x^{n-1} = 1$$
$$x^{n-1} = \frac{1}{n}$$
$$x = \left(\frac{1}{n}\right)^{\frac{1}{n-1}}$$

- Die Potenzfunktionen mit $f(x) = x^n$ und $n \in \mathbb{N}$ haben an der Stelle $x = \left(\frac{1}{n}\right)^{\frac{1}{n-1}}$ die Steigung 1.
- Die Steigung –1 kann es nur bei den Funktionen geben, bei denen der Exponent n gerade ist, da die Funktionen mit ungeraden Exponenten keine negativen Steigungen haben.
  Aufgrund der Achsensymmetrie zur y-Achse haben die Potenzfunktionen mit geraden Exponenten an der Stelle $x = -\left(\frac{1}{n}\right)^{\frac{1}{n-1}}$ die Steigung –1.

b)

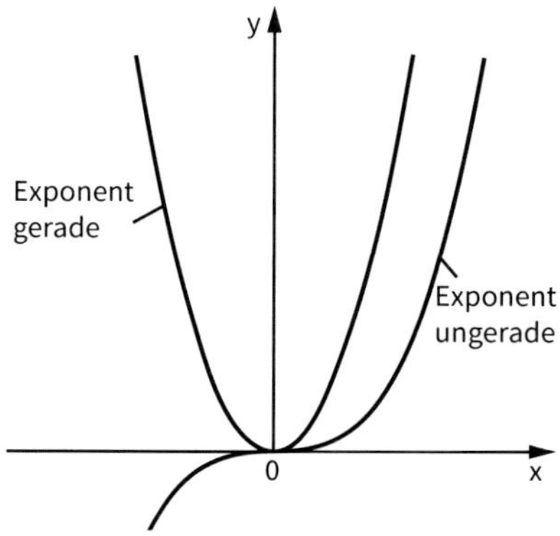

- Bei geraden Exponenten hat der Graph von f an der Stelle 0 einen Tiefpunkt und somit die Steigung 0.
- Bei ungeraden Exponenten hat der Graph von f an der Stelle 0 einen Sattelpunkt und somit die Steigung 0.

15. a) $f'(x) = 4x^3$, $f'(-2) = -32$, $f'(2) = 32$

Tangente in $P(-2\,|\,16)$: $y = (-32) \cdot (x + 2) + 16 = -32x - 48$

Tangente in $Q(2\,|\,16)$: $y = 32(x - 2) + 16 = 32x - 48$

Beide Tangenten schneiden sich in Punkt $S(0\,|-48)$.

b) $f'(x) = 4x^3$, $f'(-x_0) = -4x_0^3$, $f'(x_0) = 4x_0^3$

Tangente in $P(-x_0\,|\,x_0^4)$: $y = (-4x_0^3) \cdot (x + x_0) + x_0^4$

$$y = -4x_0^3 \cdot x - 4x_0^4 + x_0^4$$
$$y = -4x_0^3 \cdot x - 3x_0^4$$

Tangente in $P(x_0\,|\,x_0^4)$: $y = (4x_0^3) \cdot (x - x_0) + x_0^4$

$$y = 4x_0^3 \cdot x - 4x_0^4 + x_0^4$$
$$y = 4x_0^3 \cdot x - 3x_0^4$$

Beide Tangenten schneiden sich in Punkt $S(0\,|-3x_0^4)$.

2.5.2 Faktorregel

83 **Einstiegsaufgabe ohne Lösung**

- Sekante durch P und Q:

  $m = \frac{(x+h)^3 - x^3}{h}$

  Sekante durch P* und Q*:

  $m^* = \frac{2(x+h)^3 - 2x^3}{h}$

  $m^* = 2 \cdot \frac{(x+h)^3 - x^3}{h}$

- Es gilt: $m^* = 2 \cdot m$

  $m = \frac{(x+h)^3 - x^3}{h} = \frac{(x+h)(x+h)^2 - x^3}{h}$

  $m = \frac{(x+h)(x^2 + 2xh + h^2) - x^3}{h}$

  $m = \frac{x^3 + 2x^2h + xh^2 + x^2h + 2xh^2 + h^3 - x^3}{h}$

  $m = \frac{3x^2h + 3xh^2 + h^3}{h}$

  $m = 3x^2 + 3xh + h^2$ für $h \neq 0$

  Somit gilt: $m^* = 2 \cdot (3x^2 + 3xh + h^2)$

  $m^* = 6x^2 + 6xh + 2h^2$ für $h \neq 0$

  Wenn $h \to 0$, dann $m = 3x^2 + 3xh + h^2 \to 3x^2$

  und $m^* = 6x^2 + 6xh + 2h^2 \to 6x^2$

  Somit gilt: $f'(x) = 6x^2$

85 **1. a)** $\frac{f(x+h) - f(x)}{h} = \frac{(-2)(x+h)^2 - (-2)x^2}{h} = (-2) \cdot \frac{(x+h)^2 - x^2}{h}$

$= (-2) \cdot \frac{x^2 + 2xh + h^2 - x^2}{h} = (-2) \cdot (2x + h)$ für $h \neq 0$

Wenn $h \to 0$, dann $(-2) \cdot (2x + h) \to (-2)(2x) = -4x$.

$f'(x) = -4x$

b) $\frac{f(x+h) - f(x)}{h} = \frac{5(x+h)^3 - 5x^3}{h} = 5 \cdot \frac{(x+h)^3 - x^3}{h}$

$= 5 \cdot \frac{x^3 + 3x^2h + 3xh^2 + h^3 - x^3}{h} = 5 \cdot \frac{3x^2h + 3xh^2 + h^3}{h}$

$= 5 \cdot (3x^2 + 3xh + h^2)$ für $h \neq 0$

Wenn $h \to 0$, dann $5 \cdot (3x^2 + 3xh + h^2) \to 5 \cdot (3x^2) = 15x^2$.

$f'(x) = 15x^2$

c) $\frac{g(x+h) - g(x)}{h} = \frac{\frac{(t+h)^2}{3} - \frac{t^2}{3}}{h} = \frac{(t+h)^2 - t^2}{3h}$

$= \frac{t^2 + 2th + h^2 - t^2}{3h} = \frac{2th + h^2}{3h} = \frac{2t + h}{3}$ für $h \neq 0$

Wenn $h \to 0$, dann $\frac{2t + h}{3} \to \frac{2t}{3}$.

$g'(t) = \frac{2t}{3}$

85

d) $\frac{u(s+h)-u(s)}{h} = \frac{k\cdot(s+h)^2 - k\cdot s^2}{h} = k\cdot\frac{(s+h)^2 - s^2}{h}$

$= k\cdot\frac{s^2+2sh+h^2-s^2}{h} = k\cdot\frac{2sh+h^2}{h}$

$= k\cdot(2s+h)$ für $h \neq 0$

Wenn $h \to 0$, dann $k\cdot(2s+h) \to k\cdot(2s) = 2k\cdot s$.

$u'(s) = 2k\cdot s$

e) $\frac{f(x+h)-f(x)}{h} = \frac{\frac{m}{n}(x+h)^3 - \frac{m}{n}x^3}{h}$

$= \frac{m}{n}\cdot\frac{(x+h)^3 - x^3}{h} = \frac{m}{n}\cdot\frac{x^3+3x^2h+3xh^2+h^3-x^3}{h}$

$= \frac{m}{n}\cdot\frac{3x^2h+3xh^2+h^3}{h} = \frac{m}{n}\cdot(3x^2+3xh+h^2)$ für $h \neq 0$

Wenn $h \to 0$, dann $\frac{m}{n}\cdot(3x^2+3xh+h^2) \to \frac{m}{n}\cdot(3x^2) = 3\cdot\frac{m}{n}\cdot x^2$

$f'(x) = 3\cdot\frac{m}{n}\cdot x^2$

2. **a)** $f'(x) = 15x^4$
b) $f'(x) = 63x^8$
c) $g'(x) = \frac{5}{8}x^4$
d) $f'(t) = \frac{6}{10}t^5$
e) $h'(t) = 4\sqrt{2}\,t^3$
f) $f'(t) = 6t^7$
g) $h'(s) = \frac{1}{6}$
h) $g'(r) = 2r^2$

3. $m = 16\,\% = 0{,}16$

$f(x) = kx^2,\ f'(x) = 2kx$

$f'(11) = 22k = 0{,}16 \Rightarrow k = \frac{8}{1100}$

$f(x) = \frac{8}{1100}x^2$

$f(11) = \frac{8}{1100}\cdot 11^2 = \frac{88}{100} = 0{,}88$

Die Tiefe des Kraters beträgt 0,88 m.

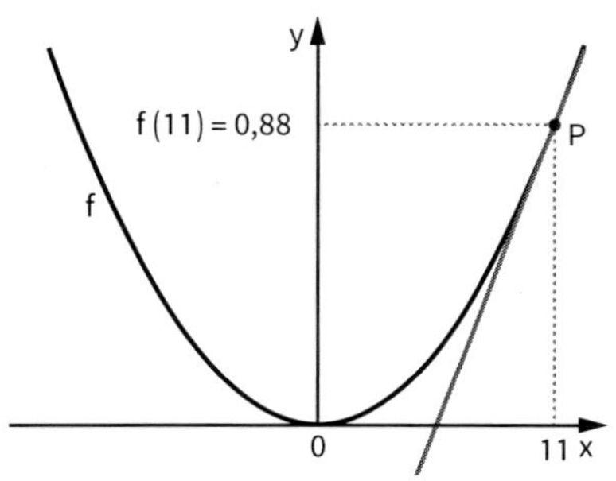

4. **a)** $f(x) = x^4$
b) $f(x) = \frac{1}{5}x^5$
c) $f(x) = \frac{1}{10}x^{10}$
d) $f(x) = \frac{7}{9}x^9$
e) $f(x) = \frac{4}{7}x^7$
f) $f(x) = 10x^{10}$
g) $f(x) = c,\ c \in \mathbb{R}$
h) $f(x) = 2{,}5x^2$

5. **a)** $A(r) = \pi r^2$

Änderungsrate: $A'(r) = 2\pi r$

Das ist der Umfang des entsprechenden Kreises.

85

b)

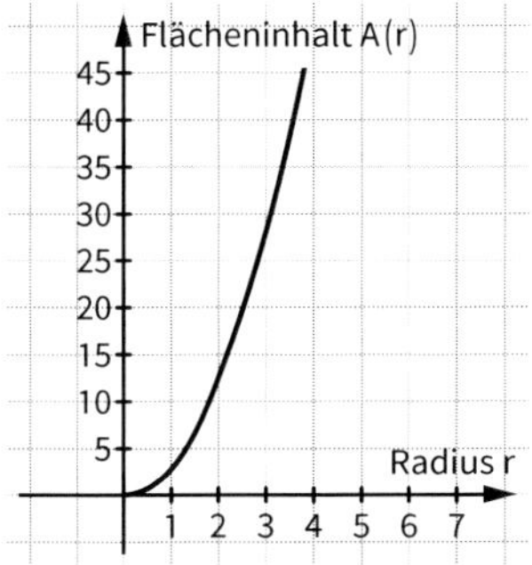

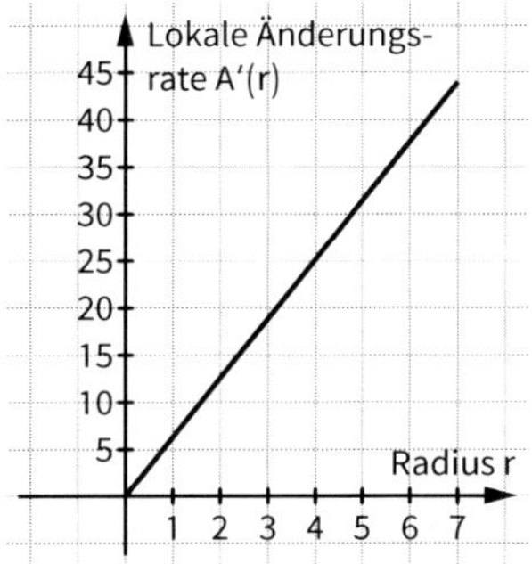

Der Graph zur Funktion A mit $A(r) = \pi r^2$ ist die rechte Hälfte einer Parabel mit dem Scheitelpunkt O(0|0). Der Graph zu A' ist eine Halbgerade, die im Koordinatenursprung beginnt und die Steigung 2π hat.

6. a) $v(t) = s'(t) = g \cdot \sin(\alpha) \cdot t$

b)

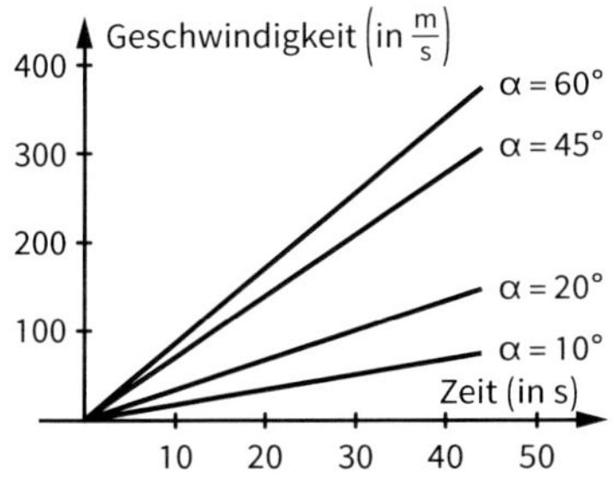

c) $300\,\frac{km}{h}$ entsprechen $83{,}33\,\frac{m}{s}$.

Winkel α	Zeit t (in s)
10°	48,9
20°	24,8
30°	17,0
40°	13,2
50°	11,1
60°	9,8
70°	9,0
80°	8,6

2.5.3 Summenregel

86

Einstiegsaufgabe ohne Lösung

- Steigung der Sekante durch $P(x \mid f(x))$ und $Q(x+h \mid f(x+h))$:

$$m = \frac{(x+h)^2 + (x+h) - x^2 - x}{h}$$
$$= \frac{x^2 + 2xh + h^2 + x + h - x^2 - x}{h}$$
$$= \frac{h^2 + 2xh + h}{h}$$
$$= h + 2x + 1 \text{ für } h \neq 0$$

Wenn $h \to 0$, dann $m = h + 2x + 1 \to 2x + 1$

Für f mit $f(x) = x^2 + x$ gilt also $f'(x) = 2x + 1$

Zeichnet man mithilfe eines GTR den Graphen der Ableitungsfunktion, so erkennt man eine Gerade mit $y = 2x + 1$.

- **Vermutung:** Die Ableitung einer Summe ist gleich der Summe der Ableitungen der einzelnen Summanden.

87

1. Der Beweis kann analog zum Beweis in der Information geführt werden:

$$m = \frac{f(x+h) - f(x)}{h} = \frac{u(x+h) - v(x+h) - (u(x) - v(x))}{h}$$
$$= \frac{u(x+h) - u(x)}{h} - \frac{v(x+h) - v(x)}{h}$$

Wenn $h \to 0$, dann $\frac{u(x+h) - u(x)}{h} \to u'(x)$ und $\frac{v(x+h) - v(x)}{h} \to v'(x)$.

Also $m \to u'(x) - v'(x)$ für $h \to 0$.

Somit gilt: Die Funktion f mit $f(x) = u(x) - v(x)$ hat die Ableitung $f'(x) = u'(x) - v'(x)$

2.
- Für f mit $f(x) = x \cdot x = x^2$ gilt: $f'(x) = 2x$
  Offensichtlich gilt nicht $f'(x) = x' \cdot x' = 1 \cdot 1 = 1$.
- Für f mit $f(x) = 3x^3$ gilt: $f'(x) = 9x^2$
  Offensichtlich gilt nicht $f'(x) = (3x)' \cdot (x^2)' = 3 \cdot 2x = 6x$.

3.
a) $f'(x) = 5x^4 + 8x^7$
b) $f'(x) = 7x^6 + 3$
c) $f'(x) = 2 - 12x^{11}$
d) $f'(x) = 6x^8 - 15x^5$
e) $f'(x) = \frac{4x^3 - 3}{5}$
f) $f'(x) = -\frac{16}{5}x^7 - \frac{27}{5}x^8$

88

4. Es werden die Summen- und Differenzregel, die Potenzregel und die Faktorregel verwendet.

a) $f'(x) = \frac{5}{8}x^4 + \frac{3}{2}x^2 - 0{,}7$
b) $f'(x) = 8x^3 - 14x + 5$
c) $f'(x) = 96x^{11} - 2 \cdot \sqrt[3]{17}\,x + 5$
d) $h'(x) = 36x^3 - 3\sqrt{3}\,x^2 + 5$
e) $g'(x) = 24x^5 + 6x^2 - 18x - 18$
f) $f'(x) = 36x^3 - x^2 + x - \sqrt[3]{2}$

88

5. (1) $f(x) = 2x \cdot (x^2 - 1) = 2x^3 - 2x,\ f'(x) = 6x^2 - 2$
Sie hat jeden Faktor einzeln abgeleitet.
(2) $f(x) = 3x^2 + 2,\ f'(x) = 6x$
Sie hat nicht beachtet, dass die Ableitung von 2 null ist.
(3) $f(x) = \frac{3x^2 + x^3}{x} = 3x + x^2,\ f'(x) = 3 + 2x$
Sie hat Zähler und Nenner einzeln abgeleitet.

6. **a)** $f(x) = (x-3)^2 = x^2 - 6x + 9,\ f'(x) = 2x - 6$
b) $f(x) = 5x^3(3x^2 - 2x + 3) = 15x^5 - 10x^4 + 15x^3,\ f'(x) = 75x^4 - 40x^3 + 45x^2$
c) $f(x) = \frac{x^2 - 1}{x + 1} = \frac{(x-1)(x+1)}{x+1} = x - 1$ für $x \neq -1$
$f'(x) = 1$

7. **a)** $g(x) = f(x) + c$
Der Graph von g entsteht aus dem Graphen von f durch eine Verschiebung um c, parallel zur y-Achse.
Die Steigung beider Graphen ist an jeder Stelle x gleich.
Somit gilt für alle x: $g'(x) = f'(x)$
b) Nach der Summenregel gilt:
$g'(x) = f'(x) + (c)' = f'(x)$

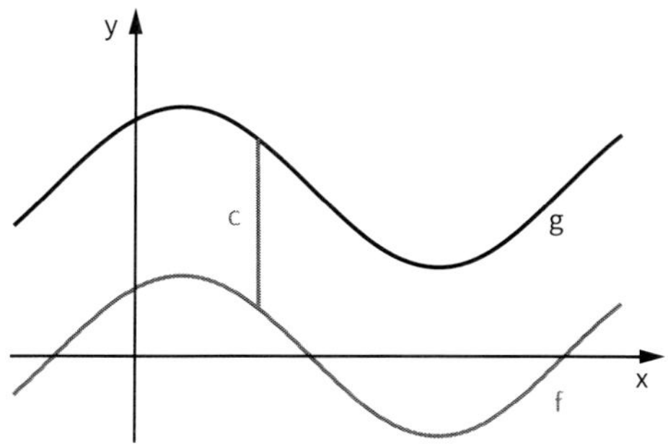

8. Für $f(x) = \frac{3}{8}x^8$ gilt: $f'(x) = 3x^7$.
Für $f(x) = \frac{3}{8}x^8 + 3$ gilt ebenfalls $f'(x) = 3x^7$.
Beide, Christo und Ersa, haben also recht.
Für jede Funktion f mit $f(x) = \frac{3}{8}x^8 + c$ mit $c \in \mathbb{R}$ gilt: $f'(x) = 3x^7$.

9. **a)** $f(x) = x^3 + x^2 + c$, mit $c \in \mathbb{R}$
b) $f(x) = x^4 - x^7 + c$, mit $c \in \mathbb{R}$
c) $f(x) = \frac{1}{5}x^5 - \frac{1}{2}x^4 + 3x + c$, mit $c \in \mathbb{R}$
d) $f(x) = \frac{a}{4}x^4 - \frac{b}{3}x^3 + c$, mit $c \in \mathbb{R}$
e) $f(x) = 3x - \frac{9}{6}x^6 + 3x^2 + c$, mit $c \in \mathbb{R}$
f) $f(x) = \frac{3}{40}x^5 - \frac{2}{40}x^8 + c$, mit $c \in \mathbb{R}$

88 **10. a)** $f(x) = x^3 - 3x^2$, $A(-1\,|\,-4)$, $B(4\,|\,16)$

- Steigung der Sekante: $m = \frac{16-(-4)}{4-(-1)} = \frac{20}{5} = 4$
- Ansatz für die Gleichung der Sekante: $y = 4x + b$
- Punkt A liegt auf der Sekante: $-4 = 4\cdot(-1) + b$, also $b = 0$
  Die Gleichung der Sekante lautet $y = 4x$.
- Schnittpunkt C des Graphen von f mit der Sekante bestimmen:
  $x^3 - 3x^2 = 4x$, also $x^3 - 3x^2 - 4x = 0$
  also $x(x^2 - 3x - 4) = 0$
  also $x = 0$ oder $x^2 - 3x - 4 = 0$

Nullstellen sind −1 und 4

Somit schneidet die Sekante den Graphen von f im Punkt C(0 | 0), also im Koordinatenursprung.

b) $f'(x) = 3x^2 - 6x = 3x\cdot(x-2)$

c) Die Nullstellen von f′ sind $x_1 = 0$ und $x_2 = 2$.

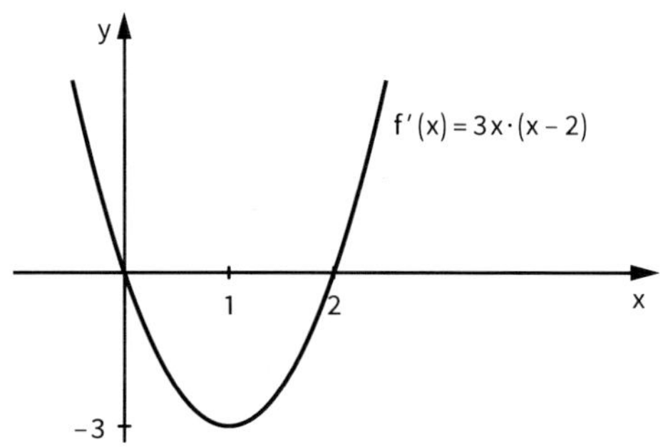

An der Stelle 0 findet ein +/− Vorzeichenwechsel statt, also hat der Graph von f dort einen Hochpunkt H(0 | 0).
An der Stelle 2 findet ein −/+ Vorzeichenwechsel statt, also hat der Graph von f dort einen Tiefpunkt T(2 | −4).
f′ hat an der Stelle 1 ein Minimum, also hat der Graph von f dort einen Wendepunkt W(1 | −2).
Der Graph von f′ ist eine nach oben geöffnete Parabel mit einem Minimum und zwei Nullstellen. Somit kann f′ keine weiteren Extremstellen und Nullstellen haben. Also kann f auch keine weiteren Wendestellen oder Extremstellen haben.

d) Tangente an den Graphen von f in W(1 | −2) bestimmen:
$f'(1) = -3$, $y = -3x$ beschreibt eine Gerade durch den Ursprung, parallel zur Tangente.
Wir verschieben diese Gerade durch W(1 | −2) und erhalten so die Gleichung der Tangente:
$y = (-3)(x-1) - 2 = -3x + 1$
Schnittpunkt mit der Sekante:
$4x = -3x + 1$, also $7x = 1$, also $x = \frac{1}{7}$
$S\left(\frac{1}{7}\,\middle|\,\frac{4}{7}\right)$

2.6 Differenzierbarkeit

89 **Einstiegsaufgabe ohne Lösung**

- Der Graph zu $y = 4 - x^2$ stimmt zwischen den Stellen −2 und 2 mit dem Graphen von f mit $f(x) = |4 - x^2|$ überein.
- Der Graph von f kann also zwischen −2 und 2 durch die Gleichung $y = 4 - x^2$ beschrieben werden. Spiegelt man den Teil des Graphen zu $y = 4 - x^2$ unterhalb der x-Achse an der x-Achse, so stimmt er mit dem Graphen zu $y = x^2 - 4$ überein.
- Der Graph von f links von −2 und rechts von −1 kann somit durch die Gleichung zu $y = x^2 - 4$ beschrieben werden.
  Der Graph von f hat an den Stellen −2 und 2 eine Spitze.
  Wir bestimmen zunächst die Steigung einer Sekante durch den Punkt P(2 | 0) und einen weiteren Punkt Q auf dem Graphen von f.

Q liegt links von P

Q liegt auf dem Graphenstück von f, das durch die Gleichung $y = 4 - x^2$ beschrieben wird. Es gilt:

$$m = \frac{0 - (4 - x^2)}{2 - x} = \frac{x^2 - 4}{-(x-2)}$$
$$= -\frac{(x-2)(x+2)}{x-2} = -(x+2) = -x-2, \text{ für } x \neq 2$$

Für $x \to 2$ gilt: $m = -x - 2 \to -4$

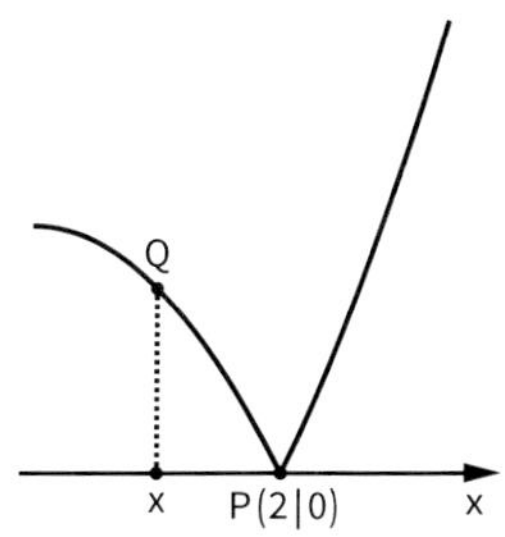

Q liegt rechts von P

Q liegt auf dem Graphenstück von f, das durch die Gleichung $y = x^2 - 4$ beschrieben wird. Es gilt:

$$m = \frac{(x^2 - 4) - 0}{x - 2} = \frac{x^2 - 4}{x - 2}$$
$$= \frac{(x-2)(x+2)}{x-2} = x + 2, \text{ für } x \neq 2$$

Für $x \to 2$ gilt: $m = x + 2 \to 4$

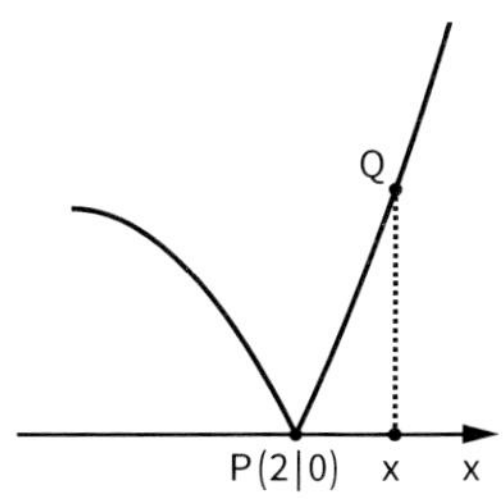

Die Sekantensteigung nähert sich für $x \to 2$ von links dem Wert −4 und für $x \to 2$ von rechts dem Wert 4. Die Sekanten nähern sich verschiedenen Geraden an. Es gibt also keine Gerade, die sich im Punkt P(2 | 0) gut an den Graphen von f schmiegt. Folglich hat der Graph von f in P keine Tangente und somit auch keine Ableitung an der Stelle 2.
Entsprechend ergibt sich, dass f auch an der Stelle −2 keine Ableitung hat.

90

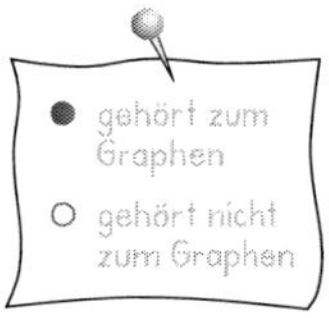

1. Wir betrachten zunächst eine Sekante durch den Punkt $P(0|0)$ und den zweitem Schnittpunkt $Q(x|H(x))$ mit $x \neq 0$. Für deren Steigung m gilt:

$$m = \frac{H(x) - H(0)}{x - 0} = \frac{H(x) - 0}{x - 0} = \frac{H(x)}{x},$$

also $m = \begin{cases} \frac{1}{x} & \text{für } x > 0 \\ 0 & \text{für } x < 0 \end{cases}$

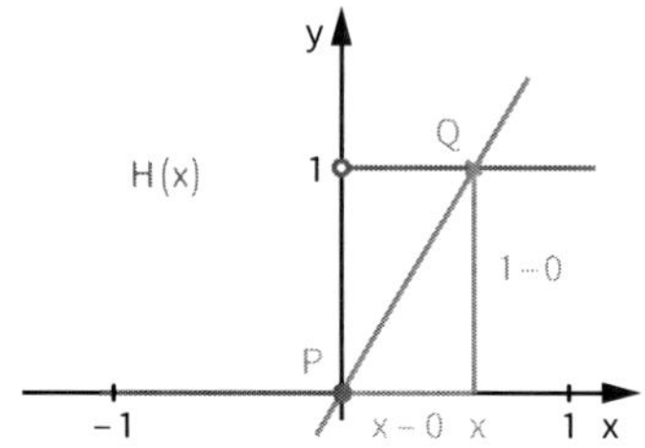

Alle Sekanten mit zweitem Schnittpunkt Q links von P haben also die Steigung 0.
Für Sekanten mit zweitem Schnittpunkt rechts von P gilt:

1. Koordinate von Q	1	0,5	0,1	0,01	0,001	...
Sekantensteigung $\frac{1}{x}$	1	2	10	100	1000	...

Je näher der zweite Schnittpunkt an P rückt, desto größer wird die Steigung der Sekante. Sie nähert sich keiner Zahl an. Bei Annäherung von links und rechts nähern sich die Sekanten verschiedenen Geraden an. Es gibt also keine Gerade, die sich zugleich links und rechts von P gut an den Graphen von H anschmiegt. Daher gibt es keine Tangente im Punkt P an der Stelle 0. Folglich hat die Heavisidefunktion H an der Stelle 0 keine Ableitung.

2. **a)** Bei der ersten Vergrößerung erkennt man bei $x = 1{,}5$ eine Spitze im Graphen, dieser bleibt bei jeder Vergrößerung erhalten.
f ist also in $x = 1{,}5$ wie in $x = -1{,}5$ nicht differenzierbar.
An den anderen Stellen erscheint der Graph bei jeder Vergrößerung zunehmend geradliniger.

b) Manche Rechner zeichnen hier näherungsweise eine „Tangente" durch die Spitze und geben dazu z. B. die Gleichung $y = 0{,}001\,x - 0{,}0015$ an.
Dies ist nicht korrekt.
Andere Rechner geben die Meldungen *undef*, also undefiniert bzw. „zweifelhafte Lösung" an.

3. Der Graph hat an der Stelle x_0 eine Spitze.
Es gibt keine Tangente in der Spitze.
Bild 1: Es wurden zwei Geraden eingezeichnet. Die Sekanten durch P und einen Punkt Q nähern sich diesen Geraden an, wenn sich Q dem Punkt P von links bzw. von rechts nähert.
Bild 2: Es wurde nur die Gerade eingezeichnet, bei der sich Q von links der Spitze nähert.
Bild 3: Es wurde eine Parallele zur x-Achse eingezeichnet. Dies machen auch manche Rechner so, wenn sie zwei Punkte Q_1 links von der Spitze und Q_2 rechts von der Spitze für eine Näherung an eine vermeintliche Tangente nutzen.

90 **4. a)** Der Graph von f hat an der Stelle 0 eine Spitze. Die Sekanten von links nähern sich der Geraden zu $y = -x$ an. Die Sekanten von rechts nähern sich der Geraden zu $y = x$ an. f ist an der Stelle 0 nicht differenzierbar.

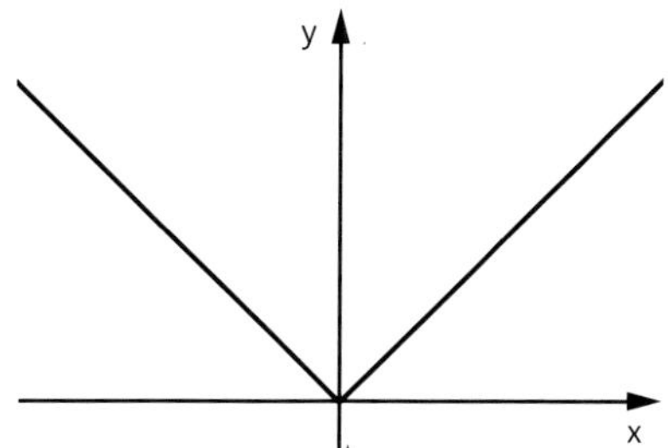

b) Der Graph von f hat an den Stellen -3 und 3 eine Spitze. Die Sekanten links und rechts von diesen Stellen nähern sich verschiedenen Geraden an.
f ist an den Stellen -3 und 3 nicht differenzierbar.

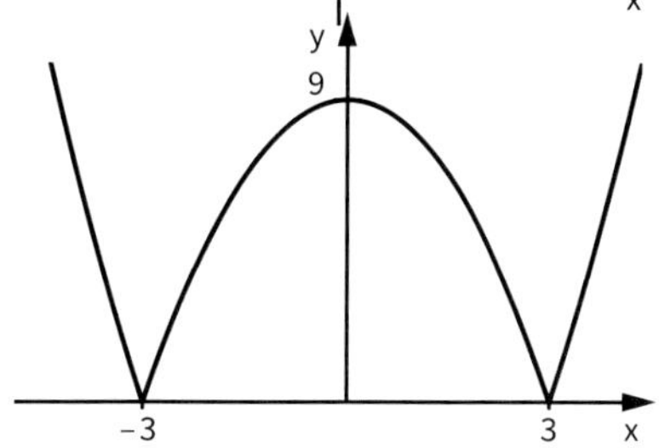

5. a) Spitze an der Stelle -2 und Sprung an der Stelle 1. Der Graph von f hat an beiden Stellen keine Tangente.

b) Spitze an der Stelle -1 und Sprung an der Stelle 1. Der Graph von f hat an beiden Stellen keine Tangente.

c) Spitze an der Stelle -1. Der Graph von f hat dort keine Tangente.

3 Anwenden der Differenzialrechnung

3.1 Eigenschaften von Funktionen mithilfe von Ableitungen bestimmen

3.1.1 Monotonie und Extrempunkte

98

Einstiegsaufgabe ohne Lösung

Bis ca. 12:30 Uhr ist die momentane Änderungsrate positiv, d. h. der Pegelstand steigt an.
Um 3:30 Uhr hat die momentane Änderungsrate ein Maximum, zu dieser Zeit ist der Anstieg des Pegels am stärksten. Danach verlangsamt sich der Anstieg bis etwa um 12:30 Uhr. Um diese Uhrzeit ist die momentane Änderungsrate minimal, also ist jetzt die Zunahme des Pegels am geringsten. Ab diesem Zeitpunkt steigt der Pegel wieder stärker an, ein erneuter maximaler Anstieg wird gegen 19:30 Uhr erreicht.
Danach verlangsamt sich der Anstieg wieder. Kurz nach 22 Uhr liegt der maximale Pegelstand vor. Danach nimmt der Pegelstand zum ersten Mal wieder ab.

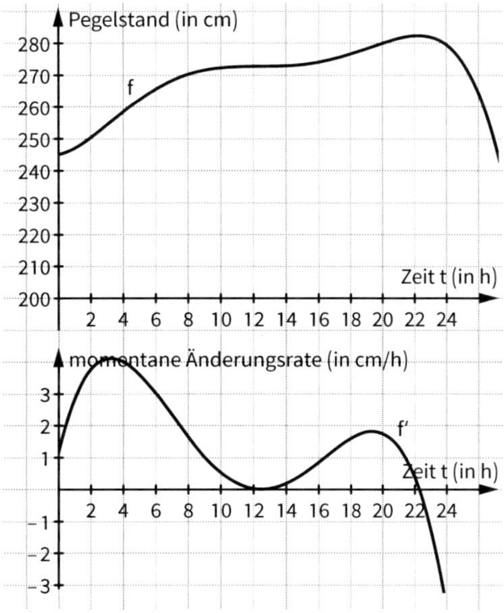

101

1. a) Hochpunkt H(0 | 5) lokaler Hochpunkt
Tiefpunkte $T_1(-3{,}5 \mid 0{,}5)$; $T_2(3{,}5 \mid 0{,}5)$ beide Punkte globale Tiefpunkte

b) Tiefpunkt T(2 | 1) lokaler Tiefpunkt
Hochpunkt H(4 | 5) lokaler Hochpunkt

c) Hochpunkt H(1 | 0) lokaler Hochpunkt
Tiefpunkt T(2 | 2) lokaler Tiefpunkt

2. a)

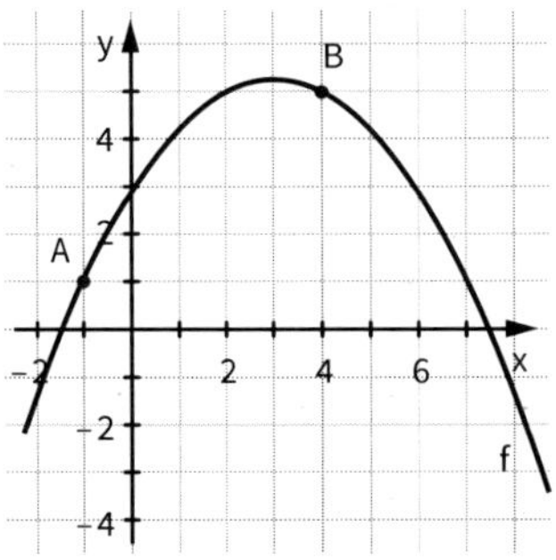

$f(x) = -\frac{4}{15}x^2 + \frac{8}{3}x + \frac{43}{15}$

101

b)

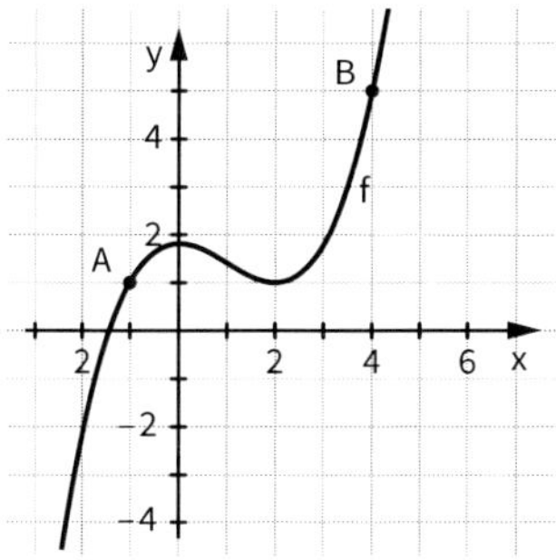

$f(x) = \frac{1}{5}x^3 - \frac{3}{5}x^2 + \frac{9}{5}$

102

3. a) Der Graph von f entsteht aus der Normalparabel durch eine Verschiebung in Richtung der x-Achse um eine Einheit nach links und durch eine Verschiebung in Richtung der y-Achse um 2 Einheiten nach unten.
Die Funktion f ist streng monoton fallend für $x < -1$ und streng monoton wachsend für $x > -1$. An der Stelle $x = -1$ hat der Graph einen Tiefpunkt.

b) Der Graph von f entsteht aus der Normalparabel
- durch eine Verschiebung in Richtung der x-Achse um eine Einheit nach rechts
- durch eine Streckung mit dem Faktor $\frac{1}{2}$
- durch eine Spiegelung an der x-Achse

Die Funktion f ist streng monoton wachsend für $x < 1$ und streng monoton fallend für $x > 1$. An der Stelle $x = 1$ hat der Graph von f einen Hochpunkt.

c) Der Graph von f entsteht aus dem Graphen der Potenzfunktion mit $y = x^3$ durch
- eine Verschiebung in Richtung der x-Achse um 2 Einheiten nach links
- eine Verschiebung in Richtung der y-Achse um eine Einheit nach oben
- eine Streckung mit dem Faktor $\frac{1}{4}$

Die Funktion f ist streng monoton wachsend für alle $x \in \mathbb{R}$.

4. a) (1) Der Graph von f ist eine nach oben geöffnete Parabel mit dem Scheitelpunkt $T(-2|-1)$. Dieser ist ein Tiefpunkt.

(2) $f(x) = x^2 - 6x + 5 = x^2 - 6x + 9 - 4 = (x - 3)^2 - 4$
Der Graph von f ist eine nach oben geöffnete Normalparabel, die um 3 Einheiten nach rechts und 4 Einheiten nach unten verschoben ist. Der Scheitelpunkt $T(3|-4)$ ist ein Tiefpunkt.

(3) Der Graph von f entsteht aus dem Graphen der Funktion mit $y = x^2 - 4$, indem der Teil des Graphen, der unterhalb der x-Achse liegt, an dieser gespiegelt wird.
$|x^2 - 4| \geq 0$ für alle $x \in \mathbb{R}$
Es gilt: $f(-2) = 0$ und $f(2) = 0$.
Somit sind die Punkte $T_1(-2|0)$ und $T_2(2|0)$ Tiefpunkte des Graphen.
Der Punkt $H(0|4)$ ist Hochpunkt des Graphen.

b) (1) Die Funktion f ist streng monoton fallend für $x < -2$ und streng monoton wachsend für $x > -2$.

(2) Die Funktion f ist streng monoton fallend für $x < 3$ und streng monoton wachsend für $x > 3$.

(3) Die Funktion f ist streng monoton fallend für $x < -2$ und für $0 < x < 2$.
Die Funktion f ist streng monoton wachsend für $-2 < x < 0$ und für $x > 2$.

102 **5. a)** f ist streng monoton wachsend für $1 < x < 4$, da in diesem Intervall $f'(x) > 0$ gilt.
f ist streng monoton fallend für $x < 1$ bzw. für $x > 4$, da in diesen Intervallen $f'(x) < 0$ gilt.
An der Stelle $x = 1$ liegt ein Tiefpunkt, da f für $x < 1$ streng monoton fallend und für $x > 1$ streng monoton wachsend ist.
An der Stelle $x = 4$ liegt ein Hochpunkt, da f für $x < 4$ streng monoton wachsend und für $x > 4$ streng monoton fallend ist.

b) f ist streng monoton wachsend für $-1 < x < 1$ oder für $x > 4$, da in diesen Intervallen $f'(x) > 0$ gilt.
f ist streng monoton fallend für $x < -1$ oder für $1 < x < 4$.
An der Stelle $x = -1$ liegt ein Tiefpunkt (f wechselt von einer streng monoton fallenden zu einer streng monoton wachsenden Funktion).
An der Stelle $x = 1$ liegt ein Hochpunkt, an der Stelle $x = 4$ ein Tiefpunkt.

6. a) $f'(x) = x^2 - x - 6$
f' hat die Nullstellen $x_1 = -2$; $x_2 = 3$
$f'(0) = -6$, also ist $f'(x) < 0$ für $-2 < x < 3$ und $f'(x) > 0$ für $x < -2$ oder $x > 3$
f ist streng monoton fallend für $-2 < x < 3$ und streng monoton wachsend für $x < -2$ oder $x > 3$

b) $f'(x) = -x^3 + 4x = x(-x^2 + 4) = 0$
$x_1 = 0$; $x_2 = -2$; $x_3 = 2$
Alle drei Nullstellen sind einfache Nullstellen mit VZW $f'(-1) = -3 < 0$, also $f'(x) < 0$ für $-2 < x < 0$
Dann gilt:

Intervalle	f'(x)	f
$x < -2$	> 0	streng monoton wachsend
$-2 < x < 0$	< 0	streng monoton fallend
$0 < x < 2$	> 0	streng monoton wachsend
$x > 2$	< 0	streng monoton fallend

c) $f'(x) = x^3 - 6x^2 + 9x = x(x^2 - 6x + 9) = x(x - 3)^2$
$f'(x) = 0$, also $x_1 = 0$ einfache Nullstelle mit VZW
$x_2 = 3$ doppelte Nullstelle ohne VZW
$f(1) = 4 > 0$

Intervalle	f'(x)	f
$x < 0$	< 0	streng monoton fallend
$0 < x < 3$	> 0	streng monoton wachsend
$x > 3$	> 0	streng monoton wachsend

7. a) $f'(x) = x^3 - 4x = x(x^2 - 4) = x(x + 2)(x - 2)$
3 einfache Nullstellen von f': $x_1 = -2$; $x_2 = 0$; $x_3 = 2$

Intervalle	f'(x)	f
$x < -2$	< 0	streng monoton fallend
$-2 < x < 0$	> 0	streng monoton wachsend
$0 < x < 2$	< 0	streng monoton fallend
$x > 2$	> 0	streng monoton wachsend

102

b) $f'(x) = x^2 + \frac{7}{2}x - 2$

Nullstellen von f': $x_1 = \frac{1}{2}$; $x_2 = -4$

Beide Nullstellen sind einfache Nullstellen mit VZW.

Intervalle	f'(x)	f
$x < -4$	> 0	streng monoton wachsend
$-4 < x < \frac{1}{2}$	< 0	streng monoton fallend
$x > \frac{1}{2}$	> 0	streng monoton wachsend

c) $f'(x) = 3x^2 + 5 > 0$ für alle $x \in \mathbb{R}$

f ist streng monoton wachsend für alle $x \in \mathbb{R}$

d) $f'(x) = x^3 - 3x^2 - x + 3$

Mit dem GTR erhält man die Nullstellen von f': $x_1 = -1$; $x_2 = 1$; $x_3 = 3$

Intervalle	f'(x)	f
$x < -1$	< 0	streng monoton fallend
$-1 < x < 1$	> 0	streng monoton wachsend
$1 < x < 3$	< 0	streng monoton fallend
$x > 3$	> 0	streng monoton wachsend

103

8. Der Monotoniesatz sagt nicht, dass eine Funktion nur dann streng monoton wachsend ist, falls $f'(x) > 0$ gilt.

Gilt allerdings $f'(x) > 0$ für alle $x \in I$, so kann man sicher sein, dass f auf diesem Intervall streng monoton wachsend ist.

Der Monotoniesatz gibt eine hinreichende, aber keine notwendige Bedingung für eine strenge Monotonie an.

Die Funktion f mit $f(x) = x^3$ ist für alle $x \in \mathbb{R}$ streng monoton wachsend.

Für $x_2 > x_1$ gilt nämlich $x_2^3 > x_1^3$.

9. a)

Intervalle	f
$x < -2$	streng monoton fallend
$-2 < x < 1$	streng monoton wachsend
$1 < x < 4$	streng monoton fallend
$x > 4$	streng monoton wachsend

b)

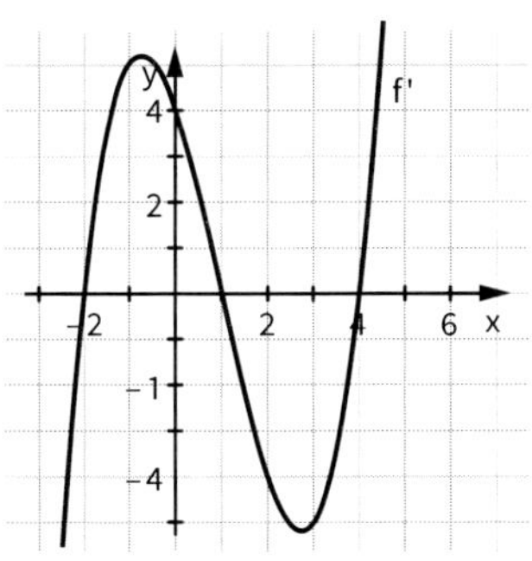

$f'(x) = \frac{1}{2}(x + 2)(x - 1)(x - 4)$

103

10. a) für $x < x_0$: f streng monoton wachsend
für $x > x_0$: f streng monoton fallend

b) für $x < x_0$: f streng monoton fallend
für $x > x_0$: f streng monoton wachsend

c)
- entweder
  für $x < x_0$ und für $x > x_0$: f streng monoton fallend
- oder
  für $x < x_0$ und für $x > x_0$: f streng monoton wachsend

11. a) Zwischen 5 Uhr und 9 Uhr und zwischen 11 Uhr und 13 Uhr ist jeweils die momentane Änderungsrate positiv. In diesen Zeiträumen nehmen die Temperaturen zu.
Zwischen 0 Uhr und 5 Uhr, zwischen 9 Uhr und 11 Uhr sowie nach 13 Uhr ist jeweils die momentane Änderungsrate negativ, in diesen Zeiträumen nehmen die Temperaturen ab.

b) Um 5 Uhr sowie um 11 Uhr ist jeweils ein Tiefstwert erreicht. Um 9 Uhr und um 13 Uhr ist jeweils ein Höchstwert erreicht.

c)
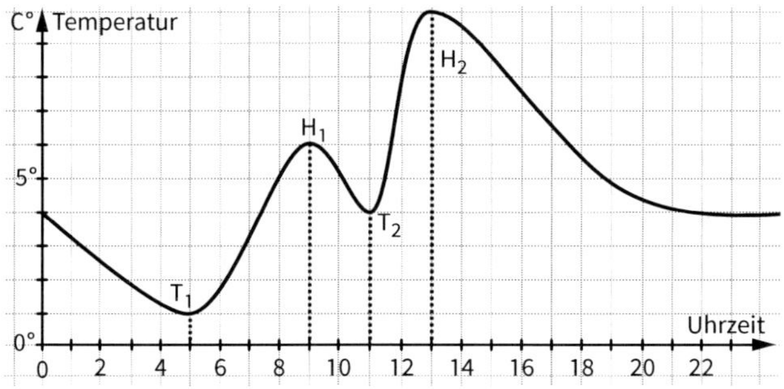

12. a) Die Aussage ist richtig.
f ist für $x < -4$ streng monoton fallend, für $x > -4$ streng monoton wachsend.
Zwischen beiden Bereichen liegt ein Tiefpunkt.

b) Die Aussage ist falsch.
f ist für $x < 8$ und für $x > 8$ streng monoton wachsend.

c) Die Aussage ist richtig.
An der Stelle $x = -4$ liegt ein Tiefpunkt. Dann steigt f streng monoton. An der Stelle $x = 8$ liegt ein Sattelpunkt, für $x > 8$ steigt f weiterhin streng monoton.

d) Die Aussage ist richtig.
Der Graph f′ hat an der Stelle $x = 0$ ein lokales Maximum.

13. a) Die Aussage ist falsch.
Z. B. die Funktion f mit $f(x) = x^3$ hat keine Extremstelle.

b) Die Aussage ist falsch.
Auch die Funktion f mit $f(x) = c$, c konstant, ist eine lineare Funktion, die weder streng monoton wachsend noch streng monoton fallend ist.

103 c) Die Aussage ist richtig.
Die Ableitungsfunktion ist eine ganzrationale Funktion 3. Grades, die mindestens eine und höchstens drei Nullstellen hat.
D. h. die Funktion f hat mindestens eine und höchstens drei Extremstellen und damit mindestens zwei und höchstens vier Monotonieintervalle.

3.1.2 Kriterien für Extremstellen

104 **Einstiegsaufgabe ohne Lösung**

- Am Graphen erkennen wir an der Stelle $x = 1$ einen Hochpunkt und an der Stelle $x = 4$ einen Tiefpunkt. Einen Sattelpunkt scheint der Graph nicht zu haben.

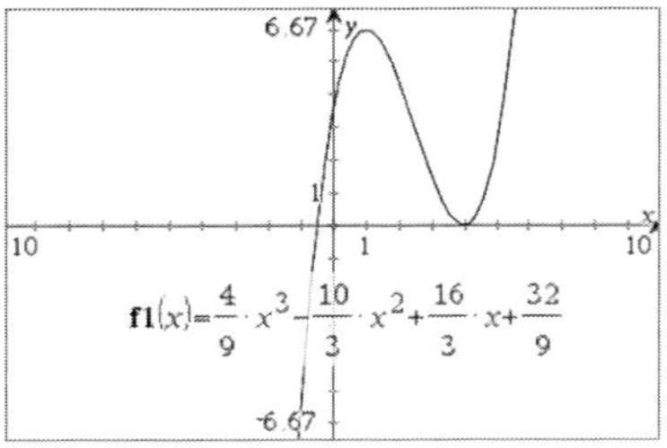

- An den Stellen, an denen der Graph von f Extrempunkte hat, hat die Ableitungsfunktion f′ Nullstellen. Für $x < 1$ wachsen die Funktionswerte $f(x)$, für $1 < x < 4$ fallen sie und für $x > 4$ wachsen sie wieder.
  D. h., das Vorzeichen von f′ wechselt an der Stelle $x = 1$ von + nach – und an der Stelle $x = 4$ von – nach +.
- Wir berechnen die Nullstellen der Ableitungsfunktion f′.
  $f'(x) = \frac{4}{3}\cdot x^2 - \frac{20}{3}\cdot x + \frac{16}{3}$
  Die Gleichung
  $\frac{4}{3}\cdot x^2 - \frac{20}{3}\cdot x + \frac{16}{3} = 0$ hat die Lösungen $x_1 = 1$ und $x_2 = 4$.

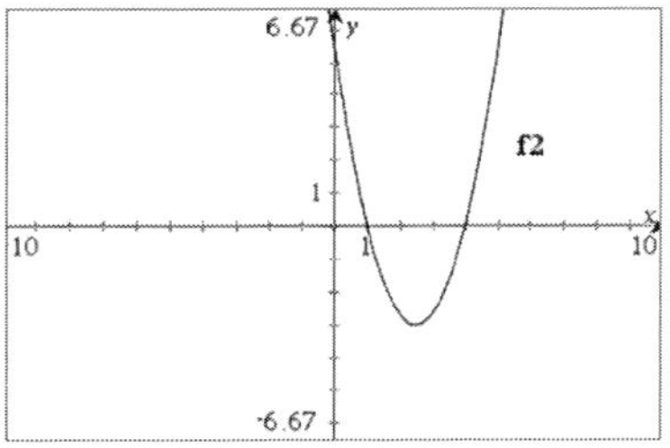

  Eine Extremstelle einer Funktion f ist eine Nullstelle der Ableitungsfunktion f′.
  Wechselt an dieser Nullstelle das Vorzeichen von f′ von + nach –, so hat der Graph von f an dieser Stelle einen Hochpunkt.
  Wechselt das Vorzeichen von f′ von – nach +, so hat der Graph von f an dieser Stelle einen Tiefpunkt.

106 **1.**
- An der Stelle $x = -2$ liegt ein Hochpunkt.
  f′ hat an dieser Stelle eine Nullstelle mit einem VZW von + nach –.
- An der Stelle $x = 0$ liegt ein Tiefpunkt.
  f′ hat an dieser Stelle eine Nullstelle mit einem VZW von – nach +.
- An der Stelle $x = 2$ liegt ein Sattelpunkt.
  f′ hat an dieser Stelle eine Nullstelle ohne VZW.

106

2. a) b)

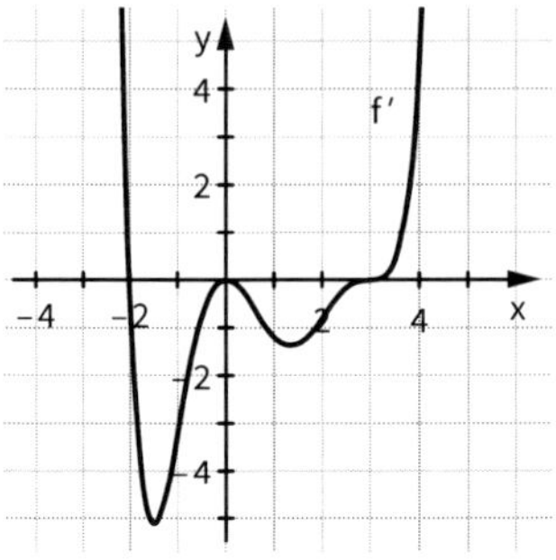

$f(x) = \frac{1}{20}(x+2) \cdot x^2 \cdot (x-3)^3$

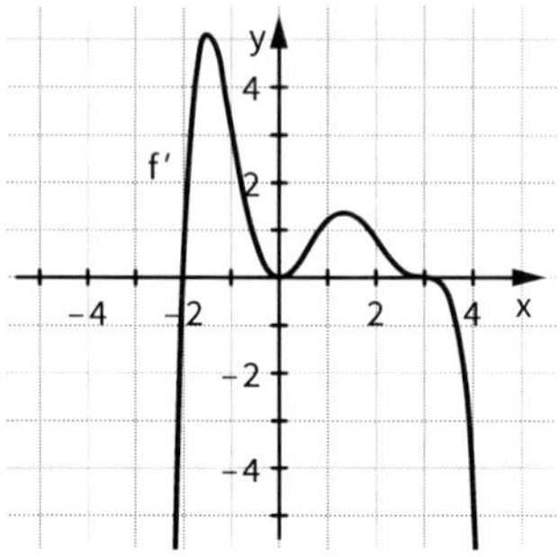

$f(x) = -\frac{1}{20}(x+2) \cdot x^2 \cdot (3-x)^3$

Bild 1

Nullstelle von f'	VZW	Graph von f
$x = -2$	von + nach –	Hochpunkt
$x = 0$	kein VZW	Sattelpunkt
$x = 3$	von – nach +	Tiefpunkt

Bild 2

Nullstelle von f'	VZW	Graph von f
$x = -2$	von – nach +	Tiefpunkt
$x = 0$	kein VZW	Sattelpunkt
$x = 3$	von + nach –	Hochpunkt

3. a) $f'(x) = 2x - 3$

Nullstelle von f': $x = \frac{3}{2}$

für $x < \frac{3}{2}$: $f'(x) < 0$

für $x > \frac{3}{2}$: $f'(x) > 0$

f' erfährt an der Stelle $x = \frac{3}{2}$ einen VZW von – nach +, also hat der Graph von f an der Stelle $x = \frac{3}{2}$ einen Tiefpunkt.

$f\left(\frac{3}{2}\right) = -\frac{1}{4}$; $T\left(\frac{3}{2} \middle| -\frac{1}{4}\right)$

b) $f'(x) = 6x^2 - 6x - 12$

Nullstellen von f': $x_1 = -1$; $x_2 = 2$

$f'(x) = 6 \cdot (x+1) \cdot (x-2)$

Für $x < -1$: $f'(x) > 0$

Für $-1 < x < 2$: $f'(x) < 0$

Für $x > 2$: $f'(x) > 0$

Somit $H(-1 \mid 1)$ $T(2 \mid -26)$

c) $f'(x) = 4x^3 - 4 = 4 \cdot (x^3 - 1)$

Nullstelle von f': $x = 1$

für $x < 1$: $f'(x) < 0$

für $x > 1$: $f'(x) > 0$

Also: $T(1 \mid -2)$

106

4. Tiefpunkte an den Stellen $x_1 = -4$ und $x_2 = 3$
Hochpunkt an der Stelle $x_3 = -2$
Sattelpunkt an der Stelle $x_4 = 0$
An den Stellen $x_1 = -4$ und $x_2 = 3$ erfährt f′ einen VZW von – nach +.
An der Stelle $x_3 = -2$ erfährt f′ einen VZW von + nach –.
An der Stelle $x_4 = 0$ erfährt f′ keinen VZW.

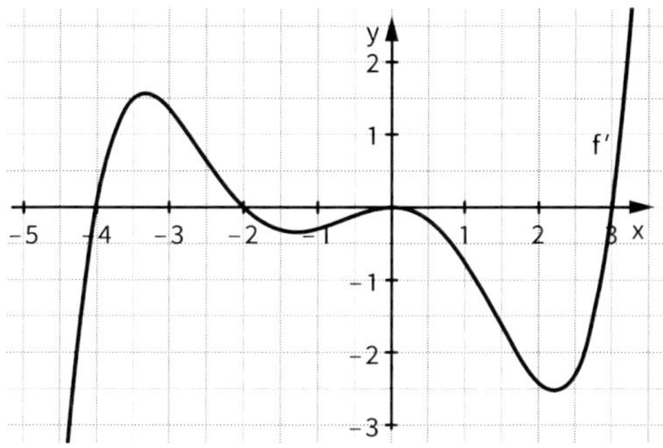

$$f'(x) = \frac{(x+4)\cdot x^2 \cdot (x+2)\cdot(x-3)}{10}$$

5. a) Somit hat der Graph von f an der Stelle $x = -2$ einen Hochpunkt, an der Stelle $x = 3$ einen Tiefpunkt.

b)
- $g'(x) = -\frac{1}{4}x^3 - \frac{3}{4}x^2 = -\frac{1}{4}x^2\cdot(x+3)$
  Nullstellen von g′: $x_1 = -3$ einfache Nullstelle mit VZW
  $x_2 = 0$ doppelte Nullstelle ohne VZW
  Unter Berücksichtigung des Globalverlaufs des Graphen von g′:
  An der Stelle $x_1 = -3$ hat g′ einen VZW von + nach –, also der Graph von f einen Hochpunkt.
  An der Stelle $x_2 = 0$ hat f′ keinen VZW, also der Graph von f einen Sattelpunkt.
- $h'(x) = x^4 - 4x^2 = x^2(x^2-4) = x^2(x+2)(x-2)$
  Nullstellen von h′: $x_1 = -2$; $x_2 = 2$ einfache Nullstellen mit VZW
  $x_3 = 0$ doppelte Nullstelle ohne VZW
  Unter Berücksichtigung des Globalverlaufs des Graphen von h′:
  An der Stelle $x_1 = -2$: VZW von h′ von + nach –, der Graph von h hat an dieser Stelle einen Hochpunkt.
  An der Stelle $x_3 = 0$: kein VZW, der Graph von h hat an dieser Stelle einen Sattelpunkt.
  An der Stelle $x_2 = 2$: VZW von h′ von – nach +, der Graph von h hat an dieser Stelle einen Tiefpunkt.

107

6. a) $f'(x) = x + 2$

Nullstelle von f': $x = -2$ mit VZW von – nach +, also $T(-2\,|\,1)$

b) $f'(x) = 2x^3 + 16 = 2(x^3 + 8)$

Nullstelle von f': $x = -2$ mit VZW von – nach +, also $T(-2\,|\,-25)$

c) $f'(x) = \frac{3}{4}x^2 - 3 = \frac{3}{4}(x^2 - 4)$

Nullstellen von f': $x_1 = -2$, VZW von + nach –

$x_2 = 2$, VZW von – nach +

Also $H(-2\,|\,6)$ $T(2\,|\,-2)$

d) $f'(x) = x^4 - x^2 - 12$

Nullstellen von f': $x_1 = -2$, VZW von + nach –

$x_2 = 2$, VZW von – nach +

Also $H\left(-2\,\middle|\,\frac{409}{15}\right)$ $T\left(2\,\middle|\,-\frac{199}{15}\right)$

e) $f'(x) = 4x^3 - 2x = 2x(2x^2 - 1)$

Nullstellen von f': $x_1 = 0$, VZW von + nach –

$x_2 = -\sqrt{\frac{1}{2}}$, VZW von – nach +

$x_3 = \sqrt{\frac{1}{2}}$, VZW von – nach +

Also $H(0\,|\,-12)$ $T_1\left(-\sqrt{\frac{1}{2}}\,\middle|\,-12{,}25\right)$ $T_2\left(\sqrt{\frac{1}{2}}\,\middle|\,-12{,}25\right)$

f) $f(x) = \frac{1}{4}x^4 - 2x^2 + 4$; $f'(x) = x^3 - 4x = x(x+2)(x-2)$

Nullstellen von f': $x_1 = -2$, VZW von – nach +

$x_2 = 0$, VZW von + nach –

$x_3 = 2$, VZW von – nach +

Also $H(0\,|\,4)$ $T_1(-2\,|\,0)$ $T_2(2\,|\,0)$

g) $f(x) = \frac{1}{3}x^3 + \frac{x^2}{2} - 2x$; $f'(x) = x^2 + x - 2$

Nullstellen von f': $x_1 = -2$, VZW von + nach –

$x_2 = 1$, VZW von – nach +

Also $H\left(-2\,\middle|\,\frac{10}{3}\right)$ $T\left(1\,\middle|\,-\frac{7}{6}\right)$

h) $f'(x) = x^4 - x^2 + 1$

f' hat keine Nullstelle, somit hat der Graph von f weder Hoch- noch Tief- noch Sattelpunkte.

7. a) –

b) $H(-2{,}40\,|\,7{,}32)$, $T(3{,}06\,|\,-0{,}80)$

c) $H_1(-2{,}22\,|\,6{,}97)$, $T_1(-0{,}70\,|\,-0{,}83)$, $H_2(0{,}70\,|\,2{,}83)$, $T_2(2{,}22\,|\,-4{,}97)$

Nullstellen: $N_1(-2{,}75\,|\,0)$, $N_2(-1{,}09\,|\,0)$, $N_3(-0{,}26\,|\,0)$, $N_4(1{,}42\,|\,0)$, $N_5(2{,}68\,|\,0)$

8. a) $f'(x) = \frac{3}{4}x^2 - 3x + 3 = \frac{3}{4}(x^2 - 4x + 4) = \frac{3}{4}(x-2)^2$

Nullstellen von f': $x = 2$ doppelte Nullstelle ohne VZW

Der Graph von f hat keine Extrempunkte, sondern einen Sattelpunkt $P(2\,|\,7)$.

b) $f'(x) = \frac{1}{2}x^3 + \frac{3}{2}x^2 - 2x$

Nullstellen von f': $x_1 = -4$, VZW von – nach +

$x_2 = 0$, VZW von + nach –

$x_3 = 1$, VZW von – nach +

$T_1(-4\,|\,-19)$, $H(0\,|\,-3)$, $T_2\left(1\,\middle|\,-\frac{27}{8}\right)$

107

c) $f'(x) = x^2 + x - 6$

Nullstellen von f': $x_1 = -3$, VZW von + nach –
$x_2 = 2$, VZW von – nach +

$H\left(-3 \middle| \frac{19}{2}\right)$, $T\left(2 \middle| -\frac{34}{3}\right)$

d) $f(x) = x^5 - 5x^4 + 5x^3 + 1$

$f'(x) = 5x^4 - 20x^3 + 15x^2$

Nullstellen von f': $x_1 = 0$, doppelte Nullstelle ohne VZW
$x_2 = 1$, einfache Nullstelle mit VZW von + nach –
$x_3 = 3$, einfache Nullstelle mit VZW von – nach +

Sattelpunkt $P(0|1)$, Hochpunkt $H(1|2)$, Tiefpunkt $T(3|-26)$

9. a) Nullstellen von f': $x_1 = -1$, VZW von + nach –
$x_2 = 4$, VZW von – nach +

$x_1 = -1$, der Graph von f hat einen Hochpunkt
$x_2 = 4$, der Graph von f hat einen Tiefpunkt

b) $f'(x) = x^2 \cdot (x - 4)$

Nullstellen von f': $x_1 = 0$, kein VZW
$x_2 = 4$, VZW von – nach +

$x_1 = 0$, der Graph von f hat einen Sattelpunkt
$x_2 = 4$, der Graph von f hat einen Tiefpunkt

c) Nullstellen von f': $x_1 = -2$, VZW von + nach –
$x_2 = 1$, kein VZW
$x_3 = 2$, VZW von – nach +

$x_1 = -2$, der Graph von f hat einen Hochpunkt
$x_2 = 1$, der Graph von f hat einen Sattelpunkt
$x_3 = 2$, der Graph von f hat einen Tiefpunkt

10. Durch die Division durch x (falls $x \neq 0$) geht eine Lösung verloren.
Richtig wäre: $x(x^2 - x - 2) = 0$, also $x = 0$ oder $x^2 - x - 2 = 0$
somit $x_1 = 0$; $x_2 = -1$; $x_3 = 2$

108

11. a) Am Graphen von f' erkennt man, dass an der Stelle $x \approx -2{,}34$ ein VZW von – nach + stattfindet.

b) Der Graph von f hat an der Stelle $x \approx 8{,}34$ einen Hochpunkt, da f' an dieser Stelle das Vorzeichen von + nach – wechselt.

12. Nena hat übersehen, dass $x = 2$ eine doppelte Nullstelle ist. An dieser Stelle hat der Graph von f keinen Extrempunkt, sondern einen Sattelpunkt.

13. a) Der Graph einer Funktion f hat an der Stelle x_0 einen Tiefpunkt, wenn $f'(x_0) = 0$ und f' einen VZW von – nach + erfährt.

b) Wenn $f'(x) > 0$ für alle $x \in I$, dann ist f im Intervall I streng monoton wachsend.

c) Ist x_0 eine doppelte Nullstelle einer Ableitungsfunktion f', dann hat der Graph von f an der Stelle x_0 einen Sattelpunkt.

d) Ist $f'(x) < 0$ für alle $x \in I$, dann ist f im Intervall I streng monoton fallend.

108

14. a) Die Aussage ist falsch. Die Funktion f mit $f(x) = x^4$ hat nur einen Tiefpunkt.

b) Die Aussage ist falsch. Die Ableitungsfunktion ist eine ganzrationale Funktion 3. Grades, die mindestens eine Nullstelle hat.

c) Die Aussage ist richtig. Die Ableitungsfunktion ist eine ganzrationale Funktion 2. Grades, die entweder keine Nullstelle, eine doppelte Nullstelle oder zwei einfache Nullstellen besitzt.
Hat der Graph von f an der Stelle x_1 einen Hochpunkt, so ist x_1 eine einfache Nullstelle von f′ mit einem VZW von + nach −. Es gibt noch eine zweite einfache Nullstelle x_2 mit einem VZW von − nach +.

15. a) Wendepunkte sind Extrempunkte des Graphen der Ableitungsfunktion f′.
$W_1(-1{,}41 \mid -19{,}03)$ $W_2(1{,}41 \mid -4{,}93)$

b) (1) $W_1(0 \mid -4)$ $W_2(2{,}50 \mid -40{,}56)$
(2) $W_1(-0{,}5 \mid -10{,}13)$ $W_2(0{,}5 \mid -5{,}13)$
(3) $W(0 \mid 2)$

3.1.3 Wendepunkte – Linkskurve, Rechtskurve

109

Einstiegsaufgabe ohne Lösung

- Mögliche Lage eines Koordinatensystems

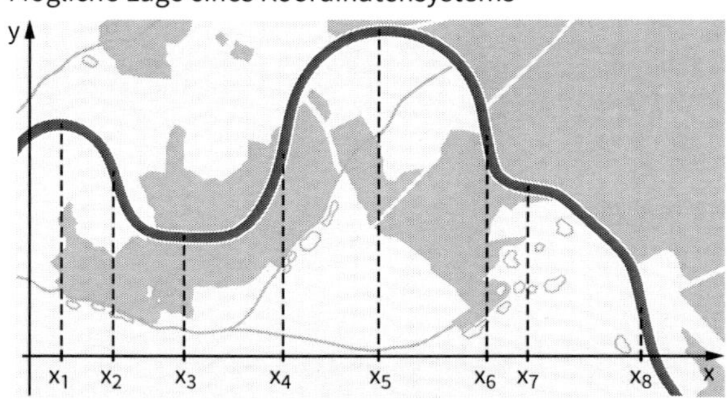

Die Stellen x_1, x_3 und x_5 sind Extremstellen von f. An den Stellen x_2, x_4, x_6 und x_8 hat der Graph von f eine minimale bzw. maximale Steigung.
An der Stelle x_7 könnte der Graph von f einen Sattelpunkt haben.

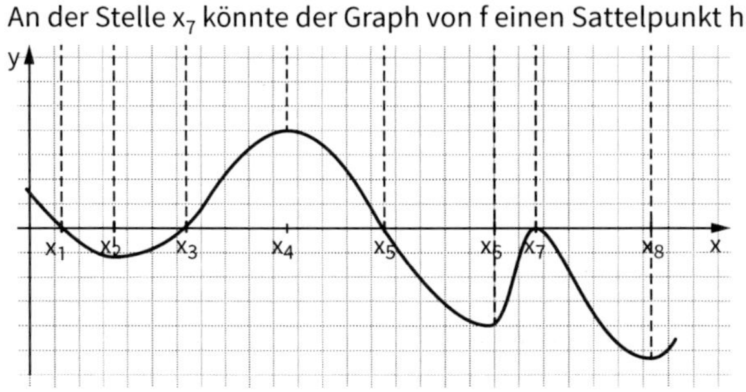

109

- Rechtskurve: zwischen $x = 0$ und x_2
  zwischen x_4 und x_6
  zwischen x_7 und x_8

  Linkskurve: zwischen x_2 und x_4
  zwischen x_6 und x_7
  nach x_8

  In einer Rechtskurve sind Fahrer und Motorrad stark nach rechts geneigt, in einer Linkskurve stark nach links.
  Beim Übergang von einer Rechts- in eine Linkskurve oder umgekehrt muss der Fahrer schnell seine Position wechseln.
- Bildet der Graph von f eine Rechtskurve, so ist f′ streng monoton fallend.
  Bildet der Graph von f eine Linkskurve, so ist f′ streng monoton wachsend.

112

1. **a)** $f'(x) = 12x^2 - 24x + 7$; $f''(x) = 24x - 24$
b) $f'(x) = -4x^7 - 8x^5 + 21x^2$; $f''(x) = -28x^6 - 40x^4 + 42x$
c) $f'(t) = -10t + 4$; $f''(t) = -10$
d) $f'(s) = 48s^3 - 3s^2 + 1$; $f''(s) = 144s^2 - 6s$
e) $f(x) = 9x^2 + 6x + 1$; $f'(x) = 18x + 6$; $f''(x) = 18$
f) $f'(t) = 3at^2 - 2bt$; $f''(t) = 6at - 2b$

2. **a)** $f'(x) = x^2 - 1$; $f''(x) = 2x$, Nullstelle von f″: $x = 0$
Für $x < 0$: $f''(x) < 0$, also im Intervall $]-\infty; 0[$ Rechtskurve
Für $x > 0$: $f''(x) > 0$, also im Intervall $[0; \infty[$ Linkskurve

b) $f'(x) = x^3 - 3x$; $f''(x) = 3x^2 - 3$, Nullstellen von f″: $x_1 = -1$; $x_2 = 1$

	$x < -1$	$x = -1$	$-1 < x < 1$	$x = 1$	$x > 1$
Vorzeichen von f″	+		–		+
Krümmungsverhalten von f	Linkskurve	Wendestelle	Rechtskurve	Wendestelle	Linkskurve

c) $f'(x) = 2x^3 - 24x + 1$; $f''(x) = 6x^2 - 24 = 6 \cdot (x^2 - 4)$
Nullstellen von f″: $x_1 = -2$; $x_2 = 2$

	$x < -2$	$x = -2$	$-2 < x < 2$	$x = 2$	$x > 2$
Vorzeichen von f″	+		–		+
Krümmungsverhalten von f	Linkskurve	Wendestelle	Rechtskurve	Wendestelle	Linkskurve

d) $f(x) = x^3 - 6x^2 + 12x - 8$, $f'(x) = 3x^2 - 12x + 12$; $f''(x) = 6x - 12 = 6 \cdot (x - 2)$
Nullstelle von f″: $x = 2$

	$x < 2$	$x = 2$	$x > 2$
Vorzeichen von f″	–		+
Krümmungsverhalten von f	Rechtskurve	Wendestelle	Linkskurve

112

3. a) $f'(x) = x^2 + 2x + 1;\ f''(x) = 2x + 2 = 2(x + 1)$

Nullstelle von f'': $x = -1$

	$x < -1$	$x = -1$	$x > -1$
Vorzeichen von f''	–		+
Krümmungsverhalten von f	Rechtskurve	Wendestelle	Linkskurve

$f'(-1) = 0$, somit liegt an der Wendestelle ein Sattelpunkt.

b) $f'(x) = -\frac{1}{2}x^2 + 2x;\ f''(x) = -x + 2$

Nullstelle von f'': $x = 2$

	$x < 2$	$x = 2$	$x > 2$
Vorzeichen von f''	+		–
Krümmungsverhalten von f	Linkskurve	Wendestelle	Rechtskurve

$f'(2) = -2 + 4 = 2 \neq 0$

Der Wendepunkt des Funktionsgraphen ist kein Sattelpunkt.

c) $f'(x) = 4x^3 - 2;\ f''(x) = 12x^2$

Nullstelle von f'':

$x = 0$ doppelte Nullstelle ohne VZW

	$x < 0$	$x > 0$
Vorzeichen von f''	+	+
Krümmungsverhalten von f	Linkskurve	Linkskurve

An der Stelle $x = 0$ liegt kein Wendepunkt des Graphen von f.

d) $f'(x) = x^3 - 3x^2 - 24x + 3;\ f''(x) = 3x^2 - 6x - 24 = 3\cdot(x^2 - 2x - 8)$

Nullstelle von f'':

$x^2 - 2x - 8 = 0$

$x_{1,2} = 1 \pm \sqrt{1 + 8} = 1 \pm 3$

$x_1 = -2;\ x_2 = 4$

	$x < -2$	$x = -2$	$-2 < x < 4$	$x = 4$	$x > 4$
Vorzeichen von f''	+		–		+
Krümmungsverhalten von f	Linkskurve	Wendestelle	Rechtskurve	Wendestelle	Linkskurve

$f'(-2) = -8 - 12 + 48 + 3 = 31 \neq 0$

$f'(4) = 64 - 48 - 96 + 3 = -77 \neq 0$

Beide Wendepunkte sind keine Sattelpunkte.

4. $f''(x) = \frac{1}{2}x^2 + 3 > 0$ für alle $x \in \mathbb{R}$, d. h. f' ist streng monoton wachsend für alle $x \in \mathbb{R}$. Somit ist der Graph von f für alle $x \in \mathbb{R}$ linksgekrümmt.

112

5. ■ Nullstellen von f″:

$\frac{27}{32}x^2 - \frac{9}{2}x + \frac{9}{2} = 0 \quad |\cdot\frac{32}{27}$

$x^2 - \frac{16}{3}x + \frac{16}{3} = 0$

$x_{1,2} = \frac{8}{3} \pm \sqrt{\frac{64}{9} - \frac{16}{3}} = \frac{8}{3} \pm \sqrt{\frac{16}{9}}$

$x_1 = \frac{4}{3};\ x_2 = 4$

	$x < \frac{4}{3}$	$x = \frac{4}{3}$	$\frac{4}{3} < x < 4$	$x = 4$	$x > 4$
Vorzeichen von f″	+		–		+
Krümmungs-verhalten von f	Linkskurve	Wendestelle	Rechtskurve	Wendestelle	Linkskurve

Zur Funktion f gehört der Graph (C).

■ $g''(x) < 0$ für alle $x \in \mathbb{R}$, d. h der Graph von g bildet für alle $x \in \mathbb{R}$ eine Rechtskurve. Zur Funktion g gehört der Graph (D).

■ Nullstelle von h″: $x = -2$

$h''(x) < 0$ für $x < -2$, also Rechtskurve von h

$h''(x) > 0$ für $x > -2$, also Linkskurve von h

Zur Funktion h gehört der Graph (A).

■ Nullstellen von i″:

$\frac{x^2}{4} + \frac{x}{4} - \frac{3}{2} = 0 \quad |\cdot 4$

$x^2 + x - 6 = 0$

$x_1 = -3;\ x_2 = 2$

	$x < -3$	$x = -3$	$-3 < x < 2$	$x = 2$	$x > 2$
Vorzeichen von i″	+		–		+
Krümmungs-verhalten von i	Linkskurve	Wendestelle	Rechtskurve	Wendestelle	Linkskurve

Zur Funktion i gehört der Graph (B).

113

6. a) Die Aussage ist richtig.
Der Graph von f′ hat im Intervall [–2; 4] genau drei Extremstellen.
Diese Extremstellen sind Wendestellen von f.

b) Die Aussage ist falsch.
Die Stelle $x = 1$ ist eine Extremstelle des Graphen von f′, also gilt $f''(1) = 0$.

c) Die Aussage ist falsch.
Die Stelle $x = 1$ ist eine Wendestelle des Graphen von f, also wechselt im Intervall [0; 2] das Krümmungsverhalten.

d) Die Aussage ist falsch. Beispielsweise gilt $f'(-2) > 0$.

7. a) ■ linksgekrümmt für $x < -3$ oder $x > 1$ (In diesen Intervallen ist f′ streng monoton wachsend.)

■ rechtsgekrümmt für $-3 < x < 1$ (In diesem Intervall ist f′ streng monoton fallend.)

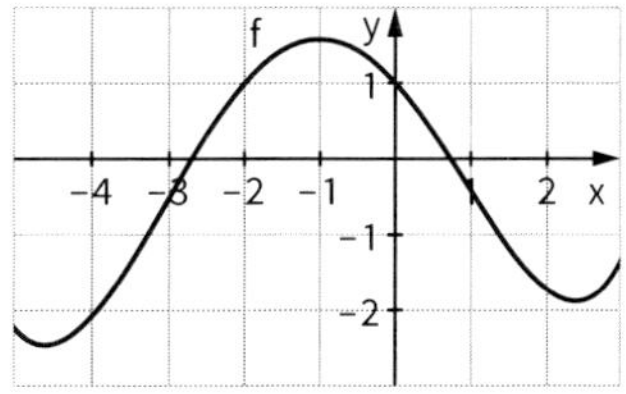

113

b)
- Für $x < 2$ ist f′ streng monoton fallend, also ist der Graph von f in diesem Intervall rechtsgekrümmt.
- Für $x > 2$ ist f′ streng monoton wachsend, also ist der Graph von f in diesem Intervall linksgekrümmt.

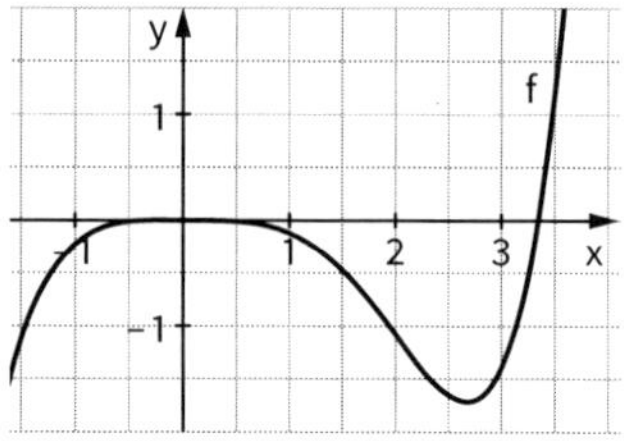

8. (1) Die Aussage ist richtig.
An der Stelle $x = 2$ liegt ein Wendepunkt des Graphen von f, da $x = 2$ eine Extremstelle des Graphen von f′ ist. Außerdem gilt $f'(2) < 0$.
(2) Die Aussage ist falsch.
Für $2 < x < 4$ ist $f'(x) < 0$, also ist f in diesem Intervall streng monoton fallend.
(3) Die Aussage ist richtig.
Im Intervall $[-1; 2]$ ist f′ streng monoton fallend.
(4) Die Aussage ist richtig.
Die Stellen $x_1 = -1$ und $x_2 = 2$ sind Extremstellen des Graphen von f′.
(5) Die Aussage ist richtig.
$x = 4$ ist eine Nullstelle von f′ mit einem Vorzeichenwechsel von Minus nach Plus.

9. **a)** $f''(x) < 0$ für $x < 3$ und $f''(x) > 0$ für $x > 3$.
Somit ist der Graph von f für $x < 3$ rechtsgekrümmt und für $x > 3$ linksgekrümmt.
Möglicher Graph siehe rechts.

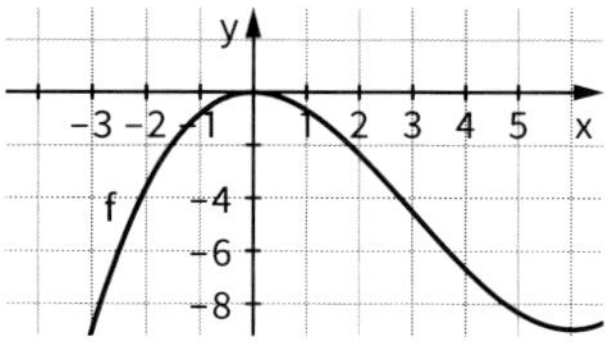

b) $f''(x) > 0$ für $x < 1$ oder $x > 4$
In diesen beiden Intervallen ist der Graph von f linksgekrümmt.
$f''(x) < 0$ für $1 < x < 4$
In diesem Intervall ist der Graph von f rechtsgekrümmt. Möglicher Graph siehe rechts.

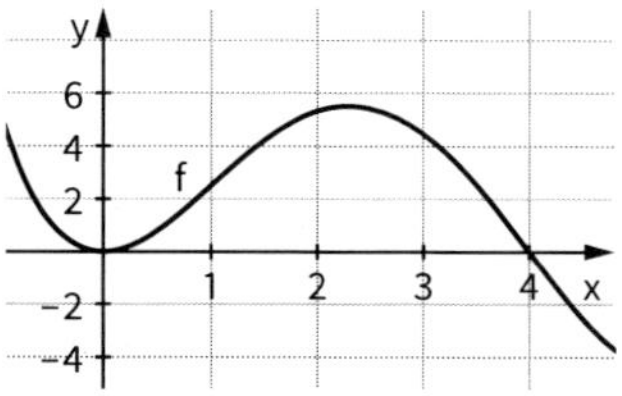

10. (1) Ist $f''(x) > 0$ für alle $x \in I$, so ist f′ auf I streng monoton fallend.
(2) Der Graph von f bildet eine Linkskurve auf I.

11. **a)** Wenn der Graph von f′ in einem Intervall streng monoton wachsend ist, dann bildet der Graph von f auf diesem Intervall eine Linkskurve.
b) Wenn x_0 eine Wendestelle des Graphen von f ist, dann ist es auch eine Extremstelle des Graphen von f′.

113 **12. a)** Der Graph ist links von W rechtsgekrümmt, folglich muss er rechts von W linksgekrümmt sein. Es könnte also in diesem Bereich ein Tiefpunkt liegen, dieser ist aber nicht zwingend notwendig. Aussagen über den genauen Verlauf für $x > 1$ sind nicht möglich.

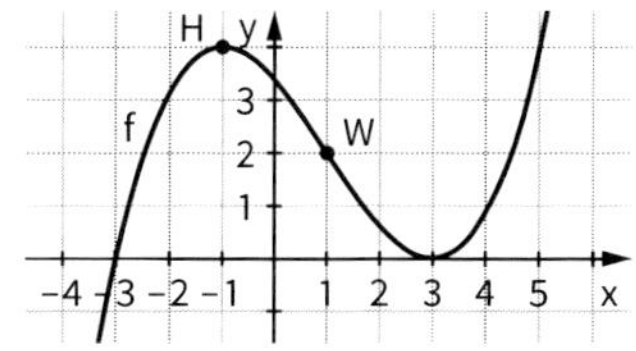

b) Für $x < 3$ ist der Graph von f rechtsgekrümmt
$x = 3$ Wendestelle.
Für $x > 3$ ist der Graph von f linksgekrümmt.

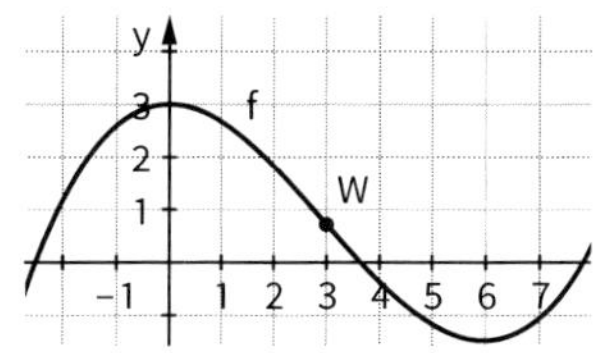

3.1.4 Kriterien für Extrem- und Wendepunkte

115 **1. a)** $f'(x) = x^2 - 2x$; $f''(x) = 2x - 2$
Nullstelle von f'': $x = 1$ einfache Nullstelle mit VZW
$x = 1$ ist die einzige Wendestelle von f.

b) $f'(x) = \frac{3}{4}x^2 + 3x$; $f''(x) = \frac{3}{2}x + 3$
Nullstelle von f'': $x = -2$ einfache Nullstelle mit VZW
$x = -2$ ist die einzige Wendestelle von f.

c) $f'(x) = \frac{4}{3}x^3 - 16x$; $f''(x) = 4x^2 - 16$
Nullstellen von f'': $x_1 = 2$; $x_2 = -2$ zwei einfache Nullstellen jeweils mit VZW
$x_1 = -2$ und $x_2 = 2$ sind die beiden Wendestellen von f.

d) $f'(x) = x^4 + 2x^3$; $f''(x) = 4x^3 + 6x^2 = 2x^2(2x + 3)$
Nullstellen von f'': $x_1 = 0$ doppelte Nullstelle ohne VZW
$x_2 = -\frac{3}{2}$ einfache Nullstelle mit VZW
$x = -\frac{3}{2}$ ist die einzige Wendestelle von f.

e) $f'(x) = 2x^3 - 3x^2 - 36x$; $f''(x) = 6x^2 - 6x - 36 = 6(x^2 - x - 6)$
Nullstellen von f'': $x_1 = -2$; $x_3 = 3$ jeweils einfache Nullstellen mit VZW
$x_1 = -2$ und $x_2 = 3$ sind die beiden Wendestellen von f.

f) $f'(x) = \frac{3}{2}x^4 - 12x^2 + 24$; $f''(x) = 6x^3 - 24x = 6x(x^2 - 4)$
Nullstellen von f'': $x_1 = 0$; $x_2 = -2$; $x_3 = 2$ drei einfache Nullstellen, jeweils mit VZW
$x_1 = 0$; $x_2 = -2$ und $x_3 = 2$ sind die Wendestellen von f.

2. a) $f'(x) = 3x^2 + 6x = 3x(x + 2)$; $f''(x) = 6x + 6$
Nullstellen von f': $x_1 = 0$; $x_2 = -2$
- $f''(0) = 6 > 0$; an der Stelle $x = 0$ liegt ein Tiefpunkt.
- $f''(-2) = -12 + 6 = -6 < 0$; an der Stelle $x = -2$ liegt ein Hochpunkt.

b) $f'(x) = 4x^3 - 4x = 4x(x^2 - 1)$; $f''(x) = 12x^2 - 4$
Nullstellen von f': $x_1 = 0$; $x_2 = -1$; $x_3 = 1$
- $f''(0) = -4 < 0$; an der Stelle $x_1 = 0$ liegt ein Hochpunkt.
- $f''(-1) = 8 > 0$; an der Stelle $x_2 = -1$ liegt ein Tiefpunkt.
- $f''(1) = 8 > 0$; an der Stelle $x_3 = 1$ liegt ein Tiefpunkt.

115

c) $f'(x) = x^3 - 3x^2 = x^2(x-3)$; $f''(x) = 3x^2 - 6x$

Nullstellen von f′: $x_1 = 0$; doppelte Nullstelle ohne VZW, $x_2 = 3$ einfache Nullstelle mit VZW

- $f''(3) = 9 > 0$; an der Stelle $x_2 = 3$ liegt ein Tiefpunkt.
- $f''(0) = 0$; $x = 0$ ist eine einfache Nullstelle von f″ mit VZW.

An der Stelle $x = 0$ liegt ein Sattelpunkt.

d) $f'(x) = \frac{1}{2}x^2 - 2x = x\left(\frac{1}{2}x - 2\right)$; $f''(x) = x - 2$

Nullstellen von f′: $x_1 = 0$; $x_2 = 4$

- $f''(0) = -2 < 0$; an der Stelle $x_1 = 0$ liegt ein Hochpunkt.
- $f''(4) = 2 > 0$; an der Stelle $x_2 = 4$ liegt ein Tiefpunkt.

e) $f'(x) = x^3$; Nullstelle von f′: $x = 0$ dreifache Nullstelle mit VZW von – nach +

An der Stelle $x = 0$ liegt ein Tiefpunkt.

f) $f'(x) = x^4 - 4x^3 + 4x^2 = x^2(x^2 - 4x + 4) = x^2 \cdot (x-2)^2$

Nullstellen von f′: $x_1 = 0$; $x_2 = 2$

Beide Nullstellen sind doppelte Nullstellen ohne VZW, somit keine Extremstellen von f.

$f''(x) = 4x^3 - 12x^2 + 8x = 4x(x^2 - 3x + 2)$

Nullstellen von f″: $x_1 = 0$; $x_2 = 2$; $x_3 = 1$

Alle drei Nullstellen von f″ sind einfache Nullstelllen mit VZW. Somit hat der Graph von f an den Stellen $x_1 = 0$ und $x_2 = 2$ Sattelpunkte, er besitzt aber keine Extrempunkte.

116

3. Ist $f''(x_W) = 0$ und $f'''(x_W) \neq 0$, so ist x_W eine Extremstelle von f′, denn es gilt:

- Falls $f'''(x_W) > 0$, so liegt an der Stelle x_W ein Tiefpunkt des Graphen von f′.
- Falls $f'''(x_W) < 0$, so liegt an der Stelle x_W ein Hochpunkt des Graphen von f′.

Damit ist x_W eine Wendestelle des Graphen von f.

4. a) $f'(x) = 3x^2 - 12x + 9 = 3(x^2 - 4x + 3)$; $f''(x) = 6x - 12$

- Nullstellen von f′: $x_1 = 1$; $x_2 = 3$
  $f''(1) = -6 < 0$; $f(1) = 0$, also $H(1|0)$
  $f''(3) = 6 > 0$; $f(3) = -4$, also $T(3|-4)$
- Nullstelle von f″: $x_3 = 2$; einfache Nullstelle mit VZW
  $f(2) = -2$; also $W(2|-2)$

b) $f'(x) = \frac{4}{9}x^3 - 4x = 4x\left(\frac{1}{9}x^2 - 1\right)$; $f''(x) = \frac{4}{3}x^2 - 4$

- Nullstellen von f′: $x_1 = 0$; $x_2 = -3$; $x_3 = 3$
  $f''(0) = -4 < 0$; $f(0) = 8$, also Hochpunkt $H(0|8)$
  $f''(-3) = f''(3) = 8 > 0$; $f(-3) = f(3) = -1$
  Tiefpunkte $T_1(-3|-1)$, $T_2(3|-1)$
- Nullstellen von f″: $x_4 = -\sqrt{3}$; $x_5 = \sqrt{3}$
  Beide Nullstellen sind einfache Nullstellen von f″ mit VZW.
  $f(-\sqrt{3}) = f(\sqrt{3}) = 3$
  Wendepunkte $W_1(-\sqrt{3}|3)$, $W_2(\sqrt{3}|3)$

116

c) $f'(x) = 4x^3 - 12x = 4x(x^2 - 3)$; $f''(x) = 12x^2 - 12$

- Nullstellen von f': $x_1 = 0$; $x_2 = -\sqrt{3}$; $x_3 = \sqrt{3}$
  $f''(0) = -12 < 0$; $f(0) = 5$, also Hochpunkt $H(0|5)$
  $f''(-\sqrt{3}) = f''(\sqrt{3}) = 24 > 0$; $f(-\sqrt{3}) = f(\sqrt{3}) = -4$
  Tiefpunkte $T_1(-\sqrt{3}|-4)$, $T_2(\sqrt{3}|-4)$
- Nullstellen von f'': $x_4 = -1$; $x_5 = 1$
  Beide Nullstellen sind einfache Nullstellen von f'' mit VZW.
  $f(-1) = f(1) = 0$
  Wendepunkte $W_1(-1|0)$, $W_2(1|0)$

d) $f'(x) = \frac{1}{2}x^2 - 2x + 2$; $f''(x) = x - 2$

- Nullstellen von f': $\frac{1}{2}x^2 - 2x + 2 = 0$
  $x = 2$ doppelte Nullstelle ohne VZW.
  An der Stelle $x = 2$ liegt kein Extrempunkt.
- Nullstelle von f'': $x = 2$ einfache Nullstelle von f'' mit VZW.
  $f(2) = \frac{1}{3}$, also $W\left(2\middle|\frac{1}{3}\right)$

5. a)
- Einige Rechner besitzen die Möglichkeit, über einen Befehl wie z. B. polyroots( ) die „Nullstellen" einer Funktion, hier von f'', näherungsweise zu berechnen.

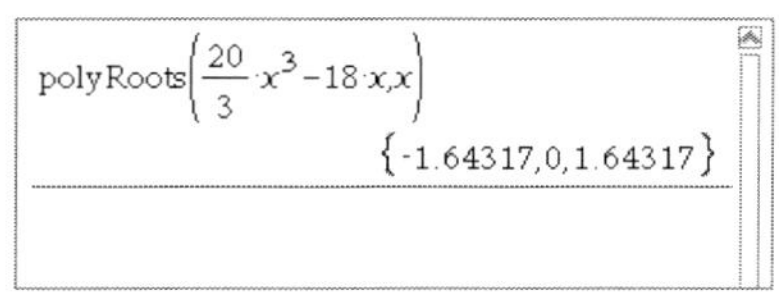

- Ein GTR hat im Grafik-Menü keinen Befehl zur Bestimmung der Wendestellen, wie wir das von den Nullstellen oder den Extremstellen kennen. Wir können deshalb die Wendestellen von f als Extremstellen von f' bestimmen.

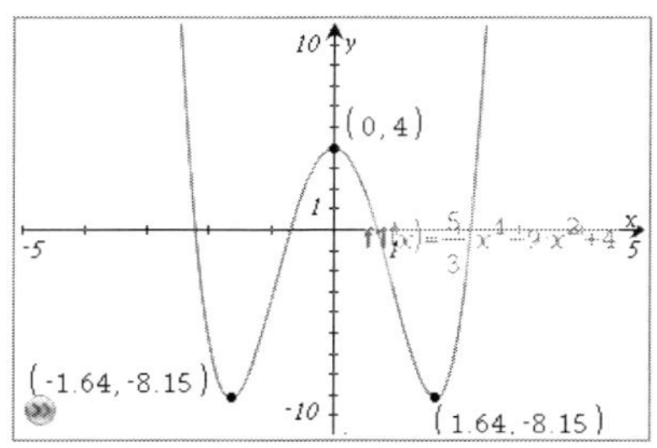

- Kann die zweite Ableitung einfach berechnet werden, so können wir auch die Nullstellen von f'' am Graphen f'' bestimmen.

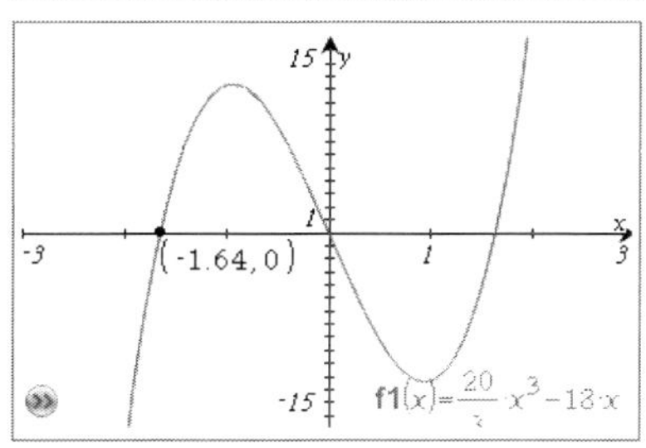

b) Bestimmen wir die Wendestellen z. B. als Extremstellen von f', erhalten wir:
$x_1 \approx -1{,}64$; $x_2 = 0$; $x_3 \approx 1{,}64$ und damit die Wendepunkte $W_1(-1{,}64|2{,}72)$, $W_2(0|0)$, $W_3(1{,}64|-2{,}72)$

116

6. a) $f'(x) = 3x^2 - 6x - 2;\ f''(x) = 6x - 6$

Aus $f''(x) = 0$ erhalten wir die Nullstelle $x = 1$ mit VZW.

$f(1) = -4$, also $W(1\,|-4)$

$f'(1) = -5$

An der Wendestelle liegt die minimale Steigung von f vor.

b) $f'(x) = \frac{1}{3}x^3 - \frac{1}{2}x^2 - 6x + 2;\ f''(x) = x^2 - x - 6$

Aus $f''(x) = 0$ erhalten wir die beiden einfachen Nullstellen $x_1 = -2;\ x_2 = 3$.

$f(-2) = -\frac{49}{3};\ f(3) = -\frac{87}{4}$, also Wendepunkte $W_1\left(-2\,\middle|-\frac{49}{3}\right)$, $W_2\left(3\,\middle|-\frac{87}{4}\right)$

$f'(-2) = \frac{28}{3};\ f'(3) = -\frac{23}{2}$

An beiden Extremstellen von f' liegen lokale Extremwerte, an der Stelle $x = \frac{28}{3}$ ein lokales Maximum, an der Stelle $x = 3$ ein lokales Minimum. Die Ableitungsfunktion f' besitzt aber keine globalen Extrema.

c) $f'(x) = \frac{2}{3}x^3 - 2x;\ f''(x) = 2x^2 - 2$

Aus $f''(x) = 0$ erhalten wir die beiden einfachen Nullstellen $x_1 = -1;\ x_2 = 1$ jeweils mit VZW.

$f(-1) = -\frac{5}{6}$, also $W_1\left(-1\,\middle|-\frac{5}{6}\right)$

Aus Symmetriegründen gilt auch $W_2\left(1\,\middle|-\frac{5}{6}\right)$.

$f'(-1) = \frac{4}{3};\ f'(1) = -\frac{4}{3}$

An der Stelle $x_1 = -1$ liegt ein lokales Maximum der Steigung, an der Stelle $x_2 = 1$ ein lokales Minimum.

d) $f'(x) = 8x^3 - 15x^2 + 2;\ f''(x) = 24x^2 - 30x = 6x(4x - 5)$

Aus $f''(x) = 0$ erhalten wir die beiden einfachen Nullstellen $x_1 = 0;\ x_2 = \frac{5}{4}$ jeweils mit VZW.

$f(0) = -7;\ f\left(\frac{5}{4}\right) = -\frac{1201}{128}$, also Wendepunkte $W_1(0\,|-7)$, $W_2\left(\frac{5}{4}\,\middle|-\frac{1201}{128}\right)$

$f'(0) = 2;\ f'\left(\frac{5}{4}\right) = -\frac{93}{16}$

An der Stelle $x_1 = 0$ liegt ein lokales Maximum der Steigung, an der Stelle $x_2 = \frac{5}{4}$ ein lokales Minimum.

7. Für alle drei Funktionen gilt, dass $x = 0$ eine Nullstelle sowohl der 1. Ableitung als auch der 2. Ableitung ist.

- $f(x) = x^3;\ f'(x) = 3x^2;\ f''(x) = 6x$

  $f''(x) < 0$ für $x < 0$ und $f''(x) > 0$ für $x > 0$, d.h. an der Stelle $x = 0$ wechselt der Graph von f von einer Rechtskurve in eine Linkskurve. An der Stelle $x = 0$ liegt der Wendepunkt des Graphen von f.
- $g(x) = x^4;\ g'(x) = 4x^3;\ g''(x) = 12x^2$

  $g''(x) > 0$ sowohl für $x < 0$ als auch für $x > 0$, d.h. der Graph von g bildet eine Linkskurve für alle $x \in \mathbb{R}$.

  An der Stelle $x = 0$ liegt der Tiefpunkt des Graphen von g.
- $h(x) = x^5;\ h'(x) = 5x^4;\ h''(x) = 20x^3$

  $h''(x) < 0$ für $x < 0$ und $h''(x) > 0$ für $x > 0$, d.h. an der Stelle $x = 0$ wechselt der Graph von h von einer Rechts- in eine Linkskurve.

  An der Stelle $x = 0$ liegt der Wendepunkt des Graphen von f.

116

8. $f'(x) = -\frac{1}{2}x^2 + 2x;\ f''(x) = -x + 2$

Nullstelle von f'': $x = 2$ Nullstelle mit VZW

$f(2) = \frac{2}{3}$, also $W\left(2 \middle| \frac{2}{3}\right)$

$f'(2) = 2$

Die maximale Steigung erreicht der Graph von f an der Stelle $x = 2$; sie beträgt $f'(2) = 2$.

9. $f'(x) = 3tx^2 - 6x + 8;\ f''(x) = 6tx - 6$

Nullstelle von f'': $x = \frac{1}{t}$

$x = \frac{1}{t} = 3$ für $t = \frac{1}{3}$

Für $t = \frac{1}{3}$ liegt der Wendepunkt an der Stelle $x = 3$; er hat die Koordinaten $W(3|6)$

Extrempunkte des Graphen:

$f'(x) = x^2 - 6x + 8$

Nullstellen von f': $x_1 = 2;\ x_2 = 4$

$f''(x) = 2x - 6$

$f''(2) = -2 < 0;\ f(2) = \frac{20}{3}$, also Hochpunkt $H\left(2 \middle| \frac{20}{3}\right)$

$f''(4) = 2 > 0;\ f(4) = \frac{16}{3}$, also Tiefpunkt $T\left(4 \middle| \frac{16}{3}\right)$

117

10. a) Die Aussage ist richtig. f' hat an der Stelle $x = 0$ eine Extremstelle und es gilt $f'(0) > 0$.

b) Die Aussage ist falsch. $f'(-1) \neq 0$.

c) Die Aussage ist falsch. Es gilt: $f'(0) = 3$, also hat die Tangente an den Graphen von f an der Stelle $x = 0$ die Steigung 3.

d) Die Aussage ist richtig: f' ist im Intervall $[-4; -1]$ streng monoton wachsend. Somit ist der Graph von f in diesem Intervall eine Linkskurve.

e) Die Aussage ist falsch; $f'(x) > 0$, d. h. f ist streng monoton wachsend. Der Graph einer streng monoton wachsenden Funktion ist nicht symmetrisch zur y-Achse.

f) Die Aussage ist richtig. Siehe Begründung zu e).

11.
- Die Nullstellen mit VZW von f' sind die Extremstellen von f. An der Stelle $x = 1$ hat der Graph von f einen Hochpunkt, da f' einen VZW von + nach – hat. An der Stelle $x = 4$ liegt ein Tiefpunkt, da f' einen VZW von – nach + hat.
- Die Extremstellen von f' sind die Wendestellen von f. An den Stellen $x = 0$ und $x = 3$ liegt jeweils ein Wendepunkt des Graphen von f. An der Stelle $x = -2$ hat der Graph von f einen Sattelpunkt, da zudem $f'(-2) = 0$ gilt.

12. a) Wenn der Graph von f im Intervall I rechtsgekrümmt ist, dann ist f' auf I streng monoton fallend.

b) Hat der Graph von f' an der Stelle x_0 einen Tiefpunkt, so ist x_0 auch eine Wendestelle von f.

c) Ist der Graph von f links und rechts von der Stelle x_0 rechtsgekrümmt und gilt $f'(x_0) = 0$, dann hat der Graph von f an der Stelle x_0 einen Hochpunkt.

117

13. $f''(x) = 12x^2 + 24x + 12 = 12(x^2 + 2x + 1) = 12(x+1)^2$

$f''(x) > 0$ sowohl für $x < -1$ als auch für $x > -1$, d. h. der Graph von f bildet für alle $x \in \mathbb{R}$ eine Linkskurve.

An der Stelle $x = -1$ liegt somit kein Wendepunkt, sondern ein Tiefpunkt des Graphen von f.

Lauras Aussage ist falsch.

14. a) Die Funktion f hat die beiden doppelten Nullstellen $x_1 = -2$ und $x_2 = 2$, jeweils ohne VZW. Die Funktion g hat die doppelte Nullstelle $x_1 = -2$ ohne VZW und die einfache Nullstelle $x_2 = 2$ mit VZW.

Somit ist (1) der Graph von g und (2) der Graph von f.

b) Grafik siehe rechts.

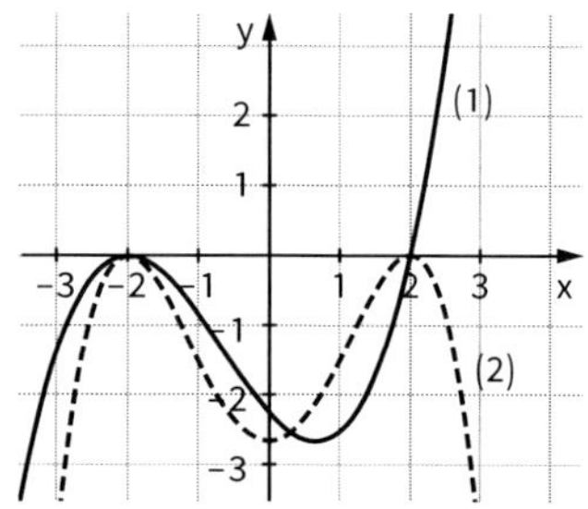

c)
- $f(x) = -\frac{1}{6}x^4 + \frac{4}{3}x^2 - \frac{8}{3}$; $f'(x) = -\frac{2}{3}x^3 + \frac{8}{3}x$

  $f''(x) = -2x^2 + \frac{8}{3}$

  Nullstellen von f″:

  $x_1 = -\frac{2}{\sqrt{3}}$; $x_2 = \frac{2}{\sqrt{3}}$ jeweils mit VZW

  $f\left(-\frac{2}{\sqrt{3}}\right) = -\frac{32}{27}$; also $W_1\left(-\frac{2}{\sqrt{3}} \middle| -\frac{32}{27}\right)$

  Aus Symmetriegründen $W_2\left(\frac{2}{\sqrt{3}} \middle| -\frac{32}{27}\right)$

- $g(x) = \frac{9}{32}x^3 + \frac{9}{16}x^2 - \frac{9}{8}x - \frac{9}{4}$

  $g'(x) = \frac{27}{32}x^2 + \frac{9}{8}x - \frac{9}{8}$; $g''(x) = \frac{27}{16}x + \frac{9}{8}$

  Nullstelle von f″: $x = -\frac{2}{3}$ mit VZW

  $f\left(-\frac{2}{3}\right) = -\frac{4}{3}$, also $W\left(-\frac{2}{3} \middle| -\frac{4}{3}\right)$

15.
- $f'(x) = -12x^2 + 12x$; $f''(x) = -24x + 12$

  Nullstellen von f′: $x_1 = 0$; $x_2 = 1$

  $f''(0) = 12 > 0$, also Tiefpunkt $T(0 | -1)$

  $f''(1) = -12 < 0$, also Hochpunkt $H(1 | 1)$
- Tangente im Hochpunkt: $y = 1$

  Schnitt der Tangente mit dem Graphen von f

  $S(0{,}5 | 1)$

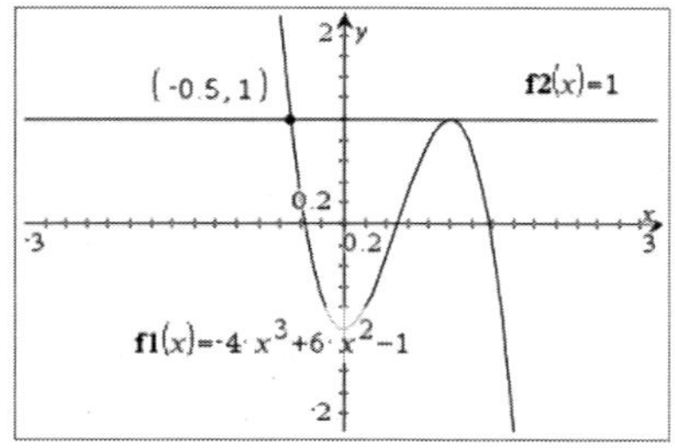

16.
- $f'(x) = 3x^2 + 6x$; $f''(x) = 6x + 6$

  Nullstelle von f″: $x = -1$ mit VZW

  $f(-1) = -2$, also $W(-1 | -2)$
- Gleichung der Wendetangente

  $m = f'(-1) = -3$

  t: $y = -3x + c$

  W liegt auf t, also $-2 = -3 \cdot (-1) + c$

  $c = -5$

  Also t: $y = -3x - 5$

117

- Schnittpunkte der Wendetangente mit den Koordinatenachsen:
  mit der y-Achse: $P(0\,|\,-5)$

  mit der x-Achse: $Q\left(-\frac{5}{3}\,\middle|\,0\right)$

- Länge der Strecke $\overline{PQ}$

  $|PQ| = \sqrt{\left(0-\left(-\frac{5}{3}\right)\right)^2 + (-5-0)^2} = \sqrt{\frac{25}{9}+25} = \sqrt{\frac{250}{9}} = \frac{5}{3}\sqrt{10} \approx 5{,}3$

3.1.5 Klassifikation ganzrationaler Funktionen 3. Grades

118

Einstiegsaufgabe ohne Lösung

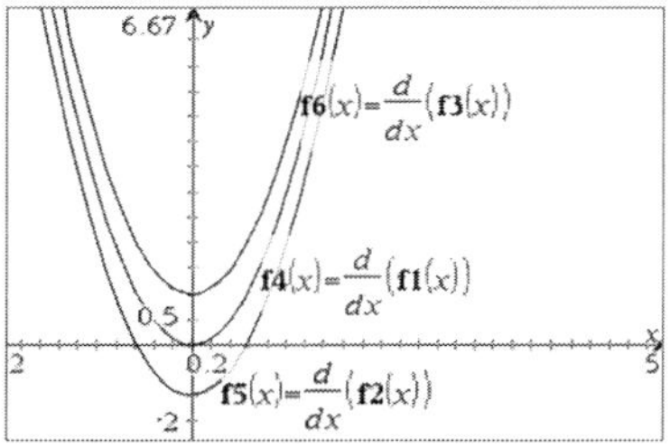

- Alle drei Graphen der Ableitungsfunktionen sind nach oben geöffnete Parabeln.
  - f_1' hat eine Nullstelle ohne Vorzeichenwechsel, d. h. der Graph von f hat keinen Extrempunkt, sondern einen Sattelpunkt an der Stelle $x = 0$.
  - f_2' hat zwei Nullstellen mit Vorzeichenwechsel, an der Stelle $x = -1$ mit einem VZW von + nach – und an der Stelle $x = 1$ mit einem VZW von – nach +.
    Der Graph von f hat also an der Stelle $x = -1$ einen Hochpunkt und an der Stelle $x = 1$ einen Tiefpunkt.
    Dazwischen liegt ein Punkt mit minimaler Steigung, also ein Wendepunkt.
  - f_3' hat keine Nullstelle, d. h. der Graph von f hat keinen Extrempunkt, aber einen Wendepunkt an der Stelle $x = 0$.
- Der Graph von f′ ist entweder eine nach oben geöffnete oder eine nach unten geöffnete Parabel.
  Für eine nach oben geöffnete Parabel sind drei Fälle zu unterscheiden (siehe auch die Grafiken zur Einstiegsaufgabe mit Lösung im Schülerband auf S. 118):

2 Nullstellen von f′ mit VZW: Der Graph von f hat sowohl einen Hoch- als auch einen Tiefpunkt. Dazwischen liegt ein Wendepunkt.	1 Nullstelle von f′ ohne VZW: Der Graph von f hat keinen Extrempunkt, aber einen Sattelpunkt.	keine Nullstelle von f′: Der Graph von f ′hat keinen Extrempunkt, aber einen Wendepunkt.

Für eine nach unten geöffnete Parabel können entsprechend drei Fälle unterschieden werden (siehe auch die Grafiken zur Einstiegsaufgabe mit Lösung im Schülerband auf S. 119):

2 Nullstellen von f′ mit VZW: Der Graph von f hat sowohl einen Tief- als auch einen Hochpunkt. Dazwischen liegt ein Wendepunkt.	1 Nullstelle von f′ ohne VZW: Der Graph von f hat keinen Extrempunkt, aber einen Sattelpunkt.	keine Nullstelle von f′: Der Graph von f hat keinen Extrempunkt, aber einen Wendepunkt.

119

1. $f'(x) = 3x^2 - k$

$3x^2 - k = 0$ bzw. $x^2 = \frac{k}{3}$

Für $k > 0$ zwei Lösungen $x_{1,2} = \pm\sqrt{\frac{k}{3}}$, zwei Extremstellen

Für $k = 0$ eine Lösung $x = 0$, einen Sattelpunkt

Für $k < 0$ keine Lösung, keine Punkte mit waagerechter Tangente

2. a) Es gilt: $f'(x) > 0$ für alle $x \in \mathbb{R}$, d. h. f ist streng monoton wachsend für alle $x \in \mathbb{R}$. Eine ganzrationale Funktion 3. Grades, die streng monoton wachsend ist, hat genau eine Nullstelle.

b) Da eine kubische Funktion ungeraden Grades ist, hat sie mindestens eine Nullstelle; da ihr Grad 3 ist, hat sie höchstens 3 Nullstellen. Ebenso sind zwei Nullstellen möglich, wie das Beispiel $f(x) = x^2 \cdot (x - 1)$ zeigt.

120

3. a) Die Funktion f hat eine Nullstelle.
Sichtbar sind ein Hoch- und ein Tiefpunkt des Graphen. Aufgrund des Globalverlaufs gilt: $f(x) \to -\infty$ für $x \to \infty$ und $f(x) \to \infty$ für $x \to -\infty$
Somit hat f genau eine Nullstelle im Intervall $]1; \infty[$

b) Der Graph von f hat einen Sattelpunkt an der Stelle $x = -1$ und somit weder Hoch- noch Tiefpunkt.
Für $x \to -\infty$ gilt $f(x) \to -\infty$
Für $x \to \infty$ gilt $f(x) \to \infty$
f hat eine Nullstelle im Intervall $]-\infty; -1[$.

c) Der Graph von f hat einen Hochpunkt. Es muss deshalb auch einen Tiefpunkt geben, der auf jeden Fall unterhalb der x-Achse liegt. Die Funktion f hat drei Nullstellen.

d) f ist streng monoton fallend und hat genau eine Nullstelle.

4. a) f′ hat zwei einfache Nullstellen $x_1 = 2 - \sqrt{2}$; $x_2 = 2 + \sqrt{2}$
Der Graph von f hat aufgrund des Globalverlaufs von f′ an der Stelle $x_1 = 2 - \sqrt{2}$ einen Hochpunkt und an der Stelle $x_2 = 2 + \sqrt{2}$ einen Tiefpunkt.

b) f′ hat zwei einfache Nullstellen $x_1 = 0$; $x_2 = 1$
Aufgrund des Globalverlaufs von f′ liegt an der Stelle $x_1 = 0$ ein Tiefpunkt und an der Stelle $x_2 = 1$ ein Hochpunkt.

c) f′ hat eine doppelte Nullstelle $x = 0$.
Der Graph von f hat einen Sattelpunkt, aber keinen Hoch- oder Tiefpunkt.

5. a) Der Wendepunkt ist der Mittelpunkt der Strecke $\overline{HT}$.
$W(4|6)$
$\left[f(x) = \frac{1}{16}x^3 - \frac{3}{4}x^2 + \frac{9}{4}x + 5\right]$

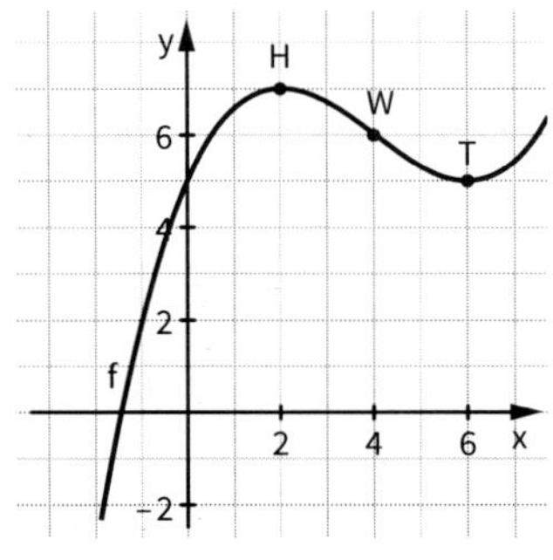

120

b) Der Wendepunkt ist der Mittelpunkt der Strecke $\overline{HT}$.

Somit gilt: $\frac{-2 + x_T}{2} = 1$ und $\frac{4 + y_T}{2} = 1$.

Also: $x_T = 4$; $y_T = -2$; $T(4|-2)$

$\left[f(x) = \frac{1}{18}x^3 - \frac{1}{6}x^2 - \frac{4}{3}x + \frac{22}{9}\right]$

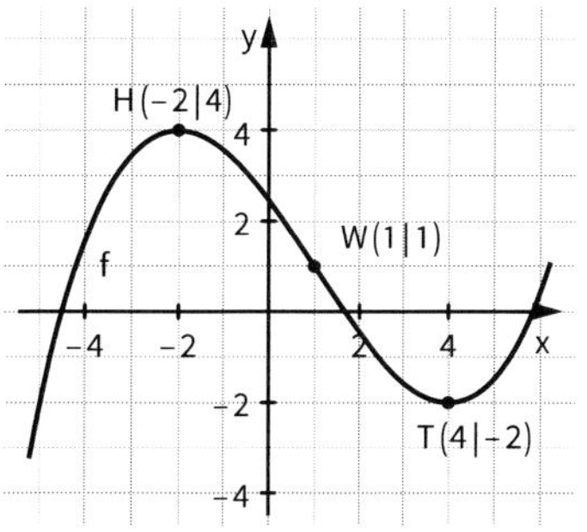

6. $f'(x) = a \cdot (x-3)^2 - 4$

a) Aus $f'(1) = 0$ folgt $a = 1$, also $f'(x) = (x-3)^2 - 4$

Nullstellen von f': $x_1 = 1$; $x_2 = 5$

Der Tiefpunkt des Graphen von f liegt an der Stelle $x = 5$.

b) Die Wendestelle von f ist die Extremstelle von f', also $x = 3$.

c) $f'(x) = (x-3)^2 - 4$

Möglicher Funktionsterm von f:

$f(x) = \frac{1}{3}x^3 - 3x^2 + 5x + c$

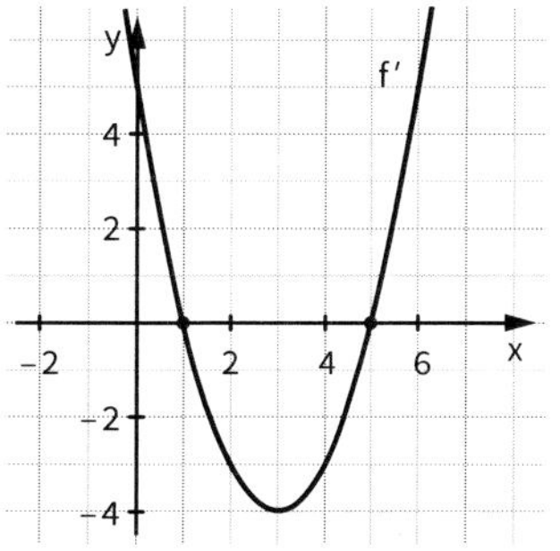

7.
- Die Ableitung einer ganzrationalen Funktion 4. Grades ist eine ganzrationale Funktion 3. Grades.
- Eine ganzrationale Funktion 3. Grades hat mindestens eine Nullstelle mit Vorzeichenwechsel. Also hat eine ganzrationale Funktion 4. Grades immer mindestens eine Extremstelle.
- Wenn eine ganzrationale Funktion 3. Grades genau zwei Nullstellen hat, so hat eine dieser Nullstellen keinen Vorzeichenwechsel (wegen des Globalverlaufs). Somit ist eine dieser Nullstellen eine doppelte Nullstelle. Also hat die Funktion 4. Grades dann eine Extremstelle und einen Sattelpunkt.
- Wenn eine ganzrationale Funktion 3. Grades drei Nullstellen hat, so sind dies alles Nullstellen mit Vorzeichenwechsel (wegen des Globalverlaufs). Also hat die Funktion 4. Grades dann genau 3 Extremstellen.

Richtig ist: Eine ganzrationale Funktion 4. Grades hat mindestens eine Extremstelle oder sie hat drei Extremstellen.

8. Der abgebildete Graph hat 3 Extremstellen, also hat f' drei Nullstellen mit Vorzeichenwechsel. Somit hat der Graph von f' wegen des Globalverlaufs einen Hochpunkt und einen Tiefpunkt. Es handelt sich um den Typ (1) aus der Information.

9. Die Extremstellen von f' sind die Wendestellen von f.
Deshalb gilt:
- In den Fällen (2) und (3) der Information von Seite 119 hat der Graph 4. Grades keine Wendestellen.
- Im Fall (1) hat der Graph 4. Grades genau zwei Wendestellen.

Blickpunkt: Das NEWTON-Verfahren zur Bestimmung von Näherungswerten für eine Nullstelle

122

1. Max hat die rekursive Vorschrift für das NEWTON-Verfahren angewandt (vgl. S. 121 im Schülerband). Er geht aus vom Startwert $x_1 = 2{,}5$ und setzt die erhaltenen Näherungswerte immer wieder erneut in die rekursive Vorschrift ein.
Bereits ab $x_5 = 2{,}094551482$ erhält er keine weiteren Näherungen. Es gilt: $f(2{,}094551482) \approx 0{,}000000005$.

2. Die abgebildeten Näherungswerte sind abhängig vom gewählten Startwert.
Hier wird jeweils die Mitte des Intervalls als Startwert benutzt.

a) $f(x) = x^3 + 2x - 2;\ f'(x) = 3x^2 + 2;\ [0; 2]$

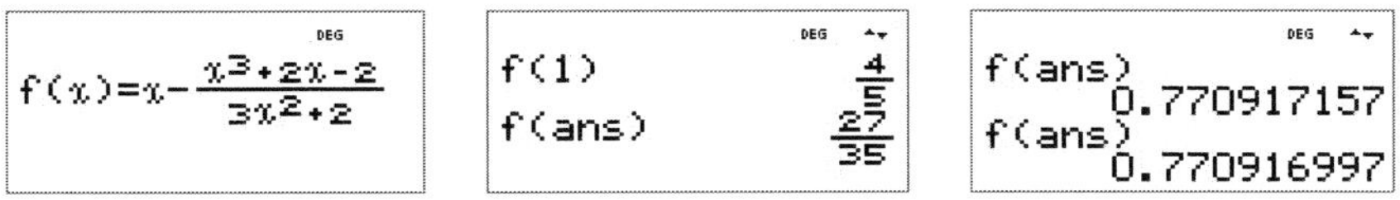

b) $f(x) = x^5 - x + 6;\ f'(x) = 5x^4 - 1;\ [-1; -2]$

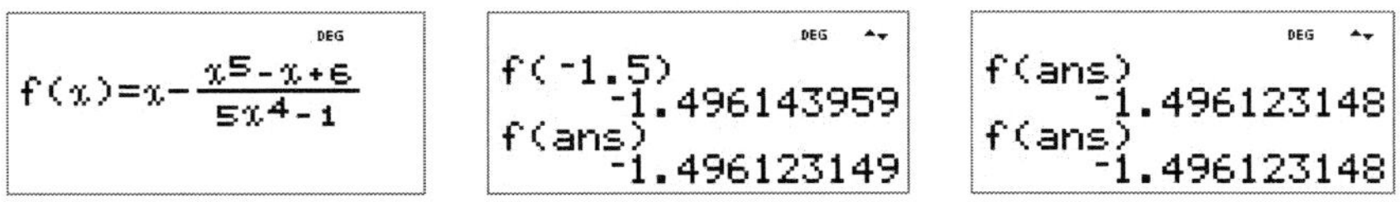

c) $f(x) = -x^3 + 4x^2 - 1;\ f'(x) = -3x^2 + 8x;\ [3; 5]$

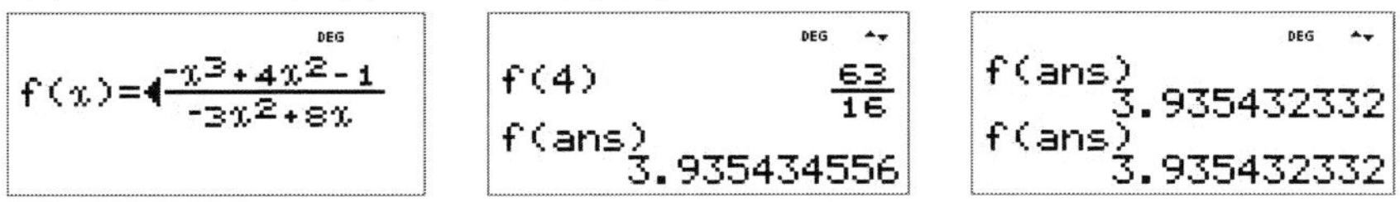

d) $f(x) = x^3 - 3x^2 + 3x - 1;\ f'(x) = 3x^2 - 6x + 3;\ [0; 4]$

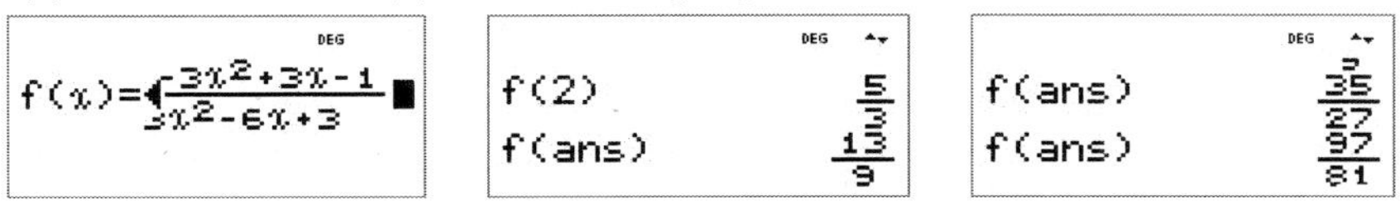

3. a) Das NEWTON-Verfahren liefert als Näherungswert die Nullstelle der Tangente an den Graphen von f an der Stelle x. Für $x = 0$ bzw. $x = 1$ ergibt sich jeweils der andere Wert als neue Näherung, d. h. die Iterationsfolge springt abwechselnd von 0 nach 1 und zurück.

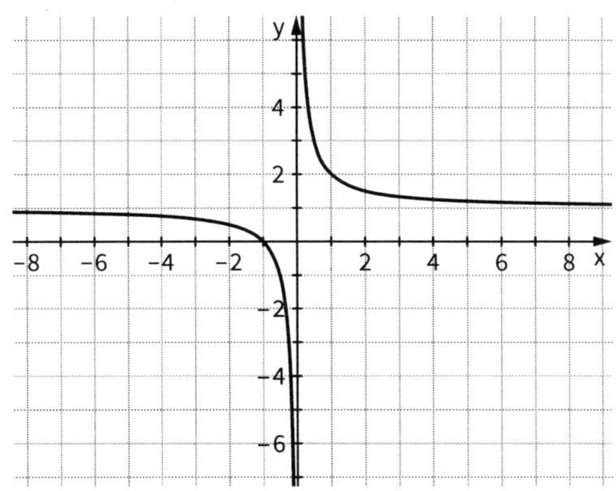

b) Aufgrund der Krümmung des Graphen wandern die Näherungswerte beim NEWTON-Verfahren immer weiter in Richtung unendlich. Die Funktion hat dort jedoch keine Nullstelle mehr, sondern nähert sich der Funktion $y = 1$.

122

c) Da der Graph bei $x = 3$ nicht nur eine Nullstelle, sondern gleichzeitig einen Tiefpunkt hat, ist die Ableitung an dieser Stelle also gleich Null. Beim NEWTON-Verfahren würde hier also eine Division durch Null auftreten.
Dies gilt im Übrigen auch für Sattelpunkte (vgl. Aufgabe 2. d).

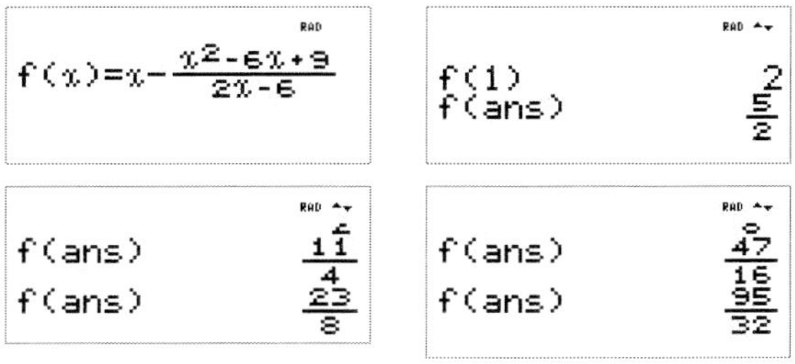

4. (1) Alle Startwerte zwischen $x \approx 3{,}5$ und 5,5 führen zur linken Nullstelle.

(2) Alle Startwerte rechts vom rechten Minimum, also von $x \approx 5{,}92$ (mit GTR bestimmt).

(3) Wählt man die Extremstellen $x_1 = 1$, $x_2 \approx 2{,}8288$ und $x_3 \approx 5{,}92$ als Startwerte, so gibt es keine Schnittpunkte der Tangente mit der x-Achse, also auch keine verbesserten Werte. Alle Startwerte links vom Maximum führen zu schwer analysierbaren Näherungsfolgen, sie können sowohl zur linken wie auch zur rechten Nullstelle hinlaufen, aber es auch ein endloses Hin- und Herspringen um den x-Wert des linken Minimums $(x = 1)$ denkbar. Die Aussagen können durch Nachrechnen mit dem GTR überprüft werden.
Bei der grafischen Darstellung der Einzugsgebiete gibt es Bereiche, in denen die Zahlenmenge sehr chaotisch wirkt, weil in gewissen Bereichen jeder benachbarte Startwert zu einer anderen Nullstelle führen kann. Mit solchen Strukturen befasst sich die sogenannte Chaos-Theorie.

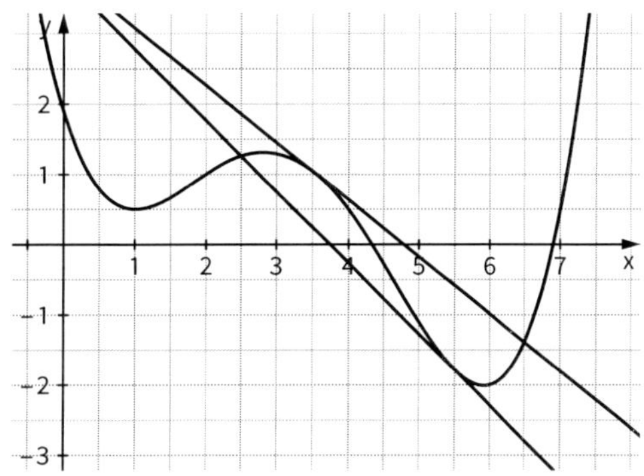

3.1.6 Aspekte von Funktionsuntersuchungen

123

Einstiegsaufgabe ohne Lösung

$f'(x) = 0{,}06x^2 - 0{,}18x + 0{,}12$; $f''(x) = 0{,}12x - 0{,}18$

- Globalverlauf
  $f(x) \to -\infty$ für $x \to -\infty$
  $f(x) \to \infty$ für $x \to \infty$
- Symmetrie: Es ist keine Symmetrie erkennbar.
- Die Nullstellen von f können wir nur mithilfe des GTR bestimmen.
- Extrempunkte: Wir bestimmen die Nullstellen von f':
  $0{,}06x^2 - 0{,}18x + 0{,}12 = 0 \quad | \cdot \frac{100}{6}$
  $x^2 - 3x + 2 = 0$
  $x_1 = 1$; $x_2 = 2$
  $f''(1) = -0{,}06 < 0$; $f(1) = 5$, also Hochpunkt $H(1 | 5)$
  $f''(2) = 0{,}06 > 0$; $f(2) = 4{,}99$, also Tiefpunkt $T(2 | 4{,}99)$
- Wendepunkt
  Wir bestimmen die Nullstelle von f'':
  $0{,}12x - 0{,}18 = 0$, also $x = 1{,}5$ mit VZW
  $f(1{,}5) = 4{,}995$, also Wendepunkt $W(1{,}15 | 4{,}995)$
  Der Graph von f hat also keinen Sattelpunkt, sondern je einen Hoch-, Tief- und Wendepunkt.

Zeichnen wir den Graphen auf dem Intervall [−5; 4], ist der Verlauf der Graphen zwischen Hoch- und Tiefpunkt kaum erkennbar. Dazu müssen wir einen Ausschnitt zeichnen, z. B. die y-Achse im Ausschnitt zwischen 4,8 und 5,2.

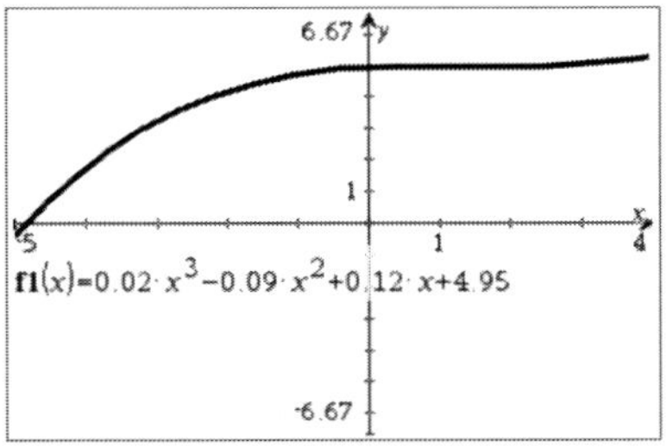

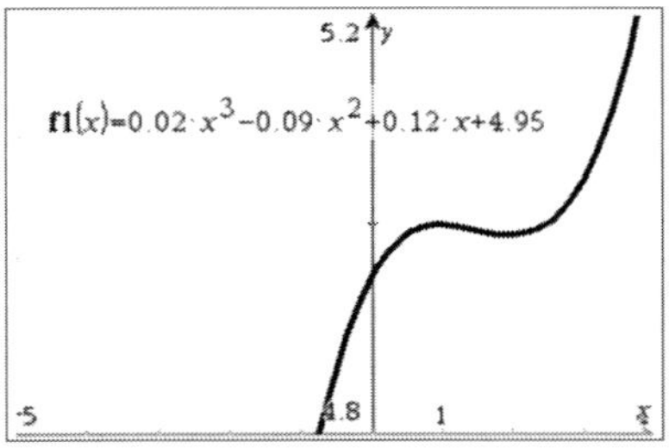

125

1. a) $f'(x) = 3x^2 + 6x - 9$; $f''(x) = 6x + 6$

- Symmetrie: Keine Symmetrie erkennbar
- Nullstellen
  $x(x^2 + 3x - 9) = 0$
  $x_1 = 0$ oder $x^2 + 3x - 9 = 0$
  $x_{2,3} = -\frac{3}{2} \pm \sqrt{\frac{9}{4} + 9}$
  $x_2 = \frac{-3 - \sqrt{45}}{2}$; $x_3 = \frac{-3 + \sqrt{45}}{2}$
- Extrempunkte
  Nullstellen von f': $3 \cdot (x^2 + 2x - 3) = 0$
  $x_4 = -3$; $x_5 = 1$
  $f''(-3) = -12 < 0$; $f(-3) = 27$, also Hochpunkt $H(-3 | 27)$
  $f''(1) = 12 > 0$; $f(1) = -5$, also Tiefpunkt $T(1 | -5)$

125

- Wendepunkt
  Nullstellen von f'': $6x+6=0$, also $x_6=-1$
  Nullstelle mit VZW
  $f(-1)=11$, also Wendepunkt $W(-1\,|\,11)$

b) $f'(x)=6x^2-6$; $f''(x)=12x$

- Symmetrie
  Der Graph ist punktsymmetrisch zum Ursprung
- Nullstellen von f: $2x(x^2-3)=0$
  $x_1=0$; $x_2=-\sqrt{3}$; $x_3=\sqrt{3}$
- Extrempunkte
  Nullstellen von f': $6(x^2-1)=0$
  $x_4=-1$; $x_5=1$
  $f''(-1)=-12<0$; $f(-1)=4$ also Hochpunkt $H(-1\,|\,4)$
  Aus Symmetriegründen Tiefpunkt $T(1\,|\,-4)$
- Wendepunkt
  Nullstelle von f'': $x_6=0$ Nullstelle mit VZW
  $f(0)=0$, also Wendepunkt $W(0\,|\,0)$

c) $f'(x)=4x^3-4x$; $f''(x)=12x^2-4$

- Symmetrie
  Der Graph von f ist achsensymmetrisch zur y-Achse
- Nullstellen von f: $x^2(x^2-2)=0$
  $x_1=0$; $x_2=-\sqrt{2}$; $x_3=\sqrt{2}$
- Extrempunkte
  Nullstellen von f': $4x\cdot(x^2-1)=0$
  $x_1=0$; $x_4=-1$; $x_5=1$
  $f''(0)=-4<0$; also Hochpunkt $H(0\,|\,0)$
  $f''(-1)=8>0$; $f(-1)=-1$
  also Tiefpunkt $T_1(-1\,|\,-1)$
  Aus Symmetriegründen $T_2(1\,|\,-1)$
- Wendepunkt
  Nullstellen von f'': $12x^2-4=0$
  $x_6=-\frac{1}{\sqrt{3}}$; $x_7=\frac{1}{\sqrt{3}}$
  beide Nullstellen mit VZW
  $f\left(-\frac{1}{\sqrt{3}}\right)=-\frac{5}{9}$, also Wendepunkt $W_1\left(-\frac{1}{\sqrt{3}}\,\middle|\,-\frac{5}{9}\right)$
  Aus Symmetriegründen $W_2\left(\frac{1}{\sqrt{3}}\,\middle|\,-\frac{5}{9}\right)$

d) $f(x)=\frac{1}{2}(x-1)^2(x+3)=\frac{1}{2}x^3+\frac{1}{2}x^2-\frac{5}{2}x+\frac{3}{2}$
$f'(x)=\frac{3}{2}x^2+x-\frac{5}{2}$; $f''(x)=3x+1$

- Symmetrie
  Keine Symmetrie erkennbar
- Nullstellen von f: $\frac{1}{2}(x-1)^2\cdot(x+3)=0$
  $x_1=1$; $x_2=-3$

125

- Extrempunkte
  Nullstellen von f': $\frac{3}{2}x^2 + x - \frac{5}{2} = 0$
  $x_3 = -\frac{5}{3}$; $x_4 = x_1 = 1$
  $f''\left(-\frac{5}{3}\right) = -4 < 0$; $f\left(-\frac{5}{3}\right) = \frac{128}{27}$; $H\left(-\frac{5}{3} \middle| \frac{128}{27}\right)$
  $f''(1) = 4 > 0$; $T(1 \mid 0)$
- Wendepunkt
  Nullstelle von f'': $3x + 1 = 0$, also $x_5 = -\frac{1}{3}$
  Nullstelle mit VZW
  $f\left(-\frac{1}{3}\right) = \frac{64}{27}$; $W\left(-\frac{1}{3} \middle| \frac{64}{27}\right)$

e) $f(x) = 2x + 1 + 8 \cdot x^{-1}$, $f'(x) = 2 - \frac{8}{x^2}$; $f''(x) = \frac{16}{x^3}$

- Definitionsbereich $D = \mathbb{R}\setminus\{0\}$
- Symmetrie
  $f(-x) = -2x + 1 - \frac{8}{x}$ keine Symmetrie erkennbar
- Nullstellen von f:
  $2x + 1 + \frac{8}{x} = 0$
  $\frac{2x^2 + x + 8}{x} = 0$
  $2x^2 + x + 8 = 0$
  Keine Lösung
  Der Graph von f hat keine Nullstellen.
- Extrempunkte
  Nullstellen von f': $2 - \frac{8}{x^2} = 0$
  $x_1 = -2$; $x = 2$
  $f''(-2) = -2 < 0$; $f(-2) = -7$, Hochpunkt $H(-2 \mid -7)$
  $f''(2) = 2 > 0$; $f(2) = 9$, Tiefpunkt $T(2 \mid 9)$
- Wendepunkte
  Nullstellen von f'': Die Gleichung $\frac{16}{x^3} = 0$ hat keine Lösung, der Graph von f hat somit keinen Wendepunkt.

f) $f(x) = \frac{3x^2 + 2x - 1}{x^2} = 3 + \frac{2}{x} - \frac{1}{x^2}$

$f'(x) = -\frac{2}{x^2} + \frac{2}{x^3} = \frac{-2x + 2}{x^3}$

$f''(x) = \frac{4}{x^3} - \frac{6}{x^4} = \frac{4x - 6}{x^4}$

- Definitionsbereich $D = \mathbb{R}\setminus\{0\}$
- Symmetrie: $f(-x) = \frac{3x^2 - 2x - 1}{x^2}$
  keine Symmetrie erkennbar
- Nullstellen von f: $3x^2 + 2x - 1 = 0$
  $x_1 = -1$; $x_2 = -\frac{1}{3}$
- Extrempunkte
  Nullstellen von f': $-2x + 2 = 0$
  $x_3 = 1$
  $f''(1) = -2 < 0$; also Hochpunkt $H(1 \mid 4)$
- Wendepunkte
  Nullstellen von f'': $4x - 6 = 0$
  $x_4 = \frac{3}{2}$ Nullstelle mit VZW
  $f\left(\frac{3}{2}\right) = \frac{35}{9}$; Wendepunkt $W\left(\frac{3}{2} \middle| \frac{35}{9}\right)$

125

2. a) $f'(x) = 4x^3 - 24x^2 + 32x = 4x(x^2 - 6x + 8)$

Nullstellen von f': $x_1 = 0$; $x_2 = 2$; $x_3 = 4$

Also: $f'(x) = 4x(x-2)(x-4)$

	$x < 0$	$0 < x < 2$	$2 < x < 4$	$x > 4$
Vorzeichen von f'	–	+	–	+
Monotonieverhalten von f	streng monoton fallend	streng monoton wachsend	streng monoton fallend	streng monoton wachsend

b) $f'(x) = 12x^3 - 12ax^2 = 12x^2(x-a)$

Nullstellen von f': $x_1 = 0$ doppelte Nullstelle ohne VZW

$x_2 = a$ einfache Nullstelle mit VZW

1. Fall $a > 0$

	$x < 0$	$0 < x < a$	$x > a$
Vorzeichen von f'	–	–	+
Monotonieverhalten von f	streng monoton fallend		streng monoton wachsend

f ist streng monoton fallend für $x < a$; an der Stelle $x = 0$ liegt ein Sattelpunkt;
f ist streng monoton wachsend für $x > a$.

2. Fall $a < 0$

	$x < a$	$a < x < 0$	$x > 0$
Vorzeichen von f'	–	+	+
Monotonieverhalten von f	streng monoton fallend	streng monoton wachsend	

f ist streng monoton fallend für $x < a$;
f ist streng monoton wachsend für $x > a$, an der Stelle $x = 0$ liegt ein Sattelpunkt.
Für $a < 0$ und $a > 0$ gelten also dieselben Monotoniebereiche.

3. $f'(x) = x^2 - 2x$; $f''(x) = 2x - 2$

- Wendepunkt
  Nullstelle von f'': $x = 1$ mit VZW
  $f(1) = 2$, also $W(1\,|\,2)$
- Wendetangente
  Steigung $m = f'(1) = -1$
  Gleichung: $y = -x + c$
  W liegt auf der Tangente, also $2 = -1 + c$; $c = 3$
  Gleichung der Wendetangente: $y = -x + 3$

4. $f'(x) = -2x^2 - 2x + 4$; $f''(x) = -4x - 2$

- Extrempunkte
  Nullstellen von f': $-2(x^2 + x - 2) = 0$
  $x_1 = -2$; $x_2 = 1$
  $f''(-2) = 6 > 0$; $f(-2) = -\frac{20}{3}$, $T\left(-2\,\middle|\,-\frac{20}{3}\right)$
  $f''(1) = -6 < 0$; $f(1) = \frac{7}{3}$, $H\left(1\,\middle|\,\frac{7}{3}\right)$
  Länge der Strecke $\overline{TH}$: $= \sqrt{(-2-1)^2 + \left(-\frac{20}{3} - \frac{7}{3}\right)^2} = \sqrt{9 + 81} = \sqrt{90}$
  Die Entfernung zwischen den beiden Extrempunkten beträgt $\sqrt{90} \approx 9{,}49$.

125 **5.** –

6. **a)** $f'(x) = 3x^2 - 12x + 6;\ f''(x) = 6x - 12$
Nullstelle von f'': $x = 2$
$f''(x) > 0$ für $x > 2$: Graph linksgekrümmt
$f''(x) < 0$ für $x < 2$: Graph rechtsgekrümmt
Für alle $x < 2$ ist der Graph rechtsgekrümmt.

b) $f'(x) = 3ax^2 + 2bx + c;\ f''(x) = 6ax + 2b$
Nullstelle von f'': $x = -\frac{b}{3a}$
(1) An der Stelle $x = 2$ hat der Graph einen Wendepunkt, d. h. $-\frac{b}{3a} = 2$ bzw. $b = -6a$.
(2) $f''(x) = 6ax^2 - 12a = 6a(x - 2)$
$f''(x) < 0$ für $x > 2$, d. h. es muss $a < 0$ gelten.
Der Graph von f ist für $x < 2$ linksgekrümmt und für $x > 2$ rechtsgekrümmt, falls
(1) $a < 0$
(2) $b = -6a$

7. $f'(x) = -\frac{3}{4}x^2 + 3x;\ f''(x) = -\frac{3}{2}x + 3$

- Extrempunkte
  Nullstellen von f': $3x\left(-\frac{1}{4}x + 1\right) = 0$
  $x_1 = 0;\ x_2 = 4$
  $f''(0) = 3 > 0;\ f(0) = 0$, also $T(0|0)$
  $f''(4) = -3 < 0;\ f(4) = 8$, also $H(4|8)$
- Wendepunkt
  Nullstelle von f'': $x = 2$ mit VZW
  $f(2) = 4$, also $W(2|4)$
- Gerade durch T und H
  Die Gerade ist eine Ursprungsgerade mit der Steigung 2, also $g: y = 2x$.
- W liegt auf g, denn $4 = 2 \cdot 2$

126 **8.** **a)** $f'(x) = x^3 + 3x^2 - 9x$

- Nullstellen: $x^2(0{,}25x^2 + x - 4{,}5) = 0$
  $x_1 = 0$ doppelte Nullstelle ohne VZW
  $0{,}25x^2 + x - 4{,}5 = 0 \quad |\cdot 4$
  $x^2 + 4x - 18 = 0$
  $x_2 = -2 - \sqrt{22};\ x_3 = -2 + \sqrt{22}$
  Eine ganzrationale Funktion 4. Grades hat maximal 4 Nullstellen. Die Funktion f hat eine doppelte und zwei einfache Nullstellen, also genau 3 Nullstellen.
- Eine ganzrationale Funktion 4. Grades hat maximal drei Extremstellen.
  Nullstellen von f': $x(x^2 + 3x - 5) = 0$
  $x_1 = 0;\ x_2 = \frac{-3 - \sqrt{29}}{2};\ x_3 = \frac{-3 + \sqrt{29}}{2}$
  Die Funktion f hat genau 3 Extremstellen.

b) Die Funktion f hat 2 Wendepunkte. Zwischen je einen Hoch- und dem benachbarten Tiefpunkt liegt ein Wendepunkt.

126

9. a) $f'(x) = 4x^3 - 20{,}4x^2 - 104x + 530{,}4$

$f''(x) = 12x^2 - 40{,}8x - 104 = 4\cdot(3x^2 - 10{,}2x - 26)$

Nullstellen von f″: $3x^2 - 10{,}2x - 26 = 0$, also $x^2 - \frac{10{,}2}{3}x - \frac{26}{3} = 0$

$x_{1,2} = \frac{10{,}2}{6} \pm \sqrt{\left(\frac{10{,}2}{6}\right)^2 + \frac{26}{3}}$

$x_{W_1} \approx -1{,}6995$; $x_{W_2} \approx 5{,}0995$

Beide Nullstellen von f″ sind Wendestellen von f.

$f'(-1{,}6995) \approx 628{,}6$

$f'(5{,}0995) \approx -0{,}0000098$

Aufgrund der Rundungen können wir die Frage, ob an der Stelle $x_{W_2} \approx 5{,}0995$ ein Sattelpunkt liegt, nicht endgültig beantworten.

b) Mithilfe eines GTR bestimmen wir (z. B. mit dem Befehl polyroots) die Nullstellen von f′ und erhalten $x_1 \approx -5{,}09902$; $x_2 \approx 5{,}09902$ und $x_3 = 5{,}1$.

Alle drei Nullstellen sind einfache Nullstellen von f′ mit VZW und somit Extremstellen von f.

An der Stelle $x_{W_2} \approx 5{,}0995$ liegt also kein Sattelpunkt.

10. a) Der Graph der Funktion f entsteht aus dem Graphen von $y = \frac{1}{x}$ durch eine Verschiebung um 3 Einheiten nach links in Richtung der x-Achse.

$D = \mathbb{R}\setminus\{-3\}$

Durch die Verschiebung entspricht $f'(0)$ der Ableitung der Funktion mit $y = \frac{1}{x}$ an der Stelle 3.

Also gilt: $f'(0) = -\frac{1}{9}$

b) Der Graph der Funktion entsteht aus dem Graphen von $y = \frac{1}{x^2}$ durch eine Verschiebung um 2 Einheiten nach rechts in Richtung der x-Achse und anschließendem Strecken in Richtung der y-Achse mit dem Faktor 3.

Die Ableitung der Funktion mit $y = \frac{1}{(x-2)^2}$ an der Stelle $x = 0$ entspricht der Ableitung der Funktion mit $y = \frac{1}{x^2}$ an der Stelle $x = -2$.

Diese hat den Wert $\frac{1}{4}$.

Bedingt durch die Streckung in Richtung der y-Achse gilt also: $f'(0) = 3\cdot\frac{1}{4} = \frac{3}{4}$

c) Der Graph der Funktion f entsteht aus dem Graphen der Funktion mit $y = \frac{1}{x}$ durch

- eine Verschiebung in x-Richtung um 3 Einheiten nach rechts;
- eine Streckung in y-Achsenrichtung mit dem Faktor 2;
- eine Spiegelung an der x-Achse.

Die Ableitung der Funktion mit $y = \frac{1}{x-3}$ an der Stelle $x = 0$ entspricht der Ableitung der Funktion mit $y = \frac{1}{x}$ an der Stelle $x = -3$.

Diese hat den Wert $-\frac{1}{9}$.

Bedingt durch die Streckung und die Spiegelung an der x-Achse gilt:

$f'(0) = -2\cdot\left(-\frac{1}{9}\right) = \frac{2}{9}$

126

11. a) $f'(x) = -x^2 - 2x + 15$; $f''(x) = -2x - 2$

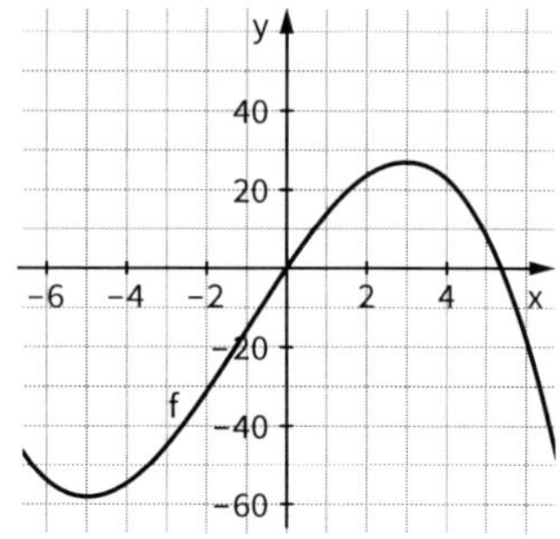

- Extrempunkte
  Nullstellen von f': $x_1 = -5$; $x_2 = 3$
  $f''(-5) = 8 > 0$, $T\left(-5 \middle| -\frac{175}{3}\right)$
  $f''(3) = -8 < 0$, $H(3|27)$
- Wendepunkt
  Nullstelle von f'': $x = -1$ mit VZW
  $f(-1) = -\frac{47}{3}$; $W\left(-1 \middle| -\frac{47}{3}\right)$
- Der Ursprung $O(0|0)$ liegt auf dem Graphen.
  Wir legen zuerst die y-Achse fest (der Tiefpunkt liegt bei −5, der Hochpunkt bei 3)
  Der Schnittpunkt der y-Achse mit dem Graphen ist der Ursprung.

b) $f'(x) = -x^3 - x^2 + 2x$; $f''(x) = -3x^2 - 2x + 2$

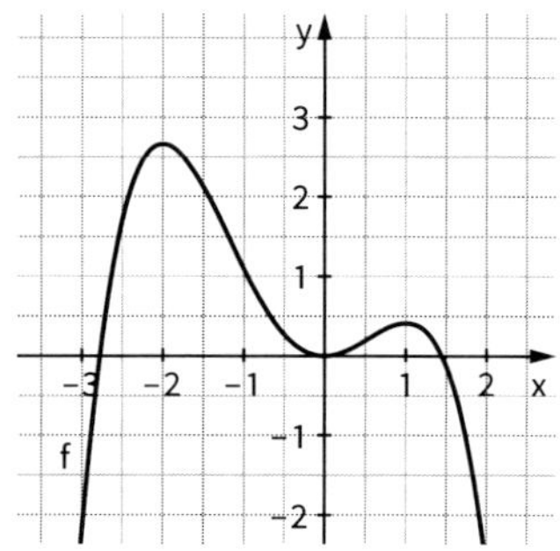

- Der Ursprung liegt auf dem Graphen.
- Extrempunkte
  Nullstellen von f': $x_1 = -2$; $x_2 = 0$; $x_3 = 1$
  Damit ist klar: Der Koordinatenursprung liegt im Tiefpunkt.
  $f(-2) = \frac{8}{3}$; $f(1) = \frac{5}{12}$

c) $f'(x) = -3x^3 + 12x^2 - 12x$; $f''(x) = -9x^2 + 24x - 12$

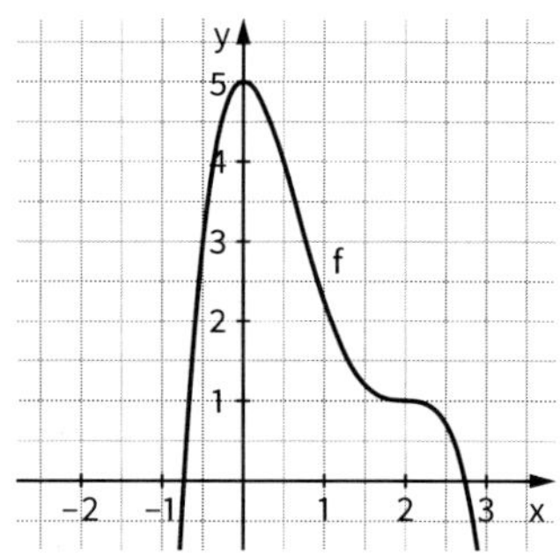

- Extrempunkte
  Nullstellen von f': $x_1 = 0$; $x_2 = 2$
  $f''(0) = -12 < 0$, also $H(0|5)$
  $f''(2) = 0$
- Wendepunkte
  Nullstellen von f'': $x_3 = \frac{2}{3}$; $x_4 = x_2 = 2$
  beides einfache Nullstellen mit VZW
  $W_1\left(\frac{3}{2} \middle| \frac{91}{27}\right)$, $W_2(2|1)$ Sattelpunkt
  Die y-Achse verläuft durch den Hochpunkt.
  Die x-Achse wird anhand der y-Werte von H und W_2 festgelegt.

12. Der Graph von f schneidet die y-Achse bei −2, die Graphen von g und h bei 1.
Somit ist (2) der Graph von f.
Außerdem gilt: $g(2) = 0$; $h(2) = \frac{9}{32}$
Also ist (1) der Graph von g und (3) der Graph von h.

127

13. $D = \mathbb{R}\setminus\{0\}$

Die Behauptung ist falsch.

z. B. gilt: $f\left(-\frac{1}{2}\right) = 3$ und $f\left(\frac{1}{4}\right) = 0$

Also ist $f\left(-\frac{1}{2}\right) > f\left(\frac{1}{4}\right)$.

Bei einer streng monoton wachsenden Funktion muss zum größeren x-Wert aber auch der größere Funktionswert gehören.

Es gilt aber:

- f ist streng monoton wachsend für $x < 0$.
- f ist streng monoton wachsend für $x > 0$.

14. Da die Ableitungsfunktion eine ganzrationale Funktion 3. Grades ist, ist f eine ganzrationale Funktion 4. Grades. Dabei ist der Koeffizient von x^4 positiv.

- Timo hat den Globalverlauf von f richtig beschrieben. Anhand des Globalverlaufs ist auch die Aussage über die Lage der Tiefpunkte und des Hochpunkts richtig.
- Sarah hat recht. Eine ganzrationale Funktion 4. Grades muss nicht notwendigerweise Nullstellen haben. Aus der Ableitungsfunktion kann man nur auf die Steigungen, aber nicht auf die Lage der Graphen schließen.
- Asia hat ebenfalls recht. Bei einer ganzrationalen Funktion trennt jeweils ein Wendepunkt zwei benachbarte Extrempunkte.

15. a) $g'(t) = \frac{3}{4}t^2 - \frac{11}{2}t - 4$; $g''(t) = \frac{3}{2}t - \frac{11}{2}$

- Nullstellen von g': $t_1 = -\frac{2}{3}$, $t = 8$
  $g''(8) = \frac{13}{2} > 0$, $g(8) = -36$
  Die momentane Änderungsrate hat ihren tiefsten Wert nach 8 Monaten erreicht. Zu diesem Zeitpunkt hat die Wassermenge ihren höchsten Stand erreicht.
- Nullstellen von g: $t_1 = -4$; $t_2 = 4$; $t_3 = 11$
  Die Wassermenge nimmt zu, solange die momentane Änderungsrate positiv ist. Dies ist der Fall für $0 < t < 4$ oder für $t > 11$.
- Der Hochpunkt von g liegt außerhalb des Definitionsbereiches. Wir vergleichen die Funktionswerts von g an den Rändern.
  $g(0) = 44$; $g(12) = 32$
  Die Wassermenge nimmt am stärksten beim Beobachtungsbeginn zu.

b) $f(t) = \frac{1}{16}t^4 - \frac{11}{12}t^3 - 2t^2 + 44t + 180$

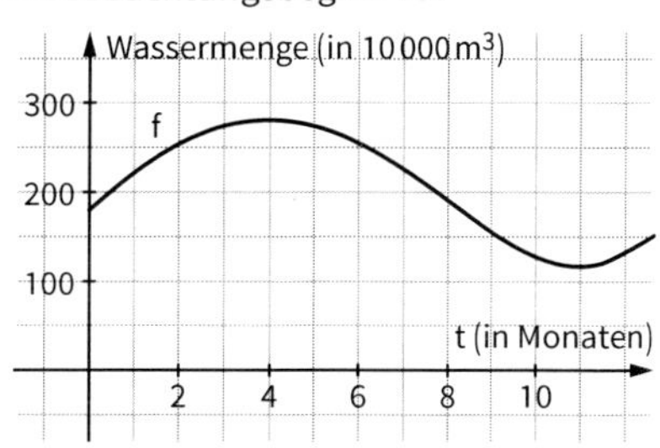

127

16. a) Der Hochpunkt des Graphen von f liegt bei $x \approx 14{,}9$.

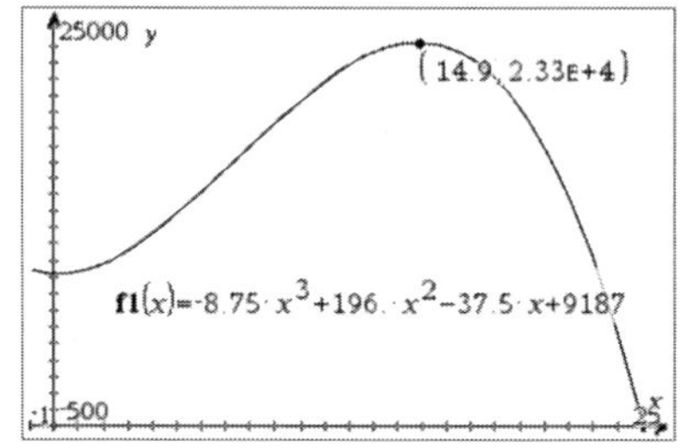

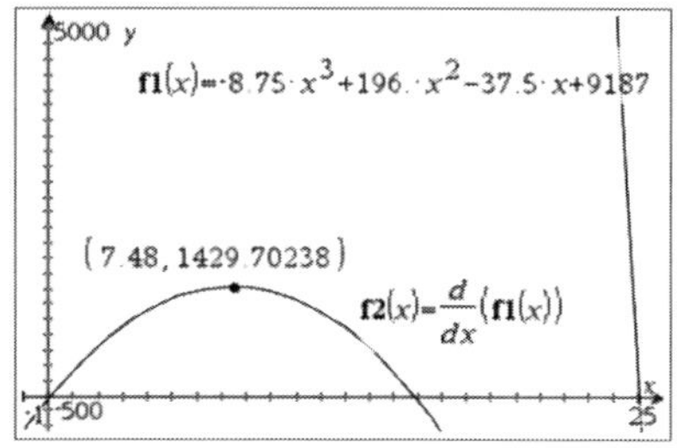

Dem Graphen von f′ entnehmen wir eine Extremstelle bei $x \approx 7{,}5$.
Dies ist die Wendestelle von f.
Die Veröffentlichung könnte also frühestens nach dem 8. Tag stattgefunden haben.
Die Aussage über den Höchststand ist nach diesem Modell korrekt.

b) $f(15) \approx 23\,250$
Der Höchststand der Anzahl der Erkrankten beträgt ca. 23 250 Personen.

c) Nach diesem Modell dauert die Epidemie so lange, bis $f(x) = 0$.
Dies ist nach ca. 24 Tagen der Fall.

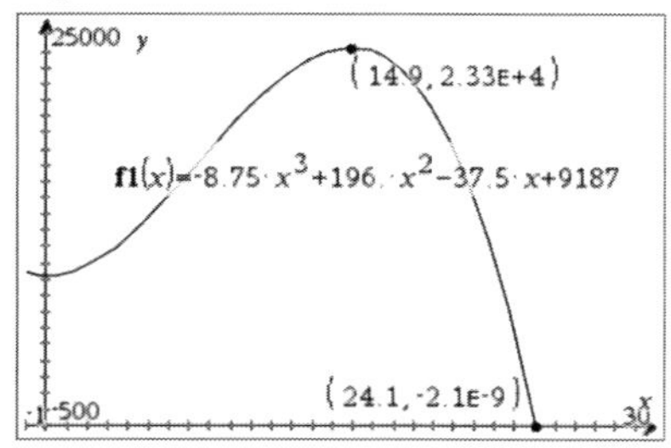

3.2 Funktionenscharen

128

Einstiegsaufgabe ohne Lösung

Alle vier Funktionen sind vom Typ $f_k(x) = -x^3 + k \cdot x$ mit $k \in \{1, 2, 3, 4\}$.

- Symmetrie
  $f_k(-x) = x^3 - k \cdot x = -f_k(x)$
  Alle vier Graphen sind punktsymmetrisch zum Ursprung.
- Globalverlauf
  $f_k(x) \to \infty$ für $x \to -\infty$; $f_k(x) \to -\infty$ für $x \to \infty$
- Nullstellen
  $x \cdot (-x^2 + k) = 0$; $x = 0$ einzige Nullstelle für $k \in \{1, 2, 3, 4\}$
- Extremstellen
  $f_k'(x) = -3 \cdot x^2 + k$; $f_k''(x) = -6x$
  f_k' hat die Nullstellen $x_{1,2} = \pm\sqrt{\frac{k}{3}}$
  An der Stelle $x_1 = -\sqrt{\frac{k}{3}}$ liegt ein Tiefpunkt, an der Stelle $x_2 = \sqrt{\frac{k}{3}}$ liegt ein Hochpunkt.
- An der Stelle $x = 0$ haben alle Graphen einen Wendepunkt.

130

1. Symmetrie

$f_a(-x) = -x \cdot (x^2 - a) = -f_a(x)$

Alle Graphen der Schar sind punktsymmetrisch zum Ursprung.

$f_a(x) = x(x^2 - a)$

Nullstellen: $f_a(x) = 0 \Leftrightarrow x = 0$ oder $x^2 = a$

$\Rightarrow$ für $a > 0$ 3 Nullstellen: $x_1 = 0;\ x_{2,3} = \pm\sqrt{a}$

für $a \le 0$ eine Nullstelle: $x = 0$

Extremstellen: $f_a'(x) = 3x^2 - a$

$f_a'(x) = 0 \Leftrightarrow 3x^2 - a = 0 \Leftrightarrow x = \pm\sqrt{\frac{a}{3}}$ für $a > 0$

$f_a''\left(\sqrt{\frac{a}{3}}\right) = 6 \cdot \sqrt{\frac{a}{3}} > 0 \Rightarrow$ Tiefpunkt bei $\left(\sqrt{\frac{a}{3}} \middle| -\sqrt{\frac{a}{3}} \cdot \frac{2a}{3}\right)$

$f_a''\left(-\sqrt{\frac{a}{3}}\right) = -6 \cdot \sqrt{\frac{a}{3}} < 0 \Rightarrow$ Hochpunkt bei $\left(-\sqrt{\frac{a}{3}} \middle| \sqrt{\frac{a}{3}} \cdot \frac{2a}{3}\right)$

Für $a < 0$ keine Extremstellen

Wendepunkte: $f_a''(x) = 6x$

$f_a''(x) = 0 \Leftrightarrow 6x = 0 \Leftrightarrow x = 0$

$f_a'''(0) = 6 \ne 0 \Rightarrow$ Wendepunkt bei $(0|0)$

Zusammenfassung:

	$a > 0$	$a \le 0$
Nullstellen	$0; +\sqrt{a}; -\sqrt{a}$	0
Extremstellen	$+\sqrt{\frac{a}{3}}; -\sqrt{\frac{a}{3}}$	–
Wendestellen	0	0

130

2. a) Extremwerte:

$f_a'(x) = 2x + a$

$f_a'(x) = 0 \Leftrightarrow 2x + a = 0 \Leftrightarrow x = -\frac{a}{2}$

$f_a''\left(-\frac{a}{2}\right) = 2 > 0 \Rightarrow$ Tiefpunkt bei $\left(-\frac{a}{2} \middle| a - \frac{a^2}{4}\right)$

b) $x = -\frac{a}{2} \Leftrightarrow a = -2x$ einsetzen in $y = a - \frac{a^2}{4}$

ergibt $y = -2x - \frac{4x^2}{4} = -x^2 - 2x$

c) $f_a\left(-\frac{a}{2}\right) > 0 \Leftrightarrow a - \frac{a^2}{4} > 0 \Leftrightarrow a \cdot (4 - a) > 0 \Leftrightarrow 0 < a < 4$

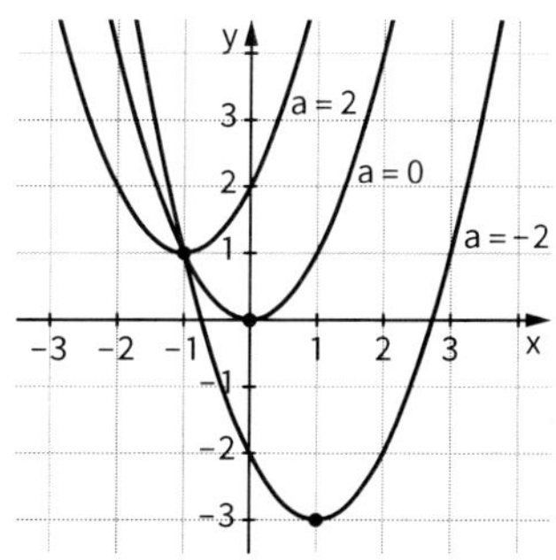

3. a) Extrempunkte

$f_k'(x) = 0 \Leftrightarrow 4x^3 - 2kx = 0$

$\Leftrightarrow 2x(2x^2 - k) = 0$

$\Leftrightarrow x = 0$ oder $x = \pm\sqrt{\frac{k}{2}}$ für $k \ge 0$

$f_k''(0) = 12 \cdot 0^2 - 2k \begin{cases} > 0 \text{ für } k < 0 \Rightarrow \text{TP} \\ < 0 \text{ für } k > 0 \Rightarrow \text{HP} \end{cases}$

$k = 0$: $f_0'(x) = 4x^3$ hat VZW bei $x = 0$ von – nach +

$\Rightarrow$ Tiefpunkt.

$f_k''\left(\pm\sqrt{\frac{k}{2}}\right) = 12 \cdot \frac{k}{2} - 2k = 4k > 0$ für $k > 0 \Rightarrow$ Tiefpunkt

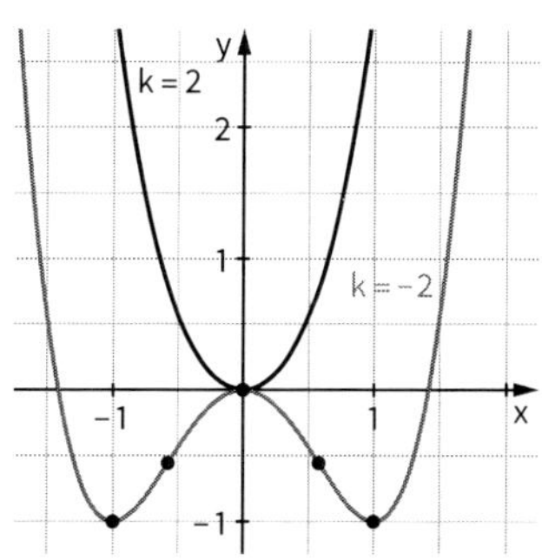

130 Damit für $k \leq 0$ TP bei $(0|0)$; für $k > 0$ HP bei $(0|0)$ und Tiefpunkte bei $\left(\pm\sqrt{\frac{k}{2}}\,\middle|\,-\frac{k^2}{4}\right)$.

Wendepunkte

$f_k''(x) = 0 \Leftrightarrow 12x^2 - 2k = 0 \Leftrightarrow x = \pm\sqrt{\frac{k}{6}}$ für $k \geq 0$

$f_k'''\left(\sqrt{\frac{k}{6}}\right) = 24 \cdot \sqrt{\frac{k}{6}} \neq 0$ für $k > 0$

$f_k'''\left(-\sqrt{\frac{k}{6}}\right) = 24 \cdot \left(-\sqrt{\frac{k}{6}}\right) \neq 0$ für $k > 0$

$\Rightarrow$ Wendepunkte für $k > 0$ bei $\left(\pm\sqrt{\frac{k}{6}}\,\middle|\,-\frac{5k^2}{36}\right)$.

b) Für $k > 0$ gilt für die Tiefpunkte: $x = \pm\sqrt{\frac{h}{2}}$; also $k = 2 \cdot x^2$

Einsetzen in $y = -\frac{1}{4} \cdot k^2$

ergibt $y = -x^4$ als Gleichung der Ortskurve der Tiefpunkte.

c) $\frac{x_e}{x_w} = \frac{\pm\sqrt{\frac{k}{2}}}{\pm\sqrt{\frac{k}{6}}} = \pm\sqrt{3} \Leftrightarrow x_e = \pm\sqrt{3} \cdot x_w$

Die Extremstelle x_e ist unabhängig von k immer um ein festes Vielfaches größer als die Wendestelle x_w.

4. a) Der Graph von f_k berührt die x-Achse, falls f_k eine doppelte Nullstelle hat.

Nullstellen von f_k: $x_1 = -1$; $x_2 = 1$; $x_3 = k$

Für $k = -1$ oder für $k = 1$ berührt der Graph die x-Achse.

b) Alle Graphen haben die Schnittpunkte $N_1(-1|0)$ und $N_2(1|0)$ mit der x-Achse.

In diesen beiden Punkten schneiden sich alle Graphen.

c) $f_k(x) = x^3 - k \cdot x^2 - x + k$; $f_k'(x) = 3x^2 - 2k \cdot x - 1$

$m_1 = f_{k_1}'(1) = 2 \cdot (1 - k_1)$; $m_2 = f_{k_2}'(1) = 2 \cdot (1 - k_2)$

Die beiden Graphen sind zueinander orthogonal, falls $m_1 \cdot m_2 = -1$, also falls

$4 \cdot (1 - k_1) \cdot (1 - k_2) = -1$.

$1 - k_2 = -\frac{1}{4 \cdot (1 - k_1)} \Rightarrow k_2 = 1 + \frac{1}{4(1 - k_1)} = \frac{5 - 4k_1}{4 \cdot (1 - k_1)}$

Zwei Graphen sind an der Stelle $x = 1$ orthogonal zueinander, falls für ihre Parameter

$k_2 = \frac{5 - 4k_1}{4 \cdot (1 - k_1)}$ gilt.

Zu $k_1 = 1$ gibt es keine andere Funktion der Schar, sodass die beiden Graphen an der Stelle $x = 1$ orthogonal zueinander sind.

5. a) $f_t(0) = 0$, d. h. der Ursprung liegt auf allen Graphen der Schar.

$f_t'(x) = \frac{4}{3}t^2 \cdot x^2 + 2t \cdot x + 1$; $f_t'(0) = 1$

Alle Graphen haben im Ursprung die gleiche Steigung, d. h. sie berühren sich im Ursprung.

b) $f_t'(x) = 1$, also $\frac{4}{3}t^2 \cdot x^2 + 2t \cdot x = 0$ mit den Lösungen $x_1 = 0$; $x_2 = -\frac{3}{2t}$.

$f_t\left(-\frac{3}{2t}\right) = -\frac{3}{4t}$, also $P_t\left(-\frac{3}{2t}\,\middle|\,-\frac{3}{4t}\right)$

Ortskurve der Punkte P_t:

$x_2 = -\frac{3}{2t}$, also $t = -\frac{3}{2x}$, eingesetzt in $y = -\frac{3}{4t}$ ergibt $y = \frac{1}{2}x$.

Die Punkte P_t liegen auf der Geraden mit der Gleichung $y = \frac{1}{2}x$.

130

c) Wendepunkt des Graphen von f_t:

$f_t''(x) = \frac{8}{3}t^2 \cdot x + 2t$

f_t'' hat die einfache Nullstelle (mit Vorzeichenwechsel) $x = -\frac{3}{4t}$, also

$W_t\left(-\frac{3}{4t}\middle|-\frac{3}{8t}\right)$

Steigung der Wendetangente:

$m_t = f_t'\left(-\frac{3}{4t}\right) = \frac{1}{4}$

Alle Wendetangenten sind parallel zueinander.

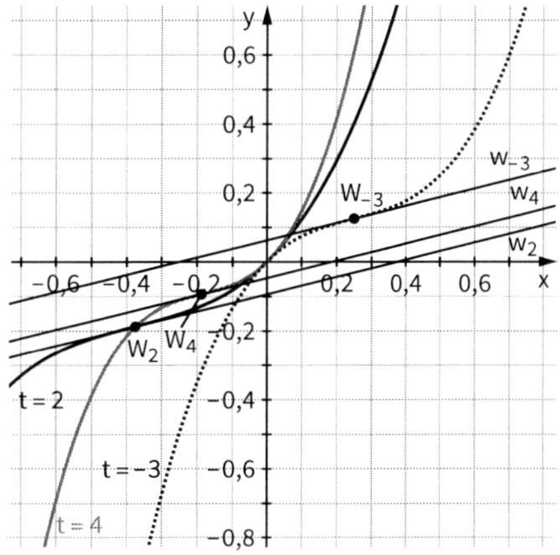

6. **a)** $f_a(x) = (x-a)^2 + a$ **b)** $f_a(x) = x(x-a)$ **c)** $f_k(x) = x^2 \cdot (x-k)$; $k \in \mathbb{R}$

131

7. **a)** Die einzelnen Graphen laufen parallel zur xy-Ebene, entlang der k-Achse durch den Wert k. Man kann sich auch vorstellen, dass man zu jedem konkreten k die xy-Achse nach k, auf der k-Achse verschiebt. Dann liegt der Graph von f_k in der xy-Ebene.

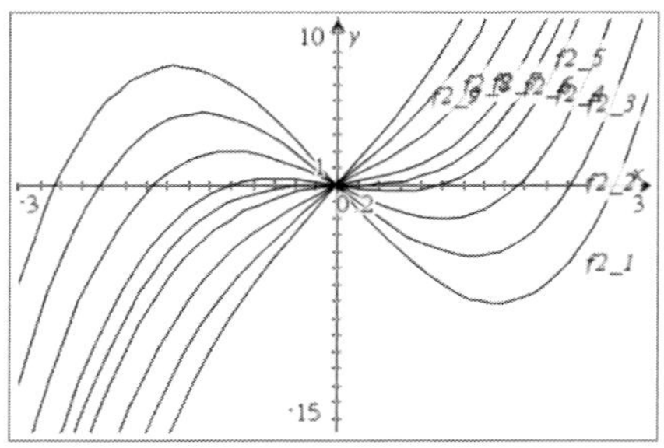

b)

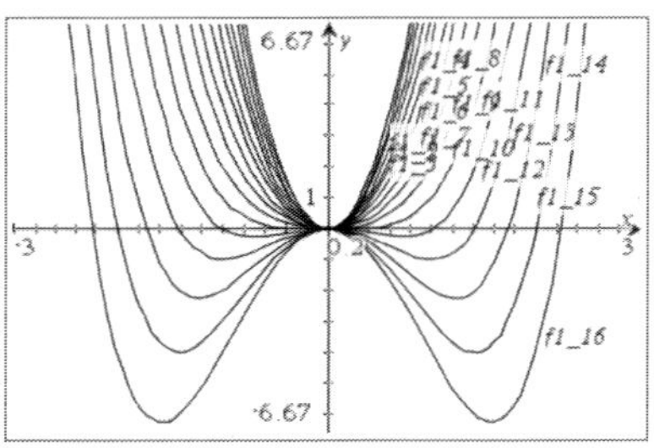

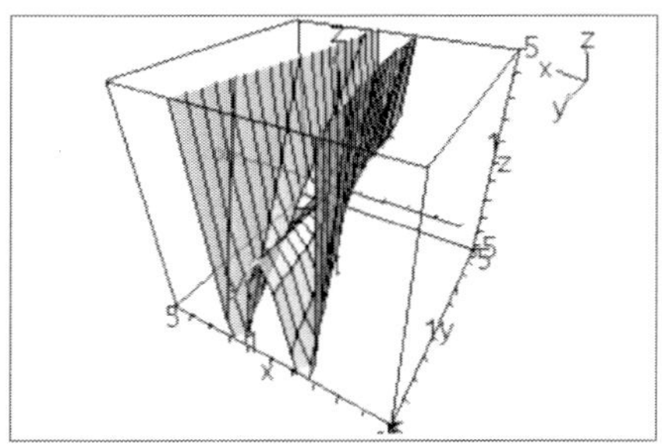

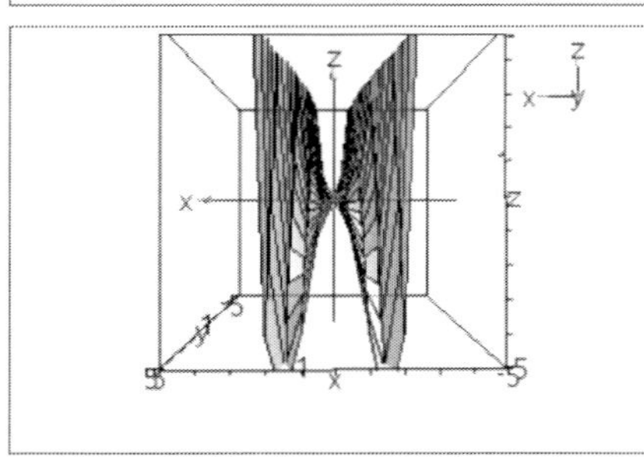

131

8. a) Wir legen den Koordinatenursprung in den Punkt A. Damit A(0|0) und B(500|100).

Gerade g durch A und B: $y = \frac{1}{5}x$

Durchhang des Seils: $d(x) = \frac{1}{5}x - f_t(x) = -t \cdot x^2 + 500t \cdot x$

$d'(x) = -2t \cdot x + 500t$; $d''(x) = -2t < 0$ ($t > 0$, da die Parabel nach oben geöffnet ist)

d' hat die Nullstelle $x = 250$ mit $d(250) = 62\,500 \cdot t$

Aus $d(250) = 62\,500 \cdot t = 50$ erhält man $t = \frac{1}{1\,250}$.

Der maximale Durchhang ist nach 250 m, also in der Mitte zwischen den beiden Masten, am größten. Er beträgt 50 m für $t = \frac{1}{1\,250}$.

b)

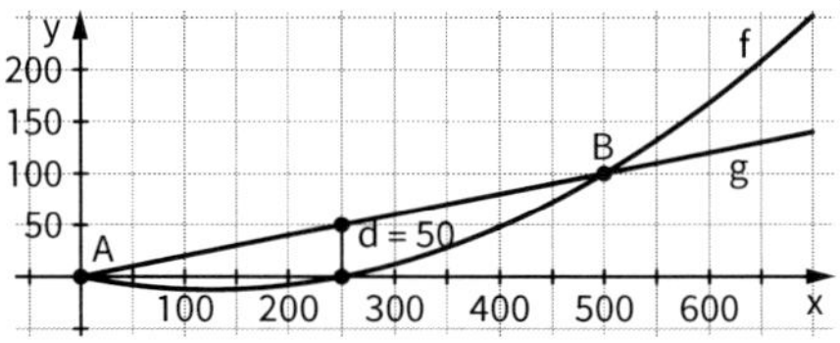

c) Steigung der Tangente im Punkt B: $f'_{\frac{1}{1250}}(x) = \frac{1}{625}x - \frac{1}{5}$; $m = f'_{\frac{1}{1250}}(500) = \frac{3}{5}$

Winkel zwischen der Tangente und der Horizontalen: $\tan(\alpha) = \frac{3}{5}$, also $\alpha \approx 31{,}0°$

9. a) Je größer der Abstoßwinkel ist, desto höher liegt der Scheitelpunkt der Kurve. Anfangs nimmt auch die Stoßweite bis zu einem Winkel von ca. 42° zu, danach allerdings wieder ab.

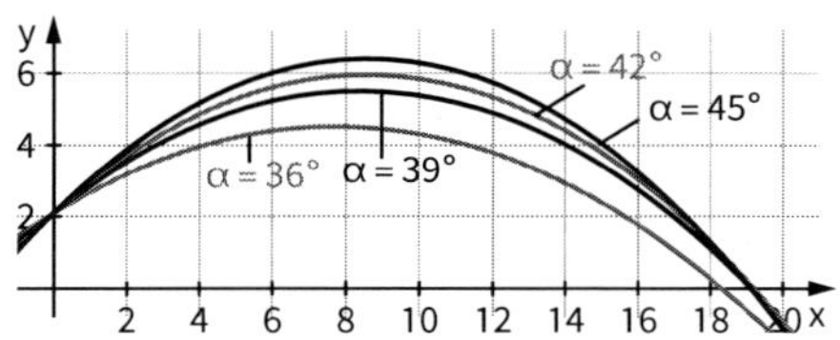

b) Zur Bestimmung der Stoßweite ermitteln wir die positive Nullstelle der Funktion h.

α	36°	37°	38°	39°	40°	41°	42°	43°	44°	45°
Stoßweite (in Meter)	18,89	18,99	19,07	19,13	19,18	19,21	19,21	19,20	19,17	19,12

Durch Verfeinerung des Bereichs zwischen 41° und 42° findet man den Winkel $\alpha \approx 41{,}9°$, für den die Stoßweite bei den gegebenen Parametern für v_0, h_0 und α am größten ist.

c) Mit den gemessenen Werten für die Parameter v_0, h_0 und α kann die Flugkurve durch die Funktion h mit $h(x) = -0{,}0445x^2 + 0{,}7673x + 2{,}07$ modelliert werden.

h hat $x \approx 19{,}61$ als positive Nullstelle. Im Modell errechnen wir also 19,61 m als Stoßweite.

Mögliche Gründe für die Abweichung zwischen gemessenem Wert 19,58 m und errechnetem Wert 19,61 m:

(1) Im Modell wird der Luftwiderstand nicht berücksichtigt.

(2) eventuelle Messungenauigkeit

(3) „Abstoßverlust“ bzw. „Abstoßgewinn“ (Die Kugel verlässt die Hand bereits vor dem Balken bzw. der Athlet greift über den Balken.)

3.3 Extremwertprobleme

132 **Einstiegsaufgabe ohne Lösung**

- Dose 1: $V = \pi r^2 h = \pi \cdot 3{,}7^2 \cdot 8{,}4 \approx 361{,}3$
  Die Dose für Kaffeesahne hat ein Volumen von ca. 361,3 cm³.
  Oberfläche der Dose (= Materialverbrauch ohne Falze)
  $O = 2\pi r \cdot (r + h) = 2\pi \cdot 3{,}7 \cdot (3{,}7 + 8{,}4) \approx 281{,}3$
  Der Materialverbrauch für diese Dose beträgt ca. 281,3 cm².
- Dose mit gleicher Oberfläche, aber mit größtmöglichen Volumen:
  $281{,}3 = 2\pi r(r + h)$, also $h = \frac{281{,}3}{2\pi r} - r$ (1)
  $V = \pi r^2 \cdot h$ (2)
  (1) eingesetzt in (2) ergibt $V = \pi r^2 \cdot \left(\frac{281{,}3}{2\pi r} - r\right) = \frac{281{,}3}{2} \cdot r - \pi r^3$
  Wir erhalten also eine Funktion V, die nur noch vom Radius r der Dose abhängt.
  Also $V(r) = \frac{281{,}3}{2} \cdot r - \pi r^3;\ r > 0$
  Gesucht ist das globale Maximum der Funktion V.
  Am Graphen können wir den Hochpunkt $H(\approx 3{,}86 \mid \approx 362{,}2)$ ablesen.
  Bei gleicher Oberfläche hat eine Dose mit $r \approx 3{,}9$ cm und $h \approx 7{,}7$ cm das größtmögliche Volumen.

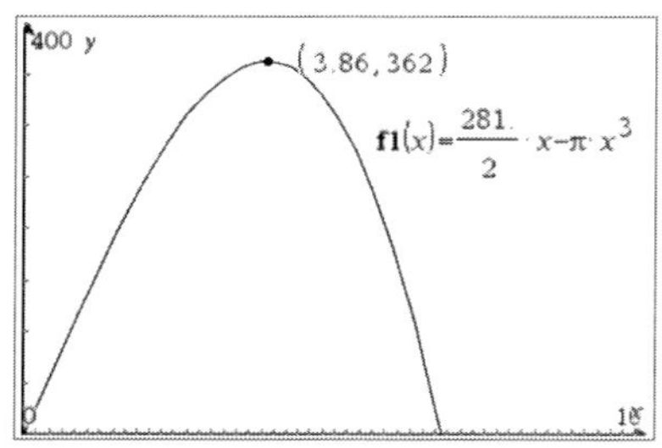

133 **1.** $f(x) = -\frac{1}{16}x^2 + 64$

$P(x \mid f(x))$ ist der linke untere Eckpunkt der abgeschnittenen Platte.

Die herausgeschnittene Platte hat die Maße $64 - x$ und $144 - f(x)$ und damit den Flächeninhalt

$A(x) = (64 - x) \cdot (144 - f(x)) = (64 - x)\left(80 + \frac{1}{16}x^2\right) = -\frac{1}{16}x^3 + 4x^2 - 80x + 5120;\ 0 < x < 32$

Wir berechnen die Extrema von A: $A'(x) = -\frac{3}{16}x^2 + 8x - 80;\ A''(x) = -\frac{3}{8}x + 8$

Nullstellen von A': $x_1 = 16;\ x_2 = \frac{80}{3} = 26{,}\overline{6}$

$A''(16) = 2 > 0$ Minimum für $x = 16$

$A''\left(\frac{80}{3}\right) = -2 < 0$ Maximum für $x = \frac{80}{3} = 26{,}\overline{6}$

$A\left(\frac{80}{3}\right) \approx 4645{,}9$

Am Graphen von A erkennen wir, dass der Funktionswert an der Stelle $x = 0$ größer ist als der an der Stelle $x = 26{,}\overline{6}$.
Wir überprüfen dies: $A(0) \approx 5120$
Die abgeschnittene Platte hat also die maximale Fläche von 5 120 cm², wenn der linke untere Eckpunkt $P(0 \mid 64)$ ist.
Die Platte hat dann die Maße 64 × 80 cm.

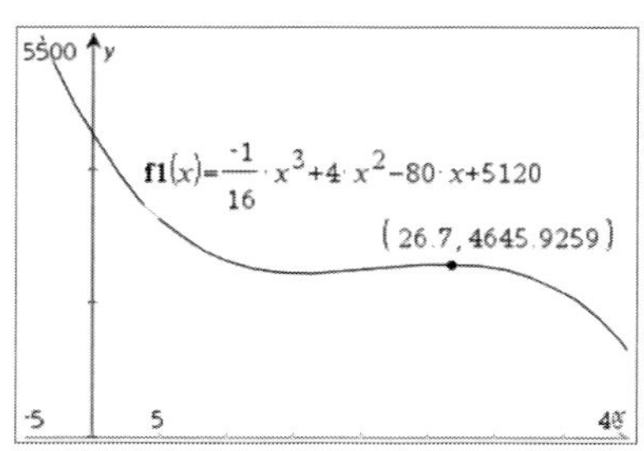

135

2. a) (1) Extremalbedingung: $V = x^2 \cdot y$

(2) Nebenbedingung: $8x + 4y = 36$, also $y = 9 - 2x$

eingesetzt in (1):

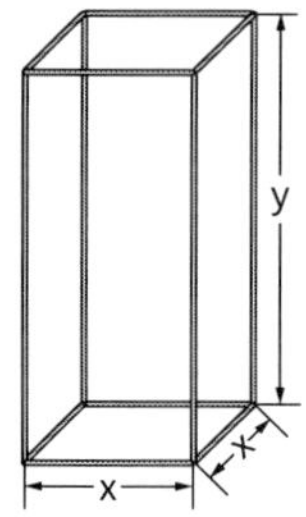

Zielfunktion: $V(x) = x^2 \cdot (9 - 2x) = -2x^3 + 9x^2$, $0 < x < 4{,}5$

$V'(x) = -6x^2 + 18x$; $V''(x) = -12x + 18$

Aus $V'(x) = 0$ erhalten wir $x_1 = 0$; $x_2 = 3$

$V''(3) = -18$; $V(3) = 27$

$x = 0$ liegt nicht im Definitionsbereich von V.

Für die Kanten müssen $x = 3$ und $y = 3$ gewählt werden, damit das Volumen maximal wird. Der Quader ist also ein Würfel.

b) (1) Extremalbedingung: $V = x^2 \cdot y$

(2) Nebenbedingung: $8x + 4y = a$, also $y = \frac{a}{4} - 2x$

Zielfunktion: $V(x) = x^2 \cdot \left(\frac{a}{4} - 2x\right) = -2x^3 + \frac{a}{4}x^2$, $0 < x < \frac{a}{8}$

$V'(x) = -6x^2 + \frac{a}{2} \cdot x$; $V''(x) = -12x + \frac{a}{2}$

$V'(x) = 0$, also $x_1 = 0$; $x_2 = \frac{a}{12}$

$V''\left(\frac{a}{12}\right) = -\frac{a}{2} < 0$

Das maximale Volumen wird für $x = \frac{a}{12}$ und $y = \frac{a}{4} - 2 \cdot \frac{a}{12} = \frac{a}{12}$ erreicht.

3.

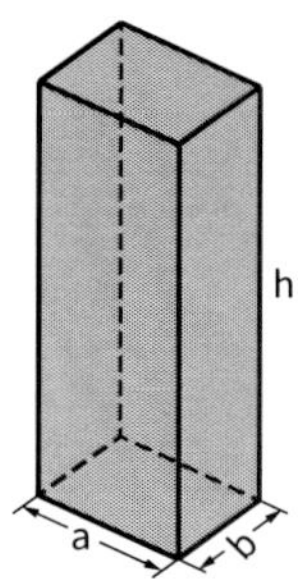

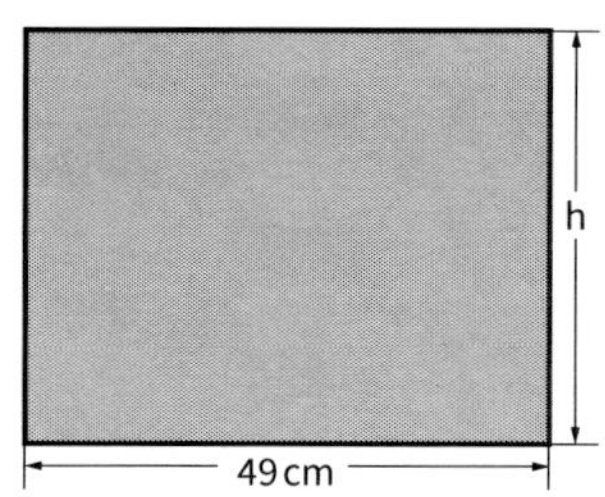

- Nebenbedingung: Umfang der rechteckigen Röhre:
  $2(a + b) = 49$, also $a = 24{,}5 - b$
- Extremalbedingung: Flächeninhalt des rechteckigen Querschnitts:
  $A = a \cdot b = (24{,}5 - b) \cdot b$
- Zielfunktion:
  $A(b) = -b^2 + 24{,}5\,b$
  $A'(b) = -2b + 24{,}5$; $A''(b) = -2 < 0$
  $A'(b) = 0$ hat die Lösung $b = 12{,}25$

Der rechteckige Querschnitt hat einen maximalen Inhalt für $a = 24{,}5\,\text{cm} - 12{,}25\,\text{cm} = 12{,}25\,\text{cm}$ und $b = 12{,}25\,\text{cm}$, also bei einem quadratischen Querschnitt.

4.
- Nebenbedingung: Plakatfläche $A = x \cdot y = 3\,500$; also $y = \frac{3\,500}{x}$
- Extremalbedingung: Seitenlängen der bedruckten Fläche: $x - 8$ und $y - 10$
  Inhalt der bedruckten Fläche: $(x - 8) \cdot (y - 10)$
- Zielfunktion: Inhalt der bedruckten Fläche:
  $A(x) = (x - 8)\left(\frac{3\,500}{x} - 10\right) = -10x - \frac{28\,000}{x} + 3\,580$, $x > 0$
  $A'(x) = \frac{28\,000}{x^2} - 10$; $A''(x) = -\frac{56\,000}{x^3}$

$A'(x) = 0$ hat die Lösungen $x_1 \approx 52{,}9$ und $x_2 \approx -52{,}9$.

Wegen $x > 0$ kommt nur $x \approx 52{,}9$ infrage.

$A''(52{,}9) \approx -0{,}38 < 0$

Die bedruckte Fläche wird maximal, wenn als Seitenlängen des Plakats 52,9 cm und 66,2 cm gewählt werden.

135

5. a) (1) Extremalbedingung: Inhalt der Rechtecksfläche $A = x \cdot 2r$

(2) Nebenbedingung: $2x + 2\pi r = 400$, also $2r = \frac{400}{\pi} - \frac{2x}{\pi}$

Zielfunktion:

$A(x) = x \cdot \left(\frac{400}{\pi} - \frac{2x}{\pi}\right) = -\frac{2}{\pi}x^2 + \frac{400}{\pi}x$

$A'(x) = -\frac{4}{\pi}x + \frac{400}{\pi}$

$A'(x) = 0$ hat die Lösung $x = 100$.

$A''(x) = -\frac{4}{\pi} < 0$

Die Rechtecksfläche hat einen maximalen Inhalt für $x = 100\,m$ und $r \approx 31{,}8\,m$.

b) –

6. (1) Nebenbedingung: $V = \pi r^2 \cdot h = 65$, also $h = \frac{65}{\pi r^2}$

(2) Extremalbedingung: Glasverbrauch: $G = \pi r^2 + 2\pi r \cdot h$

Zielfunktion:

$G(r) = \pi r^2 + 2\pi r \cdot \frac{65}{\pi r^2}$

$= \pi r^2 + \frac{130}{r}$, $r > 0$

$G'(r) = 2\pi r - \frac{130}{r^2}$; $G''(r) = 2\pi + \frac{260}{r^3}$

$G'(r) = 0$ hat die Lösung $r \approx 2{,}7$.

$G''(2{,}7) \approx 19{,}5 > 0$

Der Glasverbrauch ist am geringsten, wenn $r \approx 2{,}7\,cm$ und $h \approx 2{,}8\,cm$ gewählt werden, der Messzylinder wäre also nur halb so hoch wie sein Durchmesser.

Ein Messzylinder hat aber einen kleinen Radius und eine große Höhe. Er wird also nicht unter dem Gesichtspunkt des geringsten Glasverbrauches produziert.

7. (1) Nebenbedingung: $V = a \cdot b \cdot 5 = 20$, also $a = \frac{4}{b}$

(2) Extremalbedingung: $O = 2 \cdot (a \cdot b + 5 \cdot a + 5 \cdot b)$

Zielfunktion:

$O(b) = 2 \cdot \left(\frac{4}{b} \cdot b + \frac{20}{b} + 5b\right) = 10b + \frac{40}{b} + 8$; $b > 0$

$O'(b) = 10 - \frac{40}{b^2}$; $O''(b) = \frac{80}{b^3}$.

$O'(b) = 0$ hat die Lösungen $b_1 = -2$; $b_2 = 2$

Wegen $b > 0$ kommt nur $b = 2$ infrage.

$O''(2) = 10 > 0$

Der Materialverbrauch ist am geringsten, wenn $a = 2\,cm$ und $b = 2\,cm$ groß sind, also bei einer Streichholzschachtel mit quadratischem Querschnitt.

136

8. (1) Nebenbedingung: $U = \pi r + 2x + 2r$, also
$x = \frac{U}{2} - \frac{\pi + 2}{2} r$

(2) Extremalbedingung: $A = x \cdot 2r + \frac{1}{2}\pi r^2$

Zielfunktion:

$A(r) = \left(\frac{U}{2} - \frac{\pi+2}{2} r\right) \cdot 2r + \frac{1}{2}\pi r^2 = \left(-2 - \frac{\pi}{2}\right) r^2 + r \cdot U$

$A'(r) = U - (\pi + 4) \cdot r$; $A''(r) = -(\pi + 4)$

$A'(r) = 0$ hat die Lösung $r = \frac{U}{\pi + 4}$; $A''(r) < 0$

Der Flächeninhalt wird maximal für $r = \frac{U}{\pi + 4}$ und $x = \frac{U}{\pi + 4}$.

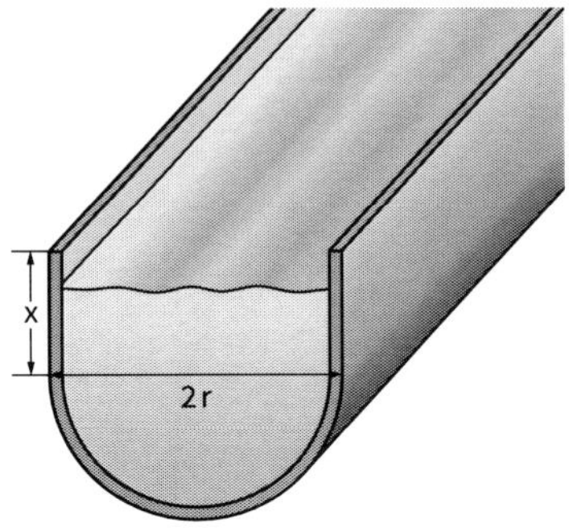

9. Wir modellieren das Reagenzglas als Zylinder mit einer unten angesetzten Halbkugel

(1) Nebenbedingung: $V = V_{Zylinder} + V_{Halbkugel} = \pi r^2 h + \frac{2}{3}\pi r^3 = 40$, also $h = \frac{40}{\pi r^2} - \frac{2}{3} r$

(2) Extremalbedingung:

Glasverbrauch: $G = \text{Oberfläche}_{Zylinder} + \text{Oberfläche}_{Halbkugel} = 2\pi r \cdot h + 2\pi r^2$

Zielfunktion:

$G(r) = 2\pi r \cdot \left(\frac{40}{\pi r^2} - \frac{2}{3} r\right) + 2\pi r^2 = \frac{2\pi}{3} r^2 + \frac{80}{r}$

$G'(r) = \frac{4\pi}{3} r - \frac{80}{r^2}$; $G''(r) = \frac{4}{3}\pi + \frac{160}{r^3}$

$G'(r) = 0$ hat die Lösung $r \approx 2{,}7$.

$G''(2{,}7) \approx 12{,}3 > 0$

Für $r \approx 2{,}7$ wäre $h \approx 0$, d. h. das Reagenzglas hätte die Form einer Halbkugel.
Das Modell ist nicht dafür geeignet, ein Reagenzglas zu modellieren.

10. (1) Nebenbedingung: $V = V_{Zylinder} + V_{Halbkugel} = \pi r^2 h + \frac{2}{3}\pi r^3 = 80$, also $h = \frac{80}{\pi r^2} - \frac{2}{3} r$

(2) Extremalbedingung: Wir gehen davon aus, dass auch die Bodenfläche verkleidet wird.

Materialverbrauch:

$M = O_{Zylinder} + O_{Boden} + O_{Halbkugel} = 2\pi r \cdot h + \pi \cdot r^2 + 2\pi \cdot r^2 = 2\pi r \cdot h + 3\pi r^2$

Zielfunktion:

$M(r) = 2\pi r \cdot \left(\frac{80}{\pi r^2} - \frac{2}{3} r\right) + 3\pi r^2 = \frac{5\pi}{3} r^2 + \frac{160}{r}$

$M'(r) = \frac{10\pi}{3} \cdot r - \frac{160}{r^2}$; $M''(r) = \frac{10\pi}{3} + \frac{320}{r^3}$

$M'(r) = 0$ hat die Lösung $r \approx 2{,}5$.

$M''(2{,}5) \approx 31 > 0$

Die Kosten für die Isolation sind möglichst gering für $r \approx 2{,}5\,\text{m}$ und $h \approx 2{,}5\,\text{m}$; d. h. das Getreidesilo wäre genauso hoch ($\approx 5\,\text{m}$) wie sein Durchmesser ($\approx 5\,\text{m}$), was nicht der typischen Form eines Getreidesilos entspricht.

11. a) (1) Extremalbedingung: Oberfläche der Dose: $O = 2\pi r^2 + 2\pi r \cdot h = 2\pi r(r + h)$

(2) Nebenbedingung: Volumen der Dose: $V = \pi r^2 \cdot h = 330$, also $h = \frac{330}{\pi r^2}$

Zielfunktion: $O(r) = 2\pi r \cdot \left(r + \frac{330}{\pi r^2}\right) = 2\pi r^2 + \frac{660}{r}$, $r > 0$

136 **b)** $O'(r) = 4\pi r - \frac{660}{r^2}$; $O''(r) = 4\pi + \frac{1320}{r^3}$

$O'(r) = 0$ hat die Lösung $r = \sqrt[3]{\frac{165}{\pi}} \approx 3{,}75$.

$O''(3{,}75) \approx 37{,}6 > 0$

Eine Dose mit demselben Volumen, aber dem geringsten Materialverbrauch hat die Maße $r \approx 3{,}75\,\text{cm}$, also $d \approx 7{,}5\,\text{cm}$ und $h \approx 7{,}5\,\text{cm}$.

c) (1) Nebenbedingung: $V = \pi r^2 \cdot h$, also $h = \frac{V}{\pi r^2}$

(2) Extremalbedingung: $O = 2\pi r(r + h)$

Zielfunktion:

$O(r) = 2\pi r \cdot \left(r + \frac{V}{\pi r^2}\right) = 2\pi r^2 + \frac{2V}{r}$, $r > 0$

$O'(r) = 4\pi r - \frac{2V}{r^2}$; $O''(r) = 4\pi + \frac{4V}{r^3}$

$O'(r) = 0$ hat die Lösung $r = \sqrt[3]{\frac{V}{2\pi}}$

$O''\left(\sqrt[3]{\frac{V}{2\pi}}\right) = 4\pi + 8\pi > 0$

Eine Dose mit dem geringsten Materialverbrauch hat die Maße $r = \sqrt[3]{\frac{V}{2\pi}}$ und

$h = \frac{V}{\pi \cdot \left(\sqrt[3]{\frac{V}{2\pi}}\right)^2} = \sqrt[3]{\frac{V^3}{\pi^3 \cdot \frac{V^2}{4\pi^2}}} = \sqrt[3]{\frac{4V}{\pi}} = 2 \cdot r$

12. Mithilfe der Ähnlichkeit erhalten wir:

(1) Nebenbedingung: $\frac{2{,}8}{2{,}8 - b} = \frac{5}{\frac{a}{2}}$,

also $a = 10 - \frac{25}{7} b$

(2) Extremalbedingung: Das Zimmer hat ein möglichst großes Volumen, wenn die rechteckige Querschnittsfläche möglichst groß ist.

Also $A = a \cdot b$

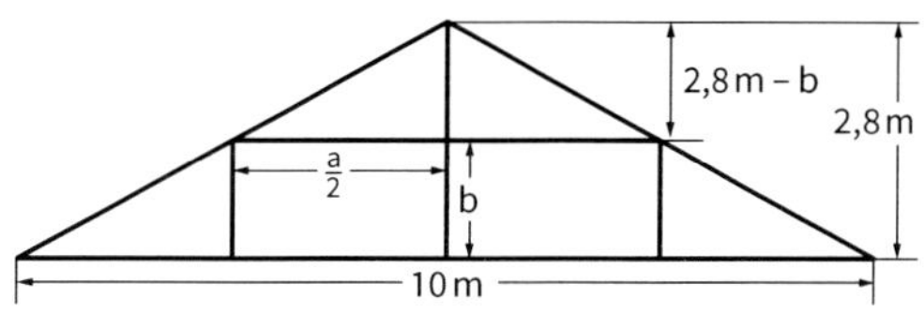

Zielfunktion:

$A(b) = \left(10 - \frac{25}{7} b\right) \cdot b = 10b - \frac{25}{7} b^2$, $0 < b < 2{,}8$

$A'(b) = 10 - \frac{50}{7} b$; $A''(b) = -\frac{50}{7} < 0$

$A'(b) = 0$ hat die Lösung $b = \frac{7}{5} = 1{,}4$

Die Querschnittsfläche ist am größten für $b = 1{,}4\,\text{m}$ und $a = 5\,\text{m}$.

Da b die Höhe des Zimmers ist, ist das Ergebnis unbrauchbar.

136

13. Nebenbedingung: $\frac{h-y}{h} = \frac{x}{r}$, also $y = h \cdot \left(1 - \frac{x}{r}\right)$
(2. Strahlensatz)
Extremalbedingung:
Volumen des kleinen Kegels $V = \frac{1}{3} \cdot \pi \cdot x^2 \cdot y$;

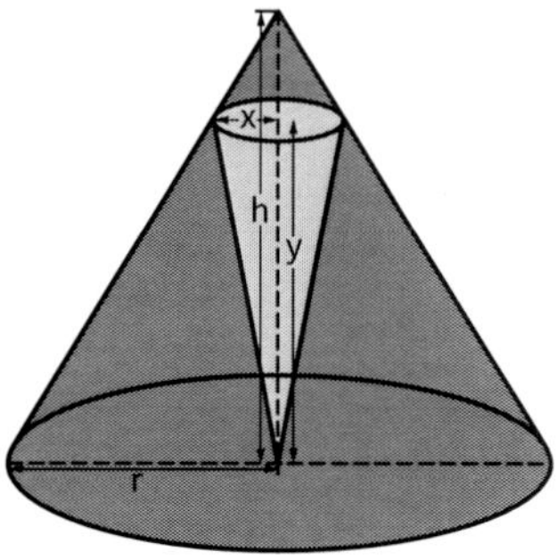

Zielfunktion $V(x) = \frac{1}{3} \cdot \pi \cdot h \cdot \left(x^2 - \frac{1}{r} x^3\right)$, r, h konstant
$V'(x) = \frac{1}{3} \cdot \pi \cdot h \cdot \left(2x - \frac{3}{r} x^2\right) = \frac{1}{3} \cdot \pi \cdot h \cdot x \cdot \left(2 - \frac{3}{r} \cdot x\right)$;
$V''(x) = \frac{1}{3} \cdot \pi \cdot h \cdot \left(2 - \frac{6}{r} \cdot x\right)$
V' hat die Nullstellen $x_1 = 0$; $x_2 = \frac{2}{3} r$.
$V''(0) = \frac{2}{3} \cdot \pi \cdot h > 0$; $V''\left(\frac{2}{3} r\right) = -\frac{2}{3} \cdot \pi \cdot h < 0$
$y = h \cdot \left(1 - \frac{x}{r}\right) = h \cdot \left(1 - \frac{2}{3}\right) = \frac{1}{3} h$
Das Volumen des einbeschriebenen Kegels wird maximal, wenn als Radius $\frac{2}{3} r$ und als Höhe $\frac{1}{3} h$ gewählt wird.

137

14. $P(u \mid f(u))$ mit $-3 < u < 0$
(1) Nebenbedingung: $f(u) = \frac{1}{6} u^3 - \frac{3}{2} u$
(2) Extremalbedingung: Flächeninhalt des Dreiecks OPQ: $A = \frac{1}{2} \cdot (-u) \cdot f(u)$
Zielfunktion:
$A(u) = -\frac{1}{2} u \left(\frac{1}{6} u^3 - \frac{3}{2} u\right) = -\frac{1}{12} u^4 + \frac{3}{4} u^2$
$A'(u) = -\frac{1}{3} u^3 + \frac{3}{2} u$; $A''(u) = -u^2 + \frac{3}{2}$
$A'(u) = 0$ hat die Lösungen $u_1 = 0$; $u_2 = -\frac{3}{\sqrt{2}}$; $u_3 = \frac{3}{\sqrt{2}}$
Wegen $-3 < u < 0$ kommt nur die Lösung $u = -\frac{3}{\sqrt{2}}$ infrage.
$A''\left(-\frac{3}{\sqrt{2}}\right) = -\frac{9}{2} + \frac{3}{2} = -3 < 0$
Ist P der Punkt mit den Koordinaten $P\left(-\frac{3}{\sqrt{2}} \,\middle|\, \frac{9}{8}\sqrt{2}\right)$, so ist der Flächeninhalt des Dreiecks maximal.

15. $P(u \mid f(u))$ mit $0 < u < 6$

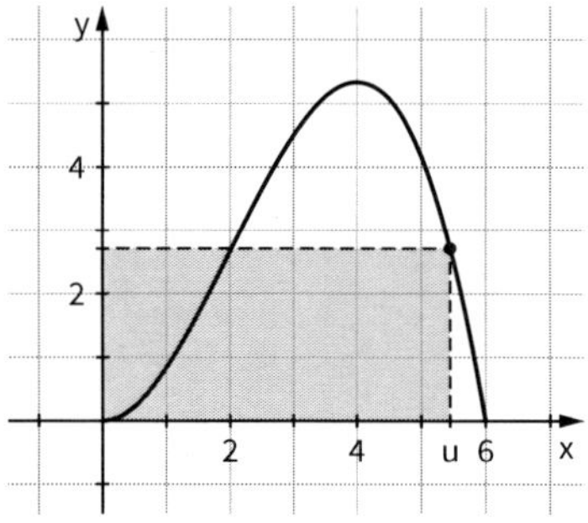

- Extremalbedingung: Flächeninhalt des gesuchten Rechtecks: $A = u \cdot f(u)$, also
  Zielfunktion: $A(u) = -\frac{1}{6} u^4 + u^3$, $0 < u < 6$
  $A'(u) = -\frac{2}{3} u^3 + 3u^2$; $A''(u) = -2u^2 + 6u$
  $A'(u) = 0$ hat die Lösungen $u_1 = 0$; $u_2 = \frac{9}{2}$
  $A''\left(\frac{9}{2}\right) = -\frac{27}{2} < 0$
  Der Flächeninhalt des Rechtecks wird maximal für $u = \frac{9}{2}$.
- Extremalbedingung: Umfang des Rechtecks $P(z \mid f(z))$: $U = 2 \cdot z + 2 \cdot f(z) = 2(z + f(z))$
  Zielfunktion:
  $U(z) = -\frac{z^3}{3} + 2z^2 + 2z$, $0 < z < 6$
  $U'(z) = -z^2 + 4z + 2$
  $U'(z) = 0$ hat die Lösungen $z_1 = 2 + \sqrt{6}$; $z_2 = 2 - \sqrt{6}$

Der Umfang des Rechtecks ist für den Wert $z = \frac{9}{2}$ nicht maximal.

137

16. a) siehe rechts

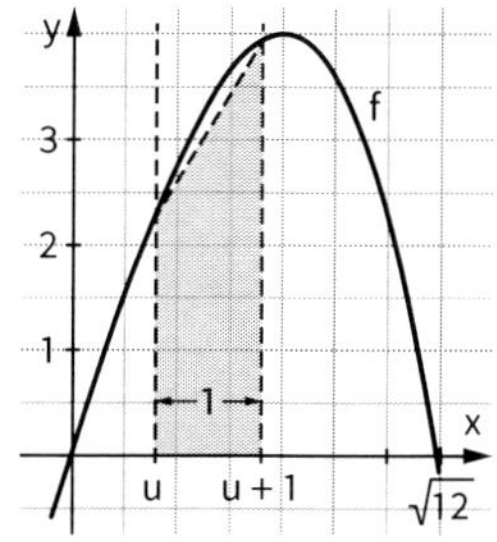

b) Die Trapezhöhe beträgt $u + 1 - u = 1$.
Die beiden zueinander parallelen Trapezseiten haben die Längen $f(u)$ bzw. $f(u + 1)$
Zielfunktion:
$A(u) = \frac{1}{2}(f(u) + f(u + 1)) \cdot 1 = -\frac{1}{4}u^3 - \frac{3}{8}u^2 + \frac{21}{8}u + \frac{11}{8}$,
$0 < u < \sqrt{12} - 1$
$A'(u) = -\frac{3}{4}u^2 - \frac{3}{4}u + \frac{21}{8}$; $A''(u) = -\frac{3}{2}u - \frac{3}{4}$
$A'(u) = 0$ hat die Lösungen
$u_1 = \frac{-1 + \sqrt{15}}{2} \approx 1{,}44$ und $u_2 = \frac{-1 - \sqrt{15}}{2} \approx -2{,}44$.
Es kommt nur $u_1 = \frac{-1 + \sqrt{15}}{2}$ infrage.
$A''(1{,}44) \approx -2{,}91 < 0$
Der Flächeninhalt des Trapezes wird für $u \approx 1{,}44$ maximal.

17. a) $P(x \mid y)$ mit $x \neq 0$
Nebenbedingung: $P(x \mid 4 - x^2)$ Punkt auf der Parabel; $x \neq 0$
Extremalbedingung:
Abstand des Punktes P von $O(0 \mid 0)$: $d = \sqrt{(x - 0)^2 + (y - 0)^2} = \sqrt{x^2 + y^2} = \sqrt{x^2 + (4 - x^2)^2}$
Die Funktion f mit $f(x) = \sqrt{x^2 + (4 - x^2)^2}$ ist die Zielfunktion.
Für die Funktion f ist noch keine Ableitungsregel bekannt.
Da aber $f(x) > 0$ für alle $x \neq 0$, kann statt der Funktion f die Funktion g mit
$g(x) = (f(x))^2 = x^2 + (4 - x^2)^2 = x^4 - 7x^2 + 16$ verwendet werden.
Die Funktionen f und g haben dieselben Extremstellen.

b) $g(x) = x^4 - 7x^2 + 16$; $g'(x) = 4x^3 - 14x = 2x \cdot (2x^2 - 7)$; $g''(x) = 12x^2 - 14$
g' hat die Nullstellen $x_1 = 0$; $x_{2,3} = \pm\sqrt{3{,}5}$; $g''(\pm\sqrt{3{,}5}) = 28 > 0$
Die gesuchten Punkte haben die Koordinaten $P_1(-\sqrt{3{,}5} \mid 0{,}5)$ und $P_2(\sqrt{3{,}5} \mid 0{,}5)$.

18. $P(x \mid f(x))$ mit $x \neq 0$
Nebenbedingung: $P\left(x \,\middle|\, \frac{2}{x^2}\right)$;
Extremalbedingung:
Abstand des Punktes P von $O(0 \mid 0)$: $d = \sqrt{(x - 0)^2 + (f(x) - 0)^2} = \sqrt{x^2 + (f(x))^2}$
Zielfunktion: $d = \sqrt{x^2 + \left(\frac{2}{x^2}\right)^2}$, also $d(x) = \sqrt{x^2 + \frac{4}{x^4}}$
Da $d(x) > 0$ für alle $x \neq 0$ kann statt der Funktion d die Funktion f mit
$f(x) = (d(x))^2 = x^2 + 4 \cdot x^{-4}$ verwendet werden. Die Funktionen d und f haben dieselben Extremstellen.
$f'(x) = 2x - 16 \cdot x^{-5} = 2x - \frac{16}{x^5}$;
$f''(x) = 2 + 80 \cdot x^{-6} = 2 + \frac{80}{x^6}$
f' hat die Nullstellen $x_1 = -\sqrt{2}$; $x_2 = \sqrt{2}$
$f''(\pm\sqrt{2}) = 12 > 0$
Die gesuchten Punkte haben die Koordinaten $P_1(-\sqrt{2} \mid 1)$ und $P_2(\sqrt{2} \mid 1)$.

137

19. Stückkosten:

$f(x) = \frac{K(x)}{x} = x^2 - 9x + 28 + \frac{25}{x}$, $0 < x \leq 16$

$f'(x) = 2x - 9 - \frac{25}{x^2}$; $f''(x) = 2 + \frac{50}{x^3}$

$f'(x) = 0$ hat die Lösung $x = 5$.

$f''(5) = \frac{12}{5} > 0$

Die Stückkosten sind minimal, wenn 5 Jachten produziert werden.
Die Stückkosten betragen dann 13 Millionen Euro.

138

20. Stückkosten:

$f(x) = \frac{K(x)}{x} = 0{,}0073x^2 - 0{,}19x + 1{,}1 + \frac{9{,}8}{x}$, $x > 0$

Am Graphen von f erkennen wir ein Minimum bei $x \approx 15{,}7$.
Die Stückkosten sind bei einer monatlichen Produktionsmenge von ca. 15 700 T-Shirts minimal. Sie betragen dass etwa 5 400 € pro Tausend T-Shirts bzw. ca. 5,40 € pro T-Shirt.

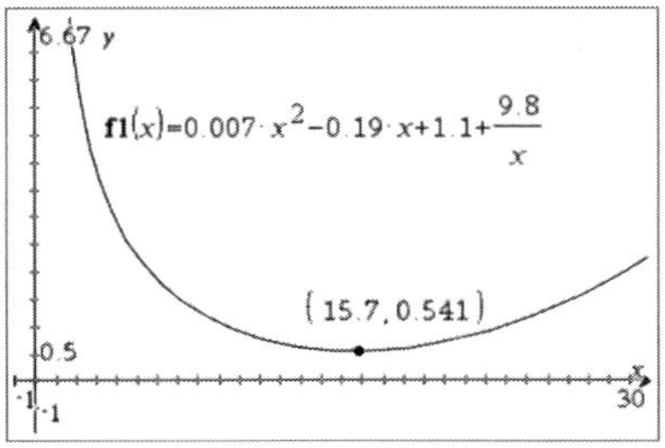

21. a) siehe rechts

b) Wir lesen das globale Maximum ab:
Es liegt bei $x \approx 0{,}7$.
Nach 0,7 Monaten war der Umsatz am größten.

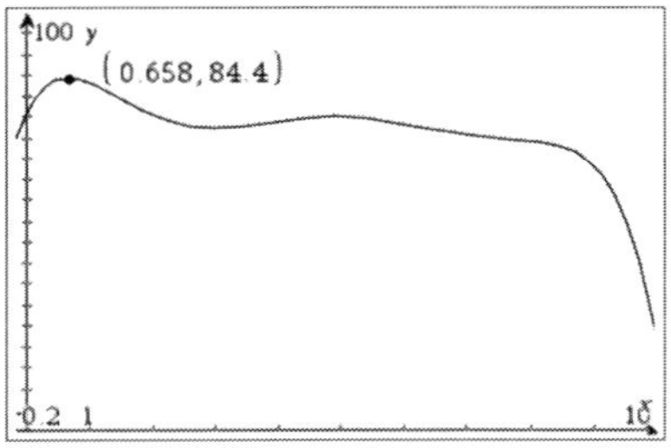

c) Wir bestimmen die Extremstellen von f'.
Wir erkennen 2 Extremstellen mit negativer Steigung bei $x_1 \approx 1{,}46$ und $x_2 \approx 6{,}3$.
Die Steigung an der Stelle x_1 beträgt ca. −8,36, an der Stelle x_2 ca. −3,1.
Der Umsatzrückgang ist somit nach ca. 1,5 Monaten am stärksten.

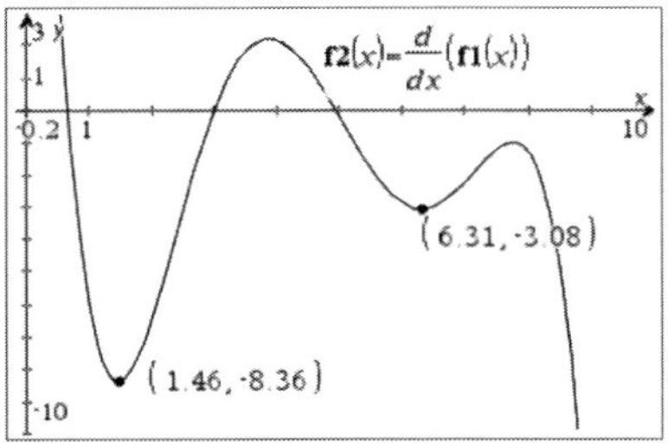

d) Der Umsatz beträgt mehr als 80 Millionen Euro im Zeitintervall [0,15; 1,43].

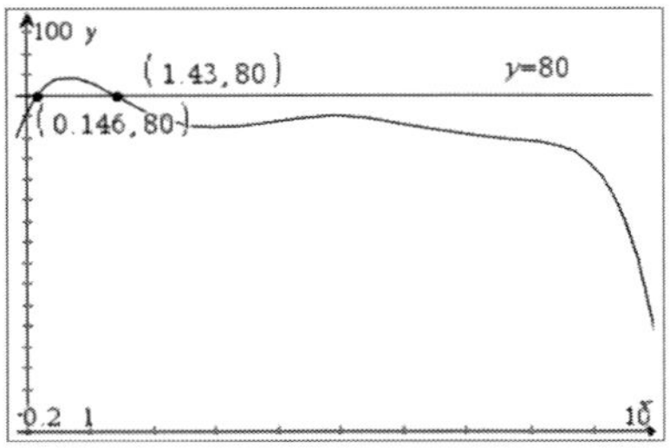

138

22. Gewinn pro Monat:

$G(x) = 30 \cdot x - K(x)$

$G(x) = -\frac{1}{420\,000}x^3 + \frac{1}{160}x^2 + 8x - 5\,000,\ x \geq 0$

$G'(x) = -\frac{1}{140\,000}x^2 + \frac{1}{80}x + 8;\ G''(x) = -\frac{1}{70\,000}x + \frac{1}{80}$

$G'(x) = 0$ hat die Lösung $x_1 \approx 2\,248;\ x_2 \approx -498.$ Es kommt nur $x_1 \approx 2\,248$ infrage.

$G''(2\,248) \approx -0{,}02 < 0$

Der monatliche Gewinn ist bei einer Produktionsmenge von ca. 2 250 Batterien maximal. Der maximale Gewinn beträgt ca. 17 520 €.

23. a) $f'(x) = -2x^2 + 12x - 16;\ f''(x) = -4x + 12$

$T(2\,|\,0);\ H\left(4\,\middle|\,\frac{8}{3}\right);\ W\left(3\,\middle|\,\frac{4}{3}\right)$

b)

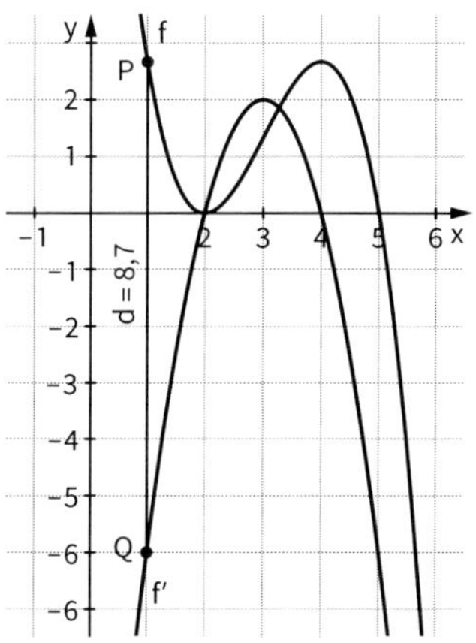

c) Extremalbedingung: Abstand des Punktes $P(x\,|\,f(x))$ von $Q(x\,|\,f'(x))$: $d(x) = |f(x) - f'(x)|$

Nebenbedingung: $f(x) = -\frac{2}{3}x^3 + 6x^2 - 16x + \frac{40}{3};\ f'(x) = -2x^2 + 12x - 16$

Zielfunktion: $d(x) = \left|-\frac{2}{3}x^3 + 8x^2 - 28x + \frac{88}{3}\right|;\ 1 \leq x \leq 5$

Die Funktion d hat im Intervall [1; 5] ein lokales Maximum an der Stelle $x \approx 2{,}59$, das ca. 1,1 beträgt.

Vergleich mit den Funktionswerten an den Rändern des Intervalls (mögliche Randextrema):

$d(1) = \frac{26}{3} \approx 8{,}7;\ d(5) = 6.$

Der Abstand der Punkte P und Q ist im Intervall [1; 5] maximal an der Stelle $x = 1$.

24. a) $f_k'(x) = 2x - 6k;\ f_k''(x) = 2 > 0$

f_k' hat die Nullstelle $x = 3k$, also $T_k(3k\,|\,4k - 8k^2)$

b) Gesucht ist das Maximum der Funktion s mit $s(k) = 4k - 8k^2$

$s'(k) = 4 - 16k;\ s''(k) = -16 < 0$

s′ hat die Nullstelle $k = \frac{1}{4}$, also Maximum von s bei $k = \frac{1}{4}$.

Der Tiefpunkt $T_{\frac{1}{4}}\left(\frac{3}{4}\,\middle|\,\frac{1}{2}\right)$ liegt von allen Tiefpunkten der Schar am höchsten.

138

25. a) $f_t(x) = 0$, also $x \cdot \left(-\frac{1}{6t}x^2 + 2x - 6t\right) = 0$ hat die Lösungen $x_1 = 0$; $x_2 = 6t$ (Doppelte Nullstelle).

b) Graph A: die doppelte Nullstelle liegt bei $x = 3$. Somit ist A der Graph der Funktion $f_{\frac{1}{2}}$.

Graph B: die doppelte Nullstelle liegt bei $x = 6$. Somit ist B der Graph der Funktion f_1.

Graph C: die doppelte Nullstelle liegt bei $x = 9$. Somit ist C der Graph der Funktion $f_{\frac{3}{2}}$.

c) Extremalbedingung: $A(u) = u \cdot |f_1(u)| = -u \cdot f_1(u)$

Nebenbedingung: $P\left(u \middle| -\frac{1}{6}u^3 + 2u^2 - 6u\right)$; $0 < u < 6$

Zielfunktion $A(u) = \frac{1}{6}u^4 - 2u^3 + 6u^2$; $0 < u < 6$

$A'(u) = \frac{2}{3}u^3 - 6u^2 + 12u$; $A''(u) = 2u^2 - 12u + 12$

$A'(u) = 0$ hat die Lösungen $u_1 = 0$; $u_2 = 3$; $u_3 = 6$.

Aufgrund des Definitionsbereichs $0 < u < 6$ kommt nur die Lösung $u_2 = 3$ infrage. $A''(3) = -6 < 0$

Der Flächeninhalt des Rechtecks ist maximal, falls als Eckpunkt der Punkt $P\left(3 \middle| -\frac{9}{2}\right)$ gewählt wird.

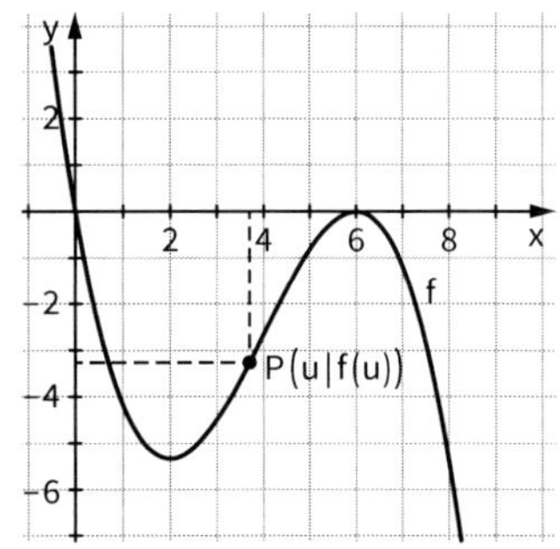

d) $f_t'(x) = -\frac{1}{2t}x^2 + 4x - 6t$; $f_t''(x) = -\frac{1}{t}x + 4$

f_t'' hat die Nullstelle mit Vorzeichenwechsel $x = 4t$, also $W\left(4t \middle| -\frac{8}{3}t^2\right)$

Steigung der Wendetangente: $m_t = f_t'(4t) = 2t$

Gleichung der Wendetangente: $y = 2t \cdot x - \frac{32}{3}t^2$

Die Wendetangente hat die Steigung 2 für $t = 1$

Noch fit ... im Lösen linearer Gleichungssyteme?

139

1. (1) $L = \{(2|1)\}$

(2) $L = \{(-1|-2|3)\}$

(3) $L = \{(-2|3|4)\}$

140

2. $f(x) = \frac{5}{2}x^2 - \frac{3}{2}x - 3$

3. a) $L = \{(-6|5|5)\}$ **b)** $L = \{(1|-1|2)\}$ **c)** $L = \{(1|2|-3)\}$

4. a) $L = \{\ \}$

b) $L = \{(t|t|t) \mid t \in \mathbb{R}\}$

$t = 1$: $(1|1|1)$; $t = 2$: $(2|2|2)$; $t = -3$: $(-3|-3|-3)$

c) $L = \{(t+3|t|t) \mid t \in \mathbb{R}\}$

$t = 1$: $(4|1|1)$; $t = 2$: $(5|2|2)$; $t = -3$: $(0|-3|-3)$

5. Mögliche Beispiele:

a) $\begin{vmatrix} 4a - b + 2c = 8 \\ a + 2b - 2c = 9 \\ 2a + b - c = 9 \end{vmatrix}$

140

b) $\left|\begin{array}{l} 2a-3b+c+d=-4 \\ a-3b-c+2d=13 \\ 5a+b+2c-2d=-11 \\ a+b+c-2d=-7 \end{array}\right|$

c) –

6. **a)** $L=\{(2-s\,|\,1\,|\,s)\,|\,s\in\mathbb{R}\}$

b) $L=\{\ \}$

7. **a)** Mit den Bezeichnungen v_1: Vario 1; v_2: Vario 2; v_3: Vario 3 ergibt sich das System:

$$\left|\begin{array}{l} 2v_1+3v_2+4v_3=620 \\ 5v_1+10v_2+15v_3=1\,850 \\ v_1+2v_2+2v_3=350 \end{array}\right|$$

Es besitzt die Lösungsmenge $L=\{(150\,|\,80\,|\,20)\}$.

Damit können 150 Regale vom Typ Vario 1, 80 Regale vom Typ Vario 2 und 20 Regale vom Typ Vario 3 gebaut werden.

b) $\left|\begin{array}{l} 2v_1+3v_2+4v_3+5v_4=620 \\ 5v_1+10v_2+15v_3+20v_4=1\,850 \\ v_1+2v_2+2v_3+4v_4=350 \end{array}\right|$

besitzt die Lösungsmenge $L=\{(150+2t\,|\,80-3t\,|\,20\,|\,t)\ t\in\mathbb{R})\}$.

Gültige Lösungsmengen ergeben sich für $t\in\mathbb{R}$ mit $0\le t\le 26$.

8. x: Rotweinflaschenpreis in €

y: Rosé-Weinflaschenpreis in €

z: Weißweinflaschenpreis in €

$$\left|\begin{array}{l} x+y+z=13 \\ 2x+2y+z=20 \\ x+y+2z=19 \end{array}\right| \qquad L=\{(x\,|\,y\,|\,z)\,|\,z=6 \text{ und } y=7-x\}$$

Die Weißweinflasche kostet 6 €. Die Rotweinflasche und die Rosé-Weinflasche zusammen kosten 7 €.

9. x: Alter der Mutter

y: Alter der ältesten Tochter

z: Alter der jüngeren Tochter

$$\left|\begin{array}{r} x=2(y+z) \\ y=2z \\ x+9=3(z+9) \end{array}\right| \qquad L=\{(36\,|\,12\,|\,6)\}$$

3.4 Bestimmen ganzrationaler Funktionen

141

Einstiegsaufgabe ohne Lösung

Mit $f(0) = 7$; $f(20) = 0$; $f'(0) = 0$; $f'(20) = 0$ und $f(x) = a\,x^3 + b\,x^2 + c\,x + d$; $f'(x) = 3\,a\,x^2 + 2\,b\,x + c$ ergibt sich das lineare Gleichungssystem

$$\left|\begin{array}{l} d = 7 \\ 8000\,a + 400\,b + 20\,c + d = 0 \\ c = 0 \\ 1200\,a + 40\,b + c = 0 \end{array}\right| \text{ mit der Lösung } a = \frac{7}{4000};\ b = -\frac{21}{400};\ c = 0;\ d = 7;$$

also gilt für den gesuchten Funktionsterm: $f(x) = \frac{7}{4000}x^3 - \frac{21}{400}x^2 + 7$

143

1. $f(x) = a\,x^3 + b\,x^2 + c\,x + d$; $f'(x) = 3\,a\,x^2 + 2\,b\,x + c$; $f''(x) = 6\,a\,x + 2\,b$

Bedingungen:

(1) $f(2) = 8$ (2) $f'(2) = 0$ (3) $f''(4) = 0$ (4) $f'(4) = -3$

Aus den Bedingungen erhält man das lineare Gleichungssystem

$$\left|\begin{array}{l} 8\,a + 4\,b + 2\,c + d = 8 \\ 12\,a + 4\,b + c = 0 \\ 24\,a + 2\,b = 0 \\ 48\,a + 8\,b + c = -3 \end{array}\right| \text{ mit der Lösung } a = \frac{1}{4};\ b = -3;\ c = 9;\ d = 0$$

Also $f(x) = \frac{1}{4}x^3 - 3\,x^2 + 9\,x$

Der Graph von f hat an der Stelle $x = 2$ einen Hochpunkt statt eines Tiefpunktes. Zur Bestimmung des Funktionsterms von f haben wir ausschließlich notwendige Bedingungen verwendet. Wir wissen also nur, dass der Graph von f an der Stelle $x = 2$ einen Punkt mit waagerechter Tangente besitzt, aber nicht, ob es sich um einen Tiefpunkt handelt.

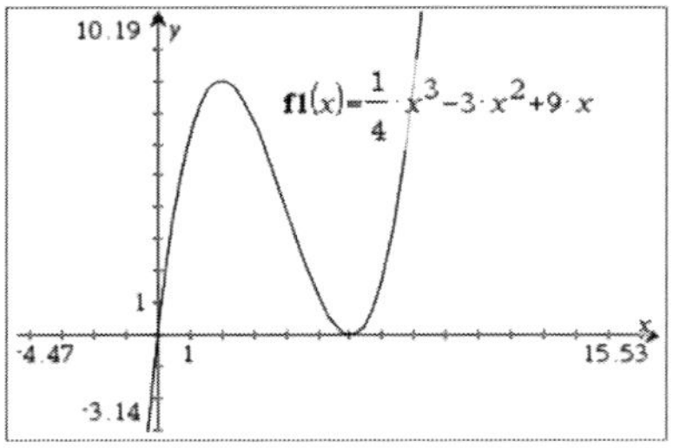

2. Die Bedingungen reichen nicht aus, um den Funktionsterm eindeutig zu bestimmen.

Pauls Lösung bedeutet:

Für $c \in \mathbb{R}$ ist $a = \frac{c}{3} - \frac{1}{3}$; $b = \frac{4}{3} - \frac{4}{3}c$, also

$f(x) = \left(\frac{c}{3} - \frac{1}{3}\right)x^2 + \left(\frac{4}{3} + \frac{4}{3}c\right) \cdot x + c$,

Graphen gezeichnet für $c = -2; -1, 0; 1; 2; 3$.

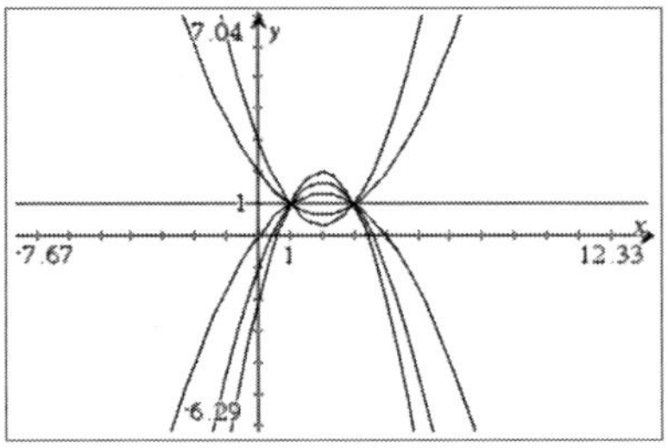

144

3. a) (1) $f(1) = 0$ (3) $f(3) = 4$
(2) $f'(1) = 0$ (4) $f'(3) = 0$

lineares Gleichungssystem

$$\left|\begin{array}{l} a + b + c + d = 0 \\ 3a + 2b + c = 0 \\ 27a + 9b + 3c + d = 4 \\ 27a + 6b + c = 0 \end{array}\right|$$

mit der Lösung $a = -1;\ b = 6;\ c = -9;\ d = 4$

Ergebnis: $f(x) = -x^3 + 6x^3 - 9x + 4$

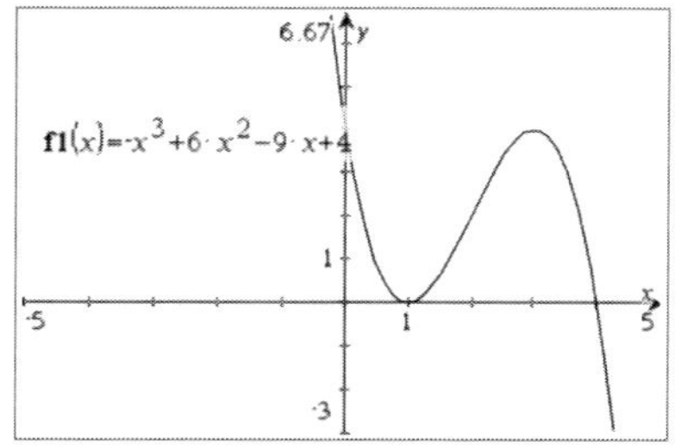

b) Bedingungen:

(1) $f(0) = 0$ (3) $f(3) = 2$
(2) $f''(0) = 0$ (4) $f'(3) = 0$

$$\text{LGS}\ \left|\begin{array}{l} d = 0 \\ 2b = 0 \\ 27a + 9b + 3c + d = 2 \\ 27a + 6b + c = 0 \end{array}\right|$$

mit der Lösung $a = -\frac{1}{27};\ b = 0;\ c = 1;\ d = 0$

Ergebnis: $f(x) = -\frac{1}{27}x^3 + x$

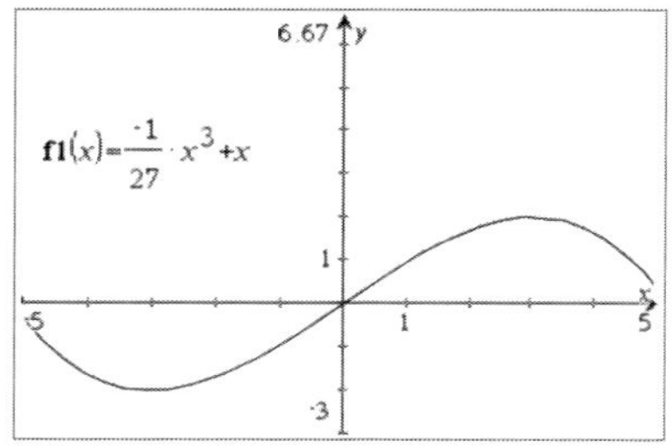

c) Bedingungen:

(1) $f(0) = 0$ (3) $f''(2) = 0$
(2) $f(2) = 4$ (4) $f'(2) = -3$

$$\text{LGS}\ \left|\begin{array}{l} d = 0 \\ 8a + 4b + 2c + d = 4 \\ 12a + 2b = 0 \\ 12a + 4b + c = -3 \end{array}\right|$$

mit der Lösung $a = \frac{5}{4};\ b = -\frac{15}{2};\ c = 12;\ d = 0$

Ergebnis: $f(x) = \frac{5}{4}x^3 - \frac{15}{2}x^2 + 12x$

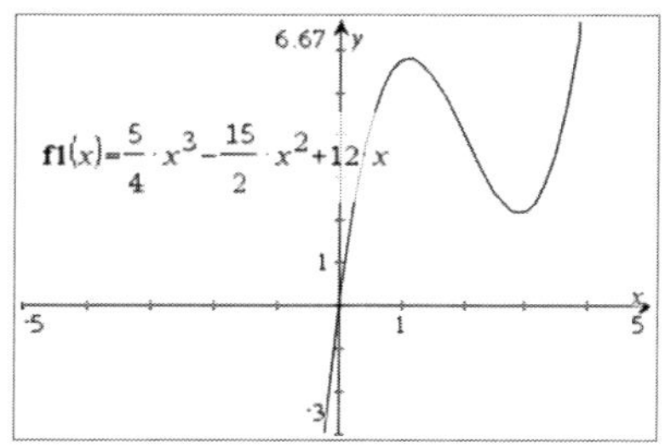

d) Bedingungen:

(1) $f(0) = 0$ (3) $f'(2) = 0$
(2) $f(2) = 1$ (4) $f''(2) = 0$

$$\text{LGS}\ \left|\begin{array}{l} d = 0 \\ 8a + 4b + 2c + d = 1 \\ 12a + 4b + c = 0 \\ 12a + 2b = 0 \end{array}\right|$$

mit der Lösung $a = \frac{1}{8};\ b = -\frac{3}{4};\ c = \frac{3}{2};\ d = 0$

Ergebnis: $f(x) = \frac{1}{8}x^3 - \frac{3}{4}x^2 + \frac{3}{2}x$

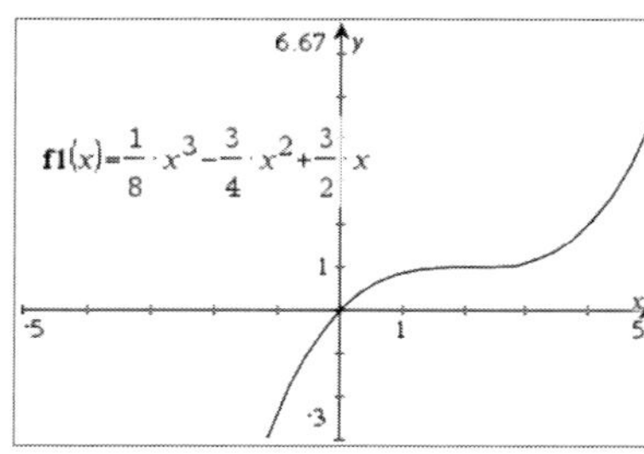

4. $f(x) = a \cdot x^3 + b \cdot x^2 + c \cdot x + d;$
$f'(x) = 3a \cdot x^2 + 2b \cdot x + c$

Bedingungen:

(1) $f(0) = 0$ (3) $f'(0) = -6$
(2) $f(-2) = 10$ (4) $f'(-2) = 0$

$$\text{LGS}\ \left|\begin{array}{l} d = 0 \\ -8a + 4b - 2c + d = 10 \\ c = -6 \\ 12a - 4b + c = 0 \end{array}\right|$$

mit der Lösung $a = 1;\ b = \frac{3}{2};\ c = -6;\ d = 0$

Ergebnis: $f(x) = x^3 + \frac{3}{2}x^2 - 6x$

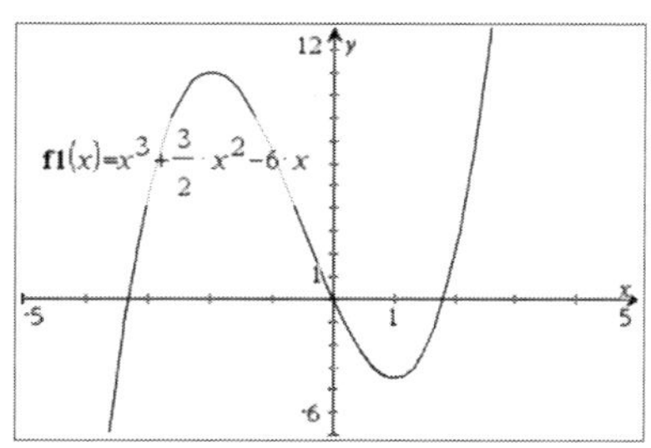

144

5. $f(x) = a x^4 + b x^3 + c x^2 + d x + e$
$f'(x) = 4 a x^3 + 3 b x^2 + 2 c x + d$
$f''(x) = 12 a x^2 + 6 b x + 2 c$

a) Bedingungen:

(1) $f(0) = 0$ (4) $f''(-1) = 0$
(2) $f'(0) = 0$ (5) $f'(-1) = 5$
(3) $f(-1) = -3$

$$\text{LGS}\left|\begin{array}{l} e = 0 \\ d = 0 \\ a - b + c - d + e = -3 \\ 12a - 6b + 2c = 0 \\ -4a + 3b - 2c + d = 5 \end{array}\right|$$

mit der Lösung
$a = 1;\ b = 1;\ c = -3;\ d = 0;\ e = 0$
Ergebnis: $f(x) = x^4 + x^3 - 3x^2$

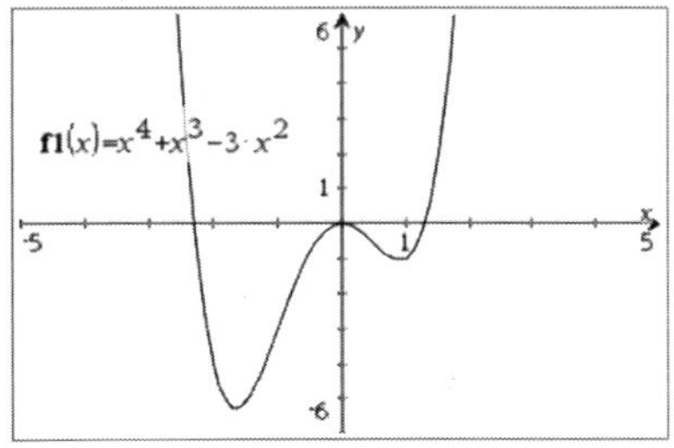

b) Bedingungen:

(1) $f(1) = 0$ (4) $f''(-1) = 0$
(2) $f'(1) = 8$ (5) $f'(0) = 0$
(3) $f'(-1) = 0$

$$\text{LGS}\left|\begin{array}{l} a + b + c + d + e = 0 \\ 4a + 3b + 2c + d = 8 \\ -4a + 3b - 2c + d = 0 \\ 12a - 6b + 2c = 0 \\ d = 0 \end{array}\right|$$

mit der Lösung $a = \frac{1}{2};\ b = \frac{4}{3};\ c = 1;\ d = 0;$
$e = -\frac{17}{6}$
Ergebnis: $f(x) = \frac{1}{2}x^4 + \frac{4}{3}x^3 + x^2 - \frac{17}{6}$

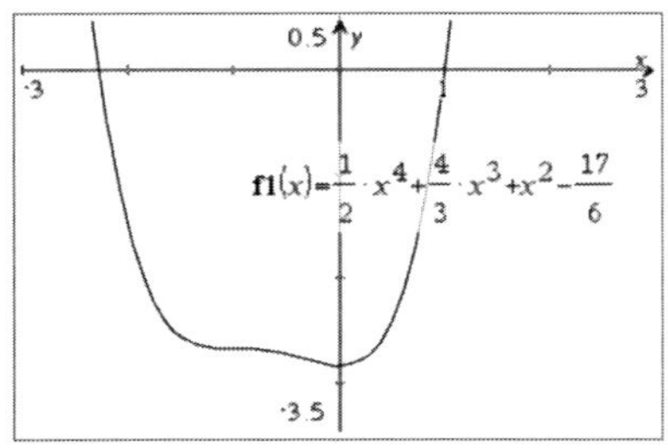

6. $f(x) = a x^4 + b x^2 + c;\ f'(x) = 4 a x^3 + 2 b x;$
$f''(x) = 12 a x^2 + 2 b$

a) Bedingungen:

(1) $f(0) = 0$ (3) $f'(3) = -48$
(2) $f(3) = 0$

$$\text{LGS}\left|\begin{array}{l} c = 0 \\ 81a + 9b + c = 0 \\ 108a + 6b = -48 \end{array}\right|$$

mit der Lösung $a = -\frac{8}{9};\ b = 8;\ c = 0$

Ergebnis: $f(x) = -\frac{8}{9}x^4 + 8x^2$

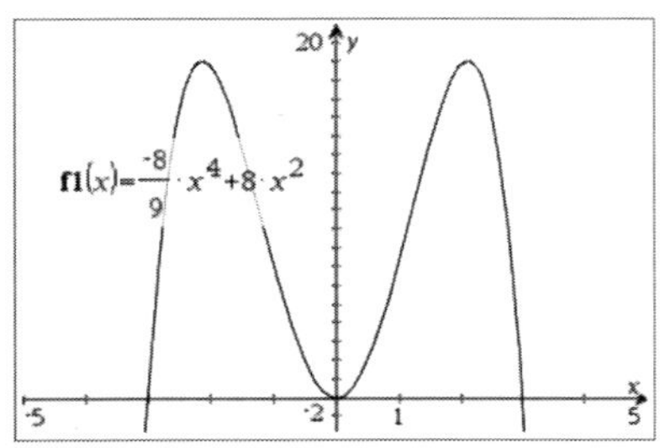

b) Bedingungen:

(1) $f(1) = 3$ (3) $f'(1) = -2$
(2) $f''(1) = 0$

$$\text{LGS}\left|\begin{array}{l} a + b + c = 3 \\ 12a + 2b = 0 \\ 4a + 2b = -2 \end{array}\right|$$

mit der Lösung $a = \frac{1}{4};\ b = -\frac{3}{2};\ c = \frac{17}{4}$

Ergebnis: $f(x) = \frac{1}{4}x^4 - \frac{3}{2}x^2 + \frac{17}{4}$

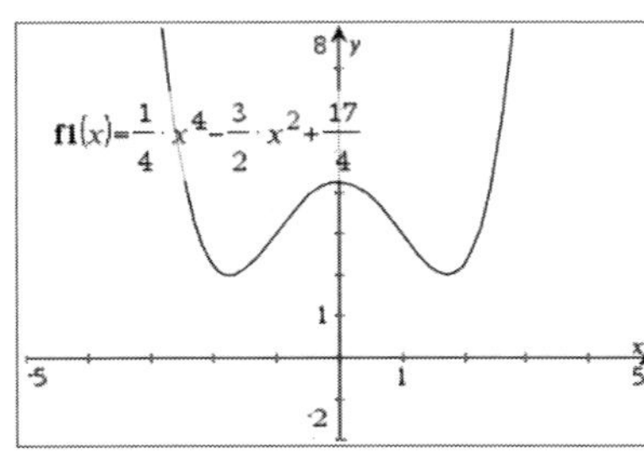

144

7. a) $f(x) = a x^3 + b x;\ f'(x) = 3 a x^2 + b$

Bedingungen:

(1) $f(2) = 0$ (2) $f'(2) = 8$

LGS $\left| \begin{array}{l} 8a + 2b = 0 \\ 12a + b = 8 \end{array} \right|$

mit der Lösung $a = 1;\ b = -4$

Ergebnis: $f(x) = x^3 - 4x$

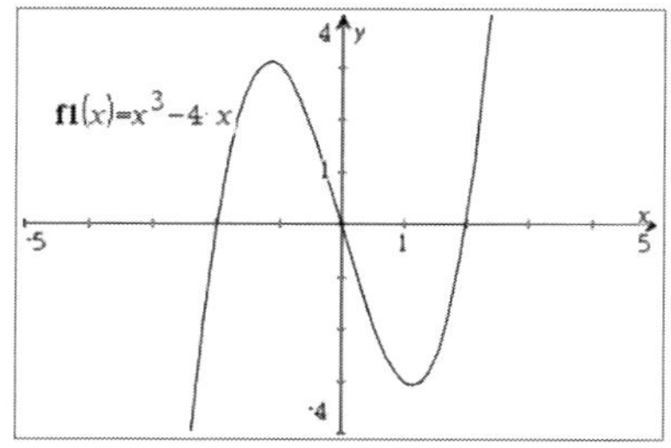

b) $f(x) = a x^5 + b x^3 + c \cdot x;$

$f'(x) = 5 a x^4 + 3 b x^2 + c$

Bedingungen:

(1) $f(1) = 0$ (3) $f'(0) = 1$

(2) $f'(1) = 0$

LGS $\left| \begin{array}{r} a + b + c = 0 \\ 5a + 3b + c = 0 \\ c = 1 \end{array} \right|$

mit der Lösung $a = 1;\ b = -2;\ c = 1$

Ergebnis: $f(x) = x^5 - 2x^3 + x$

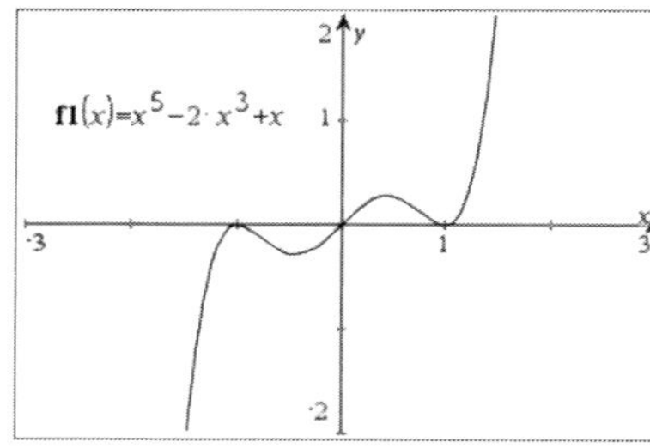

8. $f(x) = a x^4 + b x^2 + c;\ f'(x) = 4 a x^3 + 2 b x;$

$f''(x) = 12 a x^2 + 2b$

Bedingungen:

(1) $f(0) = 0$ (2) $f'(0) = 0$ (3) $f''(1) = 0$

LGS $\left| \begin{array}{r} c = 0 \\ 0 = 0 \\ 12a + 2b \quad = 0 \end{array} \right|$

Für alle $a \in \mathbb{R}$ gilt $b = -6a;\ c = 0$, also

$f(x) = a x^4 - 6 a \cdot x^2$

Beispiele: Für $a = 1$: $f(x) = x^4 - 6x^2$

Für $a = -1$: $f(x) = -x^4 + 6x^2$

Für $a = 2$: $f(x) = 2x^4 - 12x^2$

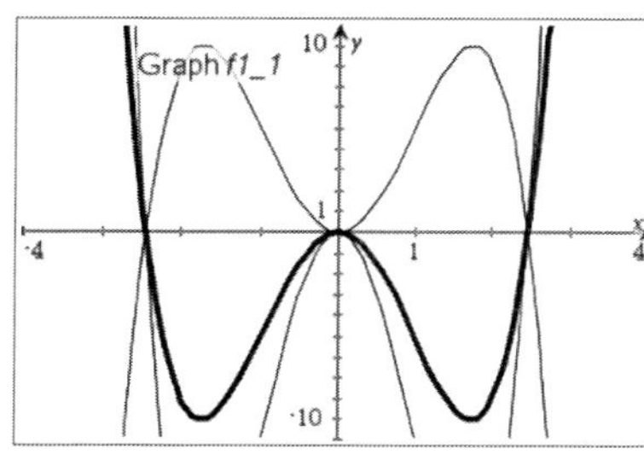

9. a) Beispiel: Der Graph von f hat den Tiefpunkt $(-3\,|\,-4)$ und schneidet die y-Achse bei $y = 5$.

b) Beispiel: Der Graph von f hat Extrempunkte an den Stellen $x = -3$ und $x = 1$ und eine Nullstelle bei $x = 0$. Die Steigung an dieser Nullstelle beträgt -3.

c) Beispiel: Der Graph von f hat den Extrempunkt $E(2\,|\,1)$.

d) Beispiel: Der Graph einer ganzrationalen Funktion zweiten Grades hat einen Extrempunkt an der Stelle $x = 2$ und geht durch die Punkte $P(-1\,|\,8)$ und $Q(5\,|\,10)$.

145

10.

Der Graph der Funktion f …	mögliche (Teil-)Skizze	Bedingungen
… geht durch den Punkt P(3|2)	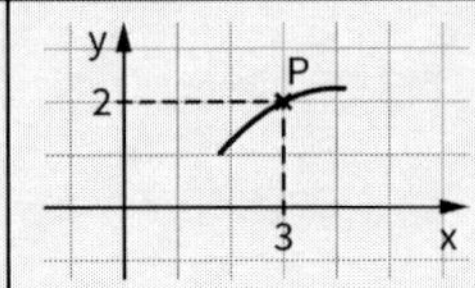	$f(3) = 2$
… Nullstelle bei $x = 5$	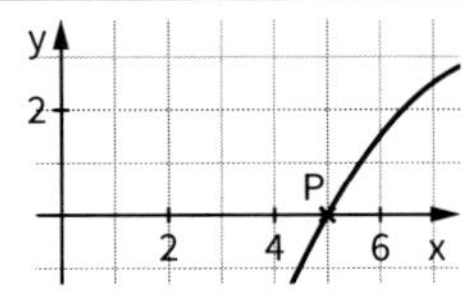	$f(5) = 0$
… schneidet die y-Achse bei $y = 4$	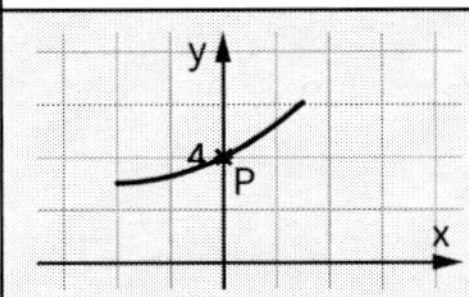	$f(0) = 4$
… hat den Tiefpunkt T(−2|−1)	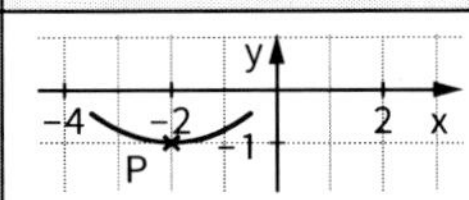	(1) $f(-2) = -1$ (2) $f'(-2) = 0$
… hat den Hochpunkt P(2|0)	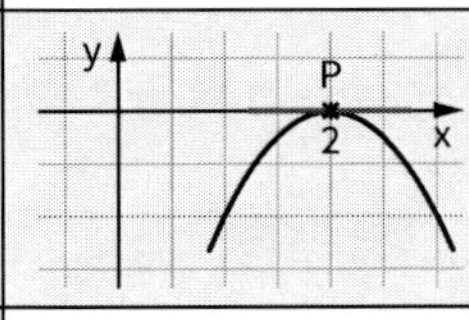	(1) $f(2) = 0$ (2) $f'(2) = 0$
… hat den Wendepunkt W(1|1)	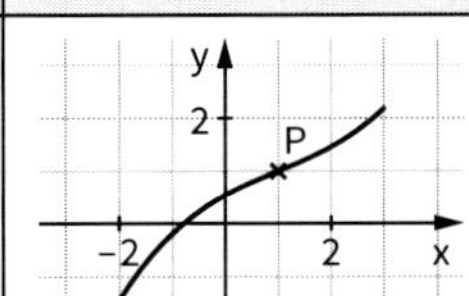	(1) $f(1) = 1$ (2) $f''(1) = 0$
… hat den Sattelpunkt P(2|1)	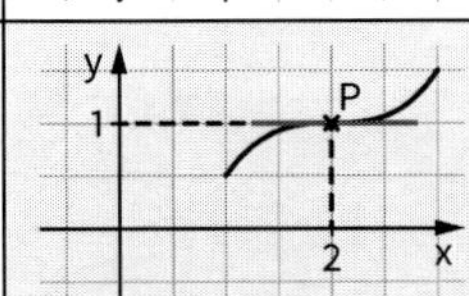	(1) $f(2) = 1$ (2) $f'(2) = 0$ (3) $f''(2) = 0$
… berührt an der Stelle 1 den Graphen der Funktion g mit $g(x) = 2x^2 + 3$	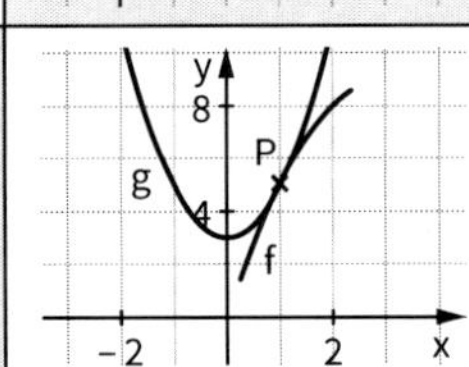	(1) $f(1) = g(1) = 5$ (2) $f'(1) = g'(1) = 4$
… geht durch den Punkt P(3|1) und hat dort die Steigung 4	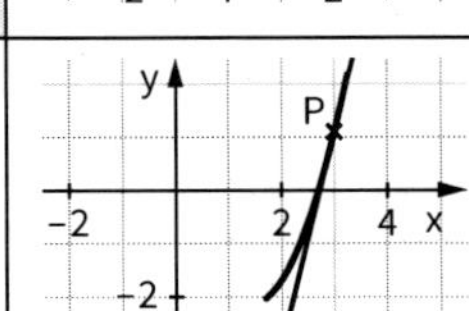	(1) $f(3) = 1$ (2) $f'(3) = 4$

145 **11. a)** Bedingungen:

(1) $f(0)=3$ (2) $f'(0)=0$ (3) $f''(0)=0$ (4) $f(3)=0$ (5) $f'(3)=0$

Es liegen 5 Bedingungen vor. Wir wählen daher eine ganzrationale Funktion 4. Grades mit 5 Koeffizienten.

$f(x)=ax^4+bx^3+cx^2+dx+e$; $f'(x)=4ax^3+3bx^2+2cx+d$; $f''(x)=12ax^2+6bx+2c$

LGS $\left|\begin{array}{r} e=3 \\ d\quad=0 \\ 2c\qquad=0 \\ 81a+27b+9c+3d+e=0 \\ 108a+27b+6c+\ d\quad=0 \end{array}\right|$

mit der Lösung $a=\frac{1}{9}$; $b=-\frac{4}{9}$; $c=0$; $d=0$; $e=3$

Ergebnis: $f(x)=\frac{1}{9}x^4-\frac{4}{9}x^3+3$

b) Bedingungen:

(1) $f(0)=0$ (2) $f'(0)=0$ (3) $f(1)=11$ (4) $f''(1)=0$

Es liegen 4 Bedingungen vor. Wir wählen deshalb eine ganzrationale Funktion 3. Grades.

$f(x)=ax^3+bx^2+cx+d$; $f'(x)=3ax^2+2bx+c$; $f''(x)=6ax+2b$

LGS $\left|\begin{array}{r} d=0 \\ c\quad=0 \\ a+b+c+d=11 \\ 6a+2b\qquad=0 \end{array}\right|$ mit der Lösung $a=-\frac{11}{2}$; $b=\frac{33}{2}$; $c=0$; $d=0$

Ergebnis: $f(x)=-\frac{11}{2}x^3+\frac{33}{2}x^2$

c) Bedingungen:

(1) $f(0)=1$ (2) $f''(0)=0$

Scheitelpunkt des Graphen von g: $S\left(-\frac{1}{2}\middle|-\frac{1}{4}\right)$

(3) $f\left(-\frac{1}{2}\right)=-\frac{1}{4}$ (4) $f'\left(-\frac{1}{2}\right)=g'\left(-\frac{1}{2}\right)=0$

Es liegen 4 Bedingungen vor. Wir wählen deshalb eine ganzrationale Funktion 3. Grades.

LGS $\left|\begin{array}{r} d=1 \\ 2b\qquad=0 \\ -\frac{1}{8}a+\frac{1}{4}b-\frac{1}{2}c+d=-\frac{1}{4} \\ \frac{3}{4}a-b+c\qquad=0 \end{array}\right|$ mit der Lösung $a=-5$; $b=0$; $c=\frac{15}{4}$; $d=1$

Ergebnis: $f(x)=-5x^3+\frac{15}{4}x+1$

146 **12.** ▪ 1. Funktionsgraph:

Vermutung: f ist eine ganzrationale Funktion 3. Grades mit den folgenden Eigenschaften:

(1) $f(0)=0$ (2) $f(2)=8$ (3) $f'(2)=0$ (4) $f(6)=0$

Der Ansatz $f(x)=ax^3+bx^2+cx+d$ führt auf das Gleichungssystem

$\left|\begin{array}{r} d=0 \\ 8a+4b+2c+d=8 \\ 12a+4b+c\quad=0 \\ 216a+36b+6c+d=0 \end{array}\right|$ mit den Lösungen: $a=\frac{1}{4}$, $b=-3$, $c=9$, $d=0$

Ergebnis: $f(x)=\frac{1}{4}x^3-3x^2+9x$

146

- 2. Funktionsgraph:
  Ansatz: $f(x) = ax^4 + bx^2 + 1$
  (Graph symmetrisch zur y-Achse mit $f(0) = 1$)
  Weitere Bedingungen: (1) $f(2) = -3$ (2) $f'(2) = 0$
  Gleichungssystem: $\left| \begin{matrix} 16a + 4b = -4 \\ 32a + 4b = 0 \end{matrix} \right|$ mit den Lösungen: $a = \frac{1}{4}$, $b = -2$
  Ergebnis: $f(x) = \frac{1}{4}x^4 - 2x^2 + 1$
- 3. Funktionsgraph:
  Ansatz: $f(x) = ax^3 + bx^2 + cx + d$
  Bedingungen:
  (1) $f(-1) = 0$ (2) $f(1) = -1$ (3) $f'(1) = 0$ (4) $f''(1) = 0$
  Gleichungssystem:
  $\left| \begin{matrix} -a + b - c + d = 0 \\ a + b + c + d = -1 \\ 3a + 2b + c = 0 \\ 6a + 2b = 0 \end{matrix} \right|$ mit den Lösungen: $a = -\frac{1}{8}$, $b = \frac{3}{8}$, $c = -\frac{3}{8}$, $d = -\frac{7}{8}$
  Ergebnis: $f(x) = \frac{1}{8} \cdot (-x^3 + 3x^2 - 3x - 7)$

13. a) f muss mindestens den Grad 3 haben.
Aufgabe: Bestimmen Sie eine ganzrationale Funktion 3. Grades, für die gilt:
$E(1|2)$ ist Extrempunkt des Graphen. An der Stelle $x = -2$ liegt ein Wendepunkt, die zugehörige Wendetangente hat die Steigung 1.

b) Aufgabe: Bestimmen Sie eine ganzrationale Funktion 4. Grades, für die gilt:
Der Graph hat an der Stelle $x = 2$ eine Nullstelle mit der Steigung 1 und den Sattelpunkt $S(4|2)$.

14. David: Aufgrund der Bedingungen $f(2) = 4$ und $f'(2) = 0$ kann man nicht erkennen, ob an der Stelle $x = 2$ ein Tiefpunkt des Graphen liegt. Man weiß nur, dass an der Stelle $x = 2$ ein Punkt mit waagerechter Tangente liegt.
Annas Aufgabe passt zu den Bedingungen.
Wir bestimmen eine ganzrationale Funktion 4. Grades:
$f(x) = ax^4 + bx^3 + cx^2 + dx + e$; $f'(x) = 4x^3 + 3bx^2 + 2cx + d$

LGS $\left| \begin{matrix} 16a + 8b + 4c + 2d + e = 4 \\ 32a + 12b + 4c + d = 0 \\ e = 0 \\ 2c = 0 \\ d = 1 \end{matrix} \right|$ mit der Lösung $a = -\frac{1}{2}$; $b = \frac{5}{4}$; $c = 0$; $d = 1$; $e = 0$

Ergebnis: $f(x) = -\frac{1}{2}x^4 + \frac{5}{4}x^3 + x$

Am Graphen erkennen wir, dass der Punkt $(2|4)$ kein Tiefpunkt ist, wie es David formuliert hat, sondern ein Hochpunkt.

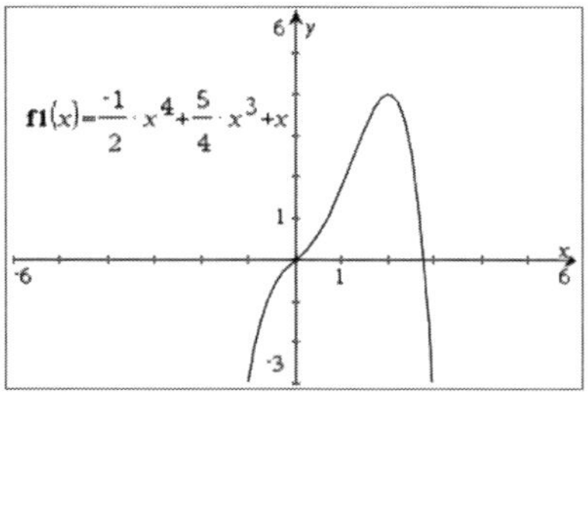

146

15. Bedingungen:

(1) $f(0)=0$ (2) $f(0{,}4)=0{,}3$ (3) $f(0{,}8)=0{,}5$

Da drei Bedingungen bekannt sind, modellieren wir mithilfe einer ganzrationalen Funktion zweiten Grades: $f(x)=a\cdot x^2+b\cdot x+c$

LGS: $\left|\begin{array}{r} c=0 \\ 0{,}16\,a+0{,}4\,b+c=0{,}3 \\ 0{,}64\,a+0{,}8\,b+c=0{,}5 \end{array}\right|$ mit der Lösung $a=-0{,}3125;\ b=0{,}875;\ c=0$

Ergebnis: $f(x)=-\frac{5}{16}x^2+\frac{7}{8}x=-0{,}3125\,x^2+0{,}875\,x$

16. a) Wir legen den Ursprung des Koordinatensystems in den Punkt B. Also gilt $f(0)=0$. Zudem gilt:

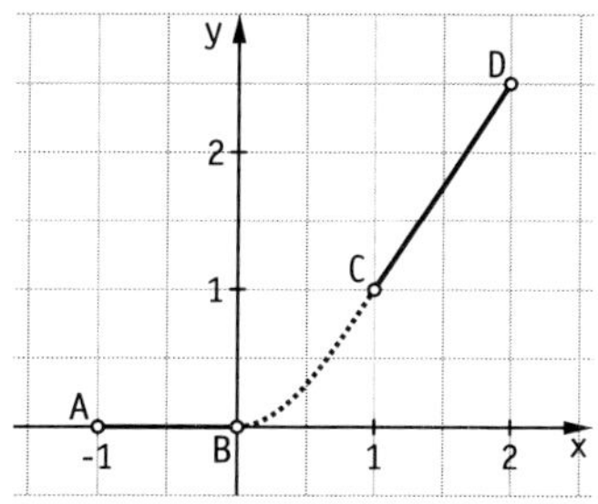

- $f'(0)=0$; da der Graph im Ursprung eine waagrechte Tangente haben muss, um ohne Knick an das waagerechte Blech anzuschließen.
- $f(1)=1$; da der Graph im Punkt C(1 | 1) an das dritte Blech anschließt.
- $f'(1)=1{,}5$; da der Graph im Punkt C(1 | 1) dieselbe Steigung haben muss wie das anschließende Blech mit der Steigung 150 %, damit kein Knick in C vorliegt.

Gesucht ist also eine ganzrationale Funktion mit drei Koeffizienten im Funktionsterm ohne absolutes Glied:

$f(x)=a\,x^3+b\,x^2+c\,x$, also eine ganzrationale Funktion 3. Grades.

$f'(x)=3\,a\,x^2+b\,x+c$

Durch das Einsetzen der drei Bedingungen erhalten wir das LGS

$$\left|\begin{array}{r} c=0 \\ a+\ \ b+c=1 \\ 3\,a+2\,b+c=1{,}5 \end{array}\right| \Rightarrow \left|\begin{array}{lr} \quad\quad c= & 0 \\ \quad b \quad\ = & 1{,}5 \\ a \quad\quad\ \ = & -0{,}5 \end{array}\right|$$

Die gesuchte Funktionsgleichung lautet also $f(x)=-0{,}5\,x^3+1{,}5\,x^2$.

Das Profil des gebogenen Blechs wird also beschrieben durch die Funktion f mit $f(x)=-0{,}5\,x^3+1{,}5\,x^2$ mit $0\le x\le 1$.

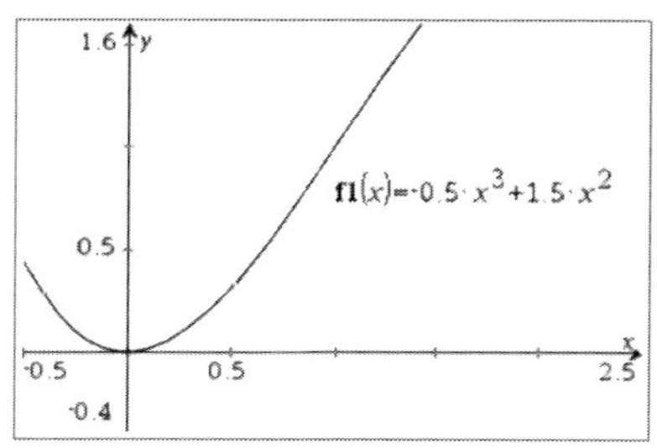

146

b) Der Koordinatenursprung liegt im Punkt C.
Bedingungen:
(1) $f(0)=0$ (2) $f'(0)=1{,}5$ (3) $f(-1)=-1$ (4) $f'(-1)=0$

LGS $\left|\begin{array}{l} d = 0 \\ c = 1{,}5 \\ -a + b - c + d = -1 \\ 3a - 2b + c = 0 \end{array}\right|$ mit der Lösung $a=-0{,}5$; $b=0$; $c=1{,}5$; $d=0$

Ergebnis: $g(x)=-0{,}5x^3+1{,}5x$
Man kann die Funktion g auch durch eine Verschiebung des Graphen von f (aus Teilaufgabe a) um 1 Einheit nach links in Richtung der x-Achse und um eine Einheit nach unten in Richtung der y-Achse erhalten: $g(x)=f(x+1)-1$

147

17. a) $f(x)=a\cdot x^3+b\cdot x^2+c\cdot x+d$; $f'(x)=3a\cdot x^2+2b\cdot x+c$
Bedingungen:
(1) $f(0)=4$ (2) $f'(0)=0$ (3) $f(4)=0$ (4) $f'(4)=0$
Damit erhält man die Funktion f mit $f(x)=\frac{1}{8}x^3-\frac{3}{4}\cdot x^2+4$, deren Graph das Profil der Rutsche modelliert.

b) Die Stelle mit dem größten Gefälle ist die Wendestelle des Graphen.
$f''(x)=\frac{3}{4}x-\frac{3}{2}$
f'' hat die einfache Nullstelle $x=2$.
$f'(2)=-\frac{3}{2}$, also $\tan(\alpha)=-\frac{3}{2}$ mit $\alpha\approx-56{,}3°$
Die Rutsche entspricht mit einem maximalen Gefälle von ca. 56° nicht dieser Vorschrift.

c) Das Profil der neuen Rutsche wird wieder modelliert durch eine Funktion g mit
$g(x)=a\cdot x^3+b\cdot x^2+c\cdot x+d$
Es gelten folgende Bedingungen:
(1) $g'(0)=0$ (3) $g'(4)=0$
(2) $g(4)=0$ (4) $g'(2)=\tan(-45°)=-1$
Damit erhält man die Funktion g mit $g(x)=\frac{1}{12}x^3-\frac{1}{2}\cdot x^2+\frac{8}{3}$.
Es gilt $g(0)=\frac{8}{3}\approx 2{,}66$.
Die neue Rutsche ist ca. 2,66 m hoch.

18. a) $f(x)=ax^3+bx^2+cx+d$
$f'(x)=3ax^2+2bx+c$

$$\left|\begin{array}{l} f(3{,}5)=5{,}8 \\ f'(3{,}5)=0 \\ f(14)=2{,}7 \\ f'(14)=0 \end{array}\right| \Leftrightarrow \left|\begin{array}{l} 3{,}5^3a+3{,}5^2b+3{,}5c+d=5{,}8 \\ 3\cdot 3{,}5^2a+2\cdot 3{,}5b+c=0 \\ 14^3a+14^2b+14c+d=2{,}7 \\ 3\cdot 14^2a+2\cdot 14b+c=0 \end{array}\right| \Leftrightarrow \left|\begin{array}{l} a=0{,}00536 \\ b=-0{,}14059 \\ c=0{,}78730 \\ d=4{,}53704 \end{array}\right|$$

Ergebnis: $f(x)=0{,}00536x^3-0{,}14059x^2+0{,}78730x+4{,}53704$

147

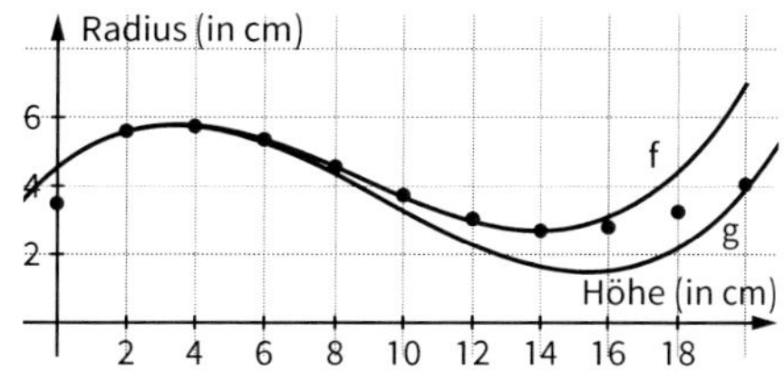

b), c) Im Intervall [2; 14] liegt eine gute Näherung vor. Für $x < 2$ bzw. $x > 14$ weicht der Graph von f(x) deutlich von den Messwerten ab.

d) $g(x) = 0{,}005\,x^3 - 0{,}141\,x^2 + 0{,}787\,x + 4{,}537$
Zeichnet man den Graphen von g, so ergibt sich für $8 < x < 20$ eine deutliche Abweichung von den Messwerten. Insbesondere ist $g(14) \approx 1{,}64$.

19. a) $f(x) = a\,x^2 + b\,x + c$

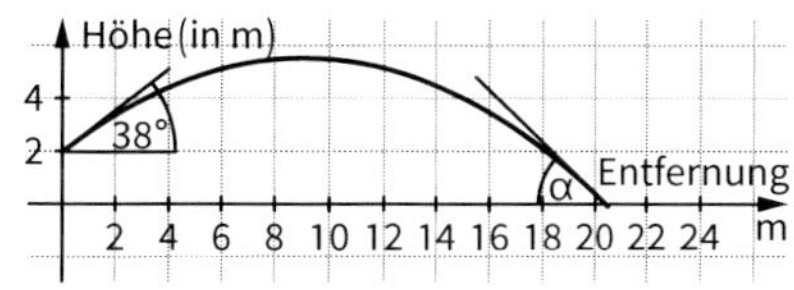

$f'(x) = 2\,a\,x + b$
Bedingungen
(1) $f(0) = 1{,}97$ (3) $f(20{,}41) = 0$
(2) $f'(0) = \tan 38° \approx 0{,}7813$

LGS: $\left|\begin{array}{r} c = 1{,}97 \\ b \quad = 0{,}7813 \\ 20{,}41^2 \cdot a + 20{,}41 \cdot b + c = 0 \end{array}\right|$

mit der Lösung $a = -0{,}043009 \approx -0{,}0430$; $b = 0{,}7813$ und $c = 1{,}97$
Ergebnis: $f(x) = -0{,}0430\,x^2 + 0{,}7813\,x + 1{,}97$

b) Maximale Flughöhe: $f'(x) = 0$
$-0{,}0860\,x + 0{,}7813 = 0$; also
$x = 9{,}0849$
$f(9{,}0849) = 5{,}5190$
Die maximale Flughöhe beträgt ca. 5,52 m.
Winkel: $m = f'(20{,}41) = -0{,}0860 \cdot 20{,}41 + 0{,}7813 = -0{,}97396 = \tan(\alpha)$
$\alpha = \tan^{-1}(-0{,}97396) \approx -44{,}24°$
Die Kugel trifft unter einem Winkel von ca. 136° auf.

20. a) Wir lesen am Graphen die Koordinaten von fünf Punkten ab:
$P_1(5|25)$, $P_2(6|30)$, $P_3(7|45)$, $P_4(8|55)$, $P_5(9|60)$
Da fünf Bedingungen vorliegen, wählen wir eine ganzrationale Funktion 4. Grades mit
$f(x) = a \cdot x^4 + b \cdot x^3 + c \cdot x^2 + d \cdot x + e$
Die fünf Bedingungen führen auf das Gleichungssystem

$$\left|\begin{array}{r} 625\,a + 125\,b + 25\,c + 5\,d + e = 25 \\ 1\,296\,a + 216\,b + 36\,c + 6\,d + e = 30 \\ 2\,401\,a + 343\,b + 49\,c + 7\,d + e = 45 \\ 4\,096\,a + 512\,b + 64\,c + 8\,d + e = 55 \\ 6\,561\,a + 729\,b + 81\,c + 9\,d + e = 60 \end{array}\right|$$

mit der Lösung $a = \frac{5}{8}$; $b = -\frac{75}{4}$; $c = \frac{1\,655}{8}$; $d = -\frac{3\,935}{4}$; $e = 1\,725\,a$,
also $f(x) = \frac{5}{8}x^4 - \frac{75}{4}x^3 + \frac{1\,655}{8}x^2 - \frac{3\,935}{4}x + 1\,725$

147

b) Wir wählen wieder eine ganzrationalen Funktion vierten Grades mit
$g(x) = a \cdot x^4 + b \cdot x^3 + c \cdot x^2 + d \cdot x + e$.

Bedingungen:

Hochpunkt: $H(9 \mid 60)$

Wendepunkt: $W(6{,}5 \mid 37)$ mit $m_W = 15$

Ansatz:
$$g(x) = a x^4 + b x^3 + c x^2 + d x + e$$
$$g'(x) = 4 a x^3 + 3 b x^2 + 2 c x + d$$
$$g''(x) = 12 a x^2 + 6 b x + 2 c$$

Bedingungen:
(1) $g(9) = 60$
(2) $g'(9) = 0$
(3) $g(6{,}5) = 37$
(4) $g'(6{,}5) = 15$
(5) $g''(6{,}5) = 0$

Gleichungssystem:
$$\left| \begin{array}{l} 6561\,a + 729\,b + 81\,c + 9\,d + e = 60 \\ 2916\,a + 243\,b + 18\,c + d = 0 \\ \frac{28561}{16}\,a + \frac{2197}{8}\,b + \frac{169}{4}\,c + 6{,}5\,d + e = 37 \\ \frac{2197}{2}\,a + \frac{507}{4}\,b + 13\,c + d = 15 \\ 507\,a + 39\,b + 2\,c = 0 \end{array} \right|$$

$a = 0{,}1536$, $b = -5{,}3056$, $c = 64{,}5216$, $d = -320{,}026$, $e = 573{,}994$

$g(x) = 0{,}1536\,x^4 - 5{,}3056\,x^3 + 54{,}5216\,x^2 - 320{,}026\,x + 573{,}994$

c) Die Funktion f aus Teilaufgabe a) enthält zwar, wie gefordert, fünf Stützpunkte. Sie ist aber für die Modellierung unbrauchbar, da ihr Graph sich in wesentlichen Eigenschaften (Hoch- und Wendepunkt) vom vorgegebenen Graphen unterscheidet. Im Gegensatz ist die Funktion g aus Teilaufgabe b) für eine Modellierung gut geeignet, da ihr Graph den vorgegebenen Graphen gut annähert.

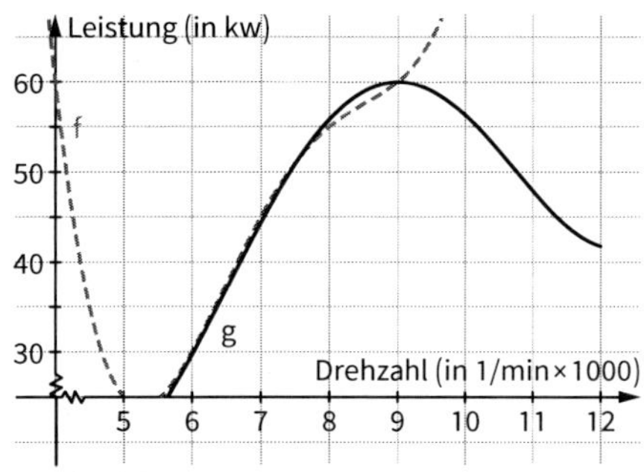

148

21. Achsensymmetrie: Funktionsterm hat nur gerade Exponenten:

$f(x) = a \cdot x^4 + b \cdot x^2 + c$

$f'(x) = 4a \cdot x^3 + 2b \cdot x$

Bedingungen: (1) $f(0) = 0{,}9$ (2) $f(1{,}95) = 0$ (3) $f'(1{,}95) = 0$

$$\text{LGS: } \left|\begin{array}{l} c = 0{,}9 \\ 1{,}95^4 \cdot a + 1{,}95^2 \cdot b + c = 0 \\ 4a \cdot 1{,}95^3 + 2b \cdot 1{,}95 = 0 \end{array}\right|$$

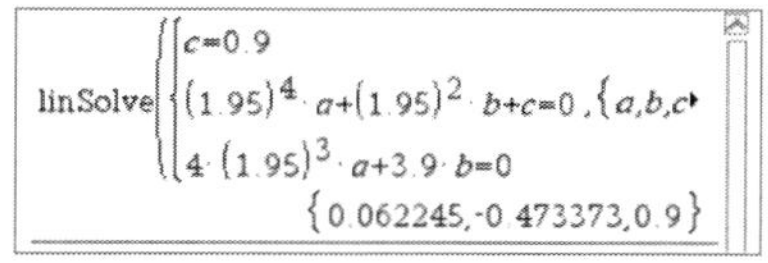

mit der Lösung

$a = 0{,}062245;\ b = -0{,}473373;\ c = 0{,}9$

Ergebnis: $f(x) = 0{,}062245\,x^4 - 0{,}473373\,x^2 + 0{,}9$

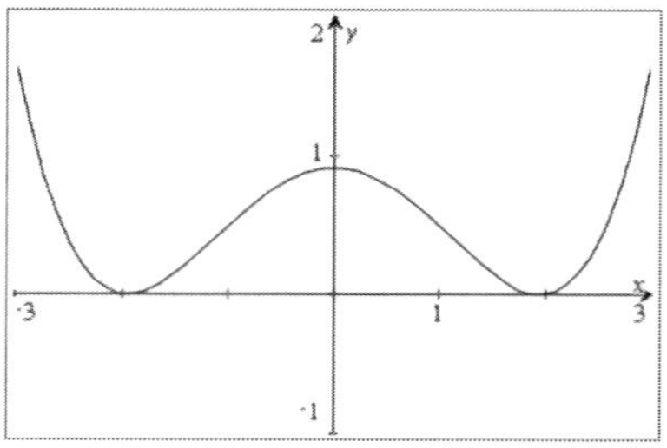

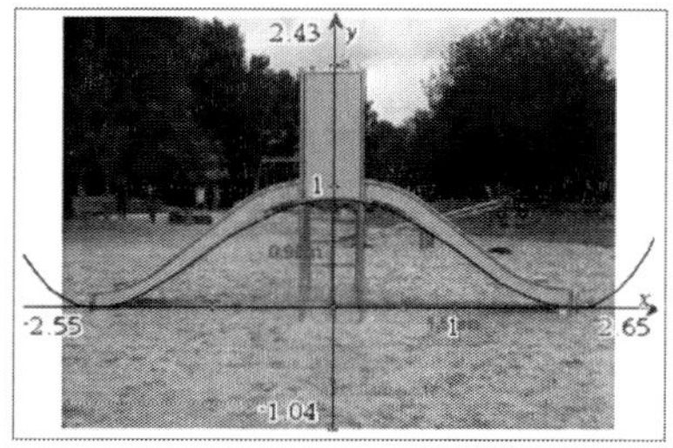

22. a) $f(x) = a \cdot x^3 + b \cdot x^2 + c \cdot x + d;\ f'(x) = 3a \cdot x^2 + 2b \cdot x + c;\ f''(x) = 6a \cdot x + 2b$

1. Abschnitt zwischen O und K

Bedingungen: (1) $f(0) = 0$ (3) $f'(-69{,}6) = \tan(35{,}5°) \approx 0{,}7133$

(2) $f(-69{,}6) = -38{,}6$ (4) $f''(-69{,}6) = 0$

$$\text{LGS} \left|\begin{array}{l} d = 0 \\ -69{,}6^3 a + 69{,}6^2 b - 69{,}6 c + d = -38{,}6 \\ 3 \cdot 69{,}6^2 a - 2 \cdot 69{,}6 b + c = 0{,}7133 \\ -6 \cdot 69{,}6 a + 2b = 0 \end{array}\right|$$

mit der Lösung $a \approx -0{,}000033;\ b \approx -0{,}0068403;\ c \approx 0{,}237207;\ d = 0$

Somit $g_1(x) = -0{,}000033\,x^3 - 0{,}0068403\,x^2 + 0{,}237207\,x;\ -69{,}6 \le x \le 0$

Bitte beachten Sie: Bei allen drei Gleichungssystemen kommt es in der Lösung unbedingt auf eine ausreichende Anzahl von Nachkommastellen an, da sonst die Graphen den Verlauf der Sprungschanze nur unzureichend wiedergeben. Vor allem bei den Koeffizienten a und b sollten mindestens 7 Nachkommastellen verwendet werden.

2. Abschnitt zwischen H und K

Bedingungen: (1) $f(-69{,}6) = -38{,}6$

(2) $f'(-69{,}6) = \tan(35{,}5°) \approx 0{,}7133$

(3) $f''(-69{,}6) = 0$

(4) $f'(-74{,}6) = \tan(32°) \approx 0{,}6249$

$$\text{LGS} \left|\begin{array}{l} -69{,}6^3 a + 69{,}6^2 b - 69{,}6 c + d = -38{,}6 \\ 3 \cdot 69{,}6^2 a - 2 \cdot 69{,}6 b + c = 0{,}7133 \\ -6 \cdot 69{,}6 a + 2b = 0 \\ 3 \cdot 74{,}6^2 a - 2 \cdot 74{,}6 b + c = 0{,}6249 \end{array}\right|$$

mit der Lösung $a \approx -0{,}00117867;\ b \approx -0{,}2461056;\ c \approx -16{,}41565;\ d \approx -386{,}34595$

Somit $g_2(x) = -0{,}00117867\,x^3 - 0{,}2461056\,x^2 - 16{,}41565\,x - 386{,}34595;\ -74{,}6 \le x \le -69{,}6$

148

3. Abschnitt zwischen T und H

Bedingungen:
(1) $f(-117{,}2) = -53{,}9$
(2) $f'(-117{,}2) = 0$
(3) $f(-74{,}6) = g_2(-74{,}6) \approx -42{,}02$
(4) $f'(-74{,}6) = \tan(32°) \approx 0{,}6249$

$$\text{LGS} \quad \left| \begin{array}{rl} -117{,}2^3 a + 117{,}2^2 b - 117{,}2 c + d &= -53{,}9 \\ 3 \cdot 117{,}2^2 a - 2 \cdot 117{,}2 b + c &= 0 \\ -74{,}6^3 a + 74{,}6^2 b - 74{,}6 c + d &= -42{,}02 \\ 3 \cdot 74{,}6^2 a - 2 \cdot 74{,}6 b + c &= 0{,}6249 \end{array} \right|$$

mit der Lösung $a \approx 0{,}000036929$; $b \approx 0{,}017958693$; $c \approx 2{,}687754792$; $d \approx 73{,}87732857$

Somit $g_3(x) = 0{,}000036929\,x^3 - 0{,}017958693\,x^2 - 2{,}687755\,x - 73{,}87733$; $-117{,}2 \le x \le -74{,}6$

b)

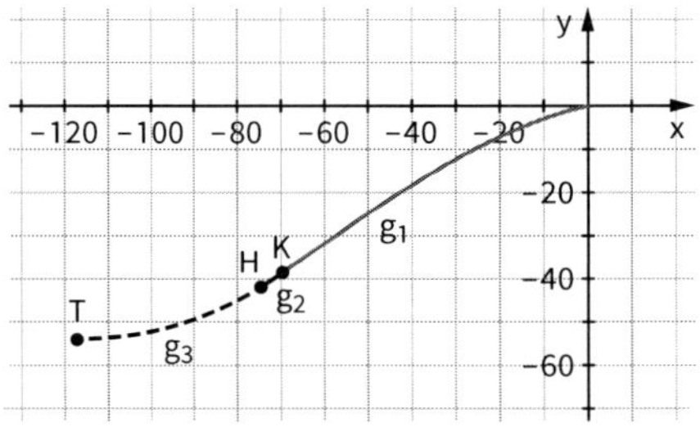

c) An den drei Graphen erkennt man, dass keiner der drei Graphen einzeln den Aufsprunghügel auch nur annähernd modellieren kann.

Der Graph von g_1 passt zwar gut im oberen Bereich für $-74{,}6 \le x \le 0$, hat aber im unteren Bereich keinen Tiefpunkt.

Der Graph von g_2 stellt außerhalb des Intervalls $[-74{,}6; -69{,}6]$ den Aufsprunghügel falsch dar.

Der Graph von g_3 stellt für $-74{,}6 \le x \le 0$ den Aufsprunghügel falsch dar.

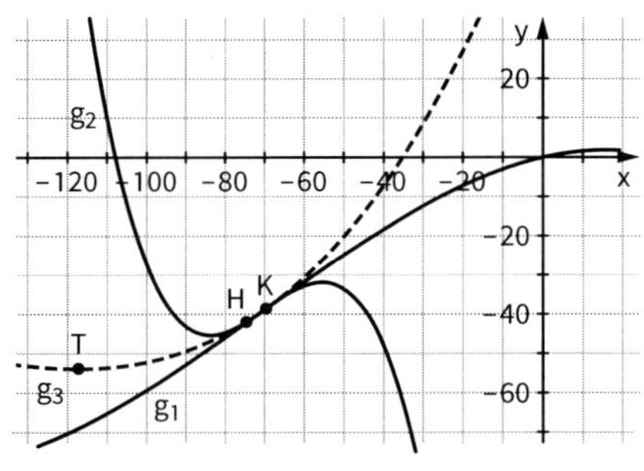

3.5 Vermischte Aufgaben

149

1. a) $f(x) = a \cdot (x+2)(x-1)(x-4)$

$\quad = a \cdot (x^3 - 3x^2 - 6x + 8),\ a \neq 0$

$f'(x) = a \cdot (3x^2 - 6x - 6);$

$f''(x) = a \cdot (6x - 6)$

- Extremstellen: $f'(x) = 0$ hat die Lösungen $x_1 = 1 - \sqrt{3};\ x_2 = 1 + \sqrt{3}$.
  Beide Lösungen sind einfache Nullstellen von f′ mit VZW und somit Extremstellen von f.
- Wendestelle: $f''(x) = 0$ hat die Lösung $x = 1$.
  $x = 1$ ist eine einfache Nullstelle von f″ mit VZW und somit Wendestelle von f.

b) Die Lage des Graphen von f hängt von der Konstanten a ab.

Es gilt: $f''(1-\sqrt{3}) = -6a\sqrt{3};\ f''(1+\sqrt{3}) = 6a\sqrt{3};$

$f(1-\sqrt{3}) = 6a\sqrt{3} \qquad f(1+\sqrt{3}) = -6a\sqrt{3}$

Für $a > 0$:

$f''(1-\sqrt{3}) < 0$, also $H(1-\sqrt{3}\,|\,6a\sqrt{3})$; $f''(1+\sqrt{3}) > 0$, also $T(1+\sqrt{3}\,|\,-6a\sqrt{3})$

Für $a < 0$:

$f''(1-\sqrt{3}) > 0$, also $T(1-\sqrt{3}\,|\,6a\sqrt{3})$; $f''(1+\sqrt{3}) < 0$, also $H(1+\sqrt{3}\,|\,-6a\sqrt{3})$

Da die ganzrationale Funktion 3. Grades drei Nullstellen besitzt, muss ein Extrempunkt oberhalb der x-Achse liegen und der andere unterhalb der x-Achse.

Deshalb gilt für alle $a \neq 0$, dass der y-Wert des Hochpunktes positiv ist. Anton hat also mit seiner Behauptung recht.

2. Der abgebildete Funktionsgraph besitzt mindestens einen Hoch-, einen Tief- und einen Sattelpunkt. Somit besitzt die zugehörige Ableitungsfunktion mindestens eine doppelte und zwei einfache Nullstellen und muss deshalb mindestens den Grad 4 besitzen.
Die Funktion selbst besitzt also mindestens den Grad 5.

3. a) Die Aussage ist falsch. Die Funktionswerte von f′ sind für $x < -1$ negativ, deshalb ist in diesem Intervall die Funktion f monoton fallend.

b) Die Aussage ist falsch. Wäre der Graph von f symmetrisch zur y-Achse, müsste der Graph von f′ punktsymmetrisch zum Koordinatenursprung sein. Das ist aber nicht der Fall.

c) Die Aussage ist falsch. Die Steigung der 1. Winkelhalbierenden beträgt $m = 1$.
Die Steigung der Funktion an der Stelle $x = 1{,}75$ beträgt $f'(1{,}75) = 6$ und ist damit größer als 1.

d) Die Aussage ist richtig. Ein Wendepunkt von f ist gleichbedeutend mit einem Extrempunkt von f′. Die Ableitungsfunktion f′ besitzt zwei Extrempunkte in dem vorgegebenen Intervall.

149

4. **Eigenschaften:** | **Bedeutung der Eigenschaften:**

(1) $f(0) = 0$ — Der Graph der Funktion f verläuft durch den Koordinatenursprung.

(2) $f'(-2) = 0$ — Der Graph der Funktion f besitzt an der Stelle $x = -2$ eine waagerechte Tangente. Dort liegt also ein Extrem- oder Sattelpunkt vor.

(3) $f(-2) = \frac{10}{3}$ — Der Punkt $\left(-2 \middle| \frac{10}{3}\right)$ liegt auf dem Graphen der Funktion f.

(4) $f''(-0{,}5) = 0$ und $f'''(-0{,}5) \neq 0$ — An der Stelle $x = -0{,}5$ besitzt die Funktion f einen Wendepunkt.

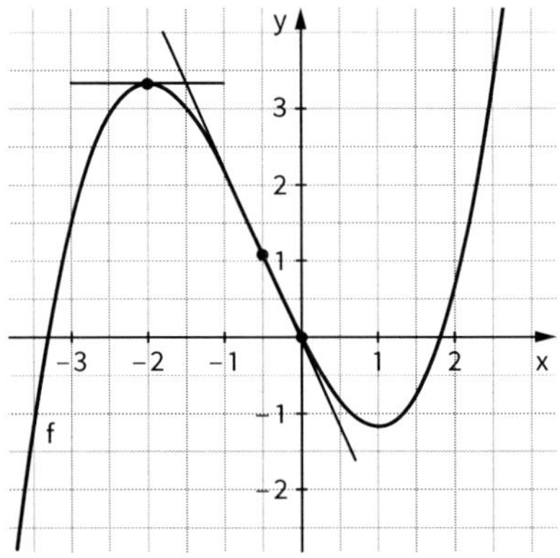

5. (1) Falsch. Das System $\left|\begin{matrix} x + y = 0 \\ 2x + 2y = 0 \end{matrix}\right|$ hat genauso viele Gleichungen wie Variablen, besitzt aber unendlich viele Lösungen.

(2) Falsch. Siehe (1).

(3) Falsch. Das System $\left|\begin{matrix} x + y = 1 \\ x - y = 1 \end{matrix}\right|$ besitzt die Lösung $(1 \mid 0)$. Das System $\left|\begin{matrix} x + y = 1 \\ 2x \quad = 2 \end{matrix}\right|$ besitzt die Lösung $(1 \mid 0)$.

(4) Wahr.

6. **a)** Die Aussage ist wahr. f′ hat an der Stelle $x = 3$ eine Nullstelle mit einem VZW von Minus nach Plus.

b) Die Aussage ist falsch. f′ hat an der Stelle $x = 0$ eine Nullstelle ohne einen VZW.

c) Die Aussage ist falsch. $f'(x) < 0$ für $0 < x < 3$. f ist also in diesem Intervall streng monoton fallend, es gilt damit $f(1) > f(2)$.

d) Die Aussage ist falsch. Es gilt: $f''(0) = 0$, $f'(2) = -2$ und $f''(2) = 0$.
Damit gilt $f''(0) + f'(2) + f''(2) = -2 < 0$.

e) Die Aussage ist richtig. f′ ist eine ganzrationale Funktion, die mindestens den Grad 3 hat.

150

7. $f(x) = a \cdot x^3 + b \cdot x^2 + c \cdot x + d$; $f'(x) = 3a \cdot x^2 + 2b \cdot x + c$

Bedingungen

(1) $f(0) = 0$ (2) $f'(0) = 0$ (3) $f(1) = 3 \cdot 1 - 1 = 2$ (4) $f'(1) = 3$

LGS $\left|\begin{matrix} d = 0 \\ c \quad = 0 \\ a + b + c + d = 2 \\ 3a + 2b + c \quad = 3 \end{matrix}\right|$ mit der Lösung $a = -1$; $b = 3$; $c = 0$; $d = 0$

$f(x) = -x^3 + 3x^2$

150

8. a) siehe rechts

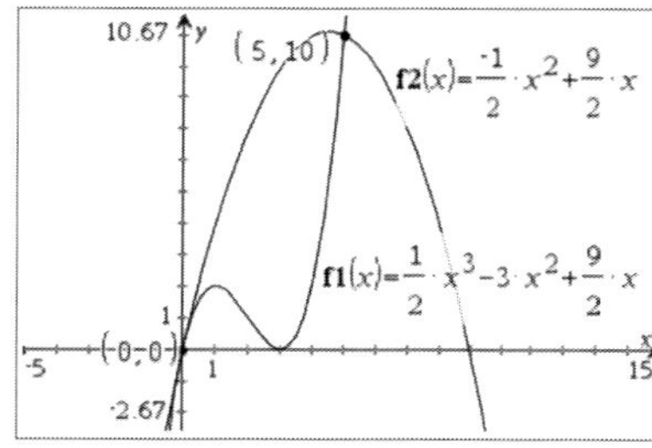

b) $f(x) = g(x)$, also $\frac{x^3}{2} - \frac{5}{2}x^2 = 0$

mit den Lösungen $x_1 = 0$; $x_2 = 5$

gemeinsame Punkte $P_1(0|0)$; $P_2(5|10)$

$f'(0) = \frac{9}{2}$; $g'(0) = \frac{9}{2}$

$f'(5) = 12$; $g'(5) = -\frac{1}{2}$

Die beiden Graphen berühren sich im Punkt P_1.

c) $P(u|f(u))$; $Q(u|g(u))$

Länge der Strecke $\overline{PQ}$.

$d(u) = g(u) - f(u) = \frac{5}{2}u^2 - \frac{1}{2}u^3$ für $0 \le x \le 5$

$d'(u) = 5u - \frac{3}{2}u^2$; $d''(u) = 5 - 3u$

$d'(u) = 0$ hat die Lösungen $u_1 = 0$; $u_2 = \frac{10}{3}$

$d''\left(\frac{10}{3}\right) = -5$; $d\left(\frac{10}{3}\right) \approx 9{,}3$; $d(0) = 0$

Die Länge der Strecke $\overline{PQ}$ ist maximal, falls h die Gerade mit der Gleichung $x = \frac{10}{3}$ ist.

9. a) $f_t'(x) = -\frac{4}{t^2}x^3 + \frac{6}{t}x^2$; $f_t''(x) = -\frac{12}{t^2}x^2 + \frac{12}{t}x$

Schnittpunkte mit der x-Achse: $N_1(0|0)$, $N_2(2t|0)$

Extrempunkte: $H\left(\frac{3}{2}t \middle| \frac{27}{16}t^2\right)$

Wendepunkte: $W_1(t|t^2)$; $W_2(0|0)$ Sattelpunkt

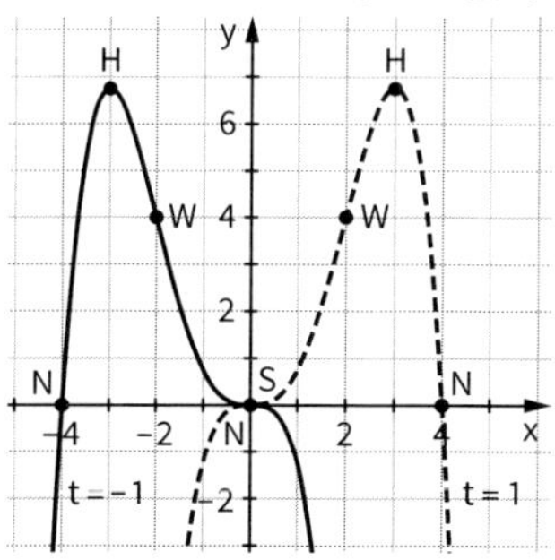

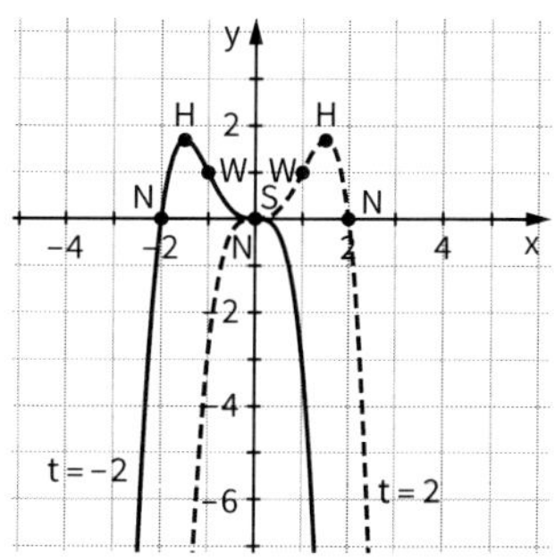

b) $f_{-t}(x) = -\frac{1}{t^2}x^4 - \frac{2}{t}x^3$; $f_t(-x) = -\frac{1}{t^2}x^4 - \frac{2}{t}x^3$

Somit gilt: $f_{-t}(x) = f_t(-x)$, d. h. die Graphen der Funktionen f_t und f_{-t} sind achsensymmetrisch.

c) $H_t\left(\frac{3}{2}t \middle| \frac{27}{16}t^2\right)$; $P_t\left(\frac{3}{2}t \middle| 0\right)$

$A(t) = \frac{1}{2} \cdot \left|\frac{3}{2}t\right| \cdot \frac{27}{16}t^2 = \frac{81}{64} \cdot |t^3|$

Aus $A(t) = 100$ folgt $|t^3| = \frac{6400}{81}$ mit den Lösungen $t_{1,2} = \pm\sqrt[3]{\frac{6400}{81}} \approx \pm 4{,}29$

Für $t > \sqrt[3]{\frac{6400}{81}} \approx 4{,}29$ oder $t < -\sqrt[3]{\frac{6400}{81}} \approx -4{,}29$ beträgt der Flächeninhalt mehr als 100 FE.

150

10. a) $P(0|p)$ und $Q(q|0)$ sind die Punkte auf den beiden Koordinatenachsen.
Da M Mittelpunkt der Strecke $\overline{PQ}$ ist, gilt: $p = 2 \cdot f(u)$; $q = 2u$
Flächeninhalt des Dreiecks OQP:
$A(u) = \frac{1}{2} \cdot 2u \cdot 2 \cdot f(u) = \frac{u^2 \cdot (u-6)^2}{4} = \frac{1}{4}u^4 - 3u^3 + 9u^2$; $0 < u < 6$

b) $A'(u) = u^3 - 9u^2 + 18u$; $A''(u) = 3u^2 - 18u + 18$
$A'(u) = 0$ hat die Lösungen $u_1 = 0$; $u_2 = 3$; $u_3 = 6$.
Aufgrund des Definitionsbereichs $0 < u < 6$ kommt nur die Lösung $u_2 = 3$ infrage.
$A'(3) = -9 < 0$
Der Flächeninhalt des Dreiecks wird maximal für $u = 3$.

11. a) siehe rechts
Höhe des Walls: $h = f(0) = \frac{125}{16}\,\text{m} \approx 7{,}8\,\text{m}$

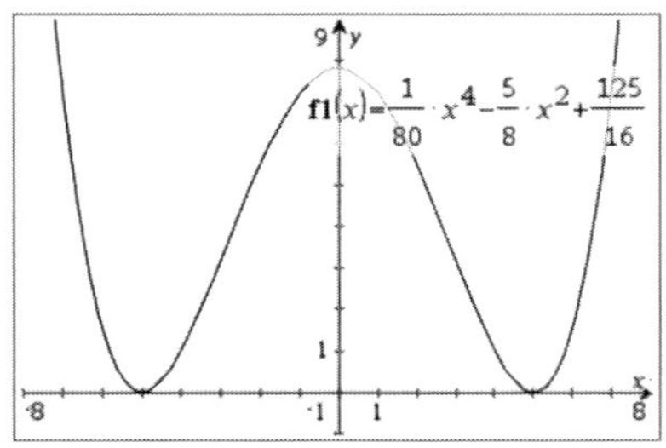

b) Aufgrund der Symmetrie des Graphen genügt es, die Steigung im linken Wendepunkt zu betrachten.
$f''(x) = \frac{3}{20}x^2 - \frac{5}{4}$
$f''(x) = 0$ hat die Lösungen $x_{1/2} = \pm\frac{5}{\sqrt{3}}$
$f'\left(-\frac{5}{\sqrt{3}}\right) = \frac{25}{6\sqrt{3}} \approx 2{,}41$
Die maximale Steigung beträgt ca. 241 % bei einem maximalen Steigungswinkel von ca. 67,5°.

c) Aus Symmetriegründen genügt es, eine Schnittstelle des Graphen von f mit der Geraden $y = 5$ zu bestimmen.
$x \approx 2{,}24$
Der Weg würde ca. 4,48 m breit werden.

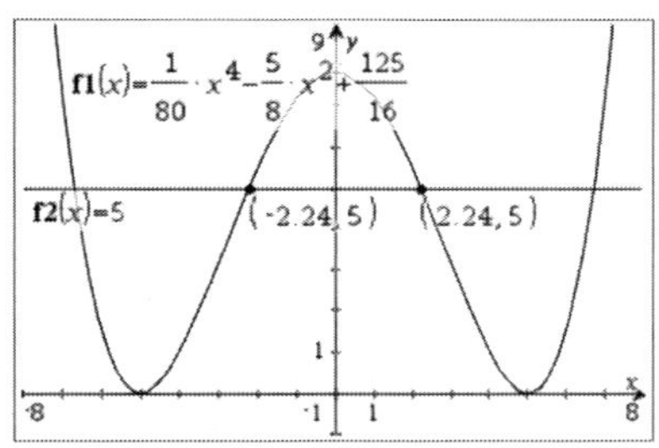

12. a) siehe rechts
Zwischen dem 1. Juni ($t = 1$) und dem 14. Juni ($t = 14$) steigt der Pegelstand etwa bis zum 6. Juni an. Dann fällt er wieder bis etwa zum 13. Juni. Danach steigt er wieder an.

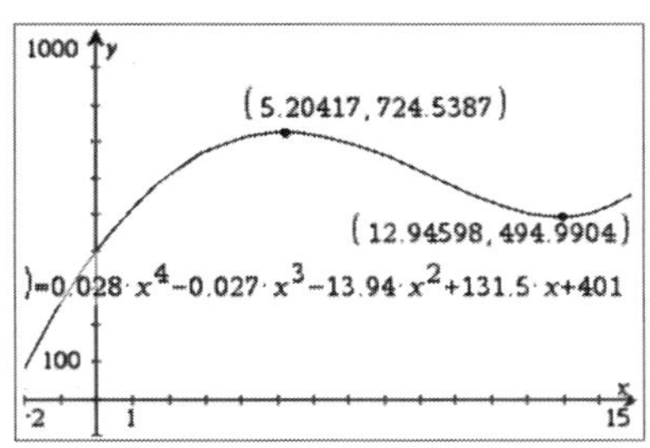

b) siehe Grafik bei Teilaufgabe a)
höchster Pegelstand: ca. 7,25 m ($t \approx 5{,}2$)
tiefster Pegelstand: ca. 4,95 m ($t \approx 12{,}9$)
(tiefer als am 1. Juni (ca. 5,19 m))

150

c) siehe rechts
Der Pegelstand war höher als 6,50 m im Zeitintervall [2,61; 8,29].

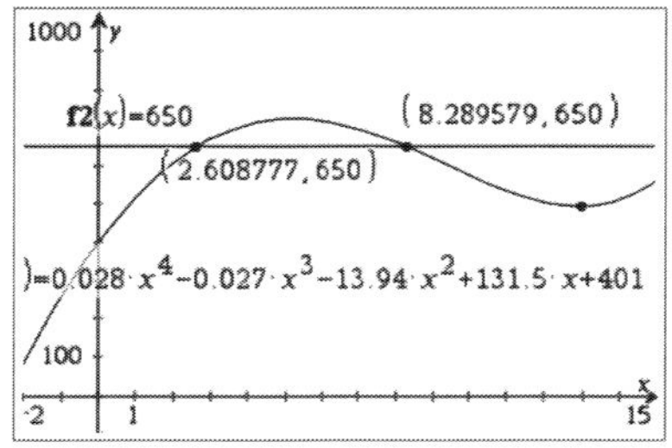

d) Pegelstand am 20. Juni $(t = 20)$: 4,09 m.
Berechnung mithilfe des Modells:
$f(20) \approx 17{,}19$ m
Da im Modell die Pegelstände ab $t \approx 12{,}9$ wieder steigen, ist das Modell ab diesem Zeitpunkt nicht zur Beschreibung der Pegelstände geeignet.

151

13. a) $f(x) = -\frac{17}{54{,}75^2}x^2 + 17$

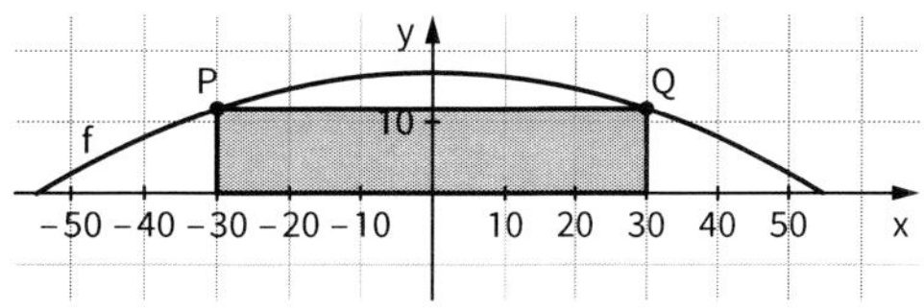

b) Es genügt, den Flächeninhalt des Rechtecks rechts von der x-Achse zu berechnen, da der Graph von f symmetrisch zur y-Achse ist.
Der Punkt Q hat die Koordinaten $Q(u \mid f(u))$.
Extremalbedingung: $A = 2 \cdot u \cdot f(u)$
Nebenbedingung: $f(u) = -\frac{17}{54{,}75^2}u^2 + 17$
Zielfunktion: $A(u) = 2u\left(-\frac{17}{54{,}75^2}u^2 + 17\right) = -\frac{34}{54{,}75^2}u^3 + 34u$
Gesucht ist das Maximum von $A(u)$:
$A'(u) = -\frac{102}{54{,}75^2}u^2 + 34$
$A'(u) = 0$, also $u_1 \approx -31{,}61$ und $u_2 \approx 31{,}61$
Der Flächeninhalt der größtmöglichen Fläche des Plakats beträgt:
$A \approx 2 \cdot 31{,}61\text{ m} \cdot f(31{,}61\text{ m}) = 716{,}49\text{ m}^2$

14. a) Anzahl der Arbeitsstunden: $\frac{30\,000}{350}\text{ h} \approx 85{,}7\text{ h}$

b) Arbeitsstunden des Schichtführers: $\frac{85{,}7}{x}$

c) Gesamtkosten des Betriebs bei x Erntehelfern:
$K(x) = (x+1) \cdot 20 + 85{,}7 \cdot 8 + \frac{85{,}7}{x} \cdot 15, \quad x \geq 1$
$= 20 \cdot x + \frac{1\,285{,}5}{x} + 705{,}6$

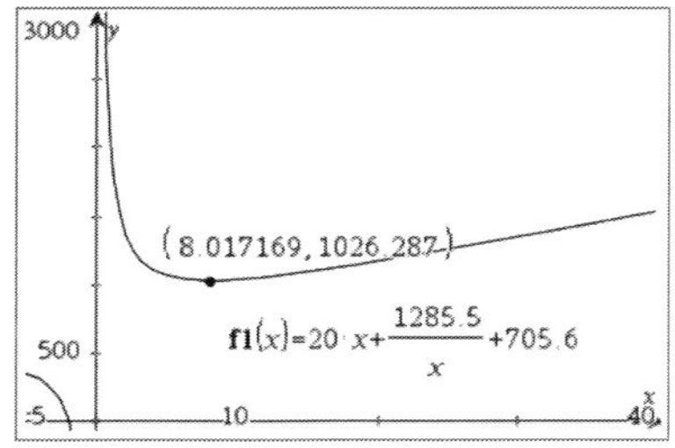

d) Der Graph von K hat ein Minimum bei $x \approx 8{,}02$. Die Gesamtkosten sind minimal bei 8 Erntehelfern.
Sie betragen dann ca. 1 030 €.
Die gesamte Ernte dauert dann ca. $85{,}7\text{ h} : 8 \approx 10{,}7\text{ h}$.

151

15. Gesucht ist eine Funktion f mit $f(x) = ax^3 + bx^2 + cx + d$.
Bedingungen:
(1) $f(0) = 0$ (2) $f'(0) = 0$ (3) $f(4) = -0{,}75$ (4) $f(8) = -2{,}4$

LGS $\left| \begin{array}{r} d = 0 \\ c \quad = 0 \\ 64a + 16b + 4c + d = -0{,}75 \\ 512a + 64b + 8c + d = -2{,}4 \end{array} \right|$ bzw. $\left| \begin{array}{r} 64a + 16b = -0{,}75 \\ 512a + 64b = -2{,}4 \end{array} \right|$

mit der Lösung $a = \frac{3}{1280}$, $b = -\frac{9}{160}$, $c = 0$, $d = 0$
bzw. gerundet $a \approx 0{,}00234$; $b = -0{,}05625$,
$c = 0$, $d = 0$
Ergebnis: $f(x) = 0{,}00234x^3 - 0{,}05625x^2$
$f(6) \approx -1{,}52$
Die Auslenkung bei 6 cm beträgt ca. 1,52 cm.

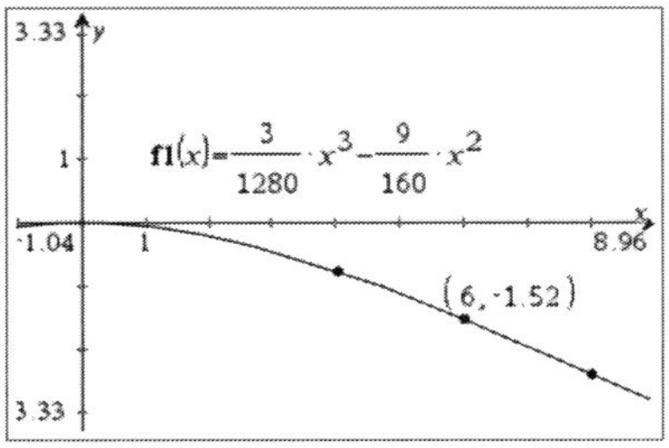

16. Alle Parabeln der Schar gehen durch den Punkt S(20 | 25). Somit können wir von folgendem Ansatz ausgehen: $f_k(x) - 25 = (x - 20) \cdot (ax + b)$
Wir orientieren uns an den Heizkennlinien zu $k = 0$, $k = 10$ und $k = 20$ und bestimmen für diese jeweils die Werte für a und b, indem wir zwei Punkte auf dem Graphen ablesen.

- $k = 0$: $Q_1(-20 \mid 52{,}5)$, $Q_2(0 \mid 42{,}5)$
  Daraus erhalten wir das folgende lineare Gleichungssystem:
  $\left| \begin{array}{l} 52{,}5 - 25 = (-40) \cdot (-20a + b) \\ 42{,}5 - 25 = (-20) \cdot b \end{array} \right|$
  Lösung: $a = -0{,}009375$, $b = -0{,}875$
- $k = 10$: $P_1(-20 \mid 75)$, $P_2(0 \mid 57{,}5)$
  Daraus erhalten wir das folgende lineare Gleichungssystem:
  $\left| \begin{array}{l} 75 - 25 = (-40) \cdot (-20a + b) \\ 57{,}5 - 25 = (-20) \cdot b \end{array} \right|$
  Lösung: $a = -0{,}00625$, $b = -1{,}375$

151

- $k = 20$: $R_1(0\,|\,72{,}5)$, $R_2(10\,|\,52{,}5)$
  Daraus erhalten wir das folgende lineare Gleichungssystem:

$$\left| \begin{array}{l} 52{,}5 - 25 = (-10)\cdot(-10a + b) \\ 72{,}5 - 25 = (-20)\cdot b \end{array} \right|$$

Lösung: $a = -0{,}0375$, $b = -2{,}375$

zusammengefasst:

k	a_k	b_k
0	−0,009375	−0,875
10	−0,00625	−1,375
20	−0,0375	−2,375

mit den Ansätzen

(1) $a_k = e\cdot k^2 + f\cdot k + g$

(2) $b_k = r\cdot k^2 + s\cdot k + t$

erhalten wir für jeden Ansatz ein lineares Gleichungssystem, indem wir die Werte aus der Tabelle einsetzen:

$$(1)\ \left| \begin{array}{l} -0{,}009375 = g \\ -0{,}00625 = 100e + 10f + g \\ -0{,}0375 = 400e + 20f + g \end{array} \right|$$

Lösung: $e = -0{,}000172$; $f = 0{,}002031$; $g = -0{,}009375$

$$(2)\ \left| \begin{array}{l} -0{,}875 = t \\ -1{,}375 = 100r + 10s + t \\ -2{,}375 = 400r + 20s + t \end{array} \right|$$

Lösung: $r = -0{,}0025$; $s = -0{,}025$; $t = -0{,}875$

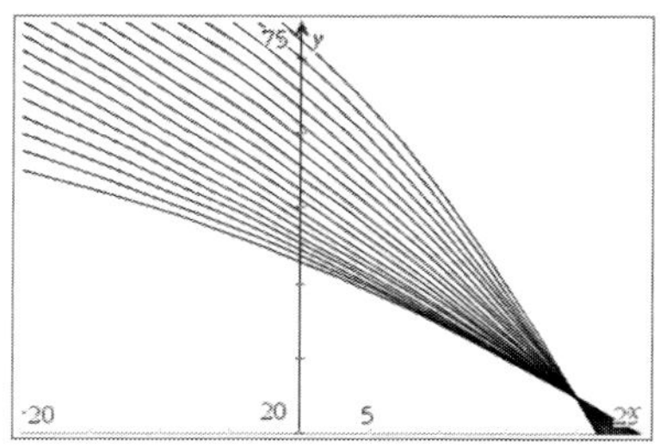

Somit erhalten wir

$f_k(x)$

$= 25 + (x - 20)\cdot[(-0{,}000172\,k^2 + 0{,}002031\,k - 0{,}009375)\cdot x + (-0{,}0025\,k^2 - 0{,}025\,k - 0{,}875)]$

für die gesuchte Funktionenschar f_k.

4 Integralrechnung

4.1 Rekonstruktion eines Bestandes aus Änderungsraten

158 **Einstiegsaufgabe ohne Lösung**

-

Zeitintervall	Wasservolumen am Anfang des Zeitintervalls	Änderung des Wasservolumens	Wasservolumen am Ende des Zeitintervalls
0 h bis 3 h	$500\,000\,m^3$	$3\,h \cdot 400\,000\,\frac{m^3}{h} = 1\,200\,000\,m^3$	$1\,700\,000\,m^3$
3 h bis 6 h	$1\,700\,000\,m^3$	$3\,h \cdot 400\,000\,\frac{m^3}{h} = 1\,200\,000\,m^3$	$2\,900\,000\,m^3$
6 h bis 12 h	$2\,900\,000\,m^3$	$6\,h \cdot \left(-200\,000\,\frac{m^3}{h}\right) = -1\,200\,000\,m^3$	$1\,700\,000\,m^3$
12 h bis 15 h	$1\,700\,000\,m^3$	$3\,h \cdot \left(-200\,000\,\frac{m^3}{h}\right) = -600\,000\,m^3$	$1\,100\,000\,m^3$
15 h bis 20 h	$1\,100\,000\,m^3$	$3\,h \cdot \left(-200\,000\,\frac{m^3}{h}\right) = -1\,000\,000\,m^3$	$100\,000\,m^3$
20 h bis 24 h	$100\,000\,m^3$	$4\,h \cdot 300\,000\,\frac{m^3}{h} = 1\,200\,000\,m^3$	$1\,300\,000\,m^3$

- 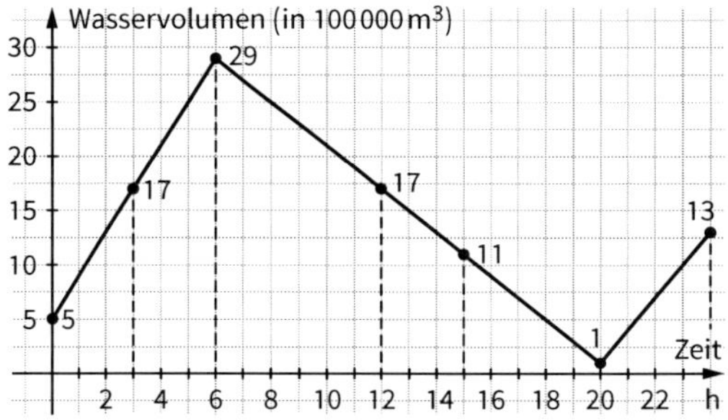

- Bei positivem Wasserfluss nimmt das Wasservolumen zu.
  Bei negativem Wasserfluss nimmt das Wasservolumen ab.
- **1. Fläche**
  $400\,000\,\frac{m^3}{h} \cdot 6\,h = 2\,400\,000\,m^3$
  In der Zeit von 0 h bis 6 h sind 2,4 Mio. m^3 Wasser in das obere Becken geflossen.
  2. Fläche
  $-200\,000\,\frac{m^3}{h} \cdot (20\,h - 6\,h) = -2\,800\,000\,m^3$
  In der Zeit von 6 h bis 20 h sind 2,8 Mio. m^3 Wasser aus dem oberen Becken geflossen.
  3. Fläche
  $300\,000\,\frac{m^3}{h} \cdot (24\,h - 20\,h) = 1\,200\,000\,m^3$
  In der Zeit von 20 h bis 24 h sind 1,2 Mio. m^3 Wasser in das obere Becken geflossen.
  Die Flächeninhalte über den Intervallen entsprechen dem jeweiligen Wasservolumen, das in das obere Becken bzw. aus dem oberen Becken fließt.

162

1. a) (1)

Intervall	Flächeninhalt	Änderung Tankinhalt
[0; 10[	20	$+20\,m^3$
[10; 25[	15	$+15\,m^3$
[25; 40[	22,5	$-22,5\,m^3$

(2)

Intervall	Flächeninhalt	Änderung Wasserstand
[−3; −2[	10	−10 cm
[−2; 1[	30	+30 cm
[1; 2,5[	30	+30 cm
[2,5; 5[	37,5	−37,5 cm

b) (1) $12\,m^3 + 20\,m^3 + 15\,m^3 - 22,5\,m^3 = 24,5\,m^3$

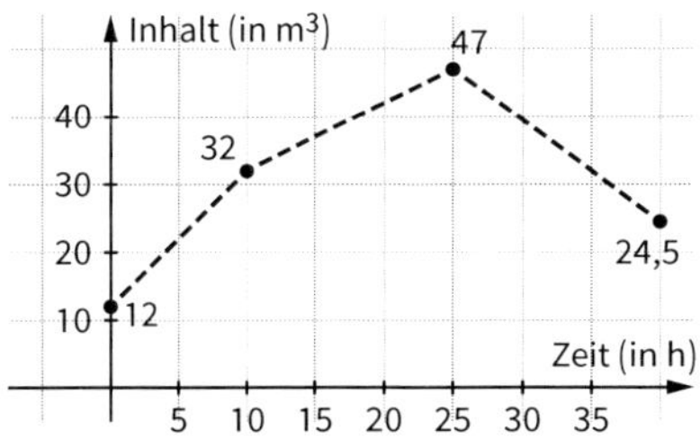

(2) $80\,cm - 10\,cm + 30\,cm + 30\,cm - 37,5\,cm = 92,5\,cm$

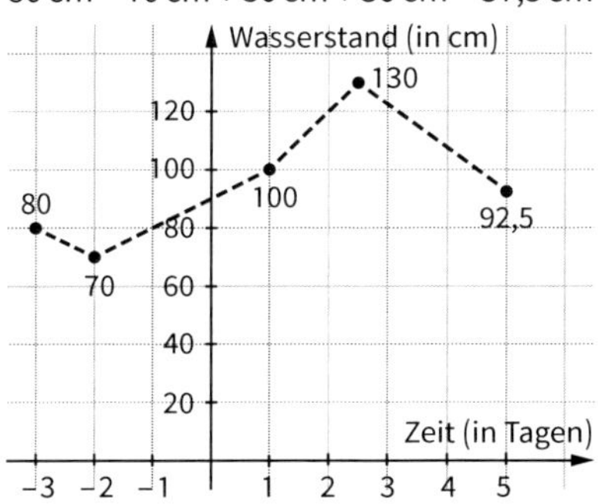

2. a) Die Infusion dauert 10 Minuten. $10\,min \cdot 0,5\frac{ml}{min} = 5\,ml$

Es wurden 5 ml verabreicht.

b)

Zeit (in min)	5	10	15	20	25	30	35
Medikamentenmenge (in ml)	2,5	5	4	3	2	1	0

c)

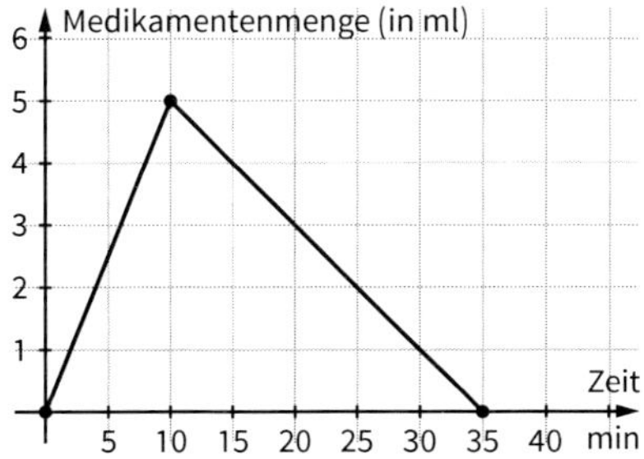

[0; 10[: Die Zunahmegeschwindigkeit beträgt $+0,5\,\frac{ml}{min}$. Die Medikamentenmenge wächst linear mit der Steigung +0,5.

[10; 35[: Die Abbaugeschwindigkeit beträgt $-0,2\,\frac{ml}{min}$. Die Medikamentenmenge fällt linear mit der Steigung −0,2.

162 **3. a)**

Intervall	Änderung der Ladung (in As)
[0; 2[	+100
[2; 3[	+0
[3; 4[	+100
[4; 5[	+0
[5; 6,5[	−150
[6,5; 8[	+0
Insgesamt	+50 As

b)

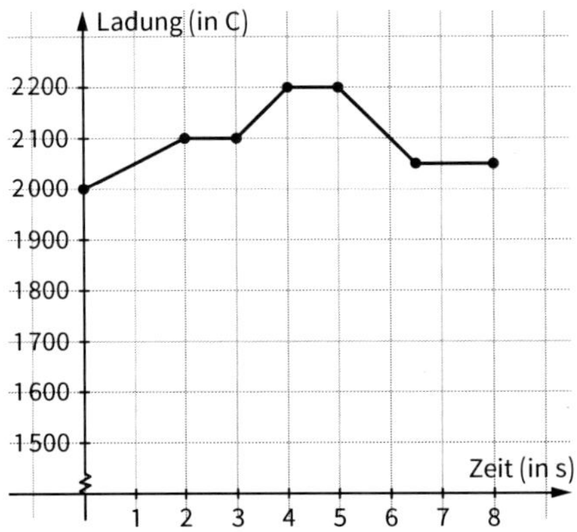

Bei Stromstärken größer als null nimmt die Ladung zu.
Ist die Stromstärke gleich null, ändert sich die Ladung nicht.
Ist die Stromstärke kleiner als null, verringert sich die Ladung.

163 **4. a)**

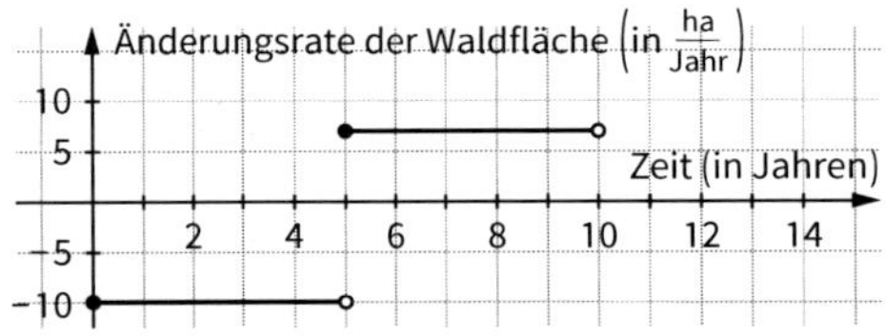

b) In der ersten 5 Jahren verringert sich die Waldfläche um 50 ha.
Danach nimmt die Waldfläche jährlich um 7 ha zu.
$7 \cdot x = 50$ für $x \approx 7{,}14$.
Nach gut 7 Jahren Aufforstung bzw. gut 12 Jahre nach Beginn der Holzeinschlags ist die ursprüngliche Größe wieder hergestellt.

c) (1) −50 ha
(2) +70 ha
(3) $3\text{ Jahre} \cdot \left(-10\,\frac{\text{ha}}{\text{Jahr}}\right) + 5\text{ Jahre} \cdot 7\,\frac{\text{ha}}{\text{Jahr}} = -30\text{ ha} + 35\text{ ha} = +5\text{ ha}$

163

5. a)

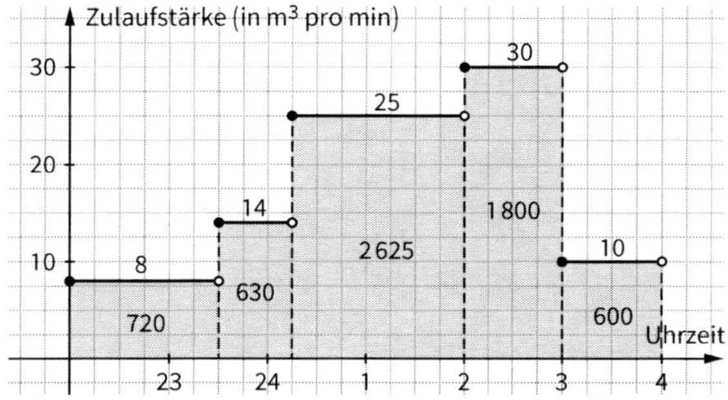

b)

Intervall	Zeit (in min)	Änderung der Wassermenge (in m^3)
22:00 bis 23:30	90	$90 \cdot 8 = 720$
23:30 bis 00:15	45	$45 \cdot 14 = 630$
00:15 bis 02:00	105	$105 \cdot 25 = 2625$
02:00 bis 03:00	60	$60 \cdot 30 = 1800$
03:00 bis 04:00	60	$60 \cdot 10 = 600$
Insgesamt: 6375 m^3		

Von 22 Uhr bis 4 Uhr sind insgesamt 6375 m^3 Wasser in das obere Becken geflossen.

c)

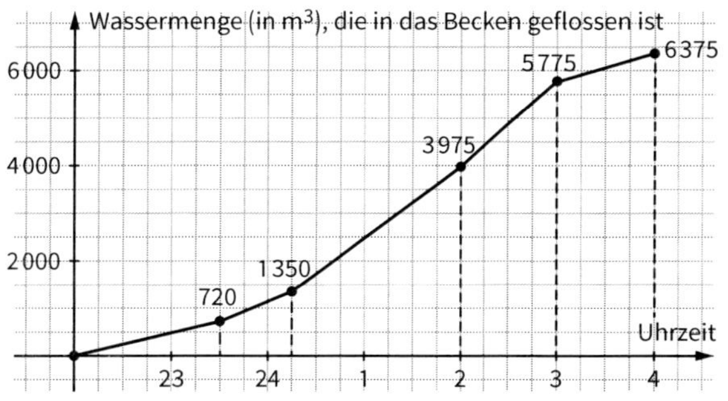

Die jeweiligen Werte am Ende der Zeitintervalle entsprechen der Summe der Flächeninhalte der einzelnen Rechtecke unter dem Graphen aus Teilaufgabe a).

6. (1)

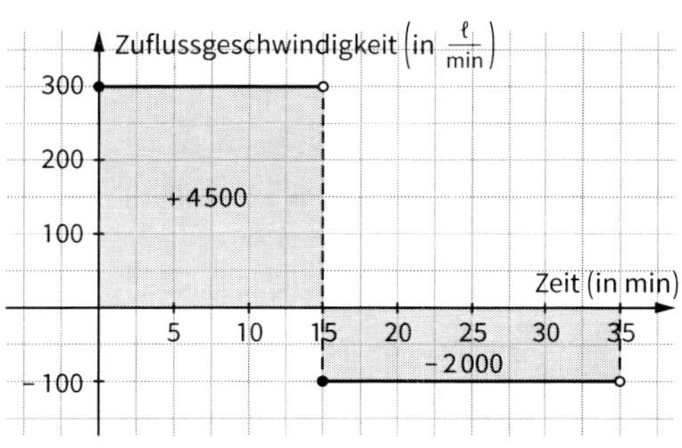

163 (2)

Zeitdauer (min)	5	10	15	20	25	30	35
Volumen (in l)	1500	3000	4500	4000	3500	3000	2500

Das Volumen im Becken ergibt sich für jeden Punkt der x-Achse als Flächeninhalt der Rechtecke, die von den Geraden $y = 300$ für $0 \le x \le 15$ und $y = -100$ für $15 \le x \le 35$ gebildet werden. Dabei ist der Flächeninhalt unterhalb der x-Achse von dem oberhalb der x-Achse zu subtrahieren.

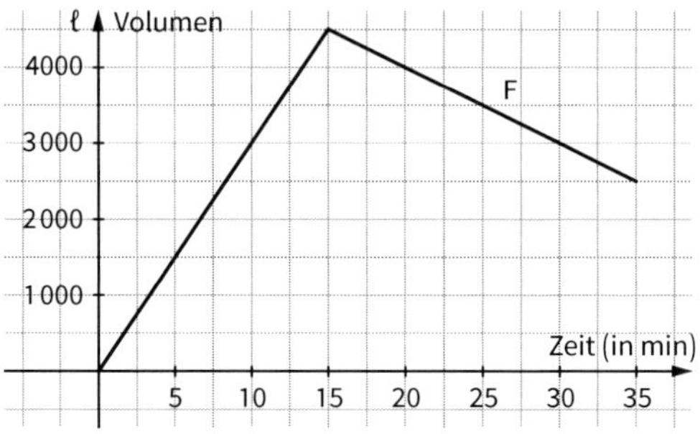

(3)
- Der Flächeninhalt des ersten Rechtecks beträgt 4500 FE. Er entspricht dem Wasservolumen, das während der ersten 15 Minuten in das Becken geflossen ist.
  $F(15) - F(0) = f(0) \cdot (15 - 0) = 4500$
- Der Flächeninhalt des zweiten Rechtecks beträgt 2000 FE. Mit einem negativen Vorzeichen versehen entspricht er dem Wasservolumen, das während der letzten 20 Minuten aus dem Becken geflossen ist.
  $F(35) - F(15) = f(15) \cdot (35 - 15) = -2000$

4.2 Das Integral als Grenzwert von Produktsummen

164 **Einstiegsaufgabe ohne Lösung**

- Hier können verschiedene Vorschläge der Schülerinnen und Schüler diskutiert werden, wie zum Beispiel das Auszählen von Kästchen unter dem Graphen oder auch eine Näherung durch Trapezflächen. Man kann auch eine Annäherung durch verschiedene Arten von Flächen diskutieren, z. B. im Intervall [0; 4] ein Dreieck und im Intervall [4; 10] dann ein Trapez, was zu folgender groben Näherung führt: $\frac{1}{2} \cdot 3 \cdot 30 + \frac{30 + 59}{2} \cdot 7 = 45 + 311{,}5 = 356{,}5$
  Man sollte danach dann aber auch nach einem einfachen einheitlichen Verfahren suchen, dass sich leicht mit einem Rechner umsetzten lässt und sich dabei auf Rechteckflächen gleicher Breite verständigen.
- Max berechnet mithilfe von Produktsummen den zurückgelegten Weg näherungsweise, indem er über 10 Zeitintervalle von 1 s jeweils die Geschwindigkeit konstant lässt. Als Wert für die Geschwindigkeit nutzt er den Funktionswert am Anfang des jeweiligen Intervalls. Im Intervall [0; 1] ist dieser Funktionswert 0, im Intervall [1; 2] ist er 12 usw.
  Jedes Produkt besteht aus dem Faktor 1, der Intervallbreite, und aus dem Funktionswert als zweiten Faktor.
- Man könnte die Rechtecke noch schmaler machen, z. B. könnte man sie 0,5 Einheiten breit machen:
  $0{,}5 \cdot 7 + 0{,}5 \cdot 12 + 0{,}5 \cdot 17 + 0{,}5 \cdot 21 + 0{,}5 \cdot 26 + 0{,}5 \cdot 30 + 0{,}5 \cdot 34 + 0{,}5 \cdot 38 + 0{,}5 \cdot 42 + 0{,}5 \cdot 45$
  $+ 0{,}5 \cdot 47 + 0{,}5 \cdot 49 + 0{,}5 \cdot 51 + 0{,}5 \cdot 53 + 0{,}5 \cdot 54 + 0{,}5 \cdot 56 + 0{,}5 \cdot 57 + 0{,}5 \cdot 58 + 0{,}5 \cdot 59 = 378$
  Dabei wurden die neuen Funktionswerte an den Stellen 0,5; 1,5; 2,5 usw. ungefähr aus dem Graphen abgelesen.
  $378 \frac{\text{km}}{\text{h}} \cdot \text{s} = 105\,\text{m}$

167

1. a) Näherung für 5 Rechtecke der Breite 0,2:

Lisa: $\int_0^1 (2 - x^2)\,dx \approx 0{,}2 \cdot (2 + 1{,}96 + 1{,}84 + 1{,}64 + 1{,}36) \approx 0{,}2 \cdot 8{,}8 = 1{,}76$

Theo: $\int_0^1 (2 - x^2)\,dx \approx 0{,}2 \cdot (1{,}96 + 1{,}84 + 1{,}64 + 1{,}36 + 1) \approx 0{,}2 \cdot 7{,}8 = 1{,}56$

Vergleich: $1{,}56 < \int_0^1 (2 - x^2)\,dx < 1{,}76$

Näherung für 500 Rechtecke der Breite 0,002:

Lisa mit GTR:

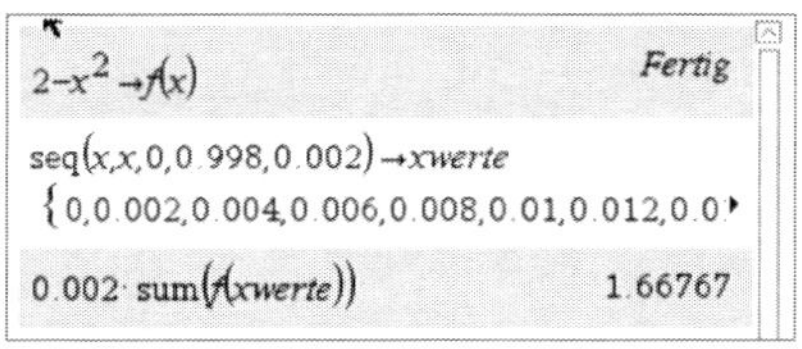

Theo mit GTR:

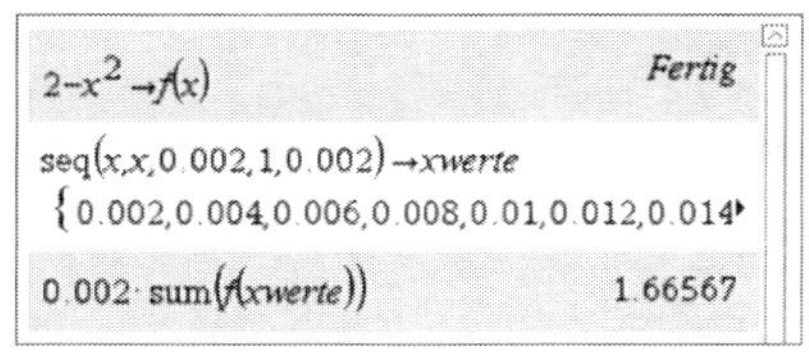

Vergleich: $1{,}66567 < \int_0^1 (2 - x^2)\,dx < 1{,}66767$

Je größer die Anzahl der Rechtecke, umso geringer ist der Unterschied zwischen den beiden Produktsummen.

b) Der Wert des Integrals liegt offenbar zwischen 1,6656 und 1,6677.
Bei 5 Rechtecken lag die Untersumme bei 1,56 und die Obersumme bei 1,76. Bei 500 Rechtecken ist die Untersumme gewachsen auf 1,66567 und die Obersumme ist gefallen auf 1,66567. Die Werte für Untersumme und Obersumme nähern sich mit zunehmender Anzahl von Rechtecken einander an.
Hier noch der Vergleich für 5 000 Rechtecke mit einem GTR:

Obersumme

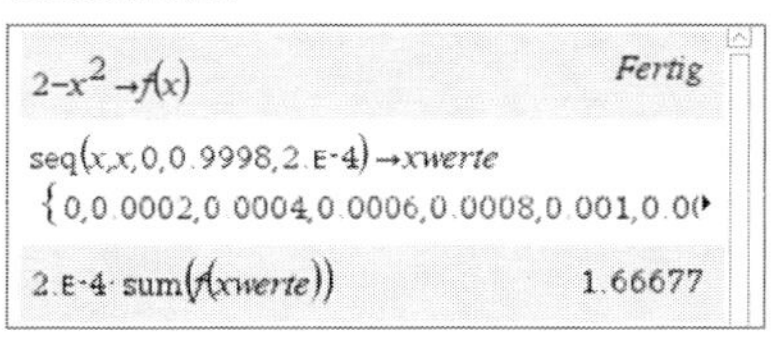

Untersumme

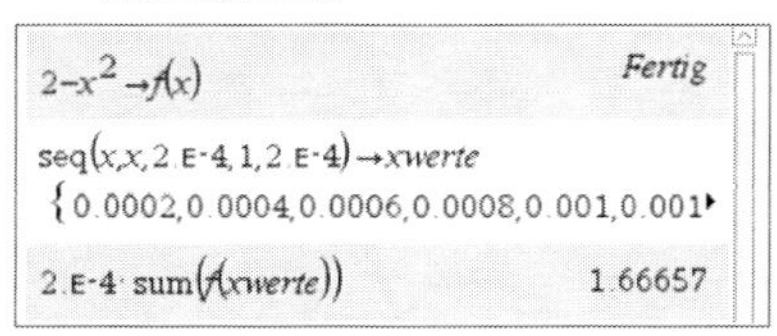

Beide Produktsummen nähern sich vermutlich dem Wert $1{,}\overline{6} = \frac{5}{3}$.

c) $f(x) = x \cdot (x - 2)^2 = x^3 - 4x^2 + 4x$;
$f'(x) = 3x^2 - 8x + 4$; $f'\left(\frac{2}{3}\right) = 0$
f hat die Nullstelle $x_1 = 0$ mit einem Vorzeichenwechsel von – nach + und die doppelte Nullstelle $x_2 = 2$, in deren Nähe $f(x) > 0$ gilt. Weitere Nullstellen kann f nicht haben. Somit ergibt sich für den Graphen von f der Hochpunkt $H\left(\frac{2}{3} \middle| \frac{32}{27} \approx 1{,}185\right)$ und der nebenstehende Verlauf des Graphen.

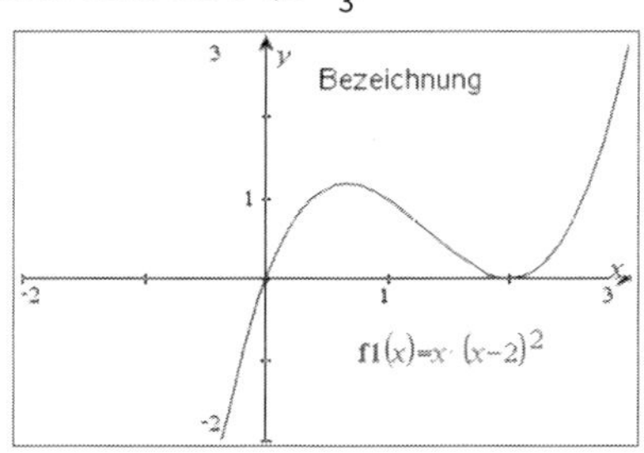

167 Bei der Bestimmung von Obersummen und Untersummen muss man auf die Monotonie achten. Für die Obersumme werden für die Rechteckhöhen die größten Funktionswerte im jeweiligen Intervall genommen, für die Untersummen die jeweils kleinsten. Für alle Rechtecke im Intervall $\left[0; \frac{2}{3}\right]$ sind das die Funktionswerte am jeweils linken Rand eines Rechtecks für die Untersummen und am jeweils rechten Rand für die Obersummen. Im Intervall $\left[\frac{2}{3}; 2\right]$ ist es umgekehrt. Man sollte deshalb diese Produktsummen auch einmal für das Intervall $\left[0; \frac{2}{3}\right]$ und einmal für das Intervall $\left[\frac{2}{3}; 2\right]$ getrennt berechnen oder aber das ganze Intervall gleichmäßig so in Teilintervalle zerlegen, dass die Stelle $\frac{2}{3}$, an der ein Monotoniewechsel stattfindet, auch als Intervallgrenze vorkommt.

Hier ein Beispiel mit einem GTR für insgesamt 600 Teilintervalle der Breite $\frac{1}{300}$:

Untersumme

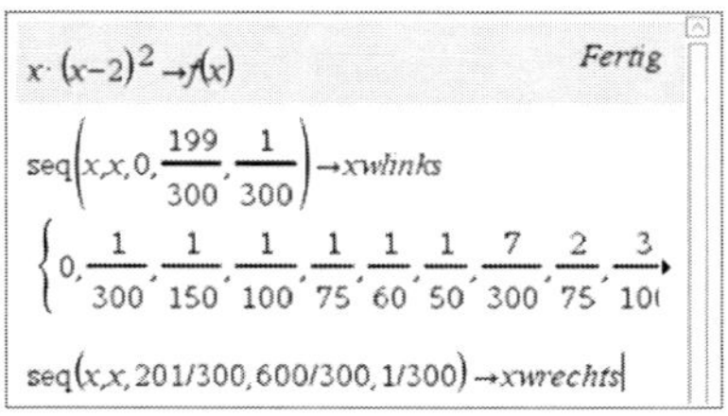

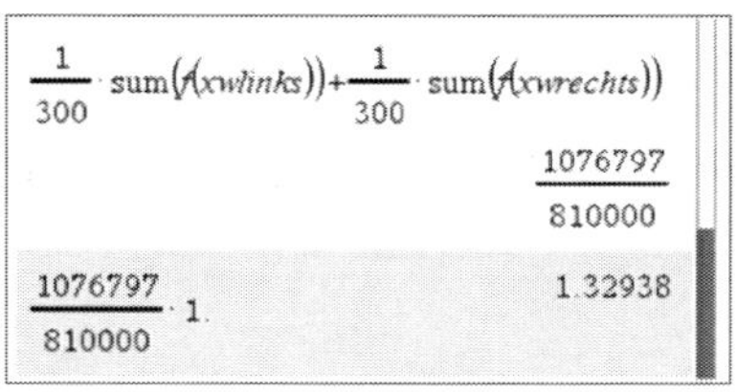

Obersumme

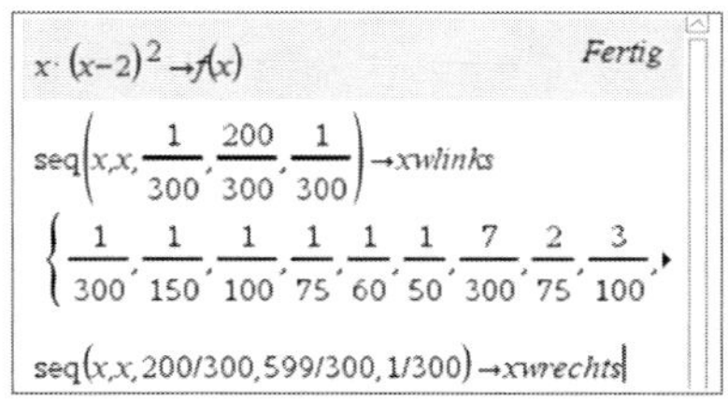

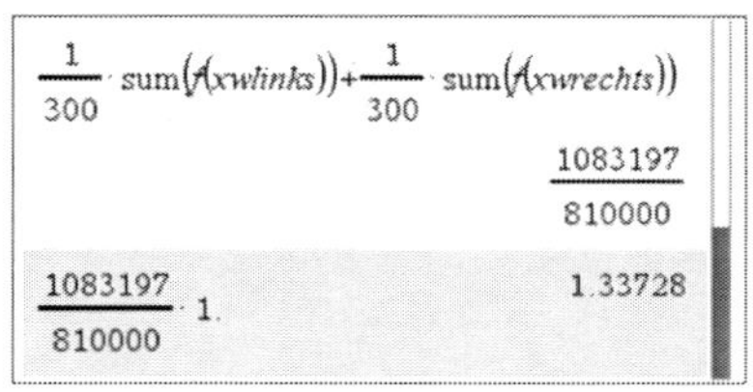

$$1{,}32938 < \int_0^2 \left(x\,(x-2)^2\right) dx < 1{,}33728$$

168 **2. a)** Die Höhe des ersten Rechtecks der Untersumme ist null. Somit hat das erste Rechteck der Untersumme auch den Flächeninhalt null.
An der Zeichnung erkennt man, dass der Flächeninhalt des ersten Rechtecks der Obersumme gleich dem Flächeninhalt des zweiten Rechtecks der Untersumme ist. Und der Flächeninhalt des zweiten Rechtecks der Obersumme ist genau so groß wie der Flächeninhalt des dritten Rechtecks der Untersumme und immer so weiter. Verschiebt man alle Rechtecke der Untersumme um eine Rechteckbreite nach links, so decken die Rechtecke der Untersumme alle Rechtecke der Obersumme ab, bis auf das letzte Rechteck der Obersumme.
Die Differenz aus Obersumme und Untersumme ist also gleich dem Flächeninhalt dieses letzten Rechtecks der Obersumme.
Das letzte Rechteck der Obersumme hat bei n Rechtecken die Breite $\frac{b}{n}$ und die Höhe b^2 und somit einen Flächeninhalt von $\frac{b^3}{n}$ Flächeneinheiten.

168

b) Bezeichnen wir für n Rechtecke die Obersumme mit O_n und die Untersumme mit U_n, so gilt: $U_n < \int_0^b x^2\,dx < O_n$

In Teilaufgabe a) haben wir gesehen, dass gilt $O_n = U_n + \frac{b^3}{n}$.

Für die Abschätzung ergibt sich daraus: $U_n < \int_0^b x^2\,dx < U_n + \frac{b^3}{n}$

Wenn $n \to \infty$, dann $\frac{b^3}{n} \to 0$ und somit $U_n < \int_0^b x^2\,dx < U_n$, also $U_n = \int_0^b x^2\,dx$ für $n \to \infty$.

3. a) Rationale Zahlen sind Zahlen, die sich in der Form $\frac{a}{b}$ darstellen lassen, wobei a und b zwei ganze Zahlen mit $b \neq 0$ sind.Die rationalen Zahlen liegen auf dem Zahlenstrahl beliebig dicht, d. h. dass man zwischen zwei rationalen Zahlen p und q immer noch eine rationale Zahl angeben kann, die zwischen p und q liegt, z. B. die Zahl $\frac{p+q}{2}$.
Dennoch gibt es Zahlen, die keine rationalen Zahlen sind und sich nicht in der Form $\frac{a}{b}$ darstellen lassen, z. B. $\sqrt{2}, \sqrt{3}, \sqrt{5}$, aber dennoch eine Stelle auf dem Zahlenstrahl einnehmen. Solche Zahlen heißen irrationale Zahlen.
Der Graph von f würde deshalb gezeichnet wie eine Strecke parallel zur x-Achse durch die Punkte P(0|1) und Q(1|1) aussehen. Allerdings hätte diese Gerade Löcher an allen irrationalen Stellen, da an diesen Stellen der Funktionswert auf der x-Achse liegen müsste.

b) Wenn man ein Teilintervall betrachtet, so wird für die Obersumme als Rechteckhöhe der jeweils größte Funktionswert verwendet, das wäre die Höhe 1. Für die Untersumme dagegen würde man den jeweils kleinsten Funktionswert als Rechteckhöhe verwenden, also null.
Die Abschätzung durch Untersummen und Obersummen sähe also immer so aus:
$0 < \int_0^{b_1} f(x)\,dx < 1.$

c) In der Lösung von Aufgabe 1, haben wir gesehen, dass die beiden Produktsummen *Obersumme* und *Untersumme* denselben Grenzwert hatten. Bei dieser Funktion ist das nicht der Fall. Es ist egal, in wie viele Teilintervalle wir das Intervall [0, 1] auch zerlegen würden, die Untersumme hätte immer den Wert 0 und die Obersumme immer den Wert 1.
Deshalb hat Riemann die Variante der Definition von Seite 94 verschärft und gefordert, dass die Grenzwerte von Ober- und Untersummen übereinstimmen müssen. Diese Verschärfung ist aber nur für sehr exotische Funktionen erforderlich, die im Mathematikunterricht nicht weiter betrachtet werden.

168

4. a) **8 Rechtecke der Breite 0,5** (mit dem Endwert x = 7,5)

$$\int_0^4 (x-2)^2\,dx \approx 0{,}5\cdot\left((-2)^2+(-1{,}5)^2+(-1)^2+(-0{,}5)^2+0^2+0{,}5^2+1^2+1{,}5^2\right)\approx 0{,}5\cdot 11=5{,}5$$

100 Rechtecke der Breite 0,04
(mit dem Endwert x = 3,96)
Mit einem GTR, so wie auf Seite 165 im Schülerband:

$$\int_0^4 (x-2)^2\,dx \approx 5{,}33$$

```
(x-2)^2 → f(x)                                    Fertig
seq(x,x,0,3.96,0.04) → xwerte
  {0,0.04,0.08,0.12,0.16,0.2,0.24,0.28,0.32,0▸
0.04·sum(f(xwerte))                               5.3344
```

b) **7 Rechtecke der Breite 1** (mit Endwert x = 7)

$$\int_1^8 (x^3-x^2)\,dx \approx 0+4+18+48+100+180+294\approx 644$$

14 Rechtecke der Breite 0,5 (mit Endwert x = 7,5)

$$\int_1^8 (x^3-x^2)\,dx \approx 0{,}5\cdot(0+1{,}125+4+9{,}375+18+30{,}625+48+70{,}875+100+136{,}125+180+232{,}375+294+365{,}625)\approx 745$$

100 Rechtecke der Breite 0,07
(mit Endwert x = 7,93)
Mit einem GTR erhält man

$$\int_1^8 (x^3-x^2)\,dx \approx 838.$$

```
x^3-x^2 → f(x)                                    Fertig
seq(x,x,1,7.93,0.07) → xwerte
  {1,1.07,1.14,1.21,1.28,1.35,1.42,1.49,1.56,▸
0.07·sum(f(xwerte))                              837.808
```

500 Rechtecke der Breite 0,014
(mit Endwert x = 7,986)
Mit einem GTR erhält man

$$\int_1^8 (x^3-x^2)\,dx \approx 850.$$

```
x^3-x^2 → f(x)                                    Fertig
seq(x,x,1,7.986,0.014) → xwerte
  {1,1.014,1.028,1.042,1.056,1.07,1.084,1.0▸
0.014·sum(f(xwerte))                             850.284
```

c) **10 Rechtecke der Breite 0,2**

$$\int_1^3 3x^4\,dx \approx 0{,}2\cdot(3+6{,}22+11{,}53+19{,}66+31{,}49+48+70{,}28+99{,}53+137{,}09+184{,}4)\approx 122{,}24$$

100 Rechtecke der Breite 0,02

$$\int_1^3 3x^4\,dx \approx 142{,}81 \text{ mit GTR}$$

```
3·x^4 → f(x)                                      Fertig
seq(x,x,1,2.98,0.02) → xwerte
  {1,1.02,1.04,1.06,1.08,1.1,1.12,1.14,1.16,1▸
0.02·sum(f(xwerte))                               142.81
```

1 000 Rechtecke der Breite 0,002

$$\int_1^3 3x^4\,dx \approx 144{,}96 \text{ mit GTR}$$

```
3·x^4 → f(x)                                      Fertig
seq(x,x,1,2.998,0.002) → xwerte
  {1,1.002,1.004,1.006,1.008,1.01,1.012,1.0▸
0.002·sum(f(xwerte))                              144.96
```

168

d) **10 Rechtecke der Breite 0,2:**

$$\int_0^1 3^x\,dx \approx 0{,}2 \cdot (1 + 1{,}25 + 1{,}55 + 1{,}93 + 2{,}4 + 3 + 3{,}74 + 4{,}66 + 5{,}8 + 7{,}22) \approx 6{,}51$$

100 Rechtecke der Breite 0,02:

$$\int_0^2 3^x\,dx \approx 7{,}2$$

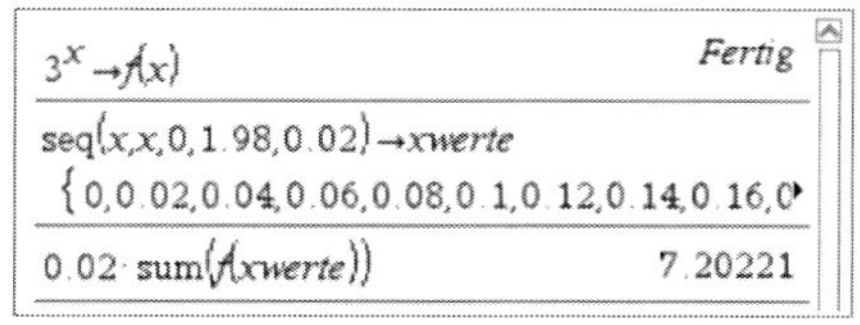

1 000 Rechtecke der Breite 0,002:

$$\int_0^2 3^x\,dx \approx 7{,}27$$

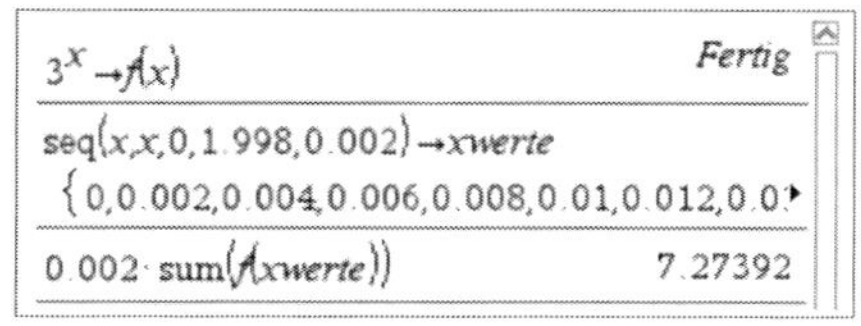

5. **a)** siehe rechts

b) Der Flächeninhalt der Fläche zwischen dem Graphen von f und der x-Achse über dem Intervall [0; 4] entspricht der Masse eines 4 m hohen Schüttkegels in Tonnen.

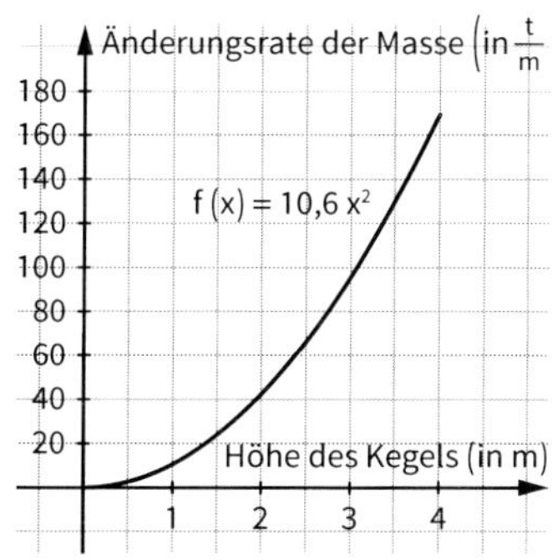

c) **8 Rechtecke der Breite 0,5:**

$$\int_0^4 10{,}6 \cdot x^2\,dx$$
$$\approx 0{,}5 \cdot (0 + 2{,}65 + 10{,}6 + 23{,}85 + 42{,}4 + 66{,}25 + 95{,}4 + 129{,}85)$$
$$\approx 186$$

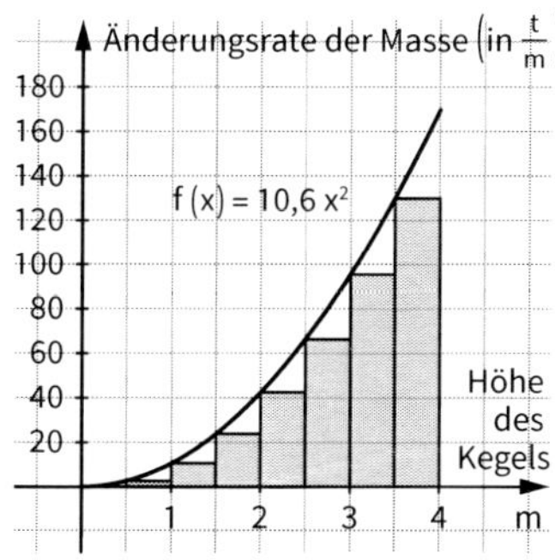

100 Rechtecke der Breite 0,04:

$$\int_0^4 10{,}6 \cdot x^2\,dx \approx 223 \text{ mit GTR}$$

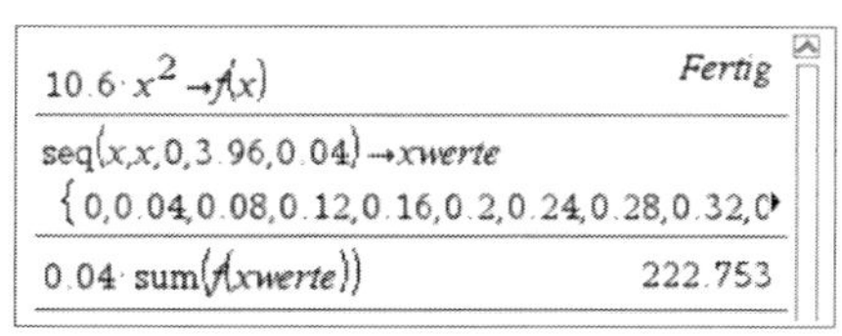

1 000 Rechtecke der Breite 0,004:

$$\int_0^4 10{,}6 \cdot x^2\,dx \approx 226 \text{ mit GTR}$$

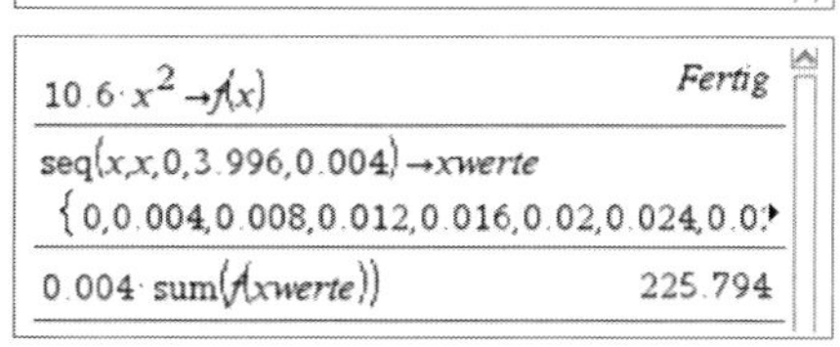

Der Schüttkegel hat eine Masse von über 220 t.

168

6. a) Nach dem Einzeichnen der Punkte kann man ungefähr den Verlauf des Graphen der Änderungsrate der Quecksilbermenge abschätzen (gestrichelte Linie).
Wenn man hier für die Näherung mit Produktsummen arbeitet, bei denen man als Rechteckhöhen jeweils die Funktionswerte am linken Rand verwendet, würde die Näherung offensichtlich zu groß werden.

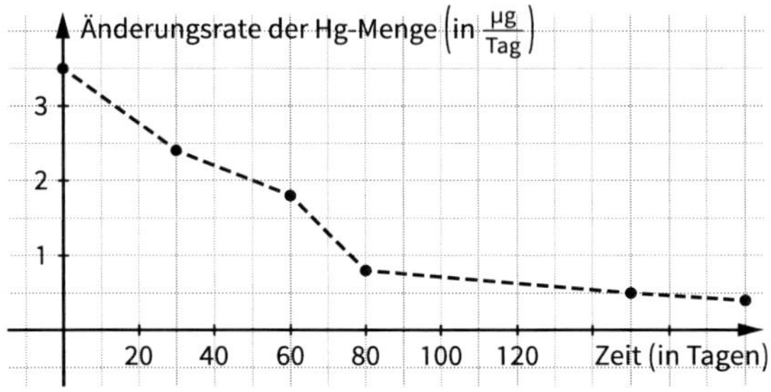

Anhand der grafischen Darstellung der Daten bieten sich verschiedene Möglichkeiten für eine sinnvolle grobe Näherung an. Man könnte z. B. die Datenpunkte miteinander verbinden und die jeweiligen Inhalte der Trapezflächen bestimmen.
Man kann aber auch mit einer möglichst einfachen und rechnerisch zweckmäßigen Abschätzung mithilfe von Rechtecken arbeiten. Eine solche mögliche Näherung ist z. B: $30 \cdot 3 + 30 \cdot 2 + 30 \cdot 1{,}25 + 30 \cdot 0{,}75 + 30 \cdot 0{,}5 + 30 \cdot 0{,}5 = 30 \cdot 8 = 240$
Es wurden ungefähr 240 µg Quecksilber ausgeschieden.

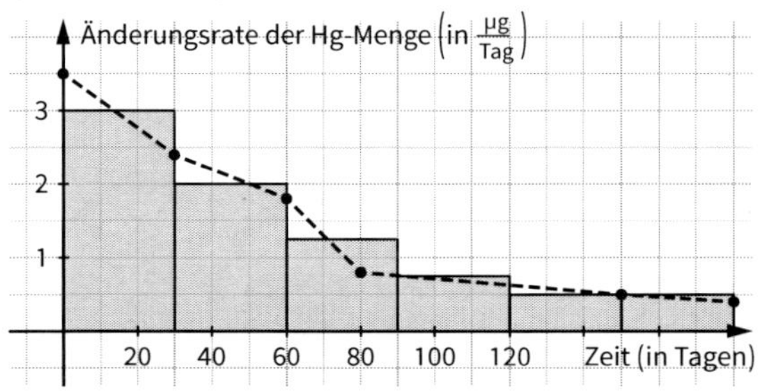

b) $f(x) = 3{,}552 \cdot 0{,}9876^x$
Berechung anhand von 180 Rechtecken der Breite 1 mithilfe des GTR ergibt

$$\int_0^{180} f(x)\,dx \approx 256.$$

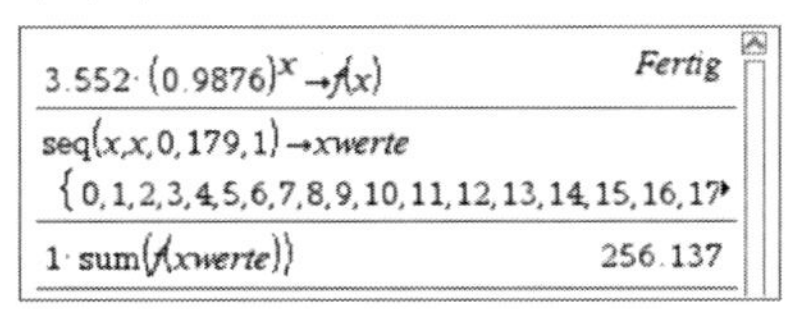

Nach dieser Berechnung wurden ungefähr 256 µg Quecksilber ausgeschieden.

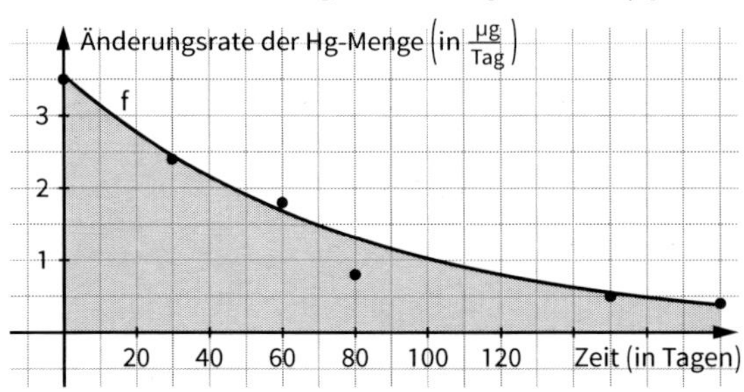

169 **7. a)** Die Daten in der Tabelle geben den momentanen Kraftstoffverbrauch nur an einzelnen Stellen an.
Unterstellt man, dass der momentane Kraftstoffverbrauch jeweils auf einem Kilometer davor genauso hoch, also konstant war, so erhalten wir folgende Näherung:

$1\,\text{km} \cdot 0{,}150\,\frac{\text{l}}{\text{km}} + 1\,\text{km} \cdot 0{,}129\,\frac{\text{l}}{\text{km}} + 1\,\text{km} \cdot 0{,}113\,\frac{\text{l}}{\text{km}} + 1\,\text{km} \cdot 0{,}100\,\frac{\text{l}}{\text{km}}$

$= (0{,}150 + 0{,}129 + 0{,}113 + 0{,}100)\,\text{l} = 0{,}492\,\text{l}$

Während der ersten 4 Fahrkilometer wurde also etwa $\frac{1}{2}$ Liter Kraftstoff verbraucht.
Zeichnet man die Datenpunkte in ein Koordinatensystem, so erkennt man, dass der momentane Kraftstoffverbrauch bei gleichmäßiger Fahrweise offensichtlich abgenommen hat. Die Näherung durch Produktsummen, bei denen man als Rechteckhöhen jeweils den Funktionswert am rechten Rand verwendet, führt also offensichtlich zu einer zu kleinen Näherung.

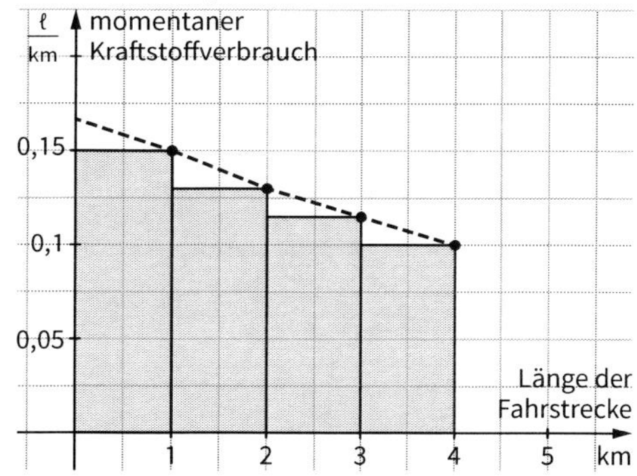

Man könnte für die Näherung auch mit einer einzigen Trapezfläche arbeiten:

$\frac{0{,}2 + 0{,}1}{2} \cdot 4 = 0{,}6$

Der Kraftstoffverbrauch für die ersten 4 km liegt nach dieser Näherung ungefähr bei 0,6 l.

b) Die Funktion k beschreibt die momentane Änderungrate des Kraftstoffverbrauchs in $\frac{\text{l}}{\text{km}}$. Die Änderung, also der Kraftstoffverbrauch im Zeitintervall [0; 4], kann als Grenzwert von Produktsummen, also als Integral $\int_0^4 k(x)\,dx$ bestimmt werden.

$k(x) = 0{,}2 - 0{,}05\sqrt{x}$

Näherung für 1 000 Rechtecke der Breite 0,004:

$\int_0^4 \left(0{,}2 - 0{,}05\sqrt{x}\right) dx \approx 0{,}534$ mit GTR

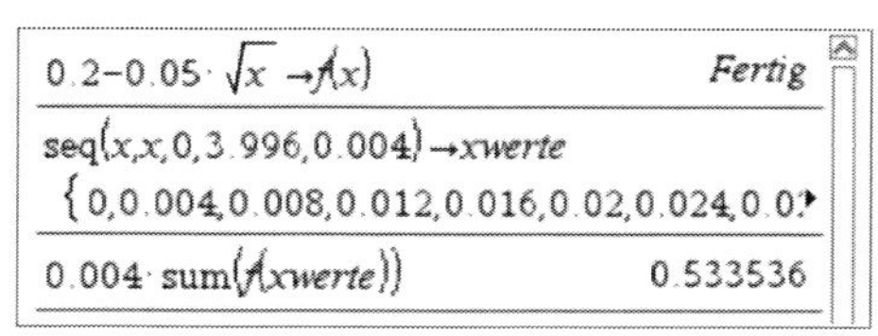

8. a) (1) $\int_0^3 x^2\,dx = \frac{1}{3} \cdot 3^3 = 9$ (2) $\int_0^8 x^2\,dx = \frac{1}{3} \cdot 8^3 = \frac{512}{3} \approx 170{,}66$ (3) $\int_0^1 x^2\,dx = \frac{1}{3} \cdot 1^3 = \frac{1}{3}$

b) Man erhält $\int_3^7 x^2\,dx$ aus der Differenz $\int_0^7 x^2\,dx - \int_0^3 x^2\,dx$. Das Integral $\int_3^7 x^2\,dx$ ist der orientierte Flächeninhalt zwischen dem Graphen von $y = x^2$ und der x-Achse über dem Intervall [3; 7]. Dieser Flächeninhalt ergibt sich aus der Differenz der Flächeninhalte der Flächen zwischen dem Graphen zu $y = x^2$ und der x-Achse über dem Intervall [0; 7] und dem Intervall [0; 3],

169

(1) $\int_1^3 x^2\,dx = \int_0^3 x^2\,dx - \int_0^1 x^2\,dx = 9 - \frac{1}{3} = \frac{26}{3}$

(2) $\int_5^8 x^2\,dx = \int_0^8 x^2\,dx - \int_0^5 x^2\,dx = \frac{1}{3}\cdot 8^3 - \frac{1}{3}\cdot 5^3 = \frac{387}{3} = 129$

(3) $\int_7^{10} x^2\,dx = \int_0^{10} x^2\,dx - \int_0^7 x^2\,dx = \frac{1}{3}\cdot 10^3 - \frac{1}{3}\cdot 7^3 = \frac{657}{3} = 219$

9. $A = A_{\text{Rechteck}} - \int_{-5}^{5} x^2\,dx$

$A = 10\cdot 25 - 2\cdot\int_0^5 x^2\,dx$

$A = 250 - 2\cdot\frac{1}{3}\cdot 5^3$

$A = 250 - \frac{250}{3}$

$A = \frac{2}{3}\cdot 250 = \frac{500}{3} \approx 166{,}66$

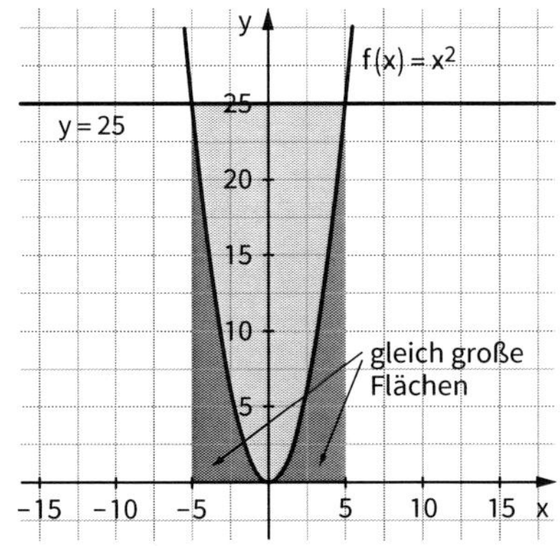

10. $S_n = \frac{b}{n}\left(\left(\frac{b}{n}\right)^3 + \left(\frac{2b}{n}\right)^3 + \left(\frac{3b}{n}\right)^3 + \ldots + \left(\frac{(n-1)b}{n}\right)^3\right)$

$= \frac{b^4}{n^4}\left(1 + 2^3 + 3^3 + \ldots + (n-1)^3\right)$

$= \frac{b^4}{n^4}\sum_{k=1}^{n-1} k^3 = \frac{b^4}{n^4}\cdot\frac{n^2(n-1)^2}{4} = \frac{b^4}{4}\cdot\frac{(n-1)^2}{n^2} = \frac{b^4}{4}\cdot\left(1 - \frac{1}{n}\right)^2$

$\lim_{n\to\infty} S_n = \frac{b^4}{4} \Rightarrow A = \frac{b^4}{4}$

Für das Integral im Intervall [a, b] gilt wieder

$\int_a^b x^3\,dx = \int_0^b x^3\,dx - \int_0^a x^3\,dx = \frac{b^4}{4} - \frac{a^4}{4}.$

170

11. a) (1) $\int_0^3 x^3\,dx = \frac{1}{4}\cdot 3^4 = \frac{81}{4} = 20{,}25$

(2) $\int_0^5 x^3\,dx = \frac{1}{4}\cdot 5^4 = \frac{625}{4} = 156{,}25$

(3) $\int_0^{100} x^3\,dx = \frac{1}{4}\cdot 100^4 = 25\,000\,000$

170

b) $\int_a^b x^3\,dx = \int_0^b x^3\,dx - \int_0^a x^3\,dx = \frac{1}{4}\cdot b^4 - \frac{1}{4}\cdot a^4$

(1) $\int_1^3 x^3\,dx = \frac{1}{4}\cdot 3^4 - \frac{1}{4}\cdot 1^4 = \frac{81}{4} - \frac{1}{4} = 20$

(2) $\int_{10}^{100} x^3\,dx = \frac{1}{4}\cdot 100^4 - \frac{1}{4}\cdot 10^4$
$= 25\,000\,000 - 2\,500 = 24\,997\,500$

(3) $\int_4^{20} x^3\,dx = \frac{1}{4}\cdot 20^4 - \frac{1}{4}\cdot 4^4 = 40\,000 - 64 = 39\,936$

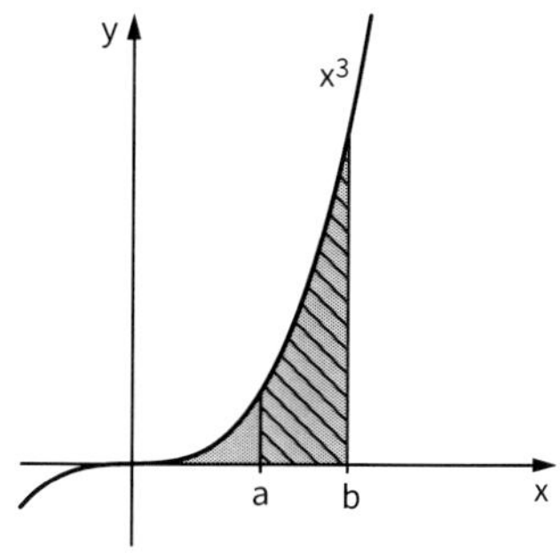

c) (1) Verschiebung um 1 Einheit nach oben.

$\int_1^3 (x^3+1)\,dx = \int_1^3 x^3\,dx + 1\cdot(3-1) = 20 + 2 = 22$

(2) Verschiebung um 3 Einheiten nach oben.

$\int_{10}^{100} (x^3+3)\,dx = \int_{10}^{100} x^3\,dx + 3\cdot(100-10) = 24\,997\,500 + 270 = 24\,997\,770$

(3) Verschiebung um 10 Einheiten nach unten.

(Zu Beginn des Intervalls bei $x = 4$ von 64 auf 54, am Ende von 8 000 auf 7 990.)

$\int_4^{20} (x^3-10)\,dx = \int_4^{20} x^3\,dx - 10\cdot(20-4) = 39\,936 - 160 = 39\,776$

12. $A = 5\cdot 125 - \int_0^5 x^3\,dx = 625 - \frac{1}{4}\cdot 5^4 = 468{,}75$

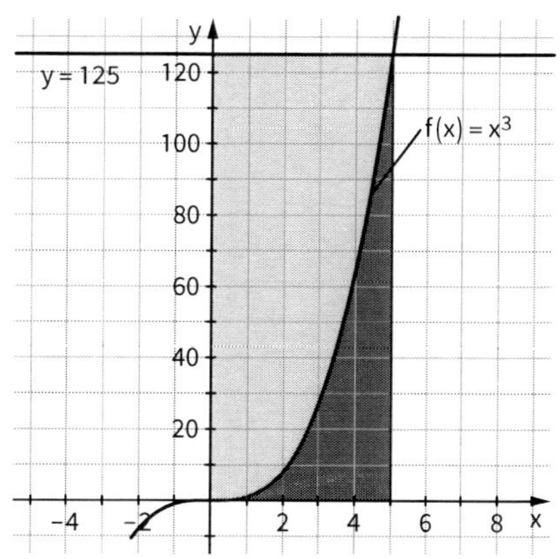

170

13. a) Der orientierte Flächeninhalt der Teilflächen entspricht dem Gasvolumen, das in dem jeweiligen Zeitintervall in das bzw. aus dem Gasometer geströmt ist.

b) $\int_0^6 f(x)\,dx = 1{,}2 \cdot \frac{3{,}5+6}{2} = 5{,}7$

Änderung des Gasmenge: $+5{,}7\,m^3$

$\int_6^{16} f(x)\,dx = (-1{,}2) \cdot \frac{4+6}{2} = -6$

Änderung der Gasmenge: $-6\,m^3$

$\int_0^{18} f(x)\,dx = 5{,}7 - 6 + 0{,}75 \cdot \frac{2+0{,}5}{2} = 5{,}7 - 6 + 0{,}9375 = 0{,}6375$

Änderung der Gasmenge: $+0{,}6375\,m^3$

14. a) (1) $-2{,}5 + 2 - 0{,}5 = -1$ (2) $0{,}5 - 0{,}5 + 0{,}5 - 1{,}25 + 0{,}5 = -0{,}25$
(3) $1{,}5 - 1 + 1{,}25 - 0{,}75 + 0{,}5 = 1{,}5$ (4) $-2{,}25 + 0 + 3{,}75 - 0{,}75 = 0{,}75$

b) (1) $\int_{-1}^{1} f(t)\,dt = 0$ (2) $\int_{-1}^{1} f(t)\,dt = 0$ (3) $\int_{-1}^{1} f(t)\,dt = 1$ (4) $\int_{-1}^{1} f(t)\,dt = 2$

c) (1) $\int_{-2}^{3} f(t)\,dt = \frac{1}{2}$ (2) $\int_{-2}^{3} f(t)\,dt = -0{,}75$ (3) $\int_{-2}^{3} f(t)\,dt = 0$ (4) $\int_{-2}^{3} f(t)\,dt = 3$

15. (1) $\int_a^a f(x)\,dx$ gehört zu einem Flächenstück der Breite null.
Also ist $\int_a^a f(x)\,dx = 0$.

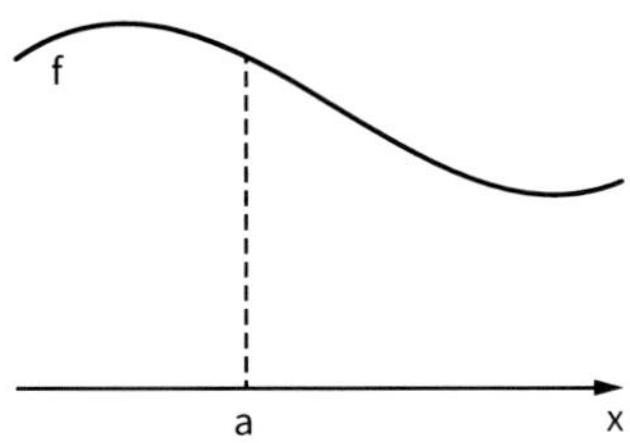

(2) $A_{gesamt} = A_1 + A_2$

$A_{gesamt} = \int_a^c f(x)\,dx$

$A_1 = \int_a^b f(x)\,dx$

$A_2 = \int_b^c f(x)\,dx$

Also gilt $\int_a^c f(x)\,dx = \int_a^b f(x)\,dx + \int_b^c f(x)\,dx$

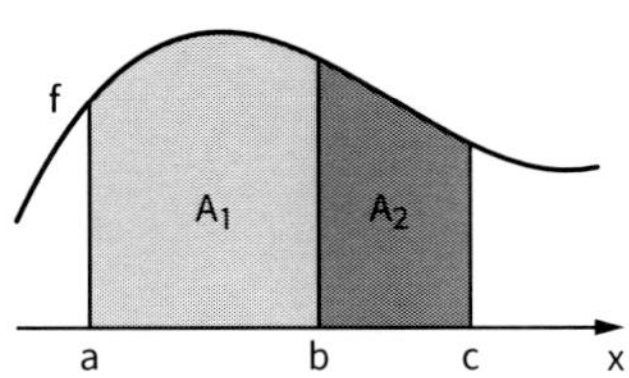

4.3 Integrale mithilfe von Stammfunktionen berechnen

171 **Einstiegsaufgabe ohne Lösung**

- Bei 500 Teilintervallen ist die Intervallbreite 0,008.
  Die Liste der x-Werte beginnt bei 0 und endet bei 3,992.
  Mit einem GTR erhält man dafür $\int_0^4 3\,x^2\,dx \approx 63{,}8081$
- Jana sucht eine Funktion F, für die gilt: $F'(x) = f(x) = 3\,x^2$
  Da das Integral $\int_0^4 f(x)\,dx$ die Änderung $F(4) - F(0)$ der Größe F beschreibt, kann das Integral auch mithilfe von F bestimmt werden:
  $\int_0^4 f(x)\,dx = F(4) - F(0)$, wenn $F'(x) = f(x)$ gilt.
  Für F mit $F(x) = x^3$ gilt: $F'(x) = 3\,x^2 = f(x)$
  Also gilt: $\int_0^4 3\,x^2\,dx = 4^3 - 0^3 = 64$

173 **1.** (1) Nach dem Hauptsatz gilt: $\int_a^a f(x)\,dx = F(a) - F(a) = 0$

(2) Nach dem Hauptsatz gilt:

$$\int_a^b f(x)\,dx + \int_b^c f(x)\,dx = F(b) - F(a) + F(c) - F(b) = F(c) - F(a) = \int_a^c f(x)\,dx$$

(3) $g(x) = k \cdot f(x)$
Ist F eine Stammfunktion von f, so ist G mit $G(x) = k \cdot F(x)$ eine Stammfunktion von g, denn es gilt: $G'(x) = k \cdot F'(x) = k \cdot f(x) = g(x)$
Nach dem Hauptsatz gilt:

$$\int_a^b k \cdot f(x)\,dx = \int_a^b g(x)\,dx = G(b) - G(a) = k \cdot F(b) - k \cdot F(a) = k \cdot \left(F(b) - F(a)\right) = k \cdot \int_a^b f(x)\,dx$$

(4) Ist F eine Stammfunktion von f und G eine Stammfunktion von g, dann ist $F(x) + G(x)$ der Term einer Stammfunktion zu $f(x) + g(x)$, da gilt:
$F'(x) + G'(x) = f(x) + g(x)$
Nach dem Hauptsatz gilt:

$$\int_a^b \left(f(x) + g(x)\right) dx = F(b) + G(b) - F(a) - G(a) = F(b) - F(a) + G(b) - G(a) = \int_a^b f(x)\,dx + \int_a^b g(x)\,dx$$

174 **2.**
a) $F'(x) = 6\,x^2 = f(x)$; $F(x) = 2\,x^3 + c$ mit $c \in \mathbb{R}$
b) $F'(x) = 20\,x^3 = f(x)$; $F(x) = 5\,x^4 + c$ mit $c \in \mathbb{R}$
c) $F'(x) = \frac{2}{3}x^4 = f(x)$; $F(x) = \frac{2}{15}x^5 + c$ mit $c \in \mathbb{R}$
d) $F'(x) = -1{,}2\,x^3 + 1 = f(x)$; $F(x) = -0{,}3\,x^4 + c$, mit $c \in \mathbb{R}$
e) $F'(x) = 12\,x^2 - 10\,x + 1 = f(x)$; $F(x) = 4\,x^3 - 5\,x^2 + c$, mit $c \in \mathbb{R}$
f) $F'(x) = 2\,x - 2\,b = f(x)$; $F(x) = x^2 - 2\,b\,x + c$, mit $c \in \mathbb{R}$
g) $F'(x) = 2\,x + 2\,b = f(x)$; $F(x) = x^2 + 2\,b\,x + c$, mit $c \in \mathbb{R}$
h) $F'(x) = n \cdot a \cdot x^{n-1} - m \cdot b \cdot x^{m-1} = f(x)$; $F(x) = a \cdot x^n - b\,x^m + c$, mit $c \in \mathbb{R}$

174

3. Immer für c mit $c \in \mathbb{R}$.

a) $F(x) = \frac{3}{2}x^2 - x + c$

b) $F(x) = 5x + c$

c) $F(x) = \frac{1}{7}x^7 + c$

d) $F(x) = \frac{a}{n+1} \cdot x^{n+1} + c$

e) $F(x) = x^3 + c$

f) $F(x) = x^4 - 3{,}5x^2 + 6x + c$

g) $f(x) = x \cdot (x-4) = x^2 - 4x;\ F(x) = \frac{1}{3}x^3 - 2x^2 + c$

h) $F(x) = \frac{1}{x^3} + c$

i) $F(x) = -\frac{3}{x} + c$

j) $f(x) = x^{-2} - x^2;\ F(x) = (-1) \cdot x^{-1} - \frac{1}{3}x^3 + c = -\frac{1}{x} - \frac{1}{3}x^3 + c$

4. a) Richtig, denn der Graph von f hat an der Stelle $x = -2$ eine Nullstelle mit einem Vorzeichenwechsel von + nach –. Somit hat der Graph von F mit $F'(x) = f(x)$ dort einen Hochpunkt.

b) Falsch, denn der Graph von f hat an der Stelle $x = 2$ einen Tiefpunkt und eine Nullstelle. Somit hat der Graph von F mit $F'(x) = f(x)$ dort einen Sattelpunkt und keinen Tiefpunkt.

c) Richtig, denn der Graph von f hat im Intervall $[-2; 2]$ drei Extremstellen.
Somit hat der Graph von F mit $F'(x) = f(x)$ dort drei Wendepunkte.

d) Richtig, denn der Graph von f hat an der Stelle $x = 0$ eine Nullstelle mit Vorzeichenwechsel von – nach +. Somit hat der Graph von F mit $F'(x) = f(x)$ dort einen Tiefpunkt.

5. Es gilt: $F_1'(x) = \frac{1}{x^2} = f(x)$ und $F_2'(x) = \frac{1}{x^2}$
Somit sind beide Funktionen F_1 und F_2 Stammfunktionen von f. F_2 ist eine abschnittsweise definierte Funktion. Für $x > 0$ unterscheidet sie sich um die Konstante 3 von F_1 und für $x < 0$ um die Konstante 2. Somit liegt kein Widerspruch zum Satz von Seite 173 vor.

6. Lucia: $\int_{-5}^{10} (x^4 - 2x)\,dx = (0{,}2 \cdot 10^5 - 10^2 + 10) - \left(0{,}2 \cdot (-5)^5 - (-5)^2 + 10\right)$
$= 0{,}2 \cdot 10^5 - 10^2 - 0{,}2 \cdot (-5)^5 + (-5)^2$

Fiene: $\int_{-5}^{10} (x^4 - 2x)\,dx = (0{,}2 \cdot 10^5 - 10^2 - 10) - \left(0{,}2 \cdot (-5)^5 - (-5)^2 - 10\right)$
$= 0{,}2 \cdot 10^5 - 10^2 - 0{,}2 \cdot (-5)^2 + (-5)^2$

Beide Varianten führen zum selben Ergebnis, da bei der Differenz $F(a) - F(b)$ das konstante Glied in der Stammfunktion F mit $F(x) + c$ verschwindet.

7. Zur Berechnung vergleichen Sie das Beispiel auf Seite 173 im Schülerband.

a) $\int_0^3 (x^2 - 2)\,dx = \left[\frac{1}{3}x^3 - 2x\right]_0^3 = \left(\frac{1}{3} \cdot 3^3 - 2 \cdot 3\right) - 0 = 3$

b) $\int_{-3}^6 (5 - x^2)\,dx = \left[5x - \frac{1}{3}x^3\right]_{-3}^6 = \left(5 \cdot 6 - \frac{1}{3} \cdot 6^3\right) - \left(5 \cdot (-3) - \frac{1}{3}(-3)^3\right) = -42 - (-6) = -36$

c) $\int_0^6 (x^3 - 2x^2)\,dx = \left[\frac{1}{4}x^4 - \frac{2}{3}x^3\right]_0^6 = \left(\frac{1}{4} \cdot 6^4 - \frac{2}{3} \cdot 6^3\right) - 0 = 180$

d) $\int_{-2}^0 (-2x^3 + 3x^2 - 4)\,dx = \left[-\frac{1}{2}x^4 + x^3 - 4x\right]_{-2}^0 = 0 - \left(-\frac{1}{2} \cdot (-2)^4 + (-2)^3 - 4 \cdot (-2)\right) = 8$

174

e) $\int_{-1}^{1} (x^5 - 5x^4)\,dx = \left[\frac{1}{6}x^6 - x^5\right]_{-1}^{1} = \left(\frac{1}{6} - 1\right) - \left(\frac{1}{6} + 1\right) = -2$

f) $\int_{0}^{10} \left(\frac{x^2 - 3^x}{5} + 1\right)dx = \int_{0}^{10} \left(\frac{1}{5}x^2 - \frac{3}{5}x + 1\right)dx = \left[\frac{1}{15}x^3 - \frac{3}{10}x^2 + x\right]_{0}^{10}$

$= \left(\frac{1000}{15} - \frac{300}{10} + 10\right) - 0 = \frac{200}{3} - 30 + 10 = \frac{140}{3} \approx 46{,}66$

g) $\int_{1}^{2} (0{,}5x^4 - 5x)\,dx = [0{,}1x^5 - 2{,}5x^2]_1^2 = (3{,}2 - 10) - (0{,}1 - 2{,}5) = -4{,}4$

h) $\int_{1}^{3} (0{,}4x^3 - 0{,}5x^4 - 7)\,dx = [0{,}1x^4 - 0{,}1x^5 - 7x]_1^3 = (-37{,}2) - (-7) = -30{,}2$

i) $\int_{-2}^{0} \left(\frac{1}{3}x^3 - \frac{1}{2}x^2 + 1\right)dx = \left[\frac{1}{12}x^4 - \frac{1}{6}x^3 + x\right]_{-2}^{0} = 0 - \frac{2}{3} = -\frac{2}{3}$

j) $\int_{-1}^{5} \left(\frac{x^3}{4} - \frac{x^2}{3} + \frac{1}{5}\right)dx = \left[\frac{1}{16}x^4 - \frac{1}{9}x^3 + \frac{1}{5}x\right]_{-1}^{5} = \left(\frac{1}{16}\cdot 5^4 - \frac{1}{9}\cdot 5^3 + 1\right) - \left(\frac{1}{16} + \frac{1}{9} - \frac{1}{5}\right) = \frac{3769}{144} - \left(-\frac{19}{720}\right)$

$= \frac{131}{5} = \frac{262}{10} = 26{,}2$

k) $\int_{1}^{2} \left(\frac{x}{2} - \frac{1}{x^2}\right)dx = \left[\frac{1}{4}x^2 - \frac{1}{x}\right]_1^2 = \left(1 - \frac{1}{2}\right) - \left(\frac{1}{4} - 1\right) = \frac{5}{4}$

l) $\int_{1}^{2} \left(\frac{-2}{x^3}\right)dx = \left[\frac{1}{x^2}\right]_1^2 = -\frac{3}{4}$

175

8. a) $f_t(x) = x\cdot(x - t)^2 = x\cdot(x^2 - 2tx + t^2) = x^3 - 2tx^2 + t^2x$

$\int_{0}^{t} f_t(x)\,dx = \left[\frac{1}{4}x^4 - \frac{2}{3}tx^3 + \frac{1}{2}t^2x^2\right]_0^t = \frac{1}{4}t^4 - \frac{2}{3}t^4 + \frac{1}{2}t^4 = \frac{1}{12}t^4$

b) $\int_{0}^{t} f_t(x)\,dx = 108$ gilt für $t = 6$

9. a) $\int_{0}^{b} (x^2 - 3)\,dx$

$= \left[\frac{1}{3}x^3 - 3x\right]_0^b = \frac{1}{3}b^3 - 3b = 0$

für $b_1 = 0$ und für $b_2 = -3$ oder $b_3 = 3$.

Wegen $b > 0$ bleibt $b = 3$ übrig.

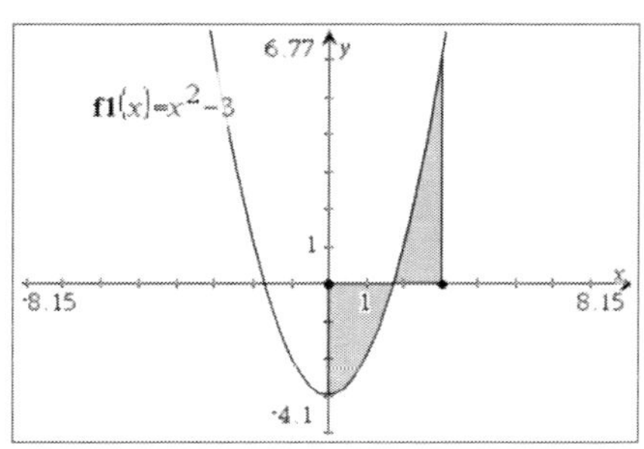

175 **b)** $\int_1^b (4-x)\,dx$

$= \left[4x - \frac{1}{2}x^2\right]_1^b = 4b - \frac{1}{2}b^2 - \frac{7}{2} = -4$

für $b = 4 + \sqrt{17} \approx 8{,}123$

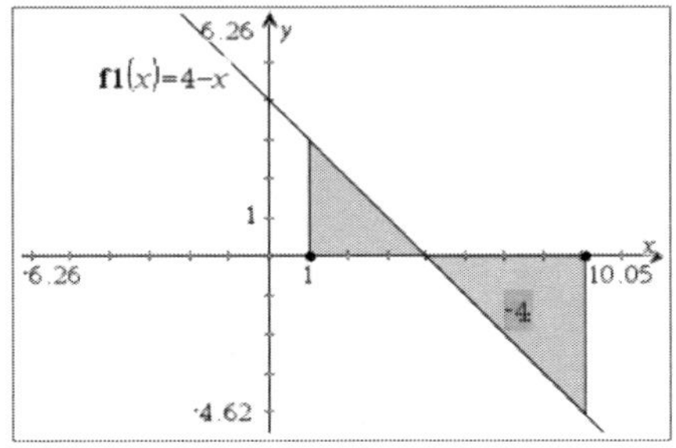

c) $\int_{-1}^b x^3\,dx = \left[\frac{1}{4}x^4\right]_{-1}^b = \frac{1}{4}b^4 - \frac{1}{4} = \frac{15}{4}$

für $b = 2$

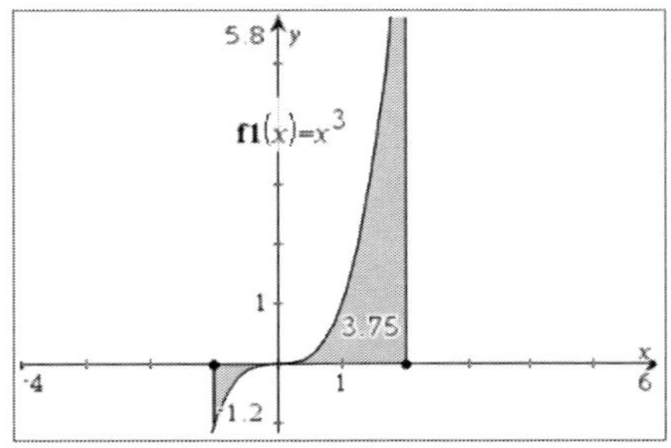

10. a) $f(x) = 2x + 4,\ F(x) = x^2 + 4x + c$

$F(2) = 4 + 8 + c = 10$, also $c = -2$

$F(x) = x^2 + 4x - 2$

b) $f(x) = x^2,\ F(x) = \frac{1}{3}x^3 + c$

$F(3) = 9 + c = 15$, also $c = 6$

$F(x) = \frac{1}{3}x^2 + 6$

c) $f(x) = 0{,}4x^3 - 2x,\ F(x) = 0{,}1x^4 - x^2 + c$

$F(100) = 10\,000\,000 - 10\,000 + c = 0$, also $c = -9\,990\,000$

$F(x) = 0{,}1x^4 - x^2 - 9\,990\,000$

d) $f(x) = \frac{1}{x^2};\ F(x) = -\frac{1}{x} + c$

$F(1) = -1 + c = 0$, also $c = 1$

$F(x) = -\frac{1}{x} + 1$

11. a) $F(t) = 0{,}05 \cdot t^4 - 16 \cdot t^3 + 1440 \cdot t^2;\ F(120) = 3\,456\,000$

Nach 120 Tagen sind 3 456 000 m^3 Wasser in das Rückhaltebecken geflossen.

b) $G(t) = 0{,}05 \cdot t^4 - 16 \cdot t^3 + 1440 \cdot t^2 + 5000$

$G(120) = 3\,461\,000$

Nach 120 Tagen befanden sich 3 461 000 m^3 Wasser im Rückhaltebecken.

c) Mithilfe eines GTR findet man mit dem Schnittpunktverfahren oder mithilfe einer Wertetabelle heraus, dass sich nach 51,7 Tagen 2 Millionen m^3 Wasser im Rückhaltebecken befinden.

175 **12.** (1) $A_0 = \int_{-1}^{1} x^4\,dx = \left[\frac{1}{5}x^5\right]_{-1}^{1} = \frac{1}{5} + \frac{1}{5} = \frac{2}{5} = 0{,}4$

(2) $A_0 = \int_{-1}^{1} (x^2 - 2)\,dx = \left[\frac{1}{3}x^3 - 2x\right]_{-1}^{1} = \left(\frac{1}{3} - 2\right) - \left(-\frac{1}{3} + 2\right) = \frac{2}{3} - 4 = -\frac{10}{3}$

(3) $A_0 = \int_{-1}^{1} x^3\,dx = \left[\frac{1}{4}x^4\right]_{-1}^{1} = 0$

176 **13.** Die Intervallgrenzen müssen eingegeben werden, sowie der Funktionsterm und die Funktionsvariable. Manche GTR verwenden den Befehl *fnInt* (Funktionsterm, Funktionsvariable, a, b) für das Integral der Funktion über dem Intervall [a; b].

14. a) $K(x) = 8\,000 + \int_0^x \left(\frac{1}{2\,000}t^2 - \frac{1}{5}t + 70\right)dt = \frac{1}{6\,000}x^3 - \frac{1}{10}x^2 + 70x + 8\,000$

b) $G(x) = 230x - K(x)$ für $0 \le x \le 750$
G' besitzt in [0; 750] keine Nullstellen und ist dort immer > 0. Damit nimmt G das Maximum am rechten Rand an, d. h. es müssen 750 Receiver pro Tag produziert werden.

15. Der Anhalteweg setzt sich aus dem *Reaktionsweg* s_R und dem *Bremsweg* s_B zusammen.
Wir rechnen beide getrennt voneinander aus:

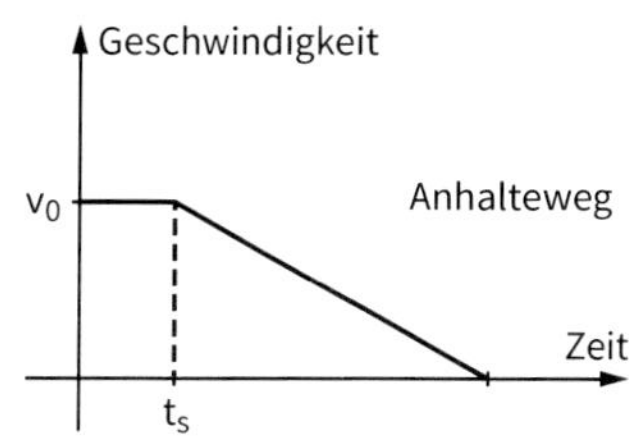

(1) *Reaktionsweg:* Um mit denselben Maßeinheiten zu rechnen, wandeln wir $v_0 = 108\,\frac{km}{h}$ in $v_0 = 30\,\frac{m}{s}$ um. Während einer typischen Reaktionszeit von $t_R = 1\,s$ bewegt sich das Fahrzeug mit unveränderter Geschwindigkeit v_0 weiter. Für die in dieser Zeit t_R zurückgelegte Weglänge s_R gilt: $s_R = v_0 \cdot t_R = 30$.
Der Reaktionsweg kann auch als Flächeninhalt unter dem Graphen der Funktion v gedeutet werden, ist also gleich dem Integral:

$$s_R = \int_0^{t_R} v_0\,dt = \int_0^{1} 30\,dt = 30 \cdot 1 = 30$$

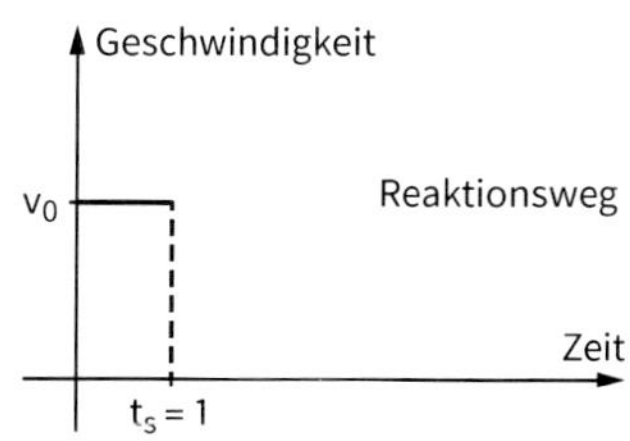

(Wir lassen die Einheiten in der Rechnung weg.)

(2) *Bremsweg:* Wenn wir eine konstante Bremsverzögerung von −7,5 annehmen, dann verringert sich die Geschwindigkeit linear von $v_0 = v(0) = 30$ vom Beginn des Bremsvorgangs $t = 0$ auf $v(t_B) = 0$ zum Ende des Bremsvorgangs $t = t_B$. Die Funktion v lässt sich somit durch einen linearen Funktionsterm beschreiben: $v(t) = v_0 + a \cdot t = 30 + (-7{,}5) \cdot t$

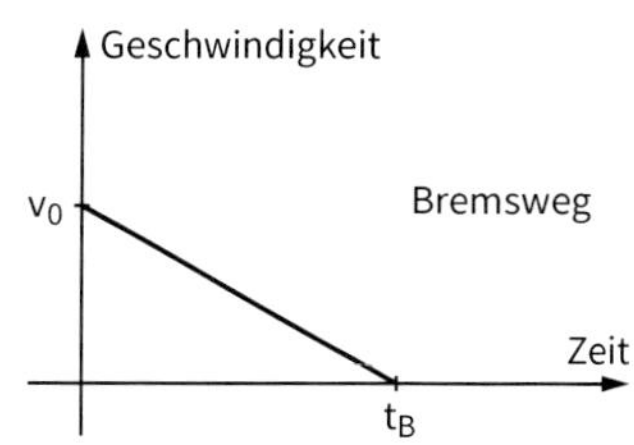

176

Die Abbremszeit ist die Nullstelle von v:

$v(t_B) = 0$, also $0 = 30 - 7{,}5 \cdot t_B$, und damit gilt $t_B = 4$.

Wir können die gesuchte Weglänge wiederum als Flächeninhalt unter dem Graphen der Funktion v deuten, sie ist also gleich dem Integral:

$$s_B = \int_0^{t_B} \left(30 + (-7{,}5) \cdot t\right) dt = 30 \cdot t_B + \frac{1}{2} \cdot (-7{,}5) \cdot t_B^2 = 30 \cdot 4 - 3{,}75 \cdot 4^2 = 60$$

(3) *Anhalteweg:* Für den Anhalteweg s_A gilt: $s_A = s_R + s_B = 30\,\text{m} + 60\,\text{m} = 90\,\text{m}$

Das Fahrzeug kommt also kurz von dem Reh zum Stehen.

16. $v = 9{,}81 \cdot t$ mit t in Sekunden und v in $\frac{\text{m}}{\text{s}}$ $\quad s(t) = \int_0^t v(t)\,dt = 9{,}81 \cdot \frac{1}{2} \cdot t^2 = 4{,}905 \cdot t^2$

17. a) $W = \int_R^x F(x)\,dx = 9{,}81 \cdot R^2 \cdot \int_R^x \frac{1}{x^2}\,dx$

$= 9{,}81 \cdot R^2 \cdot \left[-\frac{1}{x}\right]_R^x$

$= 9{,}81 \cdot R^2 \cdot \left(\frac{1}{R} - \frac{1}{x}\right)$

Für $x = k \cdot R$ ergibt sich $W = 9{,}81 \cdot R \cdot \left(1 - \frac{1}{k}\right) = 6{,}25 \cdot 10^7 \cdot \left(1 - \frac{1}{k}\right)$

k	2	5	10	100
W (in Nm)	$3{,}125 \cdot 10^7$	$5 \cdot 10^7$	$5{,}625 \cdot 10^7$	$6{,}19 \cdot 10^7$

b) Wenn m in der Einheit kg angegeben ist, müssen die Ergebnisse aus Teilaufgabe a) nur mit m multipliziert werden.

18. a) Der Graph ist monoton fallend und nähert sich für $t \to \infty$ der Null an.

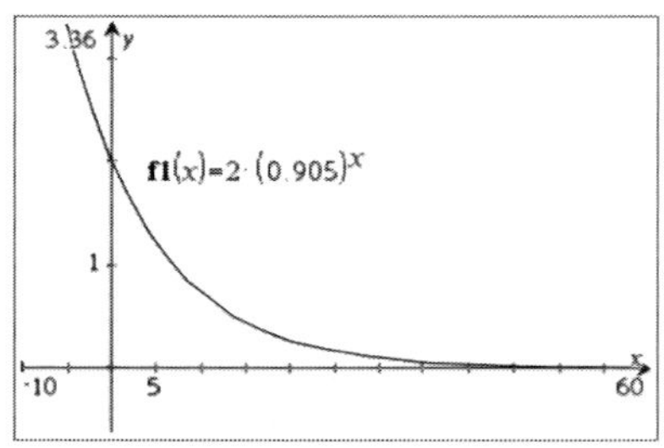

b) $\int_0^{12} 2 \cdot 0{,}905^t\,dt \approx 13{,}99$

Nach 12 Stunden wurden ca. 14 mg abgebaut.

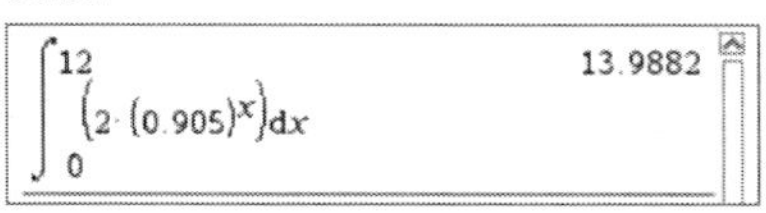

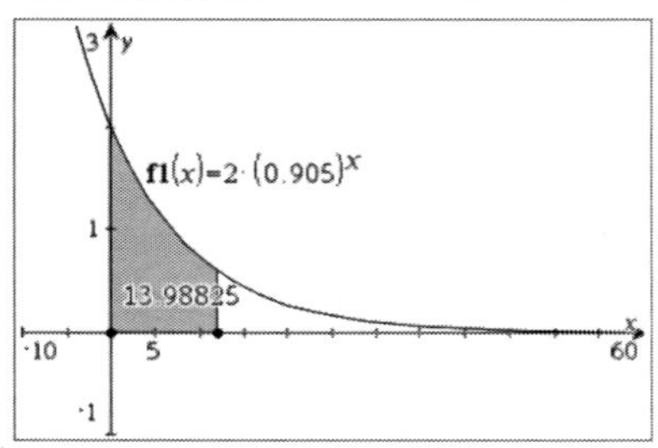

c) 1 % von 20 mg = 0,2 mg

$20 - \int_0^{t_0} 2 \cdot 0{,}905^t\,dt < 0{,}2$ also wenn $\int_0^{t_0} 2 \cdot 0{,}905^t\,dt > 19{,}8$ für $t_0 > 44{,}5$

(durch Probieren mit einem GTR gefunden).

Nach ca. 44,5 h ist nur noch 1 % im Körper.

4.4 Rekonstruktion einer Stammfunktion

178

1. a)

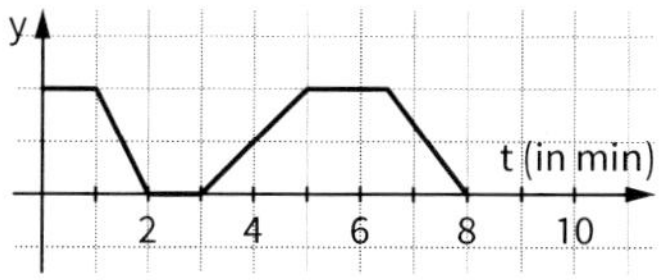

b)

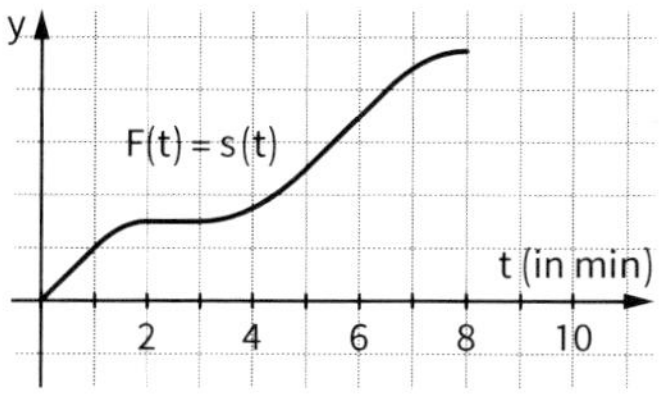

Die Stammfunktion gibt an, welche Strecke man bis zum Zeitpunkt t zurückgelegt hat. Aus der Differenzialrechnung ist der umgekehrte Zusammenhang bekannt: Die Geschwindigkeit ist die Ableitung des zurückgelegte Weges nach der Zeit.

c) Aus den obigen Graphen kann man erkennen, dass dieser Zusammenhang auch hier für die Stammfunktion gilt: Die Geschwindigkeitsverlaufsfunktion ist Ableitung der Stammfunktion, die Stammfunktion also die „Aufleitung" der Geschwindigkeit.

2. a) Wir bestimmen ungefähr den orientierten Flächeninhalt für 12 Teilintervalle der Breite 10 unter dem Graphen von f, indem wir die Teilflächen durch Dreiecksflächen bzw. Trapezflächen abschätzen. Durch Addieren dieser Flächeninhalte erhalten wir schrittweise Näherungen für die gesuchten Wassermengen:

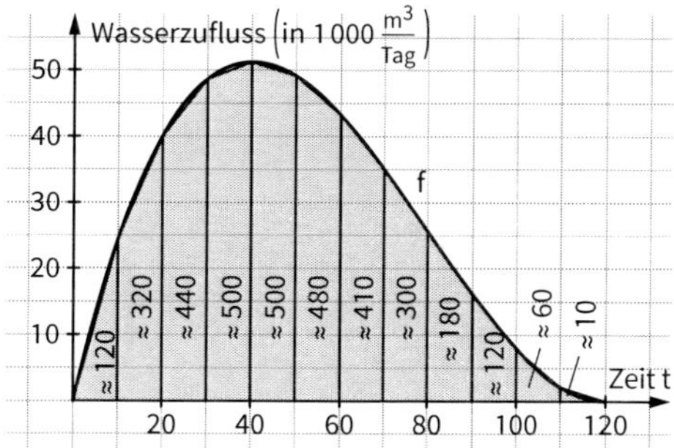

Tag	Wassermenge (in 1000 m³)
10	120
20	120 + 320 = 440
30	440 + 440 = 880
40	880 + 500 = 1380
50	1380 + 500 = 1880
60	1880 + 480 = 2360

Tag	Wassermenge (in 1000 m³)
70	2360 + 410 = 2770
80	2770 + 300 = 3070
90	3070 + 180 = 3250
100	3250 + 120 = 3370
110	3370 + 60 = 3430
120	3430 + 10 = 3440

Da der Wasserzufluss zu Beginn des Zeitintervalls von 0 bis 120 Tage den Wert 0 hat und wir ab dem Zeitpunkt 0 die geflossene Wassermenge bestimmen, können wir beim Graphen von F mit $F(0) = 0$ beginnen. Mithilfe der Wertetabelle können wir nun den Graphen der Funktion F skizzieren, die jedem Zeitpunkt x (in Tagen) die Wassermenge (in m³) zuordnet.

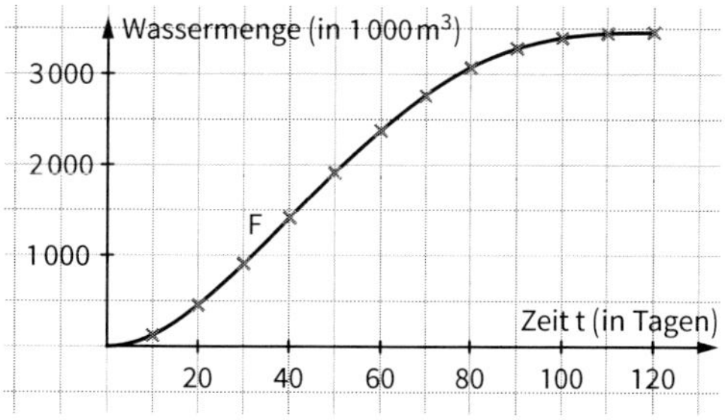

178

b) Die Funktion f beschreibt den Wasserzufluss $\left(\text{in } \frac{m^3}{\text{Tag}}\right)$, also die momentane Änderungsrate der Wassermenge (in m^3). Die Funktion f, die den Wasserzufluss beschreibt, ist somit die Ableitung der Funktion F, die die Wassermenge beschreibt, die nach x Tagen in das Reservoir geflossen ist. Also gilt $F'(x) = f(x)$, d. h. die Funktion F ist eine Stammfunktion von f.

c) Der Graph von F hat an der Stelle 40 einen Wendepunkt, da dort das Maximum von f liegt. Der Graph von f ist der Graph der Ableitungsfunktion von F.

3. a) $f(t) = 30t + 150$
mit t in Minuten und f(t) in m^3 pro Minute

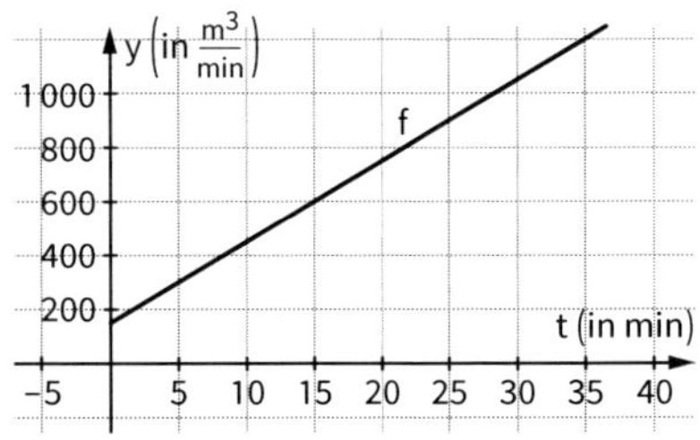

b) Die Menge des Wassers nach t min entspricht dem Flächeninhalt zwischen dem Graphen von f und der Zeitachse im Intervall [0; t].

t (in min)	10	20	30	40	50	60	70
F(t) (in m^3)	3000	9000	18000	30000	45000	63000	84000

$$F(t) = \int_0^t (30x + 150)\,dx$$

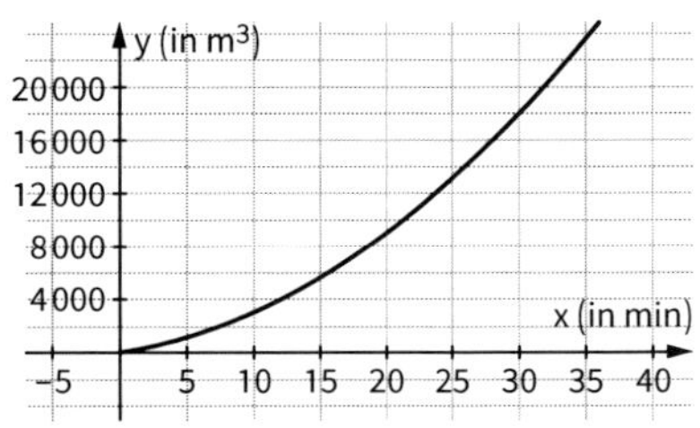

c) Es gilt: $F'(t) = f(t)$
F(t) gibt den orientierten Flächeninhalt zwischen dem Graphen von f und der Zeitachse im Intervall [0; t] an.

4.5 Berechnen von Flächeninhalten

4.5.1 Fläche zwischen einem Funktionsgraphen und der x-Achse

179 **Einstiegsaufgabe ohne Lösung**

$A = \int_{-1}^{0} (x^3 - x)\,dx + \left| \int_{0}^{1} (x^3 - x)\,dx \right|$ | Betrag, da das Integral den orientierten Flächeninhalt angibt.

$= 2 \cdot \int_{-1}^{0} (x^3 - x)\,dx$ | Da der Graph von f punktsymmetrisch zum Koordinatenursprung ist.

$= 2 \cdot \left[\frac{1}{4}x^4 - \frac{1}{2}x^2\right]_{-1}^{0}$

$= 2 \cdot \left(0 - \left(\frac{1}{4} - \frac{1}{2}\right)\right) = 2 \cdot \frac{1}{4} = \frac{1}{2}$

180 **1. a)** Das Integrationsintervall wird durch die Nullstellen von g begrenzt. Aus der Gleichung $g(x) = x^3 - x^2 - 2x = x \cdot (x^2 - x - 2) = 0$ erhält man als Nullstellen – 1; 0 und 2.
Da die linke Teilfläche oberhalb der x-Achse liegt, erhält man für den Flächeninhalt:

$A_1 = \int_{-1}^{0} (x^3 - x^2 - 2x)\,dx = \left[\frac{1}{4}x^4 - \frac{1}{3}x^3 - x^2\right]_{-1}^{0} = \frac{5}{12}$

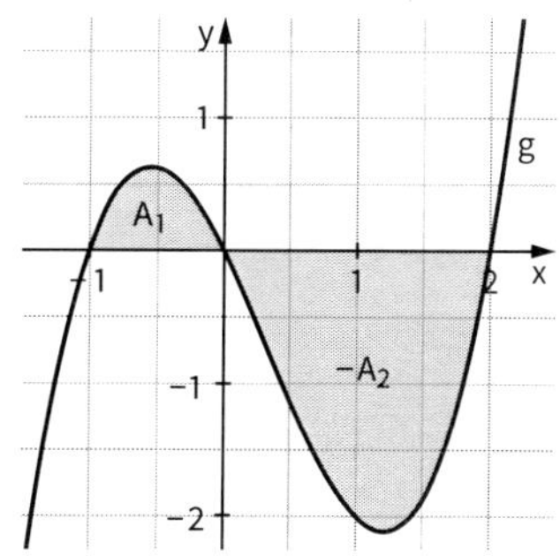

Da die rechte Teilfläche unterhalb der x-Achse liegt, erhält man für den Flächeninhalt dieser Fläche:

$A_2 = \left| \int_{0}^{2} (x^3 - x^2 - 2x)\,dx \right| = \left| \left[\frac{1}{4}x^4 - \frac{1}{3}x^3 - x^2\right]_{0}^{2} \right| = \left| -\frac{8}{3} \right| = \frac{8}{3}$

Damit ergibt sich für den gesuchten Flächeninhalt:
$A = A_1 + A_2 = 3\frac{1}{12} \approx 3{,}08$ (gemessen in der Koordinateneinheit zum Quadrat)

b) Durch die Bildung des Betrages wird der Teil des Graphen von g unterhalb der x-Achse und damit auch die Fläche A_2 im oberen Bild bei der Funktion h an der x-Achse „nach oben" gespiegelt.

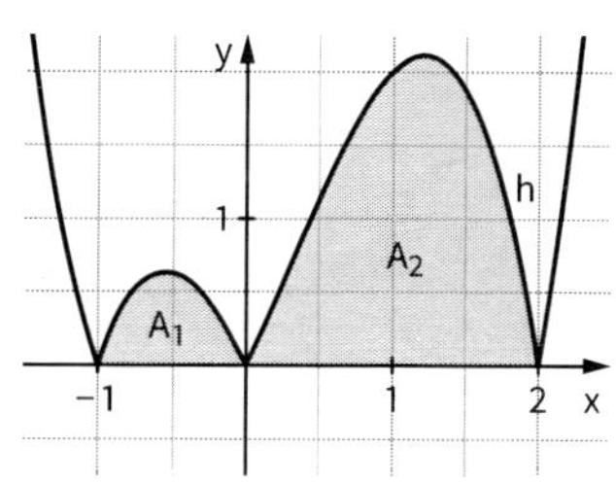

c) Der Flächeninhalt bleibt gleich. Da der Flächeninhalt, den der Graph von g mit der x-Achse einschließt, gleich dem Flächeninhalt ist, den der Graph von h mit der x-Achse einschließt, ist $A = \int_{-1}^{2} |g(x)|\,dx$.

180

d) Weil stets $h(x) = |g(x)| \geq 0$ ist, kann man mithilfe eines Rechners dieses Integral direkt über dem Intervall $[-1; 2]$ näherungsweise berechnen, ohne die zwischen den Integrationsgrenzen liegenden Nullstellen zu berücksichtigen:

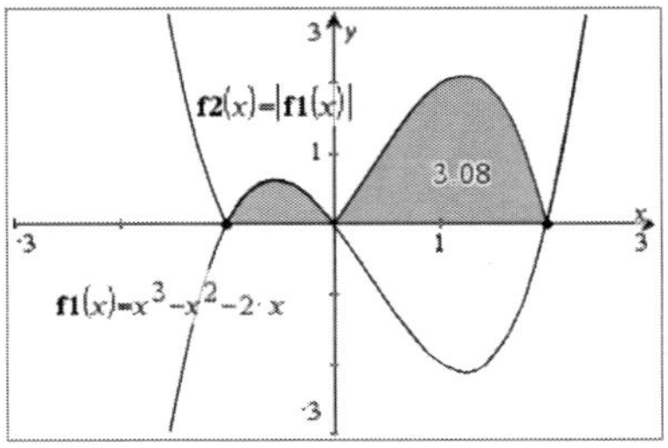

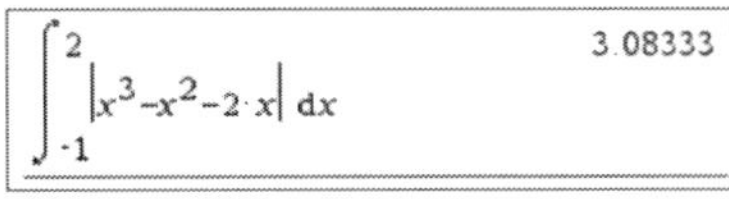

Also gilt: $A = \int_{-1}^{2} |x^3 - x^2 - 2x|\,dx \approx 3{,}08$

181

2. a) $f(x) = x^3 - 4x$, punktsymmetrisch zum Ursprung

$$A = 2 \cdot \int_{-2}^{0} (x^3 - 4x)\,dx$$

$$A = 2 \cdot \left[\tfrac{1}{4}x^4 - 2x^2\right]_{-2}^{0}$$

$$A = 2 \cdot \left(0 - (4 - 8)\right)$$

$$A = 8$$

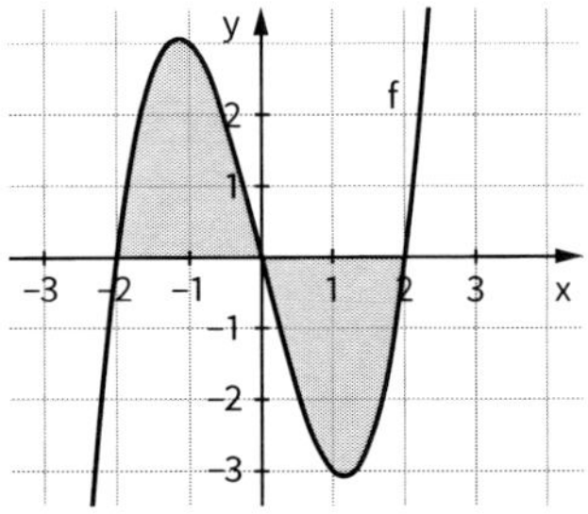

b) $f(x) = x^4 - 4x^2$, achsensymmetrisch zur y-Achse

$$A = 2 \cdot \left|\int_{-2}^{0} (x^4 - 4x^2)\,dx\right|$$

$$A = 2 \cdot \left|\left[\tfrac{1}{5}x^5 - \tfrac{4}{3}x^3\right]_{-2}^{0}\right|$$

$$A = 2 \cdot \left|\left(0 - \left(-\tfrac{32}{5} + \tfrac{32}{3}\right)\right)\right|$$

$$A = 2 \cdot \left|-\tfrac{64}{15}\right|$$

$$A = \tfrac{128}{15} \approx 8{,}53$$

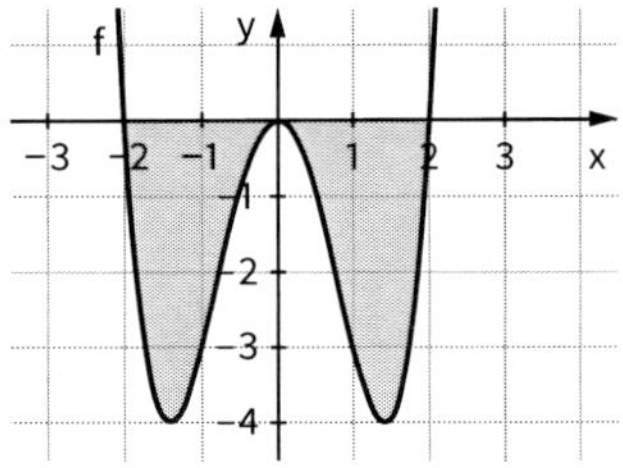

c) $f(x) = x^4 - 10x^2 + 9$, achsensymmetrisch zur y-Achse

$$A = 2 \cdot \left|\int_{-3}^{-1} f(x)\,dx\right| + 2 \cdot \int_{-1}^{0} f(x)\,dx$$

$$A = 2 \cdot \left|\left[\tfrac{1}{5}x^5 - \tfrac{10}{3}x^3 + 9x\right]_{-3}^{-1}\right| + 2 \cdot \left[\tfrac{1}{5}x^5 - \tfrac{10}{3}x^3 + 9x\right]_{-1}^{0}$$

$$A = 2 \cdot \left|\left(-\tfrac{1}{5} + \tfrac{10}{3} - 9\right) - \left(-\tfrac{243}{5} + 90 - 27\right)\right|$$

$$+ 2 \cdot \left(0 - \left(\tfrac{1}{5} + \tfrac{10}{3} - 9\right)\right)$$

$$A = 2 \cdot \left|-\tfrac{304}{15}\right| + 2 \cdot \tfrac{88}{15} = \tfrac{784}{15} \approx 52{,}26$$

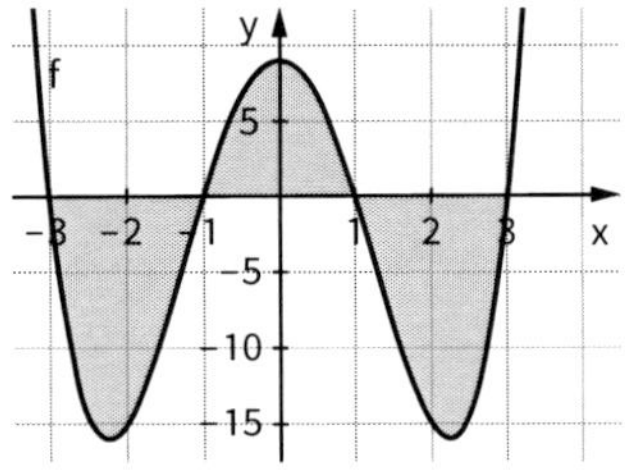

181

3. a) $A = \int_1^5 (-x^2 + 6x - 5)\,dx$

$= \left[-\frac{1}{3}x^3 + 3x^2 - 5x\right]_1^5$

$= \frac{25}{3} - \left(\frac{7}{3}\right) = \frac{32}{3}$

$\approx 10{,}7$

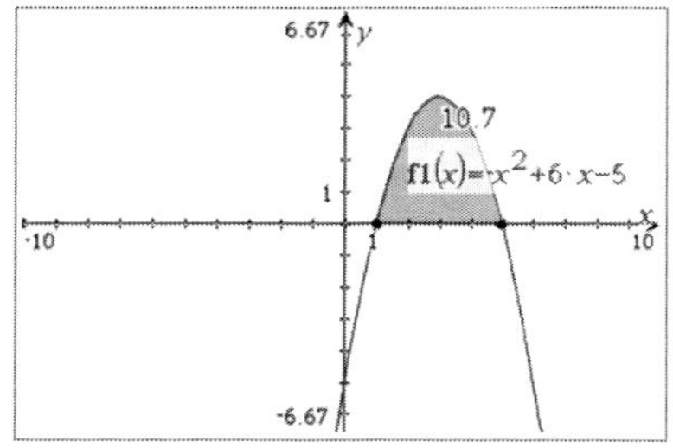

b) $A = \int_{-2}^{1} (x^3 - 3x^2 - 6x + 8)\,dx$

$+ \left|\int_1^4 (x^3 - 3x^2 - 6x + 8)\,dx\right|$

$A = \left[\frac{1}{4}x^4 - x^3 - 3x^2 + 8x\right]_{-2}^{1}$

$+ \left|\left[\frac{1}{4}x^4 - x^3 - 3x^2 + 8x\right]_1^4\right|$

$A = \left(\frac{17}{4} - (-16)\right) + \left|-16 - \frac{17}{4}\right|$

$A = \frac{81}{2} = 40{,}5$

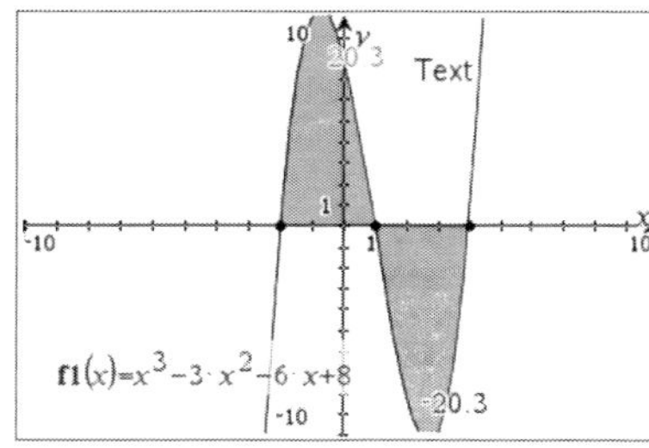

c) $A = \int_{-1}^{3} (x^3 - 6x^2 + 5x + 12)\,dx$

$+ \left|\int_3^4 (x^3 - 6x^2 + 5x + 12)\,dx\right|$

$A = \left[\frac{1}{4}x^4 - 2x^3 + 2{,}5x^2 + 12x\right]_{-1}^{3}$

$+ \left|\left[\frac{1}{4}x^4 - 2x^3 + 2{,}5x^2 + 12x\right]_3^4\right|$

$A = (24{,}75 - (-7{,}25)) + |\,24 - 24{,}75\,|$

$A = 32 + 0{,}75 = 32{,}75$

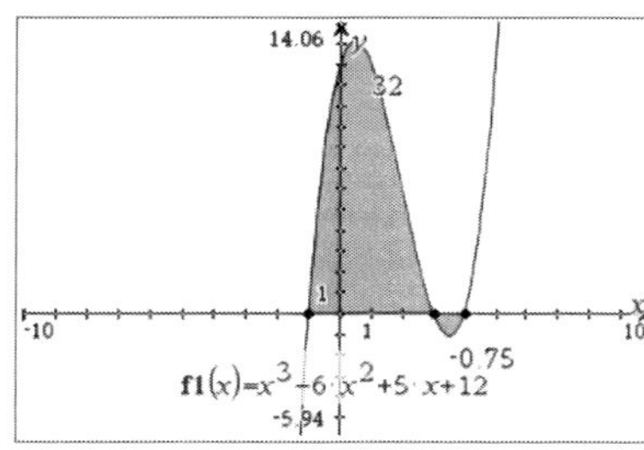

d) Achtung: Hier sind die Intervallgrenzen nicht die Nullstellen!

$A = \int_{-2}^{2} |f(x)|\,dx \approx 5{,}0763$

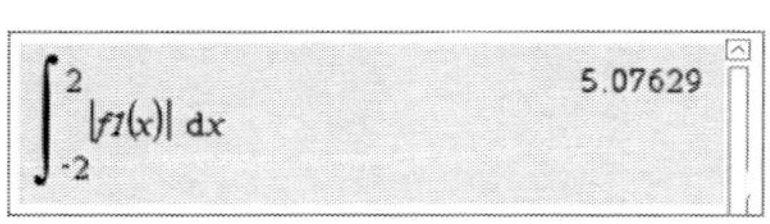

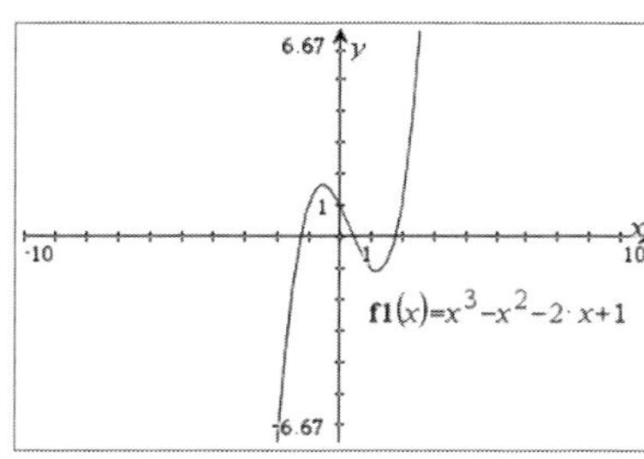

181

e) $A = \int_1^3 (x^3 - 9x^2 + 23x - 15)\,dx + \left|\int_3^5 (x^3 - 9x^2 + 23x - 15)\,dx\right|$

$A = \left[\frac{1}{4}x^4 - 3x^3 + 11{,}5x^2 - 15x\right]_1^3 + \left|\left[\frac{1}{4}x^4 - 3x^3 + 11{,}5x^2 - 15x\right]_3^5\right|$

$A = \big((-2{,}25) - (-6{,}25)\big) + \left|(-6{,}25) - (2{,}25)\right| = 8$

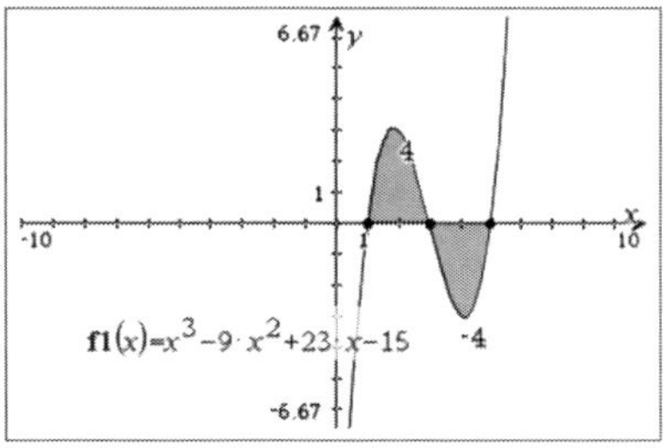

f) $A = \left|\int_1^2 f(x)\,dx\right| + \int_2^3 f(x)\,dx + \left|\int_3^4 f(x)\,dx\right|$

$F(x) = \frac{1}{5}x^5 - \frac{10}{4}x^4 + \frac{35}{3}x^3 - 25x^2 + 24x$

$A \approx |-0{,}633| + 0{,}367 + |-0{,}633|$

$A \approx 1{,}633$

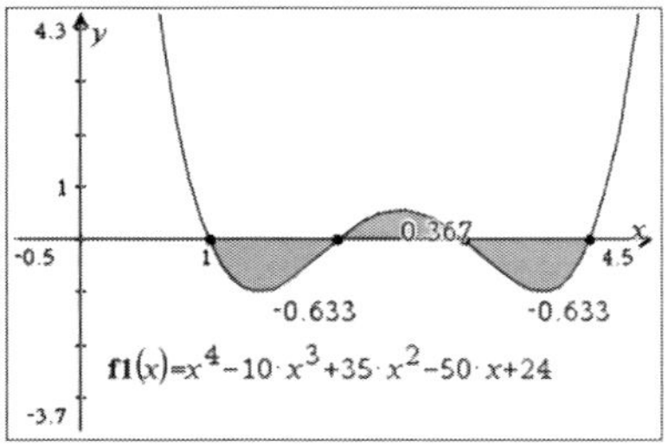

4. a) Nullstellen: −2; 2

$F(x) = 4x - \frac{1}{3}x^3 + c$, mit $c \in \mathbb{R}$

$A = \int_{-2}^{2} (4 - x^2)\,dx = \left[4x - \frac{1}{3}x^3\right]_{-2}^{2} = \frac{16}{3} - \left(-\frac{16}{3}\right) = \frac{32}{3} = 10{,}\overline{6}$

b) Nullstellen: 0; 1; 3

$f(x) = -x^3 + 4x^2 - 3x$

$F(x) = -\frac{1}{4}x^4 + \frac{4}{3}x^3 - \frac{3}{2}x^2 + c$, mit $c \in \mathbb{R}$

$A = \left|\int_0^1 f(x)\,dx\right| + \int_1^3 f(x)\,dx$

$= \left|\left[-\frac{1}{4}x^4 + \frac{4}{3}x^3 - \frac{3}{2}x^2\right]_0^1\right| + \left[-\frac{1}{4}x^4 + \frac{4}{3}x^3 - \frac{3}{2}x^2\right]_1^3 = \left|-\frac{5}{12}\right| + \frac{32}{12} = \frac{37}{12} \approx 3{,}08$

c) Nullstellen: 2; 4

$f(x) = -x^2 + 6x - 8$

$F(x) = -\frac{1}{3}x^3 + 3x^2 - 8x + c$, mit $c \in \mathbb{R}$

$A = \int_2^4 f(x)\,dx = \left[-\frac{1}{3}x^3 + 3x^2 - 8x\right]_2^4 = -\frac{16}{3} - \left(-\frac{20}{3}\right) = \frac{4}{3} = 1{,}\overline{3}$

d) Nullstellen: −1; 7

$F(x) = -\frac{1}{3}x^3 + 3x^2 + 7x + c$, mit $c \in \mathbb{R}$

$A = \int_{-1}^{7} (-x^2 + 6x + 7)\,dx = \left[-\frac{1}{3}x^3 + 3x^2 + 7x\right]_{-1}^{7} = \frac{245}{3} - \left(-\frac{11}{3}\right) = \frac{256}{3} = 85{,}\overline{3}$

181 **e)** Nullstellen: 1; 2; 3

$f(x) = x^3 - 6x^2 + 11x - 6$

$F(x) = \frac{1}{4}x^4 - 2x^3 + \frac{11}{2}x^2 - 6x + c,\ \text{mit } c \in \mathbb{R}$

$$A = \int_1^2 f(x)\,dx + \left|\int_2^3 f(x)\,dx\right| = \left[\tfrac{1}{4}x^4 - 2x^3 + \tfrac{11}{2}x^2 - 6x\right]_1^2 + \left|\left[\tfrac{1}{4}x^4 - 2x^3 + \tfrac{11}{2}x^2 - 6x\right]_2^3\right|$$

$= (-2) - (-2{,}25) + |(-2{,}25) - (-2)| = 0{,}25 + 0{,}25 = 0{,}5$

f) Nullstellen: −1; 1; 3

$F(x) = \frac{1}{4}x^4 - x^3 - \frac{1}{2}x^2 + 3x + c,\ \text{mit } c \in \mathbb{R}$

$$A = \int_{-1}^1 f(x)\,dx + \left|\int_1^3 f(x)\,dx\right| = \left[\tfrac{1}{4}x^4 - x^3 - \tfrac{1}{2}x^2 + 3x\right]_{-1}^1 + \left|\left[\tfrac{1}{4}x^4 - x^3 - \tfrac{1}{2}x^2 + 3x\right]_1^3\right|$$

$= 1{,}75 - (-2{,}25) + |(-2{,}25) - 1{,}75| = 4 + 4 = 8$

5. *Hinweis:* Die gesuchten Flächeninhalte ergeben sich als Differenz aus dem Flächeninhalt eines Rechtecks und dem Flächeninhalt einer Fläche unter dem Funktionsgraphen.

a) $f(2) = 3$

$$A = 3 \cdot 2 - \int_1^2 f(x)\,dx = 6 - \left[\tfrac{1}{8}x^4 - \tfrac{1}{4}x^2\right]_1^2 = 6 - \left(1 - \left(-\tfrac{1}{8}\right)\right)$$

$A = 6 - 1{,}125 = 4{,}875$

b) $f(2) = 4$

$$A = 4 \cdot 2 - \int_0^2 f(x)\,dx = 8 - \left[-\tfrac{1}{4}x^4 + x^3\right]_0^2 = 8 - 4 = 4$$

c) $f(\sqrt{2}) = 3$

$$A = 3 \cdot \sqrt{2} - \int_0^{\sqrt{2}} f(x)\,dx = 3 \cdot \sqrt{2} - \left[\tfrac{1}{3}x^3 + x\right]_0^{\sqrt{2}}$$

$A = 3 \cdot \sqrt{2} - \frac{5}{2}\sqrt{2} = \frac{4}{3} \cdot \sqrt{2} \approx 1{,}886$

6. a) $\int_0^{2\pi} \sin(x)\,dx$ gibt den orientierten Flächeninhalt an. Es gilt: $\int_0^{\pi} \sin(x)\,dx = -\int_{\pi}^{2\pi} \sin(x)\,dx$

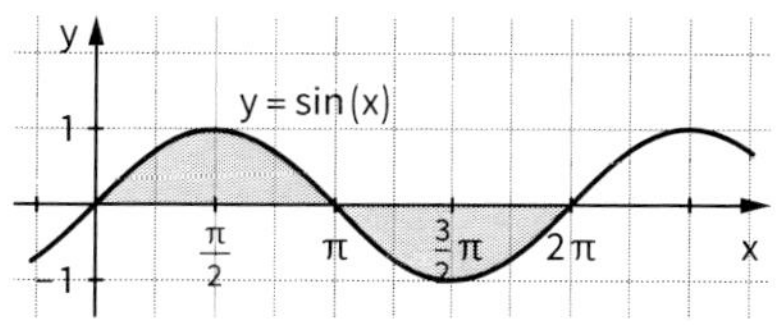

Also gilt: $\int_0^{2\pi} \sin(x) = 0$

Um den Flächeninhalt zu bestimmen, muss man wie folgt rechnen:

$$A = \int_0^{\pi} \sin(x)\,dx + \left|\int_{\pi}^{2\pi} \sin(x)\,dx\right|$$

b) Nun gilt: $\left|\int_{\pi}^{2\pi} \sin(x)\,dx\right| = \int_0^{\pi} \sin(x)\,dx$ und somit:

$$A = 2 \cdot \int_0^{\pi} \sin(x)\,dx$$

182

7. a) Nullstellen: 0; $2-\sqrt{2}$; $2+\sqrt{2}$; 4

$$A=\int_{0}^{4}|f(x)|\,dx\approx 2\cdot 0{,}388+13{,}6\approx 14{,}376$$

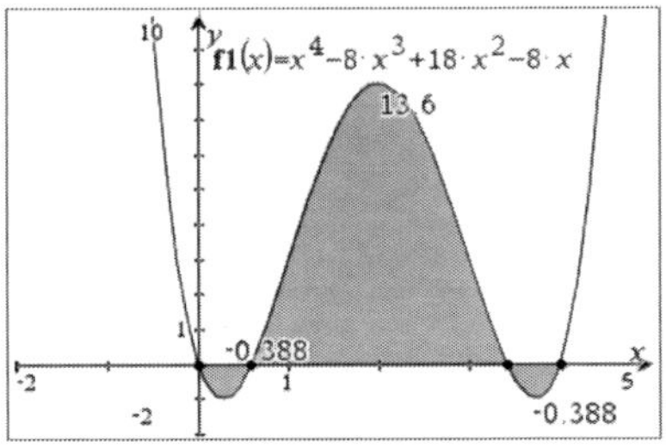

b) Nullstellen: -3; $-\sqrt{2}$; $\sqrt{2}$; 3

$$A=\int_{-3}^{3}|f(x)|\,dx\approx 2\cdot 12{,}6+32{,}4\approx 57{,}6$$

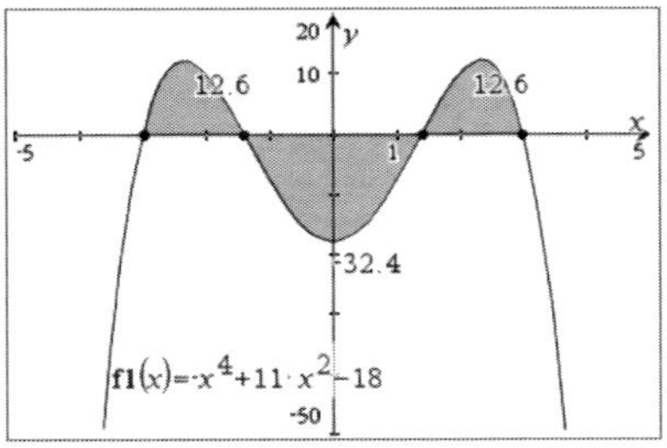

c) Nullstellen: -1; 0; 2

$$A=\int_{-1}^{2}|f(x)|\,dx\approx 0{,}417+2{,}67\approx 3{,}09$$

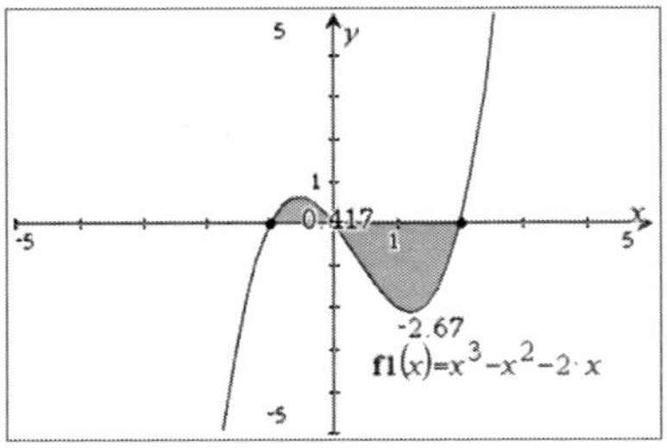

d) Nullstellen: -4; -2; 2; 4

$$A=\int_{-4}^{4}|f(x)|\,dx\approx 2\cdot 46{,}9+162\approx 255{,}8$$

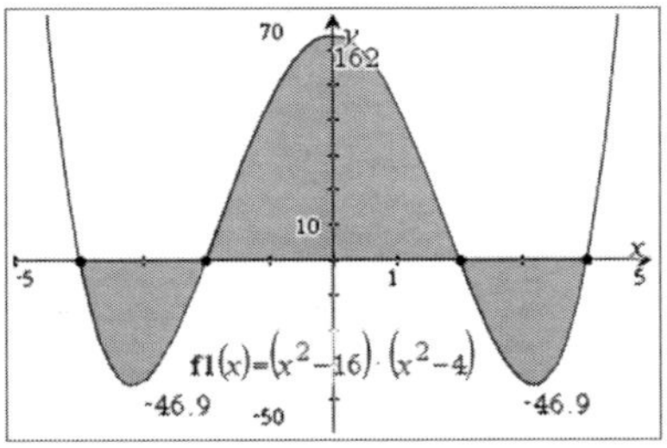

e) **Achtung:** identisch mit Teilaufgabe c)

Nullstellen: -1; 0; 2

$$A=\int_{-1}^{2}|f(x)|\,dx\approx 0{,}417+2{,}67\approx 3{,}09$$

Alternative Aufgabe:

$f(x)=x^5-5x+4x$

Nullstellen: $-2, -1, 0, 1, 2$

$$A=\int_{-2}^{2}|f(x)|\,dx\approx 2\cdot 0{,}917+2\cdot 2{,}25\approx 6{,}33$$

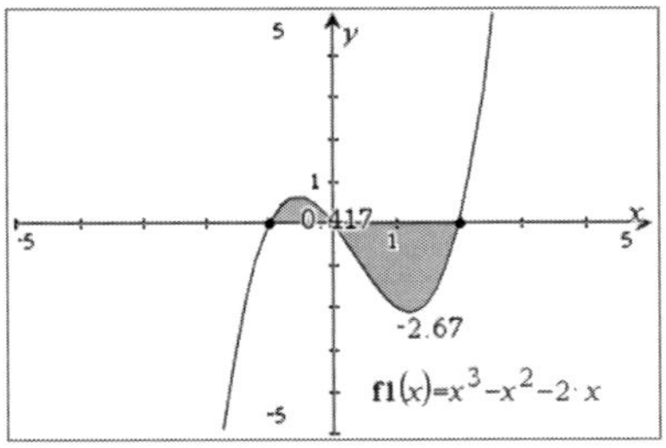

182

f) Nullstellen: −2; 2

$$A = \left| \int_{-2}^{2} (x^4 - 3x^2 - 4)\,dx \right|$$

$$= \left| \left[\frac{1}{5}x^5 - x^3 - 4x \right]_{-2}^{2} \right|$$

$$A = |-9{,}6 - 9{,}6| = 19{,}2$$

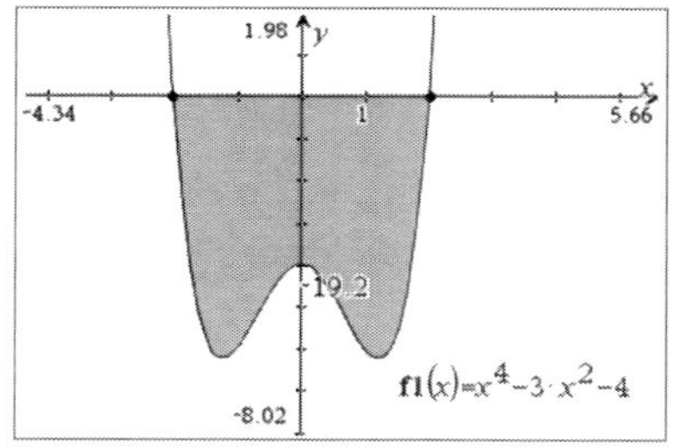

8. a) Der Betrag darf nicht aus dem Integral heraus gezogen werden, dadurch werden Flächen orientiert berechnet und somit ist das Gleichheitszeichen falsch.

$$\int_1^3 |x^3 - 6x^2 + 11x - 6|\,dx = 2 \cdot \int_1^2 (x^3 - 6x^2 + 11x - 6)\,dx = 2 \cdot \left[\frac{1}{4}x^4 - 2x^3 + \frac{11}{2}x^2 - 6x \right]_1^2 = \frac{1}{2}$$

b) Der Betrag darf nicht weggelassen werden, wenn nicht alle Flächen über der x-Achse liegen. Es gibt keine weiteren Schnittstellen von $x^2 + x - 2$ mit der x-Achse.
Die Fläche liegt komplett unter der x-Achse, daher kann man die Fläche als Betrag des Integrals berechnen:

$$\int_{-2}^{1} |x^2 + x - 2|\,dx = \left| \int_{-2}^{1} (x^2 + x - 2)\,dx \right| = \left| \left[\frac{1}{3}x^3 + \frac{1}{2}x^2 - 2x \right]_{-2}^{1} \right| = \frac{9}{2} = 4{,}5$$

c) Die Funktionswerte der Stammfunktion müssen für die obere Grenze und für die untere Grenze in Klammern gesetzt werden.

$F(x) = x^3 - x^2$

$F(1) = 1^3 - 1^2 = 0$

$F(-1) = (-1)^3 - (-1)^2 = -1 - 1 = -2$

$[x^3 - x^2]_{-1}^{1} = F(1) - F(-1) = (1^3 - 1^2) - ((-1)^3 - (-1)^2)$

$= 0 - (-2)$

$= 2$

9. a) $f(x) = x + 2$
Der Graph von f verläuft für alle $u \geq 1$ oberhalb der x-Achse.

$$A = \int_1^u f(x)\,dx = \left[\frac{1}{2}x^2 + 2x \right]_1^u = \left(\frac{1}{2}u^2 + 2u \right) - \left(\frac{1}{2} + 2 \right)$$

$$A = \frac{1}{2}u^2 + 2u - \frac{5}{2} = \frac{27}{2}$$

Durch Multiplikation mit 2 auf beiden Seiten der Gleichung ergibt sich

$u^2 + 4u - 5 = 27$

$u^2 + 4u - 32 = 0$

$u_{1,2} = -2 \pm \sqrt{4 + 32} = -2 \pm 6$

$u_1 = -8;\ u_2 = 4$

Das gesuchte Intervall ist $I = [1; 4]$.

182

b) Der Graph von f verläuft im Intervall [– 2; 3] unterhalb der x-Achse.

Nun gilt: $\int_{-2}^{2} f(x)\,dx = -37\frac{1}{3}$

Also muss u kleiner als – 2 sein.

Gesucht wird also ein $u < -2$ mit

$\int_{u}^{-2} f(x)\,dx = 43 - 37\frac{1}{2} = 5\frac{2}{3} = \frac{17}{3}$.

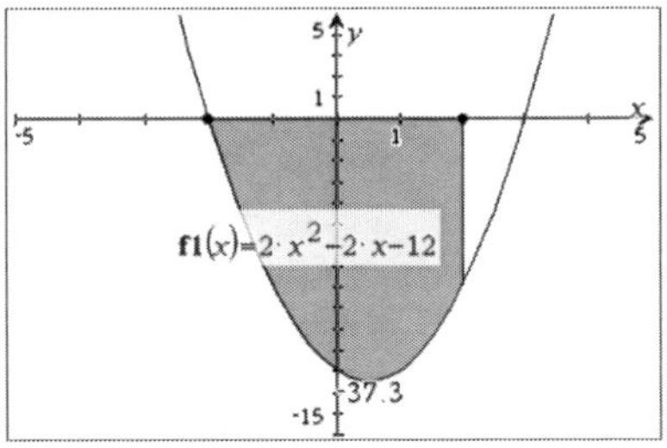

$\int_{u}^{-2} f(x)\,dx = \left[\frac{2}{3}x^3 - x^2 - 12x\right]_u^{-2} = \left(-\frac{16}{3} - 4 + 24\right) - \left(\frac{2}{3}u^3 - u^2 - 12u\right) = -\frac{2}{3}u^3 + u^2 + 12u + \frac{44}{3} = \frac{17}{3}$

Also $-\frac{2}{3}u^3 + u^2 + 12u + 9 = 0$

mit TR: $u_1 \approx 5{,}34$; $u_2 = -3$; $u_3 \approx -0{,}84$: $u_2 = -3$ ist die Lösung, die kleiner als – 2 ist.

Das gesuchte Intervall ist $I = [-3; 2]$.

c) Nullstellen:

$\frac{1}{2} - \frac{1}{2}\sqrt{5} \approx 0{,}62$; 1; $\frac{1}{2} + \frac{1}{2}\sqrt{5} \approx 1{,}62$

$\int_{-0{,}62}^{4} |f(x)|\,dx \approx 25{,}89 < 26{,}25$

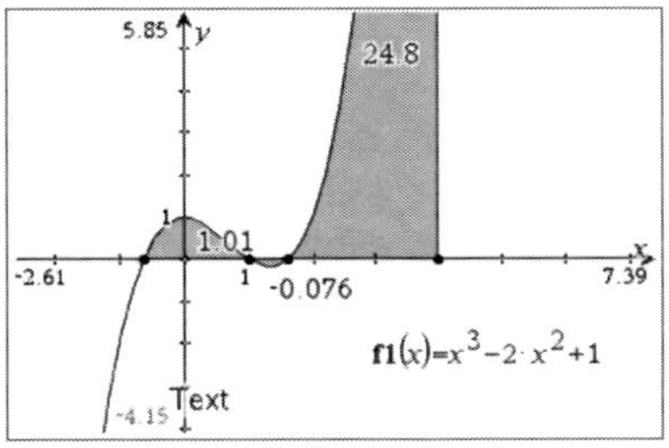

Gesucht wird also $u < -0{,}62$ mit

$\int_{u}^{-0{,}62} f(x)\,dx \approx 25{,}89 - 26{,}25 = -0{,}36$

$= \left[\frac{1}{4}x^4 - \frac{2}{3}x^3 + x\right]_u^{-0{,}62} \approx -0{,}36$

$\approx -0{,}424 - \left(\frac{1}{4}u^4 - \frac{2}{3}u^3 + u\right) \approx -0{,}36$

Daraus ergibt sich $-\frac{1}{4}u^4 + \frac{2}{3}u^3 - u - 0{,}064 \approx 0$

mit GTR: $u \approx -1$ ist die Lösung, die kleiner als – 0,62 ist.

Das gesuchte Intervall ist $I = [-1; 4]$.

10. $\int_{0}^{3} f(x)\,dx = \left[-\frac{1}{4}x^4 + x^3\right]_0^3 = \frac{27}{4}$

gesucht: a mit $\int_{0}^{a} f(x)\,dx = \frac{27}{8}$ und $0 < a < 3$

also $-\frac{1}{4}a^4 + a^3 = \frac{27}{8}$

Daraus ergibt sich durch Multiplikation mit 8 und Umstellen: $2a^4 - 8a^3 + 27 = 0$

Mit einem GTR findet man die Nullstellen 1,84 und 3,74.

Wegen $0 < a < 3$ ist $a = 1{,}84$ die gesuchte Stelle.

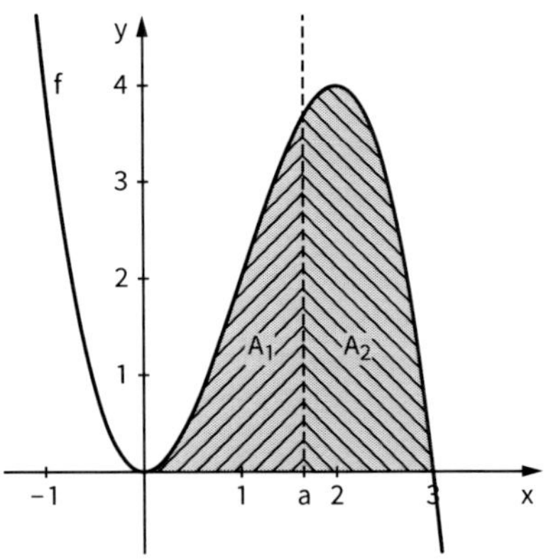

182

11. a) Nullstellen: $x_0 = 0$; $x_1 = k$

$$A = \left|\int_0^k (x^2 - kx)\,dx\right| = \left|\left[\frac{1}{3}x^3 - \frac{1}{2}kx^2\right]_0^k\right|$$

$$= \left|-\frac{1}{6}k^3\right| \overset{!}{=} 36 \Leftrightarrow |k| = 6$$

$$\Leftrightarrow k = 6 \text{ oder } k = -6$$

k bestimmt die Position der zweiten Nullstelle und des Scheitelpunkts. Für betragsmäßig große k wandert die Nullstelle nach außen. Damit wächst die eingeschlossene Fläche.

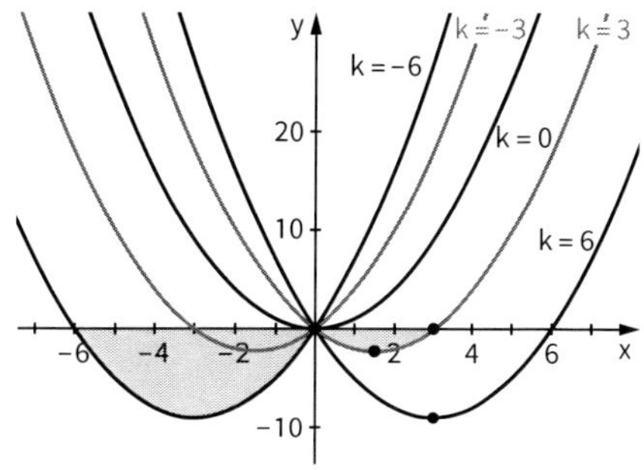

b) Nullstellen: $x_0 = -\frac{2}{\sqrt{k}}$; $x_1 = 0$; $x_2 = \frac{2}{\sqrt{k}}$

f besitzt nur für $k > 0$ eine endliche Fläche. f ist punktsymmetrisch zum Ursprung, also ist

$$A = 2 \cdot \int_{-\frac{2}{\sqrt{k}}}^{0} (kx^3 - 4x)\,dx$$

$$= 2 \cdot \left[\frac{1}{4}kx^4 - 2x^2\right]_{-\frac{2}{\sqrt{k}}}^{0} = \frac{8}{k} \overset{!}{=} 16 \Leftrightarrow k = \frac{1}{2}$$

Je kleiner k, desto weiter laufen die Nullstellen nach außen. Damit wächst die eingeschlossene Fläche.

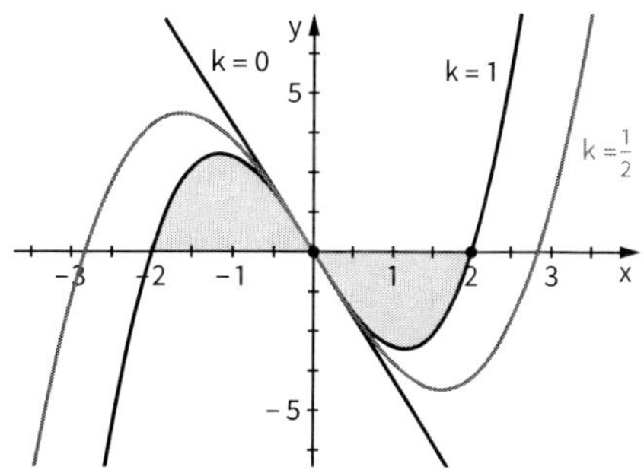

c) Nullstellen:

$x_0 = -\frac{1}{2}\sqrt{-2k}$; $x_1 = 0$; $x_2 = \frac{1}{2}\sqrt{-2k}$

f besitzt nur für $k < 0$ eine endliche Fläche. f ist punktsymmetrisch zum Ursprung, also ist

$$A = 2 \cdot \int_{-\frac{1}{2}\sqrt{-2k}}^{0} (2x^3 + kx)\,dx$$

$$= 2 \cdot \left[\frac{1}{2}x^4 + \frac{1}{2}kx^2\right]_{-\frac{1}{2}\sqrt{-2k}}^{0}$$

$$= \frac{1}{4}k^2 \overset{!}{=} 9 \Leftrightarrow k = -6$$

k streckt den Graphen in x- und y-Richtung. Je kleiner k, desto größer wird die eingeschlossene Fläche.

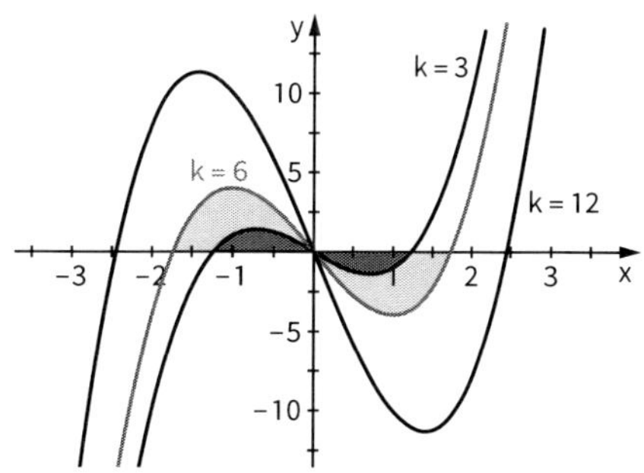

182

12. a) Ansatz: $f(x) = a \cdot x^2$

$f(4) = a \cdot 16 = 2$

also gilt $a = \frac{1}{8}$

Somit ergibt sich f mit $f(x) = \frac{1}{8}x^2$

b) $A_Q = 2 \cdot 8 - 2 \cdot \int_0^4 \frac{1}{8}x^2\,dx = 16 - 2 \cdot \left[\frac{1}{24}x^3\right]_0^4$

$A_Q = 16 - 2 \cdot \left(\frac{8}{3}\right) = \frac{32}{3}$

Die Querschnittsfläche beträgt $10,\overline{6}\,m^2$.

c) $g(x) = \frac{1}{8}x^2 - 2$

$A_Q = \left|\int_{-4}^{4} \left(\frac{1}{8}x^2 - 2\right) dx\right| = \left|\left[\frac{1}{24}x^3 - 2x\right]_{-4}^{4}\right|$

$A_Q = \left|-\frac{16}{3} - \frac{16}{3}\right| = \frac{32}{3}$

d) $1\,000\,m \cdot 10,\overline{6}\,m^2 = 10\,666,\overline{6}\,m^3$

Auf 1 km Länge hat der Kanal ein Wasservolumen von etwa $10\,667\,m^3$.

e) $f(x) = 1$ für $x = \sqrt{8}$ und $x = -\sqrt{8}$

Querschnittsfläche bei 1 m Höhe:

$A = 2 \cdot \sqrt{8} \cdot 1 - 2 \cdot \int_0^{\sqrt{8}} \frac{1}{8}x^2\,dx$

$A = 2 \cdot \sqrt{8} - 2 \cdot \left[\frac{1}{24}x^3\right]_0^{\sqrt{8}} = 2 \cdot \sqrt{8} - 2 \cdot \frac{1}{3} \cdot \sqrt{8}$

$A = \frac{4}{3}\sqrt{8} \approx 3,77$

Die Querschnittsfläche beträgt bei 1 m Wasserhöhe etwa $3,77\,m^2$.

Das ergibt auf einer Kanallänge von 1 km ein Wasservolumen von etwa $3\,770\,m^3$.

13.
- Ein Parabelbogen unterhalb der x-Achse.

  $f_1(x) = a \cdot (x+2) \cdot (x-4)$

  $f_1(1) = a \cdot 1 \cdot (-3) = -3$, also $a = 1$

  $f_1(x) = (x+2) \cdot (x-4) = x^2 - 2x - 8$ für $-2 \le x \le 4$
- Drei Parabelbögen oberhalb der x-Achse.

  $f_2(x) = -x^2 + 4$ für $-2 \le x \le 0$

  $f_3(x) = -\frac{1}{2}x^2 + 4$ für $0 \le x \le 2$

  $f_4(x) = -\frac{1}{2}x^2 + 2x$ für $2 \le x \le 4$
- Fläche unter der x-Achse:

  $A_1 = \left|\int_{-2}^{4} f_1(x)\,dx\right| = \left|\left[\frac{1}{3}x^3 - x^2 - 8x\right]_{-2}^{4}\right|$

  $A_1 = \left|-\frac{52}{3} - \frac{28}{3}\right| = \frac{80}{3}$

182

- Flächen oberhalb der x-Achse:

$$A_2 = \int_{-2}^{0} f_2(x)\,dx = \left[-\tfrac{1}{3}x^3 + 4x\right]_{-2}^{0} = 0 - \left(-\tfrac{16}{3}\right) = \tfrac{16}{3}$$

$$A_3 = \int_{0}^{2} f_3(x)\,dx = \left[-\tfrac{1}{6}x^3 + 4x\right]_{0}^{2} = \tfrac{20}{3}$$

$$A_4 = \int_{2}^{4} f_4(x)\,dx = \left[-\tfrac{1}{6}x^3 + x^2\right]_{2}^{4} = \tfrac{16}{3} - \tfrac{8}{3} = \tfrac{8}{3}$$

$$A_{gesamt} = A_1 + A_2 + A_3 + A_4 = \tfrac{124}{3} = 41{,}\overline{3}$$

Die Oberfläche des Sees hat eine Größe von $41{,}33\,km^2$.

183

14. a) Die Öffnungsfläche kann in einen rechteckigen und einen halbkreisförmigen Teil zerlegt werden. Im Beispiel (A) ist der rechteckige Teil ein Quadrat mit Seitenlänge $r = 2\,m$ und der Halbkreis hat einen Radius von 1 m.

$$A = (2\,m)^2 + \tfrac{1}{2}\pi(1\,m)^2 = \left(4 + \tfrac{\pi}{2}\right)m^2 = 5{,}57\,m^2$$

b) Hier kann erneut die Rechteckfläche abgetrennt werden. Es verbleibt eine Parabel der Form $f(x) = -(x-1)(x+1) = -x^2 + 1$

Die Fläche ist dann $A_P = \int_{-1}^{1} (-x^2 + 1)\,dx = \left[-\tfrac{1}{3}x^3 + x\right]_{-1}^{1} = \tfrac{4}{3}m^2$

$$A_B = (2\,m)^2 + \tfrac{4}{3}m^2 = 5\tfrac{1}{3}m^2$$

c) Die Öffnungsfläche des Torbogens (A) ist um ca. $0{,}24\,m^2$ größer.

15. a) $f(x) = (x+1)^2 - 4 = x^2 + 2x - 3$;

$F(x) = \tfrac{1}{3}x^3 + x^2 - 3x + c$

$$A = \left|\int_{-2}^{1} \left((x+1)^2 - 4\right)dx\right| + \int_{1}^{2}\left((x+1)^2 - 4\right)dx$$

$$= \left|\left[\tfrac{1}{3}x^3 + x^2 - 3x\right]_{-2}^{1}\right| + \left[\tfrac{1}{3}x^3 + x^2 - 3x\right]_{1}^{2}$$

$$= 9 + \tfrac{7}{3} = 11\tfrac{1}{3}$$

b) $f(x) = x^2 - 3$; Nullstellen $x = \pm\sqrt{3}$

f und Grenzen symmetrisch zur y-Achse

$$A = 2\cdot\left(\left|\int_{0}^{\sqrt{3}} (x^2 - 3)\,dx\right| + \left|\int_{\sqrt{3}}^{2} (x^2 - 3)\,dx\right|\right)$$

$$= 2\cdot\left(\left|\left[-\tfrac{1}{3}x^3 + 3x\right]_{0}^{\sqrt{3}}\right| + \left|\left[-\tfrac{1}{3}x^3 + 3x\right]_{0}^{2}\right|\right)$$

$$= 2\cdot\left(2\sqrt{3} + 2\sqrt{3} - \tfrac{10}{3}\right) = 7{,}1897$$

183 **c)** $f(x) = \frac{1}{3}(x+1)(x-1)(x-3) = \frac{1}{3}x^3 - x^2 - \frac{1}{3}x + 1$; Grenzen symmetrisch um (1 | 0)

f punktsymmetrisch um (1 | 0)

$$A = 2 \cdot \left(\left| \int_1^3 f(x)\,dx \right| + \int_3^4 f(x)\,dx \right) = 2 \cdot \left| \left[\frac{1}{12}x^4 - \frac{1}{3}x^3 - \frac{1}{6}x^2 + x \right]_1^3 \right| + \left[\frac{1}{12}x^4 - \frac{1}{3}x^3 - \frac{1}{6}x^2 + x \right]_3^4$$

$$= 2 \cdot \left(\left| -\frac{4}{3} \right| + \frac{25}{12} \right) = \frac{41}{6} = 6\frac{5}{6} = 6{,}833$$

d) $f(x) = (x+2) \cdot x \cdot (x-1) = x^3 - x^2 + 2x^2 - 2x = x^3 + x^2 - 2x$

$$A = \int_{-1,5}^{0} f(x)\,dx + \left| \int_0^1 f(x)\,dx \right| + \int_1^{1,5} f(x)\,dx$$

Stammfunktion: $F(x) = \frac{1}{4}x^4 + \frac{1}{3}x^3 - x^2$

$A = \frac{135}{64} + \frac{5}{12} + \frac{107}{192} = \frac{37}{12} = 3\frac{1}{12} = 3{,}0833$

4.5.2 Fläche zwischen zwei Funktionsgraphen

184 **Einstiegsaufgabe ohne Lösung**

- Beide Funktionsterme enthalten den Faktor $(x^2 - 16)$. Für $x = -4$ und $x = 4$ wird dieser Faktor null. Also gilt:
  $f(4) = f(-4) = g(4) = g(-4) = 0$
  Somit schneiden sich die Graphen von f und g in den Punkten P(−4 | 0) und Q(4 | 0).
- Man bestimmt zunächst den Flächeninhalt A_1 der Fläche, die der Graph von f mit der x-Achse einschließt:

  $$A_1 = \int_{-4}^{4} \left(-0{,}1\,(x^2 - 16)(x^2 + 1{,}5)\right) dx \approx 40{,}1$$

  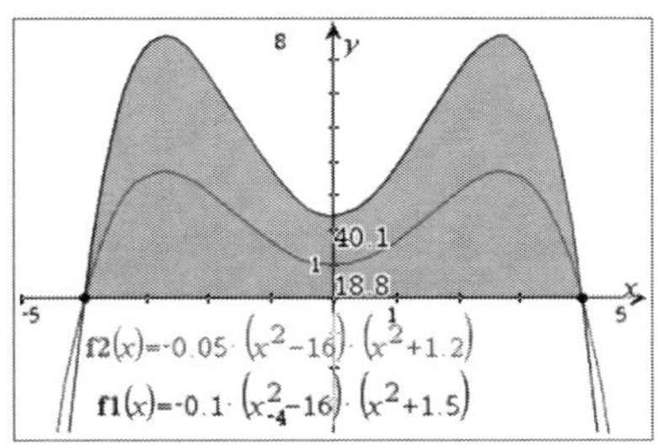

  Danach bestimmt man den Flächeninhalt A_2 der Fläche, die der Graph von g mit der x-Achse einschließt:

  $$A_2 = \int_{-4}^{4} \left(-0{,}05\,(x^2 - 16)(x^2 + 1{,}2)\right) dx \approx 18{,}8$$

  Der Flächeninhalt A_M für das „Goldene M“ ergibt sich als Differenz aus A_1 und A_2:
  $A_M = A_1 - A_2 \approx 40{,}1 - 18{,}8 = 21{,}3$
  Man könnte aber auch wie folgt rechnen:

  $$A_M = A_1 - A_2 = \int_{-4}^{4} f(x)\,dx - \int_{-4}^{4} g(x)\,dx = \int_{-4}^{4} [f(x) - g(x)]\,dx$$

  $$= \int_{-4}^{4} \left((x^2 - 16) \cdot (-0{,}05\,x^2 - 0{,}09)\right) dx \approx 21{,}3$$

  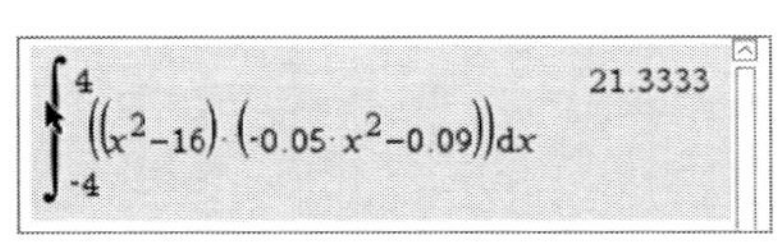

  Das „Goldene M“ hat einen Flächeninhalt von 21,3 cm².

184

- Bei einer Dicke von 0,1 cm ergibt sich ein Volumen von 2,13 cm³ und somit eine Masse von $2{,}13 \cdot 19{,}3\,g = 41{,}109\,g$.
  Das entspricht $41{,}109 : 31{,}1034768 \approx 1{,}3217$ Feinunzen.
  Der Preis für eine Feinunze Gold liegt bei 1 044,95€ (Stand 10. Juni 2015). Somit würde das „Goldene M" etwa 1 045€ kosten. Der Kurs sollte das Geld besser nicht dafür ausgeben. Man könnte das M auch aus einem günstigeren Material anfertigen.

187

1. a) Achtung: Aufgabe **in der 1. Auflage** nur mithilfe eines Rechners lösbar:
Bestimmung der drei Schnittstellen von f mit $f(x) = x^3 - 4x + 3$ und g mit $g(x) = 4 - \frac{1}{2}x^2$:
Schnittstellen:
$x_0 \approx -2{,}146;\ x_1 \approx -0{,}246;\ x_2 \approx 1{,}893$

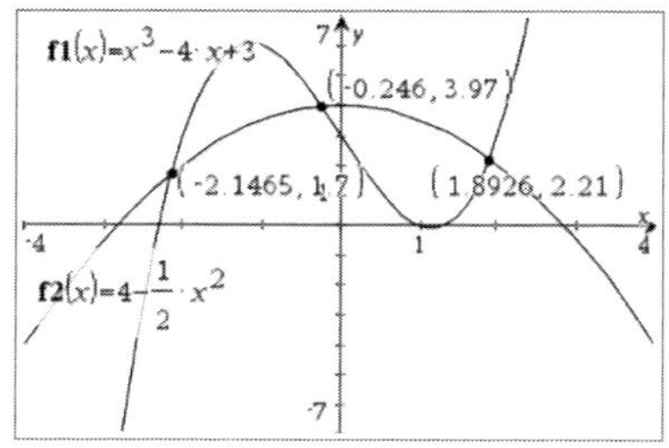

$$A = \int_{-3}^{x_0} (g(x) - f(x))\,dx + \int_{x_0}^{x_1} (f(x) - g(x))\,dx + \int_{x_1}^{x_2} (g(x) - f(x))\,dx + \int_{x_2}^{2} (f(x) - g(x))\,dx = 12{,}5874$$

Neu ab der 2. Auflage: $g(x) = 3x - 3$;
f wie in 1. Auflage $f(x) = x^3 - 4x + 3$
$I = [-3; 2]$
Schnittstellen: $x_0 = -3;\ x_1 = 1;\ x_2 = 2$
Stammfunktionen:

$F(x) - G(x) = \frac{1}{4}x^4 - \frac{7}{2}x^2 + 6x$

$G(x) - F(x) = -\frac{1}{4}x^4 + \frac{7}{2}x^2 + 6x$

$A = \int_{-3}^{1} |f(x) - g(x)|\,dx + \int_{1}^{2} |g(x) - f(x)|\,dx$

$A = \left[\frac{1}{4}x^4 - \frac{7}{2}x^2 + 6x\right]_{-3}^{1} + \left[-\frac{1}{4}x^4 + \frac{7}{2}x^2 - 6x\right]_{1}^{2}$

$A = 2{,}75 - (-29{,}25) + (-2) - (2{,}75)$

$A = \quad 32 \quad + 0{,}75$

$A = 32{,}75$

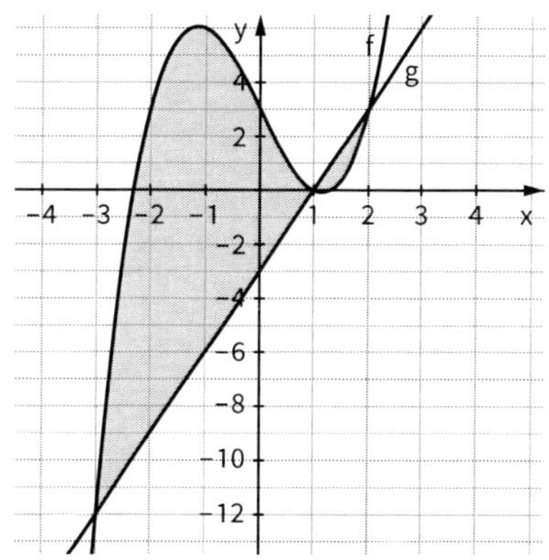

b) $I = [2; 5]$
Schnittstellen: $x_0 = 2,\ x_1 = 5$
Stammfunktion:
$G(x) - F(x) = -\frac{2}{3}x^3 + 7x^2 - 20x$

$A = \int_{2}^{5} (g(x) - f(x))\,dx = \left[-\frac{2}{3}x^3 + 7x^2 - 20x\right]_{2}^{5}$

$A = -\frac{25}{3} - \left(-\frac{52}{3}\right) = \frac{27}{3} = 9$

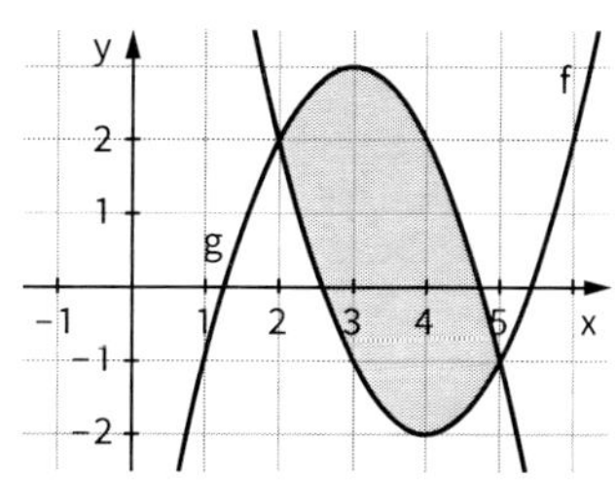

187 **c)** $I = [1; 2]$

Schnittstellen: $x_0 = 1,\ x_1 = 2$

Stammfunktion:

$F(x) - G(x) = -x^3 + \frac{3}{2}x^2 + 8x + \frac{8}{x}$

$A = \int_1^2 (f(x) - g(x))\,dx$

$A = \left[-x^3 + \frac{3}{2}x^2 + 8x + \frac{8}{x}\right]_1^2$

$A = 18 - 16{,}5$

$A = \frac{3}{2} = 1{,}5$

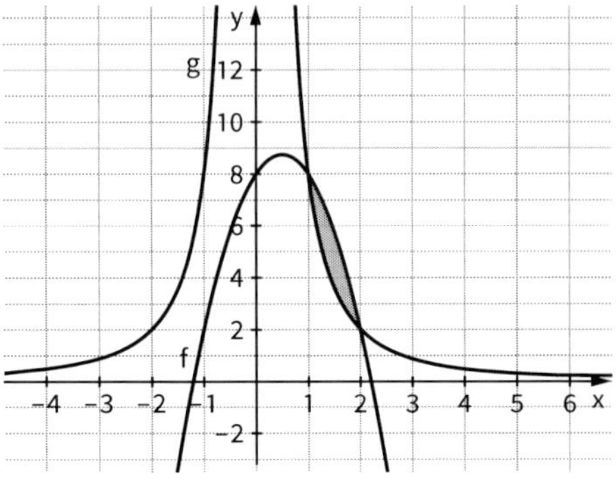

2. **a)** Schnittstellen: $x_0 = -2;\ x_1 = 0;\ x_2 = 2$

$A = \int_{-2}^{2} |f(x) - g(x)|\,dx$

$= \int_{-2}^{0} (f(x) - g(x))\,dx + \int_0^2 (g(x) - f(x))\,dx$

$= 8$

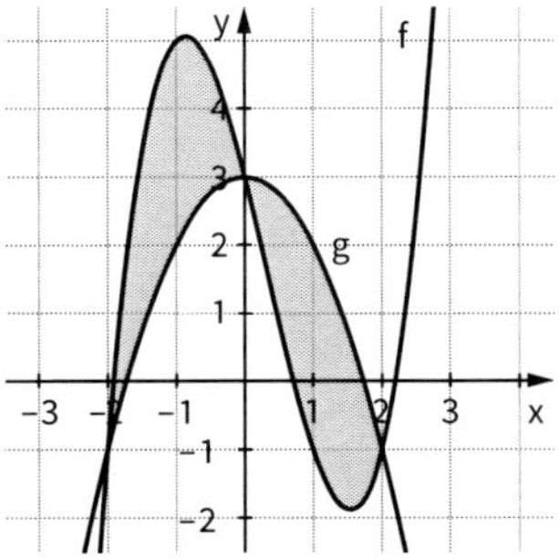

b) Schnittstellen bzw. Berührpunkte:

$x_0 = -3;\ x_1 = 0;\ x_2 = 3$, aber der Graph von g verläuft im Intervall $[-3; 3]$ komplett oberhalb des Graphen von f, daher gilt:

$A = \int_{-3}^{3} |f(x) - g(x)|\,dx = \int_{-3}^{3} (g(x) - f(x))\,dx = 64{,}8$

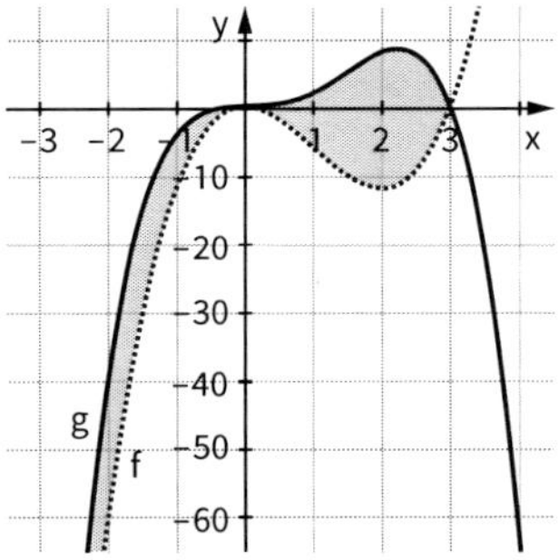

c) Schnittstellen bzw. Berührpunkte:

$x_0 = -1;\ x_1 = 0;\ x_2 = 4$, aber der Graph von g verläuft im Intervall $[-1; 4]$ komplett oberhalb des Graphen von f, daher gilt

$A = \int_{-1}^{4} |f(x) - g(x)|\,dx = \int_{-1}^{4} (g(x) - f(x))\,dx \approx 72{,}92$

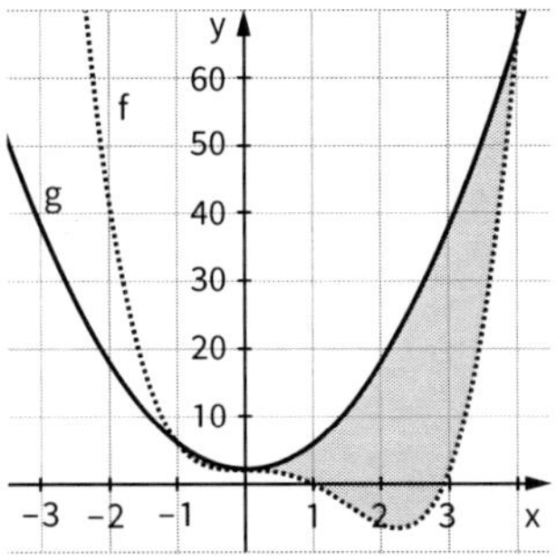

187

d) Schnittstellen:

$x_0 = -4;\ x_1 = -2{,}2361;\ x_2 = 2{,}2361;\ x_3 = 3$

$A = \int_{-4}^{3} |f(x) - g(x)|\,dx$

$= \int_{-4}^{-2{,}2361} (f(x) - g(x))\,dx + \int_{-2{,}2361}^{2{,}2361} (g(x) - f(x))\,dx$

$+ \int_{2{,}2361}^{3} f((x) - g(x))\,dx$

$\approx 196{,}47$

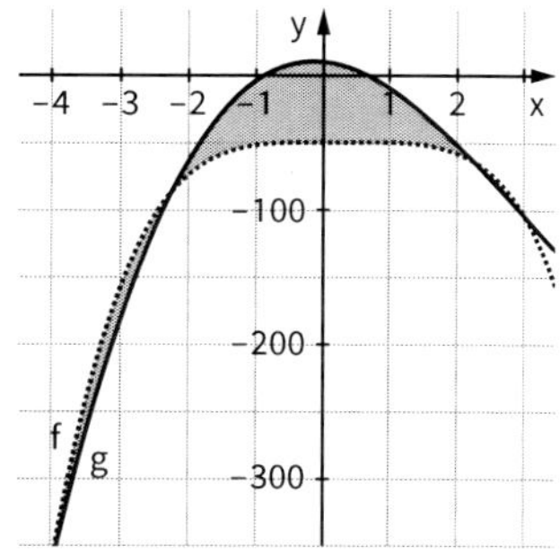

3. Berechnet werden soll die Fläche zwischen den beiden Graphen von f und g im Intervall $[-2; 2]$. Da f zwischen −2 und 0 unterhalb und zwischen 0 und 2 oberhalb von g verläuft, ist dies mit dem GTR am einfachsten möglich mit

$\int_{-2}^{2} |f(x) - g(x)|\,dx = 12.$

Subtrahiert man stattdessen die Integrale der Betragsfunktionen von f und g, also

$\int_{-2}^{2} |f(x)|\,dx - \int_{-2}^{2} |g(x)|\,dx$, so erhält man in diesem Beispiel nicht die Größe der Fläche zwischen f und g, sondern die Größe der Fläche zwischen den „hochgeklappten" Graphen der Betragsfunktionen. Siehe Grafik rechts. Dieses Beispiel zeigt, das der Betrag im Allgemeinen nicht „aus dem Integral gezogen" werden darf.

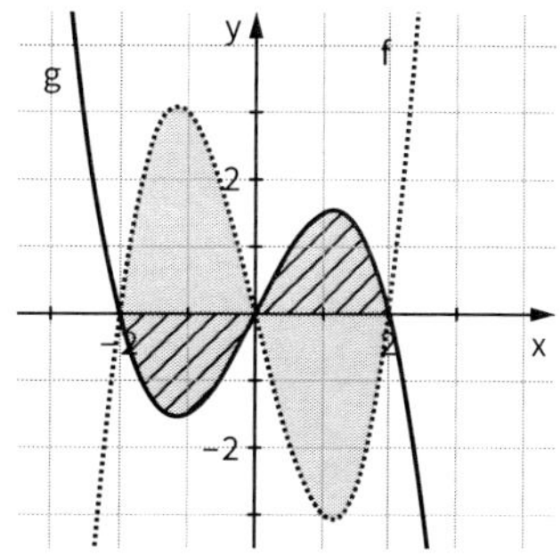

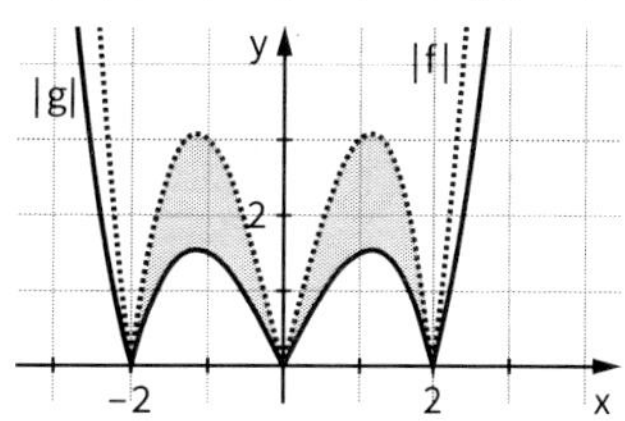

188

4. a) Schnittstellen: $x_0 = 0;\ x_1 = k$

$A = \left| \int_{0}^{k} (f(x) - g(x))\,dx \right|$

$= \left| \left[\frac{1}{4}x^4 - \frac{2}{3}k x^3 + \frac{1}{2}k^2 x^2 \right]_0^k \right|$

$= \frac{k^4}{12} \overset{!}{=} \frac{4}{3} \Rightarrow k = -2$ oder $k = 2$,

also $x_1 = -2$ oder $x_1 = 2$.

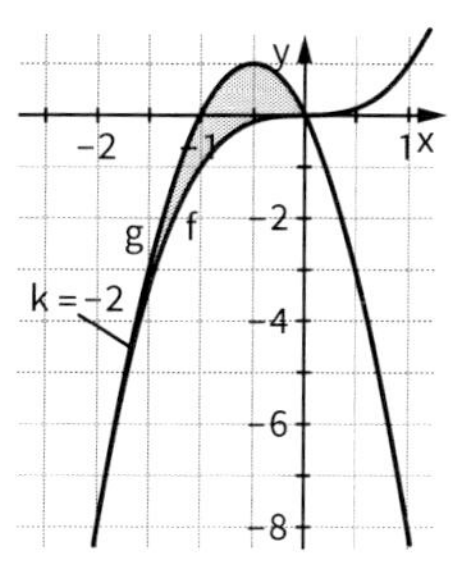

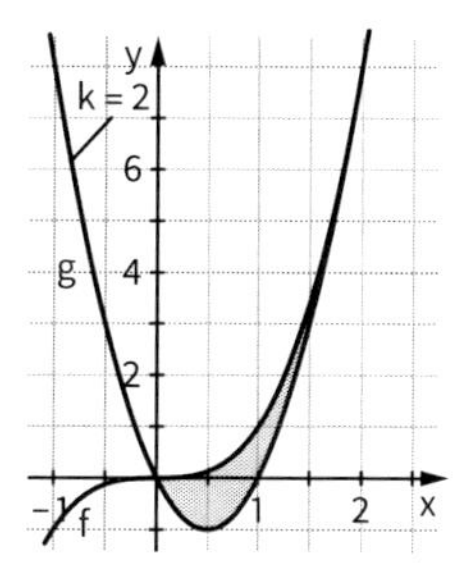

k bestimmt sowohl die Krümmung als auch die Nullstelle von g und somit auch den Schnittpunkt mit f und den Flächeninhalt. Für $k < 0$ dreht sich die Parabel g um.

188

b) Schnittstellen: $x_0 = -\sqrt{\frac{k}{2}}$; $x_1 = \sqrt{\frac{k}{2}}$ für $k \geq 0$.

$A = \left|\int_{x_0}^{x_1}(f(x) - g(x))dx\right| = \left[\frac{2}{3}x^3 - kx\right]_{x_0}^{x_1} = \frac{2}{3}\sqrt{2k^3} \overset{!}{=} 1 \Leftrightarrow k = \frac{\sqrt[3]{9}}{2}$, also $x_0 \approx -0{,}721$; $x_1 \approx 0{,}721$

k bestimmt den Scheitelpunkt von g und somit die Schnittstellen und den Flächeninhalt zwischen den Graphen.

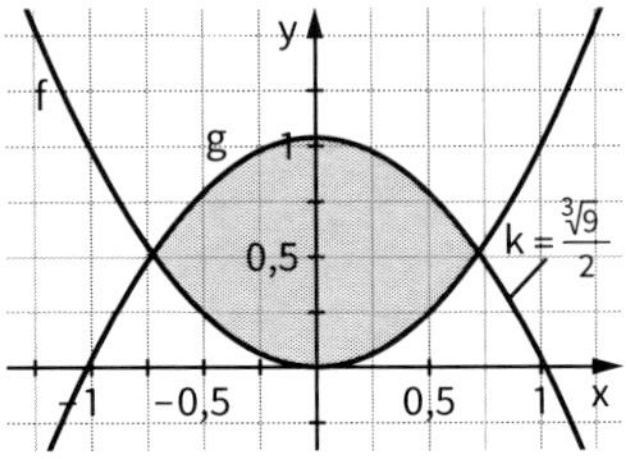

c) Schnittstellen: $x_0 = -\frac{1}{\sqrt{1+k}}$; $x_1 = \frac{1}{\sqrt{1+k}}$

$A = \left|\int_{x_0}^{x_1}(f(x) - g(x))dx\right|$

$= \left|\left[\frac{1}{3}x^3(1+k) - x\right]_{x_0}^{x_1}\right|$

$= \frac{4}{3\sqrt{1+k}} \overset{!}{=} \frac{2}{3} \Leftrightarrow k = 3$,

also $x_0 = -\frac{1}{2}$; $x_1 = \frac{1}{2}$

k bestimmt die Krümmung der Parabel g und somit die Schnittstellen und den Flächeninhalt.

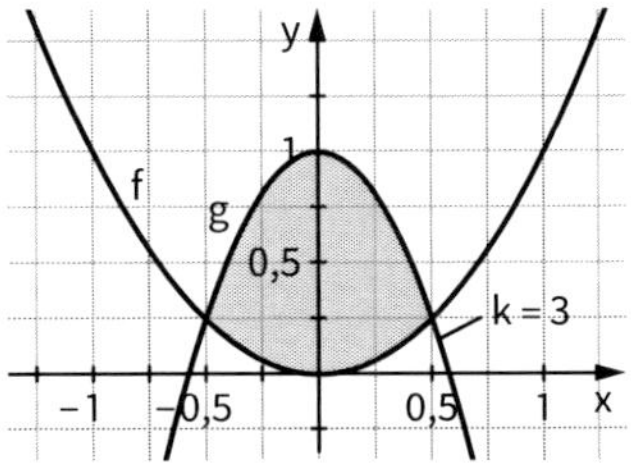

d) Schnittstellen: $x_0 = -\sqrt{k}$; $x_1 = 0$; $x_2 = \sqrt{k}$

Sowohl f als auch g sind punktsymmetrisch zum Ursprung, damit gilt:

$A = 2\left|\int_{0}^{\sqrt{k}}(f(x) - g(x))dx\right|$

$= 2\left|\left[\frac{1}{4}x^4 - \frac{1}{2}kx^2\right]_0^{\sqrt{k}}\right|$

$= \frac{1}{2}k^2 \overset{!}{=} \frac{1}{4} \Leftrightarrow k = \frac{1}{\sqrt{2}}$,

also $x_0 = -\frac{1}{\sqrt{2}}$; $x_1 = 0$; $x_2 = \frac{1}{\sqrt{2}}$

k bestimmt die Steigung der Geraden g und somit die Schnittpunkte mit f und die Größe des Flächeninhalts.

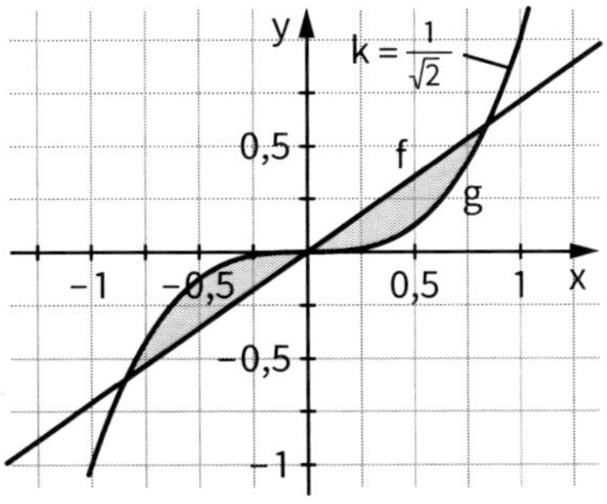

188

5. Die Berandungen der Wasserfläche beschreiben wir durch die Funktionen f und g in einem Koordinatensystem mit der Einheit 100 m. Der Graph von f ist offensichtlich eine in y-Richtung gestauchte Normalparabel mit dem Streckungsfaktor $\frac{1}{4}$, also $f(x) = \frac{1}{4}x^2$. Der Graph von g ist ebenfalls eine Parabel mit dem Streckungsfaktor $-\frac{1}{4}$ und dem Scheitelpunkt S(1 | 4), also $g(x) = -\frac{1}{4}(x-1)^2 + 4 = -\frac{1}{4}x^2 + \frac{1}{2}x + \frac{15}{4}$.

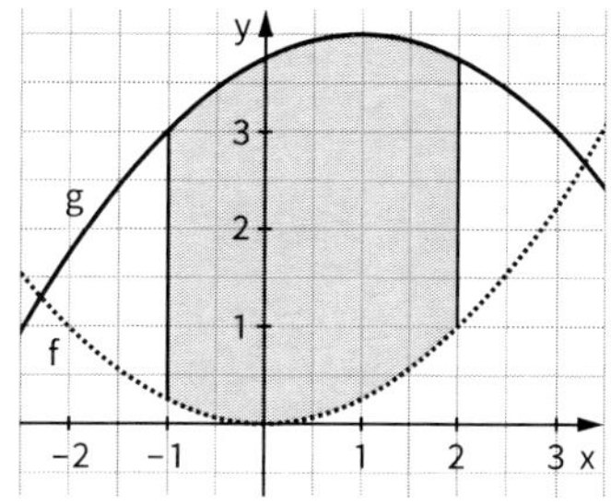

Es muss nun die Fläche zwischen beiden Funktionsgraphen über dem Intervall [− 1; 2] berechnet werden:

$$A = \int_{-1}^{2} (g(x) - f(x))\,dx = \int_{-1}^{2} \left(-\frac{1}{2}x^2 + \frac{1}{2}x + \frac{15}{4}\right)dx = \left[-\frac{1}{6}x^3 + \frac{1}{4}x^2 + \frac{15}{4}x\right]_{-1}^{2}$$

$$= -\frac{4}{3} + 1 + \frac{15}{2} - \frac{1}{6} - \frac{1}{4} + \frac{15}{4} = 10{,}5$$

Da wir 100 m als Einheit gewählt haben, beträgt die Wendefläche 105 000 m² oder 10,5 ha.

6. a) $f(x) = -(x+1)^2 + 2 = -x^2 - 2x + 1$

$g(x) = x^2 - 2$

Schnittstellen:

$x_1 = -\frac{1}{2} - \frac{1}{2}\sqrt{7} \approx -1{,}823$

$x_2 = -\frac{1}{2} + \frac{1}{2}\sqrt{7} \approx 0{,}823$

$$A = \int_{-1{,}823}^{0{,}823} |f(x) - g(x)|\,dx \approx 6{,}173$$

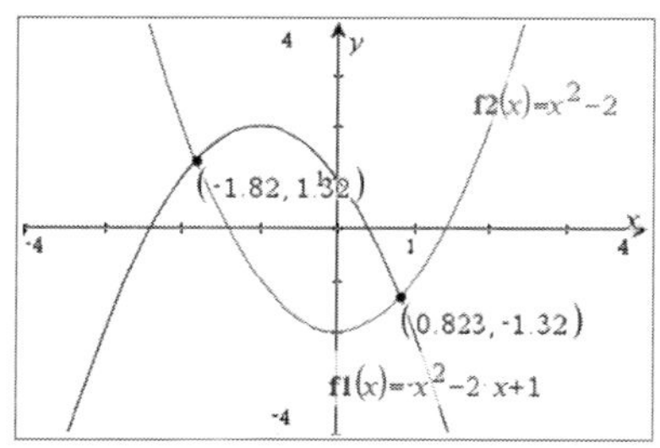

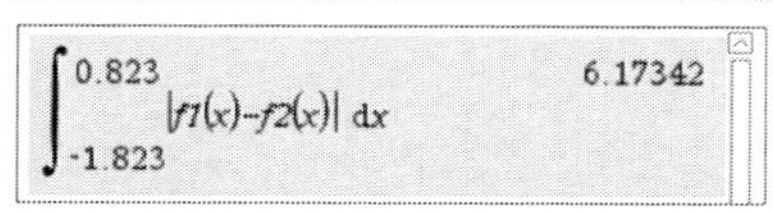

b) $f(x) = x^2 - 4$; $g(x) = x + 2$

Schnittstellen $x_0 = -2$; $x_1 = 3$

$$A = \int_{-2}^{3} (g(x) - f(x))\,dx = \left[-\frac{1}{3}x^3 + \frac{1}{2}x^2 + 6x\right]_{-2}^{3} = \frac{125}{6} \approx 20{,}833$$

c) $f(x) = -x^3$; $g(x) = -x$

Schnittstellen $x_0 = -1$; $x_1 = 0$; $x_2 = 1$

Punktsymmetrisch zum Ursprung

$$A = 2 \cdot \int_{0}^{1} (f(x) - g(x))\,dx = 2\left[-\frac{1}{4}x^4 + \frac{1}{2}x^2\right]_{0}^{1} = \frac{1}{2}$$

7. Parabel: $f(x) = \frac{1}{4}x^2$ Tangente: $g(x) = x - 1$ $A = \int_{0}^{2} f(x)\,dx - \frac{1}{2} = \frac{1}{6}$

188

8. $f(x) = \frac{1}{4}(x-2)x^2(x+2) = \frac{1}{4}x^4 - x^2$

$g(x) = \frac{3\sqrt{3}}{8}(x+2)x(x-2) = \frac{3}{8}\sqrt{3}x^3 - \frac{3\sqrt{3}}{2}x$

$$A_1 = \int_{-2}^{-1} \left(g(x) - f(x)\right) dx = \frac{47}{60} + \frac{27\sqrt{3}}{32} \approx 2{,}245$$

$$A_2 = \left| \int_{-1}^{0} f(x)\,dx \right| = \frac{17}{60} \approx 0{,}283$$

$$A_3 = \int_{-1}^{0} g(x)\,dx = \frac{21\sqrt{3}}{32} \approx 1{,}137$$

$$A_4 = \int_{0}^{1} \left(f(x) - g(x)\right) dx = \frac{21\sqrt{3}}{32} - \frac{17}{60} \approx 0{,}853$$

$$A_5 = \int_{1}^{2} \left((f(x) - g(x)\right) dx = \frac{27\sqrt{3}}{32} - \frac{47}{60} \approx 0{,}678$$

$$A_6 = \left| \int_{-1}^{2} f(x)\,dx \right| = \frac{16}{15} \approx 1{,}067$$

Hinweis: Die Angabe der Funktionsterme und die konkreten Berechnungen sind nicht unbedingt nötig. Es genügt die Schreibweise als Integral.

189

9. a) Funktionsterme: $f(x) = x^2$, $g(x) = \sqrt{x}$

Fläche $A = 4\int_{0}^{1} \left(\sqrt{x} - x^2\right) dx = \frac{4}{3}\ [\text{dm}^2]$

Kosten: $\frac{4}{3} \cdot 100 \cdot 7{,}99\,€ = 1\,065{,}33\,€$

b) Funktionsterme: $f(x) = -\frac{1}{6}(x+3)(x-3) = -\frac{1}{6}x^2 + \frac{3}{2}$,

$g(x) = -\frac{4}{25}(x+2{,}5)(x-2{,}5) = -\frac{4}{25}x^2 + 1$; $h(x) = -f(x)$, $i(x) = -g(x)$

Der Kreisring in der Mitte wird ohne Integralrechnung berechnet.

$$A = 4 \cdot \left(\int_{0}^{3} f(x)\,dx - \int_{0}^{2{,}5} g(x)\,dx \right) + \pi - \frac{\pi}{4} = 4 \cdot \left(\left[-\frac{1}{18}x^3 + \frac{3}{2}x \right]_0^3 - \left[-\frac{4}{75}x^3 + x \right]_0^{2{,}5} \right) + \frac{3}{4}\pi$$

$$= 4 \cdot \left(3 - \frac{5}{3}\right) + \frac{3}{4}\pi = \frac{16}{3} + \frac{3}{4}\pi \approx 7{,}7\,[\text{dm}^2]$$

Kosten: 6 152,30 €

c) Funktionsterme: $f_1(x) = 3 - \frac{x^2}{12}$, $f_2(x) = \frac{3}{2} - \frac{x^2}{24}$, $f_3(x) = \frac{3}{4} - \frac{x^2}{48}$; sowie $f_4(x) = -f_1(x)$; $f_5(x) = -f_2(x)$; $f_6(x) = -f_3(x)$

Nullstellen −6, 6, Ende des „Schwanzes" bei $x_3 = 6 \cdot \sqrt{2}$ (hier gilt $f_1(x_3) = -3$).

$$A = 4 \cdot \left| \int_{0}^{6} (f_1 - f_2 + f_3)\,dx \right| + 2 \cdot \left| \int_{6}^{6\sqrt{2}} (-f_1 + f_2 - f_3)\,dx \right| = 4 \cdot 9 + 2 \cdot 2{,}636 \approx 41{,}3\,[\text{dm}^2]$$

Kosten: $4\,130 \cdot 7{,}99\,€ = 32\,998{,}70\,€$

189

d) Funktionsterme: $f(x) = -\frac{2}{9}(x+3)(x-3) = -\frac{2}{9}x^2 + 2$; $g(x) = -f(x)$

$$A = 4\int_0^3 f(x)\,dx - \pi + 4\int_3^4 (-f(x)\,dx) = 16 - \pi + 4\cdot\frac{20}{27} \approx 15{,}82$$

Kosten: 12 641,27 €

10. $f(x) = x^2$

$$A_1 = \int_0^1 (x - x^2)\,dx = \left[\frac{1}{2}x^2 - \frac{1}{3}x^3\right]_0^1 = \frac{1}{6}$$

Für den gesuchten Flächeninhalt A gilt:
$A = 2\cdot A_1 = \frac{2}{6} = \frac{1}{3}$

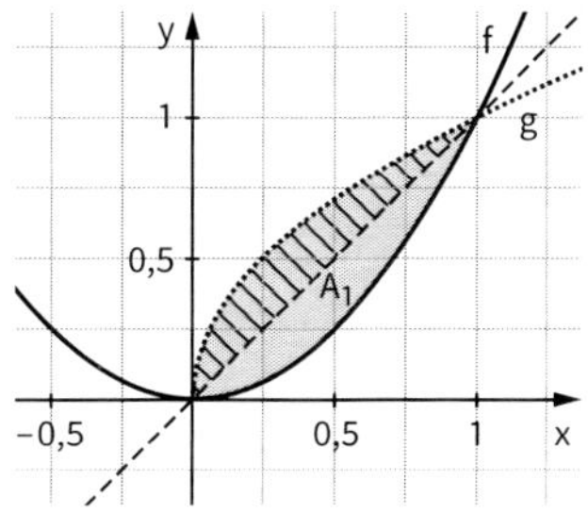

11. a) Die Geschwindigkeit der Draisine nimmt bis zum Zeitpunkt 15,7 s zu (Hochpunkt). Sie erreicht nach 15,7 s eine Geschwindigkeit von ungefähr $5{,}6\,\frac{m}{s}$. Danach nimmt die Geschwindigkeit wieder ab. Nach 40 s hat die Draisine die Geschwindigkeit $0\,\frac{m}{s}$. Danach wird die Geschwindigkeit negativ, d. h. die Draisine fährt rückwärts, zurück in Richtung des Ausgangspunkts.

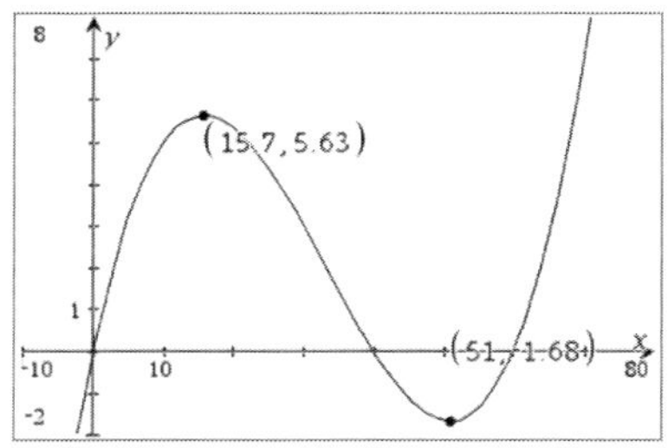

Nach 51 s (Tiefpunkt) erreicht sie eine Geschwindigkeit von etwa $-1{,}7\,\frac{m}{s}$.
Nach 60 s fährt die Draisine wieder vorwärts, die Geschwindigkeit wird wieder positiv und liegt nach 70 s bei $7\,\frac{m}{s}$.

b) Die Draisine fährt im Zeitintervall [40 s; 60 s] rückwärts. Der Flächeninhalt der Fläche zwischen dem Graphen von f und der x-Achse gibt folgendes an:

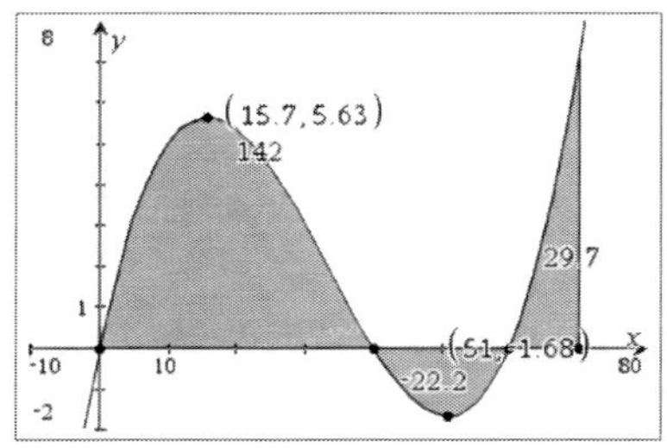

(1) $s_1 = \int_0^{40} v(t)\,dt \approx 142\,m$;
im Intervall [10 s; 40 s]: Welchen Weg die Draisine in dieser Zeit vom Ausgangspunkt zurückgelegt hat.

(2) $s_2 = \left|\int_{40}^{60} v(t)\,dt\right| \approx 22{,}2\,m$;
im Intervall [40 s; 60 s]: Wie weit die Draisine in dieser Zeit rückwärts gefahren ist.

(3) $s_3 = \int_{60}^{70} v(t)\,dt \approx 29{,}7\,m$;
im Intervall [60 s; 70 s]: Wie weit die Draisine in dieser Zeit vorwärts gefahren ist.

189

c) Die Entfernung der Draisine vom Ausgangspunkt kann durch die Stammfunktion F mit

$F(x) = \int_0^x v(t)\,dx = \int_0^x \left(\frac{1}{3000}t^3 - \frac{1}{30}t^2 + \frac{4}{5}t\right)dt$ angegeben werden.

Damit ergibt sich:

$F(x) = \left[\frac{1}{12000}t^4 - \frac{1}{90}t^3 + \frac{2}{5}t^2\right]_0^x$

Also

$F(x) = \frac{1}{12000}x^4 - \frac{1}{90}x^3 + \frac{2}{5}x^2$

mit x in s und $0 \le x \le 70$

F(x) hat die Einheit m.

$F(70) \approx 149{,}7$

Nach 70 s ist die Draisine etwa 149,7 m vom Ausgangspunkt entfernt. Dies weicht nur leicht von der Summe der Näherungswerte $142 - 22{,}2 + 29{,}7 = 149{,}5$ aus Teilaufgabe b) ab.

d) $s = \int_0^{40} v(t)\,dt + \left|\int_{40}^{60} v(t)\,dt\right| + \int_{60}^{70} v(t) \approx 142 + 22{,}2 + 29{,}7 \approx 194$ (siehe Teilaufgabe b)

Die Draisine hat insgesamt einen Weg von etwa 194 m zurückgelegt.

190

12. a) Der Flächeninhalt der eingeschlossenen Fläche gibt für die Zeitspanne [0 s; 30 s] die Differenz des zurückgelegten Weges von Familie Müller und Familie Nordmann an.

b) $A = \int_0^{30} \left(v_M(t) - v_N(t)\right)dt = \int_0^{30} \left(-\frac{1}{3000}t^3 + \frac{1}{120}t^2 + \frac{1}{20}t\right)dt$

$A = \left[-\frac{1}{12000}t^4 + \frac{1}{360}t^3 + \frac{1}{40}t^2\right]_0^{30}$

$A = 30$

Familie Müller hat von 0 s bis 30 s 30 m mehr zurückgelegt als die Familie Nordmann.

c) Abstand vom Ausgangspunkt von Familie Müller nach 40 s: $\int_0^{40} v_M(t)\,dt \approx 146{,}6\,\text{m}$

Abstand vom Ausgangspunkt von Familie Nordmann nach 40 s: $\int_0^{40} v_N(t)\,dt \approx 142{,}2\,\text{m}$,

Familie Nordmann fährt ab ca. 35 s abrupt rückwärts.

Die Draisinen haben nach 40 s nur noch einen Abstand von etwa 4,4 m.

190

13. a) Das nördliche Ufer des Baldeneysees wird mithilfe der Punkte A(0 | 1,316), B(1 | 2,061), C(2,5 | 2,4004) und D(3,8 | 1,4551) als Graph einer ganzrationalen Funktion f dritten Grades modelliert:

$f(x) = a x^3 + b x^2 + c x + d$

Durch Einsetzen der vier Punkte erhalten wir ein LGS:

$$\left| \begin{array}{r} f(0) = 1{,}316 \\ f(1) = 2{,}061 \\ f(2{,}5) = 2{,}4004 \\ f(3{,}8) = 1{,}4551 \end{array} \right| = \left| \begin{array}{r} a \cdot 0^3 + b \cdot 0^2 + c \cdot 0 + d = 1{,}316 \\ a + b + c + d = 2{,}061 \\ 2{,}5^3 a + 2{,}5^2 b + 2{,}5 c + d = 2{,}4004 \\ 3{,}8^3 a + 3{,}8^2 b + 3{,}8 c + d = 1{,}4551 \end{array} \right|$$

Mit dem GTR erhalten wir die Lösung: $a = -0{,}035$, $b = -0{,}084$, $c = 0{,}8649$, $d = 1{,}316$

Das ergibt die Funktion f mit $f(x) = -0{,}035 x^3 - 0{,}084 x^2 + 0{,}8649 x + 1{,}316$.

Mit der gleichen Methode modellieren wir das südliche Seeufer durch den Graphen der Funktion g mit $g(x) = -0{,}053 x^3 + 0{,}0753 x^2 + 0{,}4278 x + 1{,}13$.

b) Als Wasserfläche erhalten wir in unserem Modell die Fläche zwischen dem Graphen von f und dem Graphen von g zwischen den Messpunkten A und H:

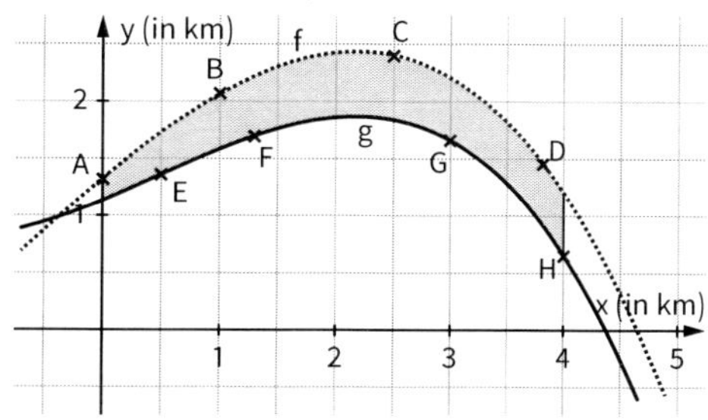

$$\int_0^4 (f(x) - g(x))\,dx = \int_0^4 (0{,}018 x^3 - 0{,}1593 x^2 + 0{,}4371 x + 0{,}186)\,dx \approx 1{,}99$$

Der Baldeneysee hat also eine Fläche von knapp 2 km^2.

c) Wenn wir die von den Funktionsgraphen eingeschlossene Fläche mit der Landkarte vergleichen, fällt auf, dass die eingeschlossene Fläche in der Mitte geringfügig gekrümmter ist, ansonsten wird der See und auch die Seefläche zwischen den Messpunkten A und H gut approximiert. Über den Punkt H hinausgehend fallen die Funktionsgraphen stark ab, sodass der Baldeneysee beim Übergang in die Ruhr-Mündung nicht mehr vernünftig dargestellt wird.

191

14. Die Wandfläche setzt sich aus Rechtecken und Dreiecken und aus vier Parabelsegmenten zusammen.

$A_{\text{Rechtecke + Dreiecke}} = 2 \cdot \frac{1}{2} \cdot 1{,}5 \cdot 4{,}5 + 22{,}5 \cdot 3{,}5 = 84$

Mithilfe der Integralrechnung erhält man bei jeweils entsprechender Lage der Koordinatensysteme:

$$3 \cdot \int_{-2{,}25}^{2{,}25} -\frac{8}{27}(x-2{,}25)(x+2{,}25)\,dx + \int_{-4{,}5}^{4{,}5} -\frac{(x-4{,}5)(x+4{,}5)}{4{,}5}\,dx$$

$$= 3 \cdot \int_{-\frac{9}{4}}^{\frac{9}{4}} -\frac{8}{27}x^2 + \frac{3}{2}\,dx + \int_{-\frac{9}{2}}^{\frac{9}{2}} -\frac{2}{9}x^2 + \frac{9}{2}\,dx$$

$$= 3 \cdot \left[-\frac{8}{81}x^3 + \frac{3}{2}x\right]_{-\frac{9}{4}}^{\frac{9}{4}} + \left[-\frac{2}{27}x^3 + \frac{9}{2}x\right]_{-\frac{9}{2}}^{\frac{9}{2}}$$

$$= 3 \cdot 4{,}5 + 27 = 40{,}5$$

Also $A = 84 + 40{,}5 = 124{,}5$

Die Schutzlasur reicht also für die komplette rückwärtige Fassade.

15. $f_1(x) = x + 3$

$f_2(x) = \frac{1}{4}(x+3)(x-1) = \frac{1}{4}x^2 + \frac{1}{2}x - \frac{3}{4}$

$f_3(x) = -x^3 + 1$

$$A = \int_{-3}^{-1} f_1(x) - \int_{-3}^{1} f_2(x) + \int_{-1}^{1} f_3(x) = 2 - \left[\frac{1}{12}x^3 + \frac{1}{4}x^2 - \frac{3}{4}x\right]_{-3}^{1} + \left[-\frac{1}{4}x^4 + x\right]_{-1}^{1} = 2 + \frac{8}{3} + 2 = 6{,}\overline{6}$$

16. a) Man betrachte eine Parabel mit $y = -x^2 + k$. Sie hat Nullstellen bei $\sqrt{k}$ und $-\sqrt{k}$.

Für die Fläche zwischen Funktion und x-Achse gilt:

$$A = 2 \cdot \int_{0}^{\sqrt{k}} -x^2 + k = 2 \cdot \left[-\frac{1}{3}x^3 + k \cdot x\right]_0^{\sqrt{k}} = -\frac{2}{3} \cdot k \cdot \sqrt{k} + 2 \cdot k \cdot \sqrt{k}$$

$$= 2 \cdot \sqrt{k} \cdot \left(-\frac{1}{3}k + k\right) = 2 \cdot \sqrt{k} \cdot \frac{2}{3}k = \frac{2}{3} \cdot 2 \cdot \sqrt{k} \cdot k$$

$2 \cdot \sqrt{k}$ entspricht g und k entspricht h.

b) Betrachte die Parabel $f(x) = kx^2$.

Sekante durch Punkte $P_1(a \mid ka^2)$ und $P_2(b \mid kb^2)$: $g(x) = k(b+a)x - kab$

Fläche Parabelsegment:

$$A_1 = \int_a^b (g(x) - f(x))dx = \left[\frac{1}{2}k(b+a)x^2 - kabx - \frac{1}{3}kx^3\right]_a^b = \frac{1}{6}k(b^3 - a^3) + \frac{1}{2}kab(a-b)$$

Tangente parallel zu der Sekante: $h(x) = k(b+a)x - \frac{k}{4}(b+a)^2$

Bestimmt über den Punkt $D\left(x_0 = \frac{1}{2}(b+a) \,\middle|\, f(x_0)\right)$, für den gilt $f'(x_0) = 2kx_0 = k(b+a)$.

Fläche des Parallelogramms:

$$A_2 = \int_a^b (g(x) - h(x))dx = \frac{1}{4}k(b^3 - a^3) + \frac{3}{4}kab(a-b) \Rightarrow \frac{2}{3}A_2 = A_1$$

4.6 Rotationskörper und ihre Volumina

192

Einstiegsaufgabe ohne Lösung

- Der Graph hat Ähnlichkeit mit dem Graphen der Wurzelfunktion, allerdings ist er gestreckt. Man findet über die Graphenpunkte (1 | 2) und (4 | 4) schnell die Funktionsgleichung $f(x) = 2 \cdot \sqrt{x}$. Die Überprüfung an weiteren Stellen bestätigt dieses Ergebnis.
- 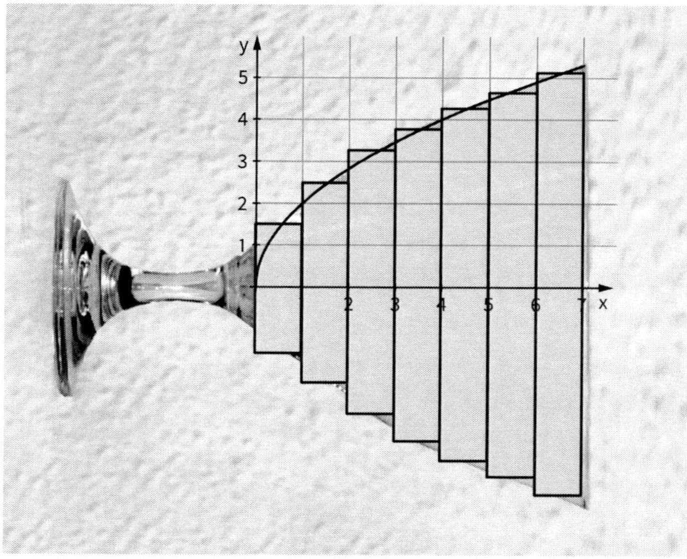

  Das Glas wird in 7 Scheiben (Zylinder) zerlegt. Die Höhe eines solchen Zylinders ist jeweils 1. Für den Radius können nun Funktionswerte an verschiedenen Stellen gewählt werden:
  - am unteren linken Rand
  - am oberen rechten Rand
  - in der Mitte des Intervalls

  Die Verfahren mit dem linken bzw. rechten Rand kennen die Schülerinnen und Schüler bereits von den Verfahren bei Flächen. Wir zeigen deshalb hier die Näherung mit den Funktionswert in der Mitte des Intervalls: Die Radien ergeben sich als Funktionswert in der Mitte des jeweiligen Intervalls, also $f(0{,}5), f(1{,}5), f(2{,}5), \ldots, f(6{,}5)$.
  Damit erhält man näherungsweise:
  $V \approx \pi \cdot 1 \cdot \left[(f(0{,}5))^2 + (f(1{,}5))^2 + \ldots + (f(6{,}5))^2\right] \approx \pi \cdot [2 + 6 + 10 + 14 + 18 + 22 + 26] \approx 98 \cdot \pi \approx 308$
  Man erhält also etwa $308\,\text{cm}^3 = 308\,\text{ml}$ für das Fassungsvermögen des Glases.
- Man kann im nächsten Schritt die Scheiben (Zylinder) schmaler machen, also die Anzahl der Intervalle erhöhen. Dies kann ggf. auch mithilfe eines Rechners ausgeführt werden. Entscheidend bei dem Verfahren ist aber, dass man erkennt, dass hier eigentlich das Integral über die neue Funktion $h(x) = (f(x))^2$ gebildet wird.

  $$V = \pi \cdot \int_0^7 (f(x))^2\,dx = \pi \cdot \int_0^7 (2 \cdot \sqrt{x})^2\,dx = \pi \cdot \int_0^7 4x\,dx$$

  Der Pokal fasst also etwa 307,9 ml.

194

1. a)

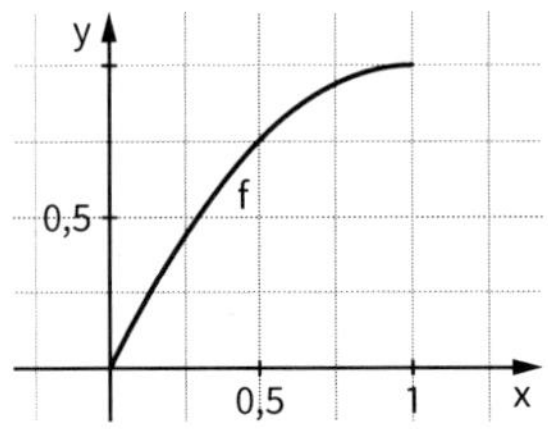

b) Von innen: $\Delta x = \frac{1}{n}$; $x_i = i \cdot \Delta x$; $n = 10$ bzw. $n = 20$

$\underline{S}_n = \pi\left(f(x_0)\right)^2 \Delta x + \pi\left(f(x_1)\right)^2 \Delta x + \ldots + \pi\left(f(x_{n-1})\right)^2 \Delta x$

$\Rightarrow \underline{S}_{10} = 0{,}48333 \cdot \pi = 1{,}5184$ $\qquad \underline{S}_{20} = 0{,}50833 \cdot \pi = 1{,}5970$

Von außen: $\Delta x = \frac{1}{n}$; $x_i = i \cdot \Delta x$; $n = 10$ bzw. $n = 20$

$\overline{S}_n = \pi\left(f(x_1)\right)^2 \Delta x + \pi\left(f(x_2)\right)^2 \Delta x + \ldots + \pi\left(f(x_n)\right)^2 \Delta x$

$\Rightarrow \overline{S}_{10} = 0{,}58333 \cdot \pi = 1{,}8326$ $\qquad \overline{S}_{20} = 0{,}55833 \cdot \pi = 1{,}7540$

$\Rightarrow \underline{S}_{20} \le V_{\text{Kreisel}} \le \overline{S}_{20}$

$$\begin{aligned}
\underline{S}_n &= \pi \cdot f^2(x_0) \cdot \Delta x + \ldots + \pi \cdot f^2(x_{n-1}) \\
&= \frac{\pi}{n} \cdot \left(f^2(x_0) + \ldots + f^2(x_{n-1})\right) \\
&= \frac{\pi}{n} \cdot \left(\left(-x_0^2 + 2x_0\right)^2 + \ldots + \left(-x_{n-1}^2 + 2x_{n-1}\right)^2\right) \\
&= \frac{\pi}{n} \cdot \left(x_0^4 - 4x_0^3 + 4x_0^2 + \ldots + x_{n-1}^4 + 4x_{n-1}^3 + 4x_{n-1}\right) \\
&= \frac{\pi}{n} \cdot \left(x_0^4 + x_{n-1}^4 - 4\left(x_0^3 + \ldots + 4x_{n-1}^3\right) + 4\left(x_0^2 + \ldots + x_{n-1}^2\right)\right) \\
&= \frac{\pi}{n} \cdot \left(\frac{1^4}{n^4} + \ldots + \frac{(n-1)^4}{n^4} - 4\left(\frac{1^3}{n^3} + \ldots + \frac{(n-1)^3}{n^3}\right) + 4\left(\frac{1^2}{n^2} + \ldots + \frac{(n-1)^2}{n^2}\right)\right) \\
&= \frac{\pi}{n} \cdot \frac{1}{n^4}\left(\left(1^4 + \ldots + (n-1)^4\right) - \frac{4}{n^3}\left(1^3 + \ldots + (n-1)^3\right) + \frac{4}{n^2}\left(1^2 + \ldots + (n-1)^2\right)\right)
\end{aligned}$$

Mit den Formeln

$1^2 + 2^2 + \ldots + m^2 = \frac{1}{6} m(m+1)(2m+1)$

$1^3 + 2^3 + \ldots + m^3 = \frac{1}{4} m^2 (m+1)^2$

$1^4 + 2^4 + \ldots + m^4 = \frac{1}{5} m^5 + \frac{1}{2} m^4 + \frac{1}{3} m^3 - \frac{1}{30} m$

erhält man den geschlossenen Ausdruck $\quad \underline{S}_n = \pi \cdot \frac{16n^4 - 15n^3 - 1}{30n^4}$

Analog ergibt sich $\quad \overline{S}_n = \pi \cdot \frac{16n^4 + 15n^3 - 1}{30n^4}$

c) Betrachte $n \to \infty$; $\underline{S}_n \le V_{\text{Kreisel}} \le \overline{S}_n$

$$\Rightarrow \lim_{n\to\infty} \overline{S}_n = \lim_{n\to\infty} \underline{S}_n = \int_0^1 \pi\left(f(x)\right)^2 dx = V_{\text{Kreisel}}$$

$$\int_0^1 \pi\left(f(x)\right)^2 dx = \int_0^1 \pi\left(x^4 - 4x^3 + 4x^2\right) dx = \left[\pi\left(\frac{1}{5}x^5 - x^4 + \frac{4}{3}x^3\right)\right]_0^1 = \pi\frac{8}{15} \approx 1{,}6755$$

2. $f(x) = \sqrt{625 - x^2}$

Berechne Integrationsgrenzen $f(x) = 20 \Leftrightarrow \sqrt{625 - x^2} = 20 \Leftrightarrow x = 15$ für $x > 0$

Damit $V = \int_{15}^{24} \pi \cdot \left(\sqrt{625 - x^2}\right)^2 dx = 2142\,\pi\ \text{cm}^3 \approx 6{,}7\ \text{l}$

194

3. a) Kegel: $V = \pi \cdot \int_0^h \left(\frac{r}{h} \cdot x\right)^2 dx = \frac{1}{3}\pi r^2 h$

Kugel: $V = \pi \cdot \int_{-r}^{r} \left(\sqrt{r^2 - x^2}\right)^2 dx = \frac{4}{3}\pi r^3$

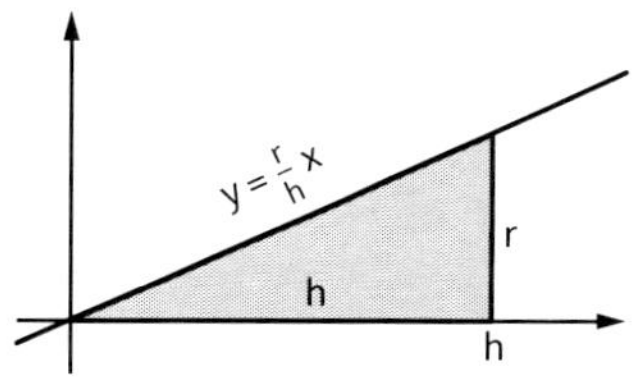

Kegelstumpf:
großer Kegel mit $r_1 h_1$ abzüglich kleiner Kegel mit $r_2 h_2$.

$V = \frac{1}{3}\pi r_1^2 h_1 - \frac{1}{3}\pi r_2^2 h_2$

Mit $h = h_1 - h_2$ und Strahlensatz: $h_1 r_2 = h_2 r_2$ folgt

$$V = \frac{1}{3}\pi\left(r_1^2 h_1 - r_2^2 h_2 \underbrace{- h_2 r_1^2 + h_1 r_1 r_2}_{=0} + \underbrace{h_1 r_2^2 - h_2 r_1 r_2}_{=0}\right) = \frac{1}{3}\pi h\left(r_1^2 + r_1 r_2 + r_2^2\right)$$

Kugelabschnitt: $V = \pi \cdot \int_{r-h}^{r} \left(\sqrt{r^2 - x^2}\right)^2 dx = \frac{\pi h^2}{3}(3r - h)$

b) $V = \pi \cdot \int_0^h (r)^2 dx = \pi r^2 h$

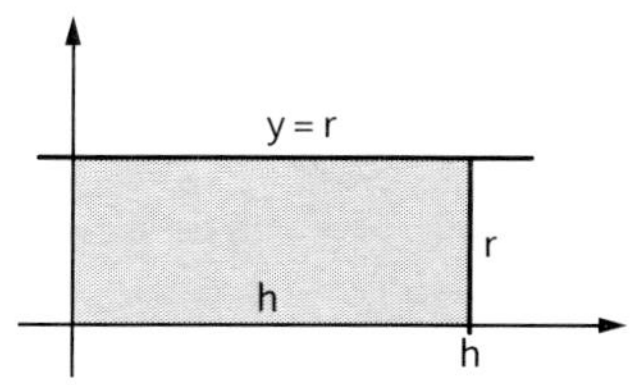

4. a) $V = \int_0^2 \pi (x-1)^2 dx = \left[\pi \frac{1}{3}(x-1)^3\right]_0^2 = \frac{2}{3}\pi \approx 2{,}094$

b) $V = \int_1^2 \pi \left(\frac{1}{x}\right)^2 dx = \pi \cdot \left[-\frac{1}{x}\right]_1^2 = \frac{1}{2}\pi \approx 1{,}571$

c) $V = \int_{-1}^{1} \pi\left(\sqrt{2x+2}\right)^2 dx = \pi\left[x^2 + 2x\right]_{-1}^{1} = 4\pi \approx 12{,}566$

195

5. Nullstellen: $x_0 = -4$; $x_1 = 4$

$V = \int_{-4}^{4} \pi(16 - x^2)dx$

$= \left[\pi\left(16x - \frac{1}{3}x^3\right)\right]_{-4}^{4}$

$= \frac{256}{3}\pi = 268{,}083$

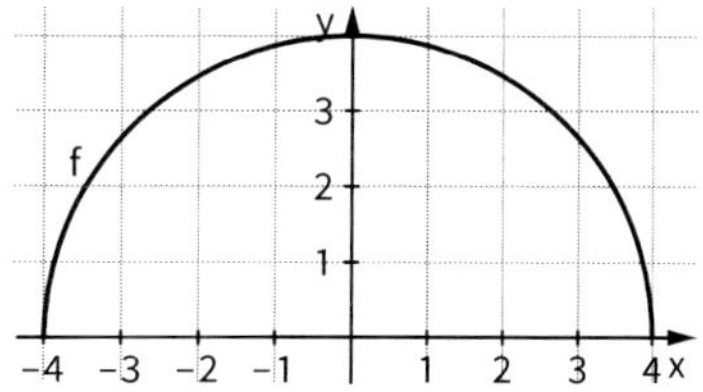

6. Frederick berechnet nicht das Volumen, denn es gilt:

$$\int_0^5 \pi \cdot (f(x) - g(x))^2 dx = \pi \cdot \int_0^5 \left((f(x))^2 - 2 \cdot f(x) \cdot g(x) + (g(x))^2\right) dx$$

$$= \pi \cdot \int_0^5 (f(x))^2 dx - 2\pi \cdot \int_0^5 f(x) \cdot g(x)\, dx + \pi \cdot \int_0^5 (g(x))^2 dx$$

195

Für das gesuchte Volumen gilt jedoch:

V = (Volumen des durch den Graphen von f begrenzten Rotationskörpers)
 – (Volumen des durch den Graphen von g begrenzten Rotationskörpers)

$$V = \pi \cdot \int_0^5 (f(x))^2\,dx - \pi \cdot \int_0^5 (g(x))^2\,dx$$

Also

$$V = \pi \cdot \int_0^5 \left((f(x))^2 - (g(x))^2\right)dx$$

$$V = \int_0^5 \pi \cdot \left((f(x))^2 - (g(x))^2\right)dx$$

Cosima rechnet also richtig.

7. a) Wir zeichnen den Graphen von f mithilfe eines GTR und berechnen die Funktionswerte:

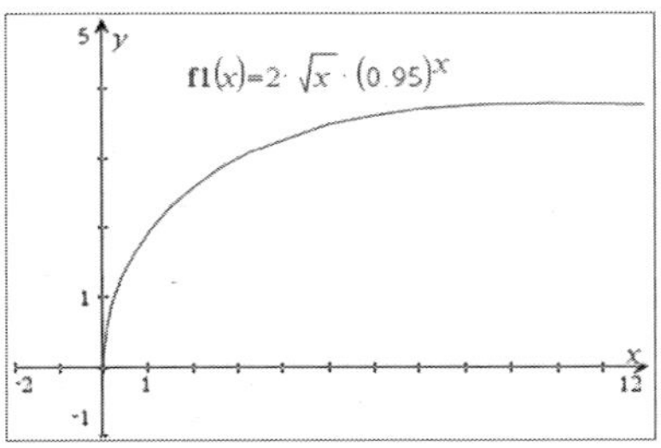

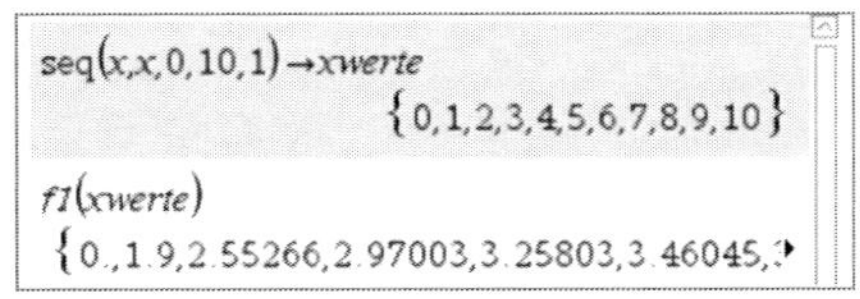

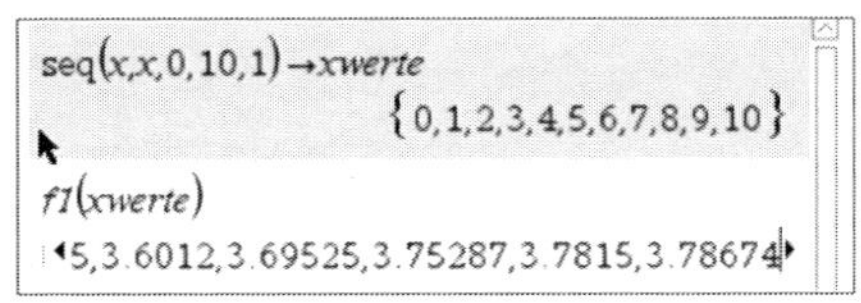

b) Mithilfe eines GTR finden wir den Hochpunkt H (9,75|3,79)
Der größte Durchmesser beträgt 7,58 cm.

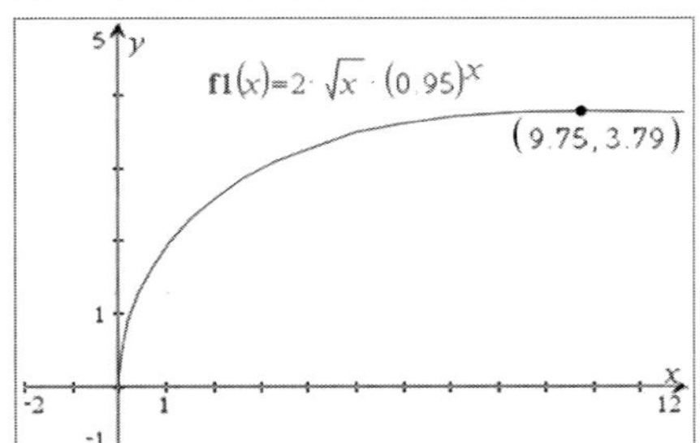

c) $V = \int_0^{10} \pi \cdot (f(x))^2\,dx \approx 326{,}883$

Das Bierglas hat ein Fassungsvermögen von etwa 327 cm³, also 327 ml.

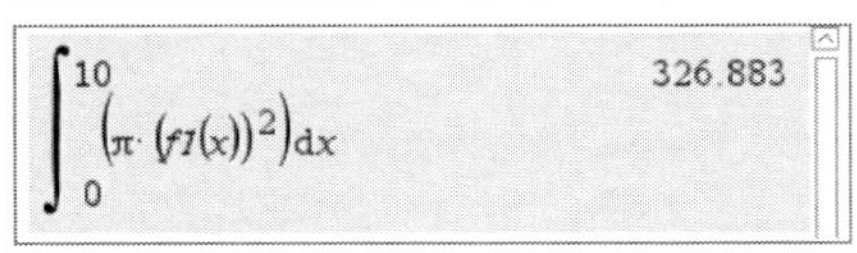

d) Wir definieren die Stammfunktion im GTR:

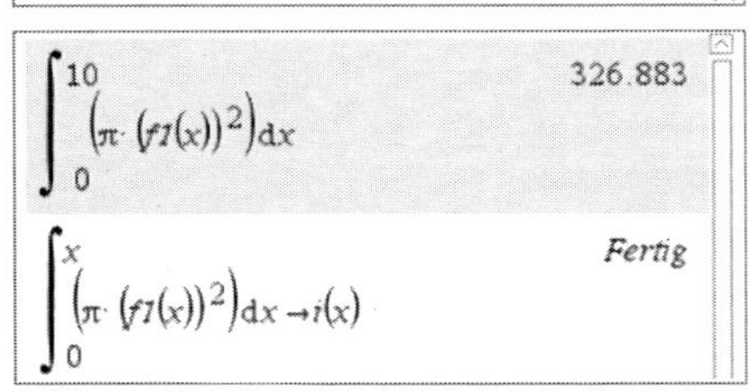

195

Zeichnen des Graphen der Integralfunktion und bestimmen des Schnittpunkts des Graphen von f mit dem Graphen zu $y = 300$.
Der Eichstrich muss an der Stelle $x = 9{,}4$ angebracht werden.

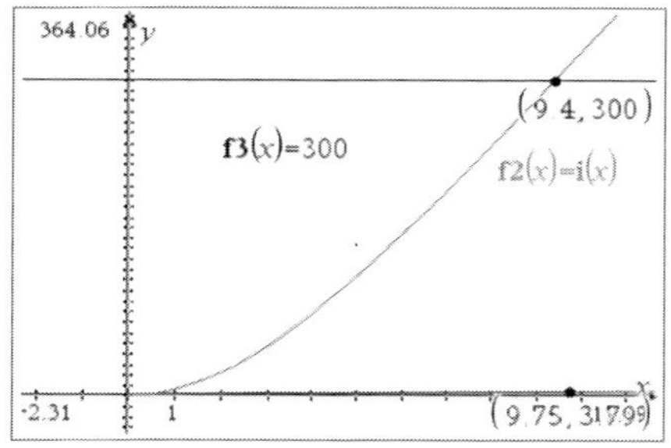

8. Vergleichen Sie dazu die Lösung der Einstiegsaufgabe ohne Lösung von Seite 192 auf der Seite 195 in diesem Band.

9. Volumen des gesamten Zylinders:
$V_Z = \pi r^2 (h + a r^2) = 125\pi + 625\pi \cdot a$
Berechne das Rotationsvolumen V_R der Einbuchtung (Luft)
$y = a x^2$ rotiert um die y-Achse.
Betrachte die Umkehrfunktion $f(x) = \sqrt{\frac{x}{a}}$.
Diese rotiert um die x-Achse.

$$V_R = \pi \int_0^{25a} \left(\sqrt{\frac{x}{a}}\right)^2 dx = \frac{625}{2}\pi \cdot a$$

Berechne a aus

$$V = V_Z - V_R = 125\pi + \frac{625}{2}\pi \cdot a = 1000\ \text{cm}^3$$

$$a = \frac{2}{625}\left(\frac{1000}{\pi} - 125\right) \approx 0{,}619,$$

also $f(x) = 0{,}619\, x^2$

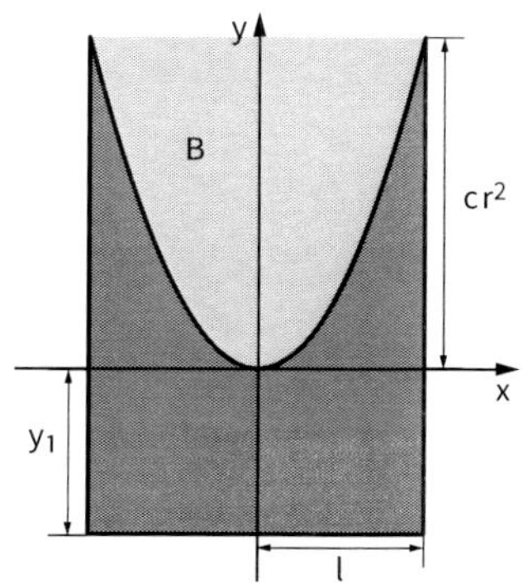

10. (1) Festlegung eines Koordinatensystems: Ursprung verläuft durch den Scheitelpunkt der unteren Parabel.

(2) Beschreibung der beiden Berandungsbögen durch Parabeln:

- äußere Berandung: $f(x) = a x^2$
  Bedingung: $f(3{,}4) = 10{,}2$, also $11{,}56\, a = 10{,}2$ bzw. $a \approx 0{,}8824$
- innere Berandung: $g(x) = b x^2 + c$
  Bedingungen: (1) $g(3{,}3) = 10{,}2$ (2) $g(0) = 1{,}2$
  also (1) $10{,}89\, b + c = 10{,}2$ (2) $c = 1{,}2$

Somit $b \approx 0{,}8264$, $c = 1{,}2$
Ergebnis: äußere Berandung:
$f(x) = 0{,}8824\, x^2$,
$-3{,}4 \le x \le 3{,}4$
innere Berandung:
$g(x) = 0{,}8264\, x^2 + 1{,}2$,
$-3{,}3 \le x \le 3{,}3$

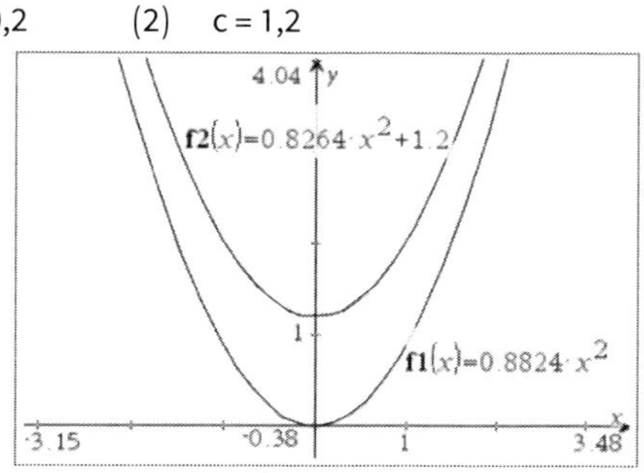

195

(3) Für die Bestimmung des Volumens des Glases betrachten wir die an der Gerade zu $y = x$ gespiegelten Graphen von f und g, also die Graphen der zugehörigen Umkehrfunktion. Wir erhalten die Terme durch Vertauschen von x und y.

- $f(x) = 0{,}8824\,x^2$
  also $x = 0{,}8824\,y^2$
  $y = \sqrt{1{,}1333\,x}$, $\bar{f}(x) = \sqrt{1{,}1333\,x}$
- $g(x) = 0{,}8264\,x^2 + 1{,}2$
  also $x = 0{,}8264\,y^2 + 1{,}2$
  $y = \sqrt{1{,}21\,x - 1{,}452}$,
  $\bar{g}(x) = \sqrt{1{,}21\,x - 1{,}452}$
  mit $x \geq 1{,}2$

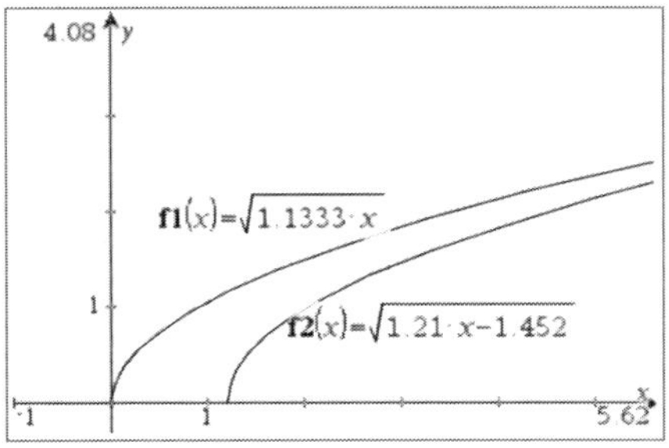

- Das Fassungsvermögen des Glases berechnen wir als Rotationsvolumen des Rotationskörpers mit der inneren Berandung durch den Graphen von $\bar{g}$.
  $$V_F = \pi \cdot \int_{1,2}^{9} \left(\sqrt{1{,}21\,x - 1{,}45}\right)^2 dx \approx 115{,}636$$
  Das Glas hat somit ein Fassungsvermögen von $115{,}6\,cm^3$.
- Der Rotationskörper, der durch den Graphen von $\bar{f}$ berandet wird, hat das Volumen V_A.
  $$V_A = \pi \cdot \int_{0}^{9} \left(\sqrt{1{,}133\,x}\right)^2 dx \approx 144{,}195$$
  Das Volumen des Glases ohne Stiel ergibt sich aus der Differenz $V_A - V_F \approx 28{,}56$
  Das Glas ohne Stiel hat ein Volumen von $28{,}56\,cm^3$.

Blickpunkt: Volumenbestimmung bei nicht rotationssymmetrischen Körpern

197

1. x sei der Abstand der Ebene E_3 von E_1. Für $x = 0$ ist $E_3 = E_1$, für $x = a$ ist $E_3 = E_2$.
Dann gilt $V_1 = \int_0^a A_1(x)\,dx = \int_0^a A_2(x)\,dx = V_2$ sofern die Integrale existieren.

2. x sei der Abstand der Schnittfläche $Q(x)$ (parallel zur Grundfläche G) von der Pyramidenspitze $(Q(h) = G)$. Dann ist $V = \int_0^h Q(x)\,dx$ das Pyramidenvolumen. Stets gilt für die Flächeninhalte $\frac{Q(x)}{G} = \frac{x^2}{h^2}$. Für das Volumen folgt daher $V = \int_0^h Q(x)\,dx = \frac{G}{h^2} \cdot \int_0^h x^2\,dx = \frac{1}{3} G \cdot h$.

3. Sei $Q(x)$ der Flächeninhalt der blauen Fläche und r der Radius des Halbkreises der Grundfläche, dann gilt $Q(x) = 2 \cdot \sqrt{r^2 - x^2} \cdot x \cdot \tan(\alpha)$. Für das Volumen folgt
$$V = \int_0^r Q(x)\,dx = 2 \cdot \tan(\alpha) \cdot \int_0^r x\sqrt{r^2 - x^2}\,dx = \frac{2}{3}\tan(\alpha) r^3$$
$V = 18$ in diesem Beispiel.

197

4. Der quadratische Querschnitt hat an der Stelle x den Flächeninhalt
$Q(x) = (2y)^2 = 0{,}36x^4 - 0{,}048x^3 + 0{,}0256x^2 - 0{,}0016x + 0{,}0004$

Damit ergibt sich das Volumen $V = \int_0^{0{,}5} Q(x)\,dx = 0{,}0025\overline{6}$

Der Lautsprecher hat also ein Fassungsvermögen von $0{,}0025\overline{6}$ VE.

5. Z. B. Paraboloid $y = \frac{1}{a^2}x^2$; Formelsammlung: $V = \frac{\pi}{2}a^2h^2$
Querschnittsfunktion senkrecht zur y-Achse $Q(y) = \pi x^2 = \pi y a^2$

$V = \int_0^h Q(y)\,dx = \int_0^h \pi y a^2\,dy = \frac{\pi}{2}a^2h^2$

5 Modellieren mit Funktionen – Verknüpfungen von Funktionen

Noch fit ... in exponentiellem Wachstum?

202

1. a) Der Graph
- verläuft oberhalb der x-Achse;
- schneidet die y-Achse im Punkt P (0 | 1);
- schmiegt sich der negativen x-Achse an;
- ist streng monoton wachsend.

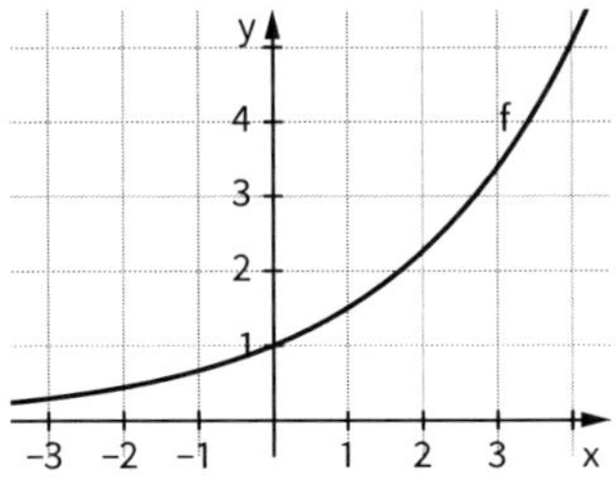

b) Der Graph von g entsteht aus dem Graphen von f durch eine Spiegelung an der y-Achse.
Der Graph von h entsteht aus dem Graphen von f durch eine Streckung in Richtung der y-Achse mit dem Faktor 2.

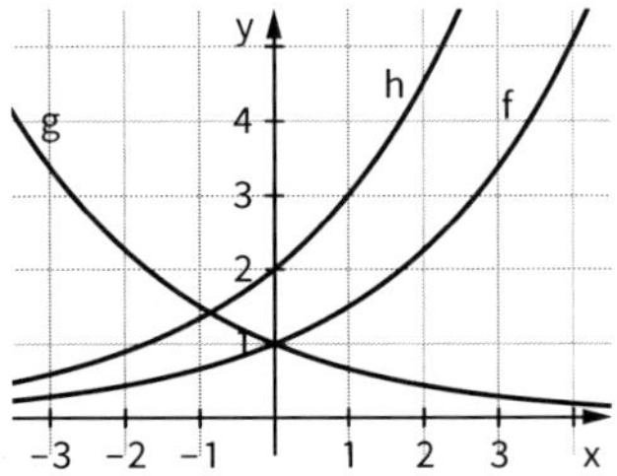

2. a) $f(t) = a \cdot b^t$
Bedingungen: $f(0) = 10 = a$
$f(2) = 40$
Somit: $40 = 10 \cdot b^2$, also $b = 2$
$f(t) = 10 \cdot 2^t$, t in Stunden, f(t) in g

b) $f(4) = 10 \cdot 2^4 = 160$
Nach 4 Stunden sind 160 g Hefe vorhanden.

c) $f(t) = 10 \cdot 2^t = 60$, also $2^t = 6$
$t \approx 2{,}6$
Nach ca. 2,6 h sind 60 g Hefe vorhanden.

203

3. $f(t) = a \cdot b^t$

a) $f(0) = 40$; $f(1) = 42$
$42 = 40 \cdot b$, also $b = 1{,}05$
$f(t) = 40 \cdot 1{,}05^t$, t in Tagen

b) $f(0) = 200$; $f(0{,}5) = 180$
$180 = 200 \cdot b^{0{,}5}$, also $b = 0{,}81$
$f(t) = 200 \cdot 0{,}81^t$, t in Jahren

c) $f(0) = 4$; $f(5) = \frac{4}{3}$
$\frac{4}{3} = 4 \cdot b^5$, also $b^5 = \frac{1}{3}$ bzw. $b \approx 0{,}8$
$f(t) = 4 \cdot 0{,}8^t$, t in Stunden

203

4. **a)** (1) $f(1) = 12$, also $a \cdot b = 12$
(2) $f(2) = 9{,}6$, also $a \cdot b^2 = 9{,}6$
Hieraus ergibt sich $12\,b = 9{,}6$,
also $b = 0{,}8$ und $a = 15$.
$f(x) = 15 \cdot 0{,}8^x$

b) $f(x) = 1{,}5^{x+1}$

c) $f(x) = 9 \cdot 3^x = 3^2 \cdot 3^x = 3^{x+2}$

5.
- $f(x) = a \cdot b^x$
  $f(0) = 3 = a$; $f(-1) = \frac{3}{2}$, also
  $3 \cdot b^{-1} = \frac{3}{2}$, also $b = 2$
  $f(x) = 3 \cdot 2^x$
- Der Graph von g entsteht aus dem Graphen von f durch eine Spiegelung an der y-Achse.
  Somit: $g(x) = 3 \cdot \left(\frac{1}{2}\right)^x$
- $h(x) = a \cdot b^x$
  $h(0) = -3$; $h(1) = -\frac{3}{2}$
  $-3 \cdot b = -\frac{3}{2}$, also $b = \frac{1}{2}$
  $h(x) = -3 \cdot \left(\frac{1}{2}\right)^x$
- $k(x) = a \cdot b^x$
  $k(0) = -\frac{1}{2}$; $k(1) = -1$
  $-\frac{1}{2} \cdot b = -1$, also $b = 2$
  $k(x) = -\frac{1}{2} \cdot 2^x$

6. $f(t) = a \cdot b^t$

a) $f(0) = 3$; $f(5{,}27) = 1{,}5$
$3 \cdot b^{5{,}27} = 1{,}5$, also $b^{5{,}27} = \frac{1}{2}$ bzw. $b \approx 0{,}8768$
$f(t) = 3 \cdot 0{,}8768^t$, t in Jahren, f(t) in mg

b) Nach einem Jahr sind noch ca. 88 % der ursprünglichen Masse vorhanden.

c) $f(t) = 0{,}03$, also $3 \cdot 0{,}8768^t = 0{,}03$
$t \approx 35{,}0$ (nsolve-Befehl beim GTR)
Es dauert ca. 35 Jahre, bis nur noch 1 % der Ausgangsmasse vorhanden ist.

7. **a)** mittlere Änderungsrate im Intervall [0; 4]:
$\frac{f(4) - f(0)}{4} = \frac{5{,}0625 - 1}{4} \approx 1{,}02$

b) mittlere Änderungsrate im Intervall [1; 4]:
$\frac{f(4) - f(1)}{4 - 1} = \frac{16\,a - 2\,a}{3} = \frac{14\,a}{3}$
$\frac{14\,a}{3} = 14$, also $a = 3$

5.1 Exponentielles Wachstum

5.1.1 Wachstumsgeschwindigkeit – e-Funktion

204 **Einstiegsaufgabe ohne Lösung**

- Im Jahr 1970 $(t = 0)$: Anzahl der Transistoren pro Chip 4 000
  $f(0) = 4\,000$
  Nach einen Jahr $(t = 1)$ hat sich die Anzahl der Transistoren verdoppelt.
  $f(1) = 4\,000 \cdot 2 = 8\,000$
  Nach zwei Jahren gilt:
  $f(2) = (4\,000 \cdot 2) \cdot 2 = 4\,000 \cdot 2^2 = 16\,000$
  Nach t Jahren gilt:
  $f(t) = 4\,000 \cdot 2^t$, t in Jahren ab 1970
  $f(t)$ Anzahl der Transistoren pro Chip

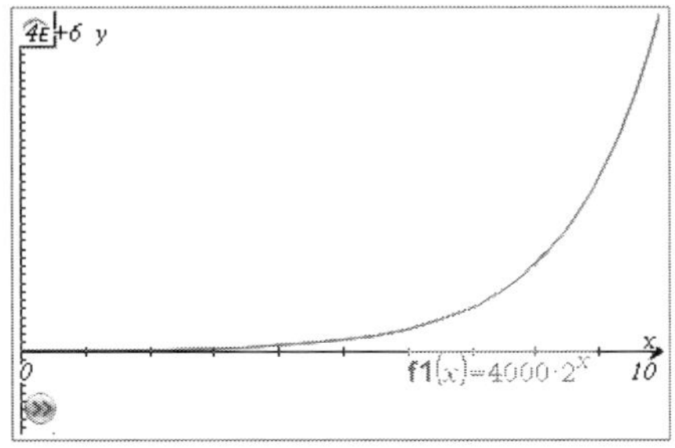

- Wir zeichnen mit dem GTR die Graphen von f und f′.

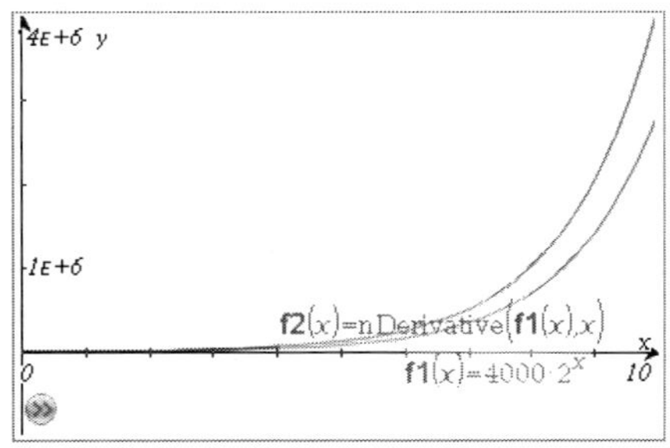

- Die Vermutung liegt nahe, dass der Graph von f′ ebenfalls ein Graph einer Exponentialfunktion ist, der durch Streckung parallel zur y-Achse aus dem Graphen von f entstanden ist. Es müsste dann gelten: $f'(t) = c \cdot f(t)$
  Wir prüfen dies anhand einer Tabelle:

t	0	1	2	3	4	5
$f(t)$	4 000	8 000	16 000	32 000	64 000	128 000
$f'(t)$	2 772,59	5 545,18	11 090,36	22 180,71	44 361,42	88 722,85
$\frac{f'(t)}{f(t)}$	0,693147	0,693147	0,693147	0,693147	0,693147	0,693147

  Es gilt also :
  $\frac{f'(t)}{f(t)} \approx 0{,}693147$ bzw. $f'(t) \approx 0{,}693147 \cdot f(t)$

- Der Wachstumsprozess wird nun durch eine Funktion g mit $g(t) = 4\,000 \cdot b^t$ beschrieben (t in Jahren ab 1970).
  Es gilt: $g(2) = 4\,000 \cdot b^2 = 8\,000$, also $b^2 = 2$ und damit $b = \sqrt{2}$
  Somit $g(t) = 4\,000 \cdot \left(\sqrt{2}\right)^t$

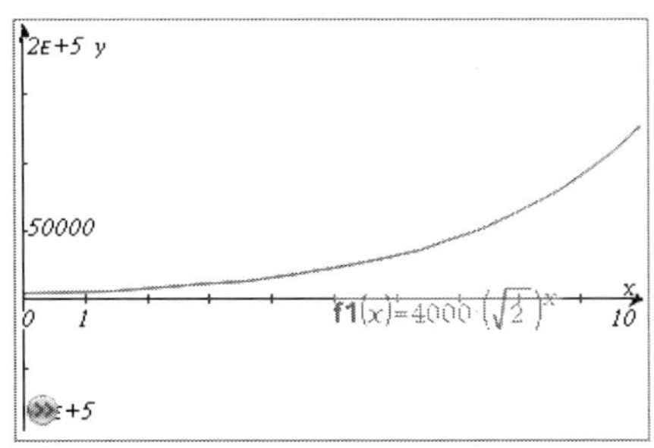

204

t	0	2	4	6
$g(t)$	4 000	8 000	16 000	32 000
$g'(t)$	1 386,29	2 772,59	5 545,18	11 090,36
$\frac{g'(t)}{g(t)}$	0,346574	0,346574	0,346574	0,346574

Es gilt also: $g'(t) \approx 0{,}346574 \cdot (t)$

- Bei der Beschreibung durch die Funktion f würde sich die Anzahl der Transistoren alle 10 Jahre um den Faktor $\approx 1\,000$ vervielfachen.
  Vergleicht man dies mit den Zahlen in der Grafik im Buch, so stellt man fest, dass dies schon im Jahr 1980 nicht mehr erfüllt ist.
  Bei der Beschreibung durch die Funktion g würde sich die Anzahl alle 20 Jahre mit dem Faktor 1 000 vervielfachen. Dieses Modell beschreibt die tatsächlichen Anzahlen gut.
- Im Jahr 2009 sagte ein Sprecher von Intel voraus, dass das Moore'sche Gesetz (Verdoppelung alle zwei Jahre) bis zum Jahr 2029 Gültigkeit habe.

207

1. Die gesuchte Basis b muss zwischen 2 und 3 liegen. Wir wählen verschiedene Werte aus diesem Bereich für die Basis und kontrollieren anhand der Wertetabelle, wie gut Funktion und Ableitung übereinstimmen.
Für $f(x) = 2{,}7^x$ gilt schon recht genau $f(x) = f'(x)$.
Die gesuchte Basis liegt also im Intervall $]2{,}7;\, 2{,}8[$.

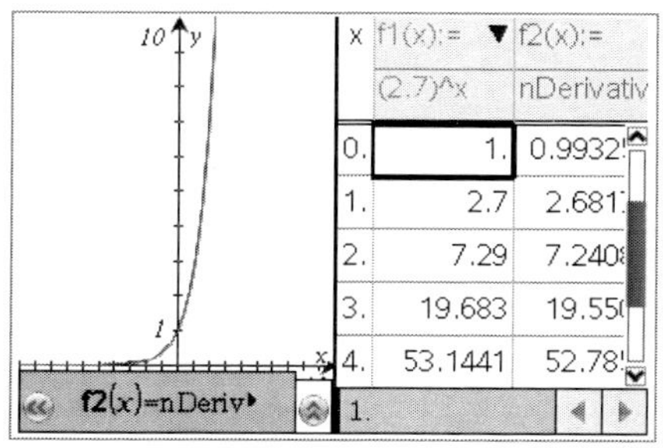

208

2. a) Ist F eine Stammfunkton zu f, so gilt $F'(x) = f(x)$
$F'(x) = e^x + 0 = e^x$
Also gilt: F mit $F(x) = e^x + c$ ist eine Stammfunktion zu f mit $f(x) = e^x$.

b) $\int_{-1}^{1} e^x\,dx = [e^x]_{-1}^{1} = e^1 - e^{-1} = e - \frac{1}{e}$

c) $\int_{2}^{b} e^x\,dx = [e^x]_2^b = e^b - e^2$

Aus $e^b - e^2 = e^2(e^2 - 1)$ folgt $b = 4$

209

3. a)

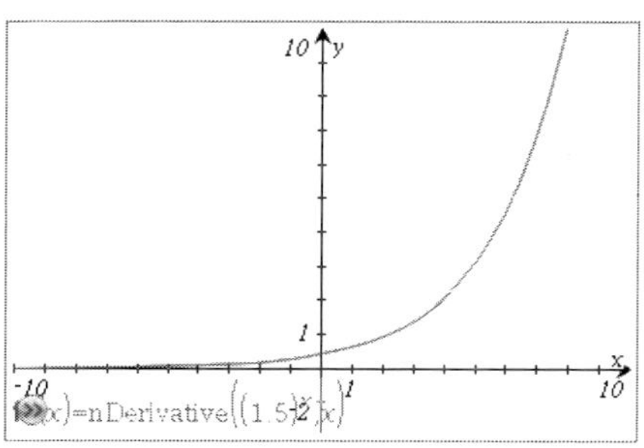

209

b) Es gilt: $f'(x) = c \cdot f(x)$ und damit
$f'(0) = c \cdot f(0) = c \cdot 1 = c$
Somit lesen wir den Streckfaktor aus der Wertetabelle ab: $c \approx 0{,}405465$

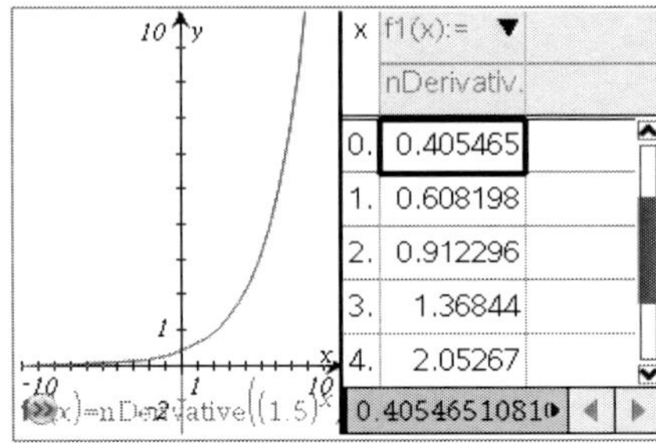

c) Die Tangente geht durch den Punkt $P(0 \mid 1)$ und hat die Steigung $m \approx 0{,}4$
$t: y = 0{,}4x + 1$

4. Die angegebene Ableitung kann nicht stimmen, denn 2^x ist monoton wachsend, aber es gilt $x \cdot 2^{x-1} < 0$ für $x < 0$.

5. $f'(t) = k \cdot 5^t$
$k = \lim\limits_{h \to 0} \frac{5^h - 1}{h} \approx 1{,}6094;$ exakter Wert: $k = \ln(5)$
Somit ergibt sich $f'(t) \approx 1{,}6094 \cdot 5^t$.

6. Beispiele für Expontentialfunktionen mit $b < 1$:

$f(x) = 0{,}5^x$

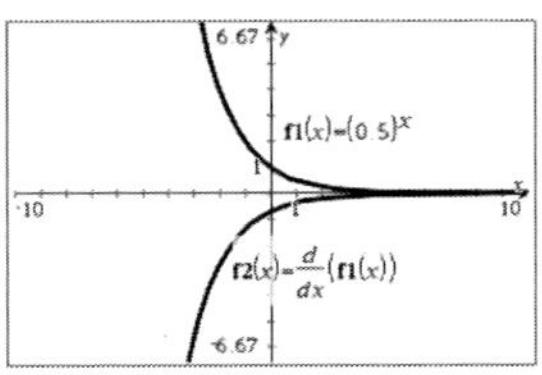

$f(x) = 0{,}3^x$

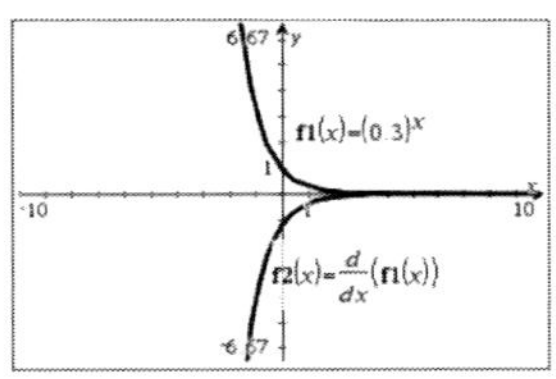

$f(x) = \left(\frac{1}{4}\right)^x$

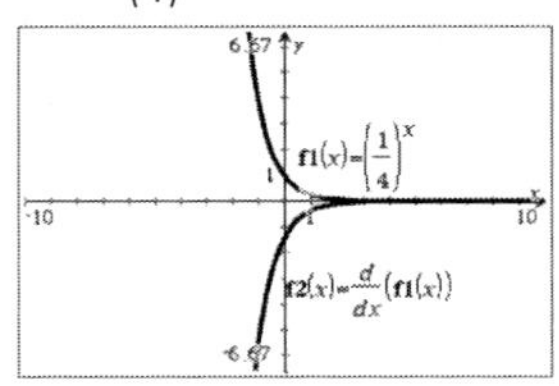

Auch für $b < 1$ ist der Graph der Ableitungsfunktion wieder der Graph einer Exponentialfunktion. Er entsteht aus dem Graphen der Ausgangsfunktion durch

- eine Spiegelung an der x-Achse
- eine Streckung/Stauchung in Richtung der y-Achse mit einem Streckfaktor c.

Vermutung:
Für $b < 1$ gilt: Die Funktion f mit $f(x) = b^x$ hat als Ableitung $f'(x) = c \cdot b^x$ mit $c < 0$.

7. a) Durch Streckung um den Faktor 1,3 in Richtung der y-Achse.

b) $b \approx 3{,}67$
$f'(x) = 1{,}3 \cdot 3{,}67^x$

x	f3_5abl(.▼	f3_6abl(.▼	f3_65ab.▼	f3_67ab.▼
	d((3.5)^x,..	d((3.6)^x,..	d((3.65)^x	d((3.67)^x
0.	1.252763	1.28093...	1.29472...	1.30019...
1.	4.38467...	4.61136...	4.72575...	4.77170...
2.	15.3463...	16.6009...	17.2490...	17.5121...
3.	53.7122...	59.7632...	62.95886	64.2695...
4.	187.992...	215.1477	229.799...	235.869...

$f3\_67abl(x) := \frac{d}{dx}\left((3.67)^x\right)$

209

8. (1) $3 \left(\text{in } \frac{cm^2}{h}\right)$ (2) $3e \approx 8{,}16$ (3) $3e^2 \approx 22{,}17$ (4) $3e^3 \approx 60{,}26$ (5) $3e^4 \approx 163{,}8$

9. **a)** Verschiebung um 1 nach unten.
b) Streckung mit dem Faktor $\frac{1}{2}$.
c) Streckung mit dem Faktor $\frac{1}{4}$; Spiegelung an der x-Achse.
d) Streckung mit dem Faktor 2; Verschiebung um 3 nach unten.

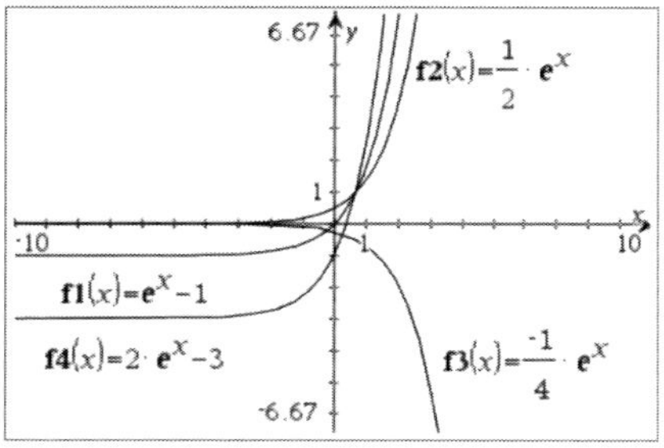

10. **a)** $f'(x) = e^x$, $f''(x) = e^x$
b) $f'(x) = e^x + 1$, $f''(x) = e^x$
c) $f'(x) = 2e^x$, $f''(x) = 2e^x$
d) $f'(x) = -3e^x$, $f''(x) = -3e^x$
e) $f'(x) = e^x + 2x + 1$, $f''(x) = e^x + 2$
f) $f'(x) = -e^x - 1$, $f''(x) = -e^x$
g) $f'(x) = 4e^x$, $f''(x) = 4e^x$
h) $f'(x) = -e^x$, $f''(x) = -e^x$

11. **a)** Vermutung: Nullstellen der Tangenten: −2; −1; 0; 1; 2
Eine Tangente an die e-Funktion an der Stelle x hat $x - 1$ als Nullstelle.
Beweis: Tangentengleichung an der Stelle 3:
Steigung der Tangente bei $x = 3$: $m = e^3$
Also gilt für die Tangente: $g(t) = e^3 \cdot t + b$
Wir wissen: $g(3) = e^3$, also $e^3 \cdot 3 + b = e^3$
also $b = e^3 - 3 \cdot e^3$
$= (1 - 3) \cdot e^3$
$= -2 \cdot e^3$

$g(t) = e^3 \cdot t - 2 \cdot e^3$
$g(t) = 0$
$e^3 t - 2e^3 = 0$
$t = \frac{2e^3}{e^3}$
$t = 2 = 3 - 1$

Beweis: allgemeine Tangentengleichung an die e-Funktion an der Stelle x:
Steigung der Tangente an der Stelle x ist $m = e^x$.
Also gilt: $g(t) = e^x \cdot t + b$
Wir wissen: $g(x) = e^x$, also $e^x \cdot x + b = e^x$
also $b = e^x - e^x \cdot x = e^x \cdot (1 - x)$
$g(t) = e^x \cdot t + e^x \cdot (1 - x)$
Für die Nullstelle ergibt sich:
$e^x \cdot t + e^x \cdot (1 - x) = 0 \quad | -e^x \cdot (1 - x)$
$e^x \cdot t = -e^x \cdot (1 - x) \quad | : e^x$
$t = -(1 - x)$
$t = x - 1$

b) Man geht an der Stelle auf der x-Achse um eine Einheit nach links und verbindet diesen Punkt mit dem Punkt auf dem Graphen, an den die Tangente gezeichnet werden soll.

210

12. a) $F(x) = e^x + x$ **c)** $F(x) = -e^x - \frac{1}{2}x^2$

b) $F(x) = 2e^x$ **d)** $F(x) = 2e^x + \frac{1}{3}x^3 - \frac{1}{2}x^2$

13. Friederike hat die untere Grenze nicht richtig eingesetzt: $e^0 = 1$
Richtig muss die Rechnung lauten:

$$\int_0^1 (e^x - x)\,dx = \left[e^x - \tfrac{1}{2}x^2\right]_0^1 = e^1 - \tfrac{1}{2}\cdot 1^2 - (\mathbf{e^0} - 0) = e - \tfrac{1}{2} - \mathbf{1} \approx 1{,}21828$$

14. a) $\int_0^2 f(x)\,dx = [e^x]_0^2 = e^2 - 1 \approx 6{,}3891$

b) $\int_0^2 f(x)\,dx = [8x - e^x]_0^2 = 17 - e^2 \approx 9{,}6109$

c) $\int_0^2 f(x)\,dx = \left[e^x + \frac{1}{2}x^2 + 2x\right]_0^2 = e^2 + 5 \approx 12{,}3891$

d) $\int_0^2 f(x)\,dx = e^2 - 3 \approx 4{,}389$

15. a) $k = \frac{e}{e-1}$ **b)** $k = e - 1$ **c)** $k = -2\cdot(e-3)$ **d)** $k = 1$

16. a) $F(x) = 2e^x + x + \frac{3}{2}$ **b)** $F(x) = x^3 - \frac{e^x}{2} + 1$

17. Tangente: $y = x + 2$

$$A = \int_{-4}^{0} (e^x + 1)\,dx - \int_{-2}^{0} (x + 2)\,dx = [e^x + x]_{-4}^{0} - \left[\tfrac{1}{2}x^2 + 2x\right]_{-2}^{0}$$

$$= 1 - (e^{-4} - 4) - 2 = 3 - e^{-4} \approx 2{,}98 \text{ FE}$$

18.

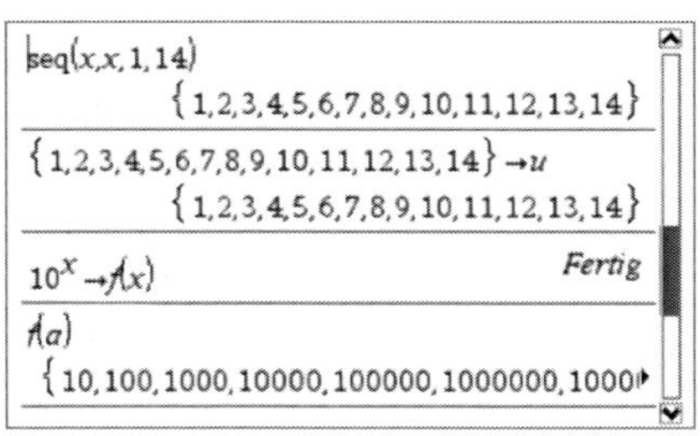

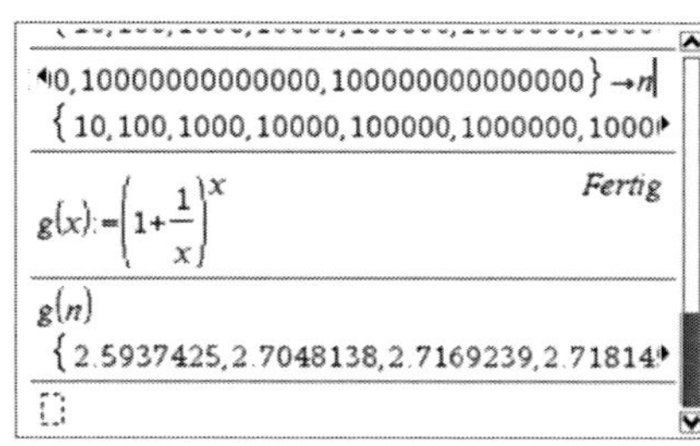

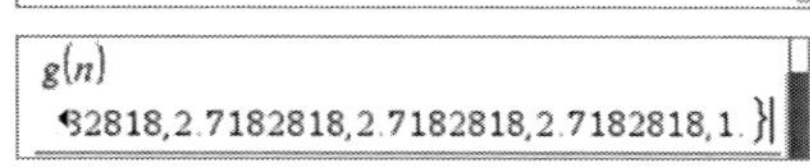

Der berechnete Wert nähert sich immer mehr der Zahl $e \approx 2{,}718281828$.
Der Fehler für $n = 10^{14}$ ist dadurch zu erklären, dass der Rechner hier intern mit $1 + \frac{1}{10^{14}} = 1$ weiterrechnet.
(Hinweis: Berechnet man die Werte mit dem GTR mithilfe Folgen-Modus seq (für sequenz = Folge), benötigen manche Rechner ab $n = 10^4$ sehr viel Zeit für die Berechnung. Dann kann man die Werte auch direkt berechnen.)

210

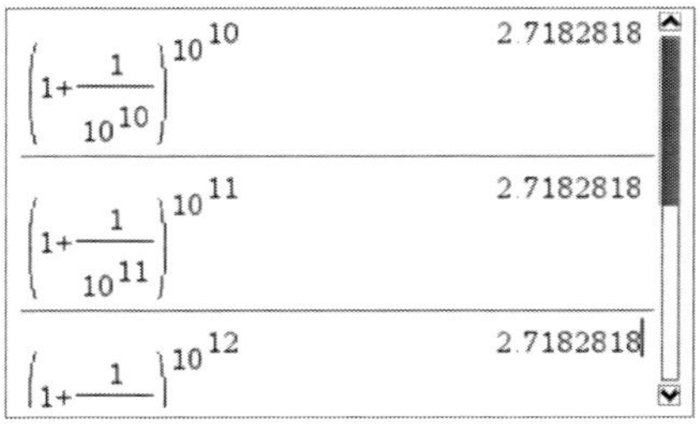

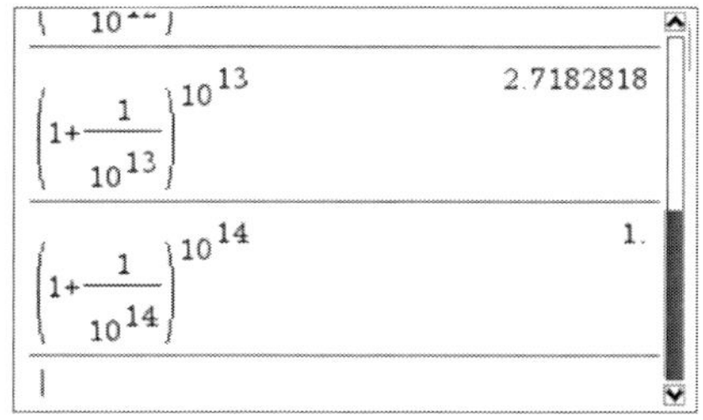

19. Beide Argumentationen sind falsch. Obwohl sowohl Max als auch Lea mit ihren ersten Aussagen recht haben, $1+\frac{1}{n}>1$ für $n \in \mathbb{N}$ und $1+\frac{1}{n} \to 1$ für $n \to \infty$, konvergiert der Term $\left(1+\frac{1}{n}\right)^2$ weder gegen 1 noch gegen ∞. Der Term konvergiert gegen $e \approx 2{,}718$ (vgl. Aufgabe 18).

20. a) Der Graph von g entsteht aus dem Graphen von f durch eine Verschiebung in Richtung der x-Achse um eine Einheit nach links.

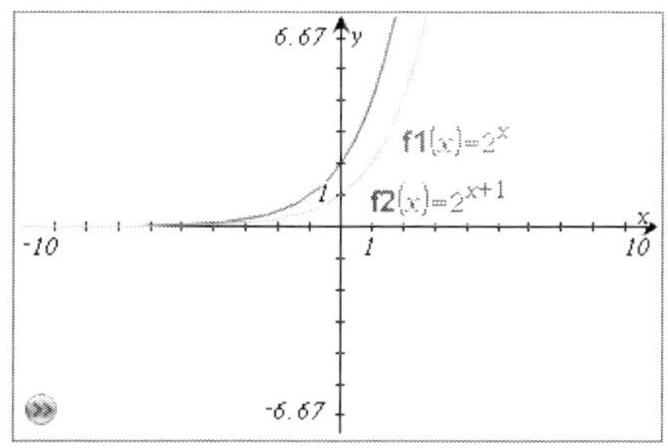

b) Es gilt: $2^{x+1} = 2 \cdot 2^x$

Der Graph der Funktion g entsteht aus dem Graphen von f durch eine Streckung parallel zur y-Achse mit dem Streckfaktor 2.

Allgemein gilt: $b^{x+k} = b^k \cdot b^x$

Der Graph einer Funktion g mit $g(x) = b^{x+k}$ entsteht aus dem Graphen einer Funktion f mit $f(x) = b^x$ durch eine Verschiebung parallel zur y-Achse mit dem Streckfaktor b^k.

c) Die Behauptung ist richtig.

Bei einer Basis $b > 3$ $(b < 3)$ wird der Graph mit einem Streckfaktor, der größer als 1 ist (kleiner als 1 ist), parallel zur y-Achse gestreckt.

Betrachtet man b^{x+k} mit $k > 0$, so erhält man $b^{x+k} = b^k \cdot b^x$, also einen Streckfaktor größer als 1.

Bei b^{x-k} mit $k > 0$ ergibt sich aus $b^{x-k} = \frac{1}{b^k} \cdot b^x$ ein Streckfaktor kleiner als 1.

5.1.2 Ableitung von Exponentialfunktionen – Natürlicher Logarithmus

211 **Einstiegsaufgabe ohne Lösung**

- 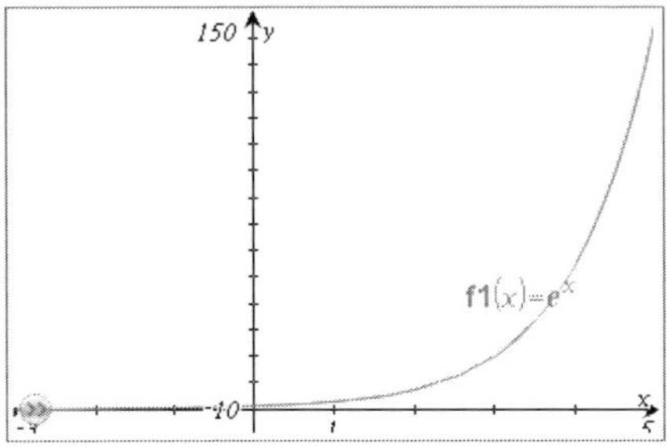

- Umkehrfunktion

x ≈	0,05	0,14	0,37	1	2,72	7,39	20,09	54,60	148,41
y	−3	−2	−1	0	1	2	3	4	5

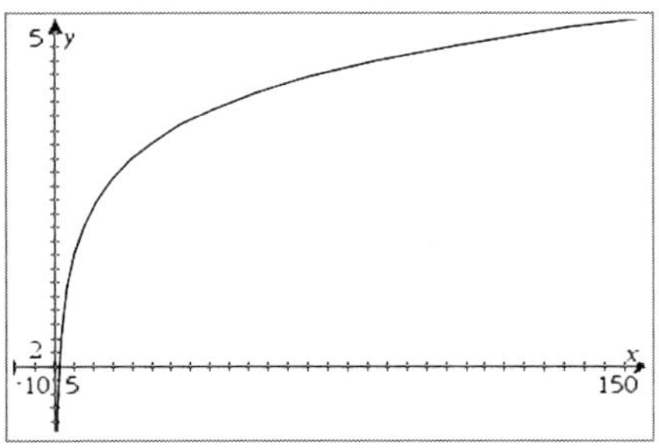

- $f(x) = e^x$: $D = \mathbb{R}$; $W = \mathbb{R}^+ \setminus \{0\}$
  Umkehrfunktion: $D = \mathbb{R}^+ \setminus \{0\}$
  $W = \mathbb{R}$
  Da bei der Umkehrfunktion die x-Werte mit den y-Werten getauscht werden, werden auch der Definitionsbereich und der Wertebereich getauscht.

214 **1. a)** Wir zeichnen den Graphen der Funktion g mit $g(x) = \frac{1}{x}$ und den Graphen der Ableitungsfunktion durch grafisches Differenzieren.

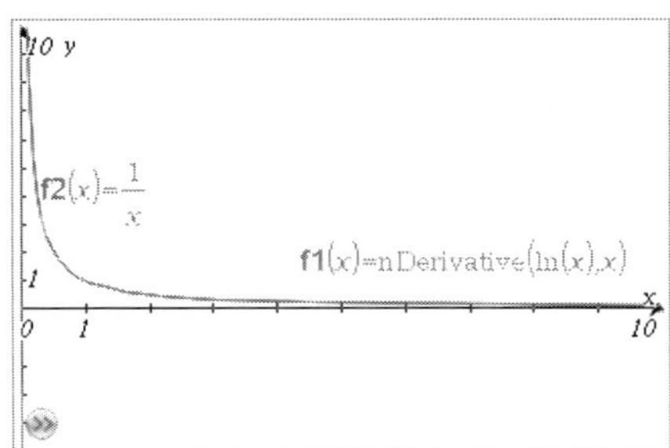

b) An der Stelle ln (x) hat die e-Funktion mit $f(x) = e^x$ den Funktionswert $f(\ln(x)) = e^{\ln(x)} = x$ und die Ableitung $f'(\ln(x)) = e^{\ln(x)} = x$.
Das Steigungsdreieck an den Graphen der e-Funktion an der Stelle ln (x) ist kongruent zum Steigungsdreieck an den Graphen der Logarithmusfunktion an der Stelle x.
Somit gilt für die Ableitung der Logarithmusfunktion an der Stelle x: $f'(x) = \frac{1}{x}$.

214

2. a) $\int_1^5 \frac{1}{x}\,dx = [\ln(x)]_1^5 = \ln(5) - \ln(1) = \ln(5)$

b) Sei $x > 0$, dann gilt: $\ln(|x|)' = \ln(x)' = \frac{1}{x}$

Sei $x < 0$, dann gilt: $\ln(|x|)' = \ln(-x)' = \frac{-1}{-x} = \frac{1}{x}$

c) $\int_{\ln(e)}^{b} \frac{1}{x}\,dx = [\ln|x|]_{\ln(e)}^{b} = \ln(|b|) - \ln(\ln(e)) = \ln(|b|) - \ln(\ln(e)) = \ln(|b|) - \ln(1) = \ln(|b|)$

Aus $\ln(|b|) = 1$ folgt $b = e$.

215

3. a) $x \mapsto \ln(x) + 1$
Verschiebung um $+1$
in Richtung der y-Achse

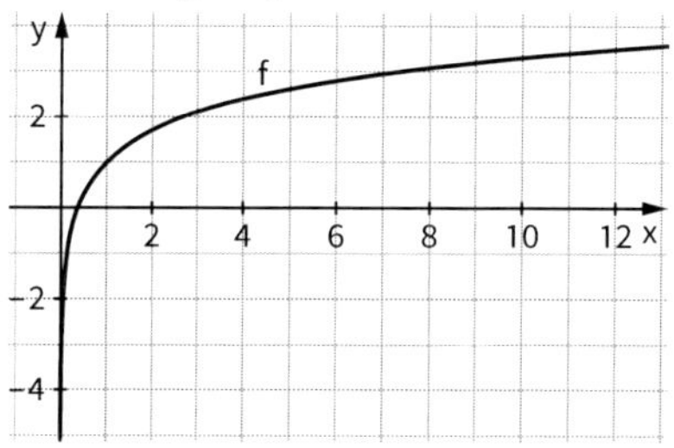

b) $x \mapsto \ln(x) - 3$
Verschiebung um -3
in Richtung der y-Achse

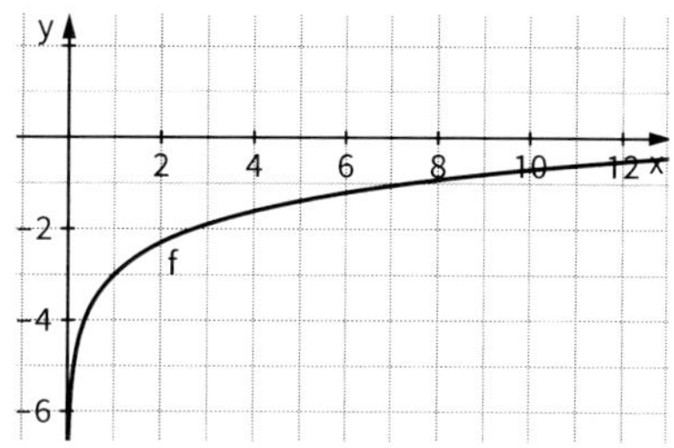

c) $x \mapsto \ln(x + 1)$
Verschiebung um -1
in Richtung der x-Achse

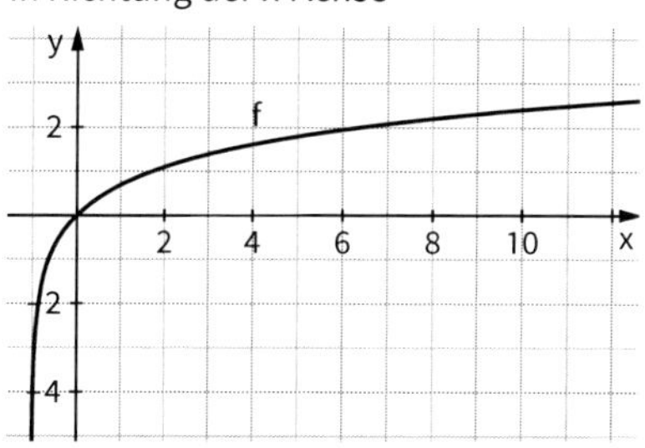

d) $x \mapsto \ln(x - 3)$
Verschiebung um $+3$
in Richtung der x-Achse

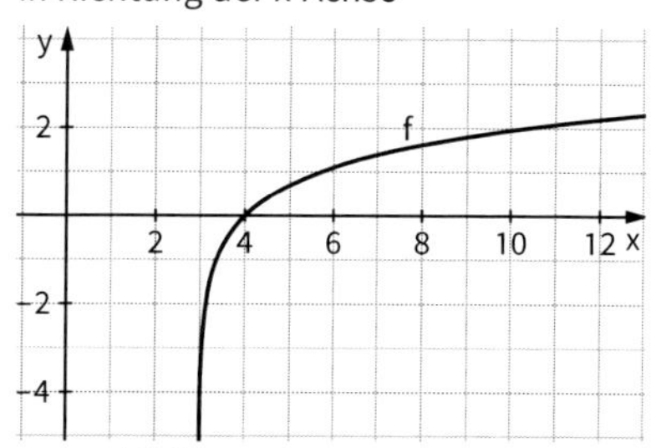

e) $x \mapsto 2 \cdot \ln(x)$
Streckung mit dem Faktor 2
in Richtung der y-Achse

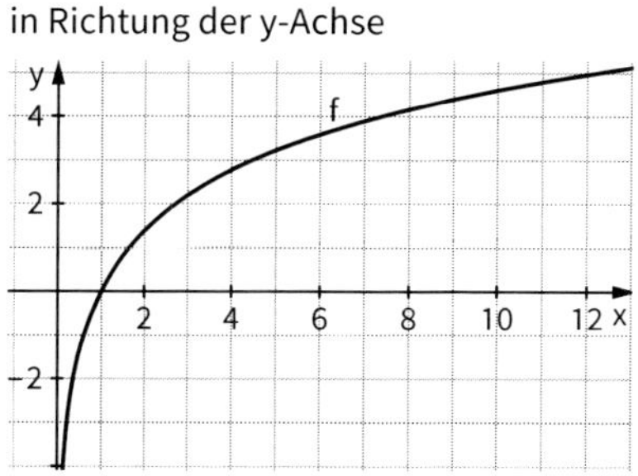

f) $x \mapsto \ln\left(\frac{1}{3}x\right)$
Streckung mit dem Faktor $\frac{1}{3}$
in Richtung der x-Achse

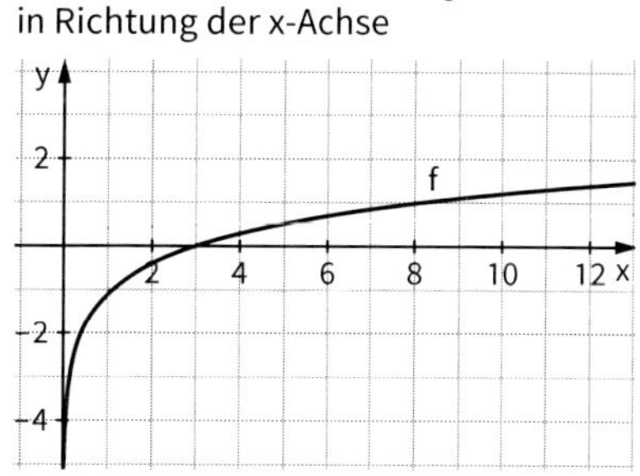

215

g) $x \mapsto \ln(2x)$
Streckung mit dem Faktor 2
in Richtung der x-Achse

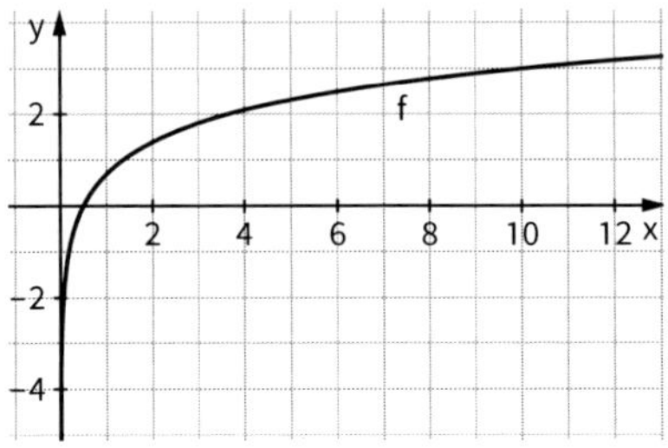

h) $x \mapsto \frac{1}{3}\ln(x)$
Streckung mit dem Faktor $\frac{1}{3}$
in Richtung der y-Achse

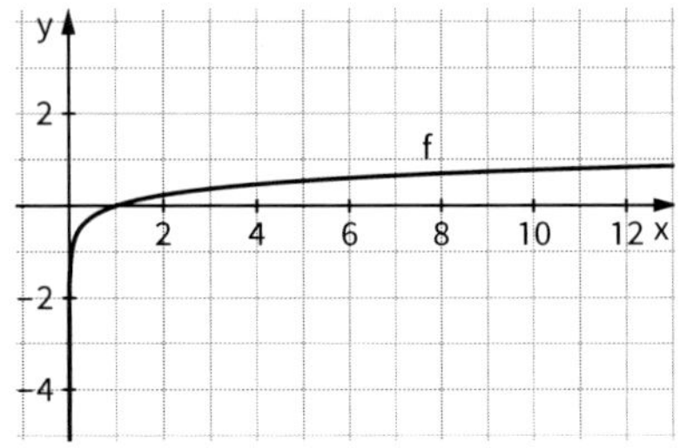

4. (1) $f_1(x) = \ln(-x),\ x < 0$ (3) $f_3(x) = \ln(x+2),\ x > -2$ (5) $f_5(x) = \ln(x),\ x > 0$
(2) $f_2(x) = 1 - \ln(-x),\ x < 0$ (4) $f_4(x) = 2 + \ln(x),\ x > 0$ (6) $f_6(x) = -\ln(x),\ x > 0$

5. a)
- verläuft nur im 1. und im 4. Quadranten
- f ist streng monoton wachsend
- schneidet die x-Achse an der Stelle $x = 1$
- für $x \to 0$ $f(x) \to -\infty$
  für $x \to \infty$ $f(x) \to \infty$

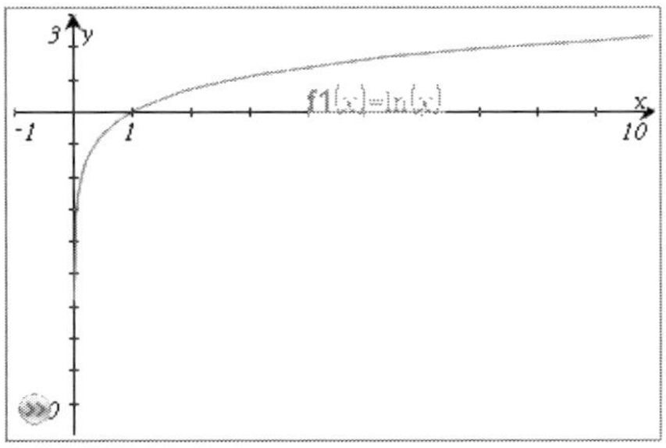

b) (1) $x = 2;\ y = 3$
$\ln(6) \approx 1{,}79;\ \ln(2) \approx 0{,}69;$
$\ln(3) \approx 1{,}10$
also $\ln(2 \cdot 3) \approx \ln(2) + \ln(3)$

(2) $x = 3;\ y = 4$
$\ln\left(\frac{3}{4}\right) \approx -0{,}29;\ \ln(3) \approx 1{,}10;\ \ln(4) \approx 1{,}39$ also $\ln\left(\frac{3}{4}\right) \approx \ln(3) - \ln(4)$

(3) $x = 2;\ y = 3$
$\ln(8) \approx 2{,}08$ also $\ln(8) \approx 3 \cdot \ln(2)$

c) (2) $e^{\ln\left(\frac{x}{y}\right)} = \frac{x}{y} = \frac{e^{\ln(x)}}{e^{\ln(y)}} = e^{\ln(x) - \ln(y)}$, also $\ln\left(\frac{x}{y}\right) = \ln(x) - \ln(y)$

(3) $e^{\ln(x^t)} = x^t = \left(e^{\ln(x)}\right)^t = e^{t \cdot \ln(x)}$, also $\ln(x^t) = t \cdot \ln(x)$

6. a) $f(x) > g(x)$ für $4{,}18 < x < 5503{,}66$
Für $x \to \infty$ gilt:
$f(x) \to \infty;\ g(x) \to \infty$

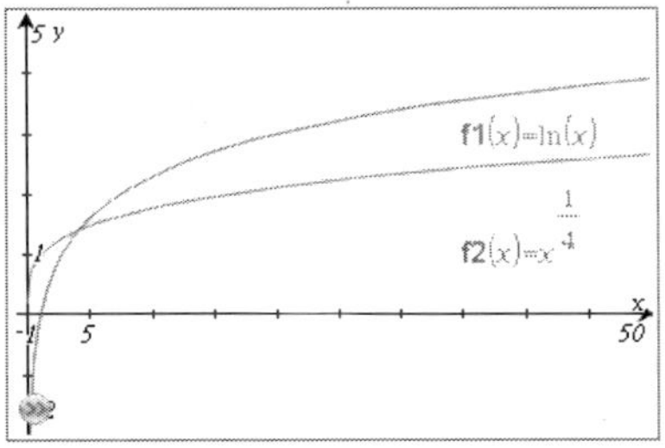

b) $S_1(\approx 4{,}18 \mid \approx 1{,}43)$
$S_2(\approx 5503{,}66 \mid \approx 8{,}61)$

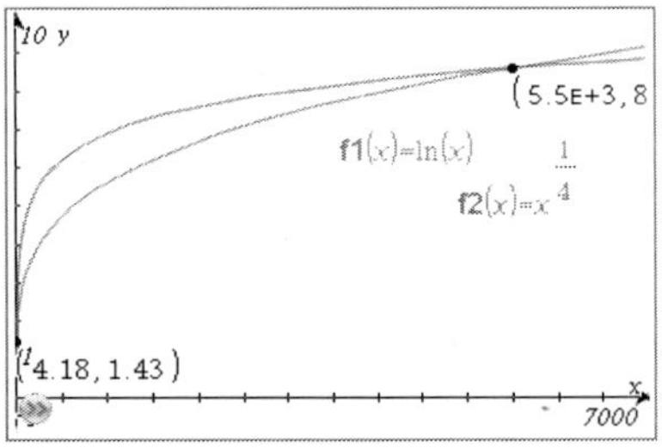

215

7. a) Für $x \to 0$ $(x > 0)$ gilt $x \cdot \ln(x) \to 0$

b) Für $x \to \infty$ gilt: $\frac{\ln(x)}{x} \to 0$

8. a) 2 **b)** -2 **c)** $\frac{1}{2}$ **d)** $\frac{1}{3}$ **e)** $2 - \ln(k)$ **f)** $3 + \ln(2)$ **g)** 3 **h)** 0,5

216

9. a) $\ln(7x)$ **b)** $\ln\left(\frac{x}{2}\right)$ **c)** $\ln\left(\frac{x}{e^3}\right)$ **d)** $\ln(x^5)$ **e)** $\ln(x^8)$ **f)** $\ln(3x^2)$

10. Aus $f'(x) = \frac{1}{x} = \frac{2}{3}$ erhält man $x = \frac{3}{2}$, also $P\left(\frac{3}{2} \middle| \ln\left(\frac{3}{2}\right)\right)$; Tangentengleichung $y = \frac{2}{3}x + \ln\left(\frac{3}{2}\right) - 1$

11. a) $e^x = 2$, also $x = \ln(2) \approx 0{,}69$

b) $e^x = \pi$, also $x = \ln(\pi) \approx 1{,}14$

c) $e^{0{,}5x} = 3$, also $0{,}5x = \ln(3)$ und damit $x = 2 \cdot \ln(3) \approx 2{,}20$

d) $e^{2x+1} = 0{,}5$, also $2x + 1 = \ln(0{,}5)$ und damit $x = -\frac{1}{2} + \frac{1}{2}\ln(0{,}5) \approx -0{,}85$

e) $e^{x-7} = 1$, also $x - 7 = \ln(1) = 0$ und damit $x = 7$

f) $e^{-3x} = 5$, also $-3x = \ln(5)$ und damit $x = -\frac{1}{3}\ln(5) \approx -0{,}54$

g) $e^{-2x} = 0{,}5$, also $-2x = \ln(0{,}5)$ und damit $x = -\frac{1}{2}\ln(0{,}5) \approx 0{,}35$

h) $e^{1{,}5x} = 2$, also $1{,}5x = \ln(2)$ und damit $x = \frac{2}{3}\ln(2) \approx 0{,}46$

i) $e^{\frac{1}{2}x} = 5$, also $\frac{1}{2}x = \ln(5)$ und damit $x = 2\ln(5) \approx 3{,}22$

12. a) $e^x > 0$ für alle $x \in \mathbb{R}$ Somit kann die Gleichung $e^x = -1$ keine Lösung haben.

b) $0 < e^x < 1$ für $x < 0$
$x = \ln(a)$ ist die Lösung der Gleichung $e^x = a$.
Also ist $\ln(a) < 0$ für $0 < a < 1$

13. a) $e^x = 3$, $x = \ln(3)$ $L = \{\ln(3)\}$

b) $e^{2x+1} = \frac{1}{2}$, $2x + 1 = \ln\left(\frac{1}{2}\right)$ bzw. $x = -\frac{1}{2} + \frac{1}{2}\ln\left(\frac{1}{2}\right)$ $L = \left\{-\frac{1}{2} + \frac{1}{2}\ln\left(\frac{1}{2}\right)\right\}$

c) $e^{-x} = 2$, also $x = -\ln(2)$ $L = \{-\ln(2)\}$

d) $e^{-x^2} = 1$, also $-x^2 = 0$ bzw. $x = 0$ $L = \{0\}$

e) $e^{\frac{1}{2}x} = 3$, also $x = 2 \cdot \ln(3)$ $L = \{2 \cdot \ln(3)\}$

f) $e^x \cdot (x + 3) = 0$, also $e^x = 0$ oder $x + 3 = 0$
$e^x = 0$ keine Lösung
$x + 3 = 0$, also $x = -3$ $L = \{-3\}$

g) $e^{x+2} \cdot (e^x - 2) = 0$, also $e^{x+2} = 0$ oder $e^x - 2 = 0$
$e^{x+2} = 0$ keine Lösung
$e^x - 2 = 0$, also $x = \ln(2)$ $L = \{\ln(2)\}$

h) $\ln(x) = 3$, also $x = e^3$ $L = \{e^3\}$

i) $\ln(x + 1) = 2$, also $x + 1 = e^2$ bzw. $x = -1 + e^2$ $L = \{-1 + e^2\}$

j) $\ln(x^2) = 1$, also $x^2 = e^1$ bzw. $x_{1,2} = \pm\sqrt{e}$ $L = \{-\sqrt{e}; \sqrt{e}\}$

k) $\ln(x) = 0$; also $x = e^0 = 1$, $L = \{1\}$

l) $\ln\left(\frac{1}{2}x\right) = 1$, also $\frac{1}{2}x = e^1$ bzw. $x = 2e$ $L = \{2e\}$

216

14. a) $f'(x) = \ln(3) \cdot 3^x$

b) $f'(x) = 2 \cdot \ln(3) \cdot 3^x$

c) $f'(t) = \ln(1{,}02) \cdot 1{,}02^t + 2t$

d) $f'(x) = \ln(2{,}5) \cdot 2{,}5^x - 2{,}5 \cdot \ln(2) \cdot 2^x$

e) $f(x) = (k-1) \cdot k^x$; $f'(x) = (k-1) \cdot \ln(k) \cdot k^x$

f) $f'(x) = \ln(3) \cdot 3^x - e^x$

15.

Funktion	Tangentengleichung
(1) $f(x) = 3^x$	$x=-1$: $y = \frac{1}{3} \cdot \ln(3) \cdot x + \frac{1}{3}(\ln(3) + 1)$ $x=0$: $y = \ln(3) \cdot x + 1$ $x=1$: $y = 3 \cdot \ln(3) \cdot x - 3 \cdot (\ln(3) - 1)$ $x=2$: $y = 9 \cdot \ln(3) \cdot x - 18 \cdot \ln(3) + 9$
(2) $f(x) = 2{,}5^x$	$x=-1$: $y = \frac{2}{5} \cdot \ln(2{,}5) \cdot x + \frac{2}{5} \cdot (\ln(2{,}5) + 1)$ $x=0$: $y = \ln(2{,}5) \cdot x + 1$ $x=1$: $y = \frac{5}{2} \cdot \ln(2{,}5) \cdot x + \frac{5}{2} \cdot \left(1 - \ln\left(\frac{5}{2}\right)\right)$ $x=2$: $y = \frac{25}{4} \cdot \ln(2{,}5) \cdot x - \frac{25}{2} \cdot \ln(2{,}5) + \frac{25}{4}$
(3) $f(x) = 0{,}5^x$	$x=-1$: $y = 2 \cdot \ln(0{,}5) \cdot x + 2 \cdot \ln(0{,}5) + 2$ $x=0$: $y = \ln(0{,}5) \cdot x + 1$ $x=1$: $y = \frac{1}{2} \cdot \ln(0{,}5) \cdot x - \frac{1}{2}\ln(0{,}5) + \frac{1}{2}$ $x=2$: $y = \frac{1}{4}\ln(0{,}5) \cdot x - \frac{1}{2}\ln(0{,}5) + \frac{1}{4}$

(1) $x \mapsto 3^x$

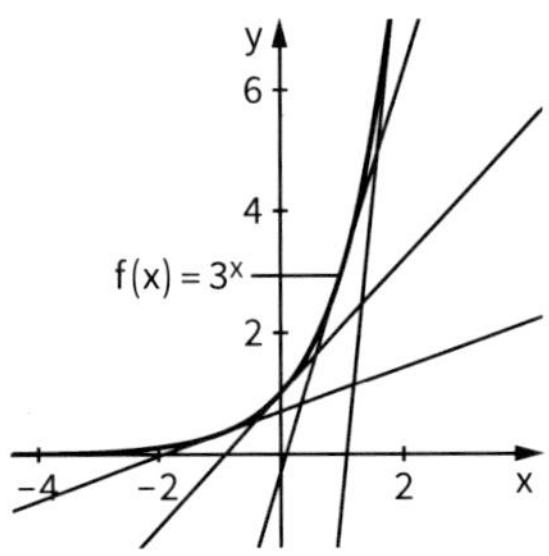

(2) $x \mapsto 2{,}5^x$

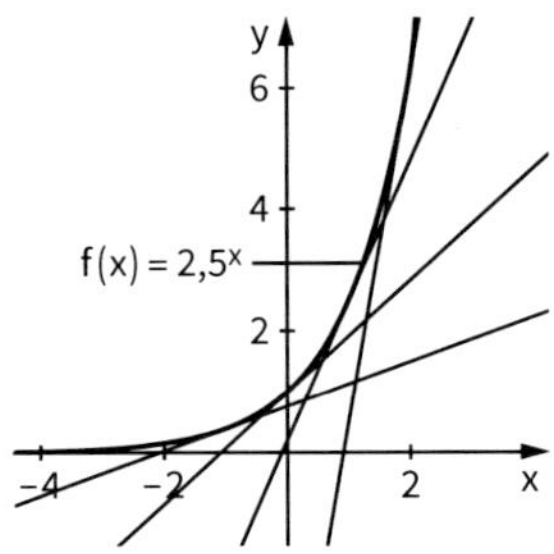

(3) $x \mapsto 0{,}5^x$

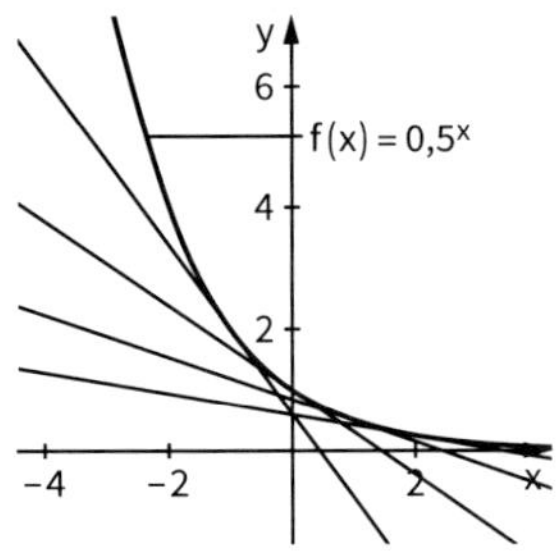

16. Tangente an der Stelle $x = 1$:

$t_a(x) = \frac{1}{4}\ln\left(\frac{1}{4}\right) \cdot x + \frac{1}{4}\left(1 - \ln\left(\frac{1}{4}\right)\right) = -0{,}34657x + 0{,}59657$

Tangente an der Stelle $x = -2$:

$t_b(x) = 16 \cdot \ln\left(\frac{1}{4}\right) \cdot x + 16\left(1 + 2 \cdot \ln\left(\frac{1}{4}\right)\right) = -22{,}18071x - 28{,}36142$

Schnittpunkt der Tangenten t_a und t_b: $S(-1{,}3263 \mid 1{,}05622)$

17. a) $F'(x) = \frac{a}{\ln(b)} \cdot \ln(b) \cdot b^x = a \cdot b^x = f(x)$

F mit $F(x) = \frac{a}{\ln(b)} \cdot b^x$ ist eine Stammfunktion zu f mit $f(x) = a \cdot b^x$

b) (1) $\int_0^4 3^x\,dx = \left[\frac{3^x}{\ln(3)}\right]_0^4 = \frac{1}{\ln(3)}(3^4 - 3^0) = \frac{1}{\ln(3)} \cdot (81 - 1) = \frac{80}{\ln(3)} \approx 72{,}82$

(2) $\int_1^5 1{,}6^x\,dx = \left[\frac{1{,}6^x}{\ln(1{,}6)}\right]_1^5 = \frac{1}{\ln(1{,}6)} \cdot (1{,}6^5 - 1{,}6^1) = \frac{8{,}88576}{\ln(1{,}6)} \approx 18{,}91$

(3) $\int_0^3 2 \cdot 1{,}05^x\,dx = \left[\frac{2 \cdot 1{,}05^x}{\ln(1{,}05)}\right]_0^3 = \frac{2}{\ln(1{,}05)} \cdot (1{,}05^3 - 1{,}05^0) = \frac{0{,}31525}{\ln(1{,}05)} \approx 6{,}46$

217

18. a) $\int_1^{\ln(2)} (e^x + 1)\,dx = [e^x + x]_1^{\ln(2)} = e^{\ln(2)} + \ln(2) - (e^1 + 1) = 2 + \ln(2) - e - 1 = 1 + \ln(2) - e \approx -1{,}03$

b) $\int_0^{\ln(3)} (e^{2x} - x)\,dx = \left[\frac{1}{2}e^{2x} - \frac{1}{2}x^2\right]_0^{\ln(3)} = \frac{1}{2}e^{2\ln(3)} - \frac{1}{2}(\ln(3))^2 - \left(\frac{1}{2}e^0 - 0\right)$

$= \frac{1}{2}\cdot(e^{\ln(3)})^2 - \frac{1}{2}(\ln(3))^2 - \frac{1}{2} = 4 - \frac{1}{2}(\ln(3))^2 \approx 3{,}40$

c) $\int_1^2 \left(e^{\frac{x}{2}} - \ln(2)\right)dx = \left[2e^{\frac{x}{2}} - \ln(2)\cdot x\right]_1^2 = 2e^1 - 2\ln(2) - \left(2e^{\frac{1}{2}} - \ln(2)\right) = 2e - 2\sqrt{e} - \ln(2) \approx 1{,}45$

19. ■ Schnittstelle des Graphen und der Geraden mit $y = 5$

$2^x = 5$, also $x = \frac{\ln(5)}{\ln(2)}$

■ Flächeninhalt $A = 5\cdot\frac{\ln(5)}{\ln(2)} - \int_0^{\frac{\ln(5)}{\ln(2)}} 2^x\,dx = 5\cdot\frac{\ln(5)}{\ln(2)} - \left[\frac{1}{\ln(2)}\cdot 2^x\right]_0^{\frac{\ln(5)}{\ln(2)}} = \frac{1}{\ln(2)}[5\cdot\ln(5) - 4] \approx 5{,}84$

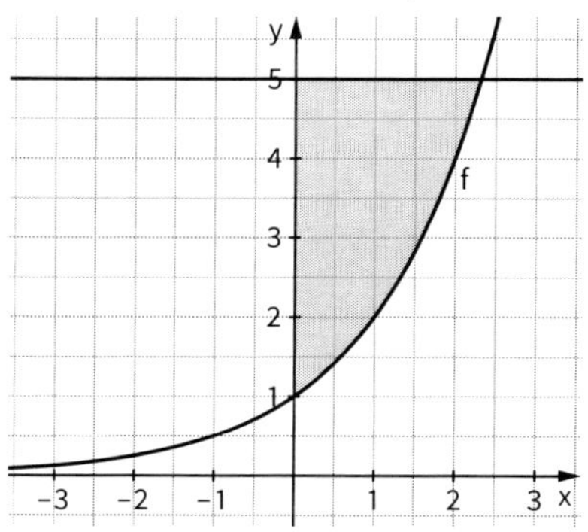

20. a) $\int_1^5 \frac{1}{x}\,dx = \ln(5) - \ln(1) = \ln(5)$

b) $\int_{-4}^{-2} \frac{1}{x}\,dx = \ln(2) - \ln(4) = -\ln(2)$

c) $\int_2^5 \frac{2}{x}\,dx = 2\left(\ln(2) - \ln(5)\right)$

d) $\int_1^4 \left(x^2 - \frac{1}{x}\right)dx = 21 - 2\cdot\ln(2)$

21.

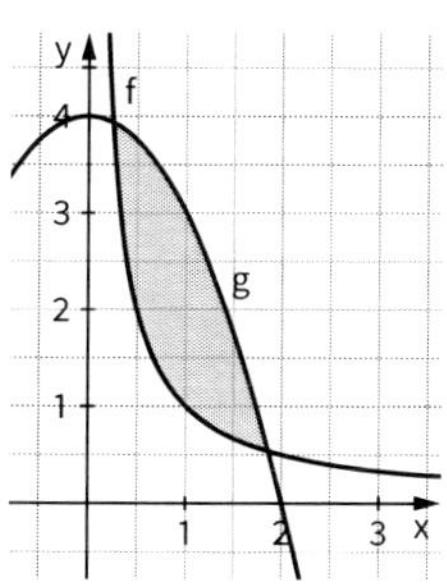

Schnittstellen:

$\frac{1}{x} = -x^2 + 4$

$1 = -x^3 + 4x$

$x^3 - 4x + 1 = 0$

Mit dem GTR findet man im ersten Quadranten die Schnittstellen $x_1 \approx 0{,}2541$ und $x_2 \approx 1{,}8608$

$A = \int_{x_1}^{x_2} \left(-x^2 + 4 - \frac{1}{x}\right)dx \approx \left[-\frac{1}{3}x^3 + 4x - \ln x\right]_{0{,}2541}^{1{,}8608} \approx 4{,}6745 - 2{,}381 \approx 2{,}2935$

217

22.

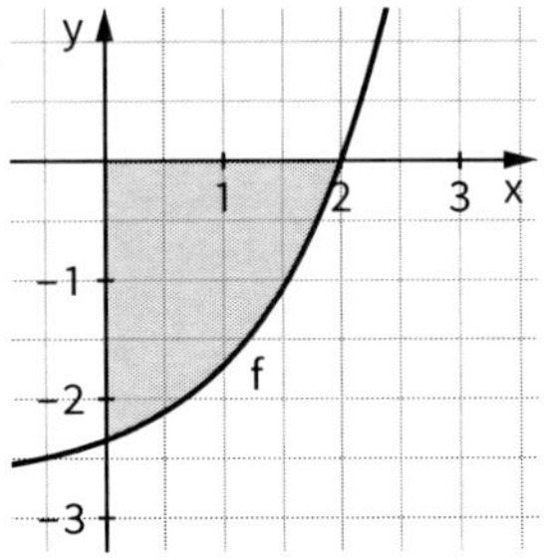

$$A = \left|\int_0^2 (e^{x-1} - e)\,dx\right| = \left|\int_0^2 \left(\frac{1}{e}\cdot e^x - e\right)dx\right|$$
$$= \left|\left[\frac{1}{e}\cdot e^x - e\cdot x\right]_0^2\right|$$
$$= \left|\left[e^{x-1} - e\cdot x\right]_0^2\right|$$
$$= \left|(e - 2e) - \frac{1}{e}\right|$$
$$= e + \frac{1}{e} \approx 3{,}086$$

23. a) $f(-1) = \frac{1}{3}$, also Tangentenberührpunkt $B\left(-1\,\middle|\,\frac{1}{3}\right)$

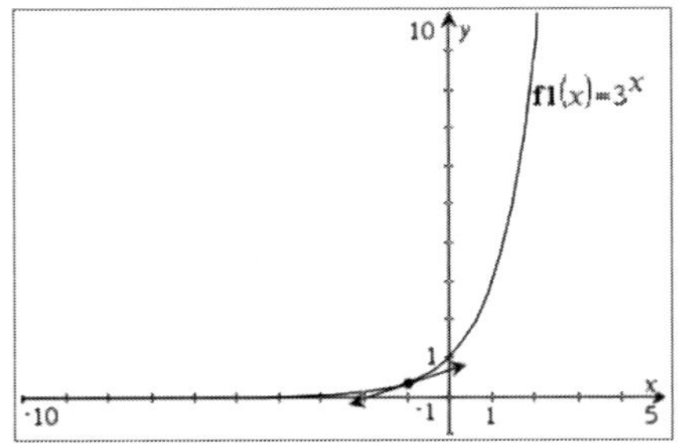

Tangentensteigung:
$m = f'(-1) = \ln(3)\cdot 3^{-1} = \frac{\ln(3)}{3}$

Tangente in B: $y = \frac{\ln(3)}{3}\cdot x + c$, also
$\frac{1}{3} = \frac{\ln(3)}{3}\cdot(-1) + c$, also $c = \frac{\ln(3)}{3} + \frac{1}{3}$

Gleichung der Tangente:
$y = \frac{\ln(3)}{3}\cdot x + \frac{\ln(3)}{3} + \frac{1}{3}$

Schnittpunkt der Tangente mit der x-Achse: $\frac{\ln(3)}{3}\cdot x + \frac{\ln(3)}{3} + \frac{1}{3} = 0$, also $x = -1 - \frac{1}{\ln(3)}$
$N\left(-1 - \frac{1}{\ln(3)}\,\middle|\,0\right)$

Schnittpunkt der Tangente mit der y-Achse: $M\left(0\,\middle|\,\frac{\ln(3)}{3} + \frac{1}{3}\right)$

Flächeninhalt des Dreiecks:
$$A = \frac{1}{2}\cdot\left|-1 - \frac{1}{\ln(3)}\right|\cdot\left(\frac{\ln(3)}{3} + \frac{1}{3}\right) = \frac{1}{2}\left(1 + \frac{1}{\ln(3)}\right)\left(\frac{\ln(3)}{3} + \frac{1}{3}\right)$$
$$= \frac{1}{2}\left(\frac{\ln(3)}{3} + \frac{1}{3} + \frac{1}{3} + \frac{1}{\ln(3)}\right) = \frac{\ln(3)}{6} + \frac{1}{6\ln(3)} + \frac{1}{3} \approx 0{,}67$$

Der Flächeninhalt des Dreiecks beträgt ca. 0,67 FE.

b) Die Sekante g geht durch die Punkte $P\left(-2\,\middle|\,\frac{1}{9}\right)$ und $Q(0\,|\,1)$.

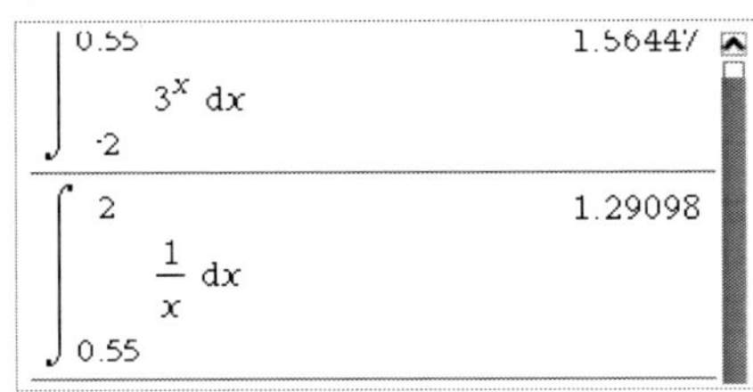

Steigung von g: $m = \frac{1 - \frac{1}{9}}{0 - (-2)} = \frac{4}{9}$

g: $y = \frac{4}{9}x + 1$

Flächeninhalt:
$$A = \int_{-2}^{0}\left(\frac{4}{9}x + 1 - 3^x\right)dx = \left[\frac{2}{9}x^2 + x - \frac{3^x}{\ln(3)}\right]_{-2}^{0}$$
$$= -\frac{1}{\ln(3)} - \left(-\frac{10}{9} - \frac{1}{9\ln(3)}\right) = \frac{10}{9} - \frac{8}{9\ln(3)} \approx 0{,}3$$

217

24. a) $f'(x) = \ln(2) \cdot 2^x + \ln(3) \cdot 3^x$

$f'(0) = \ln(2) + \ln(3) = \ln(6) \approx 1{,}79$

b) $f(0) = 2$

$y = \ln(6) \cdot x + c$

$P(0|2)$ liegt auf der Tangente, also $2 = \ln(6) \cdot 0 + c,\ c = 2$

Gleichung der Tangente:

$y = \ln(6) \cdot x + 2$

c) Schnittpunkt der Tangente mit der x-Achse:

$\ln(6) \cdot x + 2 = 0$, also $x = -\frac{2}{\ln(6)} \approx -1{,}12$

$N\left(-\frac{2}{\ln(6)}\middle|0\right)$

d) Schnittpunkt der Tangente mit der y-Achse: $M(0|2)$:

$A = \frac{1}{2} \cdot \left|-\frac{2}{\ln(6)}\right| \cdot 2 = \frac{2}{\ln(6)} \approx 1{,}12$

25. a) $x \approx 0{,}55 \quad S(\approx 0{,}55 | \approx 1{,}83)$

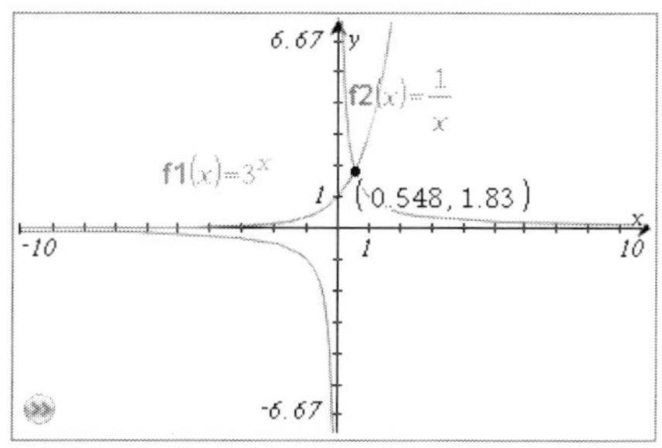

b) $A_1 \approx \int_{-2}^{0{,}55} 3^x\,dx \approx 1{,}56$

$A_2 \approx \int_{0{,}55}^{2} \frac{1}{x}\,dx \approx 1{,}29$

$A \approx 2{,}85$

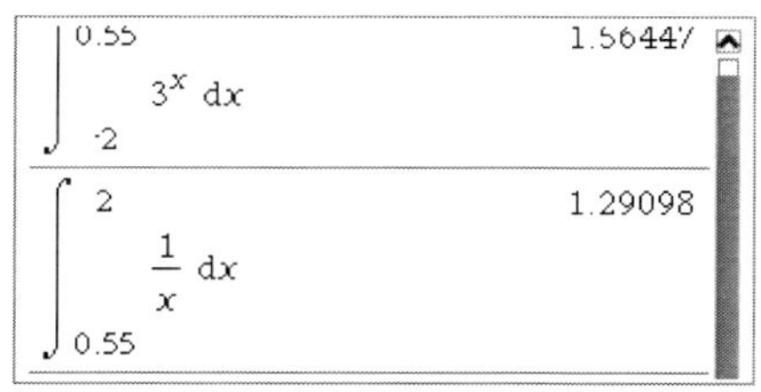

26. Man stellt sich die Vase um 90° gedreht vor und legt den Ursprung in den Mittelpunkt des Bodens. Aus den Maßen ergeben sich die Bedingungen: $f(0) = 4,\ f(19) = 10$

Damit beschreibt $f(x) = 4 \cdot \left(\sqrt[19]{2{,}5}\right)^x$ das Profil.

Für das Fassungsvermögen gilt: $V = \pi \int_0^{19} \left(4 \cdot \sqrt[19]{2{,}5}^{\,x}\right)^2 dx \approx 2736{,}02\,\text{cm}^3$

27. $V = \pi \cdot \int_1^5 \left(\frac{1}{\sqrt{x}}\right)^2 dx = \pi \cdot [\ln|x|]_1^5$

$= \pi\left(\ln(5) - \ln(1)\right) = \pi \cdot \ln(5) \approx 5{,}06$

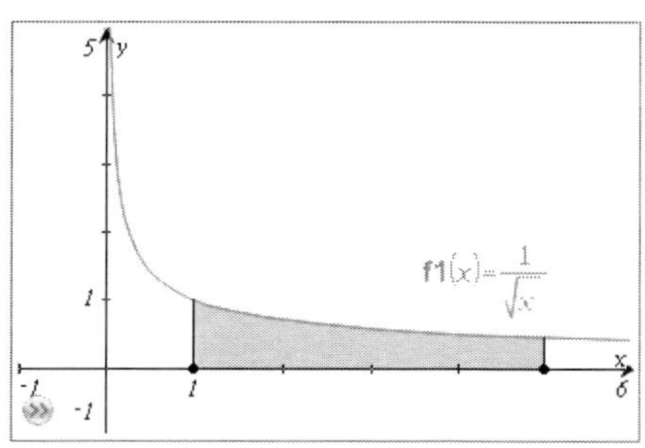

5.1.3 Kettenregel – Lineare Substitution

218 **Einstiegsaufgabe ohne Lösung**

- 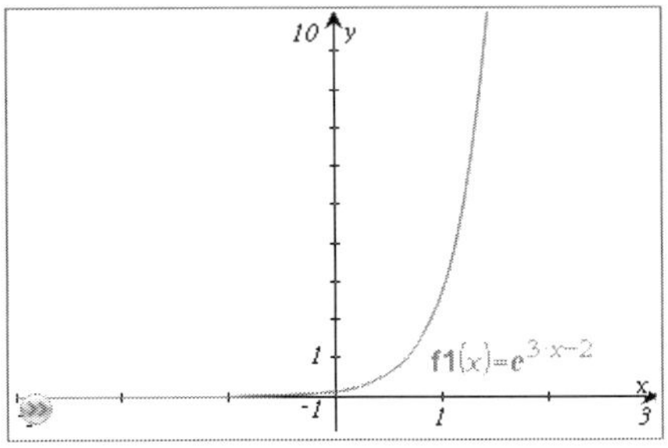

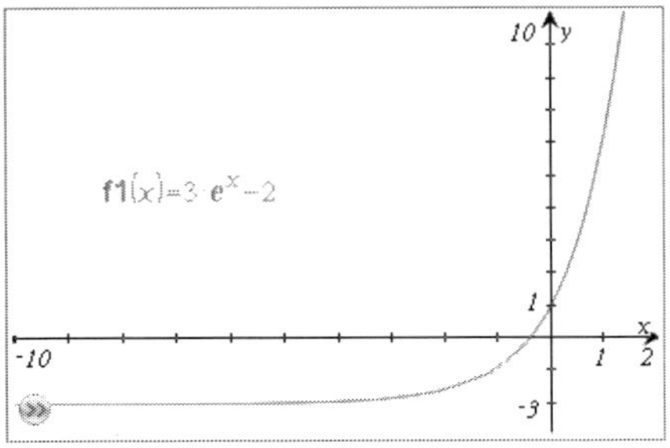

- Funktion h_1:

x	3x − 2	e^{3x-2}
−1	−5	$e^{-5} \approx 0{,}007$
2	4	$e^{4} \approx 54{,}6$

Bei der Funktion h_1 wird zuerst der Term $3x-2$ berechnet und anschließend wird die Basis e mit diesem Wert potenziert.

Funktion h_2:

x	e^x	$3 \cdot e^x - 2$
−1	$-e^{-1} = \frac{1}{e}$	$3 \cdot \frac{1}{e} - 2 \approx -0{,}90$
2	e^2	$3 \cdot e^2 - 2 \approx 20{,}17$

Bei der Funktion h_2 wird zuerst die Basis e mit x potenziert, dieser Wert mit 3 multipliziert und zum Schluss 2 subtrahiert.

220 **1.** **a)** (1) $f(x) = \sqrt{e^x}$ (2) $g(x) = e^{\sqrt{x}}$
b) (1) $f(x) = \sqrt{x^2+3}$ (2) $g(x) = x+3;\ x \in \mathbb{R}_+$
c) (1) $f(x) = \frac{1}{e^x}$ (2) $g(x) = e^{\frac{1}{x}};\ x \in \mathbb{R}^*$

2. **a)** $v(x) = 2x-1$ $u(x) = e^x$
b) $v(x) = 3x-2$ $u(x) = \sqrt{x}$
c) $v(x) = \frac{1}{x}$ $u(x) = \sqrt{x}$
d) $u(x) = x^{21}$ $v(x) = x^3 - 2x^2 + 5$
e) $u(x) = \frac{1}{x}$ $v(x) = 3x-5$
f) $u(x) = 5^x$ $v(x) = 3x-4$

221 **3.**
- der Graph ist symmetrisch zur y-Achse;
  $f(-x) = e^{1-(-x)^2} = e^{1-x^2} = f(x)$
- keine Schnittpunkte mit der x-Achse;
  $e^{1-x^2} > 0$ für alle $x \in \mathbb{R}$
- Extrempunkt
  $f'(x) = -2x \cdot e^{1-x^2};\ f''(x) = (4x^2-2) \cdot e^{1-x^2}$
  f′ hat die Nullstelle $x = 0$
  $f''(0) = -2e < 0$, also Hochpunkt $H(0\,|\,e)$
- Wendepunkte
  f″ hat die einfachen Nullstellen (mit VZW)
  $x_1 = \sqrt{\frac{1}{2}};\ x_2 = -\sqrt{\frac{1}{2}}$
  $W_1\left(\sqrt{\frac{1}{2}}\,\middle|\,\sqrt{e}\right);\ W_2\left(-\sqrt{\frac{1}{2}}\,\middle|\,\sqrt{e}\right)$

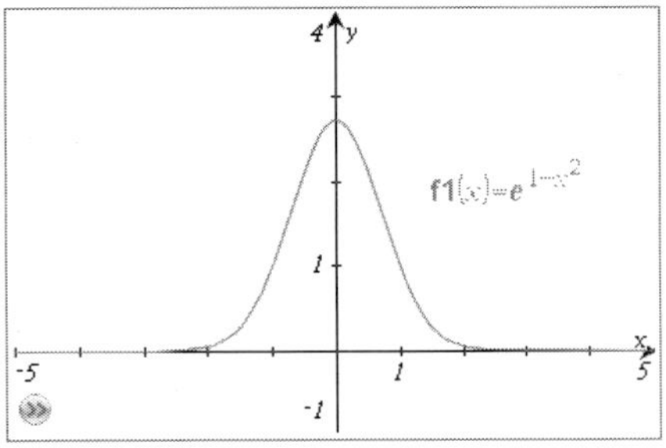

221

4. ■ $f(x) = g(e^x) = e^{2x} - 3e^x$

Der Funktionsterm von f ist die Differenz der Exponentialfunktionen mit $y = e^{2x}$ und $y = 3 \cdot e^x$.

■

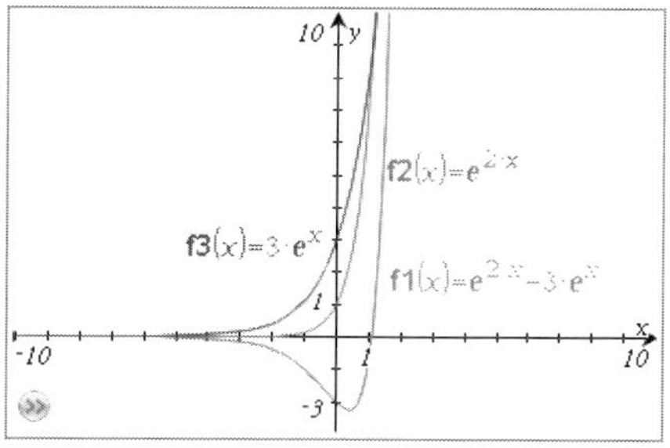

■ Nullstelle

$f(x) = 0$, also $e^x(e^x - 3) = 0$, somit $x = \ln(3)$

■ $f'(x) = 2 \cdot e^{2x} - 3 \cdot e^x$; $f''(x) = 4 \cdot e^{2x} - 3 \cdot e^x$

$f'(x) = 0$, also $e^x(2e^x - 3) = 0$, somit $x = \ln(1{,}5)$

$f''(\ln(1{,}5)) = 4e^{2 \cdot \ln(1{,}5)} - 3 \cdot e^{\ln(1{,}5)} = 4 \cdot e^{\ln(2{,}25)} - 3 \cdot e^{\ln(1{,}5)} = 4 \cdot 2{,}25 - 3 \cdot 1{,}5 = 4{,}5 > 0$

Tiefpunkt $T\left(\ln(1{,}5) \middle| -\frac{9}{4}\right)$

5. ■ Globalverlauf

$f(x) \to \infty$ für $x \to -\infty$ und für $x \to \infty$

■ keine Nullstellen

$e^{x^2 - x} > 0$ für alle $x \in \mathbb{R}$

■ $f'(x) = (2x - 1)e^{x^2 - x}$; $f''(x) = (4x^2 - 4x + 3) \cdot e^{x^2 - x}$

f' hat die Nullstelle $x = \frac{1}{2}$

$f''\left(\frac{1}{2}\right) = 2e^{-\frac{1}{4}} > 0$, also Tiefpunkt $T\left(\frac{1}{2} \middle| e^{-\frac{1}{4}}\right)$

■ f'' hat keine Nullstelle, der Graph von f hat somit keine Wendepunkte.

Das GTR-Bild gibt den wesentlichen Verlauf des Graphen wieder.

6. **a)** $f(x) = (3x^2 + 1)^2$

Ableitung mithilfe der Kettenregel

$f'(x) = 2 \cdot (3x^2 + 1)^1 \cdot 6x = 12x \cdot (3x^2 + 1) = 36x^3 + 12x$

Umformung mithilfe der 1. binomischen Formel

$f(x) = 9x^4 + 6x^2 + 1$

$f'(x) = 36x^3 + 12x$

b) $f(x) = (e^x - 1)^2$

Ableitung mithilfe der Kettenregel

$f'(x) = 2 \cdot (e^x - 1)^1 \cdot e^x = 2e^x \cdot (e^x - 1) = 2e^{2x} - 2e^x$

Umformung mithilfe der 2. binomischen Formel

$f(x) = e^{2x} - 2e^x + 1$

$f'(x) = 2 \cdot e^{2x} - 2e^x$

221

c) $f(x) = (e^x + e^{-x})^2$

Ableitung mithilfe der Kettenregel

$f'(x) = 2 \cdot (e^x + e^{-x})^1 \cdot (e^x - e^{-x}) = 2 \cdot e^{2x} - 2e^{-2x}$

Umformung mithilfe der 1. binomischen Formel

$f(x) = e^{2x} + 2 + e^{-2x}$

$f'(x) = 2 \cdot e^{2x} - 2e^{-2x}$

7. Wir schreiben die Basis b als Potenz von e: $b = e^{\ln(b)}$.
Damit lautet der Funktionsterm $f(x) = (e^{\ln(b)})^x = e^{\ln(b) \cdot x}$.
In dieser Form können wir ihn mithilfe der Kettenregel mit innerer linearer Funktion ableiten: $f'(x) = (\ln(b)) \cdot e^{(\ln b) \cdot x} = \ln(b) \cdot b^x$

8. a) $f'(x) = 4 \cdot e^{4x+5}$; $D = \mathbb{R}$

b) $f'(x) = (2x-1)\,e^{x^2-x}$; $D = \mathbb{R}$

c) $f'(t) = \frac{1}{2\sqrt{t}} e^{\sqrt{t}}$; $D = \mathbb{R}_+$

d) $f'(x) = \frac{x + \frac{1}{2}}{\sqrt{x^2 + x}}$; $D = \{x \in \mathbb{R} \mid x \leq -1 \text{ oder } x \geq 0\}$

e) $f'(x) = -\frac{6}{(3x-1)^3}$; $D = \mathbb{R} \setminus \left\{\frac{1}{3}\right\}$

f) $f'(x) = \frac{e^x}{2 \cdot \sqrt{e^x}}$; $D = \mathbb{R}$

9. a) $f'(x) = \frac{x}{\sqrt{x^2+1}}$ **b)** $f'(x) = 9 \cdot (3x+1)^2$ **c)** $h'(x) = (6x-1)\,e^{(3x^2-x)}$

10. a) $f'(x) = 2x - 4$; $D = \mathbb{R}$

b) $f'(x) = 24x^5 + 12x^2$; $D = \mathbb{R}$

c) $f'(x) = 1 + \frac{1}{\sqrt{x}}$; $D = \mathbb{R}^+$

d) $f'(x) = -\frac{4}{x^2} - \frac{2}{x^3}$; $D = \mathbb{R} \setminus \{0\}$

e) $f'(x) = \frac{2}{2x-4} = \frac{1}{x-2}$; $D = \{x \in \mathbb{R} \mid x > 2\}$

f) $f'(x) = 2 \cdot \ln(x) \cdot \frac{1}{x} = \frac{2\ln(x)}{x}$; $D = \mathbb{R}^+ \setminus \{0\}$

g) $f'(x) = e^x \cdot \frac{-1}{(1+e^x)^2}$; $D = \mathbb{R}$

h) $f'(x) = \frac{-(12+3e^x)}{(4x+e^x)^2}$; $D = \mathbb{R} \setminus \{\approx -0{,}204\}$

i) $f'(x) = (16x+4)(2x^2+x-1)^3$; $D = \mathbb{R}$

11. a) $f'(x) = 2e^{x-1}$ $f''(x) = 2e^{x-1}$

b) $f'(x) = k \cdot \ln(k) \cdot k^x + \ln(k) \cdot k^{-x}$ $f''(x) = k \cdot (\ln(k))^2 \cdot k^x - (\ln(k))^2 \cdot k^{-x}$

c) $f'(z) = \frac{2}{2z-1}$ $f''(z) = \frac{-4}{(2z-1)^2}$

d) $v'(t) = x \cdot (t+5)^{x-1}$ $v''(t) = x \cdot (x-1) \cdot (t+5)^{x-2}$

12. a) $f^{(n)}(x) = (\ln(2))^n \cdot 2^x$

b) $f^{(n)}(x) = (\ln(b))^n \cdot b^x$

c) $f^{(n)}(x) = k^n \cdot (\ln(2))^n \cdot 2^{kx} + n!$ (mit $n! = n \cdot (n-1) \cdot \ldots \cdot 2 \cdot 1$)

d) $f^{(n)}(x) = (-2)^n \cdot n!$

221

13. a) $f'(x) = \frac{e^{2x}}{\sqrt{e^{2x}-1}}$ $g'(x) = e^{\sqrt{3^x}} \cdot \frac{\ln(3)\cdot 3^x}{2\sqrt{3^x}}$ $h'(x) = \frac{-2\cdot e^{2x-1}}{(e^{2x-1}+4)^2}$

b) $f'(x) = w'(x)\cdot v'(w(x))\cdot u'(v(w(x)))$

222

14. a) $f'(x) = 1 - \frac{1}{2}e^{-\frac{1}{2}x}$

Notwendig für Tiefpunkt: $f'(x) = 0$, also $2 = e^{-\frac{1}{2}x}$; also: $x = -2\cdot\ln(2) \approx -1{,}386$

$f''(x) = \frac{1}{4}\cdot e^{-\frac{1}{2}x}$

$f''(-2\cdot\ln(2)) = \frac{1}{2} > 0$

$f(-2\cdot\ln(2)) = 2 - 2\cdot\ln(2)$

$T(-2\cdot\ln(2)\,|\,2 - 2\cdot\ln(2))$

bzw. näherungsweise $T(\approx -1{,}39\,|\,0{,}61)$

b) $\lim\limits_{x\to\infty}(f(x) - x) = \lim\limits_{x\to\infty}\left(e^{-\frac{1}{2}x}\right) = 0$

Der Graph von f nähert sich der Geraden mit der Gleichung $y = x$ an.

15. Es gilt $e^{\ln(x)} = x$.

Nun werden beide Seiten nach x abgeleitet. Bei der rechten Seite ist die Ableitung 1, bei der linken folgt mit Kettenregel $(\ln(x))'\cdot e^{\ln(x)} = (\ln(x))'\cdot x$.

Also: $(\ln(x))'\cdot x = 1$

$(\ln(x))' = \frac{1}{x}$

16. a) $f(x) = e^{x^2} + c$
b) $f(x) = e^{4x} + c$
c) $f(x) = \frac{1}{2}e^{2x} + c$
d) $f(x) = 2\cdot e^{x^2} + c$
e) $f(x) = e^{x^3} + c$
f) $f(x) = \frac{1}{48}\cdot(x^3 - 2)^{16}$
g) $f(x) = (x^2 - 3x)^{20}$
h) $f(x) = \sqrt{x^3 + 1} + c$
i) $f(x) = \ln(x^2 + 1) + c$

17. a) Aus Symmetriegründen genügt es, den Schnittpunkt S_1 im 1. Quadranten zu betrachten.

- Schnittpunkt von Kreis und Parabel im 1. Quadranten
  Kreis: $x^2 + y^2 = 1$ Parabel: $y = x^2$, also
  $y + y^2 = 1$ bzw. $y^2 + y - 1 = 0$ mit $0 < y < 1$
  $y = \frac{1}{2}(\sqrt{5} - 1) \approx 0{,}618$
  $x = \sqrt{\frac{1}{2}(\sqrt{5} - 1)} \approx 0{,}786$
  Schnittpunkt im 1. Quadranten: $S_1(\approx 0{,}786\,|\approx 0{,}618)$
- Tangente in S_1 an die Parabel
  $m_1 = f'(0{,}786) \approx 1{,}572$
  t_1: $y = 1{,}572x - 0{,}618$
  Schnittpunkt mit den Koordinatenachsen $P_1(0{,}393\,|\,0)$, $P_2(0\,|\,-0{,}618)$
- Tangente in S_1 an den oberen Halbkreis
  $g(x) = \sqrt{1 - x^2}$; $g'(x) = \frac{-x}{\sqrt{1 - x^2}}$
  $m_2 = g'(0{,}786) \approx -1{,}271$
  t_2: $y = -1{,}271x + 1{,}617$
  Schnittpunkt mit den Koordinatenachsen $P_3(1{,}272\,|\,0)$, $P_4(0\,|\,1{,}617)$

222

Entsprechend gilt im 2. Quadranten: $S_2(-0{,}786\,|\,0{,}618)$

Tangenten

- an die Parabel

  t_3: $y = -1{,}572 \cdot x - 0{,}618$

  Schnittpunkte mit den Koordinatenachsen

  $P_5(-0{,}393\,|\,0)$, $P_6 = P_2(0\,|-0{,}618)$

- an den Kreis

  t_4: $y = 1{,}271 \cdot x + 1{,}617$

  Schnittpunkte mit den Koordinatenachsen

  $P_7(-1{,}272\,|\,0)$, $P_8 = P_4(0\,|\,1{,}617)$

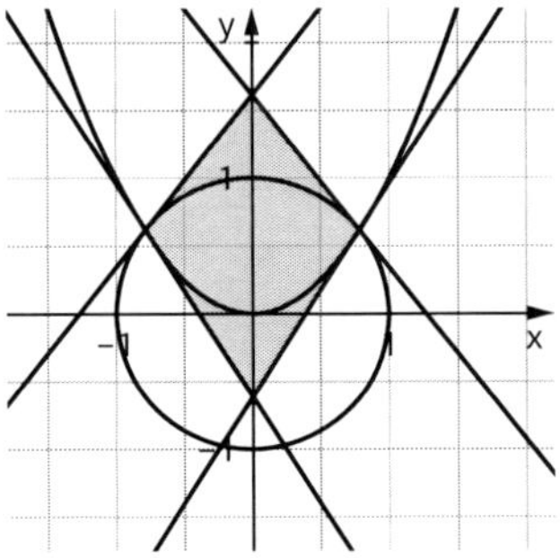

b) Das Viereck ist ein Drachenviereck.

Es besteht aus zwei gleichschenkligen Dreiecken mit der gemeinsamen Basis $\overline{S_1S_2}$.

$|S_1S_2| = 1{,}572$

Flächeninhalt des Dreiecks $S_2S_1P_4$ mit der Basis $a = 1{,}572$ und der Höhe

$h_1 = 1{,}617 - 1{,}618 = 0{,}999$

$A_1 = \frac{1}{2} \cdot a \cdot h_1 \approx 0{,}785$

Flächeninhalt des Dreiecks $S_2P_2S_1$ mit der Basis $a = 1{,}572$ und der Höhe

$h_2 = 0{,}618 - (-0{,}618) = 1{,}236$

$A_2 = \frac{1}{2} a \cdot h_2 \approx 0{,}971$

$A = A_1 + A_2 \approx 1{,}756$

18. $f'(x) = \frac{3x^2}{2\sqrt{x^3+5}}$

$f'(1) = \frac{\sqrt{6}}{4}$ $\qquad f'(-1) = \frac{3}{4}$ $\qquad f(1) = \sqrt{6}$ $\qquad f(-1) = 2$

Tangentengleichung an der Stelle $x = 1$: $\quad y_1 = \frac{\sqrt{6}}{4}x + \frac{3\sqrt{6}}{4}$

Tangentengleichung an der Stelle $x = -1$: $\quad y_2 = \frac{3}{4}x + \frac{11}{4}$

Gleichsetzen liefert:

$\frac{\sqrt{6}}{4}x + \frac{3\sqrt{6}}{4} = \frac{3}{4}x + \frac{11}{4} \Leftrightarrow x = \frac{-(2\cdot\sqrt{6}+15)}{3} \approx -6{,}63$ und damit $y = \frac{-\sqrt{6}}{2} - 1 \approx 2{,}22$.

Somit: $S\left(\frac{-(2\cdot\sqrt{6}+15)}{3} \,\middle|\, \frac{-\sqrt{6}}{2} - 1\right)$

19. $f'(x) = -\frac{5}{2} \cdot e^{-\frac{x}{12}}$; $m = f'(38) = -\frac{5}{2} \cdot e^{-\frac{19}{6}} \approx -0{,}105$

$f(38) = 30 \cdot e^{-\frac{19}{6}} \approx 1{,}26$

Gleichung der Tangente

$y = -\frac{5}{2} \cdot e^{-\frac{19}{6}} \cdot x + c$

$30 \cdot e^{-\frac{19}{6}} = -\frac{5}{2} \cdot e^{-\frac{19}{6}} \cdot 38 + c$, also

$c = 125 \cdot e^{-\frac{19}{6}} \approx 5{,}27$

In guter Näherung wird die Gleichung der Tangente beschrieben durch

$y = -0{,}105x + 5{,}27$.

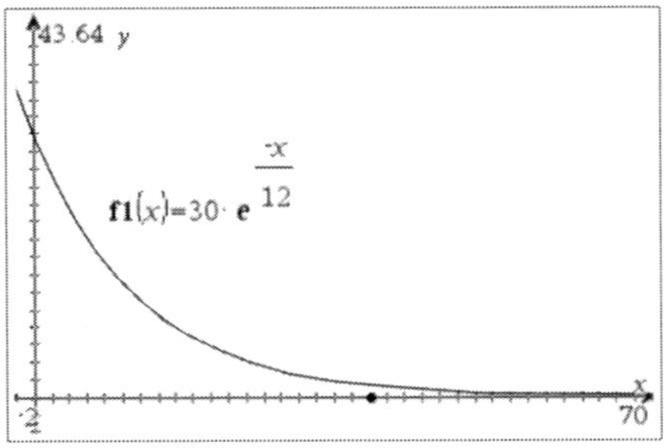

222

20. a) $\frac{1}{m}\,F(mx+n)$ ist der Term einer Stammfunktion zu $f(mx+n)$, denn:

$\left(\frac{1}{m}\,F(mx+n)\right)' = \frac{1}{m}\cdot F'(mx+n)\cdot m = F'(mx+n) = f(mx+n)$

b) (1) $\int\limits_{-0,5}^{1,5} (4x-1)^7\,dx = \left[\frac{1}{32}(4x-1)^8\right]_{-0,5}^{1,5} = 12\,002$

(2) $\int\limits_{-1}^{3} (x+4)^{-3}\,dx = \left[-\frac{1}{2(x+4)^2}\right]_{-1}^{3} = \frac{20}{441}$

(3) $\int\limits_{-3}^{-1} \sqrt{2-3x}\,dx = \left[-\frac{2}{9}\cdot(2-3x)^{\frac{3}{2}}\right]_{-3}^{-1} = \frac{22}{9}\sqrt{11} - \frac{10}{9}\sqrt{5} \approx 5{,}62$

21. $f_t'(x) = 2e^x\cdot(e^x - t)$; $f_t''(x) = 2e^x\cdot(2e^x - t)$

- Nullstellen
  $f_t(x) = 0$, also $x = \ln(t)$
- Extrempunkte
  f_t' hat $x = \ln(t)$ als einzige Lösung
  $f_t''(\ln(t)) = 2\cdot t^2 > 0$, also $T_t(\ln(t)\,|\,0)$
- Wendepunkte
  f_t'' hat $x = \ln\left(\frac{t}{2}\right)$ als einfache Nullstelle mit VZW, also $W_t\left(\ln\left(\frac{t}{2}\right)\,\middle|\,\frac{t^2}{4}\right)$
- Ortslinie der Tiefpunkte
  $y = 0$ (x-Achse)
- Ortslinie der Wendepunkte
  $x = \ln\left(\frac{t}{2}\right) \rightarrow t = 2e^x$
  $y = \frac{t^2}{4} = \frac{(2e^x)^2}{4} = e^{2x}$
  Alle Wendepunkte der Schar liegen auf dem Graphen der Funktion mit $y = e^{2x}$.
- 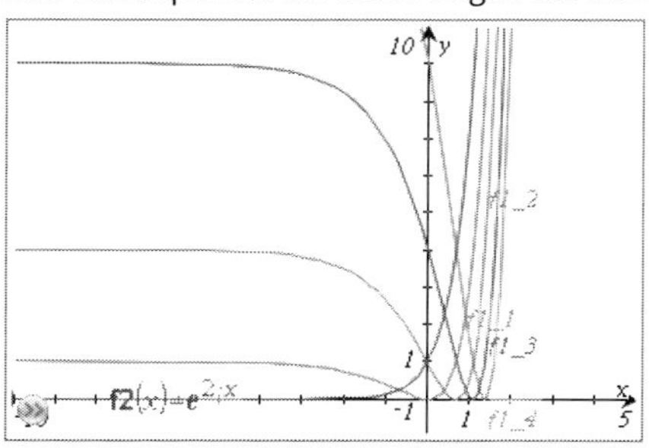

5.1.4 Wachstumsprozesse untersuchen

225

1. a) $800 \cdot e^{4k} = 3\,000\,000$

$k = \frac{\ln(3\,750)}{4} \approx 2{,}0574$

$N(t) = 800 \cdot e^{2{,}0574 \cdot t}$

b) (1) $1\,600 = 800 \cdot e^{2{,}0574 \cdot t}$

$e^{2{,}0574 \cdot t} = 2$

$2{,}0574 \cdot t = \ln(2)$

$t \approx 0{,}337\,\text{h} \approx 20{,}21\,\text{min} \approx 20\,\text{min}\;13\,\text{s}$

(2) $3\,200 = 800 \cdot e^{2{,}0574 \cdot t}$

$2{,}0574 \cdot t = \ln(4)$

$t \approx 0{,}674\,\text{h} \approx 40{,}42\,\text{min} \approx 40\,\text{min}\;25\,\text{s}$

(3) $6\,400 = 800 \cdot e^{2{,}0574 \cdot t}$

$t \approx 1{,}0107\,\text{h} \approx 60{,}64\,\text{min} \approx 60\,\text{min}\;38\,\text{s}$

Die Zeit für die Verdoppelung beträgt $t = \frac{\ln(2)}{2{,}0574} \approx 20\,\text{min}\;13\,\text{s}$;

oder allgemein bei e^{kt}: $\frac{\ln(2)}{k}$.

c) $e^{2{,}0574 \cdot \frac{\ln(2)}{2{,}0574}} = e^{\ln(2)} = 2$

226

2. a) $f(t) = 0{,}5 \cdot e^{\ln(0{,}917)t}$

b) $0{,}5 \cdot e^{\ln(0{,}917)t} = 0{,}32 \Rightarrow t = 5{,}15$

c) (1) $t \approx 8$ (2) $t \approx 16$

Es dauert ca. 8 Tage, bis sich der Bestand jeweils halbiert:

bei (1) von 0,5 mg auf 0,25 mg, bei (2) von 0,25 mg auf 0,125 mg.

d) $e^{-\ln(0{,}917) \cdot 8} \approx 0{,}5$

3. Es gilt: $k = \frac{f'(0)}{f(0)}$

mit $f(0) = 3\,500$ und $f'(0) = 200$, also $k = \frac{200}{3\,500} \approx 0{,}0571$

$f(t) = 3\,500 \cdot e^{0{,}0571 \cdot t}$

Gesucht ist t, sodass $f(t) = 50\,000$, also $t \approx 46{,}6$ (GTR).

Es dauert ca. 47 Tage bis der Bestand auf mehr als 50 000 Ratten angewachsen ist.

4. Bestimme den Faktor k:

$20\,000 \cdot e^{k \cdot 5} = 140\,000$

$e^{k \cdot 5} = 7$

$k = \frac{\ln(7)}{5} \approx 0{,}39$

Es ergibt sich folgende Gleichung für die Anzahl der Keime

$f(t) = 20000 \cdot e^{0{,}39t}$

$20000 \cdot e^{0{,}39t} = 1\,000\,000$

$\Rightarrow t \approx 10{,}03$

Es dauert etwa 10 Stunden, bis die Milch sauer ist.

226

5. Bestimmen von k:

$e^{k \cdot 30} = \frac{1}{2}$

$k = \frac{\ln\left(\frac{1}{2}\right)}{30} \approx -0{,}023$

Mit der Annahme, dass die Bodenbelastung proportional zum Cäsiumbestand ist, ergibt sich für die Strahlenbelastung folgender Term:

$f(t) = 55\,000\,000 \cdot e^{-0{,}023t}$

$55\,000\,000 \cdot e^{-0{,}023t} = 35\,000$

$t \approx 318{,}5$,

also ca. 319 Jahre.

6. **a)** Funktionsgleichung für die Lichtstärke in Abhängigkeit von der Wassertiefe:

$f(x) = 0{,}92^x$

$0{,}92^3 = 0{,}779$

In 3 m Wassertiefe hat das Licht noch 77,9 % seiner Lichtstärke.

b) $0{,}92^x = e^{\ln(0{,}92) \cdot x} = 0{,}5$

$x \approx 8{,}31$

In 8,31 m Tiefe beträgt die Lichtstärke noch die Hälfte der Lichtstärke an der Wasseroberfläche.

7. Die Aussage des Mädchens ist falsch, da kein proportionaler, sondern ein exponentieller Prozess vorliegt. Nach 16 Tagen ist noch ein Viertel des Materials vorhanden.

227

8. **a)** Bestimmung des Parameters k:

$e^{k \cdot 50} = \frac{1}{2}$

$k = \frac{\ln(0{,}5)}{50} \approx -0{,}014$

Funktionsgleichung für das Medikament:

$f(t) = a \cdot e^{-0{,}014t}$, a: Menge des Medikaments in mg

$f(30) = 5 \cdot e^{-0{,}42} = 3{,}285$

Beim OP-Beginn sind noch 3,285 mg vorhanden.

b) Nach einer Stunde sind noch 2,159 mg vorhanden, mit zusätzlicher Injektion 7,159 mg. Es ergibt sich die neue Funktionsgleichung

$f(t) = 7{,}159 \cdot e^{-0{,}014t}$

$7{,}159 \cdot e^{-0{,}014t} = 1$

$t \approx 140{,}6$

Der Patient wacht nach etwa 141 min auf.

9. $e^{k \cdot 5730} = 0{,}5$

$k = -0{,}000121$

Zerfallsprozess für ^{14}C: $f(t) = e^{-0{,}000121 \cdot t}$

$e^{-0{,}000121 \cdot t} = 0{,}53$

$t = 5248{,}31$

Ötzi war 1991 ca. 5 250 Jahre alt, er lebte also ca. 3260 v. Chr.

227 **10.** $20 \cdot 1{,}06^{191} = 1\,362\,860$

Die Forderung hat also eine gewisse Grundlage.

11. Es ist falsch, zugleich von exponentiellem Wachstum und einer fixen jährlichen Änderungsrate zu sprechen. Korrekt wäre z. B.: „Legt man exponentielles Wachstum zugrunde, ist damit zu rechnen, dass die Weltbevölkerung im nächsten Jahr um 80 Mio. zunimmt."

12. a) $f'(t) = a \cdot k \cdot e^{k \cdot t} = k \cdot (a\,e^{k \cdot t}) = k \cdot f(t)$

b) $f'(t) = 0{,}15 \cdot f(t)$

Lösung der Differenzialgleichung

$f(t) = a \cdot e^{0{,}15 \cdot t}$ mit $f(0) = 38$, also $a = 38$

$f(t) = 38 \cdot e^{0{,}15 \cdot t}$

5.2 Verknüpfungen von e-Funktionen und ganzrationalen Funktionen

5.2.1 Produktregel – Wachstumsvergleich von e-Funktionen und ganzrationalen Funktionen

228 **Einstiegsaufgabe ohne Lösung**

- Alle drei Funktionen haben $x = 0$ als einzige Nullstelle. Zur Unterscheidung benutzen wir die Vielfachheit der Nullstelle.
  Die Funktion f_2 hat an der Stelle $x = 0$ eine doppelte Nullstelle ohne Vorzeichenwechsel. Der Graph von f_2 hat an dieser Stelle einen Extrempunkt. Zur Funktion f_2 gehört deshalb der Graph (C).
  Die Funktion f_3 hat an der Stelle $x = 0$ eine dreifache Nullstelle mit Vorzeichenwechsel, ihr Graph berührt an dieser Stelle die x-Achse.
  Somit gehört der Graph (A) zu f_3 und der Graph (B) zu f_1.
  (Die Funktion f_1 hat an der Stelle $x = 0$ eine einfache Nullstelle mit Vorzeichenwechsel.)
- Die beiden Wertetabellen zeigen Funktionswerte der drei Funktionen für immer größer bzw. immer kleiner werdende x-Werte.

x	f1(x):= x*e^(-x)	f2(x):= x^2*e^(-x)	f3(x):= x^3*e^(-x)
1	0.36787944	0.36787944	0.36787944
2	0.27067057	0.54134113	1.0826823
3	0.14936121	0.44808362	1.3442508
4	0.07326256	0.29305022	1.1722009
5	0.03368973	0.16844867	0.84224337
10	0.000454	0.00453999	0.04539993

0.033689734995428

x	f1(x):= x*e^(-x)	f2(x):= x^2*e^(-x)	f3(x):= x^3*e^(-x)
20	0.00000004	0.00000082	0.00001649
50	9.6437492...	4.8218746...	2.4109373E...
100	3.720076E...	3.720076E-...	3.720076E-...
1000	5.0759589...	5.0759589...	5.0759589E...
10000	0.	0.	0.

9.6437492398195E-21

Für $x \to \infty$ erkennen wir:

Die Funktionswerte sind immer positiv, werden aber immer kleiner. Sie streben bei allen drei Funktionen gegen 0, wenn $x \to \infty$.

228

Betrachtet man die Faktoren x^n und e^{-x}, aus denen die Funktionsterme zusammengesetzt sind, so gilt für $x \to \infty$: $x^n \to \infty$ und $e^{-x} \to 0$

Offensichtlich überwiegt aber das Verhalten des Faktors e^{-x}.

Für $x \to -\infty$ erkennen wir:

- Bei f_1 und f_3 sind die Funktionswerte immer negativ, sie werden unbeschränkt kleiner.
- Bei f_2 sind die Funktionswerte immer positiv, sie werden unbeschränkt größer.

Betrachtet man die Faktoren x^n und e^{-x}, aus denen die Funktionsterme zusammengesetzt sind, so gilt für $x \to -\infty$:

$e^{-x} \to \infty$ und $x^n \to \begin{cases} \infty & \text{falls } n \text{ gerade} \\ -\infty & n \text{ ungerade} \end{cases}$

Wir vermuten also:

$x^n \cdot e^{-x} \to 0$ für $x \to \infty$

$x^n \cdot e^{-x} \to \begin{cases} \infty & \text{falls } n \text{ gerade} \\ -\infty & n \text{ ungerade} \end{cases}$, für $x \to -\infty$

- Am Graphen von f_1 erkennen wir, dass etwa an der Stelle $x = 1$ ein Hochpunkt liegt. Bildet man die Ableitung von f_1 so wie Leon, hätte aber die Gleichung $f'(x) = 0$ keine Lösung.
  $(-1) \cdot e^{-x}$ kann also nicht die Ableitung von f_1 sein.

230

1. **a)** $f'(x) = 5 \cdot e^{-x} + (5x - 2) \cdot (-1) \cdot e^{-x} = (5 - 5x + 2) \cdot e^{-x} = (7 - 5x) \cdot e^{-x}$

b) $f'(x) = 2x \cdot e^{2x+1} + (x^2 + 1) \cdot 2 \cdot e^{2x+1} = (2x + 2x^2 + 2) \cdot e^{2x+1} = (2x^2 + 2x + 2) \cdot e^{2x+1}$

c) $f'(x) = 20x \cdot e^{-0,2x} + 10x^2 \cdot (-0,2) \cdot e^{-0,2x} = (20x - 2x^2) \cdot e^{-0,2x} = 2x(10 - x) \cdot e^{0,2x}$

d) $f'(x) = 2x \cdot e^{2x} + x^2 \cdot 2 \cdot e^{2x} - 3 = (2x^2 + 2x)e^{2x} - 3$

e) $f'(x) = 2x \cdot (e^x + e^{-x}) + x^2 \cdot (e^x - e^{-x}) = 2x \cdot e^x + 2x \cdot e^{-x} + x^2 \cdot e^x - x^2 \cdot e^{-x}$
$= (x^2 + 2x)e^x + (2x - x^2) \cdot e^{-x}$

f) $f'(x) = 2 \cdot e^{1-x} + (2x + 1) \cdot (-1) \cdot e^{1-x} = (2 - 2x - 1) \cdot e^{1-x} = (1 - 2x) \cdot e^{1-x}$

2. **a)** mit Produktregel: $f(x) = (e^x)^2 = e^x \cdot e^x$
$f'(x) = e^x \cdot e^x + e^x \cdot e^x = 2 \cdot (e^x)^2 = 2 \cdot e^{2x}$
ohne Produktregel: $f'(x) = 2 \cdot e^{2x}$

b) mit Produktregel: $f'(x) = 0 \cdot e^x + 5 \cdot e^x = 5 \cdot e^x$
ohne Produktregel: $f'(x) = 5 \cdot e^x$

c) mit Produktregel: $f'(x) = 3 \cdot e^{3x} \cdot e^{5x} + e^{3x} \cdot 5 \cdot e^{5x} = (3 + 5) \cdot e^{3x} \cdot e^{5x} = 8 \cdot e^{3x+5x} = 8\,e^{8x}$
ohne Produktregel: $f(x) = e^{3x+5x} = e^{8x}$
$f'(x) = 8 \cdot e^{8x}$

d) mit Produktregel: $f(x) = (e^{2x} + 1) \cdot (e^{2x} + 1)$
$f'(x) = 2 \cdot e^{2x} \cdot (e^{2x} + 1) + (e^{2x} + 1) \cdot 2 \cdot e^{2x} = 4 \cdot e^{2x}(e^{2x} + 1)$
$= 4 \cdot e^{4x} + 4 \cdot e^{2x}$
ohne Produktregel: $f(x) = e^{4x} + 2\,e^{2x} + 1$
$f'(x) = 4 \cdot e^{4x} + 4 \cdot e^{2x}$

231

3. **a)** $f(x) = x^2 \cdot e^{-x} \to 0$ für $x \to \infty$

b) $f(x) = x^3 \cdot e^{-x} \to -\infty$ für $x \to -\infty$,
da $x^3 \to -\infty$ und $e^{-x} \to \infty$

c) $f(x) \to 0$ für $x \to \infty$, da das Verhalten von $e^{-0,5x}$ überwiegt.

231

d) Der Term $\frac{e^x - 1}{x}$ ist an der Stelle $x = 0$ nicht definiert.
Für $x < 0$ gilt $f(x) \to 1$.
Für $x > 0$ gilt $f(x) \to 1$.
Somit gilt $f(x) \to 1$ für $x \to 0$.

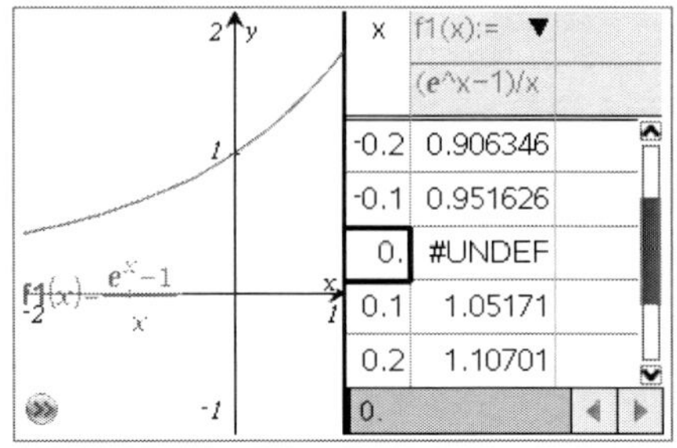

4. a) $f'(x) = 2 \cdot e^x + (2x - 3) \cdot e^x = (2x - 1) \cdot e^x$
$f''(x) = 2 \cdot e^x + (2x - 1) \cdot e^x = (2x + 1) \cdot e^x$
$f'''(x) = 2 \cdot e^x + (2x + 1) \cdot e^x = (2x + 3) \cdot e^x$

b) $f'(x) = 2x \cdot e^x + (x^2 + 1) \cdot e^x = (x^2 + 2x + 1) \cdot e^x$
$f''(x) = (2x + 2) \cdot e^x + (x^2 + 2x + 1) \cdot e^x = (x^2 + 4x + 3) \cdot e^x$
$f'''(x) = (2x + 4) \cdot e^x + (x^2 + 4x + 3) \cdot e^x = (x^2 + 6x + 7) \cdot e^x$

c) $f'(x) = 10x \cdot e^{-x} + (5x^2 + 1) \cdot (-1) \cdot e^{-x} = (-5x^2 + 10x - 1) \cdot e^{-x}$
$f''(x) = (-10x + 10) \cdot e^{-x} + (-5x^2 + 10x - 1) \cdot (-1) \cdot e^{-x}$
$= (-10x + 10 + 5x^2 - 10x + 1) \cdot e^{-x} = (5x^2 - 20x + 11) \cdot e^{-x}$
$f'''(x) = (10x - 20) \cdot e^{-x} + (5x^2 - 20x + 11) \cdot (-1) \cdot e^{-x}$
$= (10x - 20 - 5x^2 + 20x - 11) \cdot e^{-x} = (-5x^2 + 30x - 31) \cdot e^{-x}$

d) $f'(x) = 10x \cdot e^{-\frac{1}{4}x} + 5x^2 \cdot \left(-\frac{1}{4}\right) \cdot e^{-\frac{1}{4}x} = \left(10x - \frac{5}{4}x^2\right) \cdot e^{-\frac{1}{4}x}$
$f''(x) = \left(10 - \frac{5}{2}x\right) \cdot e^{-\frac{1}{4}x} + \left(10x - \frac{5}{4}x^2\right) \cdot \left(-\frac{1}{4}\right) \cdot e^{-\frac{1}{4}x} = \left(10 - \frac{5}{2}x - \frac{5}{2}x + \frac{5}{16}x^2\right) \cdot e^{-\frac{1}{4}x}$
$= \left(\frac{5}{16}x^2 - 5x + 10\right) \cdot e^{-\frac{1}{4}x}$
$f'''(x) = \left(\frac{5}{8}x - 5\right) \cdot e^{-\frac{1}{4}x} + \left(\frac{5}{16}x^2 - 5x + 10\right) \cdot \left(-\frac{1}{4}\right) \cdot e^{-\frac{1}{4}x} = \left(\frac{5}{8}x - 5 - \frac{5}{64}x^2 + \frac{5}{4}x - \frac{5}{2}\right) \cdot e^{\frac{1}{4}x}$
$= \left(-\frac{5}{64}x^2 + \frac{15}{8}x - \frac{15}{2}\right) \cdot e^{-\frac{1}{4}x}$

Klammert man vor jeder höheren Ableitung zuerst aus, muss man die Produktregel bei jeder Ableitung nur einmal anwenden.

5. a) $f'(x) = (x - 4) \cdot e^x$; $f''(x) = (x - 3) \cdot e^x$
Vermutung: $f'''(x) = (x - 2) \cdot e^x$; $f^{(4)}(x) = (x - 1) \cdot e^x$
Stammfunktion: $F(x) = (x - 6) \cdot e^x$
Wegen $F'(x) = f(x)$, $F''(x) = f'(x)$, usw. kann die Ableitungsreihe zur Bestimmung der Stammfunktion in die entgegengesetzte Richtung fortgesetzt werden.

b) $f'(x) = (x + 2) \cdot e^x$; $f''(x) = (x + 3) \cdot e^x$
Vermutung: $f'''(x) = (x + 4) \cdot e^x$; $f^{(4)}(x) = (x + 5) \cdot e^x$
Stammfunktion: $F(x) = x \cdot e^x$

c) $f'(x) = (-x - 2) \cdot e^{-x}$; $f''(x) = (x + 1) \cdot e^{-x}$
Vermutung: $f'''(x) = -x \cdot e^{-x}$; $f^{(4)}(x) = (x - 1) \cdot e^{-x}$
Stammfunktion: $F(x) = (-x - 4) \cdot e^{-x}$

231

6. a) Der 2. Summand in der Ableitung ist falsch.
Richtig muss es heißen: $f'(x) = e^{2x} + x \cdot 2 \cdot e^{2x}$

b) Die Ableitung ist richtig.

c) Der 1. Summand in der Ableitung ist falsch.
Richtig muss es heißen: $f'(x) = 0 \cdot e^{2x+1} + 4 \cdot e^{2x+1} \cdot 2 = 8 \cdot e^{2x+1}$

7. a) Für $x \to \infty$: $f(x) \to \infty$
Für $x \to -\infty$: $f(x) \to 0$
$f'(x) = (x^2 + 2x - 8) \cdot e^x$;
$f''(x) = (x^2 + 4x - 6) \cdot e^x$
$f'(x) = 0$ hat die Lösungen
$x_1 = -4$; $x_2 = 2$.
$f''(-4) = -6 \cdot e^{-4} < 0$; $f(-4) = 8 \cdot e^{-4} \approx 0{,}15$
Hochpunkt $H(-4 \mid 8 \cdot e^{-4})$
$f''(2) = 6 \cdot e^2 > 0$; $f(2) = -4 \cdot e^2 \approx -29{,}6$
also Tiefpunkt $T(2 \mid 4e^2)$

b)

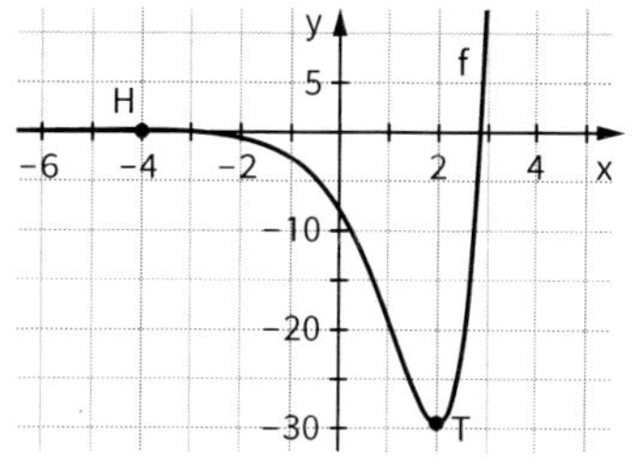

8. a) Nullstelle $x = 0$
Für $x \to \infty$; $f(x) \to 0$
Für $x \to -\infty$; $f(x) \to -\infty$ $(f(x) < 0$ für $x < 0)$

b) $f'(x) = (4 - 2x) \cdot e^{-0{,}5x}$; $f''(x) = (x - 4) \cdot e^{-0{,}5x}$
Nullstelle von f'': $x = 4$ mit VZW
$f(4) = 16 \cdot e^{-2} \approx 2{,}2$
Wendepunkt $W(4 \mid 16 \cdot e^{-2})$

c) Steigung der Wendetangente: $m = f'(4) = -4 \cdot e^{-2}$
Gleichung: $y = -4 \cdot e^{-2} \cdot x + c$
W liegt auf der Tangente, also
$16 \cdot e^{-2} = -16 \cdot e^{-2} + c$, also $c = 32 \cdot e^{-2}$
w: $y = -4 \cdot e^{-2} \cdot x + 32 \cdot e^{-2}$

9. a) $F'(x) = (-4x - 8) \cdot e^{-\frac{1}{2}x} + (-2x^2 - 8x - 16) \cdot \left(-\frac{1}{2}\right) \cdot e^{-\frac{1}{2}x}$
$= (-4x - 8 + x^2 + 4x + 8) \cdot e^{-\frac{1}{2}x} = x^2 \cdot e^{-\frac{1}{2}x} = f(x)$
D. h. F ist eine Stammfunktion zu f.

b) $A = \int_0^2 f(x)\,dx = [F(x)]_0^2 = -40 \cdot e^{-1} - (-16) = 16 - \frac{40}{e} \approx 1{,}28$

10. Für die Funktion f gilt:
Nullstelle $x = 3$; Schnittpunkt mit der y-Achse $M(0 \mid -3)$. Der zweite Graph gehört zur Funktion f.
Der Graph von f hat an der Stelle $x \approx 1$ einen Tiefpunkt, d. h. der Graph von f′ hat an dieser Stelle eine Nullstelle mit einem VZW von Minus nach Plus. Somit gehört der 3. Graph zu f′.
Der 1. Graph gehört zu F, da dieser Graph bei $x = 3$ einen Tiefpunkt hat und f bei $x = 3$ eine Nullstelle mit VZW von – nach +.

232

11. a) Nullstelle von f: $x = -1$, also $N(-1\,|\,0)$

$f'(x) = -x \cdot e^{1-x}$; $f''(x) = (x-1) \cdot e^{1-x}$

Nullstelle von f″: $x = 1$ mit VZW

$f(1) = 2$, also Wendepunkt $W(1\,|\,2)$

b) Steigung der Wendetangente: $m = f'(1) = -1$

Gleichung der Tangente: $y = -x + c$

W liegt auf der Tangente, also $2 = -1 + c$, somit $c = 3$

Wendetangente: $y = -x + 3$

Schnittpunkt der Wendetangente mit der x-Achse $S(3\,|\,0)$

Länge der Dreiecksseiten:

$|NS| = 4$

$|NW| = \sqrt{(1-(-1))^2 + (2-0)^2} = \sqrt{8}$

$|SW| = \sqrt{(3-1)^2 + (0-2)^2} = \sqrt{8}$

Die Seiten $\overline{NW}$ und $\overline{SW}$ sind gleich lang, somit ist das Dreieck NSW gleichschenklig.

12. a) Beide Funktionen haben $x = 0$ als einzige Nullstelle. $x = 0$ ist eine einfache Nullstelle der Funktion f, aber eine doppelte Nullstelle der Funktion g. Somit gehört Graph (1) zu g und Graph (2) zu f.

b)
- Hochpunkt des Graphen von g

  $g'(x) = (10x^2 + 20x) \cdot e^x$; $g''(x) = (10x^2 + 40x + 20) \cdot e^x$

  $g'(x) = 0$ hat die Lösungen $x_1 = -2$; $x_2 = 0$

  $g''(-2) = -20 \cdot e^{-2} < 0$; $g(-2) = 40 \cdot e^{-2} \approx 5{,}4$

  Hochpunkt $H(-2\,|\,40 \cdot e^{-2})$
- Wendepunkt des Graphen von f

  $f'(x) = (-20x - 20) \cdot e^x$; $f''(x) = (-20x - 40) \cdot e^x$

  $f''(x) = 0$ hat die Lösung $x = -2$ (Nullstelle von f″ mit VZW)

  $f(-2) = 40 \cdot e^{-2}$, also $W(-2\,|\,40 \cdot e^{-2})$

  Der Hochpunkt des Graphen von g und der Wendepunkt des Graphen von f fallen zusammen.

13. Alle vier Funktionen haben $x = 1$ als einzige Nullstellen. Bei der Funktion f ist $x = 1$ eine doppelte Nullstelle ohne VZW, während bei den drei anderen Funktionen $x = 1$ eine einfache Nullstelle mit VZW ist.

Deshalb kommt nur der Graph (D) als Graph der Funktion f infrage.

Für die drei restlichen Funktionen betrachten wir das Verhalten für $x \to \infty$ bzw. $x \to -\infty$.

Für $x \to \infty$: $g(x) \to \infty$, $h(x) \to -\infty$, $i(x) \to 0$

Für $x \to -\infty$: $g(x) \to 0$, $h(x) \to 0$, $i(x) \to -\infty$

Damit ergibt sich folgende Zuordnung

Funktion	f	g	h	i
Graph	D	C	A	B

232 **14.** Es gilt: $F'(x) = f(x)$ und $F''(x) = f'(x)$

- Die Nullstellen von f mit VZW sind Extremstellen von F.
  Der Graph von F hat an der Stelle $x = -1$ einen Hochpunkt, da f dort eine Nullstelle mit einem VZW von + nach – hat.
  Der Graph von F hat an der Stelle $x = 2$ einen Tiefpunkt, da f dort eine Nullstelle mit einem VZW von – nach + hat.
- Die Extremstellen von f sind die Wendestellen von F.
  Der Graph von F besitzt Wendepunkte an den Stellen $x = 0$ und $x = 5$.
- Über die Nullstellen von F kann man keine Aussage machen, da man aus der Kenntnis des Graphen von $F' = f$ nur Aussagen über die Steigungen von F, nicht aber über die Funktionswerte von F machen kann.

5.2.2 Modellieren mit zusammengesetzten Funktionen

233 **Einstiegsaufgabe ohne Lösung**

- Das Fieber steigt in den ersten fünf Stunden stark an bis zu einem Höchstwert von etwa 40 °C. Danach nehmen die Temperaturen allmählich ab, bis am Ende des ersten Tages ca. 37 °C erreicht werden. Der stärkste Temperaturrückgang ist etwa nach 10 Stunden.

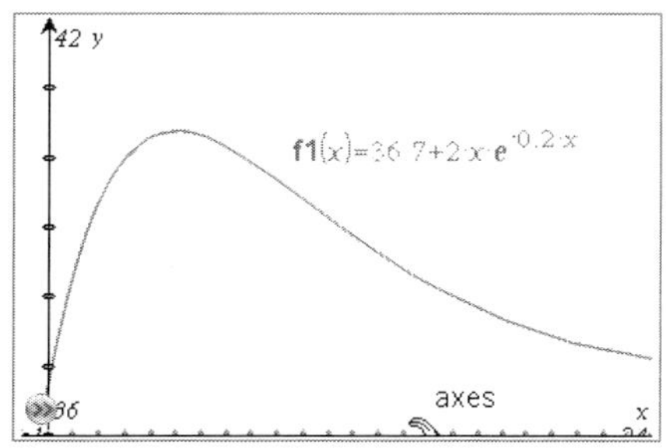

- Dem Graphen können wir den Hochpunkt H(5 | 40,4) entnehmen.
  Nach 5 Stunden ist die Temperatur mit ca. 40,4 °C am höchsten.

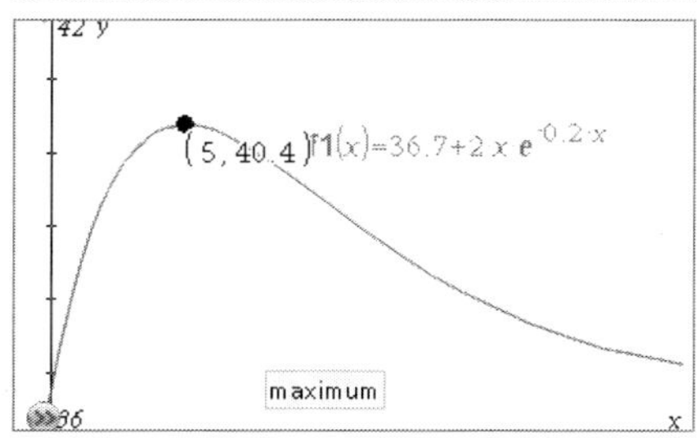

- Dem Graphen von f′ entnehmen wir einen Tiefpunkt an der Stelle $x = 10$.
  Der Temperaturrückgang ist am stärksten nach 10 Stunden.

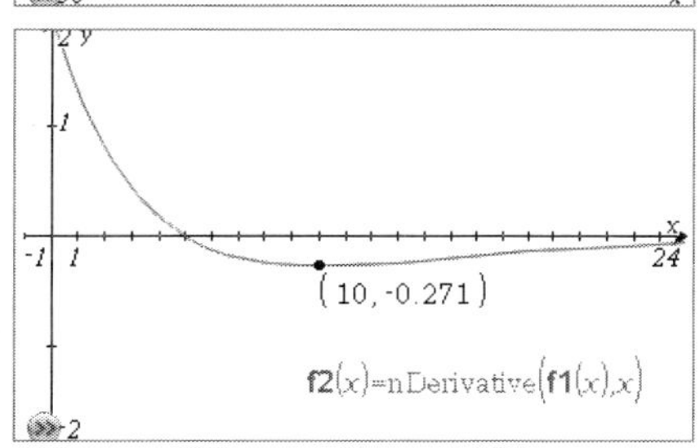

233

Wir bestimmen die Schnittpunkte des Graphen mit der Geraden mit der Gleichung $y = 38$.
Benötigt wird nur der Schnittpunkt nach dem Hochpunkt des Graphen.
Wir erhalten $x \approx 16{,}02$.
Nach etwa 16 Stunden sinkt das Fieber erstmals nach dem Höchststand unter 38 °C.

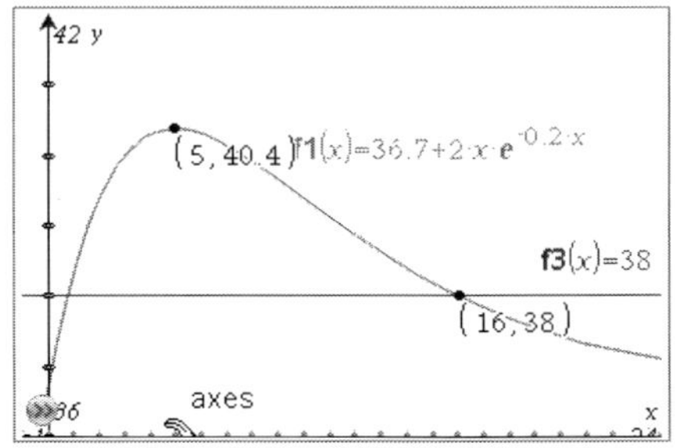

- $t \to \infty$: $f(t) \to 36{,}7$
  Die Körpertemperatur beträgt 36,7 °C.

236

1. a) Die Konzentration steigt in den ersten vier Stunden stark an, nach etwa 4 Stunden ist die höchste Konzentration erreicht. Danach nimmt die Konzentration ständig ab.
Am Graph lesen wir den Hochpunkt $H(4\,|\,4{,}41)$ ab.
Nach 4 Stunden wird mit $4{,}41\,\frac{\text{mg}}{\text{l}}$ die höchste Konzentration erreicht.

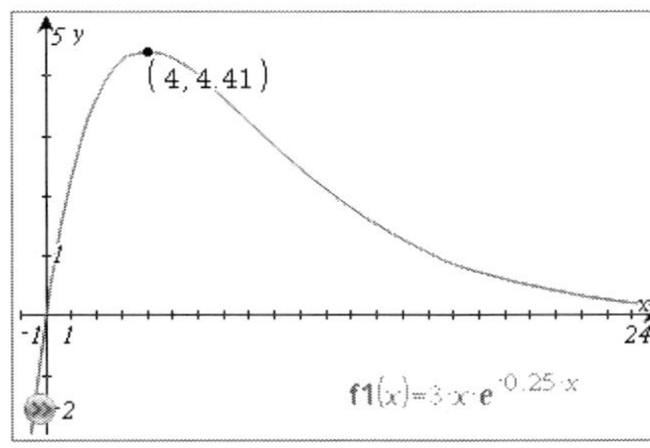

b) Wir bestimmen die Schnittstellen der Funktionsgraphen mit der Geraden mit der Gleichung $y = 2$.
$x_1 \approx 0{,}8$; $x_2 \approx 11{,}3$
Die Wirkungsdauer beträgt ca. 10,5 h.

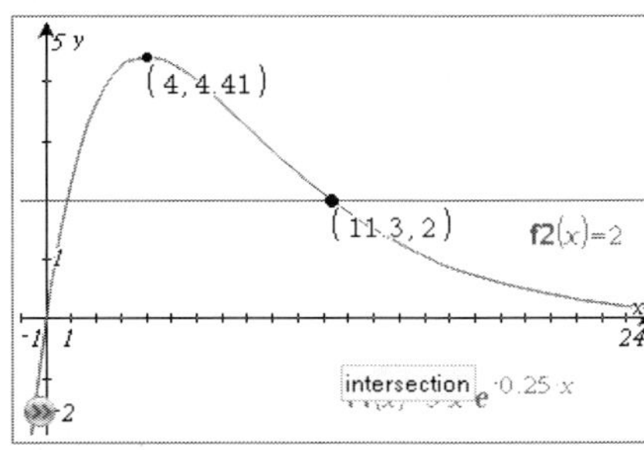

Die Gleichung $f(t) = 2$ kann auch mit dem nSolve-Befehl gelöst werden.

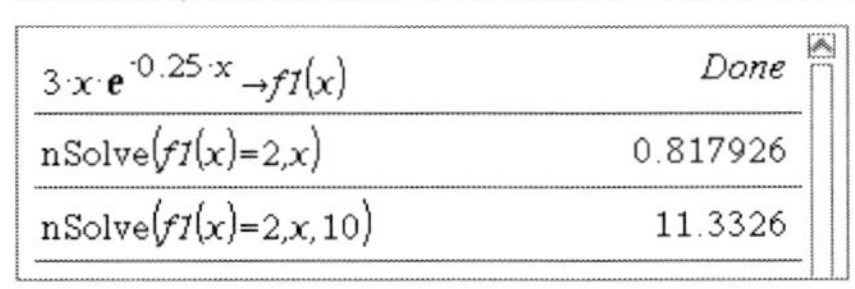

$3 \cdot x \cdot e^{-0.25 \cdot x} \to f1(x)$	Done
nSolve(f1(x)=2,x)	0.817926
nSolve(f1(x)=2,x,10)	11.3326

c) Wir bestimmen den Wendepunkt des Graphen.

- mithilfe des GTR
  Die Extremstelle von f′ liegt bei $x \approx 8{,}0$.

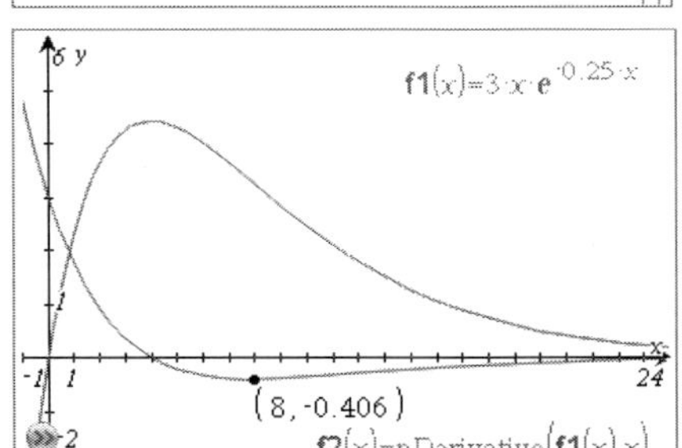

236

- rechnerisch
  $f''(t) = \left(\frac{3}{16}t - \frac{3}{2}\right) \cdot e^{-0{,}25t}$
  Nullstelle von f'': $t = 8$ mit VZW
  Die Konzentration nimmt zum Zeitpunkt $t = 8$ am stärksten ab.
- $W\left(8 \middle| \frac{24}{e^2}\right)$
  Gleichung der Tangente im Punkt W.
  Steigung $m = f'(8) = -\frac{3}{e^2}$
  Gleichung: $y = -\frac{3}{e^2} \cdot x + c$
  W liegt auf der Tangente, also $\frac{24}{e^2} = -\frac{3}{e^2} \cdot 8 + c$, also $c = \frac{48}{e^2}$
  Tangente: $y = -\frac{3}{e^2} \cdot x + \frac{48}{e^2}$
- Schnittpunkt der Tangente mit der x-Achse
  $-\frac{3}{e^2}x + \frac{48}{e^2} = 0$, also $x = 16$
  Der Wirkstoff ist nach diesem Modell nach 16 h vollständig abgebaut.

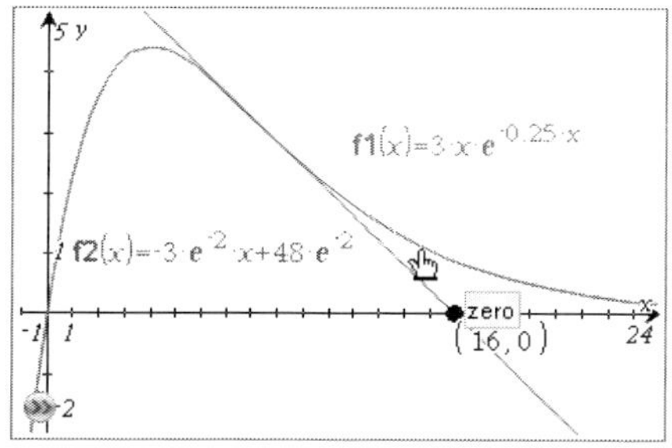

237

2. a) Nach ca. 2 bis 3 Tagen steigt die Anzahl der Erkrankten am stärksten an. Die höchste Erkrankungsrate ist nach ca. 8 Tagen erreicht.
Danach ist die Erkrankungsrate rückläufig, am stärksten nimmt sie nach ca. 14 Tagen ab.

- Höchststand der Erkrankungsrate
  Am Graphen lesen wir ein Maximum bei $t = 8$ ab. Nach 8 Tagen erkranken die meisten Personen
- Für $x > 8$ ist f streng monoton fallend, da
  $f'(t) = \frac{-125t \cdot (t-8)}{2} \cdot e^{-0{,}25t} < 0$
  für alle $t > 8$.
  (Denn es gilt: $t - 8 > 0$ für $t > 8$)
  D. h., für $t > 8$ ist die Erkrankungsrate rückläufig.

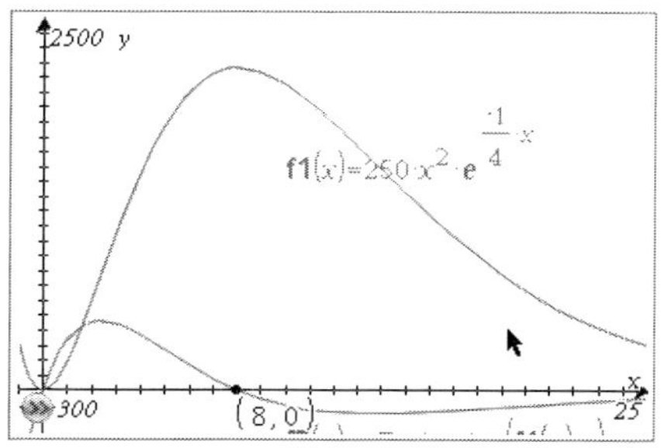

237

- Am Graphen von f′ erkennen wir 2 Extremstellen. Das Minimum liegt bei $t \approx 13{,}7$.
  Zum Zeitpunkt $t \approx 13{,}7$ nimmt die Erkrankungsrate am stärksten ab.

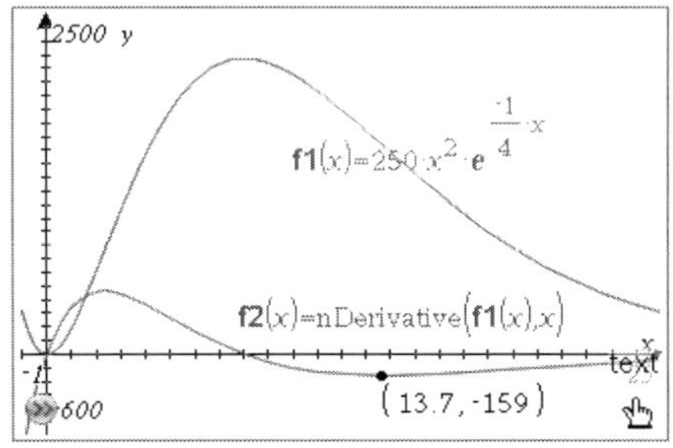

b) Anzahl der Erkrankten nach 14 Tagen:

$$N = \int_0^{14} f(t)\,dt \approx 21\,733$$

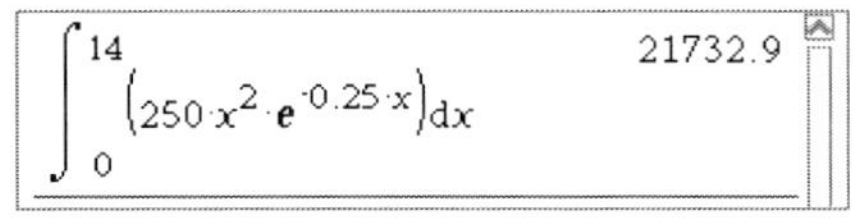

In den ersten 14 Tagen sind ca. 21 733 Personen neu erkrankt.

- $F(t) = -1\,000 \cdot (t^2 + 8t + 32) \cdot e^{-\frac{1}{4}t}$

  $F'(t) = -1\,000 \cdot \left((2t+8) \cdot e^{-\frac{1}{4}t} + (t^2 + 8t + 32) \cdot \left(-\frac{1}{4}\right) \cdot e^{-\frac{1}{4}t}\right)$

  $= -1\,000 \cdot e^{-\frac{1}{4}t} \cdot \left(2t + 8 - \frac{1}{4}t^2 - 2t - 8\right)$

  $= -1\,000 \cdot e^{-\frac{1}{4}t} \cdot \left(-\frac{1}{4}t^2\right) = 250\,t^2 \cdot e^{-\frac{1}{4}t} = f(t)$

- Maximale Anzahl an Erkrankten

  Wir betrachten $\int_0^u f(t)\,dt = F(u) - F(0)$ für $u \to \infty$

  Es gilt: $F(u) \to 0$ für $u \to \infty$.

  Zudem gilt: $F(0) = -32\,000$

  Also gilt: $\int_0^u f(t)\,dt = 0 - (-32\,000) = 32\,000$ für $u \to \infty$

  Nach diesem Modell liegt die Gesamtzahl der Erkrankten bei 32 000 und damit unter 35 000.

3. a) Die dem Wasser zugewandte ist die Seite des Deichs für $4 \le x \le 15$.
Diese Seite des Deichs ist im unteren Bereich des Deichs deutlich flacher, sodass das auflaufende Wasser nicht so stark gegen die Deichwand prallt und weniger Schäden verursacht.

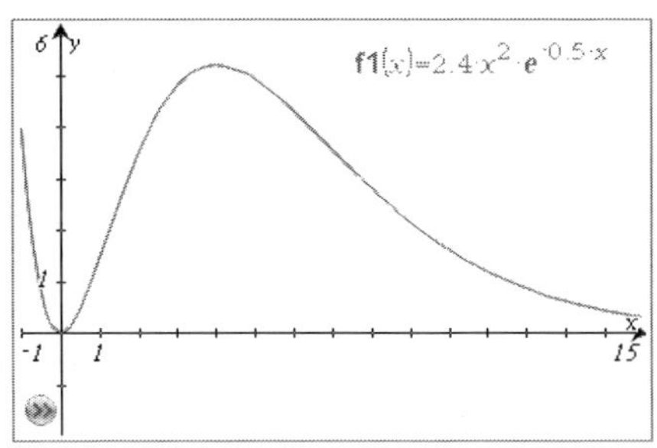

237

b) Der Hochpunkt des Graphen hat die Koordinaten $H(4 \mid \approx 5{,}2)$.

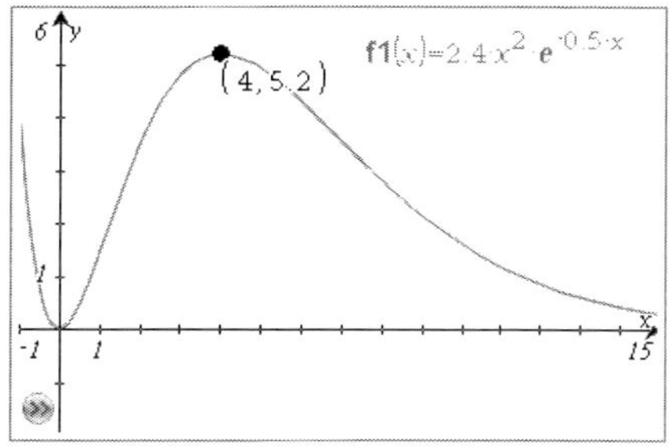

c) Das maximale Gefälle der Böschung liegt im Wendepunkt des Graphen für $4 \le x \le 15$.
Dem Graphen von f′ entnehmen wir einen Tiefpunkt an der Stelle $x \approx 6{,}8$.
Die Steigung an dieser Stelle beträgt ca. $-0{,}76$.
Aus $\tan(\alpha) \approx -0{,}76$ erhält man $\alpha \approx -37{,}2°$.
Das maximale Gefälle auf der Wasserseite ist mit 37,2° kleiner als 45°.

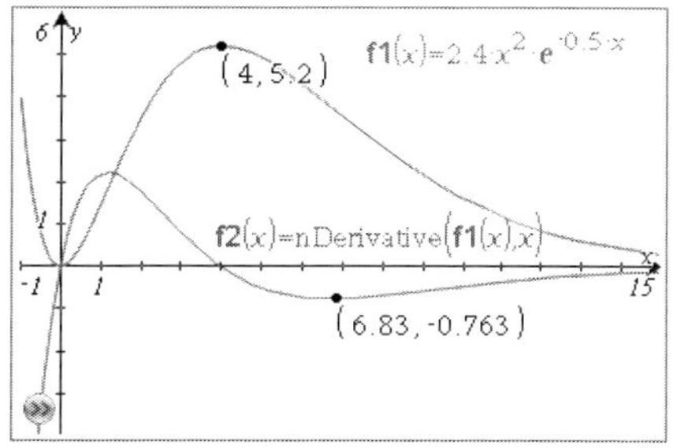

d) Wir bestimmen die Schnittstellen des Graphen mit der Geraden $y = 4{,}5$.
$x_1 \approx 2{,}7$; $x_2 \approx 5{,}7$
Der Radweg wird ca. 3 m breit.

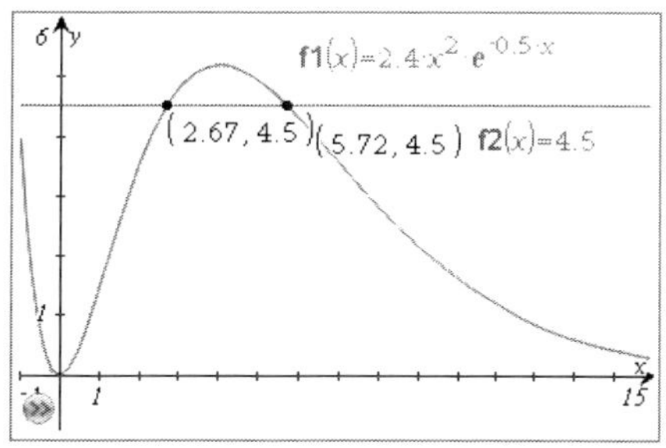

e) Querschnittsfläche der abzutragenden Erde

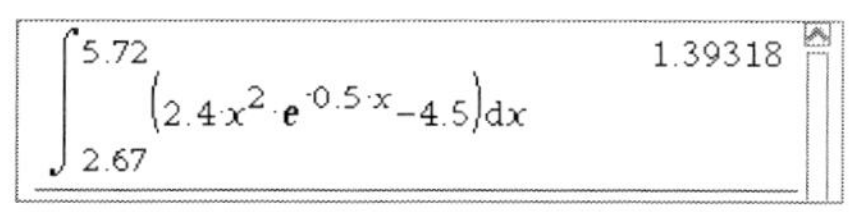

$$A = \int_{2,7}^{5,7} \left(f(x) - 4{,}5\right) dx \approx 1{,}39$$

$V = A \cdot 1\,000 \approx 1\,390$

Es müssten ca. 1 390 m³ Erde abgetragen werden.

4. a) Der Graph von f hat einen Hochpunkt $H(\approx 105 \mid \approx 43)$.
Nach diesem Modell würde die größte CO_2-Emission etwa im Jahr 2055 stattfinden.
Die maximale Emission pro Jahr würde dann ca. 43 Millionen Tonnen betragen.

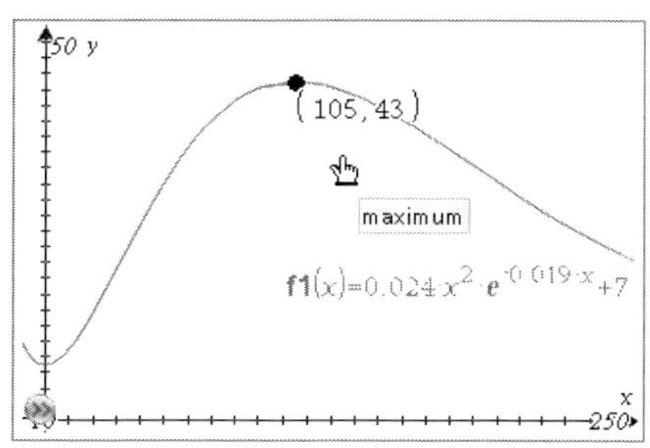

237 Schnitt des Graphen mit der Geraden $y = 21{,}5$:
Wir bestimmen die Schnittstelle nach dem Hochpunkt: $x \approx 240$
Erst ab dem Jahr 2190 würde sich der jährliche Ausstoß auf weniger als die Hälfte des maximalen Ausstoß verringern.

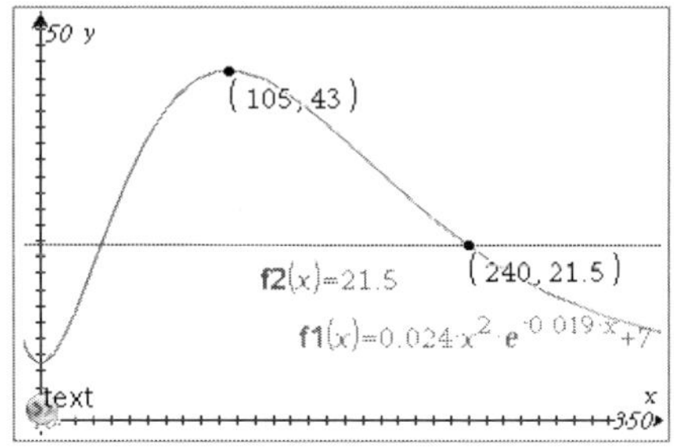

b) Gesamtausstoß der Jahre 2000 bis 2020

$$\int_{50}^{70} f(t)\,dt \approx 689{,}4$$

In den Jahren 2000 bis 2020 würden ca. 689 Milliarden Tonnen CO_2 ausgestoßen.

c) $g'(t) = a \cdot \left(2t - \frac{t^2}{45}\right) \cdot e^{-\frac{t}{45}}$

(1) $g'(90) = 0$, d. h. waagerechte Tangente an den Graphen von f an der Stelle $t = 0$

(2) $g(90) = 8\,100 \cdot a \cdot e^{-2} + 7 = 31$

$a = \frac{24 \cdot e^2}{8\,100} \approx 0{,}022$

Also: $g(t) = 0{,}022 \cdot t^2 \cdot e^{-\frac{1}{45}t} + 7$

d) Ausstoß in den Jahren 2020 bis 2050

Szenario A: $\int_{70}^{100} f(t)\,dt \approx 1\,235$ Szenario B: $\int_{70}^{100} g(t)\,dt \approx 924$

Es könnten in den Jahren 2020 bis 2050 ca. 311 Milliarden Tonnen CO_2 vermieden werden.

238 **5. a)** Wir legen ein Koordinatensystem fest, z. B. die x-Achse liegt im Querschnitt auf der Straße, die y-Achse geht durch den Tiefpunkt des Kabels.

(1) Beschreibung durch eine zur y-Achse symmetrische Parabel mit $f(x) = a\,x^2 + b$
Bedingungen: (A) $f(0) = 20$, also $b = 20$
(B) $f(640) = 152$, also $a = \frac{33}{102\,400} \approx 0{,}000322$; $f(x) = 0{,}000322\,x^2 + 20$

(2) Beschreibung durch eine Kettenlinie
$g(x) = a \cdot (e^{bx} + e^{-bx})$
Bedingungen:
(A) $g(0) = 20$, also $a = 10$
(B) $g(640) = 152$, also $10 \cdot (e^{640b} + e^{-640b}) = 152$
Die Näherungslösung dieser Gleichung mithilfe eines GTR ergibt $b \approx 0{,}004245$
Ergebnis:
$g(x) = 10 \cdot (e^{0{,}004245x} + e^{-0{,}004245x})$

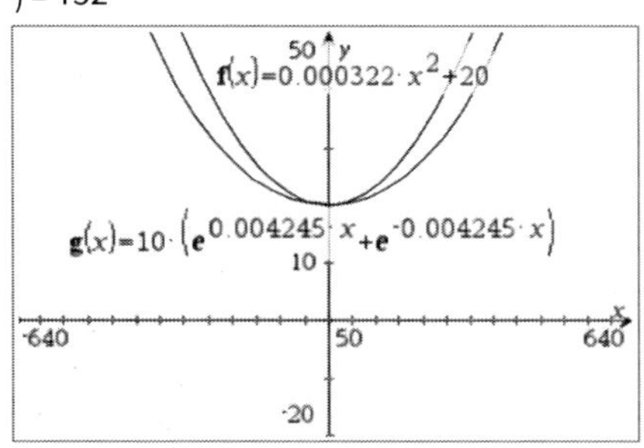

238

- Unterschied zwischen den beiden Kurven. Aus Symmetriegründen können wir uns auf die Differenz im 1. Quadranten beschränken.
  Es gilt: $d(x) = f(x) - g(x),\ 0 \le x \le 640$
  Am Graphen der Funktion d lesen wir ein Maximum an der Stelle $x \approx 465$ ab.
  An der Stelle $x \approx 465$ ist die Differenz am größten, sie beträgt an dieser Stelle ca. 16,2 Meter.

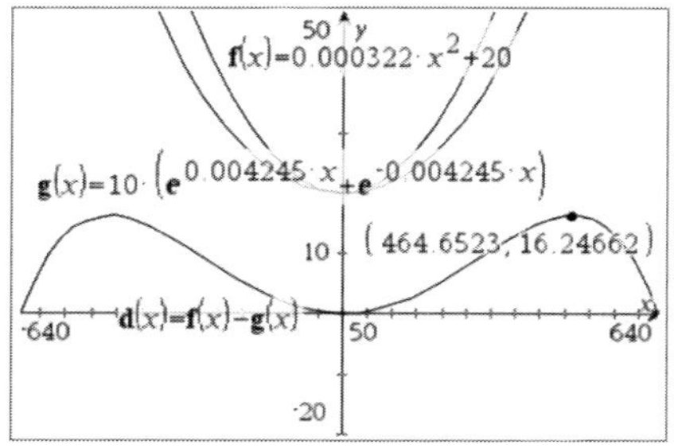

b) Wir betrachten wieder den 1. Quadranten:
$d'(x) = f'(x) - g'(x),\ 0 \le x \le 640$
Am Graphen der Ableitungsfunktion d' lesen wir die Nullstelle $x \approx 465$ ab.
Die Parabel steigt somit im Bereich $[-465; 465]$ schneller als die Kettenlinie.
Steigung an der Pfeilerspitze
$f'(640) \approx 0,41;\ g'(640) \approx 0,64$

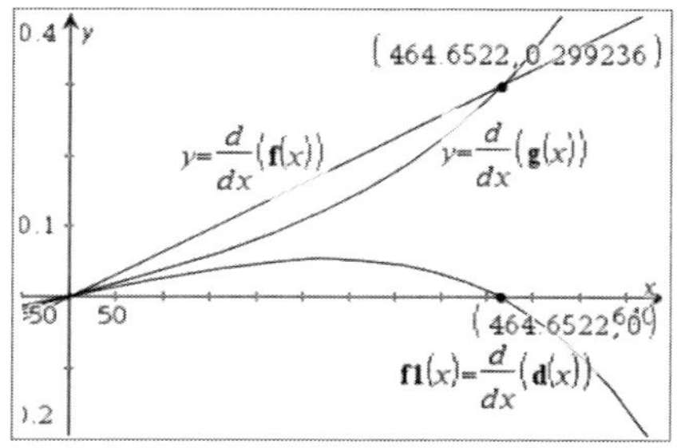

6. a) Die Anzahl der pro Minute ankommenden Besucher nimmt in den ersten 30 min ständig zu.
Nach einer halben Stunde ist ein Höchststand mit etwa 6 Besuchern pro Minute erreicht. Danach nimmt die Anzahl ständig ab. Kurz vor Beginn der Vorführung kommt noch ca. ein Besucher pro Minute.

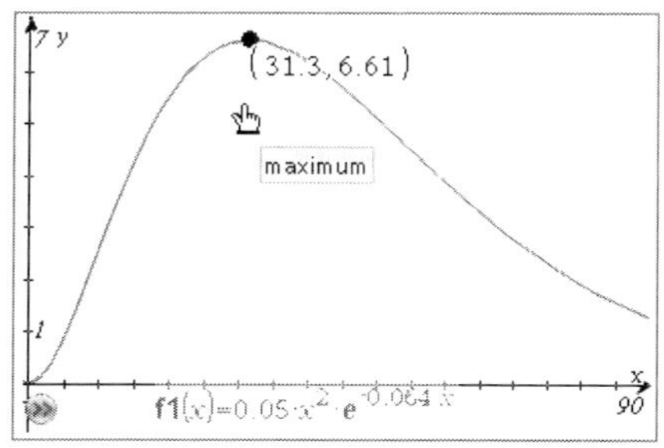

b)
- Am Graphen lesen wir den Hochpunkt $H(31,25 \mid \approx 6,6)$ ab.
  31 min nach Öffnung der Kassen, also um 20:01 Uhr, kommen die meisten Besucher pro Minute an.
  Es sind ca. 7 Personen pro Minute.
- Wir lesen die Schnittstelle $x \approx 67,8$ ab. Ab 20:18 Uhr kommen weniger als 3 Personen pro Minute an der Kasse an.

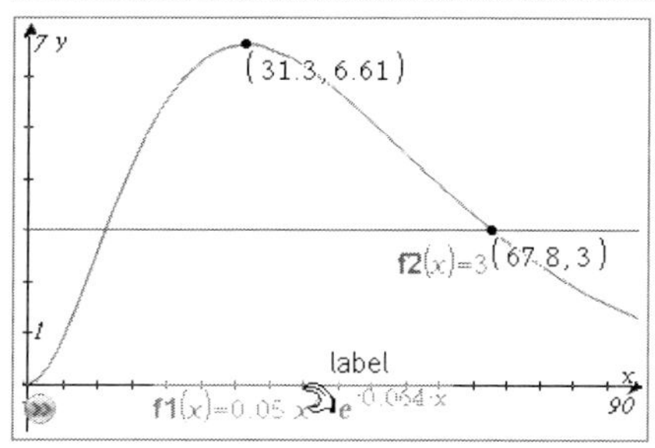

c) $G(x) = -0,78125 \cdot (x^2 + 31,25\,x + 488,28125) \cdot e^{-0,064x}$
$G'(x) = -0,78125 \cdot [(2x + 31,25) \cdot e^{-0,064x} + (x^2 + 31,25\,x + 488,28125)\, e^{-0,064x} \cdot (-0,0064)]$
$= -0,78125 \cdot e^{-0,064x} \cdot [2x + 31,25 - 0,064\,x^2 - 2x - 31,25]$
$= -0,78125 \cdot e^{-0,064x} \cdot (-0,064\,x^2) = 0,05\,x^2 \cdot e^{-0,064x} = f(x)$
D. h. die Funktion G ist eine Stammfunktion zu f.

238 ■ Gesamtzahl der angekommenen Personen zum Zeitpunkt t.

$$H(t) = \int_0^t f(x)\,dx = G(t) - G(0) \approx 381{,}5 - 0{,}78125\,(t^2 + 31{,}25\,t + 488{,}28125) \cdot e^{-0{,}064t}$$

Um 21 Uhr, also 90 Minuten nach Kassenöffnung sind $H(90) \approx 353$ Personen an den Kassen angekommen.

d) Zwischen 19:30 Uhr und 19:50 Uhr sind ca. $H(20) \approx 53$ Personen an den Kassen angekommen. Jemand, der um 19:50 Uhr an die Kasse kommt, muss also zwischen 5 und 6 Minuten warten.

7. a) Am Graphen lesen wir den Hochpunkt $H(\approx 9{,}8 \mid \approx 5\,600)$ ab.
Nach ca. 9,8 Tagen ist die Zuflussrate mit ca. $5\,600\,\frac{m^3}{Tag}$ am größten.

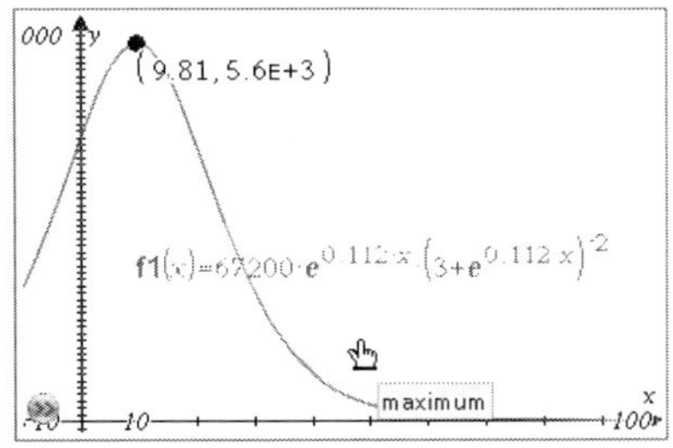

b) $\int_0^{100} w(t)\,dt \approx 149\,992$

Nach 100 Tagen sind ca. $149\,992\,m^3$ im Staubecken. Der Plan ist also realistisch.

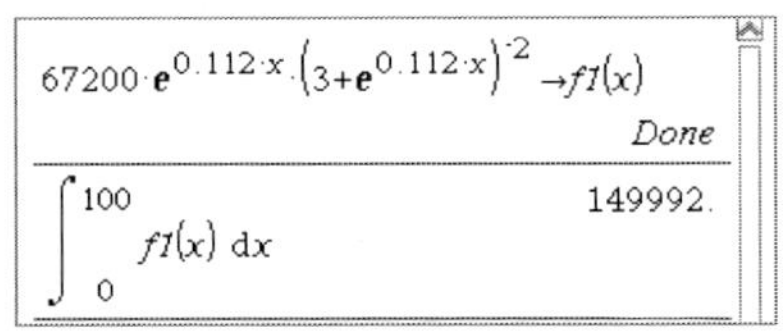

c) $\int_0^{u} (w(t)\,dt = 75\,000$

Näherungsweise Lösung mit einem GTR ergibt $u \approx 14{,}37$.

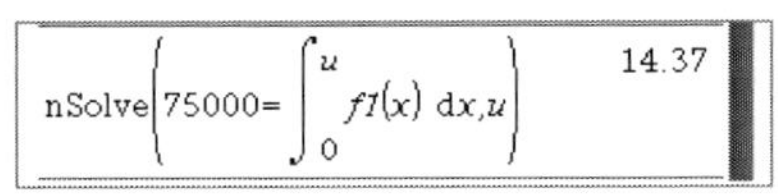

Die verbleibenden $75\,000\,m^3$ werden mit einer konstanten Zuflussrate von $1\,250\,m^3$ pro Tag gefüllt.

$$\frac{75\,000\,m^3}{1\,250\,\frac{m^3}{Tag}} = 60\,\text{Tage}$$

Der gesamte Füllvorgang dauert nun 74,37 Tage.

5.2.3 Aspekte von Funktionsuntersuchungen mit e-Funktionen

239 **Einstiegsaufgabe ohne Lösung**

- Verlauf und Eigenschaften von f:
  - Keine Symmetrie erkennbar
  - Nullstelle $N(0 \mid 0)$
  - Extrempunkte:
    $f'(x) = \left(3 - \frac{3}{2}x\right) \cdot e^{-\frac{1}{2}x}$; $f''(x) = \left(\frac{3}{4}x - 3\right) \cdot e^{-\frac{1}{2}x}$
    Nullstelle von f': $x = 2$
    $f''(2) = -\frac{3}{2e} < 0$, also Hochpunkt $H\left(2 \mid \frac{6}{e}\right)$

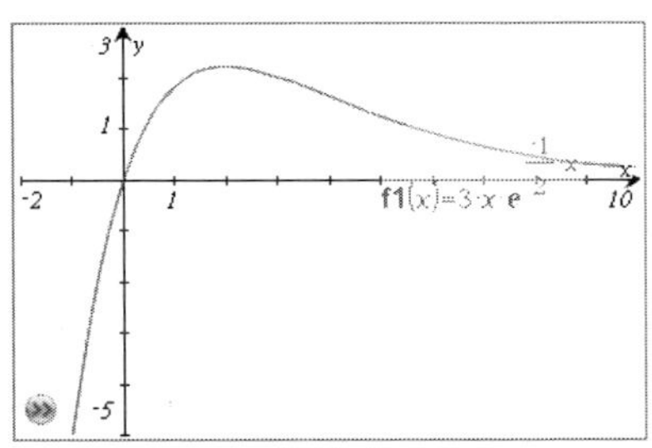

239

- Wendepunkt:
  Nullstelle von f'': $x = 4$ Nullstelle mit VZW
  Wendepunkt $W\left(4\,\middle|\,\frac{2}{e^2}\right)$
- Die maximale Konzentration ist nach 2 Stunden erreicht. Sie beträgt $\frac{6}{e} \approx 2{,}21$ mg pro Liter Blut. Der Abbau ist am stärksten nach 4 Stunden.
- Wir bestimmen die Schnittstellen der Graphen mit der Geraden $y = 0{,}75$.
  $x_1 \approx 0{,}29$; $x_2 \approx 6{,}52$
  Die Wirkungsdauer beträgt ca. 6,23 Stunden, also ca. 6 Stunden 14 Minuten.

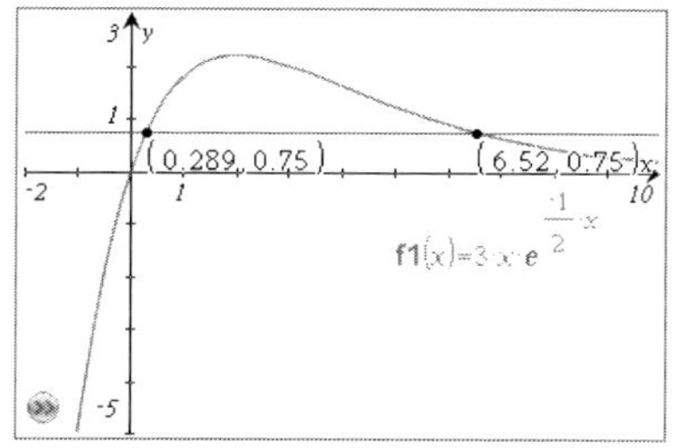

242

1.
- Schnittpunkt des Graphen mit der y-Achse: $f(0) = 2$, also $M(0|2)$
- $f'(x) = \frac{1}{2} \cdot e^{\frac{1}{2}x}$
  Steigung der Tangente $m_1 = f'(0) = \frac{1}{2}$, also $y = \frac{1}{2}x + c$
  M liegt auf der Tangente, also $2 = \frac{1}{2} \cdot 0 + c$, $c = 2$
  Tangentengleichung: $y = \frac{1}{2}x + 2$
  Steigung der Normalen: $m_2 = -\frac{1}{m_1} = -2$, also $y = -2x + c$, $c = 2$
  Normalengleichung: $y = -2x + 2$
- Schnittpunkt der Tangente mit der x-Achse
  $\frac{1}{2}x + 2 = 0$, also $x_1 = -4$; $S_1(-4|0)$
- Schnittpunkt der Normalen mit der x-Achse
  $-2x + 2 = 0$; also $x = 1$; $S_2(1|0)$
- Flächeninhalt des Dreiecks S_1S_2M
  Wir zerlegen das Dreieck in die beiden Teildreiecke S_1OM und OS_2M.
  $A_{S_1OM} = \frac{1}{2} \cdot 4 \cdot 2 = 4$ und $A_{OS_2M} = \frac{1}{2} \cdot 1 \cdot 2 = 1$
  $A_{S_1S_2M} = 5$

2. a)
- Nullstellen von f:
  $f(x) = 0$, also $x = -1$
- Verhalten für $x \to \infty$ und $x \to -\infty$:
  $x \to \infty$: $f(x) \to 0$
  $x \to -\infty$: $f(x) \to -\infty$
  y-Achsenabschnitt: $f(0) = 5$; $A(0|5)$

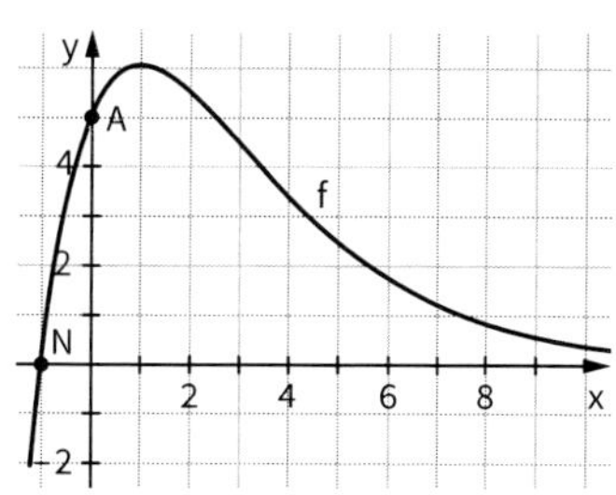

b)
- Wendepunkt des Graphen: $f'(x) = \left(\frac{5}{2} - \frac{5}{2}x\right) \cdot e^{-\frac{x}{2}}$; $f''(x) = \left(\frac{5}{4}x - \frac{15}{4}\right) \cdot e^{-\frac{x}{2}}$
  Nullstelle von f'': $x = 3$ einfache Nullstelle mit VZW
  $f(3) = 20 \cdot e^{-\frac{3}{2}}$, also $W\left(3\,\middle|\,20 \cdot e^{-\frac{3}{2}}\right)$
- Steigung der Wendetangente: $m = f'(3) = -5 \cdot e^{-\frac{3}{2}}$

242

- Wendetangente:

  $y = -5e^{-\frac{3}{2}} \cdot x + c$

  W liegt auf der Tangente, also $20 \cdot e^{-\frac{3}{2}} = -5 \cdot e^{-\frac{3}{2}} \cdot 3 + c$ somit $c = 35 \cdot e^{-\frac{3}{2}}$

  Gleichung der Wendetangente: $y = -5 \cdot e^{-\frac{3}{2}} \cdot x + 35 \cdot e^{-\frac{3}{2}}$

c) $F(x) = -10 \cdot (x+3) \cdot e^{-\frac{x}{2}}$

$F'(x) = -10\left(1 \cdot e^{-\frac{x}{2}} + (x+3) \cdot e^{-\frac{x}{2}} - \left(-\frac{1}{2}\right)\right) = -10 \cdot e^{-\frac{x}{2}} \cdot \left(1 - \frac{1}{2}x - \frac{3}{2}\right)$

$= -10 \cdot e^{-\frac{x}{2}} \cdot \left(-\frac{1}{2}x - \frac{1}{2}\right) = 5 \cdot (x+1) \cdot e^{-\frac{x}{2}} = f(x)$

d) $A = \int_{-1}^{0} f(x)\,dx = F(0) - F(-1) = -30 - \left(-20 \cdot \sqrt{e}\right) \approx 2{,}97$

3. a)
- Schnittpunkt mit der y-Achse: $f(0) = 0$, also $M(0|0)$
- Schnittpunkte mit der x-Achse (Nullstellen): $e^{2x} - 6e^x + 5 = 0$

  Substitution $e^x = u$

  $u^2 - 6u + 5 = 0$, also $u_1 = 1$; $u_2 = 5$

  Rücksubstitution: $e^x = 1$, also $x_1 = 0$

  $e^x = 5$, also $x_2 = \ln(5) \approx 1{,}60949$

  $N_1(0|0) = M$, $N_2(\ln(5)|0)$
- Extrempunkte: $f'(x) = 2e^{2x} - 6e^x$;

  $f''(x) = 4e^{2x} - 6e^x$

  Nullstellen von f': $2 \cdot e^x(e^x - 3) = 0$; $e^x \neq 0$

  $x_3 = \ln(3) \approx 1{,}09861$

  $f''(\ln(3)) = 18 > 0$, also $T(\ln(3)|-4)$
- Verhalten für $x \to \infty$ und $x \to -\infty$:

  $x \to \infty$: $f(x) \to \infty$

  $x \to -\infty$: $f(x) \to 5$

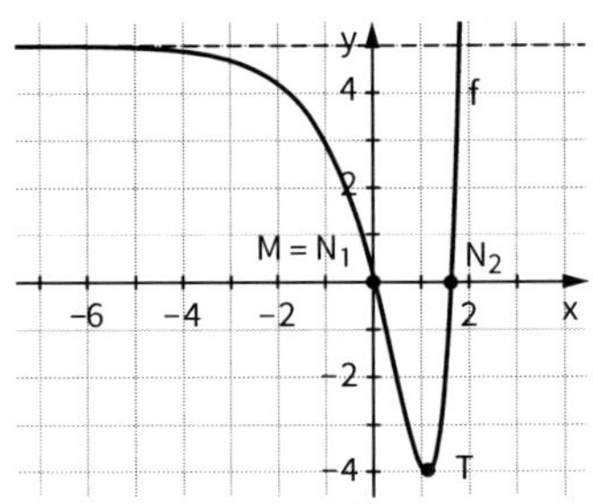

b) $A = -\int_{0}^{\ln(3)} f(x)\,dx = -\left[\frac{1}{2}e^{2x} - 6e^x + 5x\right]_0^{\ln(3)} = -\left(\frac{1}{2}e^{2\ln(3)} - 6e^{\ln(3)} + 5\ln(3) - \left(\frac{1}{2} - 6\right)\right)$

$= -\left(5 \cdot \ln(3) - \frac{27}{2} - \left(-\frac{11}{2}\right)\right) = -(5\ln(3) - 8) = 8 - 5\ln(3) \approx 2{,}5$

4. a) Schnitt der Graphen von f und g

$f(x) = g(x)$, also $(x-1) \cdot e^{x+1} = e^{x+1}$

$(x-1) \cdot e^{x+1} - e^{x+1} = 0$

$(x-2)e^{x+1} = 0$

$x = 2$

$f(2) = e^3 \approx 20{,}1$, also $S(2|e^3)$

b) Die Parallele zur y-Achse hat die Gleichung

$x = u \quad (u < 2)$

Länge der ausgeschnittenen Strecke:

$d(u) = g(u) - f(u) = (2-u) \cdot e^{u+1}$

$d'(u) = (1-u) \cdot e^{u+1}$; $d''(u) = -u \cdot e^{u+1}$

Nullstelle von d': $u = 1$

$d''(1) = -e^2 < 0$

Die Strecke hat die maximale Länge für $u = 1$.

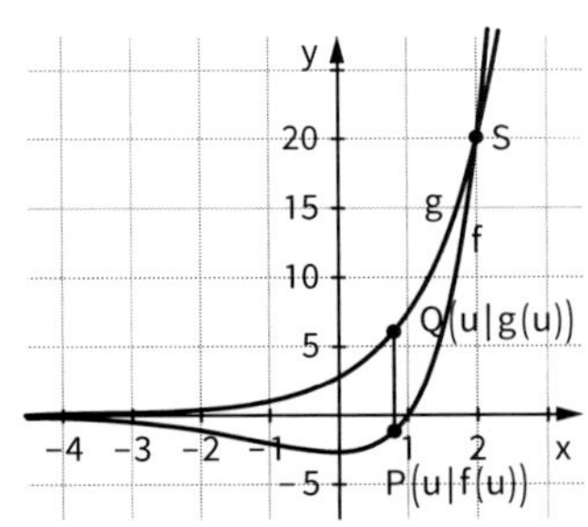

242

5. a) ▪ Verhalten für $x \to \infty$ und $x \to -\infty$

Für $x \to \infty$ gilt: $f(x) \to 0$

Für $x \to -\infty$ gilt: $f(x) \to -\infty$

▪ Hochpunkt des Graphen

$f'(x) = 10 \cdot (1 - x) \cdot e^{-x}$; $f''(x) = 10 \cdot (x - 2) \cdot e^{-x}$

Nullstelle von f': $x = 1$

$f''(1) = -10 \cdot e^{-1} < 0$, also Hochpunkt

$H\left(1 \middle| \frac{10}{e} \approx 3{,}7\right)$

Der Graph hat nur einen einzigen Extrempunkt, nämlich den Hochpunkt $H(1 \mid \approx 3{,}7)$.

Aufgrund des Globalverhaltens liegt damit der Graph unterhalb der Geraden $y = 4$.

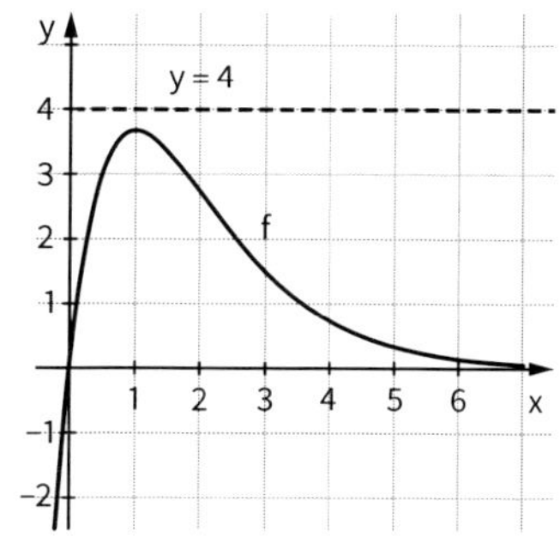

b) ▪ Wendepunkt:

Nullstelle von f'': $x = 2$ einfache Nullstelle mit VZW

$f(2) = \frac{20}{e^2}$, also Wendepunkt $W\left(2 \middle| \frac{20}{e^2}\right)$

▪ Steigung der Wendetangente:

$m = f'(2) = -\frac{10}{e^2}$

▪ Wendetangente: $y = -\frac{10}{e^2} \cdot x + c$

W liegt auf der Tangente: $\frac{20}{e^2} = -\frac{10}{e^2} \cdot 2 + c$, also

$c = \frac{40}{e^2}$

Gleichung der Wendetangente: $y = -\frac{10}{e^2} \cdot x + \frac{40}{e^2}$

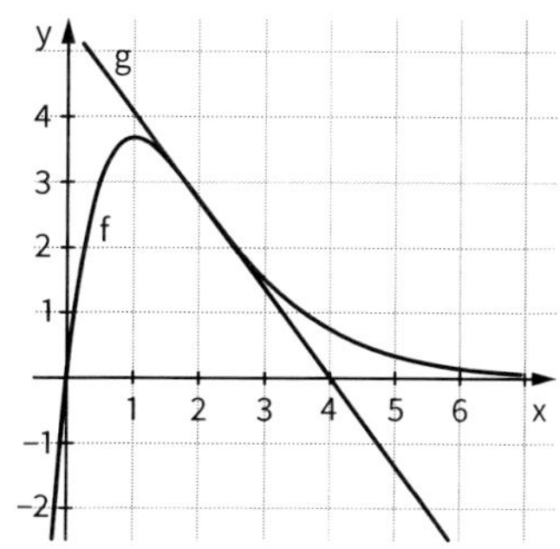

▪ Schnittpunkte der Tangente mit den Koordinatenachsen: $M\left(0 \middle| \frac{40}{e^2}\right)$; $N(4 \mid 0)$

$A = \frac{1}{2} \cdot 4 \cdot \frac{40}{e^2} = \frac{80}{e^2} \approx 10{,}8$

6. a) $f'(x) = 1 - e^{1-x}$; $f''(x) = e^{1-x}$

Nullstelle von f': $x = 1$

$f''(1) = 1 > 0$; $f(1) = 2$

Der Graph von f hat einen Extrempunkt, nämlich den Tiefpunkt $T(1 \mid 2)$.

Die Gleichung $f''(x) = e^{1-x} = 0$ hat keine Lösung, somit hat der Graph keinen Wendepunkt.

b) $f(x) - x = e^{1-x} > 0$ für alle $x \in \mathbb{R}$.

Der Graph läuft somit immer oberhalb der 1. Winkelhalbierenden.

Für $x \to \infty$ gilt: $f(x) - x = e^{1-x} \to 0$

D. h. der Graph von f nähert sich immer mehr der 1. Winkelhalbierenden an.

242

c) $A(u)=\int_0^u (f(x)-x)\,dx=\int_0^u e^{1-x}\,dx=[-e^{1-x}]_0^u=e-e^{1-u}$

Für $u \to \infty$ gilt: $e^{1-u} \to 0$, also $A(u) \to e$

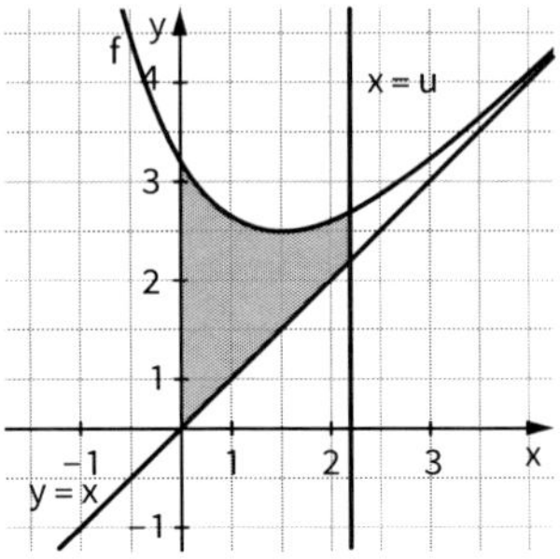

243

7. a) ▪ Schnittpunkt mit der y-Achse: $f(0)=-0{,}0065+1{,}3=1{,}2935$, also $M(0\,|\,1{,}2935)$

Nullstelle: $f(x)=0$

Bestimmung der Nullstelle von f mithilfe des GTR:

$N(\approx 17{,}66\,|\,0)$

(Hinweis: Der GTR gibt rechts statt $y=0$ an: $y=\ 5{,}820766\cdot 10^{-11}$)

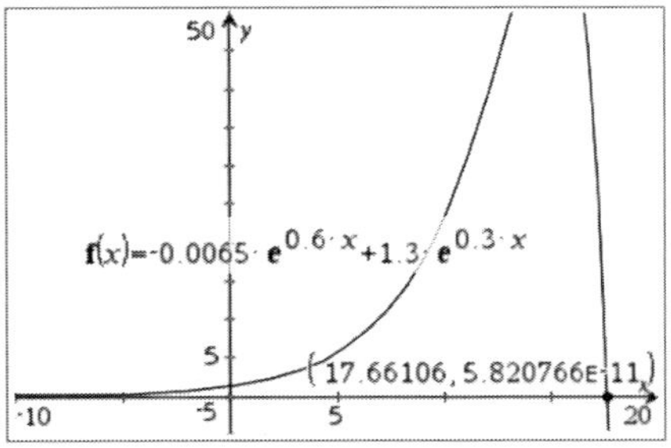

(Für die exakte Berechnung muss man Substitution anwenden: $e^{0,6x}=(e^{0,3x})^2$

$0{,}0065\,e^{0,6x}+1{,}3\,e^{0,3\cdot x}=0$

$0{,}0065\,(e^{0,3\cdot x})^2+1{,}3\,e^{0,3\cdot x}=0 \quad |:(-0{,}0065)$

$(e^{0,3\cdot x})^2-200\,e^{0,3\cdot x}=0$

$e^{0,3x}\cdot(e^{0,3\cdot x}-200)=0$

$e^{0,3x}=200$

$x=\frac{\ln(200)}{0{,}3}\approx 17{,}66)$

▪ Extrempunkte: $f'(x)=0$

Bestimmung der Nullstelle von f' mithilfe des GTR

$f'(x)=-0{,}0039\cdot e^{0,6x}+0{,}39\cdot e^{0,3x}=0$

$x\approx 15{,}35$

$f''(x)=-0{,}00234\cdot e^{0,6x}+0{,}117\cdot e^{0,3x}$

$f''(15{,}35)\approx -11{,}7<0$, also Hochpunkt bei 15,35

$f(15{,}35)\approx 65{,}0$, also Hochpunkt $H(\approx 15{,}35\,|\approx 65)$

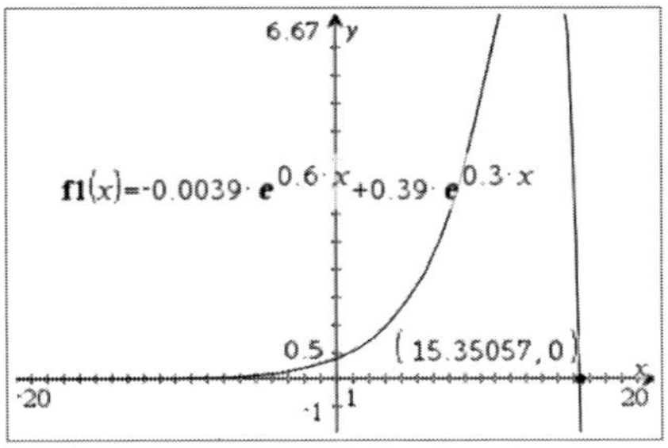

243 (Exakte Berechnung der Nullstelle von f': Wiederum mithilfe der Substitution $e^{0,6x} = (e^{0,3x})^2$:

$$-0{,}0039 \cdot e^{0,6x} + 0{,}39\, e^{0,3x} = 0 \quad | \cdot \frac{1000}{39}$$
$$-e^{0,6x} + 100\, e^{0,3x} = 0$$
$$-(e^{0,3x})^2 + 100\, e^{0,3x} = 0$$
$$-e^{0,3x} \cdot (e^{0,3x} - 100) = 0$$
$$x = \frac{\ln(100)}{0{,}3} \approx 15{,}35)$$

- Wendepunkt: $f''(x) = 0$
  Bestimmung der Nullstelle von f'' mithilfe des GTR:
  $x \approx 13{,}04$ einfache Nullstelle von f'' mit VZW, also Wendepunkt bei 13,04.
  $f(13{,}04) \approx 48{,}75$, also Wendepunkt $W(\approx 13{,}04 \mid 48{,}75)$

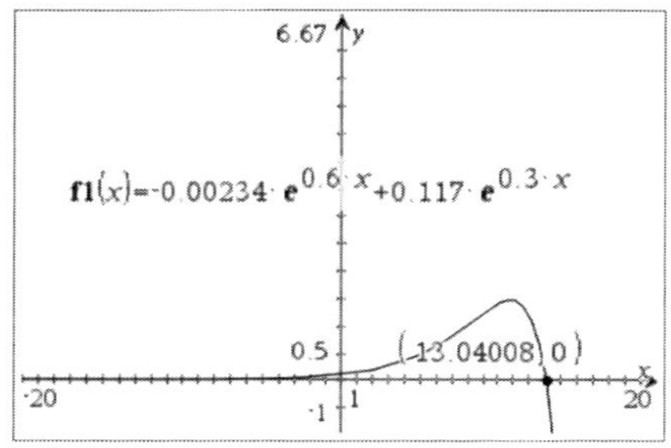

(Exakte Berechnung der Nullstelle von f'': wiederum mithilfe der Substitution $e^{0,6x} = (e^{0,3x})^2$:

$$-0{,}00234 \cdot e^{0,6x} + 0{,}117 \cdot e^{0,3x} = 0 \quad | \cdot \frac{100\,000}{117}$$
$$-2\, e^{0,6x} + 100 \cdot e^{0,3x} = 0$$
$$-e^{0,3x} \cdot (2\, e^{0,3x} - 100) = 0$$
$$x = \frac{\ln(50)}{0{,}3} \approx 13{,}04)$$

- Verhalten für $x \to \infty$ und $x \to -\infty$
  Für $x \to \infty$ gilt: $f(x) \to -\infty$
  Für $x \to -\infty$ gilt: $f(x) \to 0$

b) $A = \int_0^{17,7} f(x)\,dx \approx 428{,}95$

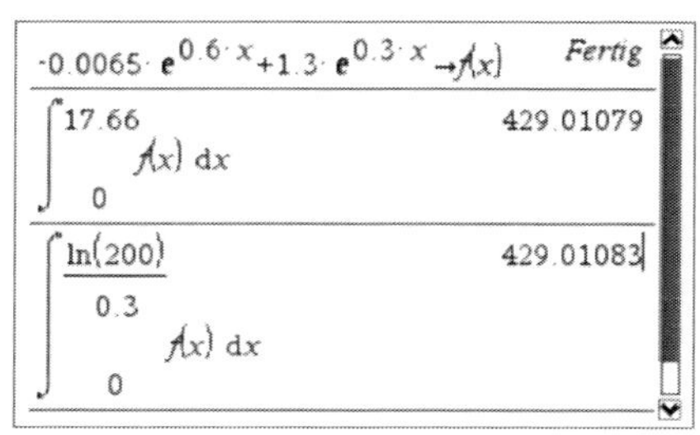

c) $f(0) \approx 1{,}3$
Es waren zum Zeitpunkt $t = 0$ ca. 1,3 Millionen Stechmückenlarven vorhanden.

d) Die Population wuchs am stärksten an der Wendestelle des Graphen, also etwa am 13. Tag. Die maximale Anzahl von Mückenlarven war an der Extremstelle des Graphen vorhanden, also nach ca. 15,35 Tagen.
Nach diesem Modell sind zum Zeitpunkt $t = 17{,}7$ alle Larven vernichtet.

243

8. a)
- Schnittpunkte mit den Koordinatenachsen
  $f(0) = 4$, also $M(0|4)$
  $f(x) = 0$, also $x = -2$, $N(-2|0)$
- Extrempunkte
  $f'(x) = \left(-\frac{4}{3}x - \frac{2}{3}\right) \cdot e^{-\frac{2}{3}x}$, $f''(x) = \left(\frac{8}{9}x - \frac{8}{9}\right) \cdot e^{-\frac{2}{3}x}$
  Nullstelle von f': $x = -\frac{1}{2}$
  $f''\left(-\frac{1}{2}\right) = -\frac{4}{3} \cdot e^{\frac{1}{3}} < 0$; $f\left(-\frac{1}{2}\right) = 3 \cdot e^{\frac{1}{3}} \approx 4{,}2$; also Hochpunkt $H\left(-\frac{1}{2}\middle| 3e^{\frac{1}{3}}\right)$
- Wendepunkt
  Nullstelle von f'': $x = 1$ einfache Nullstelle mit VZW
  $f(1) = 6 \cdot e^{-\frac{2}{3}} \approx 3{,}1$
  Wendepunkt $W\left(1\middle|6 \cdot e^{-\frac{2}{3}}\right)$
- Verhalten für $x \to \infty$ und $x \to -\infty$
  Für $x \to \infty$ gilt: $f(x) \to 0$
  Für $x \to -\infty$ gilt: $f(x) \to -\infty$

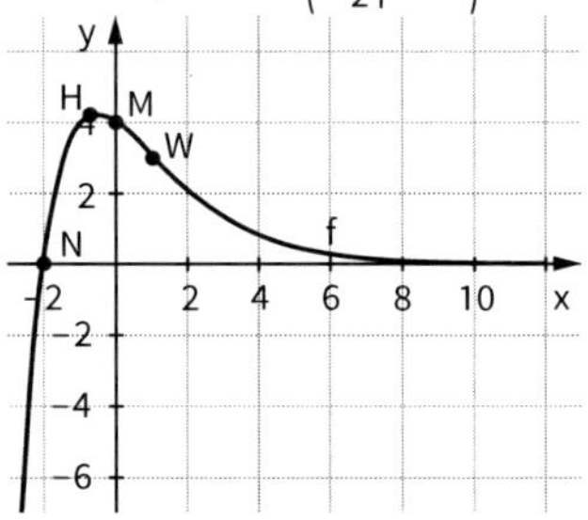

b) Die Höhe des Deichs ist der Funktionswert an der Extremstelle. Sie beträgt ca. 4,2 m.
Die Landseite ist der Teil des Graphen für $x < -\frac{1}{2}$, die Wasserseite der Teil für $x > -\frac{1}{2}$.
Für $-2 \le x < -\frac{1}{2}$ ist die maximale Steigung $f'(-2) \approx 7{,}6$.
Für $x > -\frac{1}{2}$ liegt das maximale Gefälle an der Wendestelle: $f'(1) \approx -1{,}0$
Der Deich muss auf der Wasserseite deutlich flacher sein, damit die Wellen nicht gegen die Deichwand prallen, sondern eher den Deich hinauflaufen können.

c) Querschnittsfläche:

$$A = \int_{-2}^{6} f(x)\,dx \approx 16{,}55$$

$V = 16{,}55\,m^2 \cdot 100\,m = 1\,655\,m^3$
Der Deich hat auf einer Länge von 100 m ein Volumen von ca. $1\,655\,m^3$.

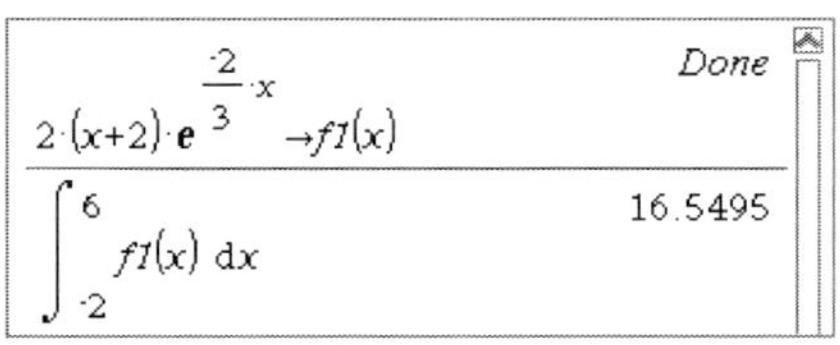

d)
- Wir legen eine Gerade durch den Wendepunkt mit der Steigung $m = -0{,}3$.
  Sie hat die Gleichung
  $y = -0{,}3x + 3{,}4$

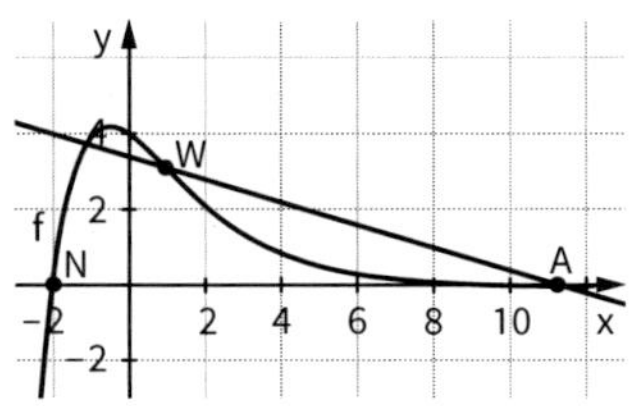

- Schnitt der Geraden mit der x-Achse: $-0{,}3x + 3{,}4 = 0$, also $x \approx 11{,}3$.
  Der Deich ist nach der Aufschüttung ca. $2\,m + 11{,}3\,m$, also 13,3 m breit.

243

9. a) $h'(x) = -a \cdot x \cdot e^{1-x}$; $h''(x) = a \cdot (x-1) \cdot e^{1-x}$
Nullstelle von h'': $x = 1$ einfache Nullstelle mit VZW
$h(1) = 2a$; wegen $h(1) = 6$ folgt $a = 3$
$h(x) = 3 \cdot (1+x) \cdot e^{1-x}$
Aus $h'(x) = 0$ folgt $x = 0$.
$h''(x) = -3e < 0$
$h(0) = 3e \approx 8{,}15$
Die Steilküste ist ca. 8,15 m hoch.

b) Neue Höhe der Steilküste:
$0{,}9 \cdot 8{,}15\,\text{m} \approx 7{,}34\,\text{m}$
Der Graph der Funktion i hat den Hochpunkt H (0 | 7,34)
$i(x) = a \cdot (1+x) \cdot e^{1-x}$
mit $i(0) = 7{,}34$ erhält man $a \approx 2{,}70$
also $i(x) = 2{,}7 \cdot (1+x) \cdot e^{1-x}$

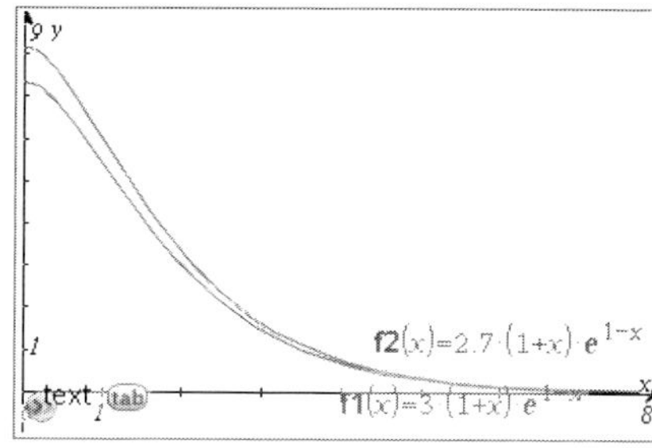

244

10. a)
- $f(-x) = \frac{1}{4} \cdot (e^{-x} + e^{-(-x)}) = \frac{1}{4}(e^{-x} + e^{x}) = f(x)$
  Der Graph ist achsensymmetrisch zur y-Achse.
- Tiefpunkt:
  $f'(x) = \frac{1}{4}(e^{x} - e^{-x})$; $f''(x) = \frac{1}{4}(e^{x} + e^{-x})$
  Nullstelle von f': $x = 0$
  $f''(0) = \frac{1}{2} > 0$; $f(0) = \frac{1}{2}$
  Tiefpunkt $T\left(0 \middle| \frac{1}{2}\right)$
- Tiefe des Kanals
  $f(3) \approx 5{,}03$
  $f(3) - \frac{1}{2} \approx 4{,}53$
  Der Kanal ist ca. 4,53 m tief.

b)
- Die Wasseroberfläche liegt auf der Geraden mit der Gleichung $y = 3{,}5$.
- Schnittstellen zwischen dem Graphen und der Geraden mit $y = 3{,}5$:
  $x_1 \approx 2{,}63$; $x_2 \approx -2{,}63$

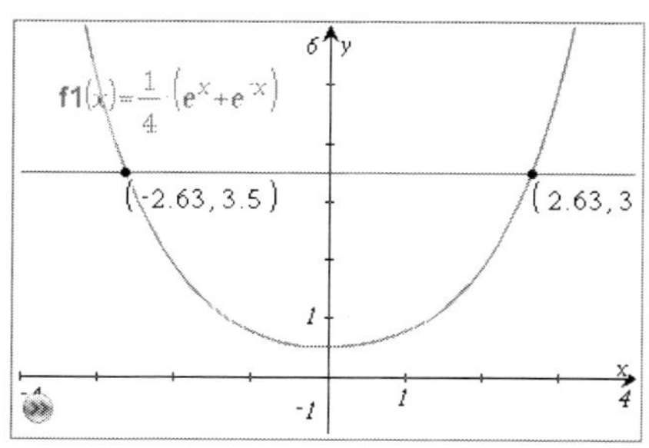

- Querschnittsfläche:
  $$A = 2\int_0^{2{,}63} (3{,}5 - f(x))\,dx \approx 11{,}51$$

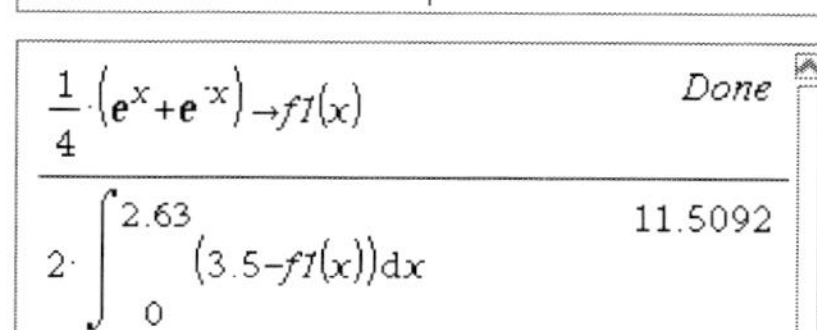

244

- Wasservolumen:
  $V \approx 11{,}51\,m^2 \cdot 100\,m = 1\,151\,m^3$
  Das Wasservolumen beträgt ca. $1\,151\,m^3$.

c)
- Aus Symmetriegründen reicht es aus, die Gerade g_2 im 1. Quadranten zu betrachten. Sie geht durch die Punkte $P(1{,}5\,|\,f(1{,}5))$ und $Q(3\,|\,4)$
  Steigung von g_2: $m = \frac{4 - f(1{,}5)}{3 - 1{,}5} \approx 1{,}88$
- Gleichung von g_2: $y = 1{,}88 \cdot x + c$
  Q liegt auf g_2, also $4 = 1{,}88 \cdot 3 + c$, somit $c \approx -1{,}64$
- Geradengleichungen:
  g_2: $y = 1{,}88 \cdot x - 1{,}64$
  g_1: $y = -1{,}88 \cdot x - 1{,}64$
- Querschnittsflächen:
  $A_1 = 2\int_0^{1{,}5} \left(f(1{,}5) - f(x)\right) dx \approx 1{,}40$
  Der zweite Teil der Querschnittsfläche ist ein Trapez mit der Höhe $h = 3{,}5 - f(1{,}5) \approx 2{,}32$ und den beiden parallelen Seiten $a = 3$ und b.
  Für b gilt: $3{,}5 = 1{,}88 \cdot \frac{b}{2} - 1{,}64$, also $b \approx 5{,}47$
  Trapezfläche: $A_2 = \frac{1}{2} \cdot 2{,}32 \cdot (3 + 5{,}47) \approx 9{,}83$
  Gesamte Querschnittsfläche: $A_1 + A_2 \approx 11{,}23$
- Wasservolumen: $V = 11{,}23\,m^2 \cdot 100\,m = 1\,123\,m^3$
  Das Wasservolumen beträgt jetzt $1\,123\,m^3$.

11. a) $f(0) = 1\,451$
Am ersten Tag wurden 1 451 Smartphones verkauft.
Durchschnittliche Verkaufszahlen in der ersten Woche:
$\frac{f(1) + f(2) + f(3) + f(4) + f(5) + f(6) + f(7)}{7} \approx 1\,649$

b) Am Graphen ermitteln wir den Hochpunkt $H(\approx 35{,}1\,|\approx 3\,709)$
Die maximalen Verkaufszahlen wurden am 35. Tag mit ca. 3 709 verkauften Smartphones erreicht.

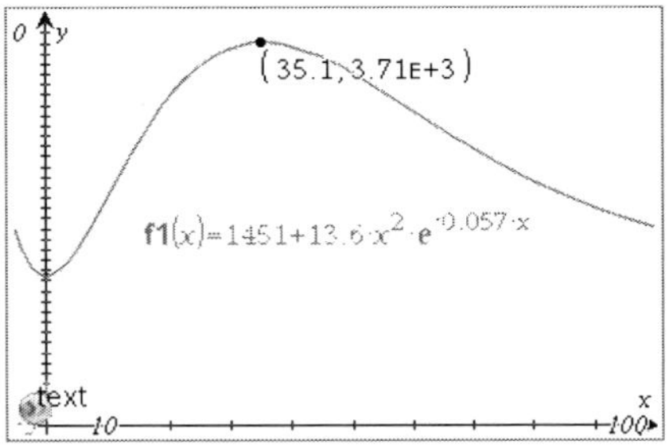

Die Zunahme war am größten an der Wendestelle, die vor dem Hochpunkt liegt.
$x \approx 10{,}3$
Die Zunahme war am 10. Tag am größten.

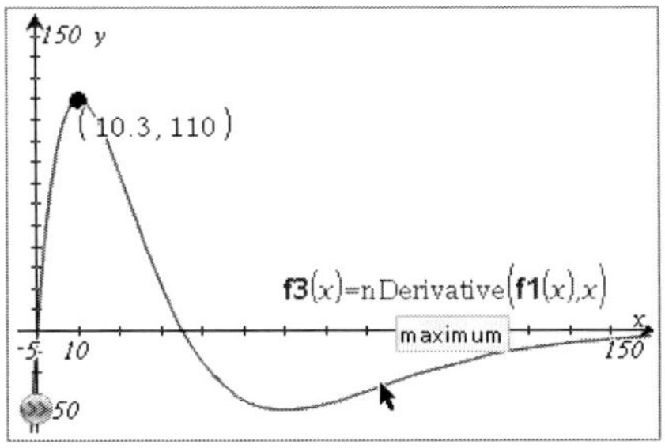

244

Wir schneiden den Graphen von f mit der Geraden mit der Gleichung $y = 2\,000$.
Schnittstellen: $x_1 \approx 8{,}0$; $x_2 \approx 94{,}8$
Im Zeitraum zwischen dem 8. und dem 95. Tag wurden mehr als 2 000 Smartphones täglich verkauft.

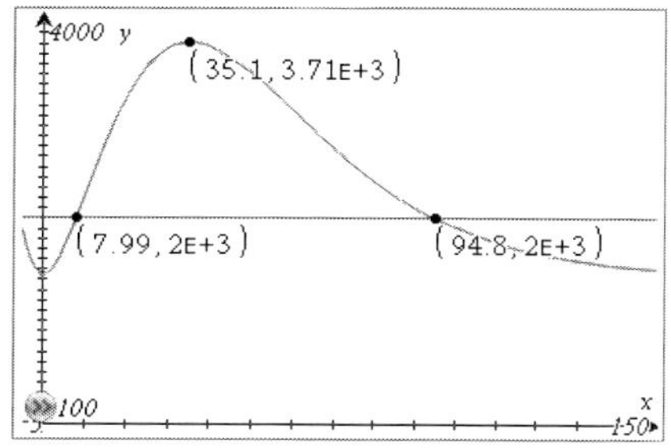

c) $\int_{10}^{50} f(x)\,dx \approx 134\,444$

Diese Zahl gibt die Gesamtzahl der vom 10. bis zum 50. Tag verkauften Smartphones an.

12. a) In den ersten beiden Tagen nimmt der Algenbefall ab, danach steigt die Konzentration ständig an.

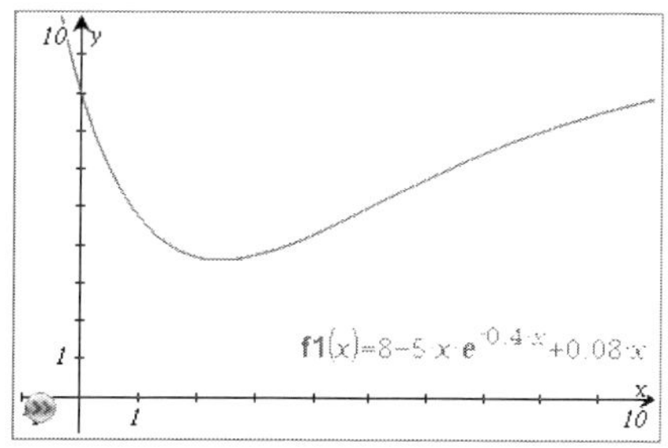

b)
- $f(0) = 8$
  Zu Beginn beträgt die Konzentration 8 g pro Liter.
- Der Tiefpunkt des Graphen liegt an der Stelle $t \approx 1{,}7$.
  Nach 1,7 Tagen war die Konzentration am niedrigsten.
- Schnitt des Graphen mit der Geraden $y = 8$:
  Schnittstelle $t \approx 10{,}3$
  Nach 10,3 Tagen ist die Konzentration wieder höher als zu Beginn.

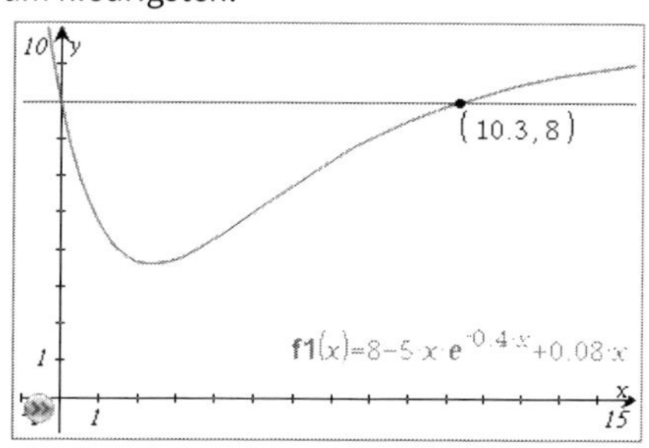

c) Die stärkste Zunahme liegt an der Wendestelle des Graphen.
Dies ist die Stelle $t = 5$.

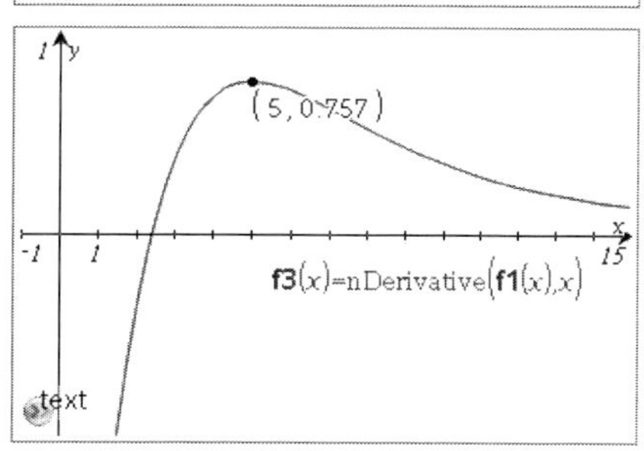

244

$f'(t) = (2t - 5) \cdot e^{-0{,}4t} + 0{,}8 > 0$ für $t > 1{,}71$, d. h. f ist für $t > 1{,}71$ streng monoton wachsend.

$f(14) \approx 18{,}9$ ist der höchste Wert während der ersten zwei Wochen.

13. a) Verhalten für $x \to \infty$ und $x \to -\infty$:
Für $x \to \infty$: $f(x) \to 0$
Für $x \to -\infty$: $f(x) \to 0$
Extrempunkt: Hochpunkt $H(15 \mid \approx 13{,}6)$
Wendepunkte:
$W_1(\approx 13{,}4 \mid 8{,}1)$; $W_2(\approx 16{,}6 \mid 8{,}1)$

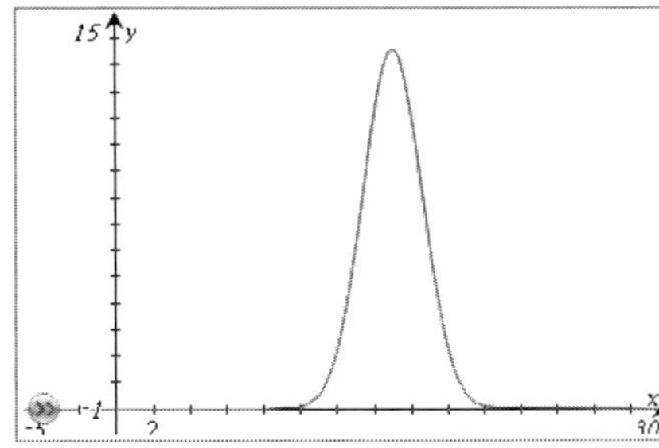

b) 90 % des Maximum: $0{,}9 \cdot 13{,}6 \approx 12{,}2$
Schnitt des Graphen mit der Geraden $y = 12{,}2$
Schnittstelle von dem Hochpunkt $x \approx 14{,}3$.
Nach 14,3 h hat der Bestand erstmals 90 % des Maximums erreicht.

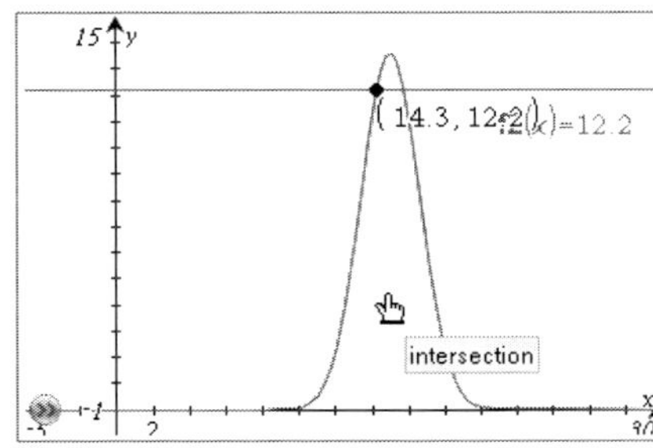

Der Bestand wächst am schnellsten an der Wendestelle mit positiver Steigung, also nach 13,4 h.

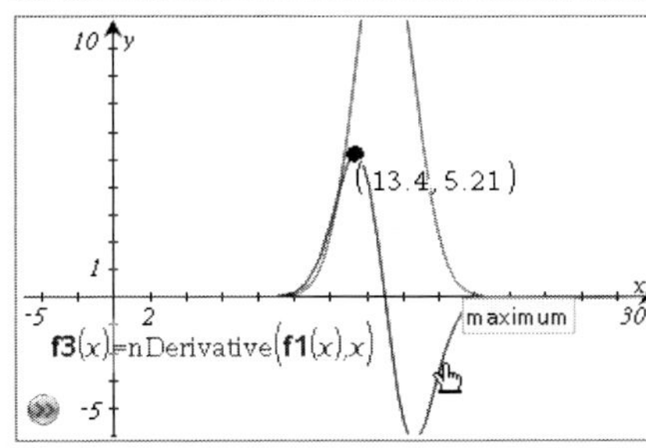

c) Gesucht ist der Zeitpunkt x_0, sodass gilt:
$f(x_0 + 1) = 2 \cdot f(x_0)$
Lösung mit dem GTR ergibt $x_0 \approx 12{,}8$
Der Bestand nach 13,8 Stunden ist etwa doppelt so groß wie der nach 12,8 Stunden.

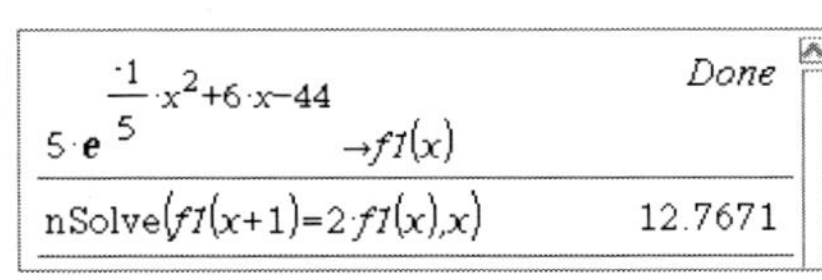

245

14. a)

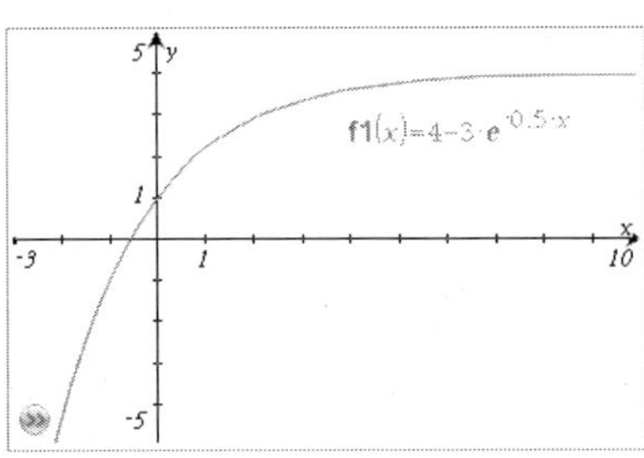

245

- Globalverlauf
  $f(x) \to -\infty$ für $x \to -\infty$
  $f(x) \to 4$ für $x \to \infty$
  Die Gerade $y = 4$ ist waagrechte Asymptote.
- Nullstelle
  $4 - 3e^{-0{,}5x} = 0$, also $x = 2 \cdot \ln\left(\frac{3}{4}\right) \approx -0{,}58$
- Extrempunkte
  $f'(x) = \frac{3}{2} \cdot e^{-0{,}5x} > 0$ für alle $x \in \mathbb{R}$
  keine Extrempunkte
- Wendepunkte
  $f''(x) = -\frac{3}{4} \cdot e^{-0{,}5x} < 0$ für alle $x \in \mathbb{R}$
  keine Wendepunkte

$A(u) = \int_0^u (4 - f(x))\,dx = \left[-6 \cdot e^{-0{,}5x}\right]_0^u = 6 - 6e^{-0{,}5u}$

$A(u) = 3$, also $u = -2 \cdot \ln\left(\frac{1}{2}\right) \approx 1{,}39$

b) $A(u) = 6 - 6e^{-0{,}5u} < 6$, da $6 \cdot e^{-0{,}5u} > 0$ für alle $u \in \mathbb{R}$

c) Es gilt: $h(0) = a - b - 1 = 1$

$\lim\limits_{t \to \infty} h(t) = a = 4$

Somit $a = 4$; $b = 2$

$h(t) = 4 - 2 \cdot e^{-0{,}5 \cdot t} - \frac{1}{t+1}$; $t \geq 0$

Gesucht ist t, sodass $h(t) = 3$, also $t \approx 2{,}15$

Nach ca. 2,15 Wochen hat die Pflanze 75 % ihrer Endhöhe erreicht.

Gesucht ist t, sodass $h'(t) = 0{,}1$; also $t \approx 5{,}2$

Etwa ab Mitte der 6. Woche kann geerntet werde.

15. a)

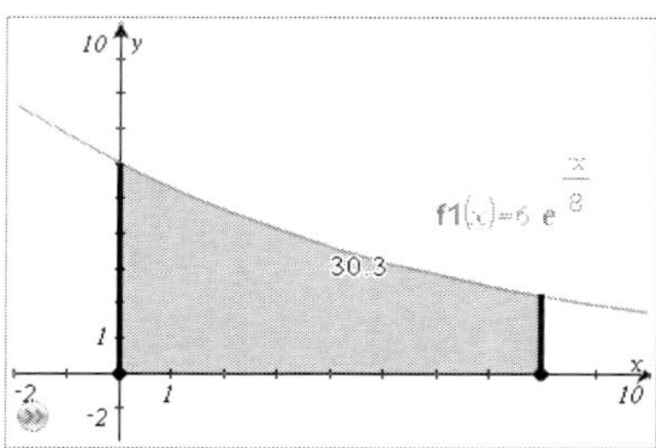

$A = \int_0^8 f(x)\,dx = \left[-48e^{-\frac{1}{8}x}\right]_0^8 = 48 - 48 \cdot e^{-1} \approx 30{,}3$

b) $V_1 = \pi \int_0^8 (f(x))^2\,dx = \pi \int_0^8 36e^{-\frac{1}{4}x}\,dx = \pi \cdot \left[-144 \cdot e^{-\frac{1}{4}x}\right]_0^8 = \pi(144 - 144 \cdot e^{-2}) \approx 391{,}2$

Der Innenraum hat ein Volumen von ca. 391 cm³.

$d = 2 \cdot f(8) = 12 \cdot e^{-1} \approx 4{,}4$

Der Durchmesser beträgt ca. 4,4 cm.

$V(u) = \pi \cdot \int_0^u (f(x))^2\,dx = \pi \cdot \left[-144 \cdot e^{-\frac{1}{4}x}\right]_0^u = \left(144 - 144 \cdot e^{-\frac{1}{4}u}\right) \cdot \pi$

Gesucht ist u, sodass $V(u) = 200$, also $u = -4 \cdot \ln\left(1 - \frac{25}{18\pi}\right) \approx 2{,}3$

Das Wasser steht ca. 2,3 cm hoch.

245

c) Es gilt: $g(x) = f(x) + 0{,}4$

$$V_2 = \pi \cdot \int_0^8 (g(x))^2 \, dx \approx 471{,}4$$

Volumen der Vase

$V_{Vase} = V_2 - V_1 \approx 80{,}2$

$m = \varrho \cdot V_{Vase} = 2{,}5 \frac{g}{cm^3} \cdot 80{,}2\,cm^3 = 200{,}5$

Die Masse der Vase beträgt ca. 200 g.

16. a) Nullstellen:

$(x^2 + t - 1) \cdot e^x = 0$, also $x^2 = 1 - t$

$x_{1,2} = \pm\sqrt{1-t}$

keine Nullstellen, falls $t > 1$

eine Nullstelle $x = 0$, falls $t = 1$

zwei Nullstellen, falls $t < 1$

Schnittstellen der Funktionen f_{t_1} und f_{t_2} $(t_1 \neq t_2)$:

$(x^2 + t_1 - 1)\,e^x = (x^2 + t_2 - 1) \cdot e^x$, also $e^x(t_1 - t_2) = 0$ keine Lösung

Es gibt keine Funktionen der Schar, deren Graphen sich schneiden.

b) $f_t'(x) = (x^2 + 2x + t - 1) \cdot e^x$

$f_t'(x) = 0$, also $x^2 + 2x + t - 1 = 0$

mit den Lösungen

$x_1 = -1 + \sqrt{2-t}$; $x_2 = -1 - \sqrt{2-t}$

keine Punkte mit waagerechter Tangente, falls $t > 2$

ein Punkt mit waagerechter Tangente, falls $t = 2$

zwei Punkte mit waagerechter Tangente, falls $t < 2$

Ortskurve der Punkte mit waagerechter Tangente:

- $f_t\left(-1 + \sqrt{2-t}\right) = \left(2 - 2\sqrt{2-t}\right) \cdot e^{-1+\sqrt{2-t}}$
  $x = -1 + \sqrt{2-t}$, also $t = -x^2 - 2x + 1$, $x \geq -1$
  $y = \left(2 - 2\sqrt{2-t}\right) \cdot e^{-1+\sqrt{2-t}} = \left(2 - 2 \cdot (x+1)\right) \cdot e^{-1+x+1}$
  $y = -2x \cdot e^x$, $x \geq -1$
- $f_t\left(-1 - \sqrt{2-t}\right) = \left(2 + 2\sqrt{2-t}\right) \cdot e^{-1-\sqrt{2-t}}$
  $x = -1 - \sqrt{2-t}$, also $\sqrt{2-t} = -x - 1$, $x \leq -1$
  $y = \left(2 + 2\sqrt{2-t}\right) \cdot e^{-1-\sqrt{2-t}} = \left(2 + 2(-x-1)\right) \cdot e^{-1-(-x-1)}$
  $y = -2x \cdot e^x$; $x \leq -1$
  Die Punkte mit waagerechter Tangente liegen auf dem Graphen der Funktion mit der Gleichung $y = -2x \cdot e^x$

246

17. a) $f_t'(x) = \frac{1}{t} \cdot (-x - t + 1) \cdot e^{t-x}$

Schnittpunkte der Graphen von f_t und f_t': $\left(\frac{x}{t} + 1\right) \cdot e^{t-x} = \left(-\frac{x}{t} - 1 + \frac{1}{t}\right) \cdot e^{t-x}$, also
$e^{t-x}\left(\frac{x}{t} + 1 + \frac{x}{t} + 1 - \frac{1}{t}\right) = 0$ bzw. $x = \frac{1}{2} - t$

$f_t\left(\frac{1}{2} - t\right) = \frac{e^{2t-\frac{1}{2}}}{2t}$

Für jeden Wert von $t > 0$ haben die Graphen von f_t und f_t' genau einen Punkt, nämlich
$S_t\left(\frac{1}{2} - t \,\middle|\, \frac{e^{2t-\frac{1}{2}}}{2t}\right)$ gemeinsam.

246 **b)**

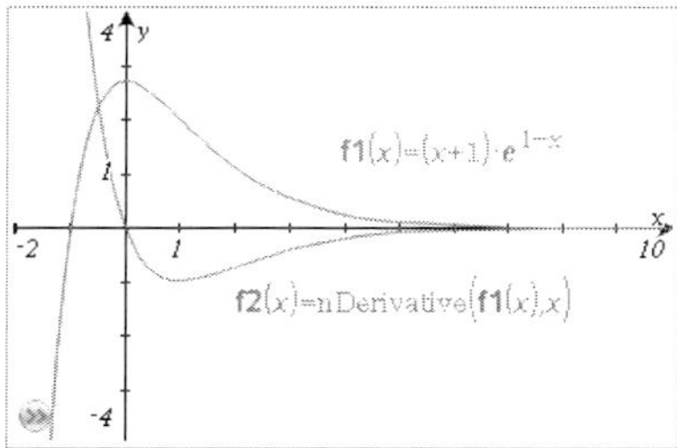

$s(t) = f_t(1) - f_t'(1) = \left(2 + \frac{1}{t}\right) \cdot e^{t-1}$

$s'(t) = \left(2 + \frac{1}{t} - \frac{1}{t^2}\right) \cdot e^{t-1}$

$s''(t) = \left(2 + \frac{1}{t} - \frac{2}{t^2} + \frac{2}{t^3}\right) \cdot e^{t-1}$

s' hat die Nullstellen $t = -1$ oder $t = \frac{1}{2}$

Wegen $t > 0$ kommt nur $t = \frac{1}{2}$ in Frage.

$s''\left(\frac{1}{2}\right) = 12 \cdot e^{-\frac{1}{2}} > 0$

Die Länge dieser Strecke ist für $t = \frac{1}{2}$ am kleinsten.

18. a)
- Nullstellen

  $e^{2x} - 4te^x + 3t^2 = 0$

  Lösung mithilfe der Substitutionen $e^x = z$

  Also $z^2 - 4t \cdot z + 3t^2 = 0$, somit $z_1 = 3t$; $z_2 = t$

  Rücksubstitution:

  $e^x = 3t$; $x = \ln(3t)$

  $e^x = t$; $x = \ln(t)$

  keine Nullstellen, falls $t \le 0$

  zwei Nullstellen; falls $t > 0$
- Extremstellen

  $f_t'(x) = 2 \cdot e^{2x} - 4t \cdot e^x = 2e^x \cdot (e^x - 2t)$

  f_t' hat die Nullstelle $x = \ln(2t)$

  $f_t''(x) = 4e^x - 4te^x$; $f_t''(\ln(2t)) = 8t^2 > 0$

  eine Extremstelle, falls $t > 0$

  keine Extremstelle, falls $t \le 0$

  Es muss gelten: $\ln(t) < 0$, also $0 < t < 1$

  $\ln(3t) > 0$, also $t > \frac{1}{3}$

  Für $\frac{1}{3} < t < 1$ gibt es eine negative und eine positive Nullstelle.

b) $f_1(x) = e^{2x} - 4e^x + 3$

$f_{-1}(x) = e^{2x} + 4e^x + 3$

$f_1(x) = e^{2x} - 4e^x + 3 < e^{2x} - 4e^x + 3 + 8e^x$, da $8e^x > 0$

$e^{2x} - 4e^x + 3 + 8e^x = e^{2x} + 4e^x + 3 = f_{-1}(x)$

Also gilt: $f_1(x) < f_{-1}(x)$ für alle $x \in \mathbb{R}$

Der Graph von f_{-1} liegt immer oberhalb des Graphen von f_1.

246

c) $A(u) = \int_u^0 (f_{-1}(x) - f_1(x))\,dx = \int_u^0 8\,e^x\,dx = 8 - 8\,e^u < 8$

$\lim\limits_{u \to -\infty} A(u) = 8$

Diese Fläche hat für jeden Wert von u einen endlichen Inhalt.

19. a) $f_k(x) \to 0$ für $x \to \infty$, falls $k < 0$

$f_k(x) \to 0$ für $x \to -\infty$, falls $k > 0$

$f_0(x) = 1$

Also gilt: rot: $k = 1$; gelb: $k = -2$

blau: $k = 0$; violett: $k = 1$; grün: $k = 2$

b) **Anmerkung zur ersten Auflage:** die Funktionsterme von b) und c) sind vertauscht

Nullstellen $x_1 = -\sqrt{k}$; $x_2 = \sqrt{k}$, falls $k > 0$

keine Nullstellen für $k < 0$

eine Nullstelle $x = 0$ für $k = 0$

Also gilt:

$k = -1$ gelb (Schnittpunkt mit der y-Achse $M(0|1)$)

$k = -2$ grün (Schnittpunkt mit der y-Achse $M(0|2)$)

$k = 0$ violett

$k = 1$ rot

$k = 2$ blau

c) Nullstelle von f_k: $x = k$

Also gilt:

$k = -2$ grün; $k = -1$ gelb

$k = 0$ violett; $k = 1$ rot

$k = 2$ blau

d) Nullstellen von f_k

$x_1 = 0$; $x_2 = k$

Also gilt:

$k = -2$ grün; $k = -1$ gelb

$k = 0$ violett; $k = 1$ rot; $k = 2$ blau

246

20. a) Nullstelle von f_t: $x = -t$; $N_t(-t\,|\,0)$

Ableitungen:

$f_t'(x) = \left(-\frac{x}{t} - 1 + \frac{1}{t}\right) \cdot e^{t-x}$

$f_t''(x) = \left(\frac{x}{t} + 1 - \frac{2}{t}\right) \cdot e^{t-x}$

f_t'' hat die einfache Nullstelle $x = 2 - t$ mit einem Vorzeichenwechsel.

$f_t(2-t) = \frac{2}{t} \cdot e^{2t-2}$, also $W_t\left(2 - t\,\middle|\,\frac{2}{t}e^{2t-2}\right)$

$m = f_t'(2-t) = -\frac{1}{t}e^{2t-2}$

$y = -\frac{1}{t}e^{2t-2} \cdot x + c$, also $\frac{2}{t} \cdot e^{2t-2} = -\frac{1}{t}e^{2t-2} \cdot (2-t) + c$, somit $c = \left(\frac{4}{t} - 1\right) \cdot e^{2t-2}$

Wendetangente:

$y = -\frac{1}{t} \cdot e^{2t-2} \cdot x + \left(\frac{4}{t} - 1\right) \cdot e^{2t-t}$

Schnittpunkt der Wendetangente mit der x-Achse $-\frac{1}{t} \cdot e^{2t-2} \cdot x + \left(\frac{4}{t} - 1\right) \cdot e^{2t-2} = 0$, also

$x = 4 - t$ $S_t(4 - t\,|\,0)$

W_t liegt auf der Mittelsenkrechten der Strecke $N_t S_t$, damit ist das Dreieck auf jeden Fall gleichschenklig.

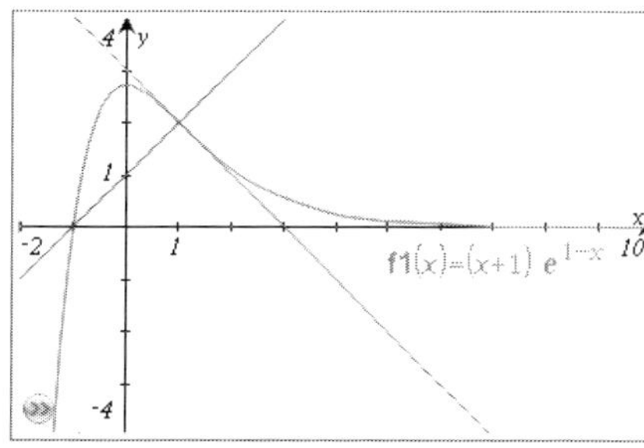

Seitenlänge des Dreiecks $N_t S_t W_t$:

$|N_t S_t| = 4 - t - (-t) = 4$

$|N_t W_t| = \sqrt{(2 - t + t)^2 + \left(\frac{2}{t} \cdot e^{2t-2} - 0\right)^2}$

$= \sqrt{4 + \frac{4}{t^2} \cdot e^{4t-4}} \neq 4$

Das Dreieck ist nicht gleichseitig.

b) Steigung der Geraden $N_t W_t$:

$m^2 = \dfrac{\frac{2}{t} \cdot e^{2t-2}}{2 - t - (-t)} = \frac{1}{t} \cdot e^{2t-2}$

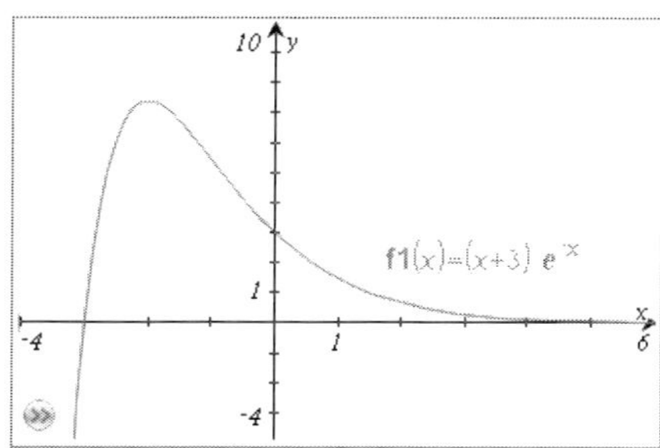

Das Dreieck ist rechtwinklig, falls der Winkel an der Spitze bei W_t 90°. beträgt.

Also: $\frac{1}{t} \cdot e^{2t-2} \cdot \left(-\frac{1}{t} \cdot e^{2t-2}\right) = -1$ somit

$\frac{1}{t} \cdot e^{2t-2} = 1$

mit den Lösungen $t_1 = 1$; $t_2 \approx 0{,}203$

Für $t = 1$ oder für $t \approx 0{,}203$ ist das Dreieck rechtwinklig (und gleichschenklig).

21. a) $f_t'(x) = (-x + t + 1) \cdot e^{-x}$; $f_t''(x) = (x - t - 2) \cdot e^{-x}$

f_t'' hat die einfache Nullstelle $x = t + 2$

mit einem Vorzeichenwechsel, also Wendepunkt $W_t(t + 2\,|\,2e^{-t-2})$

$x = t + 2$, also $t = x - 2$

$y = 2 \cdot e^{-t-2} = 2 \cdot e^{-(x-2)-2} = 2 \cdot e^{-x}$

Die Ortskurve der Wendepunkte hat die Gleichung $y = 2 \cdot e^{-x}$.

Gemeinsame Punkte von f_{t_1} und f_{t_2} $(t_1 \neq t_2)$:

$(x - t_1) \cdot e^{-x} = (x - t_2) \cdot e^{-x}$, also $(t_2 - t_1) \cdot e^{-x} = 0$

Diese Gleichung hat keine Lösung.

246

b) $V = \pi \cdot \int_0^3 \left(f_{-3}(x)\right)^2 dx \approx 19{,}47$

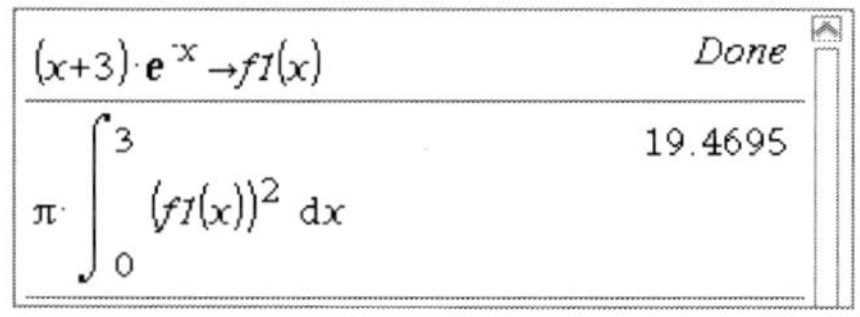

c) Die Spitze des Kegels liegt im Punkt $S(3\,|\,0)$.

Wir suchen einen Punkt $B\left(u\,|\,f(u)\right)$, $0 < u < 3$, sodass die Tangente in B durch S geht.

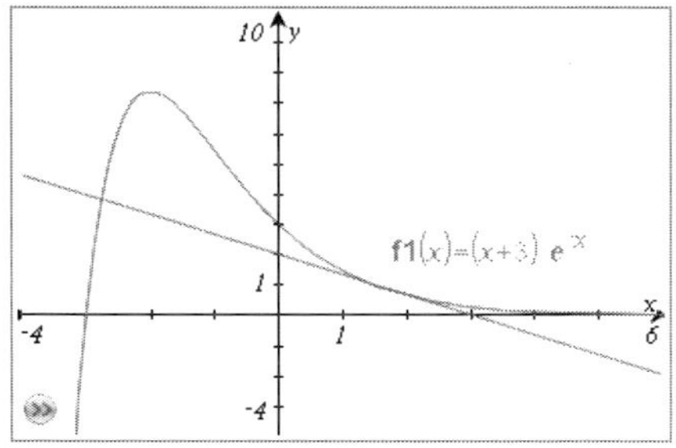

$B\left(u\,|\,(u+3)\,e^{-u}\right)$;

$m = f'_{-3}(u) = (-u-2)\cdot e^{-u}$

$y = (-u-2)\cdot e^{-u}\cdot x + c$

B liegt auf der Tangente, also

$(u+3)\cdot e^{-u} = (-u-2)\cdot e^{-u}\cdot u + c$, somit

$c = (u^2 + 3u + 3)\cdot e^{-u}$

Tangente: $y = (-u-2)\cdot e^{-u}\cdot x + (u^2 + 3u + 3)\cdot e^{-u}$

$S(3\,|\,0)$ liegt auf der Tangente, also

$0 = (-u-2)\cdot e^{-u}\cdot 3 + (u^2 + 3u + 3)\cdot e^{-u}$ also $0 = (u^2 - 3)\cdot e^{-u}$ mit den Lösungen

$u_1 = -\sqrt{3}$; $u_2 = \sqrt{3}$

Wegen $0 < u < 3$ kommt nur $u = \sqrt{3}$ infrage.

$B\left(\sqrt{3}\,|\,\sqrt{3}+3)\,e^{-\sqrt{3}}\right)$

y-Achsenabschnitt der Tangente

$c = (u^2 + 3u + 3)\cdot e^{-4} = \left(3\sqrt{3} + 6\right)\cdot e^{-\sqrt{3}} \approx 1{,}98$

Der Grundkreisradius des Kegels beträgt ca. 2 LE.

6 Geraden im Raum

Noch fit …im Umgang mit Vektoren?

252

1. a) A(5|0|0), B(5|7|0), C(0|7|0), D(0|0|0), E(5|3|3), F(5|7|3), G(0|7|3), H(0|3|3), I(5|0|5), J(5|3|5), K(0|3|5), L(0|0|5)

b)
- zu $\overrightarrow{IJ}$ gehört $\overrightarrow{LK}$
- zu $\overrightarrow{BC}$ gehören $\overrightarrow{FG}$, $\overrightarrow{EH}$, $\overrightarrow{JK}$, $\overrightarrow{IL}$, $\overrightarrow{AD}$
- zu $\overrightarrow{AB}$ gehört $\overrightarrow{DC}$
- zu $\overrightarrow{EH}$ gehört $\overrightarrow{BC}$ und alle die zu $\overrightarrow{BC}$ gehören (s. oben)
- zu $\overrightarrow{LI}$ gehören $\overrightarrow{DA}$, $\overrightarrow{KJ}$, $\overrightarrow{HE}$, $\overrightarrow{GF}$, $\overrightarrow{CB}$
- zu $\overrightarrow{KH}$ gehört $\overrightarrow{JE}$

c) $\overrightarrow{AG} = \begin{pmatrix} 0-5 \\ 7-0 \\ 3-0 \end{pmatrix} = \begin{pmatrix} -5 \\ 7 \\ 3 \end{pmatrix}$; $|\overrightarrow{AG}| = \sqrt{25+49+9} \approx 9{,}11$

$\overrightarrow{BL} = \begin{pmatrix} 0-5 \\ 0-7 \\ 5-0 \end{pmatrix} = \begin{pmatrix} -5 \\ -7 \\ 5 \end{pmatrix}$; $|\overrightarrow{BL}| = \sqrt{25+49+25} = 9{,}95$

2. a) $\vec{a} * \vec{b} = -5 \rightarrow \cos(\alpha) = \frac{\vec{a} \cdot \vec{b}}{|\vec{a}| \cdot |\vec{b}|} = \frac{5}{\sqrt{14} \cdot \sqrt{13}} \approx 0{,}371 \rightarrow \alpha \approx 68°$

b) $\vec{x} * \vec{y} = 0 \rightarrow \alpha = 90°$

c) $\vec{u} * \vec{v} = 0 \rightarrow \alpha = 90°$

3. $\vec{u} \times \vec{v} = \begin{pmatrix} -26 \\ 18 \\ 6 \end{pmatrix}$ und Vielfache dieses Vektors, z. B. $\begin{pmatrix} -13 \\ 9 \\ 3 \end{pmatrix}$.

254

4. A(2|4|−1), B(0|−2|3), C(2|5|2)
A′(0|7|0), B′(−2|1|4), C′(0|8|3)

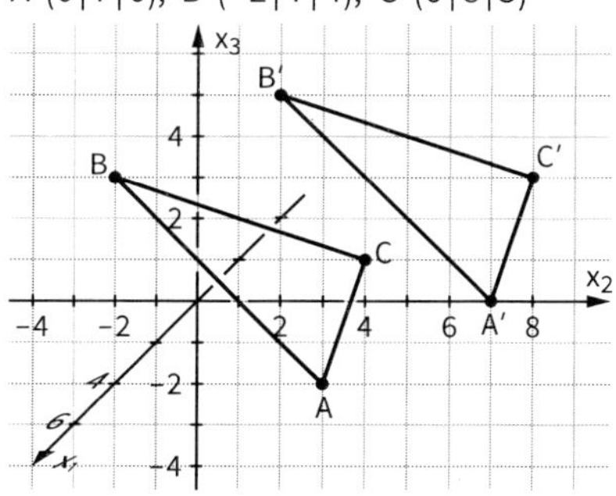

5. a) $\overrightarrow{AB} = \begin{pmatrix} -7-2 \\ 6+5 \\ 4+0 \end{pmatrix} = \begin{pmatrix} -9 \\ 11 \\ 4 \end{pmatrix}$, $|\overrightarrow{AB}| = \sqrt{218} \approx 14{,}76$

b) $AB = \begin{pmatrix} -4-1 \\ 1-1 \\ -1+1 \end{pmatrix} = \begin{pmatrix} 5 \\ 0 \\ 0 \end{pmatrix}$, $|\overrightarrow{AB}| = 5$

c) $\overrightarrow{AB} = \begin{pmatrix} -8-0 \\ 0-8 \\ 9-0 \end{pmatrix} = \begin{pmatrix} -8 \\ -8 \\ 9 \end{pmatrix}$, $|\overrightarrow{AB}| = \sqrt{269} \approx 14{,}46$

254

6. **a)** A(3|0|0), B(0|0|0), C(0|3|0)
b) A′(0|0|5), B′(0|0|0), C′(0|5|0)

7. $k\cdot\vec{a}$ mit $k\in\mathbb{R}$

a) z. B. $\begin{pmatrix}-2\\6\\4\end{pmatrix}, \begin{pmatrix}-3\\9\\6\end{pmatrix}$

b) z. B. $\begin{pmatrix}3\\-3\\5\end{pmatrix}, \begin{pmatrix}2\\-2\\\frac{10}{3}\end{pmatrix}$

c) z. B. $\begin{pmatrix}0\\3\\2\end{pmatrix}, \begin{pmatrix}0\\6\\5\end{pmatrix}$

d) z. B. $\begin{pmatrix}12\\23\\-6\end{pmatrix}, \begin{pmatrix}48\\116\\-24\end{pmatrix}$

8. $\overrightarrow{AB}=\vec{a},\ \overrightarrow{AC}=\vec{a}+\vec{b},\ \overrightarrow{CD}=-\vec{b}+\vec{c}-\vec{d},\ \overrightarrow{DB}=\vec{d}-\vec{c}$

9. **a)** $\cos(\alpha)=\frac{1}{\sqrt{5}\cdot\sqrt{5}}=0{,}2 \rightarrow \alpha\approx 78{,}5°$

b) $\cos(\alpha)=\frac{2}{\sqrt{560}}\approx 0{,}0845 \rightarrow \alpha\approx 85{,}2°$

c) $\cos(\alpha)=0 \rightarrow \alpha=90°$

10. Dreieck rechtwinklig, falls (1) $\overrightarrow{AB}*\overrightarrow{AC}=0$ oder (2) $\overrightarrow{BA}*\overrightarrow{BC}=0$ oder (3) $\overrightarrow{CA}*\overrightarrow{CB}=0$

(1) $\begin{pmatrix}-4\\-5\\-3\end{pmatrix}*\begin{pmatrix}-4\\c_2-5\\-3\end{pmatrix}=0$, wenn $c_2=10$

(2) $\begin{pmatrix}4\\5\\3\end{pmatrix}*\begin{pmatrix}0\\c_2\\0\end{pmatrix}=0$, wenn $c_2=0$, dann aber kein Dreieck

(3) $\begin{pmatrix}4\\-c_2+5\\3\end{pmatrix}*\begin{pmatrix}0\\-c_2\\0\end{pmatrix}=0$, wenn $c_2=5$ (wenn $c_2=0$, kein Dreieck)

11. $\overrightarrow{AB}=\begin{pmatrix}-3\\10\\8\end{pmatrix},\ \overrightarrow{AC}=\begin{pmatrix}-5\\-1\\0\end{pmatrix},\ \overrightarrow{BC}=\begin{pmatrix}-2\\-11\\-8\end{pmatrix}$

$\cos(\alpha)=\frac{\overrightarrow{AB}*\overrightarrow{AC}}{|\overrightarrow{AB}|\cdot|\overrightarrow{AC}|}\approx 0{,}07455 \Rightarrow \alpha\approx 85{,}7°$

$\cos(\beta)=\frac{\overrightarrow{BA}*\overrightarrow{BC}}{|\overrightarrow{BA}|\cdot|\overrightarrow{BC}|}\approx -0{,}929 \Rightarrow \beta\approx 21{,}7°$

$\cos(\gamma)=\frac{\overrightarrow{BC}*\overrightarrow{AC}}{|\overrightarrow{BC}|\cdot|\overrightarrow{AC}|}\approx 0{,}2996 \Rightarrow \gamma\approx 72{,}6°$

$A=\frac{1}{2}|\overrightarrow{AB}\times\overrightarrow{AC}|=\frac{1}{2}\left|\begin{pmatrix}8\\-40\\53\end{pmatrix}\right|=\frac{1}{2}\cdot\sqrt{4473}\approx 33{,}4\,\text{FE}$

12. $\begin{pmatrix}2a\\1\\-1\end{pmatrix}*\begin{pmatrix}a\\2a\\4\end{pmatrix}=0$

$2a^2+2a-4=0 \Rightarrow a_1=1;\ a_2=-2$

254

13. Die Vektoren $\vec{a}$ und $\vec{b}$ liegen in der x_1x_2-Ebene, also sind alle Vektoren, die Vielfache des Vektors $\begin{pmatrix} 0 \\ 0 \\ 1 \end{pmatrix}$ sind, zu den beiden Vektoren orthogonal.

6.1 Parameterdarstellung einer Geraden

255

Einstiegsaufgabe ohne Lösung

P_t sei der Punkt nach t Minuten.

- $P_1(5\,234 + 1 \cdot 74 \mid 805 + 1 \cdot 65 \mid -34 + 1 \cdot (-4))$
  $P_1(5\,308 \mid 870 \mid -38)$
  $P_2(5\,456 \mid 1\,000 \mid -46)$
  $P_5(5\,604 \mid 1\,130 \mid -54)$
- $\overrightarrow{OP_t} = \begin{pmatrix} 5\,234 \\ 805 \\ -34 \end{pmatrix} + t \cdot \begin{pmatrix} 74 \\ 65 \\ -4 \end{pmatrix}$
- $\overrightarrow{OQ} = \begin{pmatrix} 6\,196 \\ 1\,650 \\ -86 \end{pmatrix} = \begin{pmatrix} 5\,234 \\ 805 \\ -34 \end{pmatrix} + t \cdot \begin{pmatrix} 74 \\ 65 \\ -4 \end{pmatrix}$ für $t = 13$ Minuten.

257

1. a) Am einfachsten kann man die Lage der Geraden im Koordinatensystem mithilfe von Bens Darstellung beschreiben. Geht man in Richtung des Richtungsvektors, so schneidet g die x_2x_3-Koordinatenebene in Punkt $S_{23}(0 \mid -2 \mid 3)$ und anschließend die x_1x_3-Ebene im Punkt $S_{13}(1 \mid 0 \mid 2)$. Dabei verläuft sie die ganze Zeit oberhalb der x_1x_2-Ebene, bis sie diese im Punkt $S_{12}(3 \mid 4 \mid 0)$ schneidet.

b) Schnittpunkte von h mit den Koordinatenebenen:
mit der x_1x_2-Ebene: $x_3 = 3 + 3k = 0$, also $k = -1$; $S_{12}(-6 \mid 2 \mid 0)$
mit der x_1x_3-Ebene: $x_2 = 1 - k = 0$, also $k = 1$; $S_{13}(-2 \mid 0 \mid 6)$
mit der x_2x_3-Ebene: $x_1 = -4 + 2k = 0$, also $k = 2$; $S_{23}(0 \mid -1 \mid 9)$

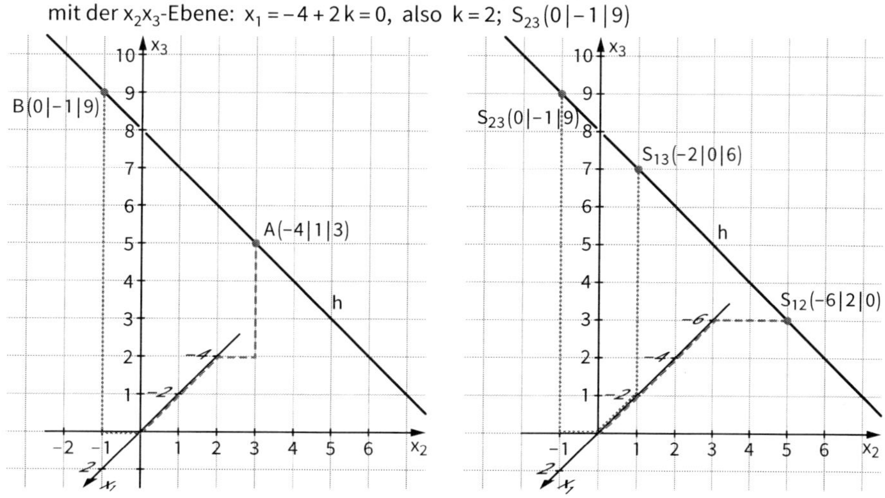

258

2. a) (1) $\vec{x} = \begin{pmatrix} -3 \\ 6 \\ 12 \end{pmatrix} + k \cdot \begin{pmatrix} 8 \\ -6 \\ -11 \end{pmatrix}$ (3) $\vec{x} = \begin{pmatrix} 9 \\ 0 \\ -5 \end{pmatrix} + k \cdot \begin{pmatrix} -9 \\ 0 \\ 5 \end{pmatrix}$

(2) $\vec{x} = \begin{pmatrix} -5 \\ 7 \\ 4 \end{pmatrix} + k \cdot \begin{pmatrix} 6 \\ -11 \\ 2 \end{pmatrix}$ (4) $\vec{x} = k \cdot \begin{pmatrix} 7 \\ 7 \\ 8 \end{pmatrix}$

258

b) Der Richtungsvektor $\begin{pmatrix} -8 \\ -6 \\ 8 \end{pmatrix}$ ist ein Vielfaches des Richtungsvektors der Geraden durch A und B.

Punktprobe: $\begin{pmatrix} 1 \\ 10 \\ -5 \end{pmatrix} = \begin{pmatrix} -7 \\ 4 \\ 3 \end{pmatrix} + k \cdot \begin{pmatrix} 8 \\ 6 \\ -8 \end{pmatrix}$

Die Vektorgleichung ist erfüllt für $k = 1$, somit liegt der Punkt $P(1\,|\,10\,|\,-5)$ auf der Geraden durch A und B.

Die Parameterdarstellung $\overrightarrow{OX} = \begin{pmatrix} 1 \\ 10 \\ -5 \end{pmatrix} + k \cdot \begin{pmatrix} -8 \\ -6 \\ 8 \end{pmatrix}$ beschreibt ebenfalls die Gerade durch A und B.

(1) $\vec{x} = \begin{pmatrix} 5 \\ 0 \\ 1 \end{pmatrix} + r \cdot \begin{pmatrix} -8 \\ 6 \\ 11 \end{pmatrix}$

(2) $\vec{x} = \begin{pmatrix} 1 \\ -4 \\ 6 \end{pmatrix} + r \cdot \begin{pmatrix} -6 \\ 11 \\ -2 \end{pmatrix}$

(3) $\vec{x} = r \cdot \begin{pmatrix} 9 \\ 0 \\ -5 \end{pmatrix}$

(4) $\vec{x} = \begin{pmatrix} 7 \\ 7 \\ 8 \end{pmatrix} + r \cdot \begin{pmatrix} -7 \\ -7 \\ -8 \end{pmatrix}$

c) (1) $\vec{x} = \begin{pmatrix} 13 \\ -6 \\ -10 \end{pmatrix} + s \cdot \begin{pmatrix} 8 \\ -6 \\ -11 \end{pmatrix}$

(2) $\vec{x} = \begin{pmatrix} 7 \\ -15 \\ 8 \end{pmatrix} + s \cdot \begin{pmatrix} 6 \\ -11 \\ 2 \end{pmatrix}$

(3) $\vec{x} = \begin{pmatrix} -9 \\ 0 \\ 5 \end{pmatrix} + s \cdot \begin{pmatrix} -9 \\ 0 \\ 5 \end{pmatrix}$

(4) $\vec{x} = \begin{pmatrix} 21 \\ 21 \\ 24 \end{pmatrix} + s \cdot \begin{pmatrix} 7 \\ 7 \\ 8 \end{pmatrix}$

3. a) Es gibt unendlich viele Lösungen. Beispiele:

$g: \vec{x} = \begin{pmatrix} 0 \\ 0 \\ 0 \end{pmatrix} + s \begin{pmatrix} 3 \\ -2 \\ 4 \end{pmatrix} = s \cdot \begin{pmatrix} 3 \\ -2 \\ 4 \end{pmatrix};\ s \in \mathbb{R}$

$g: \vec{x} = \begin{pmatrix} 3 \\ -2 \\ 4 \end{pmatrix} + r \cdot \begin{pmatrix} 3 \\ -2 \\ 4 \end{pmatrix};\ r \in \mathbb{R}$

$g: \vec{x} = \begin{pmatrix} -3 \\ 2 \\ -4 \end{pmatrix} + t \cdot \begin{pmatrix} 6 \\ -4 \\ 8 \end{pmatrix};\ t \in \mathbb{R}$

b) Man erkennt an der Parameterdarstellung einer Geraden eine Ursprungsgerade daran, dass der Ortsvektor ein Vielfaches des Richtungsvektors ist.

4. a) z. B. $\vec{x} = \begin{pmatrix} -3 \\ 4 \\ -3 \end{pmatrix} + r \cdot \begin{pmatrix} -2 \\ -1 \\ 4 \end{pmatrix}$

b) Es gilt: $\begin{pmatrix} -10 \\ -5 \\ 20 \end{pmatrix} = -5 \cdot \begin{pmatrix} 2 \\ 1 \\ -4 \end{pmatrix}$

Punktprobe: $\begin{pmatrix} 29 \\ 20 \\ -67 \end{pmatrix} = \begin{pmatrix} -5 \\ 3 \\ 1 \end{pmatrix} + k \cdot \begin{pmatrix} 2 \\ 1 \\ -4 \end{pmatrix}$ für $k = 17$

Also liegt $P(29\,|\,20\,|\,-67)$ auf g und die Richtungsvektoren sind Vielfache voneinander, somit ist diese Parameterdarstellung ebenfalls eine Parameterdarstellung von g.

259

5. Beim Stützvektor kommt es auf die Länge an. Nur beim Richtungsvektor ist die Länge irrelevant. Zu einem bekannten Stützvektor dürfen Vielfache eines Richtungsvektors addiert werden. Janniks alternative Darstellung der Geraden ist daher falsch.

259

6. Es gibt unendlich viele äquivalente Lösungen. Als Beispiel wird das übliche Koordinatensystem verwendet und der Ursprung immer in die untere, hintere, linke Ecke des Körpers gelegt. Alle Einheiten sind cm.

a) $g\colon \vec{x} = \begin{pmatrix} 4 \\ 0 \\ 0 \end{pmatrix} + k \cdot \begin{pmatrix} -4 \\ 6 \\ 3 \end{pmatrix};\ k \in \mathbb{R}$ $\quad h\colon \vec{x} = \begin{pmatrix} 2 \\ 0 \\ 3 \end{pmatrix} + r \cdot \begin{pmatrix} 0 \\ 6 \\ -3 \end{pmatrix};\ r \in \mathbb{R}$

$i\colon \vec{x} = \begin{pmatrix} 0 \\ 3 \\ 3 \end{pmatrix} + t \cdot \begin{pmatrix} 2 \\ 3 \\ -3 \end{pmatrix};\ t \in \mathbb{R}$ $\quad k\colon \vec{x} = \begin{pmatrix} 0 \\ 3 \\ 3 \end{pmatrix} + s \cdot \begin{pmatrix} 4 \\ 3 \\ -3 \end{pmatrix};\ s \in \mathbb{R}$

b) $g\colon \vec{x} = \begin{pmatrix} 4 \\ 6 \\ 0 \end{pmatrix} + k \cdot \begin{pmatrix} -4 \\ -3 \\ 3 \end{pmatrix};\ k \in \mathbb{R}$ $\quad h\colon \vec{x} = \begin{pmatrix} 0 \\ 3 \\ 3 \end{pmatrix} + r \cdot \begin{pmatrix} 2 \\ 3 \\ -3 \end{pmatrix};\ r \in \mathbb{R}$

$i\colon \vec{x} = \begin{pmatrix} 2 \\ 6 \\ 0 \end{pmatrix} + t \cdot \begin{pmatrix} -2 \\ -6 \\ 3 \end{pmatrix};\ t \in \mathbb{R}$ $\quad k\colon \vec{x} = \begin{pmatrix} 2 \\ 0 \\ 0 \end{pmatrix} + s \cdot \begin{pmatrix} -2 \\ 6 \\ 3 \end{pmatrix};\ s \in \mathbb{R}$

c) $g\colon \vec{x} = \begin{pmatrix} 0 \\ 0 \\ 0 \end{pmatrix} + t \cdot \begin{pmatrix} 3 \\ 3 \\ 2{,}5 \end{pmatrix};\ t \in \mathbb{R}$ $\quad i\colon \vec{x} = \begin{pmatrix} 4 \\ 0 \\ 0 \end{pmatrix} + s \cdot \begin{pmatrix} -2 \\ 4 \\ 0 \end{pmatrix};\ s \in \mathbb{R}$

$k\colon \vec{x} = \begin{pmatrix} 2 \\ 4 \\ 0 \end{pmatrix} + r \cdot \begin{pmatrix} 2 \\ 2 \\ 5 \end{pmatrix};\ r \in \mathbb{R}$

7. a) $|\vec{v}| = \sqrt{4^2 + 4^2 + (-2)^2} = 6$

Die Bohrmaschine schafft 6 m pro Tag.

b) $\overrightarrow{OP} = \begin{pmatrix} 250 \\ 780 \\ 1030 \end{pmatrix} + 10 \cdot \begin{pmatrix} 4 \\ 4 \\ -2 \end{pmatrix} = \begin{pmatrix} 290 \\ 820 \\ 1010 \end{pmatrix}$

Das Tunnelende liegt im Punkt P (290 | 820 | 1 010).

c) Pro Tag bewegt sich der Bohrkopf um den Vektor $\vec{v}$.

Nach 1 Tag: $\overrightarrow{OP_1} = \overrightarrow{OA} + 1 \cdot \vec{v}$

Nach 2 Tagen: $\overrightarrow{OP_2} = \overrightarrow{OP_1} + 1 \cdot \vec{v} = \overrightarrow{OA} + \vec{v} + \vec{v} = \overrightarrow{OA} + 2 \cdot \vec{v}$

Entsprechend nach k Tagen:

$\overrightarrow{OP_k} = \overrightarrow{OP_{k-1}} + \vec{v} = \overrightarrow{OA} + \underbrace{\vec{v} + \vec{v} + \ldots + \vec{v}}_{\text{k Summanden}} = \overrightarrow{OA} + k \cdot \vec{v}$

$0 \le k \le 10$

$P_1(254 | 784 | 1028)$, $P_2(258 | 788 | 1026)$, $P_3(262 | 792 | 1024)$

d) Es muss ein k mit $0 \le k \le 10$ geben, sodass gilt: $\begin{pmatrix} 270 \\ 800 \\ 1020 \end{pmatrix} = \begin{pmatrix} 250 \\ 780 \\ 1030 \end{pmatrix} + k \cdot \begin{pmatrix} 4 \\ 4 \\ -2 \end{pmatrix}$

Dies ist der Fall für $k = 5$

Entsprechend:

$\begin{pmatrix} 300 \\ 820 \\ 1010 \end{pmatrix} = \begin{pmatrix} 250 \\ 780 \\ 1030 \end{pmatrix} + k \cdot \begin{pmatrix} 4 \\ 4 \\ -2 \end{pmatrix}$

Es gibt keinen Wert für k, der diese Gleichung erfüllt.

$\begin{pmatrix} 310 \\ 840 \\ 1000 \end{pmatrix} = \begin{pmatrix} 250 \\ 780 \\ 1030 \end{pmatrix} + k \cdot \begin{pmatrix} 4 \\ 4 \\ -2 \end{pmatrix}$

Dies ist der Fall für $k = 15$, die Lösung liegt aber nicht im Intervall [0; 10].

Somit gilt: E liegt auf der Tunnelstrecke, die Punkte F und G aber nicht.

8. a) Z. B.: $g\colon \vec{x} = \begin{pmatrix} -2 \\ 5 \\ 3 \end{pmatrix} + t \cdot \begin{pmatrix} 4 \\ -8 \\ -2 \end{pmatrix};\ t \in \mathbb{R}$ oder $g\colon \vec{x} = \begin{pmatrix} 2 \\ -3 \\ 1 \end{pmatrix} + s \cdot \begin{pmatrix} -4 \\ 8 \\ 2 \end{pmatrix};\ s \in \mathbb{R}$

P liegt auf g (im Beispiel: $t = -3$, $s = 4$). P liegt nicht zwischen A und B.

259

b) Z.B.: $g\colon \vec{x} = \begin{pmatrix} 5 \\ -3 \\ -1 \end{pmatrix} + t\begin{pmatrix} -3 \\ 2 \\ 3 \end{pmatrix}$; $t \in \mathbb{R}$ oder $g\colon \vec{x} = \begin{pmatrix} 2 \\ -1 \\ 2 \end{pmatrix} + s\begin{pmatrix} -6 \\ 4 \\ 6 \end{pmatrix}$; $s \in \mathbb{R}$

P liegt nicht auf g.

9. a) Alle Punkte der Strecke $\overline{AB}$ mit $A(-4\,|\,-6\,|\,3)$ und $B(1\,|\,9\,|\,3)$ inklusive der Punkte A und B.

b) Alle inneren Punkte der Strecke $\overline{CD}$ mit $C(4\,|\,0\,|\,-4)$ und $D(20\,|\,-8\,|\,0)$ (d. h. exklusive der Punkte C und D).

10. a) A liegt auf g für $k = -2$.
B liegt nicht auf g.
C liegt auf g für $k = 5$.

b) A liegt auf g für $t = -3$.
B liegt nicht auf g.
C liegt nicht auf g.

260

11. a) $\overrightarrow{PQ} = \begin{pmatrix} -2 \\ -4 \\ 4 \end{pmatrix}$, $\overrightarrow{PR} = \begin{pmatrix} 3 \\ 6 \\ -6 \end{pmatrix}$

Da $\overrightarrow{PR} = -\frac{3}{2} \cdot \overrightarrow{PQ}$, liegen P, Q, R auf einer Geraden und da der Vorfaktor negativ ist, liegt P zwischen Q und R.

b) $\overrightarrow{PQ} = \begin{pmatrix} 24 \\ -32 \\ 16 \end{pmatrix}$, $\overrightarrow{PR} = \begin{pmatrix} 15 \\ -20 \\ 10 \end{pmatrix}$, $\overrightarrow{PR} = \frac{5}{8}\overrightarrow{PQ}$

P, Q, R liegen auf einer Geraden. Da $\frac{5}{8} < 1$ liegt R näher an P als Q. Also liegt R zwischen P und Q.

12. a) $g\colon \vec{x} = \begin{pmatrix} 11 \\ 1 \\ 6 \end{pmatrix} + k \cdot \begin{pmatrix} -6 \\ -2 \\ -4 \end{pmatrix}$

Punkte der Geraden liegen zwischen A und B für $0 < k < 1$.

Also: $k = \frac{1}{2}$ $\quad P_1(8\,|\,0\,|\,4)$

$k = \frac{1}{4}$ $\quad P_2(9{,}5\,|\,0{,}5\,|\,5)$

b) $Q(a\,|\,a\,|\,a)$ ist ein Punkt mit drei gleichen Koordinaten.

Es muss gelten: $\begin{pmatrix} a \\ a \\ a \end{pmatrix} = \begin{pmatrix} 11 \\ 1 \\ 6 \end{pmatrix} + k \cdot \begin{pmatrix} -6 \\ -2 \\ -4 \end{pmatrix}$

Also $\left| \begin{array}{l} a = 11 - 6k \\ a = 1 - 2k \\ a = 6 - 4k \end{array} \right|$, bzw. $\left| \begin{array}{l} k = \frac{11 - a}{6} \\ k = \frac{1 - a}{2} \\ k = \frac{6 - a}{4} \end{array} \right|$

Aus den beiden letzten Gleichungen erhalten wir $a = -4$; $k = \frac{5}{2}$

Diese Lösung erfüllt auch die erste Gleichung.

$Q(-4\,|\,-4\,|\,-4)$ liegt auf g.

13. a) $P(-4\,634\,|\,2\,035\,|\,-500)$

b) $\overrightarrow{PW} = \begin{pmatrix} 69 \\ 80 \\ -8 \end{pmatrix}$

Entfernung Tauchboot zum Wrack ist die Länge des Vektors $\overrightarrow{PW}$:

$|\overrightarrow{PW}| = \sqrt{11\,225} \approx 105{,}95 > 100$

Die Crew sieht das Wrack nicht.

260

14. a) $\begin{pmatrix}-14\\-11\\9\end{pmatrix}=\begin{pmatrix}-2\\1\\3\end{pmatrix}+t\cdot\begin{pmatrix}-4\\-4\\2\end{pmatrix}$ für $t=3$

$\begin{pmatrix}18\\21\\-7\end{pmatrix}=\begin{pmatrix}-2\\1\\3\end{pmatrix}+t\cdot\begin{pmatrix}-4\\-4\\2\end{pmatrix}$ für $t=-5$

Für die Punkte auf der Strecke $\overline{AB}$ gilt:

$\overrightarrow{OX}=\begin{pmatrix}-2\\1\\3\end{pmatrix}+t\cdot\begin{pmatrix}-4\\-4\\2\end{pmatrix}$ für $-5\le t\le 3$

b) $\begin{pmatrix}30\\101\\115\end{pmatrix}=\begin{pmatrix}0\\1\\-5\end{pmatrix}+t\cdot\begin{pmatrix}3\\10\\12\end{pmatrix}$ für $t=10$

$\begin{pmatrix}300\\1001\\1195\end{pmatrix}=\begin{pmatrix}0\\1\\-5\end{pmatrix}+t\cdot\begin{pmatrix}3\\10\\12\end{pmatrix}$ für $t=100$

Für die Punkte auf der Strecke $\overline{AB}$ gilt:

$\overrightarrow{OX}=\begin{pmatrix}0\\1\\-5\end{pmatrix}+t\cdot\begin{pmatrix}3\\10\\12\end{pmatrix}$ für $10\le t\le 100$

15. a) (1) $g\colon \vec{x}=\begin{pmatrix}4\\2\\3\end{pmatrix}+r\cdot\begin{pmatrix}-2\\3\\-4\end{pmatrix};\ r\in\mathbb{R}$

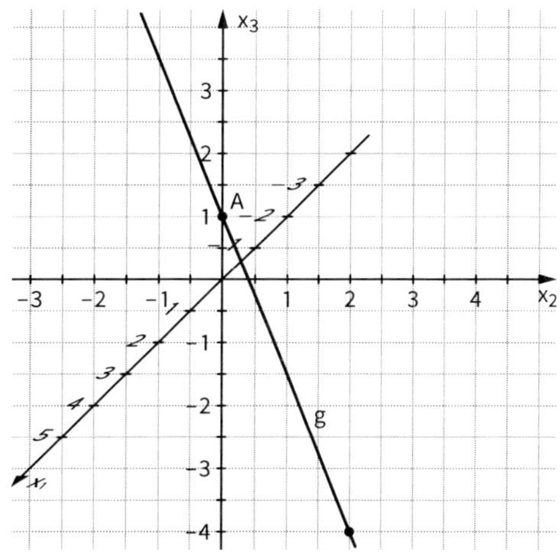

(2) $g\colon \vec{x}=\begin{pmatrix}2\\1\\-2\end{pmatrix}+r\cdot\begin{pmatrix}-4\\2\\4\end{pmatrix};\ r\in\mathbb{R}$

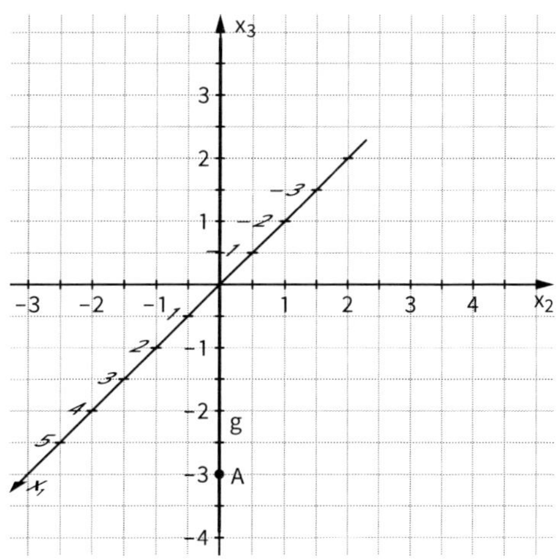

260

(3) $g\colon \vec{x} = \begin{pmatrix} -3 \\ -3 \\ 1 \end{pmatrix} + r \cdot \begin{pmatrix} 3 \\ 2 \\ -1 \end{pmatrix};\ r \in \mathbb{R}$

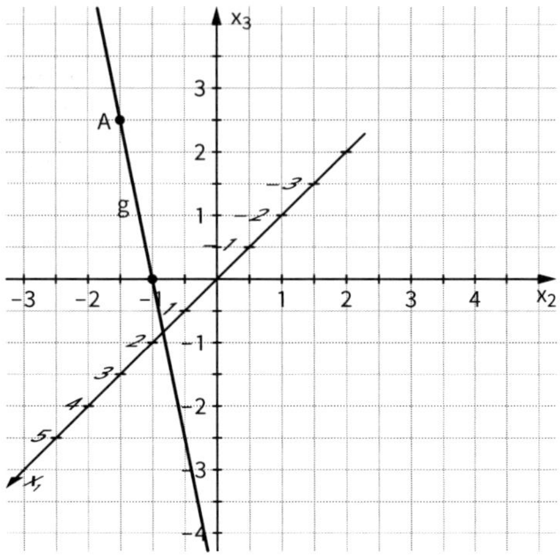

b) (1) $\left(2{,}5 \,\middle|\, \frac{17}{4} \,\middle|\, 0\right)$ (2) $(0\,|\,1\,|\,0)$ (3) $(0\,|\,-1\,|\,0)$

Dies sind jeweils die Schnittpunkte der Geraden g mit der x_1x_2-Ebene.

261

16. a) $S_{12}(2\,|\,-1\,|\,0)$; $S_{13}\left(\frac{4}{3}\,\middle|\,0\,\middle|\,1\right)$, $S_{23}(0\,|\,2\,|\,3)$

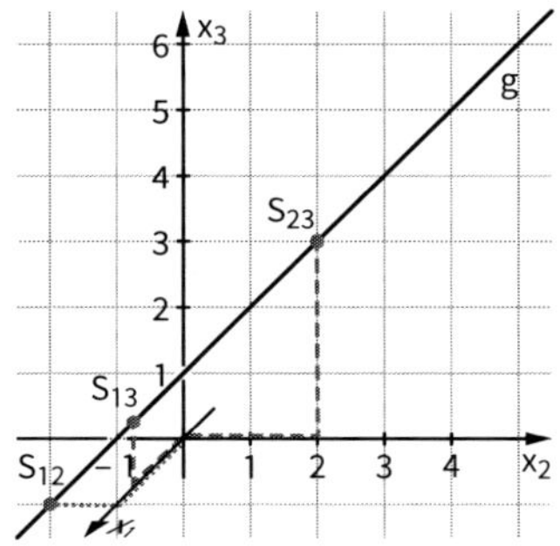

b) $S_{12}(10\,|\,2\,|\,0)$; $S_{13}(10\,|\,0\,|\,3)$;
S_{23} existiert nicht
g verläuft parallel zur x_2x_3-Ebene

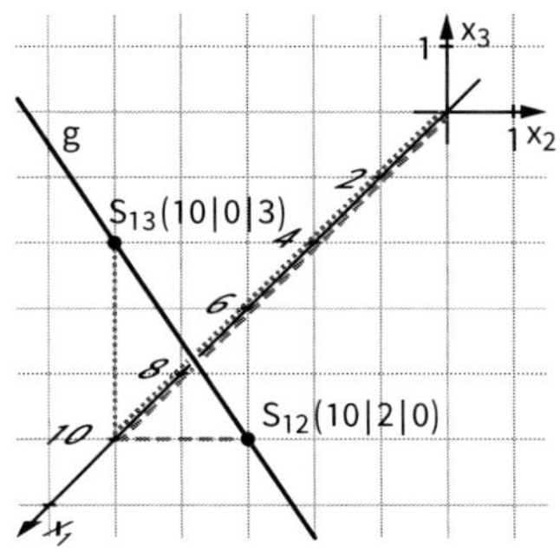

261

c) S_{12} und S_{13} existieren nicht.
$S_{23}(0|-2|4)$
g verläuft parallel zur x_1x_2-Ebene und zur x_1x_3-Ebene.

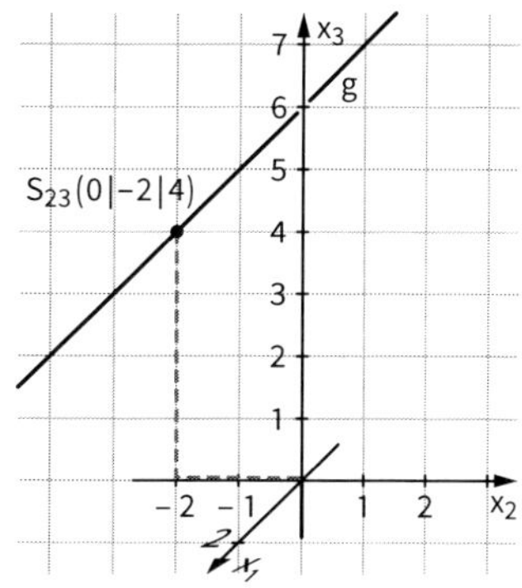

17. a) $S_{12}(6|0|0) = S_{13}$; $S_{23}(0|2|5)$
Zwei Spurpunkte fallen zusammen.
g schneidet die x_1x_2-Ebene und die x_1x_3-Ebene in einem Punkt der x_1-Achse.

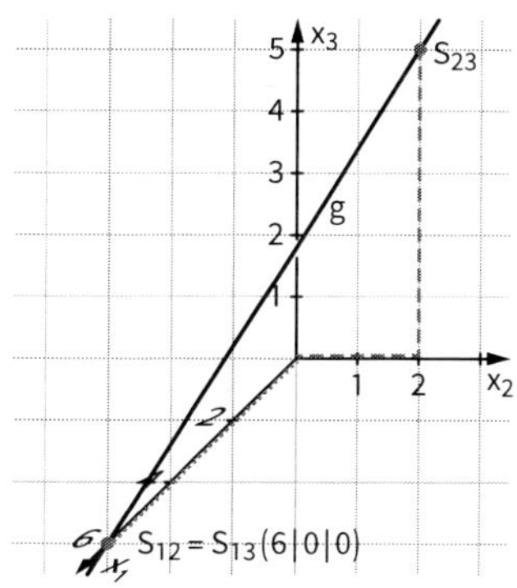

b) $S_{12}(0|0|0) = S_{13} = S_{23}$
g ist eine Ursprungsgerade.

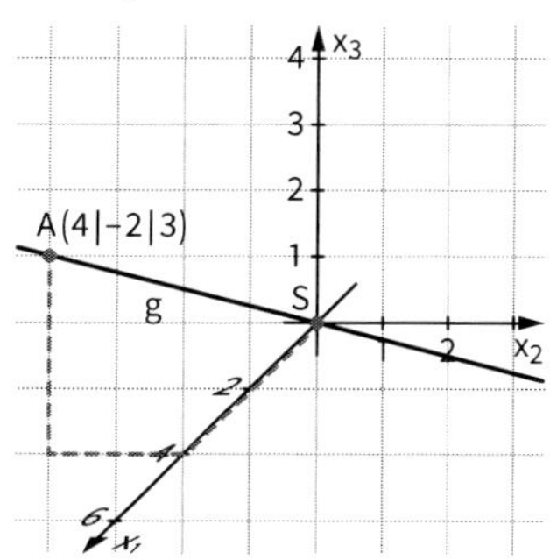

261

c) $S_{12}(0|8|0) = S_{23}$; $S_{13}(-16|0|-24)$
Zwei Spurpunkte fallen zusammen.
g schneidet die x_1x_2-Ebene und die x_2x_3-Ebene in einem Punkt der x_2-Achse.

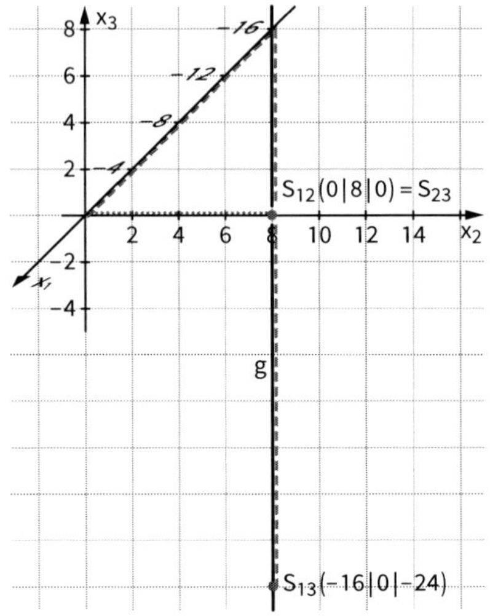

18. a) $S_{13}(4|0|3)$; $S_{23}(0|2|3)$; g: $\vec{x} = \begin{pmatrix} 4 \\ 0 \\ 3 \end{pmatrix} + k \cdot \begin{pmatrix} -4 \\ 2 \\ 0 \end{pmatrix}$

b) $S_{13}(2|0|3)$ g: $\vec{x} = \begin{pmatrix} 2 \\ 0 \\ 3 \end{pmatrix} + r \cdot \begin{pmatrix} 0 \\ 1 \\ 0 \end{pmatrix}$

261

19.

Anzahl der Spurpunkte	Beschreibung und Beipiel	Skizze
1 Spurpunkt	g verläuft paralell zu zwei Koordinatenebenen z. B. g: $\vec{x} = \begin{pmatrix} 2 \\ 3 \\ 2 \end{pmatrix} + k \cdot \begin{pmatrix} 1 \\ 0 \\ 0 \end{pmatrix}$ $S_{23}(0\|3\|2)$	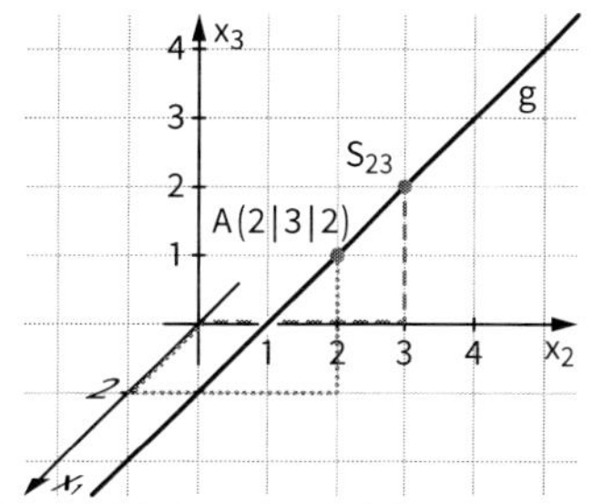
2 Spurpunkte	g verläuft parallel zu einer Koordinatenebene z. B. g: $\vec{x} = \begin{pmatrix} 4 \\ 0 \\ 3 \end{pmatrix} + k \cdot \begin{pmatrix} 2 \\ -1 \\ 0 \end{pmatrix}$ $S_{13}(4\|0\|3)$; $S_{23}(0\|2\|3)$	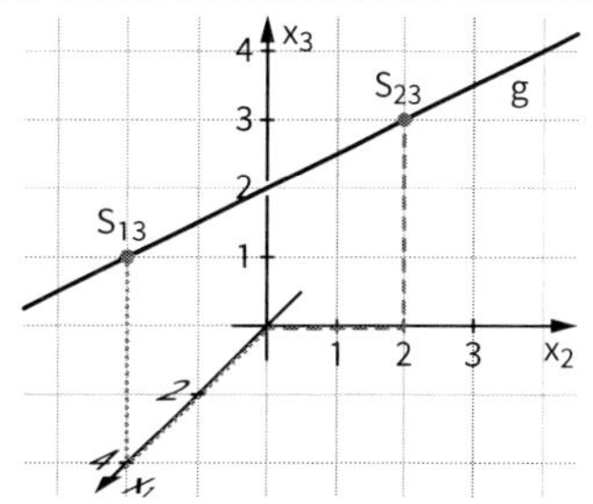
3 Spurpunkte	g schneidet alle drei Koordinatenebenen z. B. g: $\vec{x} = \begin{pmatrix} 4 \\ 6 \\ -1 \end{pmatrix} + k \cdot \begin{pmatrix} -1 \\ -2 \\ 1 \end{pmatrix}$ $S_{12}(3\|4\|0)$; $S_{13}(1\|0\|2)$; $S_{23}(0\|-2\|3)$	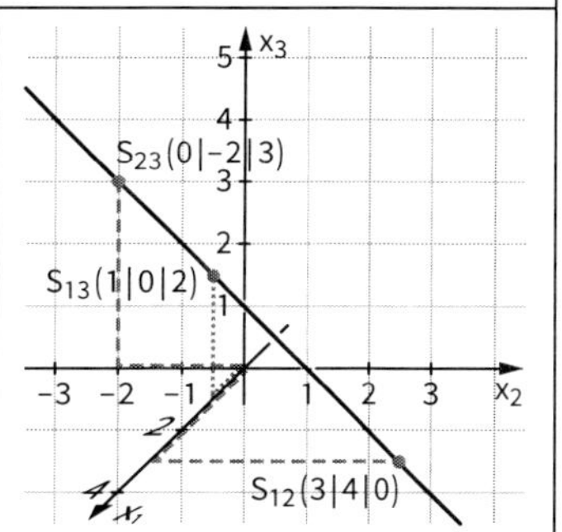

20. a) Ursprungsgerade in x_1x_2-Ebene — z. B.: g: $\vec{x} = \begin{pmatrix} 1 \\ 1 \\ 0 \end{pmatrix} + t \cdot \begin{pmatrix} 1 \\ 1 \\ 0 \end{pmatrix}$; $t \in \mathbb{R}$

b) x_2-Achse — z. B.: g: $\vec{x} = \begin{pmatrix} 0 \\ 1 \\ 0 \end{pmatrix} + t \cdot \begin{pmatrix} 0 \\ 1 \\ 0 \end{pmatrix}$; $t \in \mathbb{R}$

c) Ursprungsgerade in x_2x_3-Ebene — z. B.: g: $\vec{x} = \begin{pmatrix} 0 \\ 1 \\ -1 \end{pmatrix} + t \cdot \begin{pmatrix} 0 \\ 1 \\ -1 \end{pmatrix}$; $t \in \mathbb{R}$

d) Gerade verläuft in x_2x_3-Ebene — z. B.: g: $\vec{x} = \begin{pmatrix} 2 \\ 0 \\ 3 \end{pmatrix} + t \cdot \begin{pmatrix} 1 \\ 0 \\ 1 \end{pmatrix}$; $t \in \mathbb{R}$

261

21. Bei der Spiegelung eines Punktes an der x_1x_3-Ebene bleiben die x_1- und die x_3-Koordinate des Punktes erhalten, die x_2-Koordinate erhält das entgegengesetzte Vorzeichen.

a) Zwei Punkte, die auf g liegen: A(4 | 3 | 2), B(5 | 2 | 0)

Bildpunkte bei der Spiegelung:

A′(4 | −3 | 2), B′(5 | −2 | 0)

Die Bildgerade geht durch die Punkte A′ und B′, also $g'\colon \vec{x} = \begin{pmatrix} 4 \\ -3 \\ 2 \end{pmatrix} + r \cdot \begin{pmatrix} 1 \\ 1 \\ -2 \end{pmatrix}$.

Beobachtung: Da sich A und A′ sowie B und B′ nur im Vorzeichen der x_2-Koordinate unterscheiden, gilt dies auch für die Vektoren $\overrightarrow{AB}$ und $\overrightarrow{A'B'}$.

b) $g'\colon \vec{x} = \begin{pmatrix} -5 \\ -2 \\ -2 \end{pmatrix} + s \cdot \begin{pmatrix} 0 \\ -1 \\ -1 \end{pmatrix}$

c) $g'\colon \vec{x} = \begin{pmatrix} 2 \\ -2 \\ 1 \end{pmatrix} + t \cdot \begin{pmatrix} -2 \\ 0 \\ 3 \end{pmatrix}$

22. a) $g\colon \vec{x} = k \cdot \begin{pmatrix} 0 \\ 1 \\ 0 \end{pmatrix}$

b) $g\colon \vec{x} = \begin{pmatrix} 7 \\ 4 \\ 6 \end{pmatrix} + k \cdot \begin{pmatrix} 0 \\ 0 \\ 1 \end{pmatrix}$

c) $g\colon \vec{x} = \begin{pmatrix} 1 \\ 0 \\ 1 \end{pmatrix} + k \cdot \begin{pmatrix} 0 \\ 1 \\ 0 \end{pmatrix}$

d) $g\colon \vec{x} = k \cdot \begin{pmatrix} 0 \\ 1 \\ 1 \end{pmatrix}$

e) $g\colon \vec{x} = \begin{pmatrix} 3 \\ 3 \\ 3 \end{pmatrix} + k \cdot \begin{pmatrix} 1 \\ 1 \\ 0 \end{pmatrix}$

6.2 Lagebeziehungen zwischen Geraden

262

Einstiegsaufgabe ohne Lösung

■

	Lagebeziehung	Rechnung
1. Fall:	Zwei Geraden schneiden sich in einem gemeinsamen Punkt. In der Abbildung schneiden sich g_1 und g_2 im Punkt B.	Parameterdarstellungen gleich setzen. Lineares Gleichungssystem mit 3 Gleichungen und zwei Unbekannten (Parameter der beiden Geraden) aufstellen und lösen. Es gibt genau eine Lösung.
2. Fall	Die beiden Geraden sind parallel zueinander. In der Abbildung gilt: $g_1 \parallel g_3$	Das Gleichungssystem wie im Fall 1 hat keine Lösungen. Die Richtungsvektoren sind Vielfache voneinander.
3. Fall	Die beiden Geraden schneiden sich nicht und sind auch nicht parallel zueinander.	Das Gleichungssystem wie im Fall 1 hat keine Lösungen. Die Richtungsvektoren sind keine Vielfachen voneinander.

Wenn das Gleichungssystem wie im Fall 1 beliebig viele Lösungen hat, dann handelt es sich um ein und dieselbe Gerade.

■ $g_1\colon \vec{x} = \begin{pmatrix} 6 \\ 6 \\ 0 \end{pmatrix} + k \cdot \begin{pmatrix} 6 \\ 0 \\ 0 \end{pmatrix}$ $g_2\colon \vec{x} = \begin{pmatrix} 0 \\ 6 \\ 0 \end{pmatrix} + r \cdot \begin{pmatrix} 1 \\ -1 \\ 4 \end{pmatrix}$ $g_3\colon \vec{x} = \begin{pmatrix} 5 \\ 1 \\ 4 \end{pmatrix} + s \cdot \begin{pmatrix} -4 \\ 0 \\ 0 \end{pmatrix}$

1) Wir betrachten zuerst paarweise die Richtungsvektoren der Geraden:

- g_1 und g_2:
  Die beiden Richtungsvektoren sind keine Vielfachen voneinander, also sind g_1 und g_2 nicht parallel zueinander.
- g_1 und g_3:
  $\begin{pmatrix} 6 \\ 0 \\ 0 \end{pmatrix} = -\frac{3}{2} \begin{pmatrix} -4 \\ 0 \\ 0 \end{pmatrix}$, also sind g_1 und g_3 parallel zueinander.
- Somit sind auch g_2 und g_3 nicht parallel zueinander.

262

2) Untersuchung auf gemeinsame Punkte

- g_1 und g_2:

  Die Gleichung $\begin{pmatrix}6\\6\\0\end{pmatrix}+k\cdot\begin{pmatrix}6\\0\\0\end{pmatrix}=\begin{pmatrix}0\\6\\0\end{pmatrix}+r\cdot\begin{pmatrix}1\\-1\\4\end{pmatrix}$

  führt auf das lineare Gleichungssystem $\left|\begin{array}{r}6k-r=-6\\ r=\;\;0\\ -4r=\;\;0\end{array}\right|$ mit der Lösung $k=-1;\; r=0$

  Die beiden Geraden g_1 und g_2 schneiden sich im Punkt $C(0|6|0)$.

- g_1 und g_3:

  $E(5|1|4)$ liegt nicht auf g_1 (Punktprobe), also sind g_1 und g_3 parallel zueinander, aber nicht identisch.

- g_2 und g_3:

  Die Gleichung $\begin{pmatrix}0\\6\\0\end{pmatrix}+r\cdot\begin{pmatrix}1\\-1\\4\end{pmatrix}=\begin{pmatrix}5\\1\\4\end{pmatrix}+s\cdot\begin{pmatrix}-4\\0\\0\end{pmatrix}$

  führt auf das lineare Gleichungssystem $\left|\begin{array}{l}r+4s=\;\;5\\ -r\;\;\;\;\;\;\;=-5\\ 4r\;\;\;\;\;\;\;=\;\;4\end{array}\right|$, das keine Lösung hat.

  Also schneiden sich g_2 und g_3 nicht, sind aber auch nicht parallel zueinander.

265

1. **a)** g und h schneiden sich im Punkt $S(-5|1|4)$.
b) g und h sind zueinander parallel.
c) g und h sind identisch.
d) g und h schneiden sich im Punkt $S(3|-4|5)$
e) g und h sind windschief.
f) g und h schneiden sich im Punkt $S(3|-2|4)$

2. Lena hat aus den ersten beiden Gleichungen $t=1$ und $k=2$ richtig errechnet.
Sie hat aber vergessen zu überprüfen, ob $t=1$ und $k=2$ auch die dritte Gleichung erfüllen. Dies ist nicht der Fall, deshalb sind die beiden Geraden windschief zueinander.

3. In der Aufgabenstellung benutzen beide Parameterdarstellungen den Parameter k. Fabian hat nicht beachtet, dass er einen der beiden Parameter umbenennen muss, wenn er den Schwerpunkt bestimmen möchte.

$$\begin{array}{l}(1)\\(2)\\(3)\end{array}\left|\begin{array}{r}-2+3k=\;\;7+\;\;s\\ 6-2k=\;\;4-2s\\ -3+2k=-4+3s\end{array}\right|$$

Aus (2) folgt $k=1+s$
eingesetzt in (1): $s=3$
eingesetzt in (3): $s=3$
Die Graphen g und h schneiden sich im Punkt $S(10|-2|5)$.

265

4. a) Spurpunkte von g:
$S_{12}(1|1|0)$; $S_{13}(0|0|-2) = S_{23}$
Spurpunkte von h:
$S_{12}(2|5|0)$; $S_{13}(2|0|5)$;
S_{23} existiert nicht.

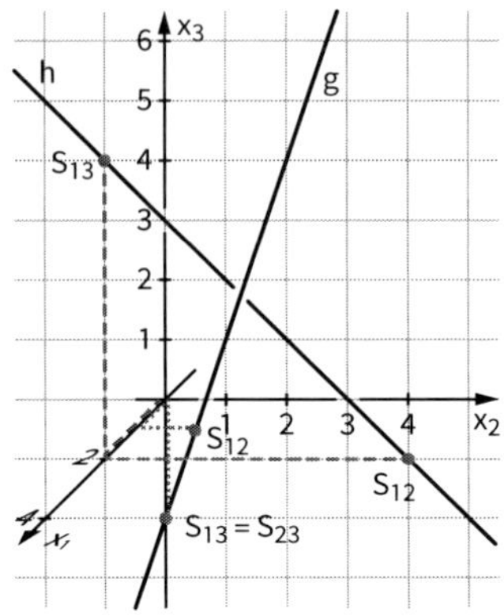

b) Die beiden Richtungsvektoren von g und h sind keine Vielfachen voneinander. Somit sind g und h nicht parallel zueinander.
Die Gleichung $\begin{pmatrix} 3 \\ 3 \\ 4 \end{pmatrix} + s \cdot \begin{pmatrix} 1 \\ 1 \\ 2 \end{pmatrix} = \begin{pmatrix} 2 \\ 2 \\ 3 \end{pmatrix} + t \cdot \begin{pmatrix} 0 \\ 1 \\ -1 \end{pmatrix}$

führt auf das lineare Gleichungssystem $\left| \begin{matrix} s & = -1 \\ s - t & = -1 \\ 2s + t & = -1 \end{matrix} \right|$, das keine Lösung hat.

g und h sind windschief zueinander.

5. a) Spurpunkte von g: $S_{12}(0|-1|0) = S_{23}$; $S_{13}(2|0|1)$
Spurpunkte von h: $S_{12}(2|1|0)$; $S_{23}(0|1|-2)$; S_{13} existiert nicht.
Die Spurpunkte und alle anderen Punkte von g liegen in der Zeichnung mit unserem üblichen Verkürzungsfaktor $k \approx 0{,}7$ und dem Winkel 45° alle auf einem Punkt.
Daher fertigen wir eine Zeichnung mit einem Winkel von ca. 56,3° und einem Verkürzungsfaktor von $k \approx 0{,}6$ an.

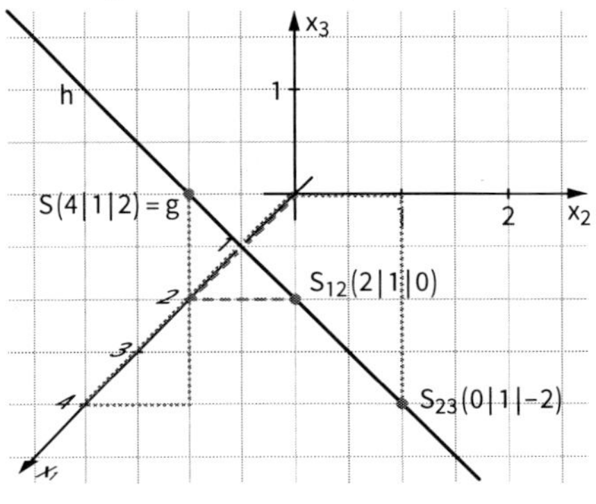

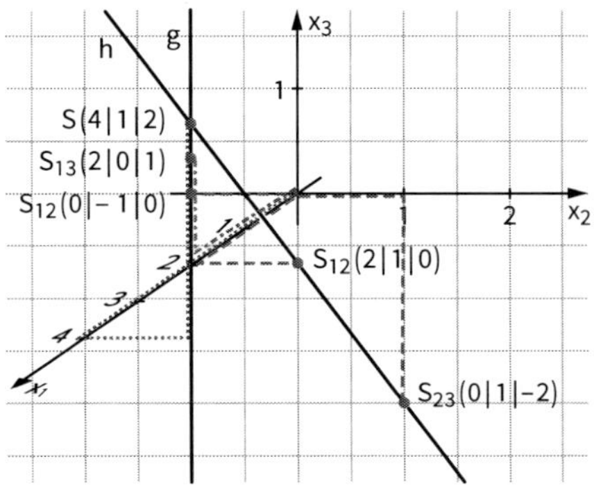

b) Die Gleichung $\begin{pmatrix} 0 \\ -1 \\ 0 \end{pmatrix} + s \cdot \begin{pmatrix} 2 \\ 1 \\ 1 \end{pmatrix} = \begin{pmatrix} 3 \\ 1 \\ 1 \end{pmatrix} + t \cdot \begin{pmatrix} 1 \\ 0 \\ 1 \end{pmatrix}$

führt auf das lineare Gleichungssystem $\left| \begin{matrix} 2s - t & = 3 \\ s & = 2 \\ s - t & = 1 \end{matrix} \right|$ mit der Lösung $s = 2$; $t = 1$

Schnittpunkt $S(4|1|2)$
Punkte, deren Schrägbild im Koordinatensystem an derselben Stelle liegen:
$P_1(0|-1|0)$, $P_2(-2|-2|-1)$, $P_3(6|2|3)$

266

6. **a)** P liegt nicht auf g. Wir wählen P als Aufpunkt der Geraden h und verwenden denselben Richtungsvektor.

Eine mögliche Lösung: h: $\vec{x} = \begin{pmatrix} 15 \\ 26 \\ 31 \end{pmatrix} + t \cdot \begin{pmatrix} -2 \\ -3 \\ 5 \end{pmatrix}$

b) P liegt nicht auf g. Wir wählen P als Aufpunkt der Geraden h und verwenden denselben Richtungsvektor.

Eine mögliche Lösung: h: $\vec{x} = \begin{pmatrix} 8 \\ 16 \\ 5 \end{pmatrix} + t \cdot \begin{pmatrix} 1 \\ -4 \\ 0 \end{pmatrix}$

7. **a)** $\vec{x} = \begin{pmatrix} 0 \\ 0 \\ 0 \end{pmatrix} + t \cdot \begin{pmatrix} 4 \\ 2 \\ 3 \end{pmatrix}$ **b)** $\vec{x} = \begin{pmatrix} 1 \\ 1 \\ 1 \end{pmatrix} + t \cdot \begin{pmatrix} 4 \\ 2 \\ 1 \end{pmatrix}$ **c)** $\vec{x} = \begin{pmatrix} 1 \\ 1 \\ 0 \end{pmatrix} + t \cdot \begin{pmatrix} 4 \\ 2 \\ 3 \end{pmatrix}$

8. $g \nparallel h$: Richtungsvektoren sind nicht kollinear zueinander.

$$\left| \begin{array}{l} -p+2t = 2+2s \\ 1-8t = 6-2s \\ -2-4t = 4p-4s \end{array} \right|; \quad \left| \begin{array}{l} 2t-2s = p+2 \\ -8t+2s = 5 \\ -4t+4s = 4p+2 \end{array} \right|$$

1. und 2. Gleichung addieren:

$$\left| \begin{array}{l} -6t = p+7 \\ -8t+2s = 5 \\ -4t+4s = 4p+2 \end{array} \right|$$

Das Doppelte der 2. Gleichung von der 3. Gleichung subtrahieren:

$$\left| \begin{array}{l} -6t = p+7 \\ -8t+2s = 5 \\ 12t = 4p-8 \end{array} \right|$$

Das Doppelte der 1. Gleichung zur 3. Gleichung addieren:

$$\left| \begin{array}{l} -6t = p+7 \\ -8t+2s = 5 \\ 0 = 6p+6 \end{array} \right|; \quad \left| \begin{array}{l} -6t = p+7 \\ -8t+2s = 5 \\ p = -1 \end{array} \right|; \quad \left| \begin{array}{l} t = -\frac{1}{6}p - \frac{7}{6} \\ s = 4t+2{,}5 \\ p = -1 \end{array} \right|; \quad \left| \begin{array}{l} t = -1 \\ s = -1{,}5 \\ p = -1 \end{array} \right|$$

Für $p = -1$ schneiden sich die Geraden g und h im Punkt $S(-1|9|2)$.

9. **a)** Die Geraden a und b liegen windschief zueinander und bilden kein Dreieck.

b) $A(-8|-12|10)$; $B(6|9|24)$; $C(-4|-4|-2)$

$|\overline{AB}| = \sqrt{833} \approx 28{,}86$; $|\overline{AC}| = \sqrt{244} \approx 14{,}97$; $|\overline{BC}| = \sqrt{945} \approx 30{,}74$

266

10. a) Z.B.

h_{AB}: $\vec{x} = \begin{pmatrix} 3 \\ 1 \\ 4 \end{pmatrix} + s \begin{pmatrix} -5 \\ 3 \\ -3 \end{pmatrix}$; $s \in \mathbb{R}$

g und h_{AB} liegen windschief zueinander.

b) Da $\overrightarrow{AB} = \begin{pmatrix} -5 \\ 3 \\ -3 \end{pmatrix} = \overrightarrow{DC}$ und

$\overrightarrow{AD} = \begin{pmatrix} 0 \\ -3 \\ 2 \end{pmatrix} = \overrightarrow{BC}$,

liegt ein Parallelogramm vor.
Schnittpunkt der Diagonalen: (0,5 | 1 | 3,5).

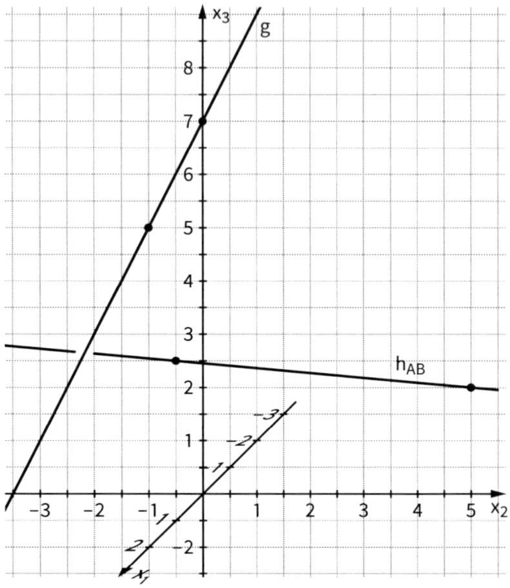

11. a) D(−1 | −1 | 2)

b) Z.B.

g_{M_1C}: $\vec{x} = \begin{pmatrix} 1 \\ -5 \\ 8 \end{pmatrix} + s \cdot \begin{pmatrix} -3 \\ -4 \\ 7 \end{pmatrix}$; $s \in \mathbb{R}$

Z.B.

h_{M_2D}: $\vec{x} = \begin{pmatrix} -1 \\ -1 \\ 2 \end{pmatrix} + r \cdot \begin{pmatrix} -4 \\ 3 \\ -4 \end{pmatrix}$; $r \in \mathbb{R}$

Schnittpunkt (2,2 | −3,4 | 5,2)

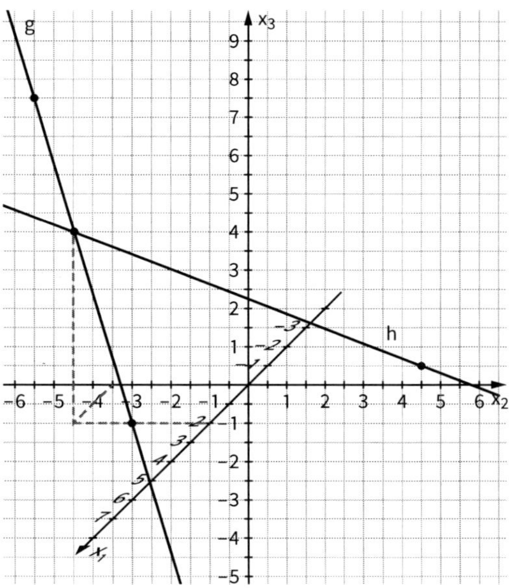

12. a) C(5 | 5 | 0); F(6 | 5 | 1); G(6 | 6 | 0); H(4 | 6 | 1)

b) Die Diagonalen AG und EC schneiden sich im Punkt (4,5 | 5 | 1).

13. a) G(2 | 4 | 5); H(2 | 2 | 5); Zeichnung siehe Schülerband.

b) Gerade AQ liegt zur Geraden BH windschief.
Gerade AQ schneidet Gerade EP im Punkt (3,75 | 3 | 3,75).
Gerade BH schneidet Gerade EP im Punkt (3,6 | 3,6 | 3).

c) S(3 | 3 | 7,5)

267

14. Das Flugzeug überfliegt das Windrad mit einer Flughöhe von 384 m, d. h. der vertikale Abstand vom höchsten Punkt des Windrades beträgt 214 m.

15. Ein Stollen verläuft entlang einer Geraden s

$\vec{x} = \begin{pmatrix} 120 \\ 315 \\ -80 \end{pmatrix} + k \cdot \begin{pmatrix} -25 \\ -36 \\ -12 \end{pmatrix}$

Der Stollen trifft das Wasser im Punkt P.

$x_3 = -90 \Rightarrow -90 = -80 + k\,(-12)$

$k = \frac{10}{12} = \frac{5}{6}$

$x_1 = 120 - \frac{25 \cdot 5}{6} = \frac{595}{6}$; $x_2 = 315 - \frac{36 \cdot 5}{6} = 285$

$P\left(\frac{595}{6} \,\middle|\, 285 \,\middle|\, -90\right)$

Die Bohrungen für den Stollen auf der Erdoberfläche befinden sich zwischen den Punkten $(120\,|\,315\,|\,0)$ und $\left(\frac{595}{6} \,\middle|\, 285 \,\middle|\, 0\right)$.

Der Bereich auf der Erdoberfläche ist $\vec{x} = \begin{pmatrix} 120 \\ 315 \\ 0 \end{pmatrix} + s \cdot \begin{pmatrix} -25 \\ -36 \\ 0 \end{pmatrix}$ für $0 \le s \le \frac{5}{6}$.

268

16. a) Flugbahn des Passagierflugzeugs: $g\colon \vec{x} = \begin{pmatrix} 8{,}5 \\ -28 \\ 7{,}5 \end{pmatrix} + k \cdot \begin{pmatrix} -0{,}12 \\ 0{,}175 \\ 0 \end{pmatrix}$

Flugbahn des zweiten Flugzeugs: $h\colon \vec{x} = \begin{pmatrix} 22 \\ 15{,}5 \\ 7{,}3 \end{pmatrix} + r \cdot \begin{pmatrix} 0{,}1 \\ -0{,}05 \\ 0{,}001 \end{pmatrix}$

Die beiden Geraden g und h sind nicht parallel zueinander, da ihre Richtungsvektoren keine Vielfachen voneinander sind.

Wir untersuchen, ob g und h sich schneiden:

$\begin{pmatrix} 8{,}5 \\ -28 \\ 7{,}5 \end{pmatrix} + k \cdot \begin{pmatrix} -0{,}12 \\ 0{,}175 \\ 0 \end{pmatrix} = \begin{pmatrix} 22 \\ 15{,}5 \\ 7{,}3 \end{pmatrix} + r \cdot \begin{pmatrix} 0{,}1 \\ -0{,}05 \\ 0{,}001 \end{pmatrix}$ führt auf das LGS $\left| \begin{aligned} -0{,}12\,k - 0{,}1\,r &= 13{,}5 \\ 0{,}175\,k + 0{,}05\,r &= 43{,}5 \\ -0{,}001\,r &= -0{,}2 \end{aligned} \right|$

Das LGS hat keine Lösung.

Die Geraden g und h sind windschief zueinander. Es kann zu keiner Kollision kommen.

b) Passagierflugzeug: $v_1 = \left\| \begin{pmatrix} -0{,}12 \\ 0{,}175 \\ 0 \end{pmatrix} \right\| \approx 0{,}2122$ (in km pro s); $v_1 \approx 0{,}2122\,\frac{\text{km}}{\text{s}} \approx 764\,\frac{\text{km}}{\text{h}}$

zweites Flugzeug: $v_2 = \left\| \begin{pmatrix} 0{,}1 \\ -0{,}05 \\ 0{,}001 \end{pmatrix} \right\| \approx 0{,}1118$ (in km pro s); $v_2 \approx 0{,}1118\,\frac{\text{km}}{\text{s}} \approx 402\,\frac{\text{km}}{\text{h}}$

17. a) Die Gerade verläuft durch die Punkte $P(1\,|\,1\,|\,0)$ und $Q(2\,|\,4\,|\,0)$. Sie liegt in der x_1x_2-Ebene.

b) In der x_1x_2-Ebene hat die Gerade die Steigung $m = \frac{4-1}{2-1} = 3$ und geht durch den Punkt $P(1\,|\,1)$, also hat sie die Gleichung $x_2 = 3(x_1 - 1) + 1 = 3x_1 - 2$

c) Die Gerade liegt in der x_1x_2-Ebene und verläuft durch die Punkte $A(0\,|\,c\,|\,0)$ und $B(1\,|\,m + c\,|\,0)$. Somit hat sie die Parameterdarstellung $x = \begin{pmatrix} 0 \\ c \\ 0 \end{pmatrix} + t \cdot \begin{pmatrix} 1 \\ m \\ 0 \end{pmatrix}$.

268

d)

- x_1-Achse: $\vec{x} = t \cdot \begin{pmatrix} 1 \\ 0 \\ 0 \end{pmatrix}$

  Gleichung für die $x_1 x_2$-Ebene: $x_2 = 0$

  Gleichung für die $x_1 x_3$-Ebene: $x_3 = 0$

- x_2-Achse: $\vec{x} = t \cdot \begin{pmatrix} 0 \\ 1 \\ 0 \end{pmatrix}$

  Gleichung für die $x_1 x_2$-Ebene: $x_1 = 0$

  Gleichung für die $x_2 x_3$-Ebene: $x_3 = 0$

- x_3-Achse: $\vec{x} = t \cdot \begin{pmatrix} 0 \\ 0 \\ 1 \end{pmatrix}$

  Gleichung für die $x_1 x_3$-Ebene: $x_1 = 0$

  Gleichung für die $x_2 x_3$-Ebene: $x_2 = 0$

18. a) $A(0|-1|0)$; $B(1|1|0)$

$g\colon \vec{x} = \begin{pmatrix} 0 \\ -1 \\ 0 \end{pmatrix} + t \cdot \begin{pmatrix} 1 \\ 2 \\ 0 \end{pmatrix}$

$h\colon \vec{x} = \begin{pmatrix} 3 \\ 4 \\ 0 \end{pmatrix} + t \cdot \begin{pmatrix} 2 \\ -1 \\ 0 \end{pmatrix}$

b) $A(0|0|1)$; $B(1|0|4)$

$g\colon \vec{x} = \begin{pmatrix} 0 \\ 0 \\ 1 \end{pmatrix} + t \cdot \begin{pmatrix} 1 \\ 0 \\ 3 \end{pmatrix}$

$h\colon \vec{x} = \begin{pmatrix} 1 \\ 0 \\ 4 \end{pmatrix} + t \cdot \begin{pmatrix} 3 \\ 0 \\ -1 \end{pmatrix}$

c) $A(0|-4|0)$; $B(2|-3|0)$

$g\colon \vec{x} = \begin{pmatrix} 0 \\ -4 \\ 0 \end{pmatrix} + t \cdot \begin{pmatrix} 2 \\ 1 \\ 0 \end{pmatrix}$

$h\colon \vec{x} = \begin{pmatrix} 0 \\ 0 \\ 0 \end{pmatrix} + t \cdot \begin{pmatrix} -1 \\ 2 \\ 0 \end{pmatrix}$

d) $A(0|0|0)$; $B(0|1|4)$

$g\colon \vec{x} = \begin{pmatrix} 0 \\ 0 \\ 0 \end{pmatrix} + t \cdot \begin{pmatrix} 0 \\ 1 \\ 4 \end{pmatrix}$

Anmerkung zur erten Auflage: Richtig ist $P(0|3|4)$

$h\colon \vec{x} = \begin{pmatrix} 0 \\ 3 \\ 4 \end{pmatrix} + t \cdot \begin{pmatrix} 0 \\ 4 \\ -1 \end{pmatrix}$

e) Anmerkung zur erten Auflage: Richtig ist $x_2 = 2x_1 + 1$

$A(0|1|0)$; $B(1|3|0)$

$g\colon \vec{x} = \begin{pmatrix} 0 \\ 1 \\ 0 \end{pmatrix} + t \cdot \begin{pmatrix} 1 \\ 2 \\ 0 \end{pmatrix}$

$h\colon \vec{x} = \begin{pmatrix} 3 \\ 4 \\ 0 \end{pmatrix} + t \cdot \begin{pmatrix} 2 \\ -1 \\ 0 \end{pmatrix}$

Blickpunkt: Licht und Schatten

270 **1.** Eckpunkte des Daches:
$A(5{,}0|-2{,}4|2{,}4)$; $B(5{,}0|0|2{,}4)$; $C(0|-2{,}4|2{,}4)$; $D(0|0|2{,}4)$
Schattenpunkte durch $\vec{v}$: z. B. $\overrightarrow{OA'} = \overrightarrow{OA} + \frac{6}{5}\vec{v}$
$A'(7{,}4|1{,}2|0)$; $B'(7{,}4|3{,}6|0)$; $C'(2{,}4|1{,}2|0)$; $D'(2{,}4|3{,}6|0)$
Schattenpunkte durch $\vec{u}$:
$A''(5{,}8|-0{,}8|0)$; $B''(5{,}8|1{,}6|0)$; $C''(0{,}8|-0{,}8|0)$; $D''(0{,}8|1{,}6|0)$
Grundstücksgrenze:
$g\colon \vec{x} = r \cdot \begin{pmatrix} 1 \\ 0 \\ 0 \end{pmatrix};\ r \in \mathbb{R}$

- Bei $\vec{v}$ liegt der Schatten ganz im Nachbargarten
  $A = 2{,}4\,\text{m} \cdot 5\,\text{m} = 12\,\text{m}^2$.
- Bei $\vec{u}$ liegt der Schatten auf beiden Grundstücken.
  Er ist begrenzt durch B″, D″, $E(5{,}8|0|0)$; $F(0{,}8|0|0)$.
  $A = 1{,}6\,\text{m} \cdot 5\,\text{m} = 8\,\text{m}^2$

2. a) Koordinaten der Spitze: $E(3|3|5)$
Lichtstrahl durch E:
$g\colon \vec{x} = \begin{pmatrix} 3 \\ 3 \\ 5 \end{pmatrix} + k \cdot \begin{pmatrix} 2 \\ 3 \\ -2 \end{pmatrix}$
In der x_1x_2-Ebene gilt $x_3 = 0$
$\Rightarrow k = 2{,}5$
$\Rightarrow E'(8|10{,}5|0)$.

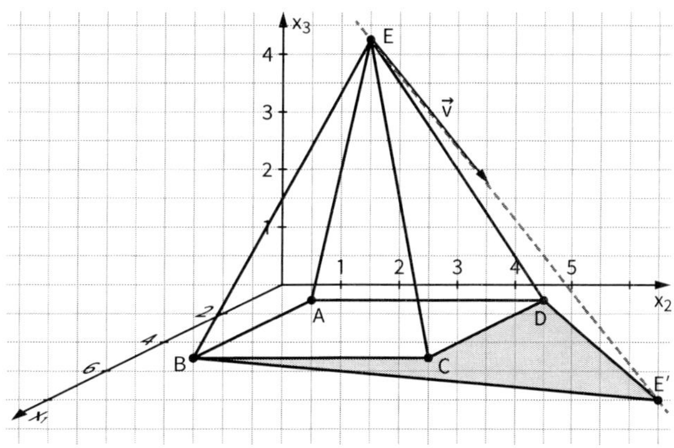

b) Schatten an der Wand (x_1x_3-Ebene)
Berechnung von E′ in der x_1x_2-Ebene:
$g\colon \vec{x} = \begin{pmatrix} 3 \\ 3 \\ 5 \end{pmatrix} + k \cdot \begin{pmatrix} 0{,}5 \\ -2 \\ -1 \end{pmatrix},\ x_3 = 0 \Rightarrow k = 5$
$E'(5{,}5|-7|0)$
E′ liegt „hinter“ der x_1x_3-Ebene. Die „Knickstelle“ des Schattens erhält man durch Schnitt der Geraden E′B mit der x_1-Achse.
$\begin{pmatrix} 5 \\ 1 \\ 0 \end{pmatrix} + k \cdot \begin{pmatrix} -0{,}5 \\ 8 \\ 0 \end{pmatrix} = r \cdot \begin{pmatrix} 1 \\ 0 \\ 0 \end{pmatrix} \Rightarrow x_1 = 5{,}0625$
Schattenpunkt am Boden: $(5{,}5|-7|0)$
Schattenpunkt an der Wand: $(3{,}75|0|3{,}5)$
Knickstellen: $(1{,}5625|0|0)$; $(5{,}0625|0|0)$

270

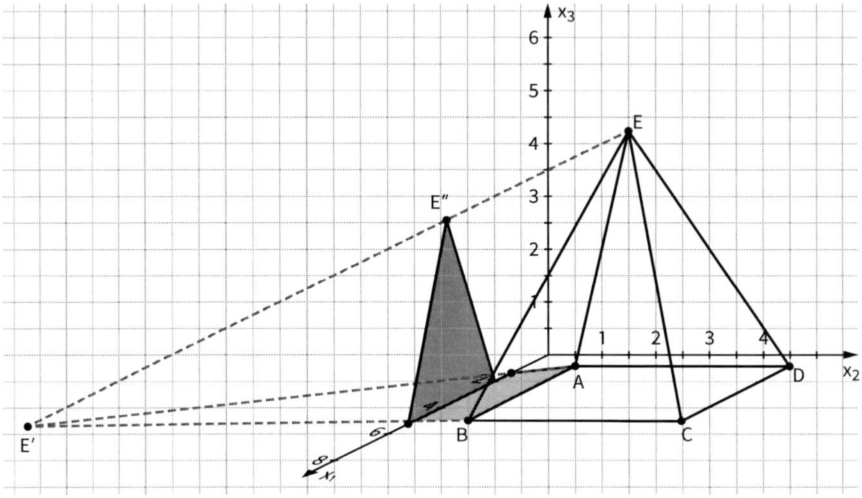

c) Schattenpunkt am Boden:
(6 | 4 | 0)

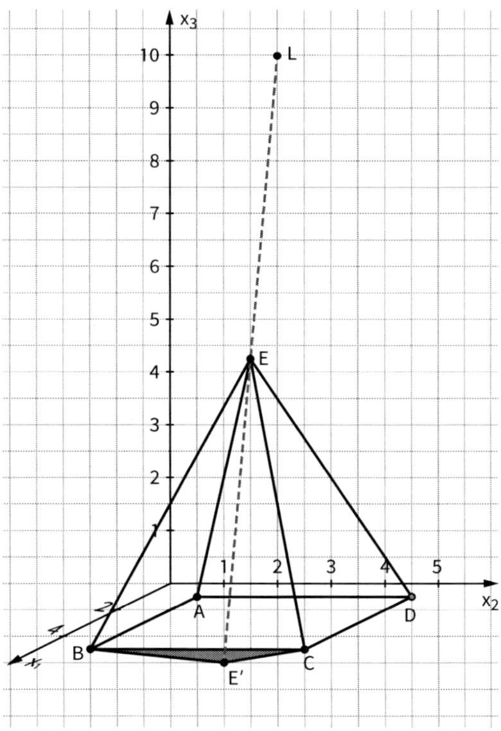

270

3. a) A(6|4|0); B(6|6|0); C(4|6|0); D(4|4|0); E(6|4|3); F(6|6|3); G(4|6|3); H(4|4|3); S(5|5|6)

b)

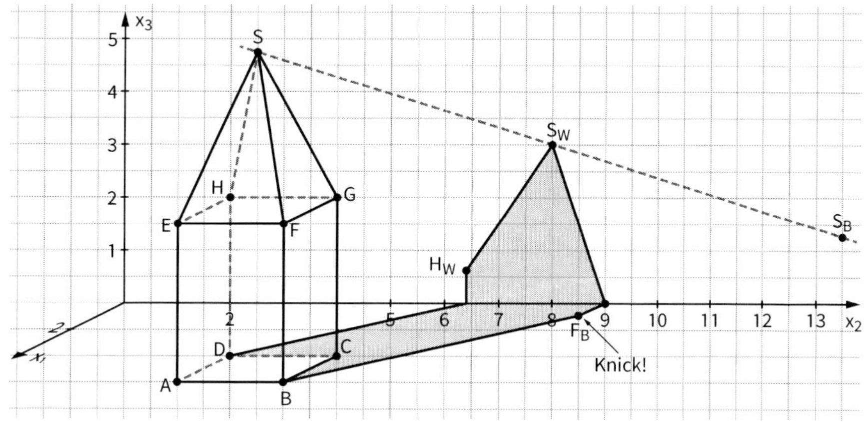

S: Schattenpunkt am Boden: (−5|11|0)
Schattenpunkt an der x_2x_3-Ebene: (0|8|3)

E: Schattenpunkt am Boden: (1|7|0)
Schattenpunkt an der Wand (0|7,6|−0,6)
(er wirft also keinen „direkten" Schatten)

F: Schattenpunkt am Boden: (1|9|0)
„Schattenpunkt" an der Wand: (0|9,6|−0,6)
(existiert aber eigentlich nicht)

G: Schattenpunkt am Boden: (−1|9|0)
Schattenpunkt an der Wand: (0|8,4|0,6)

H: Schattenpunkt am Boden: (−1|7|0)
Schattenpunkt an der Wand: (0|6,4|0,6)

Knickstellen: (0|7|0) und (0|9|0).
Der Schatten wird also durch die Punkte (1|7|0); (0|7|0); (0|6,4|0,6); (0|8|3); (0|8,4|0,6); (0|9|0) und (1|9|0) beschrieben.

270

c) Schattenpunkte:
E′(7,7 | 5,7 | 0);
F′(7,7 | 8,6 | 0);
G′(4,9 | 8,6 | 0);
H′(4,9 | 5,7 | 0);
S′(9,5 | 12,5 | 0)

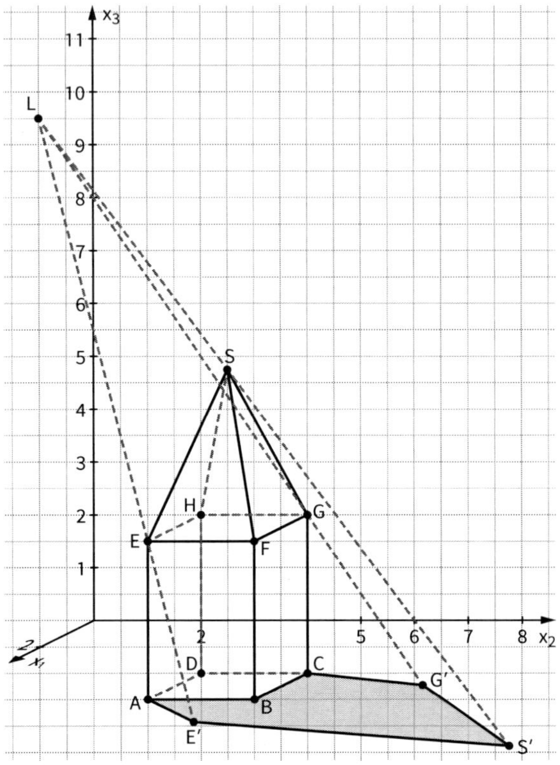

4. Wir legen ein Koordinatensystem so fest, dass das betrachtete Windrad auf der x_3-Achse liegt, mit seinem Fußpunkt im Koordinatenursprung und der Längeneinheit 1 m.
Spitze des Windrades: S(0 | 0 | 200)

- $g_1\colon \vec{x} = \begin{pmatrix} 0 \\ 0 \\ 200 \end{pmatrix} + k \cdot \begin{pmatrix} 1 \\ 4 \\ -1 \end{pmatrix}$
  Der Schattenpunkt der Spitze ist der Spurpunkt S_{12} der Geraden g_1, also $S_{12}(200 \mid 800 \mid 0)$.
  Länge des Schattens: $\left|\overrightarrow{OS}_{12}\right| = \sqrt{680\,000} \approx 824{,}6$

- $g_2\colon \vec{x} = \begin{pmatrix} 0 \\ 0 \\ 200 \end{pmatrix} + r \cdot \begin{pmatrix} 2 \\ -6 \\ -1 \end{pmatrix}$; $S_{12}^{*}(400 \mid -1\,200 \mid 0)$
  $\left|\overrightarrow{OS}_{12}^{*}\right| = \sqrt{1\,600\,000} \approx 1\,264{,}9$
  Im ersten Fall ist der Schatten ca. 825 m lang, im zweiten Fall ca. 1 265 m.

6.3 Winkel zwischen Geraden

271

1. a) $\cos(\alpha) = \frac{\begin{pmatrix}-2\\3\\1\end{pmatrix} * \begin{pmatrix}1\\0\\4\end{pmatrix}}{\left|\begin{pmatrix}-2\\3\\1\end{pmatrix}\right| \cdot \left|\begin{pmatrix}1\\0\\4\end{pmatrix}\right|} = \frac{2}{\sqrt{14}\cdot\sqrt{17}} \approx 0{,}1296$, also $\alpha \approx 82{,}6°$

b) $\cos(\alpha) = \frac{\begin{pmatrix}1\\-4\\6\end{pmatrix} * \begin{pmatrix}-5\\1\\7\end{pmatrix}}{\left|\begin{pmatrix}1\\-4\\6\end{pmatrix}\right| \cdot \left|\begin{pmatrix}-5\\1\\7\end{pmatrix}\right|} = \frac{33}{\sqrt{53}\cdot\sqrt{75}} \approx 0{,}5234$, also $\alpha \approx 58{,}4°$

c) $\cos(\alpha) = \frac{\begin{pmatrix}-6\\1\\-2\end{pmatrix} * \begin{pmatrix}-1\\2\\-3\end{pmatrix}}{\left|\begin{pmatrix}-6\\1\\-2\end{pmatrix}\right| \cdot \left|\begin{pmatrix}-1\\2\\-3\end{pmatrix}\right|} = \frac{14}{\sqrt{41}\cdot\sqrt{14}} \approx 0{,}5843$, also $\alpha \approx 54{,}2°$

2. Man kann den Schnittwinkel als Winkel zwischen den Richtungsvektoren der beiden Geraden bestimmen. Siehe dazu Schülerband Seite 253.

$$\cos(\varrho) = \frac{\begin{pmatrix}-2\\2\\1\end{pmatrix} * \begin{pmatrix}2\\10\\11\end{pmatrix}}{\left|\begin{pmatrix}-2\\2\\1\end{pmatrix}\right| \cdot \left|\begin{pmatrix}2\\10\\11\end{pmatrix}\right|} = \frac{-4+20+11}{\sqrt{(-2)^2+2^2+1^2}\cdot\sqrt{2^2+10^2+11^2}} = \frac{27}{3\cdot 15} = 0{,}6$$

$\varrho \approx 53°$

3. Die Gleichung $\begin{pmatrix}6\\-10\\-3\end{pmatrix} + r\cdot\begin{pmatrix}2\\-1\\3\end{pmatrix} = \begin{pmatrix}4\\-2\\1\end{pmatrix} + s\cdot\begin{pmatrix}1\\3\\a\end{pmatrix}$

führt auf das lineare Gleichungssystem $\left|\begin{array}{l} 2r - s = -2 \\ -r - 3s = 8 \\ 3r - a\cdot s = 4 \end{array}\right|$,

das für $r = -2$, $s = -2$, $a = 5$ erfüllt ist.

Schnittpunkt $S(2\,|-8\,|-9)$

Schnittwinkel: $\cos(\alpha) = \frac{\begin{pmatrix}2\\-1\\3\end{pmatrix} * \begin{pmatrix}1\\3\\5\end{pmatrix}}{\left|\begin{pmatrix}2\\-1\\3\end{pmatrix}\right| \cdot \left|\begin{pmatrix}1\\3\\5\end{pmatrix}\right|} = \frac{14}{\sqrt{14}\cdot\sqrt{35}} \approx 0{,}6325$, also $\alpha \approx 50{,}8°$

7 Analytische Geometrie mit Ebenen

7.1 Ebenen im Raum

7.1.1 Parameterdarstellung einer Ebene

276

Einstiegsaufgabe ohne Lösung

- Grafik siehe rechts
- $\overrightarrow{OB} = \overrightarrow{OA} + 6 \cdot \vec{u} + \vec{v}$

  $= \begin{pmatrix} 0 \\ 0 \\ 4 \end{pmatrix} + 6 \cdot \begin{pmatrix} 0 \\ 0{,}5 \\ 0 \end{pmatrix} + \begin{pmatrix} -0{,}8 \\ 0 \\ 0{,}6 \end{pmatrix} = \begin{pmatrix} -0{,}8 \\ 3 \\ 4{,}6 \end{pmatrix}$

  $B(-0{,}8\,|\,3\,|\,4{,}6)$

  z. B. $\overrightarrow{OC} = \overrightarrow{OA} + 4 \cdot \vec{u} + 2 \cdot \vec{v}$

  $= \begin{pmatrix} 0 \\ 0 \\ 4 \end{pmatrix} + 4 \cdot \begin{pmatrix} 0 \\ 0{,}5 \\ 0 \end{pmatrix} + 2 \cdot \begin{pmatrix} -0{,}8 \\ 0 \\ 0{,}6 \end{pmatrix}$

  $= \begin{pmatrix} -1{,}6 \\ 2 \\ 5{,}2 \end{pmatrix}$;

  $C(-1{,}6\,|\,2\,|\,5{,}2)$

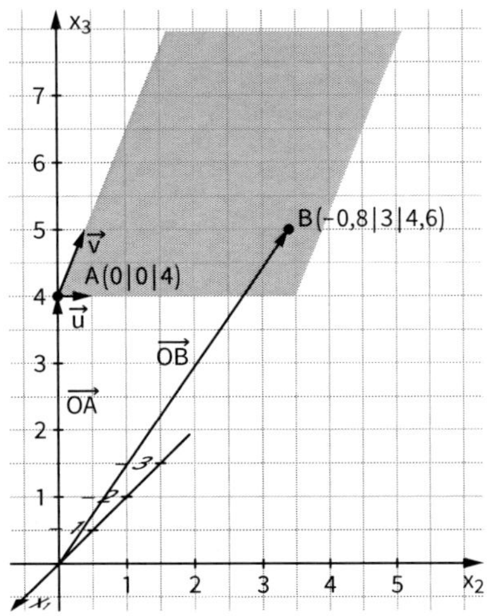

- $g: \vec{x} = \begin{pmatrix} 0 \\ 0 \\ 4 \end{pmatrix} + r \cdot \begin{pmatrix} 0 \\ 0{,}5 \\ 0 \end{pmatrix}$; $h: \vec{x} = \begin{pmatrix} 0 \\ 0 \\ 4 \end{pmatrix} + s \cdot \begin{pmatrix} -0{,}8 \\ 0 \\ 0{,}6 \end{pmatrix}$
- Wir können einen beliebigen Punkt X der Solaranlage erreichen, indem wir vom Punkt A aus zuerst ein Vielfaches des Vektors $\vec{u}$, also $r \cdot \vec{u}$, zurücklegen und anschließend ein Vielfaches des Vektors $\vec{v}$, also $s \cdot \vec{v}$. Damit gilt $\overrightarrow{OX} = \overrightarrow{OA} + r \cdot \vec{u} + s \cdot \vec{v}$

278

1. Maren: Stützvektor: $\overrightarrow{OA}$; Richtungsvektoren: $\overrightarrow{AB}$ und $\overrightarrow{AC}$

Janik: Stützvektor: $\overrightarrow{OB}$; Richtungsvektoren: $-\frac{1}{2}\overrightarrow{AB}$ und $\overrightarrow{BC}$

weitere Beispiele: $E: \vec{x} = \begin{pmatrix} 7 \\ 0 \\ -7 \end{pmatrix} + s \begin{pmatrix} -5 \\ 3 \\ 5 \end{pmatrix} + t \begin{pmatrix} 2 \\ -1 \\ -4 \end{pmatrix}$; $E: \vec{x} = \begin{pmatrix} 2 \\ 3 \\ -2 \end{pmatrix} + s \begin{pmatrix} -9 \\ 5 \\ 13 \end{pmatrix} + t \begin{pmatrix} -8 \\ 4 \\ 16 \end{pmatrix}$

279

2. (1) E ist festgelegt durch zwei zueinander parallele Geraden.
$g: \vec{x} = \vec{a} + k \cdot \vec{u}$ und $h: \vec{x} = \vec{b} + r \cdot \vec{v}$; mit $\vec{u} = s \cdot \vec{v}$; $s \in \mathbb{R}$; $E: \vec{x} = \vec{a} + k \cdot \vec{u} + l \cdot (\vec{b} - \vec{a})$

(2) E ist festgelegt durch zwei sich schneidende Geraden: $g: \vec{x} = \vec{a} + k \cdot \vec{u}$ und $h: \vec{x} = \vec{b} + r \cdot \vec{v}$
$E: \vec{x} = \vec{a} + k \cdot \vec{u} + r \cdot \vec{v}$

(3) E ist festgelegt durch eine Gerade g und einen Punkt P, der nicht auf g liegt:
$g: \vec{x} = \vec{a} + k \cdot \vec{u}$; $E: \vec{x} = \vec{a} + k \cdot \vec{u} + l \cdot (\vec{p} - \vec{a})$

(4) E ist festgelegt durch drei Punkte P, Q und R, die nicht auf einer Geraden liegen.
$E: \vec{x} = \vec{p} + k \cdot (\vec{q} - \vec{p}) + l \cdot (\vec{r} - \vec{p})$

279

3. a) (1) $\begin{pmatrix} 10 \\ 5{,}5 \\ 50 \end{pmatrix}$ (2) $\begin{pmatrix} 43 \\ -35 \\ 146 \end{pmatrix}$ (3) $\begin{pmatrix} -4{,}8 \\ -0{,}2 \\ 17{,}6 \end{pmatrix}$ (4) $\begin{pmatrix} 1{,}675 \\ -3{,}6125 \\ 5{,}9 \end{pmatrix}$

b) (1) $\begin{pmatrix} 2 \\ 1 \\ 12 \end{pmatrix} = \begin{pmatrix} 3 \\ -5 \\ 10 \end{pmatrix} + r \cdot \begin{pmatrix} -1 \\ 6 \\ 2 \end{pmatrix} + s \cdot \begin{pmatrix} 3 \\ -0{,}5 \\ 12 \end{pmatrix}$ führt auf das LGS $\left| \begin{array}{l} -r + 3s = -1 \\ 6r - 0{,}5s = 6 \\ 2r + 12s = 2 \end{array} \right|$,

das die Lösung $r = 1;\ s = 0$ hat. A liegt in der Ebene.

(2) $\begin{pmatrix} -3 \\ 5 \\ -10 \end{pmatrix} = \begin{pmatrix} 3 \\ -5 \\ 10 \end{pmatrix} + r \cdot \begin{pmatrix} -1 \\ 6 \\ 2 \end{pmatrix} + s \cdot \begin{pmatrix} 3 \\ -0{,}5 \\ 12 \end{pmatrix}$

führt auf das Gleichungssystem $\left| \begin{array}{l} -r + 3s = -6 \\ 6r - 0{,}5s = 10 \\ 2r + 12s = -20 \end{array} \right|$, das keine Lösung hat.

B liegt nicht in E.

(3) $\begin{pmatrix} 8 \\ 0 \\ 35 \end{pmatrix} = \begin{pmatrix} 3 \\ -5 \\ 10 \end{pmatrix} + r \cdot \begin{pmatrix} -1 \\ 6 \\ 2 \end{pmatrix} + s \cdot \begin{pmatrix} 3 \\ -0{,}5 \\ 12 \end{pmatrix}$

führt auf das Gleichungssystem $\left| \begin{array}{l} -r + 3s = 5 \\ 6r - 0{,}5s = 5 \\ 2r + 12s = 25 \end{array} \right|$,

das keine Lösung hat. C liegt nicht in E.

(4) $\begin{pmatrix} -4 \\ 2 \\ -12 \end{pmatrix} = \begin{pmatrix} 3 \\ -5 \\ 10 \end{pmatrix} + r \cdot \begin{pmatrix} -1 \\ 6 \\ 2 \end{pmatrix} + s \cdot \begin{pmatrix} 3 \\ -0{,}5 \\ 12 \end{pmatrix}$

führt auf das Gleichungssystem $\left| \begin{array}{l} -r + 3s = -7 \\ 6r - 0{,}5s = 7 \\ 2r + 12s = -22 \end{array} \right|$,

mit der Lösung $r = 1;\ s = -2$. D liegt in E.

4. Dadurch, dass Timo die Konstanten in die 1. Spalte der Matrix geschrieben hat, lautet das lineare Gleichungssystem nach Einsatz des GTR: $\left| \begin{array}{l} 1 = 0{,}5t \\ 0 = s + 0{,}5t \\ 0 = 0 \end{array} \right|$.

Man kann also nicht direkt die Werte von s, t ablesen, sondern muss noch rechnen:
$t = 2$ und $s = -1$

5. Beispiele:

a) $E: \vec{x} = \overrightarrow{OP} + s \cdot \overrightarrow{PQ} + t \cdot \overrightarrow{PR} = \begin{pmatrix} 0 \\ 1 \\ 2 \end{pmatrix} + s \cdot \begin{pmatrix} 2 \\ -1 \\ 2 \end{pmatrix} + t \cdot \begin{pmatrix} 4 \\ 7 \\ -2 \end{pmatrix};\ s, t \in \mathbb{R}$

b) $E: \vec{x} = \begin{pmatrix} 1 \\ 1 \\ 1 \end{pmatrix} + s \cdot \begin{pmatrix} 1 \\ 1 \\ 2 \end{pmatrix} + t \cdot \begin{pmatrix} 9 \\ 3 \\ 5 \end{pmatrix};\ s, t \in \mathbb{R}$

c) $E: \vec{x} = \begin{pmatrix} 1 \\ -2 \\ 3 \end{pmatrix} + s \cdot \begin{pmatrix} 2 \\ 6 \\ -5 \end{pmatrix} + t \cdot \begin{pmatrix} 2 \\ 6 \\ 2 \end{pmatrix};\ s, t \in \mathbb{R}$

d) $E: \vec{x} = \begin{pmatrix} 0 \\ 7 \\ 2 \end{pmatrix} + s \cdot \begin{pmatrix} -10 \\ -7 \\ -8 \end{pmatrix} + t \cdot \begin{pmatrix} -4 \\ -11 \\ -2 \end{pmatrix};\ s, t \in \mathbb{R}$

6. Sie hat nicht überprüft, ob die 3 Punkte auf einer Geraden liegen. Da A, B, C auf einer Geraden liegen, sind die Richtungsvektoren $\begin{pmatrix} 3 \\ 3 \\ -2 \end{pmatrix}$ und $\begin{pmatrix} 9 \\ 9 \\ -6 \end{pmatrix}$ linear abhängig und es wird keine Ebene, sondern eine Gerade beschrieben.

279

7. Geprüft wird, ob P_4 in der Ebene E liegt, die von P_1, P_2, P_3 bestimmt ist.

a) $\begin{pmatrix}3\\2\\1\end{pmatrix}=\begin{pmatrix}7\\2\\-1\end{pmatrix}+s\cdot\begin{pmatrix}-8\\0\\4\end{pmatrix}+t\cdot\begin{pmatrix}-7\\-4\\3\end{pmatrix} \Leftrightarrow \left|\begin{matrix}s=\frac{1}{2}\\t=0\\s=\frac{1}{2}\end{matrix}\right|$, d.h. $P_4 \in E$

b) $\begin{pmatrix}-2\\-1\\5\end{pmatrix}=\begin{pmatrix}2\\1\\3\end{pmatrix}+s\cdot\begin{pmatrix}-4\\1\\-2\end{pmatrix}+t\cdot\begin{pmatrix}-2\\-1\\1\end{pmatrix} \Leftrightarrow \left|\begin{matrix}s=0\\t=2\\s=0\end{matrix}\right|$, d.h. $P_4 \in E$

c) $\begin{pmatrix}7\\0\\-1\end{pmatrix}=\begin{pmatrix}5\\-1\\5\end{pmatrix}+s\cdot\begin{pmatrix}-4\\2\\-6\end{pmatrix}+t\cdot\begin{pmatrix}-2\\3\\-10\end{pmatrix} \Leftrightarrow \left|\begin{matrix}s=-1\\t=\ 1\\-1=\ 1\end{matrix}\right|$, d.h. $P_4 \notin E$

280

8. Zum Beispiel:
P_1: $s=0,\ t=0$: $P_1(-2\,|\,0\,|\,1)$;
P_2: $s=1,\ t=2$: $P_2(-3\,|\,5\,|\,2)$;
P_3: $s=-1,\ t=1$: $P_3(-4\,|\,1\,|\,0)$

$E: \vec{x}=\begin{pmatrix}-2\\0\\1\end{pmatrix}+s\cdot\begin{pmatrix}-1\\5\\1\end{pmatrix}+t\cdot\begin{pmatrix}-2\\1\\-1\end{pmatrix};\ s,t\in\mathbb{R}$

9. $E: \vec{x}=\begin{pmatrix}4\\3\\1\end{pmatrix}+r\cdot\begin{pmatrix}-1\\-1\\1\end{pmatrix}+s\cdot\begin{pmatrix}1\\-2\\3\end{pmatrix}$

10. Mögliche Richtungsvektoren:

$\overrightarrow{AB}=\begin{pmatrix}-4\\2\\8\end{pmatrix};\ \overrightarrow{BC}=\begin{pmatrix}9\\-5\\-13\end{pmatrix};\ \overrightarrow{AC}=\begin{pmatrix}5\\-3\\-5\end{pmatrix}$ oder: $\overrightarrow{BA}=\begin{pmatrix}4\\-2\\-8\end{pmatrix};\ \overrightarrow{CB}=\begin{pmatrix}-9\\5\\13\end{pmatrix};\ \overrightarrow{CA}=\begin{pmatrix}-5\\3\\5\end{pmatrix}$

oder: $3\,\overrightarrow{CA}=\begin{pmatrix}-15\\9\\15\end{pmatrix};\ \overrightarrow{AB}+\overrightarrow{AC}=\begin{pmatrix}1\\-1\\3\end{pmatrix};\ 2\,\overrightarrow{BA}-\overrightarrow{AC}=\begin{pmatrix}8-5\\-4+3\\-16+5\end{pmatrix}=\begin{pmatrix}3\\-1\\-11\end{pmatrix}$

Mögliche Parameterdarstellung:

$E: \vec{x}=\begin{pmatrix}2\\3\\-2\end{pmatrix}+r\cdot\begin{pmatrix}-4\\2\\8\end{pmatrix}+s\cdot\begin{pmatrix}5\\-3\\-5\end{pmatrix}$

$E: \vec{x}=\begin{pmatrix}-2\\5\\6\end{pmatrix}+k\cdot\begin{pmatrix}4\\-2\\-8\end{pmatrix}+l\cdot\begin{pmatrix}9\\-5\\-13\end{pmatrix}$

$E: \vec{x}=\begin{pmatrix}7\\0\\-7\end{pmatrix}+m\cdot\begin{pmatrix}-15\\9\\15\end{pmatrix}+n\cdot\begin{pmatrix}-9\\5\\13\end{pmatrix}$

$E: \vec{x}=\begin{pmatrix}2\\3\\-2\end{pmatrix}+u\cdot\begin{pmatrix}1\\-1\\3\end{pmatrix}+v\cdot\begin{pmatrix}3\\-1\\-11\end{pmatrix}$

11. Zunächst Probe, dass P nicht auf g liegt (Punktprobe).

a) $E: \vec{x}=\begin{pmatrix}4\\0\\2\end{pmatrix}+s\cdot\begin{pmatrix}3\\-1\\-3\end{pmatrix}+t\cdot\begin{pmatrix}1-4\\4-0\\-1-2\end{pmatrix}=\begin{pmatrix}4\\0\\2\end{pmatrix}+s\cdot\begin{pmatrix}3\\-1\\-3\end{pmatrix}+t\cdot\begin{pmatrix}-3\\4\\-3\end{pmatrix};\ s,\ t\in\mathbb{R}$

b) $E: \vec{x}=\begin{pmatrix}1\\0\\0\end{pmatrix}+s\cdot\begin{pmatrix}5\\2\\-3\end{pmatrix}+t\cdot\begin{pmatrix}1\\4\\-3\end{pmatrix};\ s,t\in\mathbb{R}$

c) $E: \vec{x}=\begin{pmatrix}-200\\150\\30\end{pmatrix}+t\cdot\begin{pmatrix}10\\-10\\5\end{pmatrix}+s\cdot\begin{pmatrix}200\\-150\\-30\end{pmatrix};\ s,t\in\mathbb{R}$

12. Gleichsetzen ergibt das Gleichungssystem $\left|\begin{matrix}-s-2t=\ 1\\2s-\ t=-2\\s+\ t=-1\end{matrix}\right|$,
welches die eindeutige Lösung $s=-1;\ t=0$ besitzt.
Schnittpunkt: $S(-2\,|\,0\,|\,-2)$

$E: \vec{x}=\begin{pmatrix}-2\\0\\-2\end{pmatrix}+s\cdot\begin{pmatrix}-1\\2\\1\end{pmatrix}+t\cdot\begin{pmatrix}2\\1\\-1\end{pmatrix};\ s,\ t\in\mathbb{R}$

280

13. a) Die Gleichung $\begin{pmatrix} 0 \\ -1 \\ -1 \end{pmatrix} = \begin{pmatrix} 5 \\ 0 \\ 2 \end{pmatrix} + s \cdot \begin{pmatrix} 3 \\ -1 \\ 4 \end{pmatrix}$ hat keine Lösung und die Richtungsvektoren der beiden Geraden sind Vielfache voneinander.

Die beiden Geraden sind parallel zueinander, aber nicht identisch.

$E: \vec{x} = \begin{pmatrix} 5 \\ 0 \\ 2 \end{pmatrix} + s \cdot \begin{pmatrix} 3 \\ -1 \\ 4 \end{pmatrix} + t \cdot \left[\begin{pmatrix} 5 \\ 0 \\ 2 \end{pmatrix} - \begin{pmatrix} 0 \\ -1 \\ -1 \end{pmatrix} \right]$

$\vec{x} = \begin{pmatrix} 5 \\ 0 \\ 2 \end{pmatrix} + s \cdot \begin{pmatrix} 3 \\ -1 \\ 4 \end{pmatrix} + t \cdot \begin{pmatrix} 5 \\ 1 \\ 3 \end{pmatrix}$

b) Es gilt: $\begin{pmatrix} -3 \\ -3 \\ 6 \end{pmatrix} = -3 \cdot \begin{pmatrix} 1 \\ 1 \\ -2 \end{pmatrix}$

Die beiden Richtungsvektoren sind Vielfache voneinander, die beiden Geraden somit parallel zueinander.

$\begin{pmatrix} 3 \\ -4 \\ 1 \end{pmatrix} - \begin{pmatrix} 2 \\ 1 \\ 3 \end{pmatrix} = \begin{pmatrix} 1 \\ -5 \\ -2 \end{pmatrix}$; kein Vielfaches zu $\begin{pmatrix} 1 \\ 1 \\ -2 \end{pmatrix}$

Die beiden Geraden sind nicht identisch.

$E: \vec{x} = \begin{pmatrix} 2 \\ 1 \\ 3 \end{pmatrix} + s \cdot \begin{pmatrix} 1 \\ 1 \\ -2 \end{pmatrix} + t \cdot \begin{pmatrix} 1 \\ -5 \\ -2 \end{pmatrix}$

c) $\begin{pmatrix} -0{,}5 \\ 2{,}5 \\ -3 \end{pmatrix} = -\frac{1}{2} \cdot \begin{pmatrix} 1 \\ -5 \\ 6 \end{pmatrix}$

Die beiden Richtungsvektoren sind Vielfache voneinander, die beiden Geraden sind somit parallel zueinander.

$\begin{pmatrix} 3 \\ -1 \\ 2 \end{pmatrix} - \begin{pmatrix} 0 \\ 4 \\ 0 \end{pmatrix} = \begin{pmatrix} 3 \\ -5 \\ 2 \end{pmatrix}$; kein Vielfaches zu $\begin{pmatrix} 1 \\ -5 \\ 6 \end{pmatrix}$

Die beiden Geraden sind nicht identisch.

$E: \vec{x} = \begin{pmatrix} 0 \\ 4 \\ 0 \end{pmatrix} + s \cdot \begin{pmatrix} 1 \\ -5 \\ 6 \end{pmatrix} + t \cdot \begin{pmatrix} 3 \\ -5 \\ 2 \end{pmatrix}$

281

14. $g: \vec{x} = \begin{pmatrix} 2 \\ 1 \\ 3 \end{pmatrix} + r \cdot \begin{pmatrix} 1 \\ 0 \\ 2 \end{pmatrix}$ und $h: \vec{x} = \begin{pmatrix} 2 \\ 2 \\ 1 \end{pmatrix} + s \cdot \begin{pmatrix} 1 \\ 1 \\ 2 \end{pmatrix}$ sind windschief zueinander.

Ist E eine Ebene, die die Gerade g enthält, so gibt es zwei Möglichkeiten:

(1) h ist parallel zu E und liegt nicht in E.

(2) h schneidet E und hat mit E nur einen Punkt gemeinsam.

Es gibt also keine Ebene, die beide Geraden enthält.

15. a) Überprüfe, ob P, Q und R *nicht* auf einer Geraden liegen.

(1) $\overrightarrow{PQ} = \overrightarrow{QR}$ (d. h. die Punkte liegen auf einer Geraden)

(2) $\overrightarrow{PR} = 2 \cdot \overrightarrow{PQ}$ (d. h. die Punkte liegen auf einer Geraden)

b) Überprüfe, ob P *nicht* auf g liegt.

(1) Ja, denn P liegt nicht auf g.

(2) Für $s = 10$ ergibt sich $\vec{x} = \overrightarrow{OP}$. P liegt auf g.

281

c) Überprüfe, ob die Geraden **nicht** windschief zueinander oder identisch sind.

(1) $\begin{pmatrix}2\\1\\4\end{pmatrix}+s\cdot\begin{pmatrix}3\\0\\1\end{pmatrix}=\begin{pmatrix}1\\2\\3\end{pmatrix}+t\cdot\begin{pmatrix}-1\\2\\1\end{pmatrix} \Leftrightarrow \left|\begin{array}{l}3s+\ t=-1\\ \quad -2t=+1\\ s-\ t=-1\end{array}\right| \Leftrightarrow \left|\begin{array}{l}s=-\frac{1}{6}\\ t=-0{,}5\\ s=-0{,}5\end{array}\right|$

Die Geraden sind windschief zueinander.

(2) $\begin{pmatrix}1\\1\\0\end{pmatrix}+s\cdot\begin{pmatrix}-1\\1\\2\end{pmatrix}=\begin{pmatrix}2\\1\\1\end{pmatrix}+t\cdot\begin{pmatrix}0\\1\\1\end{pmatrix} \Leftrightarrow \left|\begin{array}{l}-s\quad =1\\ s-t=0\\ 2s-t=1\end{array}\right| \Leftrightarrow \left|\begin{array}{l}s=-1\\ t=-1\\ t=-3\end{array}\right|$

Die Geraden sind windschief zueinander.

(3) $\begin{pmatrix}5\\0\\2\end{pmatrix}+s\cdot\begin{pmatrix}3\\-1\\4\end{pmatrix}=\begin{pmatrix}-1\\2\\-6\end{pmatrix}+t\cdot\begin{pmatrix}6\\-2\\8\end{pmatrix} \Leftrightarrow \left|\begin{array}{l}3s-6t=-6\\ s+2t=\ 2\\ 4s-8t=-8\end{array}\right| \Leftrightarrow$ t beliebig und $s=2t-2$

Die beiden Geraden sind identisch.

(4) Da $\begin{pmatrix}2\\-1\\3\end{pmatrix}\cdot 2=\begin{pmatrix}4\\-2\\0\end{pmatrix}$ und $(2|3|1)\notin g_1$ sind die Geraden parallel und nicht identisch.

(5) $\begin{pmatrix}7\\-14\\0\end{pmatrix}=-7\cdot\begin{pmatrix}-1\\2\\0\end{pmatrix}$; $\begin{pmatrix}1\\3\\1\end{pmatrix}-\begin{pmatrix}2\\1\\1\end{pmatrix}=\begin{pmatrix}-1\\2\\0\end{pmatrix}$, also sind die beiden Geraden identisch.

16. a) (1) Eine Ebene kann festgelegt werden durch drei Punkte, die nicht auf einer Geraden liegen.

z. B.: $A(2|-1|3)$, $B(3|-1|1)$, $C(-4|4|12)$; $E\colon \vec{x}=\begin{pmatrix}2\\-1\\3\end{pmatrix}+r\cdot\begin{pmatrix}1\\0\\-2\end{pmatrix}+s\cdot\begin{pmatrix}-6\\5\\9\end{pmatrix}$

(2) Eine Ebene kann festgelegt werden durch eine Gerade und einen Punkt, der nicht auf der Geraden liegt.

z. B.: $g\colon \vec{x}=\begin{pmatrix}2\\-3\\1\end{pmatrix}+r\cdot\begin{pmatrix}1\\4\\0\end{pmatrix}$; $P(5|-2|2)$; $E\colon \vec{x}=\begin{pmatrix}2\\-3\\1\end{pmatrix}+r\cdot\begin{pmatrix}1\\4\\0\end{pmatrix}+s\cdot\begin{pmatrix}3\\1\\1\end{pmatrix}$

(3) Eine Ebene kann festgelegt werden durch zwei Geraden, die parallel zueinander, aber nicht identisch sind.

z. B.: $g\colon \vec{x}=\begin{pmatrix}2\\1\\3\end{pmatrix}+r\cdot\begin{pmatrix}1\\-1\\1\end{pmatrix}$; $h\colon \vec{x}=\begin{pmatrix}4\\3\\-1\end{pmatrix}+s\cdot\begin{pmatrix}-2\\2\\-2\end{pmatrix}$: $E\colon \vec{x}=\begin{pmatrix}2\\1\\3\end{pmatrix}+r\cdot\begin{pmatrix}1\\-1\\1\end{pmatrix}+s\cdot\begin{pmatrix}2\\2\\-4\end{pmatrix}$

(4) Eine Ebene kann festgelegt werden durch zwei Geraden, die sich schneiden.

z. B.: $g\colon \vec{x}=\begin{pmatrix}3\\1\\0\end{pmatrix}+r\cdot\begin{pmatrix}5\\1\\1\end{pmatrix}$; $h\colon \vec{x}=\begin{pmatrix}-7\\-1\\-2\end{pmatrix}+s\cdot\begin{pmatrix}-2\\1\\3\end{pmatrix}$; $E\colon \vec{x}=\begin{pmatrix}3\\1\\0\end{pmatrix}+r\cdot\begin{pmatrix}5\\1\\1\end{pmatrix}+t\cdot\begin{pmatrix}-2\\1\\3\end{pmatrix}$

b) $E\colon \vec{x}=\begin{pmatrix}-1\\2\\1\end{pmatrix}+r\cdot\begin{pmatrix}3\\-1\\1\end{pmatrix}+s\cdot\begin{pmatrix}-2\\0\\3\end{pmatrix}$

(1) Punkte bestimmen, die in der Ebene liegen:
Man wählt für die Parameter r und s jeweils einen Wert und erhält den Ortsvektor zu einem Punkt, der in E liegt.

z. B.: $r=1,\ s=0$ $\quad P_1(2|1|2)$
$r=1,\ s=-1$ $\quad P_2(4|1|-1)$
$r=5,\ s=-7$ $\quad P_3(28|-3|-15)$

(2) Sucht man einen Punkt, der nicht in E liegt, kann man vorgehen wie unter (1). Man bestimmt einen Punkt, der in E liegt und ändert z. B. eine Koordinate ab.
z. B. $Q_1(2|-1|2)$, $Q_2(0|1|-1)$ und $Q_3(17|-3|-15)$ liegen nicht in E.

17. a) $E\colon \vec{x}=\begin{pmatrix}6\\5\\0\end{pmatrix}+s\cdot\begin{pmatrix}0\\-5\\2\end{pmatrix}+t\cdot\begin{pmatrix}-6\\-4\\3\end{pmatrix}$

b) $E\colon \vec{x}=\begin{pmatrix}0\\3\\3\end{pmatrix}+s\cdot\begin{pmatrix}6\\-1\\-1\end{pmatrix}+t\cdot\begin{pmatrix}1\\3\\-2\end{pmatrix}$

281 **18.** Aufgrund der selbstständigen Wahl des Koordinatensystems gibt es unendlich viele Lösungsmöglichkeiten. Beispiel: Wahl des Ursprungs in dem Mittelpunkt der Grundfläche. Koordinatensystem: Standard-Rechtssystem

Grundfläche: $E_G: \vec{x} = \begin{pmatrix} 0 \\ 0 \\ 0 \end{pmatrix} + s \cdot \begin{pmatrix} 1 \\ 0 \\ 0 \end{pmatrix} + t \cdot \begin{pmatrix} 0 \\ 1 \\ 0 \end{pmatrix};\ s, t \in \mathbb{R}$

Seitenflächen: $E_{S_1}: \vec{x} = \begin{pmatrix} 0 \\ 0 \\ 12 \end{pmatrix} + s \cdot \begin{pmatrix} 1 \\ 0 \\ 0 \end{pmatrix} + t \cdot \begin{pmatrix} 0 \\ 2{,}5 \\ 12 \end{pmatrix};\ s, t \in \mathbb{R}$

$E_{S_2}: \vec{x} = \begin{pmatrix} 0 \\ 0 \\ 12 \end{pmatrix} + s \cdot \begin{pmatrix} 0 \\ 1 \\ 0 \end{pmatrix} + t \cdot \begin{pmatrix} 2{,}5 \\ 0 \\ 12 \end{pmatrix};\ s, t \in \mathbb{R}$

$E_{S_3}: \vec{x} = \begin{pmatrix} 0 \\ 0 \\ 12 \end{pmatrix} + s \cdot \begin{pmatrix} -1 \\ 0 \\ 0 \end{pmatrix} + t \cdot \begin{pmatrix} 0 \\ -2{,}5 \\ 12 \end{pmatrix};\ s, t \in \mathbb{R}$

$E_{S_4}: \vec{x} = \begin{pmatrix} 0 \\ 0 \\ 12 \end{pmatrix} + s \cdot \begin{pmatrix} 0 \\ -1 \\ 0 \end{pmatrix} + t \cdot \begin{pmatrix} -2{,}5 \\ 0 \\ 12 \end{pmatrix};\ s, t \in \mathbb{R}$

282 **19. a)** $E: \vec{x} = \begin{pmatrix} 4 \\ 4 \\ 2 \end{pmatrix} + r \cdot \begin{pmatrix} 0 \\ -2 \\ 2 \end{pmatrix} + s \cdot \begin{pmatrix} -4 \\ 0 \\ 2 \end{pmatrix}$

b) Es muss gelten: $r, s \geq 0$ und $r + s \leq 1$.

20. a) $E: \vec{x} = \begin{pmatrix} 0 \\ 9 \\ 4 \end{pmatrix} + r \cdot \begin{pmatrix} 0 \\ -2 \\ 0 \end{pmatrix} + s \cdot \begin{pmatrix} -2 \\ 0 \\ 2 \end{pmatrix}$

b) $\left| \begin{pmatrix} 0 \\ -2 \\ 0 \end{pmatrix} \right| = 2;\ \left| \begin{pmatrix} -2 \\ 0 \\ 2 \end{pmatrix} \right| = \sqrt{8}$

Für die Parameter gilt: $0 \leq r \leq 4{,}5$

$$0 \leq s \leq \frac{7}{\sqrt{8}} \approx 2{,}47$$

Die Punkte der Dachfläche können beschrieben werden durch die Parameterdarstellung $\vec{x} = \begin{pmatrix} 0 \\ 9 \\ 4 \end{pmatrix} + r \cdot \begin{pmatrix} 0 \\ -2 \\ 0 \end{pmatrix} + s \cdot \begin{pmatrix} -2 \\ 0 \\ 2 \end{pmatrix};\ 0 \leq r \leq 4{,}5;\ 0 \leq s \leq \frac{7}{\sqrt{8}}$.

c) $\overrightarrow{OB} = \begin{pmatrix} 0 \\ 9 \\ 4 \end{pmatrix} + 0 \cdot \begin{pmatrix} 0 \\ -2 \\ 0 \end{pmatrix} + \frac{7}{\sqrt{8}} \cdot \begin{pmatrix} -2 \\ 0 \\ 2 \end{pmatrix} \approx \begin{pmatrix} -4{,}95 \\ 9 \\ 8{,}95 \end{pmatrix}$ also $B(-4{,}95 \,|\, 9 \,|\, 8{,}95)$

$\overrightarrow{OC} = \begin{pmatrix} 0 \\ 9 \\ 4 \end{pmatrix} + 4{,}5 \cdot \begin{pmatrix} 0 \\ -2 \\ 0 \end{pmatrix} + \frac{7}{\sqrt{8}} \cdot \begin{pmatrix} -2 \\ 0 \\ 2 \end{pmatrix} \approx \begin{pmatrix} -4{,}95 \\ 0 \\ 8{,}95 \end{pmatrix}$ also $C(-4{,}95 \,|\, 0 \,|\, 8{,}95)$

$\overrightarrow{OD} = \begin{pmatrix} 0 \\ 9 \\ 4 \end{pmatrix} + 4{,}5 \cdot \begin{pmatrix} 0 \\ -2 \\ 0 \end{pmatrix} + 0 \cdot \begin{pmatrix} -2 \\ 0 \\ 2 \end{pmatrix} = \begin{pmatrix} 0 \\ 0 \\ 4 \end{pmatrix}$ also $D(0 \,|\, 0 \,|\, 4)$

Punkte, die außerhalb der Dachfläche liegen:

z. B.: $r = 5,\ s = 4$ $P_1(-8 \,|\, -1 \,|\, 12)$

$r = -1,\ s = -1$ $P_2(2 \,|\, 11 \,|\, 2)$

$r = -1,\ s = 0$ $P_3(0 \,|\, 11 \,|\, 4)$

21. a) $\vec{x} = s \cdot \begin{pmatrix} 1 \\ 0 \\ 0 \end{pmatrix} + t \cdot \begin{pmatrix} 0 \\ 1 \\ 0 \end{pmatrix}$

b) $\vec{x} = s \cdot \begin{pmatrix} 0 \\ 1 \\ 0 \end{pmatrix} + t \cdot \begin{pmatrix} 0 \\ 1 \\ 0 \end{pmatrix}$

c) $\vec{x} = \begin{pmatrix} 3 \\ 1 \\ -2 \end{pmatrix} + s \cdot \begin{pmatrix} 1 \\ 0 \\ 0 \end{pmatrix} + t \cdot \begin{pmatrix} 0 \\ 0 \\ 1 \end{pmatrix}$

d) $\vec{x} = \begin{pmatrix} 0 \\ 0 \\ 2 \end{pmatrix} + s \cdot \begin{pmatrix} 1 \\ 0 \\ 0 \end{pmatrix} + t \cdot \begin{pmatrix} 0 \\ 1 \\ 0 \end{pmatrix}$

e) $\vec{x} = \begin{pmatrix} 3 \\ 0 \\ 0 \end{pmatrix} + s \cdot \begin{pmatrix} -3 \\ 1 \\ 0 \end{pmatrix} + t \cdot \begin{pmatrix} -3 \\ 0 \\ -1 \end{pmatrix}$

f) $\vec{x} = \begin{pmatrix} 0 \\ 0 \\ 4 \end{pmatrix} + s \cdot \begin{pmatrix} 3 \\ 0 \\ -4 \end{pmatrix} + t \cdot \begin{pmatrix} 0 \\ -2 \\ -4 \end{pmatrix}$

g) $\vec{x} = s \cdot \begin{pmatrix} 1 \\ 2 \\ 0 \end{pmatrix} + t \cdot \begin{pmatrix} 0 \\ 0 \\ 1 \end{pmatrix}$

282

22. **a)** Die Ebene E und die beiden Geraden g_1 und g_2 haben den Punkt A(3 | 1 | 4) gemeinsam. Die Richtungsvektoren der beiden Geraden sind auch die Richtungsvektoren der Ebene.
Somit liegen g_1 und g_2 in E.

b) Die Ebene und die vier Geraden haben den Punkt A gemeinsam.
(1); (2) Der Richtungsvektor von g ist ein Richtungsvektor von E.
(3) Der Vektor $\vec{a}+\vec{u}$ ist der Ortsvektor eines Punktes, der in E liegt. Der Richtungsvektor von g ist auch Richtungsvektor von E.
(4) Der Vektor $\vec{a}+3\cdot\vec{v}$ ist der Ortsvektor eines Punktes, der in E liegt. Der Richtungsvektor von g ist auch Richtungsvektor von E.

c) $E\colon \vec{x}=\begin{pmatrix}0\\0\\5\end{pmatrix}+r\cdot\begin{pmatrix}1\\0\\0\end{pmatrix}+s\cdot\begin{pmatrix}0\\1\\0\end{pmatrix}$

$g_1\colon \vec{x}=\begin{pmatrix}0\\0\\5\end{pmatrix}+k\cdot\begin{pmatrix}1\\0\\0\end{pmatrix}$ $\quad g_2\colon \vec{x}=\begin{pmatrix}1\\2\\5\end{pmatrix}+r\cdot\begin{pmatrix}1\\1\\0\end{pmatrix}$ $\quad g_3\colon \vec{x}=\begin{pmatrix}-2\\7\\5\end{pmatrix}+s\cdot\begin{pmatrix}-2\\1\\0\end{pmatrix}$

7.1.2 Lagebeziehungen zwischen Gerade und Ebene

283

Einstiegsaufgabe ohne Lösung

- Geraden, auf denen die beiden Laserstrahlen verlaufen.
  $g\colon \vec{x}=\begin{pmatrix}5\\6\\1\end{pmatrix}+k\cdot\begin{pmatrix}-1\\-2\\3\end{pmatrix}$; $h\colon \vec{x}=\begin{pmatrix}0\\7\\10\end{pmatrix}+t\cdot\begin{pmatrix}0\\0\\1\end{pmatrix}$
- Überprüfen, ob eine Gerade mit der Ebene gemeinsame Punkte hat.
  (1) Für einen gemeinsamen Punkt von g und E gilt
  S liegt auf g: $\overrightarrow{OS}=\begin{pmatrix}5\\6\\1\end{pmatrix}+k\cdot\begin{pmatrix}-1\\-2\\3\end{pmatrix}$
  S liegt auf E: $\overrightarrow{OS}=\begin{pmatrix}1\\0\\0\end{pmatrix}+r\cdot\begin{pmatrix}-1\\6\\0\end{pmatrix}+s\cdot\begin{pmatrix}0\\0\\20\end{pmatrix}$
  Wir erhalten die Vektorgleichung $\begin{pmatrix}5\\6\\1\end{pmatrix}+k\cdot\begin{pmatrix}-1\\-2\\3\end{pmatrix}=\begin{pmatrix}1\\0\\0\end{pmatrix}+r\cdot\begin{pmatrix}-1\\6\\0\end{pmatrix}+s\cdot\begin{pmatrix}0\\0\\20\end{pmatrix}$,
  die auf das lineare Gleichungssystem $\left|\begin{array}{l} r - k = -4 \\ -6r - 2k = -6 \\ -20s + 3k = -1 \end{array}\right|$
  mit der Lösung $r=-\frac{1}{4}$; $s=\frac{49}{80}$; $k=\frac{15}{4}$ führt.
  Die Gerade g und die Ebene E haben den Punkt $S\left(\frac{5}{4}\,\middle|\,-\frac{3}{2}\,\middle|\,\frac{49}{4}\right)$ als gemeinsamen Punkt. Sie schneiden sich also im Punkt S.
  (2) Entsprechend geht man bei der Untersuchung eines gemeinsamen Punktes von h und E vor. Wir erhalten das Gleichungssystem $\left|\begin{array}{l} -r = -1 \\ 6r = 7 \\ 20s - t = 10 \end{array}\right|$, das keine Lösung besitzt.
  h und E haben keinen gemeinsamen Punkt. h verläuft parallel zu E.

284

1. **a)** Siehe hierzu die Information auf Seite 284 im Schülerband.

b) Wir prüfen, ob die Gerade g und die Ebene E gemeinsame Punkte haben. Wenn die Gerade und die Ebene gemeinsame Punkte haben, so gibt es Werte r, s und t, die die Vektorgleichung $\begin{pmatrix} 1 \\ -1 \\ 4 \end{pmatrix} + t \cdot \begin{pmatrix} 2 \\ 1 \\ -6 \end{pmatrix} = \begin{pmatrix} 1 \\ 2 \\ 1 \end{pmatrix} + r \cdot \begin{pmatrix} 1 \\ 2 \\ -4 \end{pmatrix} + s \cdot \begin{pmatrix} 0 \\ -3 \\ 2 \end{pmatrix}$ erfüllen, andernfalls nicht.

Durch Umformen ergibt sich $r \cdot \begin{pmatrix} 1 \\ 2 \\ -4 \end{pmatrix} + s \cdot \begin{pmatrix} 0 \\ -3 \\ 2 \end{pmatrix} - t \cdot \begin{pmatrix} 2 \\ 1 \\ -6 \end{pmatrix} = \begin{pmatrix} 1 \\ -1 \\ 4 \end{pmatrix} - \begin{pmatrix} 1 \\ 2 \\ 1 \end{pmatrix} = \begin{pmatrix} 0 \\ -3 \\ 3 \end{pmatrix}$.

Umgeschrieben erhält man ein Gleichungssystem für r, s und t

$$\left| \begin{array}{l} r - 2t = 0 \\ 2r - 3s - t = -3 \\ -4r + 2s + 6t = 3 \end{array} \right| \Rightarrow \left| \begin{array}{l} r - 2t = 0 \\ s - t = 1 \\ 0 = 1 \end{array} \right|$$

Das Gleichungssystem besitzt keine Lösung, da die letzte Zeile eine falsche Aussage ist. Die Gerade und die Ebene haben also keinen Punkt gemeinsam. Die Gerade und die Ebene sind parallel zueinander.

c) (1) Gleichsetzen führt auf Gleichungssystem:

$$\left| \begin{array}{l} r - t = 1 \\ 2r - 3s + 4t = -1 \\ -4r + 2s = -2 \end{array} \right| \Rightarrow \left| \begin{array}{l} r + t = 1 \\ 6t - 3s = -3 \\ 0 = 0 \end{array} \right|$$

Das Gleichungssystem hat einen freien Parameter und somit unendlich viele Lösungen $\Rightarrow$ g liegt in E.

(2) Richtungsvektor von g liegt in E

(Linearkombination der Richtungsvektoren von E): $\begin{pmatrix} 1 \\ -4 \\ 0 \end{pmatrix} = \begin{pmatrix} 1 \\ 2 \\ -4 \end{pmatrix} + 2 \cdot \begin{pmatrix} 0 \\ -3 \\ 2 \end{pmatrix}$.

Punkt $A(2|1|-1)$ des Stützvektors $\overrightarrow{OA}$ von g liegt in E für $r = 1;\ s = 1$.

d) Beispiele:

$g_1: \vec{x} = \begin{pmatrix} 1 \\ 2 \\ 1 \end{pmatrix} + t \cdot \begin{pmatrix} 1 \\ 2 \\ -4 \end{pmatrix}$ mit $t \in \mathbb{R}$

$g_2: \vec{x} = \begin{pmatrix} 1 \\ 2 \\ 1 \end{pmatrix} + t \cdot \begin{pmatrix} 0 \\ -3 \\ 2 \end{pmatrix}$ mit $t \in \mathbb{R}$

$g_3: \vec{x} = \begin{pmatrix} 2 \\ 4 \\ -3 \end{pmatrix} + t \cdot \begin{pmatrix} 1 \\ -1 \\ -2 \end{pmatrix}$ mit $t \in \mathbb{R}$

285

2. **a)** (1) $S(-3|8|1)$ (3) keine Lösung, $g \parallel E$

(2) keine Lösung, $g \parallel E$ (4) g liegt in E

b) g und E haben den gleichen Stützvektor.
Richtungsvektor von g ist auch Richtungsvektor von E.

3. Ebene $P_1P_2P_3$: $\overrightarrow{OX} = \overrightarrow{OP_1} + r \cdot \overrightarrow{P_1P_2} + s \cdot \overrightarrow{P_1P_3}$

Gerade AB: $\overrightarrow{OX} = \overrightarrow{OA} + t \cdot \overrightarrow{AB}$

$r \cdot \overrightarrow{P_1P_2} + s \cdot \overrightarrow{P_1P_3} - t \cdot \overrightarrow{AB} = \overrightarrow{OA} - \overrightarrow{OP_1}$

Für einen Schnittpunkt müssen wir Parameter r, s und t finden.

$r \cdot \begin{pmatrix} -7 \\ 5 \\ -3 \end{pmatrix} + s \cdot \begin{pmatrix} 14 \\ -10 \\ -2 \end{pmatrix} - t \cdot \begin{pmatrix} -3 \\ 3 \\ 15 \end{pmatrix} = \begin{pmatrix} 2 \\ -2 \\ -14 \end{pmatrix}$

$r = 1,\ t = \frac{2}{3}$ und $s = \frac{1}{2}$.

$S(-1|3|1)$

285

4. Das Tauchboot taucht auf im Punkt (13 | 0 | 0).

5. Der Parameter in der Gleichung der Geraden muss mit einem anderen Buchstaben benannt werden, da bereits ein Parameter in der Ebenengleichung mit dem Buchstaben r benannt ist.

z. B. g: $\vec{x} = \begin{pmatrix} -1 \\ -1 \\ 4 \end{pmatrix} + t \cdot \begin{pmatrix} 2 \\ 3 \\ -3 \end{pmatrix}$

Die führt auf das Gleichungssystem $\left| \begin{array}{l} -r + 2s - 2t = -1 \\ r - s - 3t = -17 \\ -2r + 3t = 5 \end{array} \right|$ mit der Lösung $r = 5$; $s = 7$; $t = 5$.

Es ergibt sich als Schnittpunkt S (9 | 14 | − 11), der zufälligerweise auch im falschen Ansatz als Lösung gefunden wurde.

6. Für $a = -1$ sind die 3 Richtungsvektoren linear abhängig und somit Ebene und Gerade parallel. Der Stützvektor der Geraden liegt nicht in der Ebene.

286

7. a) Z.B.: g: $\vec{x} = \begin{pmatrix} -1 \\ 2 \\ 3 \end{pmatrix} + t \cdot \begin{pmatrix} 12 \\ 13 \\ 2 \end{pmatrix}$; $t \in \mathbb{R}$

b) Z.B.: g: $\vec{x} = \begin{pmatrix} -1 \\ 2 \\ 3 \end{pmatrix} + t \cdot \begin{pmatrix} 3 \\ -2 \\ 1 \end{pmatrix}$; $t \in \mathbb{R}$ oder g: $\vec{x} = \begin{pmatrix} -1 \\ 2 \\ 3 \end{pmatrix} + t \cdot \begin{pmatrix} 2 \\ -2 \\ 5 \end{pmatrix}$; $t \in \mathbb{R}$

c) Z.B.: g: $\vec{x} = \begin{pmatrix} 3 \\ -2 \\ 5 \end{pmatrix} + t \cdot \begin{pmatrix} 2 \\ -2 \\ 5 \end{pmatrix}$; $t \in \mathbb{R}$ oder g: $\vec{x} = \begin{pmatrix} 3 \\ -2 \\ 5 \end{pmatrix} + t \cdot \begin{pmatrix} 3 \\ -2 \\ 1 \end{pmatrix}$; $t \in \mathbb{R}$

8. a) Die Ebene und die beiden Geraden haben den Punkt A (3 | 1 | 2) gemeinsam.
Der Richtungsvektor von g_1 stimmt mit dem ersten Richtungsvektor von E überein.
Der Richtungsvektor von g_2 ist ein Vielfaches des zweiten Richtungsvektors von E.

b) z. B. P (5 | 1 | −6)
Wir wählen als Richtungsvektoren der neuen Ebene die Richtungsvektoren von E.

E_1^*: $\vec{x} = \begin{pmatrix} 5 \\ 1 \\ -6 \end{pmatrix} + k \cdot \begin{pmatrix} 1 \\ -1 \\ 2 \end{pmatrix} + l \cdot \begin{pmatrix} 2 \\ 1 \\ 4 \end{pmatrix}$

c) Als Aufpunkt der Ebene E_2 wählen wir den Punkt A (3 | 1 | 2), als ersten Richtungsvektor den Richtungsvektor von g_1. Der zweite Richtungsvektor ist der Vektor $\overrightarrow{AP} = \begin{pmatrix} 2 \\ 0 \\ -8 \end{pmatrix}$

E_2: $\vec{x} = \begin{pmatrix} 3 \\ 1 \\ 2 \end{pmatrix} + r \cdot \begin{pmatrix} 1 \\ -1 \\ 2 \end{pmatrix} + s \cdot \begin{pmatrix} 2 \\ 0 \\ -8 \end{pmatrix}$

Skizze

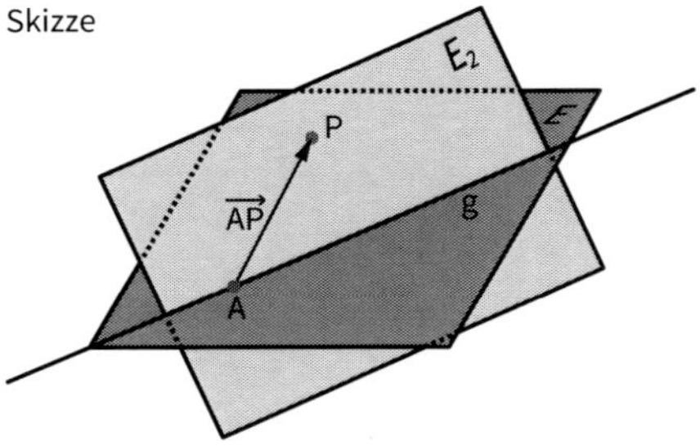

9. a) Z.B.: E: $\vec{x} = \begin{pmatrix} 0 \\ 2 \\ 0 \end{pmatrix} + r \cdot \begin{pmatrix} 0 \\ 0 \\ 1 \end{pmatrix} + s \cdot \begin{pmatrix} 1 \\ 0 \\ 0 \end{pmatrix}$

b) Z.B.: E: $\vec{x} = \begin{pmatrix} 1 \\ 0 \\ 0 \end{pmatrix} + r \cdot \begin{pmatrix} 0 \\ 1 \\ 0 \end{pmatrix} + s \cdot \begin{pmatrix} 0 \\ 0 \\ 1 \end{pmatrix}$

286

10. Punkt C erhalten wir aus $\overrightarrow{OC} = \overrightarrow{OA} + \overrightarrow{AB} + \overrightarrow{AD} = \begin{pmatrix} 1 \\ 2 \\ 0 \end{pmatrix} + \begin{pmatrix} 2 \\ 3 \\ 0 \end{pmatrix} + \begin{pmatrix} 0 \\ 2 \\ 6 \end{pmatrix} = \begin{pmatrix} 3 \\ 7 \\ 6 \end{pmatrix}$, also C(3|7|6) oder

$\overrightarrow{OC} = \overrightarrow{OD} + \overrightarrow{AB} = \begin{pmatrix} 1 \\ 4 \\ 6 \end{pmatrix} + \begin{pmatrix} 2 \\ 3 \\ 0 \end{pmatrix} = \begin{pmatrix} 3 \\ 7 \\ 6 \end{pmatrix}$, also C(3|7|6).

Ebene, in der das Parallelogramm liegt: E: $\vec{x} = \begin{pmatrix} 1 \\ 2 \\ 0 \end{pmatrix} + r \cdot \begin{pmatrix} 2 \\ 3 \\ 0 \end{pmatrix} + s \cdot \begin{pmatrix} 0 \\ 2 \\ 6 \end{pmatrix}$

Für die Punkte des Parallelogramms gilt die Einschränkung $0 \le r \le 1$ und $0 \le s \le 1$.

Schnittpunkt von g und E:

Das Gleichungssystem $\left| \begin{array}{l} 2r - 4t = 1 \\ 3r + 2s - t = -5 \\ 6s + 3t = 5 \end{array} \right|$ hat die Lösung $r = -\frac{20}{9}$; $s = \frac{109}{72}$; $t = -\frac{49}{36}$

Der Schnittpunkt $S\left(-\frac{31}{9} \middle| -\frac{59}{36} \middle| \frac{109}{12}\right)$ von g und E liegt nicht innerhalb des Parallelogramms.

11. Beispiel:

$E_1: \vec{x} = \begin{pmatrix} 3 \\ 1 \\ -2 \end{pmatrix} + s \cdot \begin{pmatrix} -1 \\ 1 \\ 2 \end{pmatrix} + t \cdot \begin{pmatrix} 1 \\ 0 \\ 0 \end{pmatrix}$ $E_2: \vec{x} = \begin{pmatrix} 1 \\ 1 \\ 3 \end{pmatrix} + s \cdot \begin{pmatrix} 1 \\ 0 \\ 0 \end{pmatrix} + t \cdot \begin{pmatrix} -1 \\ 1 \\ 2 \end{pmatrix}$ $E_3: \vec{x} = \begin{pmatrix} 1 \\ 1 \\ 3 \end{pmatrix} + s \cdot \begin{pmatrix} -1 \\ 1 \\ 2 \end{pmatrix} + t \cdot \begin{pmatrix} 2 \\ 0 \\ -5 \end{pmatrix}$

12. $E_1: \vec{x} = \begin{pmatrix} 0 \\ 4 \\ 7 \end{pmatrix} + r \cdot \begin{pmatrix} 0 \\ 4 \\ -3 \end{pmatrix} + s \cdot \begin{pmatrix} -9 \\ 0 \\ 0 \end{pmatrix}$ $E_2: \vec{x} = \begin{pmatrix} -3 \\ 11 \\ 4 \end{pmatrix} + r \cdot \begin{pmatrix} -3 \\ 0 \\ 2 \end{pmatrix} + s \cdot \begin{pmatrix} 0 \\ -3 \\ 0 \end{pmatrix}$

$E_1: \begin{pmatrix} 0 \\ 3 \\ 4 \end{pmatrix} * \vec{x} = 40$ $E_2: \begin{pmatrix} 2 \\ 0 \\ 3 \end{pmatrix} * \vec{x} = 6$

Ermitteln Durchstoßpunkt S:

$E_1: 3x_2 + 4x_3 = 40$

Einsetzen von $x_1 = -2$; $x_2 = 6 \Rightarrow x_3 = 5{,}5$

$S = (-2|6|5{,}5)$

13. a) B(4|4|0); C(−4|4|0); D(−4|−4|0); E(0|0|16); P(2|−2|8)

b) S(−0,857|−0,857|12,571)

c) Man benötigt lediglich Richtungsvektoren

$\overrightarrow{BE} = \begin{pmatrix} -4 \\ -4 \\ 16 \end{pmatrix}$; $\overrightarrow{QR} = \begin{pmatrix} 4 \\ 2 \\ -8 \end{pmatrix}$

$\cos(\varphi) = \frac{\overrightarrow{BE} * \overrightarrow{QR}}{|\overrightarrow{BE}| \cdot |\overrightarrow{QR}|} = \frac{-152}{24\sqrt{42}} \Rightarrow \varphi \approx 167{,}76°$

Blickpunkt: Die Entstehung der Analytischen Geometrie – FERMAT und DESCARTES

288

1. a) $\sin(60°) = \frac{2}{y} \Rightarrow y = \frac{2}{\sin(60°)} \approx 2{,}31$

$\tan(60°) = \frac{2}{x^*} \Rightarrow x^* = \frac{2}{\tan(60°)} \approx 1{,}15$

$x = 3 - x^* \approx 1{,}85$

Q hat die Koordinaten $Q(1{,}85 \,|\, 2{,}31)$.

b) $\sin(\alpha) = \frac{y}{y'} \Rightarrow y' = \frac{y}{\sin(\alpha)}$

$\tan(\alpha) = \frac{y}{x^*} \Rightarrow x^* = \frac{y}{\tan(\alpha)}$

$x' = x - x^* = x - \frac{y}{\tan(\alpha)}$

Der Punkt P hat im Koordinatensystem, das einen spitzen Winkel α einschließt, die Koordinaten

$P\left(x - \frac{y}{\tan(\alpha)} \,\middle|\, \frac{y}{\sin(\alpha)}\right)$.

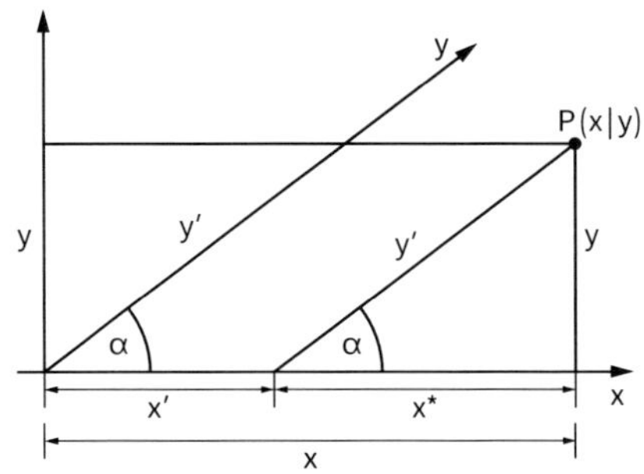

2.
- 4472^{12} endet auf die Ziffern 4416, $3987^{12} + 4365^{12}$ endet auf die Ziffern 7106.
- Die Potenz einer geraden Zahl ist immer eine gerade Zahl, die einer ungeraden Zahl wieder eine ungerade Zahl. Deshalb ist $1782^{12} + 1841^{12}$ ungerade, 1922^{12} aber gerade.

4472^{12}

4867258068623583221685757841 24416

$3987^{12}+4365^{12}$

5986126162362309531544878969 87106

7.2 Normalenvektor einer Ebene

7.2.1 Normalenform und Koordinatenform einer Ebenengleichung

289

Einstiegsaufgabe ohne Lösung

- Der Schattenstab liegt auf einer Geraden. Diese ist orthogonal zu allen Geraden der Ebene E.
  Der Richtungsvektor $\vec{n} = \begin{pmatrix} 1 \\ 1 \\ 1 \end{pmatrix}$ ist also orthogonal zu den Richtungsvektoren aller Geraden, die in E liegen.
  Da A und B in E liegen, muss der Vektor $\vec{n}$ orthogonal zum Vektor $\overrightarrow{AB} = \begin{pmatrix} 1 \\ 4 \\ -5 \end{pmatrix}$ sein.
  Wir überprüfen dies:
  $\vec{n} * \overrightarrow{AB} = 1 \cdot 1 + 1 \cdot 4 + 1 \cdot (-5) = 0$
  Entsprechend kann man dies auch für die Punkte C und D untersuchen:
  $\vec{n} * \overrightarrow{AC} = \begin{pmatrix} 1 \\ 1 \\ 1 \end{pmatrix} * \begin{pmatrix} 6 \\ 3 \\ -9 \end{pmatrix} = 1 \cdot 6 + 1 \cdot 3 + 1 \cdot (-9) = 0$
  $\vec{n} * \overrightarrow{AD} = \begin{pmatrix} 1 \\ 1 \\ 1 \end{pmatrix} * \begin{pmatrix} -1 \\ 6 \\ 1 \end{pmatrix} = 1 \cdot (-1) + 1 \cdot 6 + 1 \cdot 1 = 6 \neq 0$
  C liegt in der Ebene E, aber nicht der Punkt D.

289

- Ein Punkt $x \neq A$ liegt in der Ebene E, falls $\vec{n} \perp \overrightarrow{AX}$, also falls $\vec{n} * \overrightarrow{AX} = 0$ gilt.
  Ist $\vec{n} * \overrightarrow{AX} \neq 0$, liegt X nicht in E.
  Beispiele für Punkte, die in E liegen: $P_1(0|0|3)$, $P_2(1|2|0)$, $P_3(-2|8|-3)$

291

1. a)
- Die Ebenen E_1 und E_4 sind parallel zueinander, aber verschieden.
  Der Normalenvektor $\overrightarrow{n_4} = \begin{pmatrix} 6 \\ 15 \\ -3 \end{pmatrix}$ ist ein Vielfaches des Normalenvektors $\overrightarrow{n_1}$.
  Dividiert man die Gleichung $6x_1 + 15x_2 - 3x_3 = 27$ durch 3, erhält man die Gleichung $2x_1 + 5x_2 - x_3 = 9$, die verschieden von der Koordinatenform von E_1 ist.
- Die Ebenen E_1 und E_3 sind identisch. Der Normalenvektor $\overrightarrow{n_3}$ ist ein Vielfaches von $\overrightarrow{n_1}$. Dividiert man die Normalenform von E_3 durch (-4), erhält man die Normalenform von E_1.
- Die Ebenen E_1 und E_2 sind nicht parallel zueinander, da ihre Normalenvektoren keine Vielfache voneinander sind.

b) Zwei Ebenen sind parallel zueinander, wenn ihre Normalenvektoren Vielfache voneinander sind. Geht in diesem Fall die Koordinatenform der einen Ebene durch die Multiplikation mit einer Zahl ungleich null aus der Koordinatenform der anderen Ebene hervor, so sind die Ebenen identisch. Sind die Normalenvektoren keine Vielfachen voneinander, so sind die beiden Ebenen nicht parallel zueinander.
Sie schneiden sich in einer Schnittgeraden.

292

2. a) E: $\begin{pmatrix} 3 \\ -1 \\ 2 \end{pmatrix} * \left(\vec{x} - \begin{pmatrix} 3 \\ -5 \\ 2 \end{pmatrix}\right) = 0$, also $3x_1 - x_2 + 2x_3 = 18$

$3 \cdot (-3) - (-27) + 2 \cdot 0 = 18$, Q liegt in E.

b) E: $\begin{pmatrix} 2 \\ 0 \\ -1 \end{pmatrix} * \left(\vec{x} - \begin{pmatrix} -1 \\ -1 \\ 4 \end{pmatrix}\right) = 0$, also $2x_1 - x_3 = -6$

$2 \cdot (-3) - 0 = -6$, Q liegt in E.

c) E: $\begin{pmatrix} 2 \\ 1 \\ -2 \end{pmatrix} * \left(\vec{x} - \begin{pmatrix} 0 \\ 0 \\ 0 \end{pmatrix}\right) = 0$, also $2x_1 + x_2 - 2x_3 = 0$

$2 \cdot (-3) + (-27) - 2 \cdot 0 = -33 \neq 0$, Q liegt nicht in E.

d) E: $\begin{pmatrix} 1 \\ -1 \\ -1 \end{pmatrix} * \left(\vec{x} - \begin{pmatrix} 7 \\ -20 \\ -3 \end{pmatrix}\right) = 0$, also $x_1 - x_2 - x_3 = 30$

$-3 - (-27) - 0 = 24 \neq 30$, Q liegt nicht in E.

e) E: $\begin{pmatrix} 2 \\ 1 \\ 1 \end{pmatrix} * \left(\vec{x} - \begin{pmatrix} 1 \\ 1 \\ -3 \end{pmatrix}\right) = 0$, also $2x_1 + x_2 + x_3 = 0$

$2 \cdot (-3) + (-27) + 0 = -33 \neq 0$, Q liegt nicht in E.

f) E: $\begin{pmatrix} 0 \\ 0 \\ 1 \end{pmatrix} * \left(\vec{x} - \begin{pmatrix} 1 \\ 1 \\ 0 \end{pmatrix}\right) = 0$, also $x_3 = 0$

Q liegt in E.

3. a) E: $2x_1 - 3x_2 + x_3 = 3$ $\quad P_1(1|1|4)$, $P_2(5|-1|-10)$

b) E: $2x_1 - x_2 + x_3 = 5$ $\quad P_1(0|1|6)$, $P_2(-1|4|11)$

c) E: $3x_1 - x_2 + 2x_3 = -15$ $\quad P_1(1|20|1)$, $P_2(0|19|2)$

292

4. **a)** E: $x_1 - 2x_2 - 3x_3 = 3$

b) E: $x_1 + 3x_2 + 8x_3 = -20$

c) E: $3x_1 - 4x_2 + 5x_3 = 29$

d) E: $x_1 = 7$

e) E: $\vec{x} = \begin{pmatrix} 0 \\ 1 \\ 2 \end{pmatrix} + r \cdot \begin{pmatrix} 2 \\ -1 \\ 2 \end{pmatrix} + s \cdot \begin{pmatrix} 4 \\ 7 \\ -2 \end{pmatrix}$ E: $2x_1 - 2x_2 - 3x_3 = -8$

f) E: $\vec{x} = \begin{pmatrix} 1 \\ -2 \\ 3 \end{pmatrix} + r \cdot \begin{pmatrix} 2 \\ 6 \\ -5 \end{pmatrix} + s \cdot \begin{pmatrix} 2 \\ 6 \\ 2 \end{pmatrix}$ E: $3x_1 - x_2 = 5$

g) E: $\vec{x} = \begin{pmatrix} 4 \\ 0 \\ 2 \end{pmatrix} + r \cdot \begin{pmatrix} 3 \\ -1 \\ -3 \end{pmatrix} + s \cdot \begin{pmatrix} -3 \\ 4 \\ -3 \end{pmatrix}$ E: $5x_1 + 6x_2 + 3x_3 = 26$

h) E: $\vec{x} = \begin{pmatrix} 5 \\ 0 \\ 2 \end{pmatrix} + r \cdot \begin{pmatrix} 3 \\ -1 \\ 4 \end{pmatrix} + s \cdot \begin{pmatrix} -5 \\ -1 \\ -3 \end{pmatrix}$ E: $7x_1 - 11x_2 - 8x_3 = 19$

5. **a)** E: $\vec{x} = \begin{pmatrix} 0 \\ 1 \\ 2 \end{pmatrix} + r \cdot \begin{pmatrix} 2 \\ -1 \\ 2 \end{pmatrix} + s \cdot \begin{pmatrix} 4 \\ 7 \\ -2 \end{pmatrix}$ E: $2x_1 - 2x_2 - 3x_3 = -8$

F: $\begin{pmatrix} 2 \\ -2 \\ -3 \end{pmatrix} * \left(\vec{x} - \begin{pmatrix} 3 \\ -4 \\ 1 \end{pmatrix}\right) = 0$ F: $2x_1 - 2x_2 - 3x_3 = 11$

b) E: $\vec{x} = \begin{pmatrix} 3 \\ 1 \\ -1 \end{pmatrix} + r \cdot \begin{pmatrix} 1 \\ 0 \\ 2 \end{pmatrix} + s \cdot \begin{pmatrix} -5 \\ -3 \\ 4 \end{pmatrix}$ E: $6x_1 - 14x_2 - 3x_3 = 7$

F: $\begin{pmatrix} 6 \\ -14 \\ -3 \end{pmatrix} * \left(\vec{x} - \begin{pmatrix} 5 \\ -2 \\ 2 \end{pmatrix}\right) = 0$ F: $6x_1 - 14x_2 - 3x_3 = 52$

6. **a)** $\overrightarrow{n_1} = \begin{pmatrix} 6 \\ 3 \\ -9 \end{pmatrix}$, $\overrightarrow{n_2} = \begin{pmatrix} -2 \\ -1 \\ 3 \end{pmatrix}$

Es gilt: $\overrightarrow{n_1} = -3 \cdot \overrightarrow{n_2}$, E_1 und E_2 sind parallel zueinander.

$-2x_1 - x_2 + 3x_3 = -5 \quad |\cdot(-3)$

$6x_1 + 3x_2 - 9x_3 = 15$

E_1 und E_2 sind identisch.

b) $\overrightarrow{n_1} = \begin{pmatrix} 3 \\ -12 \\ 6 \end{pmatrix}$, $\overrightarrow{n_2} = \begin{pmatrix} -2 \\ 8 \\ -4 \end{pmatrix}$

Es gilt: $\overrightarrow{n_1} = -1{,}5 \cdot \overrightarrow{n_2}$, E_1 und E_2 sind parallel zueinander.

$-2x_1 + 8x_2 - 4x_3 = -12 \quad |\cdot(-1{,}5)$

$3x_1 - 12x_2 + 6x_3 = 18$

E_1 und E_2 sind parallel zueinander und verschieden.

c) $\overrightarrow{n_1} = \begin{pmatrix} 4 \\ 2 \\ 1 \end{pmatrix}$, $\overrightarrow{n_2} = \begin{pmatrix} -1 \\ -3 \\ 4 \end{pmatrix}$

Die beiden Normalenvektoren sind keine Vielfachen voneinander. E_1 und E_2 schneiden sich.

d) E_1: $2x_1 + 2x_2 - x_3 = 0$

E_2: $2x_1 + 2x_2 - x_3 = 4$

E_1 und E_2 sind parallel zueinander und verschieden.

293

7. a) Löse $\begin{vmatrix} x_1 + x_2 - x_3 = 1 \\ 4x_1 - x_2 - x_3 = 3 \end{vmatrix} \Rightarrow \begin{vmatrix} x_1 + x_2 - x_3 = 1 \\ -5x_2 + 3x_3 = -1 \end{vmatrix}$

Setze $x_3 = t \Rightarrow x_2 = \frac{1+3t}{5} \Rightarrow x_1 = \frac{4+2t}{5} \Rightarrow \vec{x} = \begin{pmatrix} \frac{4}{5} \\ \frac{1}{5} \\ 0 \end{pmatrix} + t \cdot \begin{pmatrix} 2 \\ 3 \\ 5 \end{pmatrix}$

b) $g: \vec{x} = \begin{pmatrix} -\frac{48}{5} \\ -\frac{12}{5} \\ 0 \end{pmatrix} + t \cdot \begin{pmatrix} 7 \\ -2 \\ -5 \end{pmatrix}$

c) $\begin{vmatrix} 3x_1 - 2x_2 + x_3 = 4 \\ x_1 - 2x_3 = -1 \end{vmatrix}$

Wir setzen $x_3 = t$, also $\begin{vmatrix} 3x_1 - 2x_2 = 4 - t \\ x_1 = -1 + 2t \end{vmatrix}$ mit der Lösung

$x_1 = -1 + 2t;\ x_2 = -\frac{7}{2} + \frac{7}{2}t;\ x_3 = t$

Parameterdarstellung der Schnittgeraden:

$g: \vec{x} = \begin{pmatrix} -1 \\ -\frac{7}{2} \\ 0 \end{pmatrix} + t \cdot \begin{pmatrix} 2 \\ \frac{7}{2} \\ 1 \end{pmatrix}$ bzw. $\vec{x} = \begin{pmatrix} -1 \\ -\frac{7}{2} \\ 0 \end{pmatrix} + r \cdot \begin{pmatrix} 4 \\ 7 \\ 2 \end{pmatrix}$

8. a) $E_1 = E_2;\ E_1 \nparallel E_3;\ E_2 \nparallel E_3$

Schnittgerade s_1 von E_1 bzw. E_2 mit E_3:

Mit $x_1 = t$ erhält man das LGS $\begin{vmatrix} 3x_2 - 9x_3 = 15 - 6t \\ 2x_2 + 6x_3 = 5 - 4t \end{vmatrix}$ mit der Lösung

$x_1 = t;\ x_2 = \frac{15}{4} - 2t;\ x_3 = -\frac{5}{12}$

$s_1: \vec{x} = \begin{pmatrix} 0 \\ \frac{15}{4} \\ -\frac{5}{12} \end{pmatrix} + t \cdot \begin{pmatrix} 1 \\ -2 \\ 0 \end{pmatrix}$

b) $E_1 \nparallel E_2;\ E_1 \parallel E_3;\ E_2 \nparallel E_3$

Schnittgerade s_1 von E_1 mit E_2:

Mit $x_1 = t$ erhält man das LGS $\begin{vmatrix} x_2 = 5 - 2t \\ 2x_2 + x_3 = 10 - 4t \end{vmatrix}$ mit der Lösung

$x_1 = t;\ x_2 = 5 - 2t;\ x_3 = 0$

$s_1: \vec{x} = \begin{pmatrix} 0 \\ 5 \\ 0 \end{pmatrix} + t \cdot \begin{pmatrix} 1 \\ -2 \\ 0 \end{pmatrix}$

Schnittgerade s_2 von E_2 mit E_3:

Mit $x_1 = t$ erhält man das LGS $\begin{vmatrix} 2x_2 = 3 - 4t \\ 2x_2 + x_3 = 10 - 4t \end{vmatrix}$ mit der Lösung

$x_1 = t;\ x_2 = \frac{3}{2} - 2t;\ x_3 = 7$

$s_2: \vec{x} = \begin{pmatrix} 0 \\ \frac{3}{2} \\ 7 \end{pmatrix} + t \cdot \begin{pmatrix} 1 \\ -2 \\ 0 \end{pmatrix}$

c) $E_1 \parallel E_2;\ E_1 \parallel E_3;\ E_2 \parallel E_3$

293

9. a) E(2|1|6), F(5|3|6), G(3|6|6), H(0|4|6)

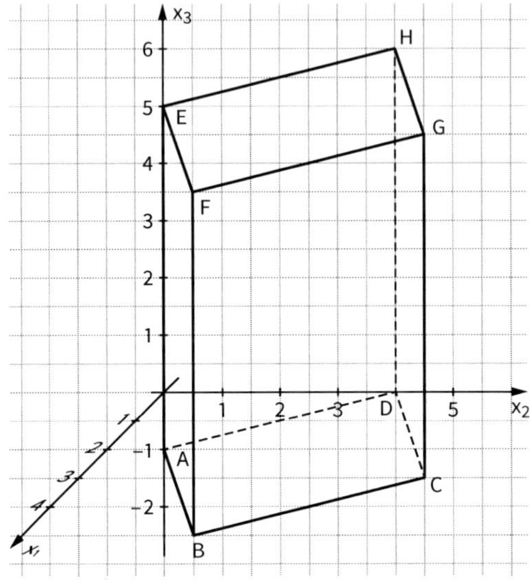

b) Grundfläche: $x_3 = 0$

Deckfläche: $x_3 = 6$

E_{ABFE}: $\vec{x} = \begin{pmatrix} 2 \\ 1 \\ 0 \end{pmatrix} + r \cdot \begin{pmatrix} 3 \\ 2 \\ 0 \end{pmatrix} + s \cdot \begin{pmatrix} 0 \\ 0 \\ 1 \end{pmatrix}$ $\quad 2x_1 - 3x_2 = 1$

$E_{DCGH} \parallel E_{ABFE}$

E_{DCGH}: $\begin{pmatrix} 2 \\ -3 \\ 0 \end{pmatrix} * \left(\vec{x} - \begin{pmatrix} 3 \\ 6 \\ 0 \end{pmatrix}\right) = 0$ $\quad 2x_1 - 3x_2 = -12$

E_{BCGF}: $\vec{x} = \begin{pmatrix} 5 \\ 3 \\ 0 \end{pmatrix} + r \cdot \begin{pmatrix} -2 \\ 3 \\ 0 \end{pmatrix} + s \cdot \begin{pmatrix} 0 \\ 0 \\ 1 \end{pmatrix}$ $\quad 3x_1 + 2x_2 = 21$

$E_{ADHE} \parallel E_{BCGF}$

E_{ADHE}: $\begin{pmatrix} 3 \\ 2 \\ 0 \end{pmatrix} * \left(\vec{x} - \begin{pmatrix} 2 \\ 1 \\ 0 \end{pmatrix}\right) = 0$ $\quad 3x_1 + 2x_2 = 8$

10. a) Beispiel

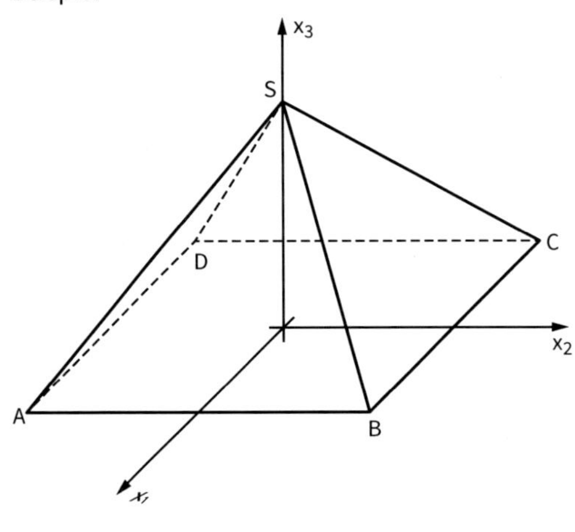

293

b) Eckpunkte der Pyramide

A(3|−3|0), B(3|3|0), C(−3|3|0), D(−3|−3|0), S(0|0|4)

E_{ABS}: $\vec{x} = \begin{pmatrix} 3 \\ -3 \\ 0 \end{pmatrix} + r \cdot \begin{pmatrix} 0 \\ 1 \\ 0 \end{pmatrix} + s \cdot \begin{pmatrix} -3 \\ 3 \\ 4 \end{pmatrix}$ $\quad 4x_1 + 3x_3 = 12$

E_{BCS}: $\vec{x} = \begin{pmatrix} 3 \\ 3 \\ 0 \end{pmatrix} + r \cdot \begin{pmatrix} 1 \\ 0 \\ 0 \end{pmatrix} + s \cdot \begin{pmatrix} -3 \\ -3 \\ 4 \end{pmatrix}$ $\quad 4x_2 + 3x_3 = 12$

E_{DCS}: $\vec{x} = \begin{pmatrix} -3 \\ 3 \\ 0 \end{pmatrix} + r \cdot \begin{pmatrix} 0 \\ 1 \\ 0 \end{pmatrix} + s \cdot \begin{pmatrix} 3 \\ -3 \\ 4 \end{pmatrix}$ $\quad -4x_1 + 3x_3 = 12$

E_{DAS}: $\vec{x} = \begin{pmatrix} 3 \\ -3 \\ 0 \end{pmatrix} + r \cdot \begin{pmatrix} 1 \\ 0 \\ 0 \end{pmatrix} + s \cdot \begin{pmatrix} -3 \\ 3 \\ 4 \end{pmatrix}$ $\quad 4x_2 - 3x_3 = -12$

11. E: $\vec{x} = \begin{pmatrix} -5 \\ -1 \\ 2 \end{pmatrix} + r \cdot \begin{pmatrix} 4 \\ 1 \\ -1 \end{pmatrix} + s \cdot \begin{pmatrix} 6 \\ 18 \\ 6 \end{pmatrix}$

$4x_1 - 5x_2 + 11x_3 = 7$

F: $\vec{x} = \begin{pmatrix} -5 \\ -1 \\ 2 \end{pmatrix} + r \cdot \begin{pmatrix} 4 \\ 1 \\ -1 \end{pmatrix} + s \cdot \begin{pmatrix} 4 \\ -5 \\ 11 \end{pmatrix}$

$x_1 - 8x_2 - 4x_3 = -5$

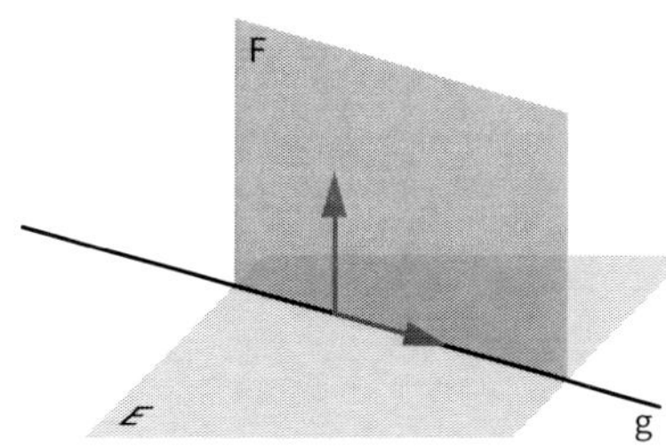

12. a) Beispiel

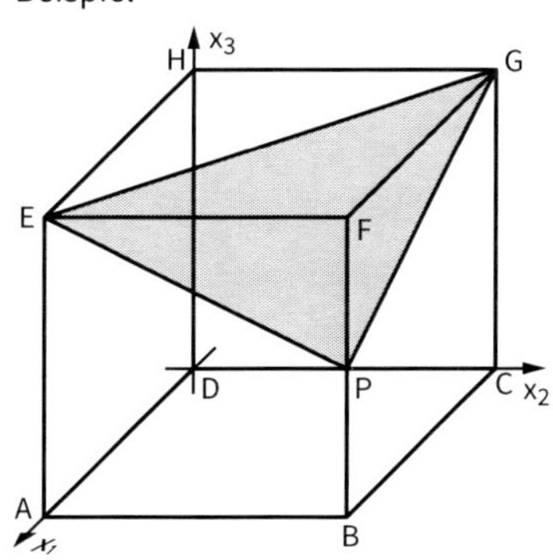

b) E(6|0|6), G(0|6|6), P(6|6|3)

Ebene E: $\vec{x} = \begin{pmatrix} 6 \\ 0 \\ 6 \end{pmatrix} + r \cdot \begin{pmatrix} -6 \\ 6 \\ 0 \end{pmatrix} + s \cdot \begin{pmatrix} 0 \\ 6 \\ -3 \end{pmatrix}$

$x_1 + x_2 + 2x_3 = 18$

293

c) $P(6|6|x_3)$

Ebene E: $\vec{x} = \begin{pmatrix} 6 \\ 0 \\ 6 \end{pmatrix} + r \cdot \begin{pmatrix} -6 \\ 6 \\ 0 \end{pmatrix} + s \cdot \begin{pmatrix} 0 \\ 6 \\ x_3 - 6 \end{pmatrix}$

Normalenvektor von E: $\vec{n} = \begin{pmatrix} x_3 - 6 \\ x_3 - 6 \\ -6 \end{pmatrix}$

Gesucht k, sodass $\begin{pmatrix} x_3 - 6 \\ x_3 - 6 \\ -6 \end{pmatrix} = k \cdot \begin{pmatrix} 3 \\ 3 \\ 4 \end{pmatrix}$ also $k = -\frac{3}{2}$ und $x_3 = \frac{3}{2}$

$P\left(6 \middle| 6 \middle| \frac{3}{2}\right)$

$|EG| = |\overrightarrow{EG}| = \left|\begin{pmatrix} -6 \\ 6 \\ 0 \end{pmatrix}\right| = \sqrt{72}$

Das Dreieck EPG ist gleichschenklig, also $|EP| = |PG| = |\overrightarrow{EP}| = \left|\begin{pmatrix} 0 \\ 6 \\ -4{,}5 \end{pmatrix}\right| = \frac{15}{2}$

Umfang des Dreiecks EPG:

$u = \sqrt{72} + 2 \cdot \frac{15}{2} = 15 + \sqrt{72} \approx 23{,}5$

7.2.2 Spurpunkte – Lage einer Ebene im Koordinatensystem erkennen

296

1. a) $S_1(12|0|0)$, $S_2(0|4|0)$, $S_3(0|0|6)$

g_{12}: $\vec{x} = \begin{pmatrix} 12 \\ 0 \\ 0 \end{pmatrix} + k \cdot \begin{pmatrix} -3 \\ 1 \\ 0 \end{pmatrix}$

g_{13}: $\vec{x} = \begin{pmatrix} 12 \\ 0 \\ 0 \end{pmatrix} + r \cdot \begin{pmatrix} -2 \\ 0 \\ 1 \end{pmatrix}$

g_{23}: $\vec{x} = \begin{pmatrix} 0 \\ 4 \\ 0 \end{pmatrix} + s \cdot \begin{pmatrix} 0 \\ -2 \\ 3 \end{pmatrix}$

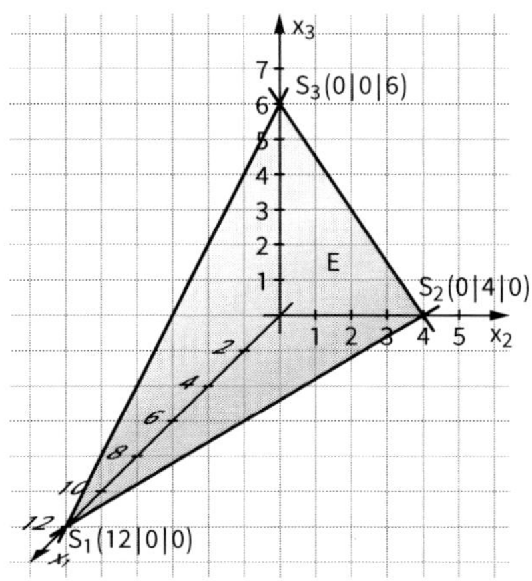

b) $S_1(8|0|0)$, $S_2(0|-4|0)$, $S_3(0|0|4)$

g_{12}: $\vec{x} = \begin{pmatrix} 8 \\ 0 \\ 0 \end{pmatrix} + k \cdot \begin{pmatrix} 2 \\ 1 \\ 0 \end{pmatrix}$

g_{13}: $\vec{x} = \begin{pmatrix} 8 \\ 0 \\ 0 \end{pmatrix} + r \cdot \begin{pmatrix} -2 \\ 0 \\ 1 \end{pmatrix}$

g_{23}: $\vec{x} = \begin{pmatrix} 0 \\ -4 \\ 0 \end{pmatrix} + s \cdot \begin{pmatrix} 0 \\ 1 \\ 1 \end{pmatrix}$

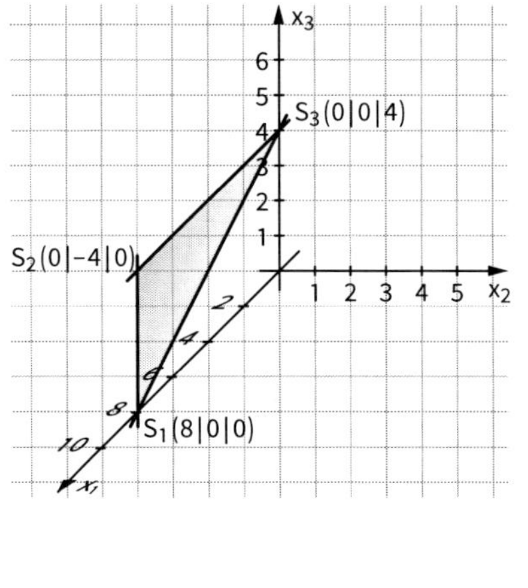

296

c) E: $x_1 + 4x_2 - 2x_3 = 8$

$S_1(8|0|0)$, $S_2(0|2|0)$, $S_3(0|0|-4)$

g_{12}: $\vec{x} = \begin{pmatrix} 8 \\ 0 \\ 0 \end{pmatrix} + k \cdot \begin{pmatrix} 4 \\ -1 \\ 0 \end{pmatrix}$

g_{13}: $\vec{x} = \begin{pmatrix} 8 \\ 0 \\ 0 \end{pmatrix} + r \cdot \begin{pmatrix} 2 \\ 0 \\ 1 \end{pmatrix}$

g_{23}: $\vec{x} = \begin{pmatrix} 0 \\ 2 \\ 0 \end{pmatrix} + s \cdot \begin{pmatrix} 0 \\ 1 \\ 2 \end{pmatrix}$

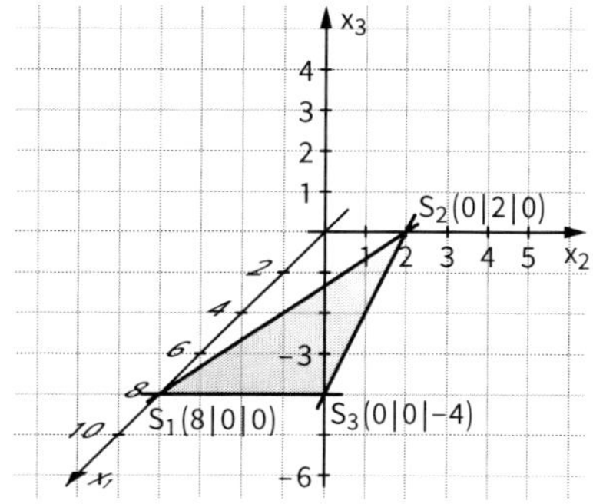

2. a) E: $\frac{x_1}{2} + \frac{x_2}{3} + \frac{x_3}{4} = 1 \Leftrightarrow$ E: $6x_1 + 4x_2 + 3x_3 = 12$

b) E: $x_1 + \frac{x_2}{3} - \frac{x_3}{4} = 1 \Leftrightarrow$ E: $12x_1 + 4x_2 - 3x_3 = 12$

c) E: $-\frac{x_1}{2} + \frac{x_2}{5} + \frac{x_3}{2} = 1 \Leftrightarrow$ E: $-5x_1 + 2x_2 + 5x_3 = 10$

297

3. a) S_1: $x_2 = 0$ und $x_3 = 0$ für $r = 0$; $t = 3$,
also $S_1(6|0|0)$;
$S_2(0|3|0)$
S_3: $x_1 = 0$ und $x_2 = 0$ für $r = -1$; $t = 0$,
also $S_3(0|0|-4)$

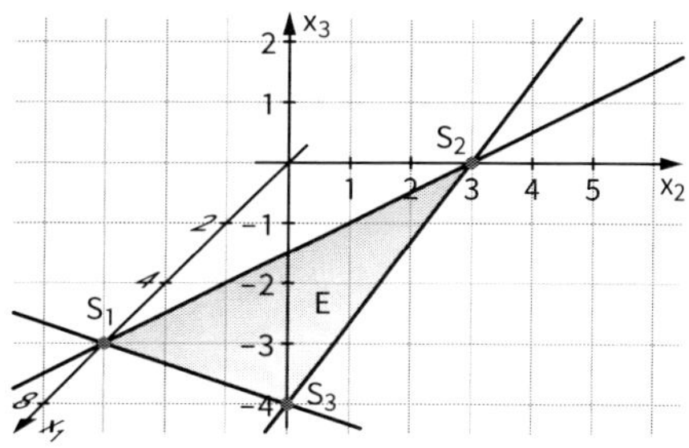

b) $S_1(4|0|0)$; $S_2(0|5|0)$; $S_3(0|0|6)$

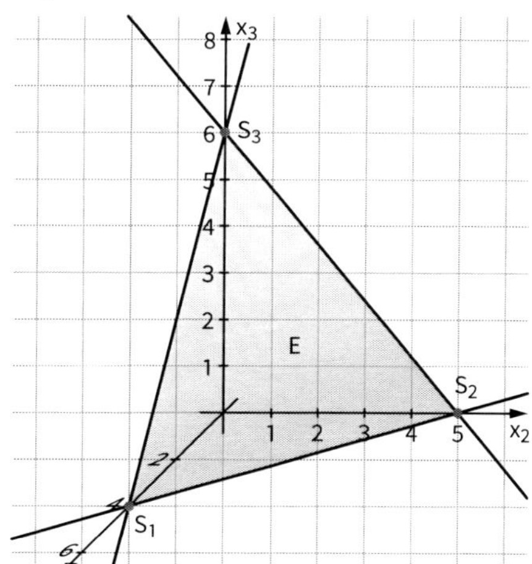

297

4. a) ■ E: $\frac{x_1}{12} + \frac{3x_2}{12} + \frac{2x_3}{12} = 1$ bzw. E: $\frac{x_1}{12} + \frac{x_2}{4} + \frac{x_3}{6} = 1$
$S_1(12|0|0)$, $S_2(0|4|0)$, $S_3(0|0|6)$ Abbildung siehe Aufgabe 1. a)

■ E: $\frac{x_1}{8} - \frac{2x_2}{8} + \frac{2x_3}{8} = 1$ bzw. E: $\frac{x_1}{8} - \frac{x_2}{4} + \frac{x_3}{4} = 1$
$S_1(8|0|0)$, $S_2(0|-4|0)$, $S_3(0|0|4)$ Abbildung siehe Aufgabe 1. b)

■ E: $\frac{1}{4}x_1 + x_2 - \frac{1}{2}x_3 = 2$ bzw. E: $\frac{x_1}{8} + \frac{x_2}{2} - \frac{x_3}{4} = 1$
$S_1(8|0|0)$, $S_2(0|2|0)$, $S_3(0|0|-4)$ Abbildung siehe Aufgabe 1. c)

b) E: $\frac{x_1}{a_1} + \frac{x_2}{a_2} + \frac{x_3}{a_3} = 1$
Spurpunkt mit der x_1-Achse: $x_2 = x_3 = 0$, also $\frac{x_1}{a_1} = 1$ bzw. $x_1 = a_1$, $S_1(a_1|0|0)$
Spurpunkt mit der x_2-Achse: $\frac{x_2}{a_2} = 1$, also $x_2 = a_2$, $S_2(0|a_2|0)$
Spurpunkt mit der x_3-Achse: $\frac{x_3}{a_3} = 1$, also $x_3 = a_3$, $S_3(0|0|a_3)$

c) Achsenabschnittsformen gibt es auch in diesen Fällen.
■ Die Ebene E_1: $\frac{x_1}{8} + \frac{x_3}{4} = 1$ hat die Spurpunkte $S_1(8|0|0)$ und $S_3(0|0|4)$, aber keinen Spurpunkt mit der x_2-Achse.
■ Die Ebene E_2: $\frac{x_2}{6} = 1$ hat den Spurpunkt $S_2(0|6|0)$, aber keinen Spurpunkt mit der x_1-Achse und mit der x_3-Achse.

5. a) Ebene E_1: $S_1(6|0|0)$, $S_3(0|0|5)$
E_1 ist parallel zur x_2-Achse.

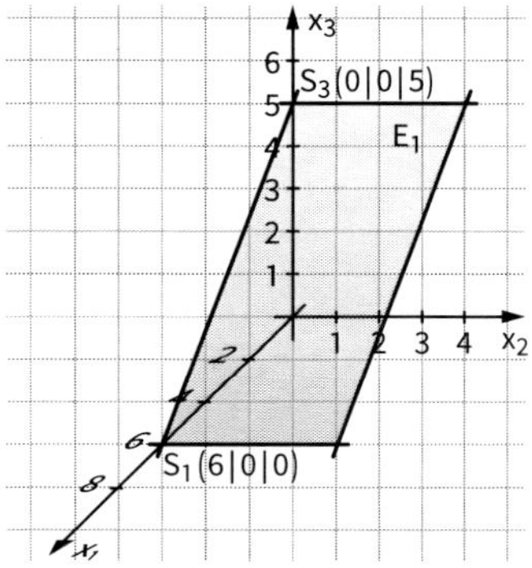

Ebene E_2: $S_1(6|0|0)$, $S_3(0|0|-3)$
E_2 ist parallel zur x_2-Achse.
Um die Ebene E_2 so darstellen zu können, dass man ihre Lage im Koordinatensystem erkennen kann, muss man für das Koordinatensystem eine andere Darstellung als üblich wählen. Im Schrägbild rechts wurde als Einheit auf der x_1-Achse $\sqrt{3} \approx 1,7$ gewählt.

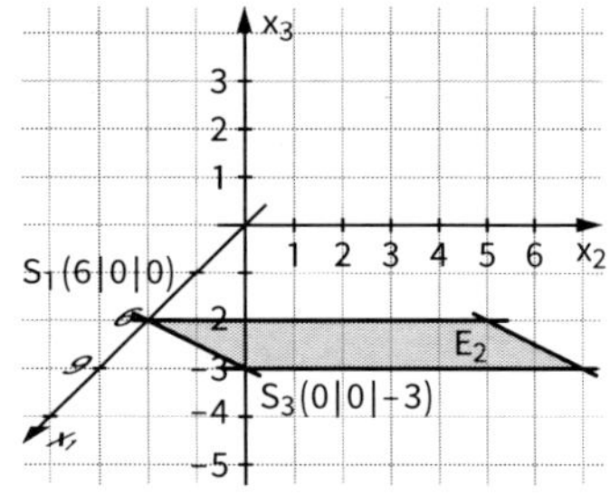

297 Ebene E_3: $S_3(0|0|5)$
E_3 ist parallel zur x_1-Achse und zur x_2-Achse und damit auch zur x_1x_2-Ebene.

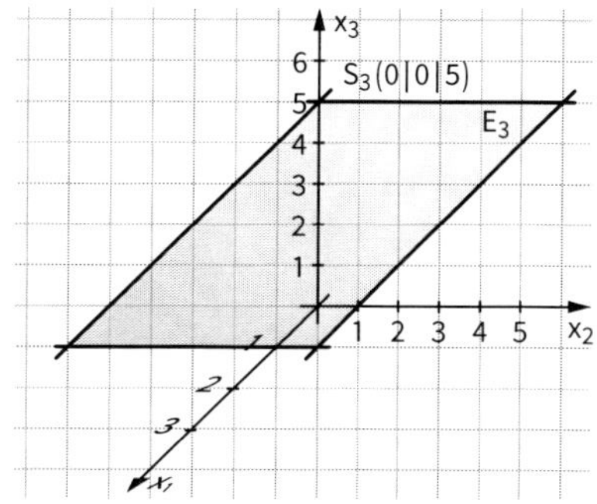

b) Ebene E_1: $g_{13}: \vec{x} = \begin{pmatrix} 6 \\ 0 \\ 0 \end{pmatrix} + k \cdot \begin{pmatrix} -6 \\ 0 \\ 5 \end{pmatrix}$ $\quad g_{12}: \vec{x} = \begin{pmatrix} 6 \\ 0 \\ 0 \end{pmatrix} + r \cdot \begin{pmatrix} 0 \\ 1 \\ 0 \end{pmatrix}$ $\quad g_{23}: \vec{x} = \begin{pmatrix} 0 \\ 0 \\ 5 \end{pmatrix} + s \cdot \begin{pmatrix} 0 \\ 1 \\ 0 \end{pmatrix}$

Ebene E_2: $g_{13}: \vec{x} = \begin{pmatrix} 6 \\ 0 \\ 0 \end{pmatrix} + k \cdot \begin{pmatrix} 2 \\ 0 \\ 1 \end{pmatrix}$ $\quad g_{12}: \vec{x} = \begin{pmatrix} 6 \\ 0 \\ 0 \end{pmatrix} + r \cdot \begin{pmatrix} 0 \\ 1 \\ 0 \end{pmatrix}$ $\quad g_{23}: \vec{x} = \begin{pmatrix} 0 \\ 0 \\ -3 \end{pmatrix} + s \cdot \begin{pmatrix} 0 \\ 1 \\ 0 \end{pmatrix}$

Ebene E_3: $g_{13}: \vec{x} = \begin{pmatrix} 0 \\ 0 \\ 5 \end{pmatrix} + r \cdot \begin{pmatrix} 1 \\ 0 \\ 0 \end{pmatrix}$ $\quad g_{23}: \vec{x} = \begin{pmatrix} 0 \\ 0 \\ 5 \end{pmatrix} + s \cdot \begin{pmatrix} 0 \\ 1 \\ 0 \end{pmatrix}$

Keine Spurgerade mit der x_1x_2-Ebene

6. a) $E: \frac{x_2}{3} + \frac{x_3}{4} = 1 \Leftrightarrow E: 4x_2 + 3x_2 = 12$

b) $E: \frac{x_1}{3} = 1 \Leftrightarrow x_1 = 3$

c) $E: x_1 + \frac{x_2}{3} = 1 \Leftrightarrow 3x_1 + x_2 = 3$

d) $E: \frac{x_1}{2} + \frac{x_3}{4} = 1 \Leftrightarrow 2x_1 + x_3 = 4$

7.2.3 Lagebeziehungen zwischen Gerade und Ebene mithilfe von Normalenvektoren untersuchen

298 **Einstiegsaufgabe ohne Lösung**

- Die Gerade schneidet die Ebene in einem Punkt. Beispiel: $g: \vec{x} = \begin{pmatrix} 1 \\ -2 \\ 2 \end{pmatrix} + k \cdot \begin{pmatrix} 1 \\ 0 \\ 1 \end{pmatrix}$
- Die Gerade verläuft parallel zur Ebene, liegt aber nicht in ihr. Beispiel: $h: \vec{x} = \begin{pmatrix} 1 \\ 4 \\ 2 \end{pmatrix} + r \cdot \begin{pmatrix} 1 \\ 0 \\ -1 \end{pmatrix}$
- Die Gerade liegt in der Ebene. Beispiel: $i: \vec{x} = \begin{pmatrix} 1 \\ -2 \\ 2 \end{pmatrix} + s \cdot \begin{pmatrix} 1 \\ 0 \\ -1 \end{pmatrix}$
- Sind der Normalenvektor der Ebene und der Richtungsvektor der Gerade orthogonal zueinander, ist die Gerade parallel zur Ebene. Andernfalls schneidet die Gerade die Ebene. Sind Gerade und Ebene parallel zu einander, so muss man prüfen, ob ein Punkt der Geraden in der Ebene liegt. Ist dies der Fall, so liegt die Gerade in der Ebene.

299 **1. a)** g ist parallel zu E.

b) g schneidet E in $S(-3|8|1)$.

c) g liegt ganz in E.

d) g schneidet E in $S\left(4 \middle| -\frac{7}{2} \middle| -\frac{1}{2}\right)$

e) $g: \vec{x} = \begin{pmatrix} 3 \\ -2 \\ -1 \end{pmatrix} + k \cdot \begin{pmatrix} 1 \\ 1 \\ -2 \end{pmatrix}$; $\vec{n} * \vec{u} = \begin{pmatrix} 1 \\ -1 \\ 1 \end{pmatrix} * \begin{pmatrix} 1 \\ 1 \\ -2 \end{pmatrix} = -2 \neq 0$; g schneidet E.

299

f) E: $x_1 - 3x_2 - x_3 = 4$; $\vec{n} * \vec{u} = \begin{pmatrix} 1 \\ -3 \\ -1 \end{pmatrix} * \begin{pmatrix} 1 \\ 0 \\ 1 \end{pmatrix} = 0$; g und E sind parallel zueinander.

Punktprobe: liegt $P(-1|-2|4)$ in E?

$-1 - 3 \cdot (-2) - 4 = 4$

$1 = 4$ falsch

g ist parallel zu E, liegt aber nicht in E.

300

2. **a)** $S(4|8|-6)$ **b)** $S\left(-\frac{13}{8}\middle|-\frac{1}{4}\middle|-\frac{23}{8}\right)$ **c)** $S(5|-10|-2)$ **d)** $S(4|-1|-3)$

3. (1) **a)** Normalenvektor von E: $\vec{n} = \begin{pmatrix} 1 \\ 2 \\ 3 \end{pmatrix}$; Richtungsvektor von g: $\vec{u} = \begin{pmatrix} 1 \\ 2 \\ 3 \end{pmatrix}$

$\Rightarrow \vec{n} = \vec{u}$

Die Ebene steht senkrecht auf der Geraden.

b) Neuer Richtungsvektor z. B. $\vec{u_2} = \begin{pmatrix} -2 \\ 1 \\ 0 \end{pmatrix}$, sodass $\vec{u_2} * \vec{n} = 0$

$\Rightarrow g_2: \vec{x} = \begin{pmatrix} 2 \\ 9 \\ -4 \end{pmatrix} + s \begin{pmatrix} -2 \\ 1 \\ 0 \end{pmatrix}$

(2) **a)** Normalenvektor von E: $\vec{n} = \begin{pmatrix} 0 \\ 2 \\ -3 \end{pmatrix}$

Richtungsvektor von g: $\vec{u} = \begin{pmatrix} 1 \\ 3 \\ 2 \end{pmatrix}$

$\Rightarrow \vec{n} * \vec{u} = 0$

Prüfe, ob der Punkt $(3|5|2)$ in E liegt: $10 - 6 = 4 \Rightarrow$ g liegt in E

b) g liegt bereits in E.

4. **a)** Z. B. $g: \vec{x} = \begin{pmatrix} 1 \\ -2 \\ 4 \end{pmatrix} + t \cdot \begin{pmatrix} 1 \\ 1 \\ 1 \end{pmatrix}$

Für den Richtungsvektor $\vec{u}$ muss gelten: $\vec{u} * \begin{pmatrix} -2 \\ 5 \\ -1 \end{pmatrix} \neq 0$.

b) Z. B. $g: \vec{x} = \begin{pmatrix} 1 \\ 1 \\ 1 \end{pmatrix} + t \cdot \begin{pmatrix} 5 \\ 2 \\ 0 \end{pmatrix}$

Für den Richtungsvektor $\vec{u}$ muss gelten: $\vec{u} * \begin{pmatrix} -2 \\ 5 \\ -1 \end{pmatrix} = 0$ und der Punkt A darf nicht in der Ebene liegen.

c) Z. B. $g: \vec{x} = \begin{pmatrix} 0 \\ 2 \\ 0 \end{pmatrix} + t \cdot \begin{pmatrix} 0 \\ 1 \\ 5 \end{pmatrix}$

Für den Richtungsvektor $\vec{u}$ muss gelten: $\vec{u} * \begin{pmatrix} -2 \\ 5 \\ -1 \end{pmatrix} = 0$ und der Punkt A muss in der Ebene liegen.

5. **a)**
- Hat die Gleichung genau eine Lösung für k, so haben g und E einen Punkt gemeinsam. g schneidet E.
- Hat die Gleichung unendlich viele Lösungen, so liegt g in E.
- Hat die Gleichung keine Lösung, so haben g und E keinen gemeinsamen Punkt. g ist parallel zu E, liegt aber nicht in E.

$2 \cdot (3 + k) - 4 \cdot (1 - k) - 1 + 2k = 9$

$8k + 1 = 9$

$k = 1$

$S(4|0|1)$

g schneidet E im Punkt $S(4|0|1)$.

b) $2 \cdot (-5 + 3r) - 4 \cdot (-2 + 2r) + 11 + 2r = 9$

$0 \cdot r + 9 = 9$

Die Gleichung hat unendlich viele Lösungen. g liegt in E.

300 **6.** S(4|2|3)

7. a) $\vec{n} = \begin{pmatrix} 2 \\ 0 \\ -1 \end{pmatrix}$; P liegt nicht in E.

(1) Beispiel: $g\colon \vec{x} = \begin{pmatrix} 4 \\ 2 \\ -1 \end{pmatrix} + k \cdot \begin{pmatrix} 1 \\ 0 \\ 2 \end{pmatrix}$, da $\vec{n} * \vec{u} = \begin{pmatrix} 2 \\ 0 \\ -1 \end{pmatrix} * \begin{pmatrix} 1 \\ 0 \\ 2 \end{pmatrix} = 0$

(2) $h\colon \vec{x} = \begin{pmatrix} 4 \\ 2 \\ -1 \end{pmatrix} + r \cdot \begin{pmatrix} 2 \\ 0 \\ -1 \end{pmatrix}$

b) Diese Geraden liegen in einer Ebene, die parallel zu E ist und die den Punkt P enthält.

301 **8. a)** $\begin{pmatrix} -1 \\ 3 \\ 2 \end{pmatrix}$ und $\begin{pmatrix} 4 \\ 2 \\ -1 \end{pmatrix}$ sind keine Vielfachen voneinander.

Somit sind g und h nicht parallel zueinander.

Überprüfen, ob g und h einen gemeinsamen Punkt besitzen.

$\left| \begin{array}{l} 2 - r = 6 + 4s \\ -4 + 3r = 4 + 2s \\ 5 + 2r = -2 - s \end{array} \right|$, also $\left| \begin{array}{l} -r - 4s = 4 \\ 3r - 2s = 8 \\ 2r + s = -7 \end{array} \right|$

Dieses Gleichungssystem hat keine Lösung. g und h sind windschief zueinander.

b) $E\colon \vec{x} = \begin{pmatrix} 2 \\ -4 \\ 5 \end{pmatrix} + r \cdot \begin{pmatrix} -1 \\ 3 \\ 2 \end{pmatrix} + s \cdot \begin{pmatrix} 4 \\ 2 \\ -1 \end{pmatrix}$ $\qquad E\colon x_1 - x_2 + 2x_3 = 16$

9. a) A(6|0|0), C(0|6|0), P(3|0|6), Q(0|3|6)

$E\colon \vec{x} = \begin{pmatrix} 6 \\ 0 \\ 0 \end{pmatrix} + r \cdot \begin{pmatrix} -1 \\ 1 \\ 0 \end{pmatrix} + s \cdot \begin{pmatrix} -1 \\ 0 \\ 2 \end{pmatrix}$ $\qquad E\colon 2x_1 + 2x_2 + x_3 = 12$

b) M(3|3|6), B(6|6|0)

$g\colon \vec{x} = \begin{pmatrix} 3 \\ 3 \\ 6 \end{pmatrix} + k \cdot \begin{pmatrix} 1 \\ 1 \\ -2 \end{pmatrix}$ $\qquad \vec{n} * \vec{u} = \begin{pmatrix} 2 \\ 2 \\ 1 \end{pmatrix} * \begin{pmatrix} 1 \\ 1 \\ -2 \end{pmatrix} = 2 \neq 0$

g ist nicht parallel zu E.

$2 \cdot (3 + k) + 2 \cdot (3 + k) + 6 - 2k = 12$

$18 + 2k = 12$, also $k = -3$

S(0|0|12)

10. A(4|0|0), B(4|4|0), C(0|4|0), S(2|2|8)

Gerade durch A und S: $g_1\colon \vec{x} = \begin{pmatrix} 4 \\ 0 \\ 0 \end{pmatrix} + k \cdot \begin{pmatrix} -1 \\ 1 \\ 4 \end{pmatrix}$; $x_3 = 4k = 2$, also $k = \frac{1}{2}$; P(3,5|0,5|2)

Gerade durch B und S: $g_2\colon \vec{x} = \begin{pmatrix} 4 \\ 4 \\ 0 \end{pmatrix} + r \cdot \begin{pmatrix} -1 \\ -1 \\ 4 \end{pmatrix}$; $x_3 = 4r = 4$, also $r = 1$; Q(3|3|4)

Gerade durch C und S: $g_3\colon \vec{x} = \begin{pmatrix} 0 \\ 4 \\ 0 \end{pmatrix} + s \cdot \begin{pmatrix} 1 \\ -1 \\ 4 \end{pmatrix}$; $x_3 = 4s = 4$, also $s = 1$; R(1|3|4)

$E\colon \vec{x} = \begin{pmatrix} 3 \\ 3 \\ 4 \end{pmatrix} + r \cdot \begin{pmatrix} 1 \\ -5 \\ -4 \end{pmatrix} + s \cdot \begin{pmatrix} -1 \\ 0 \\ 0 \end{pmatrix}$

$E\colon 4x_2 - 5x_3 = -8$

Gerade durch D und S: $g_4\colon \vec{x} = k \cdot \begin{pmatrix} 1 \\ 1 \\ 4 \end{pmatrix}$

Schnitt von g_4 mit E:

$4 \cdot k - 5 \cdot 4k = -8$

$-16k = -8$, also $k = \frac{1}{2}$

S(0,5|0,5|2)

301

11. a) $\vec{n} * \vec{u_t} = \begin{pmatrix} 2 \\ 0 \\ 1 \end{pmatrix} * \begin{pmatrix} 1+t \\ 1-t \\ 2t \end{pmatrix} = 2(1+t) + 2t = 4t + 2;$

g_t ist parallel zu E, falls $\vec{n} * \vec{u_t} = 0$, also für $t = -\frac{1}{2}$

Punktprobe: liegt $P(2|1|1)$ in E?

$2 \cdot 2 + 1 - 3 = 0$

$2 = 0$

$g_{-\frac{1}{2}}$ liegt nicht in E, ist aber parallel zu E.

b) g_t ist orthogonal zu E_1 falls es einen Wert k und einen Wert t gibt, sodass gilt:

$\begin{pmatrix} 1+t \\ 1-t \\ 2t \end{pmatrix} = k \cdot \begin{pmatrix} 2 \\ 0 \\ 1 \end{pmatrix}$

Das LGS $\begin{vmatrix} t - 2k = -1 \\ -t \quad = -1 \\ 2t - \quad k = 0 \end{vmatrix}$ hat keine Lösung.

Keine Gerade der Schar ist orthogonal zu E.

12. Normalenvektor von E: $\vec{n} = \begin{pmatrix} 1 \\ 1 \\ -3 \end{pmatrix}$; Richtungsvektor von g: $\vec{u} = \begin{pmatrix} 0 \\ -3 \\ a \end{pmatrix}$

Es muss gelten: $\vec{n} * \vec{u} = -3 - 3a = 0 \Leftrightarrow a = -1$

13. a) $\vec{n} * \vec{u_t} = \begin{pmatrix} 1 \\ 1 \\ 1 \end{pmatrix} * \begin{pmatrix} 3t \\ -3t \\ 8 \end{pmatrix} = 3t - 3t + 8 \neq 0$ für alle $t \in \mathbb{R}$.

Es gibt keine Geraden der Schar, die parallel zu E ist.

$\begin{pmatrix} 3t \\ -3t \\ 8 \end{pmatrix} = k \cdot \begin{pmatrix} 1 \\ 1 \\ 1 \end{pmatrix}$

Diese Gleichung hat keine Lösung. Es gibt keine Gerade der Schar, die orthogonal zu E ist.

b) Schnittpunkt von g_t und E:

$1 + 3 \cdot k \cdot t + 3 \cdot k \cdot t - 1 + 8k - 8 = 0$

$8k - 8 = 0$

$k = 1$

$S_t(1 + 3t|-3t|7)$

Abstand von S_t zum Ursprung:

$d(t) = |\overrightarrow{OS_t}| = \sqrt{(1+3t)^2 + (-3t)^2 + 7^2} = \sqrt{18t^2 + 6t + 50}$

Die Funktion hat ein Minimum an der Stelle, an der die Funktion D mit $D(t) = 18t^2 + 6t + 50$ ein Minimum hat. Dies ist die Stelle $t = -\frac{1}{6}$.

Der Punkt $S_{-\frac{1}{6}}\left(\frac{1}{2}\middle|\frac{1}{2}\middle|7\right)$ hat die geringste Entfernung vom Ursprung.

7.3 Winkel zwischen Geraden und Ebenen

7.3.1 Winkel zwischen einer Geraden und einer Ebene

302

Einstiegsaufgabe ohne Lösung

- Man kann sich dies an einem konkreten Beispiel klar machen, indem man die Parameterdarstellung einer Geraden und einer Ebene vorgibt und die Winkel bestimmt:
  Beispiel: E: $\vec{x} = \begin{pmatrix} 3 \\ 2 \\ 1 \end{pmatrix} + r \cdot \begin{pmatrix} 3 \\ 4 \\ 0 \end{pmatrix} + t \cdot \begin{pmatrix} 0 \\ 0 \\ 1 \end{pmatrix}$; g: $\vec{x} = \begin{pmatrix} 3 \\ 2 \\ 1 \end{pmatrix} + k \cdot \begin{pmatrix} 1 \\ 0 \\ 0 \end{pmatrix}$
  Richtungsvektoren der Ebene: $\vec{u} = \begin{pmatrix} 3 \\ 4 \\ 0 \end{pmatrix}$, $\vec{v} = \begin{pmatrix} 0 \\ 0 \\ 1 \end{pmatrix}$; $|\vec{u}| = 5$, $|\vec{v}| = 1$
  Richtungsvektor der Geraden: $\vec{w} = \begin{pmatrix} 1 \\ 0 \\ 0 \end{pmatrix}$, $|\vec{w}| = 1$
  Winkel zwischen $\vec{w}$ und $\vec{u}$ berechnen: $\cos(\varphi) = \frac{\vec{u} * \vec{w}}{|\vec{u}| \cdot |\vec{w}|} = \frac{3}{5}$; $\varphi \approx 53°$
  Winkel zwischen $\vec{w}$ und $\vec{v}$ berechnen:
  $\cos(\varphi) = 0$; $\varphi = 90°$. Die Winkel sind verschieden.
- Wenn man ein Buch auf den Tisch legt und auf das Buch einen Stift in schräger Position stellt und dann versucht, den Winkel zwischen dem Buch und dem Stift mit einem Geodreieck zu messen, wird man das Geodreieck so halten, dass es orthogonal zum Buch steht und dass der Stift dabei so auf der Dreiecksfläche liegt, als ob er in der Ebene des Geodreiecks liegt. Legt man das Dreieck anders an, z. B. mit der unteren Kante auf dem Buch an einen anderen Richtungsvektor, sodass der Stift in der Ebene des Dreiecks bleibt, steht das Dreieck nicht mehr orthogonal auf dem Buch und der gemessene Winkel wird größer.
- Siehe dazu Lösung b) im Schülerband auf Seite 303.

303

1. a) $\vec{n} * \vec{u} = \begin{pmatrix} 1 \\ 0 \\ 2 \end{pmatrix} * \begin{pmatrix} -2 \\ 5 \\ 8 \end{pmatrix} = 14 \neq 0$ g und E schneiden sich.

$\sin(\varphi) = \frac{\left|\begin{pmatrix} 1 \\ 0 \\ 2 \end{pmatrix} * \begin{pmatrix} -2 \\ 5 \\ 8 \end{pmatrix}\right|}{\left|\begin{pmatrix} 1 \\ 0 \\ 2 \end{pmatrix}\right| \cdot \left|\begin{pmatrix} -2 \\ 5 \\ 8 \end{pmatrix}\right|} = \frac{14}{\sqrt{5} \cdot \sqrt{93}}$ also: $\varphi \approx 40{,}5°$

b) $\vec{n} * \vec{u} = \begin{pmatrix} 5 \\ 1 \\ 3 \end{pmatrix} * \begin{pmatrix} 0 \\ -2 \\ 1 \end{pmatrix} = 1 \neq 0$ g und E scheiden sich.

$\sin(\varphi) = \frac{\left|\begin{pmatrix} 5 \\ 1 \\ 3 \end{pmatrix} * \begin{pmatrix} 0 \\ -2 \\ 1 \end{pmatrix}\right|}{\left|\begin{pmatrix} 5 \\ 1 \\ 3 \end{pmatrix}\right| \cdot \left|\begin{pmatrix} 0 \\ -2 \\ 1 \end{pmatrix}\right|} = \frac{1}{\sqrt{35} \cdot \sqrt{5}}$ also: $\varphi \approx 4{,}3°$

c) $\vec{n} * \vec{u} = \begin{pmatrix} 3 \\ 2 \\ 1 \end{pmatrix} * \begin{pmatrix} 0 \\ -1 \\ 0 \end{pmatrix} = -2 \neq 0$ g und E scheiden sich.

$\sin(\varphi) = \frac{\left|\begin{pmatrix} 3 \\ 2 \\ 1 \end{pmatrix} * \begin{pmatrix} 0 \\ -1 \\ 0 \end{pmatrix}\right|}{\left|\begin{pmatrix} 3 \\ 2 \\ 1 \end{pmatrix}\right| \cdot \left|\begin{pmatrix} 0 \\ -1 \\ 0 \end{pmatrix}\right|} = \frac{2}{\sqrt{14}}$ also: $\varphi \approx 32{,}3°$

304

2. **a)** g liegt auf E

b) g liegt auf E

c) E: $x_1 + 2x_2 - 3x_3 = -28$ $S\left(-\frac{4}{7}\middle|-\frac{36}{7}\middle|\frac{40}{7}\right)$, $\varphi \approx 90°$

Projektion besteht nur aus S.

d) E: $\vec{x} = \begin{pmatrix} 1 \\ -1 \\ 3 \end{pmatrix} + r \cdot \begin{pmatrix} 1 \\ 2 \\ 1 \end{pmatrix} + s \cdot \begin{pmatrix} 2 \\ 1 \\ 3 \end{pmatrix}$

$5x_1 - x_2 - 3x_3 = -3$

Schnittpunkt $S(2|1|4)$

Projektion des Punktes $A(-1|0|6)$ auf E:

Senkrechte Gerade durch A zu E: $l: \vec{x} = \begin{pmatrix} -1 \\ 0 \\ 6 \end{pmatrix} + k \cdot \begin{pmatrix} 5 \\ -1 \\ -3 \end{pmatrix}$

Schnittpunkt von l mit E: $A'\left(\frac{13}{7}\middle|-\frac{4}{7}\middle|\frac{30}{7}\right)$

Projektionsgerade: $g': \vec{x} = \begin{pmatrix} 2 \\ 1 \\ 4 \end{pmatrix} + r \cdot \begin{pmatrix} -1 \\ -11 \\ 2 \end{pmatrix}$

3. **a)** Spurpunkte: $S_1\left(\frac{2}{3}\middle|0\middle|0\right)$, $S_2(0|-1|0)$, $S_3(0|0|2)$

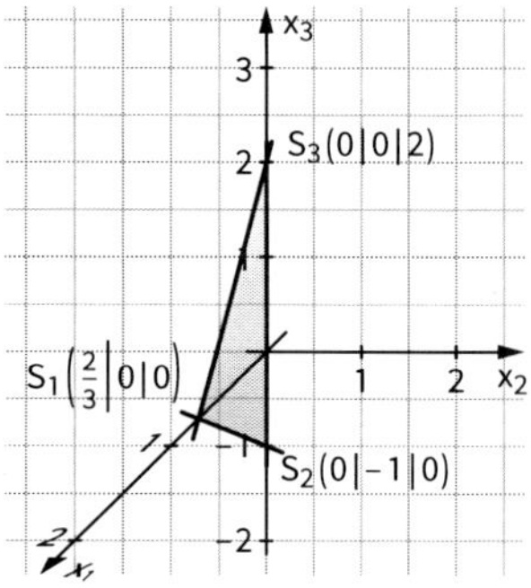

Winkel zwischen E und der x_1-Achse:

$$\sin(\alpha) = \frac{\left|\begin{pmatrix} 1 \\ 0 \\ 0 \end{pmatrix} * \begin{pmatrix} 3 \\ -2 \\ 1 \end{pmatrix}\right|}{\left|\begin{pmatrix} 1 \\ 0 \\ 0 \end{pmatrix}\right| \cdot \left|\begin{pmatrix} 3 \\ -2 \\ 1 \end{pmatrix}\right|} = \frac{3}{\sqrt{14}}, \quad \alpha \approx 53{,}3°$$

Winkel zwischen E und der x_2-Achse:

$$\sin(\beta) = \frac{\left|\begin{pmatrix} 0 \\ 1 \\ 0 \end{pmatrix} * \begin{pmatrix} 3 \\ -2 \\ 1 \end{pmatrix}\right|}{\left|\begin{pmatrix} 0 \\ 1 \\ 0 \end{pmatrix}\right| \cdot \left|\begin{pmatrix} 3 \\ -2 \\ 1 \end{pmatrix}\right|} = \frac{2}{\sqrt{14}}, \quad \beta \approx 32{,}3°$$

Winkel zwischen E und der x_3-Achse:

$$\sin(\gamma) = \frac{\left|\begin{pmatrix} 0 \\ 0 \\ 1 \end{pmatrix} * \begin{pmatrix} 3 \\ -2 \\ 1 \end{pmatrix}\right|}{\left|\begin{pmatrix} 0 \\ 0 \\ 1 \end{pmatrix}\right| \cdot \left|\begin{pmatrix} 3 \\ -2 \\ 1 \end{pmatrix}\right|} = \frac{1}{\sqrt{14}}, \quad \gamma \approx 15{,}5°$$

304

b) E enthält den Ursprung, also O(0|0|0) ist einziger Spurpunkt.

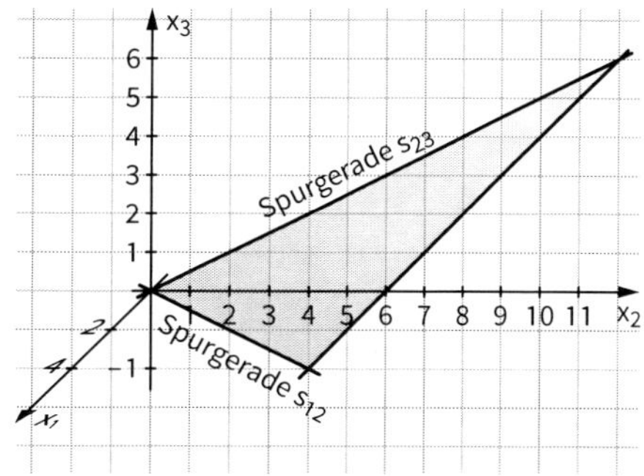

Winkel zwischen E und der x_1-Achse:

$$\sin(\alpha) = \frac{\left|\begin{pmatrix}1\\0\\0\end{pmatrix} * \begin{pmatrix}1\\-1\\2\end{pmatrix}\right|}{\left|\begin{pmatrix}1\\0\\0\end{pmatrix}\right| \cdot \left|\begin{pmatrix}1\\-1\\2\end{pmatrix}\right|} = \frac{1}{\sqrt{6}},\ \alpha \approx 24{,}1°$$

Winkel zwischen E und der x_2-Achse:

$$\sin(\beta) = \frac{\left|\begin{pmatrix}0\\1\\0\end{pmatrix} * \begin{pmatrix}1\\-1\\2\end{pmatrix}\right|}{\left|\begin{pmatrix}0\\1\\0\end{pmatrix}\right| \cdot \left|\begin{pmatrix}1\\-1\\2\end{pmatrix}\right|} = \frac{1}{\sqrt{6}},\ \beta \approx 24{,}1°$$

Winkel zwischen E und der x_3-Achse:

$$\sin(\gamma) = \frac{\left|\begin{pmatrix}0\\0\\1\end{pmatrix} * \begin{pmatrix}1\\-1\\2\end{pmatrix}\right|}{\left|\begin{pmatrix}0\\0\\1\end{pmatrix}\right| \cdot \left|\begin{pmatrix}1\\-1\\2\end{pmatrix}\right|} = \frac{2}{\sqrt{6}},\ \gamma \approx 54{,}7°$$

4. Wegen $\vec{n} * \vec{v} = 0$ liegt g entweder in E oder parallel zu E.
Da $(1|2|3) \notin E$, liegt g parallel. Es existiert also kein Schnittwinkel.

5. Z. B. $\vec{v_R} = \begin{pmatrix}4\\3\\-5\end{pmatrix}$; $\vec{v_G} = \begin{pmatrix}4\\-3\\-5\end{pmatrix}$

Ebene	Gerade	
	rot	grün
x_1x_2	45°	45°
x_1x_3	25,1°	25,1°
x_2x_3	34,45°	34,45°

6. a) F(6|6|6), H(0|0|6), P(6|0|z)

$$T:\ \vec{x} = \begin{pmatrix}6\\6\\6\end{pmatrix} + r \cdot \begin{pmatrix}1\\1\\0\end{pmatrix} + s \cdot \begin{pmatrix}0\\-6\\z-6\end{pmatrix}$$

Normalenvektor von T: $\vec{n} = \begin{pmatrix}z-6\\6-z\\-6\end{pmatrix}$; $0 \le z \le 6$

$$\sin(\alpha) = \frac{\left|\begin{pmatrix}0\\0\\1\end{pmatrix} * \begin{pmatrix}z-6\\6-z\\-6\end{pmatrix}\right|}{\left|\begin{pmatrix}0\\0\\1\end{pmatrix}\right| \cdot \left|\begin{pmatrix}z-6\\6-z\\-6\end{pmatrix}\right|} = \frac{6}{\sqrt{2z^2 - 24z + 108}}$$

P liegt auf A, also $z = 0$: $\sin(\alpha) = \frac{6}{\sqrt{108}}$, also $\alpha \approx 35{,}3°$

P liegt auf E, also $z = 6$: $\sin(\alpha) = \frac{6}{6} = 1$, also $\alpha = 90°$

Wenn P von A nach E wandert, wächst die Größe des Winkels von 35,3° auf 90° an.

304

b) $\overrightarrow{PF} = \begin{pmatrix} 0 \\ 6 \\ 6-z \end{pmatrix}$, $\overrightarrow{PH} = \begin{pmatrix} -6 \\ 0 \\ 6-z \end{pmatrix}$

$\cos(\beta) = \frac{|\overrightarrow{PF} * \overrightarrow{PH}|}{|\overrightarrow{PF}| \cdot |\overrightarrow{PH}|} = \frac{(6-z)^2}{z^2 - 12z + 72}$

P liegt auf A, also $z = 0$: $\cos(\beta) = \frac{36}{72}$, $\beta = 60°$

P liegt auf E, also $z = 6$: $\cos(\beta) = 0$, $\beta = 90°$

Wenn P von A nach E wandert, wächst die Größe des Innenwinkels von 60° auf 90°.

7. a) $\overrightarrow{OD} = \overrightarrow{OA} + \overrightarrow{BC} = \begin{pmatrix} -6 \\ 3 \\ 2 \end{pmatrix}$, $D(-6|3|2)$

Mittelpunkt der Grundfläche: $\overrightarrow{OM} = \frac{1}{2}\left(\overrightarrow{OA} + \overrightarrow{OC}\right) = \begin{pmatrix} -3 \\ 0 \\ 2 \end{pmatrix}$, $M(-3|0|2)$

Ebene E, in der die Grundfläche liegt: $E: 2x_1 + 2x_2 + x_3 = -4$, $\vec{n} = \begin{pmatrix} 2 \\ 2 \\ 1 \end{pmatrix}$

$|\overrightarrow{MS}| = k \cdot |\vec{n}| = 3 \cdot k = 9$, also $k = 3$

$\overrightarrow{OS} = \overrightarrow{OM} + k \cdot \vec{n} = \begin{pmatrix} -3 \\ 0 \\ 2 \end{pmatrix} + 3 \cdot \begin{pmatrix} 2 \\ 2 \\ 1 \end{pmatrix} = \begin{pmatrix} 3 \\ 6 \\ 5 \end{pmatrix}$

$S(3|6|5)$ ist die Spitze der Pyramide

b) $\overrightarrow{AS} = \begin{pmatrix} 7 \\ 7 \\ -1 \end{pmatrix}$, $\overrightarrow{BS} = \begin{pmatrix} 3 \\ 9 \\ 3 \end{pmatrix}$; $\cos(\alpha) = \frac{|\overrightarrow{AS} * \overrightarrow{BS}|}{|\overrightarrow{AS}| \cdot |\overrightarrow{BS}|} = \frac{81}{\sqrt{99} \cdot \sqrt{99}} = \frac{9}{11} \Rightarrow \alpha \approx 35{,}1°$

Aus Symmetriegründen ist der Winkel zwischen den anderen benachbarten Seitenkanten genau so groß.

c) $\overrightarrow{AS} = \begin{pmatrix} 7 \\ 7 \\ -1 \end{pmatrix}$, $\vec{n} = \begin{pmatrix} 2 \\ 2 \\ 1 \end{pmatrix}$; $\sin(\beta) = \frac{|\overrightarrow{AS} * \vec{n}|}{|\overrightarrow{AS}| \cdot |\vec{n}|} = \frac{27}{3 \cdot \sqrt{99}} = \frac{3}{\sqrt{11}} \Rightarrow \beta \approx 64{,}8°$

Aus Symmetriegründen schließen alle Seitenkanten mit der Grundfläche den Winkel 64,8° ein.

305

8. Ebene E, in der die Punkte A, B und C liegen: $E: \vec{x} = \begin{pmatrix} 6 \\ -1 \\ 1 \end{pmatrix} + r \cdot \begin{pmatrix} -2 \\ 9 \\ 2 \end{pmatrix} + s \cdot \begin{pmatrix} -5 \\ 4 \\ 5 \end{pmatrix}$

$E: x_1 + x_3 = 7$; $\overrightarrow{CD} = \begin{pmatrix} -1 \\ -2 \\ -3 \end{pmatrix}$

Winkel zwischen $\overrightarrow{CD}$ und E: $\sin(\alpha) = \frac{\left|\begin{pmatrix} 1 \\ 0 \\ 1 \end{pmatrix} * \begin{pmatrix} -1 \\ -2 \\ -3 \end{pmatrix}\right|}{\left|\begin{pmatrix} 1 \\ 0 \\ 1 \end{pmatrix}\right| \cdot \left|\begin{pmatrix} -1 \\ -2 \\ -3 \end{pmatrix}\right|} = \frac{|-4|}{\sqrt{2} \cdot \sqrt{14}} = \frac{4}{\sqrt{28}}$; also: $\alpha \approx 49{,}1°$

Der Winkel zwischen der Kante $\overrightarrow{CD}$ und der Seitenfläche ABC beträgt ca. 49,1°.

9. a) Mast: $\vec{u} = \begin{pmatrix} 0 \\ 0 \\ 1 \end{pmatrix}$, Hang: $\vec{n} = \begin{pmatrix} 3 \\ 4 \\ 6 \end{pmatrix}$

$\sin(\alpha) = \frac{\left|\begin{pmatrix} 0 \\ 0 \\ 1 \end{pmatrix} * \begin{pmatrix} 3 \\ 4 \\ 6 \end{pmatrix}\right|}{\left|\begin{pmatrix} 0 \\ 0 \\ 1 \end{pmatrix}\right| \cdot \left|\begin{pmatrix} 3 \\ 4 \\ 6 \end{pmatrix}\right|} = \frac{6}{\sqrt{61}}$; also: $\alpha \approx 50{,}2°$

Der Winkel zwischen Hang und Mast beträgt ca. 50,2°.

305

b) Gerade g, auf der der Sonnenstrahl durch die Mastspitze verläuft: g: $\vec{x} = \begin{pmatrix} 2 \\ -3 \\ 6 \end{pmatrix} + k \cdot \begin{pmatrix} -4 \\ 6 \\ -5 \end{pmatrix}$

Schnitt von g mit E:

$3 \cdot (2 - 4k) + 4 \cdot (-3 + 6k) + 6 \cdot (6 - 5k) = 12$

also: $k = 1$

Schattenende: $S'(-2|3|1)$

Länge des Schattens: $|\overrightarrow{FS'}| = \left|\begin{pmatrix} -4 \\ 6 \\ -2 \end{pmatrix}\right| = \sqrt{56} \approx 7{,}5$

Der Schatten ist ca. 7,5 m lang.

Winkel zwischen den Sonnenstrahlen und dem Hang: $\sin(\beta) = \frac{\left|\begin{pmatrix} -4 \\ 6 \\ -5 \end{pmatrix} * \begin{pmatrix} 3 \\ 4 \\ 6 \end{pmatrix}\right|}{\left|\begin{pmatrix} -4 \\ 6 \\ -5 \end{pmatrix}\right| \cdot \left|\begin{pmatrix} 3 \\ 4 \\ 6 \end{pmatrix}\right|} = \frac{|-18|}{\sqrt{77} \cdot \sqrt{61}}$

also: $\beta \approx 15{,}2°$

Die Sonnenstrahlen treffen unter einem Winkel von ca. 15,2° auf dem Hang auf.

c) Länge des Schattens: $|\overrightarrow{FR}| = \left|\begin{pmatrix} -3 \\ 3 \\ -\frac{1}{2} \end{pmatrix}\right| = \sqrt{\frac{73}{4}} \approx 4{,}3$

Der Schatten ist jetzt ca. 4,3 m lang.

Winkel zwischen $\overline{FS'}$ und $\overline{FR}$: $\sin(\gamma) = \frac{\left|\begin{pmatrix} -4 \\ 6 \\ -2 \end{pmatrix} * \begin{pmatrix} -3 \\ 3 \\ \frac{1}{2} \end{pmatrix}\right|}{\left|\begin{pmatrix} -4 \\ 6 \\ -2 \end{pmatrix}\right| \cdot \left|\begin{pmatrix} -3 \\ 3 \\ -\frac{1}{2} \end{pmatrix}\right|} = \frac{31}{\sqrt{56} \cdot \sqrt{\frac{73}{4}}}$; also: $\gamma \approx 14{,}1°$

Der Schatten ist um ca. 14,1° weitergewandert.

10. a) g: $\vec{x} = \begin{pmatrix} 5 \\ 2 \\ -3 \end{pmatrix} + t \cdot \begin{pmatrix} 2 \\ -1 \\ 1 \end{pmatrix}$

Schnittpunkt von g mit der x_1x_2-Ebene: $x_2 = 2 - t = 0$, also $t = 2$

$S(9|0|-1)$

Schnittwinkel: $\sin(\alpha) = \frac{\left|\begin{pmatrix} 2 \\ -1 \\ 1 \end{pmatrix} * \begin{pmatrix} 0 \\ 1 \\ 0 \end{pmatrix}\right|}{\left|\begin{pmatrix} 2 \\ -1 \\ 1 \end{pmatrix}\right| \cdot \left|\begin{pmatrix} 0 \\ 1 \\ 0 \end{pmatrix}\right|} = \frac{|-1|}{\sqrt{6}}$; also: $\alpha \approx 24{,}1°$

b) $d(t) = |\overrightarrow{QR_t}| = \left|\begin{pmatrix} 2t+2 \\ -t-6 \\ t-4 \end{pmatrix}\right| = \sqrt{6t^2 + 12t + 28}$

Hilfsfunktion

$D(t) = 6t^2 + 12t + 28$; $D'(t) = 12t + 12$; $D''(t) = 12 > 0$

$D'(t) = 0$, also $t = -1$, $R(3|3|-4)$

Der Punkt $R(3|3|-4)$ hat von Q den geringsten Abstand.

c) $\overrightarrow{PQ} = \begin{pmatrix} -2 \\ 4 \\ 7 \end{pmatrix}$; $\overrightarrow{PR_t} = \begin{pmatrix} 2t \\ -t-2 \\ t-3 \end{pmatrix}$; $\overrightarrow{QR_t} = \begin{pmatrix} 2t+2 \\ -t-6 \\ t-4 \end{pmatrix}$

Rechter Winkel bei P: $\overrightarrow{PQ} * \overrightarrow{PR_t} = 13 - t = 0$ für $t_1 = 13$

Rechter Winkel bei Q: $\overrightarrow{PQ} * \overrightarrow{QR} = -t - 56 = 0$ für $t_2 = -56$

Rechter Winkel bei R: $\overrightarrow{PR_t} * \overrightarrow{QR_t} = 6t^2 + 11t = 0$ für $t_3 = 0$; $t_4 = -\frac{11}{6}$

Das Dreieck PQR_t wird rechtwinklig für $t_1 = 13$, $t_2 = -56$, $t_3 = 0$, $t_4 = -\frac{11}{6}$.

305 **d)** Rechter Winkel bei P, also $t = 13$ und $R(31 \mid -11 \mid 10)$

$|\overrightarrow{PR}| = \sqrt{1157}$; $|\overrightarrow{QR}| = \sqrt{1226}$; $|\overrightarrow{PQ}| = \sqrt{69}$

Winkel bei Q: $\cos(\beta) = \frac{|\overrightarrow{QR} * \overrightarrow{QP}|}{|\overrightarrow{QR}| \cdot |\overrightarrow{QP}|} = \frac{69}{\sqrt{1226} \cdot \sqrt{69}}$; also $\beta \approx 76{,}3°$

Somit $\gamma = 90° - \beta \approx 13{,}7°$

11. a) $\vec{n} = \begin{pmatrix} 2 \\ 3 \\ 1 \end{pmatrix}$; $|\vec{n}| = \sqrt{14}$; $\sin(30°) = \frac{1}{2}$

Der Richtungsvektor habe die Länge 1

$\Rightarrow \frac{1}{2} = \frac{2v_1 + 3v_2 + v_3}{\sqrt{15}}$; $v_1^2 + v_2^2 + v_3^2 = 1$

Beispiele für Richtungsvektoren: $\overrightarrow{v_1} = \begin{pmatrix} 0{,}864 \\ 0{,}503 \\ 0 \end{pmatrix}$; $\overrightarrow{v_2} = \begin{pmatrix} 0{,}778 \\ 0 \\ 0{,}628 \end{pmatrix}$

b) Beispiele für die Position des Lasers: $P_1 = (21{,}6 \mid 12{,}575 \mid 0)$; $P_2(19{,}45 \mid 0 \mid 15{,}7)$ (Alle möglichen Punkte bilden einen Kreis.)

7.3.2 Winkel zwischen zwei Ebenen

307 **1. a)** $\cos(\varphi) = \frac{1}{3}$; $\varphi \approx 70{,}53°$

b) $\cos(\varphi) = \frac{1}{2}$; $\varphi = 60°$

c) $\overrightarrow{n_2} = \begin{pmatrix} 9 \\ 4 \\ -7 \end{pmatrix} \Rightarrow \cos(\varphi) = \frac{4 \cdot \sqrt{292}}{73}$; $\varphi \approx 20{,}56°$

d) $\overrightarrow{n_1} = \begin{pmatrix} 1 \\ -2 \\ -1 \end{pmatrix}$, $\overrightarrow{n_2} = \begin{pmatrix} 7 \\ -5 \\ -4 \end{pmatrix} \Rightarrow \cos(\varphi) = \frac{7\sqrt{60}}{60}$; $\varphi \approx 25{,}35°$

e) $\overrightarrow{n_1} = \begin{pmatrix} 2 \\ 2 \\ 1 \end{pmatrix}$, $\overrightarrow{n_2} = \begin{pmatrix} -4 \\ 11 \\ 5 \end{pmatrix} \Rightarrow \cos(\varphi) = \frac{19}{27\sqrt{2}}$; $\varphi \approx 60{,}16°$

f) E_1: $\vec{x} = \begin{pmatrix} 2 \\ 2 \\ 1 \end{pmatrix} + r \cdot \begin{pmatrix} 1 \\ -1 \\ 1 \end{pmatrix} + s \cdot \begin{pmatrix} -2 \\ 1 \\ 3 \end{pmatrix}$; $\overrightarrow{n_1} = \begin{pmatrix} 4 \\ 5 \\ 1 \end{pmatrix}$; E_2: $x_2 = 2$, $\overrightarrow{n_2} = \begin{pmatrix} 0 \\ 1 \\ 0 \end{pmatrix}$

$$\cos(\alpha) = \frac{\left|\begin{pmatrix} 4 \\ 5 \\ 1 \end{pmatrix} * \begin{pmatrix} 0 \\ 1 \\ 0 \end{pmatrix}\right|}{\left|\begin{pmatrix} 4 \\ 5 \\ 1 \end{pmatrix}\right| \cdot \left|\begin{pmatrix} 0 \\ 1 \\ 0 \end{pmatrix}\right|} = \frac{5}{\sqrt{42}}, \text{ also } \alpha \approx 39{,}5°$$

2. Normalenvektoren der Koordinatenebenen

x_1x_2-Ebene $\overrightarrow{n_{12}} = \begin{pmatrix} 0 \\ 0 \\ 1 \end{pmatrix} \Rightarrow$ Winkel φ_1

x_1x_3-Ebene $\overrightarrow{n_{13}} = \begin{pmatrix} 0 \\ 1 \\ 0 \end{pmatrix} \Rightarrow$ Winkel φ_2

x_2x_3-Ebene $\overrightarrow{n_{23}} = \begin{pmatrix} 1 \\ 0 \\ 0 \end{pmatrix} \Rightarrow$ Winkel φ_3

307

a) $\vec{n} = \begin{pmatrix} 1 \\ -1 \\ -2 \end{pmatrix}$;

$\cos(\varphi_1) = \sqrt{\frac{2}{3}}$; $\varphi_1 \approx 35{,}26°$

$\cos(\varphi_2) = \frac{1}{\sqrt{6}}$; $\varphi_2 \approx 65{,}91°$

$\cos(\varphi_3) = \frac{1}{\sqrt{6}}$; $\varphi_3 \approx 65{,}91°$

Spurpunkte $S_1(6\,|\,0\,|\,0)$; $S_2(0\,|\,-6\,|\,0)$; $S_3(0\,|\,0\,|\,-3)$

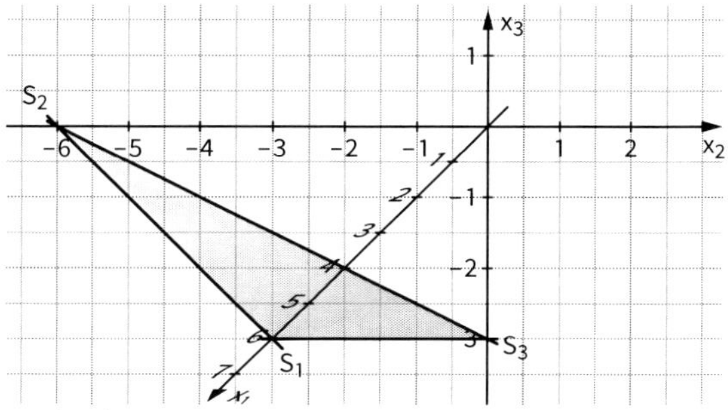

b) $\vec{n} = \begin{pmatrix} 1 \\ -3 \\ 5 \end{pmatrix}$;

$\cos(\varphi_1) = \sqrt{\frac{5}{7}}$; $\varphi_1 \approx 32{,}31°$

$\cos(\varphi_2) = \frac{3}{\sqrt{35}}$; $\varphi_2 \approx 59{,}53°$

$\cos(\varphi_3) = \frac{1}{\sqrt{35}}$; $\varphi_3 \approx 80{,}27°$

E: $x_1 - 3x_2 + 5x_3 = 4$

$S_1(4\,|\,0\,|\,0)$; $S_2\left(0\,\middle|\,-\frac{4}{3}\,\middle|\,0\right)$; $S_3\left(0\,\middle|\,0\,\middle|\,\frac{4}{5}\right)$

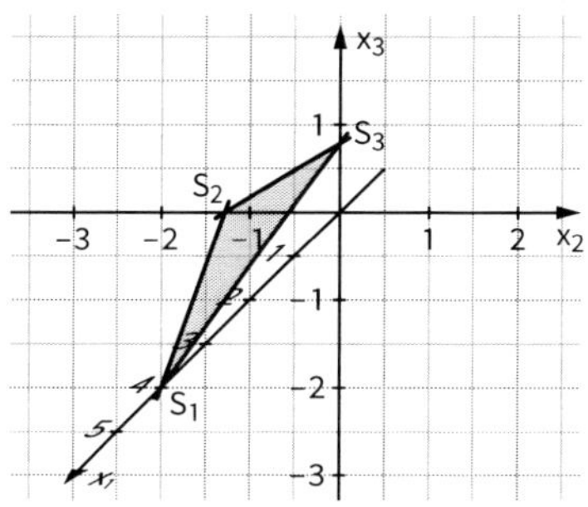

307 c) $\vec{n} = \begin{pmatrix} 1 \\ 3 \\ -4 \end{pmatrix}$; $\cos(\varphi_1) = 2\sqrt{\frac{2}{13}}$; $\varphi_1 \approx 38{,}33°$

$\cos(\varphi_2) = \frac{3}{\sqrt{26}}$; $\varphi_2 \approx 53{,}96°$

$\cos(\varphi_3) = \frac{1}{\sqrt{26}}$; $\varphi_3 \approx 78{,}69°$

$S_1(12\,|\,0\,|\,0)$; $S_2(0\,|\,4\,|\,0)$; $S_3(0\,|\,0\,|\,-3)$

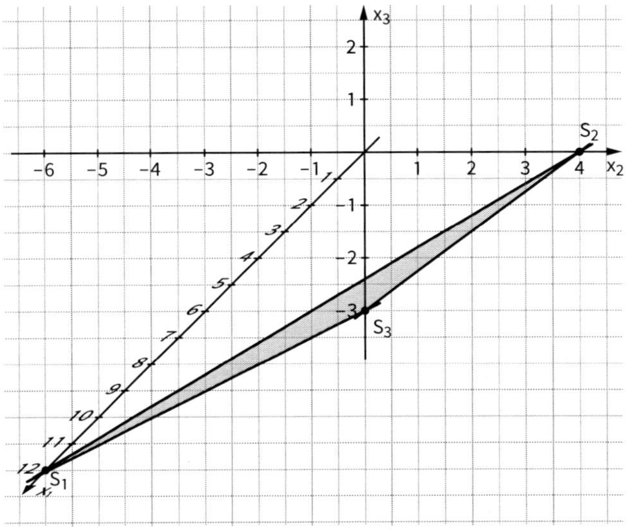

d) $\vec{n} = \begin{pmatrix} 1 \\ 3 \\ 0 \end{pmatrix}$; $\cos(\varphi_1) = 0$; $\varphi_1 = 90°$

$\cos(\varphi_2) = \frac{3}{\sqrt{10}}$; $\varphi_2 \approx 18{,}43°$

$\cos(\varphi_3) = \frac{1}{\sqrt{10}}$; $\varphi_3 \approx 80{,}27°$

E: $x_1 + 3x_2 = 6$

$S_1(6\,|\,0\,|\,0)$; $S_2(0\,|\,2\,|\,0)$; S_3 existiert nicht

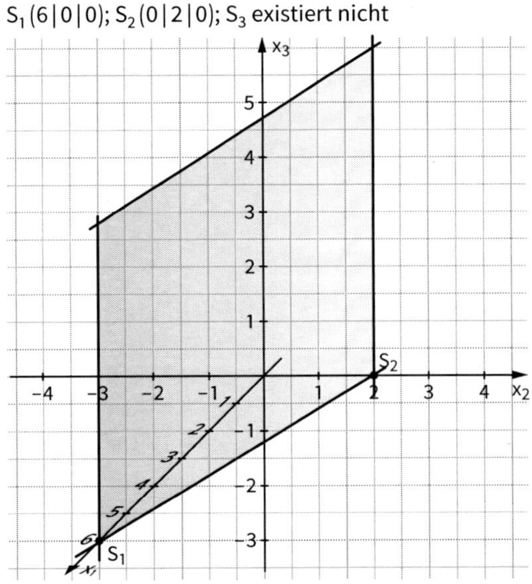

307

3. a) $S(4|4|10); A(8|0|0); B(8|8|0); C(0|8|0)$

Normalenvektor SAB: $\overrightarrow{n_1} = \begin{pmatrix} 3 \\ 2 \\ 2 \end{pmatrix}$;

Normalenvektor SBC: $\overrightarrow{n_2} = \begin{pmatrix} 6 \\ 4 \\ 1 \end{pmatrix}$; $\cos(\varphi) = \frac{28}{\sqrt{901}} \Rightarrow \varphi \approx 21{,}12°$

Da die Figur symmetrisch ist, gilt dies für alle Winkel zwischen Seitenflächen.

b) Schnittpunkte von E mit Kanten der Pyramide:

$S_1(6|2|5); S_2\left(7|7|\frac{5}{2}\right); S_3\left(3|5|\frac{15}{2}\right); S_4\left(\frac{22}{7}|\frac{22}{7}|\frac{55}{7}\right)$

Schnittfläche ist Viereck mit $A = \frac{1}{2} d_1 \cdot d_2 \cdot \sin\alpha$.

Länge der Diagonalen $d_1 \approx 4{,}92$; $d_2 \approx 7{,}65$;

Schnittwinkel der Diagonalen $\alpha \approx 69{,}16° \Rightarrow A \approx 17{,}59$

c) $\overrightarrow{AS} = \begin{pmatrix} -4 \\ 4 \\ 10 \end{pmatrix}$; $\vec{n} = \begin{pmatrix} 20 \\ 5 \\ 18 \end{pmatrix} \Rightarrow \sin(\varphi) \approx 0{,}382 \Rightarrow \varphi \approx 22{,}44°$

4. a) $\overrightarrow{n_{PQR}} = \begin{pmatrix} 1 \\ 1 \\ 3 \end{pmatrix}$; $\overrightarrow{n_{BCG}} = \begin{pmatrix} 0 \\ 1 \\ 0 \end{pmatrix} \Rightarrow \cos(\varphi_{Seite}) = \frac{1}{\sqrt{11}} \Rightarrow \varphi_{Seite} \approx 72{,}45°$

$\overrightarrow{n_{EGH}} = \begin{pmatrix} 0 \\ 0 \\ 1 \end{pmatrix} \Rightarrow \cos(\varphi_{Deck}) = \frac{3}{\sqrt{11}} \Rightarrow \varphi_{Deck} = 25{,}24°$

b) Wir berechnen das Volumen des „abgeschnittenen Eckkörpers“, einer Pyramide mit der rechtwinkligen Grundfläche QRF und der Spitze P.

$A_{QRF} = \frac{1}{2} \cdot \left|\overrightarrow{FQ}\right| \cdot \left|\overrightarrow{FR}\right| = \frac{1}{2} \cdot 1 \cdot 3 = \frac{3}{2}$

Pyramidenhöhe: $h_1 = \left|\overrightarrow{FB}\right| = 3$

$V_{Pyramide} = \frac{1}{3} \cdot A_{QRF} \cdot h_1 = \frac{1}{3} \cdot \frac{3}{2} \cdot 3 = \frac{3}{2}$

Volumen des abgebildeten Körpers: $V = V_{Würfel} - V_{Pyramide} = 4^3 - \frac{3}{2} = 62{,}5$

c) $\left|\overrightarrow{QP}\right| = \left|\overrightarrow{QR}\right| = \sqrt{10}$; $\left|\overrightarrow{PR}\right| = \sqrt{18}$

Das Dreieck PQR ist ein gleichschenkliges Dreieck mit der Schenkellänge $s = \sqrt{10}$ und der Länge der Basis $a = \sqrt{18}$.

Für die Höhe h_2 des gleichschenkligen Dreiecks gilt: $h_2 = \sqrt{s^2 - \frac{a^2}{4}} = \sqrt{10 - \frac{9}{2}} = \sqrt{\frac{11}{2}}$

Flächeninhalt des Dreiecks PQR: $A_{PQR} = \frac{1}{2} \cdot a \cdot h_2 = \frac{1}{2} \cdot \sqrt{18} \cdot \sqrt{\frac{11}{2}} = \frac{3}{2}\sqrt{11} \approx 5{,}0$

5. Normalenvektor der Ebene, die A, B, C enthält: $\overrightarrow{n_1} = \begin{pmatrix} 1 \\ 1 \\ -1 \end{pmatrix}$

Normalenvektor der Ebene, die B, C, D enthält: $\overrightarrow{n_2} = \begin{pmatrix} -1 \\ 1 \\ 1 \end{pmatrix}$

Winkel φ zwischen den Ebenen: $\cos\varphi = \frac{\left|\overrightarrow{n_1} * \overrightarrow{n_2}\right|}{\left|\overrightarrow{n_1}\right| \cdot \left|\overrightarrow{n_2}\right|} = \frac{1}{3} \Rightarrow \varphi \approx 70{,}5°$

Oberflächeninhalt

Die Oberfläche der Pyramide ABCD besteht aus vier gleichseitigen Dreiecken, alle mit der Seitenlänge $a = \sqrt{8}$.

$A_{Dreieck} = \frac{a^2}{4}\sqrt{3} = \frac{8}{4}\sqrt{3} = 2\sqrt{3}$ (Formel für den Flächeninhalt eines gleichseitigen Dreiecks)

Oberflächeninhalt der Pyramide: $O = 4 \cdot A_{Dreieck} = 8\sqrt{3}$

307

Volumen:

$V_{Tetraeder} = V_{Quader} - 4 \cdot V_{Pyramide}$

$|\overrightarrow{EA}| = 2,\ |\overrightarrow{EB}| = 2,\ |\overrightarrow{EC}| = 2$

$V_{Quader} = 2 \cdot 2 \cdot 2 = 8$

$V_{Pyramide} = \frac{1}{3} G \cdot h = \frac{1}{3} \cdot \left(\frac{1}{2} \cdot 2 \cdot 2\right) \cdot 2 = \frac{4}{3}$

Dann gilt:

$V_{Tetraeder} = 8 - 4 \cdot \frac{4}{3} = \frac{8}{3} \approx 3{,}33$

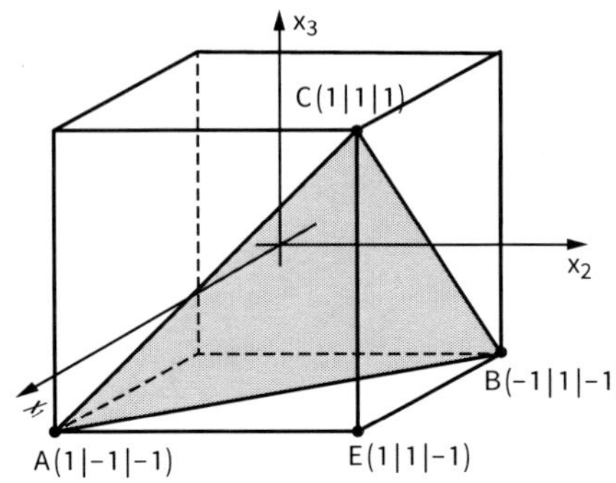

308

6. a) Dachneigung: $\tan(\alpha) = \frac{\text{Dachhhöhe}}{\text{Grundmaß bis First}} = \frac{3\,\text{m}}{4\,\text{m}} \Rightarrow \alpha \approx 36{,}87°$

$A_{ABQP} = \frac{1}{2}\left(|\overrightarrow{BQ}| + |\overrightarrow{AP}|\right) \cdot |\overrightarrow{AB}| = \frac{1}{2}(12 + 16) \cdot 5 = 70\,\text{m}^2$

$A_{PQCD} = \frac{1}{2}\left(|\overrightarrow{QC}| + |\overrightarrow{PD}|\right) \cdot |\overrightarrow{CD}| = 55\,\text{m}^2$

Normalenvektoren:

$\overrightarrow{n_{ABQP}} = \begin{pmatrix} 0 \\ 3 \\ 4 \end{pmatrix};\ \overrightarrow{n_{PQCD}} = \begin{pmatrix} 3 \\ 0 \\ 4 \end{pmatrix};\ \Rightarrow \cos(\varphi) = \frac{|\overrightarrow{n_{ABQP}} * \overrightarrow{n_{PQCD}}|}{|\overrightarrow{n_{ABQP}}| \cdot |\overrightarrow{n_{PQCD}}|} = \frac{16}{25} \Rightarrow \varphi \approx 50{,}2°$

b) $|\overrightarrow{PQ}| = \left|\begin{pmatrix} 4 \\ 4 \\ -3 \end{pmatrix}\right| = \sqrt{41} \approx 6{,}403\,\text{m}$

c) Ebene E durch P, Q und D: $E: \vec{x} = \overrightarrow{OP} + r \cdot \overrightarrow{PQ} + t \cdot \overrightarrow{PD}$

$\vec{x} = \begin{pmatrix} 0 \\ 0 \\ 8 \end{pmatrix} + r \cdot \begin{pmatrix} 4 \\ 4 \\ -3 \end{pmatrix} + t \cdot \begin{pmatrix} 0 \\ 14 \\ 0 \end{pmatrix}$

Normalenvektor: $\vec{n} = \begin{pmatrix} 3 \\ 0 \\ 4 \end{pmatrix}$

Koordinatengleichung: $E: 3x_1 + 4x_3 = 32$

$K(3\,|\,10\,|\,k_3)$ liegt in E, also $3 \cdot 3 + 4 \cdot k_3 = 32$.

Damit ergibt sich $k_3 = \frac{23}{4} = 5{,}75$. Also $K(3\,|\,10\,|\,5{,}75)$

Die Schornsteinspitze liegt 2 m oberhalb des Punktes K, also:

$S\left(3\,\middle|\,10\,\middle|\,\frac{31}{4}\right)$, bzw. $S(3\,|\,10\,|\,7{,}75)$

Richtungsvektor des Schornsteins: $\vec{u} = \begin{pmatrix} 0 \\ 0 \\ 1 \end{pmatrix}$; Normalenvektor der Dachfläche: $\vec{n} = \begin{pmatrix} 3 \\ 0 \\ 4 \end{pmatrix}$

$\sin(\alpha) = \frac{|\vec{u} * \vec{n}|}{|\vec{u}| \cdot |\vec{n}|} = \frac{|4|}{1 \cdot 5} = \frac{4}{5}$, also $\alpha \approx 53{,}1°$

Schornstein und Dachfläche schließen einen Winkel von ca. 53° ein.

7. a) $C(-3\,|\,5\,|\,0);\ D(-3\,|\,-5\,|\,0);\ G(-2\,|\,3\,|\,3);\ H(-2\,|\,-3\,|\,3)$

Zeichnung siehe Schülerbuch

Neigungswinkel = Winkel zwischen Seitenfläche und x_1x_2-Ebene mit $\overrightarrow{n_1} = \begin{pmatrix} 0 \\ 0 \\ 1 \end{pmatrix}$

Normalenvektoren der Seitenflächen: $\overrightarrow{n_{ABFE}} = \begin{pmatrix} 3 \\ 0 \\ 1 \end{pmatrix};\ \overrightarrow{n_{BCFG}} = \begin{pmatrix} 0 \\ 3 \\ 2 \end{pmatrix}$

Neigungswinkel zwischen ABFE und CDHG: $\cos(\varphi_1) = \frac{|\overrightarrow{n_{ABFE}} * \overrightarrow{n_1}|}{|\overrightarrow{n_{ABFE}}| \cdot |\overrightarrow{n_1}|} = \frac{1}{\sqrt{10}};\ \varphi_1 \approx 71{,}6°$

Neigungswinkel zwischen BCGF und ADHE: $\cos(\varphi_2) = \frac{2}{\sqrt{13}};\ \varphi_2 \approx 56{,}3°$

308

b) Der Mast ragt durch die Fläche BCGF, die in der Ebene E: $3x_2 + 2x_3 - 15 = 0$ liegt.
Durchstoßpunkt: D(0|4|1,5)
$\Rightarrow$ Der Mast ragt 3,5 m heraus.

8. a) Böschungswinkel:

$$\tan(\alpha) = \frac{47{,}04\,\text{m}}{\frac{1}{2}(189{,}43\,\text{m} - 123{,}58\,\text{m})} = \frac{47{,}04}{32{,}925}$$

$\alpha \approx 55{,}01° \approx 55°0'36''$

Mit den Längenangaben ist der Böschungswinkel etwas größer als der im Internet angegebene.

Innenwinkel:

$\gamma \approx 168{,}014° \approx 168°0'50''$

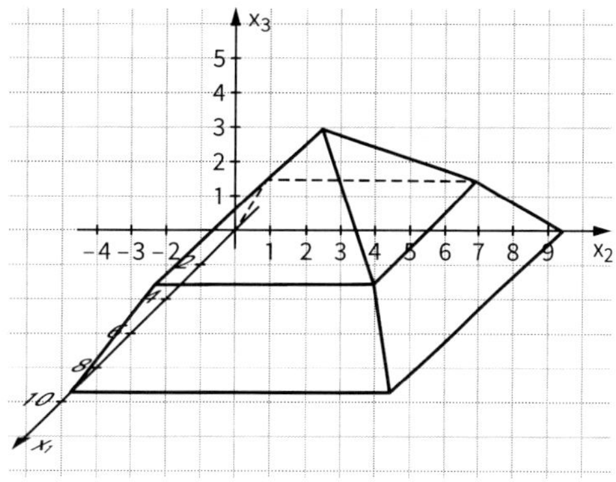

b) $h_P = \tan(\alpha) \cdot \frac{1}{2}(189{,}43\,\text{m}) \approx 135{,}32\,\text{m}$

9. a) D(−3|−3|0); AB: $\vec{x} = \begin{pmatrix} 3 \\ -3 \\ 0 \end{pmatrix} + r \cdot \begin{pmatrix} 0 \\ 1 \\ 0 \end{pmatrix}$;

SC: $\vec{x} = \begin{pmatrix} 0 \\ 0 \\ 4 \end{pmatrix} + s \cdot \begin{pmatrix} 3 \\ -3 \\ 4 \end{pmatrix}$

Die Richtungsvektoren $\begin{pmatrix} 0 \\ 1 \\ 0 \end{pmatrix}$ und $\begin{pmatrix} 3 \\ -3 \\ 4 \end{pmatrix}$ sind keine Vielfachen voneinander, deshalb sind die beiden Geraden nicht parallel zueinander.

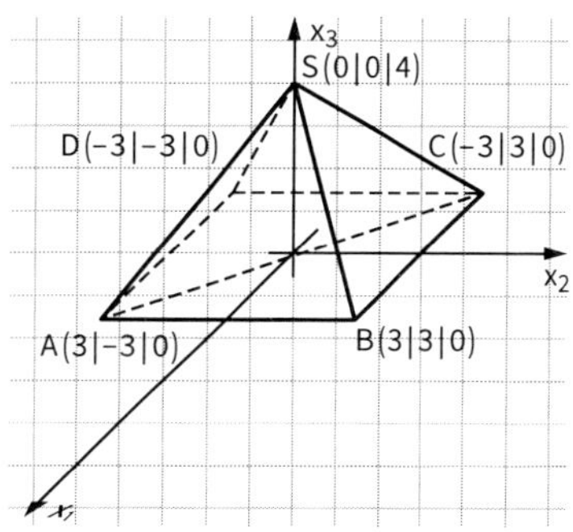

Untersuchung auf gemeinsame Punkte:

$$\begin{pmatrix} 3 \\ -3 \\ 0 \end{pmatrix} + r \cdot \begin{pmatrix} 0 \\ 1 \\ 0 \end{pmatrix} = \begin{pmatrix} 0 \\ 0 \\ 4 \end{pmatrix} + s \cdot \begin{pmatrix} 3 \\ -3 \\ 4 \end{pmatrix}$$

Das LGS $\left| \begin{array}{r} -3s = -3 \\ r + 3s = 3 \\ -4s = 4 \end{array} \right|$ hat keine Lösung,

deshalb sind die beiden Geraden windschief zueinander.

b) $E_1\colon \vec{x} = \begin{pmatrix} 3 \\ -3 \\ 0 \end{pmatrix} + r \cdot \begin{pmatrix} 0 \\ 1 \\ 0 \end{pmatrix} + s \cdot \begin{pmatrix} -3 \\ 3 \\ 4 \end{pmatrix}$; $\overrightarrow{n_1} = \begin{pmatrix} 4 \\ 0 \\ 3 \end{pmatrix}$; $E_2\colon \vec{x} = \begin{pmatrix} 3 \\ 3 \\ 0 \end{pmatrix} + m \cdot \begin{pmatrix} 1 \\ 0 \\ 0 \end{pmatrix} + n \cdot \begin{pmatrix} -3 \\ -3 \\ 4 \end{pmatrix}$; $\overrightarrow{n_2} = \begin{pmatrix} 0 \\ 4 \\ 3 \end{pmatrix}$

$$\cos(\alpha) = \frac{\left| \begin{pmatrix} 4 \\ 0 \\ 3 \end{pmatrix} * \begin{pmatrix} 0 \\ 4 \\ 3 \end{pmatrix} \right|}{\left| \begin{pmatrix} 4 \\ 0 \\ 3 \end{pmatrix} \right| \cdot \left| \begin{pmatrix} 0 \\ 4 \\ 3 \end{pmatrix} \right|} = \frac{9}{5 \cdot 5}, \text{ also } \alpha \approx 68{,}9°$$

c) $E^*\colon \vec{x} = r \cdot \begin{pmatrix} 4 \\ 0 \\ 3 \end{pmatrix} + s \cdot \begin{pmatrix} 0 \\ 4 \\ 3 \end{pmatrix}$; $\vec{n} = \begin{pmatrix} 3 \\ 3 \\ -4 \end{pmatrix}$; $E^*\colon 3x_1 + 3x_2 - 4x_3 = 0$

7.4 Abstandsberechnungen

7.4.1 Abstand eines Punktes von einer Ebene und von einer Geraden

309

Einstiegsaufgabe ohne Lösung

- Gerade durch S orthogonal zu E: g: $\vec{x} = \begin{pmatrix} 8 \\ 4 \\ 10 \end{pmatrix} + t \cdot \begin{pmatrix} 2 \\ 1 \\ 2 \end{pmatrix}$

  Schnittpunkt F von g mit E:

  $$2 \cdot (8 + 2t) + (4 + t) + 2 \cdot (10 + 2t) = 12$$
  $$16 + 4t + 4 + t + 20 + 4t = 12$$
  $$9t = -28$$
  $$t = -\frac{28}{9}$$

  $F\left(\frac{16}{9} \middle| \frac{8}{9} \middle| \frac{34}{9}\right)$

  $\overrightarrow{SF} = \begin{pmatrix} -\frac{56}{9} \\ -\frac{28}{9} \\ -\frac{56}{9} \end{pmatrix}$, $|\overrightarrow{SF}| = \frac{28}{3} \approx 9{,}33$

  Das Seil muss im Punkt $F\left(\frac{16}{9} \middle| \frac{8}{9} \middle| \frac{34}{9}\right)$ verankert werden und mindestens 9,4 m lang sein.

- Siehe Information auf Seite 310 im Schülerband.

311

1. a) Normalenvektor von E: $\vec{n} = \begin{pmatrix} 3 \\ -1 \\ 2 \end{pmatrix}$; Richtungsvektor von g: $\vec{u} = \begin{pmatrix} 5 \\ 7 \\ -4 \end{pmatrix}$

$\vec{n} * \vec{u} = 0 \Rightarrow$ die Gerade steht senkrecht auf $\vec{n}$.

Wegen $(11|-11|1) \notin E$ ist $g \parallel E$.

b) Man wählt einen beliebigen Punkt P der Geraden und berechnet wie in der Einstiegsaufgabe (Seite 309 f) den Abstand des Punktes zur Ebene:

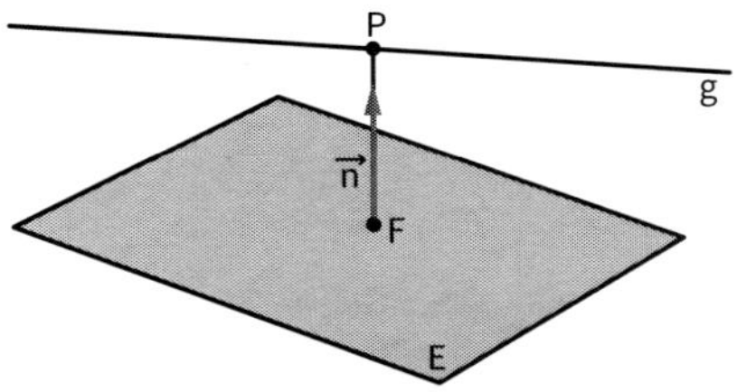

Z. B.: $P(11|-11|1)$; $\vec{n} = \begin{pmatrix} 3 \\ -1 \\ 2 \end{pmatrix}$

$\Rightarrow$ h: $\vec{x} = \begin{pmatrix} 11 \\ -11 \\ 1 \end{pmatrix} + t \cdot \begin{pmatrix} 3 \\ -1 \\ 2 \end{pmatrix}$

Schnittpunkt von h mit E: $F(5|-9|-3)$

$|\overrightarrow{PF}| = \left|\begin{pmatrix} 6 \\ -2 \\ 4 \end{pmatrix}\right| = 2\sqrt{14} \approx 7{,}48$

2. a) Die Normalenvektoren sind Vielfache voneinander:

$\overrightarrow{n_1} = \begin{pmatrix} 10 \\ -2 \\ 11 \end{pmatrix}$; $\overrightarrow{n_2} = \begin{pmatrix} -20 \\ 4 \\ -22 \end{pmatrix}$

Jedoch ist z. B. $(3|0|0)$ ein Punkt von E_1, aber nicht von E_2.

Die Ebenen sind parallel, aber verschieden.

311

b) Man wählt beliebig einen Punkt P auf der Ebene E_1 und berechnet wie in der Einstiegsaufgabe (Seite 309 f) den Abstand des Punktes P zur Ebene E_2:

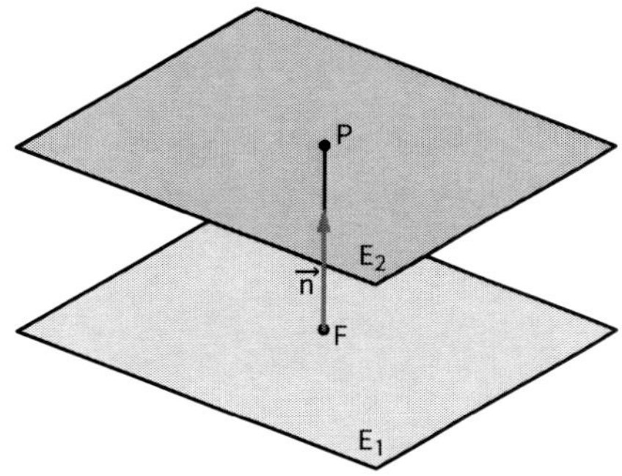

Z. B.: $P(3|0|0)$; $\vec{n} = \begin{pmatrix} 10 \\ -2 \\ 11 \end{pmatrix}$

$\Rightarrow$ g: $\vec{x} = \begin{pmatrix} 3 \\ 0 \\ 0 \end{pmatrix} + t \cdot \begin{pmatrix} 10 \\ -2 \\ 11 \end{pmatrix}$

Schnittpunkt von g mit E_2:

$F\left(1 \left| \frac{2}{5} \right| -\frac{11}{5}\right)$; $|\overrightarrow{PF}| = \left| \begin{pmatrix} 2 \\ -\frac{2}{5} \\ \frac{11}{5} \end{pmatrix} \right| = 3$

3. Hilfsebene: E: $\begin{pmatrix} 3 \\ -2 \\ 4 \end{pmatrix} * \left[\vec{x} - \begin{pmatrix} 4 \\ -5 \\ 8 \end{pmatrix} \right] = 0$

Schnittpunkt von E und g: $F\left(\frac{216}{29} \left| \frac{1}{29} \right| \frac{230}{29}\right)$ für $s = \frac{14}{29}$

$|\overrightarrow{FP}| = 6 \cdot \sqrt{\frac{30}{29}}$

4. **a)** $\frac{1}{3}$ **b)** $\frac{1}{3}$ **c)** 2 **d)** 7 **e)** $\frac{1}{\sqrt{11}}$ **f)** $\frac{1}{\sqrt{5}}$

5. **a)** Der Normalenvektor $\vec{n} = \begin{pmatrix} 1 \\ 1 \\ -2 \end{pmatrix}$ ist senkrecht zum Richtungsvektor: $\vec{n} * \begin{pmatrix} 2 \\ 1 \\ 3 \end{pmatrix} = 0$

Wähle z. B. $P(3|-1|2) \Rightarrow \text{Abst}(g; E) = \text{Abst}(P; E) = \frac{5}{3}\sqrt{3} \approx 2{,}887$

b) Der Richtungsvektor der Geraden ist eine Linearkombination der Richtungsvektoren der Ebene:

$\begin{pmatrix} 2 \\ -1 \\ 0 \end{pmatrix} = \begin{pmatrix} 1 \\ 3 \\ 2 \end{pmatrix} - \begin{pmatrix} -1 \\ 4 \\ 2 \end{pmatrix}$

Gerade und Ebene sind parallel.

Wähle z. B. $P(1|-2|1) \Rightarrow \text{Abst}(g; E) = \text{Abst}(P; E) = \frac{3}{23}\sqrt{69} \approx 1{,}083$

312

6. **a)** Die Normalenvektoren sind Vielfache voneinander:

$\vec{n_1} = \begin{pmatrix} 3 \\ -1 \\ 2 \end{pmatrix}$; $\vec{n_2} = \begin{pmatrix} -9 \\ 3 \\ -6 \end{pmatrix}$; $-3\vec{n_1} = \vec{n_2} \Rightarrow$ Ebenen parallel

$\text{Abst}(E_1; E_2) = \sqrt{14} \approx 3{,}742$

312

b) Normalenvektoren: $\vec{n_1} = \begin{pmatrix} -2 \\ -4 \\ 3 \end{pmatrix}$; $\vec{n_2} = \begin{pmatrix} 2 \\ 4 \\ -3 \end{pmatrix}$

Die beiden Normalenvektoren sind Vielfache voneinander, somit sind E_1 und E_2 parallel zueinander.

Der Abstand der beiden Ebenen ist gleich dem Abstand des Punktes $P(-2\,|\,3\,|\,4)$ von der Ebene E_2.

Gerade durch P, senkrecht zu E_2: g: $\vec{x} = \begin{pmatrix} -2 \\ 3 \\ 4 \end{pmatrix} + k \cdot \begin{pmatrix} 2 \\ 4 \\ -3 \end{pmatrix}$

Schnitt von g und E_2: $2 \cdot (-2 + 2k) + 4 \cdot (3 + 4k) - 3 \cdot (4 - 3k) = 9$, also $k = \frac{13}{29}$

Schnittpunkt $S\left(-\frac{32}{29}\,\middle|\,\frac{139}{29}\,\middle|\,\frac{77}{29}\right)$

$\text{Abst}(E_1; E_2) = |\overrightarrow{PS}| = \left|\begin{pmatrix} \frac{26}{29} \\ \frac{52}{29} \\ -\frac{39}{29} \end{pmatrix}\right| = \frac{13}{29}\sqrt{29} \approx 2{,}41$

c) Normalenvektoren: $n_1 = \begin{pmatrix} 2 \\ 1 \\ 3 \end{pmatrix}$; $n_2 = \begin{pmatrix} -2 \\ -1 \\ -3 \end{pmatrix}$; E_2: $2x_1 + x_2 + 3x_3 = 26$

Die beiden Normalenvektoren sind Vielfache voneinander, somit sind E_1 und E_2 parallel zueinander.

Der Abstand der beiden Ebenen ist gleich dem Abstand des Punktes $P(-1\,|\,1\,|\,3)$ von der Ebene E_2.

Gerade durch P, senkrecht zu E_2: g: $\vec{x} = \begin{pmatrix} -1 \\ 1 \\ 3 \end{pmatrix} + k \cdot \begin{pmatrix} 2 \\ 1 \\ 3 \end{pmatrix}$

Schnitt von g und E_2: $2 \cdot (-1 + 2k) + 1 + k + 3 \cdot (3 + 3k) = 26$, also $k = \frac{9}{7}$

Schnittpunkt $S\left(\frac{11}{7}\,\middle|\,\frac{16}{7}\,\middle|\,\frac{48}{7}\right)$

$\text{Abst}(E_1; E_2) = |\overrightarrow{PS}| = \left|\begin{pmatrix} \frac{18}{7} \\ \frac{9}{7} \\ \frac{27}{7} \end{pmatrix}\right| = \frac{9}{7}\sqrt{14} \approx 4{,}81$

7. a) Hilfsebene E: $\begin{pmatrix} 2 \\ 1 \\ 0 \end{pmatrix} * \left(\vec{x} - \begin{pmatrix} 4 \\ 1 \\ 4 \end{pmatrix}\right) = 0$; E: $2x_1 + x_2 = 9$

Schnitt von g und E: $2 \cdot (2t) + (-1 + t) = 9$, also $t = 2$; $F(4\,|\,1\,|\,1)$

Abstand $d = \left|\begin{pmatrix} 4 \\ 1 \\ 1 \end{pmatrix} - \begin{pmatrix} 4 \\ 1 \\ 4 \end{pmatrix}\right| = 3$

b) Hilfsebene E: $\begin{pmatrix} 4 \\ 1 \\ 2 \end{pmatrix} * \left(\vec{x} - \begin{pmatrix} 1 \\ 2 \\ 2 \end{pmatrix}\right) = 0$; E: $4x_1 + x_2 + 2x_3 = 10$

Schnitt von g und E: $4(3 + 4t) + 1 + t + 2(2t) = 10$, also $t = -\frac{1}{7}$; $F\left(\frac{17}{7}\,\middle|\,\frac{6}{7}\,\middle|\,-\frac{2}{7}\right)$

Abstand $d = \left|\begin{pmatrix} \frac{17}{7} \\ \frac{6}{7} \\ -\frac{2}{7} \end{pmatrix} - \begin{pmatrix} 1 \\ 2 \\ 2 \end{pmatrix}\right| = \left|\begin{pmatrix} \frac{10}{7} \\ -\frac{8}{7} \\ -\frac{16}{7} \end{pmatrix}\right| = \frac{\sqrt{420}}{7} \approx 2{,}9$

c) g: $\vec{x} = \begin{pmatrix} 1 \\ 1 \\ 0 \end{pmatrix} + k \cdot \begin{pmatrix} 0 \\ 1 \\ 0 \end{pmatrix}$; Hilfsebene E: $\begin{pmatrix} 0 \\ 1 \\ 1 \end{pmatrix} * \left(\vec{x} - \begin{pmatrix} 2 \\ 1 \\ 4 \end{pmatrix}\right) = 0$; E: $x_2 + x_3 = 5$

Schnitt von g und E: $1 + k + k = 5$, also $k = 2$

$F(1\,|\,3\,|\,2)$

Abstand $d = \left|\begin{pmatrix} 1 \\ 3 \\ 2 \end{pmatrix} - \begin{pmatrix} 2 \\ 1 \\ 4 \end{pmatrix}\right| = \left|\begin{pmatrix} -1 \\ 2 \\ -2 \end{pmatrix}\right| = 3$

312

d) g: $\vec{x} = \begin{pmatrix} 6 \\ 2 \\ 1 \end{pmatrix} + k \cdot \begin{pmatrix} 4 \\ 1 \\ -10 \end{pmatrix}$; Hilfsebene E: $\begin{pmatrix} 4 \\ 1 \\ -10 \end{pmatrix} * \left(\vec{x} - \begin{pmatrix} 1 \\ 1 \\ 14 \end{pmatrix}\right) = 0$; E: $4x_1 + x_2 - 10x_3 = -135$

Schnitt von g und E: $4 \cdot (6 + 4k) + 2 + k - 10 \cdot (1 - 10k) = -135$, also $k = -\frac{151}{117}$;

$F\left(\frac{98}{117} \,\middle|\, \frac{83}{117} \,\middle|\, \frac{1627}{117}\right)$

Abstand $d = \left|\begin{pmatrix} \frac{98}{117} \\ \frac{83}{117} \\ \frac{1627}{117} \end{pmatrix} - \begin{pmatrix} 1 \\ 1 \\ 14 \end{pmatrix}\right| = \left|\begin{pmatrix} -\frac{19}{117} \\ -\frac{34}{117} \\ -\frac{11}{117} \end{pmatrix}\right| = \frac{\sqrt{182}}{39} \approx 0{,}3$

8. a) $\begin{pmatrix} 4 \\ -2 \\ 4 \end{pmatrix} = 2 \cdot \begin{pmatrix} 2 \\ -1 \\ 2 \end{pmatrix}$, die Richtungsvektoren sind Vielfache voneinander. Somit sind die beiden Geraden parallel zueinander.

Abstand des Punktes $Q(-5 \mid -3 \mid 4)$ von der Geraden g:

Hilfsebene E: $\begin{pmatrix} 2 \\ -1 \\ 2 \end{pmatrix} * \left(\vec{x} - \begin{pmatrix} -5 \\ -3 \\ 4 \end{pmatrix}\right) = 0$; E: $2x_1 - x_2 + 2x_3 = 1$

Schnitt von g und E: $2(4 + 2s) - (-s) + 2 \cdot (3 + 2s) = 1$, also $s = -\frac{13}{9}$

$F\left(\frac{10}{9} \,\middle|\, \frac{13}{9} \,\middle|\, \frac{1}{9}\right)$

$d = \left|\begin{pmatrix} \frac{10}{9} \\ \frac{13}{9} \\ \frac{1}{9} \end{pmatrix} - \begin{pmatrix} -5 \\ -3 \\ 4 \end{pmatrix}\right| = \left|\begin{pmatrix} \frac{55}{9} \\ \frac{40}{9} \\ -\frac{35}{9} \end{pmatrix}\right| = \frac{5}{3}\sqrt{26} \approx 8{,}5$

b) $\begin{pmatrix} -6 \\ 6 \\ -8 \end{pmatrix} = -2 \cdot \begin{pmatrix} 3 \\ -3 \\ 4 \end{pmatrix}$

g und h sind parallel zueinander, da ihre Richtungsvektoren Vielfache voneinander sind.

Abstand des Punktes $Q(-8 \mid 4 \mid 2)$ von der Geraden g:

Hilfsebene E: $\begin{pmatrix} 3 \\ -3 \\ 4 \end{pmatrix} * \left(\vec{x} - \begin{pmatrix} -8 \\ 4 \\ 2 \end{pmatrix}\right) = 0$; E: $3x_1 - 3x_2 + 4x_3 = -28$

Schnitt von g mit E: $3 \cdot (6 + 3s) - 3 \cdot (1 - 3s) + 4 \cdot (4 + 4s) = -28$

$s = -\frac{59}{34}$, also $F\left(\frac{27}{34} \,\middle|\, \frac{211}{34} \,\middle|\, -\frac{50}{17}\right)$

$d = \left|\overrightarrow{FQ}\right| = \left|\begin{pmatrix} -\frac{299}{34} \\ -\frac{75}{34} \\ \frac{84}{17} \end{pmatrix}\right| = \frac{5\sqrt{4930}}{34} \approx 10{,}3$

312

9. Für Punkte X von g ist die Entfernung |SX| am kleinsten, wenn g und $\overrightarrow{SX}$ zueinander orthogonal sind, d. h. wenn X der Schnittpunkt F der Senkrechten zu g durch S ist.
X(−2 + 5t | 4 − 3t | 0,5 + 0,3t) ist ein Punkt der Flugbahn.

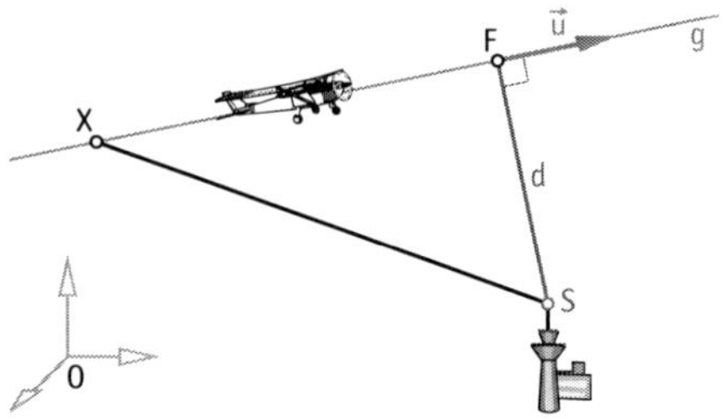

Der Vektor $\overrightarrow{SX} = \begin{pmatrix} -1 + 5t \\ 1{,}5 - 3t \\ 0{,}3 + 0{,}3t \end{pmatrix}$ stellt die Verbindung des Punktes S zu einem beliebigen Punkt X der Geraden dar, sein Betrag die Entfernung des Punktes S von diesem Punkt X.

Die Entfernungslinie ist orthogonal zu g, somit müssen auch der Vektor $\overrightarrow{SF}$ und der Richtungsvektor $\vec{u} = \begin{pmatrix} 5 \\ -3 \\ 0{,}3 \end{pmatrix}$ der Geraden g zueinander orthogonal sein, d. h. es muss gelten: $\overrightarrow{SF} * \vec{u} = 0$.

Aus $\overrightarrow{SF} * \vec{u} = \begin{pmatrix} -1 + 5t \\ 1{,}5 - 3t \\ 0{,}3 + 0{,}3t \end{pmatrix} * \begin{pmatrix} 5 \\ -3 \\ 0{,}3 \end{pmatrix} = 34{,}09 \cdot t - 9{,}41 = 0$ folgt $t \approx 0{,}276$.

Mit diesem Parameterwert erhält man den Schnittpunkt F(−0,620 | 3,172 | 0,583) der Senkrechten durch S zu g mit g.

Der Abstand von S zu F ergibt sich als Betrag des Vektors $\overrightarrow{SF}$: $d = |\overrightarrow{SF}| \approx \left| \begin{pmatrix} 0{,}380 \\ 0{,}672 \\ 0{,}383 \end{pmatrix} \right| \approx 0{,}862$.

Der Abstand der Turmspitze vom Flugkurs beträgt ca. 862 m.

10. Individuelle Schülerlösungen

11. a) Der Abstand des Punktes P von der Geraden g ist bestimmt durch die Senkrechte zu g und P. Luisa sucht also denjenigen Punkt F auf g, für den die Strecke FP orthogonal zur Geraden g ist.

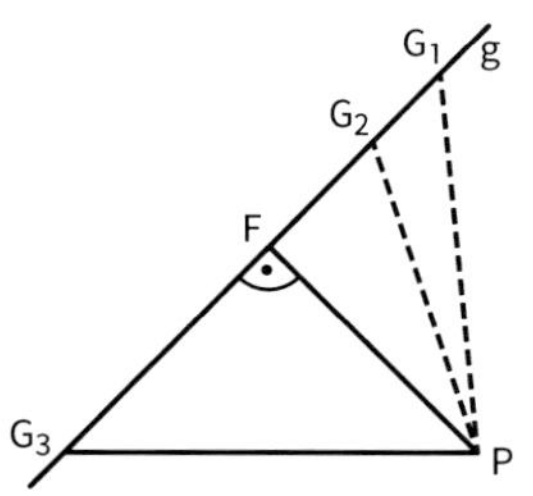

b) Gesucht ist $t \in \mathbb{R}$, sodass $\overrightarrow{GP} \perp g$, also $\overrightarrow{GP} * \begin{pmatrix} 2 \\ 1 \\ 0 \end{pmatrix} = 0$.

$\begin{pmatrix} 4 - 2t \\ 2 - t \\ 3 \end{pmatrix} * \begin{pmatrix} 2 \\ 1 \\ 0 \end{pmatrix} = 0$, also $-5t + 10 = 0$ bzw. $t = 2$.

Der gesuchte Schnittpunkt F hat die Koordinaten F(4 | 1 | 1).

Abstand von P zu g: $d = |\overrightarrow{FP}| = \left| \begin{pmatrix} 0 \\ 0 \\ 3 \end{pmatrix} \right| = 3$

313

12. a) … da d ein Minimum an derselben Stelle hat wie die Funktion D mit

$D(t) = (-3 - 2t)^2 + (17 + t)^2 + (-2 - 2t)^2 = 9t^2 + 54t + 302$

$D'(t) = 18t + 54$

$D''(t) = 18 > 0$

D′ hat die Nullstelle $t = -3$.

$d(-3) = \sqrt{D(-3)} = \sqrt{221} \approx 14{,}9$

b) P liegt auf der Geraden g.

313

13. a) Orthogonale zu E durch P: g: $\vec{x} = \begin{pmatrix} -8 \\ 0 \\ 4 \end{pmatrix} + k \cdot \begin{pmatrix} 3 \\ -1 \\ 2 \end{pmatrix}$

Schnitt von g und E: $3 \cdot (-8 + 3k) - (-k) + 2 \cdot (4 + 2k) = 12$, also $k = 2$; $F(-2|-2|8)$

$\overrightarrow{OP'} = \overrightarrow{OP} + 2 \cdot \overrightarrow{PF} = \begin{pmatrix} 4 \\ -4 \\ 12 \end{pmatrix}$; $P'(4|-4|12)$

b) E: $x_1 - 2x_2 - 3x_3 = 3$

Orthogonale zu E durch P: g: $\vec{x} = \begin{pmatrix} 1 \\ 11 \\ 6 \end{pmatrix} + k \cdot \begin{pmatrix} 1 \\ -2 \\ -3 \end{pmatrix}$

Schnitt von g und E: $1 + k - 2 \cdot (11 - 2k) - 3 \cdot (6 - 3k) = 3$, also $k = 3$; $F(4|5|-3)$

Koordinaten des Bildpunktes: $\overrightarrow{OP'} = \overrightarrow{OP} + 2 \cdot \overrightarrow{PF} = \begin{pmatrix} 7 \\ -1 \\ -12 \end{pmatrix}$; $P'(7|-1|-12)$

c) E: $\vec{x} = \begin{pmatrix} 2 \\ 6 \\ -4 \end{pmatrix} + r \cdot \begin{pmatrix} 1 \\ 1 \\ -1 \end{pmatrix} + s \cdot \begin{pmatrix} -2 \\ 2 \\ 3 \end{pmatrix}$; E: $5x_1 - x_2 + 4x_3 = -12$

Orthogonale zu E durch P: g: $\vec{x} = \begin{pmatrix} 17 \\ 15 \\ 11 \end{pmatrix} + k \cdot \begin{pmatrix} 5 \\ -1 \\ 4 \end{pmatrix}$

Schnitt von g und E: $5 \cdot (17 + 5k) - (15 - k) + 4 \cdot (11 + 4k) = -12$, also $k = -3$; $F(2|18|-1)$

Koordinaten des Bildpunktes: $\overrightarrow{OP'} = \overrightarrow{OP} + 2 \cdot \overrightarrow{PF} = \begin{pmatrix} -13 \\ 21 \\ -13 \end{pmatrix}$; $P'(-13|21|-13)$

14. Gerade g, auf der der Lichtstrahl verläuft:

g: $\vec{x} = \begin{pmatrix} 6 \\ -4 \\ 6 \end{pmatrix} + r \cdot \begin{pmatrix} -4 \\ 0 \\ -5 \end{pmatrix}$

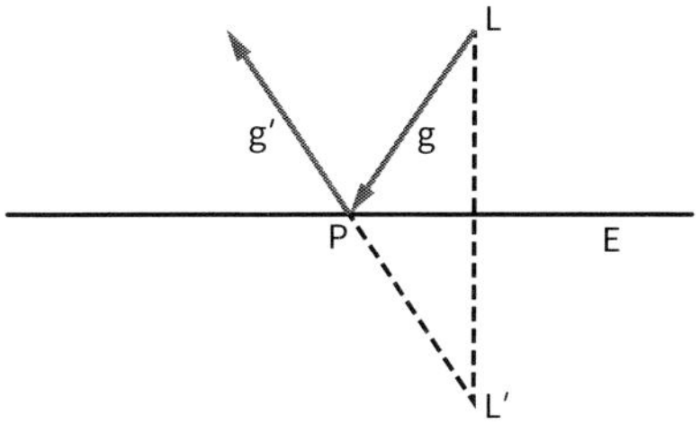

Koordinaten des Bildpunktes L′ von L bei einer Spiegelung an E:

Orthogonale zu E durch L: h: $\vec{x} = \begin{pmatrix} 6 \\ -4 \\ 6 \end{pmatrix} + k \cdot \begin{pmatrix} 2 \\ -1 \\ 2 \end{pmatrix}$

Schnitt von h mit E:

$2 \cdot (6 + 2k) - (-4 - k) + 2 \cdot (6 + 2k) = 10$, also

$k = -2$; $F(2|-2|2)$

Koordinaten des Bildpunktes L′: $\overrightarrow{OL'} = \overrightarrow{OL} + 2 \cdot \overrightarrow{LF} = \begin{pmatrix} -2 \\ 0 \\ -2 \end{pmatrix}$; $L'(-2|0|-2)$

Der reflektierte Strahl verläuft auf der Geraden durch die Punkte L′ und P

$g' = \vec{x} = \begin{pmatrix} 2 \\ -4 \\ 1 \end{pmatrix} + r \cdot \begin{pmatrix} 4 \\ -4 \\ 3 \end{pmatrix}$

15. a)
- g schneidet E:
  (1) Berechnen der Koordinaten des Schnittpunktes S von g und E
  (2) Berechnen der Koordinaten des Bildpunktes P* eines Punktes P der Geraden bei der Spiegelung an E
  (3) Die Bildgerade g* ist die Gerade durch S und P*

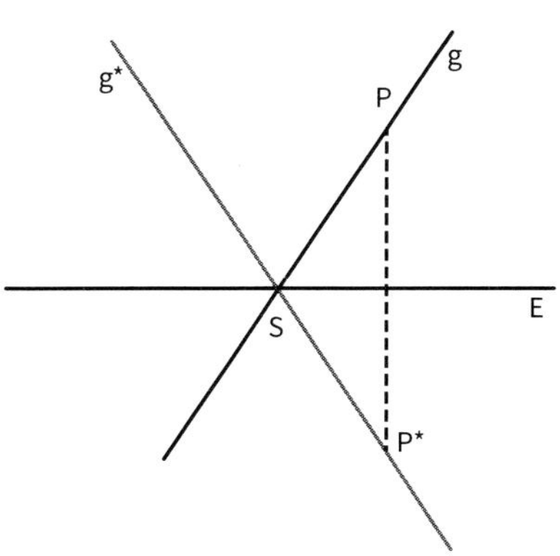

313

- g ist parallel zu E (und liegt nicht in E):
  (1) g und g* sind parallel zueinander
  (2) Berechnen der Koordinaten des Bildpunktes P* eines Punktes P der Geraden bei der Spiegelung an E
  (3) Die Bildgerade g* ist die Parallele zu g durch P*.

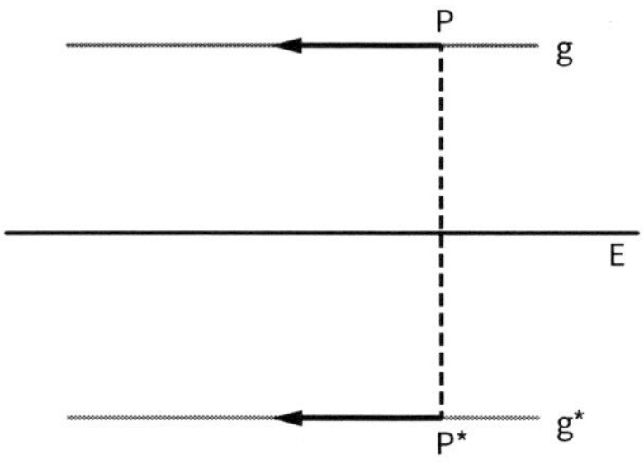

b)
- $\vec{n} = \begin{pmatrix} 2 \\ -1 \\ 2 \end{pmatrix}$; $\vec{u} = \begin{pmatrix} 3 \\ -2 \\ 1 \end{pmatrix}$; $\vec{n} * \vec{u} = 10 \neq 0$, also schneidet g die Ebene E.
- Schnittpunkt von g und E: $2 \cdot (11 + 3k) - (16 - 2k) + 2 \cdot (8 + k) + 8 = 0$, also $k = -3$; $S(2\,|\,22\,|\,5)$
- Bildpunkt von $P(11\,|\,16\,|\,8)$:
  Orthogonale durch P zu E: $h\colon \vec{x} = \begin{pmatrix} 11 \\ 16 \\ 8 \end{pmatrix} + k \cdot \begin{pmatrix} 2 \\ -1 \\ 2 \end{pmatrix}$
  Schnitt von h und E: $2 \cdot (11 + k) - (16 - k) + 2 \cdot (8 + 2k) + 8 = 0$ also $k = -\frac{10}{3}$; $F\left(\frac{13}{3}\,\middle|\,\frac{58}{3}\,\middle|\,\frac{4}{3}\right)$
  $\overrightarrow{OP^*} = \overrightarrow{OP} + 2 \cdot \overrightarrow{PF} = \begin{pmatrix} -\frac{7}{3} \\ \frac{68}{3} \\ -\frac{16}{3} \end{pmatrix}$; $P^*\left(-\frac{7}{3}\,\middle|\,\frac{68}{3}\,\middle|\,-\frac{16}{3}\right)$
- Gerade durch P* und S: $g^*\colon \vec{x} = \begin{pmatrix} 2 \\ 22 \\ 5 \end{pmatrix} + r \cdot \begin{pmatrix} 13 \\ -2 \\ 31 \end{pmatrix}$

7.4.2 HESSE'sche Normalenform einer Ebene

316

1. a) HNF: $E\colon \frac{1}{3}(2x_1 + x_2 + 2x_3 - 6) = 0$
Einsetzen von P: $\frac{1}{3}(4 - 1 + 4 - 6) = \frac{1}{3} \Rightarrow \text{Abst}(P; E) = \frac{1}{3}$

b) HNF: $E\colon \frac{1}{9}(8x_1 + 4x_2 + x_3 - 27) = 0 \Rightarrow \text{Abst}(P; E) = \frac{1}{3}$

c) HNF: $E\colon \frac{1}{9}(8x_1 + 4x_2 + x_3 - 30) = 0 \Rightarrow \text{Abst}(P; E) = \frac{53}{9}$

d) HNF: $E\colon \frac{1}{3}(2x_1 + 2x_2 - x_3 - 18) = 0 \Rightarrow \text{Abst}(P; E) = 3$

e) HNF: $E\colon \frac{1}{\sqrt{42}}(4x_1 + 5x_2 + x_3 + 5) = 0 \Rightarrow \text{Abst}(P; E) = \frac{5}{21}\sqrt{42}$

f) HNF: $E\colon \frac{1}{\sqrt{5}}(x_1 + 2x_3) = 0 \Rightarrow \text{Abst}(P; E) = \frac{1}{\sqrt{5}}$

316

2. Grundfläche Dreieck ABC:

Seitenlängen: $|\overrightarrow{AB}| = \left|\begin{pmatrix}-4\\4\\0\end{pmatrix}\right| = \sqrt{32}$; $|\overrightarrow{AC}| = \left|\begin{pmatrix}0\\4\\5\end{pmatrix}\right| = \sqrt{41}$; $|\overrightarrow{BC}| = \left|\begin{pmatrix}4\\0\\5\end{pmatrix}\right| = \sqrt{41}$

Das Dreieck ABC ist gleichschenklig. Die Länge der Schenkel beträgt $s = \sqrt{41}$, die Länge der Basis $a = \sqrt{32}$.

Höhe h_1 des Dreiecks: $h_1 = \sqrt{s_2 - \frac{a^2}{4}} = \sqrt{41 - \frac{32}{4}} = \sqrt{33}$

Inhalt der Grundfläche: $A_{\text{Dreieck}} = \frac{1}{2} \cdot a \cdot h_1 = \frac{1}{2} \cdot \sqrt{32} \cdot \sqrt{33} = 2 \cdot \sqrt{66}$

Pyramidenhöhe:

h_2 = Abstand des Punktes S von der Ebene E, in der die Grundfläche liegt.

E: $\vec{x} = \begin{pmatrix}13\\-1\\5\end{pmatrix} + r \cdot \begin{pmatrix}-1\\1\\0\end{pmatrix} + s \cdot \begin{pmatrix}0\\4\\5\end{pmatrix}$ bzw. $5x_1 + 5x_2 - 4x_3 - 40 = 0$

$h_2 = \frac{|5 \cdot 3 + 5 \cdot (-3) - 4 \cdot 15 - 40|}{\sqrt{66}} = \frac{100}{\sqrt{66}}$

Volumen der Pyramide: $V = \frac{1}{3} \cdot A_{\text{Dreieck}} \cdot h_2 = \frac{1}{3} \cdot 2\sqrt{66} \cdot \frac{100}{\sqrt{66}} = \frac{200}{3}$

3. Die Punkte liegen auf zwei zu E parallelen Ebenen, die zu E den Abstand 3 haben.

E: $2x_1 - 5x_2 + x_3 = 13$

Orthogonale zu E durch $P(2|-1|4)$: g: $\vec{x} = \begin{pmatrix}2\\-1\\4\end{pmatrix} + k \cdot \begin{pmatrix}2\\-5\\1\end{pmatrix}$

$G(2 + 2k|-1 - 5k|4 + k)$ ist ein Punkt der Geraden g

Gesucht ist k, so dass der Abstand von G zu E 3 beträgt.

$\text{Abst}(G; E) = \frac{|2 \cdot (2 + 2k) - 5(-1 - 5k) + 4 + k - 13|}{\sqrt{30}} = \frac{|30k|}{\sqrt{30}} = 3$, also $k_{1,2} = \pm\frac{3}{\sqrt{30}} = \pm\frac{\sqrt{30}}{10}$

Die gesuchten Punkte sind $G_1\left(2 + \frac{\sqrt{30}}{5}\middle|-1 - \frac{\sqrt{30}}{2}\middle|4 + \frac{\sqrt{30}}{10}\right)$, $G_2\left(2 - \frac{\sqrt{30}}{5}\middle|-1 - \frac{\sqrt{30}}{2}\middle|4 - \frac{\sqrt{30}}{10}\right)$

Die beiden gesuchten Ebenen sind die zu E parallelen Ebenen durch G_1 und G_2

F_1: $2x_1 - 5x_2 + x_3 = 13 + 3\sqrt{30}$; F_2: $2x_1 - 5x_2 + x_3 = 13 - 3\sqrt{30}$

4. **a)** $\vec{n} = \begin{pmatrix}2\\1\\2\end{pmatrix}$; $\vec{u} = \begin{pmatrix}3\\-1\\5\end{pmatrix}$

Da $\vec{n} * \vec{u} = 15 \neq 0$ sind Gerade und Ebene nicht parallel.

Schnittpunkt $S(2|-4|-10)$

b) Sei P_k ein Punkt der Geraden: $P_k(11 + 3k|-7 - k|5 + 5k)$

HNF: E: $\frac{1}{3}(2x_1 + x_2 + 2x_3 + 20) = 0$

$\Rightarrow \text{Abst}(P_k; E) = |15 + 5k| = 5 \Leftrightarrow k = -2$ oder $k = -4$

$\Rightarrow P_{-2}(5|-5|-5)$ und $P_{-4}(-1|-3|-15)$ haben den Abstand 5 von E.

316

5. a) $\overrightarrow{OE} = \overrightarrow{OD} + \overrightarrow{BA}$

$= \begin{pmatrix} 2 \\ 1 \\ 2 \end{pmatrix} + \begin{pmatrix} 2 \\ -2 \\ 0 \end{pmatrix} = \begin{pmatrix} 4 \\ -1 \\ 2 \end{pmatrix}$

$\Rightarrow E(4|-1|2)$

$\overrightarrow{OF} = \overrightarrow{OE} + \overrightarrow{CB}$

$= \begin{pmatrix} 4 \\ -1 \\ 2 \end{pmatrix} + \begin{pmatrix} 2 \\ 0 \\ -2 \end{pmatrix} = \begin{pmatrix} 6 \\ -1 \\ 0 \end{pmatrix}$

$\Rightarrow F(6|-1|0)$

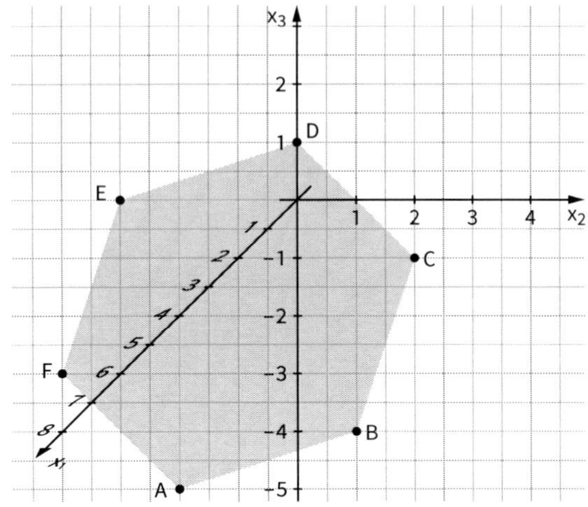

b) Gerade Pyramide: alle Kanten ausgehend von Punkt S gleich lang.

$S(s_1|0|s_2)$

$\Rightarrow |\overrightarrow{AS}| = |\overrightarrow{BS}|$ und

$|\overrightarrow{AS}| = |\overrightarrow{CS}|$

$\Rightarrow s_1 = 3;\ s_3 = -1;$

$S(3|0|-1)$

$V = \frac{1}{3} G \cdot h$

$\left.\begin{array}{l} G = \frac{2}{3} \cdot |\overrightarrow{AB}|^2 \cdot \sqrt{3} = 12\sqrt{3} \\ h = \sqrt{3} \end{array}\right\} \Rightarrow V = 12$

c) P liegt auf der Geraden durch M und S, wobei $M(4|1|0)$ der Mittelpunkt des Sechsecks ist.

$\Rightarrow P(4 + r|1 + r|r)$

Abstand von P zur Ebene der Grundfläche:

$\left|\frac{1}{\sqrt{3}}(4 + r + 1 + r + r - 5)\right|$

Abstand zur Ebene der Seitenfläche BCS:

$\left|\frac{1}{\sqrt{2}}(4 + r + r - 2)\right|$

Gleichsetzen liefert $r = 2 \pm \sqrt{6}$. Da P im Inneren der Pyramide liegt, ist $r = 2 - \sqrt{6}$ Lösung.

$\Rightarrow P\left(6 - \sqrt{6}\,|\,3 - \sqrt{6}\,|\,2 - \sqrt{6}\right)$

6. a) Betrachte Schnitt von E_t und E_r.

Richtungsvektorschnittgerade $\vec{u} = \begin{pmatrix} 6 \\ t \\ t \end{pmatrix} \times \begin{pmatrix} 6 \\ r \\ r \end{pmatrix} = \begin{pmatrix} 0 \\ 6(t - r) \\ 6(r - t) \end{pmatrix}$ ist proportional zu $\vec{v} = \begin{pmatrix} 0 \\ 1 \\ -1 \end{pmatrix}$ unabhängig von r, t.

Gemeinsamer Punkt der Ebenen: z. B. $x_1 = 0$

$\Rightarrow x_2 + x_3 = 6$ unabhängig von r, t.

Stützvektor z. B. $\begin{pmatrix} 0 \\ 6 \\ 0 \end{pmatrix} \Rightarrow s\colon \vec{x} = \begin{pmatrix} 0 \\ 6 \\ 0 \end{pmatrix} + r\begin{pmatrix} 0 \\ 1 \\ -1 \end{pmatrix}$

b) HNF: $E_t\colon \frac{1}{\sqrt{36 + 2t^2}}(6x_1 + tx_2 + tx_3 - 6t) = 0$

$\Rightarrow \text{Abst}(P; E_t) = \frac{36 - 6t}{\sqrt{36 + 2t^2}} = 6 \Rightarrow t = 0$ oder $t = -12$

$E_0\colon 6x_1 = 0;\ E_{-12}\colon 6x_1 - 12x_2 - 12x_3 = -72$

316

7. Robin hat vergessen, zunächst die Hesse'sche Normalenform zu bilden:

E_1: $\frac{1}{\sqrt{17}}(3x_1 - 2x_2 + 2x_3 - 14) = 0$

E_2: $\frac{1}{\sqrt{17}}(3x_1 - 2x_2 + 2x_3 - 31) = 0$

$a = \frac{1}{\sqrt{17}}(31 - 14) = \sqrt{17}$

8. g: $\vec{x} = \begin{pmatrix} 2 \\ -3 \end{pmatrix} + t \cdot \begin{pmatrix} -3 \\ 8 \end{pmatrix}$

$\vec{n} = \begin{pmatrix} 8 \\ 3 \end{pmatrix}$ $\quad |\vec{n}| = \sqrt{73}$

$d = \vec{n} \cdot \overrightarrow{OA} = \begin{pmatrix} 8 \\ 3 \end{pmatrix} \cdot \begin{pmatrix} 2 \\ 3 \end{pmatrix} = 16 - 9 = 7$

Hesse'sche Normalform:

$\frac{1}{\sqrt{73}} \cdot \left(\begin{pmatrix} 8 \\ 3 \end{pmatrix} \cdot \begin{pmatrix} 8 \\ 9 \end{pmatrix} - 7 \right)$

$\text{Abst}(P; g) = \frac{1}{\sqrt{73}} \cdot \left(\begin{pmatrix} 8 \\ 3 \end{pmatrix} \cdot \begin{pmatrix} 4 \\ 0 \end{pmatrix} - 7 \right) = \frac{25}{\sqrt{73}} \approx 2{,}93$

$\text{Abst}(Q; g) = \left| \frac{1}{\sqrt{73}} \cdot \left(\begin{pmatrix} 8 \\ 3 \end{pmatrix} \cdot \begin{pmatrix} -3 \\ 3 \end{pmatrix} - 7 \right) \right| = \left| \frac{-27}{\sqrt{73}} \right| \approx 2{,}57$

Anmerkung zur ersten Auflage: Richtig ist $R\left(1 \,\middle|\, -\frac{1}{3}\right)$

$\text{Abst}(R; g) = \frac{1}{\sqrt{73}} \cdot \left(\begin{pmatrix} 8 \\ 3 \end{pmatrix} \cdot \begin{pmatrix} 1 \\ -\frac{1}{3} \end{pmatrix} - 7 \right) \approx 0$

$\text{Abst}(S; g) = \frac{1}{\sqrt{73}} \cdot \left(\begin{pmatrix} 8 \\ 3 \end{pmatrix} \cdot \begin{pmatrix} 8 \\ 8 \end{pmatrix} - 7 \right) = \frac{81}{\sqrt{73}} \approx 9{,}48$

7.5 Kreise und Geraden in der Ebene

7.5.1 Gleichungen eines Kreises

317

Einstiegsaufgabe ohne Lösung

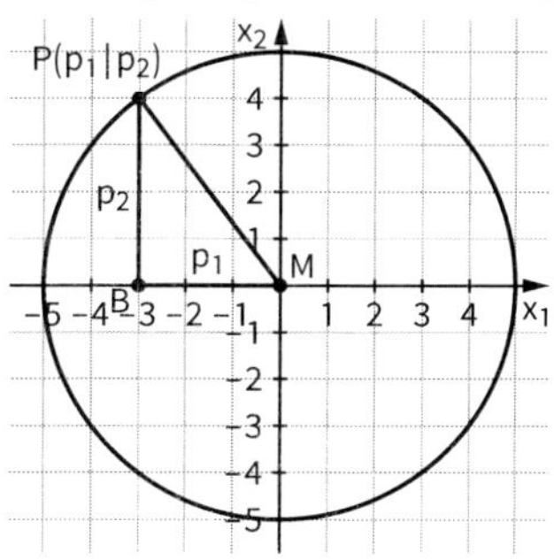

$P(-3\,|\,4)$ liegt auf dem Kreis.
Für das Dreieck MPB gilt:
$p_1^2 + p_2^2 = r^2$, da $(-3)^2 + 4^2 = 5^2$
Somit muss für relle Punkte $X(x_1\,|\,x_2)$ des Kreises gelten: $x_1^2 + x_2^2 = 25$

318

1. a) k: $x_1^2 + x_2^2 = 36$
k: $\vec{x}^2 = 36$

b) k: $(x_1 - 4)^2 + (x_2 + 5)^2 = 5$
k: $\left(\vec{x} - \begin{pmatrix} 4 \\ -5 \end{pmatrix}\right)^2 = 5$

c) k: $(x_1 + 4)^2 + (x_2 + 2)^2 = 9$
k: $\left(\vec{x} - \begin{pmatrix} -4 \\ -2 \end{pmatrix}\right)^2 = 9$

d) k: $(x_1 + 1)^2 + (x_2 - 11)^2 = 400$
k: $\left(\vec{x} - \begin{pmatrix} -1 \\ 11 \end{pmatrix}\right)^2 = 400$

318

e) k: $(x_1 - 5)^2 + (x_2 - 2)^2 = 6{,}25$

k: $\left(\vec{x} - \begin{pmatrix} 5 \\ 2 \end{pmatrix}\right)^2 = 6{,}25$

f) k: $(x_1 - 2)^2 + (x_2 + 3)^2 = 18$

k: $\left(\vec{x} - \begin{pmatrix} 2 \\ -3 \end{pmatrix}\right)^2 = 18$

2. a) $M(2|7),\ r = \sqrt{6}$

b) $M(3|-4),\ r = 3$

c) $M(4|-3),\ r = \sqrt{20}$

d) $M(5|1),\ r = \sqrt{30}$

3. a) Anmerkung zur ersten Auflage: $(x_1 - 1)^2 + (x_2 + 2)^2 = 20$

A: $(-1 - 1)^2 + (2 + 2)^2 = 20 = 20$ A liegt auf k

B: $(1 - 1)^2 + (-4 + 2)^2 = 4 < 20$ B liegt innerhalb von k

C: $(-3 - 1)^2 + (-5 + 2)^2 = 25 > 20$ C liegt außerhalb von k

b) Anmerkung zur ersten Auflage: $\left(\vec{x} - \begin{pmatrix} -3 \\ 5 \end{pmatrix}\right)^2 = 13$

A: $\left(\begin{pmatrix} -2 \\ 9 \end{pmatrix} - \begin{pmatrix} -3 \\ 5 \end{pmatrix}\right)^2 = \begin{pmatrix} 1 \\ 4 \end{pmatrix}^2 = 1 + 16 = 17 > 13$ A liegt außerhalb von k

B: $\left(\begin{pmatrix} -6 \\ 3 \end{pmatrix} - \begin{pmatrix} -3 \\ 5 \end{pmatrix}\right)^2 = \begin{pmatrix} 3 \\ -2 \end{pmatrix}^2 = 9 + 4 = 13 = 13$ B liegt auf k

C: $\left(\begin{pmatrix} -5 \\ 7 \end{pmatrix} - \begin{pmatrix} -3 \\ 5 \end{pmatrix}\right)^2 = \begin{pmatrix} -2 \\ 2 \end{pmatrix}^2 = 4 + 4 = 8 < 13$ C liegt innerhalb von k

4. a) A: $(-3 - m_1)^2 + (7 - m_2)^2 = r^2$

B: $(-5 - m_1)^2 + (1 - m_2)^2 = r^2$

C: $(-11 - m_1)^2 + (3 - m_2)^2 = r^2$

Lösungen: $m_1 = -7,\ m_2 = 5,\ r = \sqrt{20}$

k: $(x_1 + 7)^2 + (x_2 - 5)^2 = 20$

b) $m_1 = 16,\ m_2 = 12,\ r = \sqrt{130}$

k: $(x_1 - 16)^2 + (x_2 - 12)^2 = 130$

c) $m_1 = 33{,}5,\ m_2 = 7{,}5,\ r = \frac{5}{2}\sqrt{130}$

k: $(x_1 - 33{,}5)^2 + (x_2 - 7{,}5)^2 = 812{,}5$

5. Schnittpunkte mit der x_1-Achse: $x_2 = 0$

$(x_1 - 2)^2 + (0 - 4)^2 = \sqrt{52}$

$(x_1 - 2)^2 \approx -8{,}79$ $\Rightarrow$ keine Schnittpunkte mit der x_1-Achse

Schnittpunkte mit der x_2-Achse: $x_1 = 0$

$(0 - 2)^2 = (x_2 - 4)^2 = \sqrt{52}$

$(x_2 - 4)^2 \approx 3{,}21$

$S_1(0|5{,}79),\ S_2(0|2{,}21)$

6. a) k: $(x_1 - 2)^2 + (x_2 + 4)^2 = 16$ oder k: $(x_1 - 2)^2 + (x_2 - 4)^2 = 16$

b) k: $(x_1 - 3)^2 + (x_2 - 0)^2 = 9$ oder k: $(x_1 + 3)^2 + (x_2 - 0)^2 = 9$

c) k: $(x_1 + 1)^2 + (x_2 - 3)^2 = 9$

7. a) $x_1^2 - 6x_1 + x_2^2 + 2x_3 = -9$

$(x_1 - 3)^2 - 9 + (x_2 + 1)^2 - 1 = 9$

$(x_1 - 3)^2 + (x_2 + 1)^2 = 1$

$M(3|-1),\ r = 1$

318 **b)** **Anmerkung zur ersten Auflage:** $x_1^2 + x_2^2 - 8x_1 = 32$

$x_1^2 - 8x_1 + x_2^2 = 32$

$(x_1 - 4)^2 - 16 + x_2^2 = 32$

$(x_1 - 4)^2 + x_2^2 = 48$

$M(4|0),\ r = \sqrt{48}$

c) $x_1^2 - 8x_1 + x_2^2 = 0$

$(x_1 - 4)^2 - 16 + x_2^2 = 0$

$(x_1 - 4)^2 + x_2^2 = 16$

$M(4|0),\ r = 4$

d) $x_1^2 + 2x_1 + x_2^2 + 2x_2 = 2$

$(x_1 + 1)^2 - 1 + (x_2 + 1)^2 - 1 = 2$

$(x_1 + 1)^2 + (x_2 + 1)^2 = 4$

$M(-1|-1),\ r = 2$

7.5.2 Kreis und Gerade

319 **Einstiegsaufgabe ohne Lösung**

Laut grafischer Darstellung berührt die Gerade durch die Punkte P und Q den Kreis k im Punkt $S(-4|-4)$; die Gerade ist Tangente an den Kreis. Es wird also zum Berühren der Objekte kommen.

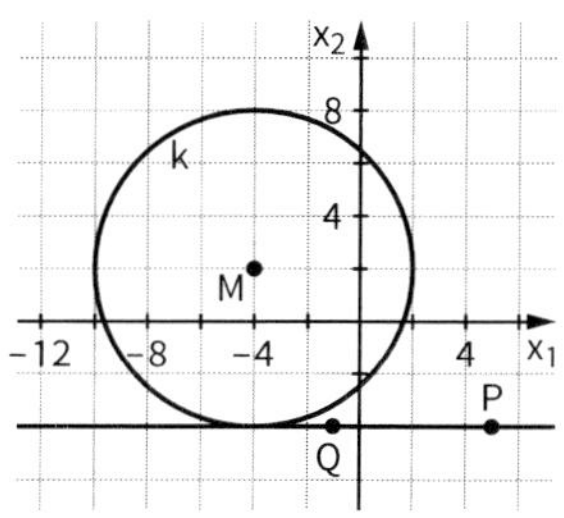

320 **1.** **a)** $(-2-2t)^2 + (8+7t)^2 = 36 \Leftrightarrow 53t^2 + 120t + 32 = 0$

$$t^2 + \frac{120}{53}t + \frac{32}{53} = 0 \Rightarrow t_{1,2} = -\frac{120}{106} \pm \sqrt{\underbrace{\left(\frac{120}{106}\right)^2 - \frac{32}{53}}_{>0}}$$

Es gibt also zwei Lösungen, da der Radikand größer Null ist. Also ist g Sekante von k.

b) $(4-t)^2 + (-2+2t)^2 = 4 \Leftrightarrow 5t^2 - 16t + 16 = 0$

$$t^2 - \frac{16}{5}t + \frac{16}{5} = 0 \Rightarrow t_{1,2} = \frac{16}{10} \pm \sqrt{\underbrace{\left(\frac{16}{10}\right)^2 - \frac{16}{5}}_{>0}}$$

Es gibt keine Lösung, da der Radikand kleiner Null ist. Also ist g Passante von k.

c) $(-3+t)^2 + (-1+t)^2 = 2 \Leftrightarrow 2t^2 - 8t + 8 = 0$

$t^2 - 4t + 4 = 0 \Rightarrow t_{1,2} = 2 \pm \sqrt{4-4} = 2$

Es gibt nur eine Lösung. Also ist g Tangente von k.

2. **a)** $g\cdot\vec{x} = \begin{pmatrix} 8 \\ 50 \end{pmatrix} + t\begin{pmatrix} 52 \\ 43 \end{pmatrix}$

$k: (x_1 - 12)^2 + (x_2 - 82)^2 = 400$

$(8 + 52t - 12)^2 + (50 + 43t - 82)^2 = 400$

$(52t - 4)^2 + (43t - 32)^2 = 400$

$\Leftrightarrow 4553t^2 - 3168t - 640 = 0$

$t^2 - \frac{3168}{4553}t + \frac{640}{4553} = 0$

$$t_{1,2} = \frac{1584}{4553} + \sqrt{\underbrace{\left(\frac{1584}{4553}\right)^2 - \frac{640}{4553}}_{<0}}$$

320

Es gibt keine Lösung, da der Radikand negativ ist.
Das Schiff verletzt die Sperrzone nicht.

b) Zu g senkrechte Gerade durch R:
$k: \vec{x} = \begin{pmatrix} 12 \\ 82 \end{pmatrix} + s\begin{pmatrix} -43 \\ 52 \end{pmatrix}$
Der Schnittpunkt S von g und k hat die Koordinaten:
$S(26{,}09 \mid 64{,}96)$
$|\overrightarrow{RS}| \approx 22{,}11$ km
Die kürzeste Entfernung zwischen Sperrzone und Schiff beträgt ca. 22,11 km.

321

3. Zu g senkrechte Gerade: h: $\vec{x} = \begin{pmatrix} 8 \\ 3 \end{pmatrix} + s\cdot\begin{pmatrix} 2 \\ 1 \end{pmatrix}$. Bestimme B als Schnittpunkt von g und h.
$B(4 \mid 1)$, $r = |\overrightarrow{BM}| = 2\sqrt{5}$

4. Parallel zur x_1-Achse
$g_1: \vec{x} = \begin{pmatrix} 4 \\ 3 \end{pmatrix} + t\begin{pmatrix} 1 \\ 0 \end{pmatrix}$ $\quad g_2: \vec{x} = \begin{pmatrix} 4 \\ -11 \end{pmatrix} + t\begin{pmatrix} 1 \\ 0 \end{pmatrix}$
Parallel zur x_2-Achse
$h_1: \vec{x} = \begin{pmatrix} -3 \\ -4 \end{pmatrix} + t\begin{pmatrix} 0 \\ 1 \end{pmatrix}$ $\quad h_2: \vec{x} = \begin{pmatrix} 11 \\ -4 \end{pmatrix} + t\begin{pmatrix} 0 \\ 1 \end{pmatrix}$

5. Halbgerade k senkrecht zu g durch $M(5 \mid -1)$
$k: x_2 = -\frac{3}{2}x_1 + \frac{13}{2}$
h in k einsetzen:
$(x_1 - 5)^2 + \left(-\frac{3}{2}x_1 + \frac{13}{2} + 1\right)^2 = 13$
$\frac{13}{4}(x - 5)^2 = 13$
$|x - 5| = 2$
$x = 7$ oder $x = 3$
$B_1(7 \mid -4)$, $B_2(3 \mid 2)$
t_1 in B_1: $x_2 = \frac{2}{3}x - \frac{26}{3}$
t_2 in B_2: $x_2 = \frac{2}{3}x$

6. Halbgerade h senkrecht zu g_n durch $M(-3 \mid 1)$
$h: x_2 = -\frac{1}{2}x_1 - \frac{1}{2}$
h in k einsetzen
$(x_1 + 3)^2 + \left(-\frac{1}{2}x_1 - \frac{1}{2} - 1\right)^2 = 4$
$\frac{5}{4}x^2 + \frac{15}{2}x + \frac{15}{4} = 4$
$x = \frac{-15 - 4\sqrt{5}}{5}$ oder $x = \frac{-15 + 4\sqrt{5}}{5}$
$B_1\left(\frac{-15 - 4\sqrt{5}}{5} \,\middle|\, \frac{5 + 2\sqrt{5}}{5}\right)$ $\quad B_2\left(\frac{-15 + 4\sqrt{5}}{5} \,\middle|\, \frac{5 - 2\sqrt{5}}{5}\right)$
t_1 in B_1: $x_2 = 2x_1 + 7 + 2\sqrt{5}$
t_2 in B_2: $x_2 = 2x_1 - 7 - 2\sqrt{5}$

7. a) $M(-4 \mid -3)$ ist Mittelpunkt des Kreises k.
Für $\overrightarrow{MP}$ gilt: $\overrightarrow{MP} = \begin{pmatrix} -3 \\ 1{,}5 \end{pmatrix}$, also $|\overrightarrow{MP}| = \sqrt{11{,}25}$.
Der Radius des Kreises ist $r = 3$. Wegen $r < |\overrightarrow{MP}|$ liegt P also außerhalb des Kreises.

321

b) Wir verbinden P mit M und zeichnen um den Mittelpunkt der Strecke $\overrightarrow{PM}$ einen Kreis mit dem Radius $\frac{1}{2}|\overrightarrow{PM}|$ Die Schnittpunkte mit dem Kreis k sind die Berührpunkte der Tangenten durch P an k.

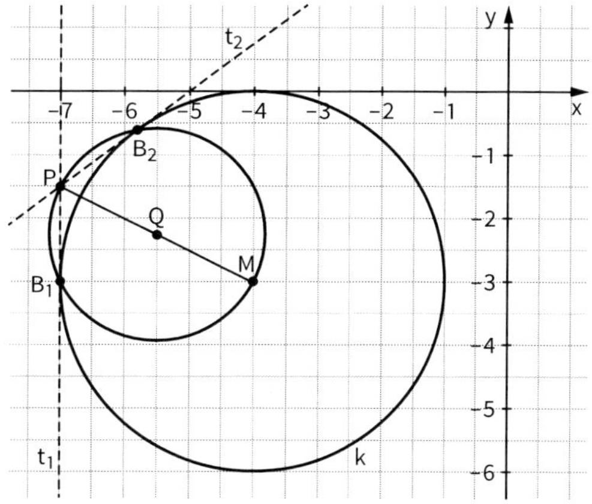

c) Ist B (x | y) ein gesuchter Berührungspunkt, so gilt:
$\overrightarrow{MB} * \overrightarrow{PB} = 0$, also $(x+4)(x+7)+(y+3)(y+1{,}5)=0$ sowie $(x+4)^2+(y+3)^2=0$, also $(x+4)(x+4)+(y+3)(y+3)=9$

Die obere Gleichung stellen wir wie folgt um:

$$\begin{aligned} 0 &= (x+4)(x+7)+(y+3)(y+1{,}5) \\ &= (x+4)(x+4+3)+(y+3)(y+3-1{,}5) \\ &= (x+4)^2+3\cdot(x+4)+(y+3)^2-1{,}5(y+3) \end{aligned}$$

Nun setzen wir $(x+4)^2+(y+3)^2=9$ ein und erhalten $0=9+3(x+4)-1{,}5(y+3)$.
Daraus ergibt sich $y=2x+11$.
Dies setzen wir in $(x+4)^2+(y+3)^2=9$ ein und erhalten so $(x+4)^2+(2x+14)^2=9$ mit den Lösungen $x_1=-7$ und $x_2=-5{,}8$.
Diese Werte setzen wir in die Kreisgleichung ein und bestimmen den zugehörigen y-Wert. Es ergeben sich $y_1=-3$ und $y_2=-0{,}6$.
Die gesuchten Tangenten t_1 und t_2 berühren den Kreis k also in den Punkten $B_1(-7|-3)$ und $B_2(-5{,}8|-0{,}6)$.
Mit P als Aufpunkt erhält man daraus die folgenden Gleichungen für die Tangenten:

$$t_1\colon \vec{x} = \begin{pmatrix} -7 \\ -1{,}5 \end{pmatrix} + r\cdot\begin{pmatrix} 0 \\ -1{,}5 \end{pmatrix};\quad t_2\colon x = \begin{pmatrix} -7 \\ -1{,}5 \end{pmatrix} + s\cdot\begin{pmatrix} 1{,}2 \\ 0{,}9 \end{pmatrix}$$

8. a) Skizze

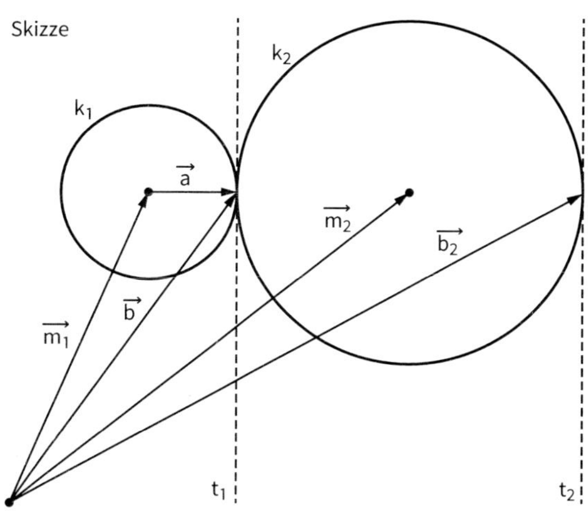

$k_1\colon \left[\vec{x} - \begin{pmatrix} 8 \\ 0 \end{pmatrix}\right]^2 = 25$

Für $\overrightarrow{m_2}$ gilt:

$\overrightarrow{m_2} = \overrightarrow{m_1} + (r_1 + r_2)\cdot\frac{1}{|\vec{a}|}\cdot\vec{a}$

mit $\vec{a} = \begin{pmatrix} -3 \\ 4 \end{pmatrix}$:

$$\begin{aligned} m_2 &= \begin{pmatrix} 8 \\ 0 \end{pmatrix} + 15\cdot\frac{1}{5}\begin{pmatrix} -3 \\ 4 \end{pmatrix} \\ &= \begin{pmatrix} -1 \\ 12 \end{pmatrix} \end{aligned}$$

$k_2\colon \left[\vec{x} - \begin{pmatrix} -1 \\ 12 \end{pmatrix}\right]^2 = 100$

321

b) $B(5|4)$, $M_1(8|0)$

$t_1: \vec{x} = \begin{pmatrix} 5 \\ 4 \end{pmatrix} + r\begin{pmatrix} 4 \\ 3 \end{pmatrix}$

c) $\overrightarrow{b_2} = \overrightarrow{m_1} + (r_1 + 2r_2) \cdot \frac{1}{|\vec{a}|} \cdot \vec{a}$

$\overrightarrow{b_2} = \begin{pmatrix} 8 \\ 0 \end{pmatrix} + 25 \cdot \frac{1}{5} \cdot \begin{pmatrix} -3 \\ 4 \end{pmatrix} = \begin{pmatrix} -7 \\ 20 \end{pmatrix}$; $B_2(-7|20)$

$t_2: \vec{x} = \begin{pmatrix} -7 \\ 20 \end{pmatrix} + r\begin{pmatrix} 4 \\ 3 \end{pmatrix}$

9. a) Einsetzen von $x_2 = 6$ in k:

$x_1^2 + 36 + 4x_1 - 48 + 15 = 0$

$x_1^2 + 4x_1 + 3 = 0$

$\Rightarrow x_1 = -3$ oder $x_1 = -1$

$S_1(-3|6)$ oder $S_2(-1|6)$

b) Ermittlung von M:

$(x_1 + 2)^2 - 4 + (x_2 - 4)^2 - 16 + 15 = 0$

$(x_1 + 2)^2 + (x_2 - 4)^2 = 5$

$\Rightarrow M(-2|4)$, $r = \sqrt{5}$

Somit erhält man durch Spiegeln von S_1 und S_2 an M: $S_1^*(-3|2)$ oder $S_2^*(-1|2)$

c) für $S_2^*(-3|2)$ und $M(-2|4)$ erhält man:

$t_1: \vec{x} = \begin{pmatrix} -3 \\ 2 \end{pmatrix} + s\begin{pmatrix} -2 \\ 1 \end{pmatrix}$.

für $S_1^*(-1|2)$ und $M(-2|4)$ erhält man:

$t_2: \vec{x} = \begin{pmatrix} -1 \\ 2 \end{pmatrix} + t\begin{pmatrix} 2 \\ 1 \end{pmatrix}$.

d) $\left| \begin{matrix} -3 - 2s = -1 + 2t \\ 2 + s = 2 + t \end{matrix} \right|$; $s = -\frac{1}{2}$ und $t = -\frac{1}{2}$ lösen das lineare Gleichugssystem, man erhält $T\left(-2 \middle| \frac{3}{2}\right)$.

e) $u = 2r + 2 \cdot \left|\overline{S_1^* T}\right| = 2 \cdot \sqrt{5} + 2 \cdot \left|\begin{pmatrix} -1 \\ -\frac{1}{2} \end{pmatrix}\right|$

$= 2\sqrt{5} + 2 \cdot \frac{1}{2}\sqrt{5} = 3\sqrt{5} \approx 6{,}71$ LE

10. a) k: $x_1^2 + x_2^2 = 5$

g: $-x_1 + 3x_2 = 5 \Rightarrow x_1 = 3x_2 - 5$

Schnittpunkte S_1 und S_2 folgen aus

$(3x_2 - 5)^2 + x_2^2 = 5 \Rightarrow x_1 = 1\,(-2)$, $x_2 = 2\,(1)$

$S_1(1|2)$, $S_2(-2|1)$; $\overline{S_1 S_2} = \sqrt{10}$.

b) Für $S_1(1|2)$ und $M(0|0)$ erhält man:

$t_1: \vec{x} = \begin{pmatrix} 1 \\ 2 \end{pmatrix} + s\begin{pmatrix} 2 \\ -1 \end{pmatrix}$.

Für $S_2(-2|1)$ und $M(0|0)$ erhält man:

$t_2: \vec{x} = \begin{pmatrix} -2 \\ 1 \end{pmatrix} + t\begin{pmatrix} 1 \\ 2 \end{pmatrix}$.

c) Schnittpunkt $P(-1|3)$; der Vektor $\overrightarrow{OS}$ ist Normalenvektor der Geraden g.

d) $F_{S_1S_2P} = \left|\overrightarrow{PS_1} \times \overrightarrow{PS_2}\right| = 5$

$\overrightarrow{PS_1} = \begin{pmatrix} 2 \\ -1 \end{pmatrix}$; $\overrightarrow{PS_2} = \begin{pmatrix} -1 \\ -2 \end{pmatrix}$; $\overrightarrow{S_1 S_2} = \begin{pmatrix} -3 \\ -1 \end{pmatrix}$

$\overrightarrow{PS_1} * \overrightarrow{PS_2} = 0 \Rightarrow \sphericalangle S_1PS_2 = 90°$; aus Symmetriegründen folgt $\sphericalangle S_1S_2P = S_2S_1P = 45°$.

e) $\overrightarrow{OP} * \overrightarrow{OS_1} = \overrightarrow{OP} * \overrightarrow{OS_2} = 5$

321

11. a) g: $\vec{x} = \begin{pmatrix} -2 \\ -7 \end{pmatrix} + r \cdot \begin{pmatrix} -3 \\ -2 \end{pmatrix}$

b) Skizze

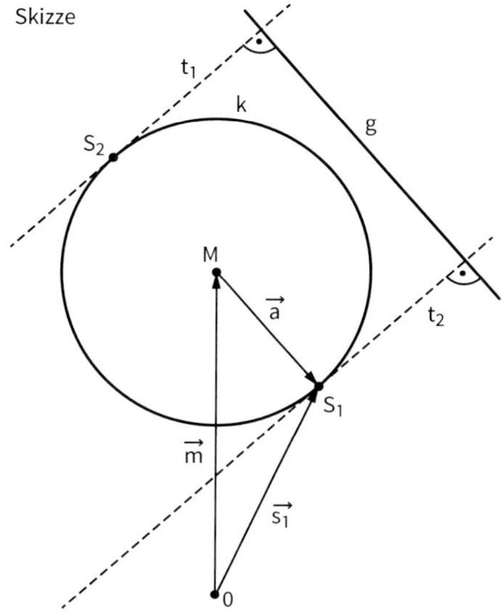

t_1: $\vec{x} = \vec{s}_1 + t \cdot \begin{pmatrix} -2 \\ 3 \end{pmatrix}$ und

t_2: $\vec{x} = \vec{s}_2 + t \cdot \begin{pmatrix} -2 \\ 3 \end{pmatrix}$

Vektor $\vec{a}$ ist das r-fache des normierten Richtungsvektors von g.

Also: $\vec{a} = 10 \cdot \frac{1}{\sqrt{13}} \cdot \begin{pmatrix} -3 \\ -2 \end{pmatrix}$.

Dann ist $\vec{s}_1 = \vec{m} + \vec{a}$ und $\vec{s}_2 = \vec{m} - \vec{a}$.

Also: t_1: $\vec{x} = \begin{pmatrix} 4 \\ -3 \end{pmatrix} + \frac{10}{\sqrt{13}} \begin{pmatrix} -3 \\ -2 \end{pmatrix} + t \cdot \begin{pmatrix} 2 \\ -3 \end{pmatrix}$

$\approx \begin{pmatrix} -4{,}3 \\ -8{,}5 \end{pmatrix} + t \cdot \begin{pmatrix} 2 \\ -3 \end{pmatrix}$

t_2: $\vec{x} = \begin{pmatrix} 4 \\ -3 \end{pmatrix} - \frac{10}{\sqrt{13}} \begin{pmatrix} -3 \\ -2 \end{pmatrix} + t \cdot \begin{pmatrix} 2 \\ -3 \end{pmatrix}$

$\approx \begin{pmatrix} 12{,}3 \\ 2{,}5 \end{pmatrix} + t \cdot \begin{pmatrix} 2 \\ -3 \end{pmatrix}$

7.6 Vermischte Aufgaben

322

1. Grundfläche: E_{ABCDE}: $x_3 = 0$
Deckfläche: E_{FGHIJ}: $x_3 = 5$
Vorderfläche: E_{BCHG}: $x_1 = 5$
Rückfläche: E_{EDIJ}: $x_1 = 0$
Seitenfläche: E_{ABGF}: $x_2 = 0$
E_{CDIH}: $x_2 = 5$
E_{AEJF}: $\vec{x} = \begin{pmatrix} 2 \\ 0 \\ 0 \end{pmatrix} + r \cdot \begin{pmatrix} 1 \\ -1 \\ 0 \end{pmatrix} + s \cdot \begin{pmatrix} 0 \\ 0 \\ 1 \end{pmatrix}$; $x_1 + x_2 = 2$

2. a) Skalarprodukt Normalenvektor mit Richtungsvektor:

$\begin{pmatrix} 2 \\ -1 \\ 2 \end{pmatrix} * \begin{pmatrix} -3 \\ 2 \\ 4 \end{pmatrix} = 0 \Rightarrow$ g parallel zu E

Senkrechte Gerade zu E durch g: l: $\vec{x} = \begin{pmatrix} 8 \\ -4 \\ 5 \end{pmatrix} + t \cdot \begin{pmatrix} 2 \\ -1 \\ 2 \end{pmatrix}$; Schnittpunkt $S(4|-2|1)$

$\text{Abst}(g; E) = \left| 2 \cdot \begin{pmatrix} 2 \\ -1 \\ 2 \end{pmatrix} \right| = 6$

b) Aus a) ist bekannt, dass $\begin{pmatrix} 8 \\ -4 \\ 5 \end{pmatrix} - 2 \cdot \begin{pmatrix} 2 \\ -1 \\ 2 \end{pmatrix}$ auf E liegt, verdoppelt man die Verschiebung um den Normalenvektor, so erhält man den symmetrisch liegenden Stützvektor:

$\begin{pmatrix} 8 \\ -4 \\ 5 \end{pmatrix} - 4 \cdot \begin{pmatrix} 2 \\ -1 \\ 2 \end{pmatrix} \Rightarrow h: \vec{x} = \begin{pmatrix} 0 \\ 0 \\ -3 \end{pmatrix} + s \cdot \begin{pmatrix} -3 \\ 2 \\ 4 \end{pmatrix}$

3. a) Da $\overrightarrow{BA} * \overrightarrow{BC} = 0$ ist, liegt bei B ein rechter Winkel.

$\overrightarrow{OD} = \overrightarrow{OA} + \overrightarrow{BC} = \overrightarrow{OC} + \overrightarrow{BA} = \begin{pmatrix} 11 \\ -12 \\ 11 \end{pmatrix}$ $\qquad$ $D(11|-12|11)$

322

b) Ebene E, in der die Grundfläche liegt:

E: $\vec{x} = \begin{pmatrix} 13 \\ -8 \\ 7 \end{pmatrix} + r \cdot \begin{pmatrix} -2 \\ 2 \\ 1 \end{pmatrix} + s \cdot \begin{pmatrix} -1 \\ 0 \\ 1 \end{pmatrix}$ bzw. $2x_1 + x_2 + 2x_3 - 32 = 0$

Pyramidenhöhe h = Abstand des Punktes S von der Ebene E, in der die Grundfläche liegt.

$h = \frac{|2 \cdot 20 + 10 + 2 \cdot 20 - 32|}{3} = \frac{58}{3}$

Flächeninhalt der Grundfläche: $A_{Quadrat} = |\overrightarrow{AB}|^2 = 36$

Volumen der Pyramide: $V = \frac{1}{3} \cdot A_{Quadrat} \cdot h = \frac{1}{3} \cdot 36 \cdot \frac{58}{3} = 232$

c) Die Oberfläche der Pyramide besteht aus der Grundfläche und aus den Seitenflächen ABS, BCS, CDS und ADS.

Dreieck ABS: Grundseite $g_1 = |\overrightarrow{AB}| = 6$

Höhe h_1 = Abstand des Punktes S von der Geraden AB: $\vec{x} = \begin{pmatrix} 13 \\ -8 \\ 7 \end{pmatrix} + k \cdot \begin{pmatrix} -2 \\ 2 \\ 1 \end{pmatrix}$

Gesucht ist k so, dass $\begin{pmatrix} 13 - 2k - 20 \\ -8 + 2k - 10 \\ 7 + k - 20 \end{pmatrix} * \begin{pmatrix} -2 \\ 2 \\ 1 \end{pmatrix} = 0$, also $k = \frac{35}{9}$

Schnittpunkt: $F_1\left(\frac{47}{9} \middle| -\frac{2}{9} \middle| \frac{98}{9}\right)$

$h_1 = |\overrightarrow{F_1S}| = \left|\begin{pmatrix} \frac{133}{9} \\ \frac{92}{9} \\ \frac{82}{9} \end{pmatrix}\right| = \frac{\sqrt{3653}}{3}$

Flächeninhalt: $A_{ABS} = \frac{1}{2} \cdot 6 \cdot \frac{\sqrt{3653}}{3} = \sqrt{3653} \approx 60,$

Dreieck BCS: Grundseite $g_2 = |\overrightarrow{BC}| = 6$

Höhe h_2 = Abstand des Punktes S von der Geraden BC: $\vec{x} = \begin{pmatrix} 9 \\ -4 \\ 9 \end{pmatrix} + k \cdot \begin{pmatrix} -1 \\ -2 \\ 2 \end{pmatrix}$

Gesucht ist k so, dass $\begin{pmatrix} 9 - k - 20 \\ -4 - 2k - 10 \\ 9 + 2k - 20 \end{pmatrix} * \begin{pmatrix} -1 \\ -2 \\ 2 \end{pmatrix}$, also $k = -\frac{17}{9}$

Schnittpunkt: $F_2\left(\frac{98}{9} \middle| -\frac{2}{9} \middle| \frac{47}{9}\right)$

$h_2 = |\overrightarrow{F_2S}| = \left|\begin{pmatrix} \frac{82}{9} \\ \frac{92}{9} \\ \frac{133}{9} \end{pmatrix}\right| = \frac{\sqrt{3653}}{3}$

Flächeninhalt: $A_{BCS} = \frac{1}{2} \cdot 6 \cdot \frac{\sqrt{3653}}{3} = \sqrt{3653} \approx 60,4$

322

Dreieck CDS: Grundseite $g_3 = |\overrightarrow{CD}| = 6$

Höhe h_3 = Abstand des Punktes S von der Geraden CD: $\vec{x} = \begin{pmatrix} 7 \\ -8 \\ 13 \end{pmatrix} + k \cdot \begin{pmatrix} 2 \\ -2 \\ -1 \end{pmatrix}$

Gesucht ist k so, dass $\begin{pmatrix} 7+2k-20 \\ -8-2k-10 \\ 13-k-20 \end{pmatrix} * \begin{pmatrix} 2 \\ -2 \\ -1 \end{pmatrix}$, also $k = -\frac{17}{9}$

Schnittpunkt: $F_3\left(\frac{29}{9} \middle| -\frac{38}{9} \middle| \frac{134}{9}\right)$

$$h_3 = |\overrightarrow{F_3S}| = \left|\begin{pmatrix} \frac{151}{9} \\ \frac{128}{9} \\ \frac{46}{9} \end{pmatrix}\right| = \frac{\sqrt{4589}}{3}$$

Flächeninhalt: $A_{CDS} = \frac{1}{2} \cdot 6 \cdot \frac{\sqrt{4589}}{3} = \sqrt{4589} \approx 67{,}7$

Dreieck ADS: Grundseite $g_4 = |\overrightarrow{AD}| = 6$

Höhe h_4 = Abstand des Punktes S von der Geraden AD: $\vec{x} = \begin{pmatrix} 13 \\ -8 \\ 7 \end{pmatrix} + k \cdot \begin{pmatrix} -1 \\ -2 \\ 2 \end{pmatrix}$

Gesucht ist k so, dass $\begin{pmatrix} 13-k-20 \\ -8-2k-10 \\ 7+2k-20 \end{pmatrix} * \begin{pmatrix} -1 \\ -2 \\ 2 \end{pmatrix} = 0$, also $k = -\frac{17}{9}$

Schnittpunkt: $F_4\left(\frac{134}{9} \middle| -\frac{38}{9} \middle| \frac{29}{9}\right)$

$$h_4 = |\overrightarrow{F_4S}| = \left|\begin{pmatrix} \frac{46}{9} \\ \frac{128}{9} \\ \frac{151}{9} \end{pmatrix}\right| = \frac{\sqrt{4589}}{3}$$

Flächeninhalt: $A_{ADS} = \frac{1}{2} \cdot 6 \cdot \frac{\sqrt{4589}}{3} = \sqrt{4589} \approx 67{,}7$

Oberfläche: $O = A_{Quadrat} + A_{ABS} + A_{BCS} + A_{CDS} + A_{ADS} = 36 + 2 \cdot (\sqrt{3653} + \sqrt{4589}) \approx 292{,}4$

4. $E_{FGS}: \vec{x} = \begin{pmatrix} 0 \\ 8 \\ 18 \end{pmatrix} + s \cdot \begin{pmatrix} 8 \\ 0 \\ 0 \end{pmatrix} + t \cdot \begin{pmatrix} 4 \\ -4 \\ 8 \end{pmatrix}$; $s, t \in \mathbb{R}$

Normalenvektor $\vec{n} = \begin{pmatrix} 0 \\ -64 \\ -32 \end{pmatrix}$

Fußpunkt des Mastes $P(4|0|18) \Rightarrow \text{Abst}(E_{FGS}; P) = \frac{16}{5}\sqrt{5} \approx 7{,}15\,\text{m}$

Der Mast reicht 7,85 m ins Freie.

$g_{Mast}: \vec{x} = \begin{pmatrix} 4 \\ 0 \\ 18 \end{pmatrix} + r \cdot \begin{pmatrix} 0 \\ -64 \\ -32 \end{pmatrix}$; $r \in \mathbb{R}$

Schnittpunkt g_{Mast} und E_{FGS}: $S\left(4 \middle| 6\frac{2}{5} \middle| 21\frac{1}{5}\right)$

5.
- Ebene E, in der die Grundfläche liegt

  $E: \vec{x} = \begin{pmatrix} 3 \\ -1 \\ -2 \end{pmatrix} + r \cdot \begin{pmatrix} 2 \\ -1 \\ 4 \end{pmatrix} + s \cdot \begin{pmatrix} 2 \\ -3 \\ -1 \end{pmatrix}$

  $E: 13x_1 + 10x_2 - 4x_3 = 37$
- Abstand von S zu E

  $\text{Abst}(S; E) = \frac{|13 \cdot (-23) + 10 \cdot (-19) - 4 \cdot 11 - 37|}{\sqrt{285}} = \frac{570}{\sqrt{285}} = 2 \cdot \sqrt{285} \approx 33{,}8$

  Die Pyramidenhöhe beträgt $2\sqrt{285} \approx 33{,}8$.

322

6. a) Da $\overrightarrow{BA} * \overrightarrow{BC} = \begin{pmatrix} -4 \\ 2 \\ 4 \end{pmatrix} * \begin{pmatrix} -2 \\ 4 \\ -4 \end{pmatrix} = 0$ ist, liegt bei B ein rechter Winkel.

$\Rightarrow \overrightarrow{OD} = \overrightarrow{OC} + \overrightarrow{BA} = \overrightarrow{OA} + \overrightarrow{BC} = \begin{pmatrix} 1 \\ 4 \\ 2 \end{pmatrix}$; D(1|4|2)

b) Stützvektor des Mittelpunkts des Quadrats: $\overrightarrow{OM} = \overrightarrow{OB} + \frac{1}{2}\overrightarrow{BD} = \begin{pmatrix} 4 \\ 1 \\ 2 \end{pmatrix}$

Normalenvektor der Quadratebene mit Länge 6: $\vec{n} = \begin{pmatrix} 4 \\ 4 \\ 2 \end{pmatrix}$

$\Rightarrow \overrightarrow{OS} = \overrightarrow{OM} \pm \begin{pmatrix} 4 \\ 4 \\ 2 \end{pmatrix} = \begin{pmatrix} 4 \\ 1 \\ 2 \end{pmatrix} \pm \begin{pmatrix} 4 \\ 4 \\ 2 \end{pmatrix} \Rightarrow S_1(8|5|4)$; $S_2(0|-3|0)$

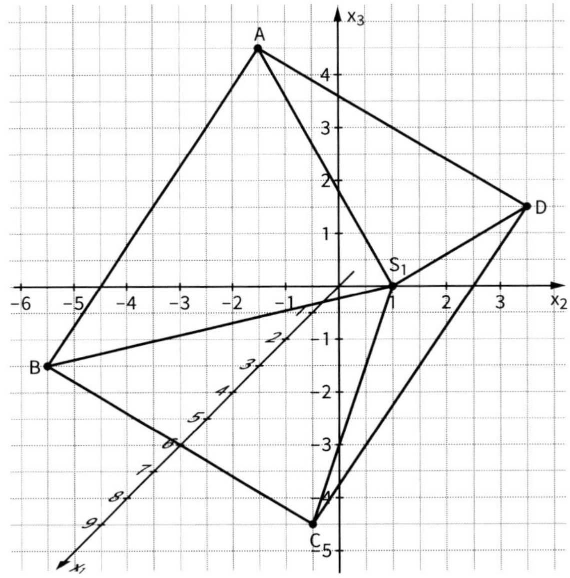

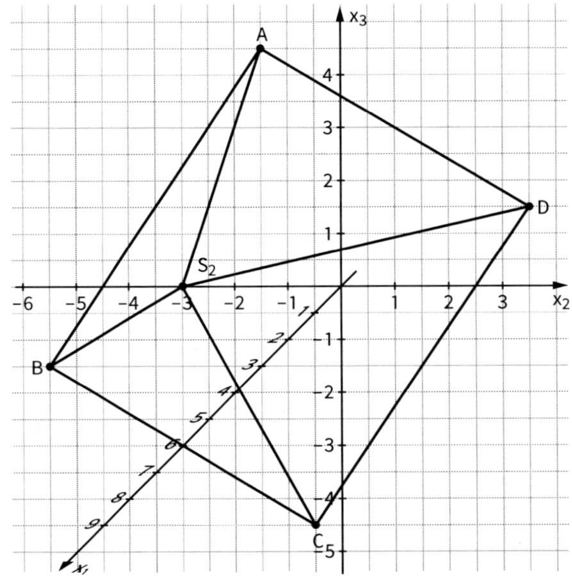

322 **c)** Für $k = 2$ ist $\vec{x} = \begin{pmatrix} 8 \\ 5 \\ 4 \end{pmatrix} = \overrightarrow{OS_1}$

Da $\begin{pmatrix} 1 \\ 1 \\ -4 \end{pmatrix} * \begin{pmatrix} 4 \\ 4 \\ 2 \end{pmatrix} = 0$, ist die Gerade zur Quadratebene parallel, die Höhe der Pyramide mit $S \in g$ ist immer 6 und somit ist $V = \frac{1}{3} G \cdot h$ konstant.

323 **7. a)** $S_1(12|0|0)$; $S_2(0|6|0)$; $S_3(0|0|6)$

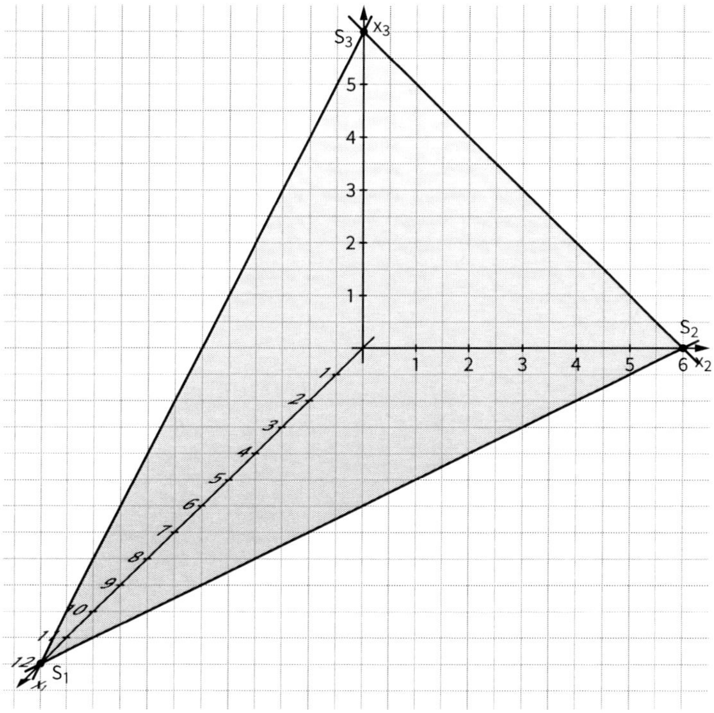

b) Wir betrachten das Dreieck OS_1S_2 als Grundfläche der Pyramide und den Punkt S_3 als Pyramidenspitze. Dann gilt:

Flächeninhalt der Grundfläche: $A_{OS_1S_2} = \frac{1}{2} \cdot 12 \cdot 6 = 36$

Pyramidenhöhe: $h = \left|\overrightarrow{OS_3}\right| = 6$

Volumen der Pyramide: $V = \frac{1}{3} \cdot A_{OS_1S_2} \cdot h = \frac{1}{3} \cdot 36 \cdot 6 = 72$

Die Oberfläche besteht aus den Dreiecken OS_1S_2, OS_1S_3, OS_2S_3 und $S_1S_2S_3$.

$A_{OS_1S_3} = \frac{1}{2} \cdot 12 \cdot 6 = 36$; $A_{OS_2S_3} = \frac{1}{2} \cdot 6 \cdot 6 = 18$

Das Dreieck $S_1S_2S_3$ ist ein gleichschenkliges Dreieck mit der Basis $\overline{S_2S_3}$.

$a = \left|\overrightarrow{S_2S_3}\right| = 6 \cdot \sqrt{2}$

Höhe des Dreiecks $S_1S_2S_3$: $h = \left|\overrightarrow{MS_1}\right| = \left|\begin{pmatrix} 12 \\ -3 \\ -3 \end{pmatrix}\right| = 9 \cdot \sqrt{2}$, wobei $M(0|3|3)$ der Mittelpunkt der Strecke $\overline{S_2S_3}$ ist.

$A_{S_1S_2S_3} = \frac{1}{2} \cdot 6\sqrt{2} \cdot 9\sqrt{2} = 54$

Oberfläche: $O = 36 + 36 + 18 + 54 = 144$

323

c) Z. B. über HNF an der Ebene

HNF: E_1: $x_1 = 0 \Rightarrow \text{Abst}(M; E_1) = |m_1|$

HNF: E_2: $x_2 = 0 \Rightarrow \text{Abst}(M; E_2) = |m_2|$

HNF: E_3: $x_3 = 0 \Rightarrow \text{Abst}(M; E_3) = |m_3|$

$\Rightarrow m_1 = m_2 = m_3 = m$, da M im 1. Quadranten

$\text{Abst}(M; E_G) = \frac{1}{3}(5m - 12) = m \Rightarrow M(6|6|6)$

8. a) E_2: $\frac{1}{\sqrt{50}}(5x_1 + 4x_2 + 3x_3 - 61) = 0$

E_1 und E_2 haben denselben Normalenvektor $\begin{pmatrix} 5 \\ 4 \\ 3 \end{pmatrix}$ und sind somit parallel.

Aus den HNF folgt: $\text{Abst}(E_1; E_2) = \frac{70}{\sqrt{50}} = 7\sqrt{2} \approx 9{,}9$

b) Schnittpunkt $S(3|-6|0)$

9. a) $B(4|4|0)$, $P(4|a|4)$ und $Q(a|4|4)$ mit jeweils $0 < a < 4$

Das Dreieck PBQ ist ein gleichschenkliges Dreieck mit der Basis $\overline{PQ}$.

$M\left(\frac{a+4}{2} \middle| \frac{a+4}{2} \middle| 4\right)$ ist die Mitte der Basis.

Flächeninhalt des Dreiecks PBQ: $A_{PBQ} = \frac{1}{2} \cdot |\overrightarrow{PQ}| \cdot |\overrightarrow{MB}| = \frac{1}{2} \cdot |a - 4| \cdot \sqrt{2} \cdot \frac{\sqrt{2 \cdot (a^2 - 8a + 48)}}{2}$

Bedingung: $A_{PBQ} = 6$,

also $\frac{1}{2} \cdot |a - 4| \cdot \sqrt{2} \cdot \frac{\sqrt{2 \cdot (a^2 - 8a + 48)}}{2} = 6$ bzw. $|a - 4| \cdot \sqrt{a^2 - 8a + 48} = 12$

Durch Quadrieren erhalten wir: $(a-4)^2 \cdot (a^2 - 8a + 48) - 144 = 0$ bzw.

$a^4 - 16a^3 + 128a^2 - 512a + 624 = 0$

Diese Gleichung hat die Lösungen $a_1 = 2$; $a_2 = 6$. (GTR)

Wegen $0 < a < 4$ kommt nur $a = 2$ infrage.

Also: $P(4|2|4)$ und $Q(2|4|4)$

b) Volumen der Pyramide mit der Grundfläche BQF und der Höhe $h = \overline{FP}$:

$V_{\text{Pyramide}} = \frac{1}{3} \cdot A_{BQF} \cdot |\overrightarrow{FP}| = \frac{1}{3} \cdot \left(\frac{1}{2} \cdot 2 \cdot 4\right) \cdot 2 = \frac{8}{3}$

$V_{\text{Restkörper}} = V_{\text{Würfel}} - V_{\text{Pyramide}} = 4^3 - \frac{8}{3} = 61\frac{1}{3}$

323

10. a) Aus Symmetriegründen sind alle Innenwinkel zwischen zwei benachbarten Seitenflächen gleich groß.

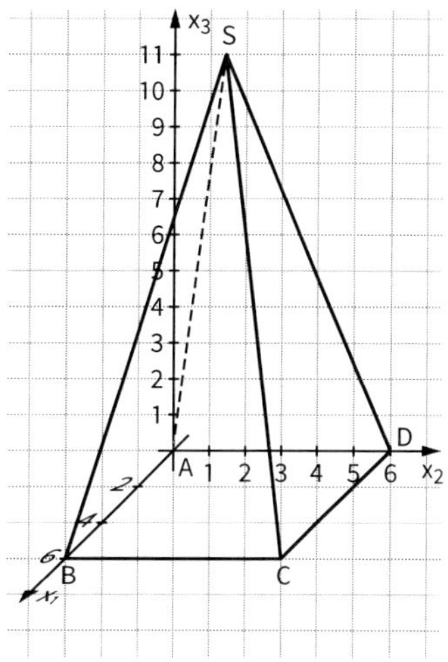

E_{BCS}: $\vec{x} = \begin{pmatrix} 6 \\ 0 \\ 0 \end{pmatrix} + r \cdot \begin{pmatrix} 0 \\ 1 \\ 0 \end{pmatrix} + s \cdot \begin{pmatrix} 1 \\ -1 \\ -4 \end{pmatrix}$

$\vec{n_1} = \begin{pmatrix} 4 \\ 0 \\ 1 \end{pmatrix}$

E_{CDS}: $\vec{x} = \begin{pmatrix} 6 \\ 6 \\ 0 \end{pmatrix} + m \cdot \begin{pmatrix} 1 \\ 0 \\ 0 \end{pmatrix} + n \cdot \begin{pmatrix} 1 \\ 1 \\ -4 \end{pmatrix}$

$\vec{n_2} = \begin{pmatrix} 0 \\ 4 \\ 1 \end{pmatrix}$

$\cos(\alpha) = \frac{|\vec{n_1} * \vec{n_2}|}{|\vec{n_1}| \cdot |\vec{n_2}|} = \frac{1}{\sqrt{17} \cdot \sqrt{17}} = \frac{1}{17}$

$\alpha \approx 86{,}6°$

Innenwinkel: $180° - 86{,}6° \approx 93{,}4°$

Winkel zwischen Seitenfläche und Grundfläche:

$\vec{n_1} = \begin{pmatrix} 4 \\ 0 \\ 1 \end{pmatrix}$, $\vec{n_3} = \begin{pmatrix} 0 \\ 0 \\ 1 \end{pmatrix}$

$\cos(\beta) = \frac{|\vec{n_1} * \vec{n_3}|}{|\vec{n_1}| \cdot |\vec{n_2}|} = \frac{1}{\sqrt{17}}$

$\beta \approx 76{,}0°$

Aus Symmetriegründen betragen alle Winkel zwischen einer Seiten- und der Grundfläche ca. 76,0°.

b) E: $\vec{x} = \begin{pmatrix} 6 \\ 0 \\ 0 \end{pmatrix} + r \cdot \begin{pmatrix} 0 \\ 1 \\ 0 \end{pmatrix} + s \cdot \begin{pmatrix} -5 \\ 5 \\ 4 \end{pmatrix}$

E: $4x_1 + 5x_3 = 24$

Kante $\overline{AS}$: $\vec{x} = k \cdot \begin{pmatrix} 1 \\ 1 \\ 4 \end{pmatrix}$

Schnitt von AS mit E: $4k + 20k = 24$, also $k = 1$; $Q(1|1|4)$

Das Viereck BCPQ ist ein gleichschenkliges Trapez.

Seitenlängen: $|BC| = 6$, $|\overrightarrow{QP}| = 4$

$|\overrightarrow{BQ}| = \left| \begin{pmatrix} -5 \\ 1 \\ 4 \end{pmatrix} \right| = \sqrt{42} \approx 6{,}5$

$|\overrightarrow{CP}| = \left| \begin{pmatrix} -5 \\ -1 \\ 4 \end{pmatrix} \right| = \sqrt{42} \approx 6{,}5$

Innenwinkel:

Winkel bei B:

$\cos(\alpha) = \frac{\left| \begin{pmatrix} 5 \\ 1 \\ 4 \end{pmatrix} * \begin{pmatrix} 0 \\ 1 \\ 0 \end{pmatrix} \right|}{\sqrt{42}} = \frac{1}{\sqrt{42}}$, $\alpha \approx 81{,}1°$

Damit gilt für die übrigen drei Innenwinkel:

Winkel bei C: $\beta = \alpha \approx 81{,}1°$

Winkel bei P: $\gamma = 180° - \beta \approx 98{,}9°$

Winkel bei Q: $\delta = \gamma \approx 98{,}9°$

323

c) F_t: $4x_1 + 5x_3 = t$
F_t enthält den Punkt S, falls $12 + 60 = t$, also für $t = 72$
F_t enthält die Gerade durch A und D, also für $t = 0$
Die Ebenenschar F_t hat für $0 \le t \le 72$ gemeinsame Punkte mit der Pyramide.

11. Es reicht aufgrund der Symmetrie des Problems, eine Seitenfläche zu betrachten, z. B. ABS, die in der Ebene $E_{HNF}: \frac{1}{\sqrt{13}}(3x_1 - 2x_3 + 12) = 0$ liegt.

a) $\text{Abst}(P; E_{HNF}) = \frac{1}{\sqrt{13}}(-2a + 12),\ a > 0$

b) $\frac{1}{\sqrt{13}}(-2a + 12) = 2$, also $a = 6 - \sqrt{13} \approx 2{,}394$

c) $\text{Abst}(O; E_{HNF})$; $E_{HNF} = \frac{12}{\sqrt{13}} = 3{,}328$

d) $\text{Abst}(P; E_{HNF}) = a \Rightarrow a = \frac{12}{\sqrt{13}} + 2 \approx 2{,}141$

324

12. a) Festlegung eines Koordinatensystems
A(8|0|0), B(8|8|0), P(0|8|p), E(8|0|8)
Wir betrachten das Dreieck ABE als Grundfläche und den Punkt P als Spitze der Pyramide.
Flächeninhalt der Grundfläche:
$\frac{1}{2} \cdot 8 \cdot 8 = 32$
Höhe der Pyramide: Abstand des Punktes P von der Ebene E: $x_1 = 8$
Da die Gerade durch C und G parallel zur Ebene, in der die Grundfläche liegt, verläuft, haben alle Punkte P den Abstand 8 von E. Deshalb ist das Volumen $V = \frac{1}{3} \cdot 32 \cdot 8$ von der Lage von P unabhängig.

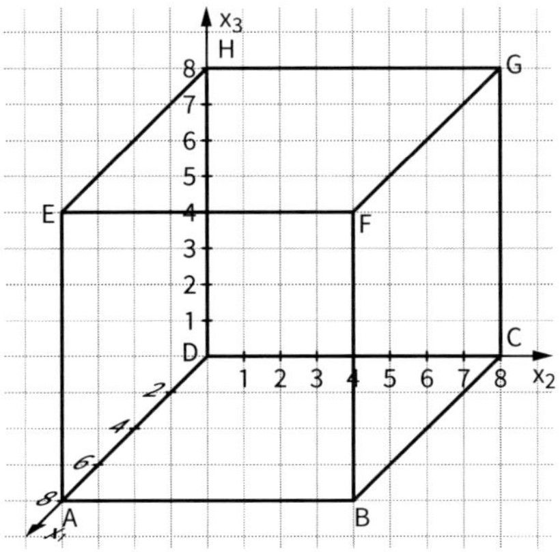

324

b) Raumdiagonale CE:

$\vec{x} = \begin{pmatrix} 0 \\ 8 \\ 0 \end{pmatrix} + k \cdot \begin{pmatrix} 1 \\ -1 \\ 1 \end{pmatrix}$

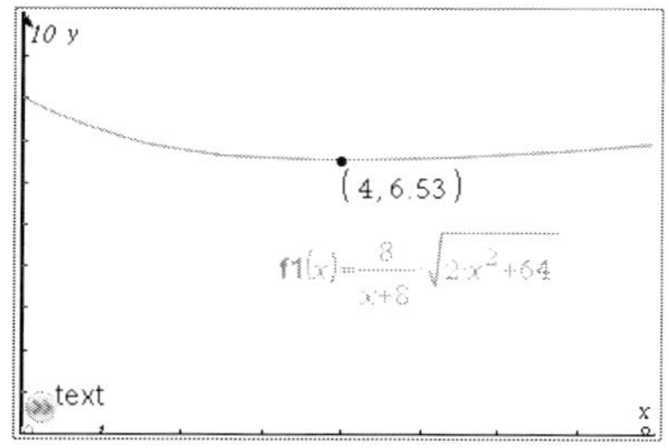

E_{ABP}: $\vec{x} = \begin{pmatrix} 8 \\ 0 \\ 0 \end{pmatrix} + r \cdot \begin{pmatrix} 0 \\ 1 \\ 0 \end{pmatrix} + s \cdot \begin{pmatrix} -8 \\ 8 \\ p \end{pmatrix}$

$p \cdot x_1 + 8x_3 = 8p$

Schnitt von CE und E_{ABP}

$p \cdot k + 8 \cdot k = 8p$, also $k = \frac{8p}{p+8}$

$S\left(\frac{8p}{p+8} \middle| \frac{64}{p+8} \middle| \frac{8p}{p+8}\right)$

$|\overrightarrow{DS}| = \left| \begin{pmatrix} \frac{8p}{p+8} \\ \frac{64}{p+8} \\ \frac{8p}{p+8} \end{pmatrix} \right| = \frac{\sqrt{128(p^2+32)}}{p+8}$

$d(p) = \frac{8}{p+8}\sqrt{2p^2+64}$

Die Funktion d hat für $p = 4$ ein Minimum.

Der Abstand von D und S ist minimal, wenn P der Mittelpunkt der Strecke $\overline{CG}$ ist.

13. a) Verkehrsflugzeug

$|\overrightarrow{A_1A_2}| = \left| \begin{pmatrix} 3 \\ 72 \\ 0{,}3 \end{pmatrix} \right| \approx 72{,}06$

Geschwindigkeit $v_1 = \frac{72{,}06\,\text{km}}{6\,\text{min}} \approx 12{,}0\,\frac{\text{km}}{\text{min}} \approx 720\,\frac{\text{km}}{\text{h}}$

Militärjet

$|\overrightarrow{B_1B_2}| = \left| \begin{pmatrix} 33 \\ -24 \\ 0 \end{pmatrix} \right| \approx 40{,}8$

Geschwindigkeit

$v_2 \approx \frac{40{,}8\,\text{km}}{3\,\text{min}} \approx 13{,}6\,\frac{\text{km}}{\text{min}} \approx 816\,\frac{\text{km}}{\text{h}}$

Abstand der beiden Flugbahnen:

Flugbahn des Verkehrsflugzeugs:

g: $\vec{x} = \begin{pmatrix} 4 \\ -2 \\ -2{,}8 \end{pmatrix} + r \cdot \begin{pmatrix} 10 \\ 240 \\ 1 \end{pmatrix}$

Flugbahn des Militärjets:

h: $\vec{x} = \begin{pmatrix} -2 \\ 65 \\ 3{,}5 \end{pmatrix} + s \cdot \begin{pmatrix} 11 \\ -8 \\ 0 \end{pmatrix}$

Die beiden Geraden g und h sind windschief zueinander.

Hilfsebene H, die g enthält und parallel zu h ist:

H: $\vec{x} = \begin{pmatrix} 4 \\ -2 \\ -2{,}8 \end{pmatrix} + r \cdot \begin{pmatrix} 10 \\ 240 \\ 1 \end{pmatrix} + s \cdot \begin{pmatrix} 11 \\ -8 \\ 0 \end{pmatrix}$

$8x_1 - 11x_2 - 2\,720x_3 = -7\,606$

Abstand von B_1 zu H:

$\text{Abst}(B_1; H) = \frac{|8 \cdot (-2) - 11 \cdot 65 - 2\,720 \cdot 3{,}5 + 7\,606|}{3\sqrt{822\,065}} \approx 0{,}447$

Der Abstand der beiden Flugbahnen beträgt ca. 450 m.

324

b) Projektion der Flugbahnen in eine Ebene parallel zur $x_1 x_2$-Ebene (Erdoberfläche)

Richtungsvektor der projizierten Flugbahn des Verkehrsflugzeugs $\overrightarrow{u'} = \begin{pmatrix} 10 \\ 240 \\ 0 \end{pmatrix}$

Richtungsvektor der projizierten Flugbahn des Militärjets $\overrightarrow{v'} = \begin{pmatrix} 11 \\ -8 \\ 0 \end{pmatrix}$

$\cos(\alpha) = \dfrac{|\overrightarrow{u'} * \overrightarrow{v'}|}{|\overrightarrow{u'}| \cdot |\overrightarrow{v'}|} = \dfrac{1810}{\sqrt{57\,700} \cdot \sqrt{185}}$

$\alpha \approx 56{,}4°$

Die Kondensstreifen schneiden sich für den Beobachter auf der Erde unter einem Winkel von ca. 56,4°

c) Flugbahn des Verkehrsflugzeugs:

$g: \vec{x} = \begin{pmatrix} 4 \\ -2 \\ -2{,}8 \end{pmatrix} + t \cdot \begin{pmatrix} 0{,}5 \\ 12 \\ 0{,}05 \end{pmatrix}$, t in min ab 9:14 Uhr

Flugbahn des Militärjets:

$h: \vec{x} = \begin{pmatrix} -2 \\ 65 \\ 3{,}5 \end{pmatrix} + t \cdot \begin{pmatrix} 11 \\ -8 \\ 0 \end{pmatrix}$, t in min ab 9:14 Uhr

Abstand der beiden Flugzeuge zum Zeitpunkt t:

$d = \left| \begin{pmatrix} 10{,}5 \cdot t - 6 \\ -20 \cdot t + 67 \\ -0{,}05t + 0{,}7 \end{pmatrix} \right| = \dfrac{\sqrt{204\,101\,t^2 - 1\,122\,428t + 1\,810\,196}}{20}$

Wir bestimmen das Minimum der Funktion D mit

$D(t) = 204\,101\,t^2 - 1\,122\,428t + 1\,810\,196$

Dieses liegt an der Stelle $t \approx 2{,}75$. Damit beträgt der minimale Abstand der beiden Flugzeuge ca. 25,8 km. Die beiden Flugzeuge kommen sich ca. um 9:17 Uhr am nächsten.

Ihr minimaler Abstand beträgt ca. 25,8 km. Die beiden Flugzeuge halten jederzeit auf ihren Flugbahnen den Mindestabstand ein.

324 **14. a)** Mittelpunkt M der Strecke $\overline{FG}$:

M(6|2|5)

$\overrightarrow{OC} = \overrightarrow{OA} + 2 \cdot \overrightarrow{AM} = \begin{pmatrix} 10 \\ 0 \\ 9 \end{pmatrix}$, C(10|0|9)

$\overrightarrow{OD} = \overrightarrow{OB} + 2 \cdot \overrightarrow{BM} = \begin{pmatrix} 10 \\ 6 \\ 3 \end{pmatrix}$; D(10|6|3)

Es gilt: $\overrightarrow{AB} * \overrightarrow{AD} = 0$, also ist die gemeinsame Grundfläche ABCD der beiden Pyramiden ein Quadrat.

Volumen des Oktaeder:

$V = 2 \cdot \frac{1}{3} \cdot |\overrightarrow{AB}|^2 \cdot |\overrightarrow{MG}| = 288$

Schrägbild

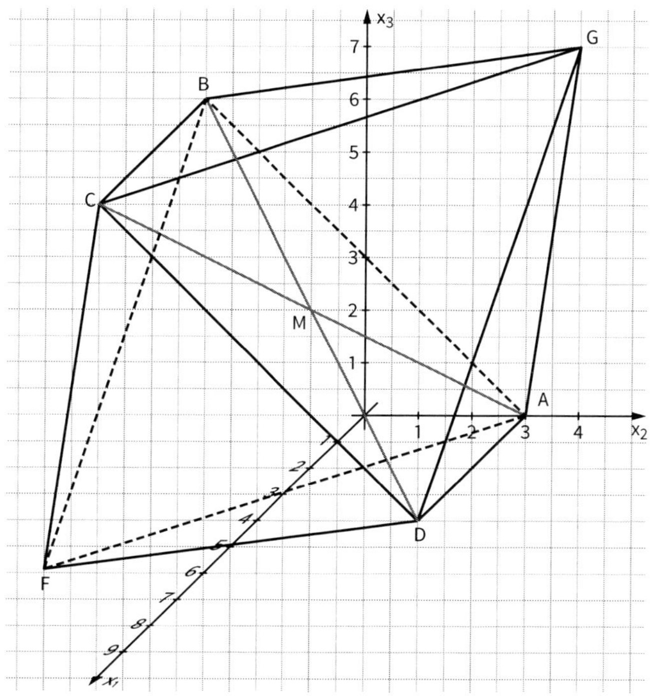

Innenwinkel:

E_{ABG}: $\vec{x} = \begin{pmatrix} 2 \\ 4 \\ 1 \end{pmatrix} + r \cdot \begin{pmatrix} 0 \\ -1 \\ 1 \end{pmatrix} + s \cdot \begin{pmatrix} 1 \\ 1 \\ 4 \end{pmatrix}$; $\overrightarrow{n_1} = \begin{pmatrix} 5 \\ -1 \\ -1 \end{pmatrix}$

E_{BCG}: $\vec{x} = \begin{pmatrix} 2 \\ -2 \\ 7 \end{pmatrix} + m \cdot \begin{pmatrix} 2 \\ 2 \\ -1 \end{pmatrix} + n \cdot \begin{pmatrix} -1 \\ 2 \\ 2 \end{pmatrix}$; $\overrightarrow{n_2} = \begin{pmatrix} -2 \\ 1 \\ -2 \end{pmatrix}$

$\cos(\alpha) = \frac{|\overrightarrow{n_1} * \overrightarrow{n_2}|}{|\overrightarrow{n_1}| \cdot |\overrightarrow{n_2}|} = \frac{9}{\sqrt{27} \cdot 3} \Rightarrow \alpha \approx 54{,}7°$

$\beta = 180° - \alpha \approx 125{,}3°$

Der Innenwinkel beträgt ca. 125,3°.

324

b) Mittelpunkt der Inkugel: M (6 | 2 | 5)

Abstand des Mittelpunktes von der Ebene:

E_{ABG}: $5x_1 - x_2 - x_3 = 5$

$\text{Abst}(M; E_{ABG}) = \frac{|5 \cdot 6 - 2 - 5 - 5|}{\sqrt{27}} = \frac{18}{\sqrt{27}} = 2\sqrt{3}$

Aus Symmetriegründen sind die Abstände des Punktes M von allen Seitenflächen gleich groß.

Der Radius der Inkugel beträgt $r = 2\sqrt{3}$.

c) Die Ebenenschar E_t ist parallel zur Ebene E_{ABCD}, in der die Grundfläche der beiden Pyramiden liegt.

F liegt in der Ebene E_t für $t = -10$.

G liegt in der Ebene E_t für $t = 26$.

Die Ebene der Schar mit $-10 \le t \le 26$ schneiden das Oktaeder.

Ebene, in der die Grundfläche liegt:

E: $x_1 - 2x_2 - 2x_3 + 8 = 0$

FG: $\vec{x} = \begin{pmatrix} 8 \\ -2 \\ 1 \end{pmatrix} + k \cdot \begin{pmatrix} -4 \\ 8 \\ 8 \end{pmatrix}$

Schnitt von FG mit E:

$8 - 4k - 2(-2 + 8k) - 2(1 + 8k) + t = 0$, also $k = \frac{t+10}{36}$; $S_t\left(\frac{62-t}{9} \middle| \frac{2t+2}{9} \middle| \frac{2t+29}{9}\right)$

Abstand des Punktes S_t von der Grundflächenebene E:

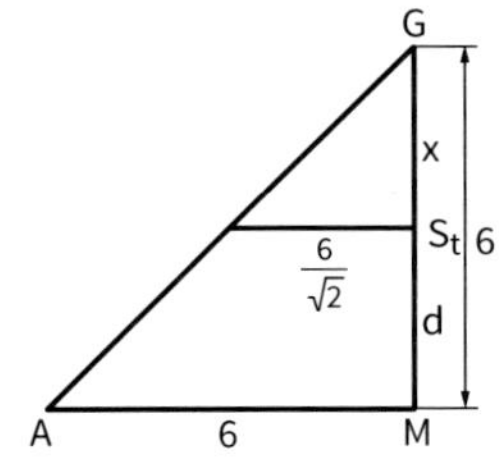

$\text{Abst}(S_t; E) = \frac{\left|\frac{1}{9}[62 - t - 2(2t+2) - 2(2t+29)] + 8\right|}{3} = \frac{|8-t|}{3}$

Nach dem 2. Strahlensatz gilt:

$\frac{x}{6} = \frac{\frac{6}{\sqrt{2}}}{6}$, also $x = \frac{6}{\sqrt{2}}$ und $d = 6 - \frac{6}{\sqrt{2}}$

Damit gilt: $\frac{|8-t|}{3} = 6 \cdot \left(1 - \frac{1}{\sqrt{2}}\right)$

mit den Lösungen $t_1 = -10 + 9\sqrt{2} \approx 2{,}7$ und $t_2 = 26 - 9\sqrt{2} \approx 13{,}3$

Für diese beiden Werte schneiden die zugehörigen Ebenen ein Quadrat aus, dessen Flächeninhalt halb so groß ist wie der Flächeninhalt der Grundfläche.

324

15. a) E: $\vec{x} = \begin{pmatrix} 3 \\ -2 \\ 1 \end{pmatrix} + r \cdot \begin{pmatrix} 0 \\ 1 \\ 0 \end{pmatrix} + s \cdot \begin{pmatrix} 3 \\ 5 \\ 4 \end{pmatrix}$

$4x_1 - 3x_3 = 9$

$|\overrightarrow{AB}| = 5,\ |\overrightarrow{AC}| = \sqrt{50},\ |\overrightarrow{BC}| = 5$

Es gilt: $|\overrightarrow{AB}|^2 + |\overrightarrow{BC}|^2 = |\overrightarrow{AC}|^2$

Das Dreieck ABC ist ein gleichschenklig- rechtwinkliges Dreieck und kann zu einem Quadrat ergänzt werden.

$\overrightarrow{OD} = \overrightarrow{OA} + \overrightarrow{BC} = \begin{pmatrix} 6 \\ -2 \\ 5 \end{pmatrix}$, D(6|−2|5)

b) Es gilt:

$x_1 = 0 + 3k$

$x_2 = 3 + 5k$, also $\vec{x} = \begin{pmatrix} 0 \\ 3 \\ 9{,}5 \end{pmatrix} + k \cdot \begin{pmatrix} 3 \\ 5 \\ 4 \end{pmatrix}$

$x_3 = 9{,}5 + 4k$

Alle Punkte S_k liegen auf der Geraden

g: $\vec{x} = \begin{pmatrix} 0 \\ 3 \\ 9{,}5 \end{pmatrix} + k \cdot \begin{pmatrix} 3 \\ 5 \\ 4 \end{pmatrix}$

Parallelität von g und E:

$\begin{pmatrix} 3 \\ 5 \\ 4 \end{pmatrix} * \begin{pmatrix} 4 \\ 0 \\ -3 \end{pmatrix} = 0$, also sind g und E parallel zueinander.

Abstand von g zu E:

Wir berechnen den Abstand von S_0 zu E:

$\text{Abst}(S_0; E) = \frac{|4 \cdot 0 - 3 \cdot 9{,}5 - 9|}{5} = 7{,}5$

g hat den Abstand 7,5 zu E.

c) $F\left(\frac{a}{2}\middle|\frac{1}{2}\middle|3\right)$

$\overrightarrow{FS_k} = \begin{pmatrix} 3k - \frac{9}{2} \\ 5k + \frac{5}{2} \\ 4k + \frac{13}{2} \end{pmatrix}$

Die Gerade FS_k ist orthogonal zu E, wenn $\overrightarrow{FS_k}$ ein Vielfaches von $\vec{n} = \begin{pmatrix} 4 \\ 0 \\ -3 \end{pmatrix}$ ist.

Also $\begin{pmatrix} 3k - \frac{9}{2} \\ 5k + \frac{5}{2} \\ 4k + \frac{13}{2} \end{pmatrix} = r \cdot \begin{pmatrix} 4 \\ 0 \\ -3 \end{pmatrix}$

Diese Gleichung hat die Lösung $r = -\frac{3}{2};\ k = -\frac{1}{2}$

$S_{-\frac{1}{2}}\left(-\frac{3}{2}\middle|\frac{1}{2}\middle|\frac{15}{2}\right)$

8 Wahrscheinlichkeitsrechung und Binomialverteilung

Noch fit ... in Wahrscheinlichkeitsrechnung?

332

1. a)

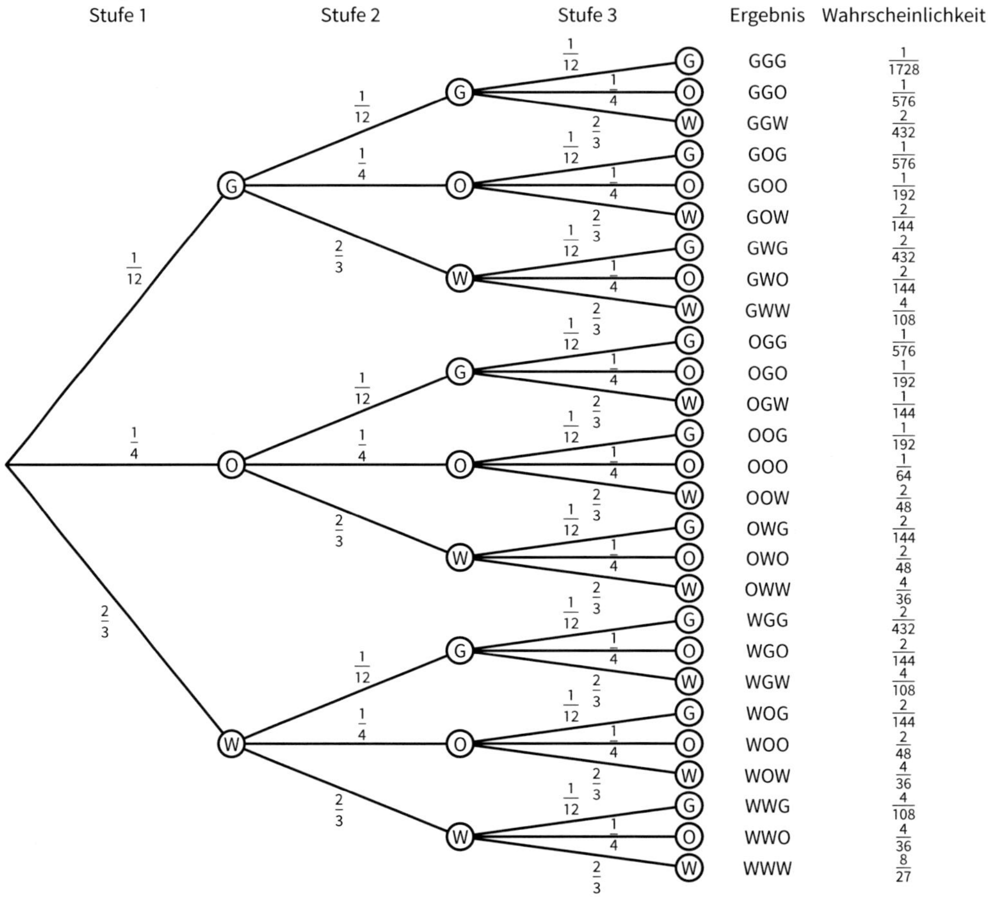

b) $P(\text{www}) = \left(\frac{2}{3}\right)^3 = \frac{8}{27} \approx 29{,}6\,\%$

c) $P(\text{mind. ein Hauptpreis}) = 1 - P(\text{kein Hauptpreis}) = 1 - \left(\frac{11}{12}\right)^3 \approx 23{,}0\,\%$

d) $P(\text{1. Runde Niete, 2. Runde ein Preis}) = \frac{2}{3} \cdot \frac{1}{3} = \frac{2}{9} \approx 22{,}2\,\%$

332

2. X: Augenprodukt beim 2-fachen Werfen des Würfels.

a) und **b)**

Wert der Zufallsgröße a_i	Wahrscheinlichkeit $P(X = a_i)$	gewichteter Wert $a_i \cdot (P(X = a_i))$
1	$\frac{1}{36}$	$\frac{1}{36}$
2	$\frac{2}{36}$	$\frac{4}{36}$
3	$\frac{2}{36}$	$\frac{6}{36}$
4	$\frac{3}{36}$	$\frac{12}{36}$
5	$\frac{2}{36}$	$\frac{10}{36}$
6	$\frac{4}{36}$	$\frac{24}{36}$
8	$\frac{2}{36}$	$\frac{16}{36}$
9	$\frac{1}{36}$	$\frac{9}{36}$
10	$\frac{2}{36}$	$\frac{20}{36}$
12	$\frac{4}{36}$	$\frac{48}{36}$
15	$\frac{2}{36}$	$\frac{30}{36}$
16	$\frac{1}{36}$	$\frac{16}{36}$
18	$\frac{2}{36}$	$\frac{36}{36}$
20	$\frac{2}{36}$	$\frac{40}{36}$
24	$\frac{2}{36}$	$\frac{48}{36}$
25	$\frac{1}{36}$	$\frac{25}{36}$
30	$\frac{2}{36}$	$\frac{60}{36}$
36	$\frac{1}{36}$	$\frac{36}{36}$
		$E(X) = 12{,}25$

c) Anna gewinnt: $P(X > 10) = \frac{17}{36}$

Pauline gewinnt: $P(X \leq 10) = \frac{19}{36}$

Das Spiel ist ungünstig für Anna, da ihre Gewinn-Wahrscheinlichkeit kleiner als die von Pauline ist.

334

3. a) (1) $\left(\frac{1}{2}\right)^3 = \frac{1}{8} = 12{,}5\,\%$

(2) $P(14, 23, 32, 41) = \frac{4}{36} = \frac{1}{9} \approx 11{,}1\,\%$

(3) $P(566, 656, 665) = 3 \cdot \frac{1}{216} = \frac{1}{72} \approx 1{,}4\,\%$

(4) $1 - \left(\frac{5}{6}\right)^3 = \frac{91}{216} \approx 42{,}1\,\%$

(5) $\left(\frac{5}{6}\right)^3 = \frac{125}{216} \approx 57{,}9\,\%$

(6) $P(\text{gug, ugu}) = 2 \cdot \left(\frac{1}{2}\right)^3 = \frac{1}{4} = 25\,\%$

(7) $\frac{6 \cdot 5 \cdot 4}{6^3} = \frac{5}{9} \approx 55{,}6\,\%$

(8) $\frac{(4+3+2+1)+(3+2+1)+(2+1)+1}{216} = \frac{20}{216} \approx 9{,}3\,\%$

b) $P(\text{Augensumme } 10) = P(\text{Augensumme } 11) = \frac{27}{216} = \frac{1}{8} = 12{,}5\,\%$

334

4. a) Siehe 2. Spalte der Tabelle.

Qualität	Wahrscheinlichkeit	erwartete Häufigkeit	Gewinn (in €) pro Gefäß	Gewinn (in €) insgesamt
1. Wahl	$0{,}9 \cdot 0{,}8 \cdot 0{,}75 = 0{,}54$	540	3,00	1620,00
2. Wahl	$0{,}9 \cdot 0{,}8 \cdot 0{,}25 + 0{,}9 \cdot 0{,}2 \cdot 0{,}75 + 0{,}1 \cdot 0{,}8 \cdot 0{,}75 = 0{,}375$	375	1,00	375,00
3. Wahl	$0{,}9 \cdot 0{,}2 \cdot 0{,}25 + 0{,}1 \cdot 0{,}8 \cdot 0{,}25 + 0{,}1 \cdot 0{,}2 \cdot 0{,}75 = 0{,}08$	80	0,00	0,00
Ausschuss	$0{,}1 \cdot 0{,}2 \cdot 0{,}25 = 0{,}005$	5	−1,50	−7,50
			Summe	1987,50

b) Der zu erwartende Gewinn beträgt 1 987,50 €.

5.

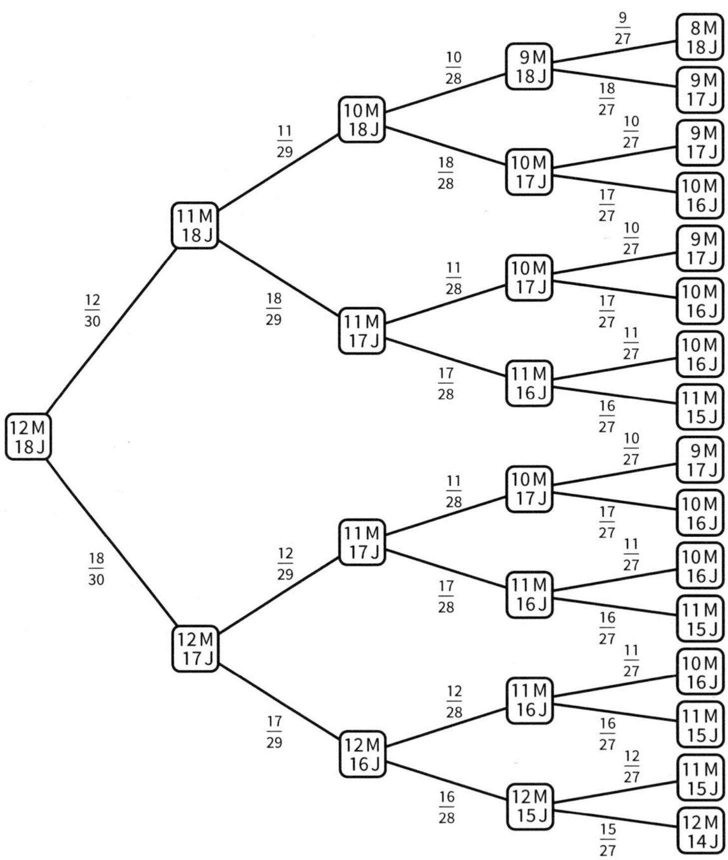

Ergebnis	Wahrscheinlichkeit
MMMM	$\frac{11}{609}$
MMMJ	$\frac{22}{609}$
MMJM	$\frac{22}{609}$
MMJJ	$\frac{187}{3045}$
MJMM	$\frac{22}{609}$
MJMJ	$\frac{187}{3045}$
MJJM	$\frac{187}{3045}$
MJJJ	$\frac{272}{3045}$
JMMM	$\frac{22}{609}$
JMMJ	$\frac{187}{3045}$
JMJM	$\frac{187}{3045}$
JMJJ	$\frac{272}{3045}$
JJMM	$\frac{187}{3045}$
JJMJ	$\frac{272}{3045}$
JJJM	$\frac{272}{3045}$
JJJJ	$\frac{68}{609}$

a) $6 \cdot \frac{18}{30} \cdot \frac{17}{29} \cdot \frac{12}{28} \cdot \frac{11}{27} \approx 36{,}8\,\%$

b) $P(\text{kein Junge}) + P(\text{genau ein Junge}) = \frac{12}{30} \cdot \frac{11}{29} \cdot \frac{10}{28} \cdot \frac{9}{27} + 4 \cdot \frac{18}{30} \cdot \frac{12}{29} \cdot \frac{11}{28} \cdot \frac{10}{27} \approx 16{,}3\,\%$

c) $P(\text{mind. ein Mädchen}) = 1 - P(\text{kein Mädchen}) = 1 - \frac{18}{30} \cdot \frac{17}{29} \cdot \frac{16}{28} \cdot \frac{15}{27} \approx 88{,}8\,\%$

334

6. (1)

Wert der Zufallsgröße a_i	Wahrscheinlichkeit der Zufallsgröße $P(X = a_i)$	gewichteter Mittelpunkt $a_i\, P(X = 0)$	gewichtete quadratische Abweichung $(a - \mu)^2\, P(X = a_i)$
2	$\frac{1}{3}$	$\frac{2}{3}$	$\frac{1}{3}$
3	$\frac{1}{3}$	$\frac{3}{3}$	0
4	$\frac{1}{3}$	$\frac{4}{3}$	$\frac{1}{3}$
		$\mu = E(X) = 3$	$\sigma^2 = \frac{2}{3}$
			$\sigma = \frac{\sqrt{6}}{3}$

(2)

Wert der Zufallsgröße a_i	Wahrscheinlichkeit der Zufallsgröße $P(X = a_i)$	gewichteter Mittelpunkt $a_i\, P(X = 0)$	gewichtete quadratische Abweichung $(a_i - \mu)^2\, P(X = a_i)$
2	$\frac{1}{6}$	$\frac{1}{3}$	$\frac{1}{6}$
3	$\frac{1}{6}$	2	0
4	$\frac{4}{6}$	$\frac{2}{3}$	$\frac{1}{6}$
		$\mu = E(X) = 3$	$\sigma^2 = \frac{1}{3}$
			$\sigma = \frac{\sqrt{3}}{3}$

(3)

Wert der Zufallsgröße a_i	Wahrscheinlichkeit der Zufallsgröße $P(X = a_i)$	gewichteter Mittelpunkt $a_i\, P(X = 0)$	gewichtete quadratische Abweichung $(a_i - \mu)^2\, P(X = a_i)$
2	$\frac{3}{6}$	1	$\frac{1}{2}$
3	$\frac{1}{6}$	$\frac{3}{6}$	0
4	$\frac{1}{6}$	$\frac{4}{6}$	$\frac{1}{6}$
5	$\frac{1}{6}$	$\frac{5}{6}$	$\frac{2}{3}$
		$\mu = E(X) = 3$	$\sigma^2 = \frac{4}{3}$
			$\sigma = \frac{2}{3}\sqrt{3}$

7. Wir gehen davon aus, dass so viele Lose vorhanden sind, dass die Änderung des Verhältnisses zu vernachlässigen ist. Wir betrachten also einen vierstufigen Zufallsversuch, für den sich folgendes Baumdiagramm ergibt:

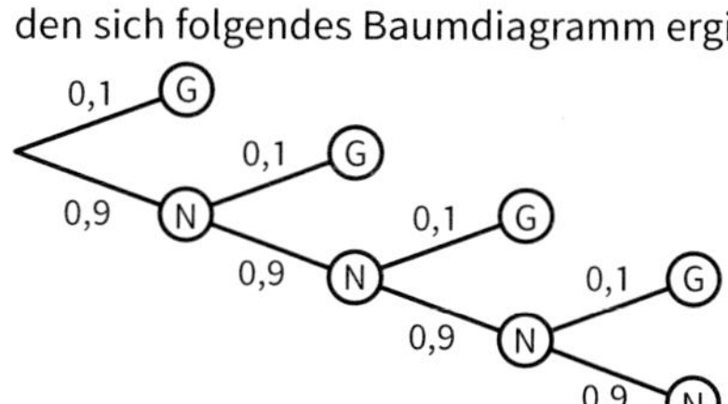

Dann ergibt sich der Erwartungswert:

$3\,€ \cdot 0{,}1 + 6\,€ \cdot (0{,}9 \cdot 0{,}1) + 9\,€ \cdot (0{,}9 \cdot 0{,}9 \cdot 0{,}1) + 12\,€ \cdot (0{,}9 \cdot 0{,}9 \cdot 0{,}9 \cdot 0{,}1 + 0{,}9 \cdot 0{,}9 \cdot 0{,}9 \cdot 0{,}9) \approx 10{,}32\,€$

Alternativ kann man auch rechnen: $3\,€ \cdot 1 + 3\,€ \cdot 0{,}9 + 3\,€ \cdot 0{,}92 + 3\,€ \cdot 0{,}93 \approx 10{,}32\,€$

8.1 Bedingte Wahrscheinlichkeiten

8.1.1 Baumdiagramm und Vierfeldertafeln

335 **Einstiegsaufgabe ohne Lösung**

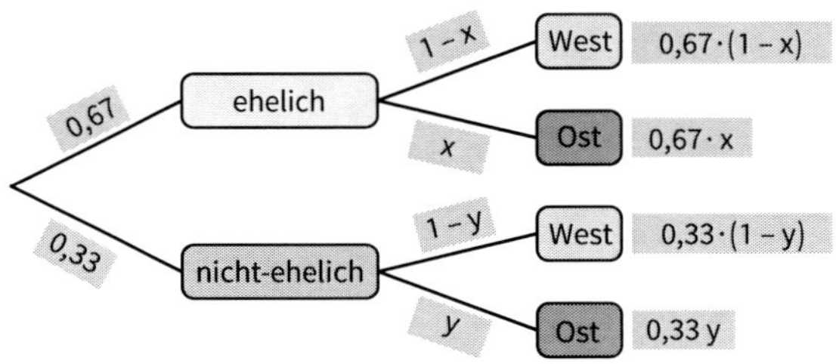

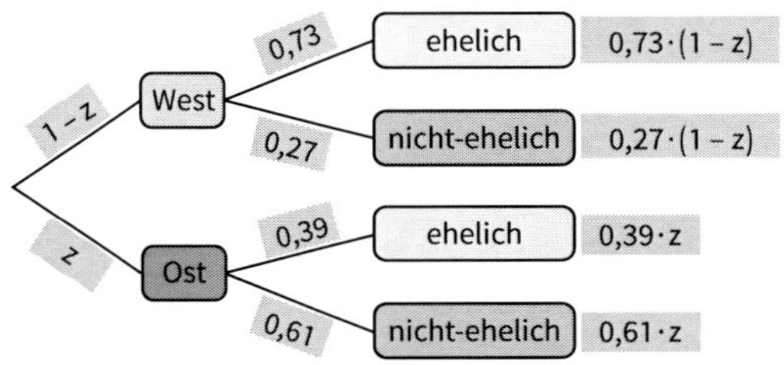

Folgende Pfadwahrscheinlichkeiten stimmen überein:

(1) $0{,}67 \cdot (1 - x) = 0{,}73 \cdot (1 - z)$

(2) $0{,}67 \cdot x = 0{,}39 \cdot z$

(3) $0{,}33 \cdot (1 - y) = 0{,}27 \cdot (1 - z)$

(4) $0{,}33 \cdot y = 0{,}61 \cdot z$

Aus (2), (4) ergibt sich: $x = \frac{0{,}39}{0{,}67} \cdot z \approx 0{,}582 \cdot z$; $y = \frac{0{,}61}{0{,}33} \cdot z \approx 1{,}848 \cdot z$

Einsetzen in (1) ergibt: $0{,}67 \cdot (1 - 0{,}582\,z) = 0{,}73 \cdot (1 - z) \Rightarrow z \approx 0{,}176 \approx 18\,\%$

Hieraus folgt: $x \approx 0{,}102 \approx 10\,\%$; $y \approx 0{,}325 \approx 33\,\%$

[Einsetzen in (3) ergibt: $0{,}33 \cdot (1 - 1{,}848\,z) = 0{,}27 \cdot (1 - z) \Rightarrow z \approx 0{,}176$]

Informationen aus dem Baumdiagramm links/rechts:

67 % der Neugeborenen kommen ehelich zur Welt, davon ca. 10 % in Ostdeutschland.

Bei den nichtehelichen Neugeborenen beträgt der Anteil der Kinder aus Ostdeutschland ca. 33 %.

Etwa 18 % der Neugeborenen wird in Ostdeutschland geboren, davon 39 % ehelich.

Dagegen sind 73 % der Neugeborenen in Westdeutschland ehelich geboren.

339

1.

		Geschlecht		
		Männer	Frauen	gesamt
Studienfach	MINT	(26,9 %)	▭ 10,6 %	37,5 %
	andere Fächer	(25,8 %)	(36,7 %)	◯ 62,5 %
	gesamt	◯ 52,7 %	47,3 %	1

◯ ergänzt zu 100 %

▭ $28{,}2\,\% \text{ von } 37{,}5\,\% = 0{,}282 \cdot 0{,}375 \approx 0{,}106$

( ) ergänzt nach Berechnung von ▭

2. a) 46,4 % aller befragten Personen einer Untersuchung waren männlichen Geschlechts, darunter 35,1 % Raucher.
Der Anteil der Raucher unter den befragten Frauen betrug nur 20,6 %.

b) Die Pfadwahrscheinlichkeiten ergeben die inneren Werte der Vierfeldertafel
(z. B. $0{,}464 \cdot 0{,}351 = 0{,}163 = 16{,}3\,\%$)

		Raucher		
		ja	nein	gesamt
Geschlecht	m	16,3 %	30,1 %	46,4 %
	w	11,0 %	42,6 %	53,6 %
gesamt		27,3 %	72,7 %	100 %

3. (1)

	SPD	CDU/CSU	Grüne	FDP	Linke	sonstige	gesamt
neue Länder und Berlin Ost	3,82 %	7,60 %	1,25 %	0,58 %	4,26 %	2,59 %	20,1 %
alte Länder und Berlin West	21,89 %	33,96 %	7,19 %	4,15 %	4,31 %	8,39 %	79,9 %
gesamt	25,71 %	41,56 %	8,44 %	4,73 %	8,57 %	10,98 %	100 %

339 (2)

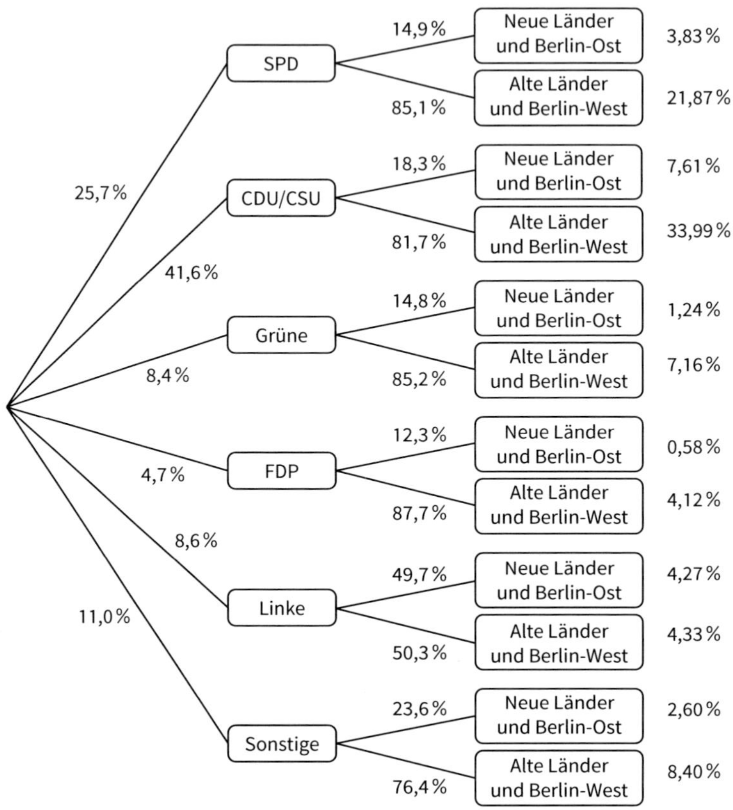

Die Parteien SPD, CDU/CSU, Die Grünen und FDP haben in den neuen Ländern durchweg unterrepräsentativ viele Stimmen gewonnen. Demgegenüber erzielte die Partei Die Linke fast 50 % ihres Gesamtergebnisses aus den neuen Ländern und ist damit verhältnismäßig immer noch deutlich stärker als in den alten Ländern.

340 **4. a)**

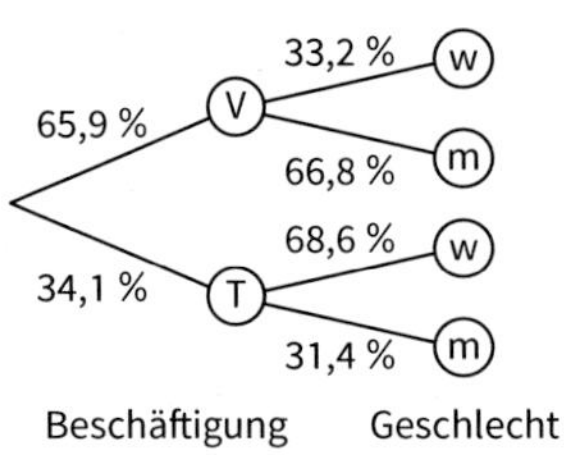

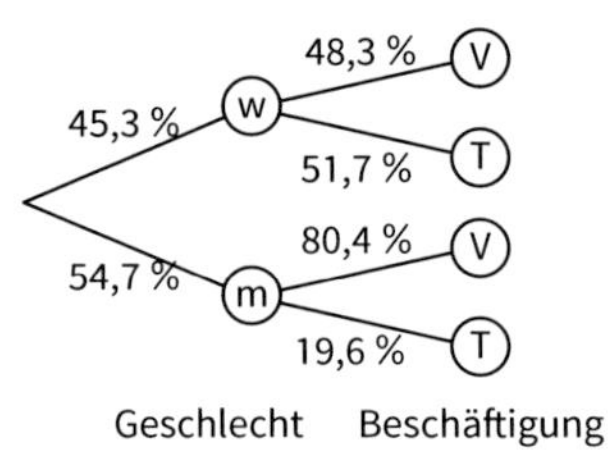

b) (1) Von 1 000 Erwerbstätigen sind 453 weiblich und 547 männlich. Von den weiblichen Erwerbstätigen sind 48,3 % in Vollzeit beschäftigt. Von den männlichen Erwerbstätigen sind 80,4 % in Vollzeit beschäftigt.

(2) Von 1 000 Erwerbstätigen haben 659 einen Vollzeit-Job und 341 eine Teilzeit-Beschäftigung. Unter den Vollzeitbeschäftigten sind 33,2 % weiblich. Unter den Teilzeitbeschäftigten sind 68,6 % weiblich.

340 **5. a)**

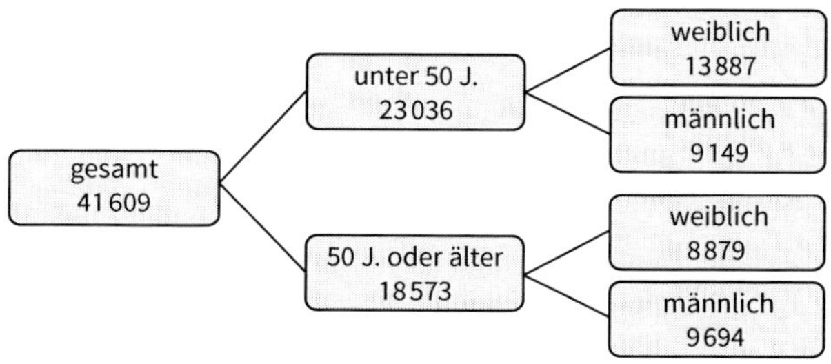

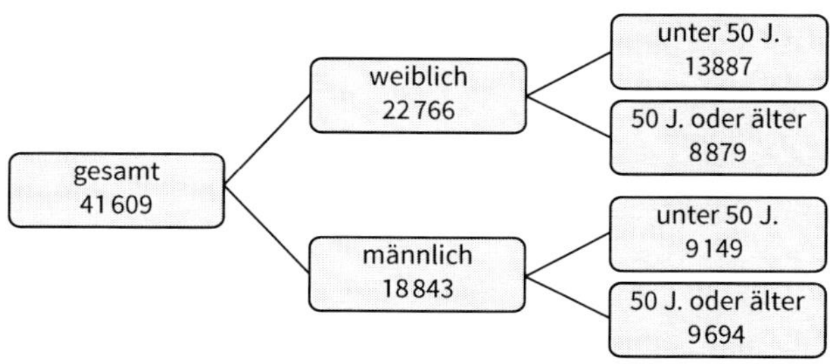

b)

	weiblich	männlich	gesamt
unter 50 J.	13 887	9 149	23 036
50 J. oder älter	8 879	9 694	18 573
gesamt	22 766	18 843	41 609

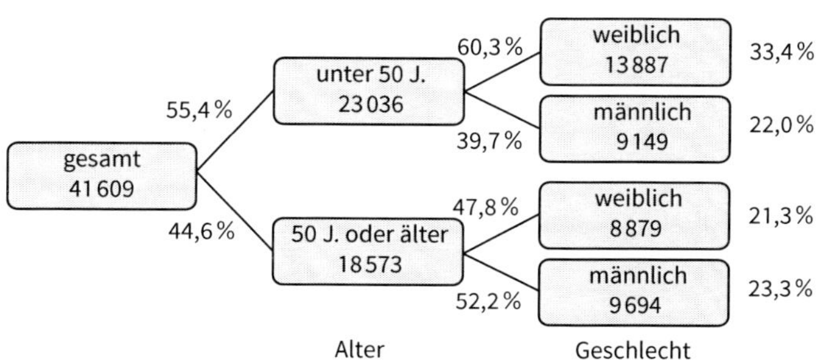

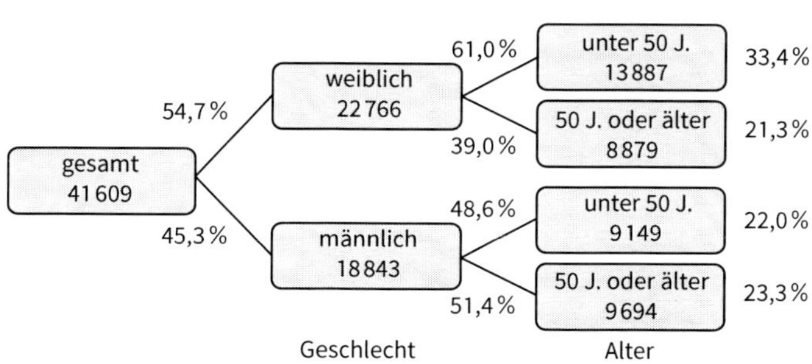

340

6. Es ergibt sich folgende Vierfeldertafel mit relativen Häufigkeiten:

		Röntgen-Untersuchung		gesamt
		kariös	gesund	
klinische Untersuchung	kariös	3,0 %	0,1 %	3,1 %
	gesund	6,7 %	90,2 %	96,9 %
gesamt		9,7 %	90,3 %	100 %

Man erhält damit folgende Baumdiagramme für die verschiedenen Reihenfolgen der Untersuchungen:

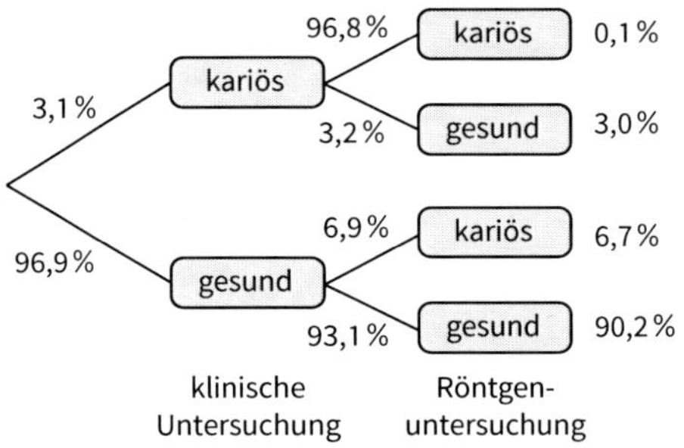

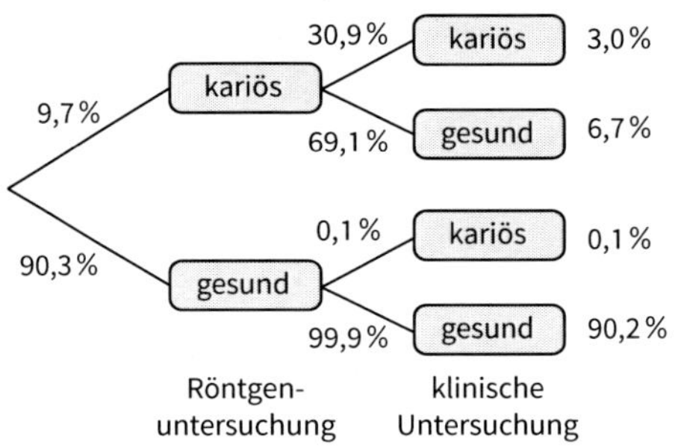

In 3,1 % der klinischen Untersuchungen wird bei Patienten Karies festgestellt; jedoch stellt sich bei einer Röntgenkontrolle nur in 3,2 % der Fälle heraus, dass tatsächlich Karies vorliegt. Andererseits haben 6,9 % Karies, obwohl diese Personen aufgrund der klinischen Analyse als „gesund" bezeichnet wurden.

9,7 % der untersuchten Personen haben Kariesschäden, jedoch wird dies nur bei 30,9 % der Personen durch eine klinische Untersuchung festgestellt. Andererseits vermuten Ärzte bei 0,1 % der Personen, die tatsächlich keine Kariesschäden haben, einen Kariesbefall.

341

7. a)

		männlich	weiblich	gesamt
Führerschein entzogen	ja	20,5 %	2,5 %	23,0 %
	nein	61,5 %	15,5 %	77,0 %
gesamt		82,0 %	18,0 %	100,0 %

b)

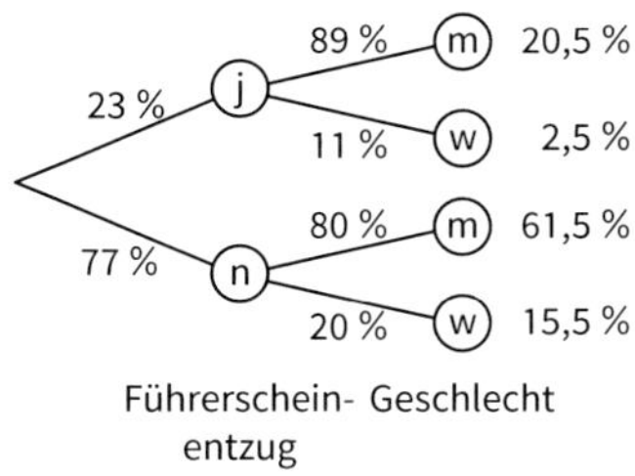

Bei 23 % der im Flensburger Zentralregister erfassten Personen war der Führerschein entzogen worden; hiervon waren 89 % männlich. Unter den übrigen erfassten Personen sind „nur" 80 % Männer.

8. a) (1)

	Urne	Brief	gesamt
CDU	105 369	66 020	171 389
übrige	234 003	113 997	348 000
gesamt	339 372	180 017	519 389

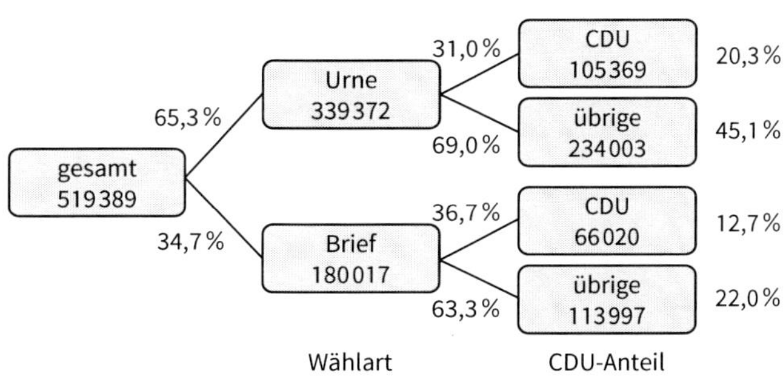

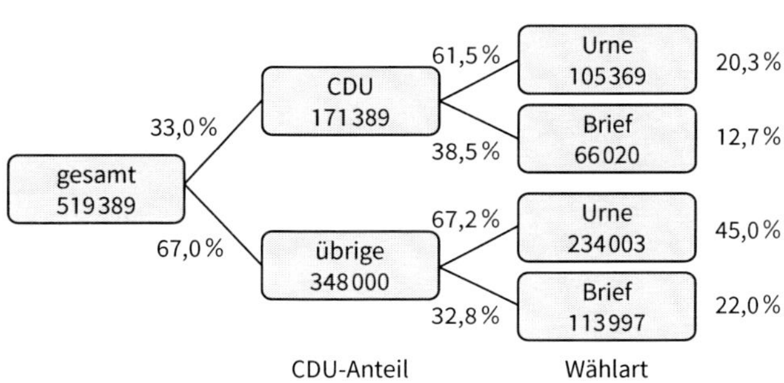

341

(2)

	Urne	Brief	gesamt
SPD	104 495	50 239	154 734
übrige	234 877	129 778	364 655
gesamt	339 372	180 017	519 389

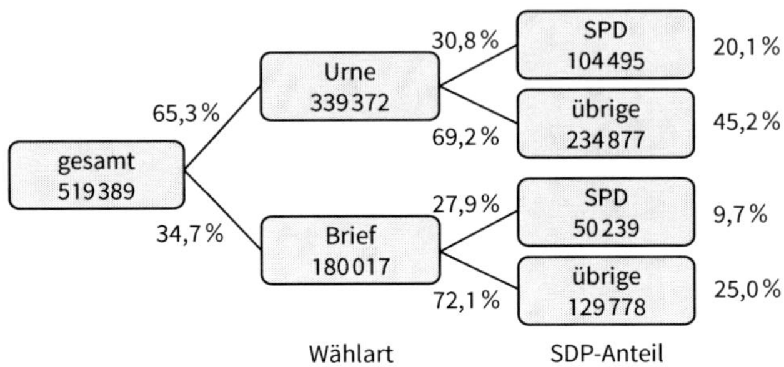

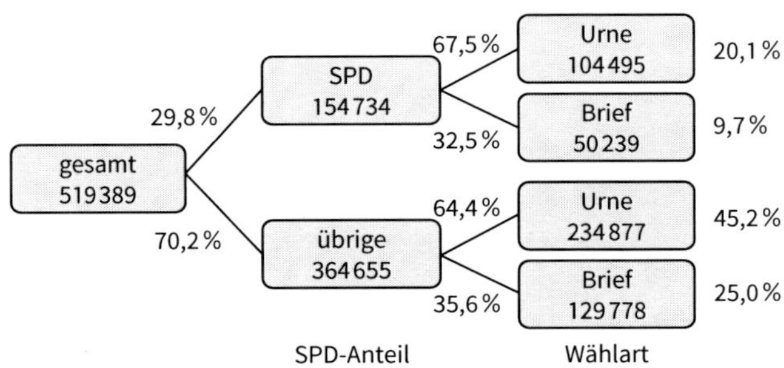

(3)

	Urne	Brief	gesamt
FDP	18 010	13 266	31 276
übrige	321 362	166 751	488 113
gesamt	339 372	180 017	519 389

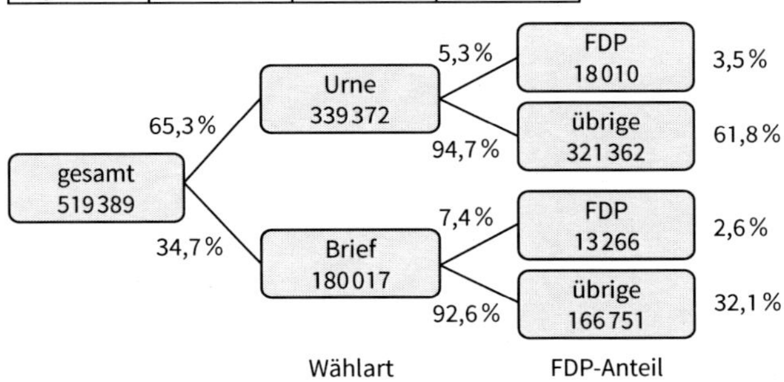

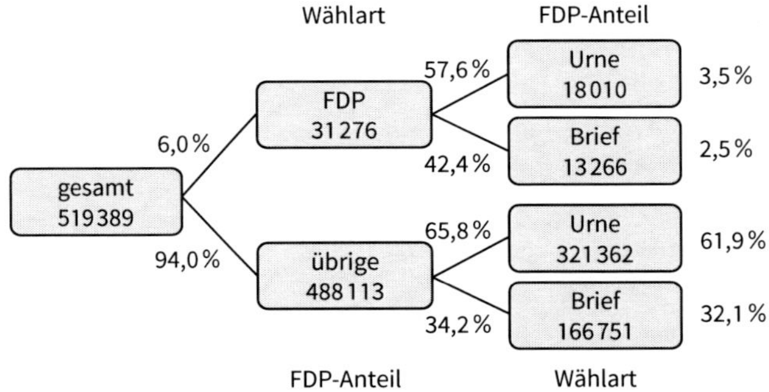

341

(4)

	Urne	Brief	gesamt
Grüne	48 151	25 242	73 393
übrige	291 221	154 775	445 996
gesamt	339 372	180 017	519 389

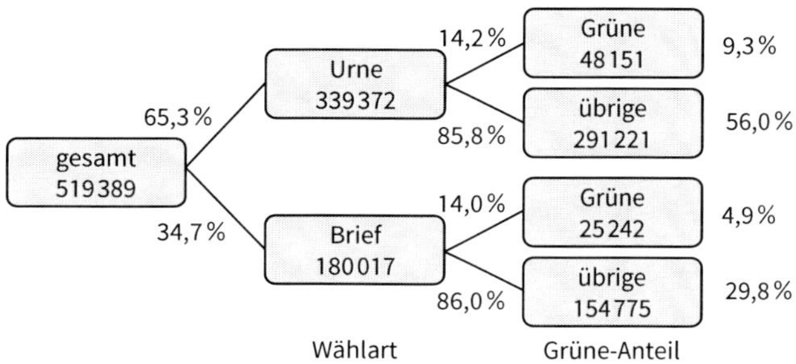

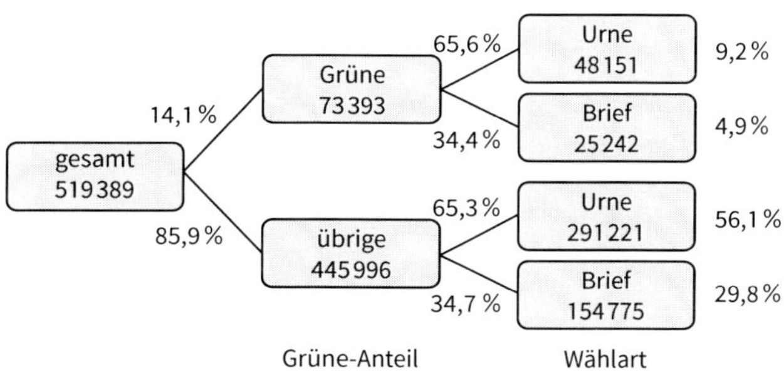

b) Die Aussage bezieht sich jeweils auf das unten stehende Baumdiagramm.
Bei der SPD waren es 32,5 % Briefwähler, bei den Linken 25,4 %.

	Urne	Brief	gesamt
Linke	31 358	10 685	42 043
übrige	308 014	169 332	477 346
gesamt	339 372	180 017	519 389

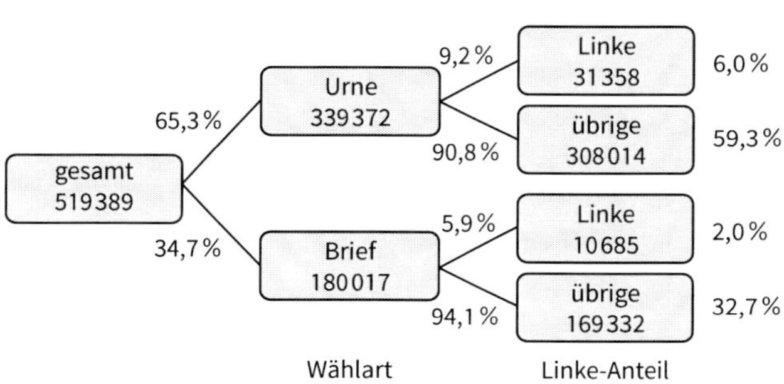

341

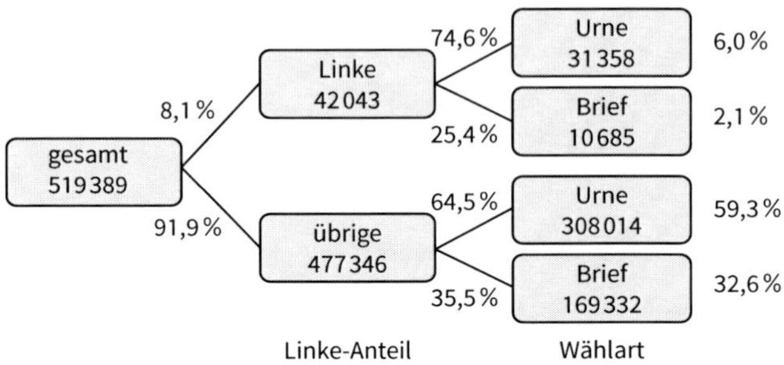

9.

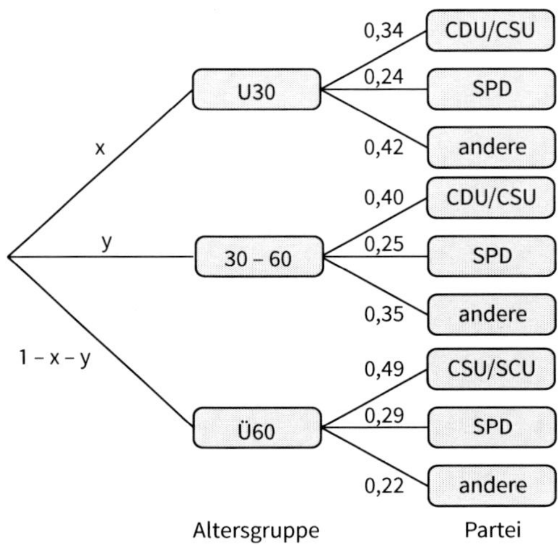

Das Gesamtwahlergebnis für die Parteien ergibt sich wie folgt:

$0{,}34x + 0{,}40y + 0{,}49(1 - x - y) = 0{,}415$

$0{,}24x + 0{,}25y + 0{,}29(1 - x - y) = 0{,}257$

$0{,}42x + 0{,}35y + 0{,}22(1 - x - y) = 0{,}328$

Umformungen führen auf das lineare Gleichungssystem

$0{,}15x + 0{,}09y = 0{,}075$

$0{,}05x + 0{,}04y = 0{,}033$

$0{,}20x + 0{,}13y = 0{,}108$

Die 3. Gleichung ergibt sich aus der Summe der 1. und 2. Gleichung und braucht daher nicht beachtet zu werden. Dass diese Gleichung keine neuen Informationen enthält, ist klar, denn die 3. Gleichung ergab sich aus den jeweils zu 100 % ergänzten Wahrscheinlichkeiten.

Lösung des Gleichungssystems: $x \approx 0{,}02$; $y \approx 0{,}8$

Diese Lösung passt zwar zu den o. g. Bedingungen, kann aber nicht den Anteilen der verschiedenen Wählergruppen entsprechen. Daher ist zu vermuten, dass Angaben aus der Befragung nicht stimmen. Da sie aus der Wahltagsbefragung stammen, sind sie mit großen Ungenauigkeiten verbunden (tatsächliche Anteile 13,5 % für U30, 36,5 % für Ü60). Nach Angaben der offiziellen Wahlstatistik (Januar 2014) haben ca. 34 % der unter 30 Jahre alten Wähler CDU/CSU gewählt und ca. 23 % SPD; bei den über 60 Jahre alten Wählern wählten ca. 48 % CDU/CSU und ca. 28 % SPD.

342

10. Baumdiagramm zum ersten Zeitungsartikel

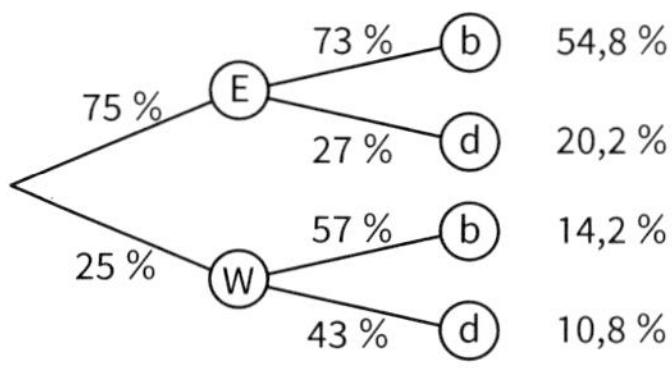

Baumdiagramm zum zweiten Zeitungsartikel

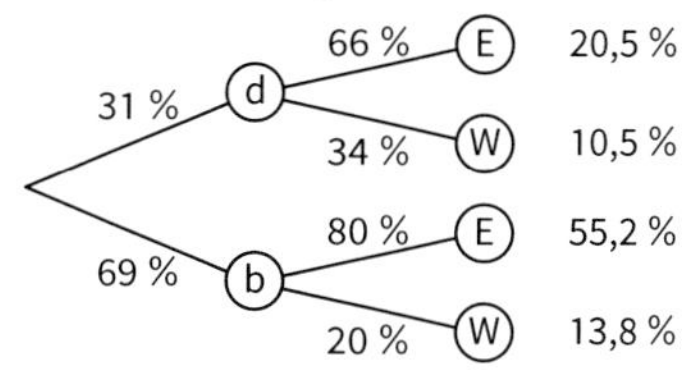

Folgende Vierfeldertafel mit gerundeten Werten passt zu beiden Baumdiagrammen:

Führerscheinprüfung	bestanden	durchgefallen	gesamt
Erstanmeldung	55 %	20 %	75 %
Wiederholungsprüfung	14 %	11 %	25 %
gesamt	69 %	31 %	100 %

11.

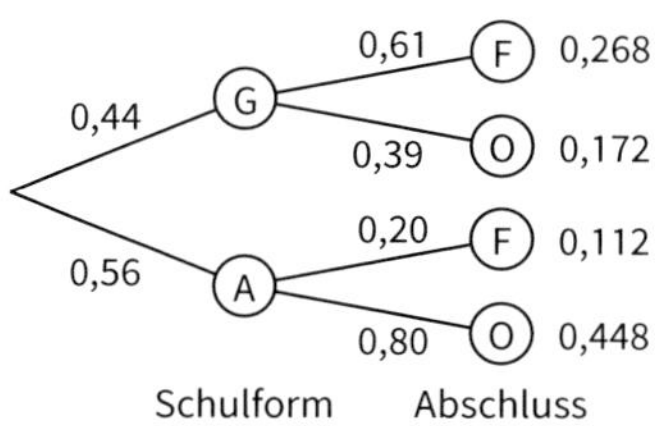

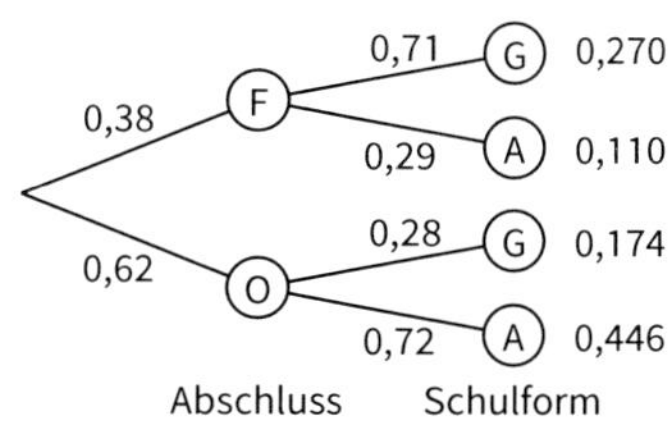

G = besuchen ein Gymnasium
A = eine andere Schulform } Schulform Kinder

F = mind. ein Elternteil hat FHR
O = beide Elternteile haben keine FHR } Abschluss Eltern

Während im ersten Artikel der Blick von den Kindern auf die Elternhäuser erfolgt, ist im zweiten Artikel die Abfolge der Generationen herausgestellt (und die Abhängigkeit der Schulform der Kinder vom Schulabschluss der Eltern).

12.

	bestanden	nicht bestanden	gesamt
Erstprüfung	605 616	246 389	852 005
Wiederholungspr.	230 476	116 739	347 215
gesamt	836 092	363 128	1 199 220

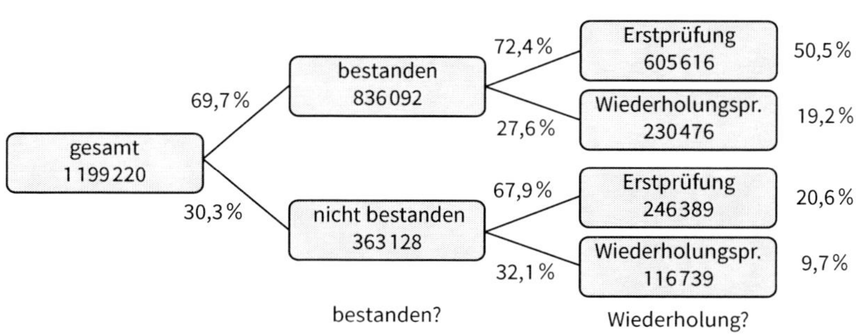

342 69,7 % der praktischen Führerscheinprüfungen verlaufen positiv, davon sind 72,4 % Erstprüfungen. Von den nicht bestandenen Prüfungen waren 32,1 % Wiederholungsprüfungen.

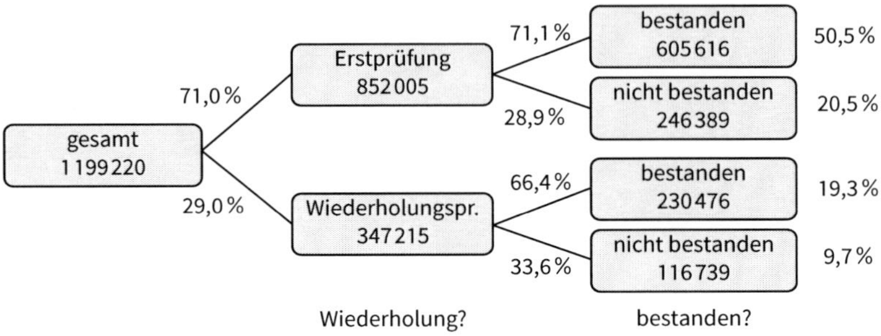

71,0 % der praktischen Führerscheinprüfungen sind Erstprüfungen, davon werden 71,1 % bestanden. Von den Wiederholungsprüfungen werden 66,4 % bestanden.

13.

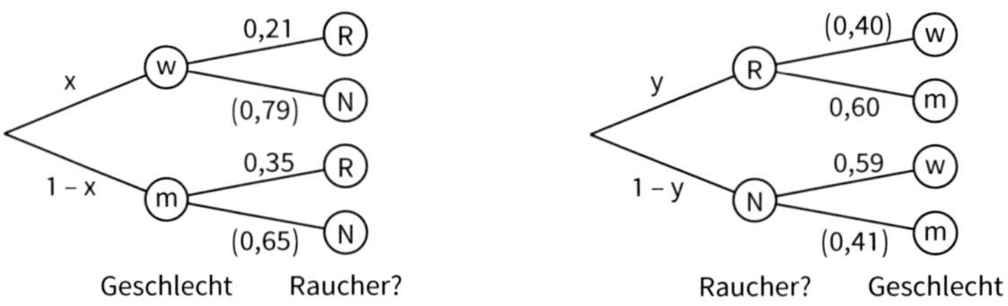

Die Angaben des Zeitungsartikels sind in den beiden Baumdiagrammen eingetragen, die Ergänzungen zu 100 % jeweils in Klammern. Hieraus ergeben sich folgende Gleichungen:

$x \cdot 0{,}21 = y \cdot 0{,}40$

$x \cdot 0{,}79 = (1 - y) \cdot 0{,}59$

$(1 - x) \cdot 0{,}35 = y \cdot 0{,}60$

$(1 - x) \cdot 0{,}65 = (1 - y) \cdot 0{,}41$

Hieraus folgt: $y \approx 0{,}28$; $x \approx 0{,}54$ (gerundet auf 2 Stellen)

8.1.2 Stochastische Unabhängigkeit – Bedingte Wahrscheinlichkeit

343 **Einstiegsaufgabe ohne Lösung**

Zunächst zeichnet man die Baumdiagramme, einmal wenn man Ereignis A zuerst betrachtet, einmal mit Ereignis B.

343

Wenn man sich beispielhaft den ersten Pfad anschaut, erhält man im ersten Fall eine Wahrscheinlichkeit von $0{,}46 \cdot 0{,}16 = 0{,}0736$ und im zweiten Fall $0{,}4 \cdot 0{,}16 = 0{,}064$. Da diese Werte nicht übereinstimmen, muss die Entscheidung für eine Fusion von der Altersgruppe abhängen. Damit das Ereignis B vom Ereignis A unabhängig ist, müsste die Wahrscheinlichkeit für oder gegen eine Fusion in beiden Altersgruppen die gleiche sein.

345

1. Die Ereignisse sind unabhängig voneinander:

a) P (einwandfreies Messer) = 0,989703

b) P (Messer hat beide Mängel) = 0,000003

c) P (Messer hat einen Mangel) = 0,010297

2. $P_S(E) = \frac{P(S \cap E)}{P(E)} = \frac{0{,}02}{0{,}05} = \frac{2}{5} = 0{,}4$

3.

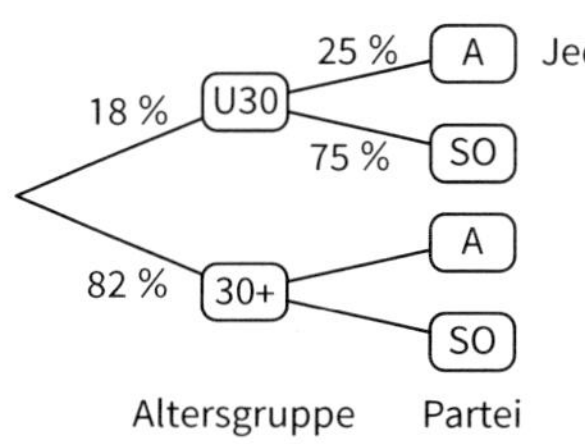

Jeder vierte Wähler unter 30 wählte Partei A.

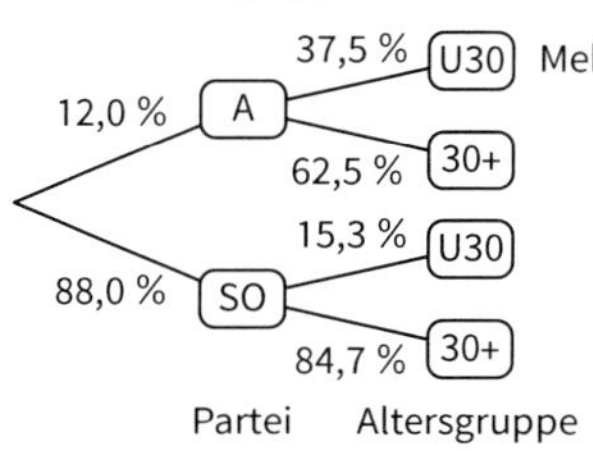

Mehr als jeder dritte Wähler der Partei A ist unter 30.

346

4. (1) von allen Männern haben 10 % Partei A gewählt

(2) von allen Wählern der Partei A sind 10 % männlich

(3) unter allen Personen sind 10 % männlich und haben Partei A gewählt

(4) wie (1)

(5) wie (2)

5. **a)** In den 46 % „Französisch" und in den 24 % „Spanisch" stecken auch diejenigen bereits drin, die beide Fremdsprachen lernen. Also:
P (Französisch oder Spanisch) = 46 % + 24 % – 18 % = 52 %

b) P (weder Französisch noch Spanisch) = 1 – 52 % = 48 %

6.

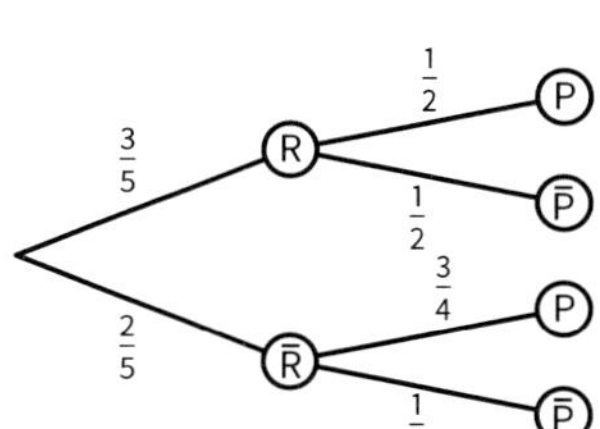

346 **7.** P (A und B): unabhängig P (A und C): abhängig P (B und C): abhängig

8. a)

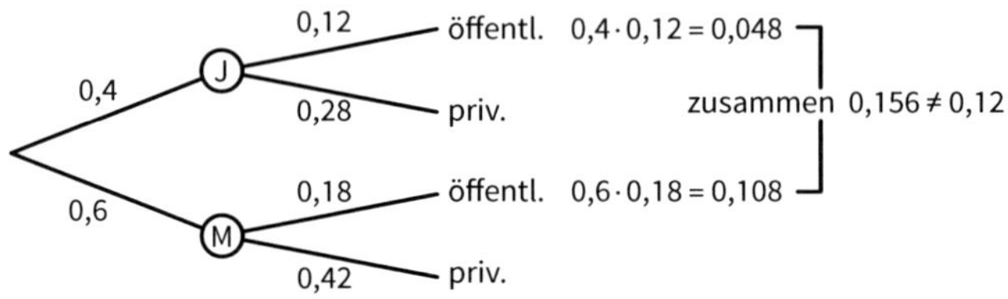

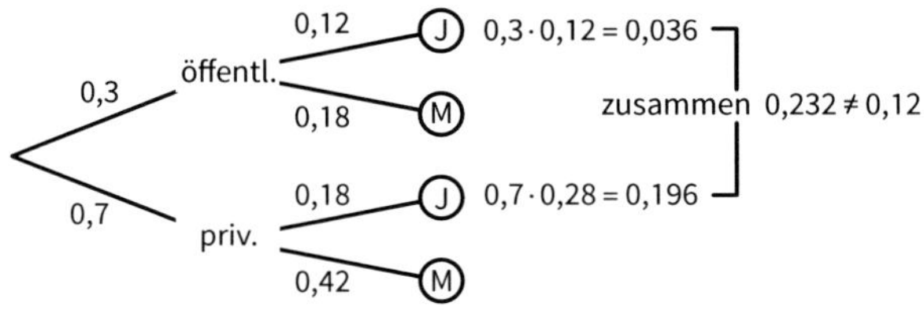

Die Wahl des Verkehrsmittels hängt vom Geschlecht ab.

b)

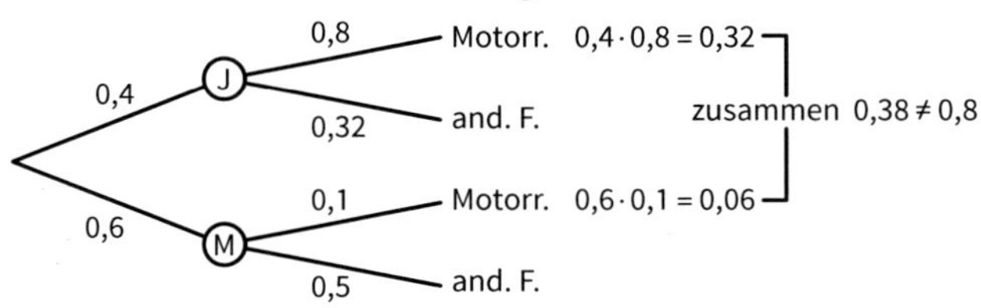

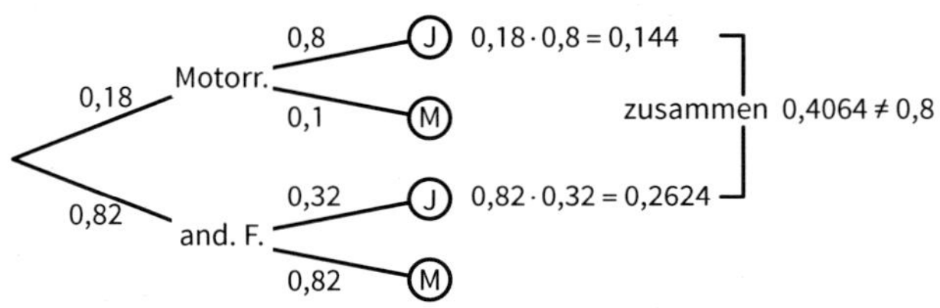

Die Wahl des Verkehrsmittels hängt vom Geschlecht ab.

9. a) abhängig **b)** abhängig **c)** unabhängig

347 **10.** Vh: Vater helläugig
Sh: Sohn helhäugig
$P(Vh \cap Sh) = 0{,}471 \neq 0{,}385 = 0{,}619 \cdot 0{,}622 = P(Vh) \cdot P(Sh)$
Die Augenfarbe von Sohn und Vater ist natürlich abhängig, da erblich.

11. Der Ausfall einer Bremsanlage oder einer Bedienungseinrichtung darf die andere Bremsanlage oder Bedienungseinrichtung nicht beeinflussen und z. B. die Wahrscheinlichkeit erhöhen, dass diese eher ausfällt, wenn die andere ausgefallen ist. Der Ausfall einer Bremsanlage ist somit ein unabhängiges Ereignis von dem Ausfall der anderen Bremsanlage.

347 **12. a)** Beide Zeitungstexte enthalten Informationen über zwei Merkmale, nämlich über das Merkmal *Anteil der Zweitstimmen der Parteien* mit den Ausprägungen *CDU/CSU, SPD* und *andere Parteien* sowie über das Merkmal *Stimmanteil der Geschlechter* mit den Ausprägungen *Frauen* und *Männer*.

Aus den beiden Zeitungstexten lassen sich daher die beiden nebenstehenden Baumdiagramme erstellen.

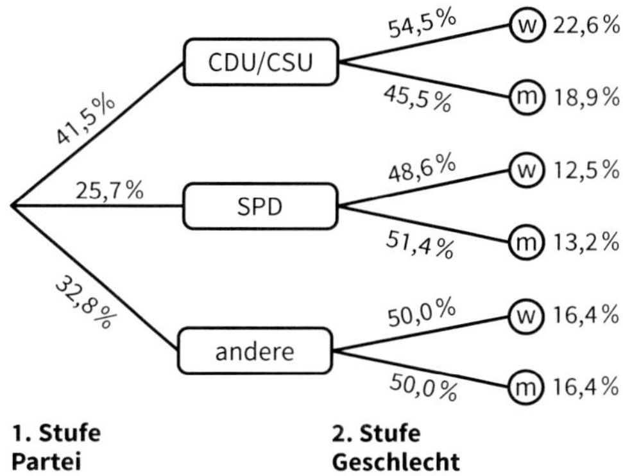

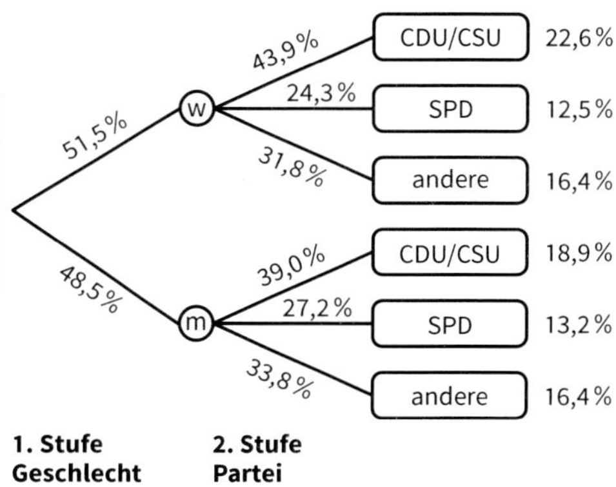

	CDU/ CSU	SPD	andere	gesamt
Frauen	22,6 %	12,5 %	16,4 %	51,5 %
Männer	18,9 %	13,2 %	16,4 %	48,5 %
gesamt	41,5 %	25,7 %	32,8 %	100,0 %

Vergleicht man die Baumdiagramme mit der Mehrfeldertafel, stellt man fest:

- Die Wahrscheinlichkeiten der 1. Stufe stimmen jeweils mit den Rand-Wahrscheinlichkeiten der Mehrfeldertafel überein.
- Die Wahrscheinlichkeiten der 2. Stufe ergeben sich als Quotienten aus dem betreffenden inneren Feld der Mehrfeldertafel und dem zugehörigen Randfeld.

b) Wenn das Geschlecht für das Ergebnis der Bundestagswahl keine Rolle gespielt hätte, dann müssten die Teilbäume der 2. Stufe des rechts stehenden Baumdiagramms gleich sein. In beiden Teilbäumen müssten die Anteile 41,5 % für die CDU/CSU, 25,7 % für die SPD und 32,8 % für die anderen Parteien stehen.
Beim links stehenden Baumdiagramm müssten entsprechend alle drei Teilbäume der 2. Stufe die Anteile 51,5 % für die Frauen und 48,5 % für die Männer enthalten.
Da dies nicht so ist, spielte die Geschlechtszugehörigkeit der Wähler für das Ergebnis der Bundestagswahl eine entscheidende Rolle.

13. Die Mehrfeldertafel mit relativen Häufigkeiten ergibt sich wie folgt:

	evang.	kath.	islam.	sonstige	ohne	gesamt
GY	0,136	0,198	0,024	0,014	0,045	0,416
sonstige	0,164	0,223	0,097	0,030	0,070	0,584
gesamt	0,299	0,421	0,121	0,044	0,115	1,000

Man kann ablesen, dass sich die Anteile in den einzelnen Gruppen sehr unterscheiden; daher kann man sagen, dass die Wahl der Schulform sehr stark von der Konfessionszugehörigkeit abhängt: $P(GY) = 41{,}6\,\%$

$P_{evang}(GY) = 45{,}5\,\%$; $P_{kath}(GY) = 47{,}0\,\%$; $P_{islam}(GY) = 19{,}8\,\%$; $P_{sonst}(GY) = 31{,}8\,\%$;
$P_{ohne}(GY) = 39{,}1\,\%$

348

14.

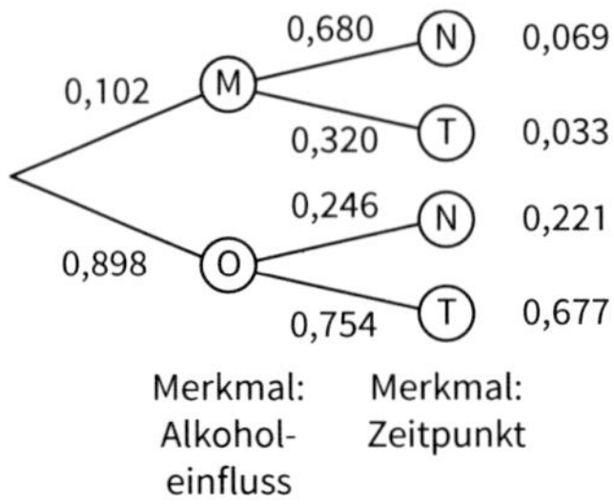

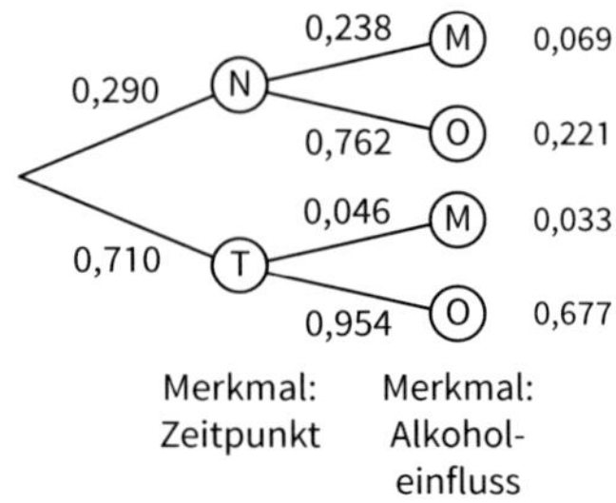

a)

		Merkmal: Alkoholeinfluss		Summe
		mit	ohne	
Merkmal: Zeitpunkt	nachts	0,069	0,221	0,290
	tags	0,033	0,677	0,710
Summe		0,102	0,898	1,000

29 % aller Verkehrsunfälle mit Personenschaden ereignen sich zwischen 18 Uhr abends und 4 Uhr morgens, davon 23,8 % unter Alkoholeinfluss. Bei den Unfällen, die sich in der übrigen Zeit ereignen, spielt Alkohol nur in 4,6 % der Fälle eine Rolle.

b) (1) $P_T(M) = 0{,}046$ (2) $P_M(T) = 0{,}324$

15. a)

		Beschichtung		gesamt
		Silber	Gold	
Qualität	fehlerhaft	15	9	24
	in Ordnung	217	158	375
gesamt		232	167	399

b) (1) $\frac{24}{399} \approx 6\,\%$ (3) $\frac{15}{24} \approx 62{,}5\,\%$

(2) $\frac{15}{232} \approx 6{,}5\,\%$ (4) $\frac{9}{24} \approx 37{,}5\,\%$

16. a)

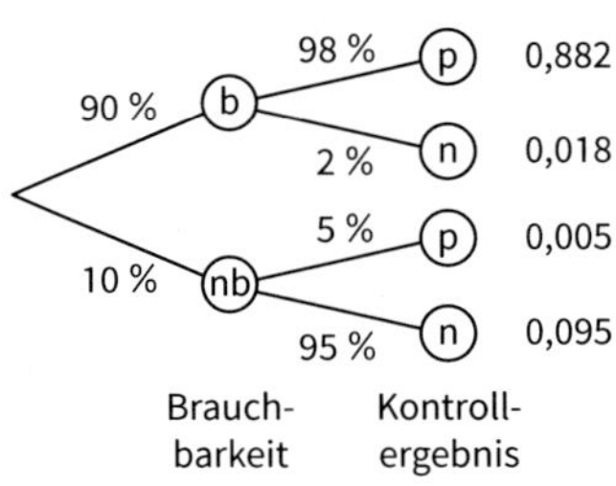

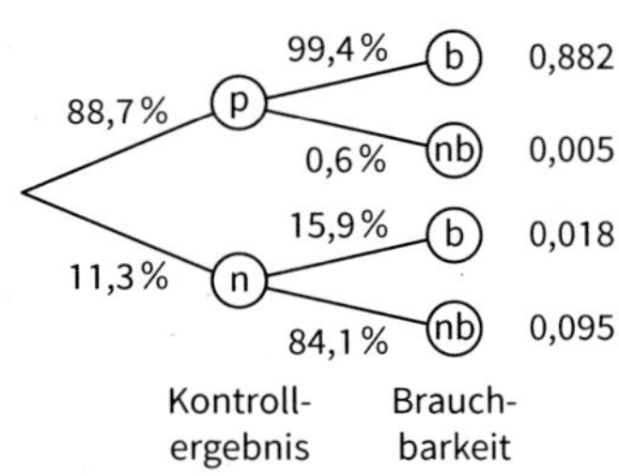

(1) Mit einer Wahrscheinlichkeit von 81,4 % ist das Bauteill nicht zu gebrauchen.

(2) Mit einer Wahrscheinlichkeit von 99,4 % ist es brauchbar.

348 **b)**

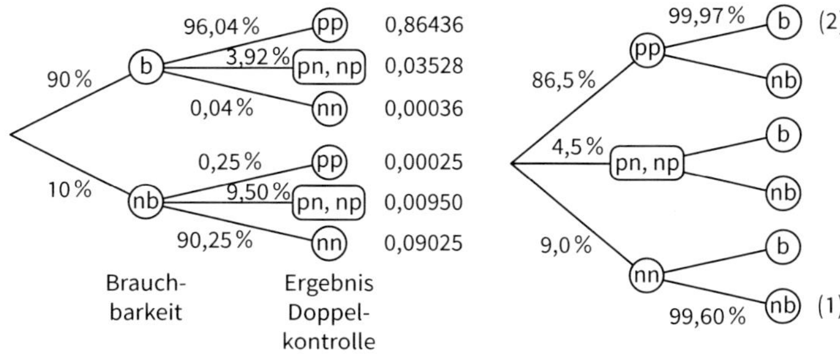

17.

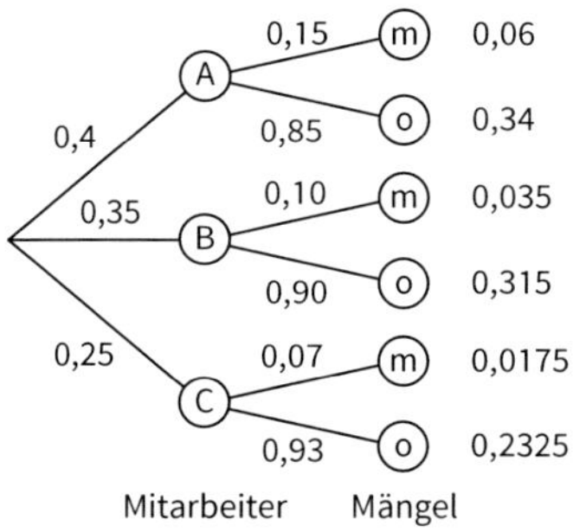

$P(m) = 0{,}06 + 0{,}035 + 0{,}0175 = 0{,}1125$
$P(o) = 1 - 0{,}1125 = 0{,}8875$

(1) $P_o(A) = \frac{0{,}34}{0{,}8875} \approx 38{,}3\,\%$; $P_o(B) = \frac{0{,}315}{0{,}8875} \approx 35{,}5\,\%$; $P_o(C) = \frac{0{,}2325}{0{,}8875} \approx 26{,}2\,\%$

(2) $P_m(A) = \frac{0{,}06}{0{,}1125} \approx 53{,}3\,\%$; $P_m(B) = \frac{0{,}035}{0{,}1125} \approx 31{,}1\,\%$; $P_m(C) = \frac{0{,}0175}{0{,}1125} \approx 15{,}6\,\%$

349 **18. a)** Im Text ist beschrieben, mit welchen Wahrscheinlichkeiten der HIV-Test positiv bzw. negativ bei Infizierten bzw. Nicht-Infizierten reagiert. Daher muss auf der 1. Stufe das Merkmal *Vorliegen der Infektion* mit den Merkmalsausprägungen *ja* bzw. *nein* betrachtet werden, auf der 2. Stufe dann das Merkmal *Testreaktion* mit den Merkmalsausprägungen *positiv* bzw. *negativ*.

Die Pfadwahrscheinlichkeiten des Baumdiagrammes bestimmen die inneren Felder der zugehörigen Vierfeldertafel.

Anmerkung: Die Zahlen können fälschlicherweise vorspiegeln, dass Aussagen mit 6-stelliger Genauigkeit möglich sind. Dies ist sicherlich nicht der Fall. Die 6 Stellen nach dem Komma ergeben sich zwangsläufig aus dem kleinsten auftretenden Wert von 0,000001 (ein Millionstel).

b) Die Wahrscheinlichkeit, dass bei einer zufällig ausgewählten Person tatsächlich eine HIV-Infektion vorliegt, nachdem der HIV-Test eine positive Reaktion gezeigt hatte, beträgt nur 25 %. Die Chancen dafür, dass eine Person mit negativem Testergebnis dennoch HIV-infiziert ist, stehen wie 1 zu 1 Million (Wahrscheinlichkeit 0,000001).

Die berechnete Wahrscheinlichkeit von 25 % für das tatsächliche Vorliegen einer HIV-Infektion scheint im Widerspruch zur angegebenen Sensitivität von 99,9 % zu stehen, die doch eine hohe Sicherheit des Testverfahrens zu versprechen scheint. Insbesondere an den absoluten Häufigkeiten lesen wir jedoch ab, welche quantitativen Auswirkungen die 0,3 % falschen Reaktionen bei der großen Zahl der Nicht-Infizierten haben.

349 **19. a)**

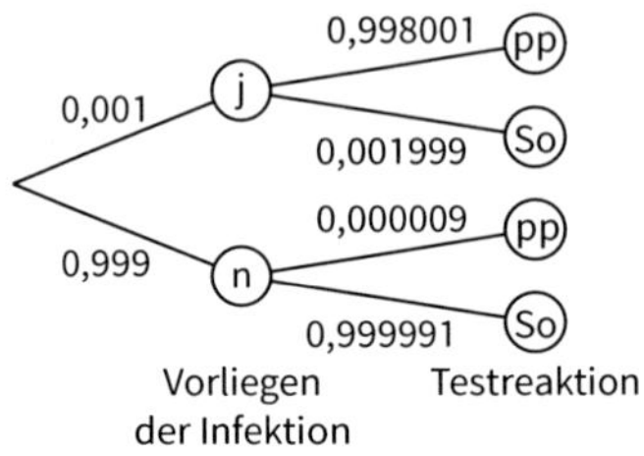

Wenn zweimal hintereinander eine positive Testreaktion erfolgte, dann ist die Wahrscheinlichkeit 99,1 %, dass eine Infektion vorliegt.

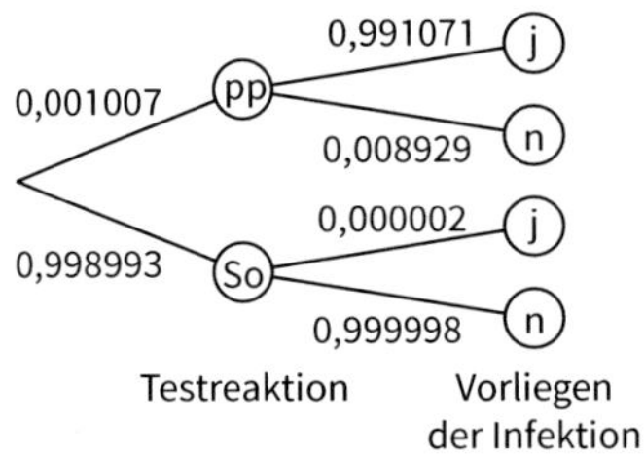

b)

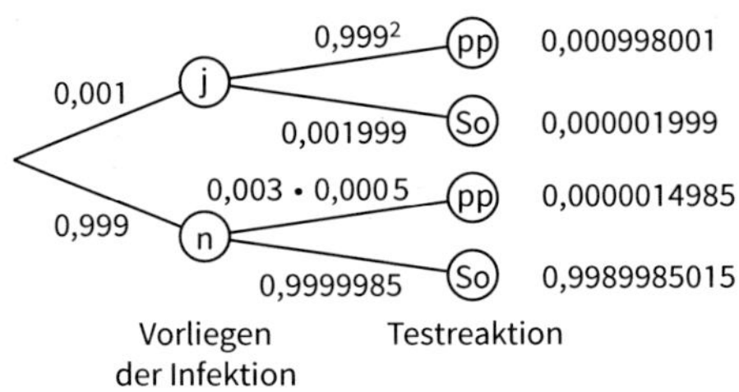

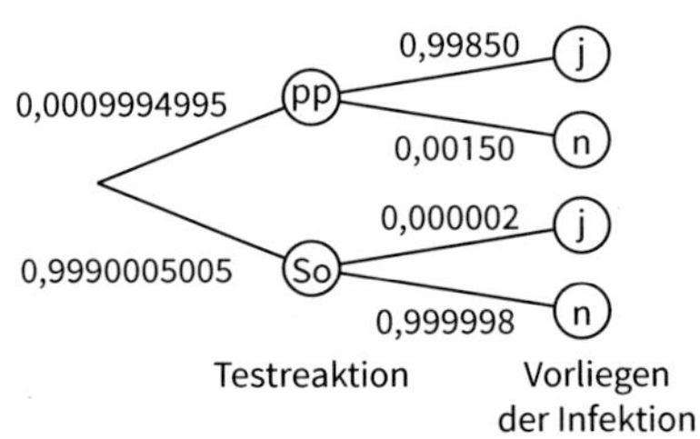

Wenn beide Tests mit positivem Ergebnis enden, dann ist die Wahrscheinlichkeit, dass tatsächlich eine Infektion vorliegt, gleich 99,85 %.

350 **20.**

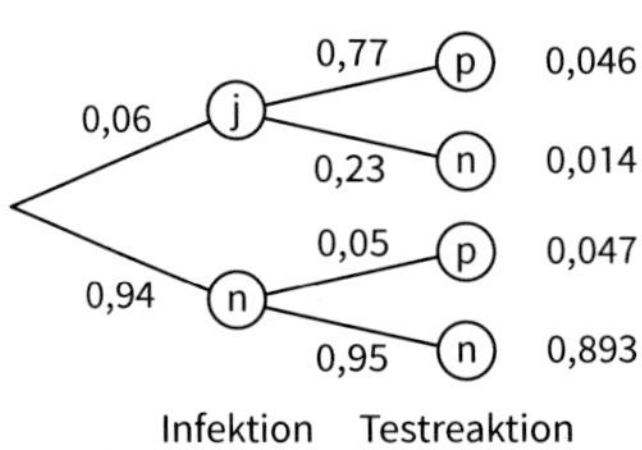

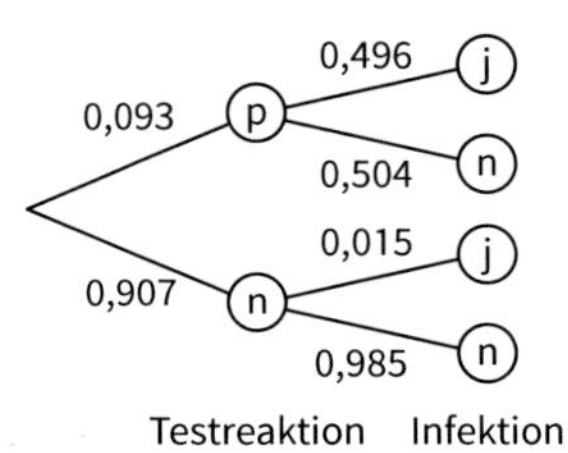

$P_{\text{Test positiv}}(\text{infiziert}) = 0{,}496$; $P_{\text{Test negativ}}(\text{nicht infiziert}) = 0{,}985$

350

21. P (Test positiv) = 0,2745

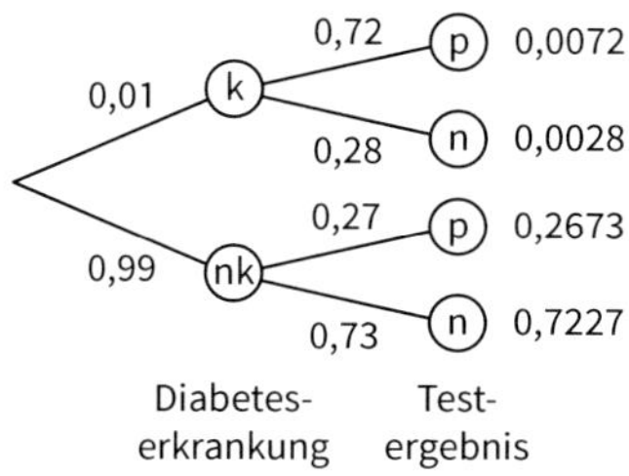

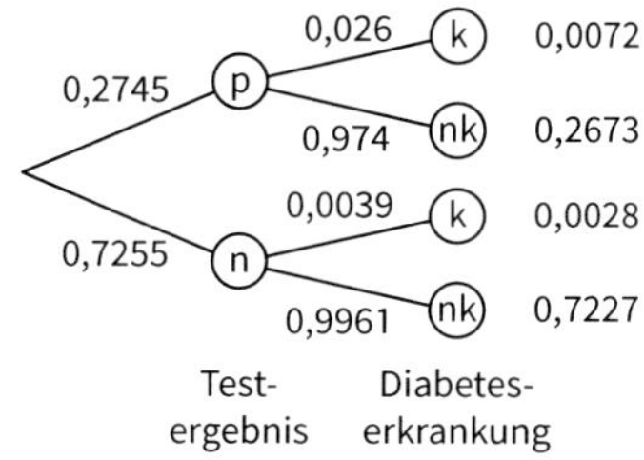

$P_{\text{Test positiv}}(\text{krank}) = \frac{0{,}0072}{0{,}2745} = 0{,}026$;

d. h. nur bei 2,6 % aller positiv getesteten Patienten liegt tatsächlich eine Krankheit vor. Der Test ist brauchbar, weil bei Vorliegen eines negativen Testergebnis fast sicher (mit Wahrscheinlichkeit 99,6 %) eine Erkrankung ausgeschlossen werden kann.

22. a) 30 % falsch-negative Befunde bedeutet, dass von den Tuberkulose-Kranken 30 % bei der Reihenuntersuchung einen negativen Befund erhalten, d. h. ihre Krankheit wird nicht entdeckt. 2 % falsch-positive Befunde bedeutet, dass 2 % der Untersuchten trotz eines positiven Befundes gesund sind.

b)

	positiv	negativ	gesamt
krank	140	60	200
gesund	2 000	97 800	99 800
gesamt	2 140	97 860	100 000

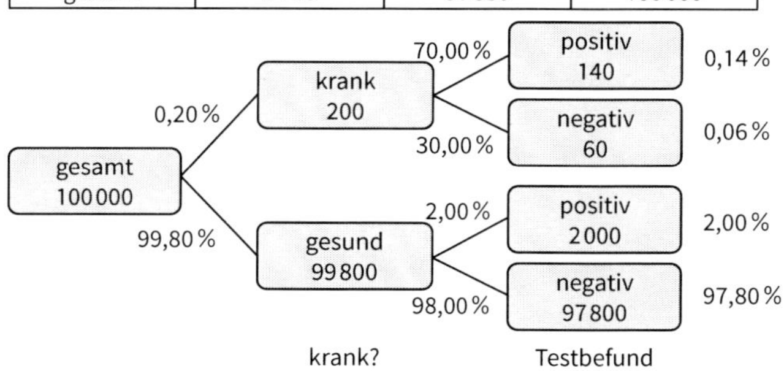

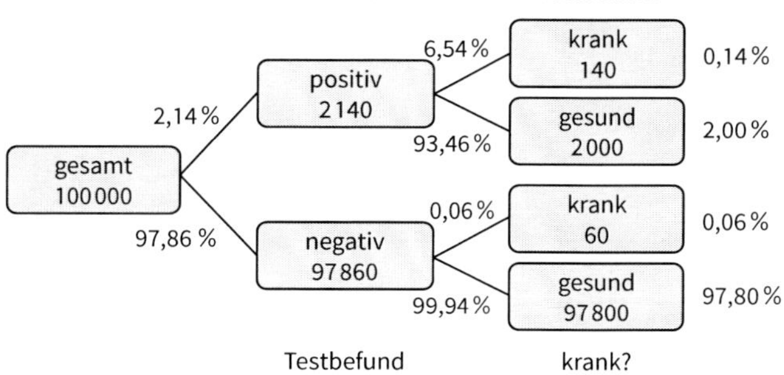

c) Ist das Ergebnis der Röntgenuntersuchung positiv, dann ist die Wahrscheinlichkeit, dass die Person tatsächlich an Tuberkulose leidet, 6,5 %. Ist das Ergebnis der Röntgenuntersuchung negativ, dann ist die Wahrscheinlichkeit, dass die Person tatsächlich nicht an Tuberkulose leidet, 99,94 %.

8.2 BERNOULLI-Ketten

351

Einstiegsaufgabe ohne Lösung

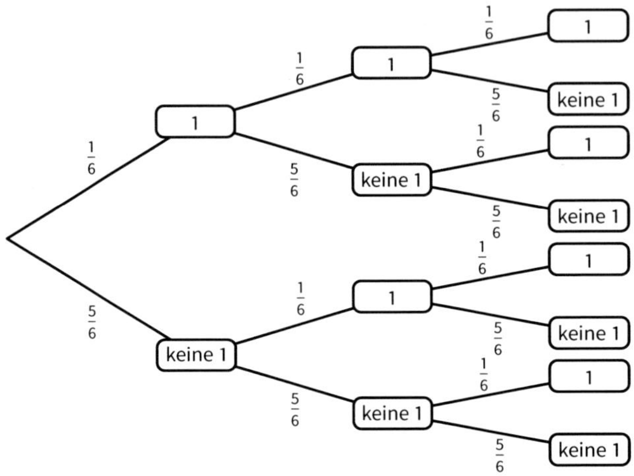

k	P(X = k)
0	0,5787
1	0,3472
2	0,0694
3	0,0046

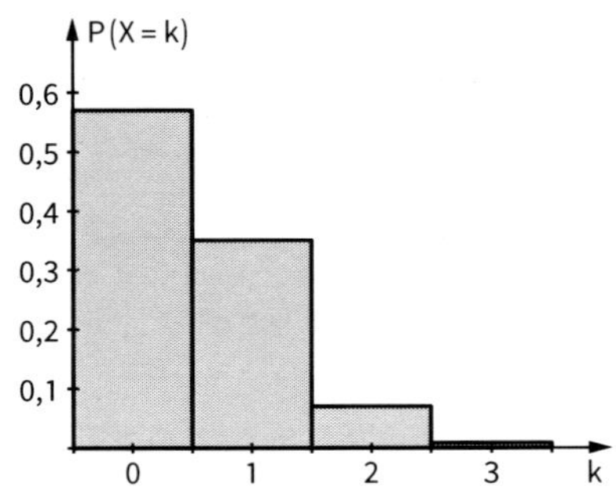

353

1. (1) Die Reißzwecke bleibt entweder mit der Spitze nach oben oder mit der Spitze zur Seite liegen. Dies kann als BERNOULLI-Kette aufgefasst werden, da die Wahrscheinlichkeiten für diese beiden möglichen Ergebnisse gleich bleiben und das Ergebnis eines Wurfs keinen Einfluss auf die folgenden Würfe hat.

(2) Dies ist keine BERNOULLI-Kette, weil durch das Ziehen eines Loses die Wahrscheinlichkeiten für das Ziehen einer Niete oder eines Gewinnloses bei der nächsten Ziehung verändert werden.

(3) Wenn nach der Ziehung die Kugel wieder zurückgelegt wird, liegt eine BERNOULLI-Kette vor. Die Erfolgswahrscheinlichkeit für die Ziehung einer roten Kugel ergibt sich aus dem Anteil der roten Kugeln in der Urne.

(4) Da das Ergebnis eines doppelten Münzwurfs keinen Einfluss hat auf den nächsten Münz-Doppelwurf, bleibt die Erfolgswahrscheinlichkeit p gleich. $p = P(WW, ZZ) = 0{,}5$.

(5) Wenn die Kugeln anschließend wieder zurückgelegt werden, liegt eine BERNOULLI-Kette vor. Die Erfolgswahrscheinlichkeit beträgt $p = \frac{1}{120}$, weil es 120 Möglichkeiten einer 3er-Auswahl von Kugeln gibt.

354

2. (1) Wenn jeweils die Augenzahlen notiert werden, liegt nur dann eine BERNOULLI-Kette vor, wenn das Vorliegen einer bestimmten Augenzahl oder mehrerer bestimmter Augenzahlen als Erfolg angesehen wird. Es handelt sich dann um eine 7-stufige BERNOULLI-Kette, deren Erfolgswahrscheinlichkeit davon abhängt, wie viele Augenzahlen man als Erfolg ansieht $\left(\text{eine Augenzahl } p = \frac{1}{6};\ \text{zwei Augenzahlen } p = \frac{2}{56} = \frac{1}{3} \text{ usw.}\right)$

(2) Das zugrunde liegende Zufallsexperiment ist ein BERNOULLI-Experiment (Erfolg: Kugel ist weiß). Beim Ziehen mit Zurücklegen handelt es sich um eine BERNOULLI-Kette, da das BERNOULLI-Experiment unter gleichen Bedingungen wiederholt wird.
Beim Ziehen ohne Zurücklegen handelt es sich nicht um eine BERNOULLI-Kette, da sich die Bedingungen von Stufe zu Stufe ändern.

3. (1) Es muss festgelegt werden, welches der beiden Ergebnisse (Wappen bzw. Zahl) als Erfolg angesehen wird (beides mit Erfolgswahrscheinlichkeit $p = 0{,}5$); dann liegt ein Zufallsexperiment vor, das man als 10-stufige BERNOULLI-Kette auffassen kann, weil sich die Bedingungen für das Auftreten von Erfolg bzw. Misserfolg nicht verändern.

(2) Im Vergleich zu (1) ändert sich nichts, da man nur darauf achtet, wie viele Erfolge auftreten.

(3) Eigentlich handelt es sich bei diesem Experiment nicht um eine 8-stufige BERNOULLI-Kette, da der Versuch sicherlich als ein Ziehen ohne Zurücklegen organisiert wird. Da man jedoch von einer unbekannten, auf jeden Fall sehr großen Anzahl von produzierten Konservendosen ausgehen kann, spielt dies praktisch keine Rolle. Wenn man das Vorliegen eines „Normalgewichts" als Erfolg ansieht, dann ist $p = 0{,}95$ und $q = 0{,}05$.

(4) Wie in (3) kann man nicht von einem Ziehvorgang mit Zurücklegen ausgehen, weil man sicherlich nicht einen Haushalt doppelt oder mehrfach auswählen wird. Da man von einer sehr großen Anzahl von Haushalten ausgehen kann, lässt sich der Vorgang näherungsweise als 50-stufige BERNOULLI-Kette mit $p = 0{,}9$ auffassen (Erfolg = ein Internetanschluss ist vorhanden).

4. **a)** Da die Schrauben wieder zurückgelegt werden, ist die Voraussetzung für das Vorliegen eines BERNOULLI-Experiments gegeben. Die Erfolgswahrscheinlichkeit ergibt sich dann aus dem Anteil brauchbarer Schrauben.

b) Da die Wahrscheinlichkeit für einen erfolgreichen Torschuss von jedem einzelnen Spieler und seiner Tagesform abhängt, ist ein BERNOULLI-Ansatz nicht angemessen.

c) Wenn man das Ziehen der 6 Kugeln als *eine* Stufe eines Experiments ansieht, also das Ziehen von 6 Kugeln wiederholt durchführt, kann jede mögliche Zusammensetzung des Ergebnisses als Erfolg angesehen werden, beispielsweise *Erfolg = 3 weiße und 3 schwarze Kugeln werden gezogen, Misserfolg = unterschiedlich viele Kugeln werden gezogen.* Die Erfolgswahrscheinlichkeit für einen so definierten Erfolg hängt von der Zusammensetzung der Urne ab.

d) Ein näherungsweiser BERNOULLI-Ansatz ist angemessen, wenn die Auswahl von wenigen Personen zufällig aus einer großen Gesamtheit erfolgt. Die Erfolgswahrscheinlichkeit (z. B. Wahrscheinlichkeit für die Zustimmung zu einer bestimmten Meinung) ergibt sich aus dem Anteil der Erfolge in der Gesamtheit insgesamt.

354

5.

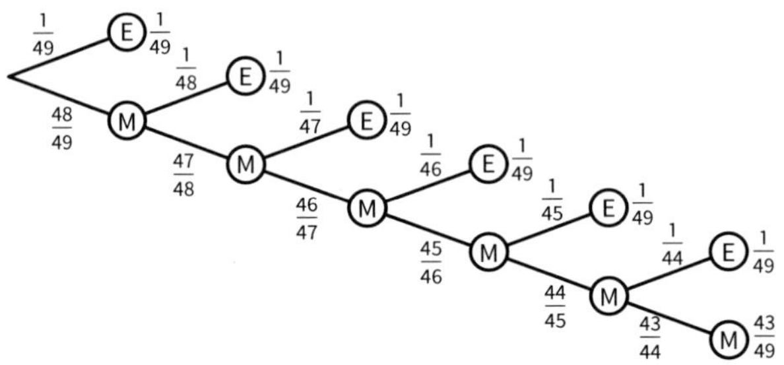

Die Wahrscheinlichkeit, dass eine bestimmte Zahl in einer der 6 Einzelziehungen einer Lottoziehung gezogen wird, beträgt $p = \frac{6}{49}$. Das 6-fache Ziehen ohne Zurücklegen wird im Jahr 104-mal wiederholt.

6. Als (Teil-) Erfolg wird es angesehen, wenn bei der Bestimmung der drei Ziffern der Losnummern eine Übereinstimmung vorliegt. Egal, welche Ziffern an erster, zweiter oder dritter Stelle vorliegen, die Erfolgswahrscheinlichkeit beträgt jedes Mal $p = \frac{1}{10} = 0{,}1$.
$P(1.\ \text{Preis}) = 0{,}1^3 = 0{,}001 = 0{,}1\,\%$
$P(2.\ \text{Preis}) = 3 \cdot 0{,}1^2 \cdot 0{,}9 = 0{,}027 = 2{,}7\,\%$

Blickpunkt: Binomialkoeffizient – PASCAL'sches Dreieck

355

1. Mit $\binom{n}{0}$ und $\binom{n}{n}$ wird das 0-te bzw. n-te Element einer Zeile bezeichnet, vgl. erste Regel: Am Anfang und am Ende einer Zeile steht immer eine Eins.

Durch die Beziehung $\binom{n}{k} + \binom{n}{k+1} = \binom{n+1}{k+1}$ wird die zweite Regel (Man erhält ein Element im Innern einer Zeile, indem man die beiden Elemente addiert, die in der Zeile darüber stehen.) präzisiert: Das (k + 1)-te Element der (n + 1)-ten Zeile erhält man, indem man das k-te und das (k + 1)-te Element der n-ten Zeile addiert, d. h. die Elemente zwischen den Elementen am Anfang $\binom{n+1}{0} = 1$ bzw. am Ende der (n + 1)-ten Zeile $\binom{n+1}{n+1} = 1$ erhält man aus den Elementen der vorherigen Zeile:
$\binom{n}{0} + \binom{n}{1} = \binom{n+1}{1}$; $\binom{n}{1} + \binom{n}{2} = \binom{n+1}{2}$; $\binom{n}{2} + \binom{n}{3} = \binom{n+1}{3}$; …; $\binom{n}{n-1} + \binom{n}{n} = \binom{n+1}{n}$.

356

2. Nach 3 Würfen ist Augenzahl 6 entweder 0-mal oder 1-mal oder 2-mal oder 3-mal gefallen. Die zugehörigen Wahrscheinlichkeiten ergeben sich aus dem Baumdiagramm der 3-stufigen BERNOULLI-Kette so wie in den 4 Kästen oben angegeben.
Beim 4. Wurf tritt entweder ein Erfolg ein oder ein Misserfolg; aus bisher 0 Erfolgen mit Wahrscheinlichkeit q^3 werden nun 0 Erfolge mit Wahrscheinlichkeit q^4 oder 1 Erfolg mit Wahrscheinlichkeit $1 \cdot p \cdot q^3$. Nach der 4. Runde kann es aber auch dann zu 1 Erfolg kommen, wenn man nach 3 Runden erst 1 Erfolg hatte (mit Wahrscheinlichkeit $3 \cdot p \cdot q^2$) und jetzt keine 6 gewürfelt wird. Daher hat man nach 4 Runden dann genau 1 Erfolg mit Wahrscheinlichkeit $1 \cdot p \cdot q^3 + 3 \cdot p \cdot q^3 = (1 + 3) \cdot p \cdot q^3 = 4 \cdot p \cdot q^3$ usw. Wie beim PASCAL'schen Dreieck werden aus den Koeffizienten 1 – 3 – 3 – 1 jetzt 1 – 4 – 6 – 4 – 1.

356 **3.** Durch die Zahlen des PASCAL'schen Dreiecks wird für jede Nagelreihe jeweils die Anzahl der möglichen Wege im GALTON-Brett angegeben:

- vor der ersten Nagelreihe: 1 Möglichkeit,
- an der 1. Nagelreihe: 2 Möglichkeiten,
- an der 2. Nagelreihe: 3 Möglichkeiten, wobei der Weg durch die Mitte doppelt so oft vorkommt wie jeweils die Wege links und rechts, also im Verhältnis 1 : 2 : 1
- an der 3. Nagelreihe: 4 Möglichkeiten im Verhältnis 1 : 3 : 3 : 1
- usw.

4. Durch die Zahlen des PASCAL'schen Dreiecks wird für jede schräge Reihe jeweils die Anzahl der möglichen Wege angegeben:

- vor dem ersten Hindernis: 1 Möglichkeit,
- am 1. Hindernis: 2 Möglichkeiten,
- am 2. Hindernis: 3 Möglichkeiten, wobei der Weg durch die Mitte doppelt so oft vorkommt wie jeweils die Wege links und rechts, also im Verhältnis 1 : 2 : 1
- am 3. Hindernis: 4 Möglichkeiten im Verhältnis 1 : 3 : 3 : 1

5. a) Die Koeffizienten in den Summanden lauten 1, 2, 1. Beim Multiplizieren des Summenterms von $(a+b)^2$ wird jeder Summand mit a und mit b multipliziert, das ergibt dann $(1 \cdot a^3 + 2 \cdot a^2 \cdot b + 1 \cdot a \cdot b^2) + (1 \cdot a^2 \cdot b + 2 \cdot a \cdot b^2 + 1 \cdot b^3)$. Beim Umordnen der Summanden können alle Summanden außer den beiden am Anfang und am Ende zusammengefasst werden: $1 \cdot a^3 + (2+1) \cdot a^2 \cdot b + (1+2) \cdot a \cdot b^2 + 1 \cdot b^3$. Dies entspricht genau der Entwicklung des PASCAL'schen Dreiecks.

b)

$$\begin{aligned}(a+b)^4 &= (a+b)^3 \cdot (a+b)\\ &= (1a^3 + 3a^2b + 3ab^2 + 1b^3) \cdot (a+b)\\ &= (1a^4 + 3a^3b + 3a^2b^2 + 1ab^3) + (1a^3b + 3a^2b^2 + 3ab^3 + 1b^4)\\ &= 1a^4 + (3+1) \cdot a^3b + (3+3) \cdot a^2b^2 + (1+3) \cdot ab^3 + 1 \cdot b^4\\ &= 1a^4 + 4a^3b + 6a^2b^2 + 4ab^3 + 1b^4\end{aligned}$$

$$\begin{aligned}(a+b)^5 &= (a+b)^4 \cdot (a+b)\\ &= (1a^4 + 4a^3b + 6a^2b^2 + 4ab^3 + 1b^4) \cdot (a+b)\\ &= (1a^5 + 4a^4b + 6a^3b^2 + 4a^2b^3 + 1ab^4) + (1a^4b + 4a^3b^2 + 6a^2b^3 + 4ab^4 + 1b^5)\\ &= 1a^5 + (4+1) \cdot a^4b + (6+4) \cdot a^3b^2 + (4+6) \cdot a^2b^3 + (1+4) \cdot ab^4 + 1b^5\\ &= 1a^5 + 5a^4b + 10a^3b^2 + 10a^2b^3 + 5ab^4 + 1b^5\end{aligned}$$

c)

$$\begin{aligned}(a+b)^9 &= (1 \cdot a^8 + 8 \cdot a^7 \cdot b^1 + 28 \cdot a^6 \cdot b^2 + 56 \cdot a^5 \cdot b^3 + 70 \cdot a^4 \cdot b^4 + 56 \cdot a^3 \cdot b^5 + 28 \cdot a^2 \cdot b^6\\ &\quad + 8 \cdot a^1 \cdot b^7 + 1 \cdot b^8) \cdot (a+b)\\ &= (1 \cdot a^9 + 8 \cdot a^8 \cdot b^1 + 28 \cdot a^7 \cdot b^2 + 56 \cdot a^6 \cdot b^3 + 70 \cdot a^5 \cdot b^4 + 56 \cdot a^4 \cdot b^5 + 28 \cdot a^3 \cdot b^6\\ &\quad + 8 \cdot a^2 \cdot b^7 + 1 \cdot a \cdot b^8)\\ &\quad + (1 \cdot a^8 \cdot b + 8 \cdot a^7 \cdot b^2 + 28 \cdot a^6 \cdot b^3 + 56 \cdot a^5 \cdot b^4 + 70 \cdot a^4 \cdot b^5 + 56 \cdot a^3 \cdot b^6\\ &\quad + 28 \cdot a^2 \cdot b^7 + 8 \cdot a^1 \cdot b^8 + 1 \cdot b^9)\\ &= 1 \cdot a^9 + (8+1) \cdot a^8 \cdot b^1 + (28+8) \cdot a^7 \cdot b^2 + (56+28) \cdot a^6 \cdot b^3 + (70+56) \cdot a^5 \cdot b^4\\ &\quad + (56+70) \cdot a^4 \cdot b^5 + (28+56) \cdot a^3 \cdot b^6 + (8+28) \cdot a^2 \cdot b^7 + (1+8) \cdot a \cdot b^8 + 1 \cdot b^9\\ &= 1 \cdot a^9 + 9 \cdot a^8 \cdot b^1 + 36 \cdot a^7 \cdot b^2 + 84 \cdot a^6 \cdot b^3 + 126 \cdot a^5 \cdot b^4 + 126 \cdot a^4 \cdot b^5 + 84 \cdot a^3 \cdot b^6\\ &\quad + 36 \cdot a^2 \cdot b^7 + 9 \cdot a \cdot b^8 + 1 \cdot b^9\end{aligned}$$

357 **6.** $(a+b)^6 = 1a^6 + 6a^5b + 15a^4b^2 + 20a^3b^3 + 15a^2b^4 + 6ab^5 + 1b^6$

357 **7.** Analog zu den beiden Beispielen kann man jede Potenz der Form 2^n mithilfe des binomischen Lehrsatzes aus der Summe $(1+1)^n$ entwickeln. Da die Koeffizienten der Potenzen von 1 in der n-ten Zeile des PASCAL'schen Dreiecks stehen, gilt

$$\binom{n}{0}+\binom{n}{1}+\binom{n}{2}+\binom{n}{3}+\ldots+\binom{n}{n}=2^n$$

8. a)

k	0	1	2	3	4	5	6	7
$\binom{7}{k}$	1	7	21	35	35	21	7	1

$\cdot\frac{7}{1}$ $\quad\cdot\frac{6}{2}$ $\quad\cdot\frac{5}{3}$ $\quad\cdot\frac{4}{4}$ $\quad\cdot\frac{3}{5}$ $\quad\cdot\frac{2}{6}$ $\quad\cdot\frac{1}{7}$

b) $\binom{10}{1}=\frac{10}{1}\cdot\binom{10}{0}=\frac{10}{1}$; $\binom{10}{2}=\frac{9}{2}\cdot\binom{10}{1}=\frac{9}{2}\cdot\frac{10}{1}$; $\binom{10}{3}=\frac{8}{3}\cdot\binom{10}{2}=\frac{8}{3}\cdot\frac{9}{2}\cdot\frac{10}{1}$; $\binom{10}{4}=\frac{7}{4}\cdot\binom{10}{3}=\frac{7}{4}\cdot\frac{8}{3}\cdot\frac{9}{2}\cdot\frac{10}{1}$

c) $\binom{9}{3}+\binom{9}{4}=\frac{9\cdot8\cdot7}{3\cdot2\cdot1}+\frac{9\cdot8\cdot7\cdot6}{4\cdot3\cdot2\cdot1}=\frac{4\cdot9\cdot8\cdot7}{4\cdot3\cdot2\cdot1}+\frac{9\cdot8\cdot7\cdot6}{4\cdot3\cdot2\cdot1}=\frac{(4+6)\cdot9\cdot8\cdot7}{4\cdot3\cdot2\cdot1}=\frac{10\cdot9\cdot8\cdot7}{4\cdot3\cdot2\cdot1}=\binom{10}{4}$

9. a) Binomische Formel: $(a+b)^3=1\,a^3+3\,a^2b+3\,ab^2+1\,b^3$

Anzahl k der Erfolge	Wahrscheinlichkeit für k Erfolge
0	$1\,q^3$
1	$3\,p\,q^2$
2	$3\,p^2q$
3	$1\,p^3$

b) Binomische Formel: $(a+b)^4=1\,a^4+4\,a^3b+6\,a^2b^2+4\,ab^3+1\,b^4$

Anzahl k der Erfolge	Wahrscheinlichkeit für k Erfolge
0	$1\,q^4$
1	$4\,p\,q^3$
2	$6\,p^2q^2$
3	$4\,p^3q$
4	$1\,p^4$

In beiden Fällen muss man a durch q (= Misserfolgswahrscheinlichkeit) und b durch p (= Erfolgswahrscheinlichkeit) ersetzen.

8.3 Berechnen von Wahrscheinlichkeiten – BERNOULLI-Formel

358 **Einstiegsaufgabe ohne Lösung**

a)

Anzahl der Erfolge	zugehörige Sequenzen
0	MMMMM
1	EMMMM, MEMMM, MMEMM, MMMEM, MMMME
2	EEMMM, EMEMM, EMMEM, EMMME, MEEMM, MEMEM, MEMME, MMEEM, MMEME, MMMEE
3	EEEMM, EEMEM, EEMME, EMEEM, EMEME, EMMEE, MEEEM, MEEME, MEMEE, MMEEE
4	EEEEM, EEEME, EEMEE, EMEEE, MEEEE
5	EEEEE

b) Vertauscht man die E und M in den Sequenzen mit 2 E und 3 M, dann erhält man genau die Sequenzen mit 3 E und 2 M.

358

c) $n = 5;\ p = 0{,}9$

k	P(X = k)
0	$1 \cdot 0{,}1^5 = 0{,}00001$
1	$5 \cdot 0{,}1^4 \cdot 0{,}9 = 0{,}00045$
2	$10 \cdot 0{,}1^3 \cdot 0{,}9^2 = 0{,}0081$
3	$10 \cdot 0{,}1^2 \cdot 0{,}9^3 = 0{,}0729$
4	$5 \cdot 0{,}1 \cdot 0{,}9^4 = 0{,}32805$
5	$1 \cdot 0{,}9^5 = 0{,}59049$

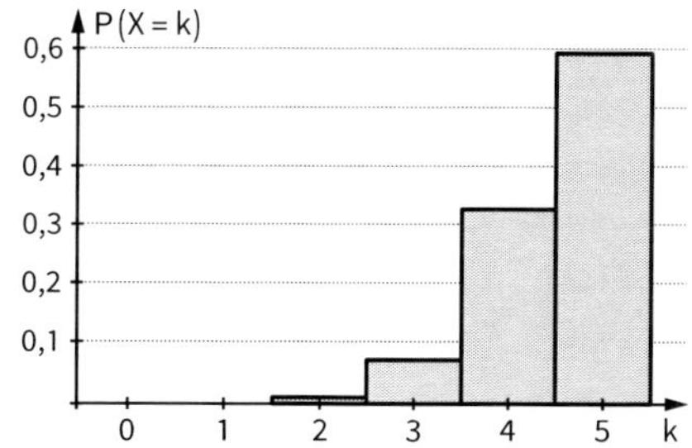

362

1. a) rote Kugel = Mädchen, grüne Kugel = Junge

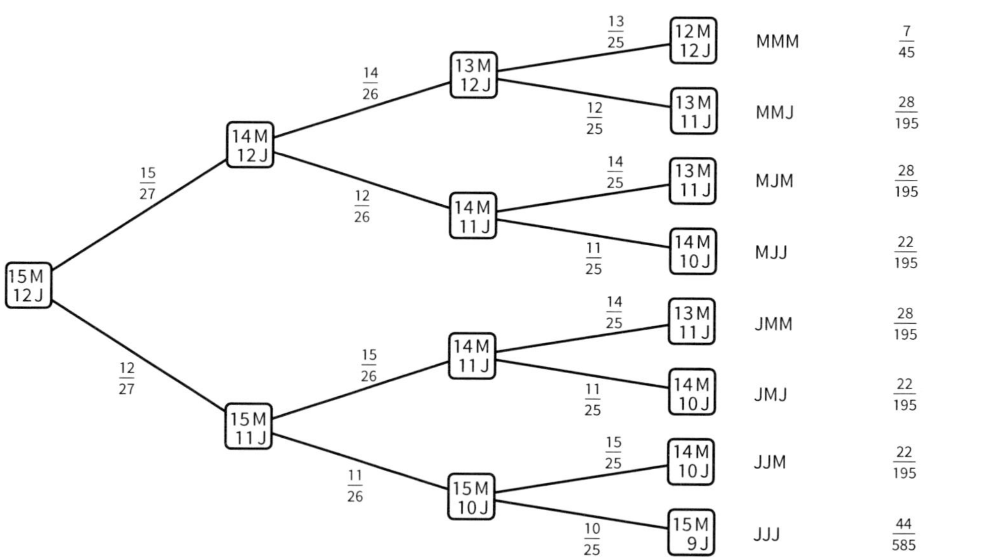

Im Baumdiagramm können die Knoten zusammengeführt werden:

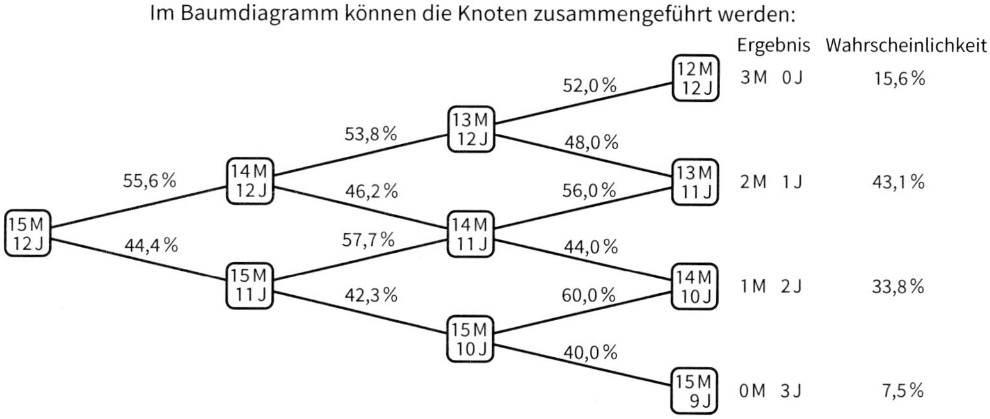

362

b) Vergleich mit Binomialverteilung mit $n = 3$ und $p = \frac{15}{27} = \frac{5}{9}$

k	P(Y = k)	P(X = k)
0	0,0878	0,0752
1	0,3292	0,3385
2	0,4115	0,4308
3	0,1715	0,1556

c)

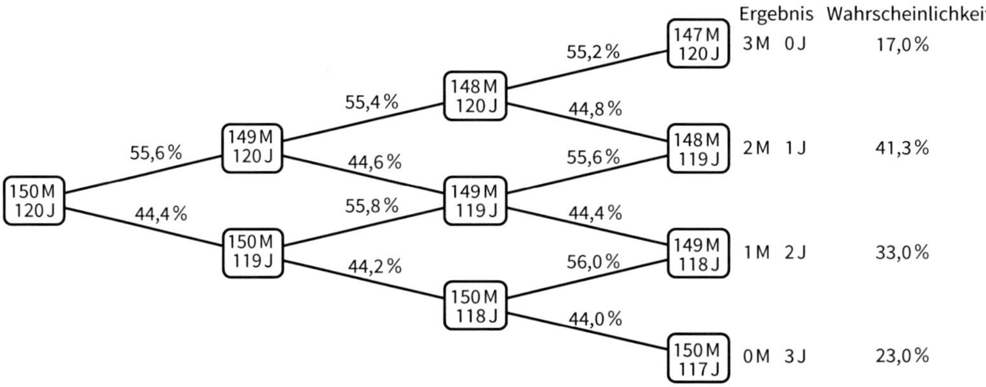

k	P(Y = k)	P(X = k)
0	0,0866	0,0752
1	0,3301	0,3385
2	0,4134	0,4308
3	0,1699	0,1556

d) Mit zunehmender Größe der Grundgesamtheit spielt das Zurücklegen bzw. nicht Zurücklegen einer Kugel immer weniger eine Rolle. Die Wahrscheinlichkeiten für die einzelnen Ergebnisse nähern sich an.

363

2. a) (1) $\text{binompdf}\left(6, \frac{1}{6}, 2\right) = 0{,}2009$; (2) $\text{binompdf}\left(6, \frac{1}{6}, 4\right) = 0{,}0080$

b) (1) $\text{binompdf}\left(8, \frac{1}{8}, 1\right) = 0{,}3927$; (2) $\text{binompdf}\left(8, \frac{1}{8}, 2\right) = 0{,}1963$

c) (1) $\text{binompdf}\left(12, \frac{1}{12}, 3\right) = 0{,}0581$; (2) $\text{binompdf}\left(12, \frac{1}{12}, 4\right) = 0{,}0119$

d) (1) $\text{binompdf}\left(20, \frac{1}{20}, 2\right) = 0{,}1887$; (2) $\text{binompdf}\left(20, \frac{1}{20}, 4\right) = 0{,}0133$

363

3. a) (1) n = 8; p = 0,25; P (X = 2) = 0,3115 (2) n = 8; p = 0,75; P (X = 6) = 0,3115

b) n = 10; p = 0,25

k	P (X = k)
0	0,056
1	0,188
2	0,282
3	0,250
4	0,146
5	0,058
6	0,016
7	0,003
8	0,00039
9	0,000029
10	0,000001

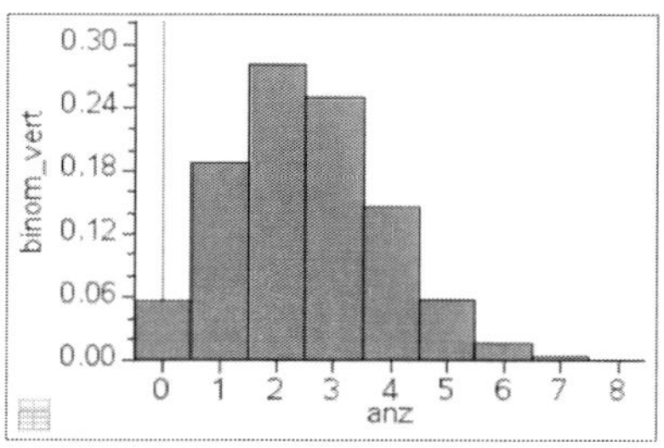

n = 10; p = 0,75

k	P (X = k)
0	0,000001
1	0,000029
2	0,00039
3	0,0031
4	0,016
5	0,058
6	0,146
7	0,250
8	0,282
9	0,188
10	0,056

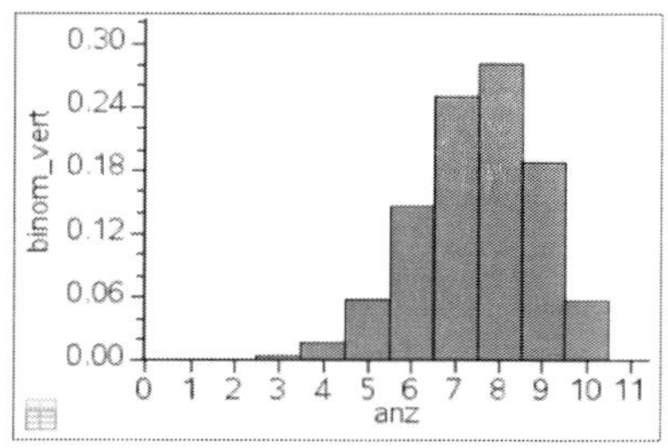

4. a) n = 12; p = 0,514

P (6 Jungen + 6 Mädchen) = $\binom{12}{6} \cdot 0{,}514^6 \cdot 0{,}486^6 = 0{,}225$

b) n = 4; p = 0,486

k	0	1	2	3	4
P (X = k)	0,070	0,264	0,374	0,236	0,056

c) n = 6; p = 0,514

P (mehr Jungen als Mädchen) = P (mindestens 4 Jungen) = 0,370

5. a) 10-stufige BERNOULLI-Kette mit p = 0,4; Wahrscheinlichkeit für 3 Erfolge

b) 7-stufige BERNOULLI-Kette mit p = 0,7; Wahrscheinlichkeit für 2 Erfolge

c) 20-stufige BERNOULLI-Kette mit p = 0,5; Wahrscheinlichkeit für 9 Erfolge

6. (1) $\text{binompdf}\left(10, \frac{12}{37}, 3\right) = 0{,}263$

(2) $\text{binompdf}\left(10, \frac{6}{37}, 2\right) = 0{,}287$

(3) $\text{binompdf}\left(10, \frac{12}{37}, 4\right) = 0{,}221$

(4) $\text{binompdf}\left(10, \frac{12}{37}, 3\right) = 0{,}263$

(5) $\text{binompdf}\left(10, \frac{18}{37}, 5\right) = 0{,}245$

(6) $\text{binompdf}\left(10, \frac{2}{37}, 1\right) = 0{,}328$

(7) $\text{binompdf}\left(10, \frac{18}{37}, 6\right) = 0{,}194$

(8) $\text{binompdf}\left(10, \frac{24}{37}, 7\right) = 0{,}251$

364

7. (1) ohne Zurücklegen

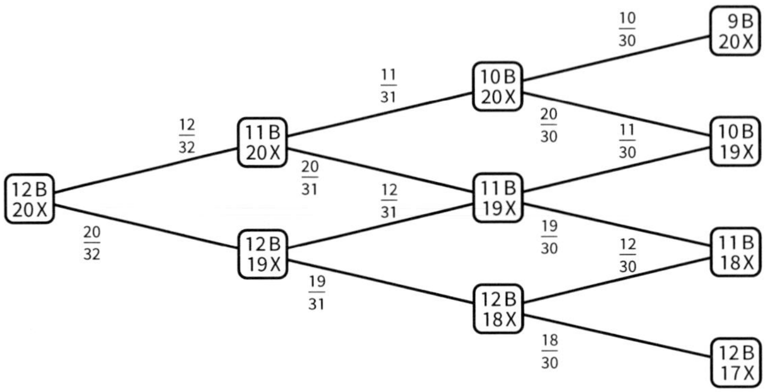

(2) mit Zurücklegen

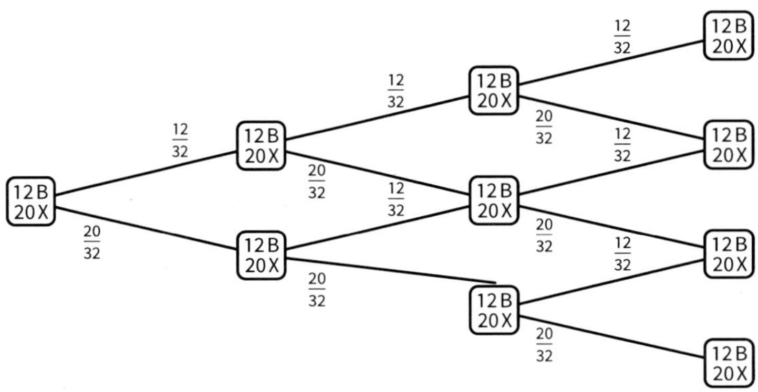

genauere Wahrscheinlichkeiten:

k	ohne	mit
0	0,23	0,244
1	0,46	0,439
2	0,266	0,264
3	0,044	0,053

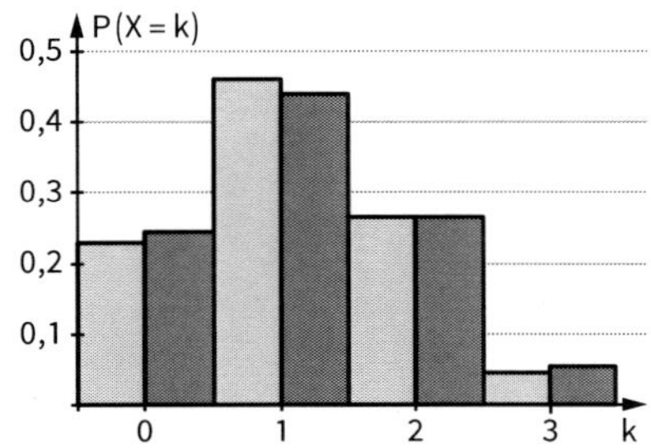

8. **a)** $P(E_1) = \binom{6}{2}\left(\frac{1}{6}\right)^2\left(\frac{5}{6}\right)^4 = 0{,}2009$

$P(E_2) = \binom{6}{4}\left(\frac{1}{6}\right)^4\left(\frac{5}{6}\right)^2 = 0{,}0080$

$P(E_3) = \binom{12}{4}\left(\frac{1}{6}\right)^4\left(\frac{5}{6}\right)^8 = 0{,}0888$

(1) nein

(2) nein

b) $P(X \geq 1) = 1 - P(X = 0) = 1 - \left(\frac{5}{6}\right)^6 = 0{,}335$; nein

364

9. Verteilung der Zufallsgröße X: *Anzahl der Wappen beim 3-fachen Münzwurf*

k	0	1	2	3
P(X = k)	$\frac{1}{8}$	$\frac{3}{8}$	$\frac{3}{8}$	$\frac{1}{8}$

(1) $n = 6;\ p_0 = \frac{3}{8}$ (2 Wappen)
$P(\text{4-mal 2 Wappen}) = \binom{6}{4}\left(\frac{3}{8}\right)^4\left(\frac{5}{8}\right)^2 = 0{,}1159$

(2) $n = 6;\ p_0 = \frac{7}{8}$ (mindestens 1 Wappen)
$P(\text{5-mal mindestens 1 Wappen}) = \binom{6}{5}\left(\frac{7}{8}\right)^5\left(\frac{1}{8}\right)^1 = 0{,}3847$

(3) $n = 6;\ p_0 = \frac{1}{8}$ (lauter Wappen)
$P(\text{2-mal lauter Wappen}) = \binom{6}{2}\left(\frac{1}{8}\right)^2\left(\frac{7}{8}\right)^4 = 0{,}1374$

(4) $n = 6;\ p_0 = \frac{4}{8}$ (höchstens 1 Wappen)
$P(\text{3-mal höchstens 1 Wappen}) = \binom{6}{3}\left(\frac{4}{8}\right)^3\left(\frac{4}{8}\right)^3 = 0{,}3125$

(5) $n = 6;\ p_0 = \frac{1}{8}$ (kein Wappen)
$P(\text{1-mal kein Wappen}) = \binom{6}{1}\left(\frac{1}{8}\right)^1\left(\frac{7}{8}\right)^5 = 0{,}3847$

10. Durch das GALTON-Brett wird ein Münzwurf simuliert. Jede Nagelreihe steht für eine Stufe des Experiments. Bezeichnet man die Ablenkung der Kugel nach links als Erfolg und die nach rechts als Misserfolg (oder umgekehrt), dann hat man nach der 1. Stufe zwei mögliche Ergebnisse ($X = 0$ oder $X = 1$), nach der 2. Runde drei mögliche Ergebnisse ($X = 0$ bzw. $X = 1$ bzw. $X = 2$) usw.
Durch die Regelmäßigkeit der Nagelreihen ist gewährleistet, dass die Wahrscheinlichkeit für einen Erfolg unverändert bleibt.

11.

Anzahl der Runden mit blauem Sektor	Wahrscheinlichkeit für das Ereignis	Auszahlung (in €)	gewichteter Wert (in €)
0	$1 \cdot \left(\frac{4}{7}\right)^0 \cdot \left(\frac{3}{7}\right)^3 \approx 0{,}079$	0	0
1	$3 \cdot \left(\frac{4}{7}\right)^1 \cdot \left(\frac{3}{7}\right)^2 \approx 0{,}315$	0,50	0,1575
2	$3 \cdot \left(\frac{4}{7}\right)^2 \cdot \left(\frac{3}{7}\right)^1 \approx 0{,}420$	1,00	0,4200
3	$3 \cdot \left(\frac{4}{7}\right)^3 \cdot \left(\frac{3}{7}\right)^0 \approx 0{,}187$	2,00	0,3740
Summe	1	zu erwartende Auszahlung	0,9515

Wenn ein Einsatz von 1,00 € verlangt wird, kann die Schule pro Spiel einen Gewinn von ca. 0,05 € erwarten.

365

12. (1)

Anzahl der Sechsen	Wahrscheinlichkeit für das Ereignis	Auszahlung (in €)	gewichteter Wert (in €)
0	0,40188	0	0
1	0,40188	0	0
2	0,16075	0,20	0,03215
3	0,03215	0,50	0,01608
4	0,00322	1,00	0,00322
5	0,00001286	5,00	0,00064
Summe	1	zu erwartende Auszahlung	0,05209

Der erwartete Gewinn des Veranstalters (= Verlust des Spielteilnehmers) pro Spiel beträgt ca. 4,8 Cent.

(2)

Anzahl der Sechsen	Wahrscheinlichkeit für das Ereignis	Auszahlung (in €)	gewichteter Wert (in €)
0	0,40188	0	0
1	0,40188	0,10	0,04019
2	0,16075	0,20	0,03215
3	0,03215	0,50	0,01608
4	0,00322	1,00	0,00322
5	0,00001286	5,00	0,00064
Summe	1	zu erwartende Auszahlung	0,09228

Der erwartete Gewinn des Veranstalters (= Verlust des Spielteilnehmers) pro Spiel beträgt ca. 0,8 Cent.

(3) Beispiel

Anzahl der Sechsen	Wahrscheinlichkeit für das Ereignis	Auszahlung (in €)	gewichteter Wert (in €)
0	0,40188	0	0
1	0,40188	0,10	0,04019
2	0,16075	0,20	0,03215
3	0,03215	0,70	0,02251
4	0,00322	1,50	0,00482
5	0,00001286	4,00	0,00051
Summe	1	zu erwartende Auszahlung	0,10018

Da der erwartete Gewinn des Veranstalters (ungefähr) gleich null ist, ist dies ein fairer Gewinnplan.

13. (1)

Anzahl defekter Bauteile	Stückpreis (in €)	Wahrscheinlichkeit	gewichteter Wert
0	4,90	0,36603	1,7936
1	4,60	0,36973	1,7008
2	4,60	0,18486	0,8504
3	4,60	0,06100	0,2806
> 3	4,00	0,01838	0,0672
		E (Stückpreis)	≈ 4,70 €

365

(2)

Anzahl defekter Bauteile	Stückpreis (in €)	Wahrscheinlichkeit	gewichteter Wert
0	4,90	0,36603	1,7936
1	4,80	0,36973	1,7747
2	4,70	0,18486	0,8689
3	4,60	0,06100	0,2806
4	4,50	0,01494	0,0672
5	4,40	0,00290	0,0128
> 5	4,00	0,00053	0,0021
		E (Stückpreis)	≈ 4,80 €

14. (1) binompdf(3, 0.7, 2) = 0,441

(2) $3 \cdot \frac{21 \cdot 20 \cdot 9}{30 \cdot 29 \cdot 28} = 0{,}4655$

(3) Beim Ziehen ohne Zurücklegen verändert sich die Zusammensetzung von Stufe zu Stufe. Daher spielt es eine Rolle, ob die Auswahl mit oder ohne Zurücklegen geschieht. Auch in (1) liegt eigentlich ein Ziehen ohne Zurücklegen vor, da man darauf achten wird, nicht zweimal dieselbe Person auszuwählen, aber da das Verhältnis „Umfang der Gesamtheit" zu „Umfang der Stichprobe" sehr groß ist, ist der Binomialansatz zulässig.

15. X_1: *Anzahl der Erfolge mit Erfolgswahrscheinlichkeit* p_1

X_2: *Anzahl der Erfolge mit Erfolgswahrscheinlichkeit* $p_2 = 1 - p_1$

$P(X_1 = k) = \binom{n}{k} p_1^k p_2^{n-k} = \binom{n}{n-k} p_2^{n-k} p_1^k = P(X_2 = n - k)$

k und $n - k$ liegen symmetrisch zu $\frac{n}{2}$ (Mitte zwischen k und $n - k$)

Kurzgefasst: Was bei der einen BERNOULLI-Kette als Erfolg angesehen wird, gilt bei der anderen als Misserfolg, und umgekehrt.

366

16. Die Histogramme werden a) mit höherer Wahrscheinlichkeit p oder b) mit größerem n immer breiter und flacher.

An den Histogrammen in Teilaufgabe b) kann man sehen, dass sie sich nicht proportional mit n verändern, d. h. die Höhe des Maximums wird bei der Verdopplung von n nicht halb so groß, die Breite ist nicht doppelt so groß.

Vielmehr gilt ungefähr: Bei Vervierfachung von n ist das Maximum ungefähr halb so groß und das Histogramm ungefähr doppelt so breit.

17. a) $\binom{10}{0} = \frac{10!}{0! \cdot 10!} = 1$;

$\binom{10}{1} = \frac{10}{1} = \frac{10!}{1! \cdot 9!} = 10$;

$\binom{10}{2} = \frac{10 \cdot 9}{2 \cdot 1} = \frac{10!}{2! \cdot 8!} = 45$;

$\binom{10}{3} = \frac{10 \cdot 9 \cdot 8}{3 \cdot 2 \cdot 1} = \frac{10!}{3! \cdot 7!} = 120$;

$\binom{10}{4} = \frac{10 \cdot 9 \cdot 8 \cdot 7}{4 \cdot 3 \cdot 2 \cdot 1} = \frac{10!}{4! \cdot 6!} = 210$;

$\binom{10}{5} = \frac{10 \cdot 9 \cdot 8 \cdot 7 \cdot 6}{5 \cdot 4 \cdot 3 \cdot 2 \cdot 1} = \frac{10!}{5! \cdot 5!} = 252$;

$\binom{10}{6} = \frac{10 \cdot 9 \cdot 8 \cdot 7 \cdot 6 \cdot 5}{6 \cdot 5 \cdot 4 \cdot 3 \cdot 2 \cdot 1} = \frac{10!}{6! \cdot 4!} = 210$;

$\binom{10}{7} = \frac{10 \cdot 9 \cdot 8 \cdot 7 \cdot 6 \cdot 5 \cdot 4}{7 \cdot 6 \cdot 5 \cdot 4 \cdot 3 \cdot 2 \cdot 1} = \frac{10!}{7! \cdot 3!} = 120$;

$\binom{10}{8} = \frac{10 \cdot 9 \cdot 8 \cdot 7 \cdot 6 \cdot 5 \cdot 4 \cdot 3}{8 \cdot 7 \cdot 6 \cdot 5 \cdot 4 \cdot 3 \cdot 2 \cdot 1} = \frac{10!}{8! \cdot 2!} = 45$;

$\binom{10}{9} = \frac{10 \cdot 9 \cdot 8 \cdot 7 \cdot 6 \cdot 5 \cdot 4 \cdot 3 \cdot 2}{9 \cdot 8 \cdot 7 \cdot 6 \cdot 5 \cdot 4 \cdot 3 \cdot 2 \cdot 1} = \frac{10!}{9! \cdot 1!} = 10$;

$\binom{10}{10} = \frac{10 \cdot 9 \cdot 8 \cdot 7 \cdot 6 \cdot 5 \cdot 4 \cdot 3 \cdot 2 \cdot 1}{10 \cdot 9 \cdot 8 \cdot 7 \cdot 6 \cdot 5 \cdot 4 \cdot 3 \cdot 2 \cdot 1} = \frac{10!}{10! \cdot 0!} = 1$

366

b) $\binom{10}{1}:\binom{10}{0}=\frac{10}{1}$; $\binom{10}{2}:\binom{10}{1}=\frac{9}{2}$; $\binom{10}{3}:\binom{10}{2}=\frac{8}{3}$; usw.

Allgemein gilt für $n = 10$: Der Zähler des Bruchs wird jeweils um 1 kleiner, der Nenner jeweils um 1 größer: $\binom{10}{k+1}:\binom{10}{k}=\frac{10-k}{k+1}$

c) Allgemein gilt: $\binom{n}{k+1}:\binom{n}{k}=\frac{n!}{(k+1)!\cdot(n-k-1)!}\cdot\frac{k!\cdot(n-k)!}{n!}=\frac{n-k}{k+1}$

Blickpunkt: Simulation von BERNOULLI-Ketten mithilfe eines GTR

367

1. (1) Im Beispiel links wird 4-mal eine 0 bzw. eine 1 aus der Urne entnommen und wieder zurückgelegt. Die Eins steht für einen Erfolg; daher gibt die
(Summe aller Werte) = (Summe der Einsen) = (Anzahl der Einsen)
die Anzahl der Erfolge an.
Im Beispiel rechts wird 5-mal eine 0 bzw. eine 1 aus einer Urne mit 5 Nullen und 1 Eins entnommen und wieder zurückgelegt. Die Eins steht für einen Erfolg; daher gibt die
(Summe aller Werte) = (Summe der Einsen) = (Anzahl der Einsen)
die Anzahl der Erfolge an.

(2) Man kann den Inhalt der Urne auf zwei Nullen und eine Eins beschränken, weil die Erfolgswahrscheinlichkeit $\frac{1}{3}$ ist. Befehl: randsamp ({0,0,1}, 3).

(3) Die Häufigkeitsverteilung wird ungefähr der Wahrscheinlichkeitsverteilung entsprechen:

Anzahl der Erfolge	0	1	2	3
Wahrscheinlichkeit	29,6 %	44,4 %	22,2 %	3,7 %
erwartete Anzahl	30	44	22	4

2. a) –

b) Das Histogramm sieht ungefähr gleich aus; die absoluten Häufigkeiten sind entsprechend hier doppelt so groß. Die relativen Häufigkeiten liegen in der Regel näher bei den Wahrscheinlichkeiten für 0, 1, 2, 3, …, 6 Erfolge (33,5 %, 40,2 %, 20,1 %, 5,4 %, 0,8 %, 0,1 %, 0,0 %).

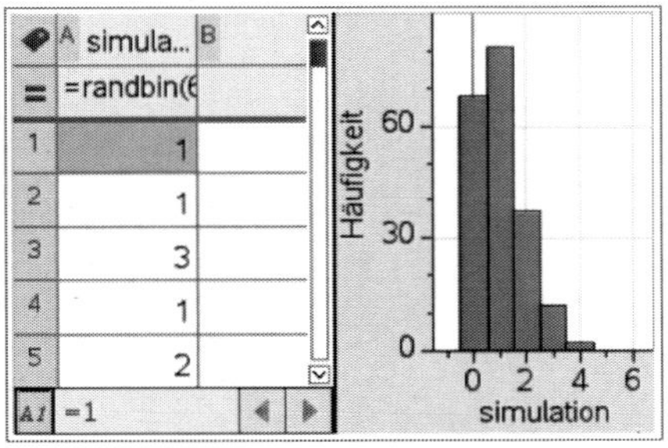

367 **3. a)** (1), (2)

k	0	1	2	3	4	5
P(X = k)	0,03125	0,15625	0,3125	0,3125	0,15625	0,03125
Häufigkeits-interpretation	3	16	31	31	16	3

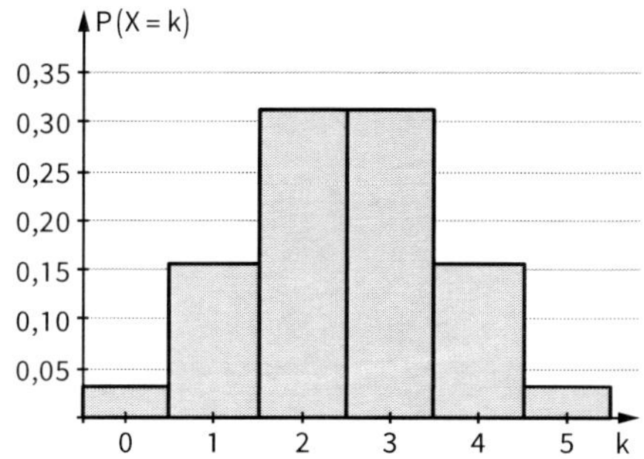

(3) –

b) (1) – (2) P(X = 10) ≈ 13,7 % (3) –

8.4 Kumulierte Binomialverteilung – ein Auslastungsmodell

368 **Einstiegsaufgabe ohne Lösung**

a) Eine Modellierung als 120-stufiges BERNOULLI-Experiment setzt voraus, dass die 120 Bankkunden unabhängig voneinander in Bankfilale eintreffen und einen Bankauszug drucken wollen. Der Ansatz von $p = \frac{1}{60}$ ist angemessen, wenn man den Zeitraum von einer Stunde in 1-Minuten-Intervalle unterteilt. Dann betrachtet man irgendeine dieser 60 Zeiteinheiten von je einer Minute; dieses Intervall wird mit I bezeichnet.
Das Ereignis *Eine Person kommt im Intervall I an* wird als Erfolg interpretiert und hat daher die Erfolgswahrscheinlichkeit $p = \frac{1}{60}$ und die Misserfolgswahrscheinlichkeit $q = \frac{59}{60}$.
Dann ist die Zufallsgröße X: *Anzahl der im Zeitintervall I an den Kontoauszugautomaten eintreffenden Bankkunden* binomialverteilt mit $n = 120$ und $p = \frac{1}{60}$.

b)

k	0	1	2	3	4	5	6	7	...
P(X = k)	0,133	0,271	0,273	0,182	0,090	0,0355	0,0115	0,0032	...
P(X ≤ k)	0,133	0,404	0,677	0,859	0,949	0,984	0,9959	0,9990	...
P(X > k)	0,867	0,596	0,323	0,141	0,051	0,016	0,0041	0,0010	...

Wenn zwei Automaten aufgestellt werden, dann könnte dies in ca. 68 % der Fälle ausreichend sein, also in ca. 32 % der Fälle nicht. Wenn drei Automaten aufgestellt werden, dann könnte dies in ca. 86 % der Fälle ausreichend sein, also in ca. 14 % der Fälle nicht.
Wenn vier Automaten aufgestellt werden, dann könnte dies in ca. 95 % der Fälle ausreichend sein, also in ca. 5 % der Fälle nicht. usw.

c) Bei der Modellierung werden Zeitintervalle berücksichtigt, aber die Situation dahingehend vereinfacht, dass die Kunden grundsätzlich zu Beginn eines solchen Zeitintervalls eintreffen. Das Modell geht von Durchschnittswerten für die benötigte Dauer der Nutzung und für die Anzahl der Kunden aus. In der Realität kann es mehr oder weniger starke Abweichungen davon geben.

371

1. Eine Modellierung als 60-stufiges BERNOULLI-Experiment setzt voraus, dass die Mitarbeiter unabhängig voneinander Kopien anfertigen müssen. Der Ansatz von $p = \frac{1}{30}$ ist angemessen, wenn man den Zeitraum von einer Stunde in 2-Minuten-Intervalle unterteilt. Dann betrachtet man irgendeine dieser 30 Zeiteinheiten von je zwei Minuten; dieses Intervall wird mit I bezeichnet.
Das Ereignis *Eine Person kommt im Intervall I an* wird als Erfolg interpretiert und hat daher die Erfolgswahrscheinlichkeit $p = \frac{1}{30}$ und die Misserfolgswahrscheinlichkeit $q = \frac{29}{30}$.
Dann ist die Zufallsgröße X: *Anzahl der im Zeitintervall I zum Kopiergerät kommenden Mitarbeiter* binomialverteilt mit $n = 60$ und $p = \frac{1}{30}$.

k	0	1	2	3	4	5	...
$P(X = k)$	0,131	0,271	0,275	0,184	0,090	0,035	...
$P(X \le k)$	0,131	0,401	0,677	0,860	0,950	0,985	...
$P(X > k)$	0,869	0,599	0,323	0,140	0,050	0,015	...

Wenn zwei Kopierer aufgestellt werden, dann könnte dies in ca. 68 % der Fälle ausreichend sein, also in ca. 32 % der Fälle nicht. Wenn drei Kopierer aufgestellt werden, dann könnte dies in ca. 86 % der Fälle ausreichend sein, also in ca. 14 % der Fälle nicht. Wenn vier Kopierer aufgestellt werden, dann könnte dies in ca. 95 % der Fälle ausreichend sein, also in ca. 5 % der Fälle nicht. usw.
Vereinfachend werden die durchschnittlich 60 Kopiervorgänge pro Stunde als unabhängige Vorgänge betrachtet . Außerdem werden bei der Modellierung Zeitintervalle berücksichtigt, aber die Situation dahingehend vereinfacht, dass die Mitarbeiter grundsätzlich zu Beginn eines solchen Zeitintervalls am Kopierer eintreffen. Das Modell geht von Durchschnittswerten für die benötigte Dauer der Nutzung eines Kopierers und für die Anzahl der Kopiervorgänge pro Stunde aus. In der Realität kann es mehr oder weniger starke Abweichungen davon geben.

2.
- Eine Modellierung als 100-stufiges BERNOULLI-Experiment setzt voraus, dass die 100 Bankkunden unabhängig voneinander in Bankfilale eintreffen und einen Mitarbeiter ansprechen. Der Ansatz von $p = \frac{1}{40}$ ist angemessen, wenn man den Zeitraum von vier Stunden in 6-Minuten-Intervalle unterteilt. Dann betrachtet man irgendeine dieser 40 Zeiteinheiten von je sechs Minuten; dieses Intervall wird mit I bezeichnet.
  Das Ereignis *Eine Person kommt im Intervall I an* wird als Erfolg interpretiert und hat daher die Erfolgswahrscheinlichkeit $p = \frac{1}{40}$ und die Misserfolgswahrscheinlichkeit $q = \frac{39}{40}$.
  Dann ist die Zufallsgröße X: *Anzahl der im Zeitintervall I eintreffenden Bankkunden* binomialverteilt mit $n = 100$ und $p = \frac{1}{40}$.
- $P(X \le 3) = 0{,}759$; $P(X > 3) = 0{,}241$
  Wenn drei Mitarbeiter zur Verfügung stehen, dann könnte dies in ca. 76 % der Fälle ausreichend sein, also in ca. 24 % der Fälle nicht.
- Bei der Modellierung werden Zeitintervalle berücksichtigt, aber die Situation dahingehend vereinfacht, dass die Kunden grundsätzlich zu Beginn eines solchen Zeitintervalls eintreffen. Das Modell geht von Durchschnittswerten für die benötigte Dauer der Nutzung und für die Anzahl der Kunden aus. In der Realität kann es mehr oder weniger starke Abweichungen davon geben.

371

3. ▪ Eine Modellierung als 100-stufiges BERNOULLI-Experiment setzt voraus, dass die 100 Kunden unabhängig voneinander auf dem Parkplatz eintreffen und einkaufen gehen. Der Ansatz von $p = \frac{1}{15}$ ist angemessen, wenn man den Zeitraum von drei Stunden in 12-Minuten-Intervalle unterteilt. Dann betrachtet man irgendeine dieser 15 Zeiteinheiten von je 12 Minuten; dieses Intervall wird mit I bezeichnet.
Das Ereignis *Ein Fahrzeug kommt im Intervall I an* wird als Erfolg interpretiert und hat daher die Erfolgswahrscheinlichkeit $p = \frac{1}{15}$ und die Misserfolgswahrscheinlichkeit $q = \frac{14}{15}$.
Dann ist die Zufallsgröße X: *Anzahl der im Zeitintervall I eintreffenden Fahrzeuge* binomialverteilt mit $n = 100$ und $p = \frac{1}{15}$.

▪ Da $P(X > 30) \approx 0$, kann man davon ausgehen, dass die Anzahl der Parkplätze ausreicht.

▪ Bei der Modellierung werden Zeitintervalle berücksichtigt, aber die Situation dahingehend vereinfacht, dass die Kunden grundsätzlich zu Beginn eines solchen Zeitintervalls eintreffen. Das Modell geht von Durchschnittswerten für die benötigte Dauer der Nutzung und für die Anzahl der Kunden aus. In der Realität kann es mehr oder weniger starke Abweichungen davon geben.

4. a) Eine Modellierung als 100-stufiges BERNOULLI-Experiment setzt voraus, dass die 100 Personen unabhängig voneinander im Callcenter anrufen und ihr Anliegen vortragen. Der Ansatz von $p = \frac{1}{12}$ ist angemessen, wenn man den Zeitraum von einer Stunde in 5-Minuten-Intervalle unterteilt. Dann betrachtet man irgendeine dieser 12 Zeiteinheiten von je fünf Minuten; dieses Intervall wird mit I bezeichnet.
Das Ereignis *Eine Person ruft im Intervall I an* wird als Erfolg interpretiert und hat daher die Erfolgswahrscheinlichkeit $p = \frac{1}{12}$ und die Misserfolgswahrscheinlichkeit $q = \frac{11}{12}$.
Dann ist die Zufallsgröße X: *Anzahl der im Zeitintervall I an den Kontoauszugautomaten eintreffenden Bankkunden* binomialverteilt mit $n = 100$ und $p = \frac{1}{12}$.
$P(X \leq 12) = 0{,}928$; $P(X > 12) = 0{,}072$
Wenn 12 Mitarbeiter zur Verfügung stehen, dann könnte dies in ca. 93 % der Fälle ausreichend sein, also in ca. 7 % der Fälle nicht.

b) Entsprechend wird hier der Ansatz $n = 100$ und $p = \frac{1}{15}$ gewählt:
$P(X \leq 10) = 0{,}930$; $P(X > 10) = 0{,}070$
Wenn 10 Mitarbeiter zur Verfügung stehen, dann könnte dies in ca. 93 % der Fälle ausreichend sein, also in ca. 7 % der Fälle nicht.

Zu a) und b): Bei der Modellierung werden Zeitintervalle berücksichtigt, aber die Situation dahingehend vereinfacht, dass die Kunden grundsätzlich zu Beginn eines solchen Zeitintervalls anrufen. Das Modell geht von Durchschnittswerten für die benötigte Dauer und für die Anzahl der Anrufer aus. In der Realität kann es mehr oder weniger starke Abweichungen davon geben.

371 **5. a)** Auszählung: In der dargestellten Simulation erkennt man (von oben links nach unten rechts) Felder mit

3, 2, 0, 2, 2, 1,
0, 1, 2, 2, 1, 3,
2, 1, 1, 0, 1, 3,
2, 1, 0, 3, 2, 2,
5, 2, 1, 1, 2, 2

Punkten. Dies ergibt folgende Häufigkeitsverteilung:

Anzahl k der Punkte	0	1	2	3	4	5	6
Anzahl H (k) der Felder mit k Punkten	4	9	12	4	0	1	0
rel. Häufigkeit h (k)	13 %	30 %	40 %	13 %	0 %	3 %	0 %

b) In der im Lehrbuch protokollierten Simulation kommt es nur in einem Zeitintervall vor, dass mehr als 3 Punkte in einem Feld enthalten sind. Wenn man dann konkret die überzähligen 2 Punkte in das nächste Feld verschiebt, ergeben sich dort 4 Punkte, sodass dann noch einmal 1 Punkt in das übernächste Feld verschoben werden muss. Insgesamt werden daher 3 Punkte um jeweils ein Feld verschoben.

8.5 Intervall-Wahrscheinlichkeiten

373 **1. a)** $n = 100$; $p = 0{,}3$; X: *Anzahl der Haushalte mit Hometrainer*

(1) $P(X > 30) = 1 - P(X \le 30) = 1 - \text{binomcdf}(100, 0.3, 30) = 1 - 0{,}549 = 0{,}451$

(2) $P(X \ge 30) = 1 - P(X \le 29) = 1 - \text{binomcdf}(100, 0.3, 29) = 1 - 0{,}462 = 0{,}538$

(3) $P(24 < X < 28)$
$= P(25 \le X \le 27) = \text{binomcdf}(100, 0.3, 27) - \text{binomcdf}(100, 0.3, 24) = 0{,}183$
alternativ: binomcdf(100, 0.3, 25, 27)

(4) $P(X \le 27) = \text{binomcdf}(100, 0.3, 37) = 0{,}947$

b) $n = 100$; $p = 0{,}7$; Y: *Anzahl der Haushalte ohne Hometrainer*

(1) $P(Y = 68) = \text{binompdf}(100, 0.7, 68) = 0{,}078$

(2) $P(Y < 71) = P(Y \le 70) = \text{binomcdf}(100, 0.7, 70) = 0{,}538$

(3) $P(Y \le 68) = \text{binomcdf}(100, 0.7, 68) = 0{,}367$

(4) $P(Y > 71) = 1 - P(Y \le 71) = 1 - \text{binomcdf}(100, 0.7, 71) = 0{,}377$

2. $n = 50$, $p = \frac{1}{5} = 0{,}2$; X: *Anzahl der richtig beantworteten Items*

(1) $P(X > 20) = 1 - P(X \le 20) = 1 - \text{binomcdf}(50, 0.2, 20) = 0{,}00032$

(2) $P(10 \le X \le 20) = \text{binomcdf}(50, 0.2, 20) - \text{binomcdf}(50, 0{,}2, 9) = 0{,}556$
alternativ: binomcdf(50, 0.2, 10, 20)

(3) $P(X < 10) = P(X \le 9) = \text{binomcdf}(50, 0.2, 9) = 0{,}444$

(4) $P(X = 15) = \text{binompdf}(50, 0.2, 15) = 0{,}030$

374

3. $n = 20$, $p = 0{,}25$; X: *Anzahl der Einsen*

(1) $P(X = 4) = \text{binompdf}(20, 0.25, 4) = 0{,}1897$

(2) $P(X \le 4) = \text{binomcdf}(20, 0.25, 4) = 0{,}4148$

(3) $P(X \ge 4) = 1 - P(X \le 3) = 1 - \text{binomcdf}(20, 0.25, 3) = 0{,}7748$

(4) $P(X > 2) = 1 - P(X \le 2) = 1 - \text{binomcdf}(20, 0.25, 2) = 0{,}9087$

(5) $P(X < 6) = P(X \le 5) = \text{binomcdf}(20, 0.25, 5) = 0{,}6172$

(6) $P(3 \le X \le 7) = \text{binomcdf}(20, 0.25, 7) - \text{binomcdf}(20, 0.25, 2) = 0{,}8069$
alternativ: binomcdf(20, 0.25, 3, 7)

(7) $P(4 < X < 10) = P(5 \le X \le 9) = \text{binomcdf}(20, 0.25, 9) - \text{binomcdf}(20, 0.25, 4) = 0{,}5713$
alternativ: binomcdf(20, 0.25, 5, 9)

(8) $P(X \ge 1) = 1 - P(X = 0) = 1 - \text{binompdf}(20, 0.25, 0) = 0{,}9968$

4. a) (1) Wahrscheinlichkeit beim 8-fachen Würfeln für höchstens 3-mal Augenzahl 6

(2) Wahrscheinlichkeit beim 20-fachen Tetraederwurf für höchstens 12 Würfe, bei denen nicht die Augenzahl 1 auftritt

(3) Wahrscheinlichkeit für höchstens 4-mal Wappen beim 9-fachen Münzwurf

b) (1) 0, da das Ereignis, mehr Erfolge zu haben, als es Stufen gibt, ein unmögliches Ereignis ist

(2) „Bereichsfehler“, da die untere Grenze des Bereichs oberhalb der oberen Grenze liegt oder nur „Error“

5. (1) $P(\text{höchstens 3-mal Augenzahl 2}) = \text{binomcdf}\left(20, \frac{1}{6}, 3\right) = 0{,}567$

(2) $P(\text{mehr als 8-mal Augenzahl 5 oder 6}) = 1 - \text{binomcdf}\left(20, \frac{2}{6}, 8\right) = 0{,}191$

(3) $P(\text{mindestens 6-mal eine Augenzahl kleiner als 5}) = 1 - \text{binomcdf}\left(20, \frac{4}{6}, 5\right) = 0{,}9998$

(4) $P(\text{weniger als 10-mal eine Augenzahl größer als 1}) = \text{binomcdf}\left(20, \frac{5}{6}, 9\right) = 0{,}0001$

(5) $P(\text{höchstens 4-mal oder mindestens 9-mal Augenzahl 2 oder 3})$
$= \text{binomcdf}\left(20, \frac{2}{6}, 4\right) + \left(1 - \text{binomcdf}\left(20, \frac{2}{6}, 8\right)\right) = 0{,}1515 + 0{,}1915 = 0{,}3430$

(6) $P(\text{weniger als 11-mal oder mehr als 14-mal keine Sechs})$
$= \text{binomcdf}\left(20, \frac{5}{6}, 10\right) + \left(1 - \text{binomcdf}\left(20, \frac{5}{6}, 14\right)\right) = 0{,}0006 + 0{,}8982 = 0{,}8988$

6. (1) binompdf(100, 0.8, 80) = 0,099

(2) 1 – binomcdf(100, 0.8, 79) = 0,599

(3) 1 – binomcdf(100, 0.8, 80) = 0,460

7. $n = 100$; $p = 0{,}4$; X: *Anzahl der Personen mit Blutgruppe A*

(1) $P(X = 45) = 0{,}869 - 0{,}821 = 0{,}048$

(2) $P(X > 35) = 1 - P(X \le 35) = 1 - 0{,}179 = 0{,}821$

(3) $P(X \le 48) = 0{,}958$

(4) $P(30 \le X \le 50) = P(X \le 50) - P(X \le 29) = 0{,}983 - 0{,}015 = 0{,}968$

375

8. Damit ein Binomialansatz gemacht werden kann, muss angenommen werden, dass die Entscheidungen der Angestellten, das Mittagessen in der Kantine einzunehmen, unabhängig voneinander erfolgen (was vermutlich problematisch ist). Außerdem muss angenommen werden, dass die Entscheidung der einzelnen Angestellten tatsächlich zufällig mit Erfolgswahrscheinlichkeit $p = 0{,}6$ erfolgt, also beispielsweise mithilfe eines Zufallsgenerators geschieht (eher ist anzunehmen, dass die Entscheidung durch das jeweils angebotene Gericht beeinflusst wird).
Unter diesen Annahmen kann eine Modellierung mit $n = 100$ und $p = 0{,}6$ vorgenommen werden:

(1) 1 − binomcdf(100, 0.6, 60) = 0,462
(2) binomcdf(100, 0.6, 59) = 0,457
(3) binomcdf(100, 0.6, 69) = 0,975
(4) 1 − binomcdf(100, 0.6, 69) = 0,025
(5) binompdf(100, 0.6, 70) = 0,010
(6) binomcdf(100, 0.6, 40) = 0,00002

9. Damit ein Binomialansatz gemacht werden kann, muss angenommen werden, dass die Entscheidungen der Angestellten, mit dem Auto zur Arbeit zu kommen, unabhängig voneinander erfolgen (was wegen der oft möglichen Fahrgemeinschaften problematisch ist). Außerdem muss angenommen werden, dass die Entscheidung der einzelnen Angestellten tatsächlich zufällig mit Erfolgswahrscheinlichkeit $p = 0{,}4$ erfolgt, also beispielsweise mithilfe eines Zufallsgenerators geschieht. (Eher ist anzunehmen, dass die Entscheidung durch das jeweils herrschende Wetter beeinflusst wird.) Unter diesen Annahmen kann eine Modellierung mit $n = 100$ und $p = 0{,}4$ vorgenommen werden:
Wahrscheinlichkeit, dass ein Parkplatz mit 50 Plätzen genügt
= binomcdf(100, 0.4, 50) = 0,983
Mindestens 46 Plätze sollten zur Verfügung stehen, denn
binomcdf(100, 0.4, 46) = 0,907 > 90 % und binomcdf(100, 0.4, 45) = 0,869 < 90 %

10. a) X: *Anzahl der brauchbaren Schrauben*; $p = 0{,}9$
$n = 50$: $P(X \geq 40) = 1 - P(X \leq 39) = 1 -$ binomcdf(50, 0.9, 39) = 0,991
b) $n = 100$: $P(X > 40 + 50) = 1 - P(X \leq 90) = 1 -$ binomcdf(100, 0.9, 90) = 0,451

11. X: *Anzahl der richtig geratenen Antworten*; $n = 12$, $p = \frac{1}{3}$
$P(X \geq 6) = 1 - P(X \leq 5) = \text{binomcdf}\left(12, \frac{1}{3}, 5\right) = 0{,}178$

12. Modellierungsannahme: Der Anteil von 60 % der bisher gewonnenen Einzelspiele gilt auch zukünftig und wird nicht vom jeweiligen Ausgang des vorangegangenen Spiels beeinflusst (wenn zwei Spiele hintereinander stattfinden, kann diese Annahme problematisch sein).
X: *Anzahl der Einzelspiele, die Ben gewinnt*; $n = 15$; $p = 0{,}6$
$P(X \geq 8) = 1 - P(X \leq 7) = 1 -$ binomcdf(15, 0.6, 7) = 0,787

375

13. a) X: *Anzahl der Personen, die zu einer Befragung bereit sind*; p = 0,5

n	180	190	200	210	220	230
P(X ≥ 100)	0,783	0,257	0,528	0,776	0,922	0,980

Zur Vorbereitung der grafischen Darstellung kann man mithilfe des seq-Befehls zwei Folgen mit der Anzahl der ausgewählten Personen sowie der zugehörigen Wahrscheinlichkeit 1 – binomcdf(n, 0.5, 100) erzeugen. Die grafische Darstellung kann dann als Schnellgraph (mit Punkten) oder als Ergebnisdiagramm (mit Säulen) erfolgen.

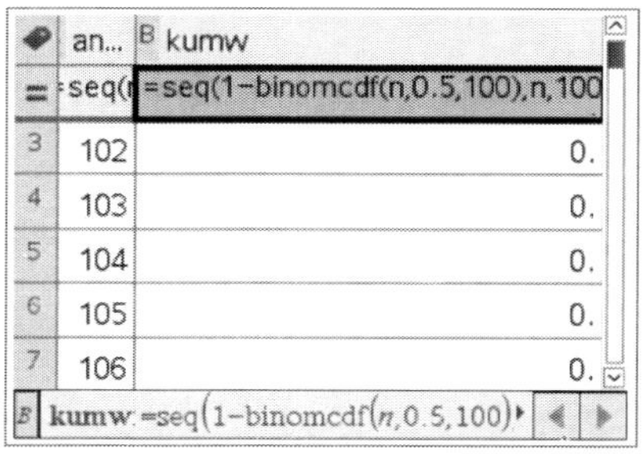

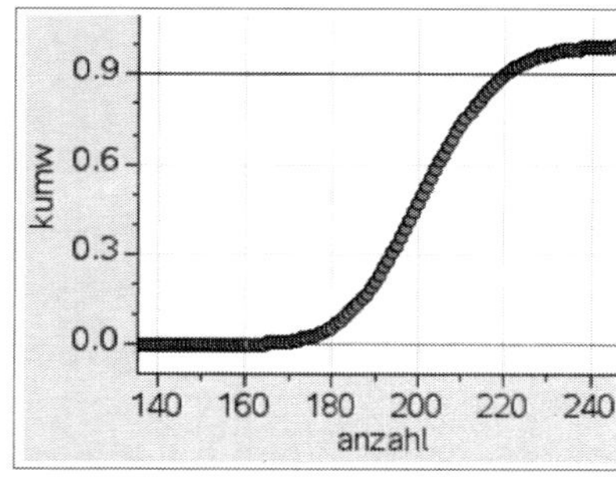

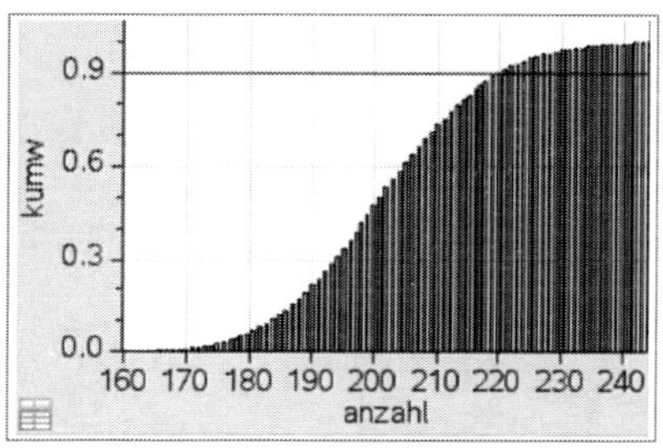

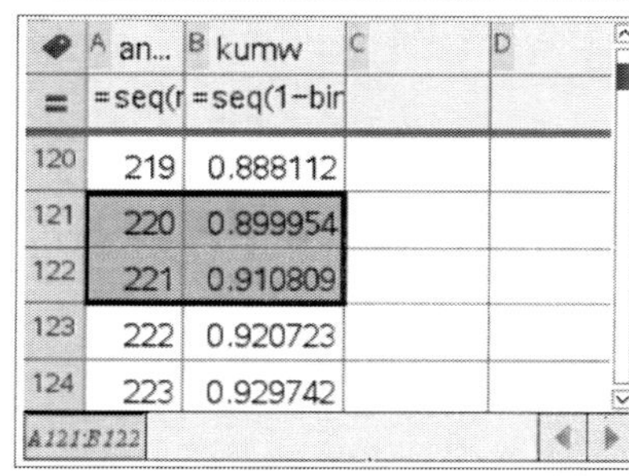

b) Nach Veränderung der Folgenvorschrift auf p = 0,75 kann man an der Tabelle oder der Grafik ablesen, dass die Bedingung für n = 142 erfüllt ist.

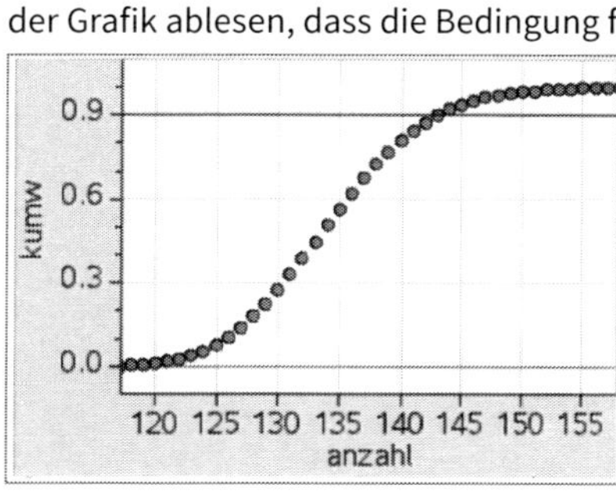

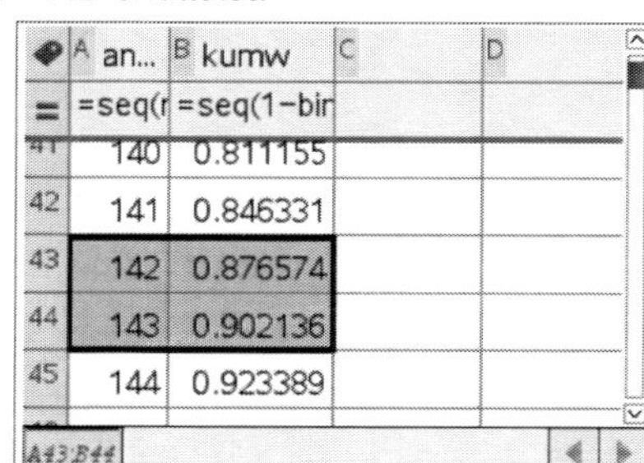

376

14. Überbuchung von 12 % für 150 Sitzplätze bedeutet: n = 168

Wahrnehmung der Buchung: p = 0,85

X: *Anzahl der tatsächlich zum Check-in kommenden Personen*

Die Anzahl der Sitzplätze reicht aus, wenn X ≤ 150.

P(X ≤ 150) = binomcdf(168, 0.85, 150) = 0,957

Mit einer Wahrscheinlichkeit von ca. 95,7 % können alle tatsächlich erscheinenden Passagiere mitfliegen.

376 **15.** (1) $P(37 \le X \le 56) = 0{,}90001$ $P(41 \le X \le 57) = 0{,}90495$ $P(42 \le X \le 58) = 0{,}91137$
$P(43 \le X \le 59) = 0{,}90495$ $P(43 \le X \le 60) = 0{,}91580$ $P(43 \le X \le 61) = 0{,}92290$
(2) $P(37 \le X \le 58) = 0{,}95237$ $P(40 \le X \le 59) = 0{,}95396$ $P(41 \le X \le 60) = 0{,}95396$
$P(42 \le X \le 61) = 0{,}94520$ $P(42 \le X \le 62) = 0{,}94967$ $P(43 \le X \le 63) = 0{,}945237$

16. (1) $P(X \le k) > 0{,}3$ gilt für $k > 22$
(2) $P(X > k) \le 0{,}5$ also $1 - P(X \le k) \le 0{,}5$ oder $0{,}5 \le P(X \le k)$ gilt für $k > 23$

17. Hexaeder:
$P(\text{mindestens eine Sechs}) = 1 - P(\text{keine Sechs}) = 1 - \left(\frac{5}{6}\right)^n = 1 - \left(\frac{5}{6}\right)^4 = 0{,}5177 > 0{,}5$
(1) Oktaeder: $1 - \left(\frac{7}{8}\right)^6 = 0{,}5512$
Vorteilhaft ist es darauf zu wetten, dass bei 6 Würfen z. B. mindestens eine Eins auftritt (oder mindestens eine 2, ...).
(2) Dodekaeder: $1 - \left(\frac{11}{12}\right)^8 = 0{,}5015$
Vorteilhaft (allerdings nur wenig vorteilhaft) ist es darauf zu wetten, dass bei 8 Würfen z. B. mindestens eine Eins auftritt.
(3) Ikosaeder: $1 - \left(\frac{19}{20}\right)^{14} = 0{,}5123$
Vorteilhaft (allerdings nur wenig vorteilhaft) ist es darauf zu wetten, dass bei 14 Würfen z. B. mindestens eine Eins auftritt.

8.6 Wahrscheinlichkeit für mindestens einen Erfolg

377 **Einstiegsaufgabe ohne Lösung**
$P(\text{mindestens eine Sechs in 9 Würfen}) = 1 - \left(\frac{5}{6}\right)^9 = 0{,}806$
$P(\text{keine Sechs in 9 Würfen}) = \left(\frac{5}{6}\right)^9 = 0{,}194$

n	10	12	14	13
$1 - \left(\frac{5}{6}\right)^n$	0,838	0,888	0,922	0,907

Wenn man mindestens 13-mal würfelt, dann ist die Wahrscheinlichkeit, dass unter den 13 Würfen mindestens eine Sechs ist, mindestens 90 %.

379 **1.** **a)** (1) $1 - \left(\frac{5}{6}\right)^{17} = 0{,}955 > 0{,}95$; man muss mindestens 17-mal würfeln
(2) $1 - \left(\frac{11}{12}\right)^{35} = 0{,}952 > 0{,}95$; man muss mindestens 35-mal würfeln
(3) $1 - \left(\frac{19}{20}\right)^{59} = 0{,}952 > 0{,}95$; man muss mindestens 59-mal würfeln
b) $1 - 0{,}962^{60} = 0{,}902 > 0{,}90$; man muss mindestens 60 Haushalte auswählen
c) $1 - 0{,}986^{50} = 0{,}506 > 0{,}50$; man muss mindestens 50 Stimmzettel auswählen
alternative Rechnungen mithilfe des Logarithmus:
a) (1) $\log_{\frac{5}{6}}(0{,}05) = 16{,}4$
(2) $\log_{\frac{11}{12}}(0{,}05) = 34{,}4$
(3) $\log_{\frac{19}{20}}(0{,}05) = 58{,}4$
b) $\log_{0.962}(0{,}9) = 59{,}4$
c) $\log_{0.986}(0{,}5) = 49{,}2$

379

2. **a)** Blutspenden der Blutgruppe 0 können für Menschen mit beliebigen Blutgruppen verwendet werden, da sie von allen vertragen werden. Menschen der Blutgruppe AB können Blutspenden beliebiger Blutgruppen vertragen.

b) Um mit einer Wahrscheinlichkeit von mindestens 90 % einen Spender der Blutgruppe 0– zu finden, müssen mindestens 38 Personen untersucht werden, denn es gilt:

(1) 0 –: $\log_{0,94}(0{,}10) = 37{,}2$

Analog:

(2) 0 +: $\log_{0,65}(0{,}10) = 5{,}3$; also mindestens 6 Personen

(3) B –: $\log_{0,98}(0{,}10) = 113{,}97$; also mindestens 114 Personen

(4) B +: $\log_{0,91}(0{,}10) = 24{,}4$; also mindestens 25 Personen

(5) A –: $\log_{0,94}(0{,}10) = 37{,}2$; also mindestens 38 Personen

(6) A +: $\log_{0,63}(0{,}10) = 4{,}98$; also mindestens 5 Personen

(7) AB –: $\log_{0,99}(0{,}10) = 229{,}1$; also mindestens 230 Personen

(8) AB +: $\log_{0,96}(0{,}10) = 56{,}4$; also mindestens 57 Personen

3. Systematisches Probieren:

n	P (X = 0)	P (X = 1)	P (X ≥ 2)
10	0,1615	0,3230	0,5155
20	0,0261	0,1043	0,8696
21	0,0217	0,0913	0,8870
22	0,0181	0,0797	0,9022
23	0,0151	0,0694	0,9155
24	0,0126	0,0604	0,9270
25	0,0105	0,0524	0,9371
26	0,0087	0,0454	0,9458
27	0,0073	0,0393	0,9534

Man muss einen Würfel mindestens 22-mal (27-mal) werfen, um mit einer Wahrscheinlichkeit von mindestens 90 % (95 %) mindestens zweimal Augenzahl 6 zu haben.

Allgemeine Lösung:

P (mindestens 2 Erfolge)

$= 1 - [P(\text{kein Erfolg}) + P(\text{genau 1 Erfolg})]$

$= 1 - [q^n + n \cdot p \cdot q^{n-1}]$

$= 1 - q^{n-1} \cdot [q + n \cdot p]$

$= 1 - q^{n-1} \cdot [q + n \cdot (1 - q)]$

$= 1 - q^{n-1} \cdot [q + n - n \cdot q]$

$= 1 - q^{n-1} \cdot [n - (n - 1) \cdot q]$

Gelöst werden muss also die Gleichung für $q = \frac{5}{6}$:

Mithilfe des Gleichungslösers des GTR erhält man beispielsweise für die Mindest-Wahrscheinlichkeit 90 %: $n \approx 21{,}84$, d. h. man benötigt mindestens 22 Würfe für mindestens zwei Erfolge.

9 Einführung in die Beurteilende Statistik

9.1 Erwartungswert und Standardabweichung von Binomialverteilungen

9.1.1 Erwartungswert einer Binomialverteilung

384 **Einstiegsaufgabe ohne Lösung**

Hier ist die Umsetzung der Aufgabenstellung mithilfe des GTR dargestellt.

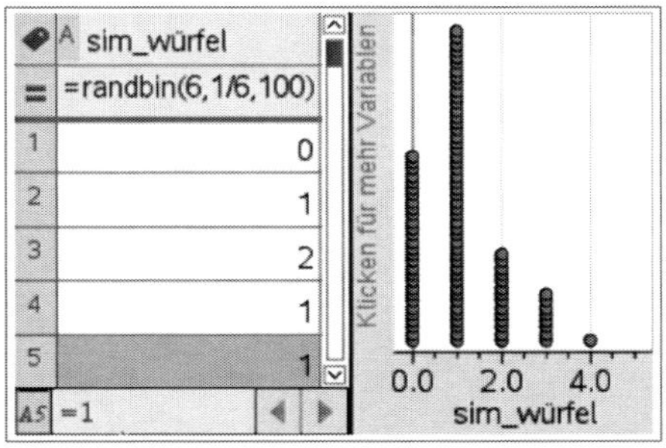

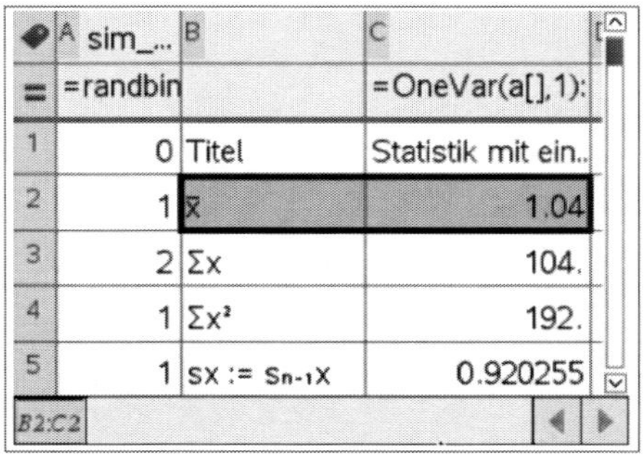

Das 6-fache Werfen eines Würfels mit der Erfolgswahrscheinlichkeit $p = \frac{1}{6}$ für Augenzahl 6 wird 100-mal mithilfe des Befehls $\text{randbin}\left(6, \frac{1}{6}, 100\right)$ durchgeführt.

In der Tabelle wird die Anzahl der Erfolge notiert. Die zugehörige Häufigkeitsverteilung kann mithilfe des Schnellgraphen visualisiert werden. Die Mittelwertberechnung kann mithilfe der 1-Variablen-Statistik (GTR) erfolgen. Bei der dokumentierten Simulation ergab sich ein Mittelwert von 1,04 Sechsen in 100 Versuchsdurchführungen (Simulationen).

Stellt man die Häufigkeitsverteilung in Form eines Histogramms dar, dann lassen sich die jeweiligen absoluten Häufigkeiten an den einzelnen Säulen ablesen.

k	H(k)	h(k)	P(X = k)
0	29	0,29	0,33490
1	48	0,48	0,40188
2	14	0,14	0,20094
3	8	0,08	0,05358
4	1	0,01	0,00804
5	0	0	0,00064
6	0	0	0,00002
	100	1	1

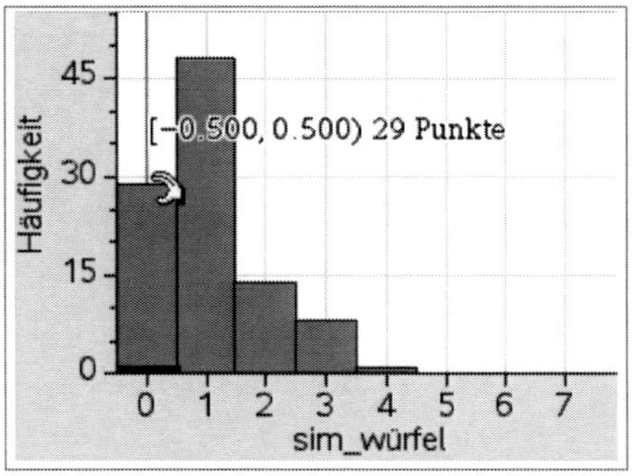

384

Die Abweichungen der empirischen Werte (relative Häufigkeiten) von den Wahrscheinlichkeiten können groß sein. Der Erwartungswert der Verteilung liegt bei *exakter* Rechnung bei 1; dort liegt auch das Maximum der Verteilung:

k	$P(X=k)$	$k \cdot P(X=k)$
0	$\frac{15\,625}{46\,656}$	0
1	$\frac{18\,750}{46\,656}$	$\frac{18\,750}{46\,656}$
2	$\frac{9\,375}{46\,656}$	$\frac{18\,750}{46\,656}$
3	$\frac{2\,500}{46\,656}$	$\frac{7\,500}{46\,656}$
4	$\frac{375}{46\,656}$	$\frac{1\,500}{46\,656}$
5	$\frac{30}{46\,656}$	$\frac{150}{46\,656}$
6	$\frac{1}{46\,656}$	$\frac{6}{46\,656}$
	1	$\frac{46\,656}{46\,656} = 1$

386

1. a) (1) Das Maximum der Verteilungen liegt bei $k = n$.
GTR-Bilder für $n = 20$; $p = 0{,}3$, entsprechend findet man:
$n = 40$: $P(k_{max} = 12) = 0{,}136574$;
$n = 80$: $P(k_{max} = 24) = 0{,}096951$

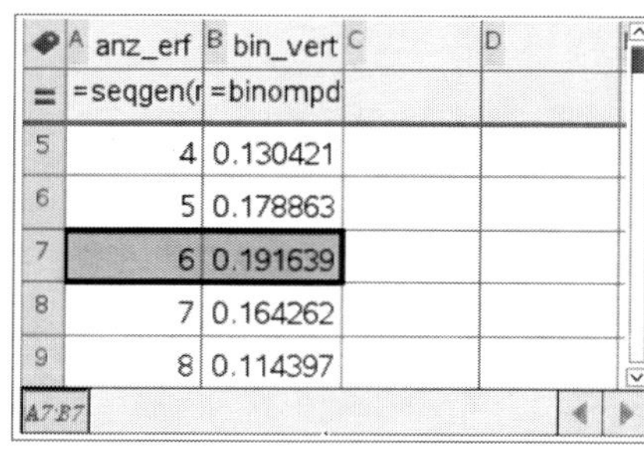

(2) $p = 0{,}25$
$n = 20$: $P(k_{max} = 5) = 0{,}202331$
$n = 40$: $P(k_{max} = 10) = 0{,}144364$
$n = 80$: $P(k_{max} = 20) = 0{,}102543$

b) (1) $p = 0{,}3$: $n = 20$

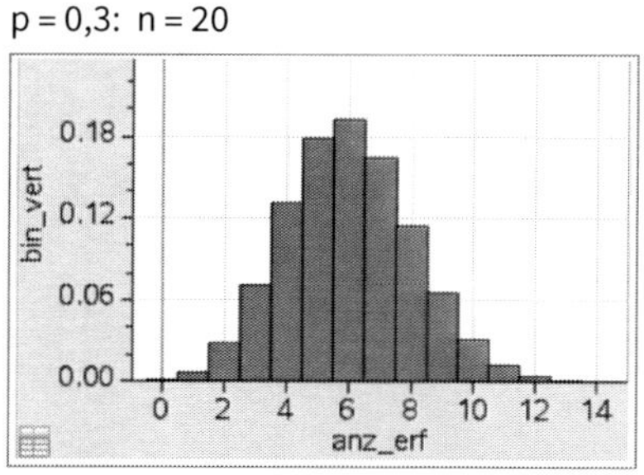

$n = 40$

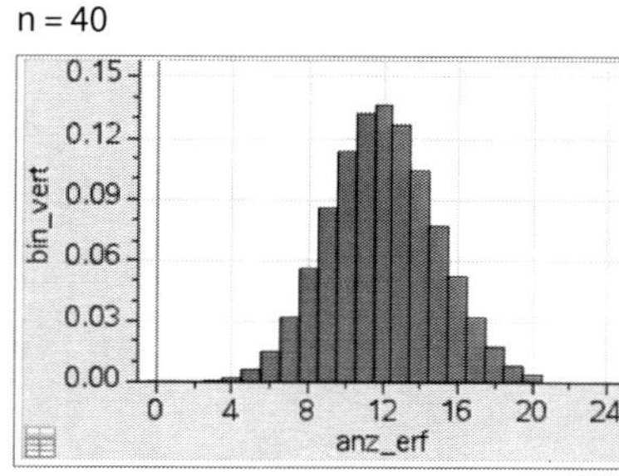

$n = 80$

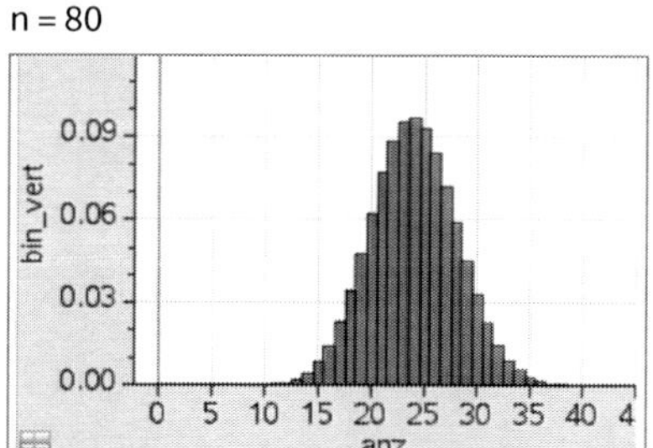

Die Histogramme werden flacher (dies ist hier durch den angepassten Zoom kompensiert) und breiter; vor allem: Die Gestalt wird zunehmend symmetrisch.

386 (2) $p = 0{,}25$: $n = 20$

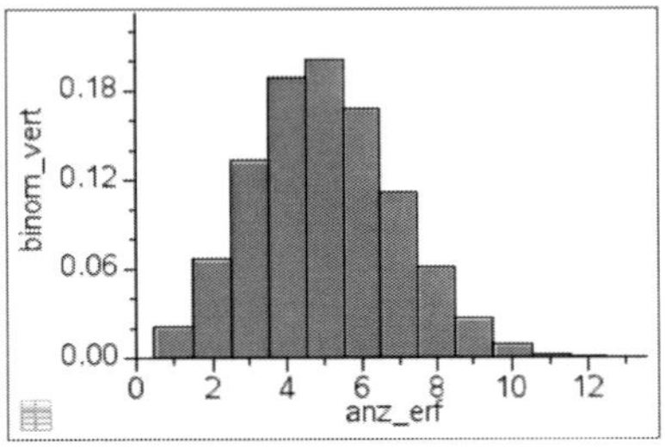

$n = 40$

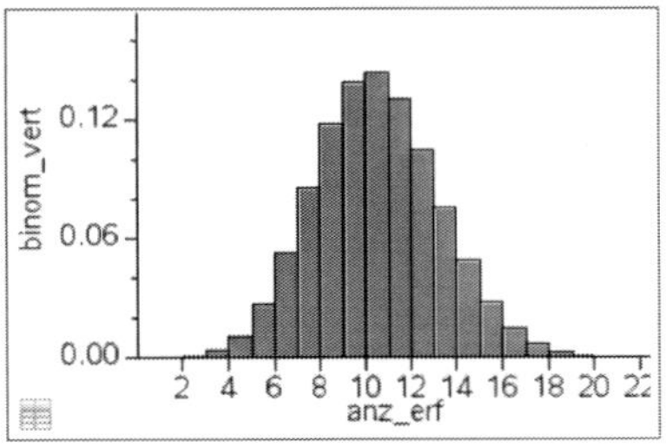

$n = 80$

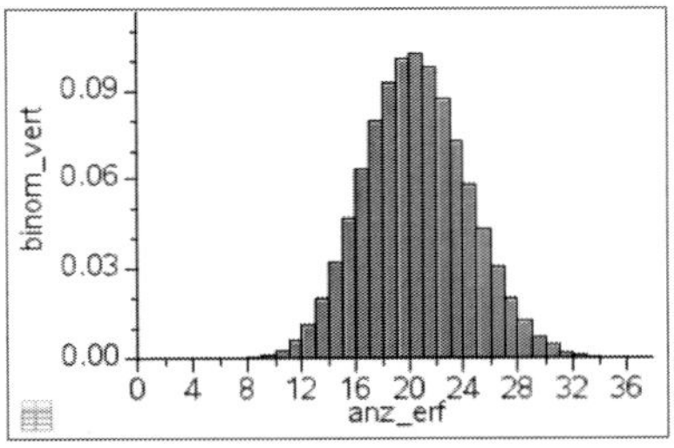

c) Vergleich der Umgebungen: Am Quotienten in der rechten Spalte $\frac{P(X > \mu)}{P(X < \mu)}$ ist ablesbar, dass die Symmetrie zunimmt.

(1)

n	$\mu = 0{,}3 \cdot n$	$P(X < \mu)$	$P(X > \mu)$	Vergleich
20	6	0,416	0,392	94,2 %
40	12	0,441	0,423	95,9 %
80	24	0,458	0,445	97,2 %

(2)

n	$\mu = 0{,}25 \cdot n$	$P(X < \mu)$	$P(X > \mu)$	Vergleich
20	5	0,415	0,383	92,3 %
40	10	0,440	0,416	94,5 %
80	20	0,457	0,440	96,3 %

386

2.

k	$P(X=k)$	$k \cdot P(X=k)$
0	$\frac{6561}{65536}$	0
1	$\frac{17496}{65536}$	$\frac{17496}{65536}$
2	$\frac{20412}{65536}$	$\frac{40824}{65536}$
3	$\frac{13608}{65536}$	$\frac{40824}{65536}$
4	$\frac{5670}{65536}$	$\frac{22680}{65536}$
5	$\frac{1512}{65536}$	$\frac{7560}{65536}$
6	$\frac{252}{65536}$	$\frac{1512}{65536}$
7	$\frac{24}{65536}$	$\frac{168}{65536}$
8	$\frac{1}{65536}$	$\frac{8}{65536}$
	Summe: 1	$\mu = \frac{131072}{65536} = 2$

$n \cdot p = 8 \cdot \frac{1}{4} = 2$

3. Bei allen Rechnungen stellt sich heraus, dass für beliebiges p und beliebiges n der nach Definition berechnete Erwartungswert der Binomialverteilung mit dem Produkt $n \cdot p$ übereinstimmt.

4.

	n	p	$\mu = n \cdot p$	k_{max}
(1)	20	0,3	6	6
(2)	19	0,4	7,6	7 und 8 *)
(3)	17	0,5	8,5	8 und 9 *)
(4)	11	0,6	6,6	7
(5)	16	0,7	11,2	11
(6)	17	0,75	12,75	13
(7)	31	0,25	7,75	7 und 8 *)
(8)	32	0,25	8	8

*) k-Werte mit gleicher Wahrscheinlichkeit (zwei Maxima)

386

5. Für die Teilaufgaben (1) bis (4) gilt, dass jeweils die Stufenzahl n größer wird. Da die Zufallsgröße X: *Anzahl der Erfolge* immer mehr Werte annehmen kann, werden die Histogramme immer flacher. Das Histogramm zu (1) ist wegen $p = 0{,}5$ symmetrisch zum Erwartungswert. Obwohl die anderen Histogramme nicht symmetrisch sind, erscheint die Gestalt wegen der größeren Stufenzahl nahezu symmetrisch.

(1)

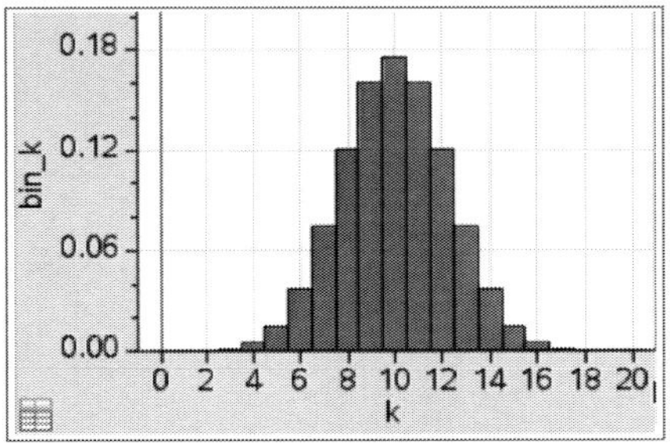

(2)

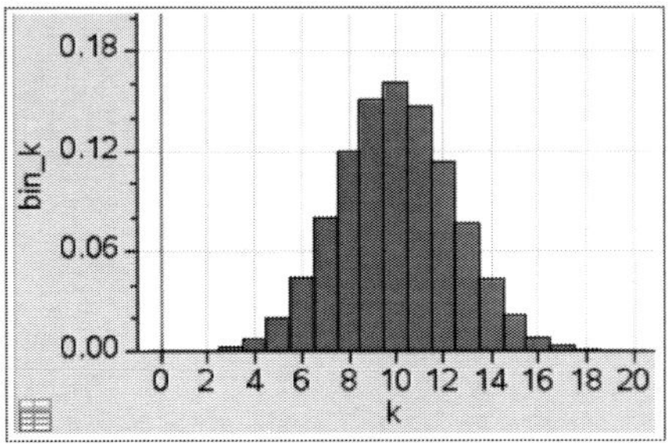

(3)

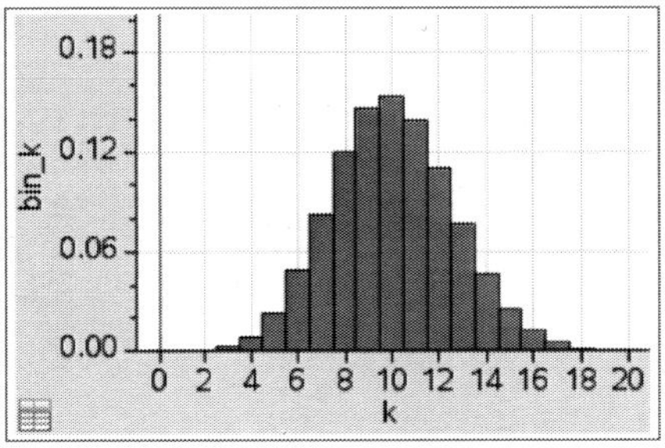

(4)

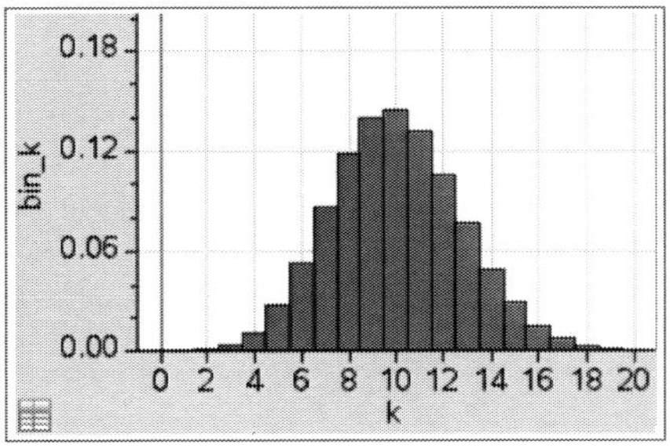

387

6. (1) Das Maximum der Verteilung liegt bei $k = 3 \approx 12 \cdot p$, also $p \approx 0{,}25$.
(2) Das Maximum der Verteilung liegt bei $k = 9 \approx 12 \cdot p$, also $p \approx 0{,}75$.
(3) Das Maximum der Verteilung liegt bei $k = 6 \approx 12 \cdot p$, also $p \approx 0{,}5$.
Der Vergleich mit den vollständigen Tabellen der jeweiligen Binomialverteilungen zeigt, dass die angegebenen Erfolgswahrscheinlichkeiten richtig sind.

7.
- (1) $P(X = 25) = 0{,}112275$
  (2) $P(X = 25) = 0{,}0917997$
- Vergleicht man gleich breite Umgebungen bei (1) und (2), dann hat die von (1) stets eine größere Wahrscheinlichkeit, d. h. die Streuung für $n = 100$ und $p = 0{,}25$ ist größer.

	$P(\mu - r \le X \le \mu + r)$	
r	(1)	(2)
1	0,3282	0,2707
2	0,5201	0,4360
3	0,6778	0,5810
4	0,7974	0,7016
5	0,8811	0,7967
6	0,9351	0,8676
7	0,9672	0,9178
8	0,9847	0,9513
9	0,9934	0,9725
10	0,9974	0,9852

387

- Dies wird durch den Vergleich der charakteristischen Werte der Boxplots bestätigt:

	Median	unteres Quartil	oberes Quartil	unteres Ende des Whiskers	oberes Ende des Whiskers
(1) n = 50, p = 0,5	25	23	27	17	33
(2) n = 100, p = 0,25	25	22	28	13	37

(1)

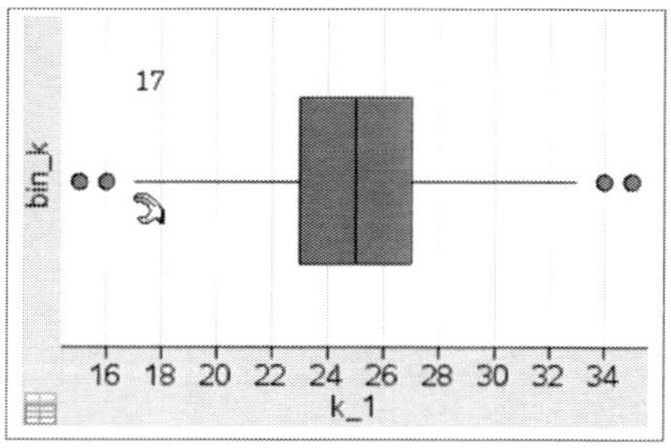

(2)

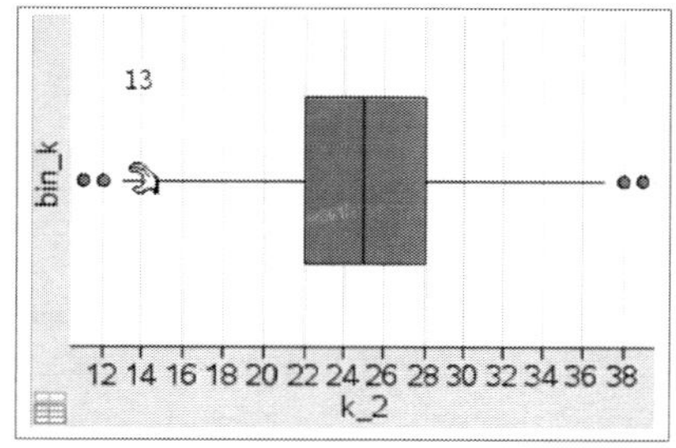

8. n = 25: Quartilabstand = 3

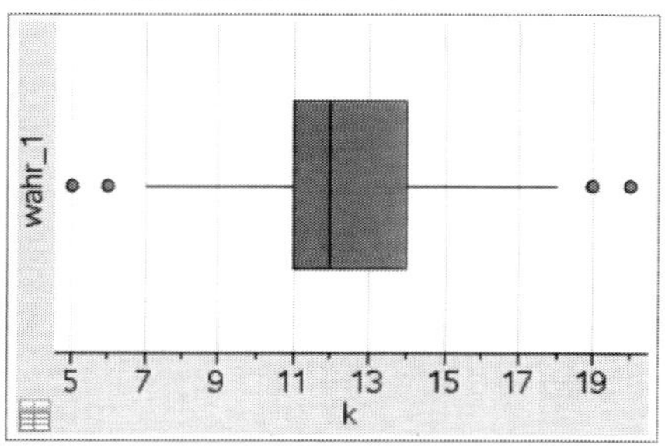

n = 50: Quartilabstand = 4

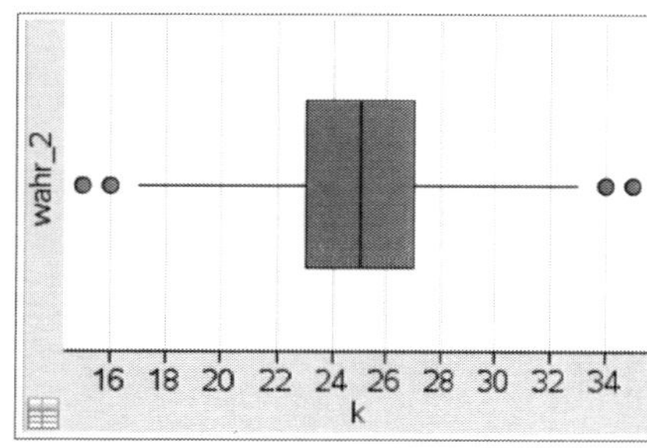

n = 100: Quartilabstand = 6

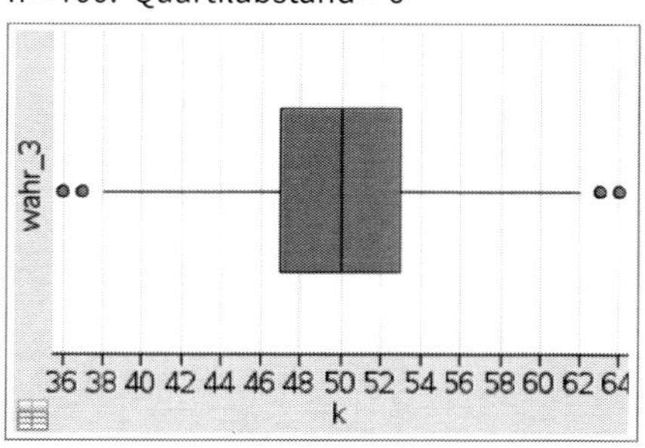

n = 200: Quartilabstand = 10

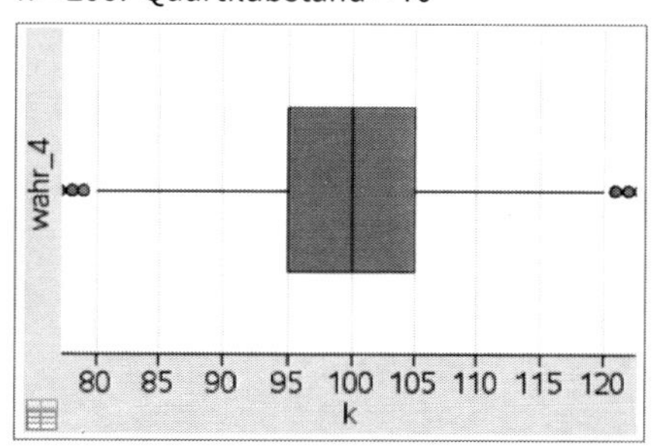

Ist eine Gesetzmäßigkeit zu erkennen? Erste Idee: Der Quartilabstand wächst proportional zu n; das ist offensichtlich nicht erfüllt. Dann könnte man auf die Idee kommen, dass der QA proportional zu der Wurzel aus n ist. Der Vergleich zwischen n = 25 und n = 100 bestätigt dies, für n = 50 und n = 200 passt das aber nur näherungsweise.

387

9. Vergrößert man den Radius einer Umgebung um $\mu = n \cdot p$ proportional zur Stufenzahl n, dann wächst die Wahrscheinlichkeit für eine solche Umgebung mit wachsendem n.

r	n = 50, μ = 25	n = 100, μ = 50	n = 200, μ = 100
1	0,328	0,383	0,475
2	0,520	0,632	0,771
3	0,678	0,807	0,923
4	0,797	0,911	0,981
5	0,881	0,965	0,996

9.1.2 Standardabweichung von binomialverteilten Zufallsgrößen

388

Einstiegsaufgabe ohne Lösung

Da die Wahrscheinlichkeitsverteilungen für p_1 und für $p_2 = 1 - p_1$ durch Spiegelung an $k = \frac{n}{2}$ auseinander hervorgehen, ergeben sich übereinstimmende quadratische Differenzen, nur in umgekehrter Reihenfolge.

Beispiel: $n = 5$; $p_1 = 0{,}3$; $p_2 = 0{,}7$; $\mu_1 = 1{,}5$; $\mu_2 = 3{,}5$

k	$P(X_1 = k)$	$(k - \mu_1)^2 \cdot P(X_1 = k)$	$P(X_2 = k)$	$(k - \mu_2)^2 \cdot P(X_2 = k)$
0	0,16807	$1{,}5^2 \cdot 0{,}16807$	0,00243	$3{,}5^2 \cdot 0{,}00243$
1	0,36015	$0{,}5^2 \cdot 0{,}36015$	0,02835	$2{,}5^2 \cdot 0{,}02835$
2	0,30870	$0{,}5^2 \cdot 0{,}30870$	0,13230	$1{,}5^2 \cdot 0{,}13230$
3	0,13230	$1{,}5^2 \cdot 0{,}13230$	0,30870	$0{,}5^2 \cdot 0{,}30870$
4	0,02835	$2{,}5^2 \cdot 0{,}02835$	0,36015	$0{,}5^2 \cdot 0{,}36015$
5	0,00243	$3{,}5^2 \cdot 0{,}00243$	0,16807	$1{,}5^2 \cdot 0{,}16807$

390

1.

n	p	μ	q	mittlere quadratische Abweichung
20	0,4	8	0,6	4,8
30	0,3	9	0,7	6,3
40	0,2	8	0,8	6,4

n	p	μ	q	mittlere quadratische Abweichung
80	0,25	20	0,75	15
108	$\frac{1}{6}$	18	$\frac{5}{6}$	15
100	0,5	50	0,5	25

2. a) Da die Wahrscheinlichkeitsverteilungen für p_1 und für $p_2 = 1 - p_1$ durch Spiegelung an $k = \frac{n}{2}$ auseinander hervorgehen, ergeben sich übereinstimmende quadratische Differenzen, nur in umgekehrter Reihenfolge.

b)

	n	p_1	p_2	mittlere quadratische Abweichung	$\frac{\text{mqA}}{\mu_1}$	$\frac{\text{mqA}}{\mu_2}$
(1)	24	0,4	0,6	5,76	0,6	0,4
(2)	48	0,25	0,75	9	0,75	0,25
(3)	25	0,2	0,8	4	0,8	0,2
(4)	36	0,1	0,9	3,24	0,9	0,1

Konsequenz: Die mittlere quadratische Differenz berechnet sich als $n \cdot p_1 \cdot p_2$.

3. Bei allen Rechnungen stellt sich heraus, dass für beliebiges p und beliebiges n die nach Definition berechnete mittlere quadratische Abweichung der Binomialverteilung vom Erwartungswert mit dem Produkt $n \cdot p \cdot q$ übereinstimmt.

391

4. a) $\sigma_1^2 = 100 \cdot 0{,}1 \cdot 0{,}9 = 9$; also $\sigma_1 = 3$ $\quad$ $\sigma_2^2 = 50 \cdot 0{,}2 \cdot 0{,}8 = 8$; also $\sigma_2 \approx 2{,}83$

Die zweite Verteilung hat eine geringere Streuung.

Den geringen Unterschied kann man allerdings kaum der Grafik entnehmen.

b) Weitere Beispiele:

$n_1 = 40$; $p_1 = 0{,}3$; $\mu_1 = 12$; $\sigma_1 \approx 2{,}90$ $\quad$ $n_3 = 24$; $p_3 = 0{,}5$; $\mu_3 = 12$; $\sigma_3 \approx 2{,}45$

$n_2 = 100$; $p_2 = 0{,}12$; $\mu_2 = 12$; $\sigma_2 \approx 3{,}25$ $\quad$ $n_4 = 72$; $p_3 = \frac{1}{6}$; $\mu_3 = 12$; $\sigma_4 \approx 3{,}16$

Vergleicht man zwei Binomialverteilungen mit übereinstimmendem Erwartungswert, dann hat die Verteilung mit der geringeren Stufenzahl auch die geringere Streuung. Denn: Die geringere Stufenzahl muss durch eine höhere Erfolgswahrscheinlichkeit „ausgeglichen“ werden, was zu einer niedrigeren Misserfolgswahrscheinlichkeit führt und somit auch eine kleinere Standardabweichung zur Folge hat.

5. a) (1) $\sigma = \sqrt{48 \cdot 0{,}5 \cdot 0{,}5} = \sqrt{12} \approx 3{,}46$; $\quad$ (3) $\sigma = \sqrt{98 \cdot \frac{6}{7} \cdot \frac{1}{7}} = \sqrt{12} \approx 3{,}46$

(2) $\sigma = \sqrt{54 \cdot \frac{1}{3} \cdot \frac{2}{3}} = \sqrt{12} \approx 3{,}46$

b) Weitere Binomialverteilungen mit Standardabweichung $\sqrt{12}$:

(1) $\sigma = \sqrt{50 \cdot 0{,}4 \cdot 0{,}6} = \sqrt{12} \approx 3{,}46$; $\quad$ (3) $\sigma = \sqrt{64 \cdot \frac{1}{4} \cdot \frac{3}{4}} = \sqrt{12} \approx 3{,}46$;

(2) $\sigma = \sqrt{75 \cdot 0{,}2 \cdot 0{,}8} = \sqrt{12} \approx 3{,}46$; $\quad$ (4) $\sigma = \sqrt{49 \cdot \frac{3}{7} \cdot \frac{4}{7}} = \sqrt{12} \approx 3{,}46$

6. a)

p	σ^2
0,1	4,5
0,2	8
0,3	10,5
0,4	12
0,5	12,5
0,6	12
0,7	10,5
0,8	8
0,9	4,5

V(X) wird für $p = 0{,}5$ am größten.

b) $f(p) = n \cdot p \cdot (1 - p) = np - np^2$

Der Graph ist eine nach unten geöffnete Parabel.

$f'(p) = n - 2np$

$f'(p) = 0 \Leftrightarrow n - 2np = 0 \Leftrightarrow p = \frac{1}{2}$

Damit nimmt f das Maximum bei $p = \frac{1}{2}$ an.

7. Lösungsansatz: Berechne σ^2, dann den Quotienten $\frac{\sigma^2}{\mu} = \frac{n \cdot p \cdot q}{n \cdot p} = q$

(1) $q = 0{,}7 \Rightarrow p = 1 - q = 0{,}3 \Rightarrow n = \frac{\mu}{p} = 84$

(2) $q = 0{,}1 \Rightarrow p = 1 - q = 0{,}9 \Rightarrow n = \frac{\mu}{p} = 81$

(3) $q = 0{,}8 \Rightarrow p = 1 - q = 0{,}2 \Rightarrow n = \frac{\mu}{p} = 64$

(4) $q = 0{,}75 \Rightarrow p = 1 - q = 0{,}25 \Rightarrow n = \frac{\mu}{p} = 48$

(5) $q = 0{,}4 \Rightarrow p = 1 - q = 0{,}6 \Rightarrow n = \frac{\mu}{p} = 96$

(6) $q = 0{,}5 \Rightarrow p = 1 - q = 0{,}5 \Rightarrow n = \frac{\mu}{p} = 144$

9.1.3 Umgebungen um den Erwartungswert einer Binomialverteilung – Sigma-Regeln

392

Einstiegsaufgabe ohne Lösung

	n = 50			n = 100		
p	σ	k-Werte	Vielfache	σ	k-Werte	Vielfache
0,1	2,12	2, 3, …, 7, 8	$\frac{7}{\sigma} \approx 3{,}3$	3	6, 7, …, 13, 14	$\frac{9}{\sigma} = 3$
0,2	2,82	6, 7, …, 13, 14	$\frac{9}{\sigma} \approx 3{,}2$	4	14, 15, …, 25, 26	$\frac{13}{\sigma} = 3{,}25$
0,3	3,24	10, 11, …, 19, 20	$\frac{11}{\sigma} \approx 3{,}4$	4,58	23, 24, …, 36, 37	$\frac{15}{\sigma} \approx 3{,}3$
0,4	3,46	15, 16, …, 24, 25	$\frac{11}{\sigma} \approx 3{,}2$	4,90	32, 33, …, 47, 48	$\frac{17}{\sigma} \approx 3{,}5$
0,5	3,53	20 ,21, …, 29, 30	$\frac{11}{\sigma} \approx 3{,}1$	5	42, 43, …, 57, 58	$\frac{17}{\sigma} = 3{,}4$

Der Durchmesser der 90 %-Umgebungen ist ungefähr gleich; er beträgt ca. 3,3 σ.

394

1. a) Da bei den k-Werten (im Screenshot entspricht $x = k$) einer Wahrscheinlichkeitsverteilung nur natürliche Zahlen auftreten, sind die zugehörigen Wahrscheinlichkeiten von einem x-Wert bis zum nächsten jeweils konstant. Die Funktionswerte dieser sogenannten Treppenfunktion geben also jeweils die Wahrscheinlichkeit für die symmetrischen Intervalle an. Der Schnitt mit der Parallelen zur x-Achse gibt einen ungefähren Wert dafür an, welchen Radius um den Erwartungswert man ungefähr wählen muss, um 90 % zu erfassen. An der Wertetabelle mit ganzzahligen x-Werten kann man dann ablesen, welcher der beiden benachbarten x-Werte der angegebenen Schnittstelle infrage kommt.

b) Konkret wird durch den GTR die Schnittstelle $x = 15{,}2$ angegeben; an der Wertetabelle kann man ablesen, dass ein Radius von 15 zur 90 %-Umgebung gehört (die Mindest-Wahrscheinlichkeit von 90 % liegt vor: $P(85 \le X \le 115) \approx 0{,}9108$.

c) (1) $\mu = 100$; $P(83 \le X \le 117) = 0{,}945$; $P(82 \le X \le 118) = 0{,}958$
(2) $\mu = 200$; $P(184 \le X \le 216) = 0{,}901$
(3) $\mu = 100$; $P(84 \le X \le 116) = 0{,}945$; $P(83 \le X \le 117) = 0{,}957$

395

2. a)

p	μ ± σ	1 σ-Umg.	2 σ-Umg.	3 σ-Umg.	2,58 σ-Umg.
0,1	10 ± 3	0,759	0,972	0,998	0,995
0,2	20 ± 4	0,740	0,967	0,998	0,996
0,25	25 ± 4,33	0,702	0,951	0,998	0,992
0,3	30 ± 4,58	0,674	0,963	0,997	0,988
0,4	40 ± 4,90	0,642	0,948	0,997	0,990
0,5	50 ± 5	0,729	0,965	0,998	0,988

b) Hier betrachtet man die zu a) gehörigen Misserfolgswahrscheinlichkeiten. Da die Standardabweichungen für p und $1 - p$ jeweils übereinstimmen und die Wahrscheinlichkeitsverteilungen durch Spiegelung aus den o. a. Verteilungen hervorgehen, ergeben sich dieselben Wahrscheinlichkeiten für die betrachteten Umgebungen.

395

3. Für $n = 100$ und $p = 0{,}05$ gilt: $\mu = 5$ und $\sigma \approx 2{,}18 < 3$:
$P(1\,\sigma\text{-Umgebung von } \mu) = P(3 \le X \le 7) = 0{,}754$;
$P(2\,\sigma\text{-Umgebung von } \mu) = P(1 \le X \le 9) = 0{,}966$;
$P(3\,\sigma\text{-Umgebung von } \mu) = P(0 \le X \le 11) = 0{,}996$;
$P(1{,}64\,\sigma\text{-Umgebung von } \mu) = P(2 \le X \le 8) = 0{,}900$;
$P(1{,}96\,\sigma\text{-Umgebung von } \mu) = P(1 \le X \le 9) = 0{,}966$;
$P(2{,}58\,\sigma\text{-Umgebung von } \mu) = P(0 \le X \le 10) = 0{,}989$

4. (A) $P(2{,}5\,\sigma\text{-Umgebung von } \mu) = 0{,}989$
(B) $P(2\,\sigma\text{-Umgebung von } \mu) = 0{,}960$
(C) $P(1{,}6\,\sigma\text{-Umgebung von } \mu) = 0{,}901$ ← Dies ist die gesuchte Umgebung!
(D) $P(1{,}3\,\sigma\text{-Umgebung von } \mu) = 0{,}823$
(E) nicht symmetrisch zu μ; $P(200 \le X \le 232) = 0{,}519$

5. … unterhalb von $\mu - 1{,}96\,\sigma$ oder oberhalb von $\mu + 1{,}96\,\sigma$ liegen.
Mit einer Wahrscheinlichkeit von ca. 10 % wird die Anzahl der Erfolge unterhalb von $\mu - 1{,}64\,\sigma$ oder oberhalb von $\mu + 1{,}64\,\sigma$ liegen.
Mit einer Wahrscheinlichkeit von ca. 1 % wird die Anzahl der Erfolge unterhalb von $\mu - 2{,}58\,\sigma$ oder oberhalb von $\mu + 2{,}58\,\sigma$ liegen.

6. a) (1) $\mu = 20$; $\sigma \approx 3{,}16$ (2) $\mu = 20$; $\sigma \approx 3{,}46$
Eine größere Streuung bedeutet, dass die Wahrscheinlichkeit für gleiche Umgebungen um den Erwartungswert kleiner ist, z. B.
(1) $P(16 \le X \le 24) = 0{,}846$ (2) $P(16 \le X \le 24) = 0{,}807$.

b) (1) Mit einer Wahrscheinlichkeit von 99 % liegt die Anzahl der Erfolge zwischen $\mu - 2{,}58\,\sigma$ und $\mu + 2{,}58\,\sigma$:
$n = 40$; $p = 0{,}5$; $2{,}58\,\sigma \approx 8{,}15$: $P(12 \le X \le 28) = 0{,}994$ bzw.
$n = 50$; $p = 0{,}4$; $2{,}58\,\sigma \approx 8{,}93$: $P(11 \le X \le 29) = 0{,}994$
(2) In 95,5 % der Fälle gilt: X liegt zwischen $\mu - 2\,\sigma$ und $\mu + 2\,\sigma$
$n = 40$; $p = 0{,}5$; $2\,\sigma \approx 6{,}32$: $P(14 \le X \le 26) = 0{,}962$ bzw.
$n = 50$; $p = 0{,}4$; $2\,\sigma \approx 6{,}92$: $P(13 \le X \le 27) = 0{,}971$
(3) $|X - \mu| > 1{,}64\,\sigma$ gilt nur in ca. 10 % der Fälle:
$n = 40$; $p = 0{,}5$; $1{,}64\,\sigma \approx 5{,}18$: $P(X < 15 \text{ oder } X > 25) = 0{,}081$ bzw.
$n = 50$; $p = 0{,}4$; $1{,}64\,\sigma \approx 5{,}67$: $P(X < 15 \text{ oder } X > 25) = 0{,}111$

7. a) $\mu = 20$; $\sigma = 4$

b) Mit einer Wahrscheinlichkeit von ca. 90 % wird man mindestens 14-mal und höchstens 26-mal gewinnen $\left(P(14 \le X \le 26) \approx 0{,}897\right)$.

c) Das Intervall entspricht der $1\,\sigma$-Umgebung von μ. Diese hat ca. eine Wahrscheinlichkeit von 68 %. Konkret: $P(16 \le X \le 24) \approx 0{,}740$. Dies ist also eine günstige Wette.

d) Die Aussage bedeutet $P(X < 10) \approx 0$. Mithilfe der σ-Regeln kann man sagen:
$P(X < \mu - 2{,}5\,\sigma) \approx \frac{1}{2} \cdot 0{,}01 = 0{,}005$. Tatsächlich gilt: $P(X < 10) = 0{,}002$.

395

8. Für das untere bzw. obere Quartil gilt:

(1) $Q_1 = 233$; $Q_3 = 247$; $P(233 \le X \le 247) \approx 0{,}556$

(2) $Q_1 = 114$; $Q_3 = 126$; $P(114 \le X \le 126) \approx 0{,}556$

(3) $Q_1 = 120$; $Q_3 = 130$; $P(120 \le X \le 130) \approx 0{,}513$

Für Erwartungswert und Standardabweichung gilt hier:

(1) $\mu = 240$; $\sigma \approx 9{,}80$; $\frac{1}{2} \cdot \frac{\text{Quartilabstand}}{\sigma} = \frac{7}{\sigma} \approx 0{,}71$

(2) $\mu = 120$; $\sigma \approx 8{,}49$; $\frac{1}{2} \cdot \frac{\text{Quartilabstand}}{\sigma} = \frac{6}{\sigma} \approx 0{,}71$

(3) $\mu = 125$; $\sigma \approx 7{,}91$; $\frac{1}{2} \cdot \frac{\text{Quartilabstand}}{\sigma} = \frac{5}{\sigma} \approx 0{,}63$

9.2 Einführung in Schlussverfahren der Beurteilenden Statistik

9.2.1 Prognose über zu erwartende Häufigkeiten

396

Einstiegsaufgabe ohne Lösung

- 90 %-Umgebung von $\mu = 250$: $\sigma \approx 11{,}18$; $1{,}64\sigma \approx 18{,}3$; $P(232 \le X \le 268) = 0{,}902$
- n-facher Münzwurf

	(1)	(2)	(3)	(4)
n	1 000	789	10 000	1 234
μ	500	394,5	5 000	617
σ	15,81	14,04	50	17,56
$1{,}64\sigma$	25,93	23,03	82	28,81
$1{,}96\sigma$	30,99	27,53	98	34,43
$2{,}58\sigma$	40,79	36,23	129	45,32
90 %	$P(474 \le X \le 526) = 0{,}906$	$P(371 \le X \le 418) = 0{,}913$	$P(4918 \le X \le 5082) = 0{,}901$	$P(588 \le X \le 646) = 0{,}907$
95 %	$P(469 \le X \le 531) = 0{,}954$	$P(367 \le X \le 422) = 0{,}954$	$P(4902 \le X \le 5098) = 0{,}951$	$P(583 \le X \le 651) = 0{,}951$
99 %	$P(459 \le X \le 541) = 0{,}991$	$P(358 \le X \le 431) = 0{,}992$	$P(4871 \le X \le 5129) = 0{,}990$	$P(572 \le X \le 662) = 0{,}990$

399

1.

p	μ	σ	$\mu - 1{,}64\sigma$	$\mu + 1{,}64\sigma$	Kontrollrechnung
0,67	482,4	12,62	461,7	503,1	$P(461 \le X \le 504) = 0{,}919$; $P(462 \le X \le 503) = 0{,}904$
0,72	518,4	12,05	498,6	538,2	$P(498 \le X \le 539) = 0{,}919$; $P(499 \le X \le 538) = 0{,}903$
0,57	410,4	13,28	388,6	432,2	$P(388 \le X \le 433) = 0{,}917$; $P(389 \le X \le 432) = 0{,}902$
0,40	288,0	13,15	266,4	309,6	$P(266 \le X \le 310) = 0{,}913$; $P(267 \le X \le 309) = 0{,}898$

400

2. $n = 3\,000;\ p = \frac{6}{49};\ \mu \approx 367{,}35;\ \sigma \approx 17{,}95;\ 1{,}64\,\sigma \approx 29{,}45;\ 1{,}96\,\sigma \approx 35{,}19$

a) Punktschätzung: Die Zahl wird ungefähr 367-mal gezogen.
Intervallschätzung: Mit einer Wahrscheinlichkeit von ca. 95 % wird die Zahl mindestens 332-mal, höchstens 403-mal gezogen.
Wegen $P(X < \mu - 1{,}64\,\sigma) \approx 0{,}05$ bzw. $P(X > \mu + 1{,}64\,\sigma) \approx 0{,}05$ ergibt sich:
Mit einer Wahrscheinlichkeit von ca. 5 % wird die Zahl weniger als 337-mal gezogen (mehr als 396-mal).

b) Die Ziehungshäufigkeit liegt im 95 %-Intervall, gibt also keinen Anlass zur Irritation.

3. (1) $\mu = 30$; 90 %-Intervall: [22; 38]; $P(22 \le X \le 38) = 0{,}912$
(2) $\mu = 39$; 90 %-Intervall: [30; 48]; $P(30 \le X \le 48) = 0{,}905$
(3) $\mu = 500$; 90 %-Intervall: [466; 534]; $P(466 \le X \le 534) = 0{,}909$
(4) $\mu = 322$; 90 %-Intervall: [295; 349]; $P(295 \le X \le 349) = 0{,}907$

4. $n = 360;\ p = 0{,}95$; X: *Anzahl der einwandfreien Nägel*; $\mu = 342;\ \sigma \approx 4{,}14;\ 1{,}64\,\sigma \approx 6{,}78$
$P(335 \le X \le 349) = 0{,}932;\ P(336 \le X \le 348) = 0{,}886$
Je nachdem, welches der beiden Intervalle betrachtet wird, ergibt sich eine Anzahl zwischen 11 und 25 bzw. 12 und 24 unbrauchbaren Nägeln.

5. $P(\text{mindestens ein Ass}) = 1 - P(\text{kein Ass}) = 1 - \frac{28}{32} \cdot \frac{27}{31} \cdot \frac{26}{30} = \frac{421}{1\,240} \approx 0{,}3395$

- $n = 100;\ \mu \approx 33{,}95;\ \sigma \approx 4{,}74$
  90 %-Umgebung zwischen 26 und 42
  95 %-Umgebung zwischen 25 und 43
  99 %-Umgebung zwischen 22 und 46
- $n = 200;\ \mu \approx 67{,}90;\ \sigma \approx 6{,}70$
  90 %-Umgebung zwischen 56 und 79
  95 %-Umgebung zwischen 55 und 81
  99 %-Umgebung zwischen 51 und 85
- $n = 500;\ \mu \approx 169{,}76;\ \sigma \approx 10{,}59$
  90 %-Umgebung zwischen 153 und 187
  95 %-Umgebung zwischen 149 und 191
  99 %-Umgebung zwischen 143 und 197

6. a) X: *Anzahl der vom Prüfer verteilten Plaketten*
X ist binomialverteilt mit
n: Anzahl der vom jeweiligen Prüfer untersuchten Autos
p: Anteil der von der Prüfstelle insgesamt positiven bewerteten Autos
$n = 875;\ p = \frac{9\,650}{15\,300} \approx 0{,}6307;\ \mu = 551{,}9;\ \sigma = 14{,}3$
95%-Intervall: [524; 579]
Kontrollrechnung: $P(524 \le X \le 579) = 95{,}02\,\%$
Das Ergebnis des Prüfers liegt in dem Intervall, also keine signifikante Abweichung.

400

b) ▪ $n = 1\,008$; $p = \frac{5\,070}{8\,310} \approx 0{,}6101$
95 %-Intervall: [585; 645]
Kontrollrechnung: $P(585 \leq X \leq 645) = 95{,}12\,\%$
Das Ergebnis des Prüfers liegt in dem Intervall, also keine signifikante Abweichung.

▪ $n = 1\,072$; $p = \frac{3\,240}{4\,920} \approx 0{,}6585$
95 %-Intervall: [676; 736]
Kontrollrechnung: $P(676 \leq X \leq 736) = 95{,}06\,\%$
Das Ergebnis des Prüfers liegt in dem Intervall, also keine signifikante Abweichung.

▪ $n = 1\,229$; $p = \frac{4\,180}{6\,770} \approx 0{,}6174$
95 %-Intervall: [726; 792]
Kontrollrechnung: $P(726 \leq X \leq 792) = 95{,}08\,\%$
Das Ergebnis des Prüfers liegt oberhalb des Intervalls.
Der Prüfer scheint sehr großzügig zu sein.

7. X: *Anzahl der Spiele, in denen die Kugel auf einem bestimmten Feld liegen geblieben ist*
$n = 3\,700$; $p = \frac{1}{37}$; $\mu = 100$; $\sigma \approx 9{,}86$
90 %-Umgebung von μ: $84 \leq X \leq 116$ (Kontrolle: 90,6 %)
95 %-Umgebung von μ: $81 \leq X \leq 119$ (Kontrolle: 95,2 %)
99 %-Umgebung von μ: $75 \leq X \leq 125$ (Kontrolle: 98,9 %)
Als signifikant abweichend würde man Anzahlen unterhalb von 81 bzw. oberhalb von 119 bezeichnen.

401

8. X: *Anzahl der Personen, die tatsächlich zur Wahl gegangen sind*;
$p = 0{,}724$; $n = 800$; $\mu = 579{,}2$; $\sigma \approx 12{,}64$
Intervallschätzung (95 %): $554 \leq X \leq 604$; Kontrolle: $P(554 \leq X \leq 604) = 95{,}64\,\%$
Als signifikante Abweichung würde man Anzahlen oberhalb von 604 und unterhalb von 554 bezeichnen.

9. **a)** X: *Anzahl der volljährigen Bundesbürger unter 30 Jahren*; $n = 800$; $p = 0{,}158$
Punktschätzung: $\mu = 126{,}4$; ca. 126 der 800 zufällig ausgewählten Bundesbürger gehören zu dieser Bevölkerungsgruppe.
Intervallschätzung: $\sigma \approx 10{,}32$; $1{,}96\sigma \approx 20{,}22$; $\mu - 1{,}96\sigma \approx 106{,}2$; $\mu + 1{,}96\sigma \approx 146{,}6$
In der Stichprobe werden mit einer Wahrscheinlichkeit von ca. 95 % zwischen 106 und 147 Personen der betrachteten Bevölkerungsgruppe sein.
Kontrollrechnung: $P(106 \leq X \leq 147) = 0{,}958$; $P(107 \leq X \leq 146) = 0{,}948$.

b) $\frac{106{,}2}{800} \approx 0{,}133 = 13{,}3\,\%$; $\frac{146{,}6}{800} \approx 0{,}183 = 18{,}3\,\%$
In der Stichprobe werden mit einer Wahrscheinlichkeit von ca. 95 % zwischen 13,3 % und 18,3 % Personen der betrachteten Bevölkerungsgruppe sein.

401

10. $p = \frac{1}{6}$

n	σ	$\frac{\sigma}{n}$	$p - 1{,}96\frac{\sigma}{n}$	$p + 1{,}96\frac{\sigma}{n}$
100	3,727	0,037	0,094	0,240
200	5,270	0,026	0,115	0,218
300	6,455	0,022	0,124	0,209
400	7,454	0,019	0,130	0,203
500	8,333	0,017	0,134	0,199

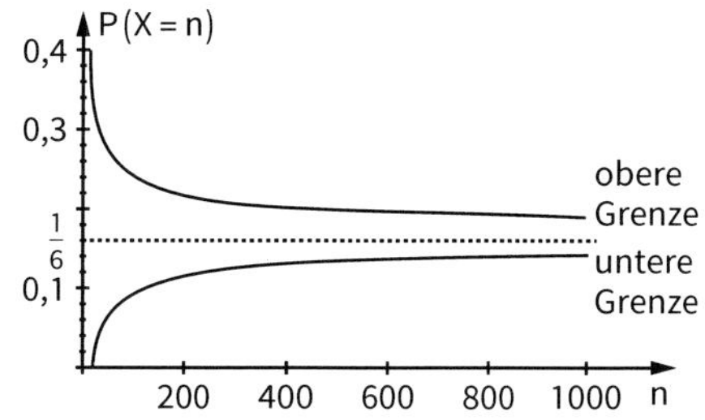

Die Breite der Umgebung verhält sich umgekehrt proportional zur Wurzel aus dem Stichprobenumfang.

11. Das endgültige Wahlergebnis wird als Erfolgswahrscheinlichkeit p des Zufallsversuchs interpretiert; das Ergebnis der Wahltagsbefragung wird mit dem 95 %-Intervall verglichen:

a) Bundestagswahl 2005; n = 102 713

Partei	p	Stichproben-ergebnis	$p - 1{,}96\frac{\sigma}{n}$	$p + 1{,}96\frac{\sigma}{n}$	Kommentar
CDU/CSU	0,352	0,355	0,349	0,355	(am Rand)
SPD	0,342	0,340	0,339	0,345	verträglich
FDP	0,098	0,105	0,096	0,100	signifikant
Grüne	0,081	0,085	0,079	0,083	signifikant
Linke	0,087	0,075	0,085	0,089	signifikant

Bundestagswahl 2009; n = 95 347

Partei	p	Stichproben-ergebnis	$p - 1{,}96\frac{\sigma}{n}$	$p + 1{,}96\frac{\sigma}{n}$	Kommentar
CDU/CSU	0,338	0,335	0,335	0,341	(am Rand)
SPD	0,230	0,225	0,227	0,233	signifikant
FDP	0,146	0,150	0,144	0,148	signifikant
Grüne	0,107	0,105	0,105	0,109	(am Rand)
Linke	0,119	0,125	0,117	0,121	signifikant

Bundestagswahl 2013; n = 104 584

Partei	p	Stichproben-ergebnis	$p - 1{,}96\frac{\sigma}{n}$	$p + 1{,}96\frac{\sigma}{n}$	Kommentar
CDU/CSU	0,415	0,420	0,412	0,418	signifikant
SPD	0,257	0,260	0,254	0,260	(am Rand)
FDP	0,048	0,047	0,047	0,049	(am Rand)
Grüne	0,084	0,080	0,082	0,086	signifikant
Linke	0,086	0,085	0,084	0,088	verträglich

401

b) Landtagswahl 2005; n = 48 522

Partei	p	Stichproben-ergebnis	$p - 1{,}96\frac{\sigma}{n}$	$p + 1{,}96\frac{\sigma}{n}$	Kommentar
CDU	0,448	0,450	0,444	0,452	verträglich
SPD	0,371	0,375	0,367	0,375	(am Rand)
Grüne	0,062	0,060	0,060	0,064	(am Rand)
FDP	0,062	0,060	0,060	0,064	(am Rand)
WASG	0,022	0,024	0,021	0,023	signifikant

Landtagswahl 2010; n = 44 424

Partei	p	Stichproben-ergebnis	$p - 1{,}96\frac{\sigma}{n}$	$p + 1{,}96\frac{\sigma}{n}$	Kommentar
CDU	0,346	0,345	0,342	0,350	verträglich
SPD	0,345	0,345	0,341	0,349	verträglich
Grüne	0,121	0,125	0,118	0,124	signifikant
FDP	0,067	0,065	0,065	0,069	(am Rand)
Linke	0,056	0,055	0,054	0,058	verträglich

Landtagswahl 2012; n = 44 042

Partei	p	Stichproben-ergebnis	$p - 1{,}96\frac{\sigma}{n}$	$p + 1{,}96\frac{\sigma}{n}$	Kommentar
CDU	0,263	0,260	0,259	0,267	verträglich
SPD	0,391	0,390	0,386	0,396	verträglich
Grüne	0,113	0,120	0,110	0,116	signifikant
FDP	0,086	0,085	0,083	0,089	verträglich
Piraten	0,078	0,075	0,076	0,080	signifikant

402

12. a) $P(X > 360) = 1 - P(X \le 360) = 0{,}093 = 9{,}3\,\%$

	n	μ	1,64σ	90 %-Intervall	5 % oberhalb von
b) (1)	375	330	10,32	$319 \le X \le 341$	341
(2)	390	343,2	10,52	$332 \le X \le 354$	354
(3)	410	360,8	10,79	$350 \le X \le 372$	372
c)	400	352	10,66	$341 \le X \le 363$	363
	396	348,48	10,61	$337 \le X \le 360$	360
	397	349,36	10,62	$338 \le X \le 360$	360

Kontrollrechnung: n = 397: $P(X > 360) = 0{,}039$; n = 398: $P(X > 360) = 0{,}053$

13. X: *Anzahl der Beschäftigten, die mit dem Auto zur Arbeit kommen*;
$n = 200$; $p = 0{,}4$; $\mu = 80$; $1{,}28\sigma \approx 8{,}87$;
$P(71 \le X \le 89) \approx 80\,\%$, also: $P(X \le 89) \approx 90\,\%$

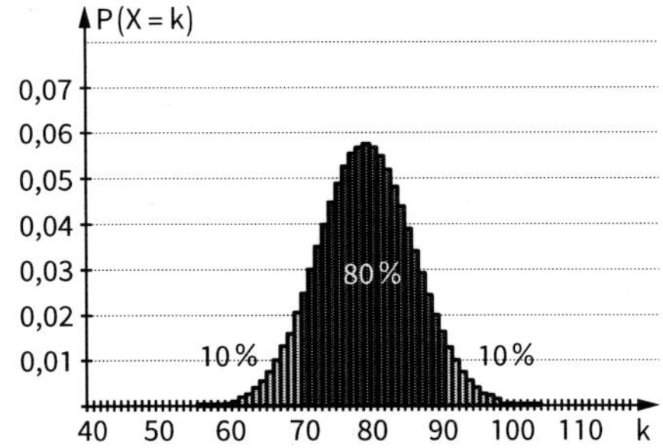

402

14. a) **Anmerkung zur ersten Auflage:** Die Aufgabenstellung in a) ist allgemein gehalten, sinnvoll wäre es aber, das 80 %-Niveau zu verwenden, als Vorbereitung für b).

X: *Anzahl der Fluggäste, die tatsächlich fliegen wollen*

	n	μ	1,28 σ	symmetrisches 80 %-Intervall	Folgerung	16,4 σ	symmetrisches 90 %-Intervall	Folgerung
(1)	290	261	6,54	$254 \le X \le 268$	$P(x \le 268) \approx 90\,\%$	8,38	$253 \le X \le 269$	$P(x \le 269) \approx 95\,\%$
(2)	300	270	6,65	$263 \le X \le 277$	$P(x \le 277) \approx 90\,\%$	8,52	$261 \le X \le 279$	$P(x \le 279) \approx 95\,\%$
(3)	320	288	6,87	$281 \le X \le 295$	$P(x \le 295) \approx 90\,\%$	8,80	$279 \le X \le 297$	$P(x \le 297) \approx 95\,\%$

b) Aus den 80 %-Intervallen kann man ablesen:
Wenn 290 Buchungen angenommen werden, dann müssen mit einer Wahrscheinlichkeit von ca. 90 % etwa 268 Plätze in einer Maschine zur Verfügung stehen.
Bei 300 Buchungen … 277 Plätze, bei 320 Buchungen … 295 Plätze.
Hinweis: Nicht gestellt ist hier die Frage: Wie viel Buchungen dürfen angenommen werden, damit in 90 % der Fälle die 270 Plätze ausreichen.
Dieses Problem könnte durch systematisches Probieren gelöst werden:

n	μ	1,28 σ	80 %-Intervall	Folgerung
292	262,8	6,56	$256 \le X \le 270$	$P(X \le 270) \approx 90\,\%$
293	263,7	6,57	$256 \le X \le 271$	$P(X \le 271) \approx 90\,\%$

oder mithilfe des Gleichungslösers des GTR:
Ansatz: $\mu + 1{,}28\sigma \le 270 \iff n \cdot 0{,}9 + 1{,}28 \cdot \sqrt{n \cdot 0{,}9 \cdot 0{,}1} \le 270$
Der GTR findet als Lösung der Gleichung den Wert $n \approx 292{,}7$.
Kontrollrechnung:
$n = 292$: $P(X \le 270) = 0{,}938$; $n = 293$: $P(X \le 270) = 0{,}911$; $n = 294$: $P(X \le 270) = 0{,}876$

15. a) X: *Anzahl der Fahrgäste, die zum Interview bereit sind;* $n = 800$; $p = 0{,}56$; $\mu = 448$; $1{,}64\sigma \approx 23{,}03$; $P(424 \le X \le 472) \approx 0{,}90$

b)

n	μ	1,64 σ	90 %-Intervall	Konsequenz
1 000	560	25,74	$534 \le X \le 586$	$P(X \ge 534) \approx 95\,\%$
950	532	25,09	$506 \le X \le 558$	$P(X \ge 506) \approx 95\,\%$
940	526,4	24,96	$501 \le X \le 552$	$P(X \ge 501) \approx 95\,\%$
938	525,28	24,93	$500 \le X \le 551$	$P(X \ge 500) \approx 95\,\%$

Kontrollrechnung:
$n = 936$: $P(X \ge 500) = 0{,}948$; **$n = 937$: $P(X \ge 500) = 0{,}951$**; $n = 938$: $P(X \ge 500) = 0{,}955$
Wenn 937 Personen angesprochen werden, kann man mit einer Wahrscheinlichkeit von ca. 95 % davon ausgehen, dass man mindestens 500 ausgefüllte Fragebögen erhält.

9.2.2 Mithilfe einer Entscheidungsregel von der Stichprobe auf die Gesamtheit schließen

403

Einstiegsaufgabe ohne Lösung

a) Anwenden der Sigma-Regeln ergibt:
X: *Anzahl der Sechsen*; $n = 120$; $p = \frac{1}{6}$; $\mu = 20$; $1{,}64\,\sigma \approx 6{,}70$;
also $P(13 \le X \le 27) \approx 0{,}95$ und $P(X < 13 \text{ oder } X > 27) \approx 0{,}05$.

b) Zufällig (nämlich insgesamt mit der Wahrscheinlichkeit 5 %) kann es zu Ergebnissen kommen, bei denen man den Würfel nicht kauft, obwohl er in Ordnung ist.

406

1. a) Anwenden der Sigma-Regeln ergibt:
X: *Anzahl der Würfe, bei denen ein Dreieck oben liegt*; $n = 120$; $p = 0{,}366$; $\mu = 43{,}92$; $1{,}64\,\sigma \approx 8{,}65$; also $P(35 \le X \le 53) \approx 0{,}90$; $1{,}96\,\sigma = 10{,}34$; also $P(33 \le X \le 55) \approx 0{,}95$.
Die Entscheidungsregel orientiert sich grob an diesen beiden Sigma-Regeln.
(Kontrollrechnung: $P(X < 34 \text{ oder } X > 54) \approx 4{,}6\,\%$)

b) Tatsächlich liegt dem Zufallsexperiment $p = 0{,}366$ für die Dreieckslage zugrunde, aber zufällig bleibt das Kuboktaeder weniger als 34-mal oder mehr als 54-mal auf einer Dreiecksseite liegen. Oder: Man merkt nicht, dass die Erfolgswahrscheinlichkeit falsch ist, weil zufällig das Ergebnis im Intervall [34; 54] liegt.

c) $p = 0{,}232$: $P(34 \le X \le 54) = \text{binomcdf}(120, 0.232, 34, 54) = 0{,}112$
Obwohl eine ziemlich stark abweichende Erfolgswahrscheinlichkeit dem Versuch zugrunde liegt, könnte es mit einer Wahrscheinlichkeit von ca. 11 % passieren, dass der o. a. Ansatz nicht verworfen würde.

2. Ansatz: Die Form der Schuhe spielt keine Rolle, d. h. dem Experiment liegt $p = 0{,}5$ für linke (bzw. rechte) Schuhe zugrunde.
Texel: $n = 107$; $p = 0{,}5$; $\mu = 53{,}5$; $1{,}96\,\sigma \approx 10{,}14$; $P(43 \le X \le 64) \approx 0{,}95$
Entscheidungsregel: Verwirf den Ansatz, wenn unter den 107 Schuhen weniger als 43 oder mehr als 64 linke Schuhe sind.
Shetland: $n = 156$; $p = 0{,}5$; $\mu = 78$; $1{,}96\,\sigma \approx 12{,}24$; $P(65 \le X \le 91) \approx 0{,}95$
Entscheidungsregel: Verwirf den Ansatz, wenn unter den 156 Schuhen weniger als 65 oder mehr als 91 linke Schuhe sind.

3. a) X: *Anzahl der Körner der einen Substanz*; $n = 400$; $p = 0{,}2$; $\mu = 80$; $1{,}96\,\sigma \approx 15{,}68$
$P(64 \le X \le 86) \approx 0{,}95$
Entscheidungsregel: Verwirf den Ansatz der korrekten Mischung, wenn in der Stichprobe weniger als 64 oder mehr als 86 Körner der ersten Sunstanz enthalten sind.

b) (1) $n = 158$; $p = 0{,}2$; $\mu = 31{,}6$; $1{,}96\,\sigma \approx 9{,}85$; $P(21 \le X \le 42) \approx 0{,}95$
Die Anzahl von 43 Körnern der ersten Substanz liegt außerhalb der 95 %-Umgebung. Dies würde man zum Anlass nehmen, an der korrekten Mischung zu zweifeln.

(2) $n = 127$; $p = 0{,}2$; $\mu = 25{,}4$; $1{,}96\,\sigma \approx 8{,}84$; $P(15 \le X \le 35) \approx 0{,}95$
Die Anzahl von 17 Körnern der ersten Substanz liegt innerhalb der 95 %-Umgebung. Man hat keinen Anlass, an der korrekten Mischung zu zweifeln.

407

4. X: *Anzahl der Fahrzeuge des betrachteten Herstellers*; $n = 449$; $p = \frac{1774}{5239}$;
$\mu \approx 152{,}04$; $1{,}96\,\sigma \approx 19{,}65$; $P(132 \le X \le 172) \approx 0{,}95$
Wenn weniger als 132 oder mehr als 172 Anmeldungen von Fahrzeugen des betrachteten Herstellers unter den Neuanmeldungen sind, kann man sagen, dass sich der Anteil signifikant geändert hat.

5. **a)** Anwenden der Sigma-Regel: X: *Anzahl der Nachkommen des dominanten Typs*;
$n = 100$; $p = 0{,}75$; $\mu = 75$; $1{,}64\,\sigma \approx 7{,}1$; $P(67 \le X \le 83) \approx 0{,}90$; $1{,}96\,\sigma \approx 8{,}49$;
$P(66 \le X \le 84) \approx 0{,}95$
Kontrollrechnung: $P(68 \le X \le 82) = 0{,}918$; $\mathbf{P(67 \le X \le 83) = 0{,}951}$; $P(66 \le X \le 84) = 0{,}972$
Die Sigma-Regel liefern nur ungefähre Grenzen der Umgebung.
b) Auch wenn dem Kreuzungsversuch tatsächlich die MENDEL'schen Gesetze zugrunde liegen, kann es zufällig in 5 % der Fälle dennoch zu weniger als 67 oder mehr als 83 Nachkommen mit dominanter Ausprägung kommen. Dann würde man irrtümlich den Ansatz der MENDEL'schen Gesetze verwerfen, obwohl sie zutreffen.
Andererseits könnte es auch sein, dass die MENDEL'schen Gesetze dem Vererbungsvorgang nicht zugrunde liegen. Dies würde man nicht bemerken, wenn zwischen 67 und 83 Nachkommen mit dominanter Ausprägung in der Stichprobe auftreten. Man würde also zukünftig irrtümlich von der Gültigkeit der MENDEL'schen Gesetze in diesem Vererbungsvorgang ausgehen, obwohl sie nicht angewendet werden können

6. **a)** Aus den Stichprobenergebnissen ergeben sich folgende 95 %-Konfidenzintervalle:
$X_1 = 545$: $0{,}514 \le p_1 \le 0{,}575$; $X_2 = 480$: $0{,}450 \le p_2 \le 0{,}511$
Da sich die Konfidenzintervalle nicht überlappen, kann man von unterschiedlichen Erfolgswahrscheinlichkeiten ausgehen.
b) Grundsätzlich kann eine solche Aussage dennoch falsch sein, denn die Voraussetzung für die berechneten Konfidenzintervalle ist die Annahme, dass die Stichprobenergebnisse verträglich sind mit den zugrunde liegenden Anteilen. Diese Annahme ist jedoch nur in 95 % der Fälle erfüllt.

7. a) Konfidenzintervall: $0{,}395 \le p \le 0{,}462$
b) Durch Multiplikation mit der Einwohnerzahl erhält man das Intervall
[505 600; 591 360], das sinnvollerweise auf [506 000; 591 000] gerundet wird.

10 Aufgaben zur Vorbereitung auf das Abitur

10.1 Aufgaben zur Analysis

412

1. a) $f(x) = x^3 - 3x^2 = x^2 \cdot (x - 3)$

f hat eine doppelte Nullstelle bei $x_1 = 0$ und eine einfache Nullstelle bei $x_2 = 3$.

Wenn $x \to \infty$, dann $f(x) \to \infty$.

Wenn $x \to -\infty$, dann $f(x) \to -\infty$.

b) *1. Möglichkeit:*

$x = 0$ ist eine doppelte Nullstelle und somit eine Extremstelle.

Für alle $x \le 3$ gilt: $f(x) = x^2 \cdot (x - 3) \le 0$

Somit berührt der Graph von f an der Stelle $x = 0$ die x-Achse von unten.

Also ist $O(0|0)$ ein Hochpunkt.

2. Möglichkeit:

$f'(x) = 3x^2 - 6x = 0$ für $x_1 = 0$ und $x_2 = 2$

$f''(x) = 6x - 6$, $f''(0) = -6 < 0$

Somit ist $O(0|0)$ ein Hochpunkt.

c) Weitere Extremstelle:

$f'(x) = 3x^2 - 6x = 3x \cdot (3x - 2)$

$x = 2$, Tiefpunkt

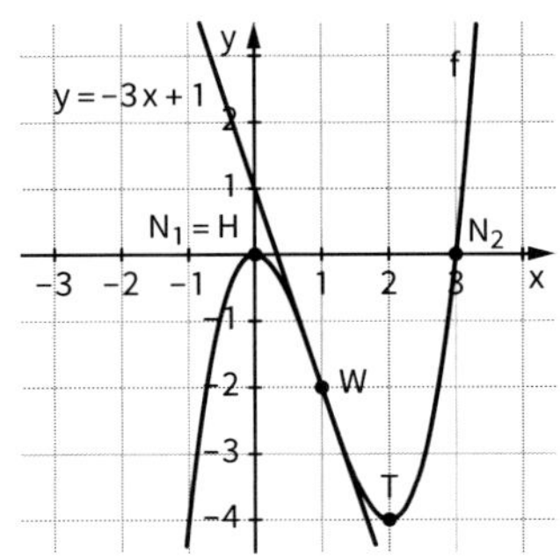

d) $f''(x) = 6x - 6$, $f''(x) = 0$ für $x = 1$

f'' hat bei $x = 1$ einen Vorzeichenwechsel. Also ist $W(1|-2)$ der Wendepunkt des Graphen von f.

Die Wendetangente hat die Steigung $f'(1) = -3$ und geht durch den Punkt $W(1|-2)$.

Somit hat diese Tangente die Gleichung $y = (-3) \cdot (x - 1) - 2 = -3x + 1$.

2. a) $f(x) = a \cdot x^2 - 3a \cdot x + 1$

$f'(x) = 2a \cdot x - 3a$

$f'(1) = -a$

Die Tangente hat die Steigung $-a$ und geht durch den Punkt $P(1|-2a + 1)$

$y = (-a) \cdot (x - 1) - 2a + 1 = -ax - a + 1$

b) Für $a = 1$ hat die Tangente an der Stelle $x_0 = 1$ die Gleichung $y = -x$ und verläuft somit durch den Koordinatenursprung.

3. a) Wahr, denn $f'(x) < 0$ für alle x aus $[-2; 1]$. Das heißt, die Steigung des Graphen von f ist über dem gesamten Intervall $[-2; 1]$ negativ.

b) Falsch, denn f' hat an der Stelle keinen Vorzeichenwechsel. Der Graph von f hat dort einen Sattelpunkt.

412

c) Richtig, denn f′ hat dort genau zwei Extremstellen bei $x = -3$ und bei $x = -1$. Die Extremstellen von f′ sind die Wendestellen von f.

d) Nicht zu entscheiden. Der Graph von f hat an der Stelle $x = 2$ einen Tiefpunkt, denn es gilt $f'(2) = 0$ und f′ hat dort einen Vorzeichenwechsel von – nach +. Man kann aber nicht entscheiden, ob der Tiefpunkt oberhalb, unterhalb oder auf der x-Achse liegt.

4.
- Bei $x = -2$ liegt eine Nullstelle von f′ mit –/+ Vorzeichenwechsel. Also hat der Graph von f dort einen Tiefpunkt.
- Bei $x = 0{,}5$ liegt eine Extremstelle von f′. Also hat f dort eine Wendestelle.
- Bei $x = 3$ liegt eine Nullstelle von f′ mit +/– Vorzeichenwechsel. Also hat der Graph von f dort einen Hochpunkt.

5. a) $f(x) = x^4 - 4x^2 = x^2 \cdot (x^2 - 4) = x^2 \cdot (x - 2) \cdot (x + 2)$

$g(x) = -\frac{1}{4}x^2 + 1$

Schnittpunkte:

$x^4 - 4x^2 = -\frac{1}{4}x^2 + 1$

$x^4 - \frac{15}{4}x^2 - 1 = 0$

für $x^2 = \frac{15}{8} + \sqrt{\frac{15^2}{8^2} + 1}$

$x^2 = \frac{15}{8} + \sqrt{\frac{15^2 + 8^2}{8^2}}$

$x^2 = \frac{15}{8} + \frac{17}{8} = 4$

$x_1 = 2$ und $x_2 = -2$

$x^2 = \frac{15}{8} - \frac{17}{8}$ nicht lösbar.

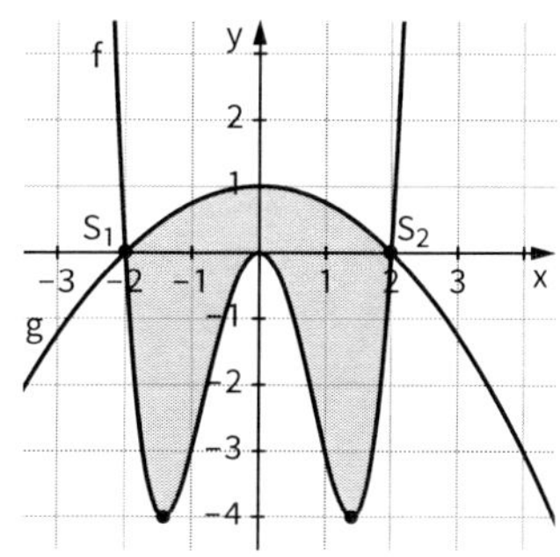

b) $A = \int_{-2}^{2} (g(x) - f(x))\,dx = 2 \cdot \int_{0}^{2} (g(x) - f(x))\,dx$

$A = 2 \cdot \int_{0}^{2} \left(-x^4 + \frac{15}{4}x^2 + 1\right) dx$

$A = 2 \cdot \left[-\frac{1}{5}x^5 + \frac{5}{4}x^3 + x\right]_0^2$

$A = 2 \cdot \left[-\frac{32}{5} + 10 + 2\right]$

$A = 2 \cdot 5{,}6$

$A = 11{,}2$ [FE]

6. F_1 ist richtig.
Wenn F_1 Stammfunktion von f ist, so gilt $F_1' = f$. Der Graph von f hat an der Stelle –2 eine doppelte Nullstelle. Der Graph der Stammfunktion muss dort einen Sattelpunkt haben. Somit bleibt nur F_1 übrig. Zudem hat f an der Stelle 3 eine Nullstelle mit –/+ Vorzeichenwechsel. Der Graph der Stammfunktion hat dort also einen Tiefpunkt, siehe F_1.

413

7. Man bestimmt die Schnittstellen x_1 und x_2 der beiden Graphen.
Da der Graph von f im Intervall $[x_1; x_2]$ oberhalb des Graphen von g verläuft, gilt:

$$A = \int_{x_1}^{x_2} (f(x) - g(x))\,dx$$

Schnittstellen:

$-x^2 + 4 = 2x + 1$

$x^2 + 2x - 3 = 0$ für $x_{1/2} = -1 \pm \sqrt{4}$, $x_1 = 1$ und $x_2 = -3$

$$A = \int_{-3}^{1} (-x^2 - 2x + 3)\,dx = \left[-\tfrac{1}{3}x^3 - x^2 + 3x\right]_{-3}^{1}$$

$$A = \left(\tfrac{5}{3}\right) - (-9) = \tfrac{32}{3} = 10{,}\overline{6}\ [\text{FE}]$$

8. a) Nullstellen von f:

$x_1 = -4,\ x_2 = -1,\ x_3 = 2$

Weiter gilt:

$f(x) \to -\infty$ für $x \to -\infty$ und

$f(x) \to \infty$ für $x \to \infty$

Damit erhält man eine grobe Skizze (rechts).

Es gilt: $\int_{-3}^{0} f(x)\,dx = A_1 - A_2 = \frac{13}{4}$

Gesucht ist aber $A_1 + A_2$.

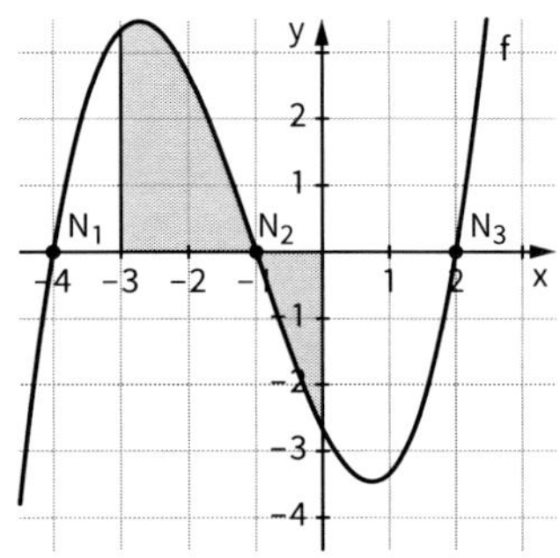

b) $A = \int_{-3}^{-1} f(x)\,dx + \left|\int_{-1}^{0} f(x)\,dx\right|$

Hinweis: Eine Berechnung von A muss nicht erfolgen.

Falls man A bestimmen will, so erhält man durch Ausmultiplizieren

$f(x) = \frac{1}{3}x^3 + x^2 - 2x - \frac{8}{3}$

Man kann aber auch den Graphen zu g mit

$g(x) = f(x - 1)$ betrachten:

$g(x) = \frac{1}{3} \cdot (x + 3) \cdot x \cdot (x - 3) = \frac{1}{3}x^3 - 3x$

Dann gilt:

$$A = \int_{-2}^{0} g(x)\,dx + \left|\int_{0}^{1} g(x)\,dx\right|$$

$$A = \left[\tfrac{1}{12}x^4 - \tfrac{3}{2}x^2\right]_{-2}^{0} + \left|\left[\tfrac{1}{12}x^4 - \tfrac{3}{2}x^2\right]_{0}^{1}\right|$$

$$A = \left(0 - \left(-\tfrac{14}{3}\right)\right) + \left|-\tfrac{17}{12}\right|$$

$$A = \tfrac{73}{12}\ [\text{FE}]$$

$$A \approx 6{,}083\ [\text{FE}]$$

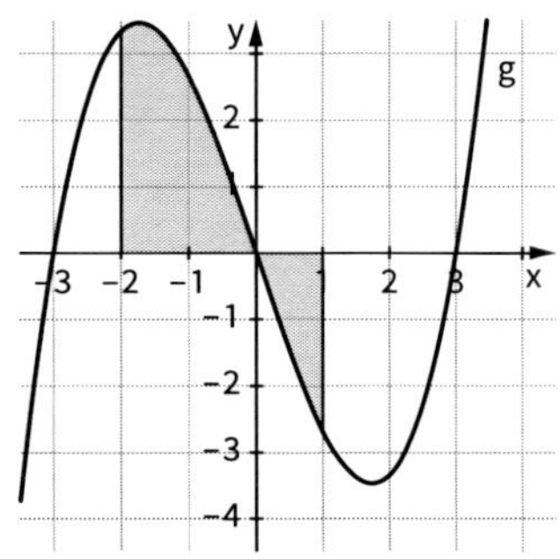

413

9. a) $f(0) = 8\,000,\ f(10) = 1{,}03^{10} \cdot 8\,000 \approx 10\,751{,}3$

$f(t) = 8\,000 \cdot b^t$

$b = 1{,}03$

Somit gilt: $f(t) = 8000 \cdot 1{,}03^t$ mit t in Jahren

b) $f'(t) = 800 \cdot \ln(1{,}03) \cdot e^{\ln(1{,}03) \cdot t}$

$f'(6) = 800 \cdot \ln(1{,}03) \cdot e^{\ln(1{,}03) \cdot 6}$

10. a) $f(x) = 0$ für $x = -1$

Wegen $f(x) = \frac{x+1}{e^{2x}}$ gilt:

$f(x) \to 0$ mit $f(x) > 0$ für $x \to \infty$

$f(x) \to -\infty$ mit $f(x) < 0$ für $x \to -\infty$

Mit $f(0) = 1$ ergibt sich die Skizze rechts.

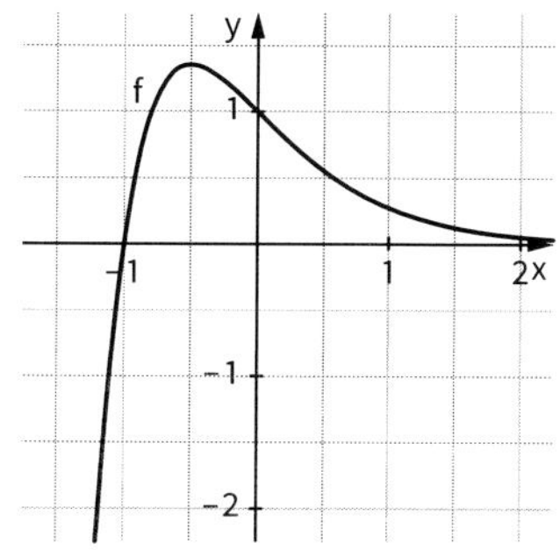

b) $F(x) = -\frac{1}{4}(2x+3) \cdot e^{-2x}$

$F'(x) = \left(-\frac{1}{2}\right) \cdot e^{-2x} + \left(-\frac{1}{4}(2x+3)\right) \cdot (-2) \cdot e^{-2x}$ (Produktregel und Kettenregel)

$F'(x) = -\frac{1}{2} \cdot e^{-2x} + \frac{1}{2}(2x+3)\,e^{-2x}$

$F'(x) = \left[\frac{1}{2}(2x+3) - \frac{1}{2}\right] \cdot e^{-2x}$

$F'(x) = (x+1) \cdot e^{-2x} = f(x)$

c) $A = \lim\limits_{b \to \infty} \int\limits_{-1}^{b} f(x)\,dx$

$A = \lim\limits_{b \to \infty} \left[-\frac{1}{4}(2x+3) \cdot e^{-2x}\right]_{-1}^{b}$

$A = \lim\limits_{b \to \infty} \left[\left(-\frac{1}{4}(2b+3) \cdot e^{-2b}\right) - \left(-\frac{1}{4} \cdot e^{2}\right)\right]$

$A = \frac{1}{4} \cdot e^2\,[\text{FE}] \approx 1{,}8473\,[\text{FE}]$

11. a) $f(x) = 4 \cdot e^{-0{,}5x}$

$f'(x) = (-2) \cdot e^{-0{,}5x}$

Schnittpunkt P mit y-Achse: $P(0\,|\,4)$

$f'(0) = -2$

Die Tangente hat die Steigung -2 und verläuft durch $P(0\,|\,4)$.

Somit hat die Tangente die Gleichung $y = -2x + 4$

b)

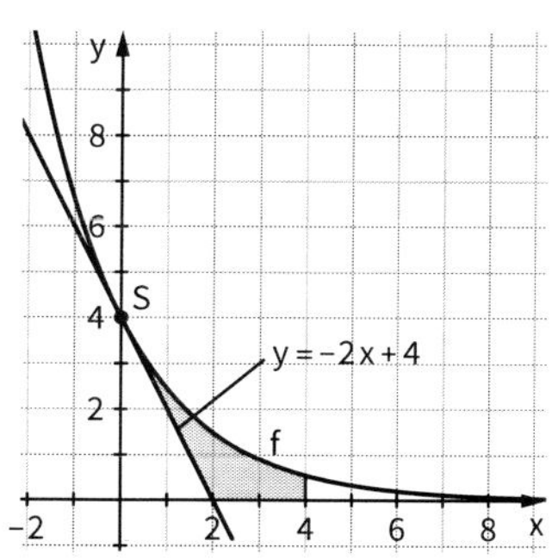

c) $A = \int\limits_{0}^{4} f(x)\,dx - 4$

$A = \left[(-8) \cdot e^{-0{,}5x}\right]_0^4 - 4$

$A = (-8) \cdot e^{-2} - (-8) - 4$

$A = 4 - \frac{8}{e^2}\,[\text{FE}] \approx 2{,}91732\,[\text{FE}]$

413

12. a) $f(x) = e^x$

1. Schritt: $f_1(x) = e^{-x}$ Graph von f an der y-Achse spiegeln

2. Schritt: $f_2(x) = -e^{-x}$ Graph von f_1 an der x-Achse spiegeln

3. Schritt: $f_3(x) = g(x) = 1 - e^{-x}$ Graph von f_2 um 1 Einheit nach oben schieben

b)

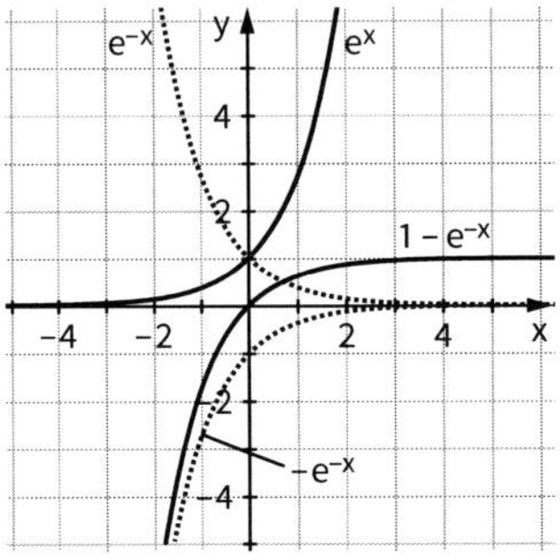

c) Den Graph von g um drei Einheiten nach oben verschieben: $y = g(x) + 3$
und um eine Einheit nach rechts verschieben: $y = g(x-1) + 3$
Daraus ergibt sich die neue Funktion M mit $h(x) = 4 - e^{-(x-1)} = 4 - e^{(1-x)}$

414

13. a) $f(x) = 5 - e^x$

- $f(x) \to 5$ für $x \to -\infty$ mit $f(x) < 5$
- $f(x) \to -\infty$ für $x \to \infty$

Schnittpunkte mit den Koordinatenachsen: $P(0|4)$ und $Q(\ln(5)|0)$

b) Für $x \to -\infty$ nähert sich der Graph von f von unten an die Gerade mit $y = 5$.

c)

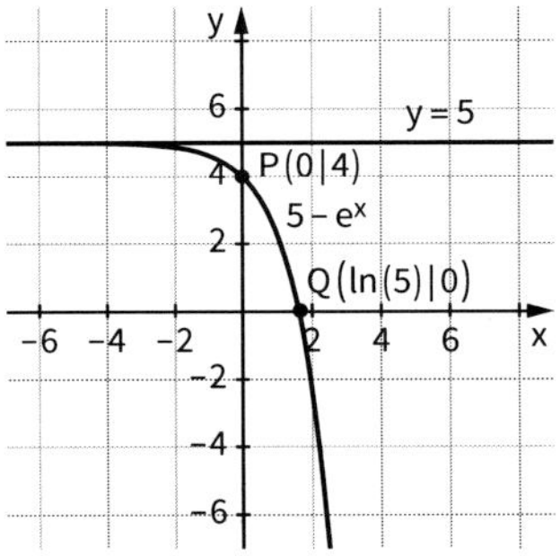

d) $A = \int_0^{\ln(5)} f(x)\,dx = [5x - e^x]_0^{\ln(5)} = (5 \cdot \ln(5) - 5) - (-1)$
$= 5 \cdot \ln(5) - 4$ [FE]
$\approx 2{,}0472$ [FE]

14. a) $f(x) = ax^4 + bx^2 + c$ $f'(x) = 4ax^3 + 2bx$ $f''(x) = 12ax^2 + 2b$

Es gilt:

(1) $f(1) = a + b + c = 0$

(2) $f(\sqrt{3}) = 9a + 3b + c = -1$

(3) $f'(\sqrt{3}) = 12 \cdot \sqrt{3}\,a + 2\sqrt{3}\,b = 0 \Leftrightarrow 6a + b = 0$

414

Daraus erhält man

$b = -6a,\ c = 5a$ und $a = \frac{1}{4}$,

also $a = \frac{1}{4},\ b = -\frac{3}{2},\ c = \frac{5}{4}$

$f(x) = \frac{1}{4}x^4 - \frac{3}{2}x^2 + \frac{5}{4}$

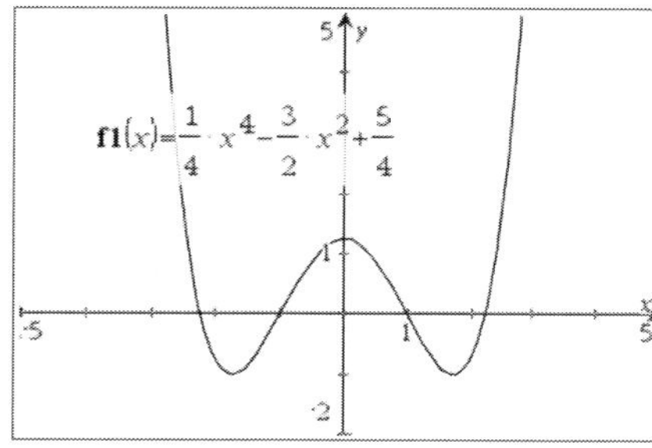

b) $\int_{-\sqrt{5}}^{\sqrt{5}} f(x)\,dx = 0$; d. h. die orientierten Flächen heben sich auf.

c) $f'(x) = 4x^3 - 12x = 0 \Leftrightarrow x = 0,\ x = \sqrt{3},\ x = -\sqrt{3}$
Tiefpunkte: $T_1(\sqrt{3} \mid k-9),\ T_2(-\sqrt{3} \mid k-9)$
Für $k = 9$ berühren die Tiefpunkte die x-Achse.

d) Keine Lösungen für $k > 9$.

15. a) (1) Definitionsbereich und Wertebereich
$D = \mathbb{R};\ W = \mathbb{R}_+$

(2) Symmetrie
Achsensymmetrie zur y-Achse

(3) Nullstellen und Schnittpunkte mit der y-Achse
$f(x) = 0 \Leftrightarrow x = -\sqrt{2}$ oder $x = \sqrt{2}$ jeweils doppelt.
Schnittpunkt mit der y-Achse: $f(0) = 1$; damit $S(0 \mid 1)$

(4) Extrempunkte
$f'(x) = x^3 - 2x$
Löse $f'(x) = 0 \Leftrightarrow x = -\sqrt{2} \approx -1{,}414$ oder $x = 0$ oder $x = \sqrt{2} \approx -1{,}414$
$f''(x) = 3x^2 - 2$
$f''(-\sqrt{2}) = f''(\sqrt{2}) = 4 > 0 \Rightarrow$ Tiefpunkte $T_1(-\sqrt{2} \mid 0);\ T_2(\sqrt{2} \mid 0)$
$f''(0) = -2 < 0 \Rightarrow$ Hochpunkt $H(0 \mid 1)$

(5) Wendepunkte
Löse $f''(x) = 0$
$\Leftrightarrow x = -\sqrt{\frac{2}{3}} \approx -0{,}816$ oder
$x = \sqrt{\frac{2}{3}} \approx -0{,}816$
Wendepunkte bei
$W_1\left(-\sqrt{\frac{2}{3}} \,\middle|\, \frac{4}{9}\right);\ W_2\left(\sqrt{\frac{2}{3}} \,\middle|\, \frac{4}{9}\right)$

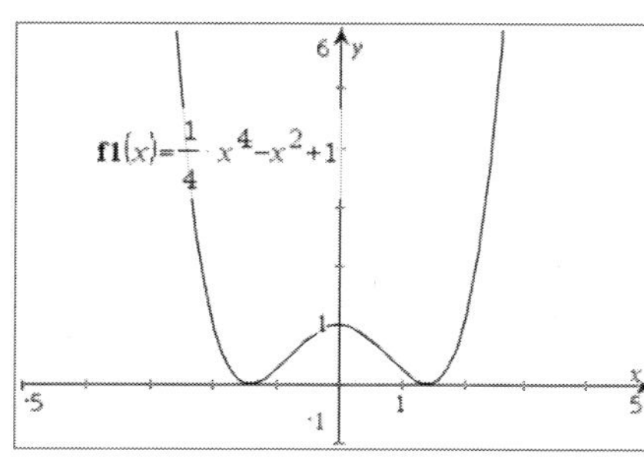

b) $A = (9 - f(x)) \cdot \frac{1}{2} \cdot 2x$
$A(x) = 9x - x \cdot f(x) = -\frac{1}{5}x^5 + x^3 + 8x$
Extremwert von A
$A'(x) = 8 - \frac{5}{4}x^4 + 3x^2 = 0$ für $x = 2$ $(A''(2) = -28)$ und $x = -2$ $(A''(-2) = 28)$
Das Dreieck ABC mit $A(0 \mid 9)$, $B(2 \mid 1)$ und $C(-2 \mid 1)$ hat den maximalen Flächeninhalt $A = 16$.

414

c) $\frac{1}{4}x^4 - x^2 + 1 = \frac{1}{4}x^2$

$\frac{1}{4}x^4 - \frac{5}{4}x^2 + 1 = 0$

für $x = 2,\ x = -2,\ x = 1,\ x = -1$

$A = \int_{-2}^{2} \left|\frac{1}{4}x^4 - \frac{5}{4}x^2 + 1\right| dx = 2$

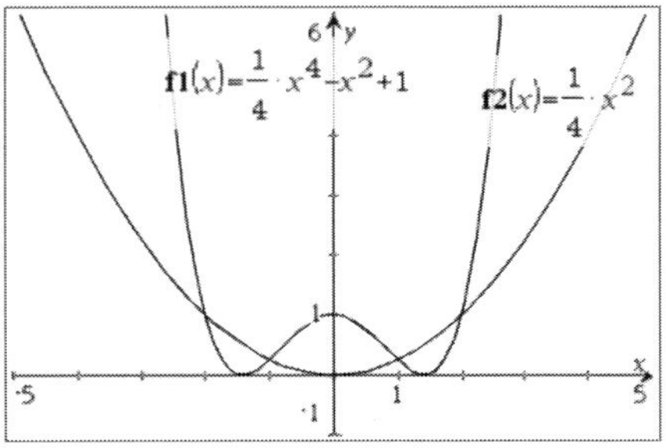

d) $\frac{1}{4}x^4 - \frac{5}{4}x^2 + 1 - c = 0$

$x^4 - 5x^2 + 4 - 4c = 0$

$x_{1/2}^2 = +\frac{5}{2} \pm \sqrt{\frac{25}{4} - 4 + 4c}$

$\frac{25}{4} - 4 + 4c = 0 \Leftrightarrow c = -\frac{9}{16}$

Die Gleichung der Parabel lautet

$y = \frac{1}{4}x^2 - \frac{9}{16}$.

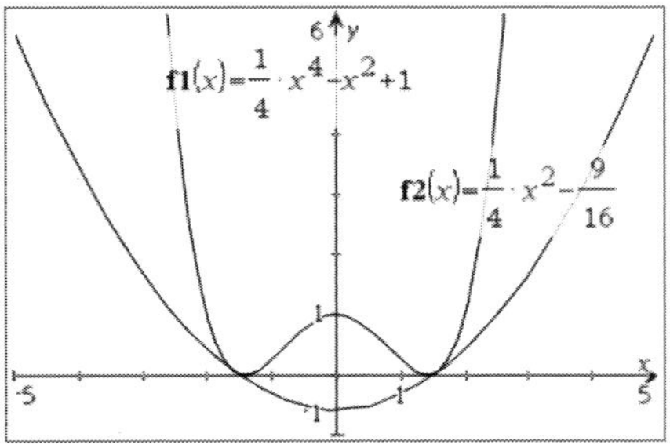

16. a) Es muss überprüft werden, ob sich die beiden Geraden unter einem Winkel von etwa 53° schneiden.

Es gilt $\left|\frac{m_1 - m_2}{1 + m_1 \cdot m_2}\right| = \frac{4}{3} \approx \tan(53°)$.

Bedingungen:

$f(-2) = f(2) = 1;\quad f'(-2) = -\frac{1}{2}$ und $f'(2) = \frac{1}{2}$

b) Der Graph von f muss achsensymmetrisch zur y-Achse sein. Dann müssen nur noch drei Bedingungen erfüllt werden:

$f(2) = 0;$

$f'(2) = \frac{1}{2};$

$f''(2) = 0$

Wähle also $f(x) = ax^4 + bx^2 + c$.

Bestimmen von $f(x)$:

Lösen des Gleichungssystems $\left|\begin{array}{l} a \cdot 2^4 + b \cdot 2^2 + c = 1 \\ 4a \cdot 2^3 + 2b \cdot 2 = \frac{1}{2} \\ 12a \cdot 2^2 + 2b = 0 \end{array}\right|$ liefert

$a = -\frac{1}{128},\ b = \frac{3}{16}$ und $c = \frac{3}{8}$, also gilt $f(x) = -\frac{1}{128}x^4 + \frac{3}{16}x^2 + \frac{3}{8}$.

415

17. a) $F_1(t) = 600 \cdot e^{2,5t} + 100$

$F_2(t) = 600 \cdot e^{2,5t} + 200$

$F_3(t) = 600 \cdot e^{2,5t} + 1\,000$

Allgemein gilt: $F(t) = 600 \cdot e^{2,5t} + c,\ c \in \mathbb{R}$

$F(t)$ gibt dabei die Anzahl der Salmonellen zum Zeitpunkt t in Stunden an.

b) Es ist $F(0) = 600$. Also ist $F(t) = 600 \cdot e^{2,5t}$ die gesuchte Stammfunktion.

c)

nach t in h	$\frac{1}{12}$ (≙ 5 min)	$\frac{1}{6}$ (≙ 10 min)	$\frac{1}{4}$ (≙ 15 min)	$\frac{1}{3}$ (≙ 20 min)	$\frac{5}{12}$ (≙ 25 min)	$\frac{1}{2}$ (≙ 30 min)
F(t)	739	910	1121	1381	1700	2094

415 **d)** $t = \frac{\ln 2}{k} = \frac{2\ln 2}{5} \approx 0{,}28$, also $h \approx 17\,\text{min}$

18. a) Die errechneten Werte weichen nur minimal von den Messwerten ab.

x	f(x):= -1/50000*x^3+3/1000*x^2+1/...	
0.	45.	
25.	51.5625	
50.	60.	
75.	68.4375	
100.	75.	
125.	77.8125	
45.		

b) Extrempunkte

$f'(r) = -\frac{3}{50\,000}r^2 + \frac{3}{500}r + \frac{1}{5}$

$f'(r) = 0 \Leftrightarrow r = 50 \pm \frac{50}{3}\sqrt{21}$

Hochpunkt $H\left(50 + \frac{50}{3}\sqrt{21} \,\middle|\, 60 + \frac{35}{3}\sqrt{\frac{7}{3}}\right)$

Tiefpunkt $T\left(50 - \frac{50}{3}\sqrt{21} \,\middle|\, 60 - \frac{35}{3}\sqrt{\frac{7}{3}}\right)$

Wendepunkt $f''(r) = 0 \Leftrightarrow r = 50$

$\Rightarrow$ Wendepunkt bei $W(50\,|\,60)$

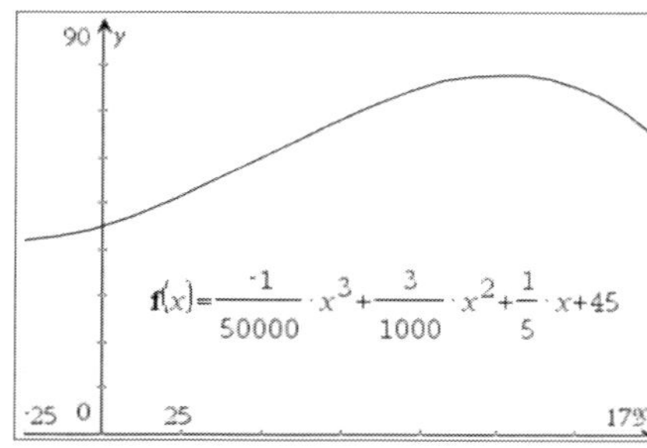

c) Eine Erhöhung der Düngemenge wirkt sich negativ auf den Ertrag aus.
Beim Hochpunkt $f(126{,}38) \approx 77{,}82$ ist der maximale Ernteertrag mit etwa 78 dt pro ha erreicht.
Durch zu viel Dünger kann der Boden nachteilig verändert werden, sodass sich dies negativ auf die Pflanzen auswirkt.

19. a) $f'(x) = \left(7 - \frac{35}{8}x\right) \cdot e^{-\frac{5}{8}x}$;

$f''(x) = \left(\frac{175}{64}x - \frac{35}{4}\right) \cdot e^{-\frac{5}{8}x}$

Schnittpunkt mit der x-Achse:

$f(x) = 0$, also $x = 0$

$N(0\,|\,0)$

Extrempunkt: $f'(x) = 0$, also $x = \frac{8}{5} = 1{,}6$

$f''\left(\frac{8}{5}\right) = -\frac{35}{8e} < 0$, also $H\left(\frac{8}{5} \,\middle|\, \frac{56}{5e}\right)$

Wendepunkt: $f''(x) = 0$ hat $x = \frac{16}{5}$ als einzige Lösung, somit $W\left(\frac{16}{5} \,\middle|\, \frac{112}{5e^2}\right)$

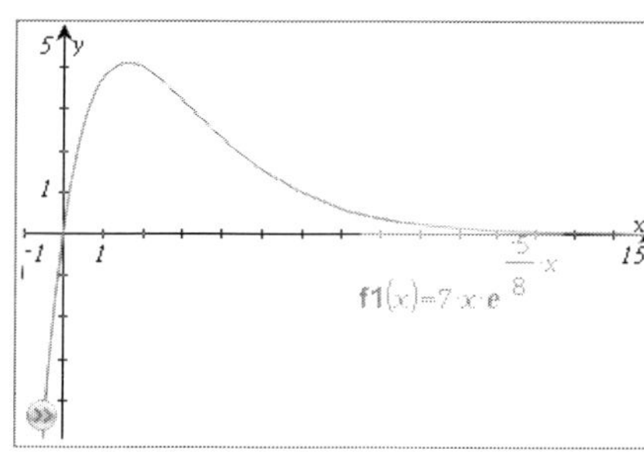

b) $F'(x) = -\frac{56}{25} \cdot \left[5 \cdot e^{-\frac{5}{8}x} + (5x+8) \cdot e^{-\frac{5}{8}x} \cdot \left(-\frac{5}{8}\right)\right] = -\frac{56}{25} \cdot e^{-\frac{5}{8}x} \cdot \left[5 - \frac{25}{8}x - 5\right]$

$= -\frac{56}{25} \cdot \left(-\frac{25}{8}x\right) \cdot e^{-\frac{5}{8}x} = 7x \cdot e^{-\frac{5}{8}x} = f(x)$

F ist eine Stammfunktion zu f.

c) $A = \int_0^4 f(x)\,dx = [F(x)]_0^4 = -\frac{1568}{25} \cdot e^{-\frac{5}{2}} - \left(-\frac{448}{25}\right) = \frac{448}{25} - \frac{1568}{25} \cdot e^{-\frac{5}{2}} \approx 12{,}77$

415

d) Die Konzentration ist am höchsten 1,6 h nach Einnahme der Medikamente.
Der Anstieg der Konzentration ist am stärksten zum Zeitpunkt $x = 0$, die Abnahme zum Zeitpunkt $x = \frac{16}{5} = 3{,}2$.

e) Schnittstellen der Graphen von f mit der Geraden mit der Gleichung $y = 1{,}5$
$x_1 \approx 0{,}25$; $x_2 \approx 5{,}06$
Die Wirkungsdauer beträgt ca. 4,8 h.

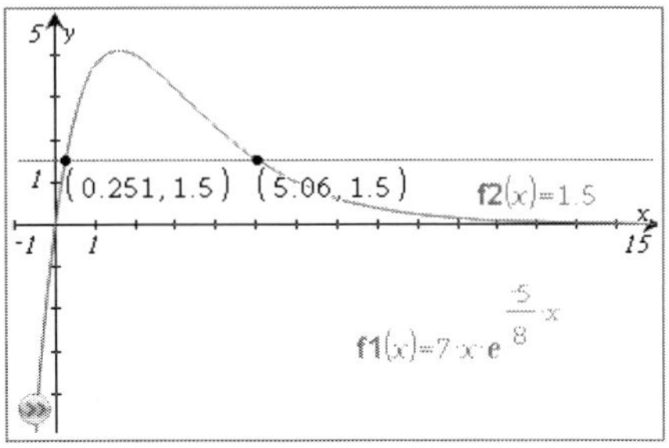

416

20. a) $f'(x) = \frac{17}{10} \cdot e^{-0{,}1\,x}$; $f''(x) = -\frac{17}{100} \cdot e^{-0{,}1\,x}$
f″ besitzt keine Nullstelle, deshalb hat der Graph von f keinen Wendepunkt.
$f(x) \to 24$ für $x \to \infty$
Die Gerade $y = 24$ ist Asymptote des Graphen.

b)

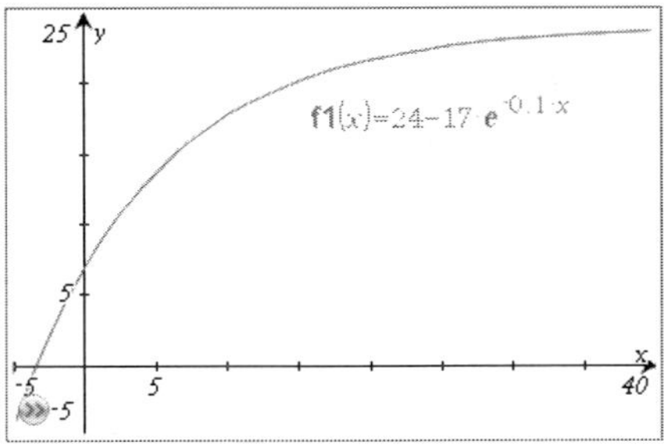

c) $A(u) = \int_0^u (24 - f(x)\,dx = \int_0^u 17 \cdot e^{-0{,}1\,x}\,dx = [-170 \cdot e^{-0{,}1\,x}]_0^u = -170 \cdot e^{-0{,}1\,u} - (-170)$
$= 170 - 170\,e^{-0{,}1 \cdot u}$
$A(u) = 170 - \frac{170}{e}$, also $\frac{170}{e} = \frac{170}{e^{0{,}1\,u}}$, somit $u = 10$
Für $u = 10$ beträgt der Inhalt der Fläche $170 - \frac{170}{e}$.

d) Es gilt: $g(0) = 80$, also $20 + a \cdot e^0 = 80$, somit $a = 60$
$g(t) = 20 + 60 \cdot e^{-0{,}3\,t}$
$g(5) = 20 + 60 \cdot e^{-1{,}5} \approx 33{,}4$
Nach 5 min beträgt die Temperatur noch 33,4 °C.

e) $g(t) = 22$, also $60 \cdot e^{-0{,}3\,t} = -2$
Somit $t \approx 11{,}3$
Es dauert ca. 11,3 min, bis das Wasser die Temperatur von 22 °C erreicht hat.

21. a)
- Verhalten für $x \to \infty$ bzw. $x \to -\infty$:
  Für $x \to -\infty$: $f_k(x) \to \infty$
  Für $x \to \infty$: $f_k(x) \to 0$
- Nullstellen:
  $f_k(x) = 0$, falls $x^2 = k - 1$, also für $x_{1,2} = \pm\sqrt{k-1}$ und $k \geq 1$

416

- $f_k'(x) = (-x^2 + 2x + k - 1) \cdot e^{-x}$
  $f_k''(x) = (x^2 - 4x - k + 3) \cdot e^{-x}$
  $f_k'(x) = 0$, falls $-x^2 + 2x + k - 1 = 0$, also $x_1 = 1 - \sqrt{k}$, $x_2 = 1 + \sqrt{k}$ und $k \geq 0$
  Beide Nullstellen von f_k' sind einfach Nullstellen mit VZW, also Extremstellen von f_k.
- Wendestellen:
  $f_k''(x) = 0$, falls $x^2 - 4x - k + 3 = 0$, also $x_1 = 2 - \sqrt{k+1}$, $x_2 = 2 + \sqrt{k+1}$ und $k \geq -1$
  Beide Nullstellen von f_k'' sind einfache Nullstellen mit VZW, also Wendestellen von f_k.

b) Extrempunkte von f_k:
$E_1\left(1 - \sqrt{k} \,\middle|\, -2\left(\sqrt{k} - 1\right) \cdot e^{\sqrt{k} - 1}\right)$
$E_2\left(1 + \sqrt{k} \,\middle|\, 2\left(\sqrt{k} + 1\right) \cdot e^{-\sqrt{k} - 1}\right)$
Für E_2 gilt: $x = 1 + \sqrt{k}$, also $k = (x-1)^2$ und $x \geq 1$, eingesetzt in $y = 2\left(\sqrt{k} + 1\right) \cdot e^{-\sqrt{k} - 1}$, also $y = 2x \cdot e^{-x}$
Alle Punkte E_2 liegen auf dem Graphen der Funktion g mit $g(x) = 2x \cdot e^{-x}$
$g\left(1 - \sqrt{k}\right) = -2\left(\sqrt{k} - 1\right) \cdot e^{\sqrt{k} - 1}$
Auch die Punkte E_1, liegen auf dem Graphen von g.
Der Graph von g enthält den Ursprung; dieser ist kein Extrempunkt einer Funktion der Schar.

c) (1) Aufgrund des Globalverlaufs von f_k ist die Änderungsrate des momentanen Kraftstoffverbrauchs am größten an der Wendestelle $x = 2 - \sqrt{k+1}$.
(2) Gesamter Kraftstoffverbrauch:
$V = \int_0^2 f_k(x)\,dx = [-x^2 - 2x + k - 3]_0^2 = (k - 11)e^{-2} - k + 3 = (k - 11)e^{-2} - k + 3 \leq 1$,
also $k \cdot (e^{-2} - 1) \leq 11e^{-2} - 2$ bzw. $k' \geq \frac{11e^{-2} - 2}{e^{-2} - 1} \approx 0{,}591$
Der Parameter k muss im Intervall [0,591; 0,9] liegen.
Alternative Lösung mithilfe des GTR:

k	0,5	0,6	0,7	0,8	0,9
V(k)	1,08	0,99	0,91	0,82	0,73

22. a) Es gilt: $f_k(2) = 26{,}813 = 20 \cdot 2 \cdot e^{-2k}$
Daraus ergibt sich $e^{-2k} = \frac{26{,}813}{40}$ und somit $-2k = \ln\left(\frac{26{,}813}{40}\right) \approx -0{,}4$, also $k \approx 0{,}2$.
Damit erhält man $f_{0,2}(t) = 20 \cdot t \cdot e^{-0,2t}$ und $f_{0,2}(12) = 240 \cdot e^{-2,4} \approx 21{,}772$

b) Durch Anwenden der Produktregel und der Kettenregel erhält man:
$f_{0,2}'(t) = 20 \cdot e^{-0,2t} - 4t \cdot e^{-0,2t} = (20 - 4t)e^{-0,2t}$
Es gilt $f_{0,2}'(t) = 0$ für $t = 5$.
Am Graphen erkennt man ebenfalls gut, dass dort ein Maximum liegt.
Daraus ergibt sich die maximale Wirkstoffkonzentration mit
$f_{0,2}(5) = 100 \cdot e^{-1} \approx 36{,}788$, in $\frac{mg}{l}$.

c) Aus $f_{0,2}(t) = 20 \cdot t \cdot e^{-0,2t}$ ergibt sich durch Einsetzen: $f_{0,2}(4) = 80 \cdot e^{-0,8} \approx 35{,}95$

d) Aus $f_{0,2}'(t) = (20 - 4t) \cdot e^{-0,2t}$ ergibt sich durch Anwenden der Produktregel und der Kettenregel:
$f_{0,2}''(t) = (-4) \cdot e^{-0,2t} + (20 - 4t) \cdot (-0{,}2) \cdot e^{-0,2t} = (0{,}8t - 8) \cdot e^{-0,2t}$
Es gilt $f_{0,2}''(t) = 0$ für $t = 10$, was man auch ungefähr am Graphen erkennen kann, da die Tangente an den Graphen dort den Graphen durchsetzt.
Nach 10 Stunden nimmt die Wirkstoffkonzentration also am stärksten ab.

417

e) Für das Verhalten der Funktion f für $t \to \infty$ gilt:

$\lim\limits_{t\to\infty} f_{0,2}(t) = \lim\limits_{t\to\infty} \frac{20t}{e^{0,2t}} = 0$

Danach wird der Wirkstoff niemals komplett abgebaut sein. Die Funktion $f_{0,2}$ ist allerdings auch nur für das Zeitintervall [0; 24] ein angemessenes Modell für den Abbau der Wirkstoffkonzentration im Blut eines Patienten. In der Praxis ist davon auszugehen, dass der Wirkstoff schon nach einer endlichen Zeit komplett abgebaut wird.

23. a)
- Der Graph jeder Funktion der Schar f_k ist punktsymmetrisch zum Ursprung, d. h. die Summanden der ganzrationalen Funktionen haben nur ungerade Exponenten.
- Die Nullstelle $x = 0$ haben alle Funktionsgraphen von f_k gemeinsam.
- Es gibt je einen Hochpunkt und einen Tiefpunkt.
- Für $x \to +\infty$ gilt $f_k(x) \to -\infty$. Für $x \to -\infty$ gilt $f_k(x) \to +\infty$.
- Der Koeffizient der größten Potenz ist negativ.
- Der Ursprung ist Wendepunkt von f_k.
- Die Gerade mit der Gleichung $y = x$ ist Tangente im Wendepunkt.

b) Ansatz: $f_k(x) = a x^3 + b x$

Aus $f_k'(0) = 1$ folgt $b = 1$.

Aus $f_k(k) = a k^3 + k = 0$ folgt $a = -\frac{1}{k^2}$ für $k \neq 0$.

Also gilt: $f_k(x) = -\frac{1}{k^2}x^3 + x$

c) $f_k'(x) = 0$, also $-\frac{3}{k^2}x^2 + 1 = 0$ für $k^2 = 3x^2$

$y = f'(x) = -\frac{1}{k^2}x^3 + x = -\frac{1}{3x}x^3 + x = \frac{2}{3}x$

Die Extrempunkte von f_k liegen auf der Geraden mit der Gleichung $y = \frac{2}{3}x$.

d) Jede Funktion f_k hat den Grad drei.

Im Fall $k \to \infty$ gilt $-\frac{1}{k^2} \to 0$ und somit $f_k(x) \to x$.

e) $A_k = 2 \cdot \int\limits_0^k f_k(x)\,dx = 2 \cdot \left[-\frac{1}{4k^2}x^4 + \frac{1}{2}x^2\right]_0^k = \frac{1}{2}k^2$

24. a) Der Zylinder mit $r = \frac{25}{4}$ dm und $h = 25$ dm hat ein größeres Volumen als der Tank.

$V_{Zylinder} = \pi \cdot \left(\frac{25}{4}\right)^2 \cdot 25 = \frac{15\,625}{16}\pi \approx 3\,068$

Der Zylinder hat ein Volumen von ca. 3 068 l. Somit enthält der Tank weniger als 3 100 l Gas.

b) Rotiert die Fläche unter dem Graphen von f über dem Intervall [a; b] um die x-Achse, dann kann das Volumen des entstehenden Rotationskörpers durch die angegebene Formel berechnet werden.

c)
- Der rot gezeichnete Graph ist eine Parabel und gehört deshalb zur Funktion a. Der Definitionsbereich von b ist $\{x \in \mathbb{R} \mid x \leq 1\,250\}$. Deshalb ist der grün gezeichnete Graph der Graph von b.
- Beide Graphen modellieren im Intervall [1 000, 1 250] die Berandung des Aufsatzes gut. Der Graph von a hat an der Stelle $x = 1\,000$ eine waagerechte Tangente, er schließt deshalb besser an den Zylinder an.

417

- Tankvolumen:

  $V_{Zylinder} = \pi \cdot \left(\frac{25}{4}\right)^2 \cdot 20 = \frac{3\,125}{4}\pi \approx 2\,454{,}4$ (in l)

  Volumen eines Aufsatzes:

  $V_1 = \pi \cdot \int_{1\,000}^{1\,250} (b(x))^2\,dx \approx 153\,398\,079$

  $V_1 \approx 153\,398\,079\,mm^3 \approx 153{,}4\,dm^3$

  Gesamtes Tankvolumen:

  $2\,454{,}4\,l + 2 \cdot 153{,}4\,l = 2\,761{,}2\,l$

  Das Tankvolumen beträgt ca. 2 761 l.

d) h ist streng monoton wachsend.
Die Breite des Tanks im Querschnitt nimmt bis zur Höhe $h = 625\,mm$ ständig zu. Deshalb nimmt die momentane Änderungsrate von h bis zu dieser Höhe ab.
Ab $h = 625\,mm$ nimmt die Breite wieder ab, d. h. die momentane Änderungsrate nimmt wieder zu.

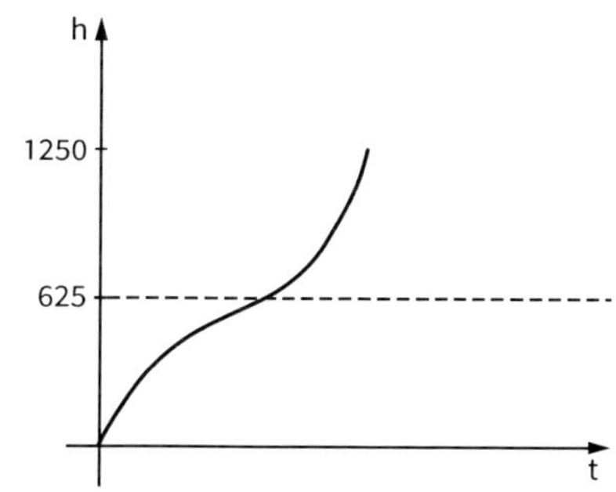

10.2 Aufgaben zur Analytischen Geometrie

418

1. a) Es muss gelten:

$k \cdot \begin{pmatrix} -2 \\ 3 \\ 1 \end{pmatrix} = \begin{pmatrix} 3 \\ b \\ c \end{pmatrix}$, also $k = -\frac{3}{2}$, $b = -\frac{9}{2}$, $c = -\frac{3}{2}$

b) P liegt auf h, also $\begin{pmatrix} 11 \\ -17 \\ -3 \end{pmatrix} = \begin{pmatrix} -4 \\ -2 \\ 2 \end{pmatrix} + s \cdot \begin{pmatrix} 3 \\ b \\ c \end{pmatrix}$, bzw. $\left| \begin{array}{l} 3s = 15 \\ s \cdot b = -15 \\ s \cdot c = -5 \end{array} \right|$ mit der Lösung $s = 5$, $b = -3$, $c = -1$.

P liegt auf g für $r = -5$.

Der Vergleich mit dem Ergebnis aus a) zeigt, dass für diese Werte von b und c die beiden Geraden nicht parallel zueinander sind. Somit schneiden sie sich im Punkt P.

2. a) $h: \vec{x} = \begin{pmatrix} 1 \\ -3 \\ 6 \end{pmatrix} + t \cdot \begin{pmatrix} 0 \\ 2 \\ -4 \end{pmatrix}$

b) Die beiden Richtungsvektoren $\begin{pmatrix} 0 \\ 1 \\ -2 \end{pmatrix}$ und $\begin{pmatrix} 0 \\ 2 \\ -4 \end{pmatrix}$ sind Vielfache voneinander, somit sind g und h parallel zueinander.

Punktprobe: $\begin{pmatrix} 1 \\ -3 \\ 6 \end{pmatrix} = \begin{pmatrix} 0{,}5 \\ -1{,}5 \\ 3 \end{pmatrix} + k \cdot \begin{pmatrix} 0 \\ 1 \\ -2 \end{pmatrix}$ ist für keinen Wert von k erfüllbar, somit sind g und h parallel zueinander, aber verschieden voneinander.

418

3. C$(6-2r\,|\,4+r\,|\,5+2r)$

$\overrightarrow{CA}=\begin{pmatrix}2r-3\\-r-2\\-2r-6\end{pmatrix}$; $\overrightarrow{CB}=\begin{pmatrix}2r+1\\-r-8\\1-2r\end{pmatrix}$

Rechter Winkel bei C, falls $\overrightarrow{CA}*\overrightarrow{CB}=0$, also $9r^2+16r+7=0$, also für $r=-1$ oder $r=-\frac{7}{9}$.

Als mögliche Punkte kommen die Punkte $C_1\,(8\,|\,3\,|\,3)$ und $C_2\left(\frac{68}{9}\,\middle|\,\frac{29}{9}\,\middle|\,\frac{31}{9}\right)$ infrage.

4. a) $\overrightarrow{AB}=\begin{pmatrix}4\\3\\0\end{pmatrix}$; $\overrightarrow{AC}=\begin{pmatrix}1\\7\\0\end{pmatrix}$; $\overrightarrow{BC}=\begin{pmatrix}-3\\4\\0\end{pmatrix}$

$\overrightarrow{AB}*\overrightarrow{BC}=0$, also ist das Dreieck ABC ein rechtwinkliges Dreieck mit dem rechten Winkel bei B.

$|\overrightarrow{AB}|=|\overrightarrow{BC}|=5$

Das Dreieck ABC ist ein gleichschenklig-rechtwinkliges Dreieck und kann zu einem Quadrat ergänzt werden.

b) Für D gilt: $\overrightarrow{OD}=\overrightarrow{OA}+\overrightarrow{BC}=\begin{pmatrix}0\\6\\0\end{pmatrix}$

D$(0\,|\,6\,|\,0)$

c) Für die Koordinaten von M gilt (Mittelpunkt z. B. der Strecke $\overline{AC}$):

$\overrightarrow{OM}=\frac{1}{2}\left(\overrightarrow{OA}+\overrightarrow{OC}\right)=\begin{pmatrix}3{,}5\\5{,}5\\0\end{pmatrix}$, also M$(3{,}5\,|\,5{,}5\,|\,0)$

d) $\vec{h}=\begin{pmatrix}0\\0\\1\end{pmatrix}$ ist ein Normalenvektor zu der Ebene, in der das Quadrat liegt.

g: $\vec{x}=\begin{pmatrix}3{,}5\\5{,}5\\0\end{pmatrix}+r\cdot\begin{pmatrix}0\\0\\1\end{pmatrix}$

5. a) g: $\vec{x}=\begin{pmatrix}6\\-2\\-1\end{pmatrix}+k\cdot\begin{pmatrix}-2\\1\\1\end{pmatrix}$

Schnittpunkt von g mit der x_2x_3-Ebene:

$x_1=6-2k=0$, also $k=3$; S$(0\,|\,1\,|\,2)$

b) $\overrightarrow{PQ}=\begin{pmatrix}-10\\5\\5\end{pmatrix}$; $\overrightarrow{PS}=\begin{pmatrix}-6\\3\\3\end{pmatrix}=\frac{3}{5}\begin{pmatrix}-10\\5\\5\end{pmatrix}$, d. h. S liegt zwischen P und Q.

c) Wir wählen als Richtungsvektor der Geraden h z. B. $\begin{pmatrix}1\\0\\2\end{pmatrix}$.

Es gilt: $\begin{pmatrix}-2\\1\\1\end{pmatrix}*\begin{pmatrix}1\\0\\2\end{pmatrix}=0$

Mögliche Geraden h: $\vec{x}=\begin{pmatrix}0\\1\\2\end{pmatrix}+r\cdot\begin{pmatrix}1\\0\\2\end{pmatrix}$

6. a) E ist parallel zur x_2-Achse. E: $\vec{x}=\begin{pmatrix}4\\0\\0\end{pmatrix}+r\cdot\begin{pmatrix}4\\0\\-8\end{pmatrix}+s\cdot\begin{pmatrix}0\\1\\0\end{pmatrix}$

b) E ist parallel zur x_1x_3-Ebene. E: $\vec{x}=\begin{pmatrix}0\\-5\\0\end{pmatrix}+r\cdot\begin{pmatrix}1\\0\\0\end{pmatrix}+s\cdot\begin{pmatrix}0\\0\\1\end{pmatrix}$

c) E ist parallel zur x_1x_2-Ebene. E: $\vec{x}=\begin{pmatrix}0\\0\\25\end{pmatrix}+r\cdot\begin{pmatrix}1\\0\\0\end{pmatrix}+s\cdot\begin{pmatrix}0\\1\\0\end{pmatrix}$

418 **7. a)** $\text{Abst}(O, E) = \frac{|-20|}{3} = \frac{20}{3}$

b) $\text{Abst}(A; E) = \frac{|2a - 1 + 8 - 20|}{3} = \frac{|2a - 13|}{3}$

$\text{Abst}(A; E) = 1$, also $\frac{|2a - 13|}{3} = 1$

mit den Lösungen $a = 5$ oder $a = 8$.

Die Punkte $A_1(5|1|4)$ und $A_2(8|1|4)$ haben den Abstand 1 zu E.

c) Die Punkte, die zu E den Abstand 1 haben, liegen auf den beiden Ebenen E_1 und E_2, die parallel zu E sind und von E den Abstand 1 haben. Dies sind die beiden Ebenen

E_1: $2x_1 - x_2 + 2x_3 - 17 = 0$ und E_2: $2x_1 - x_2 + 2x_3 - 23 = 0$

8. a) Man bestimmt zwei Punkte G und H auf g und h so, dass der Vektor $\overrightarrow{GH}$ orthogonal zu den Richtungsvektoren von g und h ist. $|\overrightarrow{GH}|$ ist dann der Abstand der windschiefen Geraden.

b) $\begin{pmatrix} 4 \\ 1 \\ -1 \end{pmatrix}$ und $\begin{pmatrix} -4 \\ 0 \\ 2 \end{pmatrix}$ sind keine Vielfache voneinander, somit sind g und h nicht parallel zueinander.

Die Gleichung $\begin{pmatrix} 3 \\ -2 \\ 4 \end{pmatrix} + t \cdot \begin{pmatrix} 4 \\ 1 \\ -1 \end{pmatrix} = \begin{pmatrix} 2 \\ -4 \\ 7 \end{pmatrix} + r \cdot \begin{pmatrix} -4 \\ 0 \\ 2 \end{pmatrix}$ hat keine Lösung.

Also sind g und h windschief zueinander.

$\overrightarrow{GH} = \begin{pmatrix} -4r - 4t - 1 \\ -t - 2 \\ 2r + t + 3 \end{pmatrix}$

$\overrightarrow{GH} * \begin{pmatrix} 4 \\ 1 \\ -1 \end{pmatrix} = 0$, also $-18r - 18t - 9 = 0$

$\overrightarrow{GH} * \begin{pmatrix} -4 \\ 0 \\ 2 \end{pmatrix} = 0$, also $20r + 18t + 10 = 0$

Das LGS $\left| \begin{matrix} -18r - 18t = 9 \\ 20r + 18t = -10 \end{matrix} \right|$ hat die Lösung $r = -\frac{1}{2}$, $t = 0$.

$\overrightarrow{GH} = \begin{pmatrix} 1 \\ -2 \\ 2 \end{pmatrix}$

$\text{Abst}(g; h) = \left| \begin{pmatrix} 1 \\ -2 \\ 2 \end{pmatrix} \right| = 3$

c) $G(3|-2|4)$; $H(4|-4|6)$

419 **9. a)** $C(0|c|0)$

$\overrightarrow{BA} = \begin{pmatrix} 0 \\ -4 \\ 3 \end{pmatrix}$; $\overrightarrow{BC} = \begin{pmatrix} -6 \\ c-4 \\ 0 \end{pmatrix}$

$\overrightarrow{BA} * \overrightarrow{BC} = 0$, also $-4c + 16 = 0$, d.h.

$c = 4$; $C(0|4|0)$

$\overrightarrow{OD} = \overrightarrow{OA} + \overrightarrow{BC} = \begin{pmatrix} 0 \\ 0 \\ 3 \end{pmatrix}$, also $D(0|0|3)$

$|\overrightarrow{AB}| = 5$; $|\overrightarrow{BC}| = 6$

Flächeninhalt des Rechtecks:

$|\overrightarrow{AB}| \cdot |\overrightarrow{BC}| = 30$

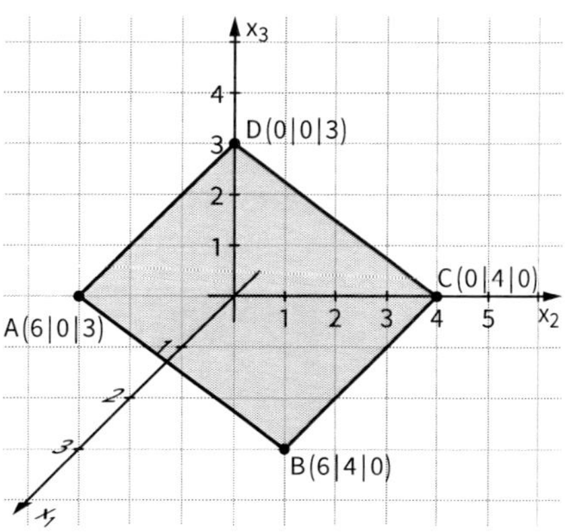

419

b) $\overrightarrow{OS} = \frac{1}{2}\left(\overrightarrow{OA} + \overrightarrow{OC}\right) = \begin{pmatrix} 3 \\ 2 \\ 1{,}5 \end{pmatrix}$, also $S(3|2|1{,}5)$

Für den Richtungsvektor $\vec{u} = \begin{pmatrix} u_1 \\ u_2 \\ u_3 \end{pmatrix}$ von g gilt

(1) $\vec{u} * \overrightarrow{AC} = 0$

(2) $\vec{u} * \overrightarrow{BD} = 0$, also

(1) $-6u_1 + 4u_2 - 3u_3 = 0$

(2) $-6u_1 - 4u_2 + 3u_3 = 0$

Mögliche Lösung $u_1 = 0$, $u_2 = 3$; $u_3 = 4$ also $\vec{u} = \begin{pmatrix} 0 \\ 3 \\ 4 \end{pmatrix}$

g: $\vec{x} = \begin{pmatrix} 3 \\ 2 \\ 1{,}5 \end{pmatrix} + t \cdot \begin{pmatrix} 0 \\ 3 \\ 4 \end{pmatrix}$

c) $P_t(3|2+3t|1{,}5+4t)$

$\left|\overrightarrow{SP_t}\right| = \left|t \cdot \begin{pmatrix} 0 \\ 3 \\ 4 \end{pmatrix}\right| = 5 \cdot |t|$

Aus $\left|\overrightarrow{SP_t}\right| = 15$ folgt $t = 3$ oder $t = -3$.
Die gesuchten Punkte sind $P_1(3|11|13{,}5)$ und $P_2(3|-7|-10{,}5)$.

10. a) $\overrightarrow{AB} = \begin{pmatrix} -6 \\ 3 \\ 6 \end{pmatrix}$, $\overrightarrow{DC} = \begin{pmatrix} -2 \\ 1 \\ 2 \end{pmatrix}$

$\overrightarrow{AB} = 3 \cdot \overrightarrow{DC}$

Die Seiten $\overline{AB}$ und $\overline{DC}$ des Vierecks sind parallel zueinander, das Viereck ist also ein Trapez.

$$\cos(\alpha) = \frac{\overrightarrow{AB} * \overrightarrow{AD}}{\left|\overrightarrow{AB}\right| \cdot \left|\overrightarrow{AD}\right|} = \frac{\begin{pmatrix} -6 \\ 3 \\ 6 \end{pmatrix} * \begin{pmatrix} -3 \\ -4 \\ 4 \end{pmatrix}}{\left|\begin{pmatrix} -6 \\ 3 \\ 6 \end{pmatrix}\right| \cdot \left|\begin{pmatrix} -3 \\ -4 \\ 4 \end{pmatrix}\right|} = \frac{30}{9 \cdot \sqrt{41}}, \text{ also } \alpha \approx 58{,}6°$$

$$\cos(\beta) = \frac{\overrightarrow{BA} * \overrightarrow{BC}}{\left|\overrightarrow{BA}\right| \cdot \left|\overrightarrow{BC}\right|} = \frac{\begin{pmatrix} 6 \\ -3 \\ -6 \end{pmatrix} * \begin{pmatrix} 1 \\ -6 \\ 0 \end{pmatrix}}{\left|\begin{pmatrix} +6 \\ -3 \\ -6 \end{pmatrix}\right| \cdot \left|\begin{pmatrix} 1 \\ -6 \\ 0 \end{pmatrix}\right|} = \frac{24}{9 \cdot \sqrt{37}}, \text{ also } \beta \approx 64{,}0°$$

$\gamma = 180° - \beta \approx 116°$

$\delta = 180° - \alpha \approx 121{,}4°$

b) Es gilt: $\overrightarrow{OE} = \overrightarrow{OA} + \overrightarrow{BC} = \begin{pmatrix} 3 \\ 2 \\ 1 \end{pmatrix}$, also $E(3|2|1)$.

419 **11. a)** $|\overrightarrow{AB}| = \left|\begin{pmatrix} -52 \\ 7 \\ 29 \end{pmatrix}\right| = \sqrt{3\,594} \approx 59{,}95$

$|\overrightarrow{AC}| = \left|\begin{pmatrix} -81 \\ 10 \\ 38 \end{pmatrix}\right| = \sqrt{8\,105} \approx 90{,}03$

$|\overrightarrow{BC}| = \left|\begin{pmatrix} -29 \\ 3) \\ 9 \end{pmatrix}\right| = \sqrt{931} \approx 30{,}51$

$|\overrightarrow{AC}|^2 \neq |\overrightarrow{AB}|^2 + |\overrightarrow{BC}|^2$, das Dreieck ist nicht rechwinklig.

$E: \vec{x} = r \cdot \begin{pmatrix} -52 \\ 7 \\ 29 \end{pmatrix} + s \cdot \begin{pmatrix} -81 \\ 10 \\ 38 \end{pmatrix}$

Normalenvektor von E: $\vec{n} = \begin{pmatrix} 24 \\ 373 \\ -47 \end{pmatrix}$

$E: \begin{pmatrix} 24 \\ 373 \\ -47 \end{pmatrix} * \left(\vec{x} - \begin{pmatrix} 0 \\ 0 \\ 0 \end{pmatrix}\right) = 0$

$E: 24x_1 + 373x_2 - 47x_3 = 0$

b) Ein Punkt, der von A, B und C den gleiche Abstand hat, ist der Schnittpunkt der Mittelsenkrechten des Dreiecks.

- Mittelsenkrechte der Seite $\overline{AB}$:

  $M_{AB}\left(-26 \left| \frac{7}{2} \right| \frac{29}{2}\right)$

  Für den Richtungsvektor $\overrightarrow{u_1}$ gilt:

  (1) $\overrightarrow{u_1} * \begin{pmatrix} 24 \\ 373 \\ -47 \end{pmatrix} = 0$ (2) $\overrightarrow{u_1} * \begin{pmatrix} -52 \\ 7 \\ 29 \end{pmatrix} = 0$

  Also $\overrightarrow{u_1} = \begin{pmatrix} 5\,573 \\ 874 \\ 9\,782 \end{pmatrix}$

  $m_{AB}: \vec{x} = \begin{pmatrix} -26 \\ \frac{7}{2} \\ \frac{29}{2} \end{pmatrix} + r \cdot \begin{pmatrix} 5\,573 \\ 874 \\ 9\,782 \end{pmatrix}$

- Mittelsenkrechte der Seite $\overline{AC}$:

  $M_{AC}\left(-\frac{81}{2} \left| 5 \right| 19\right)$

  Für den Richtungsvektor $\overrightarrow{u_2}$ gilt:

  (1) $\overrightarrow{u_2} * \begin{pmatrix} 24 \\ 373 \\ -47 \end{pmatrix} = 0$ (2) $\overrightarrow{u_2} * \begin{pmatrix} -81 \\ 10 \\ 38 \end{pmatrix} = 0$

  Also $\overrightarrow{u_2} = \begin{pmatrix} 14\,644 \\ 2\,895 \\ 30\,453 \end{pmatrix}$

  $m_{AC}: \vec{x} = \begin{pmatrix} -\frac{81}{2} \\ 5 \\ 19 \end{pmatrix} + s \cdot \begin{pmatrix} 14\,644 \\ 2\,895 \\ 30\,453 \end{pmatrix}$

- Schnittpunkt der Geraden m_{AB} und m_{AC}

  $\begin{pmatrix} -26 \\ \frac{7}{2} \\ \frac{29}{2} \end{pmatrix} + r \cdot \begin{pmatrix} 5\,573 \\ 874 \\ 9\,782 \end{pmatrix} = \begin{pmatrix} -\frac{81}{2} \\ 5 \\ 19 \end{pmatrix} + s \cdot \begin{pmatrix} 14\,644 \\ 2\,895 \\ 30\,453 \end{pmatrix}$ mit $r = -\frac{2\,721}{141\,914}$, $s = -\frac{895}{141\,914}$

  Schnittpunkt $S(-132{,}9 \,|\, -13{,}3 \,|\, -173{,}1)$

  Die Punkte, die von A, B und C den gleichen Abstand haben, liegen auf der Orthogonalen durch S zu E.

  $S: \vec{x} = \begin{pmatrix} -132{,}9 \\ -13{,}3 \\ -173{,}1 \end{pmatrix} + k \cdot \begin{pmatrix} 24 \\ 373 \\ -47 \end{pmatrix}$

419

c)
- $A' = A(0|0|0)$
- Den Bildpunkt B' erhält man durch Schnitt der Geraden BW: $\vec{x} = \begin{pmatrix} 64 \\ 0 \\ 0 \end{pmatrix} + k \cdot \begin{pmatrix} 116 \\ -7 \\ -29 \end{pmatrix}$ mit der x_2x_3-Ebene.
  $x_1 = 64 + 116k = 0$, also $k = -\frac{16}{29}$
  $B'\left(0 \middle| \frac{112}{29} \middle| 16\right)$
- Bildpunkt C'
  BC: $\vec{x} = \begin{pmatrix} 64 \\ 0 \\ 0 \end{pmatrix} + r \cdot \begin{pmatrix} 145 \\ -10 \\ -38 \end{pmatrix}$
  $x_1 = 64 + 145r = 0$, also $r = -\frac{64}{145}$
  $C'\left(0 \middle| \frac{128}{29} \middle| \frac{2432}{145}\right)$
  $B'(0|3{,}9|16)$, $C'(0|4{,}4|16{,}8)$

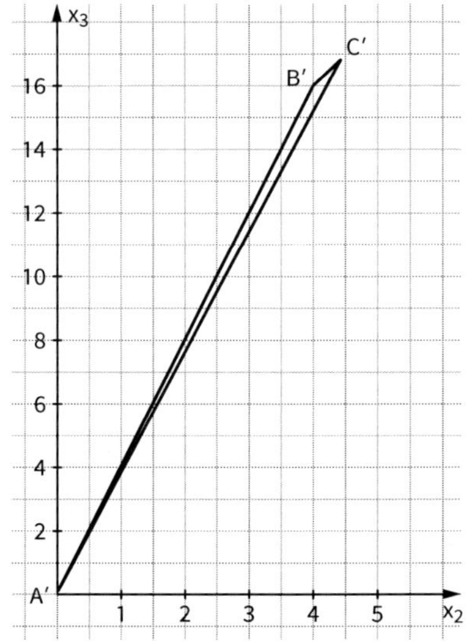

12. a) Schnittgerade von E_1 und E_2:
E_1: $3x_1 + 4x_2 + 5x_3 = 15$
E_2: $6x_1 + 8x_2 + 5x_3 = 30$
Mit $x_1 = r$ erhält man das LGS $\left| \begin{matrix} 4x_2 + 5x_3 = 15 - 3r \\ 8x_2 + 5x_3 = 30 - 6r \end{matrix} \right|$ mit der Lösung $x_2 = \frac{15}{4} - \frac{3}{4}r$; $x_3 = 0$
Schnittgerade s von E_1 und E_2:
g: $\vec{x} = \begin{pmatrix} 0 \\ \frac{15}{4} \\ 0 \end{pmatrix} + r \cdot \begin{pmatrix} 4 \\ -3 \\ 0 \end{pmatrix}$
Zu zeigen: g liegt in jeder Ebene E_t
$3t \cdot (4r) + 4t \cdot \left(\frac{15}{4} - 3r\right) + 5 \cdot 0 - 15t = 0$
$12tr + 15t - 12tr - 15t = 0$
$0 = 0$
D. h. g liegt in jeder der Ebenen E_t.
g: $\vec{x} = \begin{pmatrix} 0 \\ \frac{15}{4} \\ 0 \end{pmatrix} + r \cdot \begin{pmatrix} 4 \\ -3 \\ 0 \end{pmatrix}$ ist die Schnittgerade aller Ebenen der Schar.

419

b) Zwei Ebenen E_{t_1} und E_{t_2} sind zueinander orthogonal, wenn ihre Normalenvektoren zueinander orthogonal sind.

Also: $\begin{pmatrix} 3t_1 \\ 4t_1 \\ 5 \end{pmatrix} * \begin{pmatrix} 3t_2 \\ 4t_2 \\ 5 \end{pmatrix} = 0$ bzw. $25t_1 \cdot t_2 + 25 = 0$

Zwei Ebenen E_{t_1} und E_{t_2} sind zueinander orthogonal, falls $t_1 \cdot t_2 = -1$ bzw. $t_2 = -\frac{1}{t_1}$

c) Schnittpunkt von E_t mit der x_3-Achse:

$5x_3 = 15t$, also $x_3 = 3t$

$S_t(0|0|3t)$

Schnittpunkt von E_{t_1} mit der x_3-Achse:

$S_{t_1}(0|0|3t_1)$

Schnittpunkt von E_{t_2} mit der x_3-Achse:

$S_{t_2}\left(0\middle|0\middle|-\frac{3}{t_1}\right)$

Abstand von S_{t_1} und S_{t_2}:

$d(t_1) = \left|3t_1 - \frac{3}{t_1}\right|$

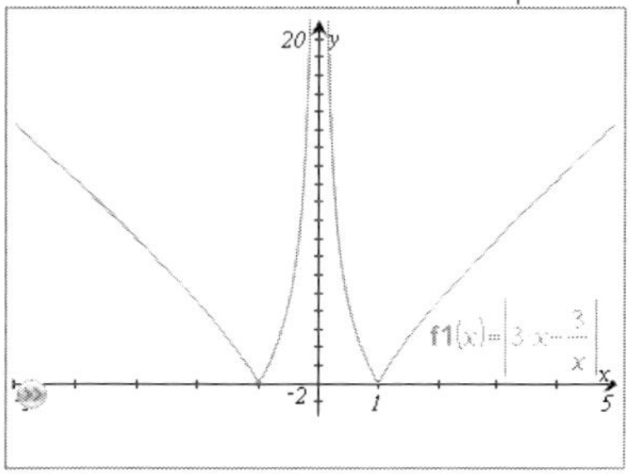

$d(t_1)$ wird minimal für $t_1 = 1$ oder $t_1 = -1$.

Für die beiden Ebenen E_1 und E_{-1} wird der Abstand der beiden Schnittpunkte minimal.

420

13. a) (1) g_1: $\vec{x} = \begin{pmatrix} -1 \\ 11 \\ 0 \end{pmatrix} + t \cdot \begin{pmatrix} \frac{1}{3} \\ -\frac{2}{3} \\ \frac{2}{3} \end{pmatrix}$ $\qquad \begin{pmatrix} -1 \\ 11 \\ 0 \end{pmatrix} + 30 \cdot \begin{pmatrix} \frac{1}{3} \\ -\frac{2}{3} \\ \frac{2}{3} \end{pmatrix} = \begin{pmatrix} 9 \\ -9 \\ 20 \end{pmatrix}$

Nach 30 Zeiteinheiten hat F_1 den Punkt $(9|-9|20)$ erreicht.

Der Punkt $P(3|3|6)$ liegt nicht auf der Geraden g_1, daher fliegt F_1 nicht durch diesen Punkt.

Die Gleichung $\begin{pmatrix} -2 \\ 13 \\ -2 \end{pmatrix} = \begin{pmatrix} -1 \\ 11 \\ 0 \end{pmatrix} + t \cdot \begin{pmatrix} \frac{1}{3} \\ -\frac{2}{3} \\ \frac{2}{3} \end{pmatrix}$ hat die Lösung $t = -3$.

F_1 startet zum Zeitpunkt $t = 0$, es fliegt nur durch Punkte auf g_1 mit positivem Parameter.

(2) $\left(-1 + \frac{1}{3}t\right) - 2 \cdot \left(11 - \frac{2}{3}t\right) + 2 \cdot \left(\frac{2}{3}t\right) = 4 \Leftrightarrow t = 9$

$\Rightarrow g_1$ schneidet E, g_1 geht nach 9 Zeiteinheiten durch E.

Berechnung des Schnittwinkels:

$$\sin(\varphi) = \frac{\left|\begin{pmatrix} \frac{1}{3} \\ -\frac{2}{3} \\ \frac{2}{3} \end{pmatrix} * \begin{pmatrix} 1 \\ -2 \\ 2 \end{pmatrix}\right|}{\left|\begin{pmatrix} \frac{1}{3} \\ -\frac{2}{3} \\ \frac{2}{3} \end{pmatrix}\right| * \left|\begin{pmatrix} 1 \\ -2 \\ 2 \end{pmatrix}\right|} \Leftrightarrow \sin(\varphi) = 1 \Leftrightarrow \varphi = 90°$$

420

b)

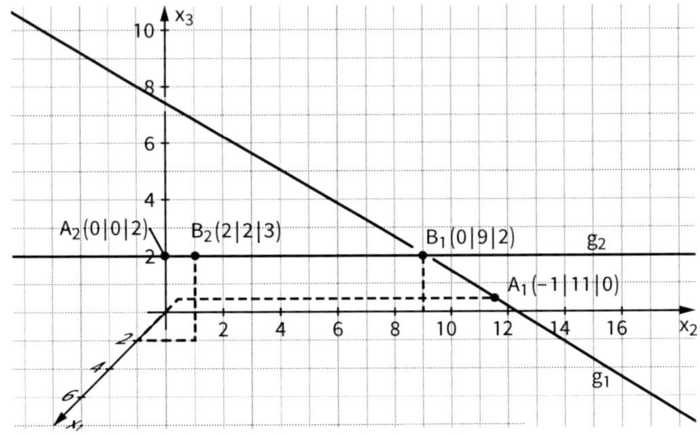

(1) $g_2\colon \vec{x} = \begin{pmatrix} 0 \\ 0 \\ 2 \end{pmatrix} + s \cdot \begin{pmatrix} \frac{1}{3} \\ \frac{1}{3} \\ \frac{1}{6} \end{pmatrix}$

$$\begin{pmatrix} -1 \\ 11 \\ 0 \end{pmatrix} + t \cdot \begin{pmatrix} \frac{1}{3} \\ -\frac{2}{3} \\ \frac{2}{3} \end{pmatrix} = \begin{pmatrix} 0 \\ 0 \\ 2 \end{pmatrix} + s \cdot \begin{pmatrix} \frac{1}{3} \\ \frac{1}{3} \\ \frac{1}{6} \end{pmatrix}$$

hat keine Lösung, g_1 und g_2 haben also keinen gemeinsamen Punkt.

(2) Abstand der Geraden g_1 und g_2:

Hilfsebene E_1, die g_2 enthält und parallel zu g_1 ist:

$$E_1\colon \vec{x} = \begin{pmatrix} 0 \\ 0 \\ 2 \end{pmatrix} + t_1 \cdot \begin{pmatrix} \frac{1}{3} \\ -\frac{2}{3} \\ \frac{2}{3} \end{pmatrix} + t_2 \cdot \begin{pmatrix} \frac{1}{3} \\ \frac{1}{3} \\ \frac{1}{6} \end{pmatrix}$$

Normalenvektor von E_1: $\vec{n} = \begin{pmatrix} -2 \\ 1 \\ 2 \end{pmatrix}$

Gerade g durch A_1, die senkrecht zu E_1 ist: $g\colon \vec{x} = \begin{pmatrix} -1 \\ 11 \\ 0 \end{pmatrix} + s_1 \cdot \begin{pmatrix} -2 \\ 1 \\ 2 \end{pmatrix}$

Schnittpunkt von g mit E_1: $F(1\,|\,10\,|-2)$

$\text{Abst}(g_1; g_2) = \text{Abst}(g_2; E_1) = \text{Abst}(A_2; E_1) = \left|\overrightarrow{A_2F}\right| = \sqrt{2^2 + (-1)^2 + (-2)^2} = 3$

Der Abstand zwischen g_1 und g_2 beträgt also 3 Längeneinheiten.

Bestimmen des Punktes auf g_2, dem F_1 bei seiner Bewegung am nächsten kommt:

$$\begin{pmatrix} -1 + \frac{1}{3}t \\ 11 - \frac{2}{3}t \\ \frac{2}{3}t \end{pmatrix} + r \cdot \begin{pmatrix} -2 \\ 1 \\ 2 \end{pmatrix} = \begin{pmatrix} 0 \\ 0 \\ 2 \end{pmatrix} + s \cdot \begin{pmatrix} \frac{1}{3} \\ \frac{1}{3} \\ \frac{1}{6} \end{pmatrix}$$

Lösen des zugehörigen Gleichungssystems ergibt $t = 9$, $r = -1$ und $s = 12$.

$$\begin{pmatrix} 0 \\ 0 \\ 2 \end{pmatrix} + 12 \cdot \begin{pmatrix} \frac{1}{3} \\ \frac{1}{3} \\ \frac{1}{6} \end{pmatrix} = \begin{pmatrix} 4 \\ 4 \\ 4 \end{pmatrix}$$

Der Punkt auf g_2, dem F_1 bei seiner Bewegung am nächsten kommt, hat also die Koordinaten $(4\,|\,4\,|\,4)$. F_1 kommt g_2 nach 9 Zeiteinheiten am nächsten.

420 **c)** (1) $\text{Abst}(A_1; A_2) = |\overrightarrow{A_1A_2}| = \left|\begin{pmatrix} 1 \\ -11 \\ 2 \end{pmatrix}\right| = 3\sqrt{14} \approx 11{,}23$

Nach 6 Zeiteinheiten befinden sich F_1 und F_2 in den Punkten $C_1(1|7|4)$ und $C_2(2|2|3)$.

$\text{Abst}(C_1; C_2) = |\overrightarrow{C_1C_2}| = \left|\begin{pmatrix} 1 \\ -5 \\ -1 \end{pmatrix}\right| = \sqrt{27} \approx 5{,}20$

Bestimmen des Zeitpunktes, zu dem sich F_1 und F_2 am nächsten kommen:

$$d(t) = \left|\begin{pmatrix} \frac{1}{3}t \\ \frac{1}{3}t \\ 2 + \frac{1}{6}t \end{pmatrix} - \begin{pmatrix} -1 + \frac{1}{3}t \\ 11 - \frac{2}{3}t \\ \frac{2}{3}t \end{pmatrix}\right| = \left|\begin{pmatrix} 1 \\ t - 11 \\ -\frac{1}{2}t + 2 \end{pmatrix}\right| = \sqrt{1{,}25t^2 - 24t + 126}$$

$$d'(t) = \frac{1{,}25t - 12}{\sqrt{1{,}25t^2 - 24t + 126}}$$

$d'(t) = 0 \Leftrightarrow t = 9{,}6$

(2) Nach 9,6 Zeiteinheiten ist der Abstand der beiden Flugobjekte am kleinsten. Danach nimmt der Abstand stetig zu und ist daher zu einem Zeitpunkt t* wieder so groß wie zu Beginn.

14 a) (1)

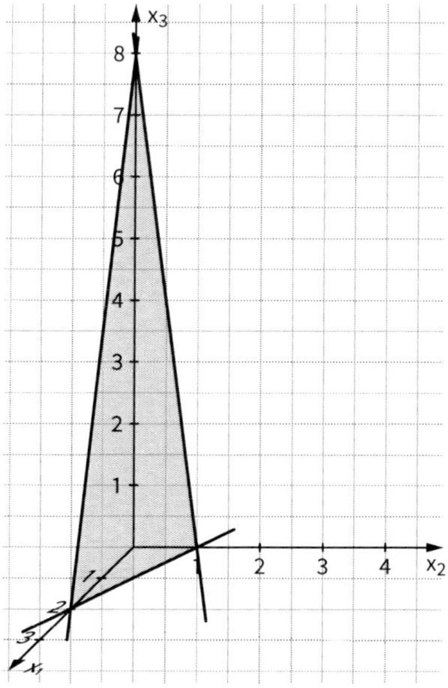

(2) $g: \vec{x} = t \cdot \begin{pmatrix} 4 \\ 8 \\ 1 \end{pmatrix}$

$4 \cdot 4t + 8 \cdot 8t + t = 8 \Leftrightarrow t = \frac{8}{81}$

Schnittpunkt der Geraden durch P, die senkrecht zu E ist, mit der Ebene E:
$F\left(\frac{32}{81}\middle|\frac{64}{81}\middle|\frac{8}{81}\right)$

$\text{Abst}(O; E) = \text{Abst}(O; F) = |\overrightarrow{OF}| = \frac{8}{9}$

$h: \vec{x} = \begin{pmatrix} 11 \\ 15 \\ 6 \end{pmatrix} + s \cdot \begin{pmatrix} 4 \\ 8 \\ 1 \end{pmatrix}$

$4 \cdot (11 + 4s) + 8 \cdot (15 + 8s) + 6 + s = 8 \Leftrightarrow s = -2$

Schnittpunkt von h mit E: $S(3|-1|4)$

420

(3) $\begin{pmatrix} 11 \\ 15 \\ 6 \end{pmatrix} - 4 \cdot \begin{pmatrix} 4 \\ 8 \\ 1 \end{pmatrix} = \begin{pmatrix} -5 \\ -17 \\ 2 \end{pmatrix} \Rightarrow P^*(-5|-17|2)$

b) (1) $g_a: \vec{x} = \begin{pmatrix} -2a \\ 1 \\ 8a \end{pmatrix} + t \cdot \begin{pmatrix} 1 \\ -1 \\ 4 \end{pmatrix} = \begin{pmatrix} 0 \\ 1 \\ 0 \end{pmatrix} + a \cdot \begin{pmatrix} -2 \\ 0 \\ 8 \end{pmatrix} + t \cdot \begin{pmatrix} 1 \\ -1 \\ 4 \end{pmatrix}$

Umformen in die Koordinatenform liefert $g_a: 4x_1 + 8x_2 + x_3 = 8$

(2) $h: \vec{x} = \begin{pmatrix} 0 \\ 1 \\ 0 \end{pmatrix} + s \cdot \begin{pmatrix} -2 \\ 0 \\ 8 \end{pmatrix}$

Der Schnittwinkel hängt nur von den Richtungsvektoren der beiden Geraden ab. Diese sind konstant.

$\cos(\alpha) = \dfrac{\left| \begin{pmatrix} 1 \\ -1 \\ 4 \end{pmatrix} * \begin{pmatrix} -2 \\ 0 \\ 8 \end{pmatrix} \right|}{\left| \begin{pmatrix} 1 \\ -1 \\ 4 \end{pmatrix} \right| \cdot \left| \begin{pmatrix} -2 \\ 0 \\ 8 \end{pmatrix} \right|} \Leftrightarrow \alpha \approx 31°$

c) (1)

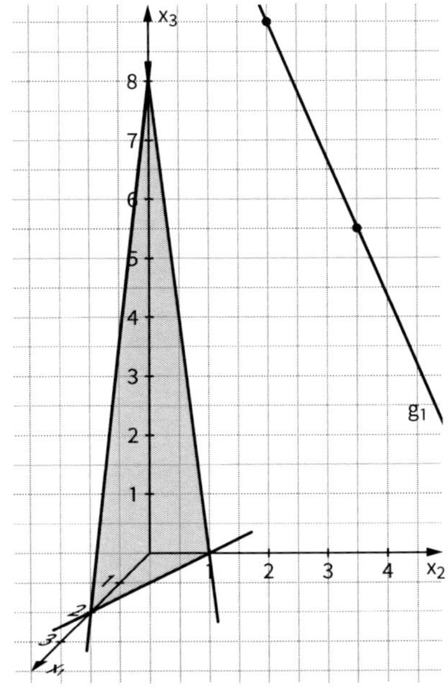

Gleichung einer Ebene, die P enthält und orthogonal zu g_1 ist:

$E': \vec{x} = \begin{pmatrix} 11 \\ 15 \\ 6 \end{pmatrix} + r \cdot \begin{pmatrix} 1 \\ 1 \\ 0 \end{pmatrix} + s \cdot \begin{pmatrix} 0 \\ 4 \\ 1 \end{pmatrix}$

gleichsetzen mit g_1 liefert $r = -13{,}5$, $s = 0$, $t = -0{,}5$.

$\Rightarrow \overline{OP'} = \begin{pmatrix} 11 \\ 15 \\ 6 \end{pmatrix} - 27 \cdot \begin{pmatrix} 1 \\ 1 \\ 0 \end{pmatrix} = \begin{pmatrix} -16 \\ -12 \\ 6 \end{pmatrix}$, d. h. $P'(-16|-12|6)$

(2) $\begin{pmatrix} 3 \\ -1 \\ 4 \end{pmatrix} = \begin{pmatrix} -2a \\ 1 \\ 8a \end{pmatrix} + t \cdot \begin{pmatrix} 1 \\ -1 \\ 4 \end{pmatrix} \Leftrightarrow t = 2$ und $a = -0{,}5$

(3) Bestimmen des Abstands von g_1 und $g_{-0,5}$ mit einer Hilfsebene:

$E'': \vec{x} = \begin{pmatrix} 1 \\ 1 \\ -4 \end{pmatrix} + r \cdot \begin{pmatrix} 1 \\ 1 \\ 0 \end{pmatrix} + s \cdot \begin{pmatrix} 0 \\ 4 \\ 1 \end{pmatrix}$

Schnittpunkt von g_1 und E'': $(-4{,}5|3{,}5|-2)$

$\text{Abst}(g_1; g_{-0,5}) = \left| \begin{pmatrix} 1 \\ 1 \\ -4 \end{pmatrix} - \begin{pmatrix} -4{,}5 \\ 3{,}5 \\ -2 \end{pmatrix} \right| = \left| \begin{pmatrix} 5{,}5 \\ -2{,}5 \\ -2 \end{pmatrix} \right| = \sqrt{40{,}5} \approx 6{,}36$

420

(4) $\overrightarrow{PP^*} = \begin{pmatrix} -16 \\ -32 \\ -4 \end{pmatrix}$, $\overrightarrow{P^*P'} = \begin{pmatrix} -11 \\ 5 \\ 4 \end{pmatrix}$, $\overrightarrow{P'P} = \begin{pmatrix} -27 \\ -27 \\ 0 \end{pmatrix}$

$\overrightarrow{PP^*} * \overrightarrow{P^*P'} = (-16)\cdot(-11) + (-32)\cdot 5 + (-4)\cdot 4 = 0$

Ja, das Dreieck hat einen rechten Winkel im Punkt P*.

421

15. a) Spurpunkte: $S_1(4t\,|\,0\,|\,0)$, $S_2(0\,|\,3\,|\,0)$, $S_3\left(0\,|\,0\,|\,\frac{2}{t}\right)$

Grundfläche OS_1S_2 der Pyramide: $A_{OS_1S_2} = \frac{1}{2}\cdot\left|\overrightarrow{OS_1}\right|\cdot\left|\overrightarrow{OS_2}\right| = \frac{1}{2}\cdot|4t|\cdot 3 = \left|\frac{3}{2}\right|\cdot|4t|$

Pyramidenhöhe: $h = \left|\overrightarrow{OS_3}\right| = \frac{2}{t}$

Volumen: $V = \frac{1}{3}\cdot\frac{3}{2}\cdot|4t|\cdot\left|\frac{2}{t}\right| = 4$ unabhängig von t

b) $\text{Abst}(O; E_t) = d(t) = \frac{|-12t|}{\sqrt{36t^4+16t^2+9}} = \frac{|12t|}{\sqrt{36t^4+16t^2+9}}$ für $t \neq 0$

Der Graph der Funktion d hat ein Minimum an der Stelle t = 0. Da dieser Wert ausgeschlossen ist, gibt es keine Ebene der Schar, die einen minimalen Abstand zu O hat.
Die Maxima des Graphen liegen bei $t_{1,2} \approx 0{,}707$.
Für die beiden Werte hat die Ebene E_t einen maximalen Abstand zu O.

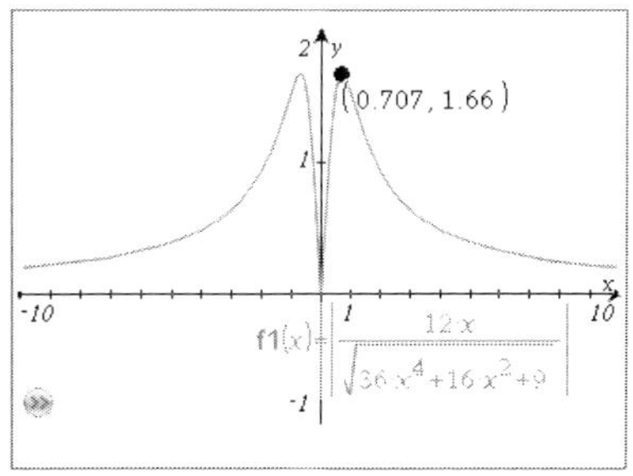

16. a) Spitze des Sendemastes: $G(4\,|\,-3\,|\,20)$

Gerade g durch G in Richtung der Sonnenstrahlen: $g\colon \vec{x} = \begin{pmatrix} 4 \\ -3 \\ 20 \end{pmatrix} + k\cdot\begin{pmatrix} 3 \\ 3 \\ -5 \end{pmatrix}$

Schnittpunkt von g mit der x_1x_2-Ebene: $x_3 = 20 - 5k = 0$, also $k = 4$

$S(16\,|\,9\,|\,0)$

b) Länge des Schattens: $\left|\overrightarrow{FS}\right| = \left|\begin{pmatrix} 12 \\ 12 \\ 0 \end{pmatrix}\right| = \sqrt{288} \approx 16{,}97$

Der Schatten ist ca. 170 m lang.

17. a) $v = \frac{s}{t}$

$s = \left|\begin{pmatrix} -9 \\ -54 \\ 7 \end{pmatrix} - \begin{pmatrix} -4 \\ -99 \\ 7 \end{pmatrix}\right| = \sqrt{2050}$, $t = 5\,\text{min}$

$v = \frac{\sqrt{2050}}{5}\,\frac{\text{km}}{\text{min}} = \frac{\sqrt{2050}}{5}\cdot 60\,\frac{\text{km}}{\text{h}} \approx 543{,}32\,\frac{\text{km}}{\text{h}}$

Gerade durch F_1 und F_2: $g\colon \vec{x} = \begin{pmatrix} -9 \\ -54 \\ 7 \end{pmatrix} + s\cdot\begin{pmatrix} 1 \\ -9 \\ 0 \end{pmatrix}$

s = 1 entspricht 1 Minute.

Berechnung des erreichten Punktes nach 14 Minuten: $\begin{pmatrix} -9 \\ -54 \\ 7 \end{pmatrix} + 14\cdot\begin{pmatrix} 1 \\ -9 \\ 0 \end{pmatrix}\cdot 2{,}8 = \begin{pmatrix} 5 \\ -180 \\ 7 \end{pmatrix}$

Abstand zur Radarstation: $\left|\begin{pmatrix} 61 \\ -110 \\ 1 \end{pmatrix} - \begin{pmatrix} 5 \\ -180 \\ 7 \end{pmatrix}\right| = \left|\begin{pmatrix} 56 \\ 70 \\ -6 \end{pmatrix}\right| = \sqrt{8072} \approx 89{,}84\,\text{km}$

421 **b)** Die Flugbahn kann durch die Gerade g beschrieben werden.

$g: \vec{x} = \begin{pmatrix} -9 \\ -54 \\ 7 \end{pmatrix} + s \cdot \begin{pmatrix} 1 \\ 9 \\ 0 \end{pmatrix}$

Abstand des Punktes P(61 | −110 | 1) von g bestimmen:

$\overrightarrow{PF} = \begin{pmatrix} -70 \\ 56 \\ 6 \end{pmatrix} + s \cdot \begin{pmatrix} 1 \\ -9 \\ 0 \end{pmatrix}$

$0 = \overrightarrow{PF} * \begin{pmatrix} 1 \\ -9 \\ 0 \end{pmatrix} \Leftrightarrow 82s - 574 = 0 \Leftrightarrow s = 7$

Abstand: $\left|\begin{pmatrix} 63{,}7 \\ 7 \\ -6 \end{pmatrix}\right| \approx 63{,}67\,\text{km}$

Um 18:44 Uhr entfernt sich das Flugzeug von der Radarstation.
Es hat zu diesem Zeitpunkt eine Entfernung von etwa 63,67 km von der Station.

c) Gerade durch G_1 und G_2: $g: \vec{x} = \begin{pmatrix} 14 \\ -276 \\ 6 \end{pmatrix} + t \cdot \begin{pmatrix} 0 \\ -70 \\ -2 \end{pmatrix}$

Bei $t = 2{,}5$ wird die Höhe von 1 000 m erreicht.

$t = 1$ entspricht 10 Minuten.

$t = 2{,}5$ entspricht 25 Minuten.

Wenn das Flugzeug mit der Geschwindigkeit von 19:05 Uhr weiter fliegt, kann es den Flugplatz frühestens um 19:30 Uhr erreichen.

10.3 Aufgaben zur Wahrscheinlichkeitsrechnung

422 **1. a)**

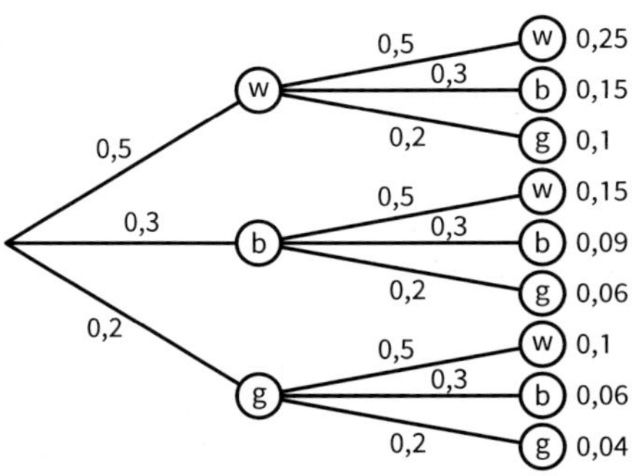

b) $P(E) = 0{,}5^2 + 0{,}3^2 + 0{,}2^2 = 0{,}38$

c) Zufallsgröße X: *Auszahlung in €*

$E(X) = 0{,}38 \cdot 2\,€ + 0{,}62 \cdot 0\,€ = 0{,}76\,€$

Im Mittel werden pro Spiel 0,76 € ausgezahlt, d. h. der Spielbetreiber hat im Mittel einen Gewinn von 0,24 € pro Spiel.

422

2. a) Aus dem Histogramm ist zu entnehmen:
$P(X=0) = P(X=4) = \frac{1}{9}$; $P(X=1) = P(X=3) = \frac{2}{9}$ sowie $P(X=2) = \frac{3}{9}$.
Da das Histogramm symmetrisch ist, müsste $p = 0{,}5$ sein; allerdings ist dann:
$P(X=0) = P(X=4) = 0{,}5^4 = 0{,}0625$; $P(X=1) = P(X=2) = 4 \cdot 0{,}5^4 = 0{,}25$ und
$P(X=3) = 6 \cdot 0{,}5^4 = 0{,}375$, was nicht mit den Werten des Histogramms übereinstimmt.
Alternativ kann man schließen: Aus $P(X=0) = p^4 = \frac{1}{9}$, dass gilt: $p = \frac{1}{\sqrt[4]{9}} = \frac{1}{\sqrt{3}}$;
andererseits müsste wegen $P(X=4) = (1-p)^4$ auch gelten: $q = \frac{1}{\sqrt[4]{9}} = \frac{1}{\sqrt{3}}$.
Da aber $p + q = 1$ sein muss, kann das abgebildete Histogramm nicht zu einer Binomialverteilung gehören.

b) Wenn $p = 0{,}5$ ist, dann ist auch $q = 0{,}5$ und daher vereinfacht sich die Berechnung gemäß BERNOULLI-Formel: $P(X=k) = \binom{n}{k} \cdot 0{,}5^k$. Da für die Binomialkoeffizienten gilt $\binom{n}{k} = \binom{n}{n-k}$, d. h. der Binomialkoeffizient ist symmetrisch, folgt
$P(X=n-k) = \binom{n}{n-k} \cdot 0{,}5^k = \binom{n}{k} \cdot 0{,}5^k = P(X=k)$.

c) Die Wahrscheinlichkeitsverteilung wurde bereits in der Lösung von Teilaufgabe b) angegeben:

k	P(X = k)
0	0,0625
1	0,2500
2	0,3750
3	0,2500
4	0,0625

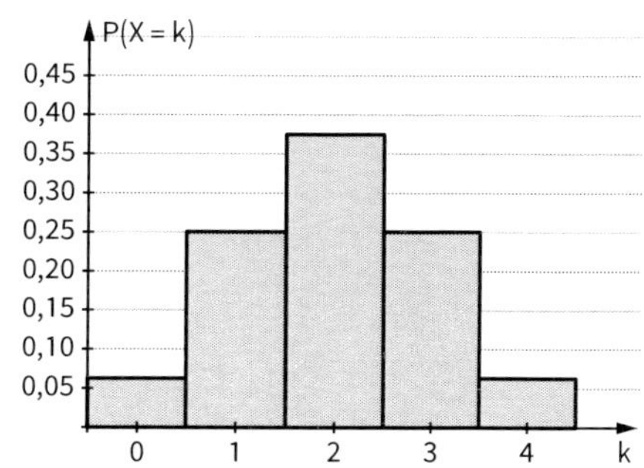

d) Da n ungerade ist, ist der Erwartungswert nicht ganzzahlig. Hier ergibt sich:
$E(X) = 5 \cdot 0{,}5 = 2{,}5$. Daher gibt es zwei Anzahlen von Erfolgen, für welche die Wahrscheinlichkeit maximal ist:
Es gilt $P(X=2) = P(X=3) = 10 \cdot 0{,}5^5 = 0{,}3125$.

3. a) $\mu = n \cdot p = 150 \cdot 0{,}4 = 60$; $\sigma = \sqrt{150 \cdot 0{,}4 \cdot 0{,}6} = \sqrt{36} = 6$.

b) Die LAPLACE-Bedingung $(\sigma > 3)$ ist erfüllt. Daher lassen sich die Sigma-Regeln anwenden. $1{,}96 \cdot \sigma \approx 11{,}76$. Mit einer Wahrscheinlichkeit von ca. 95 % wird die Anzahl der gewonnenen Spiele also zwischen 49 und 71 (einschließlich) liegen.

c) In der $1\,\sigma$-Umgebung von μ liegen ungefähr zwei Drittel der Ergebnisse, d. h. die Wahrscheinlichkeit, dass die Anzahl der gewonnenen Spiele in das Intervall $54 \le X \le 66$ fällt, ist deutlich größer als 50 %, also ist die Wette vorteilhaft.

4. a) $n = 100$; $p = 0{,}6$
(1) $P(X=60) = 0{,}081$
(2) $P(55 < X < 65) = P(56 \le X \le 64) = 0{,}642$

b) $p = 0{,}89$; X: *Anzahl der 3-Jährigen, die regelmäßig fernsehen*
$P(X \ge 1) = 1 - P(X=0) = 1 - 0{,}11^n \ge 0{,}9$
Auflösen nach n: $0{,}11^n \le 0{,}1$; d. h. $n \ge 2$

422 c) $P\left(\left|\frac{X}{n} - p\right| \le 1{,}64\frac{\sigma}{n}\right) \approx 0{,}90$; $p \approx 0{,}6$

Wenn $1{,}64 \cdot \sqrt{\frac{0{,}6 \cdot 0{,}4}{n}} \le 0{,}02$, also $n \ge \frac{1{,}64^2}{0{,}02^2} \cdot 0{,}6 \cdot 0{,}4 \approx 1614$, dann ist die Bedingung mit einer Wahrscheinlichkeit von 90 % erfüllt.

423 **5.** **a)** X: *Anzahl der tatsächlich belegten Plätze*; $n = 54$; $p = 0{,}9$;
$P(X < 51) = P(X \le 50) = \text{binomcdf}(54, 0.9, 50) = 0{,}802$

b) $n = 120$; $p = 0{,}9$; $P(X \le 108) = \text{binomcdf}(120, 0.9, 108) = 0{,}544$

c) $n = 200$; $p = 0{,}95$;
$P(X \le 180) = \text{binomcdf}(200, 0.95, 180) = 0{,}0027$

d) X: *Anzahl der Buchungen*; $n = 150$, $p = 0{,}45$;
Prognose (Intervallschätzung): $\mu = 67{,}5$; $1{,}96\sigma \approx 11{,}94$; also σ-Regel:
$P(55 \le X \le 80) \approx 0{,}95$ (Kontrollrechnung: $P(55 \le X \le 80) = 0{,}967$; $P(56 \le X \le 79) = 0{,}951$)
Das Ergebnis $X = 59$ weicht nicht signifikant von μ ab.

e) X: *Anzahl der Einzelzimmer-Buchungen*; $p = 0{,}23$;
$P(X \ge 1) = 1 - P(X = 0) = 1 - 0{,}77^n \ge 0{,}99 \Leftrightarrow 0{,}77^n \le 0{,}01 \Leftrightarrow n \ge \log_{0,77}(0{,}01) \approx 17{,}6$
Mindestens 18 Buchungen müssen abgewartet werden, bis darunter mit einer Wahrscheinlichkeit von mindestens 99 % mindestens eine Einzelzimmerbuchung ist.

6. **a)** X: *Anzahl der Sportbegeisterten*; $n = 250$, $p = 0{,}7$
(1) $P(X = 175) = \text{binompdf}(250, 0.7, 175) = 0{,}055$
(2) $P(X < 180) = P(X \le 179) = \text{binomcdf}(250, 0.7, 179) = 0{,}731$
(3) $P(170 \le X \le 185) = \text{binomcdf}(250, 0.7, 170, 185) = 0{,}705$

b)

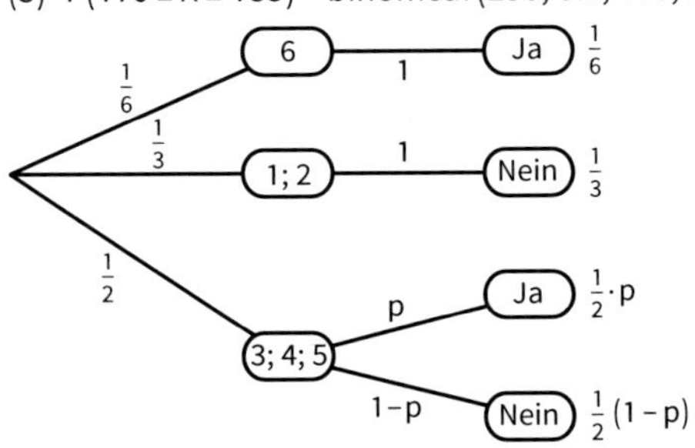

(1) $P(\text{„Ja"}) = \frac{1}{6} + \frac{1}{2} \cdot 0{,}21 \approx 27{,}2\,\%$

(2) $\frac{1}{6} + \frac{1}{2} \cdot p = 0{,}35 \Rightarrow p \approx 36{,}7\,\%$

c) X: *Anzahl der Jugendlichen, deren Lieblingsfach Geschichte ist*; $n = 180$; $p = \frac{1}{3}$
Prognose (Intervallschätzung): $\mu = 60$; $1{,}96\sigma \approx 12{,}40$: σ-Regel: $P(47 \le X \le 73) \approx 0{,}95$
(Kontrollrechnung: $P(47 \le X \le 73) = 0{,}968$; $P(48 \le X \le 72) = 0{,}952$)
Wenn weniger als 48 oder mehr als 72 Mädchen in der Befragung Geschichte als Lieblingsfach bezeichnen, würde man den Ansatz $p = \frac{1}{3}$ für falsch halten.

d) X: *Anzahl der Jugendlichen, die zum Interview bereit sind*; $p = 0{,}4$

n	600	650	660	670	675	676
$P(X \ge 250) = 1 - P(X \le 249)$	0,214	0,800	0,876	0,928	0,947	0,950

Alternative Lösung mithilfe der σ-Regeln: $P(\mu - 1{,}64\sigma \le X \le \mu + 1{,}64\sigma) \approx 0{,}9$;
also $P(X \ge \mu - 1{,}64\sigma) \approx 0{,}95$.
Gesucht wird die Lösung der Ungleichung $0{,}4 \cdot n - 1{,}64 \cdot \sqrt{n \cdot 0{,}5 \cdot 0{,}6} \ge 250$.
Mithilfe des Gleichungslösers des GTR findet man $n \ge 677{,}3$.
Durch Kontrollrechnung kann dann dieser Näherungswert korrigiert werden.

424

7. a)

Anzahl Pralinen	W ahrscheinlichkeit	Gewinn* in €	Berechnung des Erwartungswertes
0	0,5	−1	−0,5
2	0,1	−0,6	−0,06
4	0,1	−0,2	−0,02
6	0,1	+0,2	+0,02
8	0,1	+0,6	+0,06
10	0,1	+1	+0,1
		E(Gewinn*) =	−0,4

* Gewinn aus der Sicht des Spielteilnehmers

Der Betreiber des Spiels gewinnt im Mittel 0,40 € pro Spiel.

b)

Anzahl Pralinen	Wahrscheinlichkeit	Gewinn* in €	Berechnung des Erwartungswertes
1	0,5	−0,8	−0,4
a	0,3	0,2 a − 1	0,06 a − 0,3
2a	0,1	0,2 a − 1	0,02 a − 0,1
5a	0,1	0,5 a − 1	0,05 a − 0,1
		E(Gewinn) =	0,13 a − 0,9

Dieser Erwartungswert des Gewinns ist für $a \in \{1; 2; \ldots; 6\}$ negativ, d. h. günstig für den verfolgten Zweck.

c) $p = 0{,}2$; X: *Anzahl der Pralinen vom Typ Kult*

$n = 10$

(1) $P(X = 2) = \binom{10}{2} \cdot 0{,}2^2 \cdot 0{,}8^8 \approx 0{,}302$

(2) $P(X \le 4) \approx 0{,}967$

(3) $P(3 < X < 6) = P(X = 4) + P(X = 5) \approx 0{,}115$

d) $n = 100$

(1) $P(18 \le X \le 22) \approx 0{,}468$

(2) $P(X > 25) = 1 - P(X \le 25) \approx 0{,}087$

e) $P(X \ge 1) = 1 - P(X = 0) \ge 0{,}99$; $P(X = 0) = 0{,}8^n$

Aus $1 - 0{,}8^n \ge 0{,}99$ folgt $0{,}8^n \le 0{,}01$. $n \ge \log_{0{,}8}(0{,}01) \approx 20{,}6$

Dies ist erfüllt für $n \ge 21$.

8. a) Um die Aussage „statistisch zu beweisen", muss die Hypothese $p \le 0{,}305$ (höchstens 30,5 % der ledigen bzw. geschiedenen 40- bis 65-Jährigen rauchen) getestet werden. Für $n = 500$; $p = 0{,}305$; $\mu = 152{,}5$; $\sigma \approx 10{,}30$ ist $\mu + 1{,}28\sigma \approx 165{,}7$; für $p < 0{,}305$ ergibt sich ein kleinerer Wert für $\mu + 1{,}28\,\sigma$.

Entscheidungsregel auf dem Signifikanzniveau von 10 %: Verwirf die Hypothese $p \le 0{,}305$, falls in der Stichprobe mehr als 165 Raucher sind.

b) Aus den Angaben $\mu \approx 22{,}7\,\frac{kg}{m^2}$ und $P(X \le 25) \approx 0{,}824$ muss auf σ geschlossen werden.

$\Phi(0{,}93) \approx 0{,}824$; d. h. $\mu + 0{,}93 \cdot \sigma \approx 25$; also $\sigma \approx \frac{25 - 22{,}7}{0{,}93} \approx 2{,}5$

Alternativ kann man die Funktion f mit $f(x) = \text{normalcdf}(0, 25, 22.7, x)$ betrachten und in der Wertetabelle nachschauen, für welche Standardabweichung x sich $f(x) \approx 0{,}824$ ergibt.

c) $\mu - 1{,}64\,\sigma \approx 16{,}84$; $\mu + 1{,}64\,\sigma \approx 26{,}36$

Ca. 90 % der jungen Frauen haben einen BMI, der zwischen $16{,}84\,\frac{kg}{m^2}$ und $26{,}36\,\frac{kg}{m^2}$ liegt.